한솔아카데미가 답이다!

건축기사 실기 The Bible 인터넷 강좌

한솔과 함께라면 빠르게 합격 할 수 있습니다.

강의수강 중 학습관련 문의사항, 성심성의껏 답변드리겠습니다.

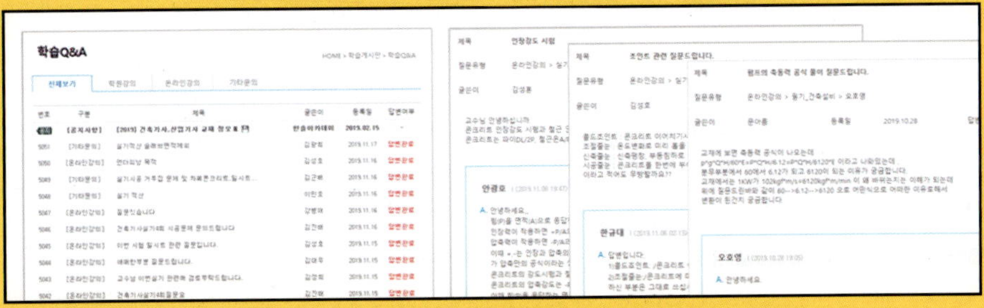

건축기사 실기 The Bible 동영상 강의

구 분	과 목	담당강사	강의시간	동영상	교 재
실 기	가설/토공/흙막이	백종엽,이병억	약 6시간		
	지정/기초	백종엽,이병억	약 4시간		
	철콘공사	백종엽,이병억,안광호	약 18시간		
	강구조	백종엽,이병억,안광호	약 6시간		
	조적/석/목공사	백종엽,이병억	약 3시간		
	미장/타일/방수/도장	백종엽,이병억	약 3시간		
	유리/창호/커튼월/기타공사	백종엽	약 2시간		
	시공 총론	백종엽,이병억,안광호	약 3시간		
	공정관리	안광호	약 8시간		
	구조역학	안광호	약 5시간		
	과년도 기출문제	백종엽,이병억,안광호	약 55시간		

- 건축(산업)기사필기 종합반 / 4주완성 종합반 수강 후 실기 종합반 신청시 **20% 할인**
- 할인혜택 : 동일강좌 재수강시 **50% 할인**, 다른 강좌 수강시 **10% 할인**

JN354797

건축기사 실기 The Bible

본 도서를 구매하신 분께 드리는 혜택

1 건축기사 실기 출제경향 분석

최근 출제문제를 중심으로 분석한
출제빈도와 중요내용 특강

2 기출문제 특강 (최근 3개년)

- 1강 2024년 1회, 2회, 3회 기출문제
- 2강 2023년 1회, 2회, 4회 기출문제
- 3강 2022년 1회, 2회, 4회 기출문제

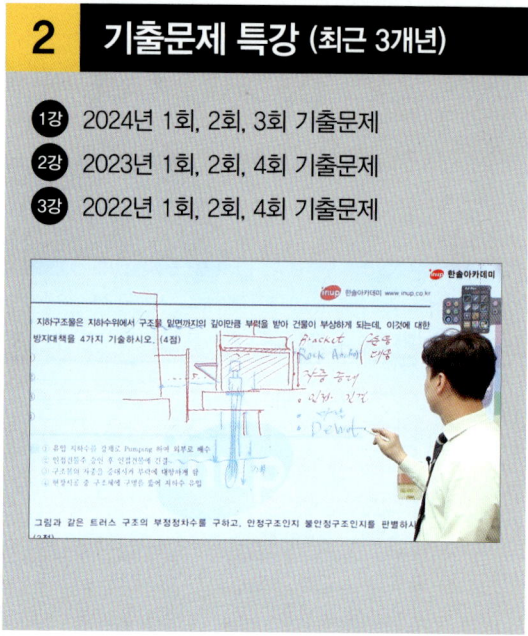

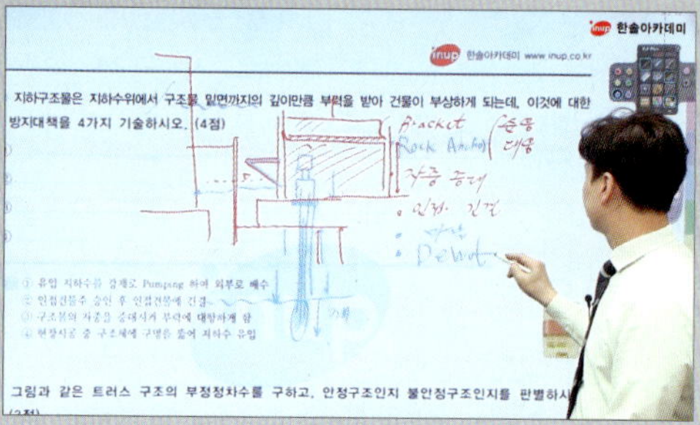

3 자율 모의고사

4 학습 게시판

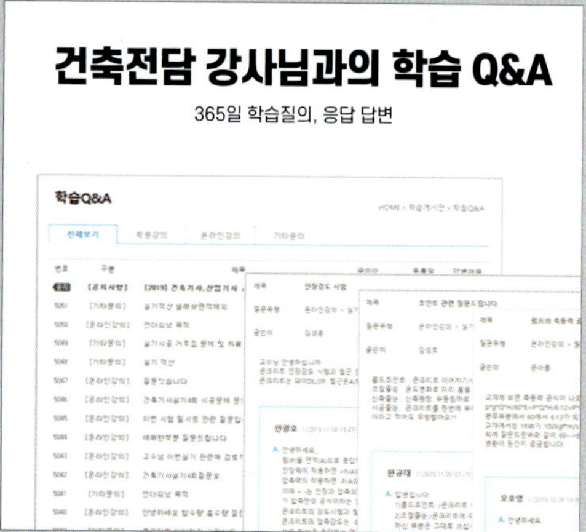

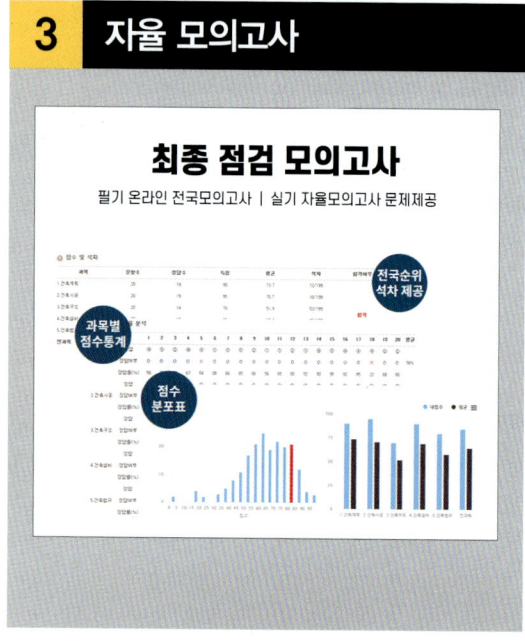

교재 인증번호 등록을 통한 학습관리 시스템

건축기사 실기 한솔아카데미 동영상 무료 수강 방법

무료쿠폰번호 1RR0-RQPS-OKMI

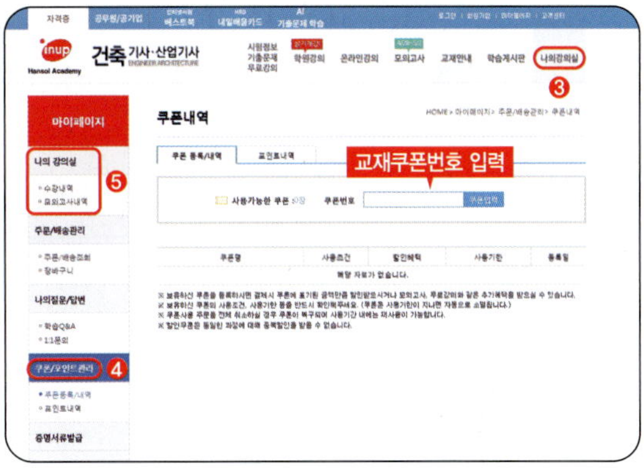

01 사이트 접속

인터넷 주소창에 **https://www.inup.co.kr** 을 입력하여 한솔아카데미 홈페이지에 접속합니다.

02 회원가입 로그인

홈페이지 우측 상단에 있는 **회원가입** 또는 아이디로 **로그인**을 한 후, **[건축]** 사이트로 접속을 합니다.

03 나의 강의실

나의강의실로 접속하여 왼쪽 메뉴에 있는 **[쿠폰/포인트관리]-[쿠폰등록/내역]**을 클릭합니다.

04 쿠폰 등록

도서에 기입된 **인증번호 12자리** 입력(-표시 제외)이 완료되면 **[나의강의실]**에서 학습가이드 관련 응시가 가능합니다.

■ 모바일 동영상 수강방법 안내

❶ QR코드 이미지를 모바일로 촬영합니다.
❷ 회원가입 및 로그인 후, 쿠폰 인증번호를 입력합니다.
❸ 인증번호 입력이 완료되면 [나의강의실]에서 강의 수강이 가능합니다.

※ QR코드를 찍을 수 있는 앱을 다운받으신 후 진행하시길 바랍니다.

신뢰(信賴)

신뢰는 하루아침에 이루어질 수 없습니다.
매년 약속된 결과보다 더 큰 만족을 드리며
새롭게 앞서나가려는 노력으로
혼신의 힘을 다할 때
신뢰는 조금씩 쌓여가는 것으로
40년 전통의 한솔아카데미의 신뢰만큼은
모방할 수 없는 것입니다.

머리말

『과거를 잊지 않는 것... 그것이 미래를 부르는 유일한 힘이다.』

과거의 역사가 미래의 거울이듯, 시험을 준비하는 수험생은 과거의 기출문제를 통하여 미래의 출제될 문제를 예상하고 대비할 수 있습니다.
이 책은 현재 시행되고 있는 한국산업인력공단 국가기술자격검정에 의한 건축기사 실기시험 분야의 1998년~2024년까지의 27년 동안의 출제되었던 문제를 현재의 국가표준인 [국가건설기준] 관련규정 설계기준(KDS, Korea Design Standard), 표준시방서[KCS, Korea Construction Specification] 의 규정에 맞게 군더더기 없는 내용과 문제해설로 정리하였습니다.

건축기사를 준비하는 수험생들이 어떻게 하면 보다 더 빠르고 보다 더 쉽게 합격할 수 있는가를 20년간의 대학강의 및 학원강의를 통한 강의기법 및 Know-How를 바탕으로 『건축기사실기 The Bible』 교재를 제작하였으므로 수험생들이 신뢰할 수 있는 합격의 지름길을 제공하는 교재가 될 것으로 확신합니다.

이 책의 특징은 다음과 같습니다.

Ⅰ. [국가건설기준]: 설계기준(KDS, Korea Design Standard),
표준시방서[KCS, Korea Construction Specification] 관련 내용의 적용
Ⅱ. 시험에 출제되지 않는 일반사항들을 모두 배제하고 1998년~2024년 동안 출제되어 왔던 기출문제들을 각각의 공종별로 Point를 제시하여 최적의 답안을 작성할 수 있도록 유도

이 책의 제작을 위해 최선의 노력을 기울였지만 교재의 본문에 발생한 오탈자 등은 지속적으로 수정 및 보완해 나갈 것을 약속드리겠습니다.
끝으로 본 교재의 출간을 위해 애써주신 한솔아카데미 출판부 이종권 전무님과 편집부 안주현 부장님, 문수진 과장님에게 깊은 감사를 드립니다.
세상을 올바른 눈으로 볼 수 있도록 길러주신 부모님에게 항상 감사드리며 사랑하는 아들 준혁, 재혁 그리고 불의의 사고로 하늘나라로 먼저 간 사랑하는 나의 딸 시현에게 감사의 마음을 글로 대신합니다.

건축수험연구회 저자 안광호 드림

【2011.1회~2024.3회 기출문제 배점 분석】

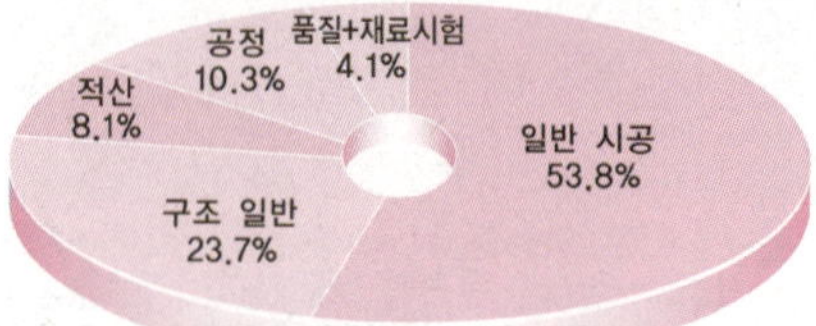

	일반 시공		구조 일반		적산		공정		품질 + 재료시험	
2011.①	19문제	66점	9문제	27점	-	-	-	-	2문제	7점
2011.②	16문제	55점	7문제	23점	1문제	4점	1문제	10점	2문제	8점
2011.④	14문제	53점	8문제	27점	2문제	9점	2문제	7점	1문제	4점
2012.①	15문제	48점	9문제	31점	1문제	3점	3문제	16점	1문제	2점
2012.②	16문제	54점	10문제	30점	1문제	4점	1문제	6점	2문제	6점
2012.④	16문제	50점	8문제	23점	1문제	9점	2문제	14점	1문제	4점
2013.①	14문제	48점	8문제	27점	2문제	13점	1문제	10점	1문제	2점
2013.②	17문제	57점	6문제	21점	3문제	12점	1문제	10점	-	-
2013.④	16문제	55점	6문제	19점	2문제	13점	1문제	10점	1문제	3점
2014.①	14문제	47점	8문제	30점	1문제	6점	1문제	10점	2문제	7점
2014.②	14문제	49점	6문제	23점	2문제	13점	2문제	12점	1문제	3점
2014.④	13문제	50점	7문제	25점	1문제	10점	1문제	10점	2문제	5점
2015.①	16문제	53점	6문제	19점	2문제	10점	1문제	10점	2문제	8점
2015.②	15문제	49점	8문제	28점	3문제	10점	1문제	10점	1문제	3점
2015.④	13문제	47점	7문제	24점	3문제	10점	1문제	10점	3문제	9점
2016.①	19문제	60점	6문제	24점	1문제	6점	1문제	10점	-	-
2016.②	16문제	56점	5문제	16점	3문제	12점	2문제	13점	1문제	3점
2016.④	20문제	68점	4문제	13점	1문제	9점	1문제	10점	-	-
2017.①	14문제	49점	7문제	27점	1문제	6점	3문제	15점	1문제	3점
2017.②	19문제	64점	4문제	15점	-	-	1문제	10점	2문제	9점
2017.④	16문제	54점	5문제	20점	1문제	5점	3문제	17점	1문제	4점
2018.①	15문제	52점	6문제	25점	3문제	10점	1문제	10점	1문제	3점
2018.②	17문제	62점	6문제	21점	1문제	4점	1문제	8점	1문제	5점
2018.④	18문제	61점	5문제	21점	2문제	8점	1문제	10점	-	-

【2011.1회~2024.3회 기출문제 배점 분석】

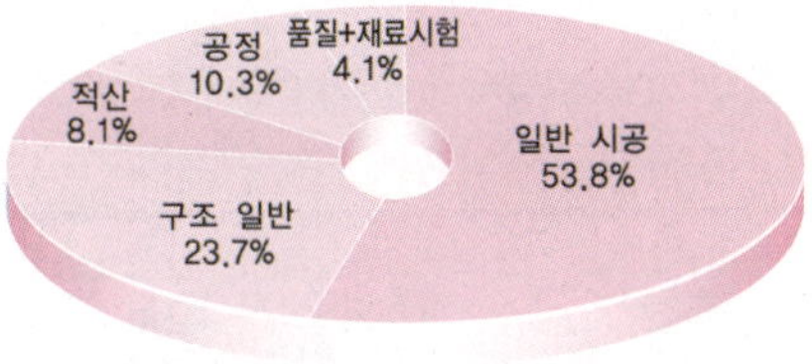

	일반 시공		구조 일반		적산		공정		품질 + 재료시험	
2019.①	16문제	60점	8문제	26점	1문제	4점	1문제	10점	-	-
2019.②	14문제	50점	8문제	27점	2문제	9점	1문제	10점	1문제	4점
2019.④	18문제	61점	5문제	17점	1문제	8점	1문제	10점	1문제	4점
2020.①	15문제	48점	7문제	23점	2문제	16점	1문제	10점	1문제	3점
2020.②	16문제	56점	7문제	21점	1문제	9점	2문제	14점	-	-
2020.③	15문제	51점	7문제	29점	2문제	10점	1문제	6점	1문제	4점
2020.④	14문제	50점	8문제	29점	2문제	8점	1문제	10점	1문제	3점
2020.⑤	16문제	57점	7문제	21점	1문제	10점	1문제	8점	1문제	3점
2021.①	18문제	56점	4문제	16점	1문제	9점	1문제	10점	2문제	9점
2021.②	14문제	48점	7문제	27점	2문제	9점	2문제	13점	1문제	3점
2021.④	16문제	54점	7문제	27점	1문제	5점	1문제	10점	1문제	4점
2022.①	12문제	43점	9문제	31점	2문제	9점	2문제	13점	1문제	4점
2022.②	17문제	65점	6문제	18점	1문제	3점	1문제	10점	1문제	4점
2022.④	16문제	55점	5문제	18점	1문제	6점	1문제	10점	3문제	11점
2023.①	15문제	51점	7문제	23점	1문제	6점	2문제	13점	1문제	5점
2023.②	14문제	47점	9문제	29점	2문제	14점	1문제	10점	-	-
2023.④	15문제	51점	7문제	24점	2문제	11점	1문제	10점	1문제	4점
2024.①	15문제	52점	7문제	27점	2문제	10점	1문제	8점	1문제	3점
2024.②	14문제	48점	6문제	23점	2문제	9점	1문제	10점	3문제	10점
2024.③	16문제	56점	7문제	24점	1문제	6점	1문제	10점	1문제	4점
평균	688	2,366	299	1,039	68	357	57	453	51	177
	15.6	**53.8**	6.8	**23.7**	1.5	**8.1**	1.3	**10.3**	1.2	**4.1**

목차

1

가설공사, 토공 및 흙막이공사

01 가설공사 : 일반사항

POINT 01 가설공사 계획

(1) 시공계획서 제출 시 환경관리 및 친환경관리에 대해 제출해야 할 서류에 포함될 내용

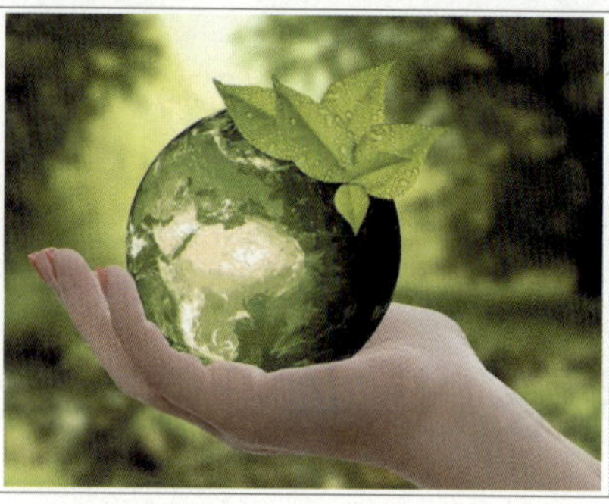

①	건설폐기물 저감 및 재활용계획
②	산업부산물 재활용계획
③	온실가스 배출 저감 계획
④	천연자원 사용 저감 계획
⑤	수자원 활용 계획
⑥	작업장, 대지 및 대지 주변의 환경관리계획

(2) 가설공사(Temporary Work) 계획의 입안 시 주요 검토사항

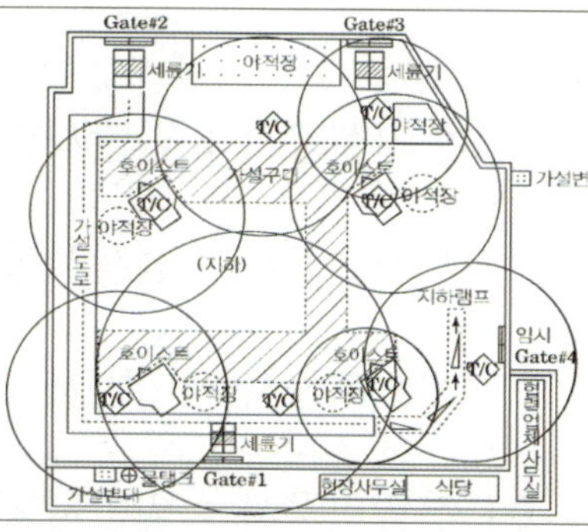

①	대지 및 주변현황의 조사, 인접 건축물의 조사 및 보호
②	현장설치의 최소화 추구, 현장 조립작업의 축소 검토
③	작업능률을 고려한 동선계획 및 안전확보

(3) 가설건축물을 축조할 때 제출하여야 하는 서류: 가설건축물 축조신고서, 배치도, 평면도

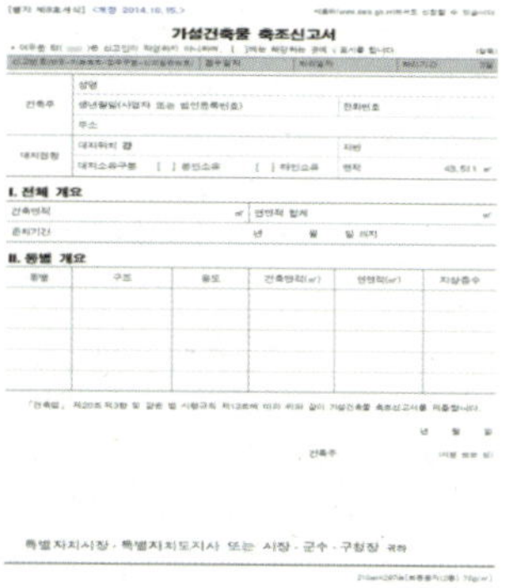
가설건축물 축조신고서

I. 전체 개요

II. 동별 개요

특별자치시장 · 특별자치도지사 또는 시장 · 군수 · 구청장 귀하

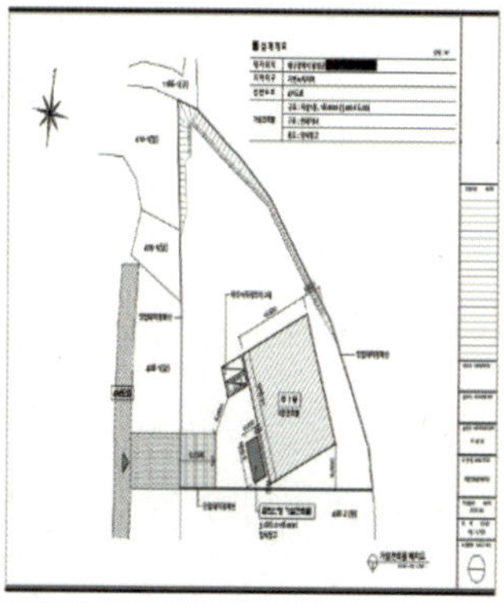

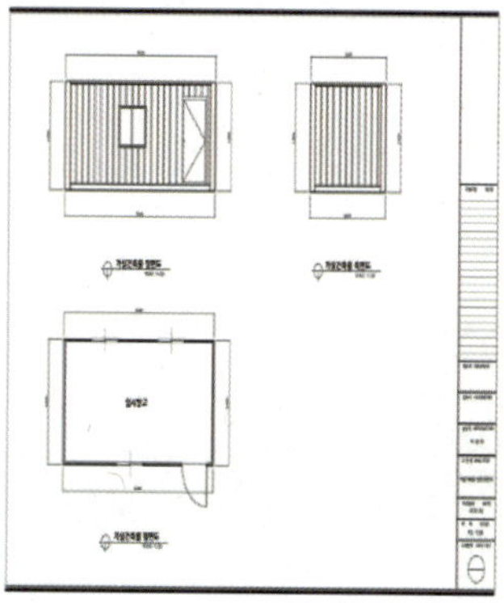

①	가설건축물 축조신고서	②	배치도	③	평면도

POINT 01 **가설공사 계획**

(4) 가설출입구 설치 시 고려사항

①	현장으로의 접근이 용이하고 자재 야적에 유리한 위치 선정
②	주변 교통상황과 도로에 영향을 주지 않는 위치 선정
③	진입 유효폭과 전면 도로폭에 의한 충분한 진입각도를 고려

(5) 대기환경보전법: 비산먼지의 발생을 억제하기 위한 시설의 설치 및 필요한 조치에 관한 기준

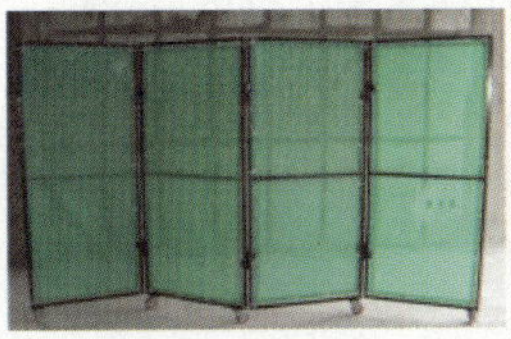

	시설의 설치 및 조치에 관한 기준	설치 및 조치내역
①	야적물질을 1일 이상 보관하는 경우 방진덮개로 덮을 것	방진덮개
②	야적물질의 최고저장높이의 1/3 이상의 방진벽을 설치하고, 최고저장높이의 1.25배 이상의 방진망을 설치할 것	방진벽, 방진망 또는 방진막
③	야적물질로 인한 비산먼지 발생 억제를 위하여 물을 뿌리는 시설을 설치할 것	이동식 살수시설 설치

(6) 공통가설공사(=간접가설공사), 직접가설공사

공통가설공사	• 운영 및 관리상 필요한 가설시설 • 가설건물(사무소, 화장실, 창고, 식당 등), 가설울타리, 가설도로, 공사용수비, 공사용 임시동력 및 통신설비, 소운반비 등	
직접가설공사	• 본건물 축조에 직접 필요한 가설시설 • 규준틀, 비계, 동바리, 먹매김, 보양, 양중설비(Toer Crane, 타워크레인), 운반·하역설비(Hoist, 호이스트), 안전시설, 타설장비(Concrete Placing Boom, 콘크리트 플레이싱 붐)	

01 [18④, 20⑤] 4점

시공계획서 제출 시 환경관리 및 친환경관리에 대해 제출해야 할 서류에 포함될 내용을 4가지 쓰시오.

①

②

③

④

02 [03④] 3점

가설계획의 입안 시 유의해야 할 사항을 3가지 쓰시오.

①

②

③

03 [16①] 3점

가설건축물을 축조할 때 제출하여야 하는 서류를 3가지 쓰시오.

① ② ③

04 [23②] 3점

가설출입구 설치 시 고려사항을 3가지 작성하시오.

①

②

③

05 [17①] 3점

비산먼지 발생 억제를 위한 방진시설을 설치할 때 야적(분체상 물질을 야적하는 경우에 한함) 시 조치사항 3가지를 쓰시오.

①

②

③

06 [21④] 2점

공사시공 현장에서 공사 중 환경관리와 민원예방을 위해 설치운영하는 비산먼지 방지시설의 종류를 2가지 쓰시오.

> 예시: 방진막
> (※ 단, 예시를 정답란에 쓰면 채점대상에서 제외함)

① ②

정답 및 해설

01
① 건설폐기물 저감 및 재활용계획
② 산업부산물 재활용계획
③ 온실가스 배출 저감 계획
④ 천연자원 사용 저감 계획

02
① 대지 및 주변현황의 조사
② 현장설치의 최소화 추구
③ 작업능률을 고려한 동선계획 및 안전확보

03
① 가설건축물 축조신고서
② 배치도
③ 평면도

04
① 현장으로의 접근이 용이하고 자재 야적에 유리한 위치 선정
② 주변 교통상황과 도로에 영향을 주지 않는 위치 선정
③ 진입 유효폭과 전면 도로폭에 의한 충분한 진입각도를 고려

05
① 야적물질을 1일 이상 보관하는 경우 방진덮개로 덮을 것
② 야적물질의 최고저장높이의 1/3 이상의 방진벽을 설치하고, 최고저장높이의 1.25배 이상의 방진망을 설치할 것
③ 야적물질로 인한 비산먼지 발생 억제를 위하여 물을 뿌리는 시설을 설치할 것

06
① 방진덮개 ② 방진벽

1998~2024 **기출문제**

07 [00②] 4점

가설공사 항목 중 공통가설항목과 직접가설항목을 보기에서 골라 기호로 쓰시오.

보기

① 가설건물	② 규준틀
③ 용수설비	④ 공사용동력
⑤ 방호선반	⑥ 먹매김
⑦ 소운반	⑧ 콘크리트 양생

(1) 공통가설:________________

(2) 직접가설:________________

08 [00④] 4점

다음 【보기】 에서 직접가설비와 간접가설비를 구분하여 기호로 쓰시오.

보기

① 양중 · 하역설비	② 숙소
③ 급배수 설비	④ 운반설비
⑤ 현장사무소	⑥ 공사용 전기설비
⑦ 안전설비	⑧ 기자재 창고

(1) 직접가설:________________

(2) 간접가설:________________

정답 및 해설

07

(1) ①, ③, ④, ⑦

(2) ②, ⑤, ⑥, ⑧

08

(1) ①, ④, ⑦

(2) ②, ③, ⑤, ⑥, ⑧

POINT 02 측량의 기구, 규준틀, 기준점

(1) 평판측량, 수준측량의 기구

평판측량(Plane Table Surveying)		수준측량(Leveling Surveying)	
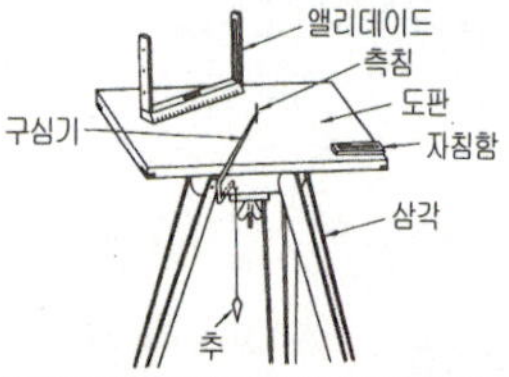			
평판을 사용하여 야외에서 측정과 동시에 제도한다.		지상 여러 점의 고저의 차이나 표고(해발고도)를 측정하기 위한 측량으로서, 일반적으로 망원경과 수준기를 조합한 레벨(Level)과 표척(Staff)을 이용해서 측점의 높이를 결정한다.	

(2) 수평규준틀

①	설치목적	• 건축물 각부 위치 및 높이의 기준을 표시 • 터파기폭 및 기둥 및 기초의 중심선 표시		
②	설치위치	• 귀규준틀: 외벽코너 요철 부분 • 평규준틀: 내벽 간막이벽의 양끝	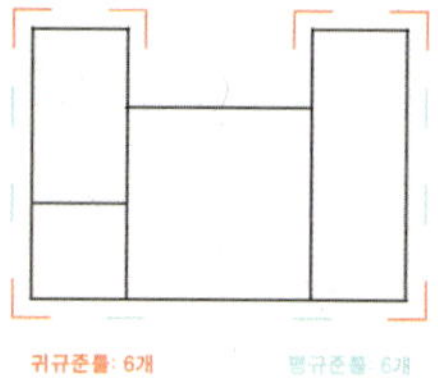	

(3) 수직규준틀(=세로규준틀)

①	설치목적	• 조적공사에서 고저 및 수직면의 기준을 삼고자 설치한다.	
②	설치위치	• 건물 모서리, 교차 부분, 벽체가 긴 경우 벽체의 중간	
③	표시사항	• 쌓기단수 및 줄눈 표시, 창문틀의 위치 및 치수 표시 • 앵커볼트 및 매립철물 설치위치, 인방보 및 테두리보의 설치위치	

(4) 기준점(Bench Mark)

①	설치목적	건축물 높낮이 기준이 되며, 기존 공작물이나 신설한 말뚝 등의 높이 기준을 표시하는 것	
②	설치위치	• 지면에서 0.5~1.0m에 공사에 지장이 없는 곳에 설치 • 이동의 염려가 없는 곳에 설치 • 필요에 따라 보조기준점을 1~2개소 설치	

1998~2024 **기출문제**

01 [06①] 4점

평판측량과 레벨측량의 기구를 보기에서 골라 기호를 쓰시오.

① 앨리데이드	② 평판	③ 구심기
④ 다림추	⑤ 자침기	⑥ 레벨
⑦ 스태프(Staff)		

(1) 평판측량 : ______

(2) 레벨측량 : ______

02 [12①, 15②] 2점

가설공사의 수평규준틀 설치 목적을 2가지 쓰시오.

① ______

② ______

03 [16②, 20④, 23④] 4점

다음 평면도에서 평규준틀과 귀규준틀의 개수를 구하시오.

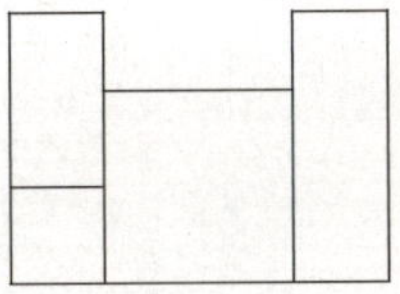

- 귀규준틀: (　　　)개소
- 평규준틀: (　　　)개소

04 [15①, 22②] 3점

조적조 세로규준틀의 설치위치 중 1개소를 쓰고, 세로규준틀 표시사항을 2가지 쓰시오.

(1) 설치위치: ______

(2) 표시사항

① ______ ② ______

05 [98①, 16④] 4점

조적공사 세로규준틀에 기입해야 할 사항을 4가지 쓰시오.

① ______

② ______

③ ______

④ ______

06 [04④, 07④, 10①, 11① , 11②, 13④, 14①, 16④, 17①, 18①, 20③, 21④, 22②] 2점, 3점, 4점, 5점

기준점(Bench Mark)의 정의 및 설치 시 주의사항을 3가지 쓰시오.

(1) 정의:

(2) 설치 시 주의사항

① ______

② ______

③ ______

정답 및 해설

01
(가) 평판측량 : ①, ②, ③, ④, ⑤
(나) 레벨측량 : ⑥, ⑦

02
① 건축물 각부 위치 및 높이의 기준을 표시
② 터파기폭 및 기둥 및 기초의 중심선 표시

03 6, 6

04
(1) 건물의 모서리
(2) ① 쌓기단수 및 줄눈 표시
② 창문틀의 위치 및 치수 표시

05
① 쌓기단수 및 줄눈 표시
② 창문틀의 위치 및 치수 표시
③ 앵커볼트 및 매립철물 위치표시
④ 인방보 및 테두리보의 설치위치

06
(1) 건축물 시공 시 공사 중 높이의 기준을 정하고자 설치하는 원점
(2) ① 지면에서 0.5~1.0m에 공사에 지장이 없는 곳에 설치
② 이동의 염려가 없는 곳에 설치
③ 필요에 따라 보조기준점을 1~2개소 설치

POINT 03 비계(飛階, Scaffolding), 잭 서포트(Jack Support)

(1) 통나무비계, 강관비계, 강관틀비계의 부재 간격

구분	통나무비계	강관비계	강관틀비계
기둥 간격	1.5~1.8m	띠장 방향: 1.85m 이하 장선 방향: 1.5m 이하	세로틀은 수직방향 6m, 수평방향 8m 내외의 간격으로 건축물의 구조체에 견고하게 긴결한다. 강관틀비계의 높이는 원칙적으로 40m를 초과할 수 없다.
띠장, 장선 간격	1.5m	1.5m	
가새 간격	수평길이 15m마다 40°~60° 로 설치		

(2) 강관비계 연결철물

클램프(Clamp)		연결핀	베이스(Base) 철물

고정	자동(회전)		지반이 미끄러지지 않도록 지지하거나 잡아주는 비계기둥의 맨 아래에 설치하는 철물
수직, 수평, 경사방향으로 연결 또는 이음 고정시킬 때 사용			

【너트의 풀림방지법: 와셔(Washer)의 사용,
록 너트(Lock Nut)의 사용,
분할 핀(Split Pin)의 사용

(3) 시스템(system) 비계

①	일체화 조립으로 안정성 증가
②	넓은 작업공간 확보로 작업능률 향상
③	부재(수직, 수평, 계단 등)의 공장제작으로 균일품질 확보

(4) 잭 서포트(Jack Support)

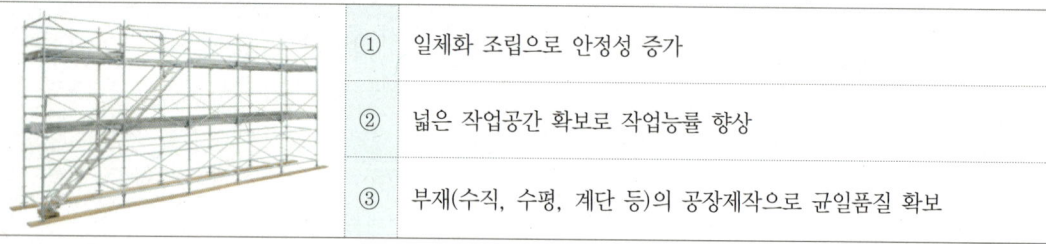

정의	설치위치	
지하주차장 거푸집 동바리 해체 후, 하중 및 차량 진동으로 인한 균열 방지를 위해 사용하는 가설지주	①	바닥판(Slab) 중앙부
	②	보(Beam) 중앙부

1998~2024 **기출문제**

I

01 [98②, 17④] 2점, 3점

다음 괄호 안에 들어갈 수치를 쓰시오.

> 강관틀비계에서 세로틀은 수직방향 ( ), 수평방향 ( ) 내외의 간격으로 건축물의 구조체에 견고하게 긴결한다. 강관틀비계의 높이는 원칙적으로 ( )를 초과할 수 없다.

02 [00③, 07①] 3점

강관비계를 수직 · 수평 · 경사방향으로 연결 또는 이음 고정시킬 때 사용하는 부속철물의 명칭을 3가지 쓰시오.

① ② ③

03 [15①] 3점

강관파이프 비계에 대한 다음 물음에 답하시오.

(1) 수직, 수평, 경사방향으로 연결 또는 이음 고정시킬 때 사용하는 클램프의 종류 2가지:

① ②

(2) 지반이 미끄러지지 않도록 지지하거나 잡아주는 비계기둥의 맨 아래에 설치하는 철물:

04 [99③, 04①] 3점

가설공사 등에 쓰이는 일반 볼트의 경우, 너트의 풀림을 방지할 수 있는 방법에 대하여 3가지 쓰시오.

①

②

③

05 [20②] 3점

시스템(system) 비계에 설치하는 일체형 작업 발판의 장점을 3가지만 적으시오.

①

②

③

06 [15④, 24①] 4점

Jack Support의 정의 및 설치위치를 2군데 쓰시오.

(1) 정의

(2) 설치위치

① ②

정답 및 해설

01

6m, 8m, 40m

02

① 클램프 ② 연결핀 ③ Base철물

03

(1) ① 고정클램프 ② 자동클램프

(2) 베이스(Base) 철물

04

① 와셔(Washer)의 사용

② 록 너트(Lock Nut)의 사용

③ 분할 핀(Split Pin)의 사용

05

① 일체화 조립으로 안정성 증가

② 넓은 작업공간 확보로 작업능률 향상

③ 부재(수직, 수평, 계단 등)의 공장제작으로 균일품질 확보

06

(1) 지하주차장 거푸집 동바리 해체 후, 하중 및 차량 진동으로 인한 균열 방지를 위해 사용하는 가설지주

(2) ① 바닥판 중앙부

② 보 중앙부

POINT 04	낙하비래 방지시설, 달비계 & 말비계

(1)	낙하비래 방지시설		
	낙하물방지망		작업도중, 자재, 공구 등의 낙하로 인한 피해를 방지하기 위하여 벽체 및 비계 외부에 설치한 망
	추락방호망		고소 작업 중 근로자의 추락 및 물체의 낙하를 방지하기 위하여 수평으로 설치하는 보호망으로 설치 지점에서 작업 위치까지의 높이 10m를 초과하지 말아야 하는 것 【※ 기존의 안전방망과 추락방지망을 통합하여 추락방호망으로 용어가 개정됨】
	방호선반		상부에서 작업도중 자재나 공구 등의 낙하로 인한 재해를 방지하기 위하여 개구부 및 비계 외부 안전통로 출입구 상부에 설치하는 낙하물 방지망 대신 설치하는 목재 또는 금속 판재
(2)	달비계(Suspended Scaffolding) & 말비계(Sawhorse)		
	달비계		상부에서 와이어로프 등으로 매달린 형태의 비계
	말비계		실내 내장 마무리 작업, 도배작업 등의 다소 낮은 높이의 비계형태의 발판

1998~2024 **기출문제**

I

01 [00②, 01①] 3점

가설공사 시 추락, 낙하, 비래 방지를 위한 안전설비의 종류를 3가지 쓰시오.

① ② ③

02 [10①, 13④, 21①] 4점

다음 용어를 설명하시오.

(1) 기준점:

(2) 방호선반:

03 [24②] 4점

다음 용어를 간단히 설명하시오.

(1) 달비계:

(2) 말비계:

정답 및 해설

01

① 낙하물방지망
② 추락방호망
③ 방호선반

02

(1) 건축물 시공 시 공사 중 높이의 기준을 정하고자 설치하는 원점
(2) 상부에서 작업도중 자재나 공구 등의 낙하로 인한 피해를 방지하기 위하여 벽체 및 비계 외부에 설치하는 금속 판재

03

(1) 상부에서 와이어로프 등으로 매달린 형태의 비계
(2) 실내 내장 마무리 작업, 도배작업 등의 다소 낮은 높이의 비계형태의 발판

02 가설공사 : 적산사항

POINT 01 비계(Scaffolding)면적 수량산출

외줄비계	쌍줄비계	강관비계
$A=H(L+8\times 0.45)$	$A=H(L+8\times 0.9)$	$A=H(L+8\times 1)$

A : 비계면적(m^2)
H : 건물 높이(m)
L : 건물 외벽길이(m)

0.45 : 외벽에서 0.45m 이격
0.9 : 외벽에서 0.9m 이격
1 : 외벽에서 1m 이격

POINT 02 시멘트 창고

(1) 시멘트 창고 면적의 산출

$$A=0.4\times\frac{N}{n}$$

- n : 쌓기 단수($n \leq 13$)
- N: 시멘트 포대수

600포 미만	N=포대수
600포 이상	N=포대수$\times\frac{1}{3}$

(2) 시멘트 창고 관리방법

① 필요한 출입구 및 채광창 이외의 환기창 설치를 금지한다.
② 바닥은 지반에서 30cm 이상의 높이로 한다.
③ 반입, 반출구는 따로 두고 먼저 반입한 것을 먼저 쓴다.
④ 주위에 배수도랑을 두고 누수를 방지한다.

POINT 03 동력소 및 변전소

$$A=3.3\sqrt{W}$$

- W: 전력용량(kWh)
- 1HP = 0.746kW

1998~2024 **기출문제**

01 [09④, 13②] 4점

외부 쌍줄비계와 외줄비계의 면적산출 방법을 기술하시오.

(1) 외부 쌍줄비계:

(2) 외줄비계:

02 [07④] 4점

다음 평면의 건물높이가 16.5m일 때 비계면적을 산출하시오. (단, 쌍줄비계로 함)

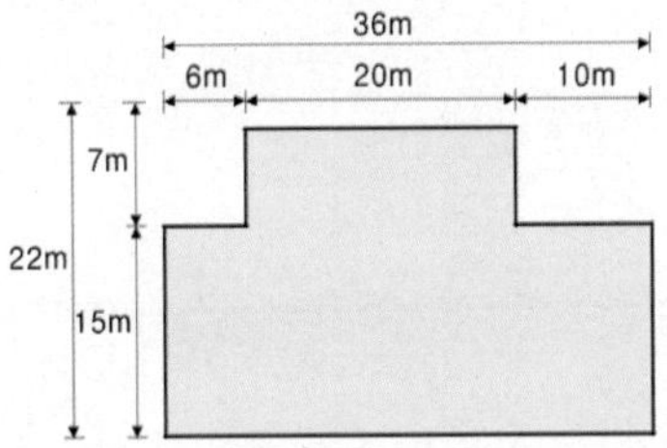

03 [12①] 4점

다음 평면의 건물높이가 13.5m일 때 비계면적을 산출하시오. (단, 도면 단위는 mm이며, 비계형태는 쌍줄비계로 한다.)

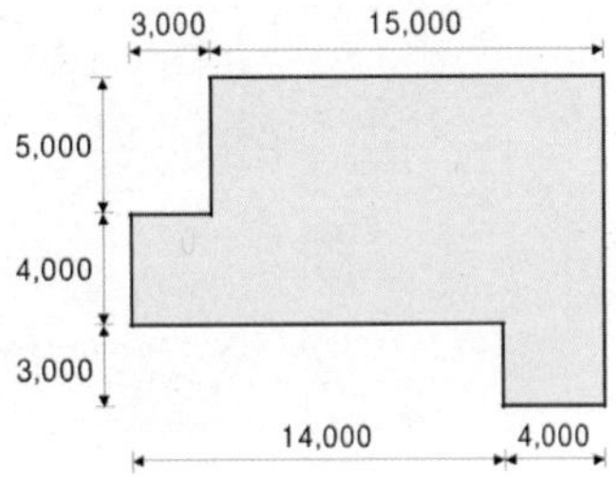

04 [17④, 23②] 5점

다음 평면의 건물높이가 13.5m일 때 비계면적을 산출하시오. (단, 도면 단위는 mm이며, 비계형태는 쌍줄비계로 한다.)

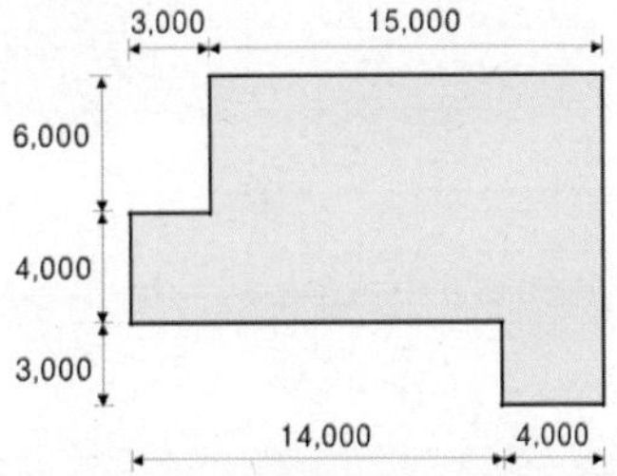

정답 및 해설

01

(1) $A = H(L + 8 \times 0.9)$

(2) $A = H(L + 8 \times 0.45)$

02 $A = 2{,}032.8\text{m}^2$

$A = 16.5 \times \{(36 + 22) \times 2 + 8 \times 0.9\}$

03 $A = 907.2\text{m}^2$

$A = 13.5 \times \{(18 + 12) \times 2 + 8 \times 0.9\}$

04 $A = 934.2\text{m}^2$

$A = 13.5 \times \{(18 + 13) \times 2 + 8 \times 0.9\}$

05 [06②, 21①, 23④] 3점 □□□□□

시멘트 500포의 공사현장에서 필요한 시멘트 창고의 면적을 구하시오. (단, 쌓기 단수는 12단)

06 [08②, 13①] 4점 □□□□□

시멘트 창고 관리방법 4가지를 쓰시오.

①
②
③
④

07 [10②] 5점 □□□□□

다음과 같은 조건으로 동력소 면적을 산출하고 1개월 소요전력량을 구하시오.

조건

① 20HP 전동기 5대
② 5HP 윈치 2대
③ 150W 전등 10개
④ 1일 10시간씩 30일 사용한다.

(1) 동력소 면적:

(2) 1개월 소요전력량:

정답 및 해설

05

$A = 0.4 \times \frac{500}{12} = 16.666$ ➠ 16.67m^2

06

① 필요한 출입구 및 채광창 이외의 환기창 설치를 금지한다.
② 바닥은 지반에서 30cm 이상의 높이로 한다.
③ 반입, 반출구는 따로 두고 먼저 반입한 것을 먼저 쓴다.
④ 주위에 배수도랑을 두고 누수를 방지한다.

07

(1) $A = 30.17\text{m}^2$

$A = 3.3\sqrt{(20\times0.746)\times5+(5\times0.746)\times2+0.15\times10}$

$= 30.165\text{m}^2$

(2) 25,068kW

$[(20\times0.746)\times5+(5\times0.746)\times2+0.15\times10]$

$\times$10시간$\times$30일 = 25,068kW

MEMO

I

03 토공사 : 일반사항

POINT 01 흙의 성질

(1) 흙의 3상도

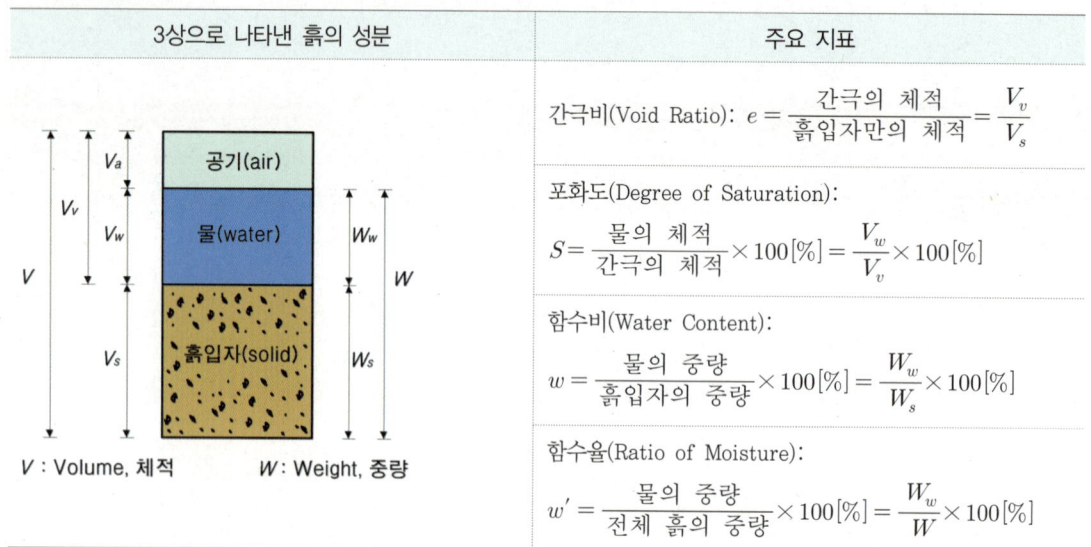

3상으로 나타낸 흙의 성분	주요 지표
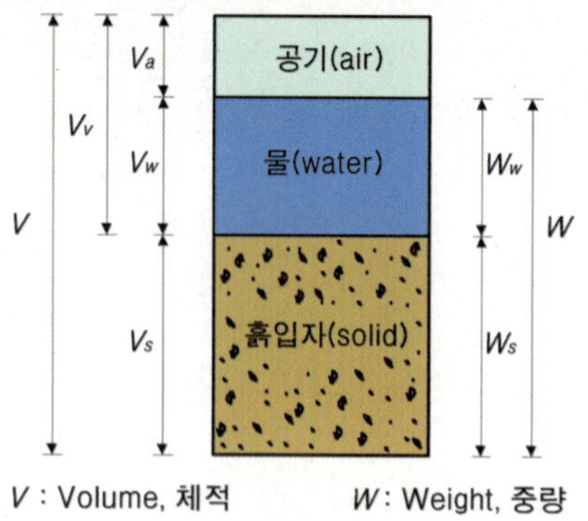	간극비(Void Ratio): $e=\dfrac{\text{간극의 체적}}{\text{흙입자만의 체적}}=\dfrac{V_v}{V_s}$
	포화도(Degree of Saturation): $S=\dfrac{\text{물의 체적}}{\text{간극의 체적}}\times 100[\%]=\dfrac{V_w}{V_v}\times 100[\%]$
	함수비(Water Content): $w=\dfrac{\text{물의 중량}}{\text{흙입자의 중량}}\times 100[\%]=\dfrac{W_w}{W_s}\times 100[\%]$
	함수율(Ratio of Moisture): $w'=\dfrac{\text{물의 중량}}{\text{전체 흙의 중량}}\times 100[\%]=\dfrac{W_w}{W}\times 100[\%]$

(2) 아터버그 한계(Atterberg Limits)

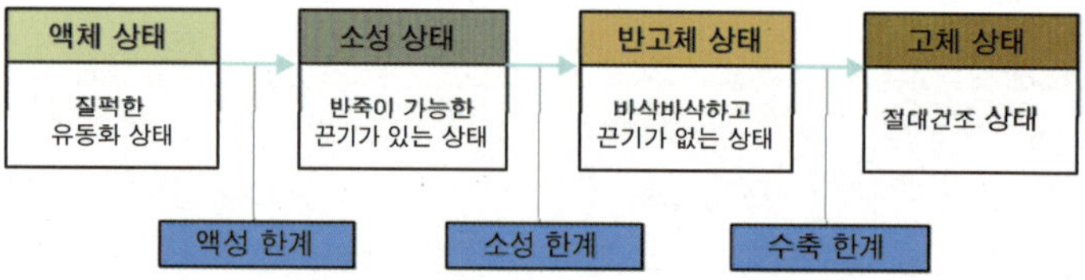

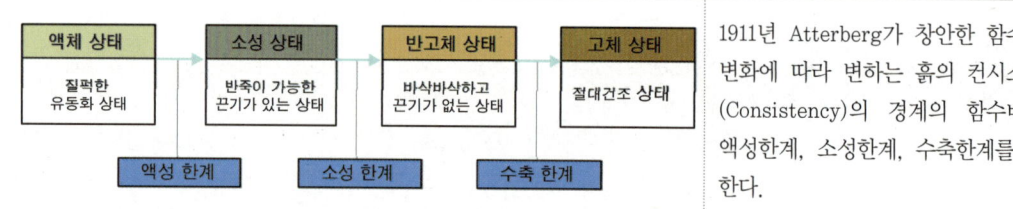

1911년 Atterberg가 창안한 함수량의 변화에 따라 변하는 흙의 컨시스턴시(Consistency)의 경계의 함수비로서 액성한계, 소성한계, 수축한계를 총칭한다.

(3) 주요 용어정리

①	압밀침하 (Consolidation Settlement)	하중이 커지면 재하판 아래의 흙이 압축되어 하중을 제거해도 압축된 부분의 침하가 남아 있는 현상
②	예민비 (Sensitivity Ratio)	자연적인 점토의 강도를 이긴 점토의 강도로 나누었을 때의 비율
③	피압수 (Confined Ground Water)	지하수층의 상하에 불투수층이 존재하며, 불투수층에 의해 압력을 받고 있는 지하수
④	휴식각, 안식각 (Angle of Repose)	흙입자간의 부착력, 응집력을 무시한 때, 즉 마찰력만으로서 중력에 대하여 정지하는 흙의 사면각도이다.

기출문제

01 [11④, 22②] 6점

흙은 흙입자, 물, 공기로 구성되며, 도식화하면 다음 그림과 같다. 그림에 주어진 기호로 아래의 용어를 표기하시오.

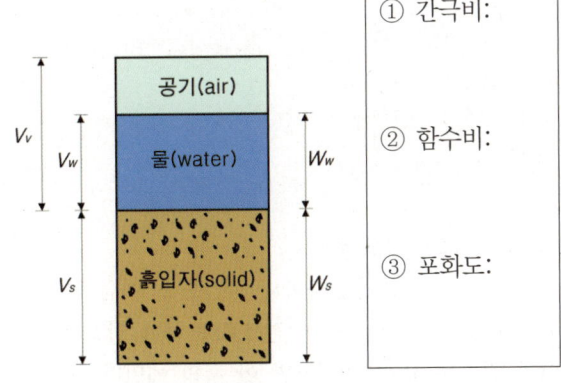

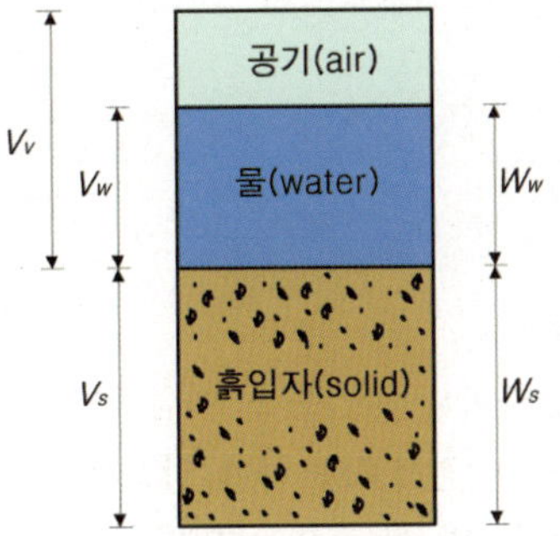

① 간극비:

② 함수비:

③ 포화도:

02 [00①, 03①] 4점

다음 토질과 관계하는 자료를 참조하여 간극비와 함수율을 구하시오.

- 순토립자만의 용적 : 2m^3
- 순토립자만의 중량 : 4ton
- 물만의 용적 : 0.5m^3
- 물만의 중량 : 0.5ton
- 공기만의 용적 : 0.5m^3
- 전체흙의 용적 : 3m^3
- 전체흙의 중량 : 4.5ton

(1) 간극비:

(2) 함수율:

03 [00②] 6점

점토의 흐트러트리지 않은 공시체의 밀도시험과 함수비 시험을 행한 결과 아래표와 같은 시험결과를 얻었다. 이 결과를 근거로 함수비, 간극비, 포화도를 쓰시오. (단, 물의 밀도 1g/cm^3)

시험 종류	시험 결과
토립자 밀도	토립자의 체적: 11.06cm^3
함수비	흙과 용기의 질량: 92.58g 건조한 흙과 용기의 질량: 78.95g 용기의 질량: 49.32g
습윤밀도	흙의 체적: 26.22cm^3

(1) 함수비:

(2) 간극비:

(3) 포화도:

04 [08④, 11①, 15②, 21①] 2점

흙의 함수량 변화와 관련하여 ( ) 안을 채우시오.

> 흙이 소성 상태에서 반고체 상태로 옮겨지는 경계의 함수비를 (①)라 하고, 액성 상태에서 소성 상태로 옮겨지는 함수비를 (②)라고 한다.

① ______ ② ______

정답 및 해설

01

① $\dfrac{V_v}{V_s}$

② $\dfrac{W_w}{W_s}\times 100[\%]$

③ $\dfrac{V_w}{V_v}\times 100[\%]$

02

(1) $e=\dfrac{V_v}{V_s}=\dfrac{0.5+0.5}{2}=0.5$

(2) $w'=\dfrac{W_w}{W}\times 100=\dfrac{0.5}{4.5}\times 100=11.11\%$

03

(1) $\dfrac{92.58-78.95}{78.95-49.32}\times 100=46.00[\%]$

(2) $\dfrac{26.22-11.06}{11.06}=1.37$

(3) $\dfrac{(92.58-78.95)\times 1}{26.22-11.06}\times 100=89.91[\%]$

04 ① 소성한계 ② 액성한계

05 [07④, 12①, 15②, 19④] 2점, 4점

토질과 관련된 다음 용어를 간단히 설명하시오.

(1) 압밀:

(2) 예민비:

06 [01④, 03④] 4점

다음 용어를 설명하시오.

(1) 압밀침하:

(2) 피압수:

07 [20①, 23①] 3점, 4점

압밀(Consolidation)과 다짐(Compaction)의 차이점을 비교하여 설명하시오.

08 [03②] 2점

점토에 있어서 자연시료는 어느 정도의 강도가 있으나 이것의 함수율을 변화시키지 않고 이기면 약해지는 성질이 있다. 이러한 흙의 이김에 의해서 약해지는 정도를 표시하는 것을 무엇이라 하는가?

09 [18②, 22②] 4점

예민비(Sensitivity Ratio)의 식을 쓰고 간단히 설명하시오.

(1) 식:

(2) 설명:

10 [17②, 23①] 3점, 4점

자연상태의 시료를 운반하여 압축강도를 시험한 결과 8MPa이었고, 그 시료를 이긴시료로 하여 압축강도를 시험한 결과는 5MPa이었다면 이 흙의 예민비는?

11 [01①] 3점

(　　)안에 알맞은 용어를 보기에서 골라 쓰시오.

압축력	마찰력	중력	응집력	지내력

"흙의 휴식각이란 흙입자간의 부착력, (①)을 무시한 때, 즉 (②)만으로서 (③)에 대하여 정지하는 흙의 사면각도이다."

① 　　　② 　　　③

정답 및 해설

05

(1) 하중이 커지면 재하판 아래의 흙이 압축되어 하중을 제거해도 압축된 부분의 침하가 남아 있는 현상

(2) 자연적인 점토의 강도를 이긴 점토의 강도로 나누었을 때의 비율

06

(1) 하중이 커지면 재하판 아래의 흙이 압축되어 하중을 제거해도 압축된 부분의 침하가 남아 있는 현상

(2) 지하수층의 상하에 불투수층이 존재하며, 불투수층에 의해 압력을 받고 있는 지하수

07

압밀은 점토지반에 외력을 가하여 흙 속의 간극수를 제거하는 것을 말하며, 다짐은 사질지반에 외력이 가해져 공기가 빠지면서 압축되는 현상을 말한다.

08 예민비(Sensitivity Ratio)

09

(1) $\text{예민비} = \dfrac{\text{자연시료강도}}{\text{이긴시료강도}}$

(2) 점토에 있어서 자연시료는 어느 정도의 강도가 있으나 이것의 함수율을 변화시키지 않고 이기면 약해지는 정도를 표시하는 것

10

$\text{예민비} = \dfrac{\text{자연시료강도}}{\text{이긴시료강도}} = \dfrac{8}{5} = 1.6$

11

① 응집력 ② 마찰력 ③ 중력

MEMO

POINT 02 지반조사의 목적과 방법

(1) 지반조사 순서

① 순서: 사전 조사 → 예비 조사 → 본 조사 → 추가 조사

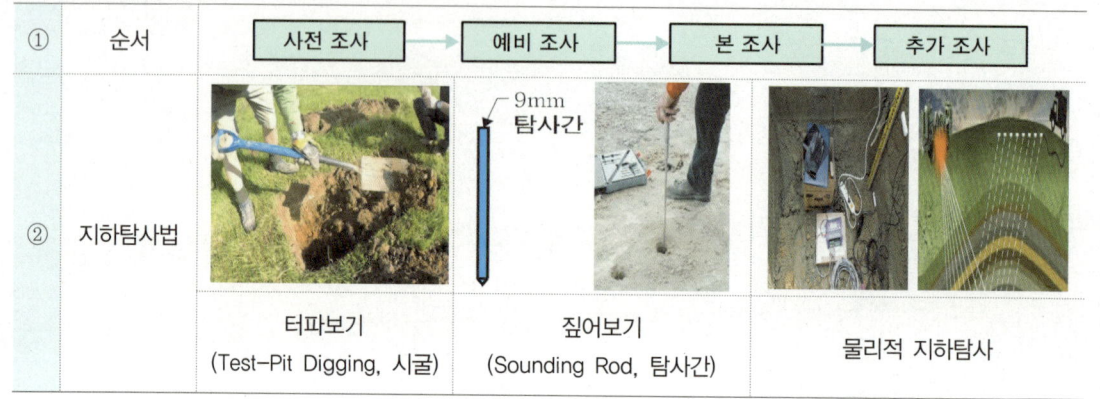

② 지하탐사법

터파보기
(Test-Pit Digging, 시굴)

짚어보기
(Sounding Rod, 탐사간)

물리적 지하탐사

(2) 보링(Boring)

지반을 천공하고 토질의 시료를 채취(Sampling, 샘플링)하여 지층의 상황을 판단하는 방법

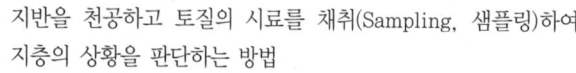

오거(Auger) 보링

Auger의 사전적 의미는 송곳을 나타냄

수세식(Wash) 보링

연약한 토사에 수압을 이용하는 고전적 방법

회전식(Rotary) 보링

Rotary의 사전적 의미는 회전을 나타냄

충격식(Percussion) 보링

경질지반에 충격을 가하는 방법

토질주상도(=지질주상도)

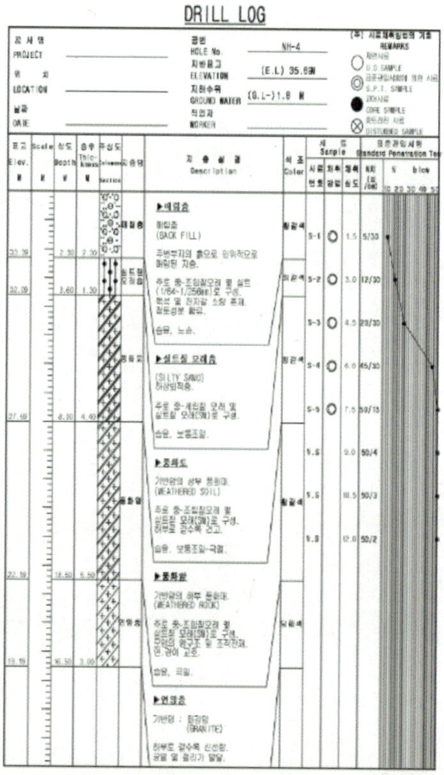

POINT 02 지반조사의 목적과 방법

(3) 사운딩(Sounding)시험

로드(Rod) 선단에 설치한 저항체를 땅속에 삽입하여 관입·회전·인발 등의 저항으로 토층의 성상을 탐사하는 방법

1) 스웨덴식 관입시험(Swedish Sounding Test)

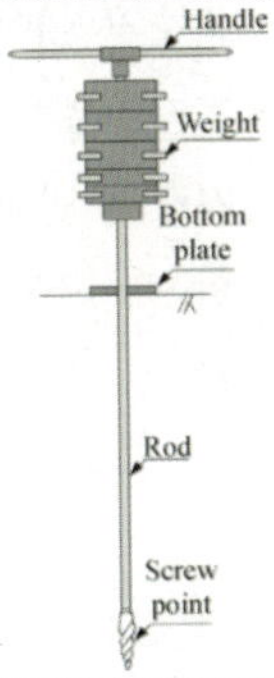

로드의 선단에 붙은 스크류 포인트(Screw Point)를 회전시키며 압입하여 흙의 관입저항을 측정하고, 흙의 경도나 다짐상태를 판정하는 시험

2) 표준관입시험(SPT, Standard Penetration Test)

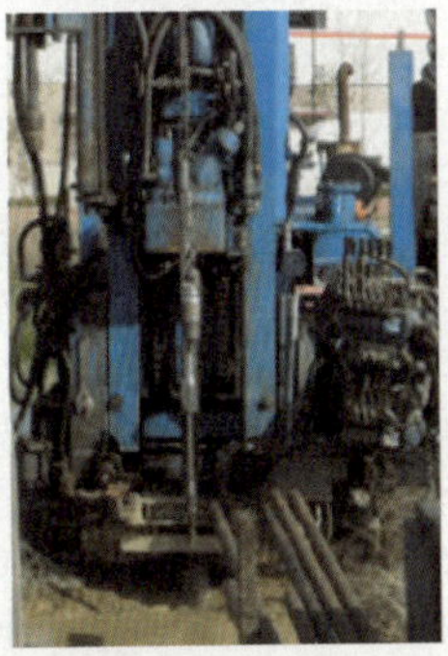

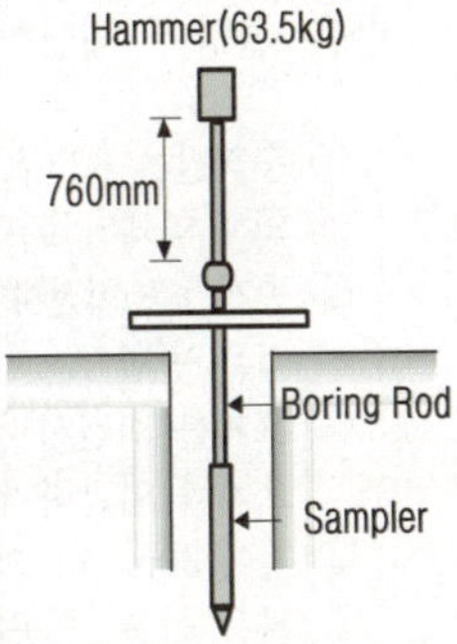

① 정지작업 및 보링 실시

② 질량 63.5±0.5kg의 해머를 760±10mm 높이에서 자유낙하

③ 표준관입시험용 샘플러를 지반에 300mm 관입시키는데 필요한 타격회수 N값을 구함

타격회수 N값	모래 밀도
0~5	몹시 느슨(Very Loose)
5~10	느슨(Loose)
10~30	보통(Medium)
30~50 이상	조밀(Dense)

3) 베인시험(Vane Test)

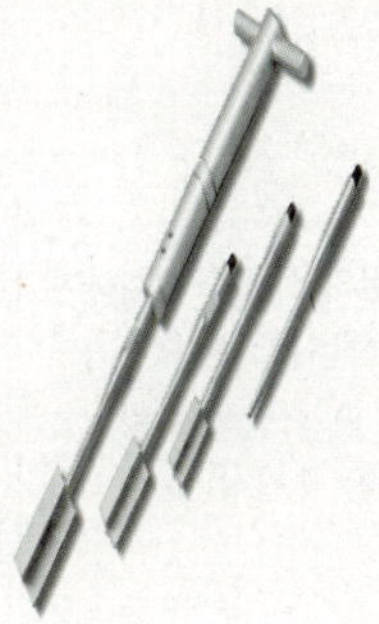

① 보링 구멍을 이용하여 십자 날개형의 베인(Vane)을 지중에 넣은 후 회전시켜 점토지반의 전단강도를 파악하기 위한 시험

② 모어 쿨롱(Mohr-Coulomb) 전단강도식

$$\tau = C + \sigma \cdot \tan\phi$$

- τ : 전단강도
- C : 점착력
- σ : 수직응력
- ϕ : 내부마찰각

③ 기초의 하중이 흙의 전단강도 이상이 되면 흙은 붕괴되고 기초는 침하되며, 기초의 하중이 흙의 전단강도 이하이면 흙은 안정되고, 기초는 지지된다.

1998~2024 **기출문제**

01 [07②] 2점

큰 분류의 지반조사 순서를 알맞는 말로 써 넣으시오.

(   ) – (   ) – 본 조사 – (   )

02 [01②] 3점

지반조사의 방법 중 지하탐사법에 의한 것을 모두 골라 쓰시오.

① 터파보기	② 철관 박아넣기	③ 베인테스트
④ 탐사간	⑤ 시료채취	⑥ 압밀시험
⑦ 관입시험	⑧ 하중시험	⑨ 물리적탐사법

03 [18①] 3점

보링(Boring)의 목적을 3가지 쓰시오.

① ②

③

04 [09②, 11②, 11④, 12④, 16①, 16④, 20④, 23①, 23②] 3점, 4점, 5점

보링(Boring)의 정의와 종류 4가지를 쓰시오.

(1) 정의

(2) 종류

① ②

③ ④

05 [02②, 03①, 06②, 07②, 07④, 13②] 3점

다음은 지반조사법 중 보링에 대한 설명이다. 알맞은 용어를 쓰시오.

① 비교적 연약한 토지에 수압을 이용하여 탐사

② 경질층을 깊이 파는데 이용하는 방식

③ 지층의 변화를 연속적으로 비교적 정확히 알고자 할 때 사용하는 방식

① ② ③

06 [14②, 22④, 24③] 3점, 4점

다음 설명에 해당하는 보링 방법을 쓰시오.

① 충격날을 60~70cm 정도 낙하시키고 그 낙하충격에 의해 파쇄된 토사를 퍼내어 지층상태를 판단하는 방법

② 충격날을 회전시켜 천공하므로 토층이 흐트러질 우려가 적은 방법

③ 오거를 회전시키면서 지중에 압입, 굴착하고 여러 번 오거를 인발하여 교란시료를 채취하는 방법

④ 깊이 30m 정도의 연질층에 사용하며, 외경 50~60mm 관을 이용, 천공하면서 흙과 물을 동시에 배출시키는 방법

① ②

③ ④

정답 및 해설

01

사전 조사, 예비 조사, 추가 조사

02

①, ④, ⑨

03

① 시료 채취(Sampling, 샘플링)

② 지하수위 측정

③ 토질주상도 작성

04

(1) 지반을 천공하고 토질의 시료를 채취하여 지층의 상황을 판단하는 방법

(2) ① 오거 보링 ② 회전식 보링

③ 수세식 보링 ④ 충격식 보링

05

① 수세식 보링 ② 충격식 보링

③ 회전식 보링

06

① 충격식 보링 ② 회전식 보링

③ 오거 보링 ④ 수세식 보링

07 [21④] 4점 □□□□□

보링(Boring) 중에서 수세식 보링(Wash Boring)과 회전식 보링(Rotary Boring)에 대해 설명하시오.

(1) 수세식 보링(Wash Boring):

(2) 회전식 보링(Rotary Boring):

08 [00①, 19①, 21④] 4점, 6점 □□□□□

지반조사 방법 중 사운딩(Sounding)시험의 정의를 간략히 설명하고 종류를 3가지 쓰시오.

(1) 정의:

(2) 종류:

①

②

③

09 [98①, 06④] 4점 □□□□□

( )안의 내용을 보기에서 고르시오.

보기

① 지지	② 안정	③ 침하
④ 붕괴	⑤ 안전	⑥ 융기

전단강도란 흙에 관한 역학적 성질로서 기초의 극한 지지력을 알 수 있다. 따라서 기초의 하중이 흙의 전단강도 이상이 되면 흙은 (㉮) 되고, 기초는 (㉯) 되며, 이하이면 흙은 (㉰) 되고, 기초는 (㉱) 된다.

㉮ ㉯

㉰ ㉱

10 [08②, 15①] 3점, 4점 □□□□□

흙의 전단강도 식을 쓰고 각 기호가 나타내는 것을 설명하시오.

정답 및 해설

07

(1) 연약한 토사에 수압을 이용하는 고전적 방법으로 천공하면서 흙과 물을 동시에 배출시키는 방법

(2) 비트(Bit)의 회전에 의해 천공하므로 토층이 흐트러질 우려가 적은 공법

08

(1) 로드(Rod) 선단에 설치한 저항체를 땅속에 삽입하여 관입, 회전, 인발 등의 저항으로 토층의 성상을 탐사하는 방법

(2)

① 스웨덴식 관입시험

② 표준관입시험

③ 베인시험

09

㉮ ④ ㉯ ③ ㉰ ② ㉱ ①

10

$\tau = C + \sigma \cdot \tan\phi$

τ: 전단강도, C: 점착력

σ: 수직응력, ϕ: 내부마찰각

11 [01②] 3점

표준관입시험 순서를 3단계로 나누어 간략하게 쓰시오.

①

②

③

12 [10①] 3점

표준관입시험에 대하여 서술하시오.

13 [24②] 3점

표준관입시험에 대한 내용에서 괄호 안을 채우시오.

표준관입시험(Standard Penetration Test)은 질량 63.5±(　　)kg의 해머를 (　　)±10mm 자유낙하시켜 시추 로드 머리부에 부착한 앤빌(Anvil)을 타격하여 시추 로드 앞 끝에 부착한 (표준관입시험용 샘플러)를 지반에 (　　)mm 관입시키는데 필요한 타격회수 N값을 구하는 시험이다.

14 [16①] 4점

현장에서 상대밀도는 표준관입시험으로 추정할 수 있다. 표준관입시험 N값에 따른 지반의 상태를 쓰시오.

타격회수 N값	모래 밀도
0~5	①
5~10	②
10~30	③
30~50 이상	④

① 　　　　②

③ 　　　　④

15 [98⑤] 4점

다음에 알맞은 토질시험법을 보기에서 골라 번호로 쓰시오.

보기

① Darcy′s Law
② Vane Test
③ Composite Sampling
④ Standard Penetration Test

(1) 굳은 진흙에 있어서 시료 채취:
(2) 사질토의 밀도 측정:
(3) 점토의 점착력 파악:
(4) 투수계수 파악:

16 [04①, 10③, 19④, 24①] 4점

시험에 관계되는 것을 보기에서 골라 번호를 쓰시오.

보기

① 신월 샘플링(Thin Wall Sampling)
② 베인시험(Vane Test)
③ 표준관입시험(Standard Penetration Test)
④ 정량분석시험(Quantitative Analysis Test)

(1) 진흙의 점착력:
(2) 지내력:
(3) 연한 점토:
(4) 염분:

정답 및 해설

11, 12
① 정지작업 및 보링 실시
② 질량 63.5kg의 해머(Hammer)를 760mm 높이에서 자유낙하
③ 시험용 샘플러(Sampler)가 300mm 관입하는데 요구되는 타격회수 N값을 구함

13
0.5, 760, 표준관입시험용 샘플러, 300

14
① 몹시 느슨 ② 느슨
③ 보통 ④ 조밀

15
(1) ③ (2) ④ (3) ② (4) ①

16
(1) ② (2) ③ (3) ① (4) ④

MEMO

POINT 03 지내력(Soil Bearing Capacity)

(1) 지반의 허용지내력 [건축물의 구조기준 등에 관한 규칙, 국토교통부, 2021]

지반의 종류		지반의 허용지내력(KPa, kN/m²)	
		장기	단기
경암반	화강암, 섬록암, 편마암, 안산암 등의 화성암	4,000	장기×1.5
	굳은 역암 등의 암반		
연암반	판암, 편암 등의 수성암의 암반	2,000	
	혈암, 토단반 등의 암반	1,000	
자갈		300	
자갈과 모래와의 혼합물		200	
모래섞인 점토 또는 롬토		150	
모래 또는 점토		100	

(2) 지내력 시험(Loading Test) [KDS 41 19 00 건축물 구조설계기준, 국토교통부, 2018]

지반면에 직접 하중을 가하여 기초 지반의 지지력을 추정하는 시험

평판재하시험	말뚝재하시험		
			시험방법의 목적
		①	지지력 확인, 변위량 추정, 건전도 확인, 하중전이 특성, 시공방법과 장비의 적합성, 시간경과에 따른 말뚝지지력 변화
			시험방법의 항목
		②	압축재하시험, 인발재하시험, 횡방향재하시험, 정재하시험, 동재하시험, 양방향재하시험

(3) 말뚝박기 시험(Piling Test)

말뚝을 박을 때 관입량을 측정하여 말뚝의 지내력을 산정하는 시험

		시험시 주요 주의사항
	①	시험말뚝은 실제말뚝과 똑같은 조건으로 시공하며, 말뚝은 연속적으로 박되 휴식 시간은 두지 않는다. 소정의 침하량에 도달하며 그 이상 무리하게 박지 않는다.
	②	시험말뚝은 정확한 위치에서 수직으로 박으며, 말뚝의 최종관입량은 5~10회 타격한 평균값을 적용한다. 타격횟수 5회 총관입량이 6mm 이하일 때는 거부현상으로 본다.
	③	기초면적 1,500m² 까지는 2개, 3,000m² 까지는 3개의 시험말뚝을 설치한다.

1998~2024 **기출문제**

01 [04①, 10②, 14④, 23④] 4점, 5점

토질 종류와 지반의 허용응력도에 관해 (　)안을 채우시오.

(1) 장기허용지내력도

① 경암반: (　　　)KN/㎡

② 연암반: (　　　)KN/㎡

③ 자갈과 모래의 혼합물: (　　　)KN/㎡

④ 모래: (　　　)KN/㎡

(2) 단기허용지내력도=장기허용지내력도×(　　　)

02 [04①] 3점

지내력이 큰 것부터 순서를 번호로 쓰시오.

① 자갈
② 자갈, 모래의 반 섞임
③ 경암반
④ 모래 섞인 진흙
⑤ 연암반
⑥ 진흙

03 [07④, 19④] 2점

지내력시험을 설명하시오.

04 [01①, 07①, 12④, 15②] 2점

지내력 시험방법 2가지를 쓰시오.

①　　　　　　　　②

05 [98②, 05④] 4점

(　)안에 적합한 숫자를 쓰시오.

(1)	타격횟수 (　　)회에 총관입량이 (　　)mm 이하인 경우의 말뚝은 박히는데 거부현상을 일으킨 것으로 본다.
(2)	기초면적 (　　)m^2 까지는 2개의 단일 시험말뚝을, (　　)m^2 까지는 3개의 단일 시험말뚝을 설치한다.

정답 및 해설

01
4,000, 1,000~2,000, 200, 100, 1.5

02
③ ➡ ⑤ ➡ ① ➡ ② ➡ ④ ➡ ⑥

03
지반면에 직접 하중을 가하여 기초 지반의 지지력을 추정하는 시험

04
① 평판재하시험　② 말뚝재하시험

05
(1) 5, 6
(2) 1,500, 3,000

POINT 04 토공사용 장비

(1) 토공사용 장비 선정 시 고려해야 할 기본적인 요소

①	토공사 기간에 따른 장비의 유형 및 개수	②	흙의 종류에 따른 장비의 종류 선정
③	굴착깊이에 따른 장비의 규모 고려	④	굴착된 흙의 반출거리 고려

(2) 토공사용 주요 장비와 용도

①

②

③

굴착 용도

④

⑤

⑥

정지 용도

①	파워 쇼벨(Power Shovel)	②	백호(Back Hoe)
	•지반보다 높은 곳(기계의 위치보다 높은 곳)의 굴착 •굴착높이는 1.5~3m 정도		•기계가 서있는 위치보다 낮은 곳의 굴착 •파는 힘이 강하여 경질지반의 굴착 및 수직굴착도 가능
③	클램쉘(Clam Shell)	④	불도저(Bull Dozer)
	•사질지반의 굴착과 좁은 곳의 수직굴착(지하연속벽 등) 및 토사채취에도 사용 •굴착깊이는 보통 8m이고 최대 18m까지 가능		굴토, 다짐, 운반, 정지 등
⑤	스크레이퍼(Scraper)	⑥	그레이더(Grader)
	굴토, 다짐, 운반, 정지 등		정지, 배수파기 및 파이프 묻기 등

【※ 건축공사표준품셈: 소운반거리는 20m 이내이며, 경사면 소운반의 경우 직고 1m를 수평거리 6m의 비율로 본다.】

1998~2024 **기출문제**

01 [03②, 17②] 3점, 4점

토공장비 선정 시 고려해야 할 기본적인 요소 4가지를 기술하시오.

①

②

③

④

02 [18②] 4점

다음이 설명하는 시공기계를 쓰시오.

(1)	사질지반의 굴착이나 지하연속벽, 케이슨 기초 같은 좁은 곳의 수직굴착에 사용되며, 토사채취에도 사용된다. 최대 18m 정도 깊이까지 굴착이 가능하다.
(2)	지반보다 높은 곳(기계의 위치보다 높은 곳)의 굴착에 적합한 토공장비

(1) (2)

03 [20⑤] 4점

다음이 설명하는 시공기계를 쓰시오.

(1)	사질지반의 굴착이나 지하연속벽, 케이슨 기초 같은 좁은 곳의 수직굴착에 사용되며, 토사채취에도 사용된다. 최대 18m 정도 깊이까지 굴착이 가능하다.
(2)	지반보다 낮은 곳(기계의 위치보다 낮은 곳)의 굴착에 적합한 토공장비

(1) (2)

04 [01②, 10④] 3점

토공사용 기계 중 정지용 기계장비의 종류 3가지를 쓰고 특성 및 용도에 대해 간단히 설명하시오.

①

②

③

05 [00④] 5점

연관있는 것끼리 연결하시오.

종류	용도
(1) 드래그 셔블(백호) (2) 클램쉘 (3) 파워셔블 (4) 드래그 라인 (5) 트랜쳐	① 기계보다 높은 곳을 판다. ② 기계보다 낮은 곳을 판다. ③ 일정한 폭의 구덩이를 연속으로 판다. ④ 낮은 곳의 흙을 좁고, 깊게 판다. 지하연속벽 공사에 사용 ⑤ 지반보다 낮은 연질 흙을 긁어 모으거나 판다.

(1) (2) (3) (4) (5)

06 [07④] 4점

다음 ( )안에 알맞는 숫자를 써 넣으시오.

건축공사표준품셈에서 규정한 소운반거리는 (①)m 이내이며, 경사면 소운반의 경우 직고 1m를 수평거리 (②)m의 비율로 본다.

① ②

정답 및 해설

01

① 토공사 기간에 따른 장비의 유형 및 개수
② 흙의 종류에 따른 장비의 종류 선정
③ 굴착깊이에 따른 장비의 규모 고려
④ 굴착된 흙의 반출거리

02

(1) 클램쉘(Clam Shell)
(2) 파워쇼벨(Power Shovel)

03

(1) 클램쉘(Clam Shell)
(2) 백호(Backhoe)

04

① 불도저: 굴토, 다짐, 운반, 정지 등
② 스크레이퍼: 굴토, 다짐, 운반, 정지 등
③ 그레이더: 정지, 배수파기 및 파이프 묻기

05

(1) ② (2) ④ (3) ① (4) ⑤ (5) ③

06

① 20 ② 6

04 흙막이공사 : 일반사항

POINT 01 흙막이(Earth Retaining) 공법 일반사항

(1) 흙의 부피증가율

종류		부피증가율(%)	평균 부피증가율(%)
암반	경암반	70~90	75
	연암반	30~60	
모래 또는 자갈		15	15
점토		20~45	25
점토 + 자갈		35	35
보통 흙(점토 + 모래 + 자갈)		30	30

(2) 되메우기(Backfilling)

①	터파기 공사에서 모래로 되메우기 할 경우 충분한 물다짐을 실시한다.
②	일반 흙으로 되메우기 할 경우 300mm마다 적당한 기구로 다짐밀도 95% 이상으로 다진다.
③	기계 되메우기 및 다짐을 시행할 경우 적당한 두께로 포설한 후 진동롤러로 다짐하여 다짐밀도 95% 이상을 확보한다.
④	벽돌, 벽체 등의 조적구조의 기초벽이 완성된 후 7일 이상 경과시킨 후 되메우기를 한다.

(3) 흙파기(Excavating, 터파기) 공법

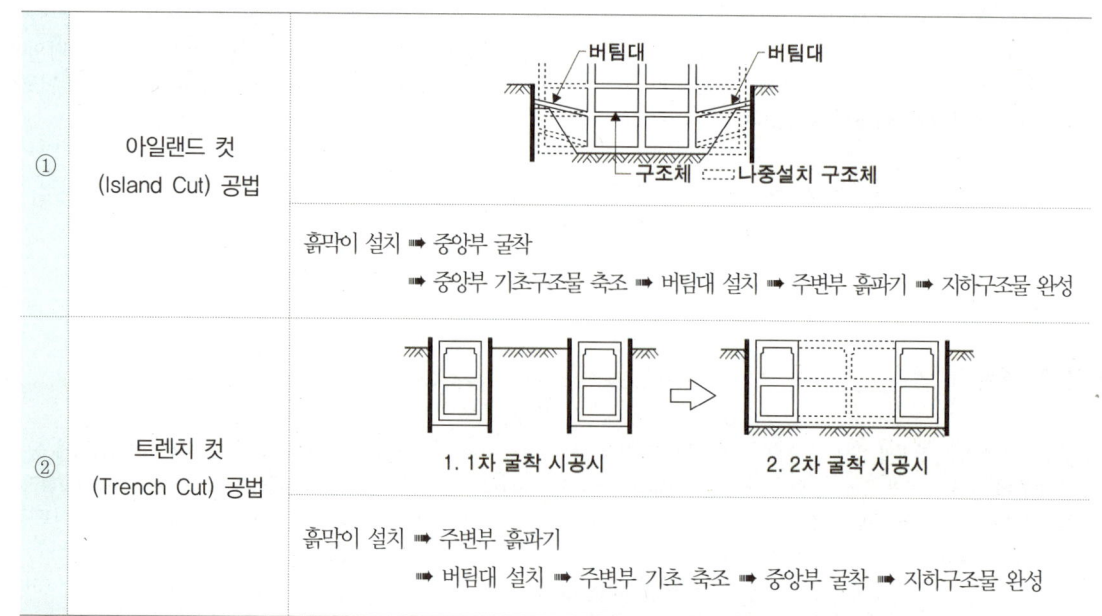

① 아일랜드 컷 (Island Cut) 공법

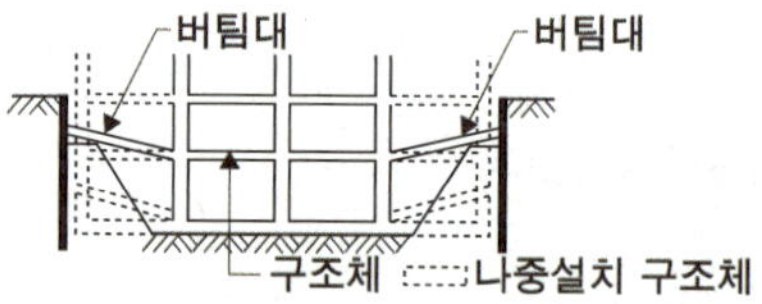

흙막이 설치 ➡ 중앙부 굴착
➡ 중앙부 기초구조물 축조 ➡ 버팀대 설치 ➡ 주변부 흙파기 ➡ 지하구조물 완성

② 트렌치 컷 (Trench Cut) 공법

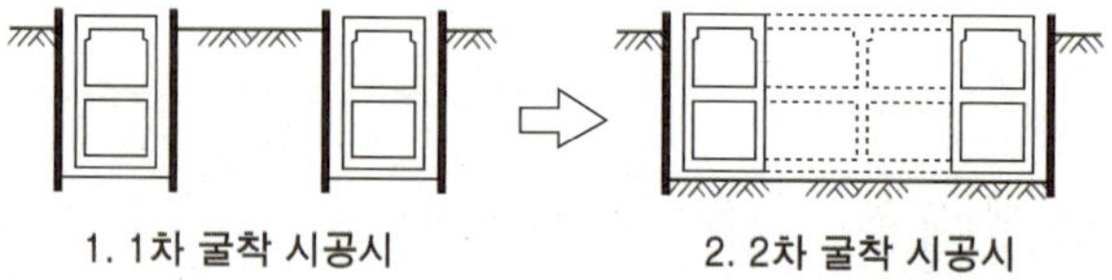

흙막이 설치 ➡ 주변부 흙파기
➡ 버팀대 설치 ➡ 주변부 기초 축조 ➡ 중앙부 굴착 ➡ 지하구조물 완성

POINT 01 흙막이(Earth Retaining) 공법 일반사항

(4) 흙막이벽 기본 분류

H-Pile(=엄지말뚝) 토류판	시트파일(Sheet Pile)	주열식 흙막이	슬러리월(Slurry Wall)

(5) 엄지말뚝(H-Pile) 토류판 공법 시공순서

엄지말뚝(H-Pile) 박기 ➠ 흙막이벽판 설치 ➠ 앵커용 보링 ➠ 앵커 그라우팅 ➠ 띠장설치 ➠ 인장시험

(6) 시트파일(Sheet Pile) 종류

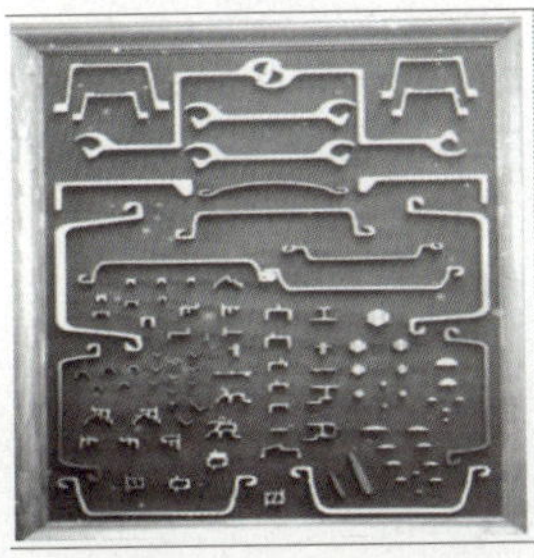

①	Larssen	②	Lackawanna
③	Ransom	④	Terres Rouges

(7) 주열식 흙막이(SCW, CIP, MIP) 공법의 특징

①	엄지말뚝(H-Pile), 시트파일(Sheet Pile) 공법에 비해 진동 및 소음이 작다.
②	흙막이 벽체의 강성이 크다.
③	지수성(=차수성)을 기대할 수 있다.
④	슬러리월(Slurry Wall)보다 시공성과 경제성이 좋다.
⑤	공기단축 및 공사비가 저렴한 편이다.

1998~2024 **기출문제**

01 [98②, 99⑤] 4점

다음 보기의 토질 중에서 굴착에 의한 토량이 가장 크게 증가하는 것부터 순서대로 그 번호를 쓰시오.

보기

① 점토
② 점토, 모래, 자갈의 혼합토
③ 모래 또는 자갈
④ 암석

02 [17①, 24①] 2점, 4점

다음은 건축공사표준시방서의 규정이다. 빈칸에 들어갈 알맞은 수치를 쓰시오.

터파기 공사에서 모래로 되메우기할 경우 충분한 물다짐을 실시하고, 흙 되메우기 시 일반 흙으로 되메우기 할 경우 ((1)) 마다 다짐밀도 ((2)) 이상으로 다진다.

(1) (2)

03 [17②] 3점

아일랜드 컷(Island Cut) 공법을 설명하시오.

04 [13②, 21①] 2점, 4점

다음 설명에 해당하는 흙파기 공법의 명칭을 쓰시오.

(1) 측벽이나 주열선 부분만을 먼저 파낸 후 기초와 지하구조체를 축조한 다음 중앙부의 나머지 부분을 파내어 지하구조물을 완성하는 공법
(2) 중앙부의 흙을 먼저 파고, 그 부분에 기초 또는 지하구조체를 축조한 후, 이를 지점으로 경사 혹은 수평 흙막이 버팀대를 가설하여 흙을 제거한 후 지하구조물을 완성하는 공법

(1) (2)

05 [09②] 4점

( ) 안에 들어갈 알맞는 내용을 순서별로 적으시오.

	아일랜드 컷 공법
(1)	흙막이 설치 - ( ) - ( ) - ( ) - ( ) - 지하구조물 완성
	트렌치 컷 공법
(2)	흙막이 설치 - ( ) - ( ) - ( ) - ( ) - 지하구조물 완성

정답 및 해설

01
④ ➠ ② ➠ ① ➠ ③

02
(1) 300mm (2) 95%

03
중앙부의 흙을 먼저 파고, 그 부분에 기초 또는 지하구조체를 축조한 후, 이를 지점으로 경사 혹은 수평 흙막이 버팀대를 가설하여 흙을 제거한 후 지하구조물을 완성하는 공법

04
(1) 트렌치 컷(Trench Cut) 공법
(2) 아일랜드 컷(Island Cut) 공법

05
(1) 중앙부 굴착, 중앙부 기초구조물 축조, 버팀대 설치, 주변부 흙파기
(2) 주변부 흙파기, 버팀대 설치, 주변부 기초 축조, 중앙부 굴착

1998~2024 **기출문제**

I

06 [18①] 3점

아일랜드 컷(Island Cut) 공법의 시공을 위한 (　　)안에 들어갈 알맞은 내용을 순서별로 적으시오.

> 흙막이 설치 - (　　　　　　)
> - (　　　　　　) - (　　　　　　)
> - 주변부 흙파기 - 지하구조물 완성

07 [03②] 4점

흙막이는 토질, 지하출수, 기초깊이 등에 따라 그 공법을 달리하는데 흙막이의 형식을 4가지 쓰시오.

① ______ ② ______

③ ______ ④ ______

08 [99②, 03④] 4점

토류벽을 이용한 수직터파기 공법의 순서를 보기에서 골라 번호로 쓰시오.

① 앵커용 보링	② 엄지말뚝박기
③ 인장시험	④ 띠장설치
⑤ 앵커 그라우팅	⑥ 흙막이벽판 설치

______

09 [99①, 99②, 01①] 3점, 4점

철재 널말뚝(Steel Sheet Pile)의 종류를 4가지 쓰시오.

① ______ ② ______

③ ______ ④ ______

10 [98①, 00②, 14④] 4점

주열식 지하연속벽 공법의 특징을 4가지 쓰시오.

① ______

② ______

③ ______

④ ______

11 [03④] 5점

SCW(Soil Cement Wall) 공법의 특징을 5가지 쓰시오.

① ______

② ______

③ ______

④ ______

⑤ ______

정답 및 해설

06

중앙부 굴착, 중앙부 기초구조물 축조, 버팀대 설치

07

① 엄지말뚝(H-Pile) 토류판
② 시트파일(Sheet Pile)
③ 주열식 흙막이
④ 슬러리월(Slurry Wall)

08

② ➡ ⑥ ➡ ① ➡ ⑤ ➡ ④ ➡ ③

09

① Larssen ② Lackawanna
③ Ransom ④ Terres Rouges

10

① H-Pile, Sheet Pile 공법에 비해 진동 및 소음이 작다.
② 흙막이 벽체의 강성이 크다.
③ 지수성(=차수성)을 기대할 수 있다.
④ Slurry Wall보다 시공성과 경제성이 좋다.

11

① H-Pile, Sheet Pile 공법에 비해 진동 및 소음이 작다.
② 흙막이 벽체의 강성이 크다.
③ 지수성(=차수성)을 기대할 수 있다.
④ Slurry Wall보다 시공성과 경제성이 좋다.
⑤ 공기단축 및 공사비가 저렴한 편이다.

POINT 02 슬러리 월(Slurry Wall, 격막벽) 공법

(1)	정의	지수벽·구조체 등으로 이용하기 위해 지하로 크고 깊은 트렌치를 굴착하여 철근망을 삽입 후 콘크리트를 타설한 패널(Panel)을 연속으로 축조해 나가는 공법	
(2)	주요 특징	장점	• 벽체의 강성 및 차수성이 크다. • 소음 및 진동이 적다. • 특수굴착기를 이용하여 고심도 굴착 가능 • 흙막이를 본구조체로 사용
		단점	• 패널((Panel)간 조인트(Joint)로 수평연속성이 부족하다. • 공사비가 비교적 고가이다. • 안정액 플랜트(Plant) 시설로 인해 넓은 공간이 필요하다. • 장비를 지탱할 버림콘크리트 타설로 인해 시공 후 폐기물 처리비용 과다
(3)	가이드 월 (Guide Wall) 역할	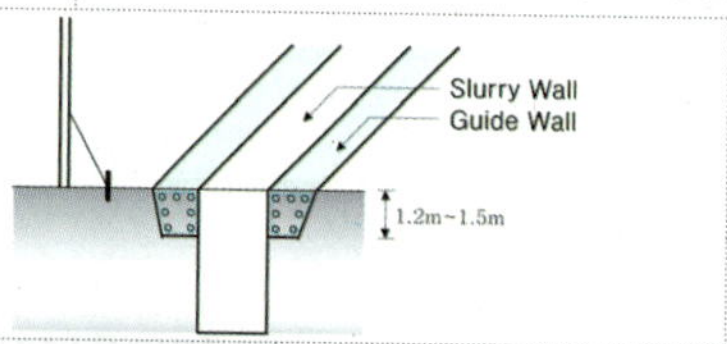	• 연속벽의 수직도 및 벽두께 유지 • 굴착 시 안내벽 역할 및 굴착 시 공벽 붕괴 방지 • 철근망 삽입 전 거치대 역할
(4)	안정액 (Bentonite) 기능		• 굴착벽면 붕괴 방지 • 굴착토사 분리·배출 • 부유물의 침전방지

1998~2024 기출문제

01 [16④, 19②] 3점

슬러리월(Slurry Wall) 공법에 대한 다음 빈칸을 채우시오.

> 특수 굴착기와 공벽붕괴방지용 (①)을(를) 이용, 지중굴착하여 여기에 (②)을(를) 세우고(③)을(를) 타설하여 연속적으로 벽체를 형성하는 공법이다. 타 흙막이 벽에 비하여 차수효과가 높으며 역타공법 적용 시 또는 인접 건축물에 피해가 예상될 때 적용하는 저소음, 저진동 공법이다.

① ________ ② ________ ③ ________

02 [00②, 20②] 4점

슬러리월(Slurry Wall) 공법의 장점과 단점을 각각 2가지씩 쓰시오.

(1) 장점:

① ________

② ________

(2) 단점:

① ________

② ________

정답 및 해설

01

① 안정액(Bentonite)

② 철근망

③ 콘크리트

02

(1) ① 벽체의 강성 및 차수성이 크다.

② 소음 및 진동이 적다.

(2) ① Panel간 Joint로 수평연속성이 부족하다.

② 공사비가 비교적 고가이다.

03 [10②] 3점 □□□□□

슬러리월(Slurry Wall) 공법의 특징을 3가지 쓰시오.

①

②

③

04 [03②] 4점 □□□□□

슬러리월(Slurry wall) 공법에 대하여 서술하고, 가이드월(Guide Wall)의 설치목적을 2가지 쓰시오.

(1) 슬러리월(Slurry wall) 공법

(2) Guide Wall 설치목적

①

②

05 [15②] 4점 □□□□□

지하연속벽(Slurry wall) 공법에서 가이드월(Guide Wall)을 스케치하고, 설치목적을 2가지 쓰시오.

(1) 스케치

(2) Guide Wall 설치목적

①

②

06 [99⑤, 02④, 10④, 20④, 23①, 23④] 3점, 4점 □□□□□

흙막이공사의 지하연속벽(Slurry Wall)공법에 사용되는 안정액의 기능을 3가지 쓰시오.

①

②

③

정답 및 해설

03

① 벽체의 강성 및 차수성이 크다.

② 소음 및 진동이 적다.

③ Panel간 Joint로 수평연속성이 부족하며 공사비가 비교적 고가이다.

04

(1) 지수벽·구조체 등으로 이용하기 위해 지하로 크고 깊은 트렌치를 굴착하여 철근망을 삽입 후 콘크리트를 타설한 Panel을 연속으로 축조해 나가는 공법

(2) ① 연속벽의 수직도 및 벽두께 유지
② 굴착 시 안내벽 역할 및 공벽 붕괴방지

05

(1)

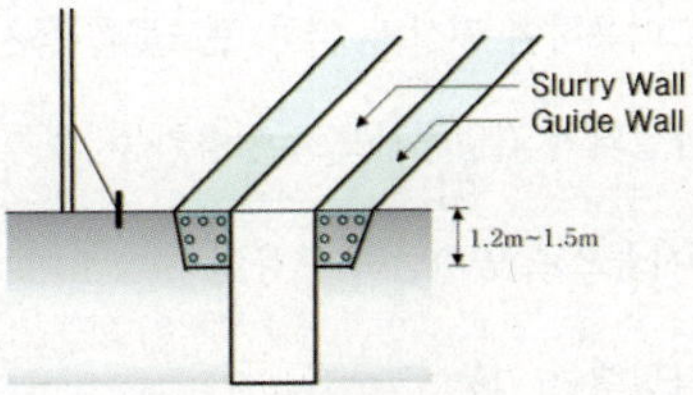

(2) ① 연속벽의 수직도 및 벽두께 유지
② 굴착 시 안내벽 역할 및 공벽 붕괴방지

06

① 굴착벽면 붕괴 방지

② 굴착토사 분리·배출

③ 부유물의 침전방지

POINT 03 어스 앵커, SPS, 탑다운 공법

(1) 어스 앵커(Earth Anchor)

①	정의	흙막이 배면을 천공 후 앵커(Anchor)체를 설치하여 주변지반을 지지하는 공법	
②	특징	• 버팀대가 없어 굴착공간을 넓게 활용 • 작업공간이 좁은 곳에서도 시공 가능 • 굴착공간 내 가설재가 없어 대형기계의 반입 용이 • 지하매설관 간섭 검토 필요 • 앵커의 영향범위 내 용지사용에 대한 승인획득 필요	

(2) SPS(Strut as Permanent System, 영구 구조물 흙막이 버팀대)

①	정의	흙막이 버팀대(Strut)를 가설재로 사용하지 않고 굴토 중에는 토압을 지지하고, 슬래브 타설 후에는 수직하중을 지지하는 공법	
②	특징	• 가설지지체 설치 및 해체공정 불필요 • 작업공간의 확보 유리 • 지반의 상태와 관계없이 시공 가능 • 지상 공사와 병행이 가능하여 공기단축 가능	

(3) 탑다운 공법(Top-Down Method, 역타 공법, 역구축 공법)

①	정의	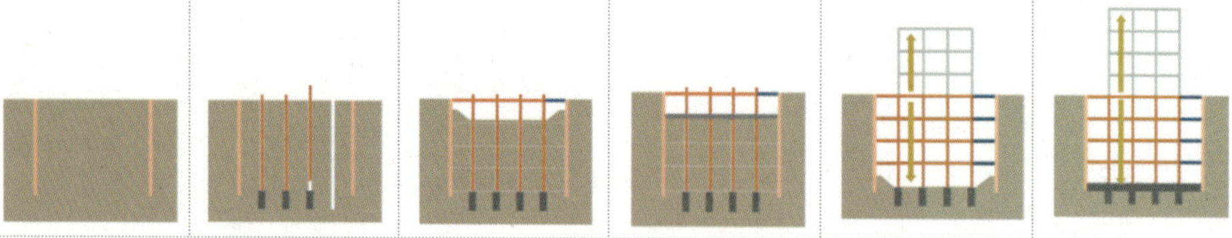 흙막이벽으로 설치한 슬러리월을 본 구조체의 벽체로 이용하고, 기둥과 기초를 시공 후 1층 슬래브를 시공하여 이를 방축널로 이용하여 지상과 지하 구조물을 동시에 축조해가는 공법	
②	특징	• 1층 슬래브가 먼저 타설되어 작업공간으로 활용가능 • 지상과 지하의 동시 시공으로 공기단축이 용이 • 날씨와 무관하게 공사진행이 가능 • 주변 지반에 대한 영향이 없음	

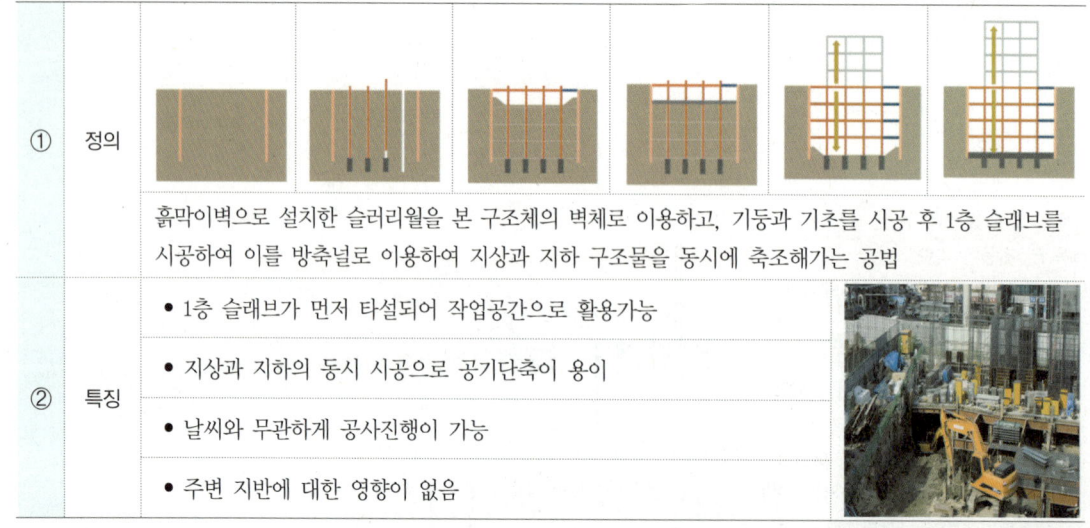

01 [98⑤, 12④, 19①] 3점

어스 앵커(Earth Anchor) 공법에 대하여 설명하시오.

02 [11④, 17②, 24①] 4점

흙막이 공사에 사용하는 어스앵커(Earth Anchor) 공법의 특징을 4가지 쓰시오.

①

②

③

④

03 [15①] 2점

흙막이 버팀대(Strut)를 가설재로 사용하지 않고 굴토 중에는 토압을 지지하고, 슬래브 타설 후에는 수직하중을 지지하는 영구 구조물 흙막이 버팀대를 가리키는 용어를 쓰시오.

04 [12①, 14②, 20①] 4점

SPS(Strut as Permanent System) 공법의 특징을 4가지 쓰시오.

①

②

③

④

05 [05①, 06②, 12②, 17②, 20⑤] 3점

탑다운 공법(Top-Down Method)은 지하구조물의 시공순서를 지상에서부터 시작하여 점차 깊은 지하로 진행하며 완성하는 공법으로서 여러 장점이 있다. 이 중 작업공간이 협소한 부지를 넓게 쓸 수 있는 이유를 기술하시오.

06 [98③, 00②, 01②, 02①, 06④, 09②, 11①, 16②, 17④, 19②, 21②, 22②] 3점, 4점

역타설 공법(Top-Down Method)의 장점을 4가지 쓰시오.

①

②

③

④

정답 및 해설

01

흙막이 배면을 천공 후 앵커(Anchor)체를 설치하여 주변지반을 지지하는 흙막이 공법

02

① 버팀대가 없어 굴착공간을 넓게 활용
② 작업공간이 좁은 곳에서도 시공 가능
③ 굴착공간 내 가설재가 없어 대형기계의 반입 용이
④ 지하매설관 간섭 검토 필요

03

SPS(Strut as Permanent System)

04

① 가설지지체 설치 및 해체공정 불필요
② 작업공간의 확보 유리
③ 지반의 상태와 관계없이 시공 가능
④ 지상 공사와 병행이 가능하여 공기단축 가능

05

1층 슬래브가 먼저 타설되어 작업공간으로 활용이 가능하기 때문이다.

06

① 1층 슬래브가 먼저 타설되어 작업공간으로 활용가능
② 지상과 지하의 동시 시공으로 공기단축이 용이
③ 날씨와 무관하게 공사진행이 가능
④ 주변 지반에 대한 영향이 없음

POINT 04 흙막이의 안정

(1) 흙막이에 작용하는 응력

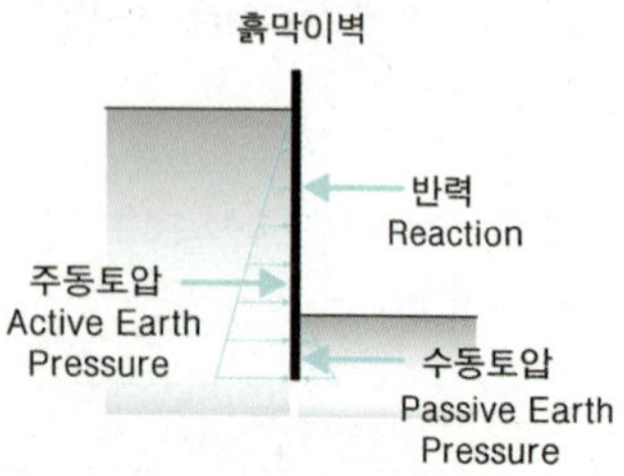

①	주동토압: 흙막이벽 전면으로 변위가 생길 때의 토압
②	수동토압: 흙막이벽 배면으로 변위가 생길 때의 토압
③	정지토압: 흙막이벽의 변위가 없을 때의 토압

(2) 흙막이의 안정

히빙(Heaving)

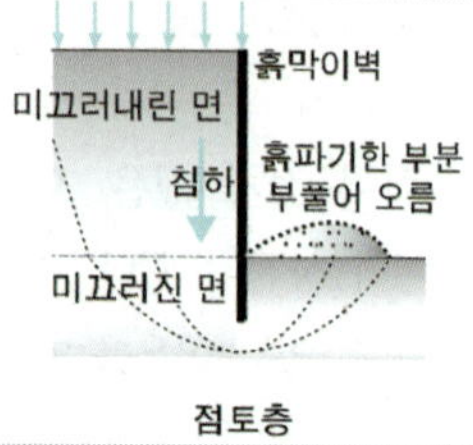

시트파일(Sheet Pile) 등의 흙막이 벽의 좌측과 우측의 토압의 차에 의해 흙막이벽 밑으로 흙이 미끄러져 들어오는 현상

보일링(Boiling)

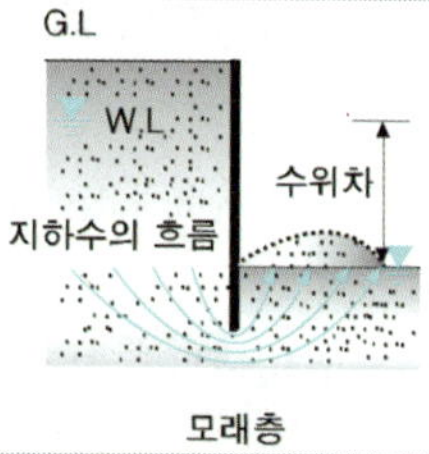

흙막이벽 뒷면 수위가 높아 지하수가 흙막이벽 밑으로 공사장 안 바닥에서 물이 솟아오르는 현상

파이핑(Piping)

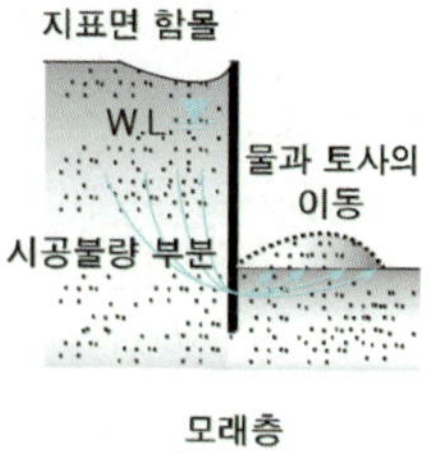

흙막이벽 부실공사로 이음새 등을 통해 공사장 내부바닥으로 물이 새어 들어오는 현상

수위차가 있는 흙막이 배면에서 파이프(Pipe) 형태의 통로(수맥)가 형성되어 사질층의 흙과 물이 배출되는 현상

(3) 히빙(Heaving), 보일링(Boiling) 방지대책

	히빙(Heaving)	보일링(Boiling)
①	흙막이벽의 근입장을 증가	
②	굴착 예정지역의 지반을 개량하여 전단강도 증대	
③	배면 부분 굴착으로 지반의 중량차 감소	차수성이 강한 흙막이 시공으로 누수차단
④	굴착평면 규모를 축소	배수공법을 이용하여 지하수위를 저하

1998~2024 **기출문제**

01 [00②, 09①, 16①, 22①] 3점

수평버팀대식 흙막이에 작용하는 응력이 그림과 같을 때 각각의 번호가 의미하는 것을 보기에서 골라 기호로 쓰시오.

보기

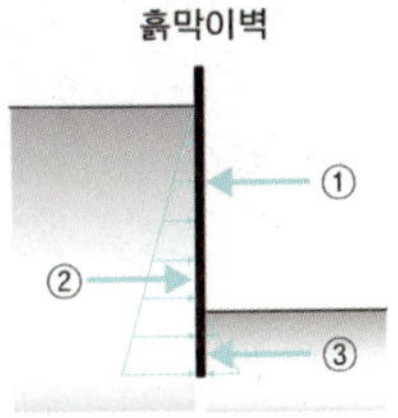

㉮ 수동토압
㉯ 정지토압
㉰ 주동토압
㉱ 버팀대의 하중
㉲ 버팀대의 반력
㉳ 지하수압

① ② ③

02 [00③, 05①, 13④] 3점

다음 흙막이벽 공사에서 발생되는 현상을 쓰시오.

(1) 시트 파일 등의 흙막이벽 좌측과 우측의 토압차로써 흙막이 일부의 흙이 재하하중 등의 영향으로 기초파기 하는 공사장 안으로 흙막이벽 밑을 돌아서 미끄러져 올라오는 현상

(2) 모래질 지반에서 흙막이벽을 설치하고 기초파기 할 때의 흙막이벽 뒷면수위가 높아서 지하수가 흙막이 벽을 돌아서 지하수가 모래와 같이 솟아 오르는 현상

(3) 흙막이벽의 부실공사로서 흙막이벽의 뚫린 구멍 또는 이음새를 통하여 물이 공사장 내부바닥으로 스며드는 현상

(1) (2) (3)

03 [08②] 4점

흙막이벽을 이용하여 지하수위 이하의 사질토 지반을 굴착하는 경우에 생기는 현상으로 사질토 속을 상승하는 물의 침투압에 의해 모래가 입자 사이의 평형을 잃고 액상화 되는 현상은? ______

04 [21④] 4점

흙막이 붕괴원인의 하나인 히빙(Heaving) 현상에 대하여 간단히 설명하시오.

05 [19④] 5점

히빙(Heaving)현상에 대해 현장의 모식도(模式圖)를 간략히 그려서 설명하시오.

히빙(Heaving)	

정답 및 해설

01

① ㉲ ② ㉰ ③ ㉮

02

(1) 히빙(Heaving)
(2) 보일링(Boiling)
(3) 파이핑(Piping)

03

보일링(Boiling)

04

시트파일 등의 흙막이 벽의 좌측과 우측의 토압의 차에 의해 흙막이벽 밑으로 흙이 미끄러져 들어오는 현상

05

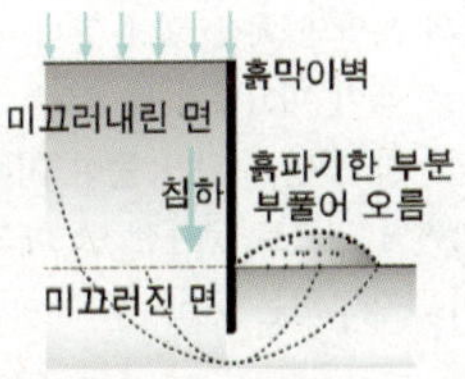

시트파일 등의 흙막이 벽의 좌측과 우측의 토압의 차에 의해 흙막이벽 밑으로 흙이 미끄러져 들어오는 현상

06 [00②, 10②, 12①] 2점, 4점

다음 용어를 간단히 설명하시오.

(1) 히빙(Heaving) 현상:

(2) 보일링(Boiling) 현상:

07 [12④] 6점

토질과 관련된 다음 용어에 대해 설명하시오.

(1) 히빙(Heaving) 현상:

(2) 보일링(Boiling) 현상:

(3) 흙의 휴식각:

08 [17①, 24③] 3점

흙막이벽에 발생하는 히빙(Heaving) 파괴 방지대책을 3가지 쓰시오.

① __________
② __________
③ __________

09 [01②, 09②, 13②] 3점

굴착지반의 안전성에 대해 검토한 결과 히빙(Heaving)과 보일링 파괴(Bailing Failure)가 예상되는 경우 방지대책을 3가지 쓰시오.

① __________
② __________
③ __________

정답 및 해설

06

(1) 시트파일 등의 흙막이 벽의 좌측과 우측의 토압의 차에 의해 흙막이벽 밑으로 흙이 미끄러져 들어오는 현상
(2) 흙막이벽 뒷면 수위가 높아 지하수가 흙막이벽 밑으로 공사장 안 바닥에서 물이 솟아오르는 현상

07

(1) 시트파일 등의 흙막이 벽의 좌측과 우측의 토압의 차에 의해 흙막이벽 밑으로 흙이 미끄러져 들어오는 현상
(2) 흙막이벽 뒷면 수위가 높아 지하수가 흙막이벽 밑으로 공사장 안 바닥에서 물이 솟아오르는 현상
(3) 흙을 쌓거나 깎아냈을 때 자연상태로 생기는 경사면이 수평면과 이루는 각도

08

① 흙막이벽의 근입장을 증가
② 굴착 예정지역의 지반을 개량하여 전단강도 증대
③ 배면 부분 굴착으로 지반의 중량차 감소

09

① 흙막이벽의 근입장을 증가
② 굴착 예정지역의 지반을 개량하여 전단강도 증대
③ 차수성이 강한 흙막이 시공으로 누수차단

10 [20③] 4점 □□□□□

히빙 파괴(Heaving Failure)와 보일링 파괴(Boiling Failure)의 방지대책을 쓰시오.

(1) 히빙 파괴 방지대책:

(2) 보일링 파괴 방지대책:

11 [98②, 12④, 19②] 3점 □□□□□

아래 그림에서와 같이 터파기를 했을 경우, 인접 건물의 주위 지반이 침하할 수 있는 원인을 3가지 쓰시오. (단, 일반적으로 인접하는 건물보다 깊게 파는 경우)

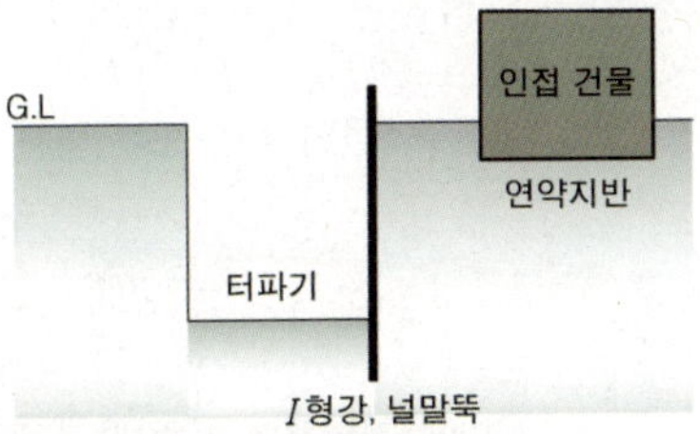

①

②

③

정답 및 해설

10

(1) 흙막이벽의 근입장을 증가

(2) 차수성이 강한 흙막이 시공으로 누수차단

11

① 히빙(Heaving)

② 보일링(Boiling)

③ 파이핑(Piping)

POINT 05 흙막이벽 주요 계측기기

명칭	주요 용도		주요 설치위치
Load Cell 하중계		하중 측정	버팀대(Strut) 양단부
Strain Gauge 변형률계	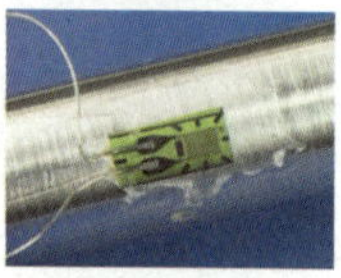	변형률 측정	버팀대(Strut) 중앙부
Extension Meter, Extensometer 지중침하계		지중 수직변위 측정	흙막이벽 배면, 인접구조물 주변
Inclinometer 경사계		지중 수평변위 측정	흙막이벽 배면
Tiltmeter 경사계		인접구조물 기울기 측정	인접구조물의 골조 또는 벽체
Pressure Cell 토압계		토압 측정	토압 측정위치의 지중에 설치
Piezometer 간극수압계	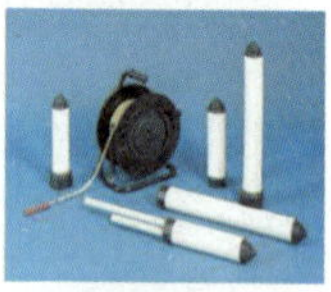	간극수압 변화 측정	흙막이벽 배면
Water Level Meter 지하수위계		지하수위 변화 측정	흙막이벽 배면
Level and Staff 레벨기		지표면 침하 및 융기 측정	–

1998~2024 **기출문제**

01 [06④, 12②, 18①, 20④] 3점

흙막이벽의 계측에 필요한 기기류를 3가지 쓰시오.

① ② ③

02 [15④] 4점

흙막이벽의 계측에 필요한 기기류를 쓰시오.

(1) 수압 측정:

(2) 하중 측정:

(3) 휨변형 측정:

(4) 수평변위 측정:

03 [13①, 21②] 4점

다음에 제시한 흙막이 구조물 계측기 종류에 적합한 설치 위치를 한 가지씩 기입하시오.

① 하중계:

② 토압계:

③ 변형률계:

④ 경사계:

04 [24③] 4점

다음 설명에 적합한 계측기기를 쓰시오.

(1)	굴착에 의한 지반 내 지하 흙 중에 포함된 물에 의한 상향 수압의 증감을 측정하여 지반의 안정성을 파악함으로써 시공속도를 조절하고 흙막이 구조물의 안정성을 검토하기 위해 사용하는 기구
(2)	각 지층의 침하량 또는 수직변위를 측정하여 지하의 토층과 암석의 거동 및 안정성을 계측하기 위한 기구

(1) (2)

05 [01②] 4점

토공사 중 계측관리와 관련된 항목을 골라 번호를 쓰시오.

보기

① Strain Gauge ② Inclinometer

③ Water Level Meter ④ Level and Staff

(1)	지표면 침하측정
(2)	지중 흙막이벽 수평변위 측정
(3)	지하수위 측정
(4)	응력측정(엄지말뚝, 띠장에 작용하는 응력측정)

(1) (2)

(3) (4)

정답 및 해설

01

① 하중계(Load Cell)

② 변형률계(Strain Gauge)

③ 지중침하계(Extension Meter)

02

(1) 간극수압계(Piezometer)

(2) 하중계(Load Cell)

(3) 변형률계(Strain Gauge)

(4) 경사계(Inclinometer)

03

① 버팀대(Strut) 양단부

② 토압 측정위치의 지중에 설치

③ 버팀대(Strut) 중앙부

④ 인접구조물의 골조 또는 벽체

04

(1) 간극수압계(Piezometer)

(2) 지중침하계(Extension Meter)

05

(1) ④

(2) ②

(3) ③

(4) ①

06 [04④, 14④] 4점

다음 계측기의 종류에 맞는 용도를 골라 번호로 쓰시오.

보기

종류	용도
(1) Piezometer	① 하중 측정
(2) Inclinometer	② 인접건물의 기울기도 측정
(3) Load Cell	③ Strut 변형 측정
(4) Extensometer	④ 지중 수평변위 측정
(5) Strain Gauge	⑤ 지중 수직변위 측정
(6) Tiltmeter	⑥ 간극수압의 변화 측정

(1) ______ (2) ______

(3) ______ (4) ______

(5) ______ (6) ______

정답 및 해설

06

(1) ⑥

(2) ④

(3) ①

(4) ⑤

(5) ③

(6) ②

MEMO

05 토공사 : 적산사항

POINT 01 토공사용 기계의 작업능력

Shovel 계열의 굴삭기계 시간당 시공량	Bulldozer 굴삭기계 시간당 시공량
$Q=\dfrac{3{,}600\times q\times k\times f\times E}{Cm}\ (\mathrm{m^3/hr})$	$Q=\dfrac{60\times q\times f\times E}{Cm}\ (\mathrm{m^3/hr})$
• Q : 시간당 작업량($\mathrm{m^3/hr}$) • q : 버킷 용량($\mathrm{m^3}$) • k : 버킷계수 • f : 토량환산계수 • E : 작업효율 • Cm : 1회 사이클 타임(sec)	• Q : 시간당 작업량($\mathrm{m^3/hr}$) • q : 삽날 용량($\mathrm{m^3}$) • f : 토량환산계수 • E : 작업효율 • Cm : 1회 사이클 타임(min)

POINT 02 독립기초 터파기

(1) 터파기량($\mathrm{m^3}$), 되메우기량($\mathrm{m^3}$), 잔토처리량($\mathrm{m^3}$)

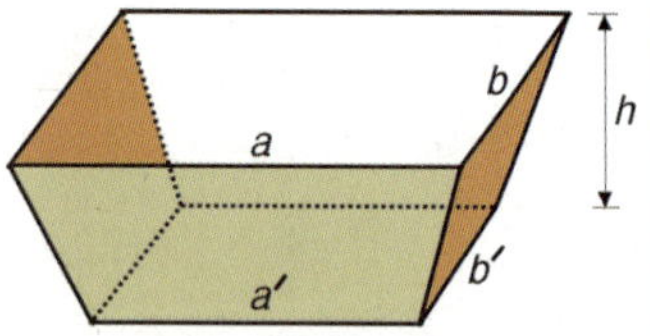

①	터파기량	$V=\dfrac{h}{6}[(2a+a')\cdot b+(2a'+a)\cdot b']$
②	되메우기량	V=터파기량 − 지중구조부 체적
③	잔토처리량	V=GL 이하 구조부체적 × 토량환산계수(L)

(2) 토량환산계수

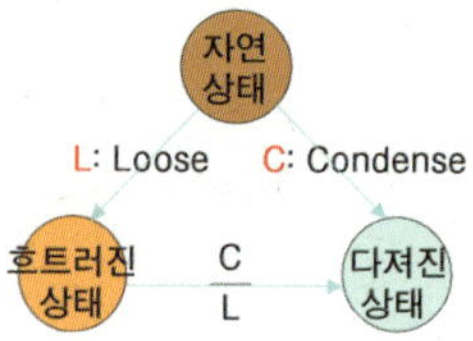

①	자연상태의 토량×L=흐트러진 상태의 토량
②	자연상태의 토량×C=다져진 상태의 토량
③	다져진 상태의 토량=흐트러진 상태의 토량×$\dfrac{C}{L}$

1998~2024 **기출문제**

I

01 [06①, 09④] 4점

Power Shovel의 시간당 작업량을 산출하시오.

- $q=1.26m^3$
- $k=0.8$
- $f=0.7$
- $E=0.86$
- $Cm=40sec$

02 [00①, 03①, 05④] 4점

파워쇼벨의 1시간당 추정 굴착작업량을 산출하시오.

- $q=0.8m^3$
- $k=0.8$
- $f=1.28$
- $E=0.83$
- $Cm=40sec$

03 [15②, 19①] 4점

파워쇼벨의 1시간당 추정 굴착작업량을 산출하시오.

- $q=0.8m^3$
- $k=0.8$
- $f=0.7$
- $E=0.83$
- $Cm=40sec$

04 [13①, 16②] 4점

토량 $2{,}000m^3$, 2대의 불도저가 삽날용량 $0.6m^3$, 토량환산계수 0.7, 작업효율 0.9, 1회 사이클시간 15분일 때 작업완료시간을 계산하시오.

05 [11④, 20④, 24②] 3점, 4점

흐트러진 상태의 흙 $10m^3$를 이용하여 $10m^2$의 면적에 다짐 상태로 50cm 두께를 터돋우기 할 때 시공완료된 다음의 흐트러진 상태의 토량을 산출하시오. (단, 이 흙의 $L=1.2$, $C=0.9$이다.)

06 [00③, 15④, 18①, 22②] 3점

흐트러진 상태의 흙 $30m^3$를 이용하여 $30m^2$의 면적에 다짐 상태로 60cm 두께를 터돋우기 할 때 시공완료된 다음의 흐트러진 상태의 토량을 산출하시오. (단, 이 흙의 $L=1.2$, $C=0.9$이다.)

정답 및 해설

01 $Q=54.61\ m^3/hr$

$Q=\dfrac{3{,}600\times1.26\times0.8\times0.7\times0.86}{40}=54.613$

02 $Q=61.19\ m^3/hr$

$Q=\dfrac{3{,}600\times0.8\times0.8\times1.28\times0.83}{40}=61.194$

03 $Q=33.47\ m^3/hr$

$Q=\dfrac{3{,}600\times0.8\times0.8\times0.7\times0.83}{40}=33.465$

04 661.38 hr

(1) $Q=\dfrac{60\times0.6\times0.7\times0.9}{15}=1.512$

(2) $\dfrac{2{,}000}{1.512\times2\text{대}}=661.376$

05 $3.33m^3$

(1) 다져진 상태의 토량

$=10\times\dfrac{0.9}{1.2}=7.5$

(2) 다져진 상태의 남는 토량

$=7.5-(10\times0.5)=2.5$

(3) 흐트러진 상태의 토량

$=2.5\times\dfrac{1.2}{0.9}=3.333$

06 $6m^3$

(1) 다져진 상태의 토량

$=30\times\dfrac{0.9}{1.2}=22.5$

(2) 다져진 상태의 남는 토량

$=22.5-(30\times0.6)=4.5$

(3) 흐트러진 상태의 토량

$=4.5\times\dfrac{1.2}{0.9}=6$

07 [12④, 16④, 21①] 9점 □□□□□

다음 조건으로 요구하는 산출량을 구하시오.
(단, $L=1.3$, $C=0.9$)

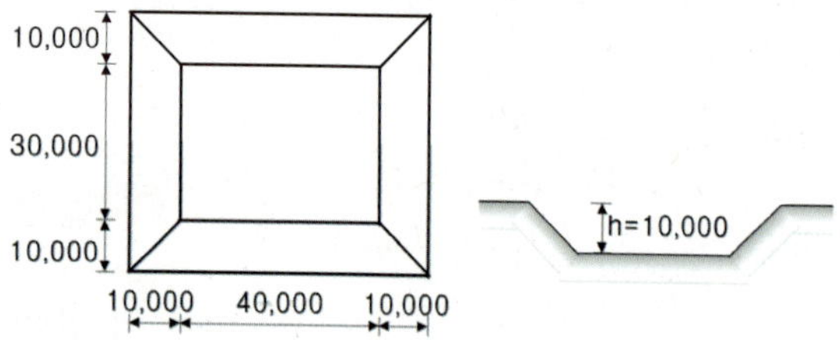

(1) 터파기량을 산출하시오.

(2) 운반대수를 산출하시오.
(운반대수는 1대, 적재량은 $12m^3$)

(3) $5,000m^2$의 면적을 가진 성토장에 성토하여 다짐할 때 표고는 몇 m인지 구하시오. (비탈면은 수직으로 가정한다.)

08 [16①] 6점 □□□□□

터파기한 흙이 $12,000m^3$($L=1.25$)이고, 이 중 되메우기를 $5,000m^3$으로 하고, 잔토처리를 8톤 트럭으로 운반 시 트럭에 적재할 수 있는 운반토량과 차량 대수를 구하시오.
(단, 파낸 후 흐트러진 상태의 흙의 단위중량은 $1,800kg/m^3$)

(1) 8톤 덤프트럭에 적재할 수 있는 운반토량

(2) 8톤 덤프트럭의 대수

09 [24③] 6점 □□□□□

사질토지반의 터파기한 토량 $12,000m^3$(자연상태, $L=1.25$) 중에서 $5,000m^3$를 되메우기 하고 나머지 잔토를 8톤 덤프트럭으로 운반할 경우 적재량과 필요한 차량 대수를 구하시오. (단, 자연상태의 사질토 지반의 단위중량은 $1.8t/m^3$)

(1) 8톤 덤프트럭에 적재할 수 있는 운반토량

(2) 8톤 덤프트럭의 대수

정답 및 해설

07

(1) $20,333.33m^3$

$$V=\frac{10}{6}[(2\times60+40)\times50+(2\times40+60)\times30]$$

$=20,333.333$

(2) 2,203대

$$\frac{20,333.33\times1.3}{12}=2,202.777$$

(3) 3.66m

$$\frac{20,333.33\times0.9}{5,000}=3.659$$

08

(1) $\frac{8t}{1.8t/m^3}=4.444$ ➡ $4.44m^3$

(2) $\frac{(12,000-5,000)\times1.25}{4.444}$

$=1,968.95$ ➡ 1,969대

09

(1) $\frac{8t}{1.8t/m^3}\times1.25=5.556m^3$ ➡ $5.56m^3$

(2) $\frac{(12,000-5,000)\times1.25}{5.556}$

$=1,575$대

10 [09④] 4점

$3m^3$의 모래를 운반하려고 한다. 소요인부수를 구하시오. (단, 질통의 무게 50kg, 상하차시간 2분, 운반거리 240m, 평균운반속도 60m/min, 모래의 단위용적중량 $1,600kg/m^3$, 1일 8시간 작업하는 것으로 가정한다.)

정답 및 해설

10 2인

(1) 운반할 모래의 총중량 :

$3m^3 \times 1,600kg/m^3 = 4,800kg$

(2) 운반 질통 회수 :

$4,800kg \div 50kg = 96$회

(3) 질통 한 번 왕복 소요시간 :

$(240m \div 60m/분) \times 2(왕복) + 2(상하차) = 10분$

(4) 소요인원수 :

$(96회 \times 10분) \div 60분 \div 8시간 = 2인$

2

지정 및 기초공사

01 지정 및 기초공사 : 일반사항

POINT 01 말뚝 일반사항

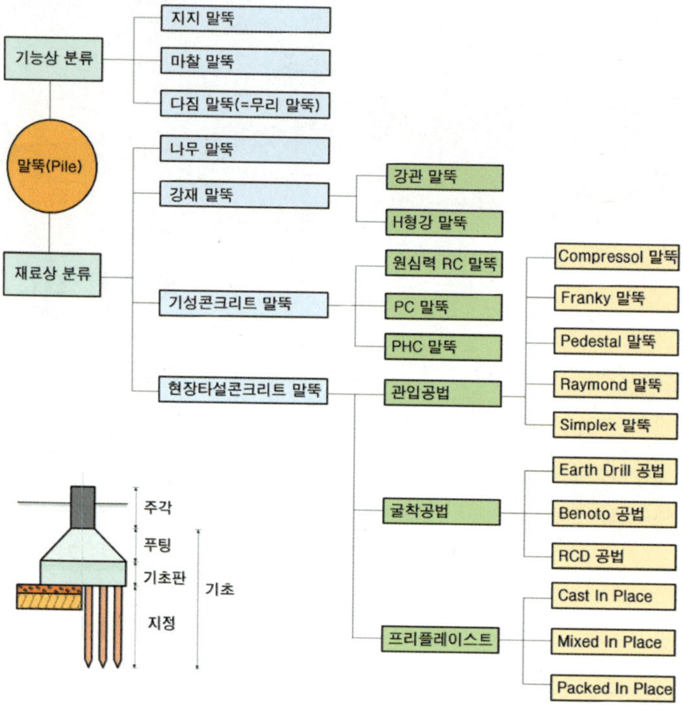

(1) 기초와 지정의 차이

①	기초	건축물의 최하부에서 건축물의 하중을 지반에 안전하게 전달시키는 구조부
②	지정	기초판을 지지하기 위해서 그 아래에 설치하는 버림콘크리트, 잡석, 말뚝 등 【※ 잡석지정량의 10%를 가산하여 잡석량으로 산정하고, 틈막이 자갈은 잡석지정량의 30%로 한다.】

(2) 무리말뚝(Clustered Pile, 군말뚝) 시공순서

표토 걷어내기 ➠ 수평규준틀 설치 ➠ 말뚝 중심잡기 ➠ 가장자리 말뚝박기 ➠ 중앙부 말뚝박기 ➠ 말뚝머리 정리

(3) 강재말뚝

①	특징	지지력이 크고 이음이 안전, 상부구조와의 결합이 용이, 운반 및 시공이 용이
②	부식방지법	도장법, 전기방식법, 부식 예상두께를 감안하여 미리 두께를 증가시킴

1998~2024 **기출문제**

II

01 [06④, 12④, 19①, 20④] 4점

기초와 지정의 차이점을 기술하시오.

(1) 기초:

(2) 지정:

02 [99⑤] 2점

다음이 설명하는 말뚝의 용어명을 쓰시오.

(1)	연약층이 깊어 굳은 층에 지지할 수 없을 때 말뚝과 지반의 마찰력에 의하는 말뚝
(2)	연약지반을 관통하여 굳은 지반에 도달시켜 말뚝선단의 지지력에 의하는 말뚝

(1) (2)

03 [99⑤] 3점

지정 및 기초공사에서 지정말뚝의 종류를 3개 쓰시오.

① ② ③

04 [00③] 4점

잡석지정량이 62m³일 경우 잡석량과 틈막이 자갈량은?

(1) 잡석량:

(2) 틈막이 자갈량:

05 [03②] 4점

무리말뚝 기초공사에 관한 사항이다. 일반적인 시공순서를 보기에서 골라 기호로 쓰시오.

보기

① 수평규준틀 설치　② 중앙부 말뚝박기
③ 가장자리 말뚝박기　④ 말뚝 중심잡기
⑤ 표토 걷어내기　⑥ 말뚝머리 정리

06 [98④] 2점

다음 ( )안을 보기에서 골라 채우시오.

보기	
주변, 중앙	무리말뚝에 있어서 말뚝박기는 지지력이 증가하도록 ( )을 먼저 박고 점차 ( )을 박는 순서로 진행된다.

07 [01①, 20②] 3점

강관말뚝 지정의 특징을 3가지만 쓰시오.

①

②

③

08 [01④, 05④] 2점

강재말뚝의 부식을 방지하기 위한 방법을 2가지 쓰시오.

① ②

정답 및 해설

01

(1) 건축물의 최하부에서 건축물의 하중을 지반에 안전하게 전달시키는 구조부

(2) 기초판을 지지하기 위해서 그 아래에 설치하는 버림콘크리트, 잡석, 말뚝 등

02

(1) 마찰말뚝　(2) 지지말뚝

03

① 나무말뚝 ② 강재말뚝 ③ 기성콘크리트 말뚝

04

(1) $62 \times 1.1 = 68.2\text{m}^3$

(2) $62 \times 0.3 = 18.6\text{m}^3$

05

⑤ ➡ ① ➡ ④ ➡ ③ ➡ ② ➡ ⑥

06

주변, 중앙

07

① 지지력이 크고 이음이 안전

② 상부구조와의 결합이 용이

③ 운반 및 시공이 용이

08

① 도장법　② 전기방식법

POINT 02 기성콘크리트 말뚝

(1) 말뚝의 중심간격

①	기성콘크리트말뚝	• 2.5D 이상 • 750mm 이상	큰값	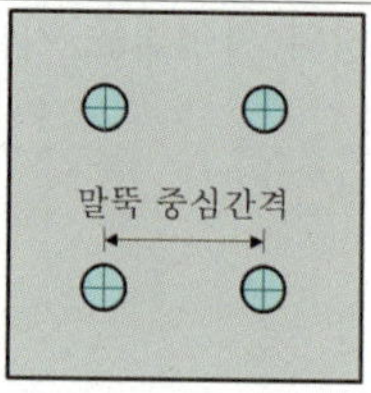
②	현장타설콘크리트말뚝	• 2.0D 이상 • D + 1,000mm 이상	큰값	D: 말뚝지름

(2) PHC(Pre-tensioning centrifugal High strength Concrete pile) 말뚝

①	말뚝의 제조	원심력을 응용하여 만든 고강도 말뚝으로 프리텐션(Pre-Tension) 방식을 적용시켜 제조하며, 오토클레이브(Autoclave) 양생을 실시한다.	
②	PHC - A · 450 - 12	• PHC	프리텐션방식 원심력 고강도콘크리트말뚝
		• A · 450	A종, 말뚝바깥지름 450mm
		• 12	말뚝길이 12m

(3) 기성콘크리트말뚝 타입공법(타격공법, 직타공법)

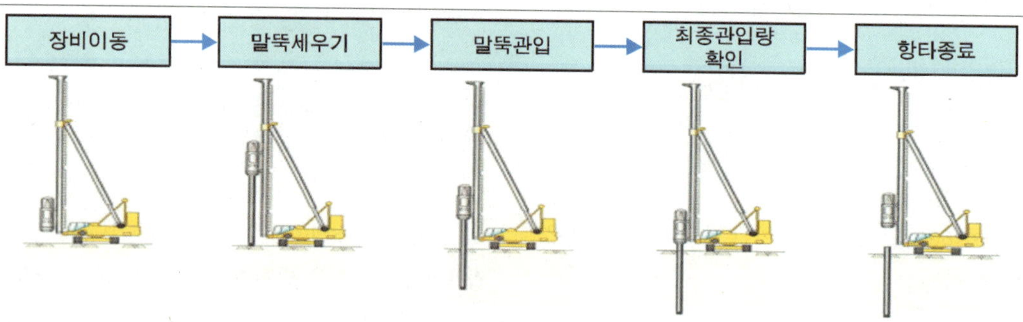

		장점	단점
①	특징	• 타격속도가 빠르다.	• 말뚝이 파손될 우려가 있다.
		• 경비가 저렴하며 기동성 우수	• 타격음이 크고 비산이 따른다.
		• 운전이 간단하며 시공성 우수	• 연약지반에서는 비효율적이다.
②	이음방법	충전식, 용접식, 볼트(Bolt)식, 장부(Band)식	
③	시공된 말뚝 검사항목	• 말뚝의 심도	• 말뚝의 지지력
		• 말뚝의 위치측량	• 말뚝의 최종관입량 및 리바운드 체크

POINT 02 **기성콘크리트 말뚝: 원심력 RC 말뚝, PSC 말뚝, PHC 말뚝**

II

(4) 기성콘크리트말뚝 매입(埋入)공법: 무소음 · 무진동 공법

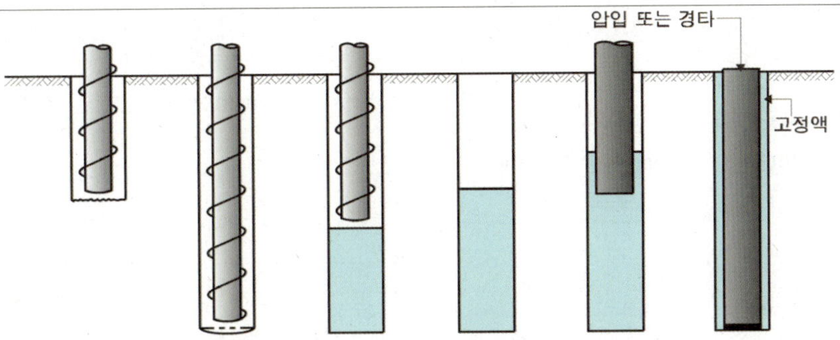

①	압입공법	• 유압기구를 갖춘 압입장치의 반력을 이용하는 방법	
		• 압입공법에서 채용되는 말뚝의 선단부 형상	연필 형태(Pencil Type)
			플랫 형태(Flat Type)
②	수사(Water Jet)법	• 말뚝 선단부에 고압으로 물을 분사시켜 수압에 의해 지반을 무르게 한 후 말뚝을 박는 방법	
③	선행굴착(Pre-Boring) 공법	• 오거(Auger)로 미리 구멍을 뚫고 기성말뚝을 삽입 후 압입 또는 타격에 의해 말뚝을 박는 방법	
		• 선행굴착(Pre-Boring) 시공순서 어스오거 드릴로 구멍 굴착 ➠ 소정의 지지층 확인 ➠ 시멘트액 주입 ➠ 기성콘크리트 말뚝 삽입 ➠ 기성콘크리트 말뚝 경타 ➠ 소정의 지지력 확보	
④	중공굴착공법(중굴(中掘)공법)	• 말뚝 중공부에 나선형 오거(Spiral Auger)를 삽입하여 굴착하면서 말뚝을 관입하고, 시멘트 밀크를 주입하는 방법으로 주로 대구경 말뚝에 적용	

(5) 마이크로 말뚝

①	정의	구조물의 기초, 기초의 보강, 리모델링 등의 목적으로 사용되는 직경 30cm 이하의 강재로 보강된 비변위 말뚝	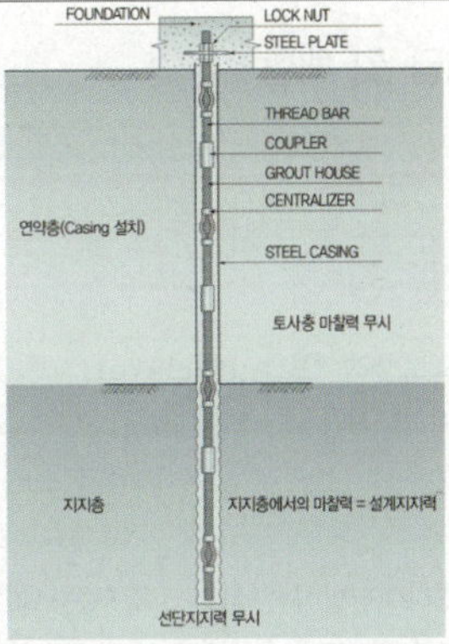
②	특징	• 소형 시공장비를 사용하기 때문에 접근하기 어려운 환경에서 시공 가능하며 대부분의 토질조건에 적용 가능	
		• 시공과정에서 진동과 소음이 작고, 기존 말뚝공법 적용이 곤란한 소규모 현장에서 적용 및 대응이 가능	

01 [13①, 16①] 2점

(   )안에 숫자를 기입하시오.

> 기성콘크리트 말뚝을 시공할 때 그 중심간격은 말뚝 지름의 (   )배 이상 또한 (   )mm 이상으로 한다.

02 [06①] 2점

(   )안에 알맞은 말을 쓰시오.

> PHC 파일을 만드는 과정에서는 (①) 양생을 하고, (②)방식을 적용시켜 만든다.

① ________ ② ________

03 [00②] 3점

(   )안에 알맞은 말을 쓰시오.

> PHC – A · 450 – 12
> ①   ②   ③

①
②
③

04 [98①, 00⑤, 01②] 3점

기성 콘크리트 말뚝의 이음 방법 3가지를 쓰시오.

① ________ ② ________ ③ ________

05 [14②] 3점

기성말뚝의 타격공법에서 주로 사용하는 디젤해머(Diesel Hammer)의 장점을 3가지 쓰시오.

①
②
③

06 [24①] 3점

말뚝타입공법으로 시공한 말뚝을 검사할 때 확인해야 하는 사항을 3가지 쓰시오.

①
②
③

07 [01①, 04④] 4점

기성콘크리트말뚝을 기초로 사용하고자 할 때 도심지에서 사용할 수 있는 무소음·무진동 공법을 기호로 쓰시오.

> ① Steam Hammer 공법 ② 압입(회전압입) 공법
> ③ Vibro Floatation 공법 ④ 중공굴착(중굴) 공법
> ⑤ Pre-Boring 공법 ⑥ Diesel Hammer 공법
> ⑦ 수사(Water Jet)법

정답 및 해설

01
2.5, 750

02
① 오토클레이브(Autoclave)
② 프리텐션(Pre-Tension)

03
① 프리텐션방식 원심력 고강도콘크리트말뚝
② A종, 말뚝바깥지름 450mm
③ 말뚝길이 12m

04
① 충전식
② 용접식
③ 볼트식

05
① 타격속도가 빠르다.
② 경비가 저렴하며 기동성 우수
③ 운전이 간단하며 시공성 우수

06
① 말뚝의 심도
② 말뚝의 지지력
③ 말뚝의 위치측량

07
②, ④, ⑤, ⑦

II

08 [10②] 3점

말뚝의 시공방법 중 무소음·무진동 공법을 3가지 쓰고 설명하시오.

①

②

③

09 [00②, 02④, 15①] 4점

기성콘크리트말뚝을 사용한 기초공사에서 사용가능한 무소음·무진동 공법 4가지를 쓰시오.

① ②

③ ④

10 [03①] 4점

기초에 사용되는 압입공법에서 채용되는 말뚝은 단부 형태에 따라 구분되며, 말뚝길이가 지지지반까지 이르지 못할 경우 이어서 사용하게 되는데 이음방법도 구분된다. 이들의 종류를 각각 2가지씩 나열하시오.

(1) 선단부 형상의 종류

① ②

(2) 말뚝이음의 종류

① ②

11 [06①] 3점

프리보링(Pre-Boring) 공법의 작업순서를 보기에서 골라 기호로 쓰시오.

① 어스오거 드릴로 구멍굴착
② 소정의 지지층 확인
③ 기성콘크리트 말뚝 경타
④ 시멘트액 주입
⑤ 기성콘크리트 말뚝 삽입
⑥ 소정의 지지력 확보

12 [20⑤, 24③] 4점

매입말뚝 중에서 마이크로 말뚝의 정의와 장점 두 가지를 쓰시오.

(1) 정의:

(2) 장점:

①

②

정답 및 해설

08

(1) 압입공법: 유압기구를 갖춘 압입장치의 반력을 이용하는 방법
(2) 수사법: 말뚝 선단부에 고압으로 물을 분사시켜 수압에 의해 지반을 무르게 한 후 말뚝을 박는 방법
(3) 선행굴착공법: Auger로 미리 구멍을 뚫고 기성말뚝을 삽입 후 압입 또는 타격에 의해 말뚝을 박는 방법

09

① 압입공법 ② 수사법
③ 선행굴착공법 ④ 중공굴착공법

10

(1) ① 연필 형태 ② 플랫 형태
(2) ① 충전식 ② 용접식

11

① ➡ ② ➡ ④ ➡ ⑤ ➡ ③ ➡ ⑥

12

(1) 구조물의 기초, 기초의 보강, 리모델링 등의 목적으로 사용되는 직경 30cm 이하의 강재로 보강된 비변위 말뚝
(2)
① 소형 시공장비를 사용하기 때문에 접근하기 어려운 환경에서 시공가능하며 대부분의 토질조건에 적용 가능
② 시공과정에서 진동과 소음이 작고, 기존 말뚝공법 적용이 곤란한 소규모 현장에서 적용 및 대응이 가능

POINT 03 현장타설콘크리트 말뚝, 제자리콘크리트 말뚝

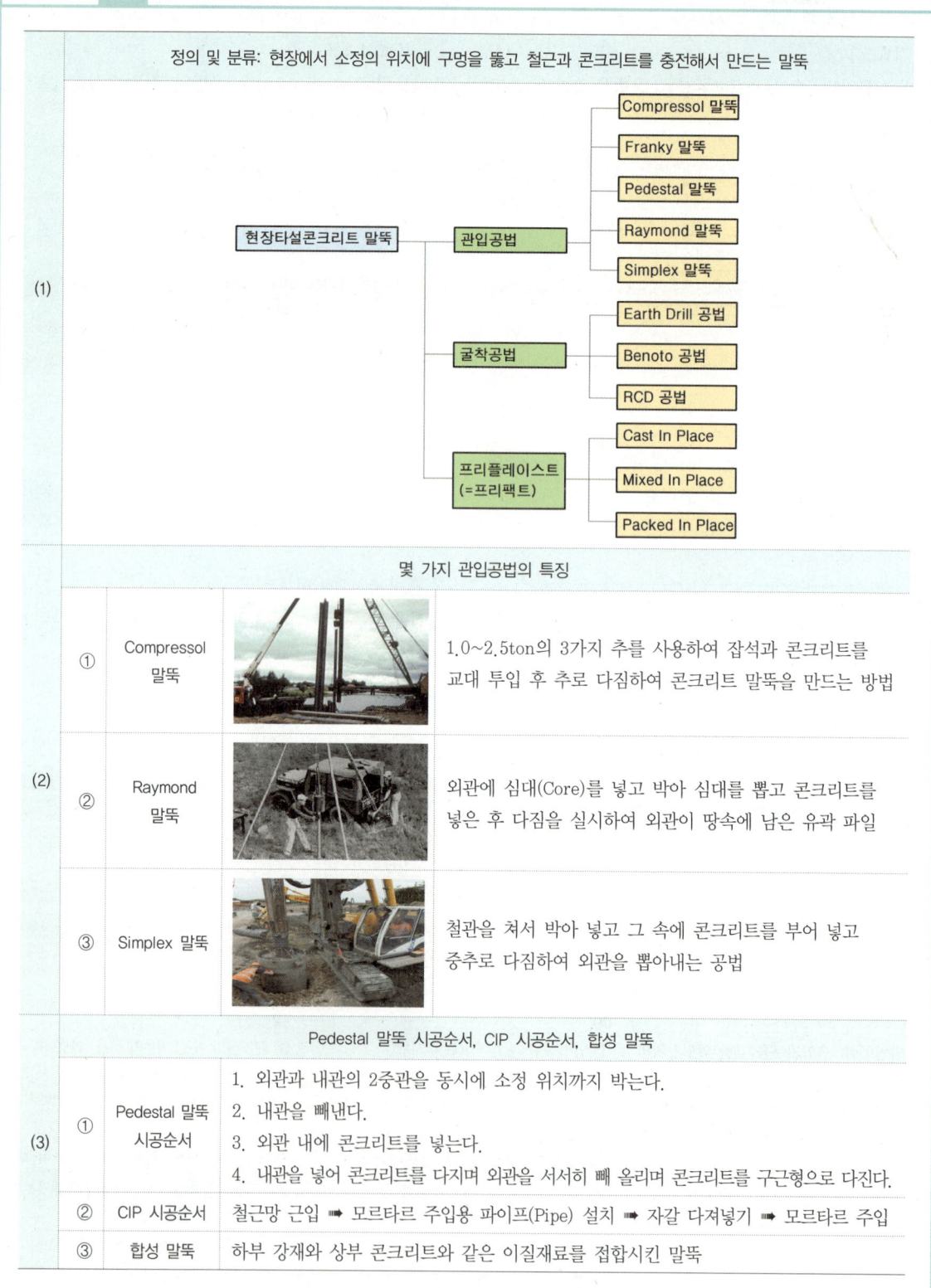

(1) 정의 및 분류: 현장에서 소정의 위치에 구멍을 뚫고 철근과 콘크리트를 충전해서 만드는 말뚝

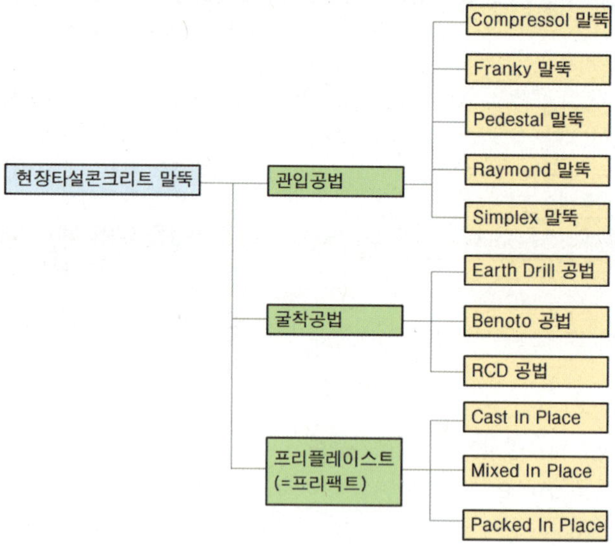

(2) 몇 가지 관입공법의 특징

①	Compressol 말뚝		1.0~2.5ton의 3가지 추를 사용하여 잡석과 콘크리트를 교대 투입 후 추로 다짐하여 콘크리트 말뚝을 만드는 방법
②	Raymond 말뚝		외관에 심대(Core)를 넣고 박아 심대를 뽑고 콘크리트를 넣은 후 다짐을 실시하여 외관이 땅속에 남은 유곽 파일
③	Simplex 말뚝		철관을 쳐서 박아 넣고 그 속에 콘크리트를 부어 넣고 중추로 다짐하여 외관을 뽑아내는 공법

(3) Pedestal 말뚝 시공순서, CIP 시공순서, 합성 말뚝

①	Pedestal 말뚝 시공순서	1. 외관과 내관의 2중관을 동시에 소정 위치까지 박는다. 2. 내관을 빼낸다. 3. 외관 내에 콘크리트를 넣는다. 4. 내관을 넣어 콘크리트를 다지며 외관을 서서히 빼 올리며 콘크리트를 구근형으로 다진다.
②	CIP 시공순서	철근망 근입 ➠ 모르타르 주입용 파이프(Pipe) 설치 ➠ 자갈 다져넣기 ➠ 모르타르 주입
③	합성 말뚝	하부 강재와 상부 콘크리트와 같은 이질재료를 접합시킨 말뚝

1998~2024 **기출문제**

01 [09②, 16④] 3점

제자리콘크리트 말뚝시공 종류명을 5가지 쓰시오.

① ② ③

④ ⑤

02 [09①, 16①] 3점

프리팩트 콘크리트 말뚝의 종류를 3가지 쓰시오.

① ② ③

03 [06④] 3점

다음이 설명하는 현장타설콘크리트 말뚝의 종류를 쓰시오.

(1)	1.0~2.5ton의 3가지 추를 사용하여 잡석과 콘크리트를 교대투입 후 추로 다짐하여 콘크리트말뚝을 만드는 공법
(2)	외관에 심대(Core)를 넣고 박아 심대를 뽑고 콘크리트를 넣은 후 다짐을 실시하여 외관이 땅속에 남은 유곽 파일
(3)	철관을 쳐서 박아 넣고 그 속에 콘크리트를 부어 넣고 중추로 다짐하여 외관을 뽑아내는 공법

(1) (2) (3)

04 [04①, 05②] 4점

보기에 열거한 공법들을 아래 분류에 따라 골라 번호를 쓰시오.

① 리버스 서큘레이션 공법	② 동결 공법
③ 베노토 공법	④ 샌드 드레인 공법
⑤ 이코스 공법	⑥ 그라우팅 공법

(1) 제자리콘크리트 말뚝 공법:

(2) 지반개량 공법:

05 [98②, 02②, 06②] 3점

페데스탈 파일의 시공순서를 보기에서 골라 기호로 쓰시오.

① 내관을 빼낸다.

② 외관 내에 콘크리트를 넣는다.

③ 내관을 넣어 콘크리트를 다지며 외관을 서서히 빼 올리며 콘크리트를 구근형으로 다진다.

④ 외관과 내관의 2중관을 동시에 소정 위치까지 박는다.

정답 및 해설

01
① Compressol
② Franky
③ Pedestal
④ Raymond
⑤ Simplex

02
① Cast In Place
② Mixed In Place
③ Packed In Place

03
(1) Compressol
(2) Raymond
(3) Simplex

04
(1) ①, ③, ⑤
(2) ②, ④, ⑥

05
④ ➠ ① ➠ ② ➠ ③

06 [99③, 03①] 3점 □□□□□

CIP 공법으로 콘크리트 말뚝지정을 실시할 경우 시공 순서를 기호로 쓰시오.

① 자갈 다져넣기	② 모르타르 주입
③ 철근망 근입	④ 모르타르 주입용 Pipe 설치

07 [24③] 3점 □□□□□

CIP(Cast In Place) 공법에 대해 설명하시오.

CIP(Cast In Place Prepacked Pile) 공법

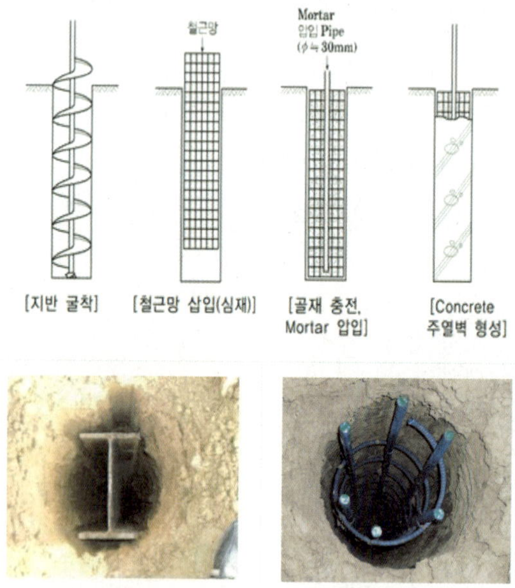

08 [13②] 2점 □□□□□

지정 및 기초공사와 관련된 다음 용어에 대해 설명하시오.

(1) 재하시험

(2) 합성말뚝

정답 및 해설

06

③ ➡ ④ ➡ ① ➡ ②

07

지반을 오거로 천공 후 철근망을 삽입하고 자갈을 충전한 다음 모르타르를 주입하여 주열식 연속벽을 형성하는 제자리콘크리트 말뚝공법

08

(1) 지반면에 직접 하중을 가하여 기초 지반의 지지력을 추정하는 시험

(2) 하부 강재와 상부 콘크리트와 같은 이질재료를 접합시킨 말뚝

MEMO

POINT 04 대구경 말뚝, 깊은기초 공법

(1) 대구경 현장타설콘크리트 말뚝 굴착공법

① 베노토(Benoto) 공법

② RCD(Reverse Circulation Drill) 공법

③ 어스드릴(Earth Drill) 공법

①	케이싱튜브(Casing Tube)를 압입하면서 공벽 파괴를 방지하고 해머그레이브(Hammer Grab)로 굴착 후 철근을 삽입하고 콘크리트를 충전하면서 케이싱튜브를 빼내면서 말뚝을 조성하는 공법
②	특수비트의 회전으로 굴착된 토사를 드릴로드(Drill Rod) 내의 물과 함께 공외로 배출하여 침전지에 토사를 침전시킨 후 물을 다시 공내에 환류시키면서 굴착한 후 철근망을 삽입하고 트레미(Tremie)관에 의해 콘크리트를 타설 하면서 말뚝을 조성하는 공법
③	회전식 드릴링버킷(Drilling Bucket)에 의해 지중에 필요 깊이까지 굴착하고, 그 굴착공에 철근을 삽입하여 콘크리트를 타설하여 말뚝을 조성하는 공법

(2) 깊은 기초공법: 구조체+흙막이+버팀대의 역할

Well 공법(우물통 기초)

① 지하구조체 지상 구축
② 하부 중앙흙 파내기
③ 중앙부 기초 구축
④ 주변 기초 구축

Open Caisson(개방잠함), Pneumatic Caisson(용기잠함)

1998~2024 기출문제

01 [98③, 09②] 2점

베노토 공법을 설명하시오.

02 [04②] 3점

대구경 제자리 말뚝을 시공하는 공법 중 베노토 공법의 시공순서 5단계를 순서대로 기술하시오.

① ______
② ______
③ ______
④ ______
⑤ ______

정답 및 해설

01
Casing Tube를 압입하면서 공벽 파괴를 방지하고 Hammer Grab로 굴착 후 철근을 삽입하고 콘크리트를 충전하면서 Casing Tube를 빼내면서 말뚝을 조성하는 공법

02
① 케이싱 튜브(Casing Tube) 세우기 및 굴착
② 철근망 조립 및 삽입
③ 트레미관(Tremie Pipe) 삽입
④ 콘크리트 타설
⑤ 케이싱 튜브 인발 및 양생

03 [00①] 4점

제자리콘크리트말뚝의 기계굴착 공법 중에서 베노토공법(Benoto Method)의 시공순서이다. 다음 보기를 보고 (   ) 안에 적합한 공정명을 번호로 쓰시오.

보기

① Tremie(트레미)관 삽입
② 철근망 조립
③ 레미콘 주문
④ Casing Tube(케이싱튜브) 인발
⑤ 철근망 넣기
⑥ Casing Tube(케이싱튜브) 세우기

(   ) ➡ (굴착) ➡ (   ) ➡ (   ) ➡ (콘크리트 타설) ➡ (   )

04 [03④] 3점

제자리 콘크리트 말뚝에 관한 공법의 명칭을 기록하시오.

(1) 회전식 Drilling Bucket에 의해 지중에 필요 깊이까지 굴착하고, 그 굴착공에 철근을 삽입하여 콘크리트를 타설하여 말뚝을 조성하는 공법
(2) 특수 비트의 회전으로 굴착된 토사를 Drill Rod 내의 물과 함께 공외로 배출하여 침전지에 토사를 침전시킨 후 물을 다시 공내에 환류 시키면서 굴착한 후 철근망을 삽입하고 트레미관에 의해 콘크리트를 타설하면서 말뚝을 조성하는 공법
(3) 특수 고안된 Casing Tube를 좌회전과 우회전 운동의 반복에 의해 요동시키면서 지반의 마찰저항을 감소시켜 유압잭으로 압입하면서 공벽 파괴를 방지하고 Hammer Grab로 굴착 후 철근을 삽입하고 콘크리트를 충전하면서 Casing Tube를 빼내면서 말뚝을 조성하는 공법

(1) ______________ (2) ______________
(3) ______________

05 [00②] 3점

다음의 (   ) 안을 채우시오.

제자리 콘크리트 말뚝공법 중 굴착구멍의 붕괴를 방지하기 위하여 물을 채우는 대표적인 공법은 (①)공법이며, 이 공법은 지하수위보다 (②)m 이상 높게 물을 채워서 (③)KN/m² 이상의 정수압을 유지해야 한다.

① ______ ② ______ ③ ______

06 [02②, 06④, 13④] 3점

흙막이 공법 중 그 자체가 지하구조물이면서 흙막이 및 버팀대 역할을 하는 공법을 보기에서 고르시오.

보기

① 지반정착(Earth Anchor) 공법
② 개방잠함(Open Caisson) 공법
③ 수평버팀대 공법
④ 강재널말뚝(Sheet Pile) 공법
⑤ 우물통(Well) 공법
⑥ 용기잠함(Pneumatic Caisson) 공법

____

07 [08①] 3점

개방잠함 기초의 시공순서를 보기에서 골라 쓰시오.

① 주변 기초 구축 ② 지하구조체 지상 구축
③ 중앙부 기초 구축 ④ 하부 중앙흙 파내기

____

정답 및 해설

03
⑥, ⑤, ①, ④

04
(1) Earth Drill 공법
(2) RCD(Reverse Circulation Drill) 공법
(3) Benoto 공법

05
① RCD ② 2 ③ 20

06
②, ⑤, ⑥

07
② ➡ ④ ➡ ③ ➡ ①

POINT 05 지반개량공법, 기초의 안정

(1) 지반개량공법: 지반의 지지력 증대, 지하굴착시 안정성 확보, 기초의 보강 및 부등침하 방지

지반	지반개량공법
점성토 N ≤ 4	지반 내 간극수를 배제시켜 압밀을 유도하는 선행재하공법, 연직배수공법, 진공압밀공법
	• 연직배수공법(탈수공법): Sand Drain(지반에 지름 40~60cm의 구멍을 뚫고 모래를 넣은 후, 성토 및 기타 하중을 가하여 점토질 지반을 압밀시키는 공법) Paper Drain(모래 대신 합성수지로 된 카드보드를 지반에 삽입하여 성토 및 기타 하중을 가하여 점토질 지반을 압밀시키는 공법), Pack Drain, Prefabricated Vertical Drain 
	• 압밀공법: 선행재하공법, 사면선단재하공법, 압성토공법
	• 고결공법: 소결공법, 동결공법, **생석회말뚝공법**(지반 내에 생석회에 의한 말뚝을 설치하여 흙을 고결화시켜 연약지반의 강화를 도모하는 공법)
	• 치환공법: 굴착치환, 미끄럼치환, 폭파치환
사질토 N ≤ 10	지반 내 간극 감소를 위해 물리적인 힘 또는 진동을 가하여 표면 또는 심층을 다지는 다짐공법
	• 모래다짐공법(Sand Compaction Pile) • 진동다짐공법(Vibro Floatation Method) • 동다짐공법(Dynamic Compaction)  
	• 약액주입공법(Chemical Grouting Method) 【※ 약액주입공법 시공 후 주입효과 판정: 육안확인(굴착, 색소판별), 투수시험, 물리적탐사 및 화학적 분석법, 강도확인시험(일축압축강도시험, 표준관입시험, 직접전단시험)】
	배수공법 & 지하수위 저하공법 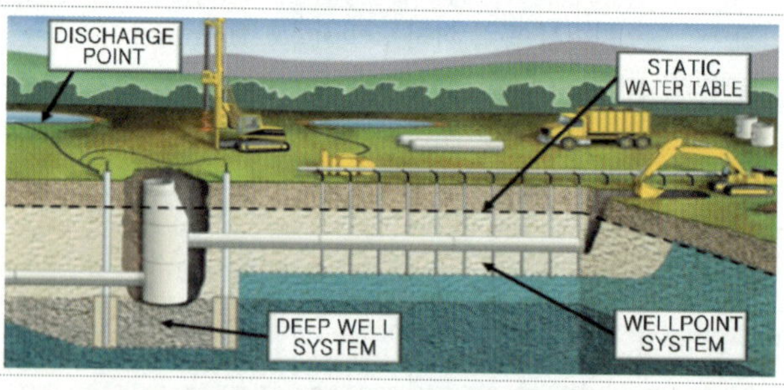 Deep Well공법, **Well Point공법**(직경 20cm 정도의 특수파이프를 상호 2m 내외 간격으로 관입하여 모래를 투입한 후 진동다짐하여 배수통로를 형성시키는 공법)

(2) 드레인 보드(Drain Board)

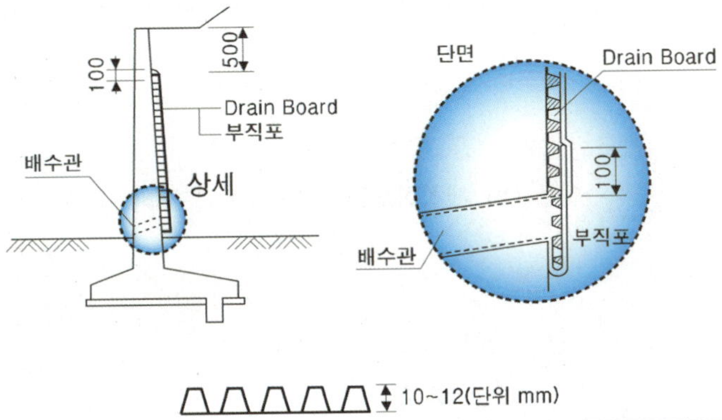

영구배수공법의 일종으로 쇄석 대신 사용되고, 배수관 또는 양수관으로 물을 흘려 보내기 위해 롤(Roll) 형태의 보드를 옹벽 뒤에 부착하여 시공하는 배수자재

(3) 부력을 받은 지하구조물의 부상 방지대책

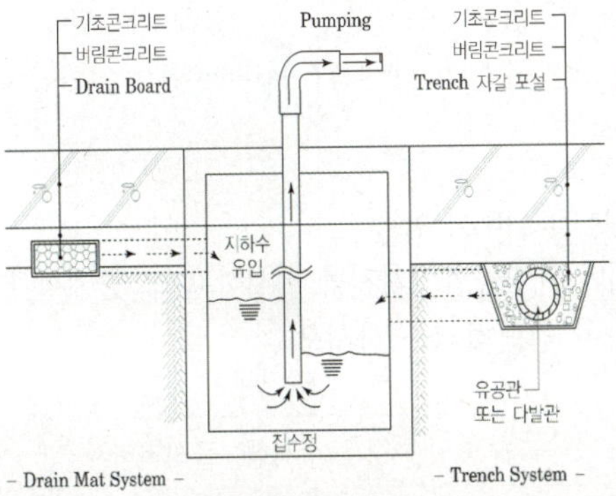

① 유입 지하수를 강제로 Pumping 하여 외부로 배수

② 인접건물주 승인 후 인접건물에 긴결

③ 구조물의 자중을 증대시켜 부력에 대항하게 함

④ 현장시공 중 구조체에 구멍을 뚫어 지하수 유입

⑤ 락앵커(Rock Anchor) 공법 등 지반정착 공법을 사용

(4) 플로팅 파운데이션(Floating Foundation)

연약지반에 RC구조 등의 중량건축물 시공 시 굴착한 흙의 중량과 건축물의 중량이 균형을 이루도록 만든 기초공법

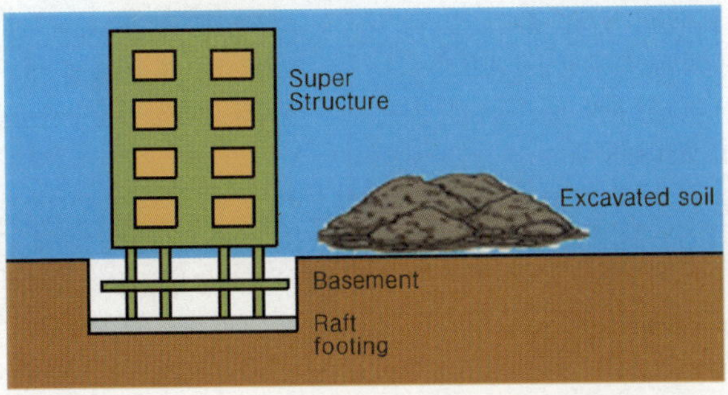

1998~2024 **기출문제**

01 [00①, 19④, 23②] 3점, 4점

지반개량의 목적과 지반개량공법을 각각 3가지 쓰시오.

(1) 지반개량의 목적

①

②

③

(2) 지반개량공법의 종류

① ② ③

02 [99①, 04②, 08①, 13②] 4점

지반개량공법 중 연직배수공법(탈수공법)의 종류를 4가지 쓰시오.

① ②

③ ④

03 [08④, 09②, 10①, 12②, 14④, 16①, 17④, 20②, 21②] 2점, 3점

샌드드레인(Sand Drain) 공법을 설명하시오.

04 [10④, 20③] 4점

지반개량공법 중 다음 공법에 대하여 기술하시오.

(1) 페이퍼 드레인(Paper Drain) 공법

(2) 생석회 말뚝(Chemico Pile) 공법

05 [04④] 3점

지반개량공법에 대한 설명이다. 올바른 용어를 채우시오.

> 연약층의 흙을 양질의 흙으로 교체하는 방법을 (　　　)공법, 지반에 파이프를 박고 액체질소나 프레온가스를 주입하여 지하수를 동결시켜 차단하는 것을 (　　　)공법, 구조물에 상당하는 무게를 미리 연약지반 위에 일정 기간 방치하여 연약지반을 압밀시키는 것을 (　　　)공법이라고 한다.

06 [11①, 16②] 4점

점토지반 개량공법 2가지를 제시하고 그 중에서 1가지를 선택하여 간단히 설명하시오.

① ②

정답 및 해설

01

(1) ① 지반의 지지력 증대
② 지하굴착시 안정성 확보
③ 기초의 보강 및 부동침하 방지

(2) ① 연직배수공법
② 고결공법
③ 진동다짐공법

02

① Sand Drain
② Paper Drain
③ Pack Drain
④ Prefabricated Vertical Drain

03

지반에 지름 40~60cm의 구멍을 뚫고 모래를 넣은 후, 성토 및 기타 하중을 가하여 점토질 지반을 압밀시키는 공법

04

(1) 모래 대신 합성수지로 된 카드보드를 지반에 삽입하여 탈수하는 지반개량공법

(2) 지반 내에 생석회에 의한 말뚝을 설치하여 흙을 고결화시켜 연약지반의 강화를 도모하는 공법

05

치환, 동결, 선행재하

06

① 치환공법 ② 고결공법

① 연약층의 흙을 양질의 흙으로 교체하는 방법

II

07 [98⑤, 99⑤, 01④, 05①, 06④] 2점, 3점 □□□□□

지반개량공법에서 사질지반 개량공법의 종류를 3가지 쓰시오.

①

②

③

08 [22②] 3점 □□□□□

지반개량공법 중 약액주입공법 시공 후 주입효과를 판정하기 위한 시험을 3가지 쓰시오.

①

②

③

09 [99⑤, 21①] 4점 □□□□□

다음이 설명하는 지반배수(탈수)공법의 명칭을 쓰시오.

(1)	점토질지반의 대표적인 연직배수공법(탈수공법)으로서 지반에 지름 40~60cm의 구멍을 뚫고 모래를 넣은 후, 성토 및 기타 하중을 가하여 점토질 지반을 압밀함으로써 탈수하는 공법
(2)	사질지반의 대표적인 배수공법으로서 직경 약 20cm의 특수파이프를 상호 2m 내외 간격으로 관입하여 모래를 투입한 후 진동다짐하여 배수통로를 형성시키는 공법

(1) (2)

10 [98②, 01④, 05④, 08②, 09④, 13④] 2점 □□□□□

지반개량공법 중 다음 토질에 적당한 대표적인 연직배수공법(탈수공법)을 각각 1가지씩 쓰시오.

① 사질토: ② 점성토:

11 [23④] 3점 □□□□□

다음이 설명하는 용어를 쓰시오.

> 영구배수공법의 일종으로 쇄석 대신 사용되고, 배수관 또는 양수관으로 물을 흘려 보내기 위해 롤 형태의 보드를 옹벽 뒤에 부착하여 시공하는 배수자재

12 [04④, 09②, 12①, 14①, 20①, 22④, 23①, 23②] 2점, 4점 □□□□□

지하구조물은 지하수위에서 구조물 밑면까지의 깊이만큼 부력을 받아 건물이 부상하게 되는데, 이것에 대한 방지대책을 4가지 기술하시오.

①

②

③

④

13 [06①] 3점 □□□□□

기초공사에서 Floating Foundation에 관하여 설명하시오.

정답 및 해설

07
① 진동다짐공법
② 동다짐공법
③ 약액주입공법

08
① 육안확인(굴착, 색소판별)
② 투수시험
③ 물리적탐사 및 화학적 분석법

09
(1) 샌드 드레인
(2) 웰 포인트

10
① 웰 포인트
② 샌드 드레인

11
드레인 보드(Drain Board)

12
① 유입 지하수를 강제로 Pumping 하여 외부로 배수
② 인접건물주 승인 후 인접건물에 긴결
③ 구조물의 자중을 증대시켜 부력에 대항하게 함
④ 현장시공 중 구조체에 구멍을 뚫어 지하수 유입

13
연약지반에 RC구조 등의 중량건축물 시공 시 굴착한 흙의 중량과 건축물의 중량이 균형을 이루도록 만든 기초공법

POINT 06 부등침하, 언더피닝(Under Pinning)

(1) 부등침하(Differential Settlement, Uneven Settlement, 부동침하)

연약층	경사 지반	이질 지층	낭떠러지	증축
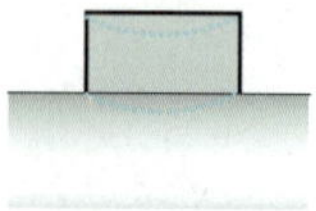	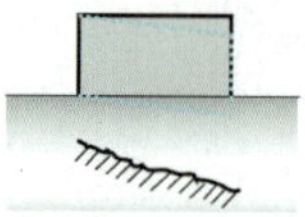		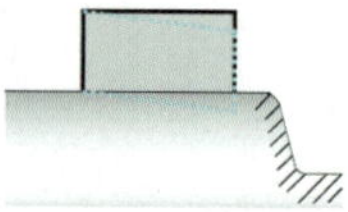	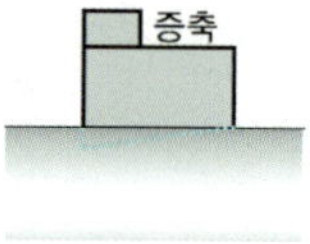
지하수위 변경	**지하 구멍**	**메운땅 흙막이**	**이질 지정**	**일부 지정**
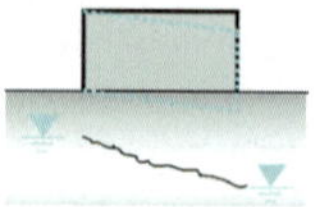	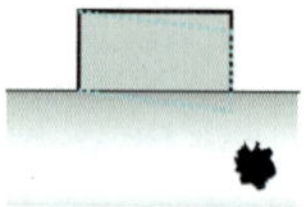	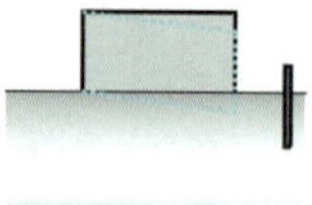	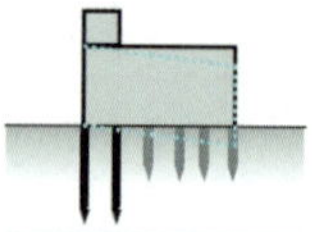	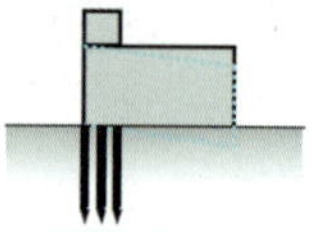

①	상부구조에 대한 대책	• 건물의 경량화 및 중량 분배를 고려
		• 건물의 길이를 작게 하고 강성을 높일 것
		• 인접 건물과의 거리를 멀게 할 것
②	하부구조에 대한 대책	• 마찰말뚝을 사용하고 서로 다른 종류의 말뚝 혼용을 금지
		• 지하실 설치: 온통기초(Mat Foundation)가 유효
		• 기초 상호간을 연결: 지중보 또는 지하연속벽 시공
		• 언더피닝(Under Pinning) 공법의 적용

(2) 언더피닝(Under Pinning)

①	정의 분류	기존 건축물의 기초를 보강	
		새로운 기초를 설치하여 기존 건축물을 보호	
		지하구조물 축조 시 또는 터파기시 인접건물의 침하, 균열 등의 피해를 예방	
②	공법의 종류	• 이중널말뚝박기 공법	• 현장타설콘크리트말뚝 공법
		• 강재말뚝 공법	• 약액주입 공법

1998~2024 **기출문제**

01 [02①] 4점

건물의 부동침하를 방지하기 위한 기초구조물과 상부구조물에 대한 대책을 각각 2가지씩 쓰시오.

(1) 기초구조물에 대한 대책

①

②

(2) 상부구조물에 대한 대책

①

②

02 [06②, 15①] 4점

기초구조물의 부동침하 방지대책을 4가지만 적으시오.

①

②

③

④

03 [12②, 17②, 20①, 23②] 4점

기초의 부동침하는 구조적으로 문제를 일으키게 된다. 이러한 기초의 부동침하를 방지하기 위한 대책 중 기초구조 부분에 처리할 수 있는 사항을 4가지 기술하시오.

①

②

③

④

04 [08④, 14②, 18④, 19④] 4점

언더피닝 공법을 시행하는 목적과 그 공법의 종류를 2가지 쓰시오.

(1) 목적:

(2) 공법의 종류:

① ②

05 [03②, 07①, 10①, 11④, 15①] 3점, 4점

지하구조물 축조 시 인접구조물의 피해를 막기 위해 실시하는 언더피닝(Under Pinning) 공법의 종류를 4가지 적으시오.

① ②

③ ④

06 [18①, 22④] 3점, 4점

언더피닝(Under Pinning) 공법을 적용해야 하는 경우를 3가지 쓰시오.

①

②

③

정답 및 해설

01

(1) ① 마찰말뚝을 사용하고 서로 다른 종류의 말뚝 혼용을 금지

② 지하실 설치: 온통기초가 유효

(2) ① 건물의 경량화 및 중량 분배를 고려

② 건물의 길이를 작게 하고 강성을 높일 것

02 ① 마찰말뚝을 사용하고 서로 다른 종류의 말뚝 혼용을 금지

② 지하실 설치: 온통기초가 유효

③ 기초 상호간을 연결

④ 언더피닝 공법의 적용

03 ① 마찰말뚝을 사용하고 서로 다른 종류의 말뚝 혼용을 금지

② 지하실 설치: 온통기초가 유효

③ 기초 상호간을 연결

④ 언더피닝 공법의 적용

04

(1) 기존 건축물의 기초를 보강하거나 새로운 기초를 설치하여 기존 건축물을 보호하는 보강공사 방법

(2) ① 이중널말뚝박기 공법

② 현장타설콘크리트말뚝 공법

05 ① 이중널말뚝박기 공법

② 현장타설콘크리트말뚝 공법

③ 강재말뚝 공법

④ 약액주입 공법

06

(1) 기존 건축물의 기초를 보강할 때

(2) 새로운 기초를 설치하여 기존 건축물을 보호해야 할 때

(3) 지하구조물 축조시 또는 터파기시 인접건물의 침하, 균열 등의 피해를 예방하고자 할 때

02 지정 및 기초공사 : 적산 사항

POINT 01 온통기초 터파기량, 되메우기량, 잔토처리량

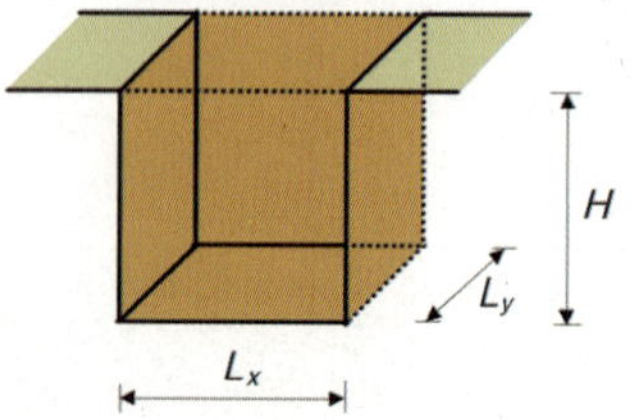

①	터파기량	$V = L_x \times L_y \times H$
②	되메우기량	V=터파기량 – 지중구조부 체적
③	잔토처리량	V=GL이하 구조부체적 × 토량환산계수(L)

1998~2024 기출문제

01 [10①, 13④, 20②, 23②] 9점

다음 그림과 같은 온통기초에서 터파기량, 되메우기량, 잔토처리량을 산출하시오. (단, 토량환산계수 $L=1.3$으로 한다.)

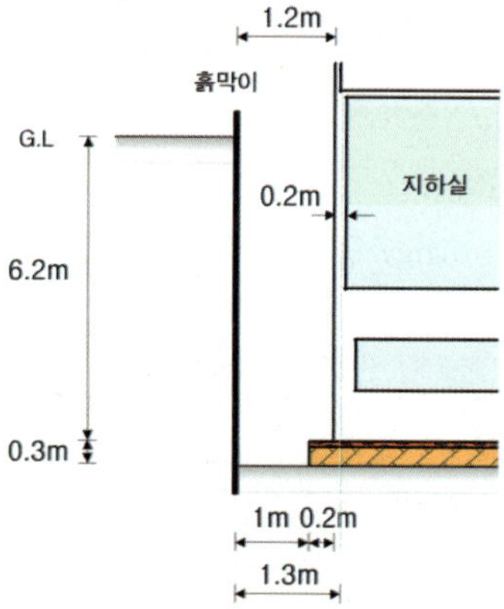

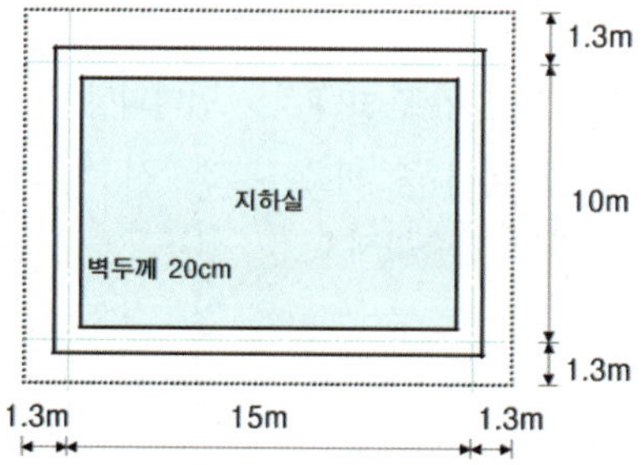

(1) 터파기량:

(2) 되메우기량:

(3) 잔토처리량:

정답 및 해설

01 (1) 1,441.44m^3 (2) 430.58m^3 (3) 1,314.12m^3

(1) $V=(15+1.3\times2)\times(10+1.3\times2)\times6.5=1,441.44$

(2) ① GL 이하의 구조부체적

$[0.3\times(15+0.3\times2)\times(10+0.3\times2)]$

$+[6.2\times(15+0.1\times2)\times(10+0.1\times2)]=1,010.86$

② 되메우기량 : $1,441.44-1,010.86=430.58$

(3) $1,010.86\times1.3=1,314.12$

POINT 02 독립기초

(1) 터파기량, 되메우기량, 잔토처리량

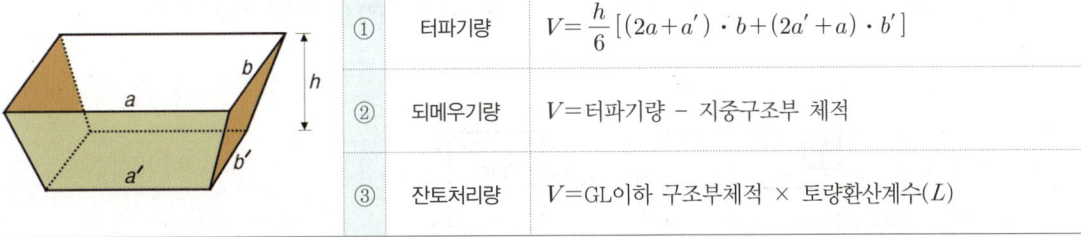

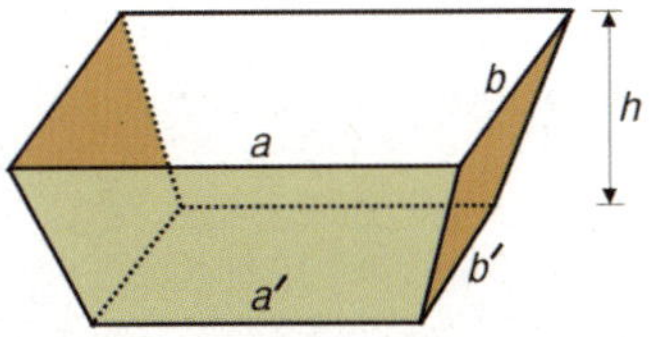

①	터파기량	$V=\frac{h}{6}[(2a+a')\cdot b+(2a'+a)\cdot b']$
②	되메우기량	V=터파기량 − 지중구조부 체적
③	잔토처리량	V=GL이하 구조부체적 × 토량환산계수(L)

(2) 콘크리트량

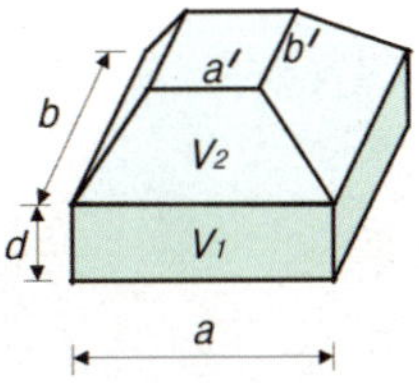

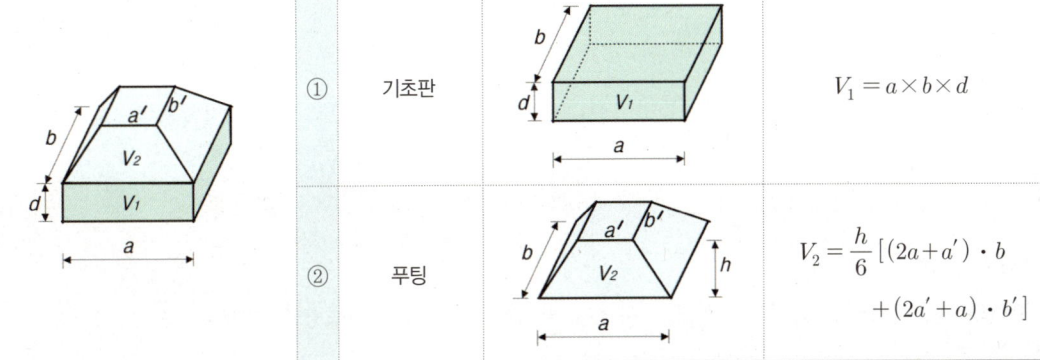

①	기초판	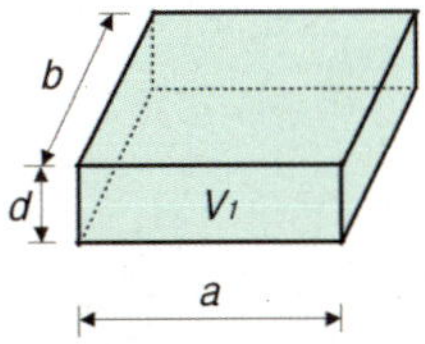	$V_1=a\times b\times d$
②	푸팅	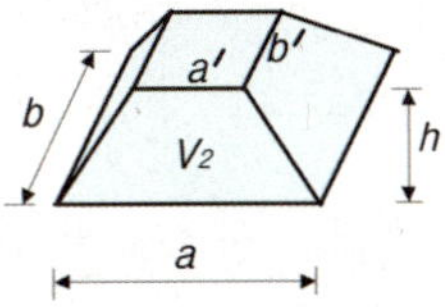	$V_2=\frac{h}{6}[(2a+a')\cdot b+(2a'+a)\cdot b']$

(3) 거푸집량

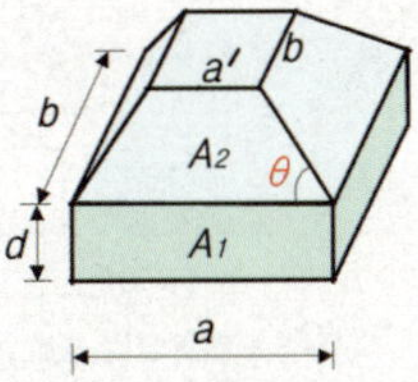

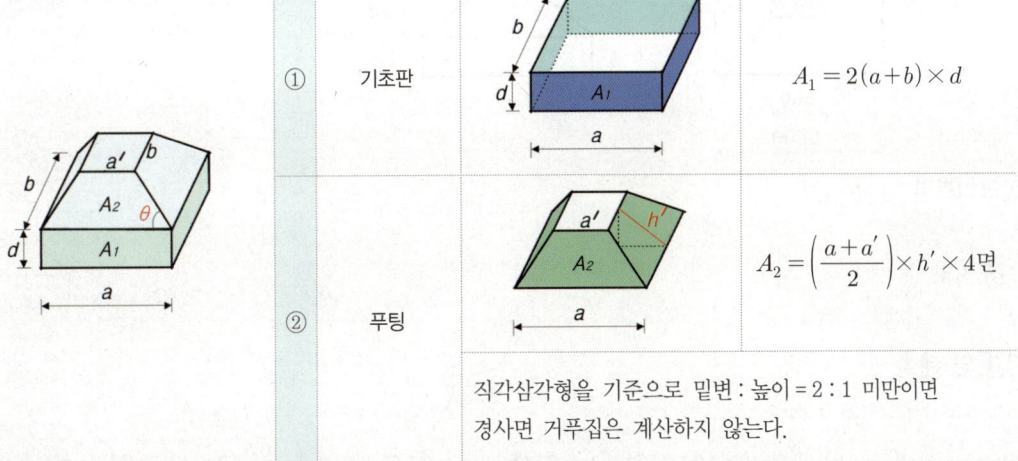

①	기초판	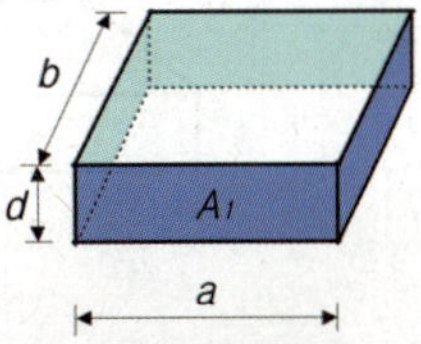	$A_1=2(a+b)\times d$
②	푸팅	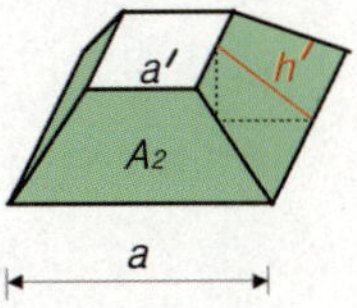	$A_2=\left(\frac{a+a'}{2}\right)\times h'\times 4$면
		직각삼각형을 기준으로 밑변 : 높이 = 2 : 1 미만이면 경사면 거푸집은 계산하지 않는다.	

(4) 철근량: 철근 1개의 길이를 기초판 1변의 길이와 같게 산출

01 [02②, 07④] 6점

□□□□□

다음 기초공사에 소요되는 터파기량(m^3), 되메우기량(m^3), 잔토처리량(m^3)을 산출하시오. (단, 토량환산계수는 $L=1.2$)

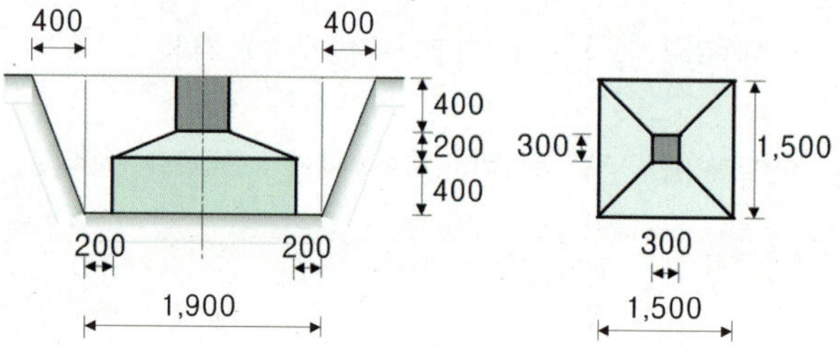

(1) 터파기량:

(2) 되메우기량:

(3) 잔토처리량:

02 [07①] 6점

□□□□□

다음 도면의 철근콘크리트 독립기초 2개소 시공에 필요한 다음 소요 재료량을 정미량으로 산출하시오.

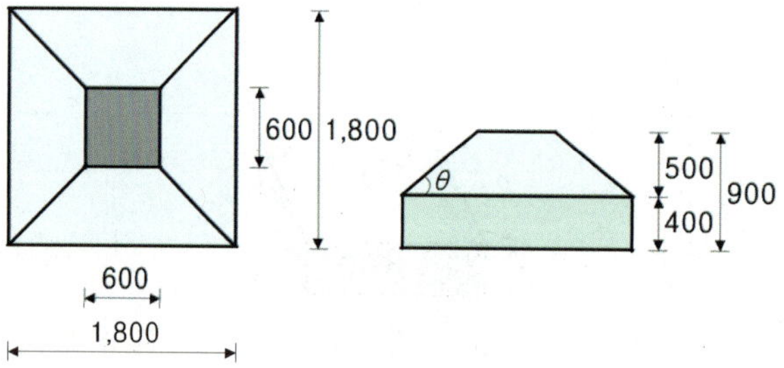

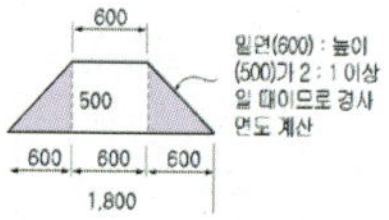

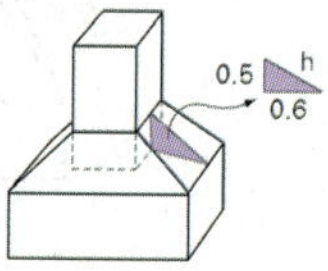

(1) 콘크리트량:

(2) 거푸집량:

정답 및 해설

01 (1) $5.34m^3$ (2) $4.22m^3$ (3) $1.35m^3$

(1) $V=\dfrac{1}{6}[(2\times2.7+1.9)\times2.7+(2\times1.9+2.7)\times1.9]=5.343$

(2) ① 기초구조부 체적: $1.5\times1.5\times0.4+\dfrac{0.2}{6}[(2\times1.5+0.3)\times1.5+(2\times0.3+1.5)\times0.3]+0.3\times0.3\times0.4=1.122m^3$

② 되메우기량: $5.343-1.122=4.221$

(3) $1.122\times1.2=1.346$

02 (1) $4.15m^3$ (2) $13.26m^2$

(1) $1.8\times1.8\times0.4+\dfrac{0.5}{6}[(2\times1.8+0.6)\times1.8+(2\times0.6+1.8)\times0.6]=2.076\times2$개소$=4.152$

(2) $[1.8\times0.4\times4\text{면}]+\left[\dfrac{1.8+0.6}{2}\times\sqrt{0.6^2+0.5^2}\times4\text{면}\right]=6.628\times2$개소$=13.256$

| 1998~2024 | **기출문제** |

03 [10④, 22④] 6점 ☐☐☐☐

다음 기초에 소요되는 철근, 콘크리트, 거푸집의 정미량을 산출하시오. (단, 이형철근 D16의 단위중량은 1.56kg/m, D13의 단위중량은 0.995kg/m)

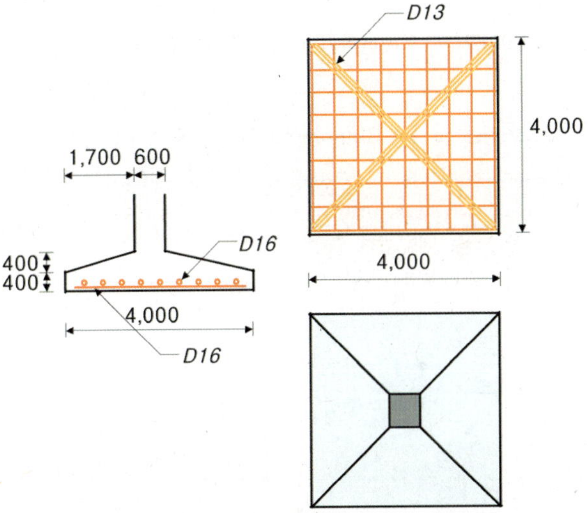

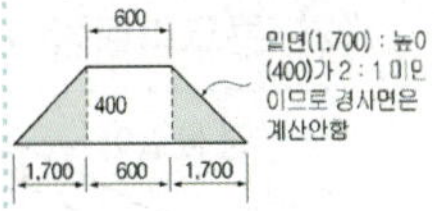

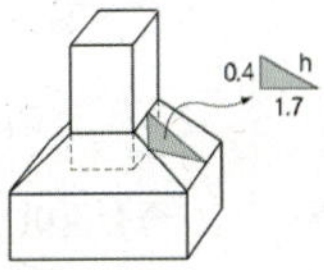

(1) 철근량:

(2) 콘크리트량:

(3) 거푸집량:

정답 및 해설

03 (1) 146.09kg (2) 8.90m³ (3) 6.4m²
(1) ① 주근(D16) [(9개×4m)+(9개×4m)]×1.56 = 112.32
   ② 대각선근(D13) [$4\sqrt{2}$×6개]×0.995 = 33.771
   ③ 총철근량 112.32+33.771 = 146.091
(2) $4\times4\times0.4+\dfrac{0.4}{6}[(2\times4+0.6)\times4+(2\times0.6+4)\times0.6]$
    = 8.901
(3) 4×0.4×4 = 6.4

POINT 03 줄기초

(1) 터파기량, 되메우기량, 잔토처리량

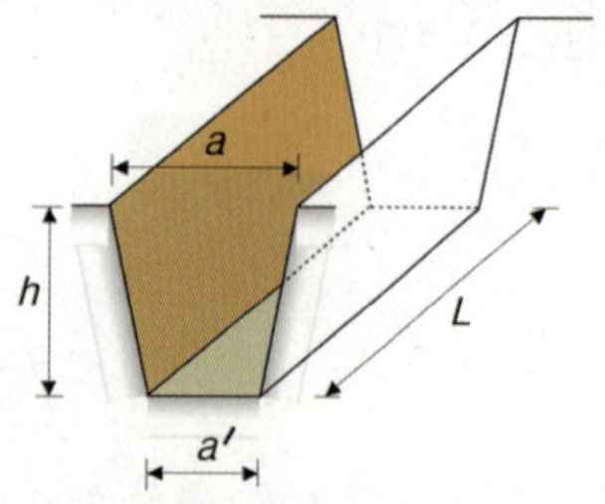

①	터파기량	$V=\left(\frac{a+a'}{2}\right)\times h\times L$
②	되메우기량	V=터파기량 − 지중구조부 체적
③	잔토처리량	V=GL이하 구조부체적 × 토량환산계수(L)

(2) 콘크리트량(V), 거푸집량(A)

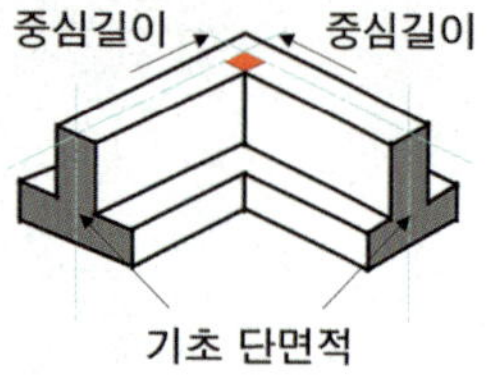

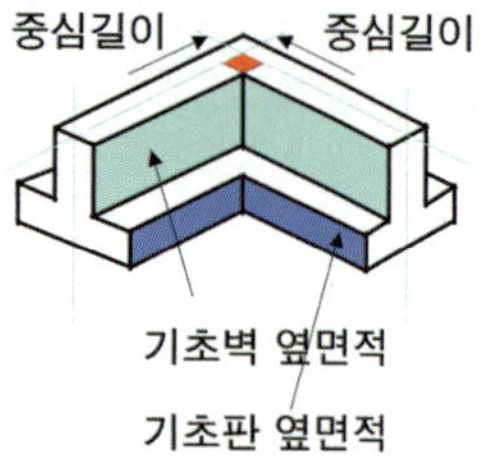

①	외벽기초	• V=기초 단면적 × 중심길이 • A=중심길이 기초판 및 기초벽 옆면적 × 2면
②	내벽기초	• V=기초 단면적 × 안목길이 • A=안목길이 기초판 및 기초벽 옆면적 × 2면

(3) 철근량: 철근 1개의 길이를 기초판 1변의 길이와 같게 산출

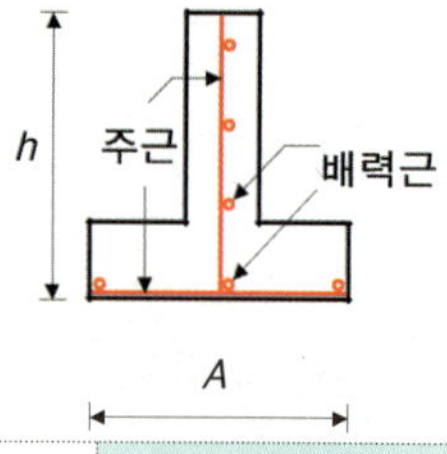

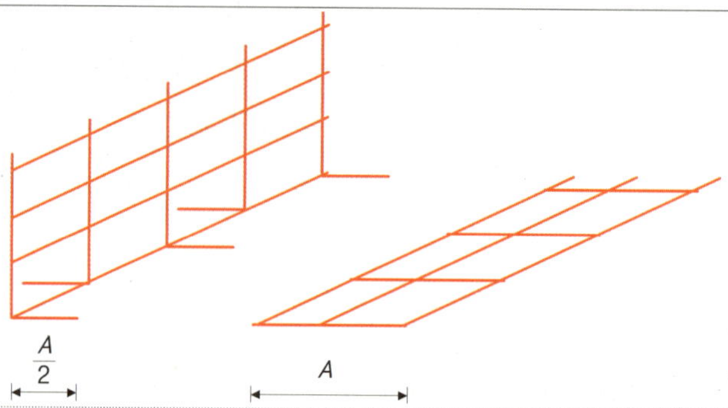

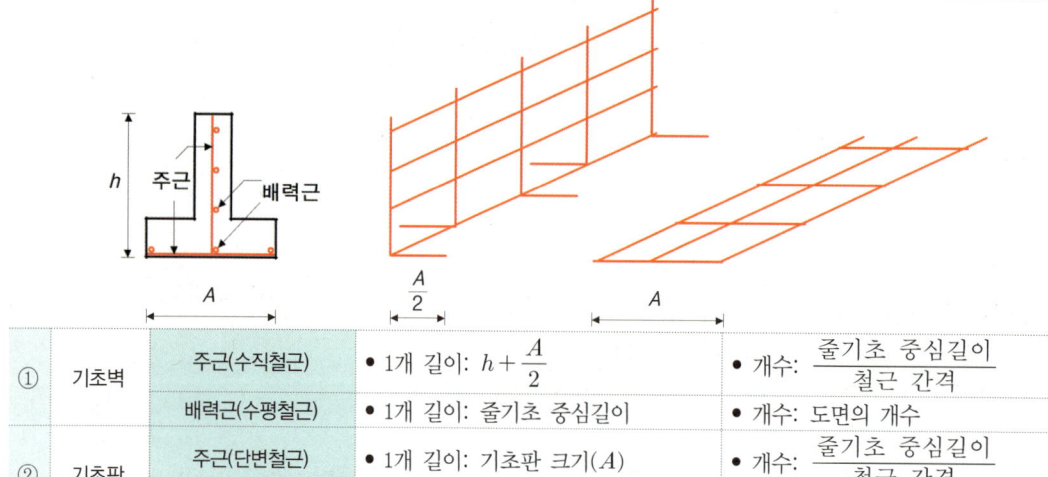

①	기초벽	주근(수직철근)	• 1개 길이: $h+\frac{A}{2}$	• 개수: $\frac{\text{줄기초 중심길이}}{\text{철근 간격}}$
		배력근(수평철근)	• 1개 길이: 줄기초 중심길이	• 개수: 도면의 개수
②	기초판	주근(단변철근)	• 1개 길이: 기초판 크기(A)	• 개수: $\frac{\text{줄기초 중심길이}}{\text{철근 간격}}$
		배력근(장변철근)	• 1개 길이: 줄기초 중심길이	• 개수: 도면의 개수

1998~2024 **기출문제**

01 [18②] 4점

□□□□□

그림과 같은 줄기초를 터파기 할 때 필요한 6톤 트럭의 필요 대수를 구하시오.
(단, 자연상태 흙의 단위중량 $1{,}600\text{kg/m}^3$이며, 흙의 할증 25%를 고려한다.)

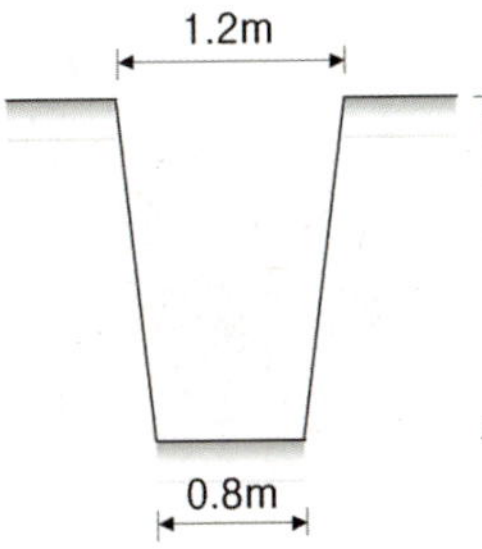

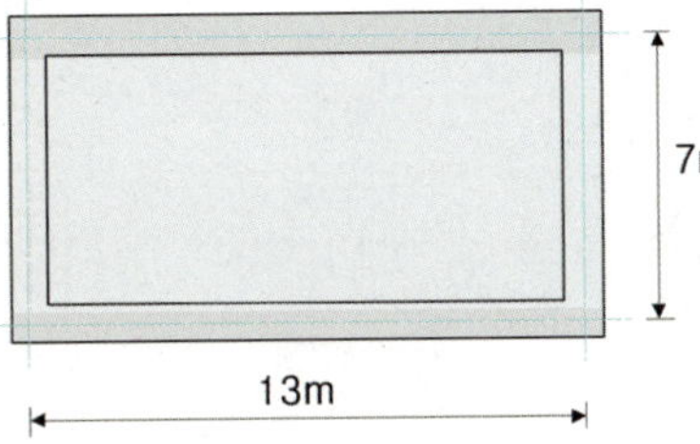

(1) 토량:

(2) 운반대수:

02 [07②] 6점

□□□□□

그림과 같은 줄기초의 길이가 150m일 때 기초콘크리트량, 철근량 및 거푸집량을 산출하시오.
(단, D13은 0.995kg/m, D10은 0.56kg/m 이며, 이음길이는 무시하고 정미량으로 할 것)

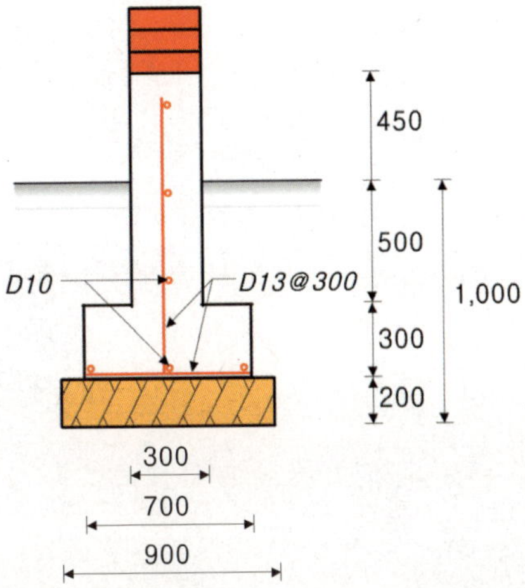

(1) 콘크리트량:

(2) 철근량(기초판):

(3) 거푸집량:

정답 및 해설

01 (1) 토량: $V=\dfrac{1.2+0.8}{2}\times1.8\times(13+7)\times2=72\text{m}^3$

(2) ① 1대당 토량: $\dfrac{6}{1.6}\times1.25=4.687\text{m}^3$

② 운반대수: $\dfrac{72\times1.25}{4.687}=19.20$ ➡ 20대

02 (1) 74.25m^3 (2) 1,650.54kg (3) 375.99m^2

(1) 콘크리트량

① 기초판: $0.7\times0.3\times150=31.5$

② 기초벽: $0.3\times0.95\times150=42.75$

∴ $31.5+42.75=74.25$

(2) 철근량(기초판)

① 기초판 : • D13: $(150\div0.3+1)\times0.7=350.7$

• D10: $3\times150=450$

② 기초벽 : • D13: $(150\div0.3+1)\times(1.25+0.35)=801.6$

• D10: $3\times150=450$

③ 총 철근량

$(350.7+801.6)\times0.995+(450+450)\times0.56=1{,}650.54$

(3) 거푸집량

$[(0.3+0.5+0.45)\times150\times2\text{면}]$

$+[(0.7\times0.3+0.3\times0.95)\times2\text{면}]=375.99$

3

철근콘크리트공사

01 철근공사

02 거푸집공사

03 콘크리트 재료

04 콘크리트 시공, 각종 콘크리트

05 콘크리트 강도시험, 보수 및 보강

06 철근콘크리트공사 : 적산사항

07 RC 구조공학

01 철근공사

POINT 01 철근공사 일반사항(Ⅰ)

(1)	현장에서 반입된 철근의 대표적 재료시험		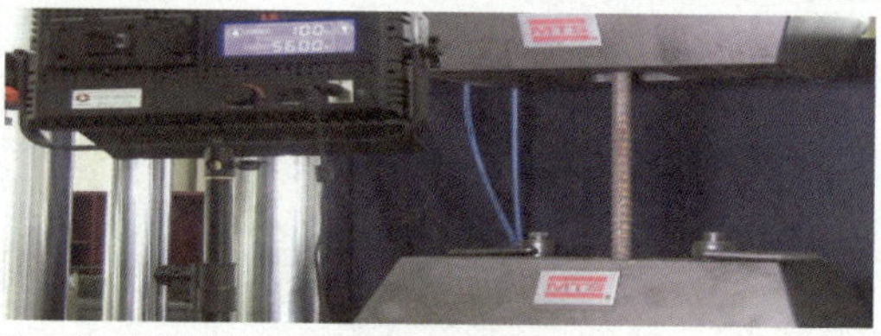
	인장 시험($f_t = \dfrac{P}{A} = \dfrac{P}{\dfrac{\pi D^2}{4}}$ [MPa]), 굽힘 시험		
(2)	철근의 응력-변형률(변형도) 곡선		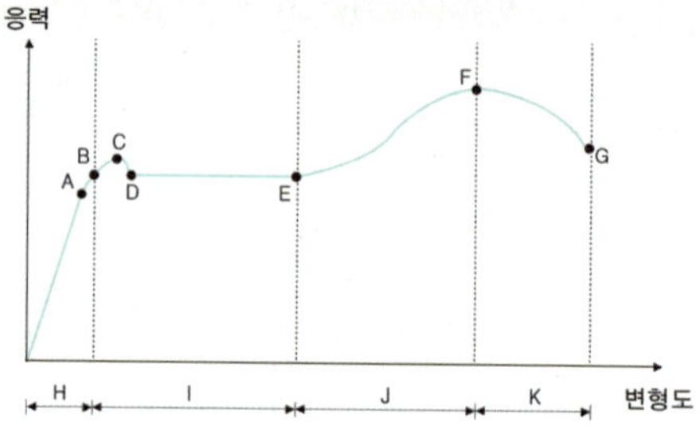
	A: 비례한계점	B: 탄성한계점	
	C: 상(위)항복점	D: 하(위)항복점	
	E: 변형도경화(개시)점	F: 극한강도점	
	G: 파괴점		
	H: 탄성영역	I: 소성영역	
	J: 변형도경화영역	K: 파괴(Necking)영역	
	① 항복강도점, 상항복점, 하항복점(B, C, D)을 하나의 포인트로 설정하여 항복강도점으로 할 수 있다.		
	② 항복비(Yield Strength Ratio): 강재가 항복에서 파단에 이르기까지를 나타내는 기계적 성질의 지표로서, 인장강도에 대한 항복강도의 비		

1998~2024 기출문제

01 [12①] 2점 □□□□□

현장에서 반입된 철근은 시험편을 채취한 후 시험을 하여야 하는데, 그 시험의 종류를 2가지 쓰시오.

① ______________ ② ______________

02 [04②, 18②, 20③] 4점, 5점 □□□□□

철근의 인장강도가 240MPa 이상으로 규정되어 있다고 할 때, 현장에 반입된 철근(중앙부 지름 14mm, 표점거리 50mm)의 인장강도를 시험 파괴하중이 37.20kN, 40.57kN, 38.15kN 이었다. 평균인장강도를 구하고 합격 여부를 판정하시오.

(1) 평균인장강도:

(2) 판정:

정답 및 해설

01 ① 인장 시험 ② 굽힘 시험

02 (1) $f_t = \dfrac{\dfrac{P_1}{A} + \dfrac{P_2}{A} + \dfrac{P_3}{A}}{3} = \dfrac{\dfrac{37.20 \times 10^3 + 40.57 \times 10^3 + 38.15 \times 10^3}{\dfrac{\pi \times 14^2}{4}}}{3} = 251.01\text{MPa}$

(2) 251.01MPa ≥ 240MPa이므로 합격

03 [19④, 22①] 3점, 5점

철근의 응력-변형도 곡선과 관련하여 각각이 의미하는 용어를 보기에서 골라 번호로 쓰시오.

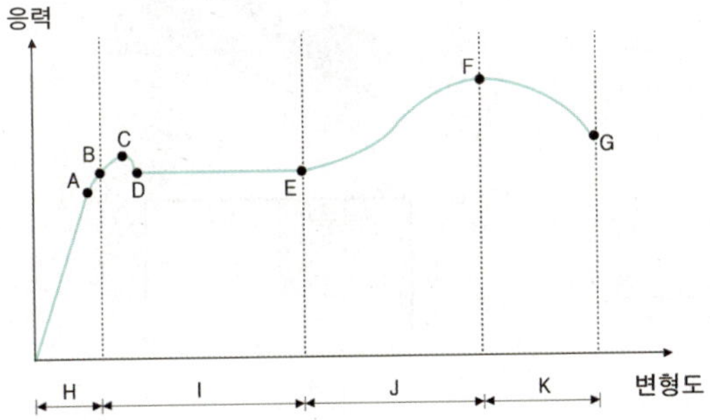

보기

① 네킹영역 ② 하위항복점 ③ 극한강도점
④ 변형도경화점 ⑤ 소성영역 ⑥ 비례한계점
⑦ 상위항복점 ⑧ 탄성한계점 ⑨ 파괴점
⑩ 탄성영역 ⑪ 변형도경화영역

A:________ B:________ C:________
D:________ E:________ F:________
G:________ H:________ I:________
J:________ K:________

04 [11②, 15①] 3점

철근의 응력-변형률 곡선에서 해당하는 4개의 주요 영역과 5개의 주요 포인트에 관련된 용어를 쓰시오.

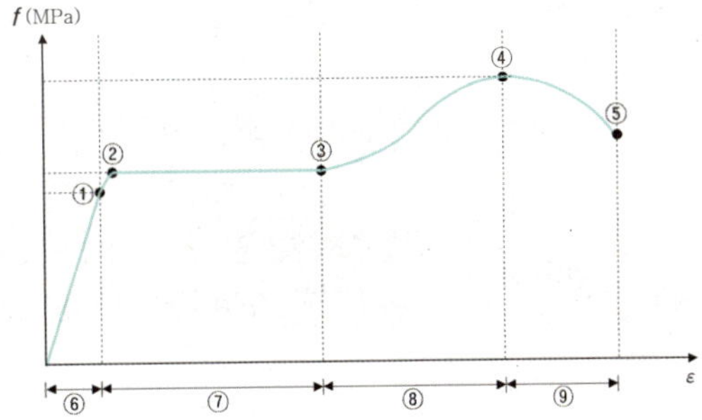

① ________ ② ________ ③ ________
④ ________ ⑤ ________ ⑥ ________
⑦ ________ ⑧ ________ ⑨ ________

05 [19②, 22①] 2점, 3점

강재의 항복비(Yield Strength Ratio)를 설명하시오.

정답 및 해설

03

A: ⑥ B: ⑧ C: ⑦
D: ② E: ④ F: ③
G: ⑨ H: ⑩ I: ⑤
J: ⑪ K: ①

04

① 비례한계점
② 항복강도점
③ 변형도경화점
④ 극한강도점
⑤ 파괴점
⑥ 탄성영역
⑦ 소성영역
⑧ 변형도경화영역
⑨ 파괴영역

05

강재가 항복에서 파단에 이르기까지를 나타내는 기계적 성질의 지표로서, 인장강도에 대한 항복강도의 비

POINT 02 철근공사 일반사항(II)

(1) 이형철근(Deformed Bar), 배력철근(Distributing Bar)

①	이형철근	콘크리트와의 부착력 증진을 위해 표면에 리브와 마디 등의 돌기가 있는 봉강	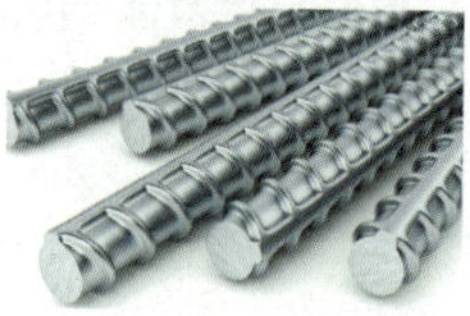
②	배력(철)근	집중하중을 분포시키거나 균열을 제어할 목적으로 주철근과 직각에 가까운 방향으로 배치한 보조철근	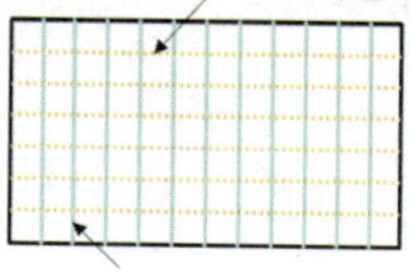

(2) 표준갈고리(Standard Hook) 설치 위치

①	원형철근
②	스터럽
③	띠철근
④	굴뚝 철근
⑤	기둥 및 보의 돌출부 철근(지중보 제외)

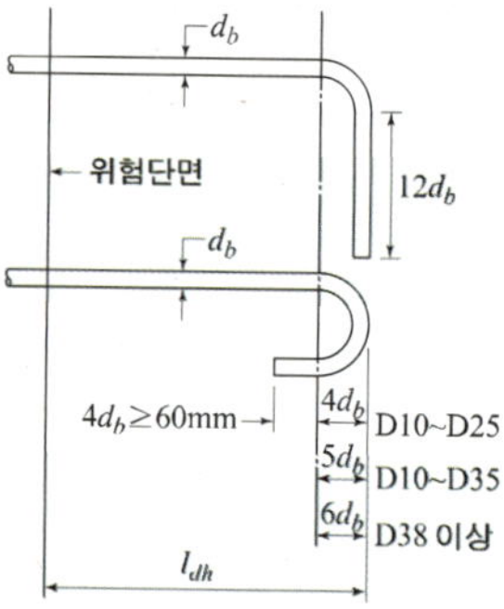

(3) 철근의 정착위치

①	기둥 주근: 기초 또는 바닥판
②	보 주근: 기둥 또는 큰보
③	보 밑 기둥이 없을 때: 보 상호간
④	바닥 철근: 보 또는 벽체
⑤	벽 철근: 기둥, 보, 바닥판
⑥	지중보 주근: 기초 또는 기둥

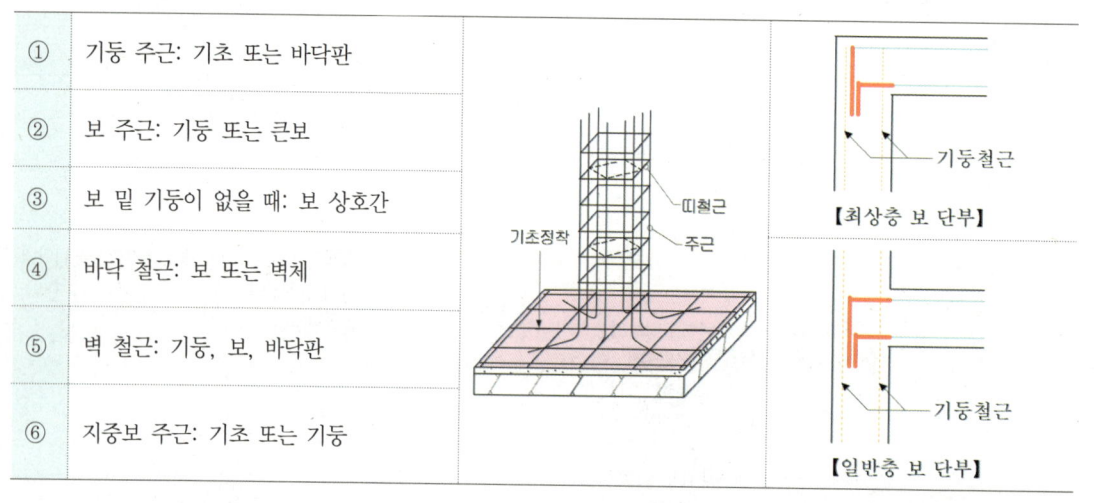

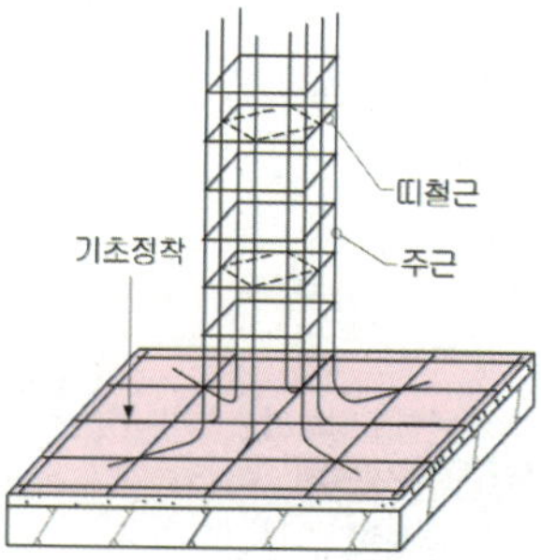

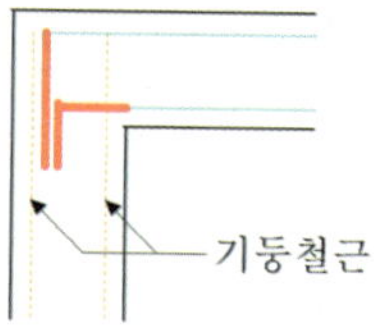

【최상층 보 단부】

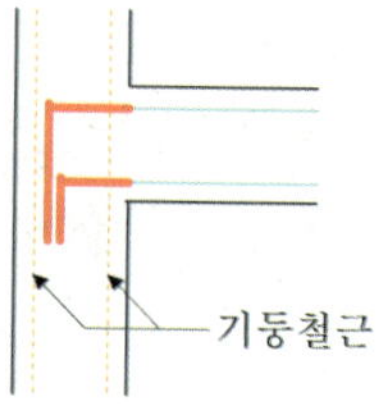

【일반층 보 단부】

1998~2024 **기출문제**

01 [18①] 4점

다음 용어를 설명하시오.

(1) 이형철근:

(2) 배력근:

02 [05④, 13②] 3점

철근의 단부에 갈고리(Hook)를 만들어야 하는 철근을 모두 골라 번호를 쓰시오.

보기

① 원형철근　② 스터럽　③ 띠철근
④ 지중보 돌출부 부분의 철근　⑤ 굴뚝의 철근

03 [06②] 4점

(　)에 알맞은 것을 보기에서 골라 번호로 쓰시오.

보기

① 벽체　② 기초　③ 큰보　④ 기둥　⑤ 지붕

기둥 주근은 (　), 큰보의 주근은 (　), 작은보 주근은 (　), 직교하는 단부 보 하부에 기둥이 없을 때 보 상호간, 바닥철근은 보 또는 (　)에 정착한다.

04 [99②, 99⑤] 4점

철근콘크리트조 보의 최상층 보와 중간층 보 단부의 철근(상.하부근) 정착길이에 해당되는 부분을 굵은선으로 표시하시오.

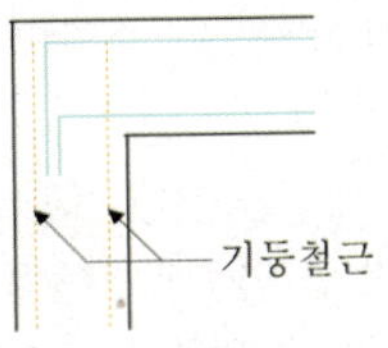

【최상층 보 단부】

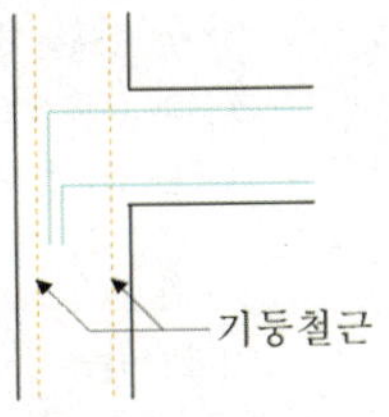

【일반층 보 단부】

정답 및 해설

01

(1) 콘크리트와의 부착력 증진을 위해 표면에 리브와 마디 등의 돌기가 있는 봉강

(2) 집중하중을 분포시키거나 균열을 제어할 목적으로 주철근과 직각에 가까운 방향으로 배치한 보조철근

02

①, ②, ③, ⑤

03

②, ④, ③, ①

04

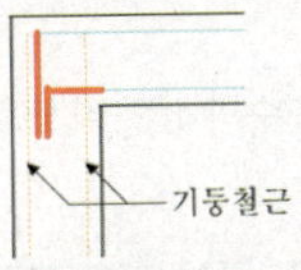

【최상층 보 단부】

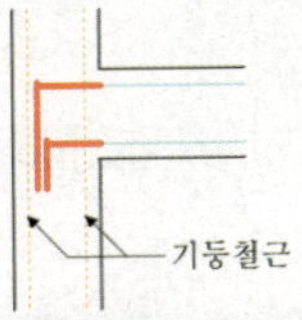

【일반층 보 단부】

POINT 03 철근공사 일반사항(Ⅲ)

(1) 철근의 대표적 이음: 겹침이음, 용접이음, 기계적이음

1)	겹침이음 (Lapped Splice)	① 철근을 나란히 겹쳐서 이음하는 것으로 콘크리트와의 부착력에 의한 이음이다. ② D35를 초과하는 철근은 겹침이음을 하지 않는다.	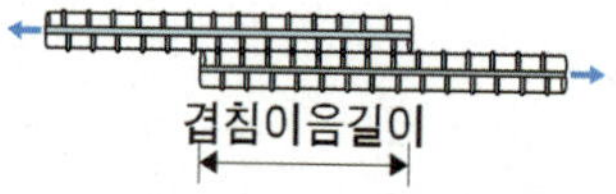
2)	용접이음 (Welded Splice)	① 겹침이음과 비교한 용접이음의 장점 • 철근의 절약에 따른 공사비 절감 • 접합부 단순화로 인한 콘크리트 타설용이 • 가공면적 및 조직변화가 적으므로 충분한 강도보장 ② 가스압접(Gas Press Welding)이 대표적이며 다음과 같은 경우 압접을 금지한다. • 철근의 직경이 6mm 이상 차이가 나는 경우 • 철근의 재질이 서로 다른 경우 • 철근의 항복강도가 서로 다른 경우 • 악천후(강풍, 강우, 강설) 시	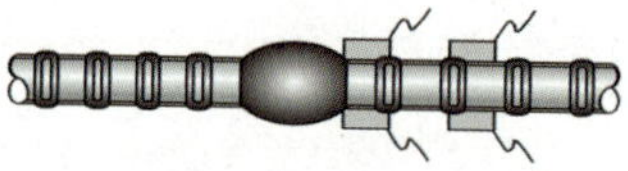 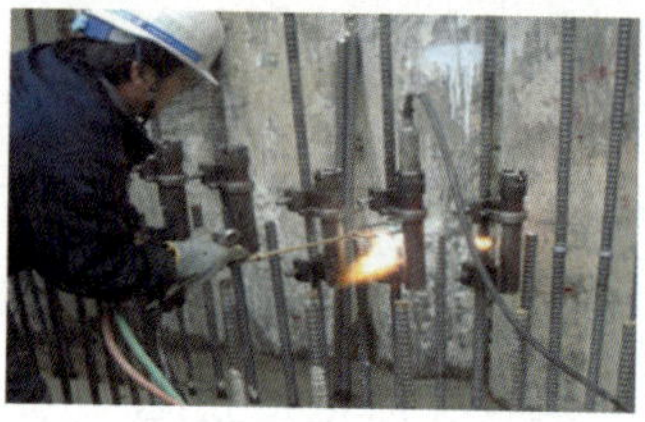
	【KCS 14 20 11 : 2022 철근의 용접부에 순간최대풍속 2.7 m/s 이상의 바람이 불 때는 철근을 용접할 수 없으며, 풍속을 2.7 m/s 이하로 저감시킬 수 있는 방풍시설을 설치하는 경우에만 용접할 수 있다. 대기의 온도가 영하 18℃ 이하일 때에는 철근을 용접할 수 없으며, 대기의 온도가 영하 18℃보다는 높지만 0℃ 이하일 때는 용접을 시작할 때 철근의 온도가 21℃ 이상이 되도록 철근을 예열하는 경우에만 용접할 수 있다. 대기의 온도가 영하 18℃ 이하일 때에는 철근을 용접할 수 없다.】		
3)	기계적이음 (Mechanical Splice)	• 기계적 연결장치로 이음을 하는 방법이다. • 종류: 슬리브압착이음, 슬리브충전이음, 나사커플러를 이용한 이음 등	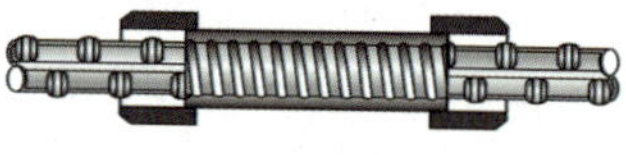

(2) 철근의 이음위치 선정시 주의사항

①	응력이 큰 곳을 피하고 작은 곳을 선택한다. (기둥의 경우 휨모멘트가 작은 중앙부, 보의 경우는 휨모멘트도(BMD)를 그렸을 때 휨압축부)	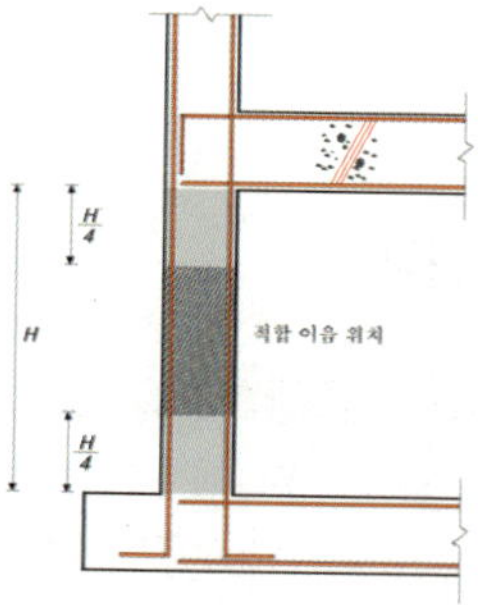
②	주로 겹침이음으로 하며, D35 이상의 철근은 겹침이음을 하지 않는다.	
③	한 곳에서 철근 수의 1/2 이상을 잇지 않고 엇갈리게 잇는다.	

1998~2024 기출문제

01 [02④, 05④, 20④] 3점

(　　)에 알맞은 말을 쓰시오.

> 철근의 이음방법에는 콘크리트와의 부착력에 의한 (①) 외에 (②) 또는 연결재를 사용한 (③)이 있다.

① ______ ② ______ ③ ______

02 [99④, 13①, 16①] 3점

철근배근 시 철근이음 방식 3가지를 쓰시오.

① ______ ② ______ ③ ______

03 [99②] 3점

철근공사시 이음을 겹침이음으로 하지 않고 용접이음으로 한 경우 장점을 3가지 쓰시오

①

②

③

04 [02②, 09①, 13②, 17④] 3점

철근콘크리트 공사에서 철근이음을 하는 방법 중 가스압접으로 이음할 수 없는 경우를 3가지 쓰시오.

①

②

③

05 [99②] 3점

철근공사에 있어 이음위치의 선정 시 주의할 사항을 3가지 쓰시오.

①

②

③

06 [24①] 5점

다음 그림은 라멘조 철근콘크리트 기둥의 일부이다. 기둥 주철근을 횡방향으로 이음하려고 할 때, 기둥 주철근의 이음 위치가 가장 적절한 곳의 번호를 고르고, 해당 번호의 이음구간을 선정한 이유를 작성하시오.
(왼쪽의 번호는 이음의 위치를 구분하기 위한 구간이다.)

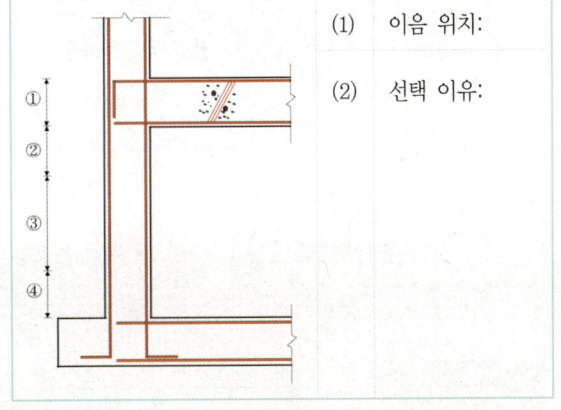

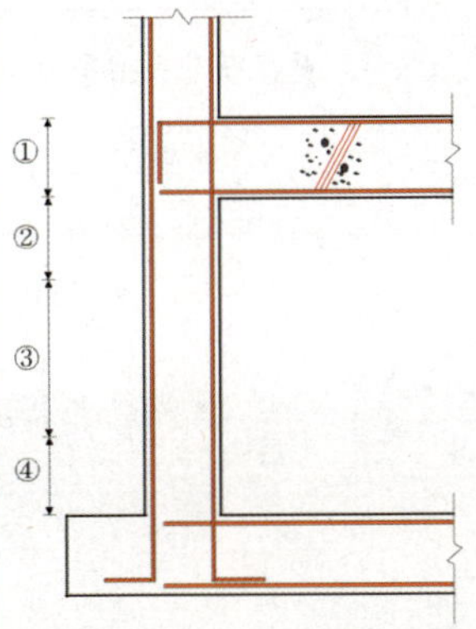

(1) 이음 위치:

(2) 선택 이유:

정답 및 해설

01, 02
① 겹침 이음
② 용접 이음
③ 기계적 이음

03
① 철근의 절약에 따른 공사비 절감
② 접합부 단순화로 인한 콘크리트 타설용이
③ 가공면적 및 조직변화가 적으므로 충분한 강도보장

04
① 철근의 직경이 6mm 이상 차이가 나는 경우
② 철근의 재질이 서로 다른 경우
③ 철근의 항복강도가 서로 다른 경우

05
① 응력이 큰 곳을 피하고 작은 곳을 선택한다.
② 주로 겹침이음으로 하며, D35 이상의 철근은 겹침이음을 하지 않는다.
③ 한 곳에서 철근 수의 1/2 이상을 잇지 않고 엇갈리게 잇는다.

06
(1) ③
(2) 기둥은 중앙 부분이 휨응력이 작기 때문이다.

POINT 04 철근공사 일반사항(Ⅳ)

(1) 피복두께(Cover Thickness)

①	정의	콘크리트 표면에서 가장 근접한 철근 표면까지의 거리	
②	유지 목적	• 부착성능 확보	• 내화성 확보
		• 내구성(철근의 방청) 확보	• 소요강도 확보
③	철근 부식에 대한 방청상 유효한 조치	• 철근 표면에 아연도금 처리	• 에폭시 코팅 철근 사용
		• 콘크리트에 방청제 혼입	• 골재에 제염제 혼입
		【※ 콘크리트 내의 염화물이온(Cl^-)에 대한 규정 ➠ 잔골재의 절대건조질량에 대한 백분율로 0.02% 이하, ➠ 콘크리트 내의 염화물함유량은 염화물이온(Cl^-)량에 대해 0.30kg/m^3 (철근을 방청조치 할 경우는 0.60kg/m^3) 이하로 하여야 한다.】	

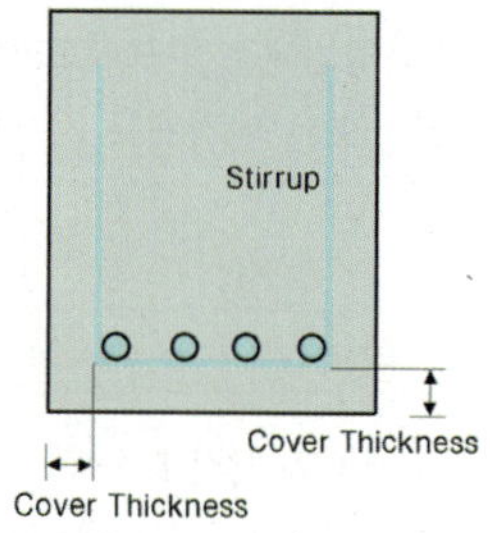

(2) 철근 간격

①	유지 목적	• 콘크리트 유동성 확보	• 재료분리 방지	• 소요강도 확보

		보	기둥
②	KDS 14 20 50 구조설계기준	• 25mm 이상	• 40mm 이상
		• 주철근 공칭직경 이상	• 주철근 공칭직경 × 1.5 이상
		• 굵은골재 최대치수의 $\frac{4}{3}$배 이상	

(3) 철근 선조립 공법의 시공적인 측면에서의 장점

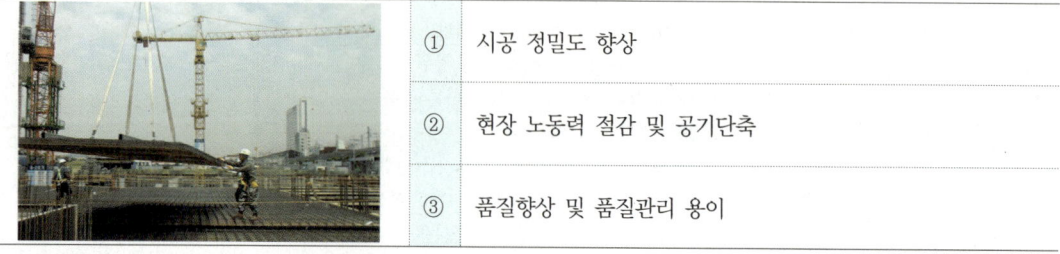

①	시공 정밀도 향상
②	현장 노동력 절감 및 공기단축
③	품질향상 및 품질관리 용이

1998~2024 **기출문제**

01 [03①, 07②, 10①, 12②, 13④, 14①, 22②] 3점

□□□□□

철근콘크리트공사를 하면서 철근간격을 일정하게 유지하는 이유를 3가지 쓰시오.

①

②

③

02 [09④, 16②, 23②] 2점, 3점

□□□□□

KDS 구조설계기준에서 규정하고 있는 철근간격 결정 원칙 중 보기의 ( )안에 들어갈 알맞는 수치를 쓰시오.

> 철근과 철근의 순간격은 굵은 골재 최대치수의 (①)배 이상, (②)mm 이상, 이형철근 공칭직경의 (③)배 이상으로 한다.

① ② ③

03 [13②] 4점

□□□□□

철근콘크리트 구조에서 보의 주근으로 4-D25를 1단 배열 시 보폭의 최소값을 구하시오.

> 피복두께 40mm, 굵은골재 최대치수 18mm, 스터럽 D13

04 [04③, 07③] 3점

□□□□□

그림과 같은 철근콘크리트 T형보에서 하부의 주철근이 1단으로 배근될 때 배근 가능한 개수를 구하시오.
(단, 보의 피복두께는 40mm, Stirrup은 D13@200, 주철근은 D22, 콘크리트 굵은골재의 최대치수는 18mm, 이음정착은 고려하지 않는 것으로 한다.)

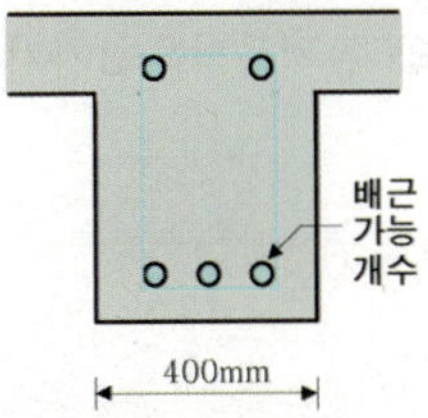

정답 및 해설

01

① 콘크리트 유동성 확보
② 재료분리 방지
③ 소요강도 확보

02

① $\frac{4}{3}$
② 25
③ 1

03

(1) 주철근 순간격: ①, ②, ③ 중 큰 값
① 25mm
② $25\times1.0=25$mm
③ $\frac{4}{3}\times18=24$mm

(2) $b=40\times2+13\times2+25\times4+25\times3$
$=281$mm

04

(1) 주철근 순간격 : ①, ②, ③ 중 큰 값
① 25mm
② $22\times1.0=22$mm
③ $\frac{4}{3}\times18=24$mm

(2) $400=2\times40+2\times13$
$+n\times22+(n-1)\times25$
$\therefore\ n=6.787$ ➠ 6개 배근가능

05 [20②] 5점

□□□□□

보의 단면으로 늑근(Stirrup 철근)과 주근(인장철근)까지 그림으로 도시한 후 피복두께의 정의와 철근 피복두께의 유지목적을 2가지 적으시오.

【도해】

(1) 피복두께의 정의:

(2) 유지목적:

①

②

06 [10②] 4점

□□□□□

피복두께의 정의와 유지목적을 3가지 쓰시오.

(1) 정의:

(2) 유지목적

①

②

③

07 [02②, 06②, 08①] 4점

□□□□□

철근콘크리트 구조에서 철근의 피복두께 확보목적을 4가지 쓰시오.

①

②

③

④

08 [20⑤] 2점

□□□□□

수중콘크리트 타설 시 콘크리트 피복두께를 얼마 이상으로 하여야 하는가?

<table>
<tr><th colspan="3">구 분</th><th>피복두께</th></tr>
<tr><td colspan="3">수중에서 치는 콘크리트</td><td>100mm</td></tr>
<tr><td colspan="3">흙에 접하여 콘크리트를 친 후
영구히 흙에 묻혀 있는 콘크리트</td><td>75mm</td></tr>
<tr><td rowspan="2">흙에 접하거나
옥외의 공기에 직접
노출되는 콘크리트</td><td colspan="2">D19 이상의 철근</td><td>50mm</td></tr>
<tr><td colspan="2">D16 이하 철근,
지름 16mm 이하의 철선</td><td>40mm</td></tr>
<tr><td rowspan="4">옥외의 공기나 흙에
직접 접하지 않는
콘크리트</td><td rowspan="2">슬래브,
벽체, 장선</td><td>D35 초과 철근</td><td>40mm</td></tr>
<tr><td>D35 이하 철근</td><td>20mm</td></tr>
<tr><td colspan="2">보, 기둥</td><td>40mm</td></tr>
<tr><td colspan="2">쉘, 절판부재</td><td>20mm</td></tr>
</table>

정답 및 해설

05, 06, 07

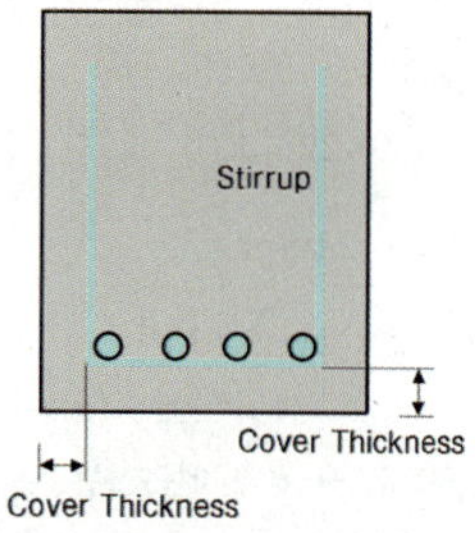

(1) 콘크리트 표면에서 가장 근접한 철근 표면까지의 거리

(2) ① 부착성능 확보
② 내화성 확보
③ 내구성(철근의 방청) 확보
④ 소요강도 확보

08

100mm

09 [98③, 01④, 05①, 09①, 13①, 20④] 3점, 4점

□□□□□

염분을 포함한 바다모래를 골재로 사용하는 경우 철근 부식에 대한 방청상 유효한 조치를 4가지 쓰시오.

①
②
③
④

10 [99③, 03④, 22④] 4점

□□□□□

콘크리트 배합시 잔골재를 세척해사로 사용했을 때 콘크리트의 염화물 함량을 측정한 결과 염소이온량이 $0.3kg/m^3 \sim 0.6kg/m^3$ 이었다. 이 때 철근콘크리트의 철근 부식방지에 따른 유효한 대책을 4가지 쓰시오.

①
②
③
④

11 [06④, 18④] 4점

□□□□□

콘크리트 내의 철근의 내구성에 영향을 주는 부식방지를 억제할 수 있는 방법을 4가지 쓰시오.

①
②
③
④

12 [03②] 6점

□□□□□

콘크리트 내부의 철근이 부식되기 위해 필요한 3요소는 무엇이며, 이에 대한 대책은 이들 3요소를 억제하거나 콘크리트 중으로의 침투를 막으면 된다. 이를 위한 방법 3가지는 무엇인가?

(1) 강재 피해의 요소

① ② ③

(2) 피해방지 대책

①
②
③

13 [99②] 4점

□□□□□

철근콘크리트 내의 염화물이온(Cl^-)에 대한 규정에 대하여 기술하시오.

14 [14②] 3점

□□□□□

철근공사에서 철근 선조립 공법의 시공적인 측면에서의 장점 3가지를 쓰시오.

①
②
③

정답 및 해설

09, 10, 11

① 철근 표면에 아연도금 처리
② 골재에 제염제 혼입
③ 콘크리트에 방청제 혼입
④ 에폭시 코팅 철근 사용

12

(1) ① 물 ② 공기 ③ 염분
(2) ① 철근 표면에 아연도금 처리
② 골재에 제염제 혼입
③ 콘크리트에 방청제 혼입

13

철근콘크리트 내의 염화물함유량은 염화물이온(Cl^-)량에 대해 $0.30kg/m^3$ (철근을 방청조치 할 경우는 $0.60kg/m^3$) 이하로 하여야 한다.

14

① 시공 정밀도 향상
② 현장 노동력 절감 및 공기단축
③ 품질향상 및 품질관리 용이

02 거푸집공사

POINT 01 거푸집공사 일반사항

(1)	거푸집(Form work)의 역할	거푸집(Form work)의 구비조건	
	• 콘크리트 타설 시 형상과 치수 유지	• 가공 용이	• 치수 정확도
	• 경화에 필요한 수분과 시멘트페이스트 누출방지	• 외력에 대한 안정성	• 수밀성 확보
	• 경화될 때까지 외기영향을 최소화하여 콘크리트 품질을 확보	• 조립 및 해체의 간편성	• 우수한 전용성(경제성)
(2)	시멘트 페이스트(Cement Paste) 누출 시 현장조치		
	• 각목이나 철판 또는 판자를 붙여 틀어막음	• 급경성 재료(급결모르타르)로 누출부위를 틀어막음	
(3)	거푸집 고려 하중		
	보, 슬래브 밑면	벽, 기둥, 보옆	
	• 생 콘크리트 중량, 작업하중, 충격하중	• 생 콘크리트 중량, 생 콘크리트 측압	
(4)	거푸집 측압(側壓, Lateral Pressure)에 영향을 주는 요소		
	• 슬럼프(Slump)값이 클수록 측압이 크다.	• 벽두께가 두꺼울수록 측압이 크다.	
	• 타설속도가 빠를수록 측압이 크다.	• 습도가 높을수록 측압이 크다.	
(5)	콘크리트 헤드(Concrete Head): 타설된 콘크리트 윗면으로부터 최대 측압면까지의 거리		
	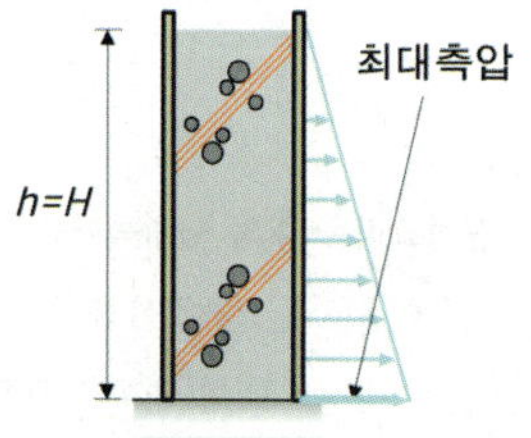	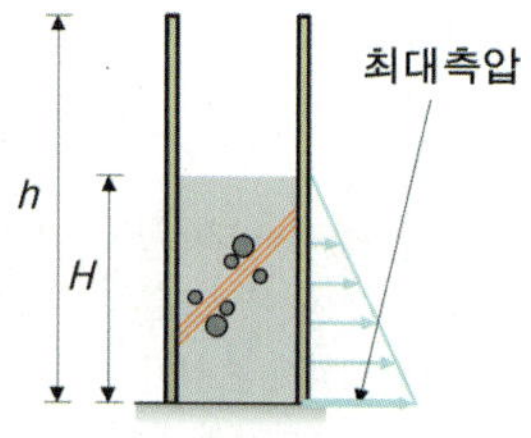	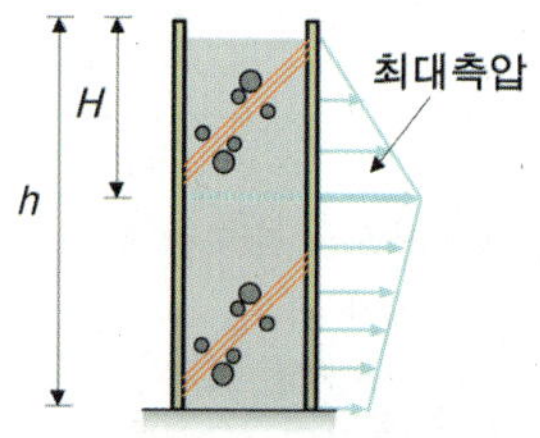
	한 번에 타설하는 경우	2회로 나누어 타설하는 경우	2차 타설시의 측압

POINT 01 거푸집공사 일반사항

	거푸집 관련용어			
(6)	①	솟음 (Camber, 캠버)	보나 트러스 등에서 그의 정상적 위치 또는 형상으로부터 상향으로 구부려 올리는 것이나 구부려 올린 크기	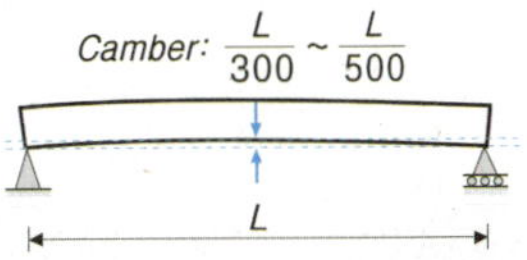
	②	토핑 콘크리트 (Topping Concrete)	바닥판의 높이를 조절하거나 하중을 균일하게 분포시킬 목적으로 프리스트레스 또는 기성콘크리트 바닥판 위에 타설하는 현장치기콘크리트	
	③	동바리 (Timbering)	거푸집의 일부로 소정의 형상과 치수의 콘크리트가 되도록 고정 또는 지지하기 위한 지주	

1998~2024 기출문제

01 [07②] 3점 □□□□□

콘크리트에서 이용되는 거푸집의 역할을 3가지 쓰시오.

①

②

③

02 [06②, 06④] 5점 □□□□□

거푸집이 갖추어야 할 구비조건을 5가지 쓰시오.

①

②

③

④

⑤

정답 및 해설

01

① 콘크리트 타설 시 형상과 치수 유지
② 경화에 필요한 수분과 시멘트페이스트 누출방지
③ 경화될 때까지 외기영향을 최소화하여 콘크리트 품질을 확보

02

① 가공 용이
② 치수 정확도
③ 외력에 대한 안정성
④ 수밀성 확보
⑤ 조립해체의 간편성

1998~2024 **기출문제**

03 [06④] 2점 □□□□□

거푸집에서 시멘트 페이스트의 누출을 발견하였을 때 현장에서 취할 수 있는 조치를 쓰시오.

① ______________________

② ______________________

04 [03①] 4점 □□□□□

거푸집을 계산할 때 고려하여야 할 것을 보기에서 모두 골라 번호를 쓰시오.

> ① 적재하중
> ② 생콘크리트의 중량
> ③ 작업하중
> ④ 안전하중
> ⑤ 충격하중
> ⑥ 생 콘크리트의 측압력
> ⑦ 고정하중

(1) 보, 슬래브 밑면: ______________________

(2) 벽, 기둥, 보옆: ______________________

05 [98⑤, 06①, 10①, 12②, 15④, 17④, 20②] 4점 □□□□□

거푸집 측압에 영향을 주는 요소는 여러 가지가 있지만, 건축현장의 콘크리트 부어넣기 과정에서 거푸집 측압에 영향을 줄 수 있는 요인을 4가지 쓰시오.

① ______________________

② ______________________

③ ______________________

④ ______________________

06 [09①, 11④, 15①, 16①, 23②, 24①] 3점 □□□□□

콘크리트 헤드(Concrete Head)를 설명하시오.

07 [20⑤] 4점 □□□□□

다음의 첫 번째 그림을 참조하여 콘크리트 측압의 변화를 2회로 나누어 타설하는 경우와 2차 타설시의 측압으로 구분하여 도시하시오.(단, 최대측압 부분은 굵은선으로 표시하시오.)

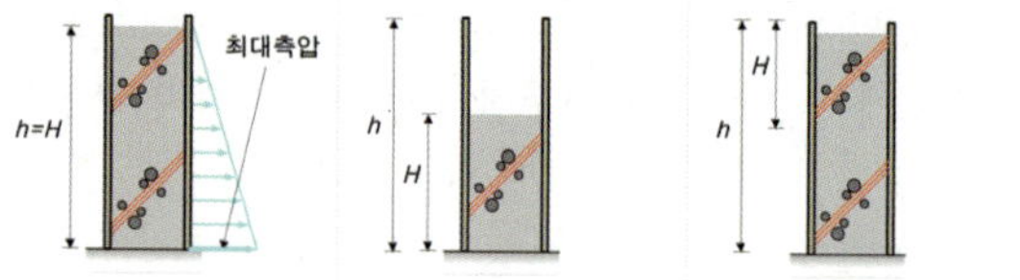

한 번에 타설하는 경우	2회로 나누어 타설하는 경우	2차 타설시의 측압

정답 및 해설

03
① 각목이나 철판 또는 판자를 붙여 틀어막음
② 급결모르타르로 누출부위를 틀어막음

04
(1) ②, ③, ⑤
(2) ②, ⑥

05
① 슬럼프(Slump)값이 클수록 측압이 크다.
② 벽두께가 두꺼울수록 측압이 크다.
③ 타설속도가 빠를수록 측압이 크다.
④ 습도가 높을수록 측압이 크다.

06
타설된 콘크리트 윗면으로부터 최대 측압면까지의 거리

07

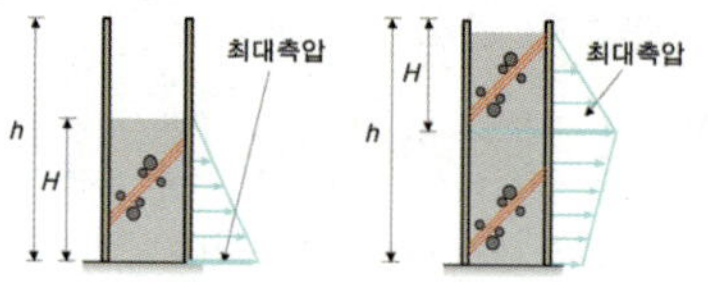

1998~2024 **기출문제**

08 [22①] 4점 □□□□□

다음이 설명하는 용어를 쓰시오.

(1)	보나 트러스 등에서 그의 정상적 위치 또는 형상으로부터 상향으로 구부려 올리는 것이나 구부려 올린 크기
(2)	거푸집의 일부로 소정의 형상과 치수의 콘크리트가 되도록 고정 또는 지지하기 위한 지주

(1) (2)

09 [23④] 4점 □□□□□

다음 용어를 설명하시오.

(1) 솟음(Camber):

(2) 토핑 콘크리트(Topping Concrete):

정답 및 해설

08

(1) 솟음(Camber, 캠버)

(2) 동바리(Timbering)

09

(1) 보나 트러스 등에서 그의 정상적 위치 또는 형상으로부터 상향으로 구부려 올리는 것이나 구부려 올린 크기

(2) 바닥판의 높이를 조절하거나 하중을 균일하게 분포시킬 목적으로 프리스트레스 또는 기성콘크리트 바닥판 위에 타설하는 현장치기콘크리트

POINT 02 거푸집공사: 거푸집 존치기간

(1) 거푸집 존치기간: 콘크리트 압축강도 시험을 하지 않을 경우(기초, 기둥, 벽, 보 등의 측면)

시멘트 종류 / 평균 기온	조강포틀랜드시멘트	보통포틀랜드시멘트 고로슬래그시멘트(1종) 플라이애시시멘트(1종) 포틀랜드포졸란시멘트(1종)	고로슬래그시멘트(2종) 플라이애시시멘트(2종) 포틀랜드포졸란시멘트(2종)
20℃ 이상	2일	4일	5일
20℃ 미만 ~ 10℃ 이상	3일	6일	8일

(2) 거푸집 존치기간: 콘크리트 압축강도 시험을 할 경우

부재		콘크리트 압축강도
기초, 기둥, 벽, 보 등의 측면		5MPa 이상
슬래브 및 보의 밑면, 아치 내면	단층 구조	$f_{ck} \times \frac{2}{3}$ 이상 또한 14MPa 이상
	다층 구조	f_{ck} 이상 (필러 동바리 구조를 이용할 경우는 구조계산에 의해 기간을 단축할 수 있지만, 이 경우라도 최소강도는 14MPa 이상으로 하여야 한다.)

(3) 거푸집 존치기간에 영향을 미치는 요소

• 구조 부재의 종류	• 콘크리트 압축강도 시험의 유무
• 시멘트의 종류	• 평균기온

1998~2024 **기출문제**

01 [09②, 12②, 17①, 18①, 20②, 23②, 24②] 4점

□□□□□

거푸집널 존치기간 중의 평균기온이 10℃ 이상인 경우에 콘크리트의 압축강도 시험을 하지 않고 거푸집을 떼어낼 수 있는 콘크리트의 재령(일)을 나타낸 표이다. 빈 칸에 알맞은 숫자를 표기하시오.

〈기초, 보옆, 기둥, 벽의 거푸집널 존치기간을 정하기 위한 콘크리트의 재령(일)〉

평균기온 \ 시멘트 종류	조강포틀랜드 시멘트	보통포틀랜드시멘트 고로슬래그 시멘트특(1종)	고로슬래그시멘트(2종) 포틀랜드포졸란 시멘트 (2종)
20℃ 이상	①	②	③
20℃ 미만 10℃ 이상	④	⑤	⑥

① ② ③ ④ ⑤ ⑥

02 [19①] 4점

□□□□□

콘크리트의 압축강도 시험을 하지 않을 경우 거푸집널의 해체시기를 나타낸 표이다. 빈칸에 알맞은 기간을 써 넣으시오. (단, 기초, 보, 기둥 및 벽의 측면의 경우)

평균기온 \ 시멘트 종류	조강포틀랜드시멘트	보통포틀랜드시멘트
20℃ 이상	(　　)일	(　　)일
20℃ 미만 10℃ 이상	(　　)일	(　　)일

03 [98④, 07②] 3점

□□□□□

건축공사표준시방서에서 정한 거푸집의 존치기간에 대한 내용이다. (　) 안을 채우시오.

> 기초, 보옆, 기둥 및 벽의 거푸집널 존치기간은 콘크리트 압축강도가 (　　)MPa 이상에 도달한 것이 확인될 때까지이며, 다층구조인 경우 받침기둥의 존치기간은 슬래브밑 및 보밑 모두 설계기준강도의 (　　)% 이상의 콘크리트 압축강도가 얻어진 것이 확인 될 때까지이며, 계산결과에 관계없이 받침기둥을 해체 시 콘크리트 압축강도는 (　　)MPa 이상이어야 한다.

04 [09①, 15①] 2점

□□□□□

다음 (　) 안을 채우시오.

(1)	기초, 보옆, 기둥 및 벽의 거푸집널 존치기간은 콘크리트의 압축강도가 (　　)MPa 이상에 도달한 것이 확인될 때까지로 한다.
(2)	다만 거푸집널 존치기간 중의 평균기온이 10℃ 이상 20℃ 미만이고, 보통포틀랜드시멘트를 사용할 경우 재령 (　　)일 이상이 경과하면 압축강도시험을 행하지 않고도 거푸집을 제거할 수 있다.

05 [04①] 4점

□□□□□

거푸집 존치기간에 영향을 미치는 요소를 4가지 쓰시오.

① ②

③ ④

정답 및 해설

01

① 2 ② 4 ③ 5

④ 3 ⑤ 6 ⑥ 8

02

2, 4, 3, 6

03

5, 100, 14

04

(1) 5

(2) 6

05

① 구조 부재의 종류

② 콘크리트 압축강도 시험의 유무

③ 시멘트의 종류

④ 평균기온

POINT 03 시스템(System) 거푸집

(1) 벽체 전용 시스템(System) 거푸집, 작업발판 일체형 거푸집

① 대표적인 종류

• 갱 폼(Gang Form)

• 클라이밍 폼(Climbing Form)

• 슬라이딩 폼(Sliding Form)

② 갱 폼(Gang Form)

사용할 때마다 작은 부재의 조립, 분해를 반복하지 않고 대형화, 단순화하여 한번에 설치하고 해체하는 거푸집 시스템

장점	단점
• 작업 싸이클(Cycle)이 단순하여 빠른 조립속도로 공기단축	• 제작장소 및 해체 후 보관장소 필요
• 기준층 설치 후 전용횟수가 많아 고층건물 이용 시 원가절감	• 초기 투자비가 재래식보다 높음
• 케이지(Cage)와 안전망이 설치되어 있어 추락위험 감소	• 인양장비 필요
• 외부비계를 설치하지 않아 현장 작업공간 여유	• 단면이 변하는 부분에 적용 시 수정이 어려움

③ 클라이밍 폼(Climbing Form)

벽체용 거푸집으로 거푸집과 벽체 마감공사를 위한 비계틀을 일체로 조립하여 한꺼번에 인양시켜 설치하는 공법

④ 슬라이딩폼(Sliding Form)

• 거푸집을 연속으로 이동시키면서 콘크리트 타설을 하여 시공이음 없는 균일한 시공이 가능한 거푸집으로 슬립폼(Slip Form) 이라고도 한다.

• 수직(Silo, 곡물창고, 코어부, 굴뚝, 교각, 원자로격납용기) 및 수평(하천라이닝, 수로, 지중샤프트, 고속도로 포장 등)으로 연속된 구조물 설치 시 사용한다.

요크(Yoke)

슬라이딩폼(Sliding Form)	구분	슬립폼(Slip Form)
연속타설식	원리	유압 잭(Jack) 견인식
불가능	단면의 변화	가능
3~5m	1일 타설높이	5~8m
전망대, 급수탑	활용성	교각

POINT 03 시스템(System) 거푸집

(2) 바닥 전용, 벽체+바닥 시스템(System) 거푸집

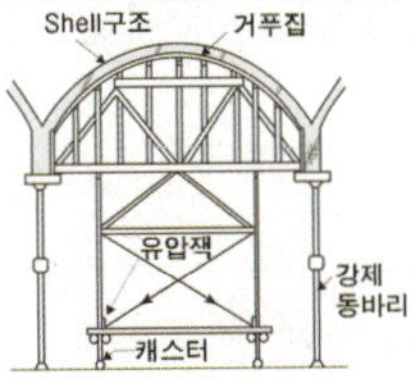

①	트래블링 폼 (Traveling Form)	②	터널 폼 (Tunnel Form)	③	플라잉 폼 (Flying Form)	④	와플 폼 (Waffle Form)

①	트래블러(Traveler)라고 하는 장치를 이용하여 수평으로 이동이 가능한 대형 시스템화 거푸집으로 터널이나 지하철공사 등에 적용된다.	
②	한 구획 전체의 벽판과 바닥판을 ㄱ자형 또는 ㄷ자형으로 짜는 거푸집	
③	테이블 폼(Table Form)이라고도 한다.	• 가설발판의 설치가 필요 없으므로 공기단축
		• 전용횟수(30~40회)가 많아 경제적
		• 서포트(Support) 수량이 감소
④	무량판 구조에서 2방향 장선바닥판 구조가 가능하도록 된 특수상자 모양의 기성재 거푸집	

(3) 알루미늄 거푸집

장점	• 골조의 수직·수평 정밀도가 우수하고 면처리 작업이 감소된다.
	• 해체 전용공구 사용 시 소음이 감소한다.
	• 드롭다운 시스템(Drop Down System) 적용 시 안정성이 향상된다.
	• 시공 후 제품수거에 의한 재활용이 가능하여 폐기물이 저감된다.
단점	• 조립부품이 다양하여 숙련공이 필요하다.
	• 원자재값 상승으로 제작 및 초기 투자비용이 상승한다.
	• 높은 층고의 일체화에 따른 거푸집 크기의 대형화로 작업중량이 증가한다.

(4) 무지주(Non Support) 공법: 지주 없이 수평지지보를 걸쳐 거푸집을 지지

보우빔(Bow Beam)	길이조절 불가능
페코빔(Pecco Beam)	길이조절 가능

01 [99④] 4점

□□□□□

다음에 설명된 공법의 명칭을 기록하시오.

(1)	사용할 때마다 작은 부재의 조립, 분해를 반복하지 않고 대형화, 단순화하여 한번에 설치하고 해체하는 거푸집 시스템
(2)	벽체용 거푸집으로 거푸집과 벽체 마감공사를 위한 비계틀을 일체로 조립하여 한꺼번에 인양시켜 설치하는 공법
(3)	바닥에 콘크리트를 타설하기 위한 거푸집으로서 장선, 멍에, 서포트 등을 일체로 제작하여 부재화한 거푸집 공법
(4)	수평적 또는 수직적으로 반복된 구조물을 시공이음 없이 균일한 형상으로 시공하기 위하여 거푸집을 연속적으로 이동시키면서 콘크리트를 타설하여 구조물을 시공하는 거푸집 공법

(1) (2)

(3) (4)

02 [22④] 4점

□□□□□

다음 보기에서 설명하는 거푸집의 명칭을 쓰시오.

(1)	무량판 구조에서 2방향 장선 바닥판 구조가 가능하도록 된 특수상자 모양의 기성재 거푸집
(2)	대형 시스템화 거푸집으로서 한 구간 콘크리트 타설 후 다음 구간으로 수평이동이 가능한 거푸집
(3)	유닛(Unit) 거푸집을 설치하여 요크(York)로 거푸집을 끌어 올리면서 연속해서 콘크리트를 타설가능한 수직활동 거푸집
(4)	아연도 철판을 절곡 제작하여 거푸집으로 사용하며, 콘크리트 타설 후 마감재로 사용하는 철판:

(1) (2)

(3) (4)

03 [18①] 4점

□□□□□

다음 설명과 같은 거푸집을 보기에서 골라 번호로 쓰시오.

보기

① 슬라이딩폼(Sliding Form)
② 데크플레이트(Deck Plate)
③ 트래블링폼(Traveling Form)
④ 와플폼(Waffle Form)

(1)	무량판 구조에서 2방향 장선 바닥판 구조가 가능하도록 된 특수상자 모양의 기성재 거푸집
(2)	대형 시스템화 거푸집으로서 한 구간 콘크리트 타설 후 다음 구간으로 수평이동이 가능한 거푸집
(3)	유닛(Unit) 거푸집을 설치하여 요크(York)로 거푸집을 끌어 올리면서 연속해서 콘크리트를 타설가능한 수직활동 거푸집
(4)	아연도 철판을 절곡 제작하여 거푸집으로 사용하며, 콘크리트 타설 후 마감재로 사용하는 철판

(1) (2) (3) (4)

04 [10②, 23④] 3점

□□□□□

시공이 빠르고 이음이 없는 수밀한 콘크리트 구조물을 완성할 수 있는 벽체전용 System 거푸집의 종류를 3가지 쓰시오.

①

②

③

정답 및 해설

01
(1) 갱폼(Gang Form)
(2) 클라이밍폼(Climbing Form)
(3) 플라잉폼(Flying Form)
(4) 슬라이딩폼(Sliding Form)

02
(1) 와플폼(Waffle Form)
(2) 트래블링폼(Traveling Form)
(3) 슬라이딩폼(Sliding Form)
(4) 데크플레이트(Deck Plate)

03
(1) ④ (2) ③ (3) ① (4) ②

04
① 갱 폼(Gang Form)
② 클라이밍 폼(Climbing Form)
③ 슬라이딩 폼(Sliding Form)

1998~2024 **기출문제**

05 [22①] 3점

□□□□□

작업발판 일체형 거푸집의 종류를 3가지 쓰시오.

①

②

③

06 [00④, 01④, 03②, 09①, 10②, 11④, 13①, 15①, 19②] 4점

□□□□□

대형 시스템 거푸집 중에서 갱폼(Gang Form)의 장·단점을 각각 2가지씩 쓰시오.

(1) 장점

①

②

(2) 단점

①

②

07 [14④, 16②, 20⑤, 22②] 3점, 4점

□□□□□

다음 용어를 간단히 설명하시오.

(1) 슬라이딩폼:

(2) 와플폼:

(3) 터널폼:

08 [15②, 18④] 4점

□□□□□

다음의 거푸집 공법을 설명하시오.

(1) 슬립폼(Slip Form):

(2) 트래블링폼(Traveling Form):

정답 및 해설

05

① 갱 폼(Gang Form)

② 클라이밍 폼(Climbing Form)

③ 슬라이딩 폼(Sliding Form)

06

(1) ① 작업 Cycle이 단순하여 빠른 조립속도로 공기단축

② 전용횟수가 많아 고층건물 이용 시 원가절감

(2) ① 제작장소 및 해체 후 보관장소 필요

② 초기투자비가 재래식보다 높음

07

(1) 거푸집을 연속으로 이동시키면서 콘크리트 타설을 하므로 시공이음 없는 균일한 시공이 가능한 거푸집

(2) 무량판 구조에서 2방향 장선바닥판 구조가 가능하도록 된 특수상자 모양의 기성재 거푸집

(3) 한 구획 전체의 벽판과 바닥판을 ㄱ자형 또는 ㄷ자형으로 짜는 거푸집

08

(1) 거푸집을 연속으로 이동시키면서 콘크리트 타설을 하므로 시공이음 없는 균일한 시공이 가능한 거푸집

(2) 트래블러(Traveler)라고 하는 장치를 이용하여 수평으로 이동이 가능한 대형 시스템화 거푸집으로 터널이나 지하철공사 등에 적용

1998~2024 **기출문제**

09 [10①, 18②] 3점

□□□□□

System 거푸집 중 터널폼(Tunnel Form)을 설명하시오.

①

②

③

10 [19④] 4점

□□□□□

시스템거푸집 중에 바닥슬래브의 콘크리트를 타설하기 위한 대형거푸집으로써 거푸집널, 장선, 멍에, 서포트를 일체로 제작하여 수평 및 수직 이동이 가능한 거푸집은?

11 [00④, 02①, 05②] 3점

□□□□□

시스템 거푸집 중에서 플라잉 폼(Flying Form)의 장점을 3가지 쓰시오.

①

②

③

12 [21①] 2점

□□□□□

알루미늄 거푸집을 일반합판 거푸집과 비교하여 골조품질과 거푸집 해체 작업 시 발생될 수 있는 장점에 대하여 설명하시오.

(1) 골조품질:

(2) 해체작업:

13 [01①] 4점

□□□□□

무지주공법의 수평지지보에 대하여 간단히 설명하고, 종류를 2가지 쓰시오.

(1) 설명:

(2) 종류:

① ②

정답 및 해설

09
한 구획 전체의 벽판과 바닥판을 ㄱ자형 또는 ㄷ자형으로 짜는 거푸집

10
플라잉폼(Flying Form)

11
① 가설발판의 설치가 필요 없으므로 공기단축
② 전용횟수(30~40회)가 많아 경제적
③ 서포트(Support) 수량이 감소된다.

12
(1) 골조의 수직·수평 정밀도가 우수하고 면처리 작업이 감소된다.
(2) 해체 전용공구 사용 시 소음이 감소한다.

13
(1) 지주 없이 수평지지보를 걸쳐 거푸집을 지지
(2)
① 보우빔(Bow Beam)
② 페코빔(Pecco Beam)

1998~2024 **기출문제**

14 [04①, 11①] 3점 □□□□□

다음이 설명하는 용어를 쓰시오.

(1)	길이조절이 가능한 무지주공법의 수평지지보
(2)	무량판 구조에서 2방향 장선 바닥판 구조가 가능하도록 된 특수상자 모양의 기성재 거푸집
(3)	벽식 철근콘크리트구조를 시공할 때 한 구획 전체의 벽판과 바닥판을 일체로 제작하여 한 번에 설치 · 해체할 수 있도록 한 거푸집

(1) (2) (3)

15 [01②, 08②, 12④] 3점 □□□□□

다음 설명이 가르키는 용어명을 쓰시오.

(1)	신축이 가능한 무지주공법의 수평지지보
(2)	무량판 구조에서 2방향 장선 바닥판 구조가 가능하도록 된 기성재 거푸집
(3)	한 구획 전체의 벽판과 바닥판을 ㄱ자형 또는 ㄷ자형으로 짜는 거푸집

(1) (2) (3)

정답 및 해설

14
(1) 페코빔(Pecco Beam)
(2) 와플폼(Waffle Form)
(3) 터널폼(Tunnel Form)

15
(1) 페코빔(Pecco Beam)
(2) 와플폼(Waffle Form)
(3) 터널폼(Tunnel Form)

POINT 04 거푸집 부속재료

①	스페이서 (Spacer, 간격재)	철근의 피복두께를 유지하기 위해 벽이나 바닥 철근에 대어주는 것  PVC 제품  콘크리트 제품  철제 제품	
②	세퍼레이터 (Separater, 격리재)	벽거푸집이 오므라드는 것을 방지하고 간격을 유지하기 위한 격리재	
③	폼타이 (Form Tie, 긴결재)	거푸집의 간격을 유지하며 벌어지는 것을 막는 긴장재	
④	칼럼 밴드 (Column Band)	기둥 거푸집의 고정 및 측압 버팀용으로 주로 합판 거푸집에서 사용되는 것	
⑤	박리제 (Form Oil)	거푸집의 탈형과 청소를 용이하게 만들기 위해 합판 거푸집 표면에 바르는 것	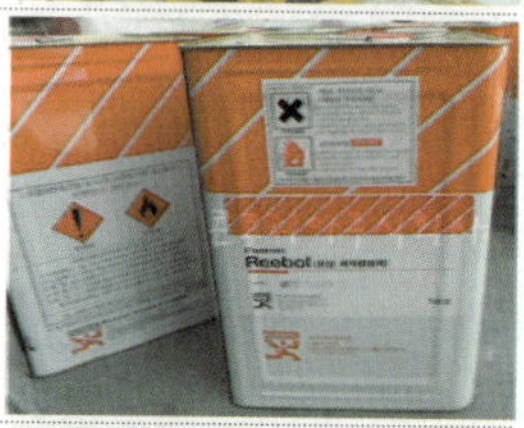
⑥	와이어 클리퍼 (Wire Cliper)	거푸집 긴장철선을 콘크리트 경화 후 절단하는 절단기	
⑦	인서트 (Insert)	콘크리트에 달대와 같은 설치물을 고정하기 위해 매입(埋入)하는 철물	

1998~2024 **기출문제**

01 [01④, 07①] 5점

다음 보기 중에서 관계있는 것끼리 연결하시오.

① 격리재 ② 박리제 ③ 콘크리트헤드 ④ 페코빔 ⑤ 갱폼

(1)	거푸집 간격을 유지
(2)	거푸집을 쉽게 떼어낼 수 있도록 거푸집면에 칠하는 약제
(3)	타설된 콘크리트 윗면으로부터 최대 측압면까지의 거리
(4)	신축이 가능한 무지주 공법
(5)	사용할 때마다 작은 부재의 조립, 분해를 반복하지 않고 대형화, 단순화하여 한 번에 설치하고 해체하는 거푸집 시스템

(1) (2) (3) (4) (5)

02 [11②, 17④] 4점

다음 설명이 의미하는 거푸집 관련 용어를 쓰시오.

(1)	철근의 피복두께를 유지하기 위해 벽이나 바닥 철근에 대어주는 것
(2)	벽 거푸집 간격을 일정하게 유지하여 격리와 긴장재 역할을 하는 것
(3)	기둥 거푸집의 고정 및 측압 버팀용으로 주로 합판 거푸집에서 사용되는 것
(4)	거푸집의 탈형과 청소를 용이하게 만들기 위해 합판 거푸집 표면에 미리 바르는 것

(1) (2)
(3) (4)

03 [09④, 13①, 18④] 5점, 4점

거푸집 공사와 관련된 용어를 쓰시오.

(1)	슬래브에 배근되는 철근이 거푸집에 밀착되는 것을 방지하기 위한 간격재(굄재)
(2)	벽거푸집이 오므라드는 것을 방지하고 간격을 유지하기 위한 격리재
(3)	거푸집 긴장철선을 콘크리트 경화 후 절단하는 절단기
(4)	콘크리트에 달대와 같은 설치물을 고정하기 위해 매입하는 철물
(5)	거푸집의 간격을 유지하며 벌어지는 것을 막는 긴장재

(1) (2)
(3) (4)
(5)

04 [09①, 13②, 21①] 2점

철근콘크리트공사에 이용되는 스페이서(Spacer)의 용도에 대하여 쓰시오.

05 [00①] 3점

철근콘크리트공사에서 간격재(Spacer)의 종류를 3가지 쓰시오.

① ② ③

정답 및 해설

01
(1) ① (2) ② (3) ③ (4) ④ (5) ⑤

02
(1) 스페이서
(2) 세퍼레이터
(3) 칼럼밴드
(4) 박리제

03
(1) 스페이서
(2) 세퍼레이터
(3) 와이어 클립퍼
(4) 인서트
(5) 폼타이

04
철근의 피복두께를 유지하기 위해 벽이나 바닥 철근에 대어주는 것

05
① PVC 제품
② 콘크리트 제품
③ 철제 제품

POINT 05 철근과 거푸집의 시공순서

(1)	RC 건축물의 철근 조립순서	기초철근 ➡ 기둥철근 ➡ 벽철근 ➡ 보철근 ➡ 바닥철근 ➡ 계단철근
(2)	RC 기초 철근 조립순서	거푸집 위치 먹줄치기 ➡ 철근간격 표시➡ 직교철근 배근 ➡ 대각선 철근 배근 ➡ 스페이서 설치 ➡ 기둥 주근 설치
(3)	RC 거푸집 조립순서	기둥 ➡ 보받이 내력벽 ➡ 큰 보 ➡ 작은 보 ➡ 바닥 ➡ 외벽
(4)	RC 1개층 시공순서	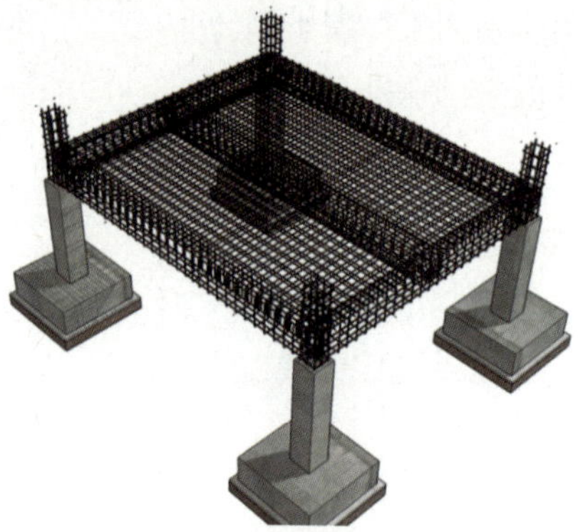 기초 및 기초보 옆 거푸집 설치 ⬇ 기초판, 기초보 철근 배근 ⬇ 기둥철근 기초에 정착 ⬇ 기초판 및 기초보 콘크리트 치기 ⬇ 기둥철근 배근 ⬇ 벽 내부 거푸집 및 기둥 거푸집 설치 ⬇ 벽 철근 배근 ⬇ 벽 외부 거푸집 설치 ⬇ 보 및 바닥판 거푸집 설치 ⬇ 보 및 바닥판 철근 배근 ⬇ 콘크리트 치기

1998~2024 **기출문제**

01 [98⑤, 99②, 18②, 24②] 3점, 4점 □□□□□

일반적인 철근콘크리트(RC) 구조물의 최하부부터 2층 바닥부분까지의 철근 조립순서를 보기에서 골라 번호로 쓰시오.

① 기둥철근	② 기초철근	③ 보철근
④ 바닥철근	⑤ 벽철근	

02 [00②, 05④] 4점 □□□□□

철근콘크리트 구조에서 기초 철근의 조립 순서를 기호로 나열하시오.

① 직교철근 배근	② 거푸집 위치 먹줄치기
③ 대각선 철근 배근	④ 철근간격 표시
⑤ 기둥 주근 설치	⑥ 스페이서 설치

03 [05④] 3점 □□□□□

철근콘크리트 공사에서 형틀(거푸집) 가공조립은 정밀하고 견고하게 조립되어야 설계도 형상에 의하여 콘크리트 구조체를 형성할 수 있다. 보기의 구조부위별 거푸집 조립 작업순서에 맞게 그 기호순으로 나열하시오.

① 보받이 내력벽	② 외벽
③ 기둥	④ 큰 보
⑤ 바닥	⑥ 작은 보

04 [04④] 6점 □□□□□

RC조 지상 1층 건축물의 골조공사에 관한 사항이다. 시공순서를 보기에서 골라 기호를 쓰시오.

① 기둥철근 기초에 정착
② 보 및 바닥판 철근 배근
③ 기둥철근 배근
④ 벽 내부 거푸집 및 기둥 거푸집 설치
⑤ 콘크리트 치기
⑥ 벽 철근 배근
⑦ 기초판, 기초보 철근 배근
⑧ 보 및 바닥판 거푸집 설치
⑨ 기초판 및 기초보 콘크리트 치기
⑩ 기초 및 기초보 옆 거푸집 설치
⑪ 벽 외부 거푸집 설치

정답 및 해설

01
② ➡ ① ➡ ⑤ ➡ ③ ➡ ④

02
② ➡ ④ ➡ ① ➡ ③ ➡ ⑥ ➡ ⑤

03
③ ➡ ① ➡ ④ ➡ ⑥ ➡ ⑤ ➡ ②

04
⑩ ➡ ⑦ ➡ ① ➡ ⑨ ➡ ③ ➡ ④ ➡ ⑥ ➡ ⑪ ➡ ⑧ ➡ ② ➡ ⑤

03 콘크리트 재료

POINT 01 시멘트(Cement): 시멘트의 종류

- 시멘트
  - 포틀랜드 시멘트
    - 1종: 보통 포틀랜드 시멘트
    - 2종: 중용열 포틀랜드 시멘트
    - 3종: 조강 포틀랜드 시멘트
    - 4종: 저열 포틀랜드 시멘트
    - 5종: 내황산염 포틀랜드 시멘트
  - 혼합 시멘트
    - 고로 슬래그(Slag) 시멘트
    - 플라이애시(Fly Ash) 시멘트
    - 실리카(Sillica) 시멘트
  - 특수 시멘트
    - 알루미나(Alumina) 시멘트
    - 초속경 시멘트
    - 팽창(=무수축) 시멘트
    - 백색 시멘트

조강시멘트: 긴급공사, 한중공사

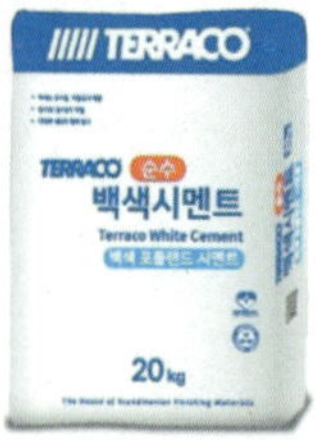

백색시멘트: 미장재료, 인조석 원료

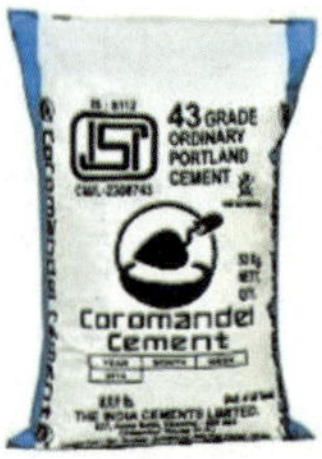

중용열시멘트: 대단면 구조재, 방사성 차단물

1998~2024 **기출문제**

01 [08①, 10④, 17②, 22④] 5점

KS L 5201에서 규정하는 포틀랜드시멘트(Portland Cement)의 종류 5가지를 쓰시오.

① ____________________
② ____________________
③ ____________________
④ ____________________
⑤ ____________________

02 [03④] 3점

혼합시멘트의 종류에 대한 명칭 3가지를 쓰시오.

① ____________________
② ____________________
③ ____________________

03 [11①, 14④] 3점

다음 설명에 해당하는 시멘트 종류를 고르시오.

> 조강 시멘트, 실리카 시멘트, 내황산염 시멘트, 백색 시멘트, 중용열 시멘트, 콜로이드 시멘트, 고로슬래그 시멘트

(1)	조기강도가 크고 수화열이 많으며 저온에서 강도의 저하율이 낮다. 긴급공사, 한중공사에 쓰임
(2)	석탄 대신 중유를 원료로 쓰며, 제조시 산화철분이 섞이지 않도록 주의한다. 미장재, 인조석 원료에 쓰임
(3)	내식성이 좋으며 발열량 및 수축률이 작다. 대단면 구조재, 방사성 차단물에 쓰임

(1) ____________________
(2) ____________________
(3) ____________________

정답 및 해설

01
① 보통포틀랜드시멘트
② 중용열 포틀랜드시멘트
③ 조강포틀랜드시멘트
④ 저열포틀랜드시멘트
⑤ 내황산염포틀랜드시멘트

02
① 고로슬래그시멘트
② 플라이애시시멘트
③ 실리카시멘트

03
(1) 조강시멘트
(2) 백색시멘트
(3) 중용열시멘트

POINT 02 시멘트(Cement): 주요 화합물, 재료시험, 풍화작용

(1) 시멘트 주요 화합물

①	C_2S(규산2석회)	4주 이후의 장기강도에 기여
②	C_3S(규산3석회)	4주 이전의 조기강도에 기여
③	C_3A(알루민산3석회)	수화작용이 가장 빠르다.(C_3A > C_3S > C_4AF > C_2S)
④	C_4AF(알루민산철4석회)	수화작용이 느리고 강도에 영향이 거의 없다.

(2) 시멘트 재료시험

①	밀도시험		• 주요 시험기구: 르샤틀리에(Le Chatelier) 플라스크, 광유, 천평칭(천평, 천칭), 가는 철사, 마른 천 또는 탈지면, 항온수조, 온도계	
			• 시멘트 밀도: $\rho = \dfrac{W}{V_2 - V_1}$ [Mg/m³]	
②	분말도 시험 (=비표면적 시험)		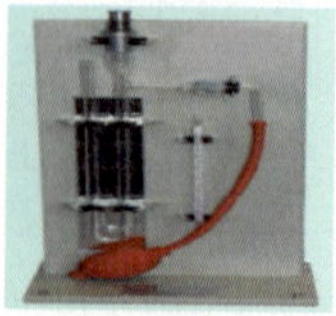	
		•체(Standard Sieve) 분석법	• 블레인(Blaine)법	• 피크노메타(Pycnometer)법
③	응결시간측정 시험		• 온도가 높고 습도가 낮을수록 응결이 빠르다. • C_3A가 많을수록 응결이 빠르다. • 시멘트 분말도가 크면 응결이 빠르다. • 풍화되지 않은 시멘트일수록 응결이 빠르다.	
④	오토클레이브(Autoclave) 팽창도 시험 (=안정성 시험)		• 팽창도= $\dfrac{\text{늘어난 길이} - \text{처음 길이}}{\text{처음 길이}} \times 100\%$	

(3) 시멘트 풍화작용

$Ca(OH)_2 + CO_2 = CaCO_3 + H_2O$	시멘트가 대기 중에서 수분을 흡수하여 수화작용으로 $Ca(OH)_2$(수산화석회)가 생기고 공기 중 CO_2(이산화탄소)를 흡수하여 $CaCO_3$(탄산석회)를 생기게 하는 작용

1998~2024 **기출문제**

01 [12①, 16④] 5점 □□□□□

시멘트 주요 화합물을 4가지 쓰고, 그 중 28일 이후 장기강도에 관여하는 화합물을 쓰시오.

(1) 주요 화합물

①

②

③

④

(2) 콘크리트 28일 이후의 장기강도에 관여하는 화합물

02 [03②] 5점 □□□□□

다음 주어진 내용과 보기 중 상호연결성이 높은 것을 찾아 기호로 쓰시오.

① 오토클레이브(Autoclave)
② 길모어(Gilmore Needles)
③ 슈미트해머(Schmidt Hammer)
④ 르샤틀리에(Le Chatelier)
⑤ 표준체(Standard Sieve)

(1)	응결 시험	
(2)	안정성 시험	
(3)	강도 시험	
(4)	밀도 시험	
(5)	분말도 시험	

03 [98①, 02②] 4점 □□□□□

시멘트 성능을 파악하기 위한 재료시험 방법의 종류를 4가지 쓰시오.

①

②

③

④

04 [00④] 3점 □□□□□

시멘트 밀도시험에 이용되는 실험기구 및 재료를 【보기】에서 찾아 번호로 쓰시오.

보기

① 르샤틀리에 플라스크
② 천평
③ 칼로리 미터
④ 표준체
⑤ 광유
⑥ 마노미터액
⑦ 마른걸레
⑧ 교반기

정답 및 해설

01

(1) ① C_2S(규산2석회)
② C_3S(규산3석회)
③ C_3A(알루민산3석회)
④ C_4AF(알루민산철4석회)

(2) C_2S(규산2석회)

02

(1) ②
(2) ①
(3) ③
(4) ④
(5) ⑤

03

① 밀도 시험
② 분말도 시험
③ 응결시간측정 시험
④ 오토클레이브(Autoclave) 팽창도 시험

04

①, ②, ⑤, ⑦

05 [07②] 4점

건설공사 현장에 시멘트가 반입되었다. 특기시방서에 시멘트 밀도가 3.10[Mg/m^3] 이상으로 규정되어 있다고 할 때, 르샤틀리에 플라스크를 이용하여 KS 규격에 의거 시멘트 밀도를 시험한 결과에 대해 시멘트 밀도를 구하고, 자재품질 관리상 합격여부를 판정하시오.
(단, 시험결과 비중병에 광유를 채웠을 때 최초 눈금은 0.5mL, 실험에 사용한 시멘트량은 100g,
광유에 시멘트를 넣은 후의 눈금은 32.2mL 였다.)

(1) 밀도:

(2) 판정:

06 [22④] 4점

건설공사 현장에 시멘트가 반입되었다. 특기시방서에 시멘트 밀도가 3.10[Mg/m^3] 이상으로 규정되어 있다고 할 때, 르샤틀리에 플라스크를 이용하여 KS 규격에 의거 시멘트 밀도를 시험한 결과에 대해 시멘트 밀도를 구하고, 자재품질 관리상 합격여부를 판정하시오.
(단, 시험결과 비중병에 광유를 채웠을 때 최초 눈금은 0.5mL, 실험에 사용한 시멘트량은 64g,
광유에 시멘트를 넣은 후의 눈금은 20.8mL 였다.)

(1) 밀도:

(2) 판정:

07 [08④, 11④, 17④, 22④] 2점, 4점

시멘트 분말도 시험법을 2가지 쓰시오.

①

②

08 [05①, 18④] 3점

시멘트의 응결시간에 영향을 미치는 요소를 3가지 설명하시오.

【예시】 온도가 낮고 습도가 높을수록 응결이 느리다.
(※ 단, 예시는 정답을 쓸 때 참고로 하되 예시와 동일하게 답을 기재하는 경우는 정답처리 안함)

①

②

③

정답 및 해설

05

(1) $\rho = \dfrac{100}{32.2 - 0.5} = 3.15[\mathrm{Mg/m^3}]$

(2) $3.15[\mathrm{Mg/m^3}] \geq 3.10[\mathrm{Mg/m^3}]$ 이므로 합격

06

(1) $\rho = \dfrac{64}{20.8 - 0.5} = 3.15[\mathrm{Mg/m^3}]$

(2) $3.15[\mathrm{Mg/m^3}] \geq 3.10[\mathrm{Mg/m^3}]$ 이므로 합격

07

① 체(Standard Sieve) 분석법
② 블레인(Blaine)법

08

① C_3A가 많을수록 응결이 빠르다.
② 시멘트 분말도가 크면 응결이 빠르다.
③ 풍화되지 않은 시멘트일수록 응결이 빠르다.

1998~2024 **기출문제**

09 [00⑤, 21④, 24②] 4점

□□□□□

KS 규격상 시멘트의 오토클레이브 팽창도는 0.80% 이하로 규정되어 있다. 반입된 시멘트의 안정성 시험 결과가 다음과 같다고 할 때 팽창도 및 합격여부를 판정하시오.

【안정성 시험결과】

- 시험전 시험체의 유효표점길이 254mm
- 오토클레이브 시험 후 시험체의 길이 255.78mm

(1) 팽창도:

(2) 판정:

10 [10④] 3점

□□□□□

다음은 시멘트의 풍화작용에 대한 설명이다. ( )안에 알맞은 말을 각각 써넣으시오.

시멘트가 대기 중에서 수분을 흡수하여 수화작용으로 (   )가 생기고 공기 중 (   )를 흡수하여 (   )를 생기게 하는 작용

정답 및 해설

09

(1) $\frac{255.78-254}{254}\times 100 = 0.70\%$

(2) 0.70% ≤ 0.80% 이므로 합격

10

$Ca(OH)_2$ (수산화석회),

CO_2 (이산화탄소),

$CaCO_3$ (탄산석회)

III

POINT 03 골재 일반사항

(1) 굵은 골재(Coarse Aggregate)

①	요구조건	• 표면이 거칠고 둥근 모양일 것	
		• 입도(粒度, Grading)가 적당하고 좋을 것	
		• 견고하고 강도가 클 것	
		• 실적률(Percentage of Absolute Volume)이 클 것	
②	실적률, 공극률(=간극률)	• 실적률(%)$=\dfrac{\text{단위체적질량}}{\text{절건밀도}}\times 100$	
		• 공극률(%) = 100 - 실적률	
③	조립률(FM)	$FM=\dfrac{\text{10개 체에 남은 양의 누적백분율의 합}}{100}$	
		• 굵은골재의 최대치수	• 골재의 입도 판정

(2) 골재의 함수상태, 밀도[g/cm^3] 및 흡수율[%]

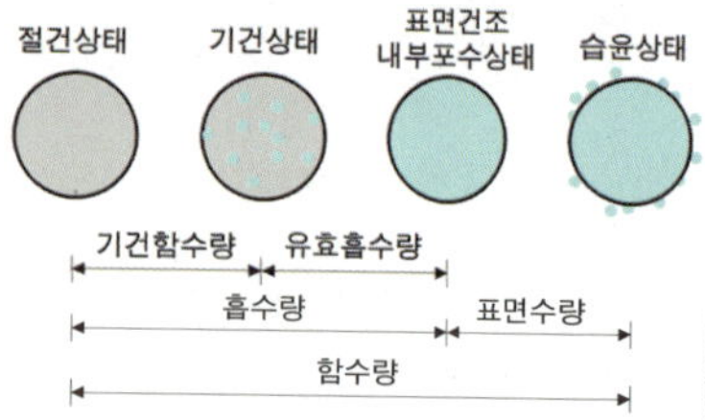

A : 절건질량, B : 표면건조내부포수질량, C : 수중질량

⬇

• 절건밀도: $D_d=\dfrac{A}{B-C}\times\rho_w$	• 표건밀도: $D_s=\dfrac{B}{B-C}\times\rho_w$
• 겉보기밀도: $D_A=\dfrac{A}{A-C}\times\rho_w$	• 흡수율: $\dfrac{B-A}{A}\times 100\%$

ρ_w : 시험 온도에서의 물의 밀도[g/cm^3]

(3) 알칼리골재반응(Alkali Aggregate Reaction)

①	정의	시멘트의 알칼리 성분과 골재의 실리카(Silica) 성분이 반응하여 수분을 지속적으로 흡수 팽창하는 현상
②	방지대책	• 알칼리 함량 0.6% 이하의 시멘트 사용
		• 알칼리골재반응에 무해한 골재 사용
		• 양질의 혼화재(고로 Slag, Fly Ash 등) 사용

1998~2024 **기출문제**

01 [99⑤, 16①] 4점

골재가 가져야 하는 요구품질 사항을 4가지 쓰시오.

① ______

② ______

③ ______

④ ______

02 [98③] 3점

밀도 $2.6g/cm^3$, 단위체적질량 $1,750kg/m^3$일 때 골재의 공극률을 구하시오.

03 [09①] 2점

밀도 $2.65g/cm^3$, 단위체적질량 $1,600kg/m^3$일 때 골재의 공극률을 구하시오.

04 [14②, 20③] 3점, 4점

밀도 $2.65g/cm^3$, 단위체적질량이 $1,600kg/m^3$인 골재가 있다. 이 골재의 공극률(%)을 구하시오.

05 [00①, 09④, 15④, 20⑤, 24②] 3점

어떤 골재의 밀도 $2.65g/cm^3$, 단위체적질량 $1,800kg/m^3$이라면 이 골재의 실적률을 구하시오.

06 [08①] 3점

3.2의 조립률과 7의 조립률을 1:2의 비율로 섞었을 때 혼합조립률을 계산하시오.

정답 및 해설

01

① 표면이 거칠고 둥근 모양일 것

② 견고하고 강도가 클 것

③ 실적률이 클 것

④ 입도가 적당하고 좋을 것

02

$$100-\left(\frac{1.75}{2.6}\times100\right)=32.69\%$$

03

$$100-\left(\frac{1.6}{2.65}\times100\right)=39.62\%$$

04

$$100-\left(\frac{1.6}{2.65}\times100\right)=39.62\%$$

05

$$\frac{1.8}{2.65}\times100=67.92\%$$

06

$$FM=\left(\frac{1}{1+2}\right)\times3.2+\left(\frac{2}{1+2}\right)\times7=5.73$$

07 [99③] 4점

KS규격의 콘크리트용 잔골재는 다음과 같은 입도규격을 규정하고 있다. 다음 자료를 이용하여 잔골재의 최대 및 최소조립률(FM) 범위를 구하시오.

체 규격(mm)	통과량(%)
10	100
5	95~100
2.5	80~100
1.2	50~85
0.6	25~60
0.3	10~30
0.15	2~10
접시	0

(1) 최대 조립률:

(2) 최소 조립률:

08 [99②, 13④] 3점

골재 수량에 관련된 설명 중 서로 연관되는 것을 골라 기호로 쓰시오.

보기

① 골재 내부에 약간의 수분이 있는 대기 중의 건조상태
② 골재의 표면에 묻어 있는 수량
③ 골재 입자의 내부에 물이 채워져 있고, 표면에도 물이 부착되어 있는 상태
④ 표면건조 내부포화상태의 골재 중에 포함되는 물의 양
⑤ 110℃ 정도에서 24시간 이상 골재를 건조시킨 상태

(1) 습윤상태: (2) 흡수량:
(3) 절건상태: (4) 기건상태:
(5) 표면수량:

09 [09④] 5점

골재의 함수상태를 설명한 것이다. 알맞은 용어를 쓰시오.

보기

(1) 골재를 100~110℃의 온도에서 질량변화가 없어질 때까지(24시간 이상) 건조한 상태
(2) 골재를 공기 중에 건조하여 내부는 수분을 포함하고 있는 상태
(3) 골재의 내부는 이미 포화상태이고, 표면에도 물이 묻어 있는 상태
(4) 표면건조내부포수상태의 골재에 포함된 수량
(5) 습윤상태의 골재표면의 수량

(1) (2)
(3) (4)
(5)

정답 및 해설

07

(1) $\dfrac{5+20+50+75+90+98}{100} = 3.38$

(2) $\dfrac{15+40+70+90}{100} = 2.15$

08

(1) ③
(2) ④
(3) ⑤
(4) ①
(5) ②

09

(1) 절대건조상태
(2) 기본건조상태
(3) 습윤상태
(4) 흡수량
(5) 표면수량

10 [98②, 05①, 09①, 12②, 19④, 22②] 3점, 4점

골재의 흡수량, 함수량, 표면수량에 대해 기술하시오.

(1) 유효흡수량:

(2) 흡수량:

(3) 함수량:

(4) 표면수량:

11 [98④] 3점

굵은골재의 밀도 및 흡수량 시험에서 A: 대기 중 시료의 로건조 질량, B: 대기 중 시료의 표면건조 포화상태의 질량, C: 물속에서 시료의 질량을 각각 나타내고 있을 때 A, B, C의 관계를 이용하여 다음의 용어를 도식화하시오. (단, ρ_w : 시험 온도에서의 물의 밀도)

(1)	표면건조 포화상태의 밀도	
(2)	절건 밀도	
(3)	흡수율	

12 [00①] 4점

특기시방서상 화강암의 표건밀도를 2.62g/cm³ 이상, 흡수율(%)을 0.3% 이하로 규정하고 있다. 화강암의 밀도와 흡수율을 아래의 시험결과로부터 구하고, 합격 여부를 판정하시오.(단, 공시체의 건조질량: 5,000g, 공시체의 표면건조 포화상태의 질량 5,020g, 공시체의 수중질량 3,150g이었다.)

(1) 표건밀도:

(2) 흡수율:

(3) 판정:

13 [19②, 22①] 4점

수중에 있는 골재의 질량이 1,300g, 표면건조내부포화상태의 질량은 2,000g, 이 시료를 완전히 건조시켰을 때의 질량이 1,992g일 때 흡수율(%)을 구하시오.

정답 및 해설

10

(1) 표면건조내부포수상태의 골재에서 기본건조상태의 물의 양을 뺀 것
(2) 표면건조내부포수상태의 골재 중에 포함되는 물의 양
(3) 습윤상태의 골재 내외부에 함유된 전체 물의 양
(4) 습윤상태의 골재표면의 수량

11

(1) $\frac{B}{B-C} \times \rho_w$

(2) $\frac{A}{B-C} \times \rho_w$

(3) $\frac{B-A}{A} \times 100[\%]$

12

(1) $\frac{5,020}{5,020-3,150} \times 1 = 2.68\text{g/cm}^3$

(2) $\frac{5,020-5,000}{5,000} \times 100 = 0.4\%$

(3) 흡수율 초과이므로 불합격

13

$\frac{2,000-1,992}{1,992} \times 100 = 0.40(\%)$

1998~2024 **기출문제**

14 [00④, 11②, 17②] 4점

□□□□□

굵은골재의 최대치수 25mm, 4kg을 물속에서 채취하여 표면건조내부포수상태의 질량이 3.95kg, 절대건조질량이 3.60kg, 수중에서의 질량이 2.45kg일 때 흡수율과 밀도를 구하시오. (단, 물의 밀도: $1g/cm^3$)

(1) 흡수율:

(2) 표건밀도:

(3) 절건밀도:

(4) 겉보기밀도:

15 [21①] 6점

□□□□□

굵은골재의 최대치수 25mm, 4kg을 물속에서 채취하여 표면건조내부포수상태의 질량이 3.95kg, 절대건조질량이 3.60kg, 수중에서의 질량이 2.45kg일 때 흡수율과 밀도를 구하시오. (단, 물의 밀도: $1g/cm^3$)

(1) 흡수율:

(2) 표건상태밀도:

(3) 겉보기밀도:

▣ 밀도(密度, Density): 단위 부피당 질량을 나타내는 값

▣ 비중(比重, Specific Gravity):

기준 물질과 비교되는 밀도의 비이므로 물질이 물에 뜨거나 가라앉는다는 것은 비중으로 판단하는 것이 좀 더 용이하다.
비중이 1보다 큰 물질은 물 아래로 가라앉고,
비중이 1보다 작은 물질은 물에 뜬다.

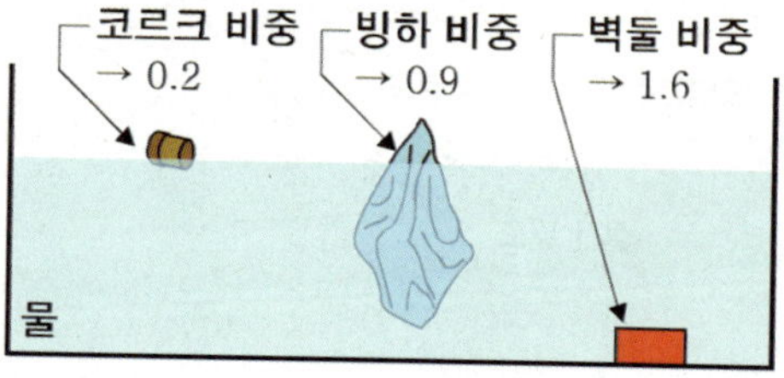

밀도와 비중은 엄연히 다른 개념이지만, 통상적으로는 같은 의미로 이해하고 사용하고 있다.

정답 및 해설

14

(1) $\frac{3.95-3.60}{3.60}\times100=9.72\%$

(2) $\frac{3.95}{3.95-2.45}\times1=2.63g/cm^3$

(3) $\frac{3.60}{3.95-2.45}\times1=2.40g/cm^3$

(4) $\frac{3.60}{3.60-2.45}\times1=3.13g/cm^3$

15

(1) $\frac{3.95-3.60}{3.60}\times100=9.72\%$

(2) $\frac{3.95}{3.95-2.45}\times1=2.63\ g/cm^3$

(3) $\frac{3.60}{3.60-2.45}\times1=3.13\ g/cm^3$

1998~2024 **기출문제**

16 [99④, 00①, 06②, 10①, 10④, 12④, 13②, 15④, 19②, 21④, 24②] 3점, 4점, 5점 □□□□□

알칼리골재반응의 정의를 설명하고 방지대책을 3가지 적으시오.

(1) 정의:

(2) 방지대책:

① ______

② ______

③ ______

정답 및 해설

16

(1) 시멘트의 알칼리 성분과 골재의 실리카 성분이 반응하여 수분을 지속적으로 흡수 팽창하는 현상

(2)

① 알칼리 함량 0.6% 이하의 시멘트 사용

② 알칼리골재반응에 무해한 골재 사용

③ 양질의 혼화재(고로 Slag, Fly Ash 등) 사용

POINT 04 혼화재료: 혼화재(混和在), 혼화제(混和濟)

(1)	혼화재(混和在)의 정의 및 사용목적				
	정의	시멘트량의 5% 이상이 사용되어 배합계산에 포함되는 재료			
	사용 목적	• 시공연도 개선		• 수밀성 향상	
		• 재료분리 감소		• 초기강도 감소, 장기강도 증진	
(2)	주요 혼화재의 종류				
	• 고로 슬래그 (Hot Furnace Slag)			철을 생산하는 용광로 속에서 철광석 중 암석성분이 녹아 쇳물 위에 떠 있게 되는데, 이것을 흘러내리게 하여 물로 급격히 냉각시킴으로써 작은 모래입자 모양으로 만든 것	
	• 실리카퓸 (Silica Fume)			전기로에서 페로실리콘 규소합금 제조 과정 중 부산물로 생성되는 매우 미세한 입자로써 고강도콘크리트 제조시 사용되는 이산화규소(SiO_2)를 주성분으로 하는 혼화재	
	• 플라이애시 (Fly Ash)		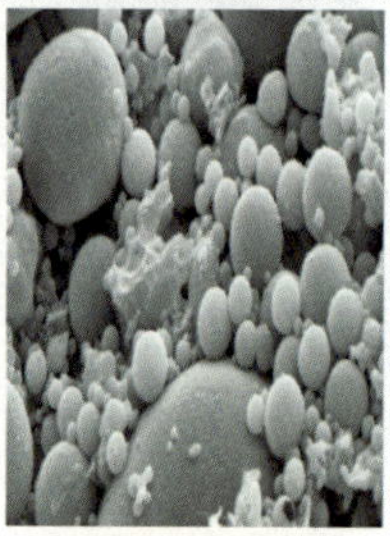	화력발전소에서 석탄 연소시 굴뚝을 통해 날아가는 재(Ash)를 전기 집진장치로 포집한 것이며, 천연적으로 발생되는 포졸란(Pozzolan)과 유사한 성질을 가지고 있는 재료	
	• 착색(着色)재				
		빨강색 (산화제2철)	노랑색 (크롬산 바륨)	초록색 (산화크롬)	갈색 (이산화망간)

POINT 04 혼화재료: 혼화재(混和在), 혼화제(混和濟)

<table>
<tr><td rowspan="2">(3)</td><td colspan="4">혼화제(混和濟) 정의</td></tr>
<tr><td colspan="4">시멘트량의 1% 전후로 사용하는 약품적 성질만 가지고 있는 재료</td></tr>
<tr><td rowspan="12">(4)</td><td colspan="4">AE제(Air Entraining Agent)의 정의 및 목적</td></tr>
<tr><td rowspan="3">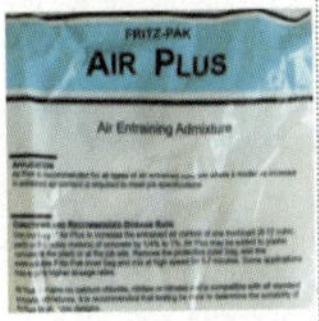</td><td rowspan="3">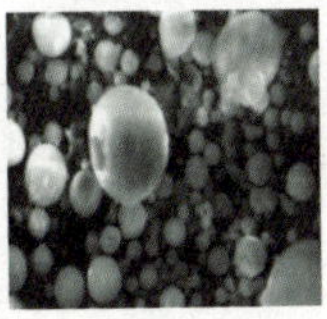</td><td colspan="2">분리저감제, 표면활성제 등으로 호칭되며 콘크리트 내부에 미세한 기포를 균등히 발생시키는 대표적인 혼화제이다.</td></tr>
<tr><td>• 단위수량 감소</td><td>•재료분리 감소</td></tr>
<tr><td>• 동결융해저항성 증대</td><td>•워커빌리티(Workability) 개선</td></tr>
<tr><td colspan="2">인트레인드 에어(Entrained Air)</td><td colspan="2">AE제에 의해 생성된 0.025~0.25mm 정도의 지름을 가진 기포</td></tr>
<tr><td colspan="2">인트랩트 에어(Entraped Air)</td><td colspan="2">일반 콘크리트에 1~2% 정도 자연적으로 형성되는 부정형의 기포</td></tr>
<tr><td rowspan="6">주요 용도별 구분</td><td colspan="2">감수제, AE감수제</td><td>• 단위수량, 단위시멘트량의 감소</td></tr>
<tr><td colspan="2">유동화제</td><td>• 콘크리트의 유동성 증대</td></tr>
<tr><td colspan="2">지연제, 촉진제(염화칼슘), 급결제</td><td>• 응결경화시간의 조절</td></tr>
<tr><td colspan="2">팽창제</td><td>• 건조수축 감소, 무수축 Mortar 제조</td></tr>
<tr><td colspan="2">방청제</td><td>• 염화물에 의한 강재의 부식억제</td></tr>
<tr><td colspan="2">발포제, 기포제</td><td>• 기포작용으로 인해 충전성을 개선하고 중량을 조절</td></tr>
</table>

1998~2024 기출문제

01 [09④] 4점 □□□□□

콘크리트에 사용되는 각종 혼화재료는 콘크리트 성능 및 성질을 보완·증가시키기 위한 것이다. 이러한 혼화재료의 사용목적을 4가지 적으시오.

①

②

③

④

02 [04②] 3점 □□□□□

콘크리트 제조 시 최근에는 수화열 저감, 워커빌리티 증대, 장기강도 발현, 수밀성 증대 등 다양한 장점을 얻고자 혼화재(混和材)를 사용한다. 대표적인 혼화재(混和材)를 3가지 쓰시오.

①

②

③

정답 및 해설

01
① 내구성 개선
② 수밀성 향상
③ 응결시간 조절
④ 콘크리트 유동성 개선

02
① 고로 슬래그
② 실리카퓸
③ 플라이애시

03 [13④, 16①] 2점 □□□□□

전기로에서 페로실리콘 등 규소합금 제조과정 중 부산물로 생성되는 매우 미세한 입자로써 고강도콘크리트 제조 시 사용되는 이산화규소(SiO_2)를 주성분으로 하는 혼화재의 명칭을 쓰시오.

____

04 [16④] 3점 □□□□□

혼합시멘트 중 플라이애시 시멘트의 특징을 3가지 쓰시오.

① ______________________

② ______________________

③ ______________________

05 [13①, 16②] 4점 □□□□□

주어진 색에 알맞은 콘크리트용 착색제를 보기에서 골라 번호로 쓰시오.

보기

① 카본블랙	② 군청	③ 크롬산바륨
④ 산화크롬	⑤ 산화제2철	⑥ 이산화망간

(1) 초록색 – (　　　) (2) 빨강색 – (　　　)

(3) 노랑색 – (　　　) (4) 갈　색 – (　　　)

06 [99⑤, 01④, 07④, 13②] 4점, 6점 □□□□□

혼화재(混和材)와 혼화제(混和劑)를 구분하여 설명하고, 혼화재 및 혼화제의 종류를 3가지씩 쓰시오.

(1) 혼화재(混和材)의 정의:

(2) 혼화재(混和材)의 종류

① ② ③

(3) 혼화제(混和劑)의 정의

(4) 혼화제(混和劑)의 종류

① ② ③

07 [99①] 3점 □□□□□

콘크리트용 혼화제의 종류를 3가지 쓰시오.

① ② ③

정답 및 해설

03

실리카퓸(Silica Fume)

04

① 시공연도 개선

② 초기강도 감소 및 장기강도 증진

③ 화학적 저항성 증진

05

(1) ④ (2) ⑤ (3) ③ (4) ⑥

06

(1) 시멘트량의 5% 이상이 사용되어 배합계산에 포함되는 재료

(2) ① 고로 슬래그
② 실리카퓸
③ 플라이애시

(3) 시멘트량의 1% 전후로 약품적 성질만 가지고 있는 재료

(4) ① AE제
② 감수제
③ 유동화제

07

① AE제

② 감수제

③ 유동화제

1998~2024 **기출문제**

08 [00④, 12②, 17①] 3점, 4점

□□□□□

AE제에 의해 생성된 Entrained Air의 목적을 4가지 쓰시오.

①

②

③

④

09 [06②, 07①, 17②] 4점, 6점

□□□□□

다음 용어를 설명하시오.

(1) 인트랩트 에어(Entraped Air)

(2) 인트레인드 에어(Entrained Air)

(3) 조립률(Fineness Modulus)

10 [99②, 05①] 3점

□□□□□

다음은 혼화제(混和劑) 종류에 대한 설명들이다. 아래 설명이 뜻하는 혼화제(混和劑) 명칭을 쓰시오.

(1) 공기연행제로서 미세한 기포를 고르게 분포시킨다.

(2) 시멘트와 물과의 화학반응을 촉진시킨다.

(3) 시멘트와 물과의 화학반응이 늦어지게 한다.

(1) (2) (3)

11 [08①, 12④] 4점

□□□□□

다음은 혼화제의 종류에 대한 설명이다. 아래의 설명이 뜻하는 혼화제의 명칭을 쓰시오.

(1) 공기연행제로서 미세한 기포를 고르게 분포시킨다.

(2) 염화물에 대한 철근의 부식을 억제한다.

(3) 기포작용으로 인해 충전성을 개선하고 중량을 조절한다.

(1) (2) (3)

III

정답 및 해설

08

① 단위수량 감소

② 재료분리 감소

③ 동결융해저항성 증대

④ 워커빌리티(Workability) 개선

09

(1) 일반 콘크리트에 1~2% 정도 자연적으로 형성되는 부정형의 기포

(2) AE제에 의해 생성된 0.025~0.25mm 정도의 지름을 가진 기포

(3) 10개 체에 남은 양의 누적백분율의 합을 100으로 나눈 지표

10

(1) AE제

(2) 응결경화촉진제

(3) 응결경화지연제

11

(1) AE제

(2) 방청제

(3) 기포제

POINT 05 콘크리트 배합설계

(1) 배합설계 순서

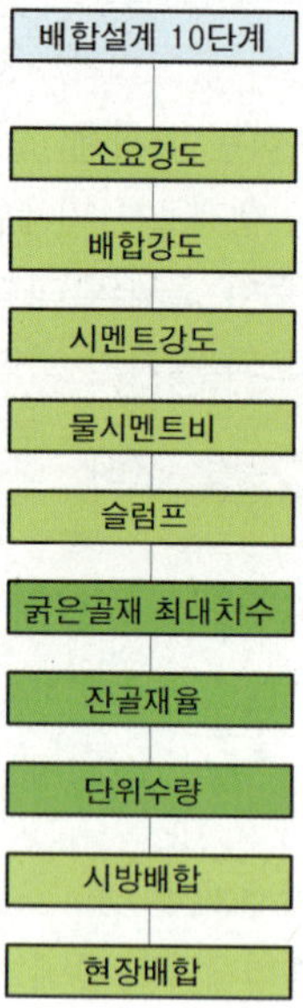

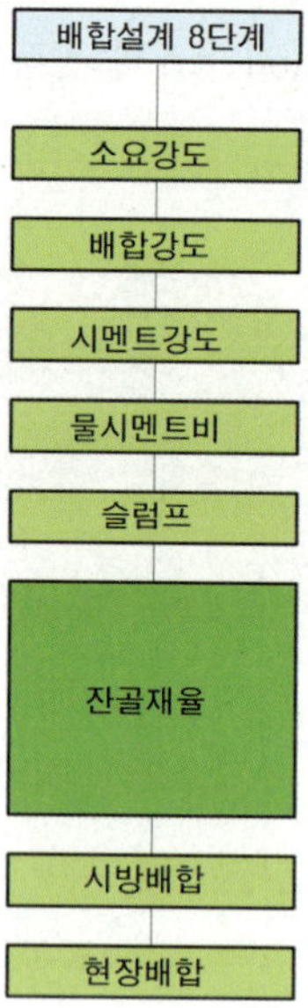

(2) 배합설계 관련 내용

①	물결합재비 (Water Binder Ratio)	모르타르 또는 콘크리트에 포함된 시멘트페이스트 중의 결합재에 대한 물의 질량 백분율		
	물시멘트비 (Water Cement Ratio)	모르타르 또는 콘크리트에 포함된 시멘트페이스트 중의 시멘트에 대한 물의 질량 백분율		
②	물시멘트비가 클 때 예상되는 결점	• 내구성, 수밀성 저하	• 콘크리트 강도저하	
		• 재료분리 및 블리딩 현상 증가	• 건조수축 및 균열 증가	
③	슬럼프 및 공기량 규정	슬럼프값의 표준	• 일반적인 경우: 80mm~180mm	
			• 단면이 큰 경우: 60mm~150mm	
		AE제 공기량 기준	4%~6%	
④	슬럼프 플로(우) (Slump Flow)	슬럼프 시험을 통해 아직 굳지 않은 콘크리트의 유동적인 흐름을 나타내는 지표		
⑤	슬럼프 손실 (Slump Loss, 슬럼프 저하)	시간의 경과에 따른 콘크리트 반죽질기의 감소현상		
		주요 원인	• 콘크리트 수화작용	• 여름철 수분의 증발
			• 운반시간이 긴 경우	• 타설시간이 긴 경우
⑥	콘크리트에 사용되는 굵은골재의 최대치수	일반 콘크리트	무근 콘크리트	단면이 큰 콘크리트
		20 또는 25mm	40mm	40mm
⑦	잔골재율(S/A)	골재의 절대용적의 합에 대한 잔골재의 절대용적의 백분율		

POINT 05 콘크리트 배합설계

(3) 아직 굳지 않은 콘크리트의 성질

①	마감성(Finishability)	마무리하기 쉬운 정도			
②	성형성(Plasticity)	거푸집 등의 형상에 순응하여 채우기 쉽고, 분리가 일어나지 않은 성질			
③	반죽질기(Consistency)	수량에 의해 변화하는 콘크리트 유동성의 정도			
④	시공연도(Workability)	반죽질기에 의한 콘크리트 타설의 난이도 및 재료분리에 저항하는 정도			
		시공연도에 영향을 미치는 요인	• 시멘트의 성질	• 단위시멘트량	
			• 단위수량	• 골재의 입도 및 입형	
		시공연도 및 반죽질기 측정방법	슬럼프(Slump) 시험	흐름(Flow) 시험	비비(Vee Bee) 시험

(4) 콘크리트 재료시험

1)	콘크리트 성능을 파악하기 위한 대표적인 재료시험					
		①	수밀평판		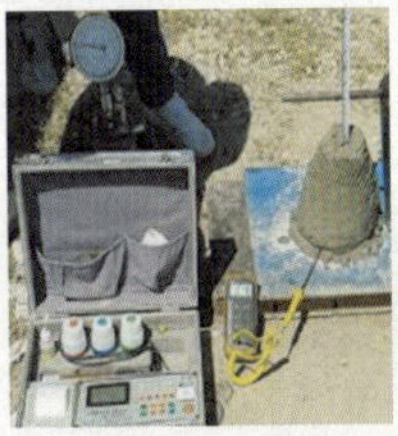	
		②	슬럼프콘			
		③	다짐막대			
		④	슬럼프 측정기			
	슬럼프 시험			공기량 시험	염화물 함유량 시험	압축강도 시험
2)	슬럼프시험(Slump Test)에 사용되는 기구 및 주요 시험순서					
	주요 시험순서	①	수밀평판을 수평으로 설치한다.			
		②	슬럼프콘을 수밀평판 중앙에 놓는다.			
		③	슬럼프콘 체적의 1/3 만큼 콘크리트를 채운다.			
		④	다짐막대로 25회 다진다.			
		⑤	위의 ③항과 ④항의 작업을 2회 되풀이하고 윗면을 고른다.			
		⑥	슬럼프콘(Slump Cone)을 조용히 들어 올린다.			
		⑦	시료의 높이를 측정하여 300mm에서 뺀값이 슬럼프값이다.			

1998~2024 **기출문제**

01 [04①, 08②] 5점

콘크리트 표준배합설계 순서를 번호로 쓰시오.

① 슬럼프값의 결정
② 시방배합의 산출 및 조정
③ 배합강도의 결정
④ 물시멘트비의 선정
⑤ 잔골재율의 결정
⑥ 소요강도의 결정
⑦ 굵은골재 최대치수의 결정
⑧ 현장배합의 결정
⑨ 시멘트강도의 결정
⑩ 단위수량의 결정

02 [06④] 5점

일반적인 콘크리트 배합설계 순서를 8가지로 나누어 쓰시오.

① ②
③ ④
⑤ ⑥
⑦ ⑧

03 [02④] 4점

콘크리트 배합설계 시 가장 관련이 있는 것을 1가지로 골라 번호로 쓰시오.

① 단위수량 혹은 시멘트량
② 굵은골재의 최대치수
③ 잔골재율 혹은 단위 굵은골재량
④ AE제의 량
⑤ 물시멘트량

(1) 콘크리트의 반죽질기 조정
(2) 콘크리트의 점도 및 재료 분리조정
(3) 콘크리트의 강도 고려
(4) 콘크리트의 내구성 고려

(1) (2) (3) (4)

04 [23④] 4점

다음 용어를 설명하시오.

(1) 물시멘트비(Water Cement Ratio):

(2) 물결합재비(Water Binder Ratio):

정답 및 해설

01

⑥ ➡ ③ ➡ ⑨ ➡ ④ ➡ ① ➡ ⑦ ➡ ⑤ ➡ ⑩ ➡ ② ➡ ⑧

02

① 소요강도 ② 배합강도
③ 시멘트강도 ④ 물시멘트비
⑤ 슬럼프 ⑥ 잔골재율
⑦ 시방배합 ⑧ 현장배합

03

(1) ① (2) ③ (3) ⑤ (4) ④

04

(1) 모르타르 또는 콘크리트에 포함된 시멘트페이스트 중의 시멘트에 대한 물의 질량 백분율
(2) 모르타르 또는 콘크리트에 포함된 시멘트페이스트 중의 결합재에 대한 물의 질량 백분율

1998~2024 **기출문제**

05 [06④] 4점

콘크리트의 물시멘트비가 클 때 예상되는 결점을 4가지 쓰시오.

①

②

③

④

06 [08①] 6점

다음 ( ) 안에 들어갈 적당한 내용을 쓰시오.

> 시방서에서 규정한 철근콘크리트 슬럼프값의 표준은 일반적인 경우 (①)mm이며, 단면이 큰 경우는 (②)mm이다.
> AE제의 공기량 기준은 (③)% 정도이다.

① ② ③

07 [09②, 15②, 21②] 4점

다음의 용어를 설명하시오.

(1) 슬럼프 플로(Slump Flow)

(2) 조립률(Fineness Modulus)

08 [02②] 2점

콘크리트에서 슬럼프 손실(損失, Slump Loss)에 대해 설명하시오.

09 [18②] 4점

콘크리트 슬럼프 손실(Slump Loss)의 원인을 2가지 쓰시오.

①

②

10 [20①] 4점

다음에 해당되는 콘크리트에 사용되는 굵은골재의 최대치수를 기재하시오.

(가) 일반 콘크리트 ·················· ( ) mm

(나) 무근 콘크리트 ·················· ( ) mm

(다) 단면이 큰 콘크리트 ········· ( ) mm

정답 및 해설

05

① 내구성, 수밀성 저하
② 콘크리트 강도저하
③ 재료분리 및 블리딩 현상 증가
④ 건조수축 및 균열 증가

06

① 80~180
② 60~150
③ 4~6

07

(1) 슬럼프 시험을 통해 아직 굳지 않은 콘크리트의 유동적인 흐름을 나타내는 지표
(2) 10개 체에 남은 양의 누적백분율의 합을 100으로 나눈 지표

08

시간의 경과에 따른 콘크리트 반죽질기의 감소현상

09

① 콘크리트 수화작용
② 여름철 수분의 증발

10

(가) 20 또는 25
(나) 40
(다) 40

1998~2024 **기출문제**

11 [11①] 4점

다음 용어를 간단히 설명하시오.

(1) 잔골재율(S/a)

(2) 조립률(FM)

12 [02④, 06②, 21①] 4점

콘크리트 공사 시 다음 설명이 뜻하는 용어를 쓰시오.

(1)	수량에 의해 변화하는 콘크리트 유동성의 정도
(2)	컨시스턴시에 의한 치어붓기 난이도 정도 및 재료분리에 저항하는 정도
(3)	마감성의 난이를 표시하는 성질
(4)	거푸집 등의 형상에 순응하여 채우기 쉽고, 분리가 일어나지 않은 성질

(1) (2)
(3) (4)

13 [99④] 6점

다음 중 서로 연관이 있는 것끼리 번호로 연결하시오.

보기

① 다짐성 ② 안정성
③ 성형성 ④ 시공성
⑤ 가동성 ⑥ 유동성

(1)	워커빌리티(Workability)	
(2)	컨시스턴시(Consistency)	
(3)	스태빌리티(Stability)	
(4)	컴팩터빌리티(Compactability)	
(5)	모빌리티(Mobility)	
(6)	플라스티시티(Plasticity)	

14 [98④, 99④, 01①] 4점

콘크리트의 시공연도(Workability)에 영향을 미치는 요인을 4가지 쓰시오.

①
②
③
④

정답 및 해설

11

(1) 골재의 절대용적의 합에 대한 잔골재의 절대용적의 백분율
(2) 골재의 체가름 시험에서 10개 체에 남은 양의 누적백분율의 합을 100으로 나눈 지표

12

① 반죽질기(Consistency)
② 시공연도(Workability)
③ 마감성(Finishability)
④ 성형성(Plasticity)

13

(1) ④ (2) ⑥ (3) ②
(4) ① (5) ⑤ (6) ③

14

① 시멘트의 성질
② 단위시멘트량
③ 단위수량
④ 골재의 입도 및 입형

1998~2024 **기출문제**

15 [17④] 3점 □□□□□

콘크리트의 반죽질기 측정방법을 3가지 쓰시오.

① ________ ② ________ ③ ________

16 [19①] 3점 □□□□□

굳지않은 콘크리트의 시공연도(Workability)를 측정하는 시험 종류를 3가지 쓰시오.

① ________ ② ________ ③ ________

17 [98②] 4점 □□□□□

콘크리트의 성능을 파악하기 위한 재료시험의 종류를 4가지 쓰시오.

① ________ ② ________

③ ________ ④ ________

18 [04②] 4점 □□□□□

현장에서 콘크리트 타설 중 가능한 콘크리트 재료시험 3가지 쓰시오.

① ________ ② ________ ③ ________

19 [99①] 4점 □□□□□

슬럼프시험(Slump Test)에 사용되는 기구를 4가지 쓰시오.

① ________ ② ________

③ ________ ④ ________

20 [00①] 4점 □□□□□

다음은 콘크리트의 슬럼프 테스트(Slump Test) 순서이다. 빈 칸을 완성하시오.

(1)	수밀평판을 수평으로 설치한다.
(2)	
(3)	
(4)	
(5)	위의 (3)항과 (4)항의 작업을 2회 되풀이하고 윗면을 고른다.
(6)	슬럼프콘(Slump Cone)을 조용히 들어 올린다.
(7)	

정답 및 해설

15, 16

① 슬럼프(Slump) 시험
② 흐름(Flow) 시험
③ 비비(Vee Bee) 시험

17

① 슬럼프 시험
② 공기량 시험
③ 염화물 함유량 시험
④ 압축강도 시험

18

① 슬럼프 시험
② 공기량 시험
③ 염화물 함유량 시험

19

① 수밀평판
② 슬럼프콘
③ 다짐막대
④ 슬럼프 측정기

20

(2) 슬럼프콘을 수밀평판 중앙에 놓는다.
(3) 슬럼프콘 체적의 1/3 만큼 콘크리트를 채운다.
(4) 다짐막대로 25회 다진다.
(7) 시료의 높이를 측정하여 300mm에서 뺀값이 슬럼프값이다.

04 콘크리트 시공, 각종 콘크리트

POINT 01 콘크리트 비빔, 운반, 타설

(1) 용어 정의

①	다시비빔(Remixing)	응결이 시작되지 않은 콘크리트를 다시 비비는 것
②	되비빔(Retempering)	응결이 시작된 콘크리트를 다시 비비는 것
③	헛응결(False Set)	시멘트에 물을 주입하면 10~20분 정도에 굳어졌다가 다시 묽어지고 이후 순조롭게 경화되는 현상
④	모세관 공극(Capillary Cavity)	수화된 시멘트풀(Cement Paste) 중 고체 부분으로 채워지지 않고 남은 빈 부분 【※ 콘크리트 내부의 공극이 작은 것부터 큰 순서: 겔 공극 ➠ 모세관 공극 ➠ 인트레인드 에어 ➠ 인트랩트 에어】
⑤	블리딩(Bleeding)	콘크리트 타설 시 아직 굳지 않은 콘크리트에서 물이 윗면에 솟아오르는 현상
⑥	레이턴스(Laitance)	블리딩 수의 증발에 따라 콘크리트면에 침적된 백색의 미세 물질

(2) 각종 계량장치

①

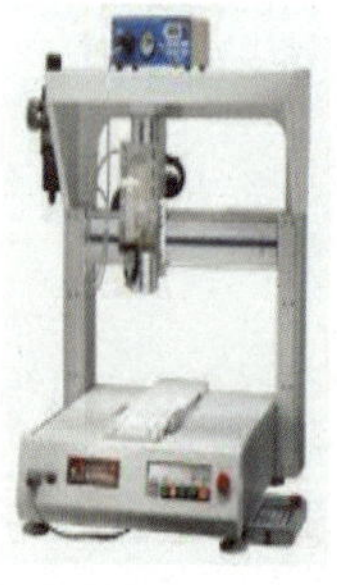
②

③

④

⑤

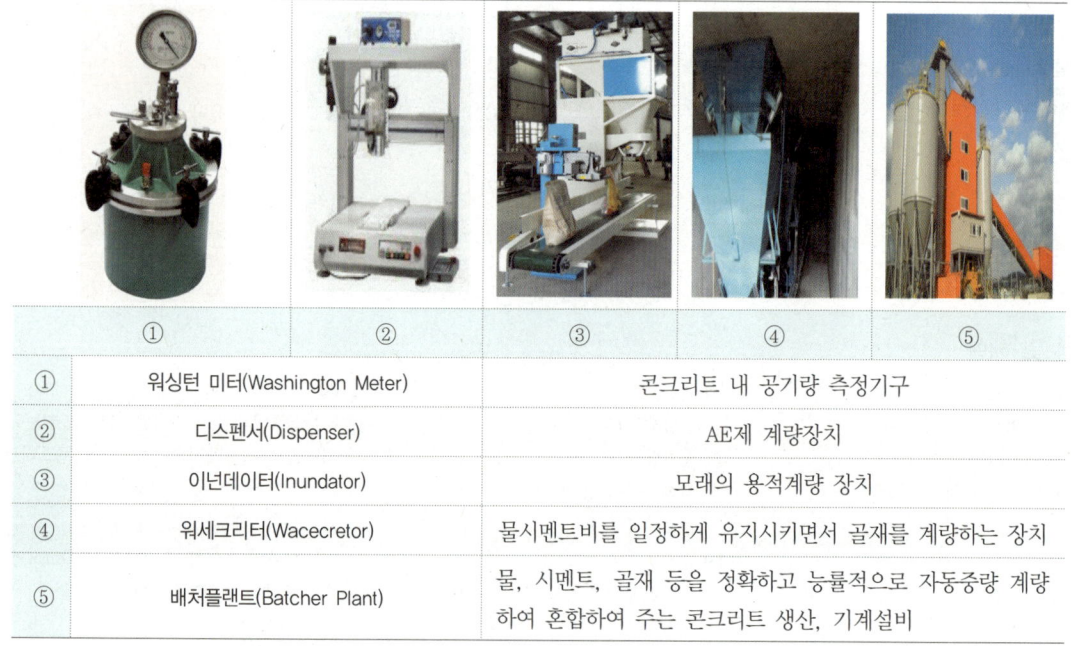

①	워싱턴 미터(Washington Meter)	콘크리트 내 공기량 측정기구
②	디스펜서(Dispenser)	AE제 계량장치
③	이넌데이터(Inundator)	모래의 용적계량 장치
④	워세크리터(Wacecretor)	물시멘트비를 일정하게 유지시키면서 골재를 계량하는 장치
⑤	배처플랜트(Batcher Plant)	물, 시멘트, 골재 등을 정확하고 능률적으로 자동중량 계량하여 혼합하여 주는 콘크리트 생산, 기계설비

POINT 01 콘크리트 비빔, 운반, 타설

(1) 혼합물이 콘크리트에 미치는 대표적 피해 현상

유기불순물 ➠ 시공연도 저하	염화물 ➠ 철근의 부식	점토덩어리 ➠ 부착력 저하	당분 ➠ 응결 지연

(2) 콘크리트 펌프 압송방식

콘크리트 펌프의 형식은 가설장치에 따라 정치식(定置式)과 트럭탑재식(搭載式)으로 분류하며, 압송방식에 따라 피스톤(Piston) 방식과 짜내기(Sqeeze, 스퀴즈) 방식으로 분류된다.

장점	• 기계화 시공에 따른 노동력 절감 • 타설작업의 기동성 및 연속성 확보 • 운반성능 및 작업능률의 향상
단점	• 펌프 압송거리 및 높이의 제한 • 압송관의 폐색(閉塞, 펌프가 막히는 현상) 발생 우려 • 수송관이 중량이고 진동발생

(3) VH(Vertical Horizontal) 분리타설 공법

기둥·벽 등 수직부재를 먼저 타설하고, PC판과 맞물려 토핑(Topping) 콘크리트를 타설하는 방법

(4) 콘크리트 타설 시 현장 가수로 인한 문제점

• 콘크리트 강도저하	• 내구성, 수밀성 저하
• 재료분리 및 블리딩 현상 증가	• 건조수축 및 침강균열 증가

(5) 재료분리

원인		방지대책	
	• 물시멘트비 과다		• 물시멘트비를 작게 한다.
	• 굵은골재 최대치수가 클 때		• 잔골재율을 증가시킨다.
	• 골재의 비중 차이		• AE제, 포졸란의 사용

(6) 타설 이음부 위치

① 보, 바닥슬래브 및 지붕슬래브의 수직 타설이음부는 스팬(Span)의 중앙 부근에 주근과 직각방향으로 설치

② 기둥 및 벽의 수평 타설이음부는 바닥슬래브(지붕슬래브), 보의 하단에 설치하거나 바닥슬래브, 보, 기초부의 상단에 설치

(7) 이어치기

이어치기 위치	수직 ➠ 보, 슬래브, 벽	수평 ➠ 기둥, 벽	축에 직각 ➠ 아치
시간간격의 한도	외기온 25℃ 미만 ➠ 150분	25℃ 이상 ➠ 120분	

1998~2024 **기출문제**

01 [99②, 03④, 09①, 10④] 4점

콘크리트 비빔과 관련된 다음 용어에 대해 설명하시오.

(1) 다시비빔(Remixing):

(2) 되비빔(Retempering):

02 [03①, 11④, 17①] 3점, 4점

철근콘크리트 공사에서 헛응결(False Set)에 대하여 기술하시오.

03 [98⑤, 01④] 3점, 6점

다음 용어를 설명하시오.

(1) 인트랩트 에어(Entraped Air)

(2) 인트레인드 에어(Entrained Air)

(3) 모세관 공극(Capillary Cavity)

04 [04②] 4점

다음은 콘크리트 내부의 공극의 종류를 나타낸 것이다. 크기가 작은 것부터 큰 것의 순서를 번호로 나열하시오.

① 인트랩트 에어	② 모세관 공극
③ 겔 공극	④ 인트레인드 에어

05 [07④] 4점

콘크리트 공사에서 다음 설명에 알맞는 용어를 보기에서 골라 번호로 쓰시오.

(1) 물시멘트비를 일정하게 유지 시키면서 골재를 계량하는 장치

(2) 모래의 용적계량 장치

(3) 모르타르를 압축공기로 분사하여 바르는 콘크리트 시공방법

(4) 콘크리트를 부어넣은 후 블리딩 수의 증발에 따라 그 표면에 나오는 미세한 물질

① 디스펜서	② 이넌데이터
③ 숏크리트	④ 컨시스턴시
⑤ 워세크리터	⑥ 레이턴스

(1)　　(2)　　(3)　　(4)

정답 및 해설

01

(1) 응결이 시작되지 않은 콘크리트를 다시 비비는 것

(2) 응결이 시작된 콘크리트를 다시 비비는 것

02

시멘트에 물을 주입하면 10~20분 정도에 굳어졌다가 다시 묽어지고 이후 순조롭게 경화되는 현상

03

(1) 일반 콘크리트에 1~2% 정도 자연적으로 형성되는 부정형의 기포

(2) AE제에 의해 생성된 0.025~0.25mm 정도의 지름을 가진 기포

(3) 수화된 시멘트풀 중 고체 부분으로 채워지지 않고 남은 빈 부분

04

③ ➠ ② ➠ ④ ➠ ①

05

(1) ⑤

(2) ②

(3) ③

(4) ⑥

1998~2024 **기출문제**

06 [99④, 04②, 05①, 08②, 09①, 11②, 14①, 17②] 4점

다음 측정기별 용도를 쓰시오.

(1)	Washington Meter	
(2)	Earth Pressure Meter	
(3)	Piezo Meter	
(4)	Dispense	

07 [14④] 4점

다음의 용어를 설명하시오.

(1) 블리딩(Bleeding)

(2) 레이턴스(Laitance)

08 [08④, 17④] 6점

다음의 콘크리트 용어에 대해 간단히 설명하시오.

(1) 알칼리골재반응

(2) 인트랩트 에어(Entrapped Air)

(3) 배처플랜트(Batcher Plant)

09 [99①, 01①, 06④] 4점

콘크리트의 제조과정에서 다음의 성분이 과량 함유된 경우 우려되는 대표적 피해현상을 쓰시오.

(1)	유기불순물	
(2)	염화물	
(3)	점토덩어리	
(4)	당분	

정답 및 해설

06

(1) 콘크리트 내 공기량 측정
(2) 토압 측정
(3) 간극수압 측정
(4) AE제의 계량

07

(1) 콘크리트 타설 시 아직 굳지 않은 콘크리트에서 물이 윗면에 솟아오르는 현상
(2) 블리딩 수의 증발에 따라 콘크리트면에 침적된 백색의 미세 물질

08

(1) 시멘트의 알칼리 성분과 골재의 실리카 성분이 반응하여 수분을 지속적으로 흡수 팽창하는 현상
(2) 일반 콘크리트에 1~2% 정도 자연적으로 형성되는 부정형의 기포
(3) 물, 시멘트, 골재 등을 정확하고 능률적으로 자동중량 계량하여 혼합하여 주는 콘크리트 생산, 기계설비

09

(1) 시공연도 저하
(2) 철근의 부식
(3) 부착력 저하
(4) 응결 지연

10 [02②] 2점

□□□□□

콘크리트 펌프의 압송방식 종류를 2가지 쓰시오.

① ______ ② ______

11 [99②] 4점

□□□□□

콘크리트 펌프공법의 장단점을 각각 3가지씩 쓰시오.

(1) 장점:

① ______

② ______

③ ______

(2) 단점:

① ______

② ______

③ ______

12 [06①] 3점

□□□□□

콘크리트 펌프에서 실린더의 안지름 18cm, 스트로크 길이 1m, 스트로크수 24회/분, 효율 100% 조건으로 1일 6시간 작업할 때 1일 최대 콘크리트 펌프량을 구하시오.

13 [16②] 3점

□□□□□

콘크리트 펌프에서 실린더의 안지름 18cm, 스트로크 길이 1m, 스트로크수 24회/분, 효율 90% 조건으로 7m³의 콘크리트를 타설할 때 펌프의 작업시간(분)을 구하시오.

14 [05②, 11②] 4점

□□□□□

콘크리트 구조체공사의 VH(Vertical Horizontal) 공법에 관하여 기술하시오.

정답 및 해설

10

① 피스톤(Piston) 방식

② 짜내기(Squeeze) 방식

11

(1) ① 기계화 시공에 따른 노동력 절감

② 타설작업의 기동성 및 연속성 확보

③ 운반성능 및 작업능률의 향상

(2) ① 펌프 압송거리 및 높이의 제한

② 압송관의 폐색 발생 우려

③ 수송관이 중량이고 진동발생

12

$$\frac{\pi \times (0.18)^2}{4} \times 1 \times 24 \times 60 \times 6 = 219.86\text{m}^3$$

13

(1) $\dfrac{\pi \times (0.18)^2}{4} \times 1 \times 24 \times 0.9$

$= 0.549\text{m}^3/\text{분}$

(2) $\dfrac{7}{0.549} = 12.75\text{분}$

14

기둥 · 벽 등 수직부재를 먼저 타설하고, PC판과 맞물려 토핑(Topping) 콘크리트를 타설하는 방법

15 [02①, 03①, 16④] 4점

콘크리트 타설시 현장 가수로 인한 문제점을 4가지 쓰시오.

① ______

② ______

③ ______

④ ______

16 [14②] 4점

콘크리트 타설 중 가수하여 물시멘트비가 큰 콘크리트로 시공하였을 경우 예상되는 결점을 4가지 쓰시오.

① ______

② ______

③ ______

④ ______

17 [08①] 3점

다음 (   ) 안에 적당한 말을 써 넣으시오.

> 콘크리트 타설이음부의 위치는 구조부재의 내력의 영향이 가장 작은 곳에 정하도록 하며 다음을 표준으로 한다.
> (1) 보, 바닥슬래브 및 지붕슬래브의 수직타설이음부는 스팬의 (   ) 부근에 주근과 직각방향으로 설치한다.
> (2) 기둥 및 벽의 수평 타설이음부는 바닥슬래브(또는 지붕슬래브), 보의 (   )에 설치하거나 바닥슬래브, 보, 기초부의 (   )에 설치한다.

18 [07①] 4점

다음의 재료분리의 원인과 방지대책을 간단히 서술하시오.

(1) 원인

① 물시멘트비: ______

② 굵은골재 최대치수: ______

(2) 방지대책

① 혼화제 2개: ______

② 잔골재율: ______

정답 및 해설

15, 16

① 콘크리트 강도저하

② 내구성, 수밀성 저하

③ 재료분리 및 블리딩 현상 증가

④ 건조수축 및 침강균열 증가

17

(1) 중앙

(2) 하단, 상단

18

(1) ① 물시멘트비 과다

② 굵은골재 최대치수가 클 때

(2) ① AE제, 포졸란

② 잔골재율을 증가시킨다.

19 [03②] 3점

철근콘크리트 부재의 이어치기는 수직, 수평, 직각의 형태로 구분된다. 주어진 부재의 이어치기를 이들 3 형태에 맞게 번호로 답하시오.

① 보 ② 기둥 ③ 슬래브 ④ 벽 ⑤ 아치

(1) 수직: ______

(2) 수평: ______

(3) 축에 직각: ______

20 [19④, 23①] 4점

(　　)안을 채우시오.

이어치기 시간이란 1층에서 콘크리트 타설, 비비기부터 시작해서 2층에 콘크리트를 마감하는 데까지 소요되는 시간이다. 계속 타설 중의 이어치기 시간간격의 한도는 외기온이 25℃ 미만일 때는 (①)분, 25℃ 이상에서는 (②)분으로 한다.

① ______ ② ______

정답 및 해설

19

(1) ①, ③, ④

(2) ②, ④ (3) ⑤

20

① 150

② 120

MEMO

POINT 02 조인트(Joint), 다짐(Tamping), 양생(Curing)

(1) 계획되지 않은 조인트

콜드 조인트 (Cold Joint)	콘크리트 타설온도가 25℃ 이상에서 2시간 이상, 25℃ 미만에서 2.5시간이 지난 후 이어치기할 때 콘크리트가 일체화되지 않아 발생하는 계획되지 않은 줄눈	
피해 영향	• 콘크리트 경화 후 균열발생 • 누수(漏水)에 의한 철근의 부식 • 마감재의 균열발생 • 구조물의 내구성 저하	 
방지대책	• 이어치기 시간 준수 • 적절한 응결지연제 사용	• 철저한 타설계획에 의한 타설구획 설정 • 콘크리트 표면의 습윤 유지

(2) 계획된 조인트

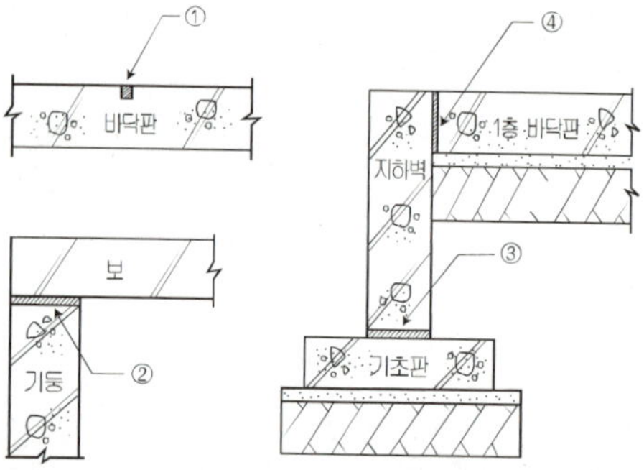

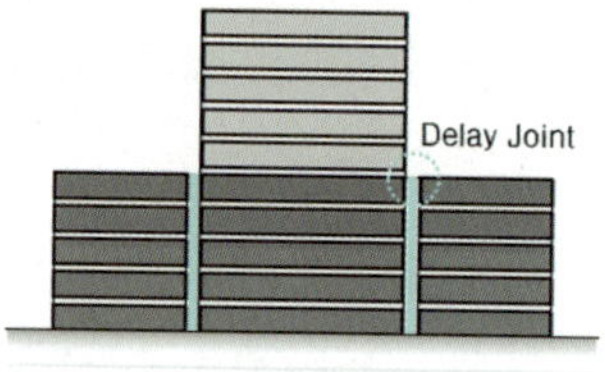

① 조절줄눈(Control Joint)	② 미끄럼줄눈(Sliding Joint)	⑤ 지연줄눈(Delay Joint, 수축대)
③ 시공줄눈(Construction Joint)	④ 신축줄눈(Expansion Joint)	

①	균열을 전체 단면 중의 일정한 곳에만 일어나도록 유도하는 줄눈으로 수축줄눈(Contraction Joint)이라고도 한다.
②	슬래브나 보가 단순지지 방식이고, 직각방향에서의 하중이 예상될 때 미끄러질 수 있게 한 줄눈
③	콘크리트 작업관계로 경화된 콘크리트에 새로 콘크리트를 타설할 경우 발생하는 계획된 줄눈
④	온도변화에 따른 팽창 · 수축 또는 부등침하 · 진동 등에 의해 균열이 예상되는 위치에 설치하는 줄눈
⑤	• 미경화 콘크리트의 건조수축에 의한 균열을 감소시킬 목적으로 구조물의 일정 부위를 남겨 놓고 콘크리트를 타설한 후 초기건조수축이 완료되면 나머지 부분을 타설할 목적으로 설치하는 줄눈 • 100m가 넘는 장 Span의 구조물에 신축줄눈(Expansion Joint)을 설치하지 않고, 건조수축을 감소시킬 목적으로 설치하는 줄눈

POINT 02 조인트(Joint), 다짐(Tamping), 양생(Curing)

	다짐(Tamping)			
(3)	정의	콘크리트 타설 후 틈이 없고 밀실하게 하여 콘크리트 표면에 하자를 방지하는 행위로 손다짐, 진동다짐, 거푸집두드림 등이 있다.		
	진동기 (Vibrator)	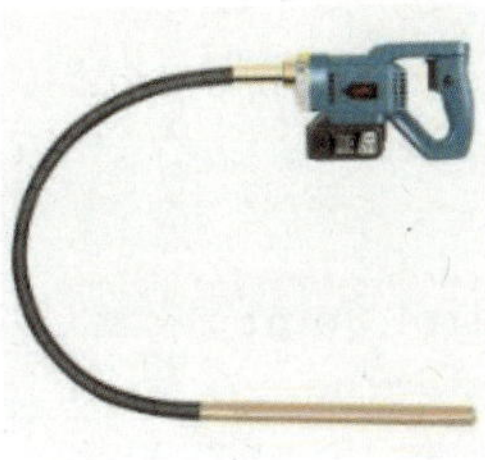		
		봉상(막대식, 꽂이식) 진동기	표면 진동기	거푸집 진동기
		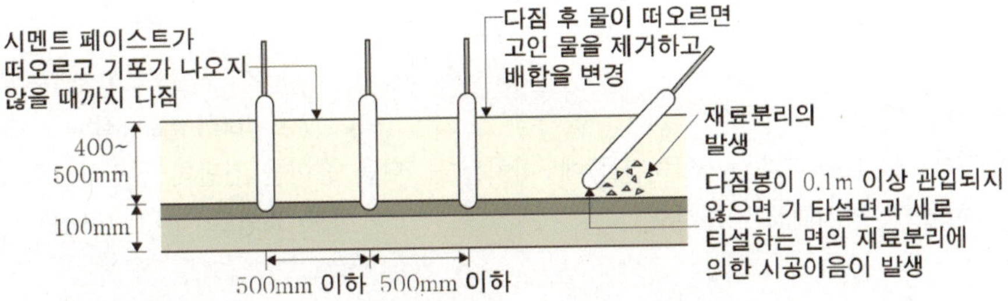		
		① 진동기를 과도하게 사용할 경우에는 재료분리 현상이 생기고, AE콘크리트의 경우 공기량이 많이 감소한다.		
		② 진동기 효과가 큰 콘크리트: 빈배합 된비빔 ➠ 빈배합 묽은비빔 ➠ 부배합 묽은비빔		

	양생(Curing)			
(4)	정의			
		콘크리트 타설 후 수화작용을 충분히 발휘시킴과 동시에 건조 및 외력에 의한 균열발생을 예방하고 오손, 변형, 파손 등으로부터 콘크리트를 보호하는 것		
	종류	• 습윤양생	• 증기양생	• 전기양생
		• 피복양생	• 단열보온양생	• 가열보온양생

1998~2024 **기출문제**

01 [07①, 14①, 22④] 2점

다음 설명에 해당되는 알맞는 줄눈(Joint)을 적으시오.

> 콘크리트 시공과정 중 휴식시간 등으로 응결하기 시작한 콘크리트에 새로운 콘크리트를 이어칠 때 일체화가 저해되어 생기게 되는 줄눈

____

02 [07④, 20①] 4점

콜드 조인트(Cold Joint)가 구조물(건물)에 미치는 영향을 간단히 쓰고 방지대책을 쓰시오.

(1) 영향:

(2) 대책:

① ______________________

② ______________________

③ ______________________

03 [98③, 07④, 20①, 24①] 4점

콘크리트 Joint에 대하여 설명하시오.

(1) Cold Joint

(2) Construction Joint

(3) Control Joint

(4) Expansion Joint

04 [17④, 18②] 4점, 6점

다음 용어를 간단히 설명하시오.

(1) 콜드 죠인트(Cold Joint)

(2) 조절줄눈(Control Joint)

(3) 신축줄눈(Expansion Joint):

정답 및 해설

01

콜드 조인트(Cold Joint)

02

(1) 콘크리트 경화 후 균열발생,
누수에 의한 철근의 부식,
마감재의 균열발생,
구조물의 내구성 저하

(2) ① 이어치기 시간 준수
② 철저한 타설계획에 의한 타설구획 설정
③ 적절한 응결지연제 사용

03

(1) 콘크리트 이어치기할 때 콘크리트가 일체화되지 않아 발생하는 계획되지 않은 줄눈

(2) 콘크리트 작업관계로 경화된 콘크리트에 새로 콘크리트를 타설할 경우 발생하는 계획된 줄눈

(3) 균열을 전체 단면 중의 일정한 곳에만 일어나도록 유도하는 줄눈

(4) 온도변화에 따른 팽창 · 수축 또는 부등침하 · 진동 등에 의해 균열이 예상되는 위치에 설치하는 줄눈

04

(1) 콘크리트 이어치기할 때 콘크리트가 일체화되지 않아 발생하는 계획되지 않은 줄눈

(2) 지반 등 안정된 위치에 있는 바닥판이 수축에 의하여 표면에 균열이 생길 수 있는데 이러한 균열을 방지하기 위해 설치하는 줄눈

(3) 온도변화에 따른 팽창 · 수축 또는 부등침하 · 진동 등에 의해 균열이 예상되는 위치에 설치하는 줄눈

05 [99④, 12④, 18④] 4점

콘크리트공사와 관련된 다음 용어를 간단히 설명하시오.

(1) 콜드조인트(Cold Joint):

(2) 블리딩(Bleeding):

06 [02①] 4점

콘크리트 줄눈의 종류를 쓰시오.

(1)	콘크리트 작업관계로 경화된 콘크리트에 새로 콘크리트를 타설할 경우 발생하는 Joint
(2)	온도변화에 따른 팽창·수축 혹은 부동침하·진동 등에 의해 균열이 예상되는 위치에 설치하는 Joint
(3)	균열을 전체 단면 중의 일정한 곳에만 일어나도록 유도하는 Joint
(4)	장 Span의 구조물(100m가 넘는)에 Expansion Joint를 설치하지 않고, 건조수축을 감소시킬 목적으로 설치하는 Joint

(1) (2)

(3) (4)

07 [11②, 15②] 2점, 3점

다음이 설명하는 콘크리트의 줄눈 명칭을 쓰시오.

> 지반 등 안정된 위치에 있는 바닥판이 수축에 의하여 표면에 균열이 생길 수 있는데 이러한 균열을 방지하기 위해 설치하는 줄눈

08 [19①, 23②] 2점

다음이 설명하는 콘크리트의 줄눈 명칭을 쓰시오.

> 콘크리트 경화 시 수축에 의한 균열을 방지하고 슬래브에서 발생하는 수평움직임을 조절하기 위하여 설치한다. 벽과 슬래브 외기에 접하는 부분 등 균열이 예상되는 위치에 약한 부분을 인위적으로 만들어 다른 부분의 균열을 억제하는 역할을 한다.

09 [16②] 3점

다음 설명에 해당되는 알맞는 줄눈(Joint)을 적으시오.

> 미경화 콘크리트의 건조수축에 의한 균열을 감소시킬 목적으로 구조물의 일정 부위를 남겨 놓고 콘크리트를 타설한 후 초기건조 수축이 완료되면 나머지 부분을 타설할 목적으로 설치하는 줄눈

10 [06①, 13②, 13④, 18①, 24②] 4점

다음 그림을 보고 해당되는 줄눈의 명칭을 적으시오.

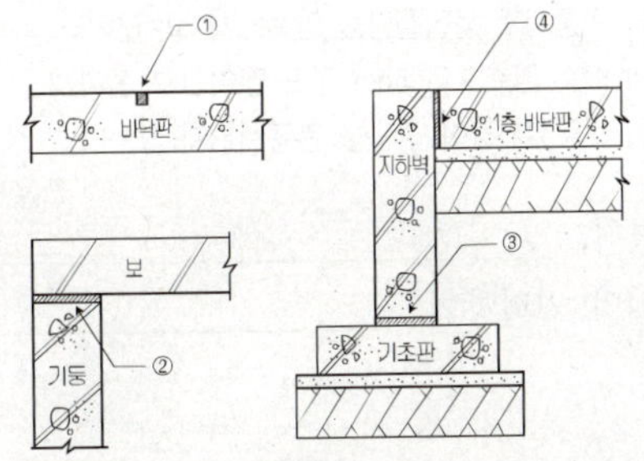

① ②

③ ④

정답 및 해설

05

(1) 콘크리트 이어치기할 때 콘크리트가 일체화되지 않아 발생하는 계획되지 않은 줄눈

(2) 콘크리트 타설시 아직 굳지 않은 콘크리트에서 물이 윗면으로 솟아오르는 현상

06

(1) 시공줄눈 (2) 신축줄눈

(3) 조절줄눈 (4) 자연줄눈

07, 08

조절줄눈(Control Joint)

09

지연줄눈(Delay Joint)

10

① 조절줄눈 ② 미끄럼줄눈

③ 시공줄눈 ④ 신축줄눈

11 [03②] 4점 □□□□□

다음 물음에 답하시오.

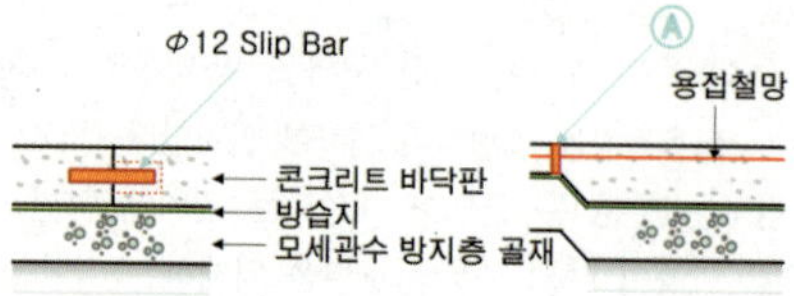

단면도(1) 단면도(2)

(1) 차량하중을 받는 콘크리트 바닥판의 시공줄눈을 보강하기 위하여 단면도(1)과 같이 Slip Bar를 60cm 간격으로 설치하려 한다. 이때 Slip Bar의 한 부분은 콘크리트 속에 고정시키고 나머지 부분은 고정되지 않게 처리하는 방법을 쓰시오.

(2) 단면도(2)와 같이 콘크리트 바닥판의 수평단면이 변하는 Ⓐ의 위치에 설치되는 명칭을 쓰고, 이 콘크리트 줄눈에서 용접철망을 처리하는 방법을 보기에서 골라 기호로 쓰시오.

> ① 줄눈을 관통시켜 용접철망을 연속해서 설치한다.
> ② 줄눈의 좌우 양측으로 5cm 정도 떨어진 지점까지만 용접철망을 설치하여 줄눈을 관통시키지 않는다.

1) 줄눈명칭: ____________________

2) 용접철망 처리방법: ____________________

12 [01②, 01④, 04①] 3점 □□□□□

굳지 않은 콘크리트 다지기 방법 3가지 쓰시오.

① ② ③

13 [98③] 3점 □□□□□

콘크리트 다짐에 이용되는 진동기의 종류를 쓰시오.

① ② ③

14 [99①, 06④] 3점 □□□□□

다음 설명에 적합한 진동기의 명칭을 쓰시오.

(1)	콘크리트에 꽂아서 사용하여 진동에 의해 콘크리트를 액상화 시키므로 다짐 효과가 크다.
(2)	거푸집을 진동시키는 것으로 얇은 벽이나 공장제작 콘크리트에서 사용된다.
(3)	타설된 콘크리트 위를 다짐하는 용도로 사용된다.

(1) (2) (3)

정답 및 해설

11

(1) 한쪽은 콘크리트에 매립 고정, 한쪽은 Grease 칠을 한 후 캡(Cap)을 씌워 이동이 되도록 처리한 후 콘크리트를 타설

(2) 1) 신축줄눈(Expansion Joint)
2) ②

12

① 손 다짐
② 진동 다짐
③ 거푸집 두드림

13

① 봉상 진동기
② 거푸집 진동기
③ 표면 진동기

14

(1) 봉상(막대식) 진동기
(2) 거푸집 진동기
(3) 표면 진동기

1998~2024 **기출문제**

15 [99⑤] 4점 □□□□□

건축 신축현장에 콘크리트를 타설할 때 진동다짐기 사용에 있어서 주의할 점을 4가지 쓰시오.

①

②

③

④

16 [05②, 08②, 12①] 2점 □□□□□

(　　)안에 알맞은 용어를 쓰시오.

> 콘크리트 다짐 시 진동기를 과도하게 사용할 경우에는 (①) 현상이 생기고, AE콘크리트의 경우 (②)이(가) 많이 감소한다.

①　　　　②

17 [98③, 02④] 3점, 4점 □□□□□

다음 중 꽂이식 진동기의 효과가 가장 잘 발휘될 수 있는 것부터 보기에서 골라 순서대로 번호를 쓰시오.

> **보기**
> ① 빈배합 묽은비빔 ② 부배합 묽은 비빔 ③ 빈배합 된비빔

18 [06②] 2점 □□□□□

콘크리트 타설 후 수화작용을 충분히 발휘시킴과 동시에 건조 및 외력에 의한 균열발생을 예방하고 오손, 변형, 파손 등으로부터 콘크리트를 보호하는 것을 무엇이라고 하는가?

19 [98③, 02④] 3점, 4점 □□□□□

콘크리트 양생방법의 종류를 4가지 쓰시오.

①　　　　②

③　　　　④

III

정답 및 해설

15

① 봉상진동기의 경우 수직으로 사용한다.

② 1개소 당 콘크리트 표면에 시멘트페이스트가 얇게 뜰 때까지 실시한다.

③ 진동기의 삽입깊이는 100mm 정도, 삽입간격은 500mm 이하로 한다.

④ 1개소당 진동시간은 다짐할 때 시멘트풀이 표면상부로 약간 부상하기까지가 적절하다.

16

① 재료분리

② 공기량

17

③ ➠ ① ➠ ②

18

양생(Curing)

19

① 습윤양생

② 증기양생

③ 전기양생

④ 피복양생

POINT 03 레디믹스트 콘크리트

(1) 레디믹스트 콘크리트(Ready Mixed Concrete, 레미콘)

①	정의		배처플랜트(Batcher Plant)를 갖춘 공장에서 생산되어 운반차에 의해 구입자에게 공급되는 굳지 않은 콘크리트 비빔시간 – 적재시간 – 주행시간 – 대기시간 – 타설시간
②	레미콘 공장을 현장에서 선정할 때 고려해야 할 유의사항		• 현장까지의 운반시간 및 배출시간 • 콘크리트 제조능력 • 레미콘 운반차 대수
③	운반방식	• Central Mixed	믹싱 플랜트 고정믹서로 비빔이 완료된 것을 Truck Agitator로 운반하는 것
		• Shrink Mixed	믹싱 플랜트 고정믹서에서 어느 정도 비빈 것을 Truck Mixer에 실어 운반 도중 완전히 비비는 것
		• Transit Mixed	Truck Mixer에 모든 재료가 공급되어 운반 도중에 비벼 지는 것

(2) 표시

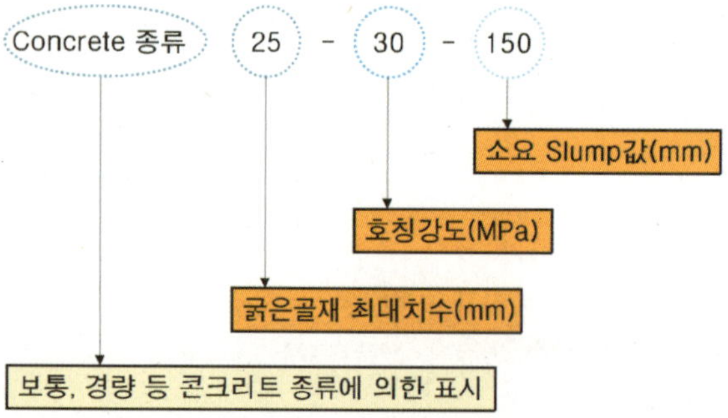

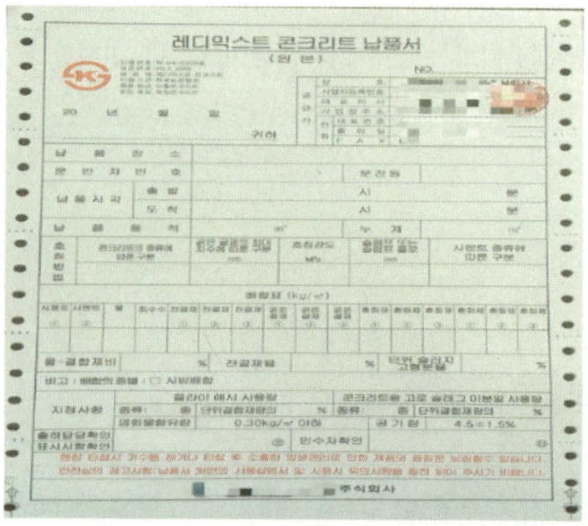

【※ 콘크리트 배합시 레디믹스트콘크리트 배합표에 보통 골재는 표면건조포화상태의 질량, 인공경량골재는 절대건조상태의 질량을 표시한다. 물결합재비의 경우는 혼화재를 사용할 때로 물에 대한 시멘트와 혼화재의 질량 백분율로 계산하여 고려한다.】

POINT 03 레디믹스트 콘크리트

(3) 관련 주요규정[KCS 14 20 00, KS F 4009]

①	콘크리트 받아들이기 품질 검사사항	• 슬럼프(Slump)	• 슬럼프 플로(Slump Flow)	• 공기량	• 온도
		➡ 최초 1회 시험을 실시하고, 이후 압축강도 시험용 공시체 채취시 및 타설 중에 품질변화가 인정될 때 실시			
		• 단위용적질량	• 염화물 함유량	• 배합	• 펌퍼빌리티
②	공기량 허용오차	• 보통 콘크리트: 4.5%±1.5%	• 경량 콘크리트: 5.5%±1.5%		
③	강도시험	콘크리트의 강도시험 횟수는 450m³를 1로트(lot)로 하여 150m³당 1회의 비율로 한다.			

1998~2024 기출문제

01 [07②] 3점

레디믹스트 콘크리트(Ready Mixed Concrete)에 대해 기술하시오.

02 [05②] 5점

콘크리트 공사 시 레미콘 공장에서 현장타설까지의 진행 순서를 보기에서 골라 쓰시오.

① 비빔시간	② 대기시간	③ 주행시간
④ 타설시간	⑤ 적재시간	

03 [20③, 24①] 3점

레미콘 공장을 현장에서 선정할 때 고려해야 할 유의사항을 3가지 쓰시오.

①

②

③

04 [08①] 3점

레미콘 비비기와 운반방식에 따른 종류의 설명으로 보기에서 명칭을 골라 번호로 쓰시오.

① 센트럴 믹스트 콘크리트
② 트랜시트 믹스트 콘크리트
③ 쉬링크 믹스트 콘크리트

(1)	트럭믹서에 모든 재료가 공급되어 운반 도중에 비벼지는 것
(2)	믹싱플랜트 고정믹서에서 어느 정도 비빈 것을 트럭믹서에 실어 운반 도중 완전히 비비는 것
(3)	믹싱플랜트 고정믹서로 비빔이 완료된 것을 트럭에지테이터로 운반하는 것

(1) (2) (3)

정답 및 해설

01
배처플랜트(Batcher Plant)를 갖춘 공장에서 생산되어 운반차에 의해 구입자에게 공급되는 굳지 않은 콘크리트

02
① ➡ ⑤ ➡ ③ ➡ ② ➡ ④

03
① 현장까지의 운반시간 및 배출시간
② 콘크리트 제조능력
③ 레미콘 운반차 대수

04
(1) ②
(2) ③
(3) ①

05 [09②, 16①] 4점

다음 용어를 설명하시오.

(1) AE감수제

(2) 쉬링크믹스트 콘크리트

06 [08②, 15④, 19④, 23①] 3점

Remicon(25-30-180)은 Ready Mixed Concerte의 규격에 대한 수치이다. 이 3가지의 수치가 뜻하는 바를 간단히 쓰시오.

(1) 25 :

(2) 30 :

(3) 180 :

07 [22④] 4점

Remicon(보통 - 25 - 24 - 150)의 현장도착 시 송장 표기에 대해 각각 의미하는 내용을 간단히 쓰시오.

(1) 보통 :

(2) 25mm :

(3) 24MPa :

(4) 150mm :

08 [23②] 4점

레디믹스트콘크리트 배합에 대한 내용 중 빈칸에 알맞은 용어를 쓰시오.

콘크리트 배합시 레디믹스트콘크리트 배합표에 보통골재는 (　　　　　)상태의 질량, 인공경량골재는 (　　　　　)상태의 질량을 표시한다. (　　　　　)의 경우는 혼화재를 사용할 때로 물에 대한 시멘트와 혼화재의 질량 백분율로 계산하여 고려한다.

09 [01④] 3점

레디믹스트콘크리트가 현장에 도착했을 때 검사사항을 3가지만 쓰시오.

① ② ③

10 [23①] 4점

레디믹스트콘크리트(Ready Mixed Concrete)가 현장에 도착했을 때 콘크리트의 받아들이기 품질 검사사항을 4가지 쓰시오. (단, 굳지 않은 콘크리트의 상태 검사 제외)

① ②

③ ④

정답 및 해설

05

(1) 시멘트 입자를 분산시켜 필요한 수분량을 감소시키고 동시에 유동성을 높이기 위한 혼화제

(2) 믹싱 플랜트 고정믹서에서 어느 정도 비빈 것을 Truck Mixer에 실어 운반 도중 완전히 비비는 것

06

(1) 굵은골재 최대치수 25mm

(2) 호칭강도 30MPa

(3) 슬럼프 또는 슬럼프 플로 180mm

07

(1) 콘크리트의 종류에 따른 구분

(2) 굵은골재 최대치수

(3) 호칭강도

(4) 슬럼프 또는 슬럼프 플로

08

표면건조포화, 절대건조, 물결합재비

09, 10

① 슬럼프

② 슬럼프 플로

③ 공기량

④ 온도

1998~2024 **기출문제**

11 [10④, 14②, 22①] 3점

Ready Mixed Concrete가 현장에 도착하여 타설될 때 시공자가 현장에서 일반적으로 행하여야 하는 품질관리 항목을 [보기]에서 모두 골라 기호로 쓰시오.

보기

① Slump 시험
② 물의 염소이온량 측정
③ 골재의 반응성
④ 공기량 시험
⑤ 압축강도 측정용 공시체 제작
⑥ 시멘트의 알칼리량

12 [05②] 3점

KS F 4009 규정에 의하면 레디믹스트 콘크리트의 공기량은 보통 콘크리트의 경우 (①)% 이며, 경량 콘크리트의 경우 (②)%로 하되 공기량의 허용오차는 ±(③)%로 한다. 보기에서 정답을 고르시오.

0.5, 1.0, 1.5, 2.0, 2.5, 3.0, 3.5, 4.0, 4.5, 5.0, 5.5, 6.0, 6.5, 7.0

① ② ③

13 [08④] 3점

다음 설명을 읽고 ( ) 안에 들어갈 알맞는 말을 쓰시오.

KS F 4009 규정에 의한 레디믹스트 콘크리트의 강도는 (①) 시험결과에 의하여 검사 로트(Lot)의 합격여부가 결정되며, 사용콘크리트의 시험횟수는 타설일마다 1회 이상 또는 (②)m^3 마다 1회로 규정되어 있으며, 보통 1검사 로트는 (③)m^3 정도이다.

① ② ③

14 [10①] 4점

두께 0.15m, 폭 6m, 길이 100m 도로를 7m^3 레미콘을 이용하여 하루 8시간 작업 시 레미콘 배차간격은 몇 분(min)인가?

15 [18④, 21④] 3점, 5점

두께 0.15m, 폭 6m, 길이 100m 도로를 6m^3 레미콘을 이용하여 하루 8시간 작업 시 레미콘 배차간격은 몇 분(min)인가?

정답 및 해설

11

①, ④, ⑤

12

① 4.5 ② 5.5 ③ 1.5

13

① 압축강도 ② 150 ③ 450

14

(1) 소요 콘크리트량: $0.15 \times 6 \times 100 = 90m^3$

(2) 7m^3 레미콘 차량대수:

$\frac{90}{7} = 12.857$ ➡ 13대

(3) 배차간격: $\frac{8 \times 60}{13} = 36.92$ ➡ 37분

15

(1) 소요 콘크리트량: $0.15 \times 6 \times 100 = 90m^3$

(2) 6m^3 레미콘 차량대수:

$\frac{90}{6} = 15$대

(3) 배차간격: $\frac{8 \times 60}{15} = 32$분

POINT 04 프리스트레스트(Pre-Stressed) 콘크리트

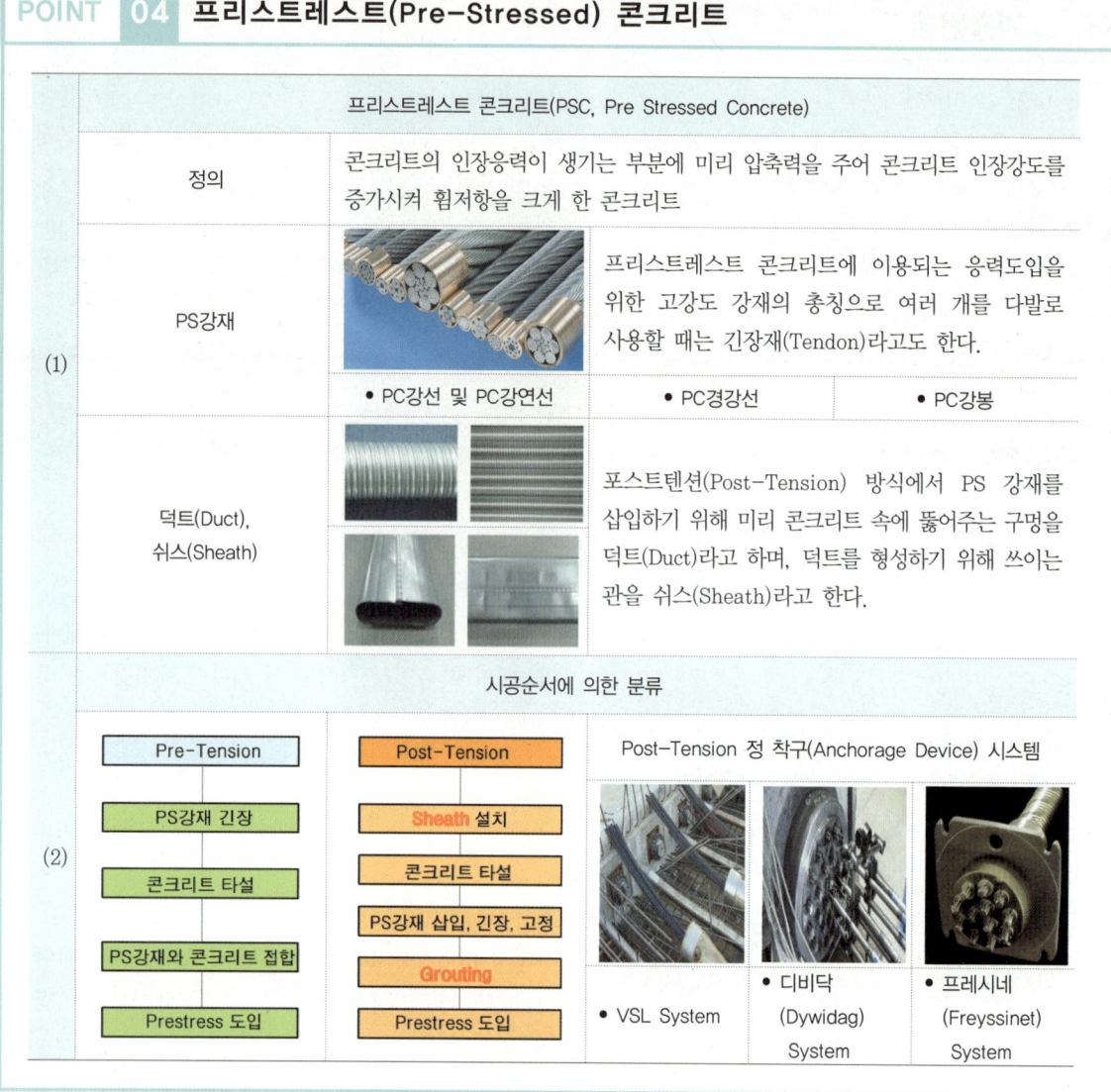

(1) 프리스트레스트 콘크리트(PSC, Pre Stressed Concrete)

정의	콘크리트의 인장응력이 생기는 부분에 미리 압축력을 주어 콘크리트 인장강도를 증가시켜 휨저항을 크게 한 콘크리트
PS강재	 프리스트레스트 콘크리트에 이용되는 응력도입을 위한 고강도 강재의 총칭으로 여러 개를 다발로 사용할 때는 긴장재(Tendon)라고도 한다. • PC강선 및 PC강연선 / • PC경강선 / • PC강봉
덕트(Duct), 쉬스(Sheath)	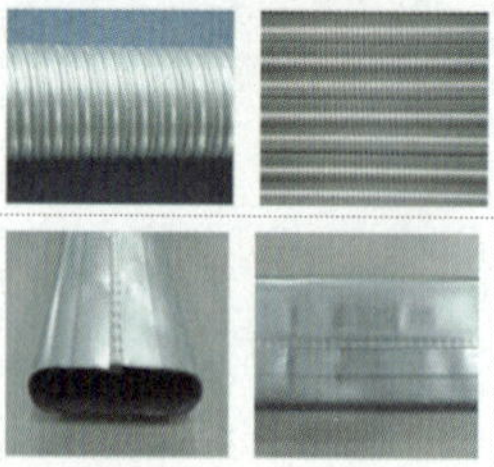 포스트텐션(Post-Tension) 방식에서 PS 강재를 삽입하기 위해 미리 콘크리트 속에 뚫어주는 구멍을 덕트(Duct)라고 하며, 덕트를 형성하기 위해 쓰이는 관을 쉬스(Sheath)라고 한다.

(2) 시공순서에 의한 분류

Pre-Tension	Post-Tension
PS강재 긴장	Sheath 설치
콘크리트 타설	콘크리트 타설
PS강재와 콘크리트 접합	PS강재 삽입, 긴장, 고정
Prestress 도입	Grouting
	Prestress 도입

Post-Tension 정 착구(Anchorage Device) 시스템

• VSL System

• 디비닥 (Dywidag) System

• 프레시네 (Freyssinet) System

1998~2024 기출문제

01 [06①] 2점

콘크리트의 인장응력이 생기는 부분에 미리 압축력을 주어 콘크리트의 인장강도를 증가시켜 휨저항을 크게 한 콘크리트의 명칭은?

02 [05①, 10②, 16①] 3점

프리스트레스트 콘크리트에 이용되는 긴장재의 종류를 3가지 쓰시오.

① ② ③

정답 및 해설

01
프리스트레스트(Pre-Stressed) 콘크리트

02
① PC강선 및 PC강연선
② PC경강선
③ PC강봉

03 [08④] 4점

( )안에 알맞은 용어를 쓰시오.

> 프리스트레스트 콘크리트에 사용되는 강재(강선, 강연선, 강봉)를 (①)라고 한다. 포스트텐션 공법은 (②) 설치 후 - 콘크리트 타설 - 콘크리트 경화 후 강재를 삽입하여 긴장, 정착 후 그라우팅 하여 완성시키는 방법이다.

① ______ ② ______

04 [13④] 4점

프리스트레스트 콘크리트 방식과 관련된 내용의 ( ) 안에 알맞은 용어를 기입하시오.

> 프리스트레스트 콘크리트에 사용되는 강재(강선, 강연선, 강봉)를 긴장재라고 총칭하며, (①)방식에서 PS강재의 삽입공간을 확보하기 위해서 콘크리트 타설 전 미리 매립하는 관(튜브)을 (②)라고 한다.

① ______ ② ______

05 [00①, 04④, 05①, 09②, 12②, 14④, 17②, 18④, 20②] 4점

프리스트레스트 콘크리트(Pre-Stressed Concrete)의 프리텐션(Pre-Tension)방식과 포스트텐션(Post-Tension) 방식에 대하여 설명하시오.

(1) Pre-Tension 공법

(2) Post-Tension 공법

06 [98③, 05②, 07④] 4점

프리스트레스를 주는 방법에는 프리텐션공법과 포스트텐션공법이 있다. 부재의 제작과정을 각 공법에 따라 순서대로 기호로 쓰시오.

> **보기**
> A: 프리스트레싱 포스를 콘크리트에 전달
> B: 콘크리트 타설
> C: PS강재의 긴장
> D: 부재 내 강재의 도관 설치
> E: PS강재와 콘크리트의 부착

(1) 프리텐션공법: ______

(2) 포스트텐션공법: ______

07 [98③, 05②, 07④] 4점

Pre-Stressed Concrete 중 Post-Tension 공법의 시공순서를 보기에서 골라 번호로 쓰시오.

> ① 강현재 삽입　② 그라우팅
> ③ 콘크리트 타설　④ 강현재 긴장
> ⑤ 쉬스(Sheath) 설치　⑥ 강현재 고정
> ⑦ 콘크리트 경화

______

08 [00⑤, 04④] 3점

프리스트레스트 콘크리트 정착구(Anchorage)의 대표적인 정착공법을 3가지 쓰시오.

① ______

② ______

③ ______

정답 및 해설

03
① 긴장재(Tendon) ② 쉬스(Sheath)

04
① 포스트텐션(Post-Tension)
② 쉬스(Sheath)

05
(1) PS강재를 긴장하고 콘크리트를 타설한 후 PS강재와 콘크리트를 접합하여 프리스트레스를 도입하는 방법
(2) 쉬스를 설치하고 콘크리트를 타설한 후 PS강재를 삽입, 긴장, 고정하여 그라우팅한 후 프리스트레스를 도입하는 방법

06
(1) C ➡ B ➡ E ➡ A
(2) D ➡ B ➡ C ➡ E ➡ A

07 ⑤ → ③ → ⑦ → ① → ④ → ⑥ → ②

08 ① VSL System
② 디비닥(Dywidag) System
③ 프레시네(Freyssinet) System

POINT 05 각종 콘크리트(Ⅰ)

<table>
<tr><td rowspan="8">(1)</td><td colspan="3">한중콘크리트(Cold Weather Concrete) [KCS 14 20 40]</td></tr>
<tr><td rowspan="3">적용범위</td><td colspan="2">  </td></tr>
<tr><td colspan="2">• 타설일의 일평균기온이 4℃ 이하 또는 콘크리트 타설 완료 후 24시간 동안 일최저기온 0℃ 이하가 예상되는 조건이거나 그 이후라도 초기동해 위험이 있는 경우</td></tr>
<tr><td colspan="2">• 일평균기온(Daily Average Temperature): 하루(00~24시) 중 3시간 별로 관측한 8회 관측값(03, 06, 09, 12, 15, 18, 21, 24시)을 평균한 기온</td></tr>
<tr><td rowspan="4">주요 내용</td><td colspan="2">• 물결합재비(W/B)는 원칙적으로 60% 이하로 하여야 한다.</td></tr>
<tr><td colspan="2">• 동결위험을 방지하기 위하여 AE제, AE감수제, 고성능 AE감수제 중 어느 한 종류는 반드시 사용한다.</td></tr>
<tr><td colspan="2">• 초기 동해(Early Frost Damage)의 방지에 필요한 압축강도 5MPa이 얻어지도록 가열 · 단열 · 피복 보온양생을 실시하며, 보온양생 종료 후 콘크리트가 급격히 건조 및 냉각되지 않도록 틈새 없이 덮어 양생을 계속한다.</td></tr>
<tr><td colspan="2">• 양생온도가 달라져도 적산온도(양생기간에 있어서의 온도 누적값)가 같으면 콘크리트의 강도는 비슷하다고 본다.</td></tr>
<tr><td rowspan="8">(2)</td><td colspan="3">서중콘크리트(Hot Weather Concrete) [KCS 14 20 41]</td></tr>
<tr><td rowspan="2">적용범위</td><td colspan="2">  </td></tr>
<tr><td colspan="2">일평균기온이 25℃를 초과하는 기온에 타설하는 콘크리트이며, 타설할 때의 콘크리트 온도는 35℃ 이하로 하고, 90분 이내에 타설하여야 한다.</td></tr>
<tr><td rowspan="3">주요 문제점</td><td>• 급격한 수분증발에 의한 Cold Joint 발생</td><td>• 공기량 감소로 시공연도 저하</td></tr>
<tr><td>• 슬럼프(Slump) 저하</td><td>• 내구성, 수밀성 저하</td></tr>
<tr><td>• 장기강도 저하</td><td>• (건조수축, 온도)균열 발생</td></tr>
<tr><td rowspan="2">대책</td><td>• 운반 및 타설시간 단축방안 강구</td><td>• AE(감수)제의 사용</td></tr>
<tr><td>• 중용열 시멘트 사용</td><td>• 재료의 온도상승 방지대책 수립</td></tr>
</table>

(3) 고성능 콘크리트(High Performance Concrete)

단순히 콘크리트의 강도만 높이는 것이 아니라 시공 시 유동성(작업성), 내구성을 함께 높이기 위해 고유동성 콘크리트로서 셀프레벨링(Self Leveling) 기능을 갖춘 콘크리트를 말한다.	• 고강도콘크리트 • 고내구성콘크리트 • 고유동성콘크리트	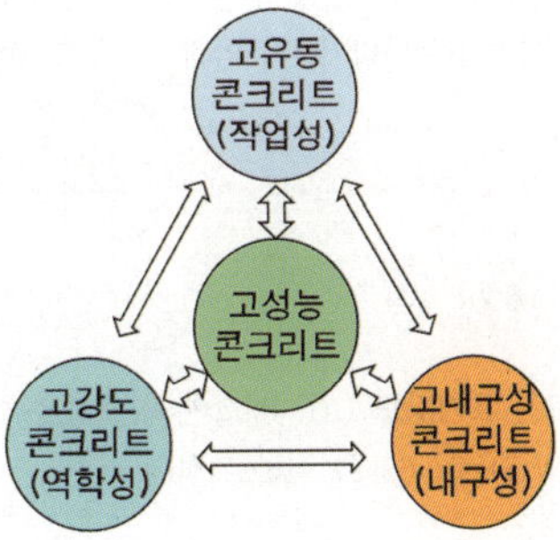

(4) 고강도콘크리트(High Strength Concrete)

정의	콘크리트설계기준강도가 일반콘크리트 40MPa 이상, 경량콘크리트 27MPa 이상인 콘크리트		
폭렬 (Exclosive Fracture)	콘크리트 부재가 화재로 가열되어 표면부가 소리를 내며 급격히 파열되는 현상		
	대책	• 내화피복을 실시하여 열의 침입을 차단한다.	
		• 흡수율이 작고 내화성이 있는 골재를 사용한다.	

(5) 섬유보강콘크리트(Fiber Reinforced Concrete)

정의	콘크리트의 휨강도, 전단강도, 인장강도, 균열저항성, 인성 등을 개선하기 위하여 단섬유상 재료를 균등히 분산시켜 제조한 콘크리트			 Polypropylene Fiber / Amorphous metallic Fiber
종류	• 강(Steel)섬유	• 유리(Glass)섬유	• 탄소(Carbon)섬유	

(6) 유동화콘크리트(Superplasticized Concrete) 제조방법

• 현장첨가 방식	• 공장첨가 방식	• 공장유동화 방식

1998~2024 **기출문제**

01 [07②, 23④] 3점

> 한중콘크리트는 일평균 기온이 (①) 이하의 동결위험이 있는 기간에 타설하는 콘크리트를 말하며, 물결합재비(W/B)는 (②) 이하로 하고 동결위험을 방지하기 위해 (③)를 사용해야 한다.

① ______ ② ______ ③ ______

02 [11②, 16②] 4점

> 한중콘크리트는 초기강도 (①)MPa까지 보양을 실시하고, 물결합재비(W/B)는 (②)% 이하로 한다.

① ______ ② ______

03 [04④] 3점

한중콘크리트의 보온양생방법을 3가지 쓰시오.

① ______ ② ______ ③ ______

04 [10④] 2점

다음 ( )안에 공통으로 들어가는 알맞은 용어를 쓰시오.

> **보기**
>
> 한중콘크리트에서는 초기강도 발현이 늦어지므로 ( )를 이용하여 거푸집의 해체시기, 콘크리트 양생기간 등을 검토한다. 양생온도가 달라져도 그 ( )가 같으면 콘크리트 강도는 비슷하다고 본다.

______

05 [19②, 21①] 3점, 4점

한중콘크리트 시공 시 동해를 입지 않도록 초기양생 시 주의할 점을 3가지 쓰시오.

① ______
② ______
③ ______

06 [04②, 08②, 14①] 3점

한중콘크리트의 문제점에 대한 대책을 보기에서 골라 번호를 쓰시오.

> **보기**
>
> ① AE제 사용
> ② 응결지연제 사용
> ③ 보온양생
> ④ 물시멘트비를 60% 이하로 유지
> ⑤ 중용열 시멘트 사용
> ⑥ Pre-Cooling 방법 사용

______

07 [21②] 3점

다음 ( )안에 적당한 용어나 수치를 기입하시오.

> 높은 외부기온으로 인하여 콘크리트의 슬럼프 저하나 수분의 급격한 증발 등의 염려가 있을 경우에 시공되는 콘크리트로서 하루 평균기온이 25℃를 초과하는 경우 ( )콘크리트로 시공하여야 하며, 콘크리트는 비빈 후 즉시 타설하도록 하고, KS F2560의 지연형감수제를 사용하는 등의 일반적인 대책을 강구한 경우라도 ( ) 이내에 타설하여야 한다.
> 또한 타설할 때의 콘크리트 온도는 ( )℃ 이하이어야 한다.

08 [04④, 06①, 10④] 5점

하절기콘크리트 시공 시 발생하는 문제점으로써 콘크리트 품질 및 시공면에 미치는 영향에 대해 5가지를 쓰시오.

① ______
② ______
③ ______
④ ______
⑤ ______

정답 및 해설

01 ① 4℃ ② 60 ③ AE제

02 ① 5 ② 60

03
① 가열보온양생 ② 단열보온양생 ③ 피복보온양생

04 적산온도

05
① AE제, AE감수제, 고성능AE감수제 중 한가지를 사용
② 초기강도 5MPa을 발현할 때까지 보온양생 실시
③ 보온양생 종료 후 콘크리트가 급격히 건조 및 냉각되지 않도록 틈새 없이 덮어 양생을 계속함

06 ①, ③, ④

07 서중, 90분, 35

08
① Cold Joint 발생 ② 시공연도 저하
③ Slump 저하 ④ 내구성, 수밀성 저하
⑤ 장기강도 저하

09 [08①] 3점

하절기콘크리트에서 발생할 수 있는 문제점에 대한 대책 중 관계되는 것을 보기에서 모두 골라 기호로 쓰시오.

보기

① AE(감수)제의 사용
② 사용재료의 온도상승 방지
③ 중용열시멘트의 사용
④ 운반 · 타설시간의 단축방안 강구
⑤ 응결촉진제의 사용
⑥ 단위시멘트량의 증가

10 [12②] 3점

하절기(서중) 콘크리트의 문제점에 대한 대책을 보기에서 모두 골라 번호로 쓰시오.

보기

① 단위시멘트량 증대
② 응결촉진제 사용
③ 운반 및 타설시간의 단축계획 수립
④ 중용열 시멘트 사용
⑤ 재료의 온도상승 방지대책 수립

11 [99③, 02④] 3점

고성능 콘크리트(High Performance Concrete)는 물리적 특성으로 구분하여 3가지 종류로서 대별할 수 있다. 고성능 콘크리트의 특성에 따른 3가지로 구분된 콘크리트 명칭을 쓰시오.

① ② ③

12 [14①, 17④, 18①, 20②, 20⑤, 23①] 3점

고강도 콘크리트의 폭렬현상에 대하여 설명하시오.

13 [19①, 21②, 24③] 4점

콘크리트 구조물의 화재 시 급격한 고열현상에 의하여 발생하는 폭렬(Exclosive Fracture) 현상 방지대책을 2가지 쓰시오

①
②

14 [03④, 18②, 20④] 3점

섬유보강 콘크리트에 사용되는 섬유의 종류를 3가지 쓰시오.

① ② ③

15 [02④] 3점

다음 ( ) 안에 알맞은 말을 쓰시오.

> 콘크리트의 휨강도, 전단강도, 인장강도, 균열저항성, 인성 등을 개선하기 위하여 단섬유상 재료를 균등히 분산시켜 제조한 콘크리트를 ( ) 콘크리트라 하며, 사용되는 섬유질 재료는 합성섬유, ( )섬유, ( )섬유 등이 있다.

16 [99①, 02②, 07①, 11①] 3점

유동화콘크리트의 제조방법 3가지를 쓰시오.

① ② ③

정답 및 해설

09 ①, ②, ③, ④

10 ③, ④, ⑤

11 ① 고강도콘크리트
② 고내구성콘크리트
③ 고유동성콘크리트

12 콘크리트 부재가 화재로 가열되어 표면부가 소리를 내며 급격히 파열되는 현상

13
① 내화피복을 실시하여 열의 침입을 차단한다.
② 흡수율이 작고 내화성이 있는 골재를 사용한다.

14 ① 강섬유 ② 유리섬유 ③ 탄소섬유

15 섬유보강, 강, 유리

16 ① 현장첨가 방식
② 공장첨가 방식
③ 공장유동화 방식

POINT 06 각종 콘크리트(II)

(1) 매스콘크리트(Mass Concrete)

①	정의	보통 부재 단면 최소치수 80cm 이상(하단이 구속된 경우에는 50cm 이상), 콘크리트 내외부 온도차가 25℃ 이상으로 예상되는 콘크리트	
②	온도균열 제어방법	• 선행 냉각 (Pre-Cooling)	콘크리트 재료의 일부 또는 전부를 냉각(얼음이나 액체질소 등을 이용)시켜 콘크리트의 온도를 낮추는 방법
		• 관로식 냉각 (Pipe-Cooling)	콘크리트 타설 전에 Pipe를 배관하여 냉각수나 찬공기를 순환시켜 콘크리트의 온도를 낮추는 방법
③	수화열 저감대책	• 단위시멘트량을 낮춘다.	• 수화열이 낮은 플라이애시 시멘트를 사용한다.
		• 선행 냉각(Pre Cooling, 프리쿨링), 관로식 냉각(Pipe Cooling, 파이프쿨링)과 같은 온도균열 제어방법을 이용한다.	

(2) 외장용 노출 콘크리트(Exposed Concrete, 제물치장콘크리트)

①	정의	거푸집을 제거한 후 노출된 콘크리트면 그대로를 마감면으로 하는 콘크리트	
②	시공 목적	• 마감재의 절약	• 구조체 자중의 감소
		• 고강도콘크리트를 추구	• 공정의 단축으로 공사비 절감

(3) 숏크리트(Shotcrete)

①	정의	콘크리트를 압축공기로 노즐에서 뿜어 시공면에 붙여 만든 것	
②	특징	장점	• 시공성 우수, 가설공사 불필요
		단점	• 표면이 거칠고 분진이 많음

POINT 06 각종 콘크리트(Ⅱ)

(4)	(5)	(6)	(7)	(8)	(9)

(4)	폴리머시멘트콘크리트 (Polymer Cement Concrete)	콘크리트 재료 중에서 물이나 시멘트의 일부 또는 전부를 유기고분자 재료 중합체(Polymer)로 대체하여 경화시킨 복합재료 • 시공연도 향상 • 단위수량 감소 • Bleeding 및 재료분리 감소 • 건조수축 및 탄성계수 감소
(5)	진공콘크리트 (Vacuum Concrete)	콘크리트 타설 후 매트(Mat), 진공펌프(Vaccum Pump) 등을 이용하여 콘크리트 속에 잔류해 있는 잉여수 및 기포 등을 제거함을 목적으로 하는 콘크리트
(6)	중량콘크리트, 차폐용콘크리트 (Heavy weight Concrete)	중량골재(철광석, 중정석, 자철광)를 사용하여 방사선을 차폐할 목적으로 제작되는 콘크리트
(7)	서모콘(Thermo-Con)	골재는 전혀 사용하지 않고 물, 시멘트, 발포제만으로 만든 경량콘크리트(Lightweight Concrete)
(8)	프리플레이스트콘크리트 (Preplaced Concrete, Prepacked Concrete, 프리팩트콘크리트)	거푸집 안에 미리 굵은 골재를 채워 넣은 후 그 공극 속으로 특수한 모르타르를 주입하여 만든 콘크리트
(9)	무근콘크리트 (Non-Reinforced Concrete) 붓기 이음새 전단보강 방법	• 이음새에 장부를 설치 • 석재를 삽입하여 보강 • 철근을 삽입하여 보강

1998~2024 **기출문제**

01 [20④] 3점

매스콘크리트(Mass Concrete) 시공에서 콘크리트 재료의 일부 또는 전부를 냉각시켜 콘크리트의 온도를 낮추는 방법을 무엇이라 하는가?

02 [09④, 19②] 4점

매스콘크리트(Mass Concrete) 시공과 관련된 다음 용어에 대해 설명하시오.

(1) 선행 냉각(Pre-Cooling)

(2) 관로식 냉각(Pipe-Cooling)

03 [23④] 4점

매스콘크리트(Mass Concrete) 시공과 관련된 선행 냉각(Pre-Cooling)에 대해 설명하고 공법에 사용되는 재료를 2가지 쓰시오.

(1) 선행 냉각:

(2) 사용되는 재료:

① ②

04 [09④, 13①, 18②] 3점

다음 보기 중 매스콘크리트의 온도균열을 방지할 수 있는 기본적인 대책을 모두 골라 쓰시오.

보기

① 응결촉진제 사용	② 중용열시멘트 사용
③ Pre-Cooling 방법 사용	④ 단위시멘트량 감소
⑤ 잔골재율 증가	⑥ 물시멘트비 증가

05 [12①, 14④, 20①] 3점

매스콘크리트 수화열 저감을 위한 대책을 3가지 쓰시오.

①

②

③

06 [19①, 21②, 24②] 3점

콘크리트 응결경화 시 콘크리트 온도상승 후 냉각하면서 발생하는 온도균열 방지대책을 3가지 쓰시오.

①

②

③

정답 및 해설

01

선행 냉각(Pre-Cooling)

02

(1) 콘크리트 재료의 일부 또는 전부를 냉각시켜 콘크리트의 온도를 낮추는 방법

(2) 콘크리트 타설 전에 Pipe를 배관하여 냉각수나 찬공기를 순환시켜 콘크리트의 온도를 낮추는 방법

03

(1) 콘크리트 재료의 일부 또는 전부를 냉각시켜 콘크리트의 온도를 낮추는 방법

(2) ① 얼음 ② 액체질소

04

②, ③, ④

05, 06

① 단위시멘트량을 낮춘다.

② 수화열이 낮은 플라이애시 시멘트를 사용한다.

③ 선행 냉각(Pre Cooling, 프리쿨링), 관로식냉각(Pipe Cooling, 파이프쿨링)과 같은 온도균열 제어방법을 이용한다.

1998~2024 기출문제

07 [01①, 04①, 11④, 14②, 19①, 23④] 4점 □□□□□

숏크리트(Shotcrete) 공법의 정의를 기술하고, 그에 대한 장·단점을 1가지씩 쓰시오.

(1)	정의	
(2)	장점	
(3)	단점	

08 [01②, 10②, 13①] 4점 □□□□□

중량콘크리트의 용도를 쓰고, 대표적으로 사용되는 골재 2가지를 쓰시오.

(1)	용도		
(2)	사용 골재	①	②

09 [00⑤] 4점 □□□□□

다음 용어에 대해 설명하시오.

(1) 숏크리트(Shotcrete):

(2) 바라이트(Barite) 모르타르:

10 [04②, 09②, 16②] 4점 □□□□□

폴리머시멘트콘크리트의 특성을 보통시멘트콘크리트와 비교하여 4가지 서술하시오.

①

②

③

④

11 [00③] 3점 □□□□□

다음이 설명하는 콘크리트 종류를 쓰시오.

(1)	콘크리트 면을 노출시켜 마무리한 콘크리트
(2)	콘크리트를 타설한 직후 매트를 씌운 다음 진공장치로 잉여수를 제거하면서 다짐하여 초기강도를 크게 한 콘크리트
(3)	부재 단면치수가 80㎝ 이상이고 콘크리트 내외부 온도 차이가 25℃ 이상인 콘크리트

(1) (2) (3)

정답 및 해설

07

(1) 콘크리트를 압축공기로 노즐에서 뿜어 시공면에 붙여 만든 것

(2) 시공성이 우수하며 가설공사 불필요

(3) 표면이 거칠고 분진이 많음

08

(1) 방사선을 차폐할 목적으로 제작되는 콘크리트

(2) ① 철광석 ② 중정석

09

(1) 콘크리트를 압축공기로 노즐에서 뿜어 시공면에 붙여 만든 것

(2) 방사선 차단용으로 바라이트 분말에 시멘트, 모래를 혼합하여 만든 것

10

① 시공연도 향상

② 단위수량 감소

③ 블리딩(Bleeding) 및 재료분리 감소

④ 건조수축 및 탄성계수 감소

11

(1) 외장용 노출콘크리트

(2) 진공콘크리트

(3) 매스콘크리트

12 [03①, 05①, 08②, 15④] 3점

다음이 설명하는 콘크리트의 종류를 쓰시오.

(1)	거푸집을 제거한 후 노출된 콘크리트면 그대로를 마감면으로 하는 콘크리트
(2)	보통 부재 단면 최소치수 80cm 이상(하단이 구속된 경우에는 50cm 이상), 콘크리트 내외부 온도차가 25℃ 이상으로 예상되는 콘크리트
(3)	콘크리트설계기준강도가 일반콘크리트 40MPa 이상, 경량콘크리트 27MPa 이상인 콘크리트

(1) (2) (3)

13 [02①, 10①, 17①] 3점

다음이 설명하는 콘크리트의 명칭을 쓰시오.

(1)	콘크리트 제작 시 골재는 전혀 사용하지 않고 물, 시멘트, 발포제만으로 만든 경량콘크리트
(2)	콘크리트 타설후 Mat, Vacuum Pump 등을 이용하여 콘크리트 속에 잔류해 있는 잉여수 및 기포 등을 제거함을 목적으로 하는 콘크리트
(3)	거푸집 안에 미리 굵은골재를 채워넣은 후 그 공극 속으로 특수한 모르타르를 주입하여 만든 콘크리트

(1) (2) (3)

14 [00③] 4점

다음에 설명된 공법의 명칭을 기록하시오.

(1)	콘크리트 타설 직후에 매트, 진공펌프 등을 이용해 콘크리트 내부의 수분 중 수화작용에 필요한 최소량을 제외한 수분을 제거하여 밀실한 콘크리트를 시공하는 방법
(2)	PC제품이나 내진보강벽 등 폐쇄공간의 콘크리트를 타설하기 위해 콘크리트 펌프 등의 압송기계에 연결된 배관을 구조체 하부의 거푸집에 설치된 압입부에 직접 연결해서 유동성 있는 콘크리트를 타설하는 공법

(1) (2)

15 [98③] 3점

무근콘크리트의 붓기 이음새에 전단력을 보강하기 위한 방법을 3가지 쓰시오.

①

②

③

정답 및 해설

12

(1) 외장용 노출콘크리트
(2) 매스 콘크리트
(3) 고강도 콘크리트

13

(1) 서모콘
(2) 진공콘크리트
(3) 프리플레이스트콘크리트(프리팩트콘크리트)

14

(1) 진공콘크리트
(2) 압입공법

15

① 이음새에 장부를 설치
② 석재를 삽입하여 보강
③ 철근을 삽입하여 보강

MEMO

05 콘크리트 강도시험, 보수 및 보강

POINT 01 콘크리트 강도시험 및 검사

(1)	압축강도 시험 [KS F 2405]			
	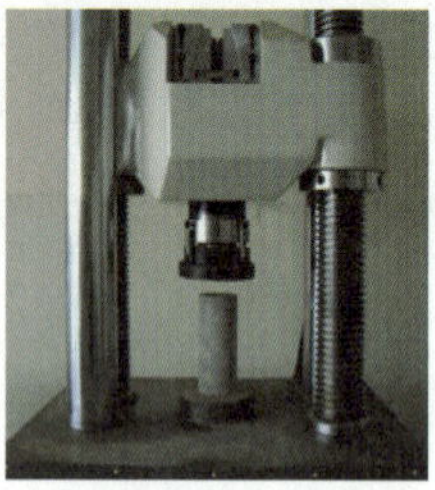	$f_c = \frac{P}{A} = \frac{P}{\frac{\pi D^2}{4}}$ (MPa)	P	최대하중(N)
			A	단면적(mm^2)
			D	직경(mm)
				$\phi 150 \times 300$ ➡ $D = 150mm$
				$\phi 100 \times 200$ ➡ $D = 100mm$
		공시체의 파괴형태		• 고강도콘크리트: 취성파괴
				• 저강도콘크리트: 연성파괴
				• 일반 콘크리트: 탄성파괴
(2)	쪼갬인장강도(간접인장강도, 할렬인장강도) 시험 [KS F 2423]			
		$f_{sp} = \frac{P}{A} = \frac{2P}{\pi DL}$ (MPa)	P	최대하중(N)
			A	단면적(mm^2)
			D	직경(mm)
			L	공시체의 길이(mm)
(3)	휨강도 시험 [KS F 2408]			
	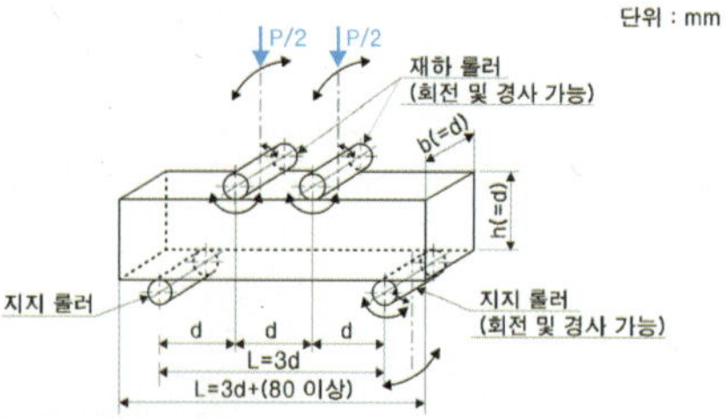		P	최대하중(N)
			L	경간(mm)
	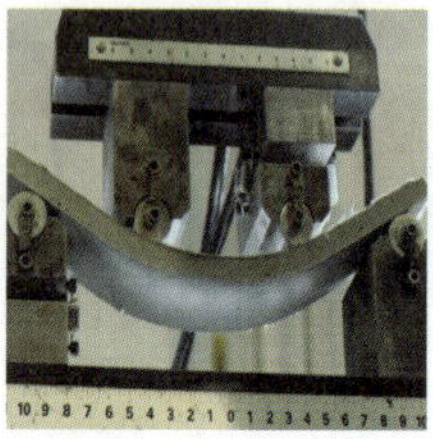	**4점 재하장치에 의한 휨강도** $f_r = \frac{PL}{bh^2}$ (MPa)	b	단면의 폭(mm)
			h	단면의 높이(mm)

POINT 01 콘크리트 강도시험 및 검사

(4) 강도추정을 위한 비파괴 검사법 : 반발경도법(=슈미트해머법), 초음파 속도법, 인발법, 조합법

반발경도법 강도의 보정방법		• 타격방향에 의한 보정 • 콘크리트 건조상태에 의한 보정 • 재령(Age)에 의한 보정계수의 적용

1998~2024 **기출문제**

01 [03①] 3점

콘크리트의 강도시험에서 하중속도는 압축강도에 크게 영향을 미치고 있으므로 매초 0.2~0.3N/mm^{2}의 규정에 맞는 하중속도를 정하고자 한다. ϕ100mm×200mm 시험체를 일정한 유압이 걸리도록 된 시험기에 걸고 1분 경과 시 하중계의 값이 몇 kN과 몇 kN 범위에 들면 되는지 하중값을 산출하시오.

02 [00②, 05④, 06①] 4점

특기시방서상 레미콘의 압축강도가 18MPa 이상으로 규정되어 있다고 할 때, 납품된 레미콘으로부터 임의의 3개 공시체(ϕ150mm×300mm)를 제작하여 압축강도를 시험한 결과최대하중 300kN, 310kN, 320kN에서 파괴되었다. 평균압축강도를 구하고 규정을 상회하고 있는지 여부에 따라 합격 및 불합격을 판정하시오.

정답 및 해설

01

(1) 초당 0.2N/mm^2 일 때:

$$\frac{\pi(100)^2}{4}\times0.2\times60=94{,}247\text{N}$$

(2) 초당 0.3N/mm^2 일 때:

$$\frac{\pi(100)^2}{4}\times0.3\times60=141{,}372\text{N}$$

∴ 94.247kN ~ 141.372kN

02

(1) $$f_c=\frac{\frac{P_1}{A}+\frac{P_2}{A}+\frac{P_3}{A}}{3}$$

$$=\frac{\dfrac{300\times10^3+310\times10^3+320\times10^3}{\frac{\pi\times150^2}{4}}}{3}$$

$=17.542\text{MPa}$

(2) $f_c=17.542\text{MPa} < 18\text{MPa}$ 이므로 불합격

1998~2024 **기출문제**

03 [13①] 3점

□□□□□

재령 28일 콘크리트 표준공시체(ϕ150mm × 300mm)에 대한 압축강도시험 결과 파괴하중이 400kN일 때 압축강도 f_c(MPa)를 구하시오.

04 [15②, 20①, 21①] 3점

□□□□□

재령 28일 콘크리트 표준공시체(ϕ150mm × 300mm)에 대한 압축강도시험 결과 파괴하중이 450kN일 때 압축강도 f_c(MPa)를 구하시오.

05 [99①, 04②, 06①] 3점

□□□□□

콘크리트 압축강도 시험에서 파괴양상에 대해 쓰시오.

(1) 고강도콘크리트: ______________

(2) 저강도콘크리트: ______________

(3) 일반 콘크리트: ______________

06 [05②, 20④, 22①] 3점

□□□□□

지름 300mm, 길이 500mm의 콘크리트 시험체의 쪼갬 인장강도 시험에서 최대하중이 100kN으로 나타났다면 이 시험체의 인장강도를 구하시오.

07 [05②] 4점

□□□□□

특기시방서방 콘크리트의 휨강도가 5MPa 이상으로 규정되어 있다. 150×150×530mm 공시체를 경간(Span) 450mm인 중앙점 하중법으로 휨강도 시험을 실시한 결과 45kN, 53kN, 35kN의 하중으로 파괴되었다면 평균휨강도를 구하고, 평균치가 규정을 상회하고 있는지 여부에 따라 합격여부를 판정하시오.

【단순보의 중앙점 하중법 ➡ 현행 규정 폐지】

정답 및 해설

03

$$f_c = \frac{P}{A} = \frac{P}{\frac{\pi D^2}{4}} = \frac{(400\times10^3)}{\frac{\pi(150)^2}{4}}$$

$= 22.635\text{N/mm}^2 = 22.635\text{MPa}$

04

$$f_c = \frac{P}{A} = \frac{P}{\frac{\pi D^2}{4}} = \frac{(450\times10^3)}{\frac{\pi(150)^2}{4}}$$

$= 25.464\text{N/mm}^2 = 25.464\text{MPa}$

05

(1) 취성파괴

(2) 연성파괴

(3) 탄성파괴

06

$$f_{sp} = \frac{2(100\times10^3)}{\pi(300)(500)} = 0.424\text{MPa}$$

07

(1)

$$f_r = \frac{\frac{3(P_1+P_2+P_3)L}{2bh^2}}{3}$$

$$= \frac{\frac{3(45\times10^3+53\times10^3+35\times10^3)(450)}{2(150)(150)^2}}{3}$$

$= 8.866\text{MPa}$

(2) $f_r = 8.866\text{MPa} \geq 5\text{MPa}$ 이므로 합격

08 [13④, 20②] 4점 □□□□□

그림과 같은 150mm×150mm 단면을 갖는 무근콘크리트 보가 경간길이 450mm로 단순지지되어 있다. 3등분점에서 2점 재하 하였을 때 하중 $P=12\text{kN}$에서 균열이 발생함과 동시에 파괴되었다. 이때 무근콘크리트의 휨균열강도(휨파괴계수)를 구하시오.

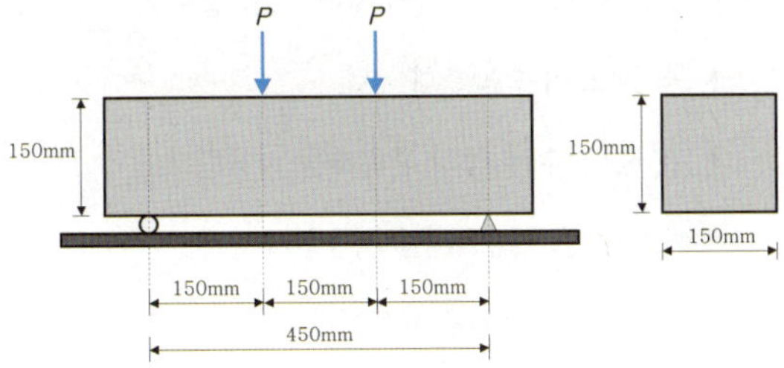

09 [98②, 01①, 15④, 24③] 3점, 4점 □□□□□

사공된 콘크리트 구조물에서 경화콘크리트의 강도 추정을 위해 이용되고 있는 비파괴시험 방법의 명칭을 4가지 쓰시오.

①
②
③
④

10 [02①, 04①, 21①] 3점, 4점 □□□□□

콘크리트 구조물의 압축강도를 추정하고 내구성 진단, 균열의 위치, 철근의 위치 등을 파악하는데 있어서 구조체를 파괴하지 않고, 비파괴적인 방법으로 측정하는 검사방법을 4가지 쓰시오.

①
②
③
④

11 [98④, 99⑤, 04④, 10②] 3점 □□□□□

콘크리트의 압축강도를 조사하기 위해 슈미트해머를 사용할 때 반발경도를 조사한 후 추정강도를 계산할 때 실시하는 보정방안 3가지를 쓰시오.

①
②
③

정답 및 해설

08

$$f_r=\frac{PL}{bh^2}=\frac{(24\times10^3)(450)}{(150)(150)^2}$$
$$=3.2\text{N/mm}^2=3.2\text{MPa}$$

09, 10

① 반발경도법
② 초음파 속도법
③ 인발법
④ 조합법

11

① 타격방향에 의한 보정
② 콘크리트 건조상태에 의한 보정
③ 재령(Age)에 의한 보정계수의 적용

POINT 02 콘크리트 탄산화, 염해, 균열, 크리프

(1) 탄산화(Carbonation, 중성화)

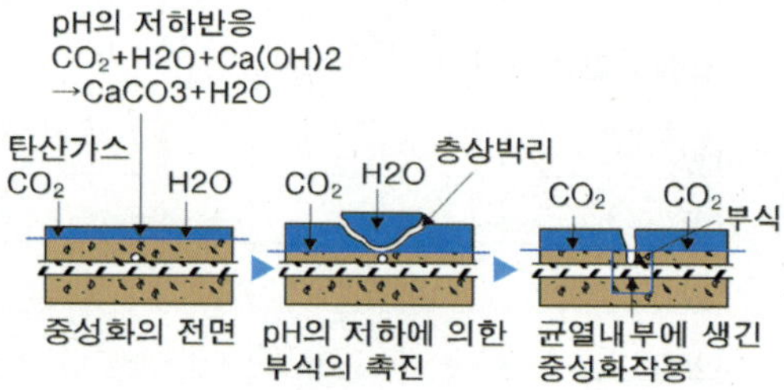

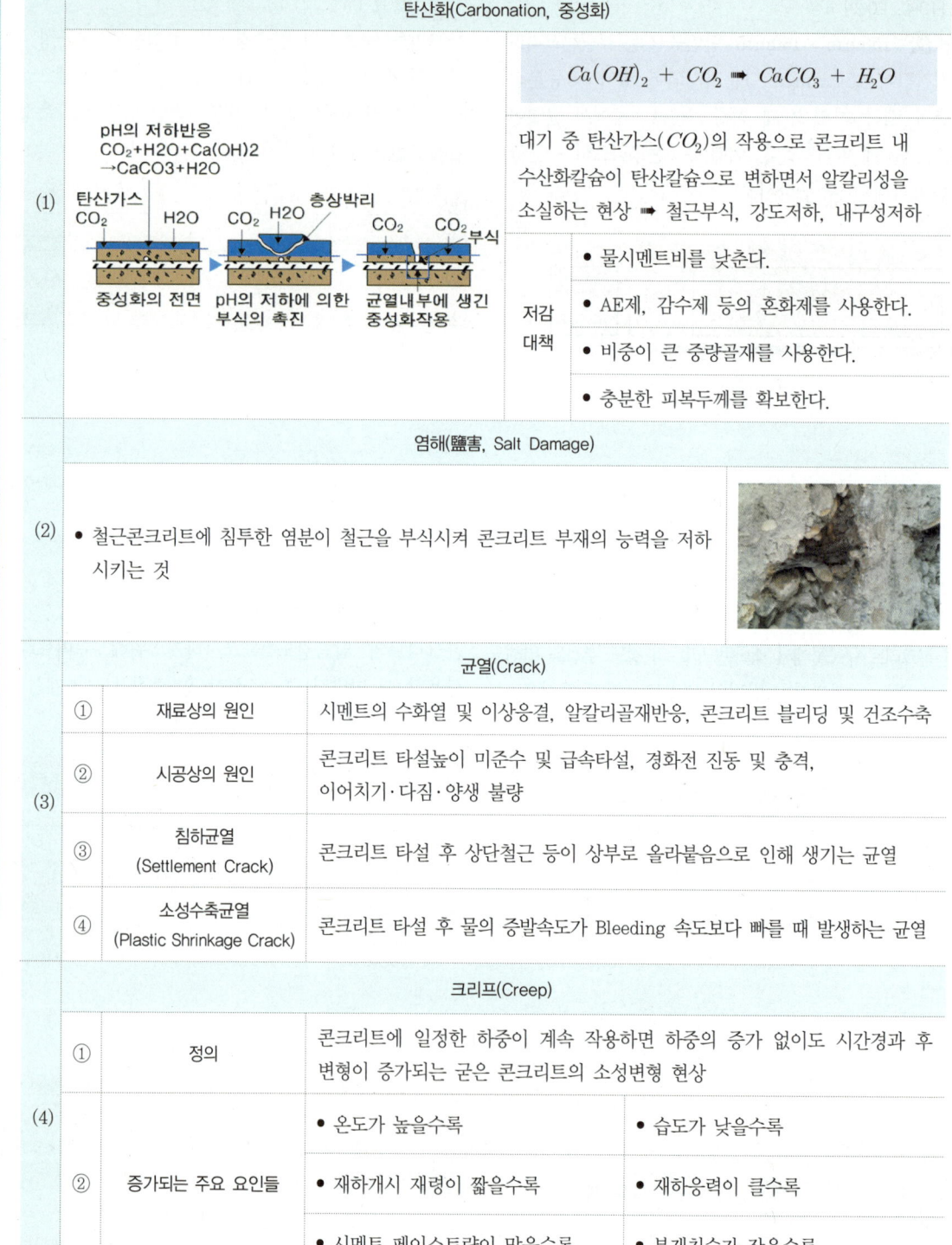

$$Ca(OH)_2 + CO_2 \rightarrow CaCO_3 + H_2O$$

대기 중 탄산가스(CO_2)의 작용으로 콘크리트 내 수산화칼슘이 탄산칼슘으로 변하면서 알칼리성을 소실하는 현상 ➡ 철근부식, 강도저하, 내구성저하

저감대책	
	• 물시멘트비를 낮춘다.
	• AE제, 감수제 등의 혼화제를 사용한다.
	• 비중이 큰 중량골재를 사용한다.
	• 충분한 피복두께를 확보한다.

(2) 염해(鹽害, Salt Damage)

• 철근콘크리트에 침투한 염분이 철근을 부식시켜 콘크리트 부재의 능력을 저하시키는 것

(3) 균열(Crack)

①	재료상의 원인	시멘트의 수화열 및 이상응결, 알칼리골재반응, 콘크리트 블리딩 및 건조수축
②	시공상의 원인	콘크리트 타설높이 미준수 및 급속타설, 경화전 진동 및 충격, 이어치기·다짐·양생 불량
③	침하균열 (Settlement Crack)	콘크리트 타설 후 상단철근 등이 상부로 올라붙음으로 인해 생기는 균열
④	소성수축균열 (Plastic Shrinkage Crack)	콘크리트 타설 후 물의 증발속도가 Bleeding 속도보다 빠를 때 발생하는 균열

(4) 크리프(Creep)

①	정의	콘크리트에 일정한 하중이 계속 작용하면 하중의 증가 없이도 시간경과 후 변형이 증가되는 굳은 콘크리트의 소성변형 현상	
②	증가되는 주요 요인들	• 온도가 높을수록	• 습도가 낮을수록
		• 재하개시 재령이 짧을수록	• 재하응력이 클수록
		• 시멘트 페이스트량이 많을수록	• 부재치수가 작을수록

1998~2024 **기출문제**

01 [03①, 05④] 2점

다음이 설명하는 용어를 쓰시오.

> 경화한 콘크리트는 시멘트의 수화 생성 물질로서 수산화석회를 유리하여 강알칼리성을 나타내고 수산화석회는 시간의 경과와 함께 콘크리트의 표면으로부터 공기 중의 탄산가스 영향을 받아서 서서히 탄산석회로 변화하여 알칼리성을 소실하는 현상

02 [07②, 11①] 4점

탄산화의 정의와 반응식에 대하여 다음 물음에 답하시오.

(1)	탄산화의 정의: 대기 중의 탄산가스의 작용으로 콘크리트 내 (①)이 (②)으로 변하면서 알칼리성을 소실하는 현상을 말한다.
(2)	반응식: (③) + CO_2 → (④) + H_2O

① ②

③ ④

03 [00①, 01①, 01②] 4점

다음 콘크리트 공사에 관한 용어에 대하여 기술하시오.

(1) 알칼리골재반응:

(2) 콘크리트 탄산화:

04 [00④] 4점

다음 콘크리트에 대한 용어에 대해 기술하시오.

(1) 염해:

(2) 탄산화:

05 [00③] 3점

우리나라에 유입되고 있는 중국에서 발생한 다량의 탄산가스(CO_2)가 철근콘크리트 구조물에 미치는 영향을 3가지 쓰시오.

①

②

③

정답 및 해설

01
탄산화

02
① 수산화칼슘
② 탄산칼슘
③ $Ca(OH)_2$
④ $CaCO_3$

03
(1) 시멘트의 알칼리 성분과 골재의 실리카 성분이 반응하여 수분을 지속적으로 흡수팽창하는 현상
(2) 대기 중 탄산가스의 작용으로 콘크리트 내 수산화칼슘이 탄산칼슘으로 변하면서 알칼리성을 소실하는 현상

04
(1) 철근콘크리트에 침투한 염분이 철근을 부식시켜 콘크리트 부재의 능력을 저하시키는 것
(2) 대기 중 탄산가스의 작용으로 콘크리트 내 수산화칼슘이 탄산칼슘으로 변하면서 알칼리성을 소실하는 현상

05
① 철근부식 ② 강도저하 ③ 내구성저하

06 [00②] 4점

콘크리트의 탄산화에 대한 저감대책 4가지를 쓰시오.

①

②

③

④

07 [99①, 99④] 3점, 6점

콘크리트 균열의 원인을 재료상, 시공상으로 구분하여 각각 3가지씩 기술하시오.

(1) 재료상의 원인:

①

②

③

(2) 시공상의 원인:

①

②

③

08 [03①] 6점

콘크리트 작업 시 발생되는 다음의 균열에 대해 설명하시오.

(1) 침하균열(Settlement Crack)

(2) 레미콘에 의해 생길 수 있는 균열 원인

①

②

09 [14②, 22②] 3점

콘크리트 소성수축균열(Plastic Shrinkage Crack)에 관하여 설명하시오.

10 [98③, 09②, 11②, 15④, 20①, 22①, 23④] 2점, 3점

콘크리트에서 크리프(Creep) 현상에 대하여 설명하시오.

정답 및 해설

06

① 물시멘트비를 낮춘다.
② AE제, 감수제 등의 혼화제를 사용한다.
③ 비중이 큰 중량골재를 사용한다.
④ 충분한 피복두께를 확보한다.

07

(1) ① 시멘트의 수화열 및 이상응결
② 알칼리골재반응
③ 콘크리트 블리딩 및 건조수축

(2) ① 콘크리트 타설높이 미준수 및 급속타설
② 경화전 진동 및 충격
③ 이어치기, 다짐, 양생 불량

08

(1) 콘크리트 타설 후 상단철근 등이 상부로 올라붙음으로 인해 생기는 균열

(2) ① 장기간 운반에 따른 재료분리
② 시공연도 증가를 위한 현장에서의 물의 과다 사용

09

콘크리트 타설 후 물의 증발속도가 블리딩 속도보다 빠를 때 발생하는 균열

10

하중의 증가 없이도 시간경과 후 변형이 증가되는 굳은 콘크리트의 소성변형 현상

1998~2024 **기출문제**

11 [10②, 20①] 4점

다음 용어를 설명하시오.

(1) 크리프(Creep)

(2) 콜드조인트(Cold Joint)

(3) 모세관공극(Capillary Cavity)

(4) 레이턴스(Laitance)

12 [11①] 5점

경화된 콘크리트의 크리프 현상에 대한 설명이다.
맞으면 O, 틀리면 X로 표시하시오.

(1)	재하기간 중 습도가 클수록 크리프는 커진다.	
(2)	재하개시 재령이 짧을수록 크리프는 커진다.	
(3)	재하응력이 클수록 크리프는 커진다.	
(4)	시멘트 페이스트량이 적을수록 커진다.	
(5)	부재치수가 작을수록 크리프는 커진다.	

정답 및 해설

11

(1) 하중의 증가 없이도 시간경과 후 변형이 증가되는 굳은 콘크리트의 소성변형 현상

(2) 콘크리트 이어치기할 때 콘크리트가 일체화 되지 않아 발생하는 계획되지 않은 줄눈

(3) 수화된 시멘트풀 중 고체 부분으로 채워지지 않고 남은 빈 부분

(4) 블리딩 수의 증발에 따라 콘크리트면에 침적된 백색의 미세 물질

12

(1) X
(2) O
(3) O
(4) X
(5) O

POINT 03 콘크리트 보수 및 보강

(1)	구조적인 균열에 대한 보수재료가 갖추어야 하는 요구조건			
	①	보수대상 구조물 표면에 대한 우수한 부착성		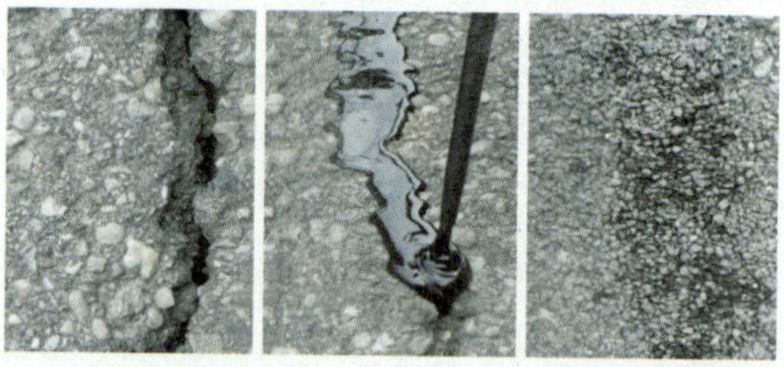
	②	보수대상 구조물 경화 시 수축이 없을 것		
	③	완전 주입이 가능한 충전성능과 적합한 점도		
(2)	균열의 외관 보수			
	①	표면처리공법	통상 0.2mm 이하의 미세한 균열 표면에 수지계 또는 시멘트계의 재료를 주입하여 피막층을 만드는 방법	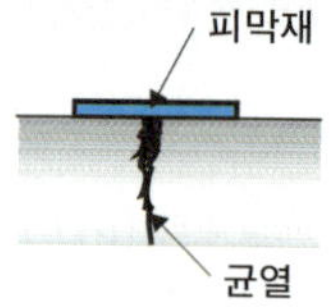
	②	주입공법	통상 균열폭 0.2mm 이상의 경우에 주입용 Pipe를 10~30cm 간격으로 설치하고 저점도의 Epoxy 수지로 충전하는 방법	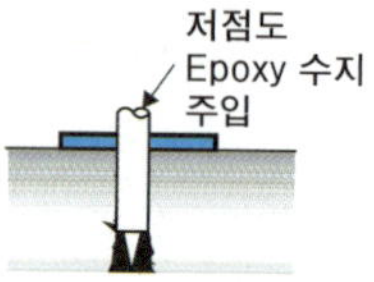
	③	충전공법	균열을 따라 콘크리트를 10mm 정도 U형 또는 V형으로 잘라내고 그 부분에 보수재를 충전하는 방법으로 균열폭 0.5mm 이상의 비교적 큰 폭의 균열보수에 적용	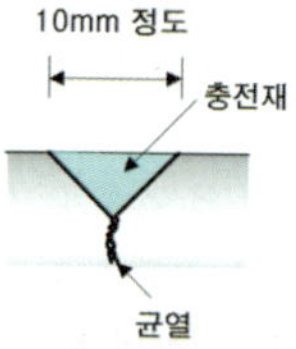
(3)	콘크리트 균열보강법			
	①	단면증대공법	기존 콘크리트면에 철근콘크리트를 타설하여 단면을 늘림	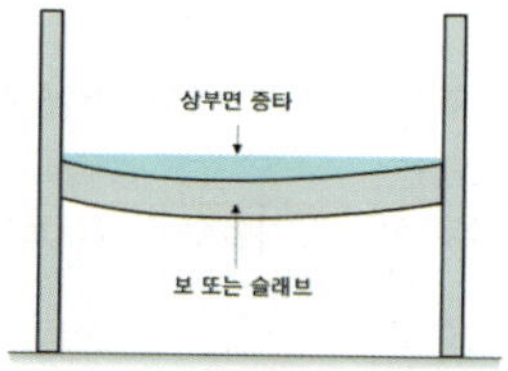
	②	강판접착공법	인장측 콘크리트 표면에 강판을 에폭시수지로 접착	
	③	철물매입공법 또는 강재앵커공법		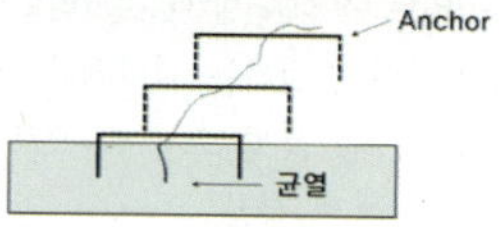

1998~2024 **기출문제**

01 [06②] 3점

구조적인 균열에 대한 보수재료가 갖추어야 하는 요구조건을 3가지만 쓰시오.

① ______

② ______

③ ______

02 [03①, 10①, 16④, 22④] 4점

다음 콘크리트의 균열보수법에 대하여 설명하시오.

(1) 표면처리법

(2) 주입공법

03 [02①, 06①, 12①, 20③] 3점

콘크리트 구조물의 균열발생 시 실시하는 보강공법을 3가지 쓰시오.

① ______

② ______

③ ______

04 [17①] 3점

콘크리트 구조물의 균열발생 시 균열의 보수와 보강이 있는데, 구조보강법의 종류를 3가지 쓰시오.

① ______

② ______

③ ______

정답 및 해설

01

① 보수대상 구조물 표면에 대한 우수한 부착성
② 보수대상 구조물 경화 시 수축이 없을 것
③ 완전 주입이 가능한 충전성능과 적합한 점도

02

(1) 0.2mm 이하의 미세한 균열 표면에 수지계 또는 시멘트계의 재료를 주입하여 피막층을 만드는 방법
(2) 균열폭 0.2mm 이상의 경우에 주입용 Pipe를 10~30cm 간격으로 설치하고 저점도의 Epoxy 수지로 충전하는 방법

03, 04

① 단면증대공법
② 강판접착공법
③ 철물매입공법 또는 강재앵커공법

06 철근콘크리트공사 : 적산사항

POINT 01 거푸집 구입량, 콘크리트 1㎥당 각 재료량 산출

(1) 거푸집 구입량

①	1회 사용 시	구입량 = 소요량 × 손실률
②	전용률 고려 시	구입량 = [소요량 - (소요량 × 전용률)] × 손실률

(2) 콘크리트 1㎥당 각 재료량 산출:

1)	물시멘트비(W/C)	① 정의	물시멘트비는 시멘트에 대한 물의 중량 백분률	
		② 중량과 부피의 관계	• $1\text{kg} = 1\ell$	• $1\text{m}^3 = 1{,}000\ell$
2)	배합비 1 : m : n	① 콘크리트 비벼내기량 $V(\text{m}^3)$ 약산식 $V = 1.1 \times m + 0.57 \times n$	② 시멘트 소요량 $C(\text{kg})$ $C = \frac{1}{V} \times 1{,}500$	
		【※ 철근콘크리트 단위체적중량 $2{,}400\text{kg/m}^3$】		

1998~2024 기출문제

01 [06①] 4점

건설공사의 기초거푸집 소요량이 100m^2이고, 1, 2층의 거푸집이 각각 300m^2일 때 거푸집 주문량을 산출하시오.(단, 기초 거푸집은 1회 사용, 일반층은 2회 사용하는 것으로 한다. 이때, 거푸집 1m^2당 1회 사용 시 손실률은 3%이고, 2회 사용 시 전용률은 57%이다.)

02 [10②] 2점

다음 문장의 (　)안을 적당한 용어로 채우시오.

> 물시멘트비는 시멘트에 대한 물의 (　　) 백분률이다.

03 [06②] 3점

$W/C = 55\%$, $C = 310\text{kg}$일 때 물의 량(m^3)을 구하시오.

04 [18④, 23①] 4점, 6점

다음 조건의 철근콘크리트 부재의 부피와 중량을 구하시오.

(1) 보: 단면 $300\text{mm} \times 400\text{mm}$, 길이 1m, 150개
① 부피:
② 중량:

(2) 기둥: 단면 $450\text{mm} \times 600\text{mm}$, 길이 4m, 50개
① 부피:
② 중량:

정답 및 해설

01 544.87m^2

(1) 기초 : $100\text{m}^2 \times 1.03 = 103\text{m}^2$

(2) 1층 : $300\text{m}^2 \times 1.03 = 309\text{m}^2$

(3) 2층 : $[300 - (300\text{m}^2 \times 0.57)] \times 1.03 = 132.87\text{m}^2$

(4) 총 주문량: $103 + 309 + 132.87 = 544.87$

02 중량

03 0.1705m^3

(1) $W = 310\text{kg} \times 0.55 = 170.5\text{kg}$

(2) $1\text{kg} = 1\ell$, $1\text{m}^3 = 1{,}000\ell$이므로 $170.5 \div 1{,}000 = 0.1705\text{m}^3$

04

(1) ① $0.3 \times 0.4 \times 1 \times 150 = 18\text{m}^3$
② $18 \times 2{,}400 = 43{,}200\text{kg}$

(2) ① $0.45 \times 0.6 \times 4 \times 50 = 54\text{m}^3$
② $54 \times 2{,}400 = 129{,}600\text{kg}$

05 [07①] 6점

□□□□□

다음 도면의 철근콘크리트 독립기초 2개소 시공에 필요한 다음 소요 재료량을 정미량으로 산출하시오.

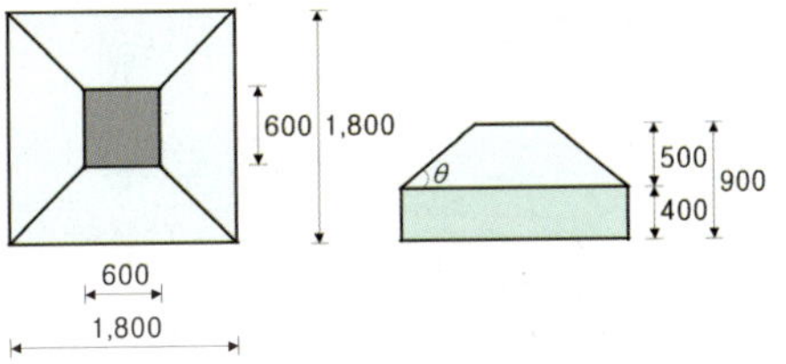

(1) 콘크리트량(m^3):

(2) 거푸집량(m^2):

(3) 시멘트량 (단, 1:2:4 현장계량용적배합임 - 포대수):

(4) 물량(W/C=60% - ℓ):

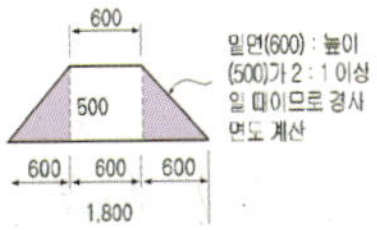

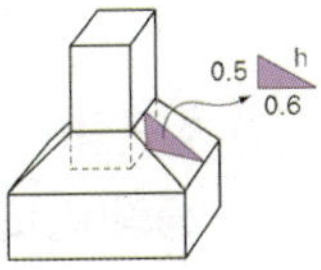

06 [08④, 17①, 20①, 24①] 6점, 8점

□□□□□

다음 조건에서 콘크리트 $1m^3$를 생산하는데 필요한 시멘트, 모래, 자갈의 중량을 산출하시오.

① 단위수량 : $160kg/m^3$	② 물시멘트비 : 50%	③ 잔골재율 : 40%
④ 시멘트 비중 : 3.15	⑤ 잔골재 비중 : 2.6	⑥ 굵은골재 비중 : 2.6
⑦ 공기량 : 1%		

(1) 단위시멘트량:

(2) 시멘트의 체적:

(3) 물의 체적:

(4) 전체 골재의 체적:

(5) 잔골재의 체적:

(6) 잔골재량:

(7) 굵은골재량:

〈참고〉

(1) 비중 $= \dfrac{중량}{체적}$,
중량 = 비중 × 체적

(2) 1kg = 1ℓ,
$1m^3 = 1,000ℓ$

정답 및 해설

05 (1) $4.15m^3$ (2) $13.26m^2$ (3) 35포 (4) 834.10ℓ

(1) $1.8\times1.8\times0.4$

$+\dfrac{0.5}{6}[(2\times1.8+0.6)\times1.8+(2\times0.6+1.8)\times0.6]$

$=2.076\times2$개소$=4.152$

(2) $[1.8\times0.4\times4면]+\left[\dfrac{1.8+0.6}{2}\times\sqrt{0.6^2+0.5^2}\times4면\right]$

$=6.628\times2$개소$=13.256$

(3) ① $V=1.1\times2+0.57\times4=4.48m^3$

② $C=\dfrac{1}{4.48}\times1,500=334.821kg$

③ $\dfrac{334.821}{40}\times4.152=34.754$포

(4) 34.754포$\times40kg\times0.6=834.096$

06

(1) 단위시멘트량 : $160\div0.50=320kg/m^3$

(2) 시멘트의 체적 : $\dfrac{320kg}{3.15\times1,000l}=0.102m^3$

(3) 물의 체적 : $\dfrac{160kg}{1\times1,000l}=0.16m^3$

(4) 전체 골재의 체적

$=1m^3-$(시멘트의 체적+물의 체적+공기량의 체적)

$=1-(0.102+0.16+0.01)=0.728m^3$

(5) 잔골재의 체적=전체 골재의 체적×잔골재율

$=0.728\times0.4=0.291m^3$

(6) 잔골재량$=0.291\times2.6\times1,000=756.6kg$

(7) 굵은골재량$=0.728\times0.6\times2.6\times1,000=1,135.68kg$

POINT 02 보 수량 산출

(1) 콘크리트량 $V(m^3)$

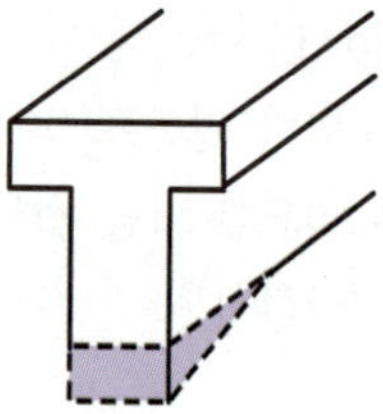

① $V(m^3)$ = 보 폭 × 보 높이 × 보 길이

② 헌치(Haunch)가 있는 경우 그 부분만큼 가산한다.

(2) 거푸집량 $A(m^2)$

$A(m^2)$ = (기둥간 안목길이 × 보 높이) × 2

(3) 철근량(kg): 상부주근, 하부주근, 벤트근, 늑근으로 구분하여 길이를 산정한 후, 단위중량을 곱하여 중량(kg)으로 산출한다.

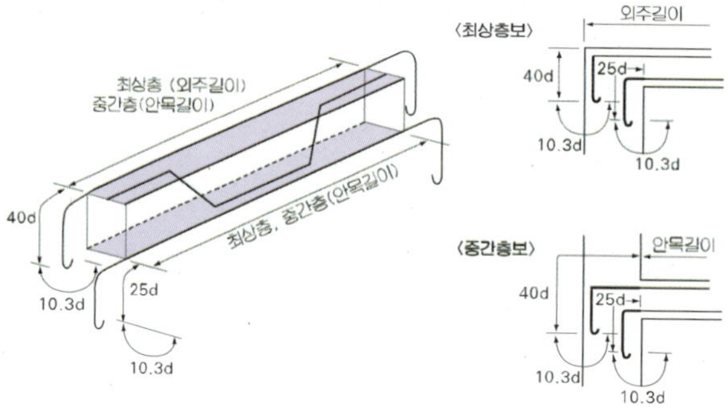

①	상부주근	• 중간층=안목길이+(정착길이 40+Hook길이 10.3)D×2곳
		• 최상층=외주길이+(정착길이 40+Hook길이 10.3)D×2곳
		• 배근 갯수=도면에 표기된 갯수
②	하부주근	• 중간층=안목길이+(정착길이 25+Hook길이 10.3)D×2곳
		• 최상층=안목길이+(정착길이 25+Hook길이 10.3)D×2곳
		• 배근 갯수=도면에 표기된 갯수
③	벤트근	• 중간층=안목길이+(정착길이 40+Hook길이 10.3)D×2곳+벤트길이
		• 최상층=외주길이+(정착길이 40+Hook길이 10.3)D×2곳+벤트길이
		• 배근 갯수=도면에 표기된 갯수
		※ 벤트길이 산정 시: ➡ 보의 높이에서 10cm를 뺀값을 일반적으로 적용한다. ➡ 단부=$\frac{안목치수}{4}$, 중앙부=$\frac{안목치수}{2}$
④	늑근	• 늑근 1개 길이는 보 단면의 설계치수로 하며, Hook는 없는 것으로 한다.
		• 배근 갯수 = $\frac{안목길이}{늑근간격}+1$

1998~2024 **기출문제**

01 [05①, 14①, 20③] 4점, 6점

그림과 같은 헌치 보에 대하여, 콘크리트량과 거푸집 면적을 구하시오. (단, 거푸집 면적은 보의 하부면도 산출할 것)

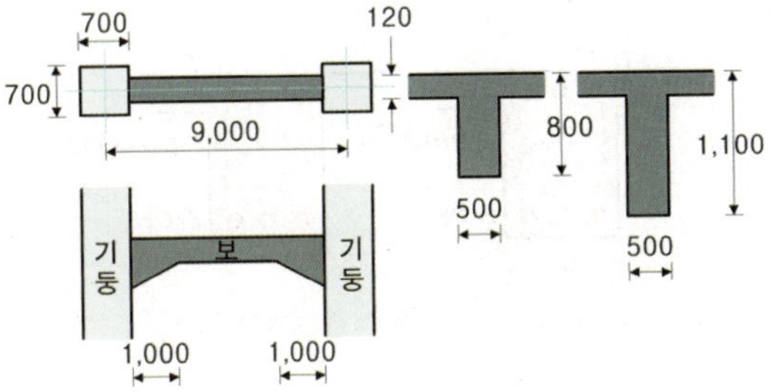

(1) 콘크리트:

(2) 거푸집 면적:

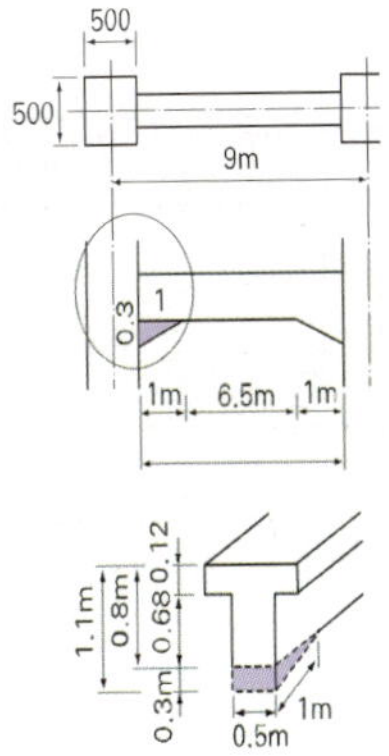

02 [07①] 6점

그림과 같은 철근콘크리트 보의 주근 철근량을 구하시오. (단, $D22 = 3.04\text{kg/m}$, 정착길이는 인장철근의 경우 $40D$ 압축철근의 경우는 $25D$로 하고 후크(Hook)의 길이는 $10.3D$로 한다.)

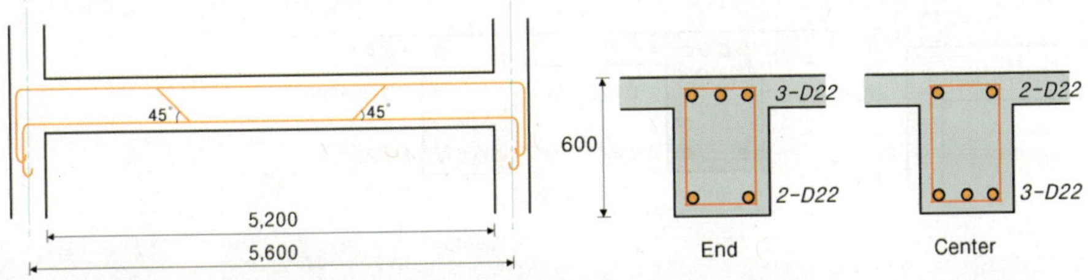

정답 및 해설

01 (1) 3.47m^3 (2) 16.08m^2

(1) ① 보 부분 : $0.5\times0.8\times8.3 = 3.32\text{m}^3$

② 헌치 부분 : $\left(\frac{1}{2}\times0.5\times0.3\times1\right)\times2$면 $= 0.15\text{m}^3$

③ 3.32+0.15=3.47

(2) ① 보 옆 : $0.68\times8.3\times2$면 $= 11.288\text{m}^2$

② 헌치 옆 : $\left[\left(\frac{1}{2}\times0.3\times1\right)\times2\text{ 면}\right]\times2$면$= 0.6\text{m}^2$

③ 보 밑: $6.3\times0.5+\sqrt{1^2+0.3^2}\times0.5\times2 = 4.194\text{m}^2$

④ 11.288+0.6+4.194=16.082

02 109.96kg

(1) 상부주근(D22) : $[5.2+(40+10.3)\times0.022\times2]\times2$개 $= 14.83\text{m}$

(2) 하부주근(D22) : $[5.2+(25+10.3)\times0.022\times2]\times2$개 $= 13.51\text{m}$

(3) 벤트철근(D22) :

$[5.2+(40+10.3)\times0.022\times2]+[(0.5\sqrt{2}-0.5)\times2] = 7.83\text{m}$

(4) 합계(D22) : $(14.83+13.51+7.83)\times3.04 = 109.957\text{kg}$

03 [99①, 02④] 7점

다음과 같은 철근콘크리트 기준층 보에서 철근 중량을 산출하시오. (단, $D22 = 3.04$kg/m, $D10 = 0.56$kg/m 이고, 주근의 Hook 길이는 $10.3D$로 한다.)

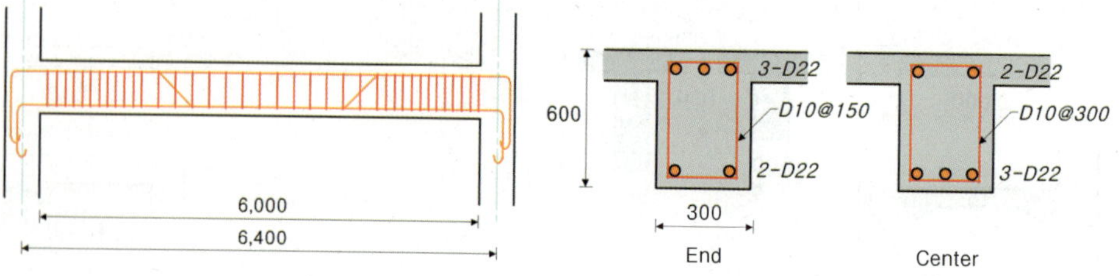

04 [01①] 5점

그림과 같은 철근 콘크리트 최상층 보에서 철근 중량을 산출하시오. (단, $D22 = 3.04$kg/m, $D10 = 0.56$kg/m 이고, 주근의 Hook 길이는 고려하지 않는다.)

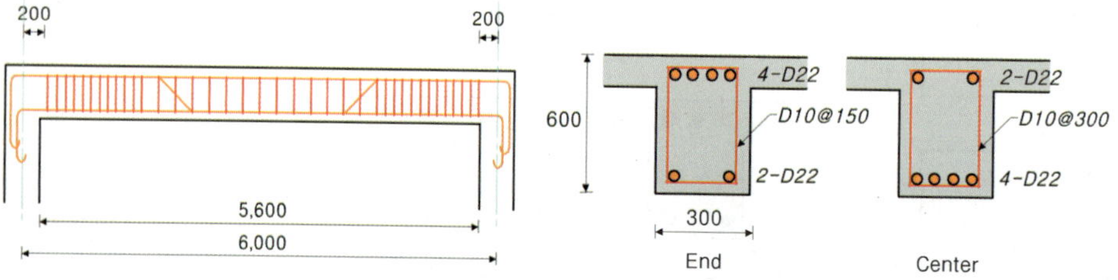

정답 및 해설

03 153.33kg

(1) 상부주근(D22): $[6+(40+10.3)\times0.022\times2]\times2$개 $=16.426$m

(2) 하부주근(D22): $[6+(25+10.3)\times0.022\times2]\times2$개 $=15.106$m

(3) 벤트철근(D22):

$$[6+(40+10.3)\times0.022\times2]+[(0.5\sqrt{2}-0.5)\times2]=8.627\text{m}$$

(4) 늑근(D10): $[(0.3+0.6)\times2]\times\left(\dfrac{3}{0.3}+\dfrac{3}{0.15}+1\right)=55.8$m

(5) 합계 ① D22 : $(16.426+15.106+8.627)\times3.04=122.083$kg

② D10 : $55.8\times0.56=131.248$kg

$\therefore$ $122.083+31.248=153.331$kg

04 171.72kg

(1) 상부주근(D22): $[6.4+40\times0.022\times2]\times2$개 $=16.32$m

(2) 하부주근(D22): $[5.6+25\times0.022\times2]\times2$개 $=13.4$m

(3) 벤트철근(D22): $[6.4+40\times0.022\times2]\times2$개

$+[(0.5\sqrt{2}-0.5)\times2]\times2=17.15$m

(4) 늑근(D10): $[(0.3+0.6)\times2]\times\left(\dfrac{2.8}{0.3}+\dfrac{2.8}{0.15}+1\right)=52.2$m

(5) 합계 ① D22 : $(16.32+13.4+17.15)\times3.04=142.484$kg

② D10 : $52.2\times0.56=29.232$kg

$\therefore$ $142.484+29.232=171.716$kg

MEMO

III

POINT 03 기둥 수량 산출

(1) **콘크리트량:** $V(\mathrm{m}^3)$ = 기둥 단면적×슬래브 안목간 높이

(2) **거푸집량:** $A(\mathrm{m}^2)$ = 기둥 둘레길이×슬래브 안목간 높이

(3) **철근량(kg): 주근, 대근(띠철근)으로 구분하여 길이를 산정한 후, 단위중량을 곱하여 중량(kg)으로 산출한다.**

①	주근	• 1개의 길이=층고 높이 • 배근 갯수=도면에 표기된 갯수	②	대근	• 1개의 길이=기둥 단면 외주길이 • 배근 갯수 $= \dfrac{\text{기둥 높이}}{\text{대근 간격}} + 1$

1998~2024 기출문제

01 [98①, 09④, 11②, 15①] 4점

다음 도면과 같은 기둥 주근의 철근량을 산출하시오. (단, 층고는 3.6m, 주근의 이음길이는 $25D$로 하고, 철근의 중량은 $D22 = 3.04\mathrm{kg/m}$, $D19 = 2.25\mathrm{kg/m}$, $D10 = 0.56\mathrm{kg/m}$로 한다.)

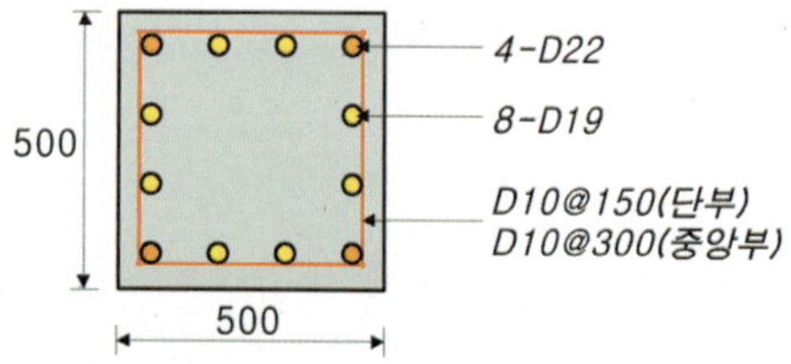

02 [99⑤, 05②] 4점

다음과 같은 기둥 철근량(주근, 대근)을 산출하시오. (단, 층고는 3.6m, 주근의 이음길이는 $25D$로 하고, 철근의 중량은 $D22 = 3.04\mathrm{kg/m}$, $D19 = 2.25\mathrm{kg/m}$, $D10 = 0.56\mathrm{kg/m}$로 한다.)

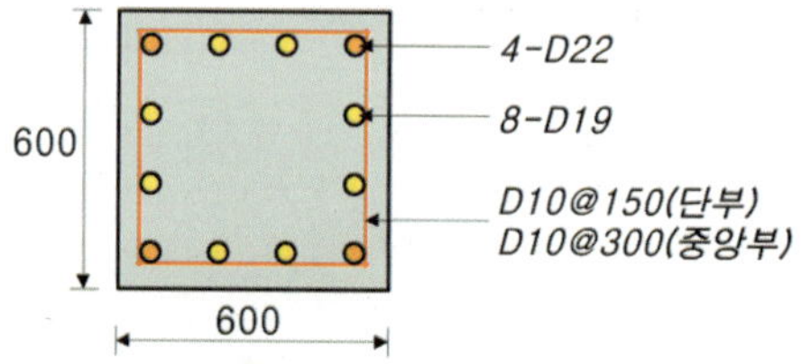

정답 및 해설

01 136.37kg

(1) 주근(D22) : $[3.6+(25+10.3\times2)\times0.022]\times4$개 $=18.412\mathrm{m}$

(2) 주근(D19) : $[3.6+(25+10.3\times2)\times0.019]\times8$개 $=35.731\mathrm{m}$

(3) 합계 ① D22 : $18.412\times3.04=55.972\mathrm{kg}$

② D19 : $35.731\times2.25=80.394\mathrm{kg}$

$\therefore\ 55.972+80.394=136.366\mathrm{kg}$

02 161.90kg

(1) 주근(D22) : $[3.6+(25+10.3\times2)\times0.022]\times4$개 $=18.412\mathrm{m}$

(2) 주근(D19) : $[3.6+(25+10.3\times2)\times0.019]\times8$개 $=35.731\mathrm{m}$

(3) 대근(D10) :

$$[(0.6+0.6)\times2]\times\left(\frac{0.9}{0.15}+\frac{1.8}{0.3}+\frac{0.9}{0.15}+1\right)=45.6\mathrm{m}$$

(4) 합계 ① D22: $18.412\times3.04=55.972\mathrm{kg}$

② D19: $35.731\times2.25=80.394\mathrm{kg}$

③ D10: $45.6\times0.56=25.536\mathrm{kg}$

$\therefore\ 55.972+80.394+25.536=161.902\mathrm{kg}$

03 [19②, 22①] 6점

다음 그림과 같은 철근콘크리트조 건물에서 기둥과 벽체의 거푸집량을 산출하시오.

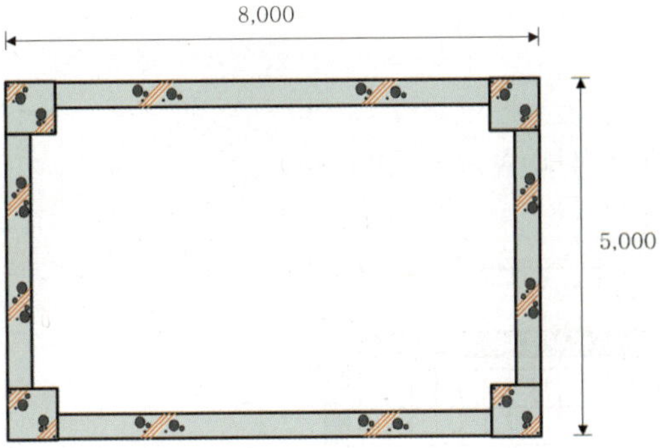

- 기둥: 400mm × 400mm
- 벽체 두께: 200mm
- 높이: 3m
- 치수는 바깥치수: 8,000mm × 5,000mm
- 콘크리트 타설은 기둥과 벽을 별도로 타설한다.

(1) 기둥의 거푸집량:

(2) 벽체의 거푸집량:

정답 및 해설

03

(1) 기둥: $(0.4 \times 4 \times 3) \times 4$개 $= 19.2\text{m}^2$

(2) 벽: $(4.2 \times 3 \times 2) \times 2 + (7.2 \times 3 \times 2) \times 2 = 136.8\text{m}^2$

POINT 04 슬래브 수량 산출

(1) 콘크리트량: $V(\text{m}^3)$ = 외곽선으로 둘러싸인 바닥판 면적×바닥판 두께

(2) 거푸집량

① 조적조: $A(\text{m}^2)$ = 외벽의 두께를 뺀 내벽간 바닥판 면적

② RC조: $A(\text{m}^2)$ = 외곽선으로 둘러싸인 바닥판 면적

(3) 철근량(kg)

①	상부 배근	• 주근 단부(+1) ☞ 주근 톱바(±0) ☞ 부근 단부(+1) ☞ 부근 톱바(±0)

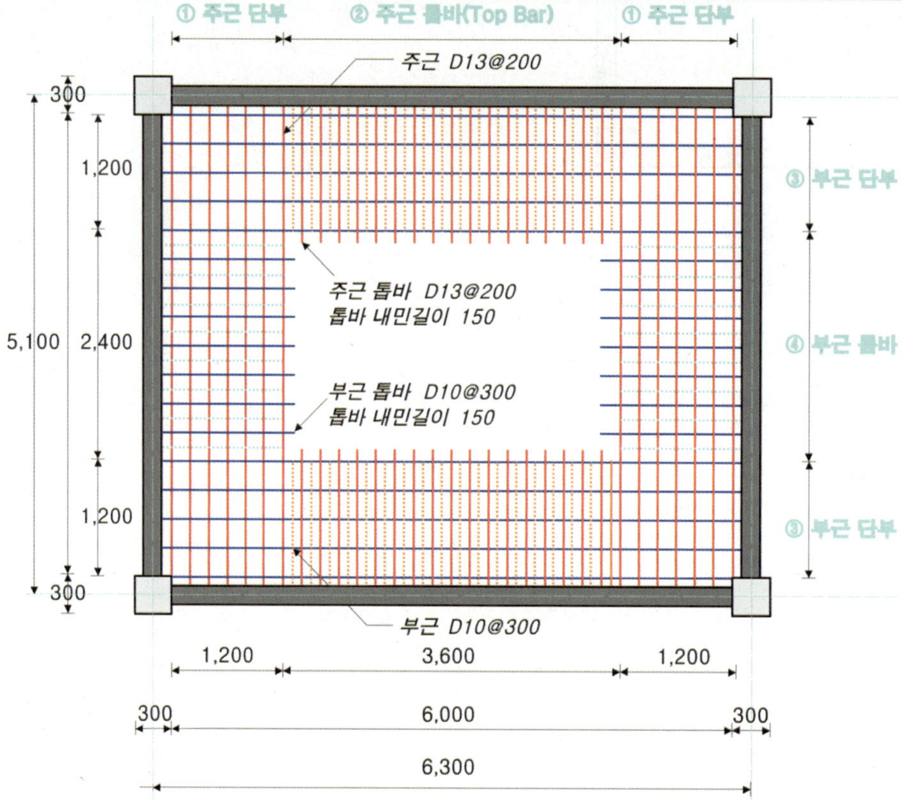

■ 상부 주근 단부(D13)	■ 상부 주근 톱바(D13)
• 철근 1개의 길이: $L=4.8\text{m}$ • 철근 갯수: $n=\frac{1.2}{0.2}+\frac{1.2}{0.2}+1=13$개 • 철근 전체 길이: $4.8\times13=52\text{m}$	• 철근 1개의 길이: $L=1.2+0.15=1.35\text{m}$ • 철근 갯수: $n=\left(\frac{3.6}{0.2}\right)\times2$곳$=36$개 • 철근 전체 길이: $1.35\times36=48.6\text{m}$
■ 상부 부근 단부(D10)	■ 상부 부근 톱바(D10)
• 철근 1개의 길이: $L=6\text{m}$ • 철근 갯수: $n=\frac{1.2}{0.3}+\frac{1.2}{0.3}+1=9$개 • 철근 전체 길이: $6\times9=54\text{m}$	• 철근 1개의 길이: $L=1.2+0.15=1.35\text{m}$ • 철근 갯수: $n=\left(\frac{2.4}{0.3}\right)\times2$곳$=16$개 • 철근 전체 길이: $1.35\times16=21.6\text{m}$

POINT 04 슬래브 수량 산출

②	하부 배근	• 주근(+1) ☞ 주근 벤트(±0) ☞ 부근(+1) ☞ 부근 벤트(±0)

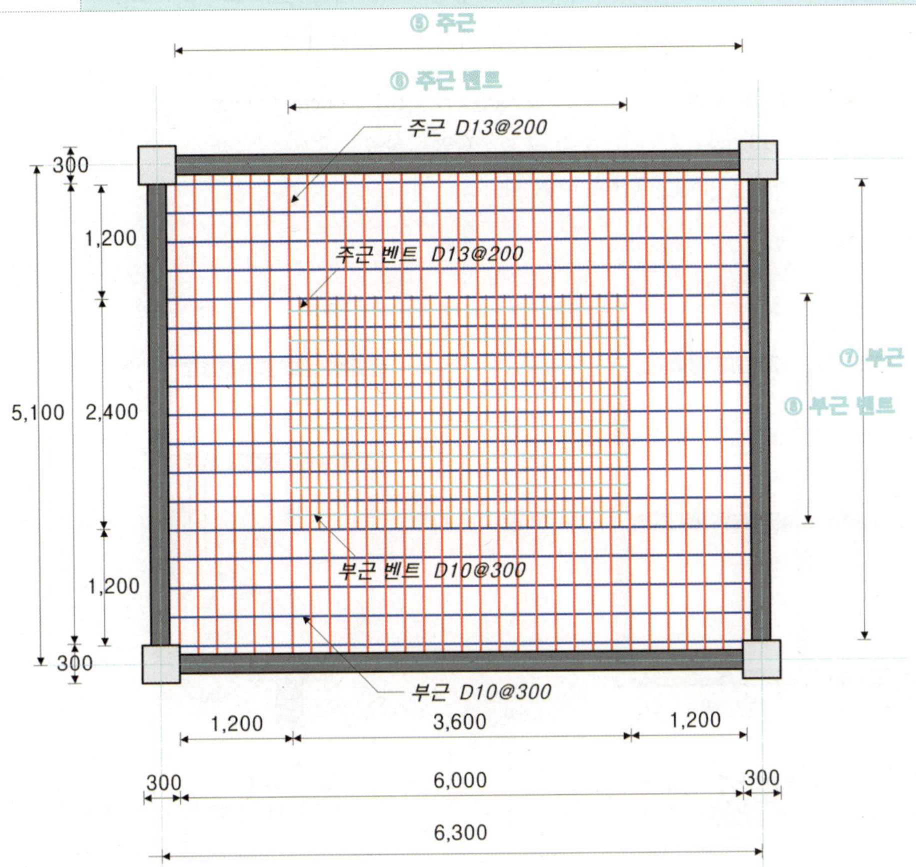

■ 하부 주근(D13)	■ 하부 주근 벤트(D13)
• 철근 1개의 길이: $L=4.8\text{m}$ • 철근 갯수: $n=\dfrac{6}{0.2}+1=31$개 • 철근 전체 길이: $4.8\times31=148.8\text{m}$	• 철근 1개의 길이: $L=4.8\text{m}$ • 철근 갯수: $n=\dfrac{3.6}{0.2}=18$개 • 철근 전체 길이: $4.8\times18=86.4\text{m}$
■ 하부 부근(D10) • 철근 1개의 길이: $L=6\text{m}$ • 철근 갯수: $n=\dfrac{4.8}{0.3}+1=17$개 • 철근 전체 길이: $6\times17=102\text{m}$	■ 하부 부근 벤트(D10) • 철근 1개의 길이: $L=6\text{m}$ • 철근 갯수: $n=\dfrac{2.4}{0.3}=8$개 • 철근 전체 길이: $6\times8=48\text{m}$

■■ D13: $(62.4+48.6+148.8+86.4)\times0.995=344.469\text{kg}$	전체 철근량: 466.80kg
■■ D10: $(54+21.6+102+48)\times0.56=122.336\text{kg}$	

1998~2024 **기출문제**

01 [10②, 14②, 20①, 23④] 8점, 10점

다음 그림은 철근콘크리트조 경비실 건물이다. 주어진 평면도 및 단면도를 보고 C_1, G_1, G_2, S_1에 해당되는 부분의 1층과 2층 콘크리트량과 거푸집량을 산출하시오.

> 단, 1) 기둥 단면 (C_1) : 30cm × 30cm　　2) 보 단면 (G_1, G_2) : 30cm × 60cm
> 3) 슬래브 두께 (S_1) : 13cm　　4) 층고 : 단면도 참조
> 단, 단면도에 표기된 1층 바닥선 이하는 계산하지 않는다.

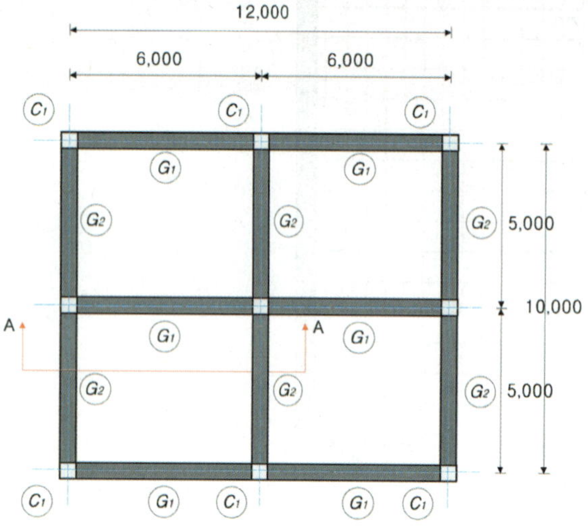

1, 2층 평면도

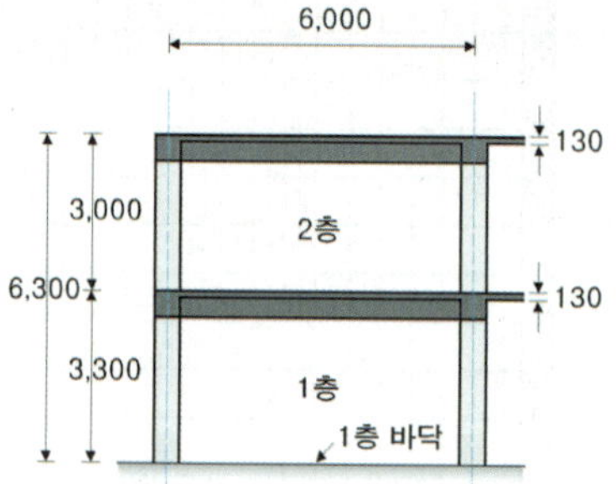

A-A 단면도

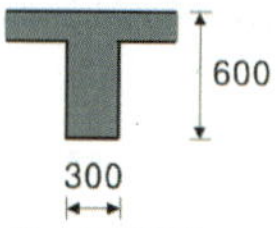

G_1, G_2 단면도

정답 및 해설

01 (1) 55.43m^3　(2) 447.68m^2

(1) 콘크리트량

① 기둥(C_1) 1층: $(0.3\times0.3\times3.17)\times9$개 $=2.567$m^3

2층: $(0.3\times0.3\times2.87)\times9$개 $=2.324$m^3

② 보(G_1): 1층+2층: $(0.3\times0.47\times5.7)\times12$개 $=9.644$m^3

보(G_2): 1층+2층: $(0.3\times0.47\times4.7)\times12$개 $=7.952$m^3

③ 슬래브(S_1): 1층+2층:

$(12.3\times10.3\times0.13)\times2$개 $=32.939$m^3

④ 합계: $2.567+2.324+9.644+7.592+32.939=55.426$m^3

(2) 거푸집량

① 기둥(C_1) 1층: $(0.3+0.3)\times2\times3.17\times9$개 $=34.236$m^2

2층: $(0.3+0.3)\times2\times2.87\times9$개 $=30.996$m^2

② 보(G_1) 1층+2층: $(0.47\times5.7\times2)\times12$개 $=64.296$m^2

보(G_2) 1층+2층: $(0.47\times4.7\times2)\times12$개 $=53.016$m^2

③ 슬래브(S_1) 1층+2층:

$[(12.3\times10.3)+(12.3+10.3)\times2\times0.13]\times2$개 $=265.132$m^2

④ 합계:

$34.236+30.996+64.296+53.016+265.132=447.676$m^3

02 [04①, 06④, 08②, 14④] 10점

다음 그림에서 한 층 분의 콘크리트량과 거푸집량을 산출하시오.

단, 1) 부재치수(단위 : mm)
2) 전 기둥(C_1) : 500×500, 슬래브 두께(t) : 120
3) G_1, G_2 : 400×600(b×D), G_3 : 400×700, B_1 : 300×600
4) 층고 : 4,000

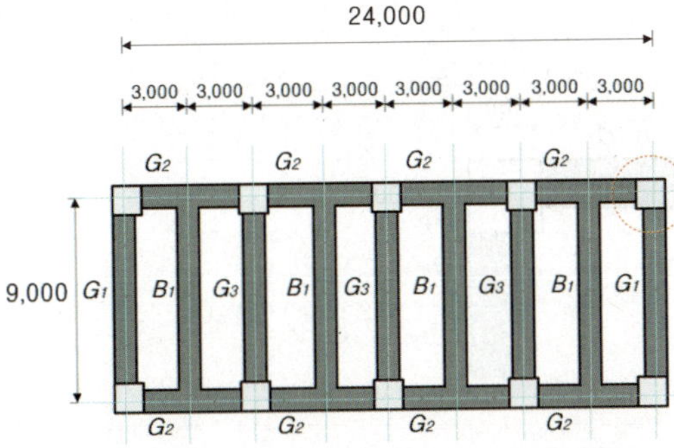

평면도

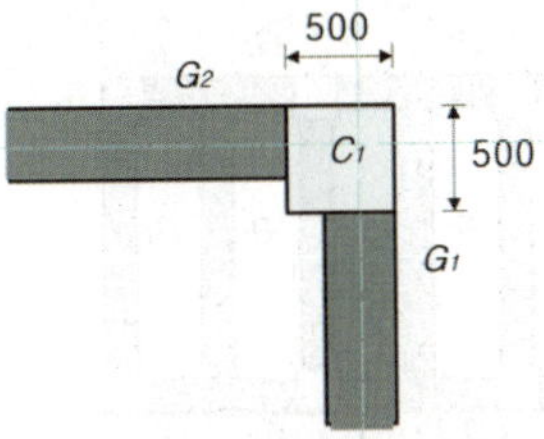

부분상세도

정답 및 해설

02 (1) 59.66m^3 (2) 435.50m^2

(1) 콘크리트량

① 기둥 (C_1): $[0.5\times0.5\times(4-0.12)]\times10$개$=9.7m^3$

② 보 (G_1): $[0.4\times0.48\times(9-0.6)]\times2$개$=3.226m^3$

③ 보 (G_2): $[(0.4\times0.48\times5.45)\times4$개$]$
$+[(0.4\times0.48\times5.5)\times4$개$]=8.409m^3$

④ 보 (G_3): $(0.4\times0.58\times8.4)\times3$개$=5.846m^3$

⑤ 보 (B_1): $(0.3\times0.48\times8.6)\times4$개$=4.953m^3$

⑥ 슬래브: $9.4\times24.4\times0.12=27.523m^3$

⑦ 합계 : $9.7+3.226+8.409+5.846+4.953+27.523=59.657$

(2) 거푸집량

① 기둥 (C_1): $[(0.5+0.5)\times2\times3.88]\times10$개$=77.6m^2$

② 보 (G_1): $(0.48\times2\times8.4)\times2$개$=16.128m^2$

③ 보 (G_2): $[(0.48\times5.45\times2)\times4$개$]$
$+[(0.48\times5.5\times2)\times4$개$]=42.048m^2$

④ 보 (G_3): $(0.58\times8.4\times2)\times3$개$=29.232m^2$

⑤ 보 (B_1): $(0.48\times8.6\times2)\times4$개$=33.024m^2$

⑥ 슬래브: $(9.4\times24.4)+(9.4+24.4)\times2\times0.12=237.47m^2$

⑦ 합계 : $77.6+16.128+42.048+29.232+33.024+237.47$
$=435.502m^2$

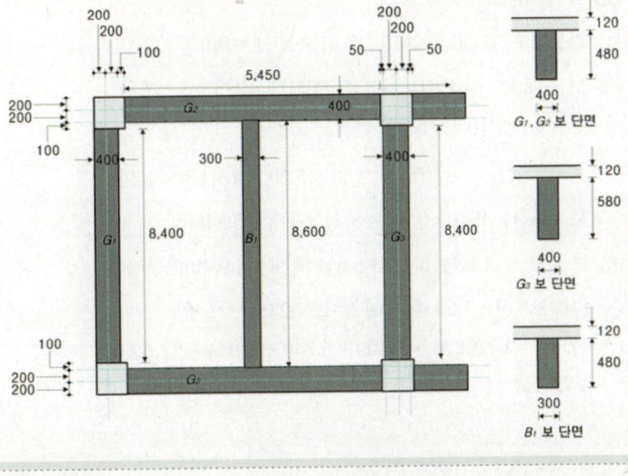

1998~2024 **기출문제**

03 [98③, 19④] 8점

다음 그림에서 한 층 분의 콘크리트량을 산출하시오. (단, 기둥은 층고를 물량에 반영한다.)

단, 1) 부재치수(단위 : mm)
2) 전 기둥(C_1) : 500×500, 슬래브 두께(t) : 120
3) G_1, G_2 : 400×600(b×D), G_3 : 400×700, B_1 : 300×600
4) 층고 : 3,600

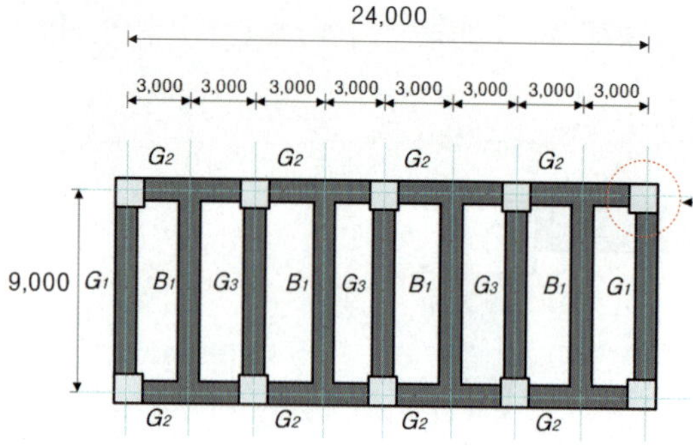

평면도

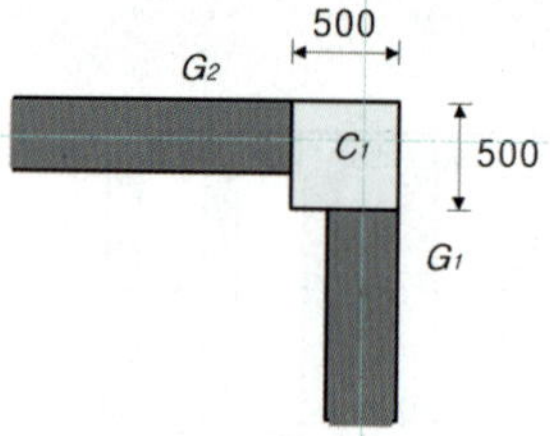

부분상세도

정답 및 해설

03 58.96m³

① 기둥 (C_1): $[0.5\times0.5\times3.6]\times10$개$=9\text{m}^3$

② 보 (G_1): $[0.4\times0.48\times(9-0.6)]\times2$개$=3.226\text{m}^3$

③ 보 (G_2): $[(0.4\times0.48\times5.45)\times4$개$]$
$+[(0.4\times0.48\times5.5)\times4$개$]=8.409\text{m}^3$

④ 보 (G_3): $(0.4\times0.58\times8.4)\times3$개$=5.846\text{m}^3$

⑤ 보 (B_1): $(0.3\times0.48\times8.6)\times4$개$=4.953\text{m}^3$

⑥ 슬래브: $9.4\times24.4\times0.12=27.523\text{m}^3$

⑦ 합계 : $9+3.226+8.409+5.846+4.953+27.523=58.957$

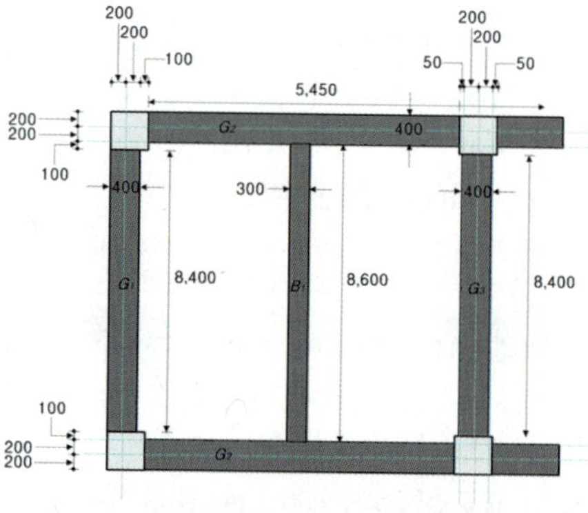

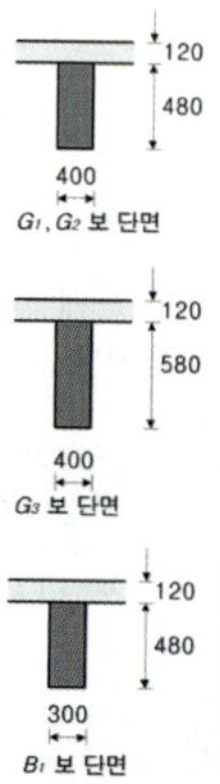

MEMO

07 RC 구조공학

POINT 01 탄성계수비

(1)	철근	$E_s = 200{,}000$ (MPa)		
(2)	콘크리트	$E_c = 8{,}500 \cdot \sqrt[3]{f_{cm}}$		
		■ 콘크리트 평균압축강도 $f_{cm} = f_{ck} + \Delta f$(MPa)		
		$f_{ck} \leq 40$MPa	$40 < f_{ck} < 60$	$f_{ck} \geq 60$MPa
		$\Delta f = 4$MPa	Δf = 직선 보간	$\Delta f = 6$MPa
(3)	탄성계수비	$n = \dfrac{E_s}{E_c} = \dfrac{200{,}000}{8{,}500 \cdot \sqrt[3]{f_{cm}}} = \dfrac{200{,}000}{8{,}500 \cdot \sqrt[3]{f_{ck} + \Delta f}}$		

1998~2024 기출문제

01 [19②, 24②] 4점

다음 ( )안에 알맞은 내용을 쓰시오.

> KDS(Korea Design Standard)에서는 재령 28일의 보통중량 골재를 사용한콘크리트의 탄성계수를 $E_c = 8{,}500 \cdot \sqrt[3]{f_{cm}}$ [MPa]로 제시하고 있는데 여기서, $f_{cm} = f_{ck} + \Delta f$이고, Δf는 f_{ck}가 40MPa 이하이면 (①), 60MPa 이상이면(②) 이고, 그 사이는 직선보간으로 구한다.

① ____________ ② ____________

02 [14②, 17②] 3점

보통골재를 사용한 $f_{ck} = 30$MPa인 콘크리트의 탄성계수를 구하시오.

03 [11④, 15④, 20⑤] 4점

보통골재를 사용한 콘크리트 설계기준강도 $f_{ck} = 24$MPa, 철근의 탄성계수 $E_s = 200{,}000$MPa일 때 콘크리트 탄성계수 및 탄성계수비를 구하시오.

정답 및 해설

01

① 4MPa ② 6MPa

02 $E_c = 27{,}537$MPa

(1) $f_{ck} \leq 40$MPa: $\Delta f = 4$MPa

(2) $E_c = 8500 \cdot \sqrt[3]{(30) + (4)} = 27{,}536.7$

03 $E_c = 25{,}811$MPa, $n = 7.75$

(1) $f_{ck} \leq 40$MPa: $\Delta f = 4$MPa

(2) $E_c = 8{,}500 \cdot \sqrt[3]{(24) + (4)} = 25{,}811$

(3) $n = \dfrac{E_s}{E_c} = \dfrac{(200{,}000)}{(25{,}811)} = 7.74863$

POINT 02 (극한)강도설계법

<table>
<tr><td rowspan="1">(1)</td><td>기본 관계식</td><td colspan="3">하중계수 × 사용하중 ≤ 강도감소계수 × 공칭강도
⬇
소요강도 ≤ 설계강도</td></tr>
<tr><td rowspan="2">(2)</td><td rowspan="2">소요강도</td><td>① 전단력</td><td>$V_u = 1.2V_D + 1.6V_L$</td><td rowspan="2">• D : Dead Load 고정하중
• L : Live Load 활하중</td></tr>
<tr><td>② 휨모멘트</td><td>$M_u = 1.2M_D + 1.6M_L$</td></tr>
<tr><td rowspan="2">(3)</td><td rowspan="2">공칭강도
설계강도</td><td>① 공칭강도
(Nominal Strength)</td><td colspan="2">하중에 대한 구조체나 구조부재 또는 단면의 저항능력을 말하며 강도감소계수 또는 설계저항계수를 적용하지 않은 강도</td></tr>
<tr><td>② 설계강도
(Design Strength)</td><td colspan="2">단면 또는 부재의 공칭강도에 강도감소계수 또는 설계저항계수를 곱한 강도</td></tr>
</table>

1998~2024 기출문제

01 [11②, 22④] 4점

철근콘크리트 부재의 구조계산을 수행한 결과이다. 공칭휨강도와 공칭전단강도를 구하시오.

(1) 하중조건:
① 고정하중: $M = 150\text{kN}\cdot\text{m}$, $V = 120\text{kN}$
② 활하중: $M = 130\text{kN}\cdot\text{m}$, $V = 110\text{kN}$
(2) 강도감소계수:
① 휨에 대한 강도감소계수: $\phi = 0.85$ 적용
② 전단에 대한 강도감소계수: $\phi = 0.75$ 적용

02 [13②] 4점

그림과 같은 철근콘크리트 8m 단순보 중앙에 집중고정하중 20kN, 집중활하중 30kN이 작용할 때 보의 자중을 무시한 최대 계수휨모멘트를 구하시오.

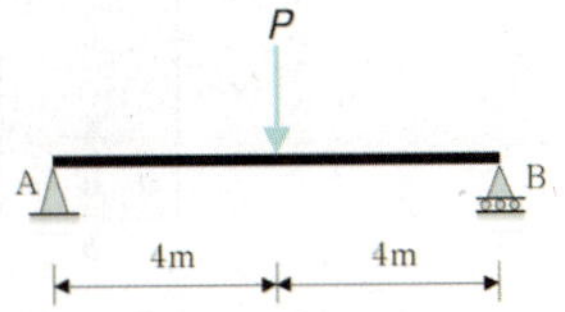

03 [22①] 4점

다음 용어를 설명하시오.

(1) 공칭강도(Nominal Strength):

(2) 설계강도(Design Strength):

정답 및 해설

01 (1) $M_n \geq \dfrac{M_u}{\phi} = \dfrac{1.2(150)+1.6(130)}{0.85} = 456.471\text{kN}\cdot\text{m}$

(2) $V_n \geq \dfrac{V_u}{\phi} = \dfrac{1.2(120)+1.6(110)}{0.75} = 426.667\text{kN}$

02 $M_u = \dfrac{PL}{4} = \dfrac{[1.2(20)+1.6(30)](8)}{4} = 144\text{kN}\cdot\text{m}$

03
(1) 하중에 대한 구조체나 구조부재 또는 단면의 저항능력을 말하며 강도감소계수 또는 설계저항계수를 적용하지 않은 강도
(2) 단면 또는 부재의 공칭강도에 강도감소계수 또는 설계저항계수를 곱한 강도

POINT 03 RC 단철근 등가직사각형 압축응력블록

(1) 관련 제원

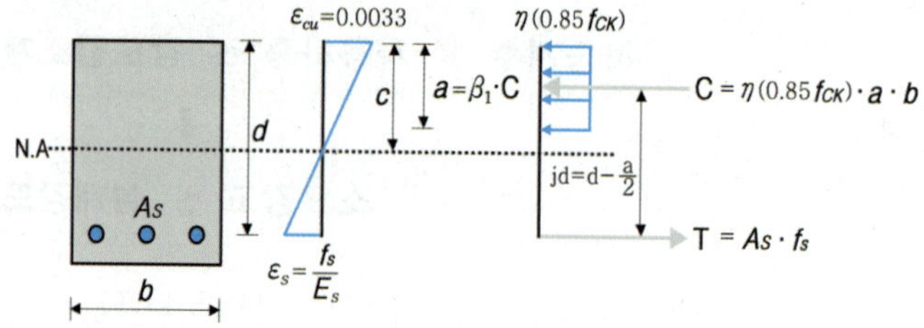

ϵ_{cu}	콘크리트 극한변형률
η	등가 직사각형 압축응력블록의 크기를 나타내는 계수, 콘크리트의 실제 응력면적과 최대응력을 기준으로 한 직사각형 응력면적의 비
β_1	등가 직사각형 압축응력블록의 깊이를 나타내는 계수
a	등가 직사각형 압축응력블록의 깊이, $a=\beta_1 \cdot c$

f_{ck}(MPa)	≤40	50	60	70	80	90
ϵ_{cu}	0.0033	0.0032	0.0031	0.003	0.0029	0.0028
η	1.00	0.97	0.95	0.91	0.87	0.84
β_1	0.80	0.80	0.76	0.74	0.72	0.70

(2) $a=\beta_1 \cdot c$

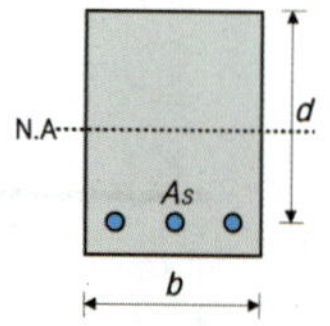

단철근보

$$a=\frac{A_s \cdot f_y}{\eta(0.85f_{ck}) \cdot b}$$ ➡ 중립축거리 $c=\frac{a}{\beta_1}$

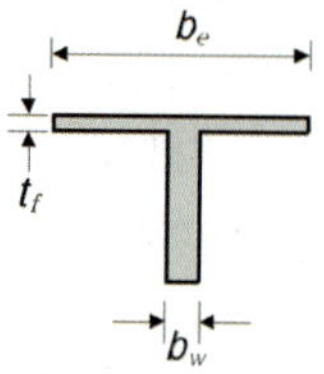

$$a=\frac{A_s \cdot f_y}{\eta(0.85f_{ck}) \cdot b_e}$$ ➡ 중립축거리 $c=\frac{a}{\beta_1}$

T형보

유효폭(b_e, effective breadth)		
①	$16t_f+b_w$	최솟값
②	양쪽 슬래브 중심간 거리	
③	보 경간(Span)의 $\frac{1}{4}$	

1998~2024 **기출문제**

01 [11①] 4점

□□□□□

그림과 같은 보의 압축연단으로부터 중립축까지의 거리 c를 구하시오. (단, $f_{ck}=35\text{MPa}$, $f_y=400\text{MPa}$, $A_s=2{,}028\text{mm}^2$)

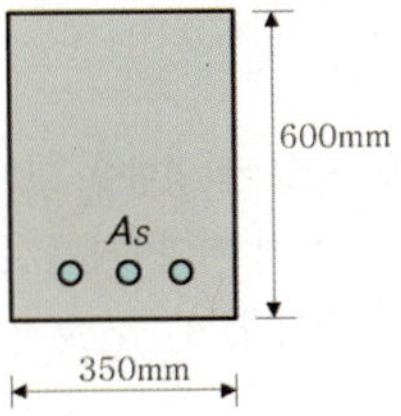

02 [14②] 4점

□□□□□

그림과 같은 T형보의 중립축위치(c)를 구하시오. (단, 보통중량콘크리트 $f_{ck}=30\text{MPa}$, $f_y=400\text{MPa}$, 인장철근 단면적 $A_s=2{,}000\text{mm}^2$)

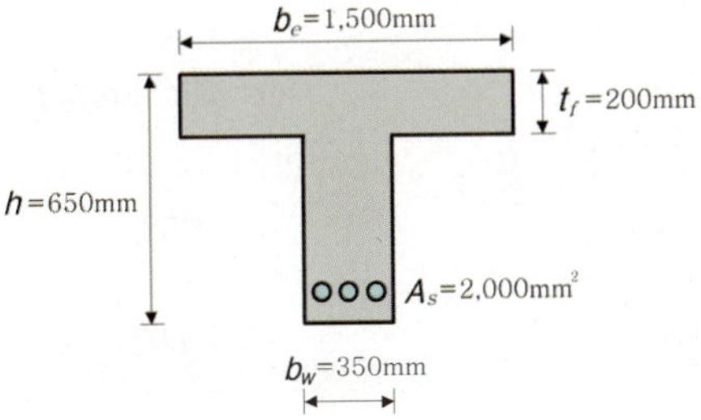

03 [11④, 23①] 3점

□□□□□

RC T형보에서 압축을 받는 플랜지 부분의 유효폭을 결정할 때 세 가지 조건에 의하여 산출된 값 중 가장 작은값으로 유효폭을 결정하는데, 유효폭을 결정하는 3가지 기준을 쓰시오.

①

②

③

04 [20⑤] 4점

□□□□□

다음과 같은 연속 대칭 T형보의 유효폭(b_e)을 구하시오. (단, 보 경간(Span): 6,000mm, 복부폭(b_w): 300mm)

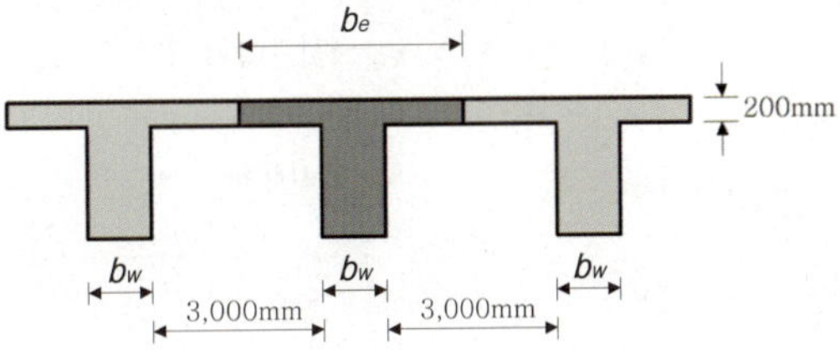

정답 및 해설

01

(1) $f_{ck} \le 40\text{MPa}$ ➡ $\eta=1.00$, $\beta_1=0.80$

(2) $a=\dfrac{(2{,}028)(400)}{(1.00)(0.85\times35)(350)}$

$=77.91\text{mm}$

(3) $c=\dfrac{a}{\beta_1}=\dfrac{(77.91)}{(0.80)}=97.39\text{mm}$

02

(1) $f_{ck} \le 40\text{MPa}$ ➡ $\eta=1.00$, $\beta_1=0.80$

(2) $a=\dfrac{(2{,}000)(400)}{(1.00)(0.85\times30)(1{,}500)}$

$=20.92\text{mm}$

(3) $c=\dfrac{a}{\beta_1}=\dfrac{(20.92)}{(0.80)}=26.15\text{mm}$

03

① $16t_f+b_w$

② 양쪽 슬래브 중심간 거리

③ 보 경간(Span)의 $\dfrac{1}{4}$

04

① $16t_f+b_w=16(200)+300=3{,}500\text{mm}$

② $\dfrac{\left(\dfrac{300}{2}+3{,}000+\dfrac{300}{2}\right)}{2}+\dfrac{\left(\dfrac{300}{2}+3{,}000+\dfrac{300}{2}\right)}{2}=3{,}300\text{mm}$

③ $6{,}000\times\dfrac{1}{4}=1{,}500\text{mm}$ ⬅ 지배

POINT 04 RC 단철근 직사각형 보의 철근비

(1) 철근비 철근량

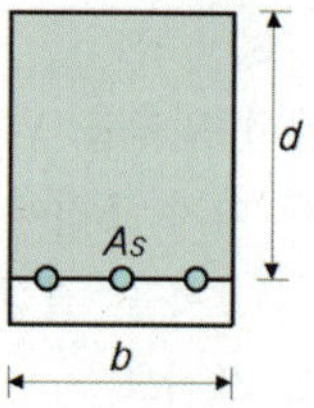

	$\rho = \dfrac{A_s}{b \cdot d}$	$A_s = \rho \cdot b \cdot d$
	인장철근비	인장철근량

철근콘크리트 휨부재의 거동은 철근과 콘크리트의 상대적인 강도에 영향을 크게 받기 때문에 구조설계에서는 이를 반영하기 위하여 철근비를 사용하여 구조물의 파괴형태를 유추할 수 있게 된다. **철근비는 소수 5자리의 유효숫자를 적용**하는 것이 일반적이다.

(2) 균형철근비

$$\rho_b = \frac{\eta(0.85 f_{ck})}{f_y} \cdot \beta_1 \cdot \frac{660}{660 + f_y}$$

인장철근이 설계기준항복강도 f_y에 대응하는 변형률(ϵ_y)에 도달함과 동시에 압축연단 콘크리트가 가정된 극한변형률(ϵ_{cu})에 도달할 때의 철근비

(3) 최대철근비 ρ_{max}

철근의 설계기준항복강도 f_y(MPa)	휨부재 허용값	
	최소 허용변형률($\epsilon_{a,\min}$)	해당 철근비($\rho_{\max}$)
300	0.004	$0.658\rho_b$
350	0.004	$0.692\rho_b$
400	0.004	$0.726\rho_b$
500	0.005 ($2\epsilon_y$)	$0.699\rho_b$
600	0.006 ($2\epsilon_y$)	$0.677\rho_b$

【참고: 인장철근비 상한한계의 결정】

$$\frac{\rho_{\max}}{\rho_b} = \frac{\epsilon_{cu}}{\epsilon_{cu} + \epsilon_{a,\min}} \Big/ \frac{\epsilon_{cu}}{\epsilon_{cu} + \epsilon_y}$$ 의 관계로부터 $$\rho_{\max} = \frac{\epsilon_{cu} + \epsilon_y}{\epsilon_{cu} + \epsilon_{a,\min}} \cdot \rho_b$$

❑ $f_{ck} \le 40\text{MPa}$, $f_y = 400\text{MPa}$일 경우

➡ $\epsilon_{cu} = 0.0033$, $\epsilon_{a,\min} = 0.004$, $\epsilon_y = \dfrac{f_y}{E_s} = \dfrac{(400)}{(200{,}000)} = 0.002$

$\rho_{\max} = \dfrac{\epsilon_{cu} + \epsilon_y}{\epsilon_{cu} + \epsilon_{a,\min}} \cdot \rho_b = \dfrac{(0.0033) + (0.002)}{(0.0033) + (0.004)} \cdot \rho_b = 0.726\rho_b$가 유도된다.

1998~2024 **기출문제**

01 [12①] 2점

RC 강도설계법에서 균형철근비의 정의를 쓰시오.

02 [20②] 2점

철근콘크리트구조에서 최대철근비 규정은 철근의 항복강도 f_y를 기준으로 두 가지로 구분된다. 다음 표의 빈칸을 최외단 인장철근의 순인장변형률 ϵ_t, 항복변형률 ϵ_y로 표현하시오.

$f_y \le 400\text{MPa}$	$f_y > 400\text{MPa}$

03 [24①] 4점

다음은 콘크리트 휨 및 압축 설계기준에 대한 내용이다. 괄호 안을 채워 넣으시오.

> 프리스트레스를 가하지 않은 휨부재는 공칭강도 상태에서 순인장변형률 ϵ_t가 휨부재의 최소 허용변형률 이상이어야 한다. 휨부재의 최소 허용변형률은 철근의 항복강도가 400MPa 이하인 경우 (   )로 하며, 철근의 항복강도가 400MPa을 초과하는 경우 철근 항복변형률의 (   )배로 한다.

04 [13④, 16①] 4점

폭 $b=500\text{mm}$, 유효깊이 $d=750\text{mm}$인 철근콘크리트 단철근 직사각형 보의 균형철근비 및 최대철근량을 계산하시오. (단, $f_{ck}=27\text{MPa}$, $f_y=300\text{MPa}$)

정답 및 해설

01

인장철근이 설계기준항복강도 f_y에 대응하는 변형률에 도달함과 동시에 압축연단 콘크리트가 극한변형률에 도달하는 단면의 인장철근비

02

$f_y \le 400\text{MPa}$	$f_y > 400\text{MPa}$
$\epsilon_t = 0.004$	$\epsilon_t = 2 \cdot \epsilon_y$

03

0.004, 2

04

(1) $f_{ck} \le 40\text{MPa}$

➡ $\eta = 1.00$, $\beta_1 = 0.80$

(2) $\rho_b = \dfrac{(1.00)(0.85\times27)}{(300)} \cdot (0.80) \cdot \dfrac{660}{660+(300)}$

$= 0.04207$

(3) $\rho_{max} = 0.658\rho_b$

$= 0.658(0.04207) = 0.02768$

(4) $A_{s,max} = \rho_{max} \cdot b \cdot d$

$= (0.02768)(500)(750) = 10{,}380\text{mm}^2$

POINT 05 RC 단철근 직사각형 보의 설계휨강도

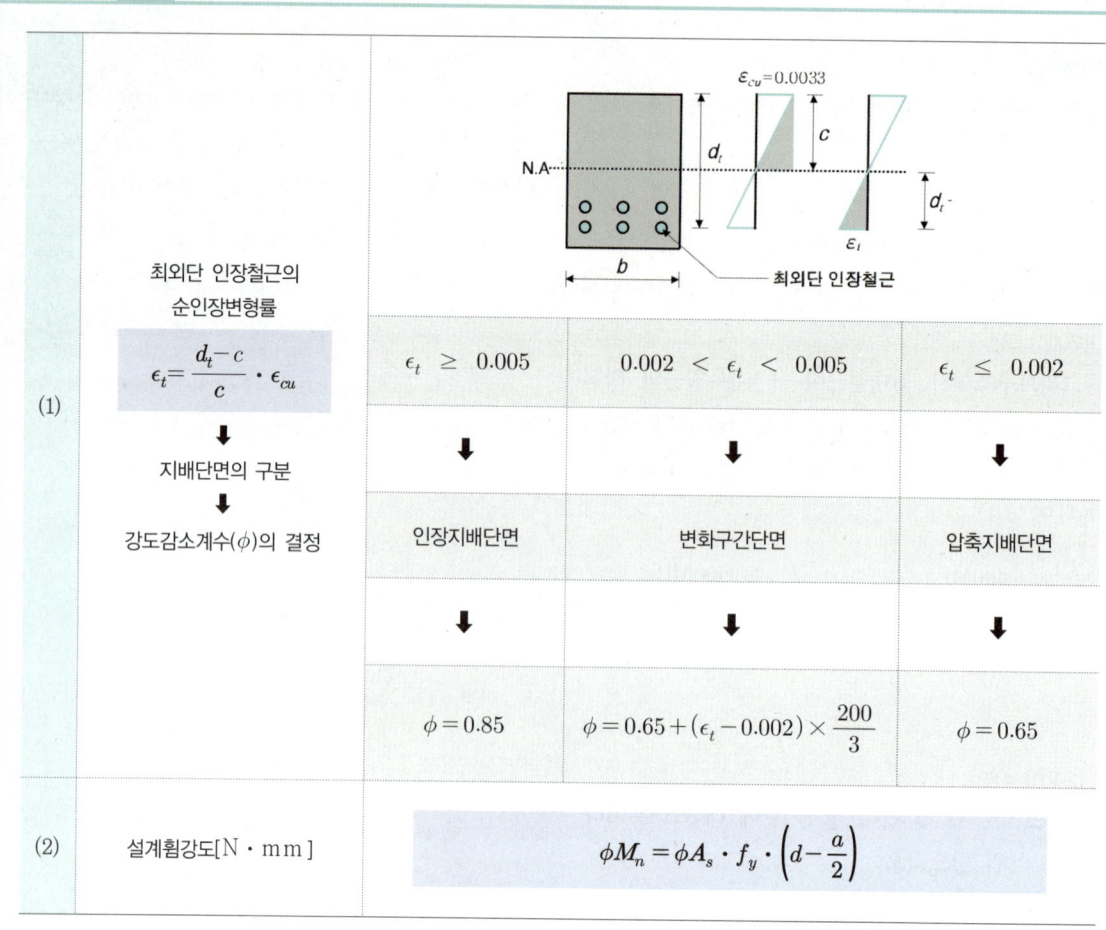

<table>
<tr><td rowspan="6">(1)</td><td rowspan="6">최외단 인장철근의 순인장변형률
$\epsilon_t = \frac{d_t - c}{c} \cdot \epsilon_{cu}$
⬇
지배단면의 구분
⬇
강도감소계수(ϕ)의 결정</td><td colspan="3">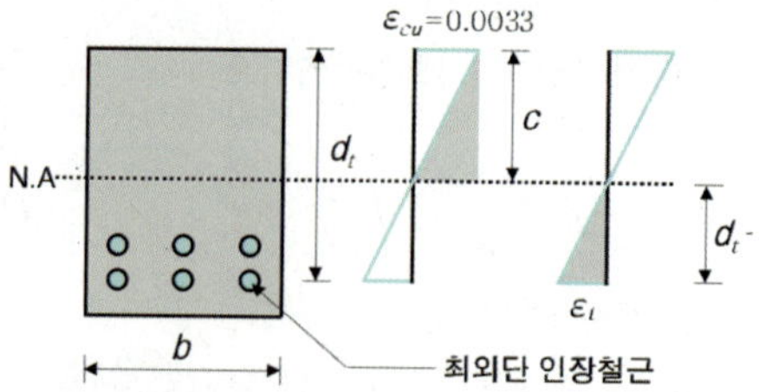</td></tr>
<tr><td>$\epsilon_t \ge 0.005$</td><td>$0.002 < \epsilon_t < 0.005$</td><td>$\epsilon_t \le 0.002$</td></tr>
<tr><td>⬇</td><td>⬇</td><td>⬇</td></tr>
<tr><td>인장지배단면</td><td>변화구간단면</td><td>압축지배단면</td></tr>
<tr><td>⬇</td><td>⬇</td><td>⬇</td></tr>
<tr><td>$\phi = 0.85$</td><td>$\phi = 0.65 + (\epsilon_t - 0.002) \times \frac{200}{3}$</td><td>$\phi = 0.65$</td></tr>
<tr><td>(2)</td><td>설계휨강도[N · mm]</td><td colspan="3">$\phi M_n = \phi A_s \cdot f_y \cdot \left(d - \frac{a}{2}\right)$</td></tr>
</table>

1998~2024 **기출문제**

01 [18②, 21④] 2점 □□□□□

다음이 설명하는 용어를 쓰시오.

> 압축연단 콘크리트가 가정된 극한변형률인 0.0033에 도달할 때 최외단 인장철근의 순인장변형률 ϵ_t가 0.005 이상인 단면

02 [12②, 16④] 3점, 4점 □□□□□

휨부재의 공칭강도에서 최외단 인장철근의 순인장변형률 $\epsilon_t = 0.004$일 경우 강도감소계수 ϕ를 구하시오.

정답 및 해설

01
인장지배단면

02
$\phi = 0.65 + [(0.004) - 0.002] \times \frac{200}{3} = 0.783$

1998~2024 **기출문제**

03 [20③] 4점

그림과 같은 철근콘크리트 보에서 중립축거리(c)가 250mm일 때 강도감소계수 ϕ를 산정하시오.
(단, $f_{ck}=28\text{MPa}$. ϕ의 계산값은 소수셋째자리에서 반올림하여 소수 둘째자리까지 표현하시오.)

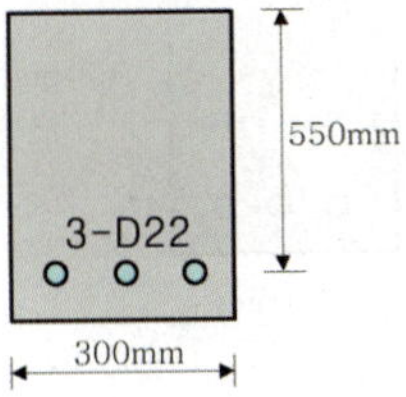

04 [14④] 3점

그림과 같은 RC 보의 강도감소계수를 산정하시오.
(단, $f_{ck}=30\text{MPa}$, $f_y=400\text{MPa}$, $A_s=2{,}820\text{mm}^2$)

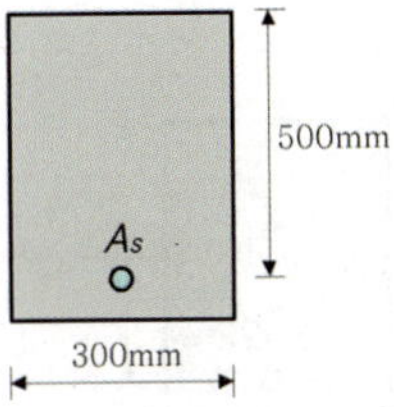

정답 및 해설

03

(1) $f_{ck} \le 40\text{MPa} \Rightarrow \epsilon_{cu}=0.0033$

(2) $\epsilon_t=\dfrac{(550)-(250)}{(250)}\cdot(0.0033)$

$=0.00396$

$0.002 < \epsilon_t(=0.00396) < 0.005$

이므로 변화구간 단면의 부재이다.

(3) $\phi=0.65+[(0.00396)-0.002]\times\dfrac{200}{3}$

$=0.78$

04

① $f_{ck} \le 40\text{MPa} \Rightarrow \eta=1.00,\ \beta_1=0.80$

(2) $a=\dfrac{(2,820)(400)}{(1.00)(0.85\times30)(300)}$

$=147.45\text{mm}$

(3) $c=\dfrac{a}{\beta_1}=\dfrac{(147.45)}{(0.80)}=184.31\text{mm}$

(4) $\epsilon_t=\dfrac{(500)-(184.31)}{(184.31)}\cdot(0.0033)$

$=0.00565 \ge 0.005$

➡ 인장지배단면 부재이며 $\phi=0.85$

05 [11②] 4점 □□□□□

그림과 같은 RC보가 $f_{ck}=21\text{MPa}$, $f_y=400\text{MPa}$, D22(단면적 387mm^2) 일 때 강도감소계수 $\phi=0.85$를 적용함이 적합한지 부적합한지를 판정하시오.

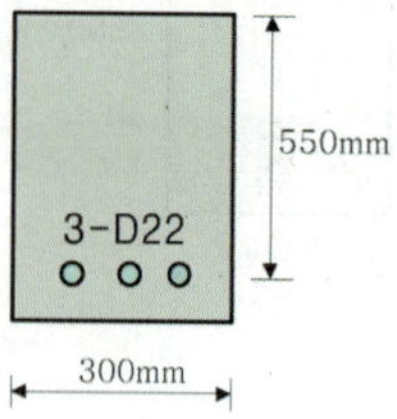

06 [12①, 18④] 4점 □□□□□

그림과 같은 RC보에서 최외단 인장철근의 순인장변형률 (ϵ_t)를 산정하고, 지배단면(인장지배단면, 압축지배단면, 변화구간단면)을 구분하시오. (단, $A_s=1{,}927\text{mm}^2$, $f_{ck}=24\text{MPa}$, $f_y=400\text{MPa}$, $E_s=200{,}000\text{MPa}$)

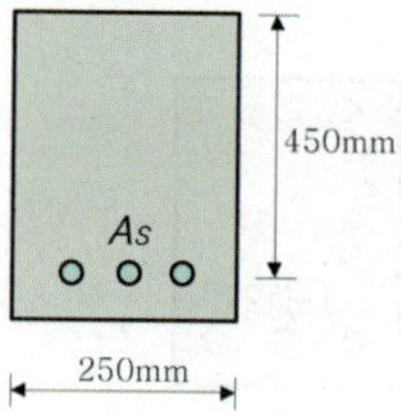

정답 및 해설

05

(1) $f_{ck} \le 40\text{MPa}$ ➡ $\eta=1.00$, $\beta_1=0.80$

(2) $a=\dfrac{(3\times387)(400)}{(1.00)(0.85\times21)(300)}$
$=86.72\text{mm}$

(3) $c=\dfrac{a}{\beta_1}=\dfrac{(86.72)}{(0.80)}=108.4\text{mm}$

(4) $\epsilon_t=\dfrac{(550)-(108.4)}{(108.4)}\cdot(0.0033)$
$=0.01344 > 0.005$

➡ 인장지배단면 부재이며 $\phi=0.85$를 적용함이 적합

06

(1) $f_{ck} \le 40\text{MPa}$ ➡ $\eta=1.00$, $\beta_1=0.80$

(2) $a=\dfrac{(1{,}927)(400)}{(1.00)(0.85\times24)(250)}$
$=151.13\text{mm}$

(3) $c=\dfrac{a}{\beta_1}=\dfrac{(151.13)}{(0.80)}=188.91\text{mm}$

(4) $\epsilon_t=\dfrac{(450)-(188.91)}{(188.91)}\cdot(0.0033)$
$=0.00456$

(5) $0.0020 < \epsilon_t\,(=0.00456) < 0.005$

➡ 변화구간단면의 부재이다.

07 [15①] 4점

그림과 같은 보의 강도감소계수를 구하시오.
(단, $E_s = 200{,}000\text{MPa}$, $f_{ck} = 24\text{MPa}$, $f_y = 400\text{MPa}$, $A_s = 2{,}100\text{mm}^2$)

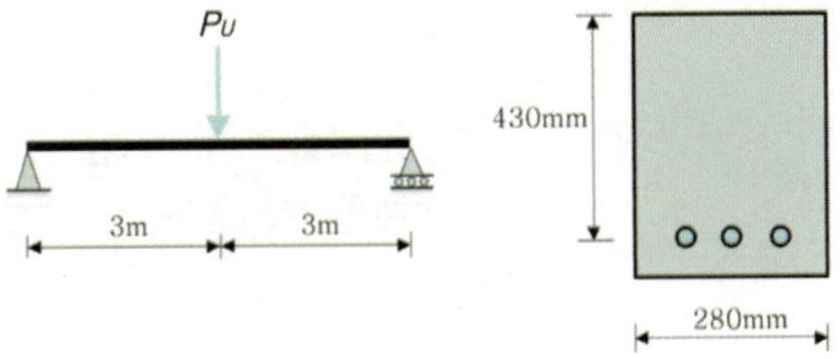

08 [14②, 23④] 4점

그림과 같은 철근콘크리트 단순보에서 계수집중하중(P_u)의 최대값(kN)을 구하시오. (단, $f_{ck} = 28\text{MPa}$, $f_y = 400\text{MPa}$, 인장철근 단면적 $A_s = 1{,}500\text{mm}^2$, 휨에 대한 강도감소계수 $\phi = 0.85$를 적용한다.)

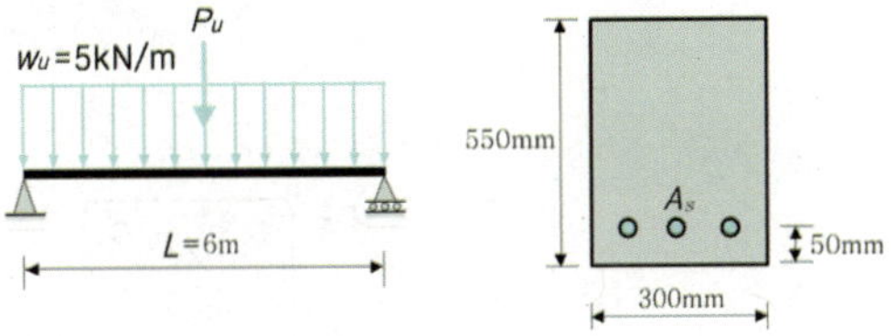

정답 및 해설

07

(1) $f_{ck} \leq 40\text{MPa}$ ➡ $\eta = 1.00$, $\beta_1 = 0.80$

(2) $a = \dfrac{(2{,}100)(400)}{(1.00)(0.85 \times 24)(280)} = 147.05\text{mm}$

(3) $c = \dfrac{a}{\beta_1} = \dfrac{(147.05)}{(0.80)} = 183.81\text{mm}$

(4) $\epsilon_t = \dfrac{(430)-(183.81)}{(183.81)} \cdot (0.0033) = 0.00442$

➡ 변화구간단면의 부재

(5) $\phi = 0.65 + [(0.00442) - 0.002] \times \dfrac{200}{3} = 0.811$

08

(1) $f_{ck} \leq 40\text{MPa}$ ➡ $\eta = 1.00$, $\beta_1 = 0.80$

(2) $a = \dfrac{(1{,}500)(400)}{(1.00)(0.85 \times 28)(300)} = 84.03\text{mm}$

(3)

$\phi M_n = \phi A_s \cdot f_y \cdot \left(d - \dfrac{a}{2}\right)$

$= (0.85)(1{,}500)(400)\left((500) - \dfrac{(84.03)}{2}\right)$

$= 233{,}572{,}350\text{N} \cdot \text{mm} = 233.572\text{kN} \cdot \text{m}$

(4) $M_u = \dfrac{P_u \cdot L}{4} + \dfrac{w_u \cdot L^2}{8} = \dfrac{P_u(6)}{4} + \dfrac{(5)(6)^2}{8}$

(5) $M_u \leq \phi M_n$ 으로부터

$\dfrac{P_u(6)}{4} + \dfrac{(5)(6)^2}{8} \leq 233.572$

➡ $P_u \leq 140.715\text{kN}$

POINT 06 RC 보의 처짐

(1) RC 보의 처짐

① 탄성처짐 (=순간처짐, 즉시처짐)	구조부재에 하중이 작용하여 발생하는 처짐으로 하중을 제거하면 원래의 상태로 돌아오는 처짐
② 장기처짐	장기처짐 = 지속하중에 의한 탄성처짐 × λ_Δ

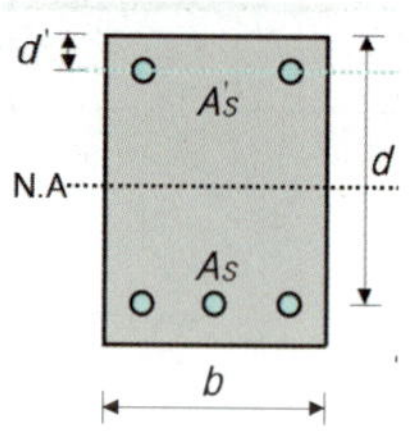

$$\lambda_\Delta = \frac{\xi}{1+50\rho'}$$

• $\rho' = \dfrac{A_s'}{bd}$: 압축철근비

【압축철근 배근효과】
① 설계휨강도 증가
② 장기처짐 감소
③ 연성 증진

• ξ: 시간경과계수

기간(월)	1	3	6	12	18	24	36	48	60 이상
ξ	0.5	1.0	1.2	1.4	1.6	1.7	1.8	1.9	2.0

③ 총처짐 = 탄성처짐 + 장기처짐 = 탄성처짐 + 탄성처짐×$\dfrac{\xi}{1+50\rho'}$

(2) RC 처짐의 제한

보 또는 슬래브의 과다한 처짐은 칸막이벽에 균열을 발생시키거나 개구부의 기능을 저해하고 바닥이나 지붕의 방수성능에 문제를 일으키기도 하므로 건축구조기준에서는 경간의 길이(l)에 대해 보 또는 슬래브의 최소두께를 규정함으로써 충분한 휨강성의 확보를 통해 사용하중 상태에서 처짐에 대한 문제점이 발생하지 않도록 규정하고 있다.

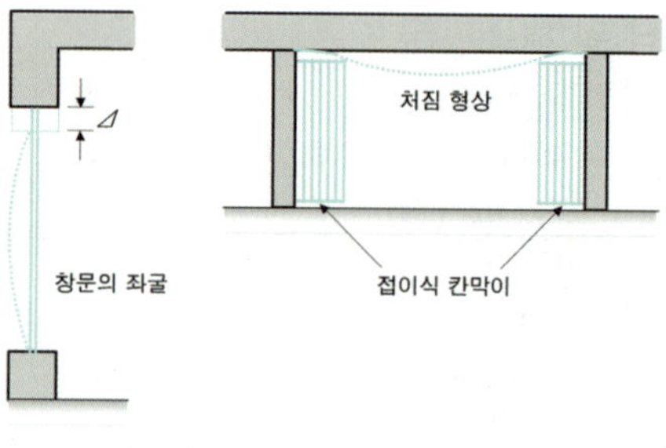

l: 경간(Span) 길이 【$f_y = 400\text{MPa}$ 기준】	최소 두께 ($h_{\min}$)			
	단순지지	1단연속	양단연속	캔틸레버
보 및 리브가 있는 1방향 슬래브	$\frac{l}{16}$	$\frac{l}{18.5}$	$\frac{l}{21}$	$\frac{l}{8}$
1방향 슬래브	$\frac{l}{20}$	$\frac{l}{24}$	$\frac{l}{28}$	$\frac{l}{10}$

1998~2024 **기출문제**

01 [13②, 18④, 21④] 4점

인장철근만 배근된 철근콘크리트 직사각형 단순보에 하중이 작용하여 순간처짐이 5mm 발생하였다. 5년 이상 지속하중이 작용할 경우 총처짐량(순간처짐+장기처짐)을 구하시오. (단, 장기처짐계수 $\lambda_\Delta = \dfrac{\xi}{1+50\rho'}$ 을 적용하며 시간경과계수는 2.0으로 한다.)

02 [15②] 4점

인장철근비 $\rho = 0.025$, 압축철근비 $\rho' = 0.016$의 철근콘크리트 직사각형 단면의 보에 하중이 작용하여 순간처짐이 20mm 발생하였다. 3년의 지속하중이 작용할 경우 총처짐량(순간처짐+장기처짐)을 구하시오. (단, 장기처짐계수 $\lambda_\Delta = \dfrac{\xi}{1+50\rho'}$ 을 적용하며 시간경과계수는 다음의 표를 참조한다.)

기간 (월)	1	3	6	12	18	24	36	48	60 이상
ξ	0.5	1.0	1.2	1.4	1.6	1.7	1.8	1.9	2.0

03 [16④, 21②] 3점, 4점

철근콘크리트 보의 총처짐(mm)을 구하시오.

- 즉시처짐 20mm
- 단면: $b \times d = 400\text{mm} \times 500\text{mm}$
- 지속하중에 따른 시간경과계수: $\xi = 2.0$
- 압축철근량 $A_s{}' = 1{,}000\text{mm}^2$

04 [17①] 3점

철근콘크리트구조 휨부재에서 압축철근의 역할과 특징을 3가지 쓰시오.

① ____________________

② ____________________

③ ____________________

05 [19①, 22②] 3점

큰 처짐에 의하여 손상되기 쉬운 칸막이벽이나 기타 구조물을 지지 또는 부착하지 않은 부재의 경우, 다음 표에서 정한 최소두께를 적용하여야 한다. 표의 (   ) 안에 알맞은 숫자를 써 넣으시오. (단, 표의 값은 보통중량콘크리트와 설계기준항복강도 400MPa 철근을 사용한 부재에 대한 값임)

단순지지된 1방향 슬래브	l / ( )
1단연속된 보	l / ( )
양단연속된 리브가 있는 1방향 슬래브	l / ( )

정답 및 해설

01

$$총처짐 = 탄성처짐 + 탄성처짐 \times \frac{\xi}{1+50\rho'}$$

$$= (5) + (5) \times \frac{(2.0)}{1+50(0)} = 15\text{mm}$$

02

$$총처짐 = 탄성처짐 + 탄성처짐 \times \frac{\xi}{1+50\rho'}$$

$$= (20) + (20) \times \frac{(1.8)}{1+50(0.016)} = 40\text{mm}$$

03

$$총처짐 = 탄성처짐 + 탄성처짐 \times \frac{\xi}{1+50\rho'}$$

$$= (20) + (20) \times \frac{(2.0)}{1+50\left(\dfrac{1{,}000}{400 \times 500}\right)}$$

$$= 52\text{mm}$$

04

① 설계휨강도 증가
② 장기처짐감소
③ 연성 증진

05

20, 18.5, 21

POINT 07 RC 보의 (휨)균열모멘트

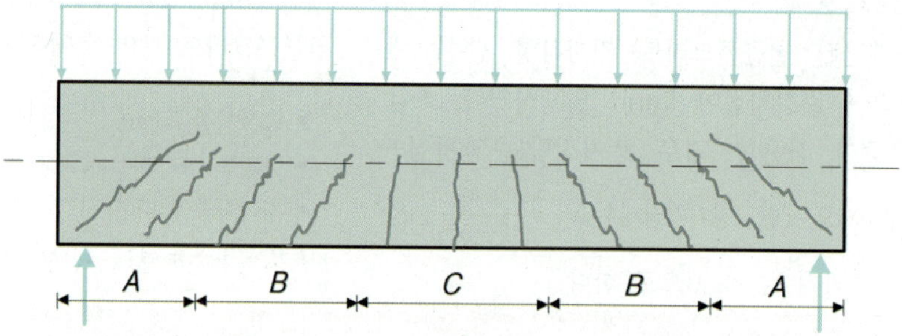

(1) (휨)균열모멘트

$$M_{cr} = f_r \cdot \frac{I_g}{y_t}$$

⬇

$$M_{cr} = f_r \cdot Z$$

- I_g : 총단면2차모멘트
- y_t : 중립축으로부터 인장연단까지의 거리
- f_r : 파괴계수 $(= 0.63\lambda\sqrt{f_{ck}})$

$\lambda = 1$	$\lambda = 0.85$	$\lambda = 0.75$
보통중량 콘크리트	모래경량 콘크리트	전경량 콘크리트

- Z: 단면계수$(\frac{bh^2}{6})$

(2) 휨균열 제어를 위한 인장철근의 간격산정

콘크리트 인장연단에 가장 가까이에 배치되는 철근의 중심간격(s)은 다음 두 값 중 작은값 이하로 결정한다.

$$s = 375\left(\frac{\kappa_{cr}}{f_s}\right) - 2.5C_c$$

$$s = 300\left(\frac{\kappa_{cr}}{f_s}\right)$$

- $\kappa_{cr} = 280$: 건조환경에 노출되는 경우
- $\kappa_{cr} = 210$: 그 외의 경우
- C_c : 인장철근 표면과 콘크리트 표면 사이의 최소두께
- f_s : 사용하중 상태에서 인장연단에서 가장 가까이에 위치한 철근의 응력

  (근사값 : $f_s = \frac{2}{3}f_y$)

1998~2024 **기출문제**

01 [19②] 3점 □□□□□

콘크리트 설계기준압축강도 $f_{ck}=21\text{MPa}$ 인 모래경량 콘크리트의 휨파괴계수 f_r을 구하시오.

02 [12④] 4점 □□□□□

휨균열을 일으키는 균열모멘트(M_{cr})를 구하시오.
(단, 보통중량콘크리트 $f_{ck}=24\text{MPa}$, $f_y=400\text{MPa}$)

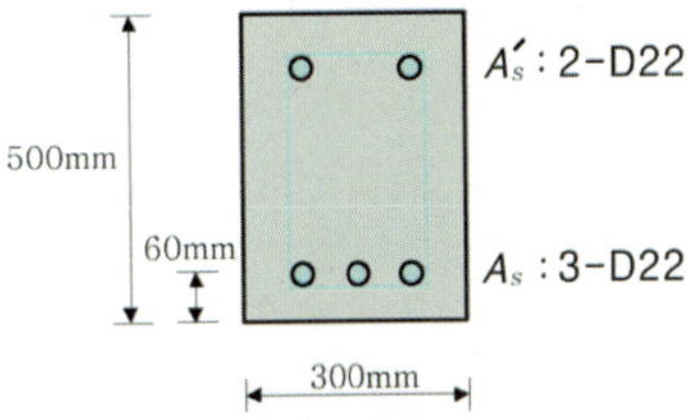

03 [20⑤, 24①] 4점 □□□□□

다음과 같은 조건의 외력에 대한 휨균열모멘트강도 (M_{cr})를 구하시오.

【조건】
- 단면 크기: $b \times h = 300\text{mm} \times 600\text{mm}$
- 보통중량콘크리트 설계기준 압축강도 $f_{ck}=30\text{MPa}$, 철근 항복강도 $f_y=400\text{MPa}$

04 [16②, 20①] 4점, 5점 □□□□□

다음 그림을 보고 물음에 답하시오.

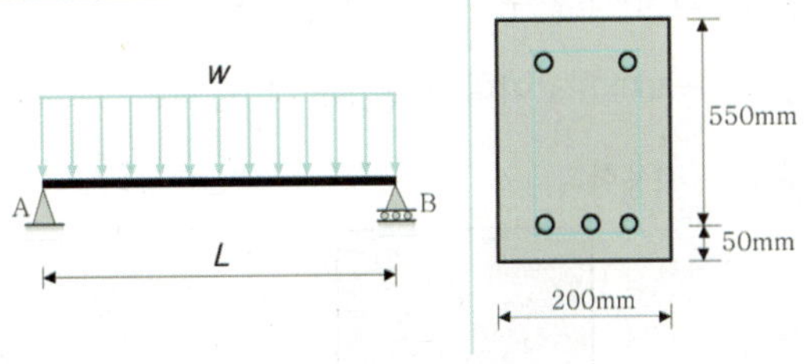

- $w=5\text{kN/m}$(자중 포함)
- 경간(Span): 12m
- $f_{ck}=24\text{MPa}$, $f_y=400\text{MPa}$
- 보통중량콘크리트 사용

(1) 최대휨모멘트를 구하시오.

(2) 균열모멘트를 구하고 균열발생 여부를 판정하시오.

정답 및 해설

01 2.45MPa

$f_r=0.63\lambda\sqrt{f_{ck}}$
$=0.63(0.85)\sqrt{(21)}=2.45\text{MPa}$

02 38.58kN·m

$M_{cr}=0.63\lambda\sqrt{f_{ck}}\cdot\dfrac{bh^2}{6}$
$=0.63(1)\sqrt{(24)}\cdot\dfrac{(300)(500)^2}{6}$
$=38,579,463\text{N}\cdot\text{mm}=38.579\text{kN}\cdot\text{m}$

03 62.111kN·m

$M_{cr}=0.63\lambda\sqrt{f_{ck}}\cdot\dfrac{bh^2}{6}$
$=0.63(1)\sqrt{(30)}\cdot\dfrac{(300)(600)^2}{6}$
$=62,111,738\text{N}\cdot\text{mm}=62.111\text{kN}\cdot\text{m}$

04

(1)
$M_{\max}=\dfrac{wL^2}{8}=\dfrac{(5)(12)^2}{8}=90\text{kN}\cdot\text{m}$

(2)
$M_{cr}=0.63(1)\sqrt{(24)}\cdot\dfrac{(200)(600)^2}{6}$
$=37,036,284\text{N}\cdot\text{mm}=37.036\text{kN}\cdot\text{m}$
$\therefore M_{\max}>M_{cr}$ 이므로 균열이 발생됨

05 [16①] 4점

그림과 같은 보의 단면에서 휨균열을 제어하기 위한 인장철근의 간격을 구하고 적합여부를 판단하시오.

(단, $f_y = 400\text{MPa}$ 이며 사용철근의 응력은 $f_s = \frac{2}{3}f_y$ 근사식을 적용한다.)

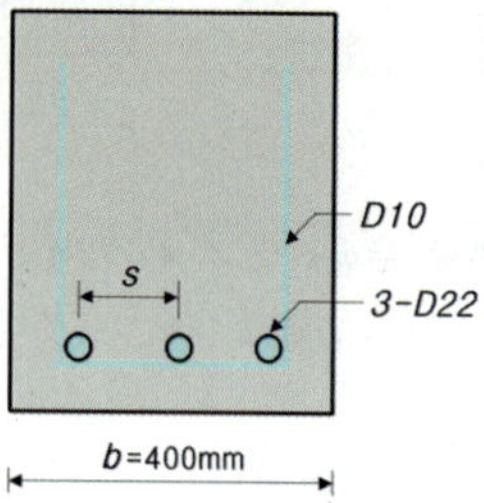

정답 및 해설

05 $s = 139\text{mm}$, 균열이 발생되지 않음

(1) 순피복두께: $C_c = 40 + 10 = 50\text{mm}$

(2) $f_s = \frac{2}{3}f_y = \frac{2}{3}(400) = 267\text{MPa}$

(3)

① $s = 375\left(\frac{210}{(267)}\right) - 2.5(50) = 170\text{mm}$

② $s = 300\left(\frac{210}{(267)}\right) = 236\text{mm}$

∴ ①, ② 중 작은값이므로 $s_{max} = 170\text{mm}$

(4) 간격 $= \frac{1}{2}\left[400 - 2\left(40 + 10 + \frac{22}{2}\right)\right]$

$= 139\text{mm} < s_{max}$

(5) 균열이 발생되지 않음

MEMO

POINT 08 RC 단주

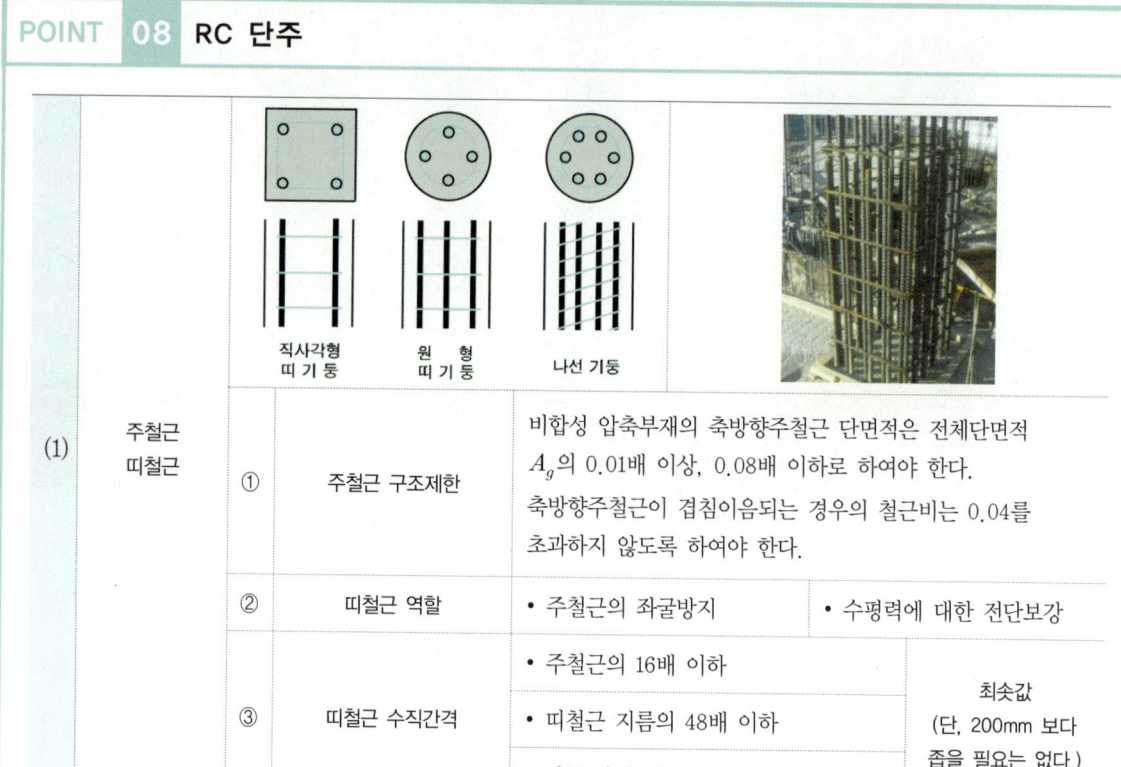

(1)	주철근 띠철근	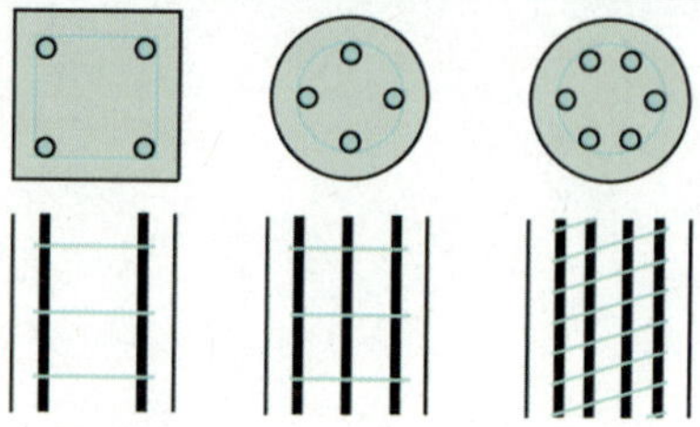 직사각형 띠기둥 / 원형 띠기둥 / 나선 기둥			
		①	주철근 구조제한	비합성 압축부재의 축방향주철근 단면적은 전체단면적 A_g의 0.01배 이상, 0.08배 이하로 하여야 한다. 축방향주철근이 겹침이음되는 경우의 철근비는 0.04를 초과하지 않도록 하여야 한다.	
		②	띠철근 역할	• 주철근의 좌굴방지	• 수평력에 대한 전단보강
		③	띠철근 수직간격	• 주철근의 16배 이하 • 띠철근 지름의 48배 이하 • 기둥 단면 최소 치수의 1/2 이하	최솟값 (단, 200mm 보다 좁을 필요는 없다.)
(2)	설계축하중[N]	$\phi P_n = (0.65)(0.80)[0.85 f_{ck} \cdot (A_g - A_{st}) + f_y \cdot A_{st}]$			

1998~2024 기출문제

01 [22②] 3점

철근콘크리트구조 압축부재의 철근량 제한에 관한 내용이다. 괄호 안에 적절한 수치를 기입하시오.

> 비합성 압축부재의 축방향주철근 단면적은 전체단면적 A_g의 (①)배 이상, (②)배 이하로 하여야 한다.
> 축방향주철근이 겹침이음되는 경우의 철근비는 (③)를 초과하지 않도록 하여야 한다.

① ② ③

02 [09①, 11④, 24①] 2점

RC 기둥에서 띠철근(Hoop Bar)의 역할을 2가지 쓰시오.

① ②

03 [14①] 4점

> 띠철근 기둥의 수직간격은 축방향주철근 직경의 (①)배, 띠철근 직경의 (②)배, 기둥 단면 최소 치수의 1/2 이하 중 작은값으로 한다. 단, 200mm 보다 좁을 필요는 없다.

정답 및 해설

01
① 0.01
② 0.08
③ 0.04

02
① 주철근의 좌굴방지
② 수평력에 대한 전단보강

03
① 16
② 48

04 [12②, 21②] 3점 □□□□□

그림과 같이 배근된 철근콘크리트 기둥에서 띠철근의 최대 수직간격을 구하시오.

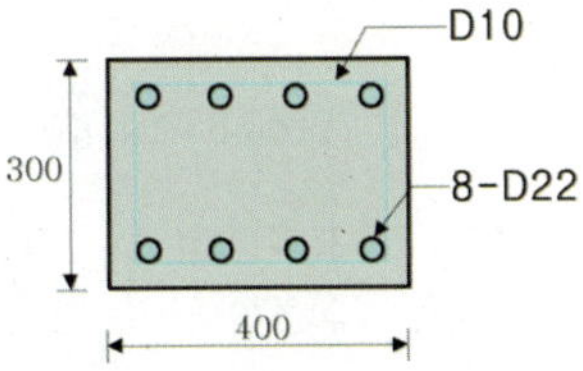

05 [12④, 22①] 3점 □□□□□

중심축하중을 받는 단주의 최대 설계축하중을 구하시오.
(단, $f_{ck}=27\text{MPa}$, $f_y=400\text{MPa}$, $A_{st}=3{,}096\text{mm}^2$)

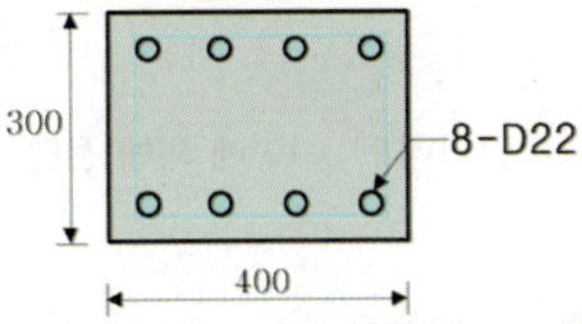

06 [13①, 19①] 3점 □□□□□

RC 띠철근 기둥의 설계축하중 ϕP_n (kN)을 구하시오.
(조건: $f_{ck}=24\text{MPa}$, $f_y=400\text{MPa}$, D22 철근 한 개의 단면적은 387mm^2 , 강도감소계수 $\phi=0.65$)

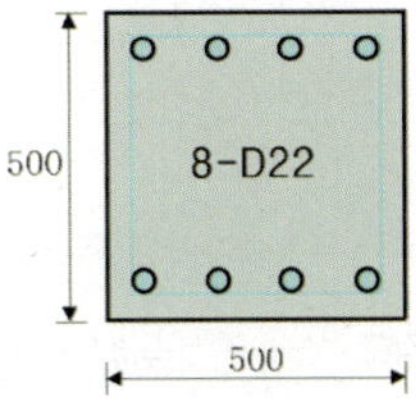

정답 및 해설

04

(1) 22mm×16=352mm
(2) 10mm×48=480mm
(3) 기둥의 최소폭 300mm $\times\frac{1}{2}$=150mm
(4) 200mm ⬅ 지배

05

$\phi P_n=(0.65)(0.80)[0.85(27)\cdot\{(300\times400)-(3{,}096)\}+(400)(3{,}096)]$
$=2{,}039{,}100\text{N}=2{,}039.1\text{kN}$

06

$\phi P_n=(0.65)(0.80)[0.85(24)\cdot\{(500\times500)-(8\times387)\}+(400)(8\times387)]$
$=3{,}263{,}125\text{N}=3{,}263.125\text{kN}$

POINT 09 RC 전단강도

<table>
<tr><td>(1)</td><td>전단강도 설계식</td><td colspan="5">소요전단강도(V_u) ≤ 설계전단강도(ϕV_n)
전단에 대한 강도감소계수: $\phi = 0.75$</td></tr>
<tr><td rowspan="3">(2)</td><td rowspan="3">공칭전단강도</td><td rowspan="3">$V_n = V_c + V_s$</td><td rowspan="2">$V_c = \frac{1}{6}\lambda\sqrt{f_{ck}} \cdot b_w \cdot d$</td><td>$\lambda = 1$</td><td>$\lambda = 0.85$</td><td>$\lambda = 0.75$</td></tr>
<tr><td>보통중량 콘크리트</td><td>모래경량 콘크리트</td><td>전경량 콘크리트</td></tr>
<tr><td>$V_s = \frac{A_v \cdot f_{yt} \cdot d}{s}$</td><td colspan="3">• A_v: Stirrup 2개의 단면적(mm^2), Stirrup 1개 조(組)의 단면적으로 산정
• f_{yt}: Stirrup 항복강도(MPa)
• s: Stirrup 간격(mm)</td></tr>
<tr><td>(3)</td><td>등분포하중이 작용하는 보의 전단력도에서 전단보강철근 의요구조건</td><td colspan="5">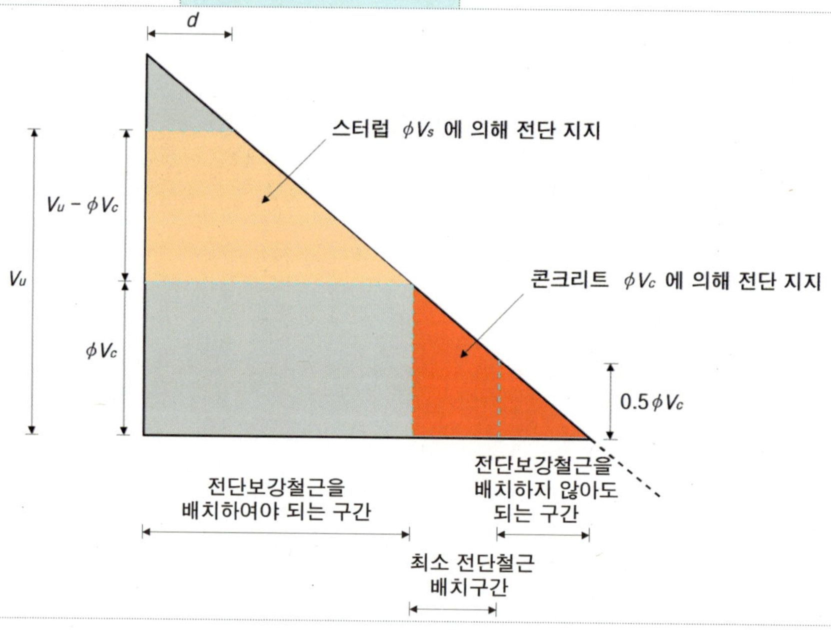
</td></tr>
<tr><td rowspan="4">(4)</td><td rowspan="4">전단철근을 배치하여야 되는 구간</td><td colspan="5">전단철근의 간격(s)은 다음과 같은 두 가지 경계조건을 따른다.</td></tr>
<tr><td colspan="2">$V_s \le \frac{1}{3}\lambda\sqrt{f_{ck}} \cdot b_w \cdot d$</td><td colspan="3">$V_s > \frac{1}{3}\lambda\sqrt{f_{ck}} \cdot b_w \cdot d$</td></tr>
<tr><td colspan="2">⬇</td><td colspan="3">⬇</td></tr>
<tr><td colspan="2">$\frac{d}{2}$ 이하, 600mm 이하</td><td colspan="3">$\frac{d}{4}$ 이하, 300mm 이하</td></tr>
</table>

1998~2024 **기출문제**

01 [22④] 4점

그림과 같은 철근콘크리트 보 단면의 설계전단강도(kN)를 구하시오. (단, 보통중량콘크리트 사용, $f_{ck} = 24\text{MPa}$, $f_{yt} = 400\text{MPa}$)

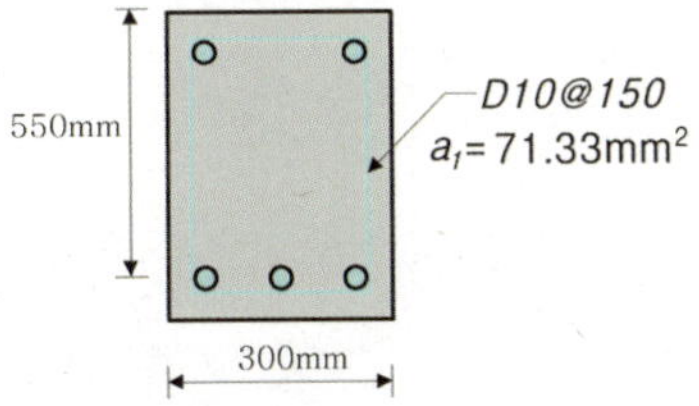

02 [15①] 4점

강도설계법으로 설계된 보에서 스터럽(Stirrup)이 부담하는 전단력이 $V_s = 265\text{kN}$일 경우 수직스터럽의 간격을 구하시오. (단, $f_{yt} = 350\text{MPa}$)

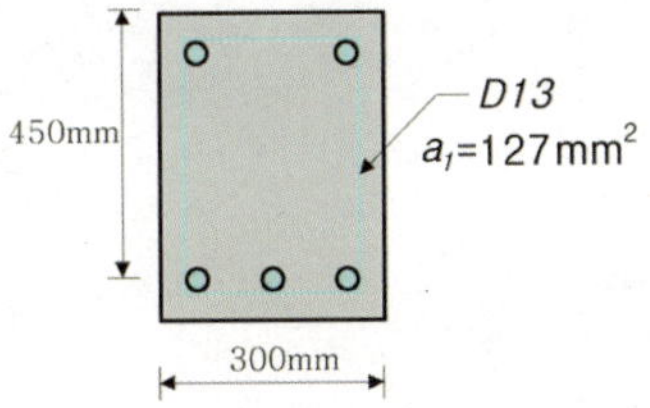

03 [15④] 5점

그림과 같은 철근콘크리트보를 보고 물음에 답하시오.

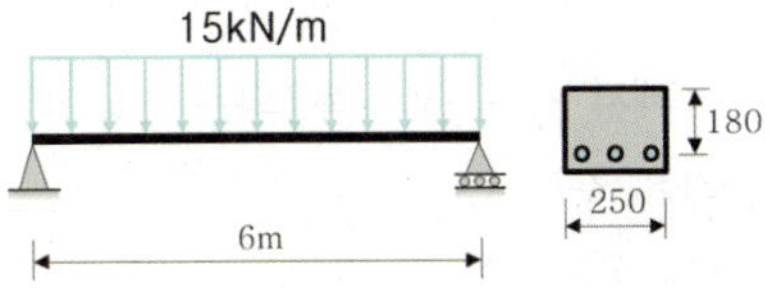

(1) 전단위험단면 위치에서의 계수전단력을 구하시오.

(2) 전단설계를 하고자 할 때, 경간길이 내에서 스터럽 배치가 필요하지 않은 구간의 길이를 산정하시오. (단, 지점 외부로 내민 부재길이는 무시, 보통중량 콘크리트 $f_{ck} = 21\text{MPa}$)

정답 및 해설

01

(1) $V_c = \frac{1}{6}\lambda\sqrt{f_{ck}} \cdot b_w \cdot d$

$= \frac{1}{6}(1)\sqrt{(24)}(300)(550) = 134{,}722\text{N}$

(2) $V_s = \frac{A_v \cdot f_{yt} \cdot d}{s}$

$= \frac{(2 \times 71.33)(400)(550)}{(150)} = 209{,}235\text{N}$

(3) $\phi V_n = \phi(V_c + V_s)$

$= (0.75)[(134{,}722) + (209{,}235)]$

$= 257{,}968\text{N} = 257.968\text{kN}$

02 150.96mm

$s = \frac{A_v \cdot f_{yt} \cdot d}{V_s} = \frac{(2 \times 127)(350)(450)}{(265 \times 10^3)}$

$= 150.962\text{mm}$

03 (1) $V_u = 42.3\text{kN}$ (2) $x = 0.86\text{m}$

(1) $V_u : 45 = 2.82 : 3$ 으로부터

$V_u = 45 \times \frac{2.82}{3} = 42.3$

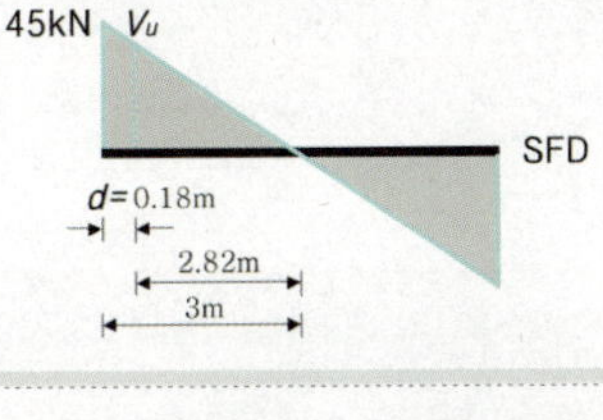

(2) $0.5\phi V_c = 0.5\phi\left(\frac{1}{6}\lambda\sqrt{f_{ck}} \cdot b_w \cdot d\right)$

$= 0.5(0.75)\left(\frac{1}{6}(1)\sqrt{(21)}(250)(180)\right)$

$= 12{,}888\text{N} = 12.888\text{kN}$

$x : 3 = 12.888 : 45$ 으로부터

$x = 3 \times \frac{12.888}{45} = 0.859\text{m}$

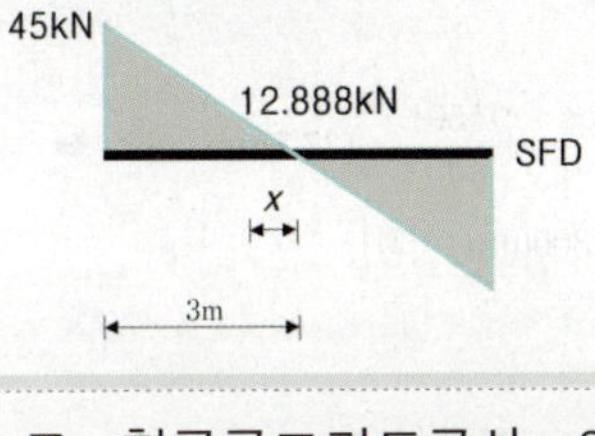

04 [19④] 4점 □□□□□

전단철근의 전단강도 V_s값의 산정 결과,

$V_s > \frac{1}{3}\lambda\sqrt{f_{ck}} \cdot b_w \cdot d$ 로 검토되었다.

다음 그림에서 S_2 구간에 적용되는 수직스터럽(Stirrup)의 최대간격을 구하시오.
(단, 보의 유효깊이 $d = 550\text{mm}$ 이다.)

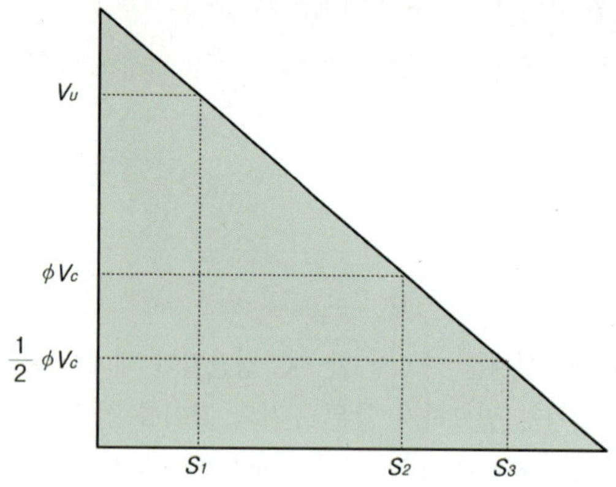

정답 및 해설

04

① $\frac{d}{4} = \frac{(550)}{4} = 137.5\text{mm}$ 이하 ⬅ 지배

② 300mm 이하

MEMO

POINT 10 RC 기본정착길이, 겹침이음길이

		인장이형철근	압축이형철근
(1)	기본정착길이 약산식	$l_{db} = \dfrac{0.6d_b \cdot f_y}{\lambda\sqrt{f_{ck}}}$	$l_{db} = \dfrac{0.25d_b \cdot f_y}{\lambda\sqrt{f_{ck}}} \geq 0.043d_b \cdot f_y$
(2)	인장이형철근 정착길이 정밀식	$l_d = \dfrac{0.9d_b \cdot f_y}{\lambda\sqrt{f_{ck}}} \cdot \dfrac{\alpha \cdot \beta \cdot \gamma}{\left(\dfrac{c+K_{tr}}{d_b}\right)}$	• d_b : 철근의 직경 • f_y : 철근의 설계기준항복강도 • α : 철근배치 위치계수 ➡ 상부철근…1.3 ➡ 기타 철근…1.0 • β : 철근 도막계수 ➡ 피복두께가 $3d_b$ 미만 또는 순간격이 $6d_b$ 미만인 에폭시 도막철근…1.5 ➡ 그 밖의 에폭시 도막철근…1.2 ➡ 도막되지 않은 철근…1.0 • γ : 철근 또는 철선의 크기 계수 ➡ D19 이하의 철근과 이형철선…0.8 ➡ D22 이상의 철근…1.0 • λ : 경량콘크리트계수 • f_{ck} : 콘크리트 설계기준압축강도 • c : 철근간격 또는 피복두께에 관련된 치수 • K_{tr} : 횡방향 철근지수
(3)	인장이형철근 겹침이음길이	배근된 철근량이 소요철근량의 2배 이상이고, 소요 겹침이음 길이 내 겹침이음된 철근량이 전체 철근량의 1/2 이하인 경우	A급 이음 ➡ $1.0\,l_d \geq 300$mm
		그 외 경우	B급 이음 ➡ $1.3\,l_d \geq 300$mm

1998~2024 **기출문제**

01 [13②, 17①] 3점

$f_{ck}=30\text{MPa}$, $f_y=400\text{MPa}$, D22(공칭지름 22.2mm) 인장이형철근의 기본정착길이를 구하시오. (단, 경량콘크리트계수 $\lambda=1$)

02 [12②, 20④] 3점

철근콘크리트로 설계된 보에서 압축을 받는 D22 철근의 기본정착길이를 구하시오.(단, 경량콘크리트계수 $\lambda=1$, $f_{ck}=24\text{MPa}$, $f_y=400\text{MPa}$)

03 [18②] 4점

인장이형철근의 정착길이를 다음과 같은 정밀식으로 계산할 때 α, β, γ, λ가 의미하는 바를 쓰시오.

$l_d=\dfrac{0.9d_b\cdot f_y}{\lambda\sqrt{f_{ck}}}\cdot\dfrac{\alpha\cdot\beta\cdot\gamma}{\left(\dfrac{c+K_{tr}}{d_b}\right)}$	① α :
	② β :
	③ γ :
	④ λ :

04 [19①, 22②] 3점

철근콘크리트 보의 춤이 700mm이고, 부모멘트를 받는 상부단면에 HD25철근이 배근되어 있을 때, 철근의 인장정착길이(l_d)를 구하시오.
(단, $f_{ck}=25\text{MPa}$, $f_y=400\text{MPa}$, 철근의 순간격과 피복두께는 철근직경 이상이고, 상부철근 보정계수는 1.3을 적용, 도막되지 않은 철근, 보통중량콘크리트를 사용)

05 [20①] 3점

인장력을 받는 이형철근 및 이형철선의 겹침이음길이는 A급과 B급으로 분류되며, 다음 값 이상, 또한 300mm 이상이어야 한다. 괄호안에 알맞은 수치를 쓰시오.
(단, l_d는 인장이형철근의 정착길이)

(1) A급 이음: (   ) l_d

(2) B급 이음: (   ) l_d

정답 및 해설

01 972.76mm

$$l_{db}=\frac{0.6(22.2)(400)}{(1)\sqrt{(30)}}=972.755$$

02 449.07mm

(1) $l_{db}=\dfrac{0.25(22)(400)}{(1)\sqrt{(24)}}=449.07$

(2) $l_{db}=0.043(22)(400)=378.40$

03

① α : 철근배치 위치계수

② β : 철근 도막계수

③ γ : 철근 또는 철선의 크기 계수

④ λ : 경량콘크리트계수

04 1,560mm

$$l_d=\frac{0.6(25)(400)}{(1)\sqrt{(25)}}\times1.3\times1.0=1{,}560\text{mm}$$

05

(1) 1.0

(2) 1.3

POINT 11 RC 슬래브(Slab) 일반사항

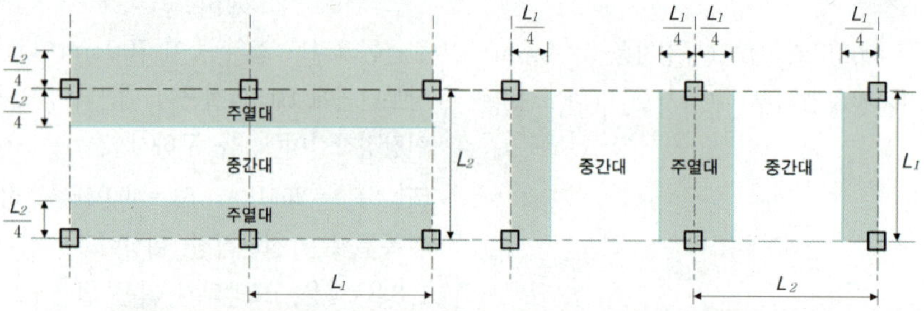

장변방향 $L_2 < L_1$ 단변방향 $L_1 < L_2$

(1)	변장비에 의한 슬래브(Slab) 구분		1방향 슬래브(1-Way Slab)	2방향 슬래브(2-Way Slab)
			$변장비 = \dfrac{장변\ 경간}{단변\ 경간} > 2$	$변장비 = \dfrac{장변\ 경간}{단변\ 경간} \le 2$
			수축온도철근 (Shrinkage and Temperature Reinforcement) 건조수축 또는 온도변화에 의하여 콘크리트에 발생하는 균열을 방지하기 위한 목적으로 배치되는 철근	
			$f_y = 400\text{MPa}$ 이하	$f_y = 400\text{MPa}$ 초과
			$\rho = 0.0020$	$\rho = 0.0020 \times \dfrac{400}{f_y} \ge 0.0014$
(2)	주철근 중심간격	①	최대 휨모멘트 발생 단면	슬래브 두께의 2배 이하, 300mm 이하
		②	기타 단면	슬래브 두께의 3배 이하, 450mm 이하

1998~2024 **기출문제**

01 [11①, 13②, 19④] 3점 □□□□□

철근콘크리트 구조의 1방향 슬래브와 2방향 슬래브를 구분하는 기준에 대해 설명하시오.

02 [09①, 11④, 15②, 20⑤] 2점 □□□□□

온도조절 철근(Temperature Bar)의 배근목적에 대하여 간단히 설명하시오.

정답 및 해설

01

(1) 1방향 슬래브(1-Way Slab)

$$변장비 = \frac{장변\ 경간}{단변\ 경간} > 2$$

(2) 2방향 슬래브(2-Way Slab)

$$변장비 = \frac{장변\ 경간}{단변\ 경간} \le 2$$

02

건조수축 또는 온도변화에 의하여 콘크리트에 발생하는 균열을 방지하기 위한 목적으로 배치되는 철근

1998~2024 **기출문제**

03 [21④] 6점

(1) 큰보(Girder)와 작은보(Beam)를 간단히 설명하시오.

① 큰보(Girder):

② 작은보(Beam):

(2) 다음 그림의 (　　)안을 큰보와 작은보 중에서 선택하여 채우시오.

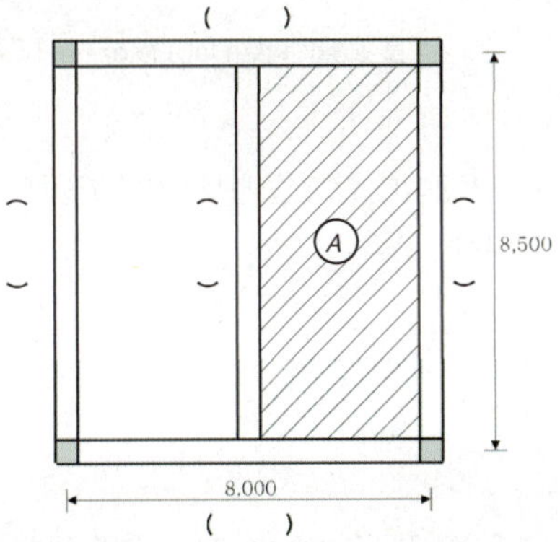

(3) 위의 그림의 빗금친 A부분의 변장비를 계산하고 1방향 슬래브인지 2방향슬래브인지에 대해 구분하시오. (단, 기둥 500×500, 큰보 500×600, 작은보 500×550, 변장비를 구할 때 기둥 중심 치수를 적용한다.)

04 [20③] 4점

1방향슬래브의 두께가 250mm일 때 단위폭 1m에 대한 수축온도철근량과 D13($a_1 = 127\text{mm}^2$) 철근을 배근할 때 요구되는 배근개수를 구하시오. (단, $f_y = 400\text{MPa}$)

05 [20②] 2점

다음 괄호 안에 알맞은 수치를 쓰시오.

> 벽체 또는 슬래브에서 휨주철근의 간격은 벽체나 슬래브 두께의 (①)배 이하로 하여야 하고, 또한 (②)mm 이하로 하여야 한다. 다만, 콘크리트 장선구조의 경우 이 규정이 적용되지 않는다.

① ____________ ② ____________

정답 및 해설

03

(1) ① 기둥에 직접 연결된 보

② 기둥과 직접 연결되지 않은 보

(2)

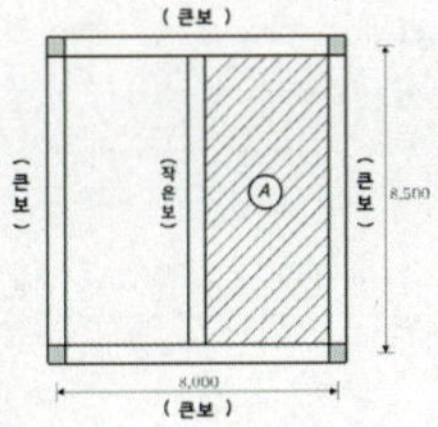

(3) $\frac{8,500}{4,000} = 2.125 > 2$ ➡ 1방향슬래브

04

(1) $\rho = \frac{A_s}{bd}$ 로부터

$A_s = \rho \cdot bd$

$= (0.0020)(1,000)(250) = 500\text{mm}^2$

(2) 배근개수 $n = \frac{A_s}{a_1} = \frac{500}{127} = 3.937$ ➡ 4개

05

① 3

② 450

POINT 12 RC 무량판 구조

<table>
<tr><td rowspan="3">(1)</td><td rowspan="3">무량판 구조</td><td></td><td></td></tr>
<tr><td>플랫 슬래브(Flat Slab)</td><td>플랫 플레이트(Flat Plate)</td></tr>
<tr><td>슬래브 외부 보를 제외하고 내부는 보 없이 바닥판으로 구성하여 하중을 직접 기둥에 전달하는 구조</td><td>보가 사용되지 않고 슬래브가 직접 기둥에 지지되는 구조</td></tr>
<tr><td>(2)</td><td>2방향 전단 위치</td><td>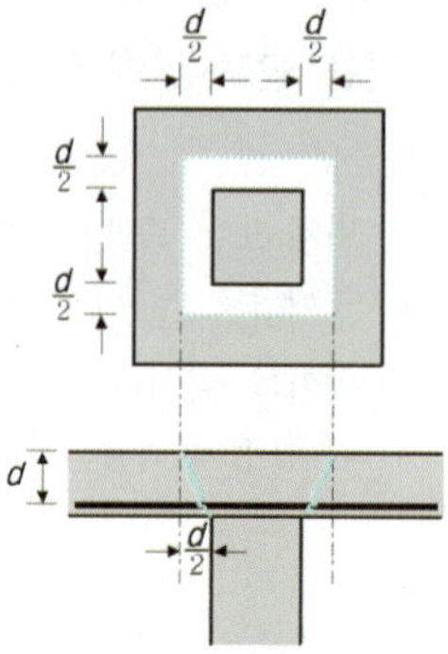
</td><td>2방향 전단(Punching Shear, 뚫림 전단):
기둥면에서 $\frac{d}{2}$ 위치</td></tr>
<tr><td rowspan="2">(3)</td><td rowspan="2">2방향 전단 방지를 위한 지판 규정</td><td rowspan="2">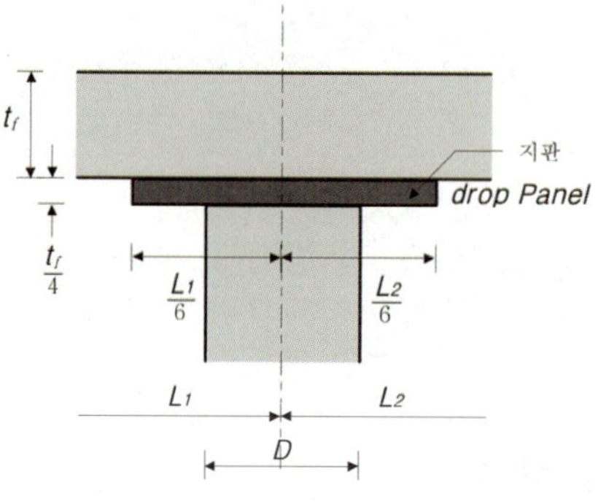
</td><td>① 지판(Drop Panel) 두께:
슬래브 두께의 $\frac{1}{4}$ 이상</td></tr>
<tr><td>② 받침부 중심선에서 각 방향 받침부 중심간 경간의 $\frac{1}{6}$ 이상을 각 방향으로 연장</td></tr>
<tr><td rowspan="4">(4)</td><td rowspan="4">2방향 전단 보강방법</td><td colspan="2">① 슬래브의 두께를 크게 한다.</td></tr>
<tr><td colspan="2">② 지판 또는 기둥머리를 사용하여 위험단면의 면적을 늘린다.</td></tr>
<tr><td colspan="2">③ 기둥을 중심으로 양 방향 기둥열 철근을 스터럽으로 보강</td></tr>
<tr><td colspan="2">④ 기둥에 얹히는 슬래브를 C형강이나 H형강으로 전단머리 보강</td></tr>
</table>

1998~2024 **기출문제**

01 [01②] 3점

다음 설명에 해당하는 용어를 쓰시오.

(1)	RC조 구조방식에서 보를 사용치 않고 바닥슬래브를 직접 기둥에 지지시키는 구조방식
(2)	대형 형틀로서 슬래브와 벽체의 콘크리트 타설을 일체화하기 위한 것으로 Twin Shell Form과 Mono Shell Form으로 구성되는 형틀
(3)	콘크리트 표면에서 제일 외측에 가까운 철근의 표면까지의 치수를 말하며 RC조의 내화성, 내구성을 정하는 중요한 요소

(1) (2) (3)

02 [11④, 21①] 4점

그림과 같은 설계조건에서 플랫슬래브 지판(Drop Panel, 드롭 패널)의 최소두께를 산정하시오.
(단, 슬래브 두께 t_f는 200mm)

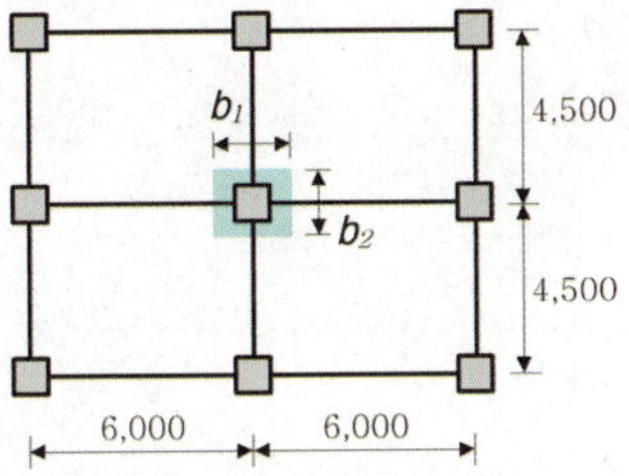

(1) 지판의 최소 크기:

(2) 지판의 최소 두께:

03 [18①] 4점

그림과 같은 독립기초의 2방향 전단(Punching Shear) 위험단면 둘레길이(mm)를 구하시오.
(단, 위험단면의 위치는 기둥면에서 $0.75d$ 위치를 적용한다.)

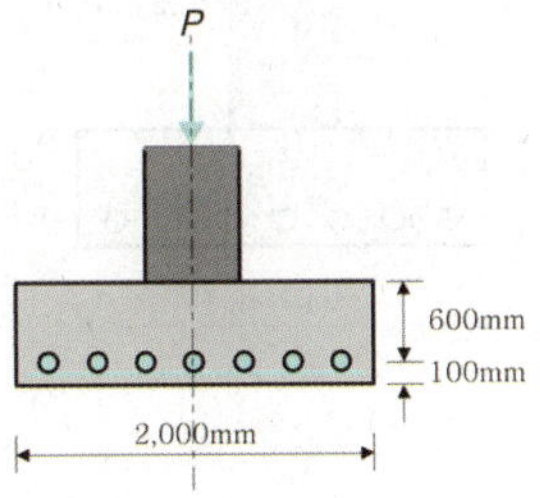

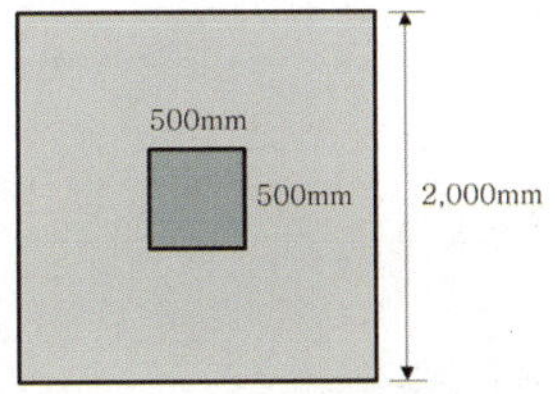

정답 및 해설

01

(1) 플랫 플레이트(Flat Plate)
(2) 터널폼(Tunnel Form)
(3) 피복두께(Cover Thickness)

02

(1) $b_1 = \dfrac{(6,000)}{6} + \dfrac{(6,000)}{6} = 2,000$

$b_2 = \dfrac{(4,500)}{6} + \dfrac{(4,500)}{6} = 1,500$

$\therefore\ b_1 \times b_2 = 2,000\text{mm} \times 1,500\text{mm}$

(2) $h_{\min} = \dfrac{t_f}{4} = \dfrac{(200)}{4} = 50\text{mm}$

03

$b_o = [(0.75(600) + 500 + 0.75(600)] \times 4$
$= 5,600\text{mm}$

04 [13①, 17②] 3점

□□□□□

그림과 같은 독립기초의 2방향 전단(Punching Shear) 응력산정을 위한 저항면적(cm^2)을 구하시오.

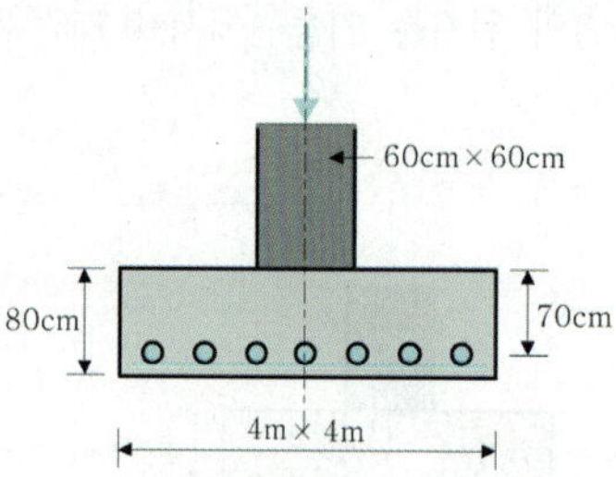

05 [14④, 24②] 4점

□□□□□

플랫슬래브(플레이트)구조에서 2방향 전단에 대한 보강방법을 4가지 쓰시오.

①

②

③

④

정답 및 해설

04 36,400cm²

(1) 위험단면의 둘레길이

$b_o=[(35+60+35)\times 2]\times 2=520\text{cm}$

(2) 저항면적:

$A=b_o\cdot d=(520)(70)=36,400\text{cm}^2$

05

① 슬래브의 두께를 크게 한다.

② 지판 또는 기둥머리를 사용하여 위험단면의 면적을 늘린다.

③ 기둥을 중심으로 양 방향 기둥열 철근을 스터럽으로 보강

④ 기둥에 얹히는 슬래브를 C형강이나 H형강으로 전단머리 보강

MEMO

POINT 13 RC 기초판 설계

(1) 허용지내력 (kN/m^2, kPa)

지반		장기	단기
경암반	화성암 및 굳은 역암 등	4,000	장기 × 1.5
연암반	판암, 편암 등의 수성암	2,000	
	혈암, 토단반 등의 암반	1,000	
자갈		300	
자갈과 모래의 혼합물		200	
모래섞인 점토 또는 롬토		150	
모래, 점토		100	

(2) 2방향 기초판 휨철근의 배치

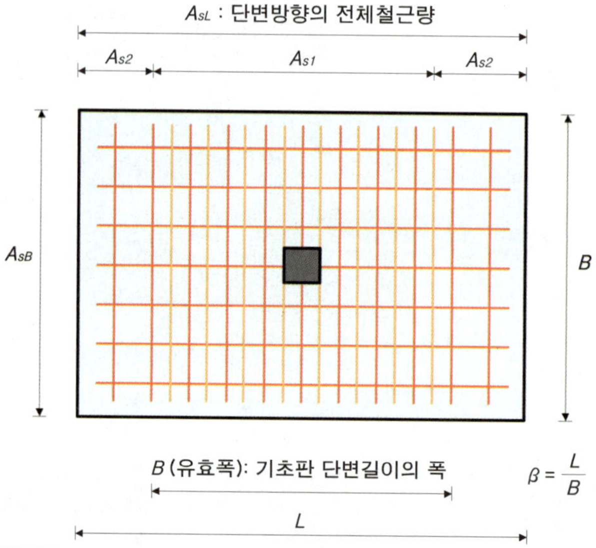

① 장변방향으로의 철근량 A_{sB} : 폭 B 전체에 균등히 배치

② 단변방향으로의 철근량 A_{sL}

• 유효폭 내	$A_{s1} = A_{sL} \times \dfrac{2}{\beta+1}$
• 유효폭 외	$A_{s2} = A_{sL} \times \dfrac{1-\dfrac{2}{\beta+1}}{2}$

(3) 기초판 총토압 (kN/m^2, kPa)

$$\text{총토압} = \frac{(1.0D+1.0L)+(\text{기초판 무게}+\text{기둥의 무게})+(\text{흙의 무게})}{\text{기초판 면적}}$$

① 총토압(Gross Soil Pressure):
기초판 바닥 위에 작용하는 모든 하중에 의해서 흙에 발생하는 응력

② 총토압 계산 시 사용하중($1.0D+1.0L$)을 적용함에 주의한다.

1998~2024 **기출문제**

01 [04①, 10②, 14④, 23④] 4점, 5점

지반의 허용응력도와 관련하여 다음 괄호 안을 채우시오.

(1) 장기허용지내력도

① 경암반: (　　　)kN/m^2

② 연암반: (　　　)kN/m^2

③ 자갈과 모래와의 혼합물: (　　　)kN/m^2

④ 모래: (　　　)kN/m^2

(2) 단기허용지내력 = 장기허용지내력 × (　　　)

02 [15④, 20④] 3점

철근콘크리트 기초판의 크기가 $2m \times 4m$ 일 때 단변방향으로의 소요전체철근량이 $4,800mm^2$이다. 유효폭 내에 배근하여야 할 철근량을 구하시오.

03 [11④] 5점

그림과 같은 한 변의 길이가 1.8m인 정사각형 RC 기초판 바닥에 작용하는 총토압(kPa)을 계산하시오. (단, 흙의 단위질량 $\rho_s' = 2,082kg/m^3$, 철근콘크리트의 단위질량 $\rho_s = 2,400kg/m^3$)

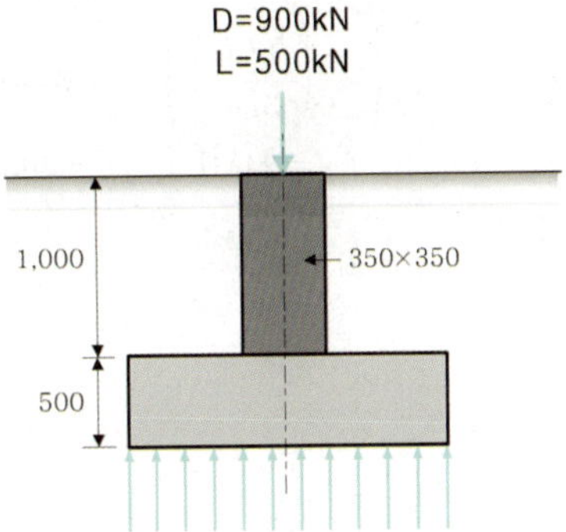

정답 및 해설

01 (1) ① 4,000

② 1,000~2,000

③ 200

④ 100

(2) 1.5

02 $3,200mm^2$

$$A_{s1} = A_{sL} \times \frac{2}{\beta+1}$$

$$= (4,800) \cdot \frac{2}{\left(\frac{4}{2}\right)+1} = 3,200mm^2$$

03 464.38kPa

(1) 흙의 단위무게:

$2,082kg/m^3 \times 9.8m/sec^2 = 20,404N/m^3$

(2) 철근콘크리트의 단위무게:

$2,400kg/m^3 \times 9.8m/sec^2 = 23,520N/m^3$

(3) 기초의 고정하중:

$(1.8m \times 1.8m \times 0.5m)(23,520N/m^3)$

$= 38,102.4N = 38.10kN$

(4) 기둥의 고정하중:

$(0.35m \times 0.35m \times 1m)(23,520N/m^3)$

$= 2,881.2N = 2.88kN$

(5) 흙의 무게:

$(1m)(1.8^2m^2 - 0.35^2m^2)(20,404N/m^3)$

$= 63,609.47N = 63.61kN$

(6) 사용하중:

$900kN + 500kN = 1,400kN$

(7) 총하중: 1,504.59kN

(8) 총토압 계산:

$$q_{gr} = \frac{P}{A} = \frac{(1,504.59)}{(1.8 \times 1.8)}$$

$= 464.38kN/m^2 = 464.38kPa$

1998~2024 **기출문제**

04 [17①, 19②] 4점

철근콘크리트 벽체의 설계축하중(ϕP_{nw})을 계산하시오.

- 유효벽길이 $b_e = 2{,}000\text{mm}$
- 벽두께 $h = 200\text{mm}$,
- 벽높이 $l_c = 3{,}200\text{mm}$
- $0.55\phi \cdot f_{ck} \cdot A_g \cdot \left[1-\left(\dfrac{k \cdot l_c}{32h}\right)^2\right]$식을 적용하고, $\phi = 0.65$, $k = 0.8$, $f_{ck} = 24\text{MPa}$, $f_y = 400\text{MPa}$을 적용한다.

【참고: 벽체의 실용설계법】

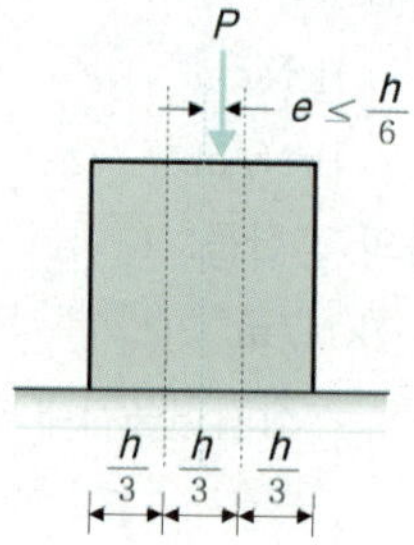

실용설계법이 적용되는 벽체

$$P_u \le \phi P_{nw} = 0.55\phi \cdot f_{ck} \cdot A_g \cdot \left[1-\left(\frac{k \cdot l_c}{32h}\right)^2\right]$$

- P_u : 계수축하중, ϕP_{nw}: 설계축하중
- $\phi = 0.65$
- $1-\left(\dfrac{k \cdot l_c}{32h}\right)^2$: 세장효과 고려함수
- k : 유효길이계수

구 분		k
횡구속 벽체	벽체 상하단 중 한쪽 또는 양쪽이 회전구속	0.8
	벽체 상하 양단의 회전이 비구속	1.0
비횡구속 벽체		2.0

정답 및 해설

04

$$\phi P_{nw} = (0.55)(0.65)(24)(2{,}000\times200)\left[1-\left(\frac{(0.8)(3{,}200)}{32(200)}\right)^2\right]$$
$$= 2{,}882{,}880\text{N} = 2{,}882.880\text{kN}$$

4

강구조공사

01 강구조공사 : 일반사항

POINT 01 강구조공사 시공계획

(1)

공장가공 순서

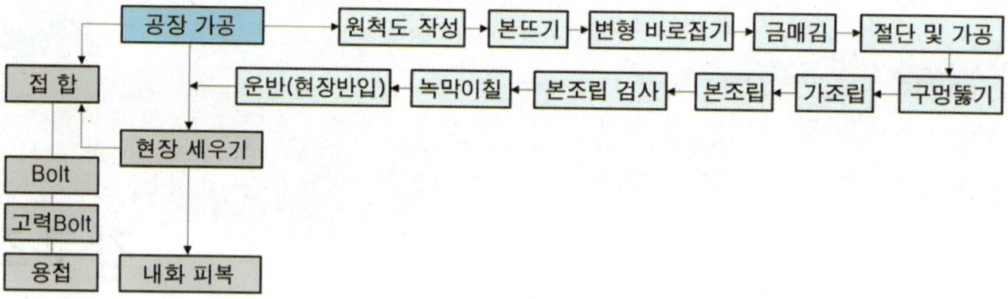

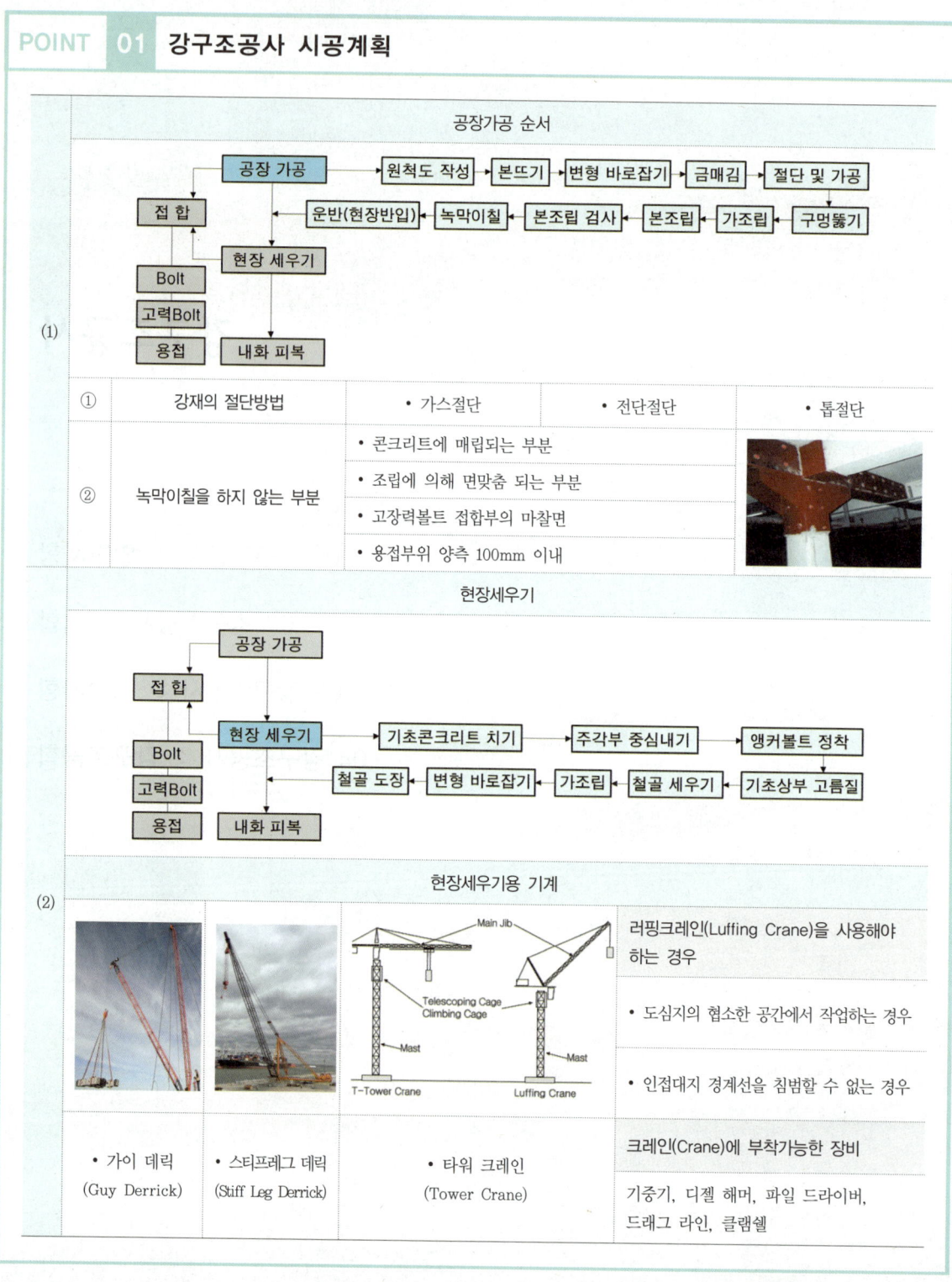

①	강재의 절단방법	• 가스절단	• 전단절단	• 톱절단
②	녹막이칠을 하지 않는 부분	• 콘크리트에 매립되는 부분 • 조립에 의해 면맞춤 되는 부분 • 고장력볼트 접합부의 마찰면 • 용접부위 양측 100mm 이내		

(2)

현장세우기

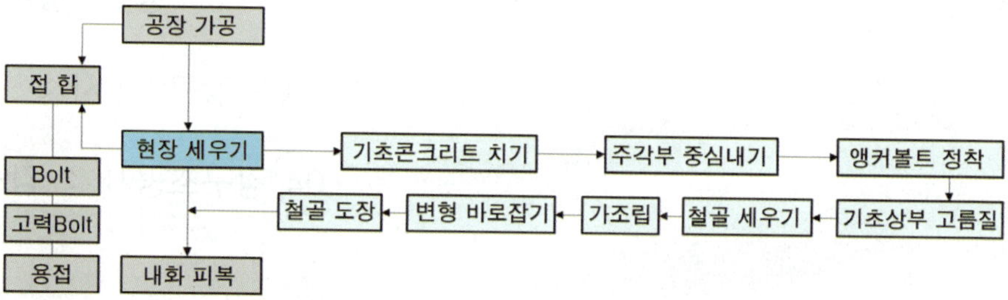

현장세우기용 기계

		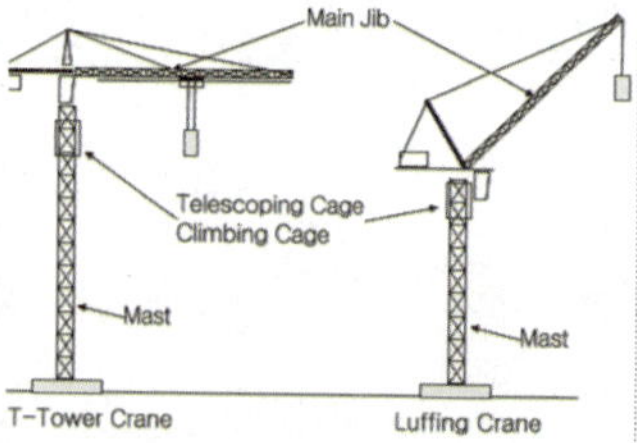 	러핑크레인(Luffing Crane)을 사용해야 하는 경우 • 도심지의 협소한 공간에서 작업하는 경우 • 인접대지 경계선을 침범할 수 없는 경우
• 가이 데릭 (Guy Derrick)	• 스티프레그 데릭 (Stiff Leg Derrick)	• 타워 크레인 (Tower Crane)	크레인(Crane)에 부착가능한 장비 기중기, 디젤 해머, 파일 드라이버, 드래그 라인, 클램쉘

POINT 01 강구조공사 시공계획

(3)		시공상세도		
	①	정의	공장 및 현장에서의 철골부재의 조립 및 세우기에 대해 계약도면에 표기되지 않은 부재의 위치, 타입, 크기, 볼트의 크기 및 부위별 사용수량, 연결부의 디테일, 연결부 가공방법 및 시공에 필요한 가설재의 설치에 관한 사항이 포함된 도면	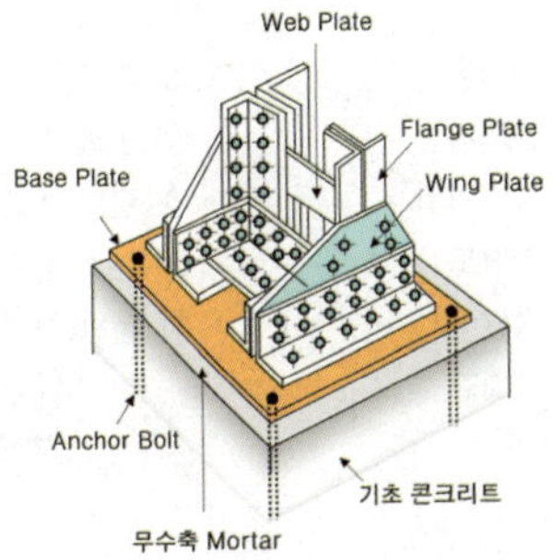
	②	내용	• 주심도, 평면도, 입면도, 주단면도, 부재별 단면도, 부재 접합부 상세도	
			• 앵커볼트, 베이스 플레이트, 브래킷, 보강재, 오프닝 주위 상세도	
			• 볼트의 형태와 크기 및 길이 표시, 페이트칠 또는 방청처리 부위 및 시공여부	
			• 각 주요부재의 캠버(Camber) 표시	

(4)		철골 주각부(Pedestal)			
	①	주각부의 종류	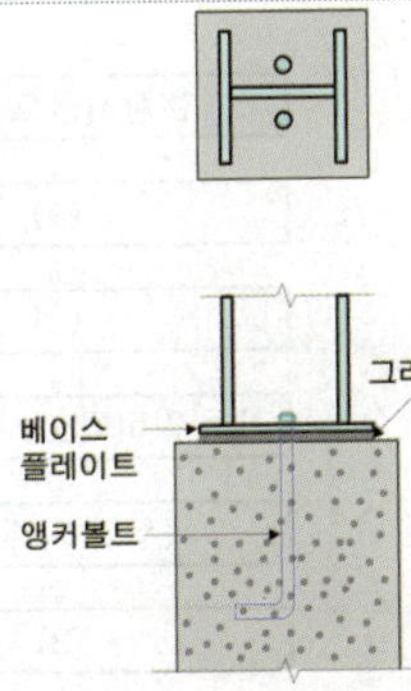	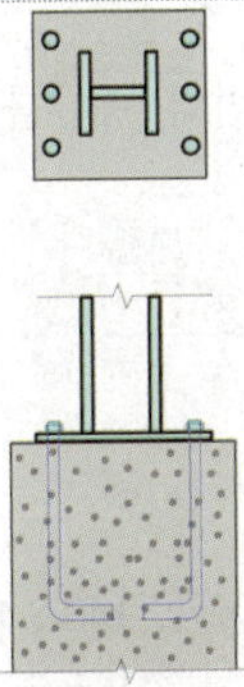	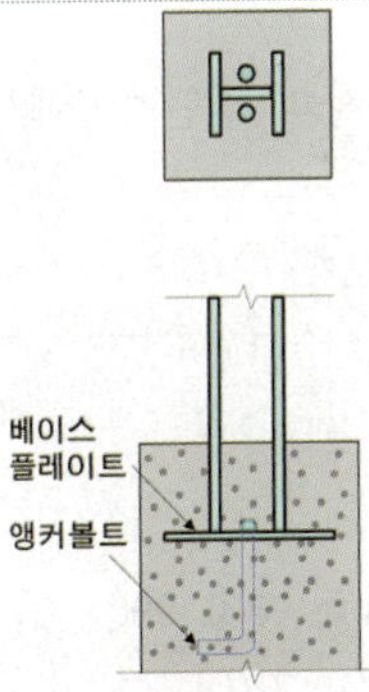
			핀주각	고정주각	매입형주각
	②	앵커볼트 정착공법	• 고정 매입공법	• 가동 매입공법	• 나중 매입공법
	③	기초상부 고름질 방법	• 전면 바름 마무리법		• 나중채워넣기 중심바름법
			• 나중채워넣기 십자바름법		• 완전 나중채워넣기법

(5)		칼럼 쇼트닝(Column Shortening)		
	①	정의	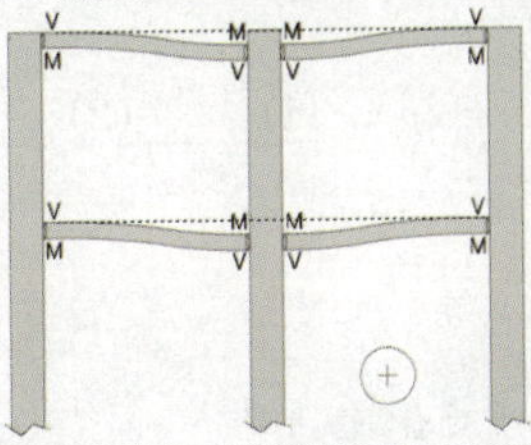	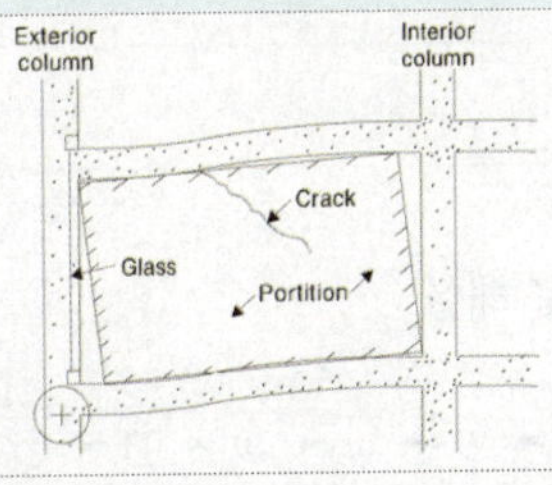
			초고층 건축 시 기둥에 발생되는 축소변위	
	②	원인	• 내·외부의 기둥구조가 다를 경우	• 기둥 재료의 재질 및 응력 차이
	③	문제점	• 기둥의 변형 및 조립불량	• 창호재의 변형 및 조립불량

01 [02②, 04①] 4점 □□□□□

강구조공사의 공장가공순서를 아래의 보기를 참고로 하여 번호로 쓰시오.

① 구멍뚫기	② 가조립
③ 본뜨기	④ 본조립
⑤ 녹막이칠	⑥ 변형 바로잡기
⑦ 원척도 작성	⑧ 본조립 검사
⑨ 절단 및 가공	⑩ 운반(현장반입)
⑪ 금매김	

02 [98④, 99⑤, 06①, 12②, 15②, 20⑤] 3점 □□□□□

강구조공사의 절단가공에서 절단방법의 종류를 3가지 쓰시오.

① ② ③

03 [98①, 98④, 99①, 01④, 03④, 06④, 14①, 18④, 19④, 22①] 3점, 4점 □□□□□

강구조공사에서 철골에 녹막이칠을 하지 않는 부분을 4가지 쓰시오.

①

②

③

④

04 [98⑤, 07②, 11①, 13②, 23②] 3점, 4점 □□□□□

강구조 주각부의 현장 시공순서에 맞게 번호를 쓰시오.

① 기초 상부 고름질	② 가조립
③ 변형 바로잡기	④ 앵커볼트 설치
⑤ 철골 세우기	⑥ 철골 도장

05 [07④, 15①] 4점 □□□□□

다음은 강구조 기둥 공사의 작업 흐름도이다. 알맞은 번호를 보기에서 골라 ( )를 채우시오.

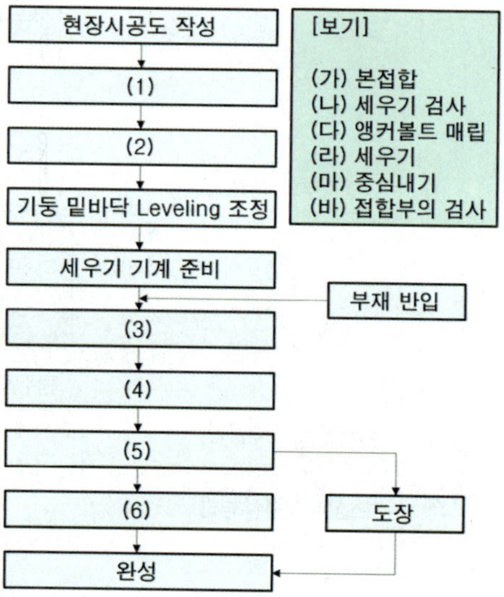

(1) (2) (3) (4) (5) (6)

정답 및 해설

01

⑦ ➡ ③ ➡ ⑥ ➡ ⑪ ➡ ⑨ ➡ ① ➡ ② ➡ ④ ➡ ⑧ ➡ ⑤ ➡ ⑩

02

① 가스절단
② 전단절단
③ 톱절단

03

① 콘크리트에 매립되는 부분
② 조립에 의해 면맞춤 되는 부분
③ 고장력볼트 접합부의 마찰면
④ 용접부위 양측 100mm 이내

04

④ ➡ ① ➡ ⑤ ➡ ② ➡ ③ ➡ ⑥

05

(1) (마) (2) (다) (3) (라)
(4) (나) (5) (가) (6) (바)

1998~2024 **기출문제**

06 [99①, 00④, 18④] 3점

철골세우기용 기계설비를 3가지 쓰시오.

①
②
③

07 [98④] 3점

건설장비 중 크레인에 부착할 수 있는 장비에 대하여 3가지만 쓰시오.

①
②
③

08 [14①] 4점

T-Tower Crane 대신 Luffing Crane을 사용해야 하는 경우를 2가지 쓰시오.

①
②

09 [03②] 4점

강구조공사의 공장제작이 완료된 후에 현장세우기를 하여야 하는데 현장시공을 위한 강재시공도에 삽입해야 할 중요한 사항을 2가지 기록하시오.

①
②

10 [04②] 4점

강구조공사에서 그림과 같은 주각부의 부재별 명칭을 기입하시오.

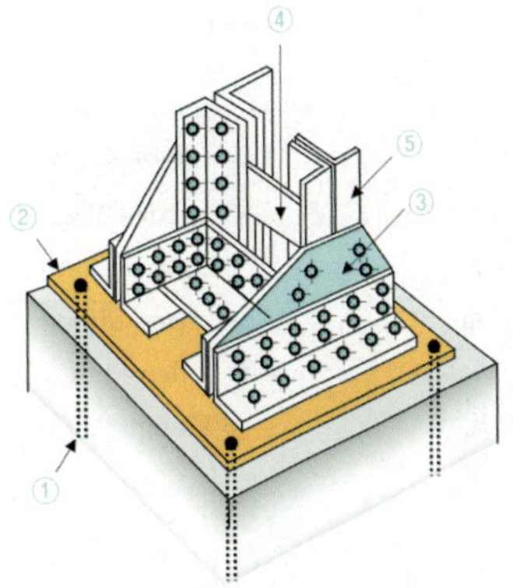

① ②
③ ④
⑤

IV

정답 및 해설

06
① 가이 데릭
② 스티프레그 데릭
③ 타워 크레인

07
① 기중기
② 디젤 해머
③ 파일 드라이버

08
① 도심지의 협소한 공간에서 작업하는 경우
② 인접대지 경계선을 침범할 수 없는 경우

09
① 주심도, 평면도, 입면도, 주단면도, 부재별 단면도, 부재 접합부 상세도
② 앵커볼트, 베이스 플레이트, 브래킷, 보강재, 오프닝 주위 상세도

10
① Anchr Bolt
② Base Plate
③ Wing Plate
④ Web Plate
⑤ Flange Plate

1998~2024 **기출문제**

11 [00⑤] 4점

다음 각부의 명칭을 보기에서 골라 번호를 쓰시오.

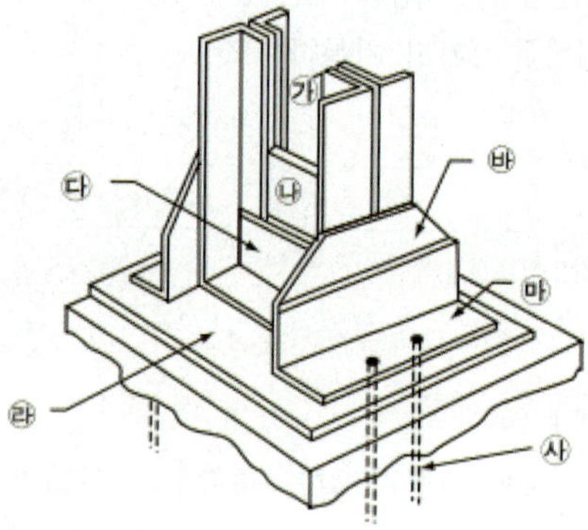

보기

① Anchor Bolt	② Base Plate
③ Wing Plate	④ Clip Angle
⑤ Web Plate	⑥ Lattice Plate
⑦ Tie Plate	⑧ Gusset Plate
⑨ Band Plate	⑩ Cover Plate
⑪ Splice Plate	⑫ Filler Plate
⑬ Flange Plate	⑭ Flange Angle
⑮ Side Angle	

㉮ ㉯ ㉰ ㉱ ㉲ ㉳ ㉴

12 [05④, 12②, 23①] 2점, 3점

강구조공사를 시공할 때 베이스 플레이트(Base Plate)의 시공 시 사용되는 충전재의 명칭을 쓰시오.

13 [18①, 20④] 6점

철골 주각부(Pedestal)는 고정주각, 핀주각, 매립형주각 3가지로 구분된다. 그림과 적합한 주각부의 명칭을 쓰시오.

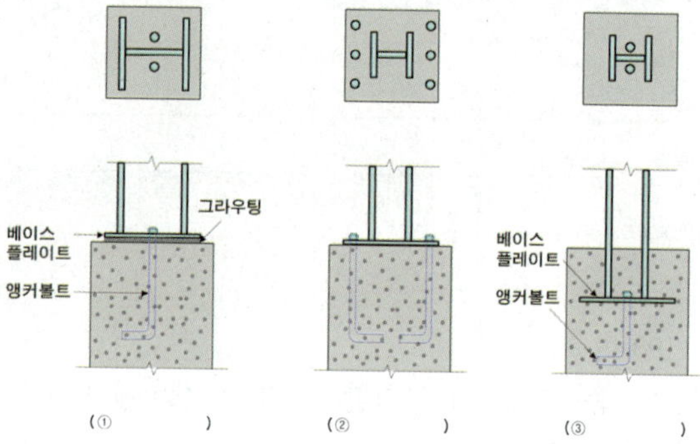

① ② ③

14 [00③] 6점

다음 ( )안에 적당한 용어를 쓰시오.

> 철골공사에서 앵커볼트를 매입하는 공법은 (①) 매입공법과 (②) 매입공법, 나중 매입공법이 있으며, 기초상부의 고름질 방법은 (③), (④), (⑤), (⑥)이 있다.

①
②
③
④
⑤
⑥

정답 및 해설

11
㉮ ⑥
㉯ ⑤
㉰ ④
㉱ ②
㉲ ⑮
㉳ ③
㉴ ①

12
무수축 모르타르

13
① 핀주각
② 고정주각
③ 매입형주각

14
① 고정
② 가동
③ 전면 바름 마무리법
④ 나중채워넣기 중심바름법
⑤ 나중채워넣기 십자바름법
⑥ 완전 나중채워넣기법

1998~2024 **기출문제**

15 [02②, 10④, 17②, 21②, 24③] 3점 □□□□□

강구조공사의 기초 Anchor Bolt는 구조물 전체의 집중 하중을 지탱하는 중요한 부분이다. Anchor Bolt 매입공법의 종류 3가지를 쓰시오.

①

②

③

16 [99②, 00⑤, 03④, 05④, 07④, 11②] 3점, 4점 □□□□□

강구조공사에서 기초 상부 고름질의 방법 4가지를 쓰시오.

①

②

③

④

17 [05①, 08④, 10④, 15①, 19②, 20④, 23②] 3점, 4점, 5점 □□□□□

기둥축소(Column Shortening) 현상에 대한 다음 항목을 기술하시오.

(1) 원인

①

②

(2) 기둥축소에 따른 영향 3가지

①

②

③

정답 및 해설

15
① 고정 매입공법
② 가동 매입공법
③ 나중 매입공법

16
① 전면 바름 마무리법
② 나중채워넣기 중심바름법
③ 나중채워넣기 십자바름법
④ 완전 나중채워넣기법

17
(1) ① 내부와 외부의 기둥구조가 다를 경우
② 기둥 재료의 재질 및 응력 차이
(2) ① 기둥의 축소변위 발생
② 기둥의 변형 및 조립불량
③ 창호재의 변형 및 조립불량

POINT 02 내화피복 공법

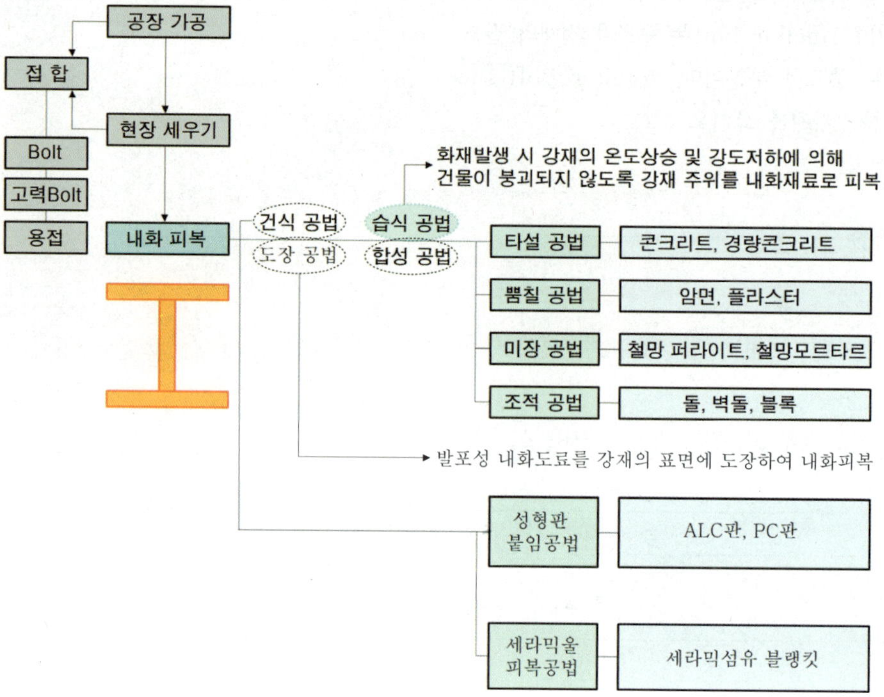

1998~2024 **기출문제**

01 [98⑤] 4점

다음 (　) 안을 채우시오.

> 철골공사에 있어서 내화피복공법을 분류하면 습식공법, (①), (②) 등이 있으며, 습식내화피복공법의 종류는 (③), (④), 미장공법 등이 있다.

① ______ ② ______
③ ______ ④ ______

02 [99④, 99⑤, 05②, 08④, 11①, 14①, 15④, 16②, 19②, 21④, 22④, 24③] 3점, 4점

강구조공사 습식 내화피복 공법의 종류를 4가지 쓰시오.

① ______
② ______
③ ______
④ ______

정답 및 해설

01
① 건식공법
② 합성공법
③ 타설공법
④ 뿜칠공법

02
① 타설 공법
② 뿜칠 공법
③ 미장 공법
④ 조적 공법

1998~2024 **기출문제**

03 [98④, 12①, 14②, 17②, 20②] 3점

강구조 내화피복 공법의 재료를 각각 2가지씩 쓰시오.

공법	재료	
타설공법	①	②
조적공법	③	④
미장공법	⑤	⑥

① ②
③ ④
⑤ ⑥

04 [09②, 18②, 20③] 4점, 5점

강구조 내화피복 공법 중 습식공법을 설명하고 습식공법의 종류 3가지와 사용되는 재료를 적으시오.

(1) 습식공법

(2) 공법의 종류와 사용 재료

①
②
③

05 [98①, 00④, 03②, 06①] 4점

강구조 내화피복 공법의 종류를 4가지 쓰고 설명하시오.

①
②
③
④

정답 및 해설

03

① 콘크리트
② 경량콘크리트
③ 돌
④ 벽돌
⑤ 철망 퍼라이트
⑥ 철망 모르타르

04

(1) 화재발생 시 강재의 온도상승 및 강도 저하에 의해 건물이 붕괴되지 않도록 강재 주위를 내화재료로 피복하는 공법
(2) ① 타설 공법: 콘크리트, 경량콘크리트
② 조적 공법: 돌, 벽돌
③ 미장 공법: 철망 퍼라이트, 철망 모르타르

05

(1) 타설 공법: 강재 주위에 콘크리트나 경량콘크리트를 타설하는 방법
(2) 뿜칠 공법: 암면이나 플라스터를 이용하여 뿜칠로 시공하는 방법
(3) 미장 공법: 철망 퍼라이트 또는 철망 모르타르를 바르는 방법
(4) 조적 공법: 돌, 벽돌, 블록을 강재 주변에 쌓는 방법

02 강구조공사 : 접합

POINT 01 고장력볼트 접합

(1) 고장력볼트 접합의 분류 및 특징

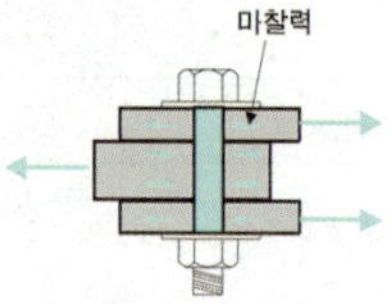

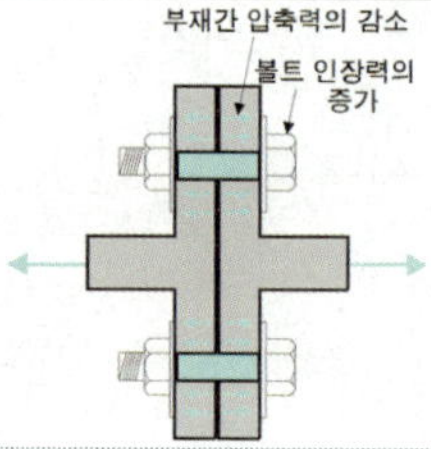

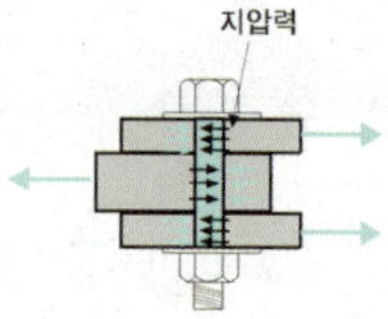

① 마찰접합	② 인장접합	③ 지압접합

일반적으로 고장력볼트 접합이라 하면 마찰접합을 말하며 주요 특징은 다음과 같다.

•	마찰접합이므로 소음이 거의 없다.	•	접합부 강도가 크며, 너트가 풀리지 않는다.
•	응력집중이 적고, 반복응력에 강하다.	•	시공이 간단하며, 공기단축이 용이하다.

(2) 고장력볼트의 종류

①	TS(Torque Shear) Bolt	Torque Control 볼트로서 일정한 조임 토크치에서 볼트축이 절단
②	TS형 Nut	2겹의 특수너트를 이용한 것으로 일정한 조임 토크치에서 너트(Nut)가 절단
③	Grip Bolt	일반 고장력볼트를 개량한 것으로 조임이 확실한 방식
④	지압형 Bolt	직경보다 약간 작은 볼트구멍에 끼워 너트를 강하게 조이는 방식

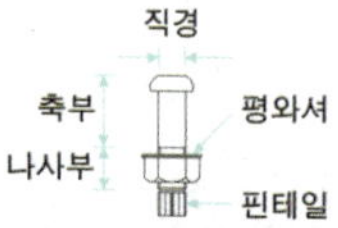

Torque Shear Bolt

(3) TS(Torque Shear) Bolt 시공순서

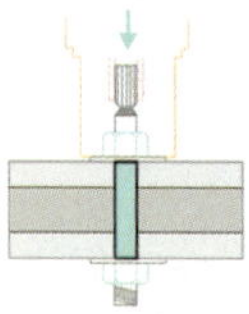
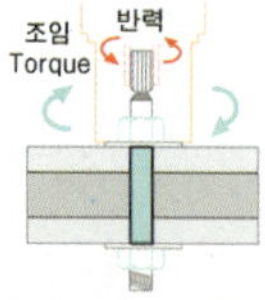

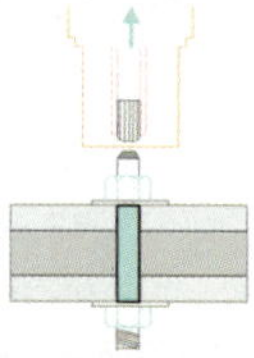
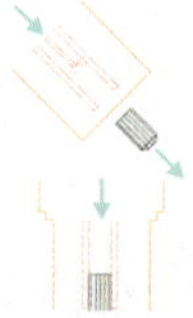

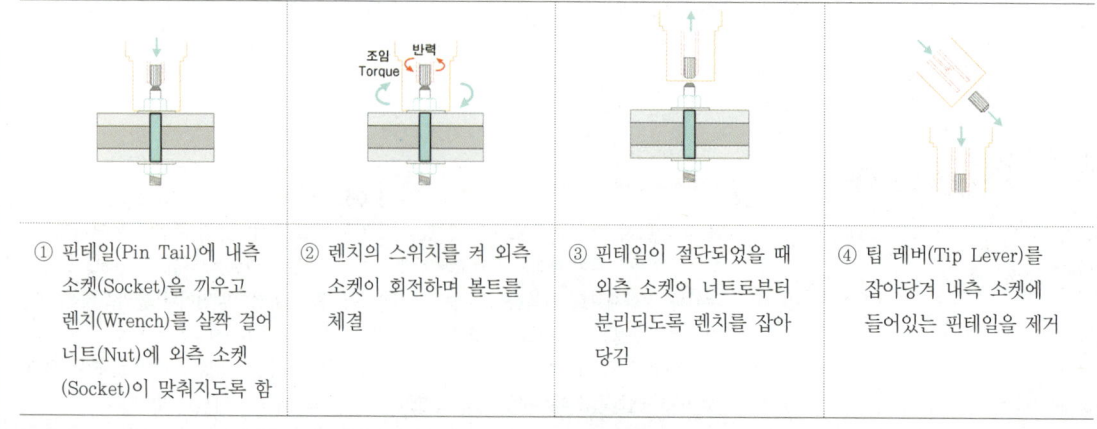

① 핀테일(Pin Tail)에 내측 소켓(Socket)을 끼우고 렌치(Wrench)를 살짝 걸어 너트(Nut)에 외측 소켓(Socket)이 맞춰지도록 함	② 렌치의 스위치를 켜 외측 소켓이 회전하며 볼트를 체결	③ 핀테일이 절단되었을 때 외측 소켓이 너트로부터 분리되도록 렌치를 잡아 당김	④ 팁 레버(Tip Lever)를 잡아당겨 내측 소켓에 들어있는 핀테일을 제거

POINT 01 고장력볼트 접합

(4) 고장력볼트의 표시, 접합부 명칭과 볼트의 전단파괴

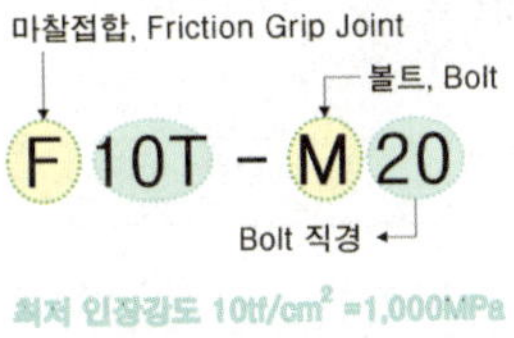

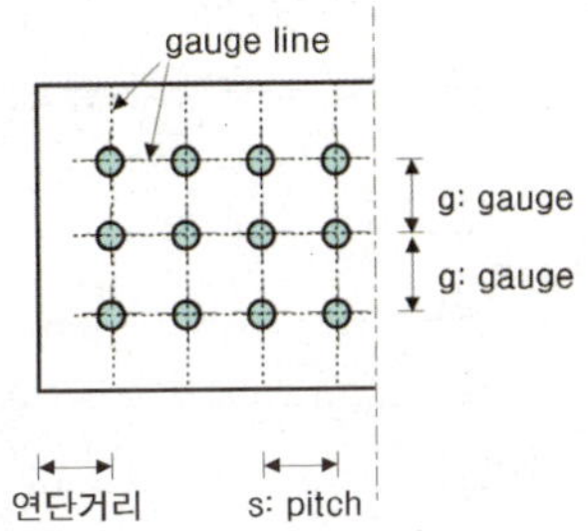

볼트 전단파괴(Shear Fracture)

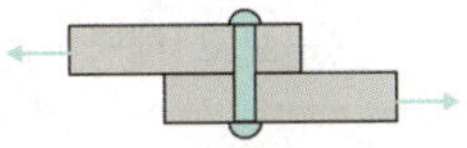

1면 전단파괴

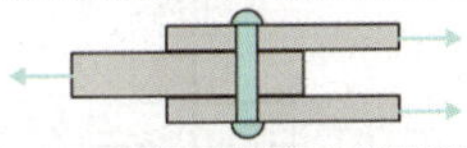

2면 전단파괴

(5) 고장력볼트의 조임

①	조임 기구	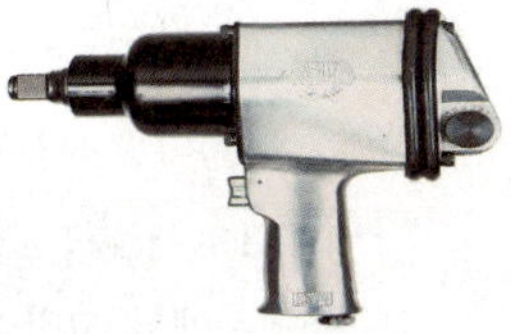 • 임팩트 렌치(Impact Wrench)	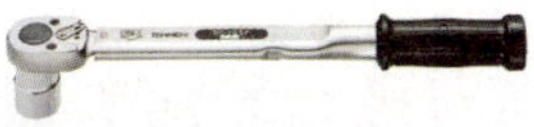 • 토크 렌치(Torque Wrench)
②	조임검사를 행하는 표준볼트의 수	전체 Bolt수의 10% 이상 또는 각 Bolt군에 1개 이상	
③	미끄럼계수 확보를 위한 마찰면 처리	구멍을 중심으로 지름의 2배 이상 범위의 흑피를 숏블라스트(Shot Blast) 또는 샌드블라스트(Sand Blast)로 제거한 후 도료, 기름, 오물 등이 없도록 하며, 들뜬 녹은 와이어 브러쉬로 제거한다. 마찰면에 페인트하지 않는 경우는 미끄럼계수가 0.5 이상 확보되어야 한다.	
④	설계볼트장력, 표준볼트장력	설계볼트장력은 고장력볼트 설계미끄럼강도를 구하기 위한 값이며, 현장시공에서의 표준볼트장력은 설계볼트장력에 10%를 할증한 값으로 한다.	
⑤	너트회전법 (Turn of nut tightening)	1차조임 토크값으로 피접합재를 밀착시킨 후 너트를 120° 회전시켜, 회전량이 120° ±30° 이면 합격으로 간주한다. 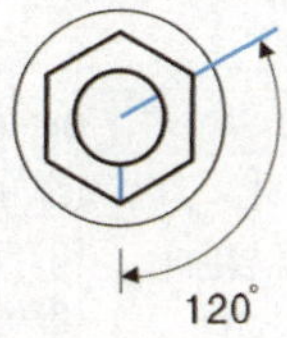 합격	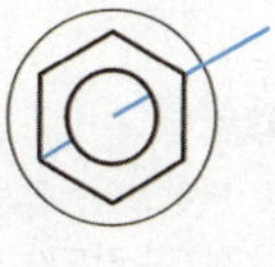 불합격: 회전 과다 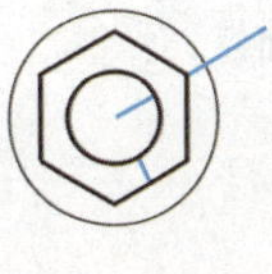 불합격: 회전 부족

기출문제

01 [22④] 3점 □□□□□

고장력볼트 접합은 3가지(인장접합, 지압접합, 마찰접합)로 구분된다. 다음 그림을 보고 해당하는 접합명을 쓰시오.

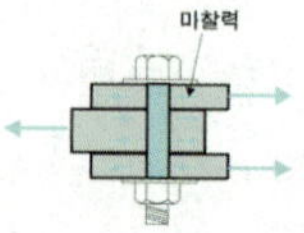

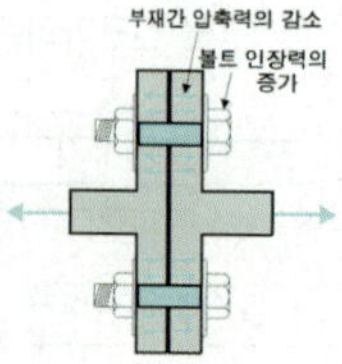

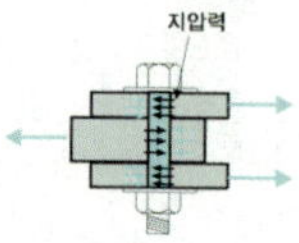

(1) (2) (3)

02 [07②] 2점 □□□□□

강구조의 여러 접합방식 중에서 부재를 접합할 때 접합부재 상호간의 마찰력에 의하여 응력을 전달시키는 접합 방식은? ______

03 [99①, 99⑤, 03②, 07④, 09④] 4점 □□□□□

강구조공사에서 고장력 볼트조임의 장점에 대하여 4가지 쓰시오.

①
②
③
④

04 [02④] 4점 □□□□□

강구조공사 시 각 부재의 접합을 위해 사용되는 고장력 볼트 중 특수형의 볼트 종류를 4가지 쓰시오.

①
②
③
④

05 [04④, 10②] 4점 □□□□□

강구조공사에서 고장력볼트 접합의 종류에 대한 설명이다. 각각이 설명하는 용어를 쓰시오.

(1)	Torque Control 볼트로서 일정한 조임 토크치에서 볼트 축이 절단
(2)	2겹의 특수너트를 이용한 것으로 일정한 조임 토크치에서 너트(Nut)가 절단
(3)	일반 고장력볼트를 개량한 것으로 조임이 확실한 방식
(4)	직경보다 약간 작은 볼트구멍에 끼워 너트를 강하게 조이는 방식

(1) (2)
(3) (4)

정답 및 해설

01
(1) 마찰접합
(2) 인장접합
(3) 지압접합

02
고장력볼트 접합

03
① 마찰접합이므로 소음이 거의 없다.
② 접합부 강도가 크며, 너트가 풀리지 않는다.
③ 응력집중이 적고, 반복응력에 강하다.
④ 시공이 간단하며, 공기단축이 용이하다.

04, 05
(1) TS Bolt
(2) TS형 Nut
(3) Grip Bolt
(4) 지압형 Bolt

1998~2024 **기출문제**

06 [19①, 22②] 3점 □□□□□

철골부재의 접합에 사용되는 고장력볼트 중 볼트의 장력 관리를 손쉽게 하기 위한 목적으로 개발된 것으로 본조임 시 전용조임기를 사용하여 볼트의 핀테일이 파단될 때까지 조임시공하는 볼트의 명칭을 쓰시오.

---

07 [17②] 5점 □□□□□

특수고장력볼트(TS볼트)의 부위별 명칭을 쓰시오.

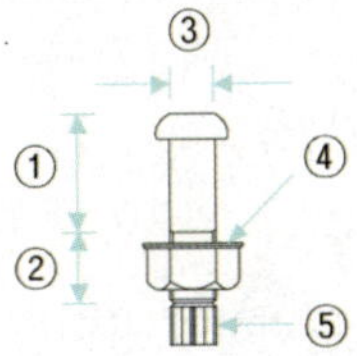

①
②
③
④
⑤

08 [12①, 19②] 3점 □□□□□

TS(Torque Shear)형 고장력볼트의 시공순서를 번호로 나열하시오.

보기

① 팁 레버를 잡아당겨 내측 소켓에 들어있는 핀테일을 제거
② 렌치의 스위치를 켜 외측 소켓이 회전하며 볼트를 체결
③ 핀테일이 절단되었을 때 외측 소켓이 너트로부터 분리되도록 렌치를 잡아당김
④ 핀테일에 내측 소켓을 끼우고 렌치를 살짝 걸어 너트에 외측 소켓이 맞춰지도록 함

---

09 [05①] 3점 □□□□□

강구조공사에서 고장력볼트 조임에 쓰는 기기 2가지와 일반적으로 각 볼트군에 대하여 조임검사를 행하는 표준볼트의 수에 대해 쓰시오.

(1) 조임 기기

① ②

(2) 조임검사를 행하는 볼트의 수

IV

정답 및 해설

06

TS(Torque Shear) Bolt

07

① 축부
② 나사부
③ 직경
④ 평와셔
⑤ 핀테일

08

④ ➡ ② ➡ ③ ➡ ①

09

(1) ① 임팩트 렌치(Impact Wrench)
② 토크 렌치(Torque Wrench)
(2) 전체 Bolt수의 10% 이상
또는 각 Bolt군에 1개 이상

10 [16④] 4점 □□□□□

철골공사 고장력볼트의 마찰접합 및 인장접합에서는 설계볼트장력 및 표준볼트장력과 미끄럼계수의 확보가 반드시 보장되어야 한다. 이에 대한 방법을 서술하시오.

(1) 설계볼트장력:

(2) 미끄럼계수의 확보를 위한 마찰면 처리:

11 [23②] 4점 □□□□□

다음 빈칸에 알맞은 용어 또는 숫자를 기입하시오.

> 설계볼트장력은 고장력볼트의 설계미끄럼강도를 구하기 위한 값으로 미끄럼계수는 최소 (　　　)으로 하고 현장시공에서의 (　　　)볼트장력은 (　　　)볼트장력에 (　　　)%를 할증한 값으로 한다.

12 [09②, 10④, 13①] 2점 □□□□□

강구조공사에서 활용되는 표준볼트장력을 설계볼트장력과 비교하여 설명하시오.

13 [07④] 2점 □□□□□

고장력볼트의 조임은 표준볼트장력을 얻을 수 있도록 1차조임, 금매김, 본조임의 순서로 행한다. 표준볼트장력을 얻을 수 있는 볼트의 등급인 고장력볼트 F10T에서 10이 가리키는 의미는?

14 [11①, 23①] 3점 □□□□□

강구조 볼트접합과 관련하여 용어를 쓰시오.

① 볼트 중심 사이의 간격
② 볼트 중심 사이를 연결하는 선
③ 볼트 중심 사이를 연결하는 선 사이의 거리

① 　　　　② 　　　　③

정답 및 해설

10

(1) 설계볼트장력은 고장력볼트 설계미끄럼강도를 구하기 위한 값이며, 현장시공에서의 표준볼트장력은 설계볼트장력에 10%를 할증한 값으로 한다.

(2) 구멍을 중심으로 지름의 2배 이상 범위의 흑피를 샌드블라스트(Sand Blast)로 제거한 후 도료, 기름, 오물 등이 없도록 하며, 들뜬 녹은 와이어 브러쉬로 제거한다.

11

0.5, 표준, 설계, 10

12

설계볼트장력은 고장력볼트 설계미끄럼강도를 구하기 위한 값이며, 현장시공에서의 표준볼트장력은 설계볼트장력에 10%를 할증한 값으로 한다.

13

인장강도 $F_u = 1{,}000\text{MPa}$

14

① 피치(pitch)
② 게이지라인(gauge line)
③ 게이지(gauge)

15 [14④] 4점

볼트의 전단파괴에 대한 명칭을 쓰시오.

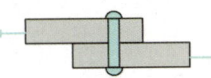

① ______ ② ______

16 [22②] 6점

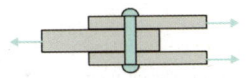

고장력볼트 너트회전법에 대한 그림을 보고 합격, 불합격 여부를 판정하고, 불합격은 그 이유를 간단히 쓰시오.

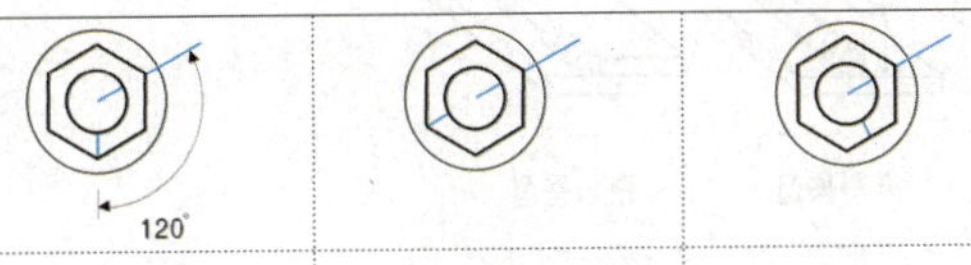

(1)	(2)	(3)

정답 및 해설

15

① 1면 전단파괴

② 2면 전단파괴

16

(1) 합격

(2) 불합격, 회전 과다

(3) 불합격, 회전 부족

POINT 02 용접 접합: 일반사항

(1)

용접접합의 특징		
장점	① 응력전달이 확실하다.	
	② 접합속도가 빠르다.	
	③ 이음처리와 작업성이 용이하다.	
	④ 수밀성 및 기밀성이 유리하다.	
단점	① 용접공의 기량 의존도가 높다.	
	② 용접부위 결함검사가 어렵다.	
	③ 응력집중에 민감하다.	
	④ 급열 및 급냉으로 인한 변형의 우려가 있다.	

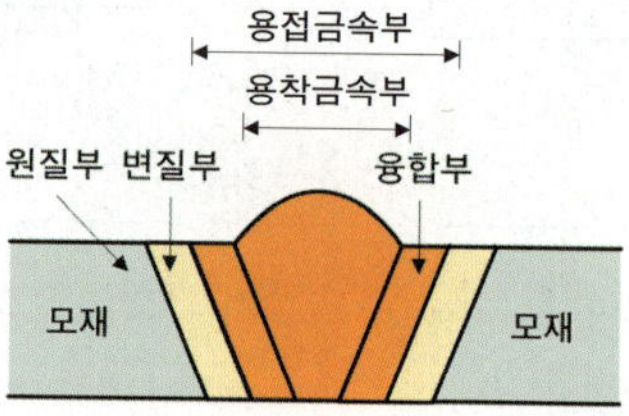

(2)

용접 형태에 따른 용접이음의 명칭

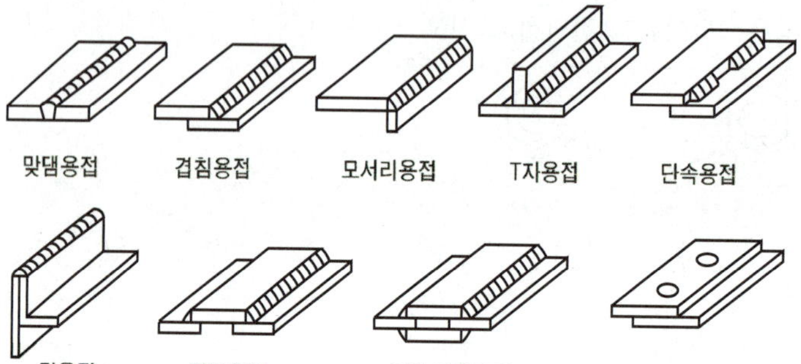

(3)

용접 자세

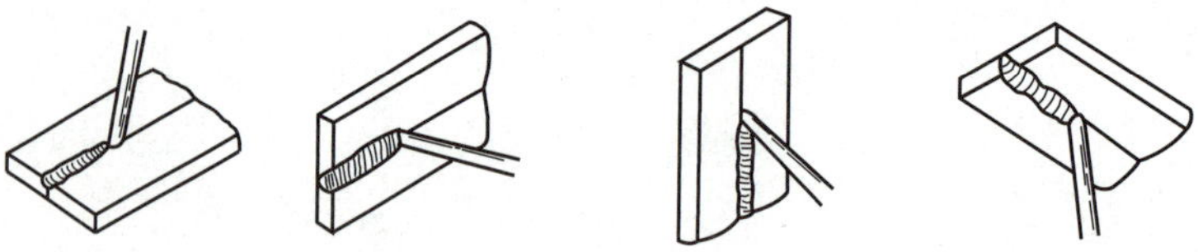

아래보기 자세 (Flat Position)	F	모재를 수평으로 놓고 용접봉을 아래로 향하여 용접하는 자세
수평 자세 (Horizontal Position)	H	용접선이 수평인 이음에 대해 옆에서 행하는 용접자세
수직 자세 (Vertical Position)	V	용접선이 수직인 이음에 대해 아래에서 위로 행하는 용접자세
위보기 자세 (Ober head Position)	O	용접선이 수평ㅇ인 이음에 대해 아래쪽에서 위를 보며 행하는 용접자세

POINT 02 용접 접합: 일반사항

(4)	아크(Arc) 용접				
	①	정의	용접봉과 모재 사이에 전류를 통하고 용접봉을 모재에 접촉시켰다가 약간 떼면, 두 전극 사이에 강력한 불꽃 방전이 발생하는데 이것을 아크(Ark)라고 한다. 모재와 전극 또는 2개의 전극간에 생기는 아크열을 이용하는 용접법을 말한다.		
	②	직류와 교류	직류 (DC Arc Welder)	• 작업성이 우수하다. • 공장용접에 많이 쓰인다.	
			교류 (AC Arc Welder)	• 가격이 저렴하고 고장이 적다. • 현장용접에 많이 쓰인다.	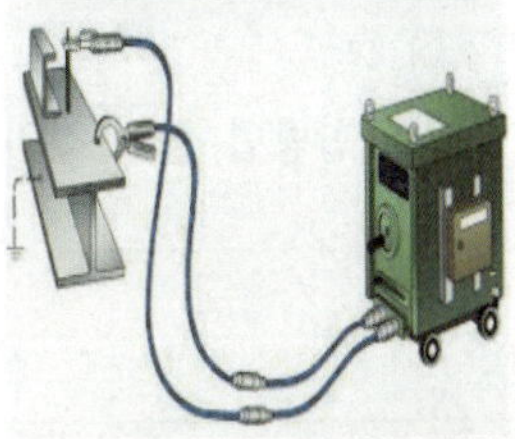
	③	용접봉 플럭스(Flux, 피복재)의 역할		• 아크(Arc)의 안정 • 야금 반응의 촉진 • 정련 효과의 향상 • 합금 첨가작용의 역할	
(5)	용접시 발생할 수 있는 라멜라 테어링(Lameller Tearing)				
	용접에 의해 판두께 방향으로 강한 인장 구속력이 생기는 이음에 있어 강재 표면에 평행방향으로 진전되는 박리 상의 균열		 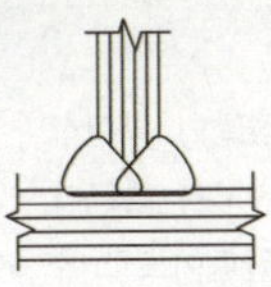 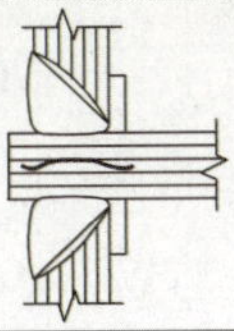 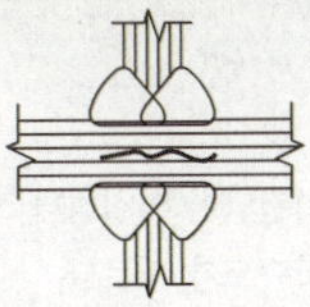		

1998~2024 **기출문제**

01 [08②] 2점 □□□□□

강구조 용접 시 용접부에 대한 다음 도식을 설명하시오.

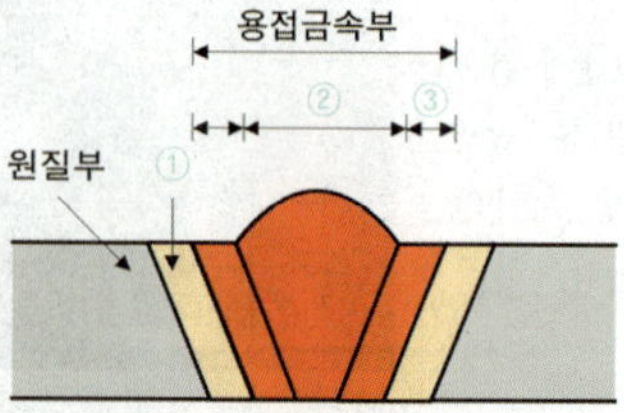

① ______ ② ______ ③ ______

02 [14①] 4점 □□□□□

강구조공사 접합방법 중 용접의 장점을 4가지 쓰시오.

① ______

② ______

③ ______

④ ______

03 [20⑤] 4점 □□□□□

철골공사의 접합방법 중 용접의 단점을 2가지 쓰시오.

① ______

② ______

04 [12②] 4점 □□□□□

용접접합과 고장력볼트 접합의 장점을 각각 2가지씩 쓰시오.

(1) 용접

① ______

② ______

(2) 고장력볼트

① ______

② ______

05 [98②, 00③, 00④] 4점 □□□□□

철골구조에서 용접모양에 따른 명칭을 쓰시오

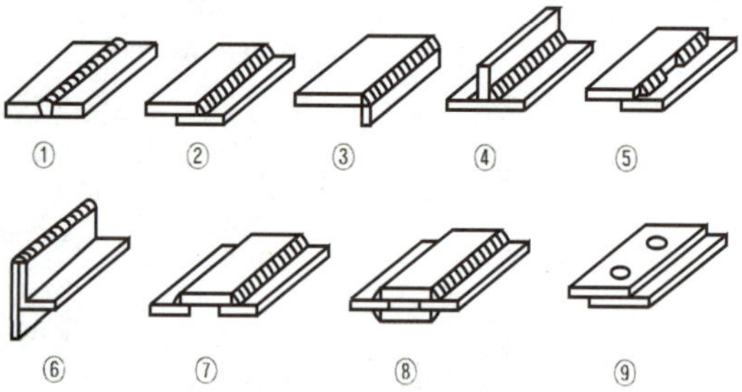

① ______ ② ______ ③ ______

④ ______ ⑤ ______ ⑥ ______

⑦ ______ ⑧ ______ ⑨ ______

정답 및 해설

01

① 변질부

② 용착금속부

③ 융합부

02

① 응력전달이 확실하다.

② 접합속도가 빠르다.

③ 이음처리와 작업성이 용이하다.

④ 수밀성 및 기밀성이 유리하다.

03

① 용접공의 기량 의존도가 높다.

② 용접부위 결함검사가 어렵다.

04

(1) ① 응력전달이 확실하다.

② 접합속도가 빠르다.

(2) ① 마찰접합이므로 소음이 거의 없다.

② 접합부 강도가 크며 너트가 풀리지 않는다.

05

① 맞댐용접

② 겹침용접

③ 모서리용접

④ T형용접

⑤ 단속용접

⑥ 갓용접

⑦ 덧판용접

⑧ 양면 덧판용접

⑨ 산지용접

1998~2024 **기출문제**

06 [00①] 4점

용접자세 표현기호가 의미하는 명칭을 쓰시오.

(1)	F	
(2)	H	
(3)	V	
(4)	O	

07 [99③, 01④, 04①] 4점

강구조 아크용접에 대한 설명 중 직류와 교류를 사용할 경우의 특성을 보기에서 골라 번호를 쓰시오.

보기

① 고장이 적다.
② 일하기 쉽다.
③ 가격이 싸다.
④ 공장용접에 많이 쓰인다.
⑤ 현장용접에 많이 쓰인다.

(1) 직류 아크용접: ______________

(2) 교류 아크용접: ______________

08 [99③, 06①, 12④] 3점, 4점

강구조공사의 수동 아크용접에서 용접봉 피복재의 역할을 4가지 쓰시오.

① ______________
② ______________
③ ______________
④ ______________

09 [22④, 24③] 3점

강구조공사 용접시 발생할 수 있는 라멜라 테어링(Lameller Tearing)에 대해 간단히 설명하시오.

정답 및 해설

06
(1) F: 아래보기 자세
(2) H: 수평 자세
(3) V: 수직 자세
(4) O: 위보기 자세

07
(1) ②, ④
(2) ①, ③, ⑤

08
① 아크(Arc)의 안정
② 야금 반응의 촉진
③ 정련 효과의 향상
④ 합금 첨가작용의 역할

09
용접에 의해 판두께 방향으로 강한 인장 구속력이 생기는 이음에 있어 강재 표면에 평행방향으로 진전되는 박리 상의 균열

POINT 03 용접 접합: 용접기호 표기방법

(1) 그루브용접(Groove Welding), 필릿용접(Fillet Welding)

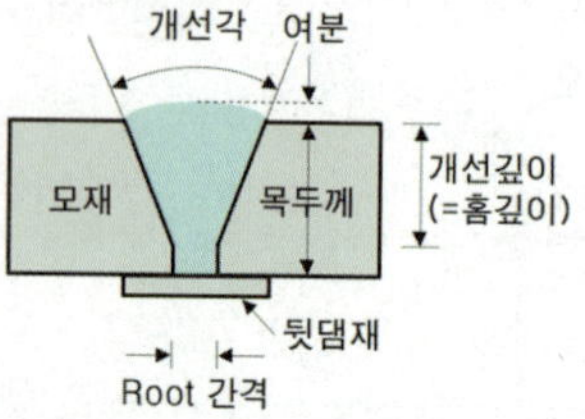

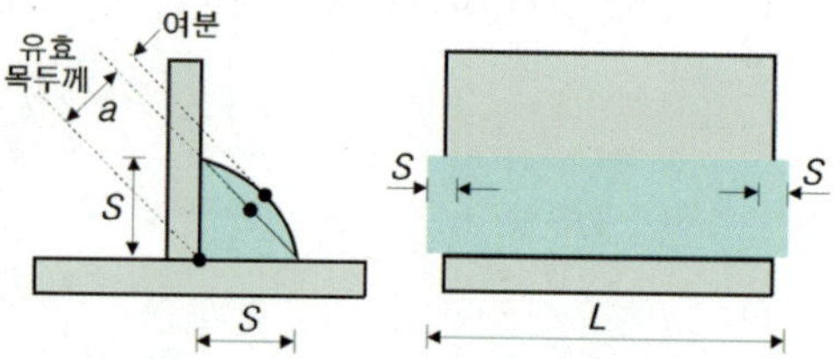

그루브용접(Groove Welding, 맞댐용접, 맞대기용접)	필릿용접(Fillet Welding, 모살용접)
두 모재의 접합부를 일정한 모양으로 가공하고 그 속에 용착금속을 채워 넣어 용접하는 방법	두 부재에 홈파기(가공)를 하지 않고 일정한 각도로 접합한 후 삼각형 모양으로 접합부를 용접하는 방법

(2) 용접기호 표기방법의 요점

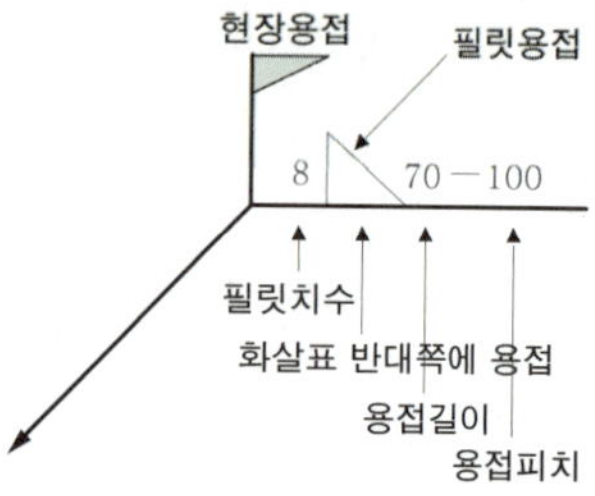

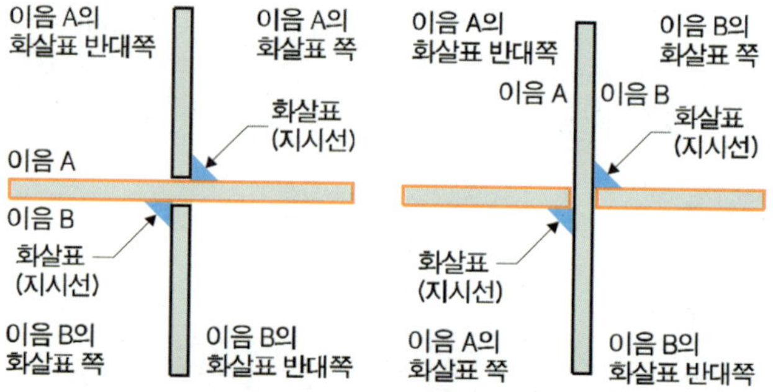

①	용접기호는 접합부를 지시하는 지시선과 기선에 기재한다. 기선은 수평선이고 필요시에는 꼬리를 붙인다. 지시선은 기선에 대해 60° 또는 120° 의 직선이다.
②	V형, K형 등에서 개선이 있는 쪽의 부재면을 지시할 필요가 있으면 개선을 낸 부재 쪽에 기선을 긋고 지시선을 절선으로 하며 개선을 낸 면에 화살 끝을 둔다.
③	기호 및 사이즈는 용접하는 쪽이 화살이 있는 쪽 또는 앞쪽인 때는 기선의 아래 쪽에, 화살의 반대쪽이거나 뒤쪽이면 기선의 위쪽에 밀착하여 기재한다.
④	현장 용접( ), 일주(一周) 용접(○: 전체 둘레 용접), 현장 일주 용접( ) 등의 보조기호는 기준선과 화살표의 교점에 표시한다. 현장 용접이란 구조물 등을 설치하는 현장에서 용접을 하라는 의미이고, 전체 둘레 용접이란 용접기호가 있는 부분만의 용접이 아니라 원형이나 사각 용접부 전체를 용접하라는 의미이다.

1998~2024 **기출문제**

01 [17①] 6점 □□□□□

강구조의 맞댐용접, 필릿용접을 개략적으로 도시하고 설명하시오.

(1) 맞댐용접	(2) 필릿용접

02 [00③] 4점 □□□□□

다음 맞댄 용접의 각부 모양에 대한 명칭을 쓰시오.

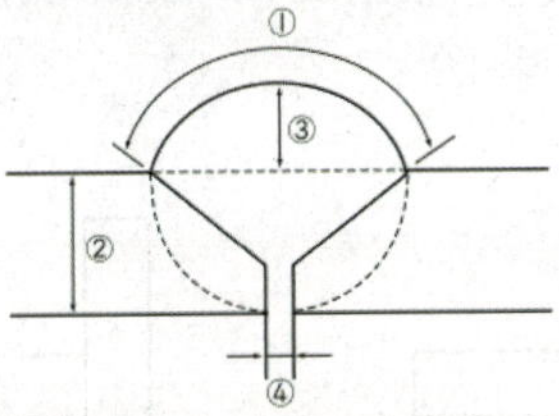

① ______ ② ______

③ ______ ④ ______

03 [20④] 4점 □□□□□

다음이 설명하는 철골공사 용접방법을 기재하시오.

(1)	한쪽 또는 양쪽 부재의 끝을 용접이 양호하게 될 수 있도록 끝단면을 비스듬히 절단(개선)하여 용접하는 방법
(2)	두 부재를 일정한 각도로 접합한 후 2장의 판재를 겹치거나 T자형 ,十자형의 교차부를 등변 삼각형 모양으로 접합부를 용접하는 방법

(1) ______ (2) ______

04 [20②] 3점 □□□□□

그림과 같은 용접 표시에서 알 수 있는 사항을 기입하시오.

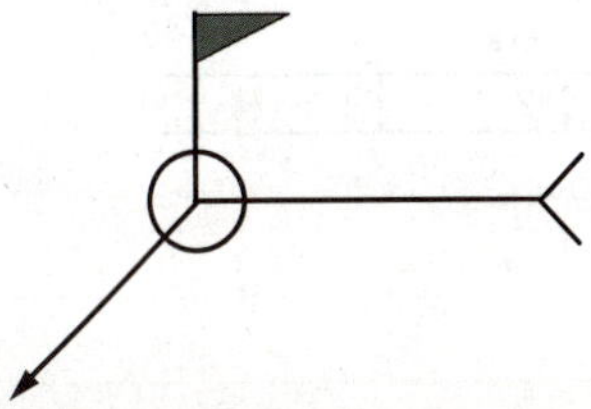

______

정답 및 해설

01

(1) 맞댐용접	(2) 필릿용접
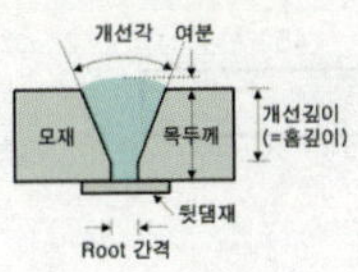	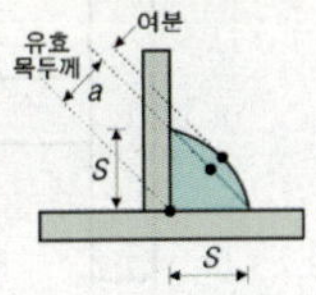

(1) 두 모재의 접합부를 일정한 모양으로 가공하고 그 속에 용착금속을 채워 넣어 용접하는 방법
(2) 두 부재에 홈파기(가공)를 하지 않고 일정한 각도로 접합한 후 삼각형 모양으로 접합부를 용접하는 방법

02

① 개선각 ② 목두께
③ 여분 ④ 루트 간격

03

(1) 그루브용접(맞댐용접, 맞대기용접)
(2) 필릿용접(모살용접)

04

현장 일주(一周) 용접

IV

05 [02①] 4점

□□□□□

다음의 용접기호로서 알 수 있는 사항을 4가지 쓰시오.

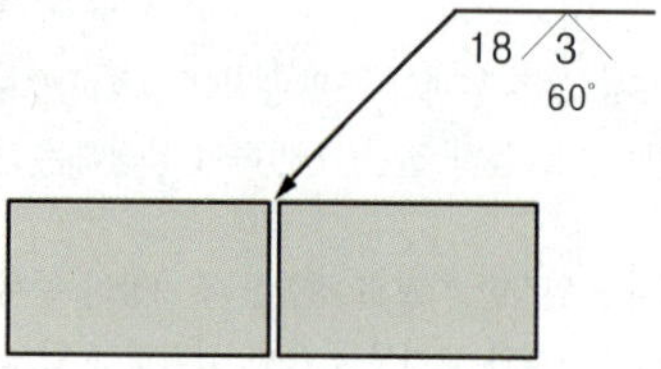

①

②

③

④

06 [14②, 21②] 4점

□□□□□

그림과 같은 용접부의 기호에 대해 기호의 수치를 모두 표기하여 제작 상세를 표시하시오.

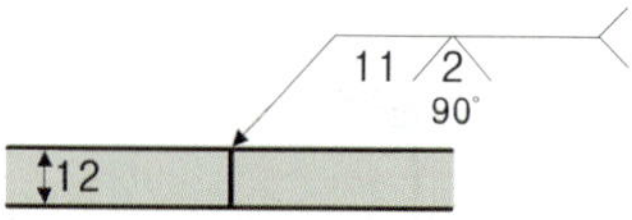

①

②

③

④

07 [24②] 4점

□□□□□

그림과 같은 용접부를 용접이음의 도시법에 따라 표기하시오.

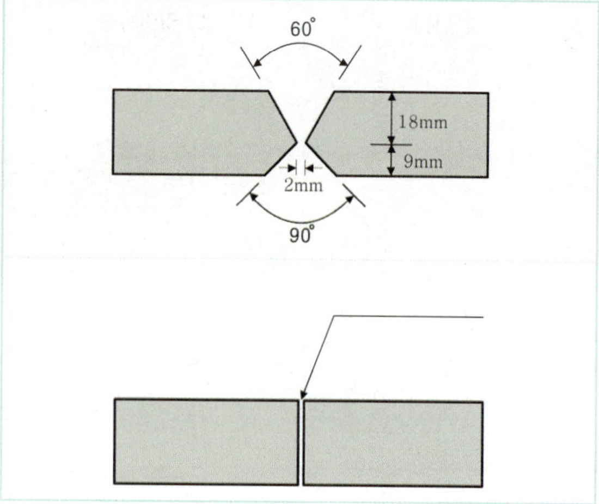

08 [18①] 4점

□□□□□

그림과 같은 맞댐용접(Groove Welding)을 용접기호를 사용하여 표현하시오.

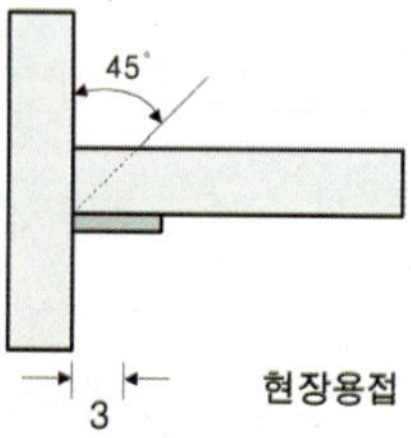

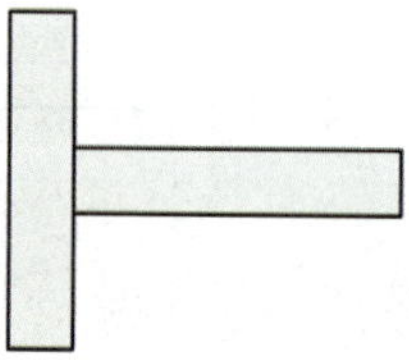

정답 및 해설

05

① V형 그루브(Groove, 맞댐) 용접
② 화살쪽 용접부 개선각 60°
③ 개선깊이 18mm
④ 루트(Root) 간격 3mm

06

① 화살쪽 용접부 개선각 90°
V형 그루브용접
② 목두께 12mm
③ 개선깊이 11mm
④ 루트(Root) 간격 2mm

07

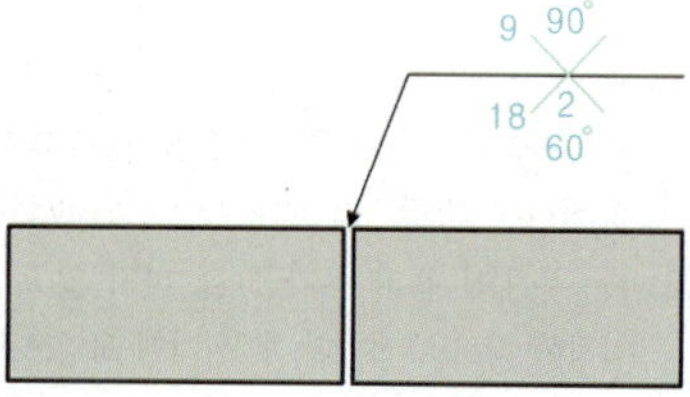

08

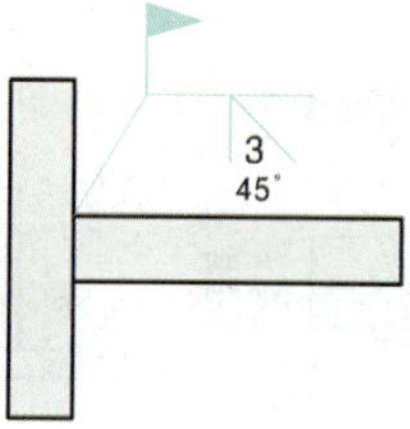

09 [20③] 6점

철골공사에서 다음 상황에 맞는 용접기호를 완성하시오.

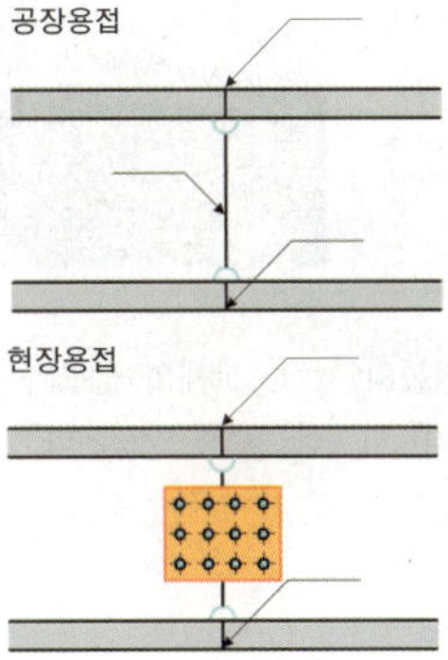

10 [15④] 4점

다음의 주의사항을 통해 그림상에 용접기호를 도식화 하시오.

주의사항

① 필릿 용접
② 현장 용접
③ 필릿 치수 3mm

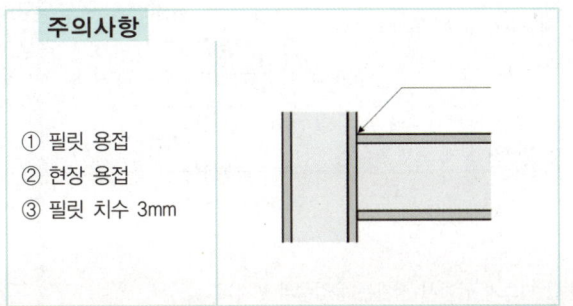

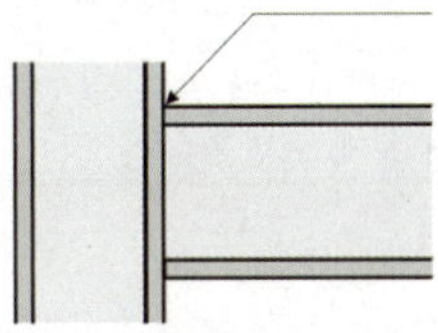

11 [98②, 04④] 4점

다음의 용접기호로써 알 수 있는 사항을 4가지 쓰시오.

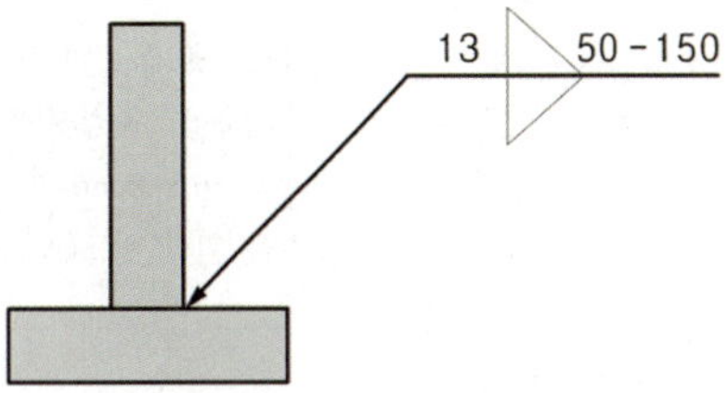

①
②
③
④

정답 및 해설

09

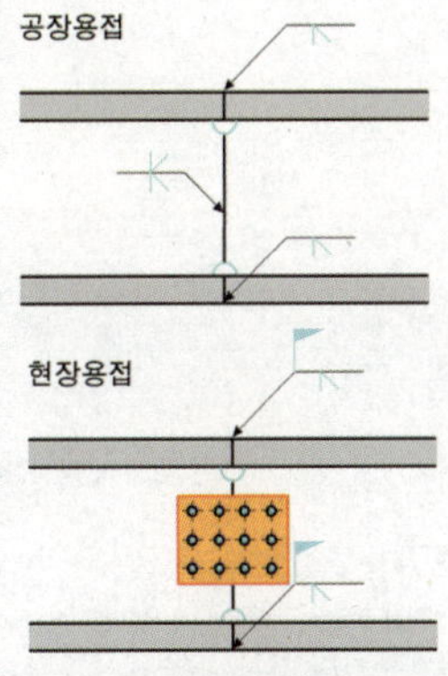

10

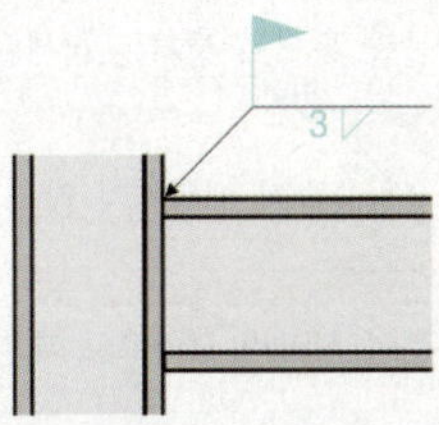

11

① 병렬 단속 필릿(Fillet, 모살) 용접
② 용접 사이즈(Size, 다리길이) 13mm
③ 용접길이 50mm
④ 용접 Pitch 150mm

POINT 04 용접 접합: 용접결함의 종류

(1)	용접작업에서의 운봉법, 용접 결함			
	①	운봉	용접봉을 움직여 용접 비드를 형성하는 것을 운봉이라 하며, 용접봉을 용접선에 따라 직선으로 움직이면 직선 비드(Straight Bead)가 되고, 용접봉을 좌우로 움직여 운봉하는 것을 위빙 비드(Weaving Bead)라고 한다.	
	②	용접결함의 원인	용접부에 발생하는 용접결함은 용접전류의 불안정, 용접봉의 결함, 모재의 불량과 같은 용접 조건이 맞지 않거나 용접속도의 부적당과 같은 용접기술이 미숙함으로써 발생된다.	
(2)	용접결함의 종류			
	①	슬래그(Slag) 감싸들기	용접봉의 피복재 용해물인 회분(Slag)이 용착금속 내에 혼입된 것	
			원인: 용착금속이 급속히 냉각하는 경우 또는 운봉작업이 좋지 않은 경우	
			대책: 용접층에서 Wire Brush로 슬래그를 충분히 제거, 전류공급을 일정하게 유지	
	②	언더컷(Under Cut)	용접상부에 모재가 녹아 용착금속이 채워지지 않고 홈으로 남게 된 부분	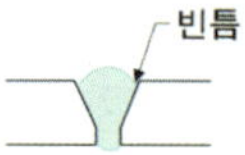
	③	오버랩(Over Lap)	용융된 금속만 녹고 모재는 함께 녹지 않아서 모재 표면을 단순히 덮고만 있는 상태	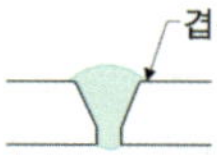
	④	블로홀(Blow Hole)	용융금속이 응고할 때 방출되었어야 할 가스가 남아서 생기는 용접부의 빈자리	
	⑤	크랙(Crack)	과대전류, 과대속도 시 생기는 갈라짐	
	⑥	피트(Pit)	모재의 화학 성분 불량 등으로 생기는 미세한 흠	
	⑦	용입부족	모재가 녹지 않고 용착금속이 채워지지 않고 홈으로 남음	
	⑧	크레이터(Crater)	아크 용접 시 끝부분이 항아리 모양으로 패임	
	⑨	은점(Fish Eyes)	생선눈알 모양의 은색 반점	
	【※ 과대전류에 의한 결함: 언더컷(Under Cut), 크랙(Crack), 크레이터(Crater)】			

1998~2024 기출문제

01 [98④, 99⑤] 4점

철골공사시 용접결함의 원인을 4가지 쓰시오.

① ②

③ ④

02 [98⑤, 08②, 12④, 13④, 14④, 15④] 3점, 4점

강구조 용접접합에서 발생하는 결함항목을 6가지 쓰시오.

① ② ③

④ ⑤ ⑥

03 [05④, 09①, 19①, 24③] 4점

다음 설명에 해당되는 용접결함의 용어를 쓰시오.

(1)	용접금속과 모재가 융합되지 않고 단순히 겹쳐지는 것
(2)	용접상부에 모재가 녹아 용착금속이 채워지지 않고 홈으로 남게 된 부분
(3)	용접봉의 피복재 용해물인 회분이 용착금속 내에 혼입된 것
(4)	용융금속이 응고할 때 방출되었어야 할 가스가 남아서 생기는 용접부의 빈 자리

(1) (2)

(3) (4)

04 [15②, 22②] 4점

강구조 접합부의 용접결함 중 슬래그(Slag) 감싸들기의 원인 및 방지대책을 2가지 쓰시오.

(1) 원인

①

②

(2) 대책

①

②

05 [21②] 4점

용접결함 중 오버랩(Overlap)과 언더컷(Undercut)을 개략적으로 도시하시오.

오버랩(Overlap)	언더컷(Undercut)

06 [10②, 17①] 3점

보기에 주어진 강구조공사에서의 용접결함 종류 중 과대전류에 의한 결함을 모두 골라 기호로 적으시오.

보기

① 슬래그 감싸들기 ② 언더컷 ③ 오버랩
④ 블로홀 ⑤ 크랙 ⑥ 피트
⑦ 용입부족 ⑧ 크레이터 ⑨ 피쉬아이

정답 및 해설

01
① 용접전류의 불안정
② 용접봉의 결함
③ 모재의 불량
④ 용접속도의 부적당

02
① 슬래그 감싸들기 ② 언더컷
③ 오버랩 ④ 블로홀
⑤ 크랙 ⑥ 피트

03
(1) 오버랩 (2) 언더컷
(3) 슬래그 감싸들기 (4) 블로홀

04
(1) ① 용착금속이 급속히 냉각하는 경우
② 운봉작업이 좋지 않은 경우
(2) ① 전류공급을 일정하게 유지
② 용접층에서 Wire Brush로 슬래그를 충분히 제거

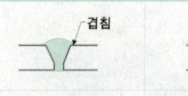

05

오버랩(Overlap) 언더컷(Undercut)

06
②, ⑤, ⑧

POINT 05 용접부 비파괴 검사법

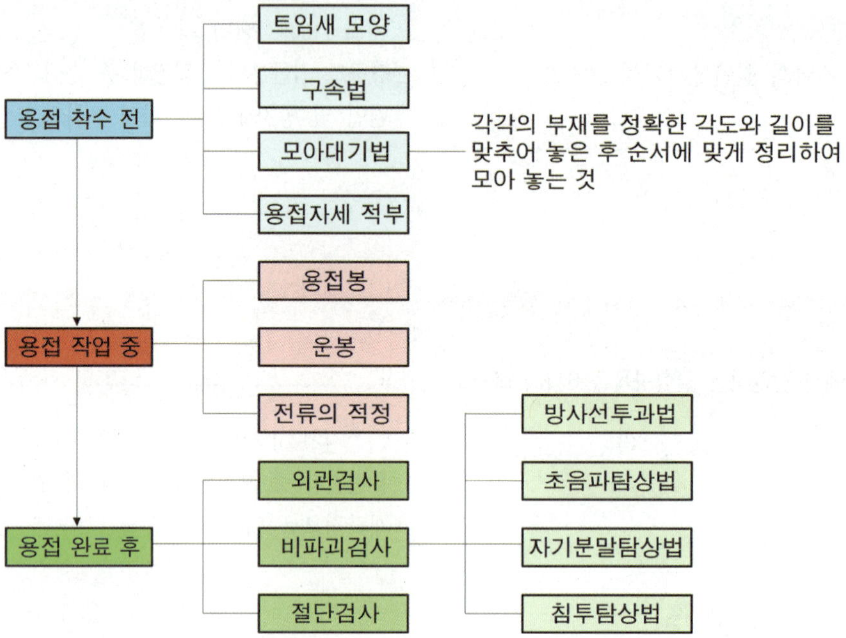

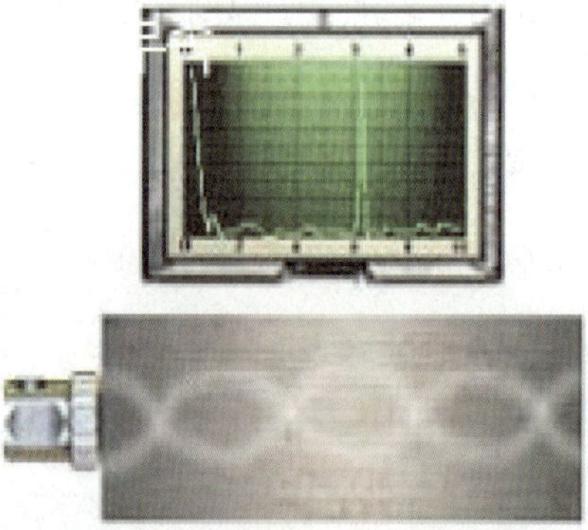

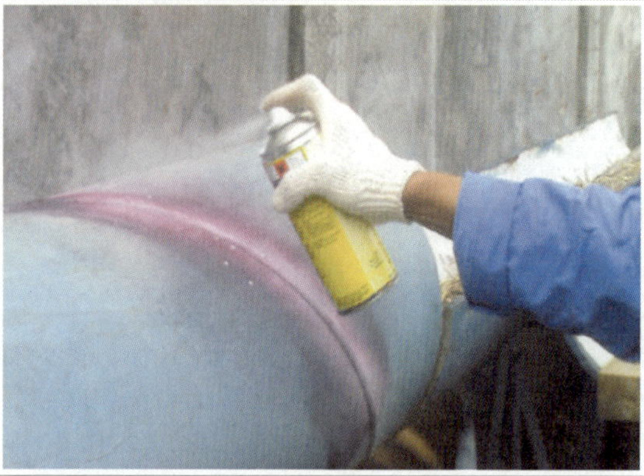

1998~2024 기출문제

01 [13①] 4점

용접 착수 전 용접부 검사항목을 3가지 쓰시오.

①

②

③

02 [99④, 11②, 22④] 3점

용접부의 검사항목이다. 알맞은 공정을 보기에서 골라 해당번호를 쓰시오.

보기

① 트임새 모양	② 전류
③ 침투탐상법	④ 운봉
⑤ 모아대기법	⑥ 외관 판단
⑦ 구속	⑧ 용접봉
⑨ 초음파검사	⑩ 절단검사

(1) 용접 착수 전:

(2) 용접 작업 중:

(3) 용접 완료 후:

03 [13④, 16④, 20②] 3점

용접부의 검사항목이다. 보기에서 골라 알맞은 공정에 해당번호를 써 넣으시오.

보기

① 아크 전압	② 용접 속도
③ 청소 상태	④ 홈 각도, 간격 및 치수
⑤ 부재의 밀착	⑥ 필릿의 크기
⑦ 균열, 언더컷 유무	⑧ 밑면 따내기

(1) 용접 착수 전:

(2) 용접 작업 중:

(3) 용접 완료 후:

04 [99④, 03①, 06②, 08①, 11①, 14①, 17④, 20①] 3점

강구조공사에서 용접부의 비파괴 시험방법의 종류를 3가지 쓰시오.

①

②

③

정답 및 해설

01

① 트임새 모양
② 구속법
③ 모아대기법

02

(1) ①, ⑤, ⑦
(2) ②, ④, ⑧
(3) ③, ⑥, ⑨, ⑩

03

(1) ③, ④, ⑤
(2) ①, ②, ⑧
(3) ⑥, ⑦

04

① 방사선 투과법
② 초음파 탐상법
③ 자기분말 탐상법

POINT 06 접합부 및 그 밖의 사항

(1) 전단접합과 강접합

전단접합(=단순접합, Pin접합)		강접합(=모멘트접합)	
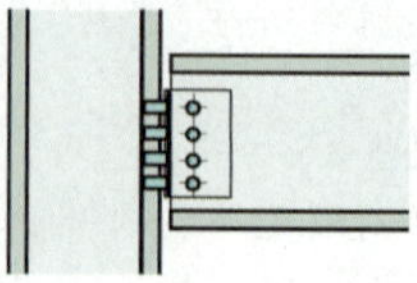	웨브만 접합한 형태로서 휨모멘트에 대한 저항력이 없어 접합부가 자유로이 회전하며 기둥에는 전단력만 전달	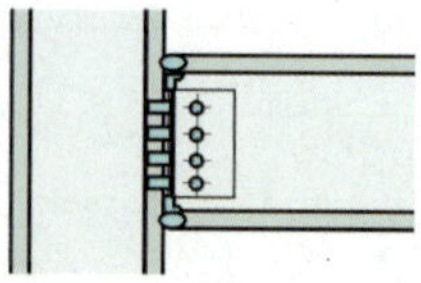	웨브와 플랜지를 접합한 형태로서 휨모멘트에 대한 저항능력을 가지고 있어 보와 기둥의 휨모멘트가 강성에 따라 분배됨

(2) 용어 정리

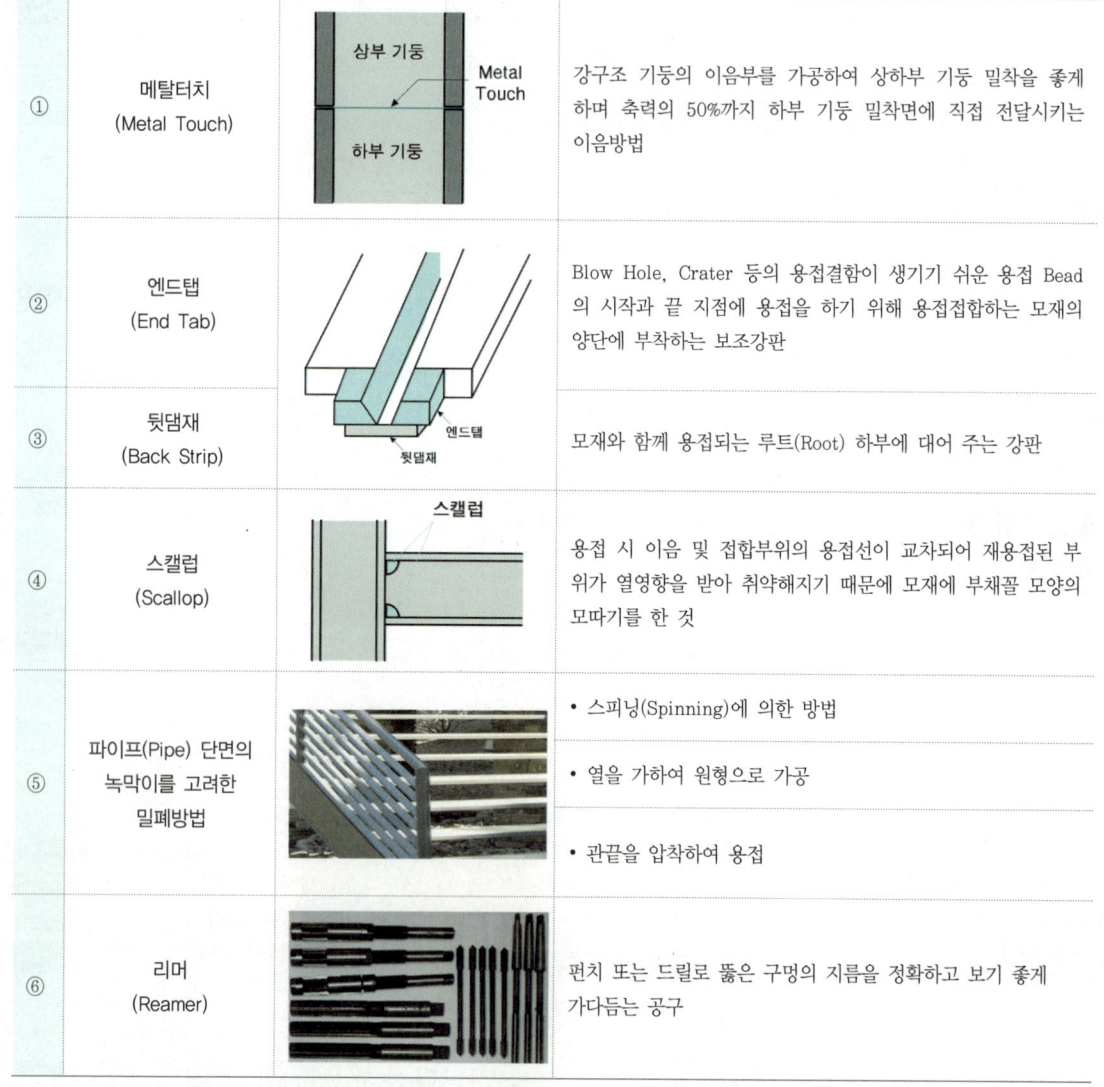

①	메탈터치 (Metal Touch)	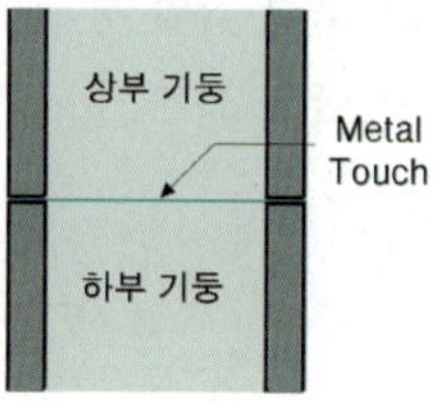	강구조 기둥의 이음부를 가공하여 상하부 기둥 밀착을 좋게 하며 축력의 50%까지 하부 기둥 밀착면에 직접 전달시키는 이음방법
②	엔드탭 (End Tab)	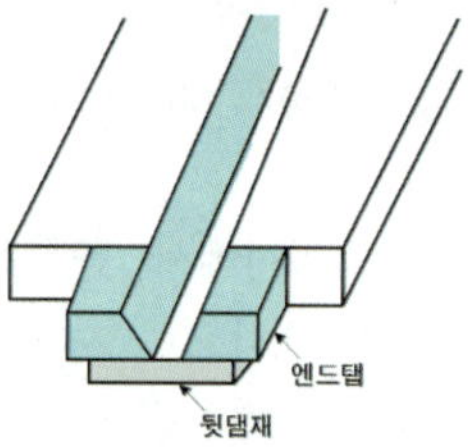	Blow Hole, Crater 등의 용접결함이 생기기 쉬운 용접 Bead의 시작과 끝 지점에 용접을 하기 위해 용접접합하는 모재의 양단에 부착하는 보조강판
③	뒷댐재 (Back Strip)		모재와 함께 용접되는 루트(Root) 하부에 대어 주는 강판
④	스캘럽 (Scallop)	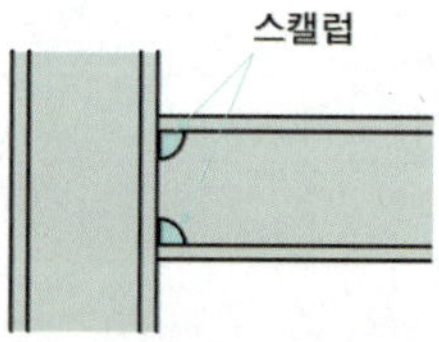	용접 시 이음 및 접합부위의 용접선이 교차되어 재용접된 부위가 열영향을 받아 취약해지기 때문에 모재에 부채꼴 모양의 모따기를 한 것
⑤	파이프(Pipe) 단면의 녹막이를 고려한 밀폐방법		• 스피닝(Spinning)에 의한 방법 • 열을 가하여 원형으로 가공 • 관끝을 압착하여 용접
⑥	리머 (Reamer)	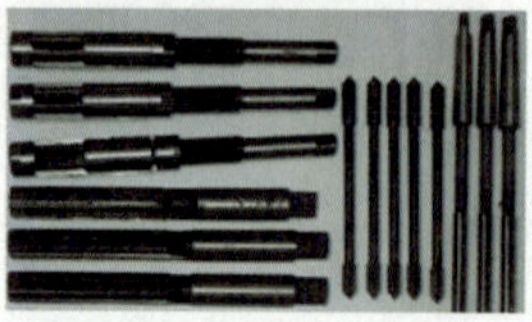	펀치 또는 드릴로 뚫은 구멍의 지름을 정확하고 보기 좋게 가다듬는 공구

1998~2024 **기출문제**

01 [15②, 21①] 4점, 6점 □□□□□

강구조 접합부에서 전단접합과 강접합을 도식하고 설명하시오.

(1) 전단접합	(2) 강접합

02 [12①, 20①, 21②] 3점, 4점 □□□□□

강구조에서 메탈터치(Metal Touch)에 대한 개념을 간략하게 그림을 그려서 정의를 설명하시오.

도해	정의

IV

정답 및 해설

01

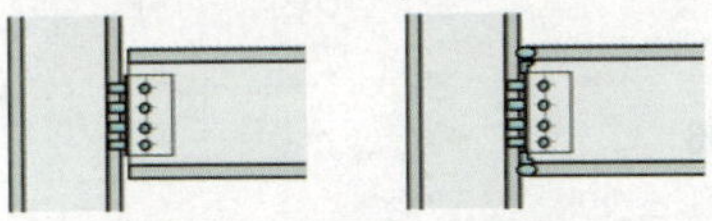

(1) 웨브만 접합한 형태로서 휨모멘트에 대한 저항력이 없어 접합부가 자유로이 회전하며 기둥에는 전단력만 전달

(2) 웨브와 플랜지를 접합한 형태로서 휨모멘트에 대한 저항능력을 가지고 있어 보와 기둥의 휨모멘트가 강성에 따라 분배됨

02

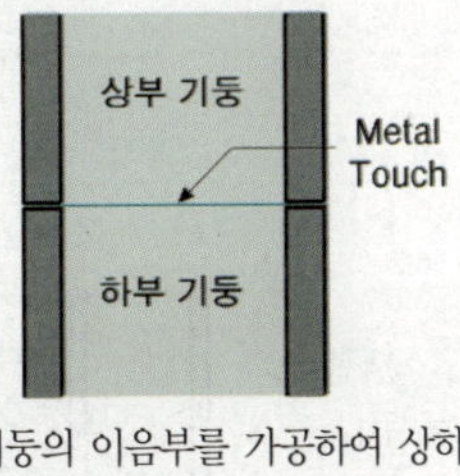

강구조 기둥의 이음부를 가공하여 상하부 기둥 밀착을 좋게 하며 축력의 50%까지 하부 기둥 밀착면에 직접 전달시키는 이음방법

03 [21④] 3점

다음이 설명하는 알맞은 용어를 쓰시오.

> Blow Hole, Crater 등의 용접결함이 생기기 쉬운 용접 Bead의 시작과 끝 지점에 용접을 하기 위해 용접접합하는 모재의 양단에 부착하는 보조강판

04 [23④] 3점

다음이 설명하는 알맞은 용어를 쓰시오.

> 철골부재 용접시 이음 및 접합부위의 용접선이 교차되어 재용접된 부위가 열영향을 받아 취약해지기 때문에 모재에 부채꼴 모양의 모따기를 한 것

05 [20④] 4점

철골부재 용접접합부에 있어서 용접이음새나 받침쇠의 관통을 위해 또한 용접이음새끼리 교차를 피하기 위해 설치하는 원호상의 구멍을 무엇이라 하는지 용어를 쓰고, 기둥과 보의 강접합에 대해 간략히 도해하시오.

용어	도해

06 [02②, 11④] 3점

강구조 용접부 상세에서 ①, ②, ③의 명칭을 기술하시오.

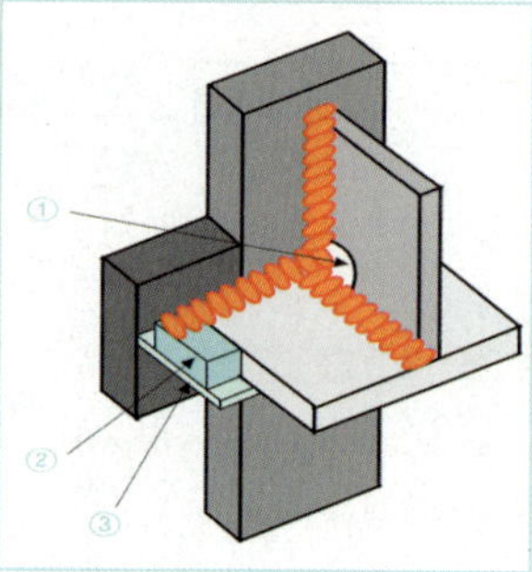

① ______

② ______

③ ______

07 [02①, 08④, 15④] 3점

강구조공사에 사용되는 알맞은 용어를 쓰시오.

(1)	강구조 부재 용접 시 이음 및 접합부위의 용접선이 교차되어 재용접된 부위가 열영향을 받아 취약해지기 때문에 모재에 부채꼴 모양의 모따기를 한 것
(2)	강구조 기둥의 이음부를 가공하여 상하부 기둥 밀착을 좋게 하며 축력의 50%까지 하부 기둥 밀착면에 직접 전달시키는 이음방법
(3)	Blow Hole, Crater 등의 용접결함이 생기기 쉬운 용접 Bead의 시작과 끝 지점에 용접을 하기 위해 용접 접합하는 모재의 양단에 부착하는 보조강판

(1) ______ (2) ______ (3) ______

정답 및 해설

03
엔드탭(End Tab)

04
스캘럽(Scallop)

05

스캘럽
(Scallop)

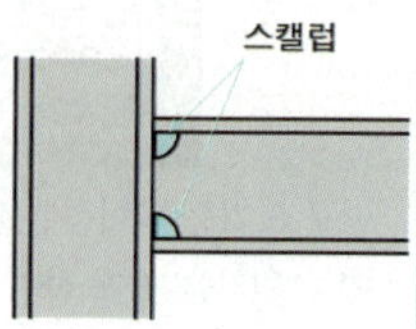

06
① 스캘럽
② 엔드탭
③ 뒷댐재

07
(1) 스캘럽
(2) 메탈터치
(3) 엔드탭

08 [14①, 16②, 19④, 22②, 22④] 4점, 6점 □□□□□

다음 용어를 설명하시오.

(1) 스캘럽(Scallop):

(2) 뒷댐재(Back Strip):

(3) 엔드탭(End Tab):

09 [01②, 04①, 04④, 08①, 15②] 3점 □□□□□

파이프 절단면 단부는 녹막이를 고려하여 밀폐하여야 하는데 이 때 실시하는 밀폐 방법에 대하여 3가지 쓰시오.

①

②

③

10 [09①, 12②, 14④, 22①] 3점, 4점 □□□□□

강구조 보-기둥 접합부의 각 번호에 해당하는 구성재의 명칭을 쓰고, (나) 부재의 용접방법을 쓰시오.

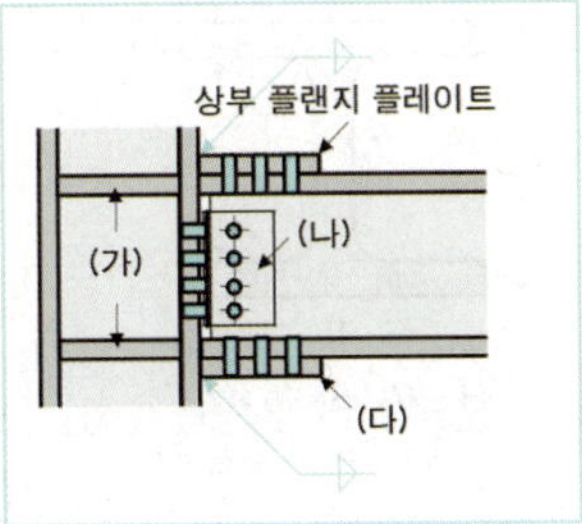

(1) 명칭

(가)

(나)

(다)

(2) 용접방법

정답 및 해설

08

(1) 용접 시 이음 및 접합부위의 용접선이 교차되어 재용접된 부위가 열영향을 받아 취약해지기 때문에 모재에 부채꼴 모양의 모따기를 한 것

(2) 모재와 함께 용접되는 루트(Root) 하부에 대어 주는 강판

(3) Blow Hole, Crater 등의 용접결함이 생기기 쉬운 용접 Bead의 시작과 끝 지점에 용접을 하기 위해 용접접합하는 모재의 양단에 부착하는 보조강판

09

① 스피닝(Spinning)에 의한 방법

② 열을 가하여 원형으로 가공

③ 관끝을 압착하여 용접

10

(1) (가) 스티프너(Stiffener)

(나) 전단 플레이트

(다) 하부 플랜지 플레이트

(2) 필릿용접

03 강구조공사 : 적산사항

POINT 01 구조용 강재의 표시 및 강판재 소요량과 스크랩량

(1) 주요 형강

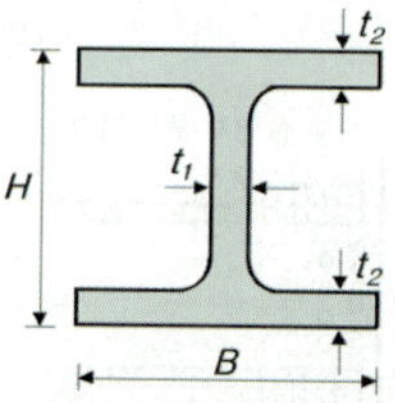

H - $H \times B \times t_1 \times t_2$

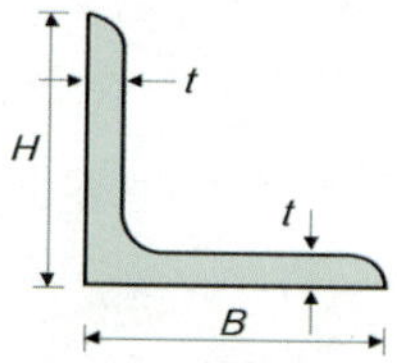

L - $H \times B \times t$

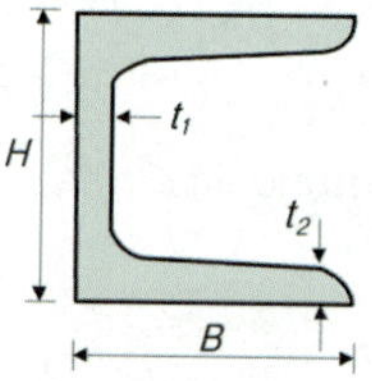

ㄷ - $H \times B \times t_1 \times t_2$

중량산정 시 비중: $7.85 t/m^3$

(2) 밀 시트 (Mill Sheet)

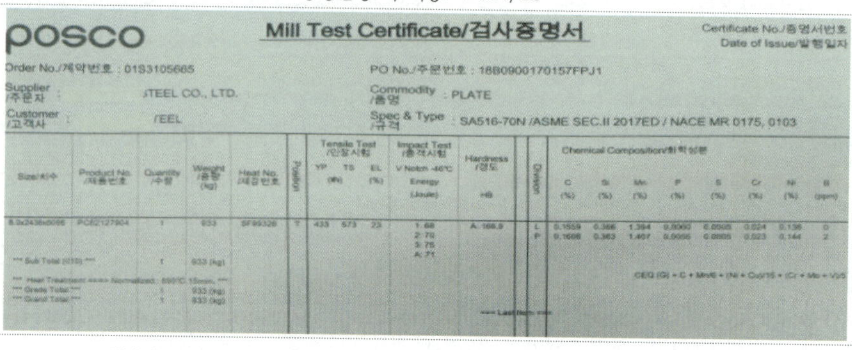

철강제품의 품질보증을 위해 공인된 시험기관에 의한 제조업체의 품질보증서

【Mill Sheet로 확인할 수 있는 사항】

제품의 치수(Size)	제품의 고유번호(Product No)
제품의 기계적 성능 (인장강도, 항복강도, 연신율)	충격시험계수(샤르피 흡수에너지)
제품의 화학성분(C, Si, Mn, P, S, C_{eq})	시험종류와 기준 (시험방법, 시험기관, 시험기준)
제품의 제조사항(제조사, 제조년월일, 공장, 제품번호)	

(3) 강판재 소요량, 스크랩량

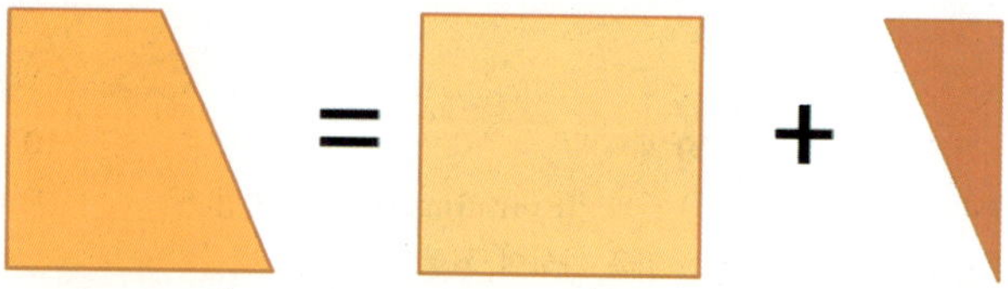

가공된 강판 = 강판의 소요량 + 스크랩(Scrap)량

강판(플레이트(Plate), 필러(Filler))의 소요량(=면적)은 실제면적에 가까운 사각형의 면적을 산출하고 스크랩량 및 강판의 할증률은 가산하지 않는다.

(4) 형강(Angle)

형강은 규격별로 길이(m)로 총연장을 산출하고 중량으로 계산한다.

1998~2024 기출문제

01 [11①, 19②] 2점 □□□□□

다음 형강을 단면 형상의 표시방법에 따라 표시하시오.

(1)

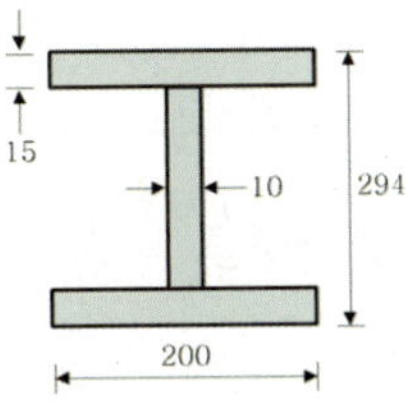

(2)

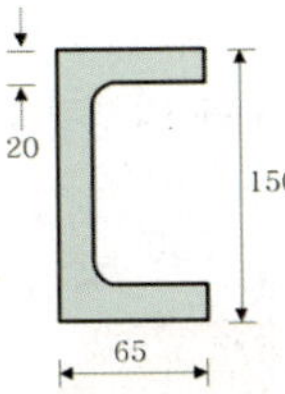

02 [14①] 6점 □□□□□

보기에서 제시하는 형강 치수에 따라 단면을 스케치하고 치수를 기입하시오.

①	$H-300\times150\times6.5\times9$	
②	ㄷ$-100\times50\times5\times7.5$	
③	$L-75\times75\times6$	

03 [99③] 4점 □□□□□

다음 보기 중 철골구조에 이용되는 일반적인 형강명을 모두 골라 기호로 쓰시오.

보기

① B형강 ② C형강 ③ E형강 ④ H형강 ⑤ I형강
⑥ K형강 ⑦ L형강 ⑧ N형강 ⑨ T형강 ⑩ Z형강

04 [19①] 4점 □□□□□

강구조공사와 관련된 다음 용어를 설명하시오.

(1) 밀 시트(Mill Sheet):

(2) 뒷댐재(Back Strip):

05 [19④, 22②] 2점 □□□□□

강재 시험성적서(Mill Sheet)로 확인할 수 있는 사항을 1가지만 쓰시오.

정답 및 해설

01

(1) H$-294\times200\times10\times15$

(2) ㄷ$-150\times65\times20$

02

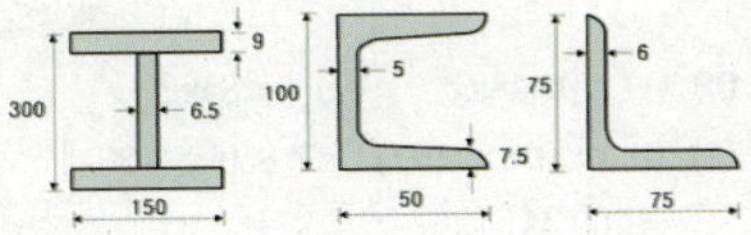

03

②, ④, ⑤, ⑦, ⑨, ⑩

04

(1) 철강제품의 품질보증을 위해 공인된 시험기관에 의한 제조업체의 품질보증서

(2) 모재와 함께 용접되는 루트(Root) 하부에 대어 주는 강판

05

제품의 치수(Size)

06 [09②, 12④] 2점 □□□□□

강재의 길이가 5m이고, $2L-90\times90\times15$ 형강의 중량을 산출하시오.(단, $L-90\times90\times15=13.3\text{kg/m}$)

07 [03②, 08②] 4점 □□□□□

강구조에서 보 및 기둥에는 H형강이 많이 사용되는데 Long Span에서는 기성품인 Rolled형강을 사용할 수 없을 정도의 큰 단면의 부재가 필요하게 된다. 이 경우 공장에서 두꺼운 철강판을 절단하여 소요크기로 용접제작하여 현장제작(Built-Up)형강을 사용하게 되는데 $H-1{,}200\times500\times25\times100$부재($L=20\text{m}$) 20개의 철강판 중량은 얼마(ton)인가? (단, 철강의 비중은 7.85로 한다.)

08 [07②] 4점 □□□□□

강판을 그림과 같이 가공하여 20개의 수량을 사용하고자 한다. 강판의 비중이 7.85일 때 소요량(kg)을 산출하고 스크랩의 발생량(kg)도 함께 산출하시오.

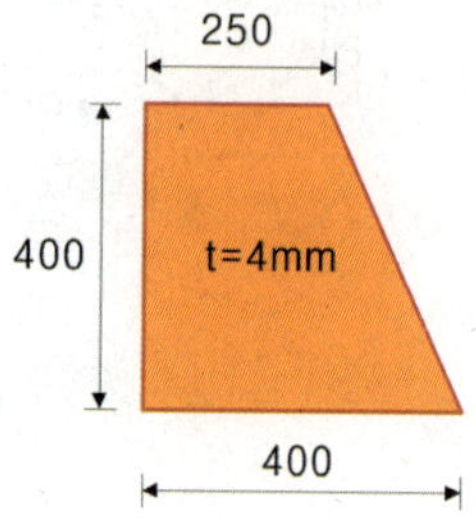

(1) 소요량

(2) 스크랩량

09 [13②, 24①] 4점 □□□□□

강판을 그림과 같이 가공하여 30개의 수량을 사용하고자 한다. 강판의 비중이 7.85일 때 소요량(kg)을 산출하고 스크랩의 발생량(kg)도 함께 산출하시오.

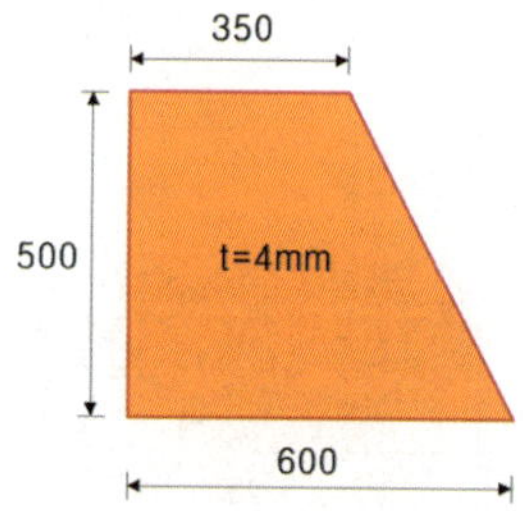

(1) 소요량

(2) 스크랩량

정답 및 해설

06 133kg

$5\text{m}\times2\text{개}\times13.3=133\text{kg}$

07 392.5t

$[(0.5\times0.1)\times2\text{개}+(1.0\times0.025)]\times20\times20\text{개}\times7.85=392.5$

08 (1) 100.48kg (2) 18.84kg

(1) $(0.4\times0.4\times0.004)\times7{,}850\text{kg}\times20\text{개}=100.48$

(2) $\left(\frac{1}{2}\times0.15\times0.4\times0.004\right)\times7{,}850\times20\text{개}=18.84$

09 (1) 282.6kg (2) 58.88kg

(1) $(0.6\times0.5\times0.004)\times7{,}850\times30\text{개}=282.6$

(2) $\left(\frac{1}{2}\times0.25\times0.5\times0.004\right)\times7{,}850\times30\text{개}=58.875$

10 [99③, 01①, 05②] 10점

다음 도면을 보고 요구하는 각 재료량을 산출하시오.
(단, 기둥은 고려하지 않고, 평행현 트러스보만 계산할 것)

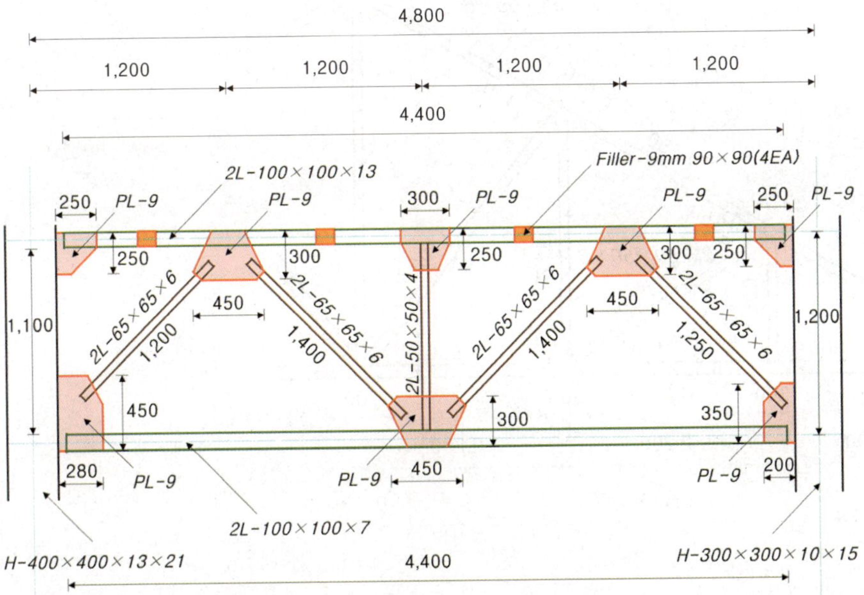

(1) Angle량(kg)은? (5점)
(단, L-50×50×4 = 3.06kg/m, L-65×65×6 = 5.9kg/m, L-100×100×7 = 10.7kg/m, L-100×100×13 = 19.1kg/m)

(2) $PL-9$의 량(kg)은? (5점) (단, $PL-9 = 70.56\text{kg/m}^2$)

정답 및 해설

10 (1) 330.92kg (2) 58.80kg

(1) ① L-50×50×4: 1.1×2개×3.06 = 6.732
② L-65×65×6:(1.2+1.4+1.4+1.25)×2개×5.9 = 61.95
③ L-100×100×7: 4.4×2개×10.7 = 94.16
④ L-100×100×13: 4.4×2개×19.1 = 168.08
⑤ 합계 : 6.732+61.95+94.16+168.08 = 330.922

(2) $PL-9$의 량(kg)
① Gusset Plate : [(0.25×0.25)+(0.45×0.3)+(0.3×0.25)+(0.45×0.3)+(0.25×0.25)+(0.28×0.45)+(0.45×0.3)+(0.2×0.35)]×70.56 = 56.518
② Filler: (0.09×0.09)×4개×70.56 = 2.286
③ 합계: 56.518+2.286 = 58.804

11 [98①, 00③, 03①, 07②] 6점, 9점

다음 강구조 트러스 1개분의 강재량을 산출하시오.

(단, $L-65\times65\times6=5.91\text{kg/m}$, $L-50\times50\times6=4.43\text{kg/m}$, $PL-6=47.1\text{kg/m}^2$)

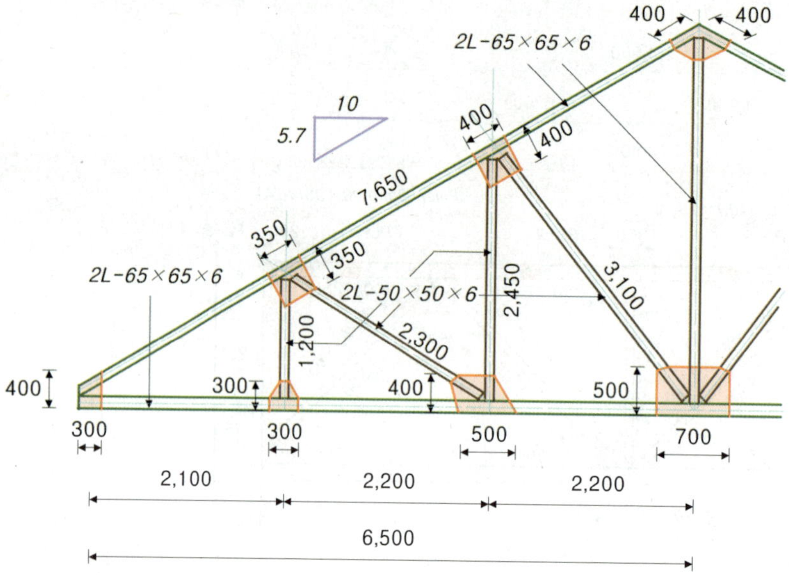

정답 및 해설

11 (1) 543.22kg (2) 89.25kg

(1) Angle량

① 평보 $L-65\times65\times6$:

$(6.5+0.15)\times2$개$\times2$(좌우)$\times5.91=157.206$

② 人자보 $L-65\times65\times6$:

7.65×2개$\times2$(좌우)$\times5.91=180.846$

③ 왕대공 $L-65\times65\times6$:

왕대공 길이 $10:5.7=6.65:x$로부터 $x=3.79\text{m}$

3.79×2개$\times5.91=44.797$

④ 빗대공, 달대공 $L-50\times50\times6$:

$(1.2+2.3+2.45+3.1)\times2$개$\times2$(좌우)$\times4.43=160.366$

⑤ 합계 : $157.206+180.846+44.797+160.366=543.215$

(2) 플레이트량

$[\{(0.3\times0.4)+(0.35\times0.35)+(0.3\times0.3)+(0.4\times0.4)+(0.5\times0.4)\}\times2(\text{좌우})+(0.4\times0.4)+(0.7\times0.5)]\times47.1=89.254$

MEMO

04 강구조공사 : 강구조공학

POINT 01 강구조 인장재

(1) 인장재 순단면적

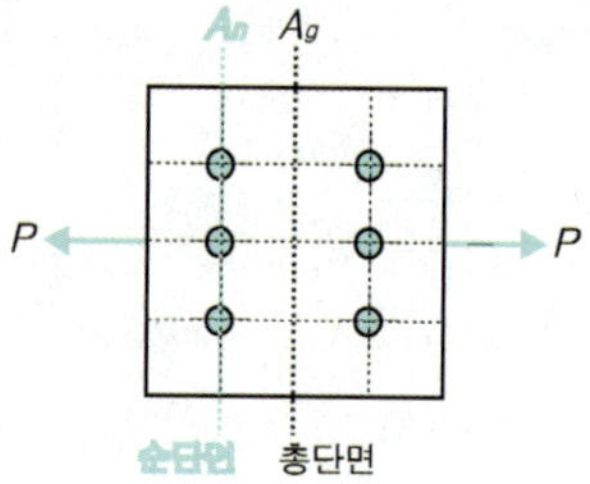

$$A_n = A_g - n \cdot d \cdot t$$

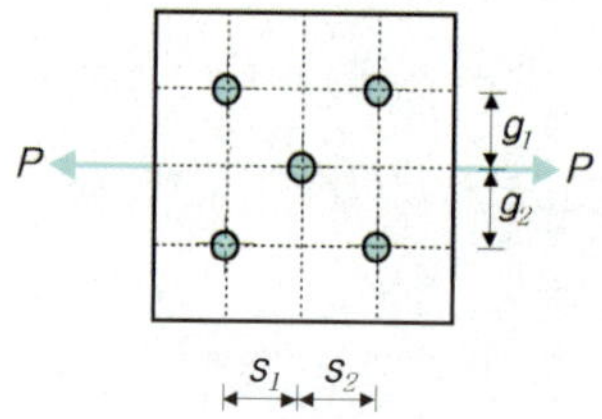

$$A_n = A_g - n \cdot d \cdot t + \Sigma \frac{s^2}{4g} \cdot t$$

- n: 파단열의 개수
- d: 순단면적 산정용 고장력볼트 구멍의 여유폭

직경	구멍의 여유
24mm 미만	직경+2mm
24mm 이상	직경+3mm

- t: 판재의 두께

(2) 설계인장강도: ①, ② 중 작은 값

①	총단면 항복강도	$\phi R_n = \phi \cdot F_y \cdot A_g$ $\phi = 0.90$	• SS275: $F_y = 275\text{MPa}$, $F_u = 410\text{MPa}$ • SM355: $F_y = 355\text{MPa}$, $F_u = 490\text{MPa}$
②	(유효)순단면 파단강도	$\phi R_n = \phi \cdot F_u \cdot A_e$ $\phi = 0.75$	

(3) 고장력볼트 설계전단강도(ϕR_n)

$\phi R_n = \phi \cdot F_{nv} \cdot A_b \cdot N_s$	• $\phi = 0.75$	• F_{nv}: 공칭전단강도
	• A_b: 볼트 단면적	• N_s: 전단면(Shear Plane)의 수

(4) 고장력볼트 미끄럼강도

$$\phi R_n = \phi \cdot \mu \cdot h_f \cdot T_o \cdot N_s$$

- ϕ: 설계저항계수
  (표준구멍 1.0, 대형구멍과 단슬롯구멍 0.85, 장슬롯구멍 0.70)
- μ: 미끄럼계수(페인트 칠하지 않은 블라스트 청소된 마찰면 = 0.5)
- h_f: 필러(Filler)계수
  ① $h_f = 0.85$: 필러 내 하중의 분산을 위해 볼트를 추가하지 않은 경우로서 접합되는 재료 사이에 2개 이상의 필러가 있는 경우
  ② $h_f = 1.0$: 필러를 사용하지 않는 경우, 필러 내 하중의 분산을 위하여 볼트를 추가한 경우, 필러 내 하중의 분산을 위해 볼트를 추가하지 않은 경우로서 접합되는 재료 사이에 한 개의 필러가 있는 경우
- T_o: 설계볼트장력(kN)
- N_s: 전단면(Shear Plane)의 수

1998~2024 **기출문제**

01 [13①, 17④, 20②, 23①] 3점, 4점

$L-100\times100\times7$ 인장재의 순단면적(㎟)을 구하시오.

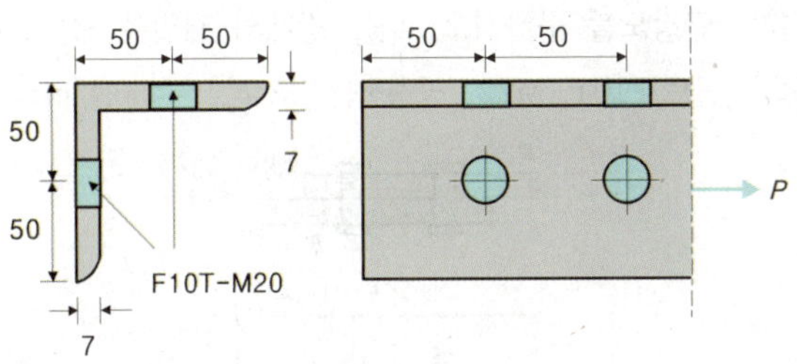

02 [24②] 4점

그림과 같은 파단선에 대한 인장부재의 순단면적을 구하시오.
(단, 판재의 두께는 9mm이며, 구멍크기는 22mm)

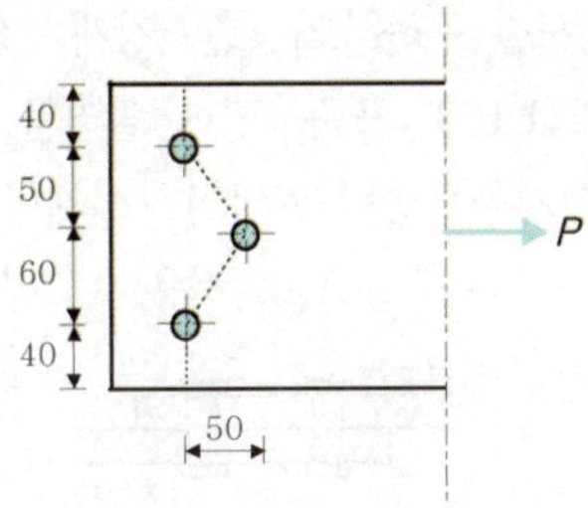

03 [15②, 18②] 4점

그림과 같은 인장부재의 순단면적을 구하시오.
(단, 판재의 두께는 10mm이며, 구멍크기는 22mm)

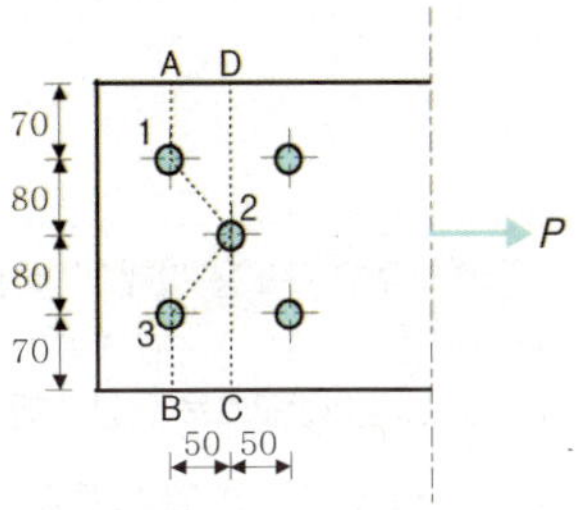

04 [11②, 22②] 2점

총단면적 $A_g=5{,}624\text{mm}^2$의 $H-250\times175\times7\times11$ (SM355)의 설계인장강도를 한계상태설계법에 의해 산정하시오. (단, 설계저항계수 $\phi=0.90$을 적용한다.)

정답 및 해설

01

$$A_n=A_g-n\cdot d\cdot t$$
$$=[(7)(200-7)]-(2)(20+2)(7)$$
$$=1{,}043\text{mm}^2$$

02

$$A_n=A_g-n\cdot d\cdot t+\Sigma\frac{s^2}{4g}\cdot t$$
$$=(9\times190)-(3)(22)(9)$$
$$+\frac{(50)^2}{4(50)}\cdot(9)+\frac{(50)^2}{4(60)}\cdot(9)$$
$$=1{,}322.25\text{mm}^2$$

03

(1) 파단선: A-1-3-B

$$A_n=A_g-n\cdot d\cdot t$$
$$=(10\times300)-(2)(22)(10)=2{,}560\text{mm}^2$$

(2) 파단선: A-1-2-3-B

$$A_n=(10\times300)-(3)(22)(10)$$
$$+\frac{(50)^2}{4(80)}\cdot(10)+\frac{(50)^2}{4(80)}\cdot(10)$$
$$=2{,}496.25\text{mm}^2$$ ⬅ 지배

04

$$\phi F_y\cdot A_g=(0.90)(355)(5{,}624)$$
$$=1{,}796{,}868\text{N}=1{,}796.868\text{kN}$$

05 [15④, 21④] 2점, 4점

강재의 종류 중 SM355에서 SM의 의미와 355가 의미하는 바를 각각 쓰시오.

(1) SM : ______________________

(2) 355 : ______________________

【참고: 주요 구조용 강재의 명칭】

① SS : Steel Structure(일반구조용 압연강재)
② SM : Steel Marine(용접구조용 압연강재)
③ SMA : Steel Marine Atmosphere
(용접구조용 내후성 열간압연강재)
④ SN : Steel New(건축구조용 압연강재)
⑤ FR : Fire Resistance(건축구조용 내화강재)

06 [20①] 4점

다음 강재의 구조적 특성을 간단히 설명하시오.

(1) SN강:

(2) TMCP강:

07 [13①, 17①] 4점

단순 인장접합부의 강도한계상태에 따른 고장력볼트의 설계전단강도를 구하시오. (단, 강재의 재질은 SS275, 고장력볼트 F10T-M22, 공칭전단강도 $F_{nv}=450\text{N/mm}^2$)

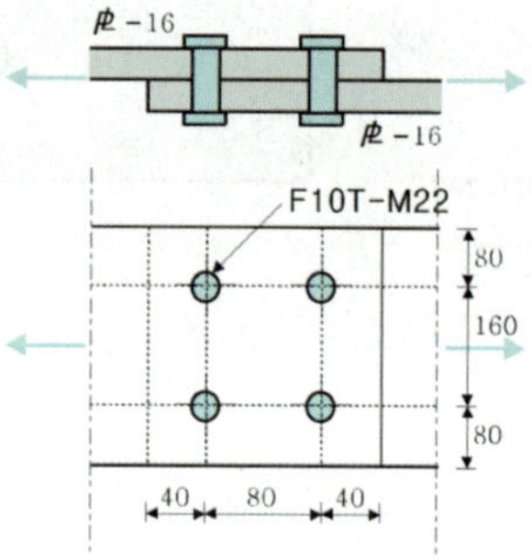

08 [15④] 4점

단순 인장접합부의 사용성한계상태에 대한 고장력볼트의 설계미끄럼강도를 구하시오. (단, 강재는 SS275, 고장력볼트는 M22(F10T 표준구멍), 필러를 사용하지 않는 경우이며, 설계볼트장력 200kN, 설계미끄럼강도 식 $\phi R_n=\phi\cdot\mu\cdot h_f\cdot T_o\cdot N_s$을 적용, 미끄럼계수=0.5)

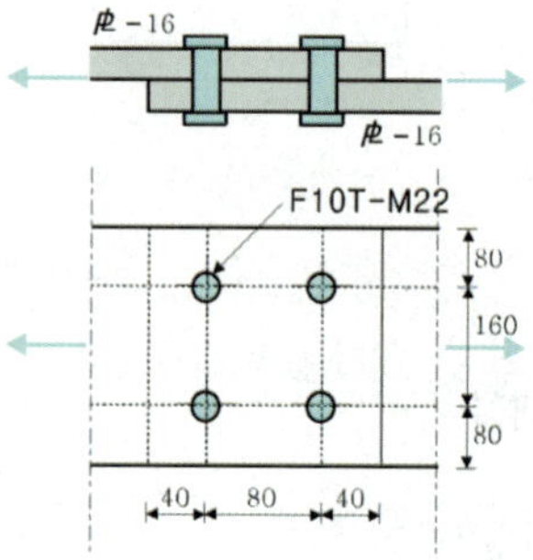

정답 및 해설

05

(1) 용접구조용 압연강재
(2) 항복강도 $F_y=355\text{MPa}$

06

(1) 건축물의 내진성능을 확보하기 위한 건축구조용압연강
(2) 두께 40mm 이상, 80mm 이하의 후판에서도 항복강도가 저하하지 않는 강

07

$$\phi R_n=(0.75)(450)\left(\frac{\pi(22)^2}{4}\right)(4\text{개})$$
$$=513{,}179\text{N}=513.179\text{kN}$$

08

$$\phi R_n=(1.0)(0.5)(1.0)(200)(1)(4\text{개})$$
$$=400\text{kN}$$

09 [14②] 5점 □□□□□

고장력볼트로 접합된 큰보와 작은보의 접합부의 사용성한계 상태에 대한 설계미끄럼강도를 계산하여 $V=450\text{kN}$의 사용하중에 대해 볼트 개수가 적절한지 검토하시오. (단, 사용 고장력볼트는 M22(F10T), 필러를 사용하지 않는 경우이며, 표준구멍을 적용하고, 설계볼트장력 $T_o=200\text{kN}$, 미끄럼계수 $\mu=0.5$, 고장력볼트 설계미끄럼강도 $\phi R_n=\phi\cdot\mu\cdot h_f\cdot T_o\cdot N_s$ 식으로 검토한다.)

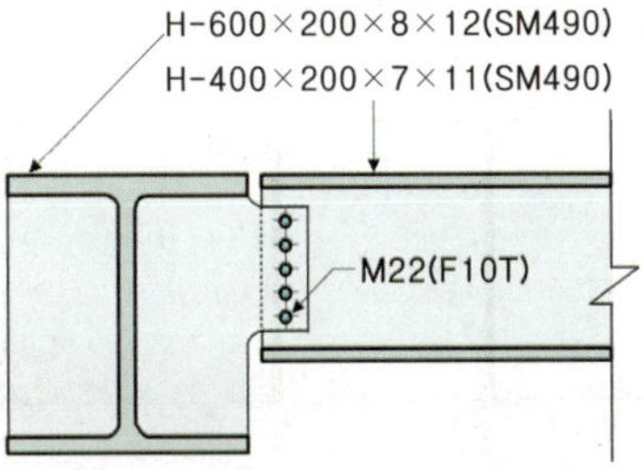

10 [24③] 4점 □□□□□

그림과 같은 이음부에서 고장력볼트의 설계미끄럼강도를 구하시오. (단, 강재는 SM275, 고장력볼트는 M20(F10T, 표준구멍), 미끄럼계수=0.5, 필러를 사용하지 않는 경우이며, 설계볼트장력 165kN, 설계미끄럼강도 식 $\phi R_n=\phi\cdot\mu\cdot h_f\cdot T_o\cdot N_s$을 적용)

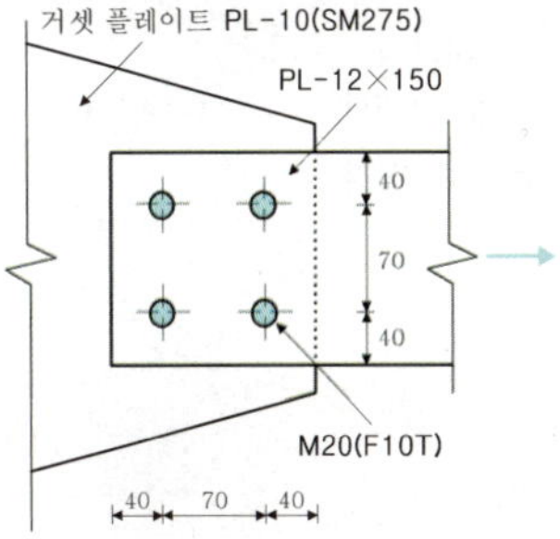

IV

정답 및 해설

09

(1) $\phi R_n=(1.0)(0.5)(1.0)(200)(1)=100$

(2) 5개×100kN = 500kN ≥ 450kN 이므로 고장력볼트의 개수는 적절하다.

10

$\phi R_n=(1.0)(0.5)(1.0)(165)(1)(4개)$
$=330\text{kN}$

POINT 02 강구조 압축재

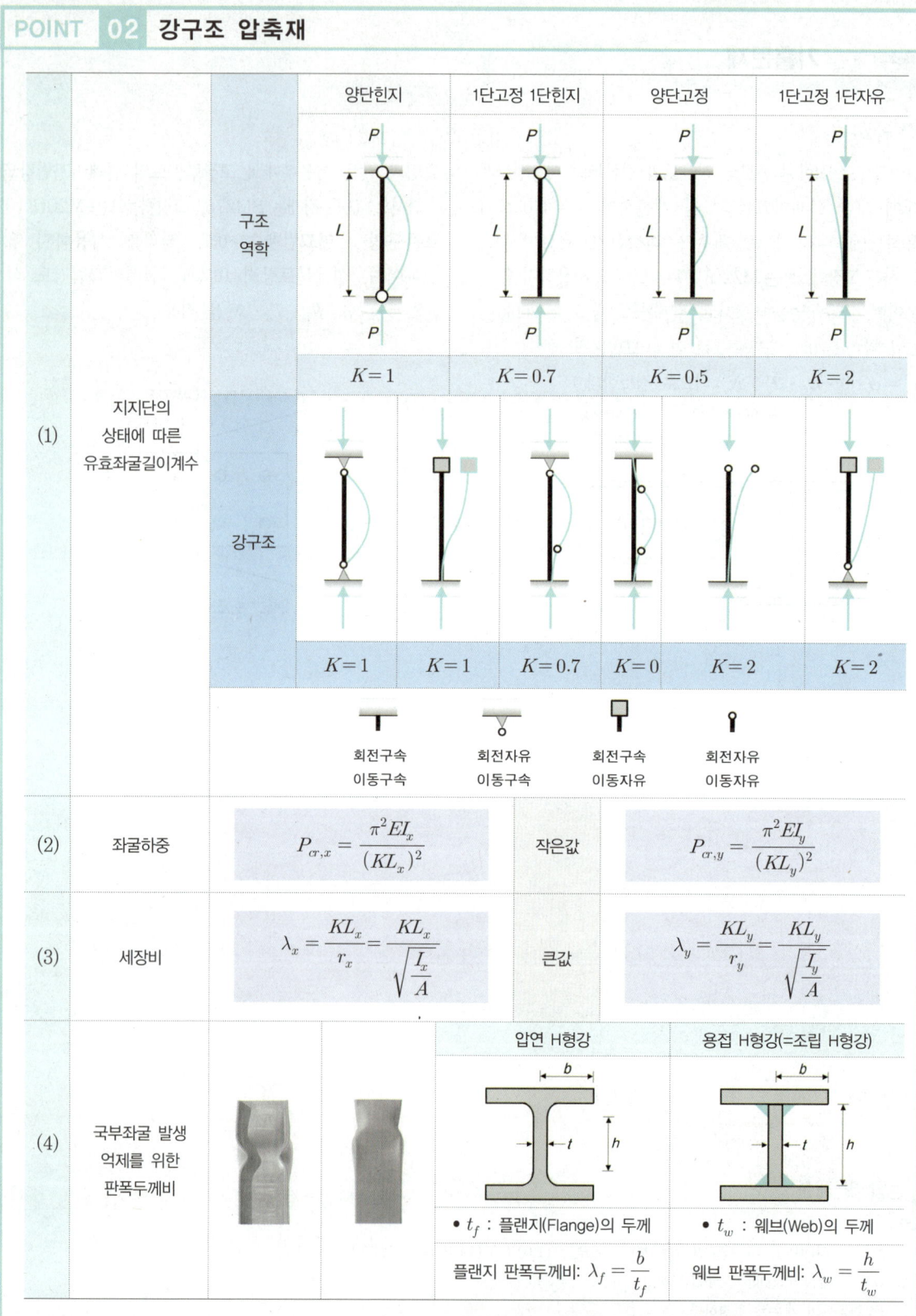

(1) 지지단의 상태에 따른 유효좌굴길이계수

구조역학

양단힌지	1단고정 1단힌지	양단고정	1단고정 1단자유

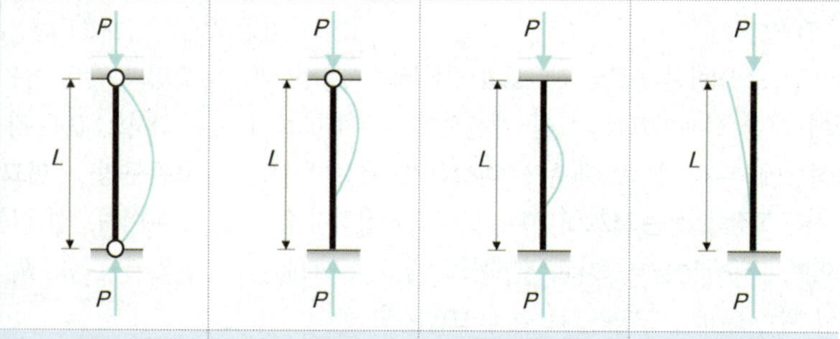

양단힌지	1단고정 1단힌지	양단고정	1단고정 1단자유
$K=1$	$K=0.7$	$K=0.5$	$K=2$

강구조

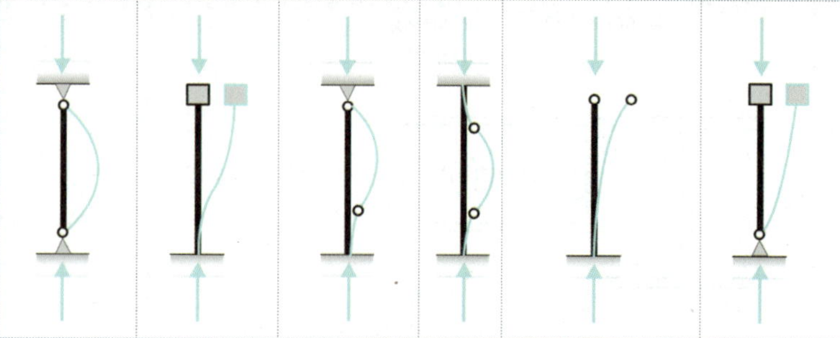

$K=1$	$K=1$	$K=0.7$	$K=0$	$K=2$	$K=2$

회전구속 이동구속	회전자유 이동구속	회전구속 이동자유	회전자유 이동자유

구분	항목	x축		y축
(2)	좌굴하중	$P_{cr,x}=\dfrac{\pi^2 EI_x}{(KL_x)^2}$	작은값	$P_{cr,y}=\dfrac{\pi^2 EI_y}{(KL_y)^2}$
(3)	세장비	$\lambda_x=\dfrac{KL_x}{r_x}=\dfrac{KL_x}{\sqrt{\dfrac{I_x}{A}}}$	큰값	$\lambda_y=\dfrac{KL_y}{r_y}=\dfrac{KL_y}{\sqrt{\dfrac{I_y}{A}}}$

(4) 국부좌굴 발생 억제를 위한 판폭두께비

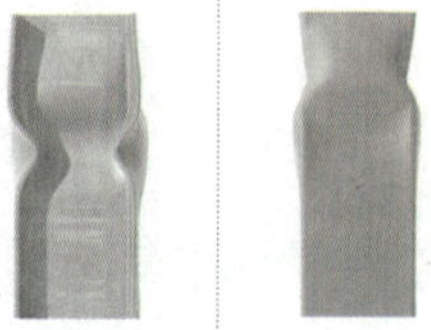

압연 H형강	용접 H형강(=조립 H형강)

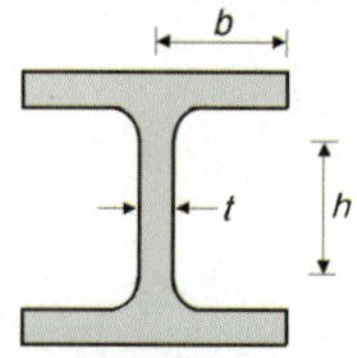

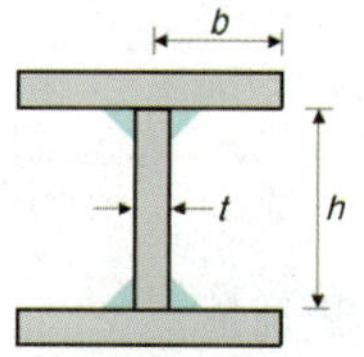

압연 H형강	용접 H형강(=조립 H형강)
• t_f : 플랜지(Flange)의 두께	• t_w : 웨브(Web)의 두께
플랜지 판폭두께비: $\lambda_f=\dfrac{b}{t_f}$	웨브 판폭두께비: $\lambda_w=\dfrac{h}{t_w}$

1998~2024 기출문제

01 [12①, 19②, 23②] 4점

기둥의 재질과 단면 크기가 모두 같은 그림과 같은 4개의 장주의 좌굴길이를 쓰시오.

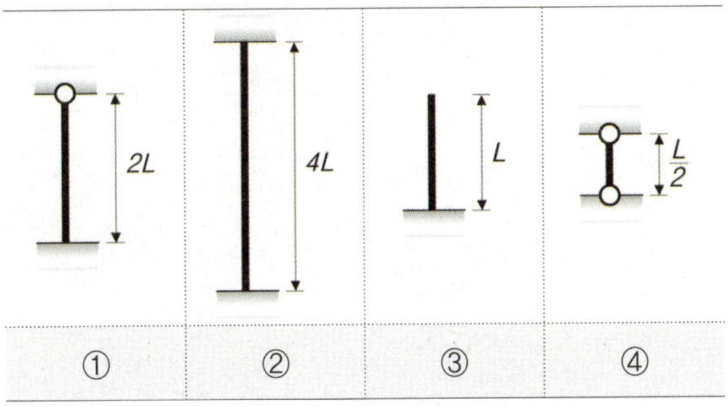

①

②

③

④

02 [18②, 22①] 3점

재질과 단면적 및 길이가 같은 다음 4개의 장주에 대해 유효좌굴길이가 가장 큰 기둥을 순서대로 쓰시오.

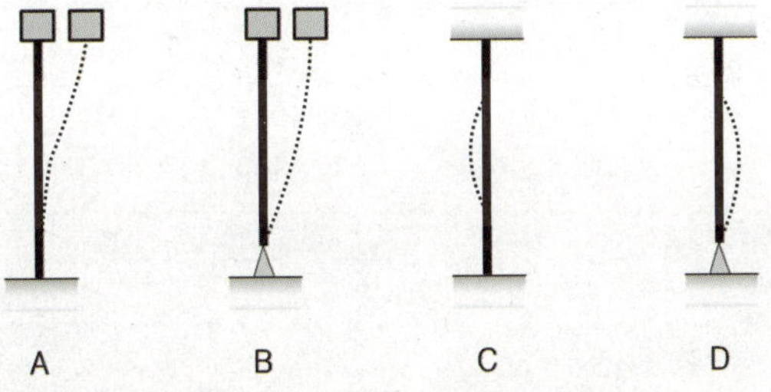

03 [12②, 15②] 3점

1단 자유, 타단 고정인 길이 2.5m인 압축력을 받는 강구조 기둥의 탄성좌굴하중을 구하시오. (단, 단면2차 모멘트 $I=798{,}000\text{mm}^4$, $E=210{,}000\text{MPa}$)

04 [12④, 21②] 3점, 4점

1단 자유, 타단 고정, 길이 2.5m인 압축력을 받는 $H-100\times100\times6\times8$ 기둥의 탄성좌굴하중을 구하시오. (단, $I_x=383\times10^4\text{mm}^4$, $I_y=134\times10^4\text{mm}^4$, $E=210{,}000\text{MPa}$)

05 [13①, 18④] 3점

그림과 같은 콘크리트 기둥이 양단힌지로 지지되었을 때 약축에 대한 세장비가 150이 되기 위한 기둥의 길이(m)를 구하시오.

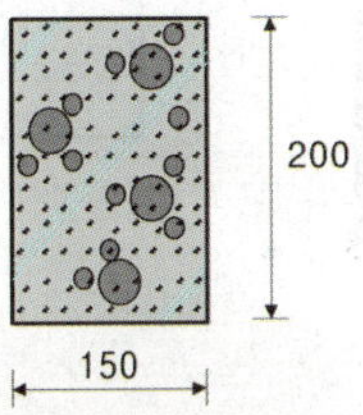

정답 및 해설

01 ① $0.7\times2L=1.4L$

② $0.5\times4L=2L$

③ $2\times L=2L$

④ $1\times\dfrac{L}{2}=0.5L$

02 B ➡ A ➡ D ➡ C

03 66.157kN

$$P_{cr}=\frac{\pi^2(210{,}000)(798{,}000)}{[(2)(2{,}500)]^2}=66{,}157\text{N}=66.157\text{kN}$$

04 111.092kN

$$P_{cr}=\frac{\pi^2(210{,}000)(134\times10^4)}{[(2.0)(2.5\times10^3)]^2}=111{,}092\text{N}=111.092\text{kN}$$

05 6.495m

$$\lambda=\frac{(1.0)L}{\sqrt{\dfrac{\dfrac{(200)(150)^3}{12}}{(200\times150)}}}=150 \text{ 으로부터}$$

$L=6{,}495\text{mm}=6.495\text{m}$

06 [23④] 3점

지지조건은 양단 고정, 기둥의 길이 3m, 직경 100mm인 원형 단면의 세장비를 구하시오.

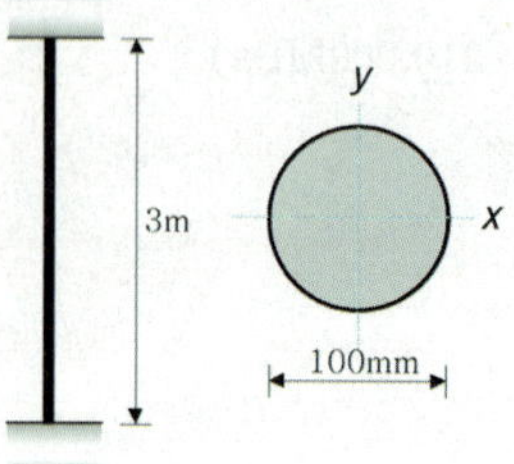

07 [24①] 3점

그림과 같은 길이가 3.0m인 기둥의 세장비를 구하시오.

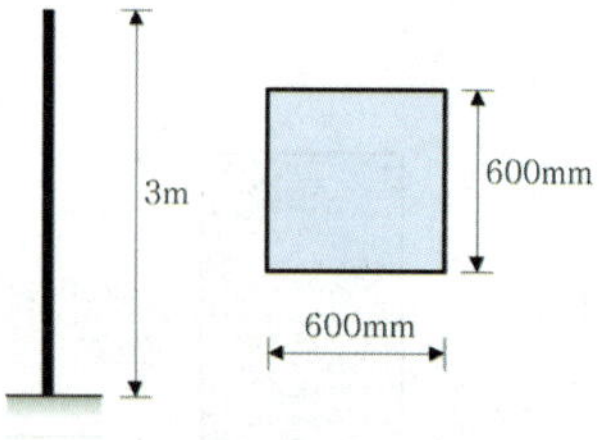

08 [18①] 4점

$H-400\times300\times9\times14$ 형강의 플랜지의 판폭두께비를 구하시오.

09 [17①, 20③] 4점

$H-400\times200\times8\times13$(필릿반지름 $r=16$mm) 형강의 플랜지와 웨브의 판폭두께비를 구하시오.

(1) 플랜지:

(2) 웨브:

정답 및 해설

06

$$\lambda=\frac{KL}{r}=\frac{KL}{\sqrt{\frac{I}{A}}}$$

$$=\frac{(0.5)(L)}{\sqrt{\frac{\left(\frac{\pi D^4}{64}\right)}{\left(\frac{\pi D^2}{4}\right)}}}=\frac{2L}{D}=\frac{2(3\times10^3)}{(100)}=60$$

07

$$\lambda=\frac{KL}{r}=\frac{KL}{\sqrt{\frac{I}{A}}}$$

$$=\frac{(2)(3,000)}{\sqrt{\frac{\left(\frac{600\times600^3}{12}\right)}{(600\times600)}}}=34.641$$

08

$$\lambda_f=\frac{(300)/2}{(14)}=10.71$$

09

(1) $\lambda_f=\frac{(200)/2}{(13)}=7.69$

(2) $\lambda_w=\frac{(400)-2(13)-2(16)}{(8)}=42.75$

MEMO

IV

POINT 03 필릿용접(Fillet Welding) : 설계강도(ϕP_w)

(1) 일반사항

용접기호 표시	유효 목두께(a)	용접 유효길이(L_e)
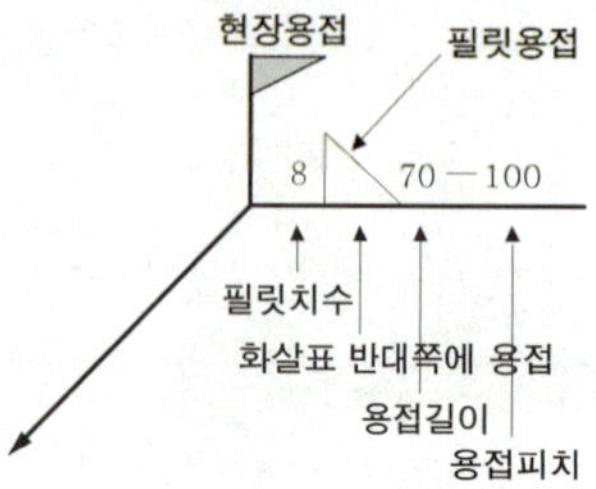	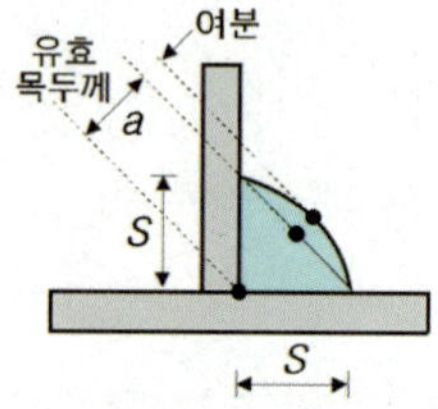 $a = 0.7S$ (S: 얇은 쪽 필릿치수)	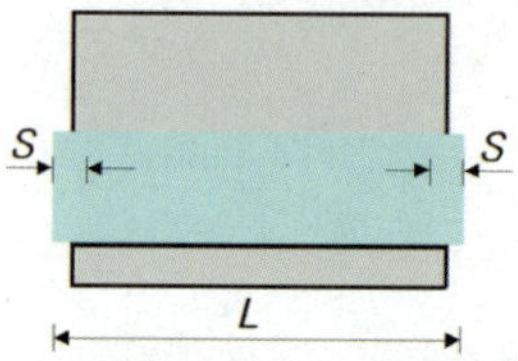 $L_e = L - 2S$

(2) 필릿용접 설계강도(ϕR_n)

$$\phi R_n = \phi F_{nw} \cdot A_{we}$$

⬇

$$\phi R_n = \phi(0.6F_{uw})(0.7S)(L-2S)$$

- F_{nw} : 용접재의 공칭강도(MPa)
  $F_{nw} = 0.6F_{uw}$
  F_{uw} : 용접재 인장강도
- A_{we} : 용접재의 단면적(mm^2)
- 설계저항계수: $\phi = 0.75$

1998~2024 **기출문제**

01 [08④] 4점

다음 설명에 해당되는 답을 기재하시오.

(1) 접하는 두 부재 사이를 트이게 홈(Groove)을 만들고 그 사이에 용착금속을 채워 두 부재를 결합하는 용접 접합방식

(2) 필릿용접에서 유효용접길이는 실제 용접길이에서 다리길이의 몇 배를 감한 것으로 하는가?

(1) (2)

02 [11④] 4점

그림과 같은 용접부의 설계강도를 구하시오. (단, 모재는 SM275, 용접재(KS D7004 연강용 피복아크 용접봉)의 인장강도 $F_{uw} = 420N/mm^2$, 모재의 강도는 용접재의 강도보다 크다.)

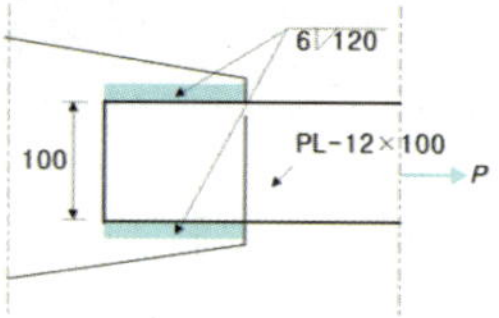

정답 및 해설

01

(1) Groove 용접

(2) 2

02 171.461kN

$$\phi R_n = \phi \cdot 0.6F_{uw} \cdot 0.7S \cdot (L-2S)$$
$$= (0.75) \cdot 0.6(420) \cdot 0.7(6) \cdot (120 - 2\times6) \times 2면$$
$$= 171,461N = 171.461kN$$

03 [13④, 16①] 4점 □□□□□

그림과 같은 용접부의 설계강도를 구하시오. (단, 모재는 SM275, 용접재(KS D7004 연강용 피복아크 용접봉)의 인장강도 $F_{uw}=420\text{N/mm}^2$, 모재의 강도는 용접재의 강도보다 크다.)

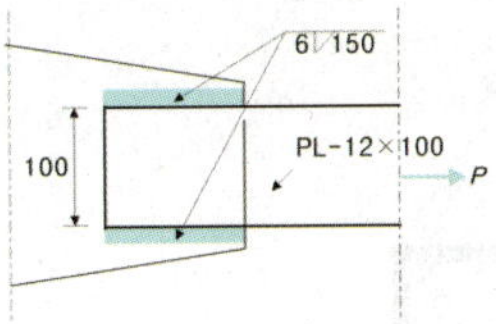

04 [17④] 5점 □□□□□

그림과 같은 용접부의 설계강도를 구하시오. (단, 모재는 SM275, 용접재(KS D7004 연강용 피복아크 용접봉)의 인장강도 $F_{uw}=420\text{N/mm}^2$, 모재의 강도는 용접재의 강도보다 크다.)

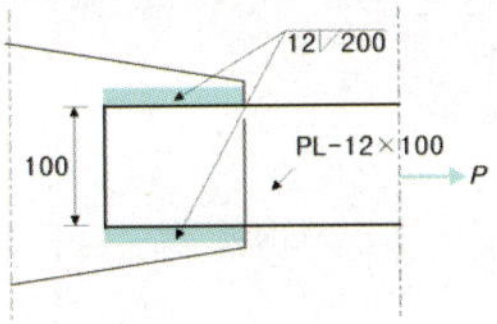

05 [17②, 23④] 4점 □□□□□

다음 조건에서의 용접유효길이(L_e)를 산출하시오.

- 모재는 SM355($F_u=490\text{MPa}$), 용접재(KS D7004 연강용 피복 아크 용접봉)의 인장강도 $F_{uw}=420\text{N/mm}^2$
- 필릿치수 $S=5\text{mm}$
- 하중: 고정하중 20kN, 활하중 30kN

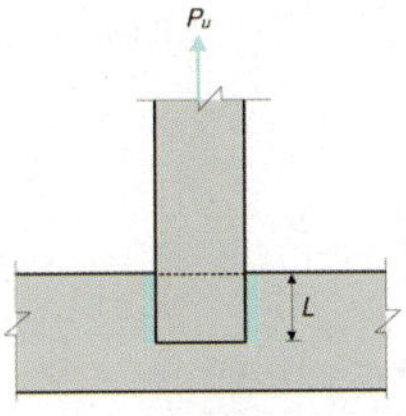

IV

정답 및 해설

03 219.089kN

$\phi R_n=\phi\cdot 0.6F_{uw}\cdot 0.7S\cdot(L-2S)$

$=(0.75)\cdot 0.6(420)\cdot 0.7(6)\cdot(150-2\times 6)\times 2$면

$=219,089\text{N}=219.089\text{kN}$

04 558.835kN

$\phi R_n=\phi\cdot 0.6F_{uw}\cdot 0.7S\cdot(L-2S)$

$=(0.75)\cdot 0.6(420)\cdot 0.7(12)\cdot(200-2\times 12)\times 2$면

$=558,835\text{N}=558.835\text{kN}$

05 108.844mm

(1) $P_u=1.2P_D+1.6P_L$

$=1.2(20)+1.6(30)=72\text{kN}$

(2) $a=0.7S=0.7(5)=3.5\text{mm}$

용접유효길이 L_e를 알 수 없는 상태이므로 단위길이 1에 대한 즉, $L_e=1\text{mm}$에 대한 용접면적 A_w를 산정해본다.

$A_w=a\times 1=3.5\times 1=3.5\text{mm}^2$

$\phi R_n=\phi F_w\cdot A_w=\phi(0.6F_{uw})\cdot A_w$

$=(0.75)(0.6\times 420)(3.5)=661.5\text{N/mm}$

(3) $L_e=\dfrac{P_u}{\phi P_w}=\dfrac{(72\times 10^3)}{(661.5)}=108.844\text{mm}$

POINT 04 강구조: 그 밖의 사항

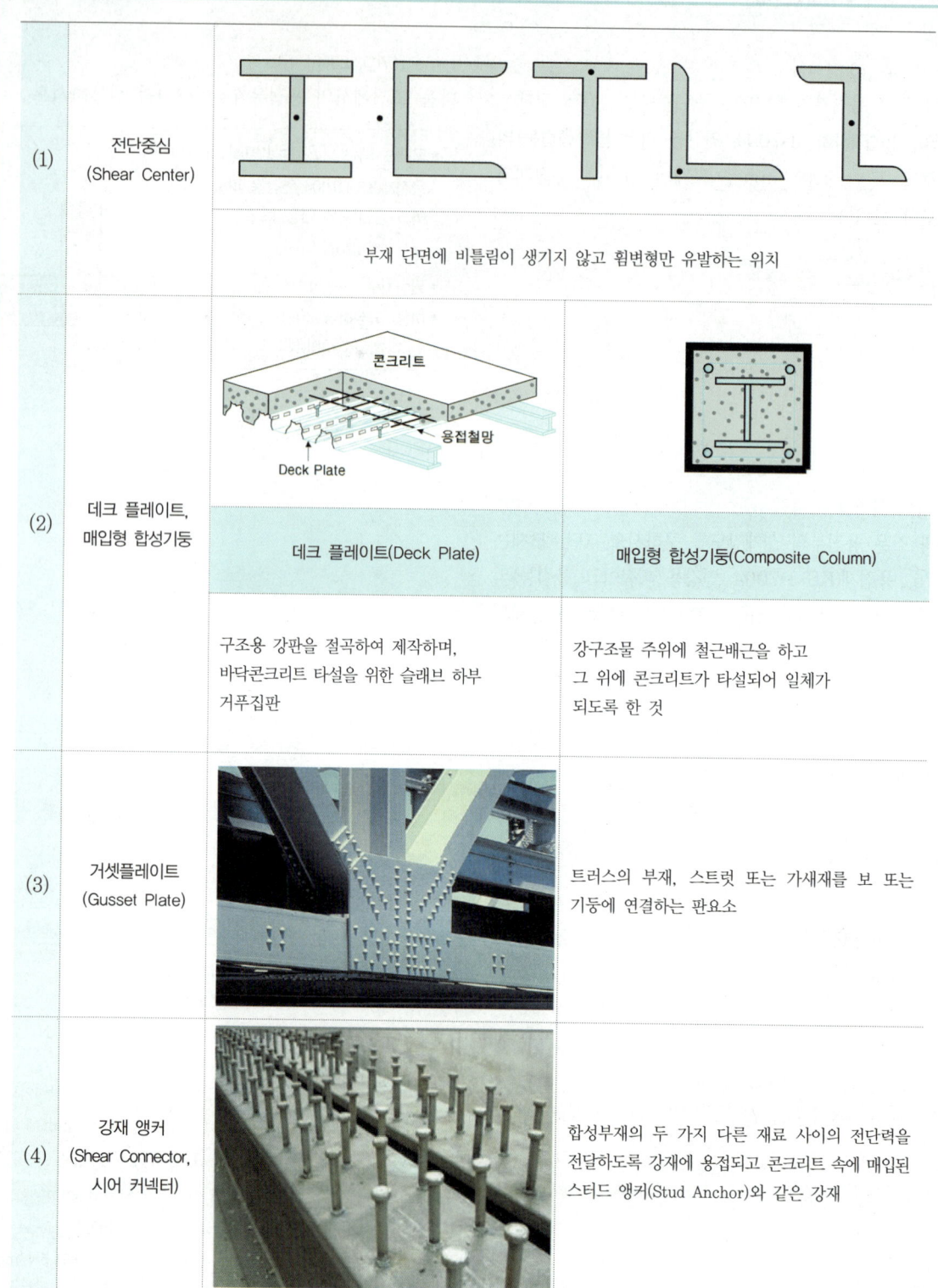

<table>
<tr><td>(1)</td><td>전단중심
(Shear Center)</td><td colspan="2">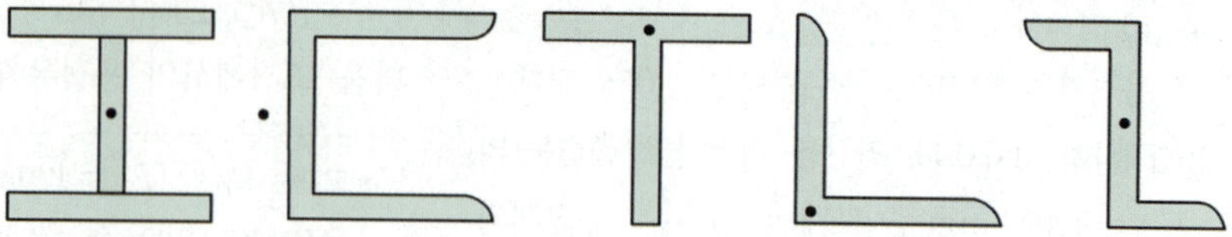
부재 단면에 비틀림이 생기지 않고 휨변형만 유발하는 위치</td></tr>
<tr><td rowspan="3">(2)</td><td rowspan="3">데크 플레이트,
매입형 합성기둥</td><td>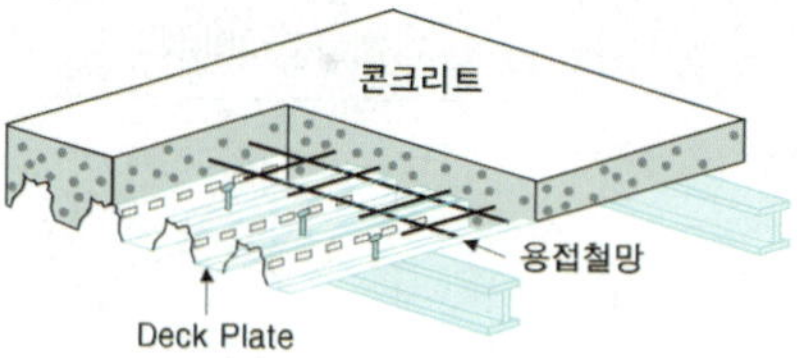</td><td>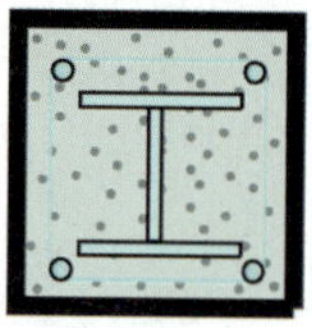</td></tr>
<tr><td>데크 플레이트(Deck Plate)</td><td>매입형 합성기둥(Composite Column)</td></tr>
<tr><td>구조용 강판을 절곡하여 제작하며,
바닥콘크리트 타설을 위한 슬래브 하부
거푸집판</td><td>강구조물 주위에 철근배근을 하고
그 위에 콘크리트가 타설되어 일체가
되도록 한 것</td></tr>
<tr><td>(3)</td><td>거셋플레이트
(Gusset Plate)</td><td></td><td>트러스의 부재, 스트럿 또는 가새재를 보 또는 기둥에 연결하는 판요소</td></tr>
<tr><td>(4)</td><td>강재 앵커
(Shear Connector,
시어 커넥터)</td><td></td><td>합성부재의 두 가지 다른 재료 사이의 전단력을 전달하도록 강재에 용접되고 콘크리트 속에 매입된 스터드 앵커(Stud Anchor)와 같은 강재</td></tr>
</table>

POINT 04 강구조: 그 밖의 사항

(5)	콘크리트 충전강관(CFT) 구조	①	정의	강관의 구속효과에 의해 충전콘크리트의 내력상승과 충전콘크리트에 의한 강관의 국부좌굴 보강효과에 의해 뛰어난 변형 저항능력을 발휘하는 구조	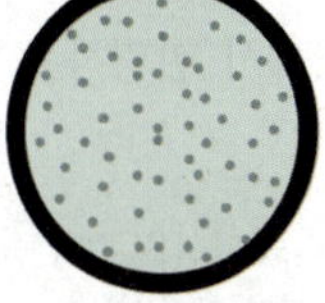
		②	장점	• 강관이 거푸집 역할을 함으로서 인건비 절감 및 공기단축 가능	
				• 연성과 인성이 우수하여 초고층구조물의 내진성에 유리	
		③	단점	• 고품질의 충전 콘크리트가 요구됨	
				• 판두께가 얇아질수록 조기에 국부좌굴이 발생함	
(6)	한계상태	강도 한계상태 (Strength Limit State)		구조체에 작용하는 하중효과가 구조체 또는 구조체를 구성하는 부재의 강도보다 커져 구조체가 하중 지지능력을 잃고 붕괴되는 상태	
		사용성한계상태 (Serviceability Limit State)		구조체가 붕괴되지는 않더라도 구조기능이 저하되어 외관, 유지관리, 내구성 및 사용에 매우 부적합하게 되는 상태	

1998~2024 기출문제

01 [20⑤] 2점 □□□□□

부재 단면에 비틀림이 생기지 않고 휨변형만 유발하는 위치를 무엇이라 하는가?

02 [12②, 19①] 3점, 5점 □□□□□

강구조 부재에서 비틀림이 생기지 않고 휨변형만 유발하는 위치를 전단중심(Shear Center)이라 한다. 다음 형강들에 대하여 전단중심의 위치를 각 단면에 표기하시오.

정답 및 해설

01
전단중심(Shear Center)

02

1998~2024 **기출문제**

03 [13②] 4점

다음 [보기]에서 설명하는 용어를 쓰시오.

보기

- 바닥콘크리트 타설을 위한 슬래브 하부 거푸집판
- 작업시 안정성 강화 및 동바리 수량감소로 원가절감 가능
- 아연도 철판을 절곡하여 제작하며, 해체작업이 필요 없음

04 [12①, 19①, 23②] 2점, 3점

다음 [보기]에서 설명하는 구조의 명칭을 쓰시오.

보기

강구조물 주위에 철근배근을 하고 그 위에 콘크리트가 타설되어 일체가 되도록 한 것으로서, 초고층 구조물 하층부의 복합구조로 많이 채택되는 구조

05 [17①, 20③] 3점

다음 [보기]가 설명하는 명칭을 쓰시오.

보기

철근콘크리트 슬래브와 강재 보의 전단력을 전달하도록 강재에 용접되고 콘크리트 속에 매입된 시어커넥터(Shear Connector)에 사용되는 것

06 [20④, 23②] 3점

강합성 데크플레이트 구조에 사용되는 시어커넥터(Shear Connector)의 역할에 대하여 설명하시오.

07 [16④, 21①] 4점, 6점

다음 용어를 설명하시오.

(1) 거셋플레이트(Gusset Plate)

(2) 데크플레이트(Deck Plate)

(3) 강재 앵커(Shear Connector, 시어커넥터)

정답 및 해설

03
데크 플레이트(Deck Plate)

04
매입형 합성기둥(Composite Column)

05
강재 앵커(Shear Connector)

06
합성부재의 두 가지 다른 재료 사이의 전단력을 전달하도록 강재에 용접되고 콘크리트에 매입된 스터드앵커와 같은 강재

07
(1) 트러스의 부재, 스트럿 또는 가새재를 보 또는 기둥에 연결하는 판요소
(2) 구조용 강판을 절곡하여 제작하며, 바닥콘크리트 타설을 위한 슬래브 하부 거푸집판
(3) 합성부재의 두 가지 다른 재료 사이의 전단력을 전달하도록 강재에 용접되고 콘크리트에 매입된 스터드앵커와 같은 강재

1998~2024 **기출문제**

08 [12①, 16①, 17④, 21④] 3점, 5점 □□□□□

CFT 구조를 설명하고 장단점을 각각 2가지씩 쓰시오.

(1) CFT

(2) 장점

①

②

(3) 단점

①

②

09 [19④, 22①] 3점 □□□□□

구조물을 안전하게 설계하고자 할 때 강도한계상태(Strength Limit State)에 대한 안전을 확보해야 한다. 뿐만 아니라 사용성한계상태(Serviceability Limit State)를 고려하여야 하는데 여기서 사용성한계상태란 무엇인지 간단히 설명하시오.

정답 및 해설

08

(1) 강관의 구속효과에 의해 충전콘크리트의 내력상승과 충전콘크리트에 의한 강관의 국부좌굴 보강효과에 의해 뛰어난 변형 저항능력을 발휘하는 구조

(2) ① 강관이 거푸집 역할을 함으로서 인건비 절감 및 공기단축 가능
② 연성과 인성이 우수하여 초고층 구조물의 내진성에 유리

(3) ① 고품질의 충전 콘크리트가 요구됨
② 판두께가 얇아질수록 조기에 국부좌굴이 발생함

09

구조체가 붕괴되지는 않더라도 구조기능이 저하되어 외관, 유지관리, 내구성 및 사용에 매우 부적합하게 되는 상태

IV

5

조적공사 · 석공사 · 목공사

01 조적공사 : 일반사항

POINT 01 벽돌 및 블록의 재료

(1) 벽돌(Brick)

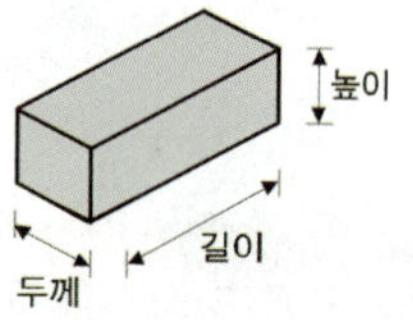

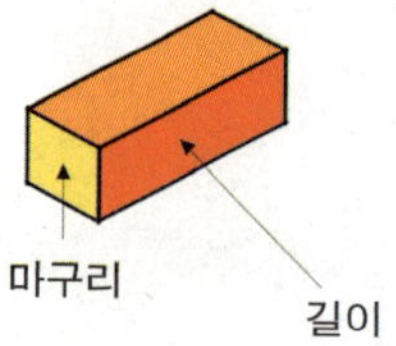

산업표준심의회(KS F 4004)

190(길이)×57(높이)×90(두께)
190(길이)×90(높이)×90(두께)

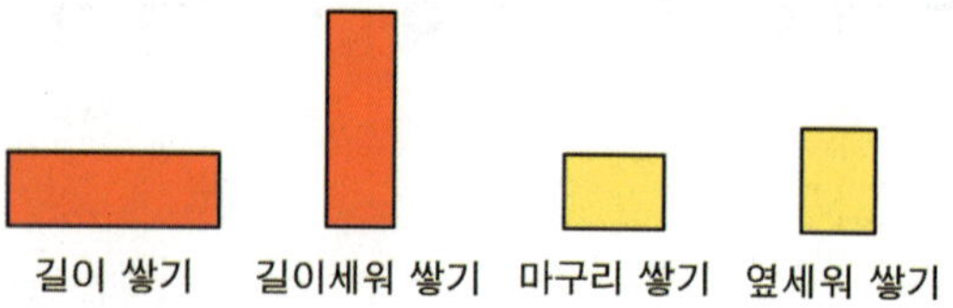

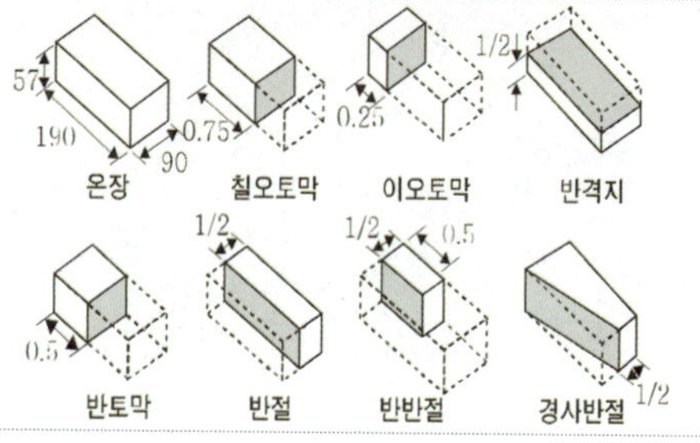

마구리(End Header): 양쪽 머리의 끝면

마름질(Conversion): 소요의 크기에 맞게 제작하는 것

(2) 블록(Block)

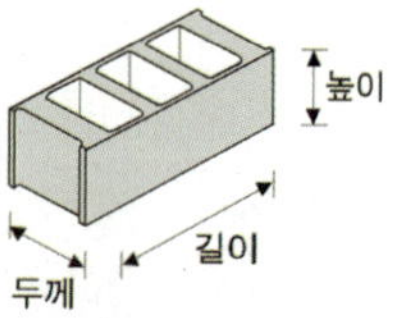

압축강도 시험에서 적용되는 면적은 길이와 두께이다.

산업표준심의회(KS F 4002)

390(길이)×190(높이)×100(두께)
390(길이)×190(높이)×150(두께)
390(길이)×190(높이)×190(두께)
390(길이)×190(높이)×210(두께)

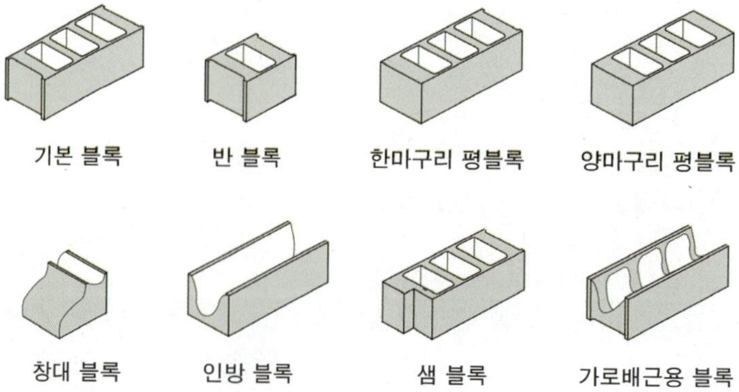

1998~2024 **기출문제**

01 [98④, 00②, 00④] 4점

다음 벽돌구조에서 벽돌의 마름질 명칭을 쓰시오.

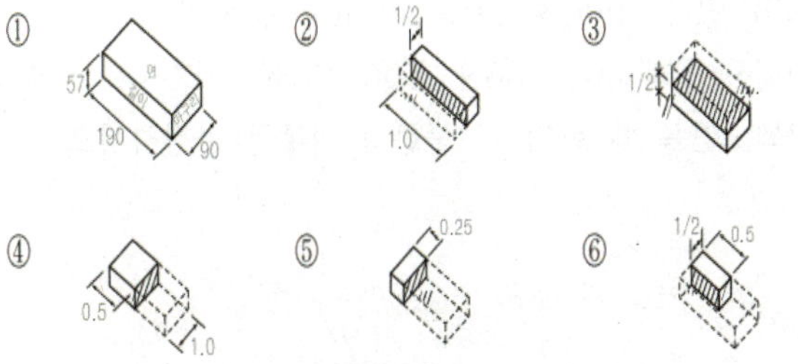

① ______ ② ______
③ ______ ④ ______
⑤ ______ ⑥ ______

02 [98③, 01④, 04①] 4점

다음 벽돌쌓기 면에서 보이는 모양에 따라 붙여지는 쌓기명을 쓰시오.

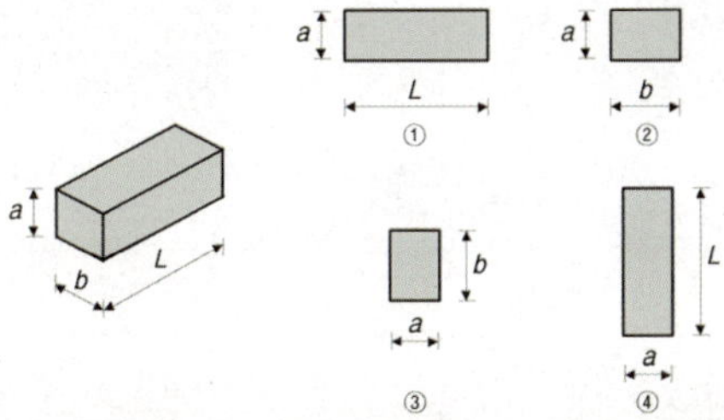

① ______ ② ______
③ ______ ④ ______

03 [98⑤, 99⑤] 4점

시멘트 벽돌의 압축강도 시험결과 142kN, 140kN, 138kN에서 파괴되었다. 이 경우 시멘트 벽돌의 평균 압축강도를 구하고, KS규격에 따른 합격 및 불합격 여부를 판정하시오.
(단, KS규격의 압축강도는 8MPa 이상이고, 시멘트 벽돌의 치수는 190×57×90 이다.)

(1) 평균압축강도:

(2) 합격 및 불합격 판정:

04 [07①, 10②, 20②] 3점

한국산업규격(KS)에 명시된 속빈블록의 치수를 3가지 쓰시오.

① ______
② ______
③ ______

정답 및 해설

01

① 온장 ② 반절
③ 반격지 ④ 반토막
⑤ 이오토막 ⑥ 반반절

02

① 길이쌓기 ② 마구리쌓기
③ 옆세워쌓기 ④ 길이세워쌓기

03

(1) $f_1 = \dfrac{142 \times 10^3}{190 \times 90} = 8.30$

$f_2 = \dfrac{140 \times 10^3}{190 \times 90} = 8.19$

$f_3 = \dfrac{138 \times 10^3}{190 \times 90} = 8.07$

(2) $f = \dfrac{8.30 + 8.19 + 8.07}{3}$

$= 8.19\text{N/mm}^2 \geq 8.0\text{N/mm}^2$

이므로 합격

04

① 390(길이)×190(높이)×100(두께)
② 390(길이)×190(높이)×150(두께)
③ 390(길이)×190(높이)×190(두께)

1998~2024 **기출문제**

05 [98④, 05①, 09②] 3점

390×190×190인 시멘트 블록의 압축강도 시험에서 하중속도를 매초 0.2MPa로 한다면 압축강도 8MPa인 블록은 몇 초에서 붕괴되겠는지 붕괴시간을 구하시오.

06 [11①, 24②] 4점

블록 압축강도시험에 대한 다음 물음에 답하시오.

(1) 390×190×150mm 속빈 콘크리트 블록의 압축강도시험에서 블록에 대한 가압면적(mm^2)

(2) 압축강도 10MPa인 블록이 하중속도를 매초 0.2MPa로 할 때의 붕괴시간(sec)

07 [18①] 3점

콘크리트 블록의 압축강도가 $8N/mm^2$ 이상으로 규정되어 있다. 390×190×190mm 블록의 압축강도를 시험한 결과 600,000N, 500,000N, 550,000N에서 파괴되었을 때 합격 및 불합격 여부를 판정하시오.

08 [23①] 5점

콘크리트 블록의 압축강도가 $6N/mm^2$ 이상으로 규정되어 있다. 390×190×190mm 블록의 압축강도를 시험한 결과 600,000N, 500,000N, 550,000N에서 파괴되었을 때 합격 및 불합격 여부를 판정하시오.

정답 및 해설

05

붕괴시간=8÷0.2=40초(sec)

06

(1) $A = 390 \times 150 = 58,500\text{mm}^2$

(2) 붕괴시간=10÷0.2=50초(sec)

07

(1) $f_1 = \dfrac{600,000}{390 \times 190} = 8.097$

$f_2 = \dfrac{500,000}{390 \times 190} = 6.747$

$f_3 = \dfrac{550,000}{390 \times 190} = 7.422$

(2) $f = \dfrac{8.097 + 6.747 + 7.422}{3}$

$= 7.42\text{N/mm}^2 < 8.0\text{N/mm}^2$

이므로 불합격

08

(1) $f_1 = \dfrac{600,000}{390 \times 190} = 8.097$

$f_2 = \dfrac{500,000}{390 \times 190} = 6.747$

$f_3 = \dfrac{550,000}{390 \times 190} = 7.422$

(2) $f = \dfrac{8.097 + 6.747 + 7.422}{3}$

$= 7.42\text{N/mm}^2 \geq 6.0\text{N/mm}^2$

이므로 합격

1998~2024 **기출문제**

09 [98③, 02④, 10①] 4점

□□□□□

블록의 명칭을 쓰시오.

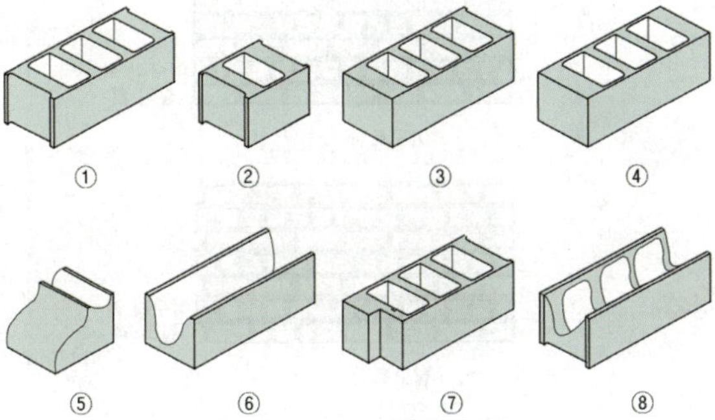

① ______ ② ______

③ ______ ④ ______

⑤ ______ ⑥ ______

⑦ ______ ⑧ ______

10 [00①] 3점

□□□□□

다음 설명이 뜻하는 용어를 쓰시오.

(1)	문틀의 밑에 쌓는 블록	
(2)	문꼴 위에 쌓아 철근과 콘크리트를 다져 넣어 보강하는 U자형 블록	
(3)	창문틀의 옆에 쌓는 블록	

정답 및 해설

09

① 기본 블록
② 반 블록
③ 한마구리 평블록
④ 양마구리 블록
⑤ 창대 블록
⑥ 인방 블록
⑦ 샘 블록
⑧ 가로배근용 블록

10

(1) 창대 블록
(2) 인방 블록
(3) 샘 블록

POINT 02 벽돌쌓기 일반사항(Ⅰ)

(1)	국가별 벽돌쌓기			
	①	영식 쌓기	반절, 이오토막을 사용하여 마구리쌓기와 길이쌓기를 교대로 하여 쌓는 방식으로 가장 견고한 벽체를 형성	
	②	화란식 쌓기	길이쌓기켜에 칠오토막을 사용하여 한 면은 벽돌 마구리와 길이가 교대로 되고 다른 면은 영식쌓기로 하는 방식으로 현장에서 가장 널리 적용	
	③	미식 쌓기	5켜는 길이쌓기, 다음 한 켜는 마구리 쌓기로 쌓는 방식	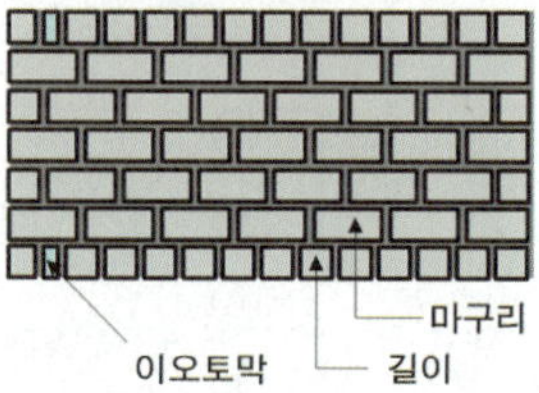
	④	불식 쌓기	한 켜에서 벽돌 마구리와 길이가 교대로 나타나도록 쌓는 방식	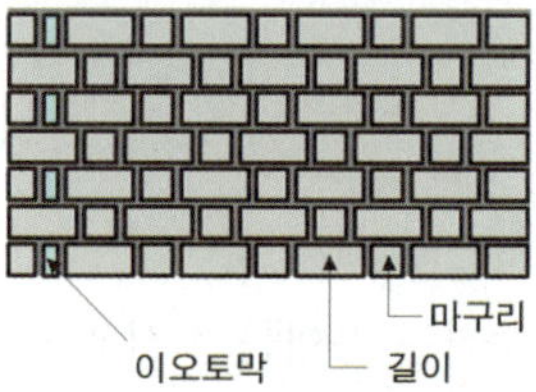
	【※ 도면 또는 공사시방서에서 정한 바가 없을 때에는 영식쌓기 또는 화란식쌓기로 한다.】			
(2)	공간 쌓기, 창대 쌓기, 영롱 쌓기			
	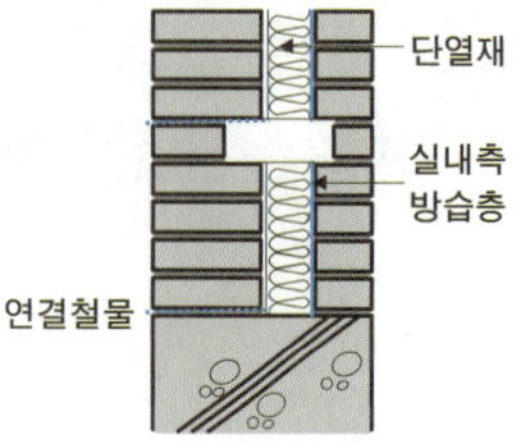	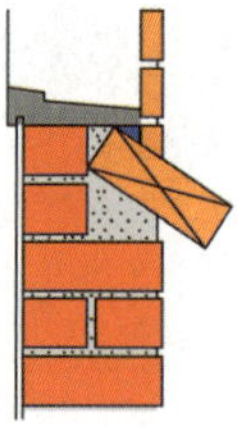	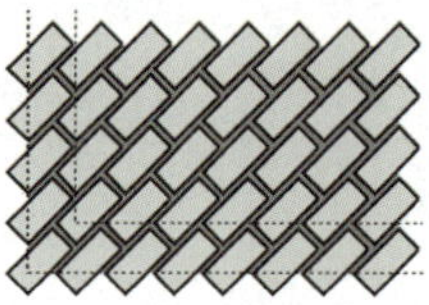	
	①	공간 쌓기	벽체의 방습, 방음, 단열 목적으로 바깥쪽을 주벽체로 시공하고 주벽체 시공 후 3일 이상 경과 후 0.5B 쌓기로 안벽체 시공	
	②	창대 쌓기	창 밑에 돌 또는 벽돌을 15° 정도 경사지게 옆세워 쌓는 방법	
	③	엇모 쌓기	담 또는 처마 부위에 내쌓기를 할 때 45° 각도로 모서리면이 돌출되어 나오도록 쌓는 방법	
	④	영롱 쌓기	벽돌벽 등에 장식적으로 구멍을 내어 쌓는 방법	

POINT 02 벽돌쌓기 일반사항(Ⅰ)

(3)

아치(Arch) 쌓기: 아치의 형태

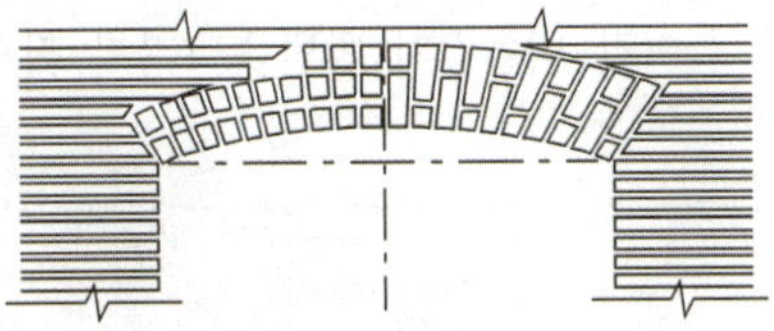

결원아치

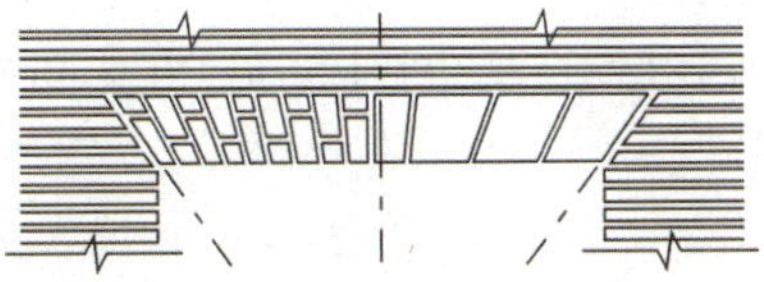

평아치

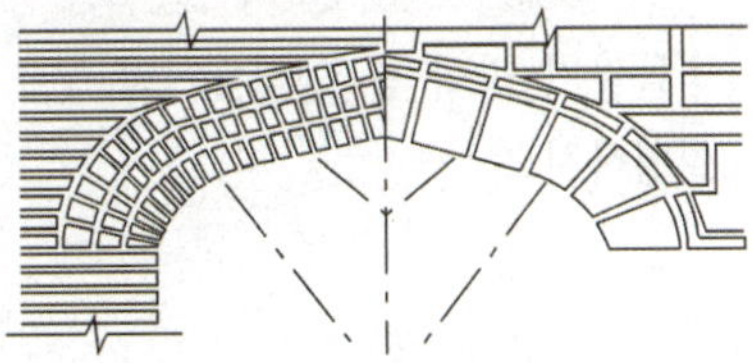

뾰족아치

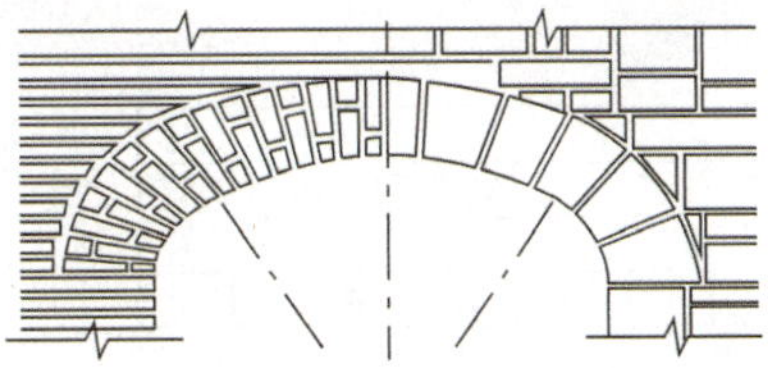

타원아치

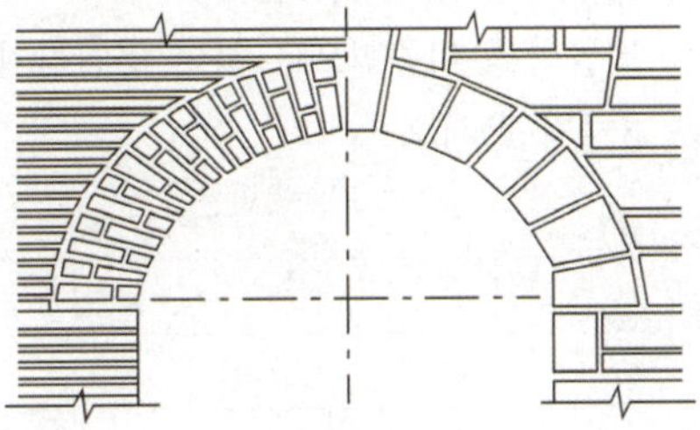

반원아치

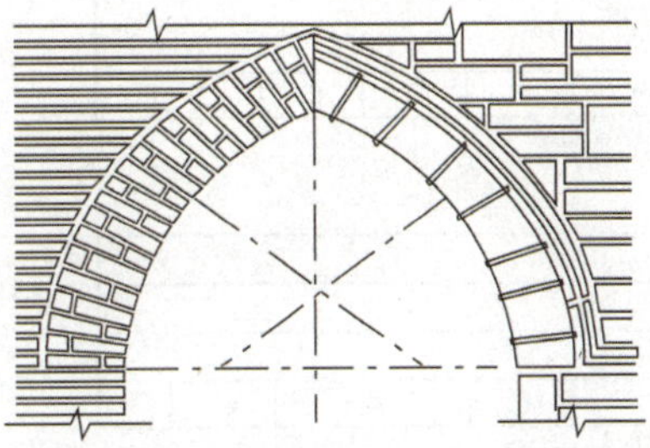

고딕아치

(4)

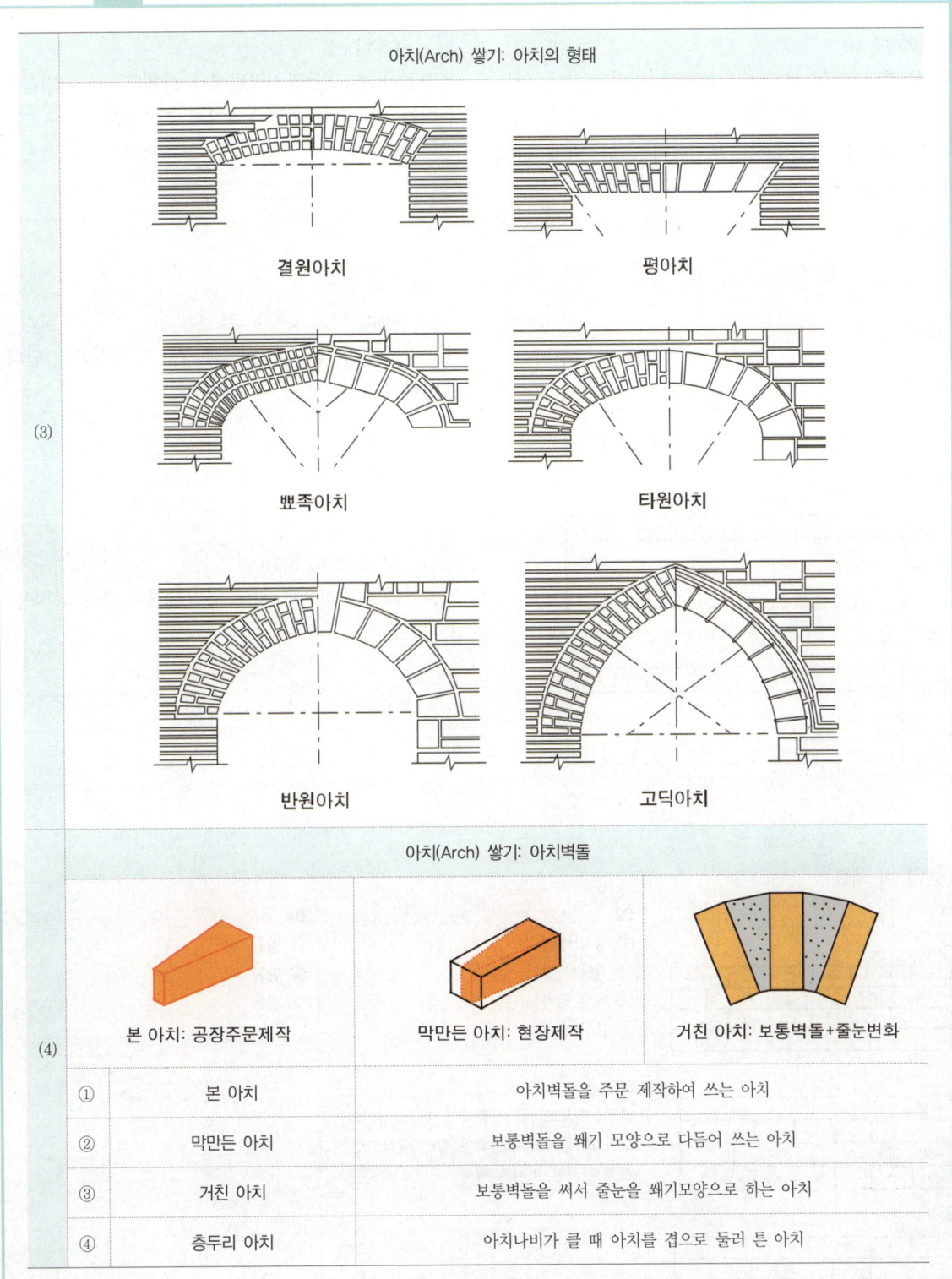

아치(Arch) 쌓기: 아치벽돌

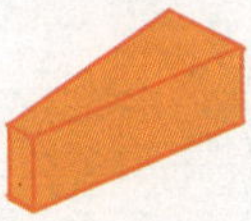

본 아치: 공장주문제작

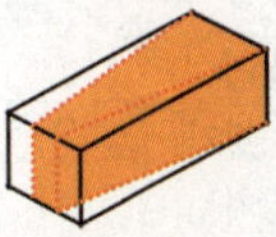

막만든 아치: 현장제작

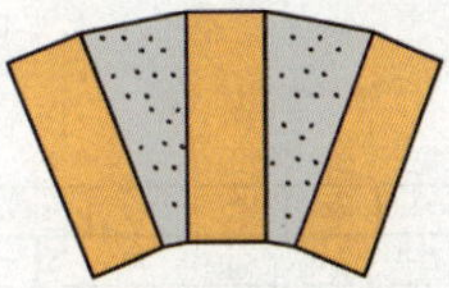

거친 아치: 보통벽돌+줄눈변화

①	본 아치	아치벽돌을 주문 제작하여 쓰는 아치
②	막만든 아치	보통벽돌을 쐐기 모양으로 다듬어 쓰는 아치
③	거친 아치	보통벽돌을 써서 줄눈을 쐐기모양으로 하는 아치
④	층두리 아치	아치나비가 클 때 아치를 겹으로 둘러 튼 아치

1998~2024 기출문제

01 [99③] 3점

다음과 같이 5단으로 된 벽돌벽이 있다. 비어 있는 란에 주어진 벽돌쌓기 방식에 따라 벽돌표시를 직접 그리고 사용된 벽돌기호를 보기에서 골라 벽돌 안에 직접 표시하시오.

보기

길이 [A] 칠오토막 [B] 마구리 [C] 이오토막 [D]

① 영식 쌓기

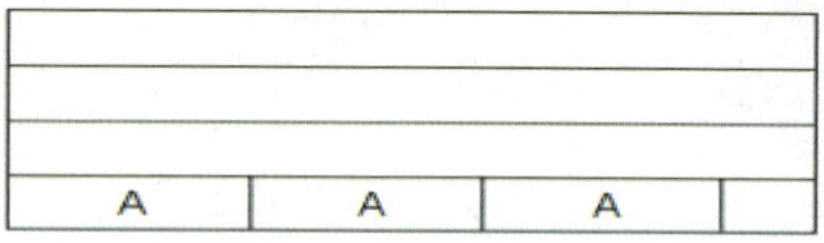

② 화란식 쌓기

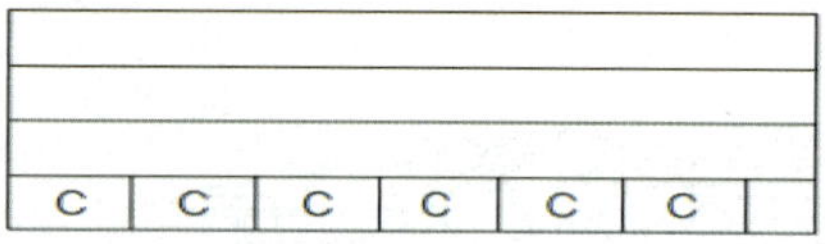

③ 불식 쌓기

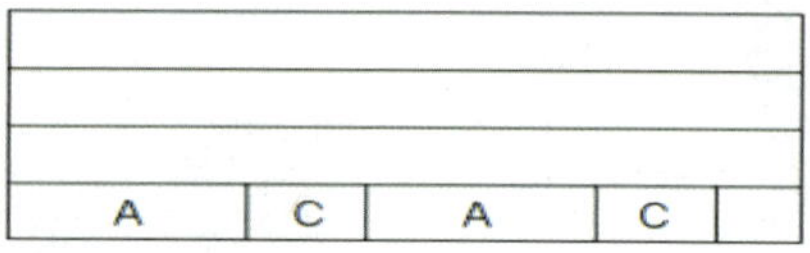

02 [08④] 4점

조적공사 중 벽돌쌓기방법에서 사용되는 국가명칭이 들어간 벽돌쌓기 방법을 4가지 적으시오.

① ②

③ ④

03 [08②, 17①, 24①] 3점, 4점

벽돌쌓기 방식 중 영식쌓기의 구조적 특성을 간단히 설명하시오.

04 [03①, 08④] 3점

벽돌벽을 이중벽으로 하여 공간쌓기로 하는 목적을 3가지 쓰시오.

①

②

③

정답 및 해설

01

①

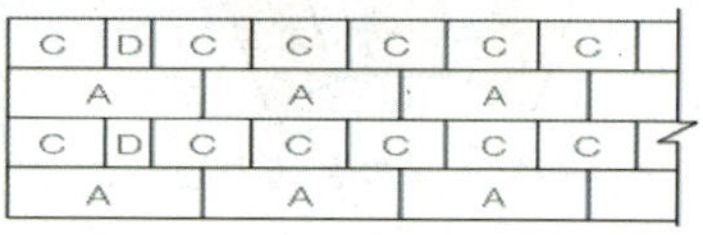

②

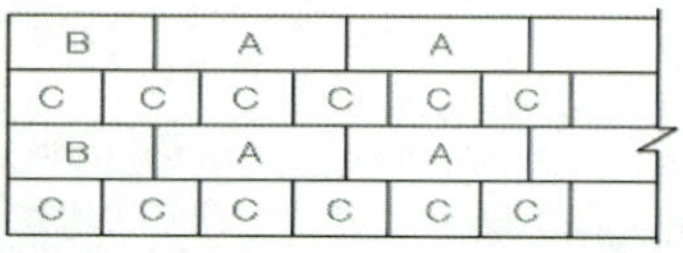

③

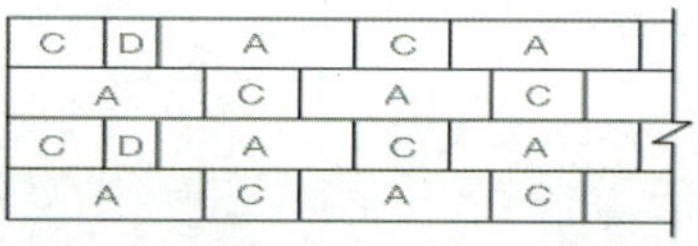

02

① 영식 쌓기
② 화란식 쌓기
③ 미식 쌓기
④ 불식 쌓기

03

반절, 이오토막을 사용하여 마구리쌓기와 길이쌓기를 교대로 하여 쌓는 방식으로 가장 견고한 벽체를 형성

04

① 방습
② 방음
③ 단열

05 [11②, 21①] 2점

다음이 설명하는 용어를 쓰시오.

(1)	창 밑에 돌 또는 벽돌을 15° 정도 경사지게 옆세워 쌓는 방법
(2)	벽돌벽 등에 장식적으로 구멍을 내어 쌓는 방법

(1) ________ (2) ________

06 [24②] 2점

다음이 설명하는 용어를 쓰시오.

(1)	담 또는 처마 부위에 내쌓기를 할 때 45° 각도로 모서리 면이 돌출되어 나오도록 쌓는 방법
(2)	난간벽과 같이 상부 하중을 지지하지 않는 벽에 있어서 장식적인 효과를 기대하기 위해 벽체에 구멍을 내어 쌓는 방법

(1) ________ (2) ________

07 [99④] 3점

다음 아치의 형태에 따른 아치 명을 쓰시오.

①
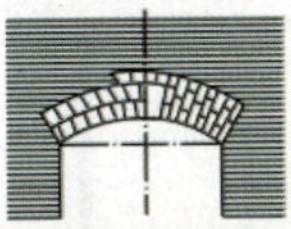
②
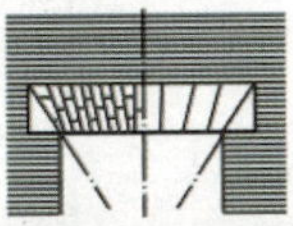
③
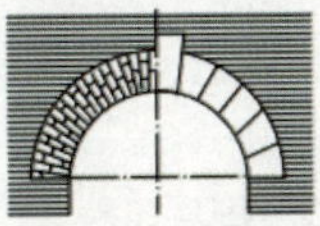
④
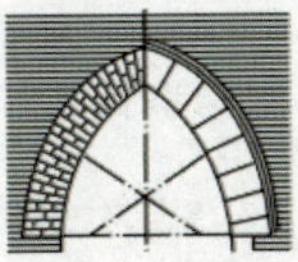

① ________ ② ________
③ ________ ④ ________

08 [01②] 4점

다음이 설명하는 것을 [보기]에서 골라 쓰시오.

보기

① 본 아치　② 막만든 아치
③ 거친 아치　④ 층두리 아치

(1)	보통벽돌을 써서 줄눈을 쐐기모양으로 하는 아치
(2)	아치 나비가 클 때 아치를 겹으로 둘러 튼 아치
(3)	아치벽돌을 주문 제작하여 쓰는 아치
(4)	보통벽돌을 쐐기 모양으로 다듬어 쓰는 아치

(1) ________ (2) ________ (3) ________ (4) ________

09 [00①, 04①] 3점

다음 아치에 관계하는 용어명을 쓰시오.

(1)	아치벽돌을 주문제작한 것을 이용한 아치
(2)	보통벽돌을 쐐기모양으로 다듬어 만든 아치
(3)	보통벽돌을 쓰고 줄눈을 쐐기모양으로 하여 만든 아치

(1) ________ (2) ________ (3) ________

정답 및 해설

05
(1) 창대 쌓기　(2) 영롱 쌓기

06
(1) 엇모 쌓기　(2) 영롱 쌓기

07
① 결원아치　② 평아치
③ 반원아치　④ 고딕아치

08
(1) ③　(2) ④　(3) ①　(4) ②

09
(1) 본 아치
(2) 막만든 아치
(3) 거친 아치

POINT 03 벽돌쌓기 일반사항(II)

(1)

조적벽돌 쌓기순서

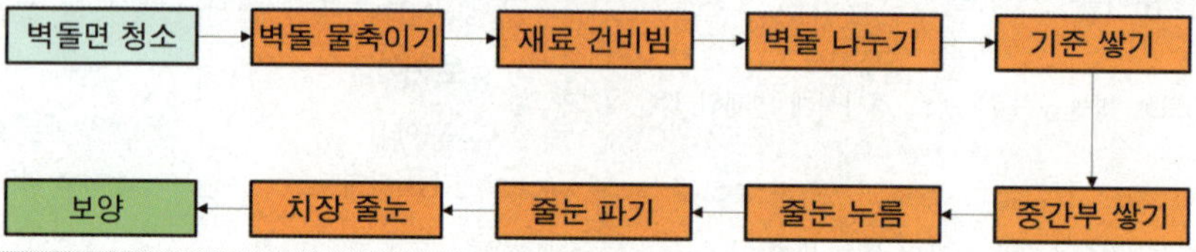

【※ 치장벽돌 쌓기 후에 시행하는 치장면의 청소방법:
➠ 물 씻기 청소(물세척), 세제세척, 염산 등 희석액을 사용하여 청소 후 물 씻기(산세척 후 물씻기) 】

(2)

조적공사 시공 시 유의사항

①	가로 및 세로 줄눈나비는 도면 또는 공사시방서에서 정한 바가 없을 때는 10mm를 표준으로 한다.		
②	줄눈모르타르의 용적배합비(시멘트 : 모래)는 일반적으로 조적용은 1:3~1:5, 아치용은 1:2, 치장용은 1:1 정도이다.		
③	모르타르용 모래는 5mm 체에 100% 통과하는 적당한 입도이어야 한다.		
④	벽돌쌓기는 도면 또는 공사시방서에서 정한 바가 없을 때에는 영식쌓기 또는 화란식쌓기로 한다.		
⑤	하루의 쌓기높이는 1.2m를 표준으로 하고, 최대 1.5m 이하로 한다.		
⑥	벽돌벽이 블록벽과 서로 직각으로 만날 때에는 연결철물을 만들어 블록 3단마다 보강하여 쌓는다.		
⑦	4℃ 이하의 한냉기 공사에서 모르타르 온도는 4~40℃ 이내로 유지한다.		
⑧	벽돌 표면온도는 −7℃ 이하가 되지 않도록 관리한다.		
⑨	조적조의 기초는 일반적으로 연속기초 또는 줄기초로 한다.		
⑩	조적벽체 주요 안전규정	• 내력벽 길이(L) ≤ 10m • 바닥면적(A) ≤ 80m² • 내력벽 최소두께: 190mm	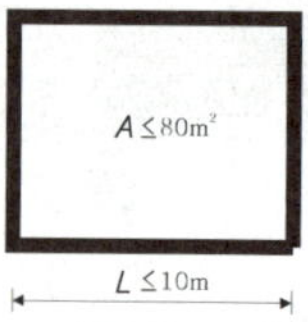

(3)

ALC(Autoclaved Lightweight Concrete, 경량기포콘크리트)

①	정의	강철제 탱크(Autoclave) 속에 석회질 또는 규산질 원료와 발포제를 넣고 180℃ 정도의 고온, 10기압 정도의 고압 하에서 15~16시간 양생하여 만든 다공질의 경량기포콘크리트	
②	특징	• 경량이므로 취급 및 가공이 용이하다. • 열전도율이 낮으므로 단열성이 우수하다.	• 불연재이므로 내화성능이 우수하다. • 흡음성능 및 차음성능이 우수하다.
③	패널의 설치공법	• 슬라이드 공법 • 커버플레이트 공법	• 수직철근 보강공법 • 볼트조임 공법

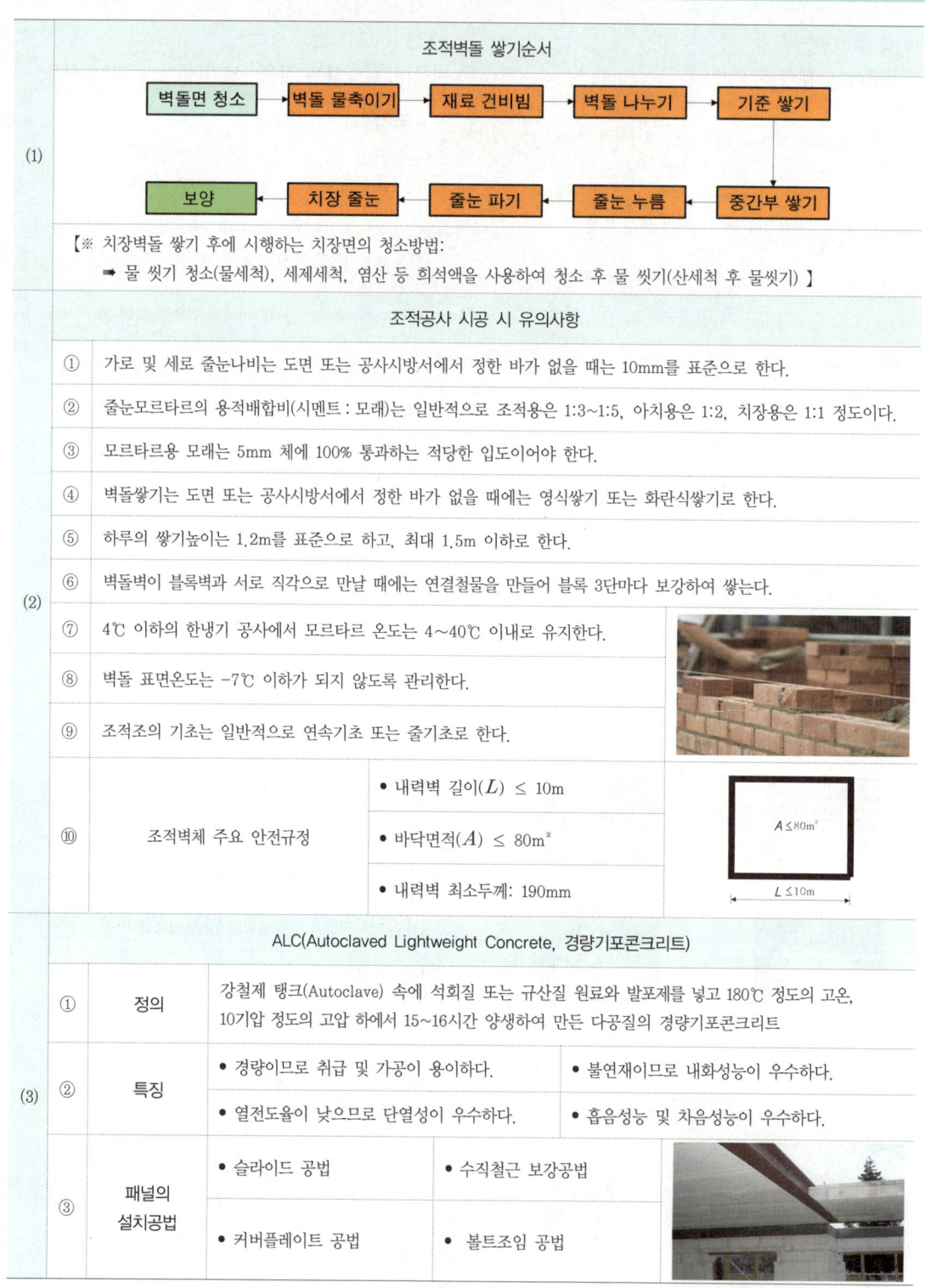

1998~2024 **기출문제**

01 [02②, 04②, 05②, 08①] 3점, 4점

세로 규준틀이 설치되어 있는 벽돌조 건축물의 벽돌쌓기 순서를 보기에서 골라 번호로 쓰시오.

① 기준 쌓기	② 벽돌 물축이기
③ 보양	④ 벽돌 나누기
⑤ 벽돌면 청소	⑥ 줄눈파기
⑦ 중간부 쌓기	⑧ 치장 줄눈
⑨ 줄눈 누름	

02 [98⑤, 03④] 4점

일반적인 벽돌 및 블록쌓기 순서를 보기에서 골라 번호로 쓰시오.

① 중간부 쌓기	② 접착면 청소
③ 보양	④ 줄눈파기
⑤ 물축이기	⑥ 규준 쌓기
⑦ 치장 줄눈	

03 [00③] 3점

치장벽돌 쌓기 후에 시행하는 치장면의 청소방법을 3가지 쓰시오.

① ② ③

04 [99④] 3점

벽돌공사에서 사용용도와 서로 연관있는 모르타르 용적 배합비를 보기에서 번호로 고르시오.

보기

① 1:3 ~ 1:5 ② 1:1 ③ 1:2

(1) 조적용: ______

(2) 아치용: ______

(3) 치장용: ______

05 [21②] 4점

조적공사와 관련된 내용이다. 괄호 안을 채우시오.

(1)	가로 및 세로줄눈의 너비는 도면 또는 공사시방서에서 정한 바가 없을 때에는 ( )mm를 표준으로 한다.
(2)	벽돌쌓기는 도면 또는 공사시방서에서 정한 바가 없을 때에는 영식쌓기 또는 ( )로 한다.
(3)	하루의 쌓기높이는 ( )m를 표준으로 하고, 최대 ( )m 이하로 한다.
(4)	벽돌벽이 블록벽과 서로 직각으로 만날 때에는 연결철물을 만들어 블록 ( )단마다 보강하여 쌓는다.

정답 및 해설

01

⑤ ➡ ② ➡ ④ ➡ ① ➡ ⑦ ➡ ⑨ ➡ ⑥ ➡ ⑧ ➡ ③

02

② ➡ ⑤ ➡ ⑥ ➡ ① ➡ ④ ➡ ⑦ ➡ ③

03

① 물세척
② 세제세척
③ 산세척 후 물씻기

04

(1) 조적용: ①
(2) 아치용: ③
(3) 치장용: ②

05

(1) 10
(2) 화란식쌓기
(3) 1.2, 1.5
(4) 3

06 [03②] 4점

조적공사 시공 시 유의하여야 할 점이다. 빈칸을 채우시오.

(1)	4℃ 이하의 한냉기 공사에서 모르타르 온도가 4 ~ (①)℃ 이내가 되도록 유지한다.
(2)	벽돌 표면온도는 (②)℃ 이하가 되지 않도록 관리한다.
(3)	가로 및 세로 줄눈나비는 (③)mm를 표준으로 한다.
(4)	모르타르용 모래는 (④)mm 체에 100% 통과하는 적당한 입도이어야 한다.

① ② ③ ④

07 [21④] 4점

(　　)안에 적절한 단어나 수치(단위 포함)를 써 넣으시오.

조적조의 기초는 일반적으로 (①)로 한다.
내력벽의 최소두께는 (②)mm 이상이어야 하고,
내력벽의 길이는 (③) 이하이어야 하며, 한 층에서 내력벽으로 둘러싸인 바닥면적은 (④) 이하이어야 한다.

① ② ③ ④

08 [10①, 12④, 18④] 2점

조적구조 기준 내용의 빈칸을 채우시오.

(1)	조적식구조 내력벽의 길이는 (　　　)m를 넘을 수 없다.
(2)	조적식구조 내력벽으로 둘러싸인 부분의 바닥면적은 (　　　)m²를 넘을 수 없다.

09 [20①] 4점

ALC(Autoclaved Lightweight Concrete, 경량 기포콘크리트) 제조시 필요한 재료를 2가지만 쓰시오.

① ②

10 [20③, 23①] 3점

ALC(Autoclaved Lightweight Concrete)를 제조하기 위한 주재료 2가지와 기포 제조방법을 쓰시오.

(1) 주재료

① ②

(2) 기포 제조방법

정답 및 해설

06
① 40
② −7
③ 10
④ 5

07
① 연속기초 또는 줄기초
② 190
③ 10m
④ 80m²

08
(1) 10 (2) 80

09
(1) ① 규사(규산질 재료)
② 생석회(석회질 재료)
(2) 발포제를 넣고 고온, 고압 하에서 양생

10
① 규사(규산질 재료)
② 생석회(석회질 재료)

1998~2024 **기출문제**

11 [98④, 99⑤, 00③] 4점

ALC(Autoclaved Lightweight Concrete)의 건축 재료로서의 특징을 4가지 쓰시오.

①
②
③
④

12 [01②, 02①, 05④, 11④] 4점

ALC(Autoclaved Lightweight Concrete) 패널의 설치공법을 4가지 쓰시오.

①
②
③
④

V

정답 및 해설

11

① 경량이므로 취급 및 가공이 용이하다.
② 불연재이므로 내화성능이 우수하다.
③ 열전도율이 낮으므로 단열성이 우수하다.
④ 흡음성능 및 차음성능이 우수하다.

12

① 슬라이드 공법
② 수직철근 보강공법
③ 커버플레이트 공법
④ 볼트조임 공법

POINT 04 벽돌쌓기 일반사항(Ⅲ)

(1)		보강콘크리트블록조		
	①	블록쌓기 시공도 기입사항	• 블록 나누기 • 철근의 종류와 가공 상세 • 매입철물의 종류 및 위치 • 테두리보 및 인방보의 위치	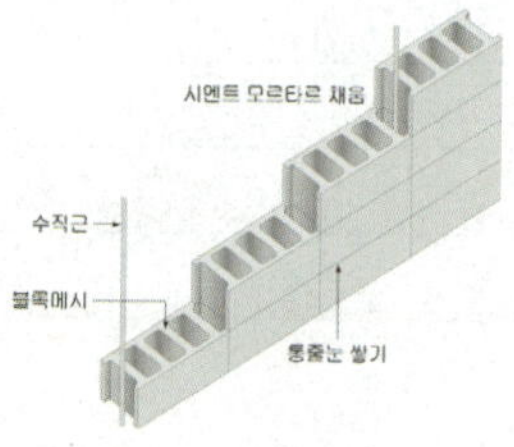
	②	세로철근을 반드시 넣어야 하는 위치	• 벽끝 • 모서리 및 교차부 • 개구부 주위	
	③	보강콘크리트블록조의 세로철근은 기초보 하단에서 윗층까지 잇지 않고 40D 이상 정착시키고, 피복두께는 2cm 이상으로 한다.		
	④	블록벽체 개구부 보강방법	• 잼블록(Jamb Block)을 이용하여 보강 쌓기 • 긴결철물을 이용하여 벽체 간 물려서 쌓기 • 꺽쇠(Clamp), 볼트(Bolt) 등을 이용하여 보강	
	⑤	조절줄눈(Control Joint)의 설치위치	• 벽높이 및 벽두께가 변화하는 곳 • 내력벽과 비내력벽의 접합부	• 콘크리트 기둥과의 접합부 • 교차 벽길이 3.6m 이상의 접합부
	⑥	수평줄눈에 묻어쌓는 와이어 메쉬(Wire Mesh) 사용목적	• 모서리 및 교차부 보강 • 횡력, 편심하중의 균등분산 • 벽체의 균열방지	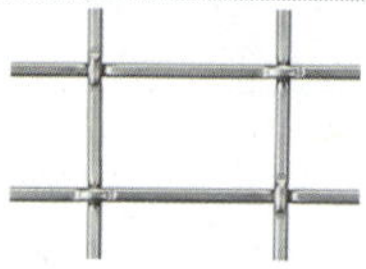
	⑦	조적조 블록벽체 습기침투의 원인	• 벽돌 및 모르타르의 강도 부족 • 온도 및 습기에 의한 재료의 신축성	• 모르타르 바름의 신축 및 들뜨기 • 이질재와 접합부 불완전 시공
(2)		테두리보, 인방보, 벽량, 대린벽		
	①	테두리보(Wall Girder)	• 수직 및 수평 집중하중에 대한 보강 • 개구부 설치 시 벽면의 수직균열 보강 • 세로철근의 끝을 정착	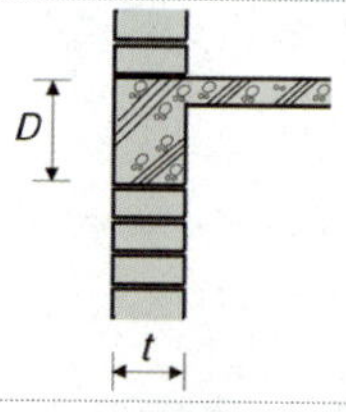
	②	인방보(Lintel)	• 좌우벽에 최소 200mm 이상 물리게 설치 • 인방보 위에 테두리보가 있을 경우 스터럽(Stirrup)을 테두리보에 정착 • 인방보의 철근은 옆벽에 40D 이상 정착	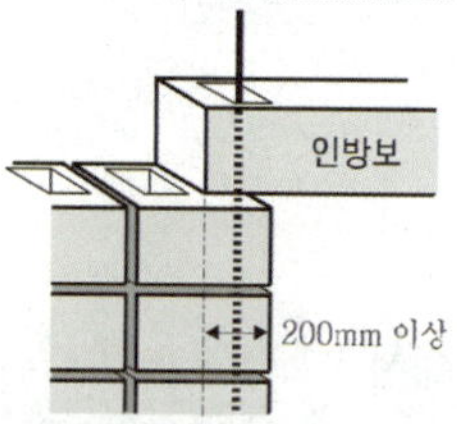
	③	벽량(Wall Quantity)	조적조 건물에서 내력벽 길이의 합을 그 층의 바닥면적으로 나눈 값	
	④	대린벽(Parallel Wall)	벽체의 길이를 규제하기 위해 설정한 것으로 서로 인접하여 있는 벽	

POINT 04 벽돌쌓기 일반사항(Ⅲ)

		백화(Efflorescence)		
(3)	①	정의	시멘트 중의 수산화칼슘이 공기 중의 탄산가스와 반응하여 벽체의 표면에 생기는 흰 결정체	
	②	방지대책	• 흡수율이 작은 소성이 잘된 벽돌 사용 • 줄눈모르타르에 방수제를 혼합 • 벽체 표면에 발수제 첨가 및 도포 • 처마 또는 차양의 설치로 빗물 차단	

1998~2024 **기출문제**

01 [00⑤, 05①] 4점

블록쌓기 시공도에 기입하여야 할 사항 4가지를 쓰시오.

① ______ ② ______

③ ______ ④ ______

02 [03①, 06①] 3점

보강콘크리트블록구조에서 세로철근을 반드시 넣어야 하는 위치 3개소를 쓰시오.

① ______ ② ______ ③ ______

03 [07④] 3점

보강블록구조의 시공에서 모르타르 또는 콘크리트로 반드시 사춤을 채워 넣는 부위를 3가지 쓰시오.

① ______ ② ______ ③ ______

04 [18②, 22①] 4점

다음 괄호 안에 알맞은 숫자를 쓰시오.

> 보강콘크리트블록조의 세로철근은 기초보 하단에서 윗층까지 잇지 않고 (   )D 이상 정착시키고, 피복두께는 (   )cm 이상으로 한다.

05 [98③, 02④] 3점

학교, 사무소 건물 등의 목재문틀이 큰 충격력 등에 의해 조적조 벽체로부터 빠져나오지 않게 하기 위한 보강방법의 종류를 3가지를 쓰시오.

① ______

② ______

③ ______

정답 및 해설

01

① 블록 나누기
② 철근의 종류와 가공 상세
③ 매입철물의 종류 및 위치
④ 테두리보 및 인방보의 위치

02, 03

① 벽끝
② 모서리 및 교차부
③ 개구부 주위

04

40, 2

05

① 샘블록(Jamb Block)을 이용하여 보강쌓기
② 긴결철물을 이용하여 벽체 간 물려서 쌓기
③ 꺽쇠(Clamp), 볼트(Bolt) 등을 이용하여 보강

1998~2024 **기출문제**

06 [05④] 3점

조적조 벽체의 시공에서 Control Joint를 두어야 하는 위치를 보기에서 모두 골라 기호로 쓰시오.

보기

① 최상부 테두리보
② 벽의 높이가 변화하는 곳
③ 창문의 창대틀 하부벽
④ 콘크리트 기둥과 접하는 곳
⑤ 벽의 두께가 변하는 곳
⑥ 모든 문 개구부의 인방, 상부 벽의 중앙

07 [00⑤, 03②] 2점, 3점

콘크리트 블록벽 쌓기에서 수평줄눈에 묻어쌓는 Wire Mesh 사용목적을 2가지 쓰시오.

①
②
③

08 [98②, 15②, 18②, 20④] 4점

조적조 블록벽체의 습기침투의 원인을 4가지 쓰시오.

①
②
③
④

09 [04④, 06②] 3점

조적벽체에서 테두리보(Wall Girder)의 역할에 대해 3가지 쓰시오.

①
②
③

10 [04②] 3점

블록구조에서 인방보를 설치하는 방법 3가지를 기술하시오.

①
②
③

11 [22①] 3점

조적공사의 인방보와 관련된 건축공사표준시방서 규정과 관련하여 다음 빈칸을 채우시오.

인방보의 양 끝을 벽체의 블록에 (   )mm 이상 걸치고, 또한 위에서 오는 하중을 전달할 충분한 길이로 한다. 인방보 상부의 벽은 균열이 생기지 않도록 주변의 벽과 강하게 연결되도록 철근이나 (   )로 보강연결 하거나 인방보 좌우단 상향으로 (   )를 둔다.

블록 메시

컨트롤 조인트

정답 및 해설

06
②, ④, ⑤

07
① 모서리 및 교차부 보강
② 횡력, 편심하중의 균등분산
③ 벽체의 균열방지

08
① 벽돌 및 모르타르의 강도 부족
② 모르타르 바름의 신축 및 들뜨기
③ 온도 및 습기에 의한 재료의 신축성
④ 이질재와 접합부 불완전 시공

09
① 수직 및 수평 집중하중에 대한 보강
② 개구부 설치 시 벽면의 수직균열 보강
③ 세로철근의 끝을 정착

10
① 좌우벽에 최소 200mm 이상 물리게 설치
② 인방보 위에 테두리보가 있을 경우 스터럽(Stirrup)을 테두리보에 정착
③ 인방보의 철근은 옆벽에 40D 이상 정착

11
200, 블록 메시, 컨트롤 조인트

12 [02①] 3점 □□□□□

다음 설명에 해당되는 용어를 쓰시오.

(1)	보의 응력은 일반적으로 기둥과 접합부 부근에서 크게 되어 단부의 응력에 맞는 단면으로 보 전체를 설계하면 현저하게 비경제적이기 때문에 단부에만 단면적을 크게 하여 보강한 것
(2)	조적조 건물에서 내력벽 길이의 합(cm)을 그 층의 바닥 면적(㎡)으로 나눈 값
(3)	조적조에서 벽체의 길이를 규제하기 위해 설정한 것으로 서로 마주 보는 벽

(1) (2) (3)

13 [19④] 2점 □□□□□

시멘트 중의 수산화칼슘이 공기 중의 탄산가스와 반응하여 벽체의 표면에 생기는 흰 결정체를 무엇이라 하는가?

14 [08①, 10④, 11②, 13④, 15④, 20③, 20⑤, 21②, 21④ 24③] 3점, 4점, 5점 □□□□□

벽돌벽의 표면에 생기는 백화현상의 정의와 발생방지 대책을 4가지 쓰시오.

(1) 백화현상의 정의:

(2) 방지대책

①

②

③

④

정답 및 해설

12
(1) 헌치(Haunch)
(2) 벽량(Wall Quantity)
(3) 대린벽(Parallel Wall)

13
백화(Efflorescence)

14
(1) 시멘트 중의 수산화칼슘이 공기 중의 탄산가스와 반응하여 벽체의 표면에 생기는 흰 결정체
(2) ① 흡수율이 작은 소성이 잘된 벽돌 사용
② 줄눈모르타르에 방수제를 혼합
③ 벽체 표면에 발수제 첨가 및 도포
④ 처마 또는 차양의 설치로 빗물 차단

02 석공사 및 목공사 : 일반사항

POINT 01 석공사 일반사항

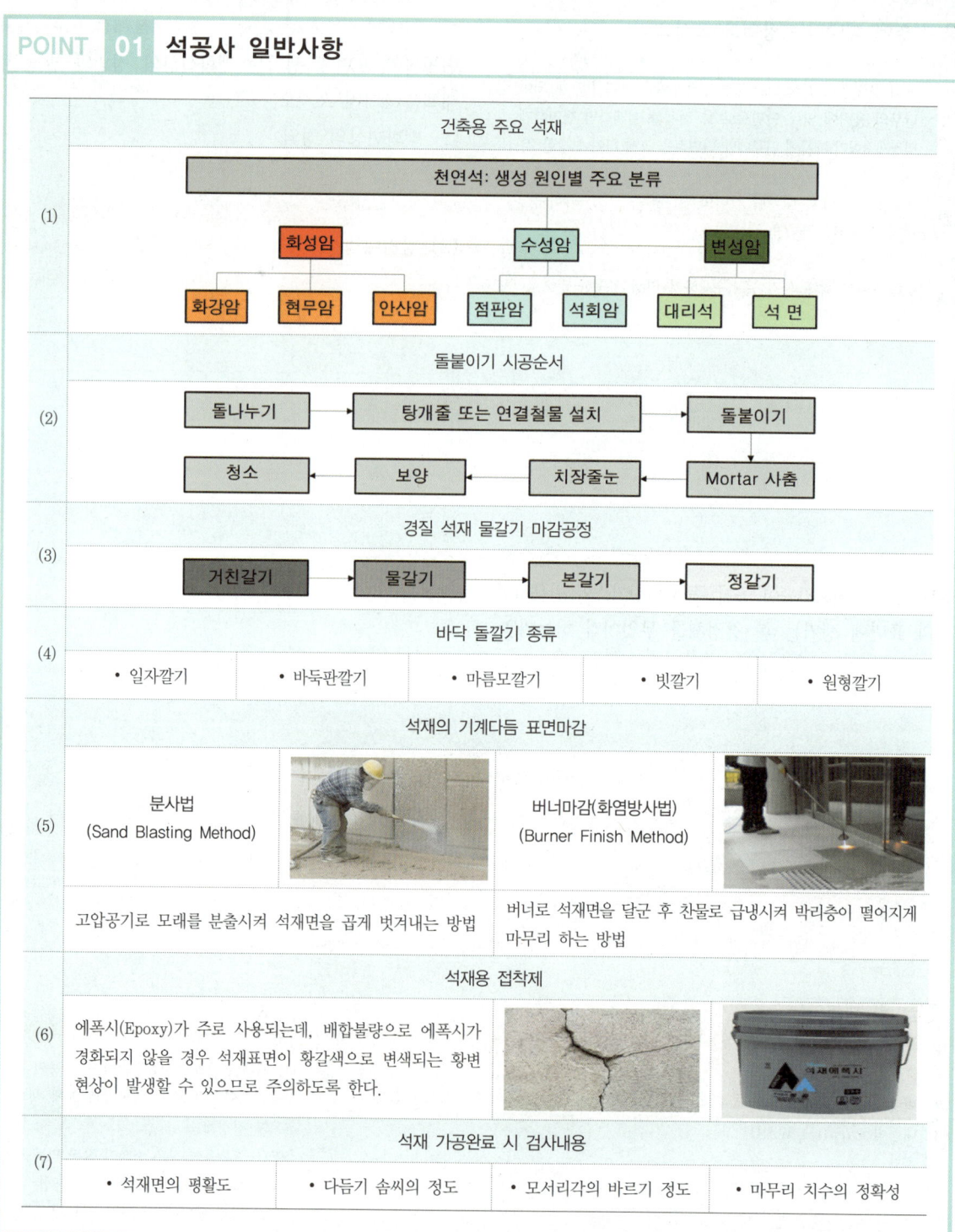

(1) 건축용 주요 석재

천연석: 생성 원인별 주요 분류

- 화성암: 화강암, 현무암, 안산암
- 수성암: 점판암, 석회암
- 변성암: 대리석, 석 면

(2) 돌붙이기 시공순서

돌나누기 → 탕개줄 또는 연결철물 설치 → 돌붙이기 → Mortar 사춤 → 치장줄눈 → 보양 → 청소

(3) 경질 석재 물갈기 마감공정

거친갈기 → 물갈기 → 본갈기 → 정갈기

(4) 바닥 돌깔기 종류

• 일자깔기	• 바둑판깔기	• 마름모깔기	• 빗깔기	• 원형깔기

(5) 석재의 기계다듬 표면마감

분사법 (Sand Blasting Method)		버너마감(화염방사법) (Burner Finish Method)	
고압공기로 모래를 분출시켜 석재면을 곱게 벗겨내는 방법		버너로 석재면을 달군 후 찬물로 급냉시켜 박리층이 떨어지게 마무리 하는 방법	

(6) 석재용 접착제

에폭시(Epoxy)가 주로 사용되는데, 배합불량으로 에폭시가 경화되지 않을 경우 석재표면이 황갈색으로 변색되는 황변현상이 발생할 수 있으므로 주의하도록 한다.		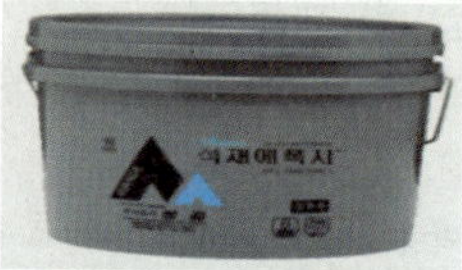

(7) 석재 가공완료 시 검사내용

• 석재면의 평활도	• 다듬기 솜씨의 정도	• 모서리각의 바르기 정도	• 마무리 치수의 정확성

1998~2024 **기출문제**

01 [98③, 02①] 3점

다음 보기의 암석 종류를 성인별로 찾아 번호로 쓰시오.

① 점판암	② 화강암
③ 대리석	④ 석면
⑤ 현무암	⑥ 석회암
⑦ 안산암	

(1) 화성암: ______

(2) 수성암: ______

(3) 변성암: ______

02 [07②] 3점

돌붙임 시공순서를 보기에서 골라 번호로 적으시오.

보기

① 청소	② 보양
③ 돌붙이기	④ 돌나누기
⑤ Mortar 사춤	⑥ 치장줄눈
⑦ 탕개줄 또는 연결철물 설치	

______

03 [14②, 24①, 24②] 3점, 4점

건축공사표준시방서에 따른 경질 석재의 물갈기 마감 공정을 순서대로 적으시오.

① ______ ② ______

③ ______ ④ ______

04 [08④] 5점

바닥 돌깔기의 경우 형식 및 문양에 따른 명칭을 5가지 쓰시오.

① ______ ② ______

③ ______ ④ ______

⑤ ______

05 [02②] 4점

석재의 표면마감에서 혹두기, 정다듬, 도드락다듬, 잔다듬, 갈기의 기존 공법 외에 특수 가공 공법의 종류를 2가지 쓰고 설명하시오.

(1) ______

(2) ______

06 [18②, 20③, 23①] 3점

깨진 석재를 붙일 수 있는 접착제를 1가지 쓰시오.

______

07 [98④, 99⑤, 01④] 4점

석재의 가공이 완료되었을 때 가공검사의 내용에 대해 4가지를 쓰시오.

① ______ ② ______

③ ______ ④ ______

정답 및 해설

01
(1) ②, ⑤, ⑦ (2) ①, ⑥ (3) ③, ④

02
④ → ⑦ → ③ → ⑤ → ⑥ → ② → ①

03
① 거친갈기 ② 물갈기
③ 본갈기 ④ 정갈기

04
① 일자깔기 ② 바둑판깔기
③ 마름모깔기 ④ 빗깔기 ⑤ 원형깔기

05
(1) 분사법: 고압공기로 모래를 분출시켜 석재면을 곱게 벗겨내는 방법
(2) 버너마감: 버너로 석재면을 달군 후 찬물로 급냉시켜 박리층이 떨어지게 마무리 하는 방법

06
에폭시(Epoxy)

07
① 석재면의 평활도
② 다듬기 솜씨의 정도
③ 모서리각의 바르기 정도
④ 마무리 치수의 정확성

POINT 02 목공사 일반사항(Ⅰ)

(1) 구조용 목재의 요구조건

①	강도가 크면서 직대재(直大材)를 얻을 수 있을 것
②	산출량이 많고 구하기가 쉬울 것
③	부패 및 병충해에 대한 저항이 클 것
④	건조수축에 의한 변형이 적을 것

(2) 목재의 구조와 특성

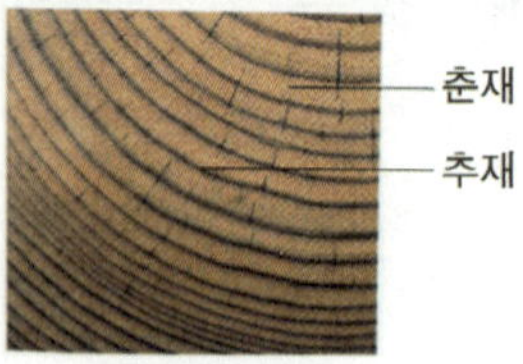

춘재와 추재

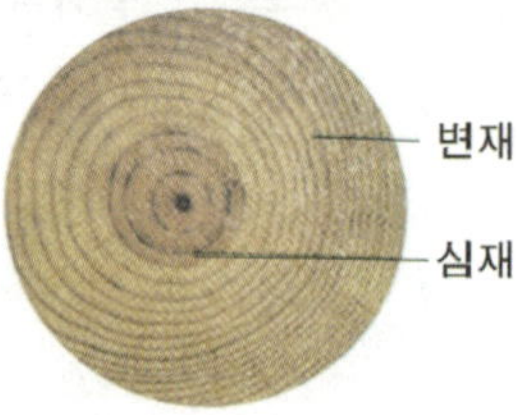

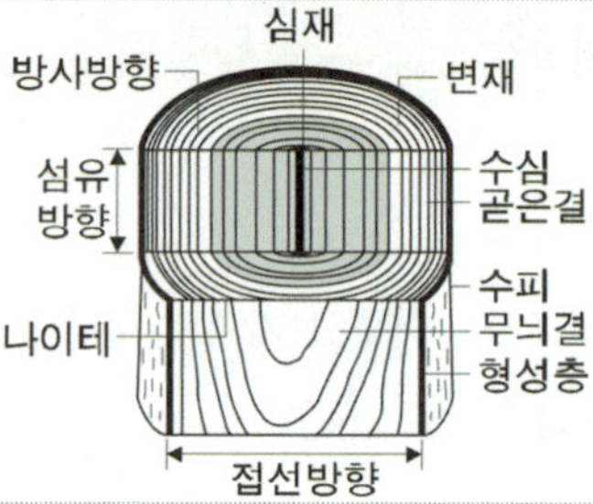

①	춘재, 추재	춘재는 봄과 여름에 자란 부분으로 세포막이 얇고 색깔이 연하며, 추재는 가을과 겨울에 자란 부분으로 세포막이 두껍고 조직이 치밀하며 색깔이 짙다.
②	심재, 변재	목재 단면의 중심부분은 색이 진한데 이 부분을 심재, 외부는 색이 옅은데 이 부분을 변재라고 한다. 심재는 변재에 비해 부식에 강하고 충해도 적으며 강도도 높기 때문에 건축용으로 적합하다.
③	목재의 수축	목재는 건조수축하여 변형하고 연륜방향의 수축은 연륜의 직각방향에 약 2배가 된다. 또한, 수피부는 수심부보다 수축이 크다. 심재는 조직이 경화되고, 변재는 조직이 여리고 함수율도 크고 재질도 무르기 때문이다.
④	섬유포화점 (Fiber Saturation Point)	목재의 함수율이 30% 정도일 때를 말하며, 섬유포화점 이상에서는 강도가 일정하지만 이하가 되면 강도가 급속도로 증가한다. 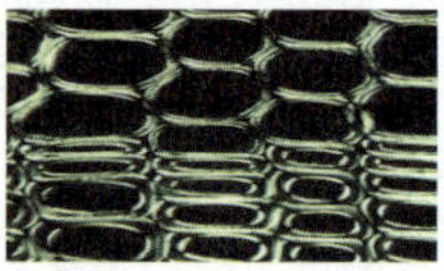
⑤	구조용 집성재 (Structural Glued Laminated Timber)	규정된 강도등급에 따라 선정된 제재목 또는 목재 층재를 섬유방향이 서로 평행하게 집성·접착하여 공학적으로 특정 응력을 견딜 수 있도록 생산된 제품

(3) 목재의 건조

①	천연건조(자연건조)	• 인공건조에 비해 비교적 균일한 건조가 가능하다. • 건조에 의한 결함이 감소되며 시설투자비용 및 작업비용이 적다.				
②	인공건조법	• 증기법	• 열기법	• 훈연법	• 진공법	• 고주파 건조법

POINT 02 목공사 일반사항(Ⅰ)

(4) 목재 방부처리법

①	도포법	목재를 충분히 건조시킨 후 균열이나 이음부 등에 솔 등으로 방부제를 도포하는 방법
②	주입법	압력용기 속에 목재를 넣어 고압 하에서 방부제를 주입하는 방법
③	침지법	방부제 용액 중에 목재를 몇 시간 또는 며칠 동안 침지하는 방법
④	표면탄화법	목재의 표면을 3~10mm 정도 태워서 탄화시키는 방법

【※ 방충 및 방부처리된 목재를 사용해야 하는 경우
➡ 외부의 버팀기둥을 구성하는 목재 부위면, 급수·배수시설에 인접한 목재로써 부식우려가 있는 부분】

(5) 목재 난연처리법

①	몰리브덴, 인산과 같은 방화제를 도포 또는 주입
②	목재 표면에 방화페인트를 도포
③	플라스터, 모르타르 등으로 피복

(6) 목재 단면의 표시

①	제재 치수	제재소에서 톱켜기로 한 치수, 구조재 및 수장재에 적용
②	마무리 치수	톱질 및 대패질로 마무리한 치수, 창호재 및 가구재
③	정 치수	제재목을 지정된 치수로 한 것

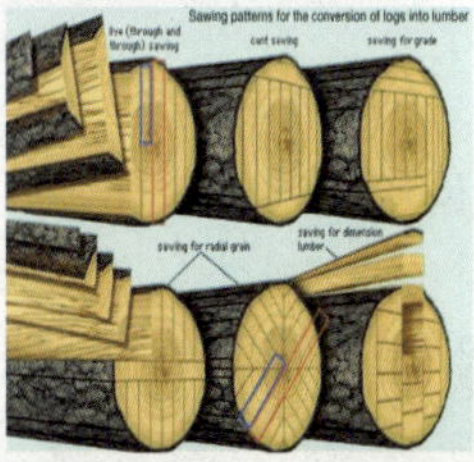

(7) 모접기(Moulding)

목재나 석재의 끝부분을 깎아 밀어서 두드러지게 또는 오목하게 하여 모양지게 처리하는 것

빗모

실모

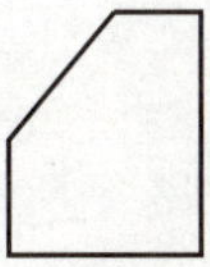
민빗모

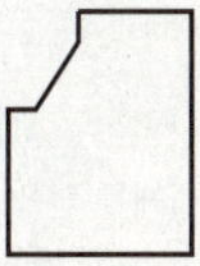
턱빗모

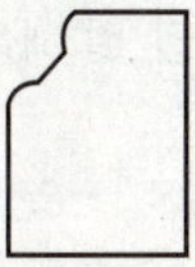
둥근턱빗모

둥근모

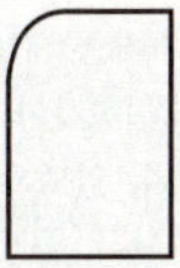
둥근모

외사모

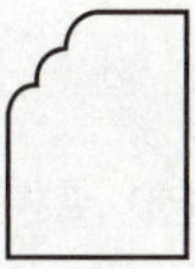
쌍사모

턱둥근모

1998~2024 **기출문제**

01 [99①] 4점

구조용 목재의 요구조건을 4가지만 쓰시오.

①
②
③
④

02 [00①] 3점

목재의 수축변형에 대한 설명 중 (   ) 안에 알맞은 말을 써 넣으시오.

> 목재는 건조수축하여 변형하고 연륜방향의 수축은 연륜의 (①)에 약 2배가 된다. 또한, 수피부는 수심부보다 수축이 크다.
> (②)는 조직이 경화되고, (③)는 조직이 여리고 함수율도 크고 재질도 무르기 때문이다.

① ② ③

03 [09②, 16④, 20②] 3점

목재의 섬유포화점을 설명하고, 함수율 증가에 따른 목재의 강도 변화에 대하여 설명하시오.

04 [99③, 02④] 4점

다음 목재에 관계되는 용어를 설명하시오.

(1) 섬유포화점

(2) 집성재

05 [19①, 22②] 4점

목재를 천연건조(자연건조)할 때의 장점을 2가지 쓰시오.

①
②

06 [18②, 20⑤] 3점

목재의 인공건조법의 종류를 3가지 쓰시오.

① ② ③

07 [99②, 11②, 15①, 16④, 18①, 21④, 24③] 3점, 4점

목재에 가능한 방부처리법을 4가지 쓰시오.

① ②
③ ④

정답 및 해설

01

① 강도가 크면서 직대재를 얻을 수 있을 것
② 건조수축에 의한 변형이 적을 것
③ 부패 및 병충해에 대한 저항이 클 것
④ 산출량이 많고 구하기가 쉬울 것

02

① 직각방향 ② 심재 ③ 변재

03, 04

(1) 목재의 함수율이 30% 정도일 때를 말하며, 섬유포화점 이상에서는 강도가 일정하지만 이하가 되면 강도가 급속도로 증가한다.
(2) 규정된 강도등급에 따라 선정된 제재목 또는 목재 층재를 섬유방향이 서로 평행하게 집성·접착하여 공학적으로 특정 응력을 견딜 수 있도록 생산된 제품

05

① 인공건조에 비해 비교적 균일한 건조가 가능하다.
② 건조에 의한 결함이 감소되며 시설투자비용 및 작업비용이 적다.

06

① 증기법 ② 열기법 ③ 훈연법

07

① 도포법 ② 주입법
③ 침지법 ④ 표면탄화법

1998~2024 기출문제

08 [05①, 10①, 14②, 18④, 19④, 21②] 3점 □□□□□

목재의 방부처리방법을 3가지 쓰고 간단히 설명하시오.

①

②

③

09 [21①, 23②] 4점 □□□□□

목공사에서 방충 및 방부처리된 목재를 사용해야 하는 경우를 2가지 쓰시오.

①

②

10 [16①] 3점 □□□□□

목재의 난연처리 방법 3가지를 쓰시오.

①

②

③

11 [14②] 4점 □□□□□

다음 빈칸에 해당하는 용어를 쓰시오.

> 목공사에서 목재 단면을 표시한 지정치수는 특기가 없을 때는 구조재, 수장재 모두 (①)치수로 하고, 창호재, 가구재는 (②)치수로 한다. 따라서 제재목의 실제치수는 톱날두께만큼 작아지고, 이를 다시 대패질 마무리하면 더욱 줄어든다.

① ②

12 [05②] 3점 □□□□□

다음은 목공사의 단면치수 표기법이다. ( )안에 해당하는 용어를 쓰시오.

> 목재 단면을 표시하는 치수는 특별한 지침이 없는 경우 구조재, 수장재는 모두 (①)치수로 하고 창호재, 가구재의 치수는 (②)치수로 한다. 또한, 제재목을 지정치수대로 한 것을 (③)치수라 한다.

① ② ③

13 [99①] 3점 □□□□□

목공사의 마무리 중 모접기의 종류를 다음 보기에서 골라 쓰시오.

> **보기**
>
> 실모, 둥근모, 외사모, 턱둥근모, 민빗모

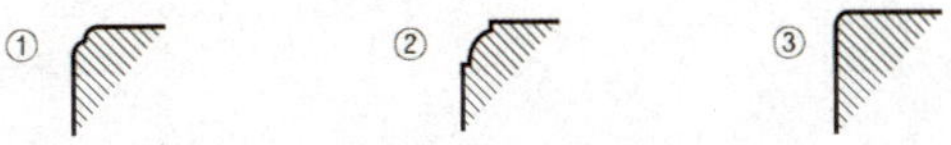

① ② ③

14 [11①, 16④] 3점 □□□□□

목공사 마무리 중 모접기의 종류를 3가지 쓰시오.

① ② ③

정답 및 해설

08

① 도포법: 목재를 충분히 건조시킨 후 균열이나 이음부 등에 솔 등으로 방부제를 도포하는 방법
② 주입법: 압력용기 속에 목재를 넣어 고압 하에서 방부제를 주입하는 방법
③ 침지법: 방부제 용액 중에 목재를 몇 시간 또는 며칠 동안 침지하는 방법

09

① 외부의 버팀기둥을 구성하는 목재 부위면
② 급수·배수시설에 인접한 목재로써 부식우려가 있는 부분

10

① 몰리브덴, 인산과 같은 방화제를 도포 또는 주입
② 목재 표면에 방화페인트를 도포
③ 플라스터, 모르타르 등으로 피복

11

① 제재 ② 마무리

12

① 제재 ② 마무리 ③ 정

13

① 외사모 ② 턱둥근모 ③ 실모

14

① 실모 ② 둥근모 ③ 민빗모

POINT 03 목공사 일반사항(II)

(1) 목재의 접합

	구분	내용
①	이음(Connection)	길이를 늘이기 위하여 길이방향으로 접합하는 것 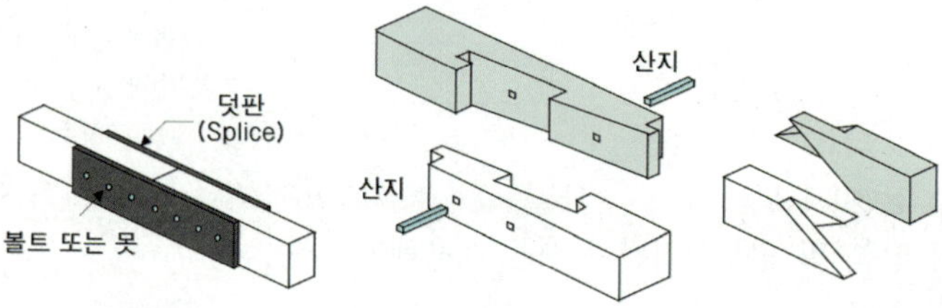
②	맞춤(Joint)	경사지거나 직각으로 만나는 부재 사이에서 양 부재를 가공하여 끼워 맞추는 접합 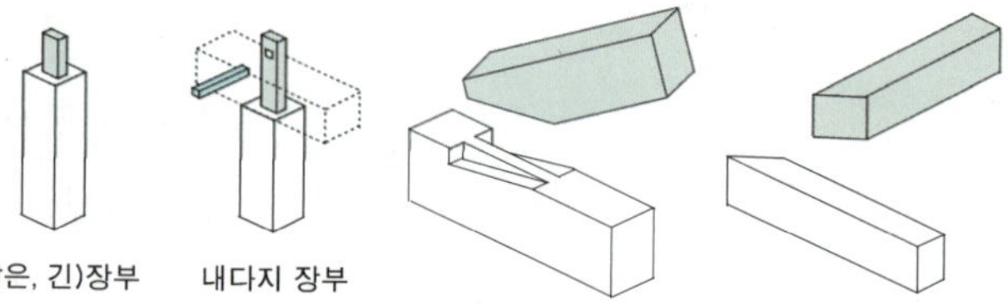 【연귀맞춤: 모서리 구석에 표면마구리가 보이지 않게 45° 로 빗잘라 대는 맞춤】
③	쪽매(Joint)	마루널을 붙여대는 것과 같이 판재 등을 가로로 넓게 접합시키는 것 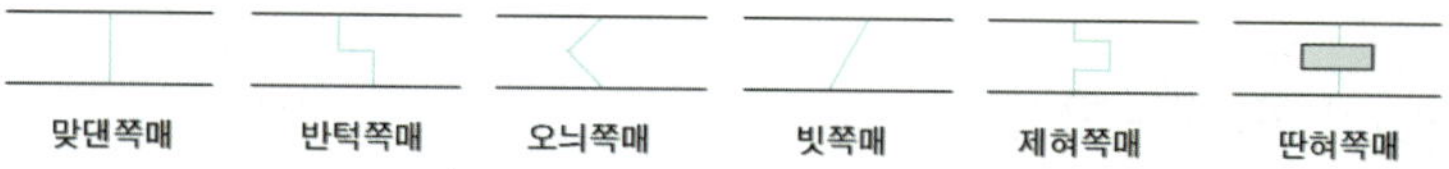

(2) 목재 연결철물

못	꺽쇠 및 띠쇠	볼트 및 듀벨

(3) 목재의 접착제(=교착제)

	구분	내용	
①	접착력의 크기	에폭시 〉 요소 〉 멜라민 〉 페놀	
②	내수성의 크기	에폭시 〉 페놀 〉멜라민 〉 요소 〉 아교	

POINT 03 목공사 일반사항(II)

<table>
<tr><td rowspan="5">(4)</td><td colspan="4">목구조 마루(Floor)</td></tr>
<tr><td rowspan="2">①</td><td rowspan="2">1층 마루</td><td>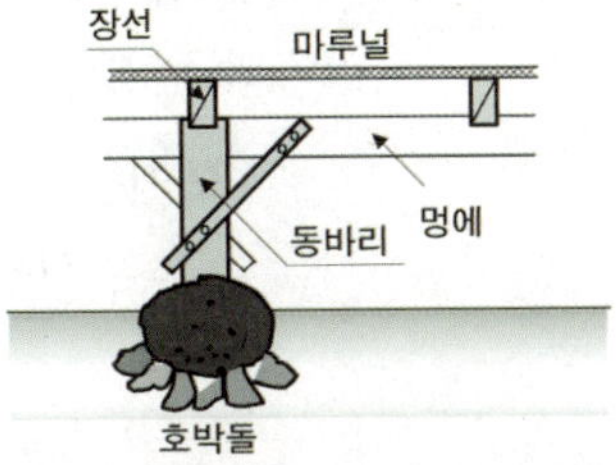
</td><td>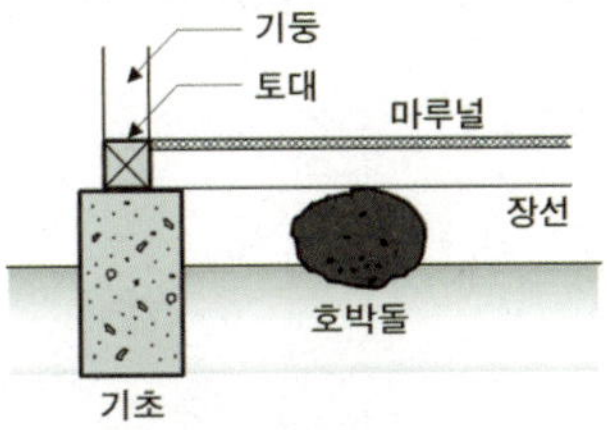
</td></tr>
<tr><td>동바리마루</td><td>납작마루</td></tr>
<tr><td rowspan="2">②</td><td rowspan="2">2층 마루</td><td>홑마루(장선마루)</td><td>Span이 2.5m 미만인 경우</td></tr>
<tr><td>보마루(틀)
짠마루(틀)</td><td>Span이 2.5~6.4m
(작은보+장선+마루널)
Span이 6.4m 이상일 때 사용
(큰보+작은보+장선+마루널)</td></tr>
<tr><td rowspan="7">(5)</td><td colspan="4">목구조 토대, 기둥, 횡력보강 부재</td></tr>
<tr><td rowspan="5">①</td><td rowspan="5">토대(Ground Sill), 기둥</td><td>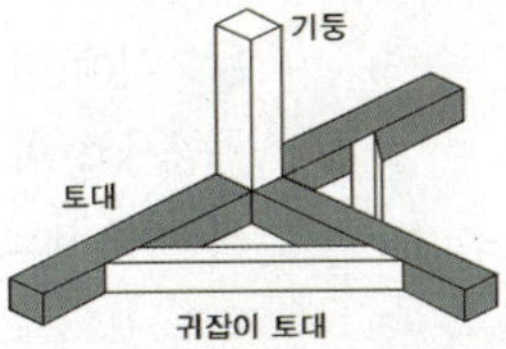
</td><td>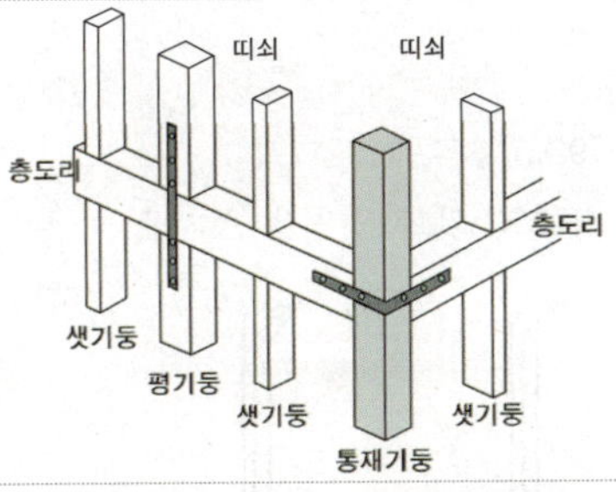
</td></tr>
<tr><td>• 토대</td><td>목조 벽체 최하부 수평부재로서 기둥보다 다소 크게 하며 보통 0.1m 각 이상</td></tr>
<tr><td>• 통재기둥</td><td>1, 2층 기둥이 통재로 된 것으로 5~7m 길이로 배치</td></tr>
<tr><td>• 평기둥</td><td>층별로 구분된 기둥으로 통재기둥 사이에 1.8m 간격으로 배치</td></tr>
<tr><td>• 샛기둥</td><td>본기둥 사이에 벽체를 이루는 기둥으로 가새의 옆휨을 막는데 사용</td></tr>
<tr><td>②</td><td>가새
버팀대
귀잡이</td><td colspan="2">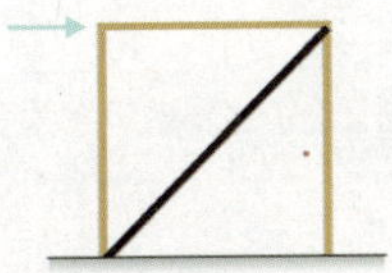
가새(Diagonal Brace)

버팀대(Angle Brace)
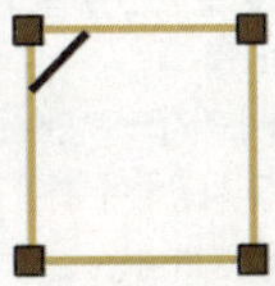
귀잡이(Angle Tie)</td></tr>
</table>

1998~2024 **기출문제**

01 [09④, 12④, 16④, 21④] 2점, 3점

목공사에서 활용되는 이음, 맞춤, 쪽매에 대해 설명하시오.

(1) 이음

(2) 맞춤

(3) 쪽매

02 [98⑤] 3점

목재 연결철물의 큰 분류상 종류를 3가지만 쓰시오.

① ② ③

03 [98①] 3점

다음 그림의 꺾쇠 명칭을 쓰시오.

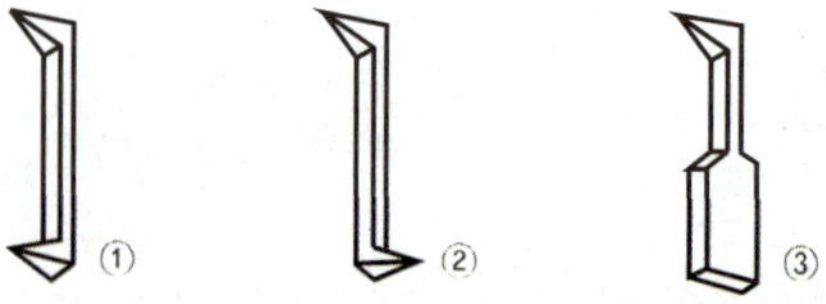

① ② ③

04 [98②] 3점

목재 접착제 중 내수성이 큰 것부터 순서대로 보기에서 골라 번호로 쓰시오.

보기

① 아교 ② 페놀 수지 ③ 요소 수지

05 [21②] 3점

목구조 1층 마루널 시공순서를 번호순서대로 나열하시오.

보기

① 동바리돌 ② 동바리 ③ 멍에 ④ 장선 ⑤ 마루널

06 [01①] 4점

목공사의 마루에 대한 내용이다. ( )안에 알맞은 말을 써 넣으시오.

나무마루에는 바닥마루(1층마루)로서 (①)마루와 (②) 마루가 있고, 층마루(2층마루)로서 (③)마루, (④)마루, 짠마루틀이 있다.

① ② ③ ④

정답 및 해설

01

(1) 길이를 늘이기 위하여 길이방향으로 접합하는 것
(2) 경사지거나 직각으로 만나는 부재 사이에서 양 부재를 가공하여 끼워 맞추는 접합
(3) 마루널을 붙여대는 것과 같이 판재 등을 가로로 넓게 접합시키는 것

02

① 못
② 꺾쇠 및 띠쇠
③ 볼트 및 듀벨

03

① 보통꺾쇠
② 엇꺾쇠
③ 주걱꺾쇠

04

② ➡ ③ ➡ ①

05

① ➡ ② ➡ ③ ➡ ④ ➡ ⑤

06

① 동바리 ② 납작 ③ 홑 ④ 보

1998~2024 **기출문제**

07 [99⑤] 5점

다음은 목공사에 관한 설명이다. 아래의 빈칸에 알맞은 말을 쓰시오.

(1)	창문틀이나 창문의 모서리 등에서 맞춤재의 마구리를 감추면서 튼튼하게 맞춤을 하는 것을 (①)이라 한다.
(2)	널재를 나란히 옆으로 붙여대어 판재를 넓게 하는 것을 (②)라 한다.
(3)	기둥 맨 상단의 처마 부분에 수평으로 걸어 기둥 상단을 고정하면서 지붕틀을 받아 지붕의 하중을 기둥에 전달하는 부재를 (③)라 한다.
(4)	1층 납작마루의 시공순서는 동바리돌 ➡ 멍에 ➡ (④) ➡ 마루널의 순서로 한다.
(5)	목구조에서 접합부 보강용 철물로 사용되며 전단력에 저항하는 보강철물을 (⑤) 이라 한다.

① ② ③

④ ⑤

08 [00①] 2점

다음 설명에 해당되는 용어를 쓰시오.

(1)	목구조에서 밑층에서 윗층까지 1개의 부재로 된 기둥으로 5~7m 정도의 길이로 타 부재의 설치기준이 되는 기둥
(2)	기초의 종류 중 2개 이상의 기둥을 하나의 기초에 연결 지지시키는 기초방식

(1) (2)

09 [98②] 3점

다음 용어에 대해 기술하시오.

(1) 가새:

(2) 버팀대:

(3) 귀잡이:

10 [08②, 14①, 20①] 3점

목구조 횡력 보강부재를 3가지 쓰시오.

① ② ③

11 [06①] 3점

다음 설명에 알맞는 용어를 쓰시오.

(1)	목재나 석재의 모나 면을 깎아 밀어서 두드러지게 또는 오목하게 하여 모양지게 하는 것
(2)	모서리 구석 등에 표면 마구리가 보이지 않게 45° 각도로 빗잘라 대는 맞춤
(3)	무량판구조 또는 평판구조에서 특수상자 모양의 기성재 거푸집
(4)	굵은골재를 거푸집에 넣고 그 사이 공극에 특수 모르타르를 적당한 압력으로 주입하여 만드는 콘크리트

(1) (2)

(3) (4)

V

정답 및 해설

07

① 연귀맞춤 ② 쪽매
③ 깔도리 ④ 장선
⑤ 듀벨

08

(1) 통재기둥
(2) 복합기초

09

(1) 4각형 골조에서 수평력에 저항하기 위해 기둥과 기둥 간에 대각선상으로 설치한 경사재
(2) 골조의 모서리를 고정시키기 위해 기둥과 보에 빗대는 경사재
(3) T자형이나 十자형 등에서 수평으로 댄 버팀대와 같은 역할을 하는 부재

10

① 가새 ② 버팀대 ③ 귀잡이

11

(1) 모접기
(2) 연귀맞춤
(3) 와플폼(Waffle Form)
(4) 프리팩트 콘크리트
(=프리플레이스트 콘크리트)

03 조적공사, 석공사, 목공사 : 적산 사항

POINT 01 벽돌쌓기량(매), 모르타르량(㎥)

(1) 벽면적 1㎡당 벽돌쌓기

①	정미량	벽두께	0.5B	1.0B	1.5B
		표준형 벽돌 190×90×57	75	149	224
②	소요량	할증률(붉은벽돌 3%, 시멘트벽돌 5%) 적용			

(2) 벽면적 1㎡당 모르타르량

모르타르량(㎥)	벽두께	0.5B	1.0B	1.5B
	벽면적 1㎡당	0019–	0.049	0.078
	모르타르의 재료량은 할증이 포함된 것이며, 배합비는 1:3 이다.			

(3) 창호 거푸집 면적

① 목재 창호: 창 상단 거푸집 불필요

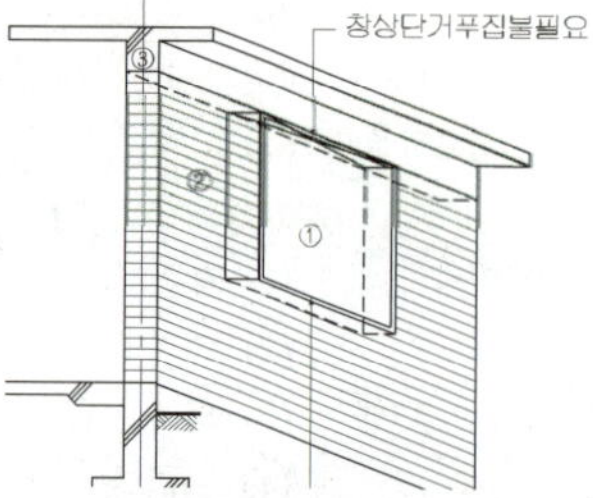

② 알루미늄 창호: 창 상단 거푸집 필요

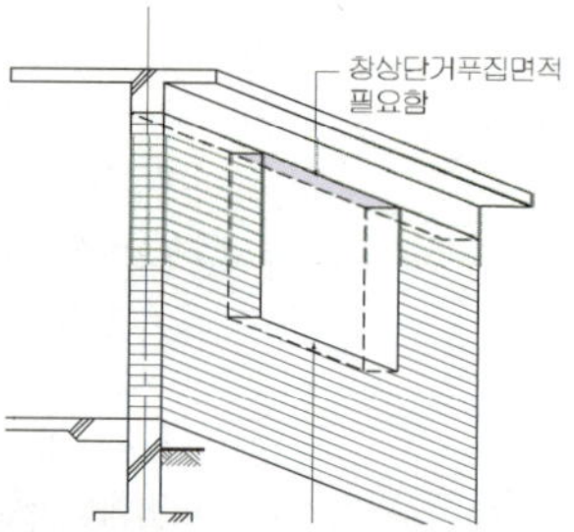

1998~2024 **기출문제**

01 [07①, 08②, 12②, 15②, 20③] 3점, 4점

□□□□□

표준형벽돌 1,000장으로 1.5B 두께로 쌓을 수 있는 벽면적은? (단, 할증률은 고려하지 않는다.)

02 [08④, 10②, 19②, 22①] 3점

□□□□□

벽면적 20m²에 표준형벽돌 1.5B 쌓기 시 붉은벽돌 소요량을 산출하시오.

03 [18①] 4점

□□□□□

벽면적 100m²에 표준형벽돌 1.5B 쌓기 시 붉은벽돌 소요량을 산출하시오.

04 [13④] 4점

□□□□□

시멘트벽돌 1.0B 두께로 가로 9m, 세로 3m 벽을 쌓을 경우 시멘트벽돌량과 사춤모르타르량을 산출하시오. (단, 시멘트벽돌은 표준형이다.)

(1) 시멘트벽돌량:

(2) 사춤 모르타르량:

V

정답 및 해설

01

$1,000 \div 224 = 4.464$ ➡ $4.46m^2$

02

$20 \times 224 \times 1.03 = 4,614.4$ ➡ 4,615매

03

$100 \times 224 \times 1.03 = 23,072$매

04

(1)

$9 \times 3 \times 149 \times 1.05 = 4,224.15$ ➡ 4,225매

(2) $9 \times 3 \times 0.049 = 1.323$ ➡ $1.32m^3$

05 [98①, 02④] 8점, 9점

그림과 같은 건물 평면도에서 시멘트벽돌 소요량과 쌓기용 모르타르량을 구하시오.

단, 1) 벽돌수량은 소수점 아래 1자리, 모르타르량은 소수점 아래 3자리에서 반올림 할 것
2) 벽두께: 외벽 1.0B, 내벽 0.5B
3) 벽돌벽 높이: 3m
4) 줄눈나비: 1cm
5) 창호 크기
1/D : 1.0×2.3m　1/W : 1.2×1.2m
2/D : 0.9×2.1m　2/W : 2.1×3.0m
6) 벽돌 할증률: 5%(시멘트벽돌 수량산출 시 길이산정은 모두 중심선으로 한다.)

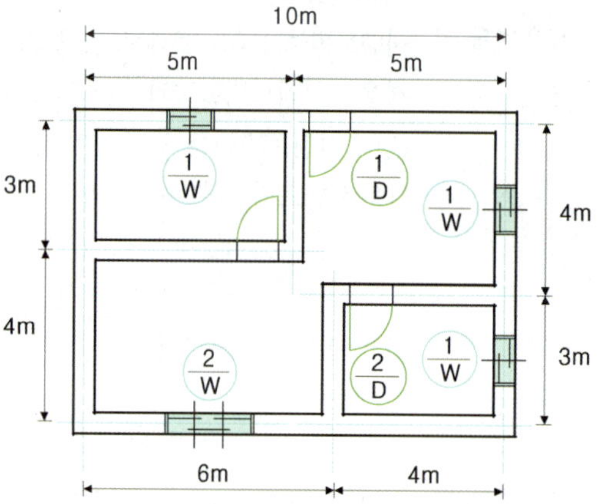

(1) 시멘트벽돌량

(2) 모르타르량

정답 및 해설

05 (1) 17,183매　(2) $5.15m^3$

(1) 시멘트벽돌량

① 외벽(1.0B):
{(10+7)×2×3－(1.2×1.2×3개+2.1×3.0+1.0×2.3)}×149＝13,272.9

② 내벽(0.5B): {(8+7)×3－(0.9×2.1×2개)}×75＝3,091.5

③ 합계: (13,272.9+3,091.5)×1.05＝17,182.6

(2) 모르타르량

① 외벽(1.0B): 89.08×0.049＝4.364

② 내벽(0.5B): 41.22×0.019＝0.783

③ 합계: 4.364+0.783＝5.147

1998~2024 기출문제

06 [98②, 99⑤, 00①, 03④] 10점

□□□□□□

다음 평면 및 A-A단면도를 보고 벽돌조 건물에 대해 요구하는 재료량을 산출하시오. (단, 벽돌수량 산출은 벽체 중심선으로 하고, 할증은 무시, 콘크리트량 및 거푸집량은 정미량)

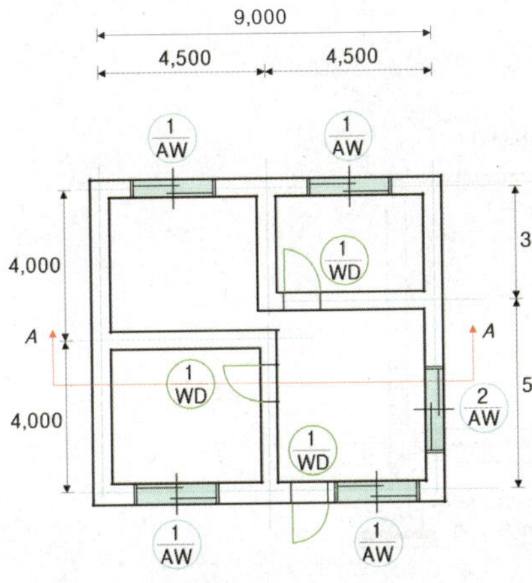

1 AW : 2,400×1,200

2 AW : 2,400×1,500

1 WD : 1,500×2,000

평면도

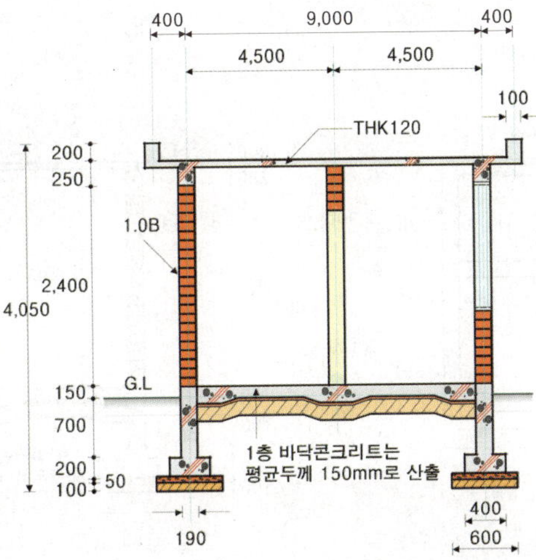

A-A 단면도

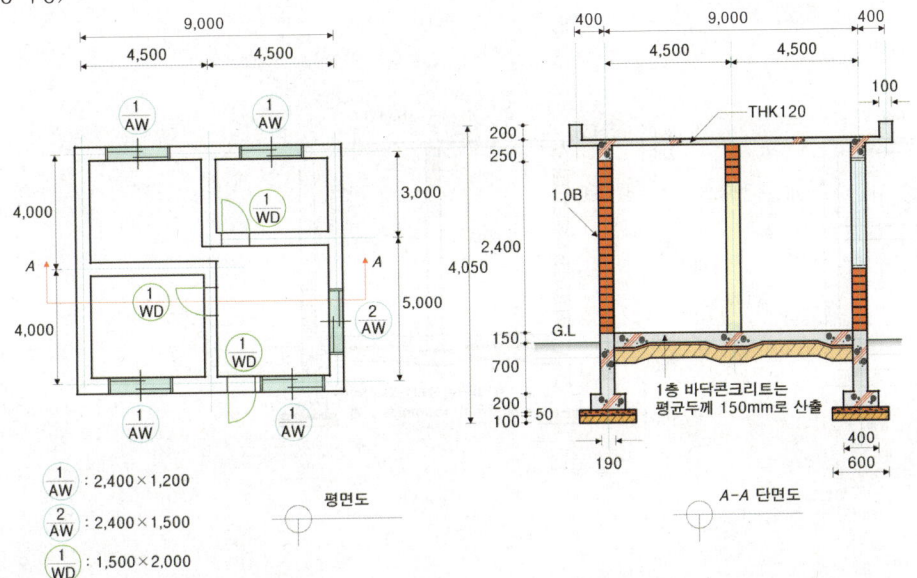

(1) 벽돌량(외벽 1.0B 붉은벽돌, 내벽 0.5B 시멘트벽돌, 벽돌크기(190×90×57mm), 줄눈나비 10mm)

(2) 콘크리트량(단, 버림콘크리트는 제외)

(3) 거푸집량(단, 버림콘크리트 부분은 제외)

정답 및 해설

06 (1) 12,045매 (2) 30.69m^3 (3) 183.56m^2

(1) 벽돌량

① 외벽(1.0B):
{(9+8)×2×2.4−(2.4×1.2×4개+2.4×1.5+1.5×2)}×149=9,458.5

② 내벽(0.5B):
{(4.5+4.5+3+4)×(2.4+0.25−0.12)−(1.5×2.0×2개)}×75=2,586

③ 합계: 9,458.5+2,586=12,044.5

(2) 콘크리트량

① 기초판: 0.4×0.2×34=2.72

② 기초벽: 0.19×0.85×34=5.491

③ 바닥슬래브: {(9−0.19)×(8−0.19)}×0.15=10.320

④ 보: 0.19×(0.25−0.12)×34=0.839

⑤ 지붕슬래브: 9.9×8.9×0.12=10.573

⑥ 난간: {(9.8+8.8)×2}×0.1×0.2=0.744

⑦ 합계:
2.72+5.491+10.320+0.839+10.573+0.744=30.687

(3) 거푸집량

① 기초판: 0.2×34×2면=13.6

② 기초벽: 0.85×34×2면=57.8

③ 보: (0.25−0.12)×34×2면=8.84

④ 알루미늄창 상단: (2.4×4개+2.4×1개)×0.19=2.28

⑤ 지붕슬래브:
{(9.9+8.9)×2×0.12}+{(9.9×8.9)−(0.19×34)}=86.162

⑥ 난간: {(9.8+8.8)×2}×0.2×2면=14.88

⑦ 합계: 13.6+57.8+8.84+2.28+86.162+14.88=183.562

V

07 [99②, 01②, 04④] 10점

□□□□□

다음 평면 및 A-A 단면도를 보고 벽돌조 건물에 대해 요구하는 재료량을 산출하시오. (단, 벽돌수량은 소수점 아래 1자리에서, 그 외는 소숫점 3자리에서 반올림 하며, 할증은 고려하지 않음)

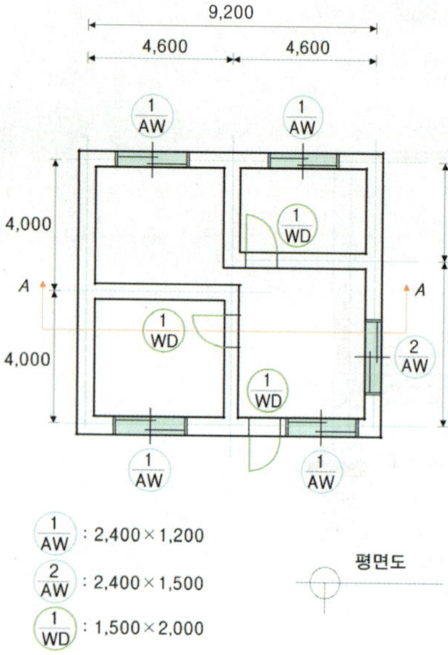

평면도

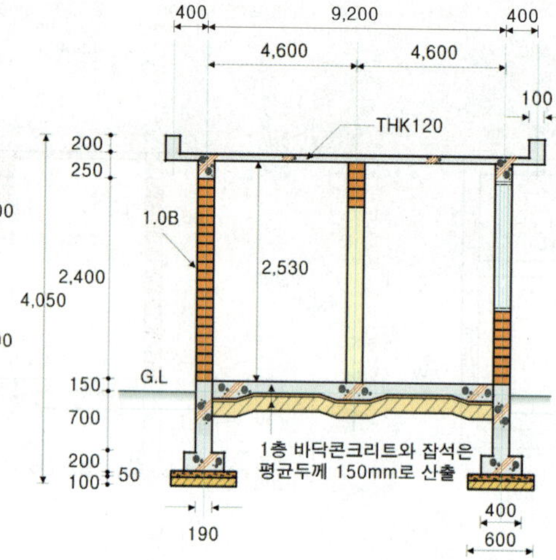

A-A 단면도

(1) 벽돌량 (외벽 1.0B 붉은벽돌, 내벽 0.5B 시멘트벽돌, 벽돌크기(190×90×57mm), 줄눈나비 10mm)

(2) 모르타르량

(3) 콘크리트량 (단, 버림콘크리트는 제외)

(4) 거푸집량 (단, 버림콘크리트 부분은 제외)

(5) 잡석량

V

정답 및 해설

07 (1) 12,135매 (2) 3.80m^3 (3) 31.25m^3 (4) 186.42m^2 (5) 12.62m^3

(1) 벽돌량

① 외벽(1.0B):
$\{(9.2+8)\times2\times2.4-(2.4\times1.2\times4개+2.4\times1.5+1.5\times2)\}\times149=9,601.5$

② 내벽(0.5B):
$\{(4.6+4-0.19+4.6+2.9-0.19)\times2.53-(1.5\times2.0\times2개)\}\times75=2,532.8$

③ 합계: $9,601.5+2,532.8=12,134.3$

(2) 모르타르량

① 외벽(1.0B): $\frac{9,601.5}{1,000}\times0.33=3.168$

② 내벽(0.5B): $\frac{2,532.8}{1,000}\times0.25=0.633$

③ 합계: $3.168+0.633=3.801$

(3) 콘크리트량

① 기초판: $0.4\times0.2\times34.4=2.572$

② 기초벽: $0.19\times0.85\times34.4=5.555$

③ 바닥슬래브: $\{(9.2-0.19)\times(8-0.19)\}\times0.15=10.555$

④ 보: $0.19\times(0.25-0.12)\times34.4=0.849$

⑤ 지붕슬래브: $10.1\times8.9\times0.12=10.786$

⑥ 난간: $\{(10+8.8)\times2\}\times0.1\times0.2=0.752$

⑦ 합계:
$2.752+5.555+10.555+0.849+10.786+0.752=31.249$

(4) 거푸집량

① 기초판: $0.2\times34.4\times2면=13.76$

② 기초벽: $0.85\times34.4\times2면=58.48$

③ 보: $(0.25-0.12)\times34.4\times2면=8.944$

④ 알루미늄창 상단: $(2.4\times4개+2.4\times1개)\times0.19=2.28$

⑤ 지붕슬래브:
$\{(10.1+8.9)\times2\times0.12\}+\{(10.1\times8.9)-(0.19\times34.4)\}=87.914$

⑥ 난간: $\{(10+8.8)\times2\}\times0.2\times2면=15.04$

⑦ 합계:
$13.76+58.48+8.944+2.28+87.914+15.04=186.418$

(5) 잡석량:

① 기초: $0.6\times0.1\times34.4=2.064$

② 기초벽: $\{(9.2-0.19)\times(8-0.19)\}\times0.15=10.555$

③ 합계: $2.064+10.555=12.619$

POINT 02 할증률을 포함한 블록 크기별 소요량

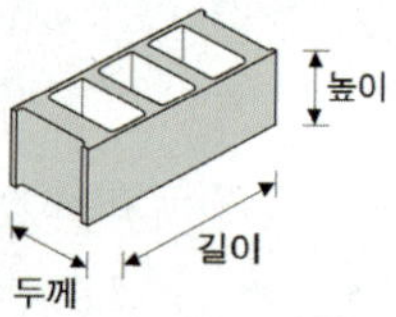	390(길이)×190(높이)×100(두께)	13매/m²
	390(길이)×190(높이)×150(두께)	
	390(길이)×190(높이)×190(두께)	

1998~2024 **기출문제**

01 [09②] 10점

□□□□□

길이4m×높이1m 담장을 세우려 한다. 블록 소요량을 산출하고, 일위대가표를 작성 후 재료비와 노무비를 산출하시오.(단, 블록규격 390×190×150)

(1) 담장 쌓기의 블록 소요량을 산출하시오.

(2) 아래 수량과 단가를 기준으로 일위대가표를 작성하시오. (단위: m²당)

구분	단위	수량	재료비		노무비		비고
			단가	금액	단가	금액	
블록							금액산출 시 소수이하 수치 버림
시멘트							
모래							
조적공							
보통 인부							
합계							

〈 수량 〉
2. 시멘트: 4.59kg/m²
3. 모래: 0.01m³/m²
4. 조적공: 0.17인/m²
5. 보통 인부: 0.08인/m²

〈 단가 〉
1. 블록: 550원/매
2. 시멘트(40kg): 3,800원/포대
3. 모래: 20,000원/m³
4. 조적공: 89,437원/인
5. 보통 인부: 66,622원/인

(3) 작성한 일위대가표를 기준으로 담장 쌓기의 재료비와 노무비를 산출하시오.

정답 및 해설

01 (1) 52매 (2) 해설참조 (3) 113,276원

(1) 계산식: 4×1×13=52

(3) (재료비)=4×1×7,786=31,144원
(노무비)=4×1×20,533=82,132원
(재료비+노무비)=31,144+82,132=113,276원

(2)

구분	단위	수량	재료비		노무비	
			단가	금액	단가	금액
블록	매	13	550	7,150	–	–
시멘트	kg	4.59	95	436	–	–
모래	m³	0.01	20,000	200	–	–
조적공	인	0.17	–	–	89,437	15,204
보통 인부	인	0.08	–	–	66,622	5,329
합계	–	–	–	7,786	–	20,533

POINT 03 목재 수량산출

(1)	1才 (재, 사이)	$1m^3 = 300才$	① $1才 = 1寸 \times 1寸 \times 12尺$ $= 3.03cm \times 3.03cm \times 12 \times 30.3cm$ $= 0.0303m \times 0.0303cm \times 12 \times 0.303m$ $= 0.00333m^3$ ② $1m^3 = \dfrac{1}{0.00033} = 299.59 = 300才$
(2)	6t 화물자동차 1대의 적재량		$7.7m^3$(원목) ~ $9.0m^3$(제재목)

기출문제 (1998~2024)

01 [15②] 3점 ☐☐☐☐☐

트럭 적재한도의 중량이 6t일 때 비중 0.6, 부피 300,000(才)의 목재 운반 트럭대수를 구하시오. (단, 6t 트럭의 적재가능 중량은 6t, 부피는 $8.3m^3$, 최종답은 정수로 표기하시오.)

02 [16②] 4점 ☐☐☐☐☐

트럭 적재한도의 중량이 6t일 때 비중 0.8, 부피 30,000(才)의 목재 운반 트럭대수를 구하시오. (단, 6t 트럭의 적재가능 중량은 6t, 부피는 $9.5m^3$, 최종답은 정수로 표기하시오.)

정답 및 해설

01 121대
(1) 목재 전체의 체적: 목재 300才를 $1m^3$으로 계산하므로
 $300,000 \div 300 = 1,000m^3$
(2) 목재 전체의 중량: $1,000m^3 \times 0.6t/m^3 = 600t$
(3) 6t 트럭 1대 적재량:
 $8.3m^3 \times 0.6t/m^3 = 4.98t$
 ∴ $600t \div 4.98t = 120.48$대 ⇒ 121대

02 14대
(1) 목재 전체의 체적: 목재 300才를 $1m^3$으로 계산하므로
 $30,000 \div 300 = 100m^3$
(2) 목재 전체의 중량: $100m^3 \times 0.8t/m^3 = 80t$
(3) 6t 트럭 1대 적재량:
 ① $9.5m^3 \times 0.8t/m^3 = 7.6t$ ⇒ N.G
 ② 6t 트럭의 적재가능 중량은 6t을 적용
 ∴ $80t \div 6t = 13.333$대 ⇒ 14대

6

미장 및 타일공사 · 방수 및 도장공사

01 미장 및 타일공사 : 일반사항

POINT 01 미장공사 일반사항

(1) 미장공사 관련용어

①	바탕처리	요철 또는 변형이 심한 개소를 고르게 손질바름하여 마감두께가 균등하게 되도록 조정하고 균열 등을 보수하는 것
②	덧먹임	바르기의 접합부 또는 균열의 틈새, 구멍 등에 반죽된 재료를 밀어 넣어 때워주는 것
③	손질바름	콘크리트(블록) 바탕에서 초벌바름 전에 마감두께를 균등하게 할 목적으로 모르타르 등으로 미리 요철을 조정하는 것
④	실러바름	바탕의 흡수 조정, 바름재와 바탕과의 접착력 증진 등을 위해 합성수지 에멀션 희석액 등을 바탕에 바르는 것

(2) 미장재료의 구분

수경성(水硬性)	물과 화학변화하여 굳어지는 재료
기경성(氣硬性)	공기 중에서 경화하는 재료

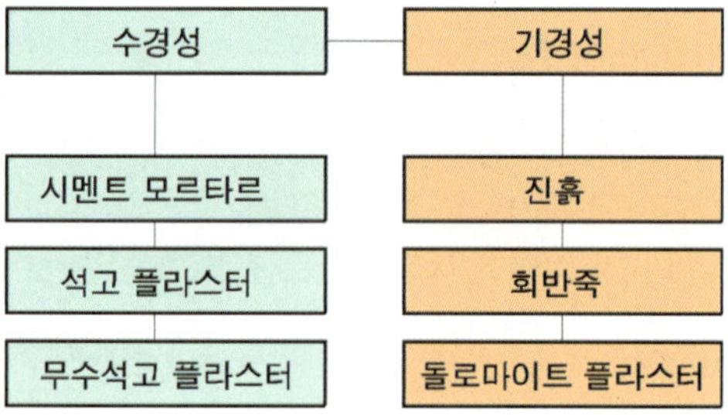

【돌로마이트 플라스터(Dolomite Plaster)를 마그네시아 석회라고도 한다.】

(3) 시멘트 모르타르 바름두께, 각종 모르타르 용도

미장공사시 1회의 바름두께는 바닥을 제외하고 6mm를 표준으로 한다. 바닥층 두께는 보통 24mm로 하고 안벽은 18mm, 천장·채양을 15mm로 한다.

아스팔트 모르타르	내산 바닥용
질석 모르타르	경량, 단열용
바라이트 모르타르	방사선 차단용
활석면 모르타르	보온, 불연용

(4) 회반죽(Lime Plaster): 석회+모래+여물에 해초풀을 끓여 넣은 일본 특유의 바름재료

①	여물 (Fibers for Plastering)	회반죽의 균열을 막기 위하여 혼합하는 섬유질(짚, 삼, 종이, 털 등)의 물질
②	해초풀(海草糊)	회반죽을 끈기있게 하기 위하여 반죽에 쓰는 바다풀을 끓인 물
③	시공순서	바탕처리 → 재료조정 및 반죽 → 수염붙이기 → 초벌바름 → 고름질 및 덧먹임 → 재벌바름 → 정벌바름 → 마무리 → 보양

POINT 01 미장공사 일반사항

(5)	바닥강화재 바름공사				
	①	콘크리트와 시멘트계 바닥의 증진 성능	• 내마모성	• 내화학성	• 분진방지성
	②	종류	• 분말형 바닥강화재	• 액상 바닥강화재	• 합성고분자 바닥강화재
	③	시공 시 주의사항	• 5℃ 이하가 되면 작업을 중단할 것		
			• 액상 바닥강화 바탕은 최소 21일 이상 양생하여 완전 건조시킬 것		
			• 액상 바닥강화 바탕을 물로 희석하는 경우 초벌바름 전에 바탕표면을 물로 깨끗하게 씻어낼 것		
(6)	벽체미장공법: 합성수지 플라스터 바름				
	①	시멘트페이스트를 현장배합하여 칠하는 기존 견출미장의 단점을 보완한 공법으로 수지미장이라고도 한다.		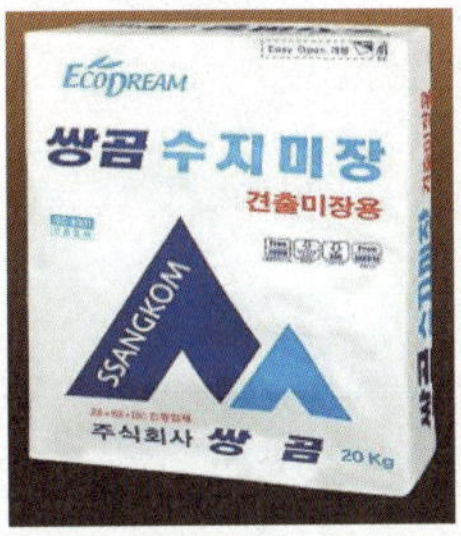	
	②	특수화학제를 첨가한 레디믹스트몰탈(Ready Mixed Mortar)에 대리석분말이나 세라믹분말제를 혼합한 재료를 물과 혼합하여 1~3mm 두께로 바르는 것			
(7)	리그노이드(Lignoid), 캐스트 스톤(Cast Stone), 코너 비드(Corner Bead)				
	①	리그노이드(Lignoid)	마그네시아 시멘트 모르타르에 탄성재인 코르크분말 안료를 혼합한 미장재료		
	②	캐스트 스톤(Cast Stone)	자연석과 비슷한 느낌을 주기 위해 잔다듬한 모조석		
	③	코너 비드(Corner Bead)	미장면의 모서리를 보호하면서 벽, 기둥을 마무리 하는 보호용 재료		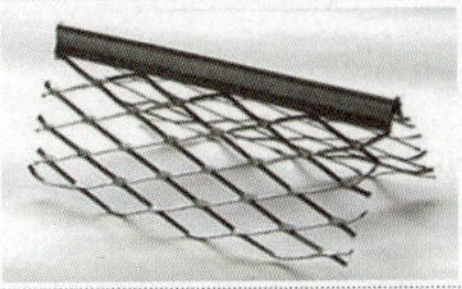
(8)	줄눈대의 역할				
	• 바닥바름의 구획조정		• 부분적 보수용이성 확보	• 균열방지	

1998~2024 **기출문제**

01 [06④] 2점

미장공사에서 사용되는 용어 중 다음이 뜻하는 용어를 쓰시오.

(1)	요철 또는 변형이 심한 개소를 고르게 덧바르거나 깎아내어 마감두께가 균등하게 되도록 조정하는 것
(2)	바르기의 접합부 또는 균열의 틈새, 구멍 등에 반죽된 재료를 밀어 넣어 때우는 것

(1) (2)

02 [08①, 12②] 4점

미장공사에서 사용되는 다음 용어를 설명하시오.

(1) 바탕처리

(2) 덧먹임

03 [14②, 20⑤] 4점

미장공사에서 사용되는 다음 용어를 설명하시오.

(1) 손질바름

(2) 실러(Sealer)바름

04 [99③, 00①, 05①, 20⑤] 4점

보기의 미장재료를 기경성과 수경성으로 구분하여 쓰시오.

> 진흙, 시멘트 모르타르, 회반죽, 무수석고 플라스터, 돌로마이트 플라스터, 석고플라스터

(1) 기경성 미장재료

(2) 수경성 미장재료

정답 및 해설

01

(1) 바탕처리 (2) 덧먹임

02

(1) 요철 또는 변형이 심한 개소를 고르게 손질 바름하여 마감두께가 균등하게 되도록 조정하고 균열 등을 보수하는 것

(2) 바르기의 접합부 또는 균열의 틈새, 구멍 등에 반죽된 재료를 밀어 넣어 때워주는 것

03

(1) 콘크리트(블록) 바탕에서 초벌바름 전에 마감두께를 균등하게 할 목적으로 모르타르 등으로 미리 요철을 조정하는 것

(2) 바탕의 흡수 조정, 바름재와 바탕과의 접착력 증진 등을 위해 합성수지 에멀션 희석액 등을 바탕에 바르는 것

04

(1) 진흙, 회반죽, 돌로마이트 플라스터

(2) 시멘트 모르타르, 무수석고 플라스터, 석고플라스터

1998~2024 **기출문제**

05 [12②, 13④, 23②] 4점, 6점

미장재료 중 수경성(水硬性) 재료와 기경성(氣硬性) 재료를 각각 3가지씩 쓰시오.

(1) 수경성 미장재료

① ② ③

(2) 기경성 미장재료

① ② ③

06 [99④] 4점

미장공사에 관한 설명이다. ( )을 채우시오.

> 미장공사시 1회의 바름두께는 바닥을 제외하고 (①)를 표준으로 한다. 바닥층 두께는 보통 (②)로 하고 안벽은 (③), 천장 · 채양을 (④)로 한다.

① ② ③ ④

07 [03②, 05②] 4점

시멘트 모르타르 미장공사에서 채용되는 부위별 미장 시 합계 두께를 mm단위로 쓰시오. (콘크리트 바탕을 기준으로 함)

(1) 바닥: ________ (2) 천장: ________

(3) 내벽: ________ (4) 바깥벽: ________

08 [98⑤, 01①, 07②] 4점

각종 모르타르에 해당하는 주요 용도를 보기에서 골라 번호로 쓰시오.

> ① 경량, 단열용 ② 내산 바닥용
> ③ 보온, 불연용 ④ 방사선 차단용

(1) 아스팔트 모르타르: __ (2) 질석 모르타르: __

(3) 바라이트 모르타르: __ (4) 활석면 모르타르: __

VI

정답 및 해설

05

(1) ① 시멘트 모르타르
② 무수석고플라스터
③ 석고플라스터

(2) ① 진흙
② 회반죽
③ 돌로마이트 플라스터

06

① 6mm
② 24mm
③ 18mm
④ 15mm

07

(1) 24mm
(2) 15mm
(3) 18mm
(4) 24mm

08

(1) ②
(2) ①
(3) ④
(4) ③

09 [99④] 4점

미장공사에서 여물과 해초풀의 역할에 대하여 기술하시오.

(1) 여물:

(2) 해초풀

10 [02④] 2점

회반죽 미장의 시공순서를 번호로 쓰시오.

① 초벌바름	② 재료조정 및 반죽	
③ 정벌바름	④ 고름질 및 덧먹임	
⑤ 수염붙이기	⑥ 재벌바름	
⑦ 보양	⑧ 마무리	⑨ 바탕처리

11 [00④, 01④] 4점

바닥강화재 바름공사에 사용하는 강화재의 형태에 따른 분류를 쓰고, 콘크리트와 시멘트계 바닥의 어떤 성능을 증진시키기 위해 사용하는가를 쓰시오.

(1) 분류

① ② ③

(2) 증진성능

① ② ③

12 [11①, 22②] 4점

시멘트계 바닥 바탕의 내마모성, 내화학성, 분진방진성을 증진시켜 주는 바닥강화제(Hardner) 중 침투식 액상 하드너 시공 시 유의사항 2가지를 쓰시오.

①

②

정답 및 해설

09

(1) 회반죽의 균열을 막기 위하여 혼합하는 섬유질(짚, 삼, 종이, 털 등)의 물질

(2) 회반죽을 끈기있게 하기 위하여 반죽에 쓰는 바다풀을 끓인 물

10

⑨ ➡ ② ➡ ⑤ ➡ ① ➡ ④ ➡ ⑥ ➡ ③ ➡ ⑧ ➡ ⑦

11

(1) ① 분말형 바닥강화재
② 액상 바닥강화
③ 합성고분자 바닥강화재

(2) ① 내마모성
② 내화학성
③ 분진방지성

12

① 5℃ 이하가 되면 작업을 중단할 것

② 액상 바닥강화 바탕은 최소 21일 이상 양생하여 완전 건조시킬 것

1998~2024 **기출문제**

13 [18②, 20⑤] 3점

다음이 설명하는 용어를 쓰시오.

> 특수화학제를 첨가한 레디믹스트몰탈(Ready Mixed Mortar)에 대리석분말이나 세라믹분말제를 혼합한 재료를 물과 혼합하여 1~3mm 두께로 바르는 것

14 [05④, 20①] 2점

벽, 기둥 등의 모서리는 손상되기 쉬우므로 별도의 마감재를 감아 대거나 미장면의 모서리를 보호하면서 벽, 기둥을 마무리 하는 보호용 재료를 무엇이라고 하는가?

15 [10①, 19②] 4점

다음 용어를 설명하시오.

(1) 코너비드

(2) 차폐용 콘크리트

16 [04②] 6점

다음 용어를 설명 하시오.

(1) 리그노이드 스톤(Lignoid Stone)

(2) 캐스트 스톤(Cast Stone)

(3) 온도조절 철근(Temperature Bar)

17 [02②] 3점

인조석 바름 또는 테라죠 현장갈기 시공 시 줄눈대를 설치하는 이유에 대하여 3가지 쓰시오.

①

②

③

VI

정답 및 해설

13

합성수지 플라스터 바름

14

코너 비드(Corner Bead)

15

(1) 미장면의 모서리를 보호하면서 벽, 기둥을 마무리 하는 보호용 재료

(2) 중량골재를 사용하여 방사선을 차폐할 목적으로 제작되는 콘크리트

16

(1) 마그네시아 시멘트 모르타르에 탄성재인 코르크분말 안료를 혼합한 미장재료

(2) 자연석과 비슷한 느낌을 주기 위해 잔다듬한 모조석

(3) 건조수축 또는 온도변화에 의하여 콘크리트에 발생하는 균열을 방지하기 위한 목적으로 배치되는 철근

17

① 바닥바름의 구획조정

② 부분적 보수용이성 확보

③ 균열방지

POINT 02 타일공사 일반사항

(1) 타일의 종류, 외장타일에 발생하는 결함

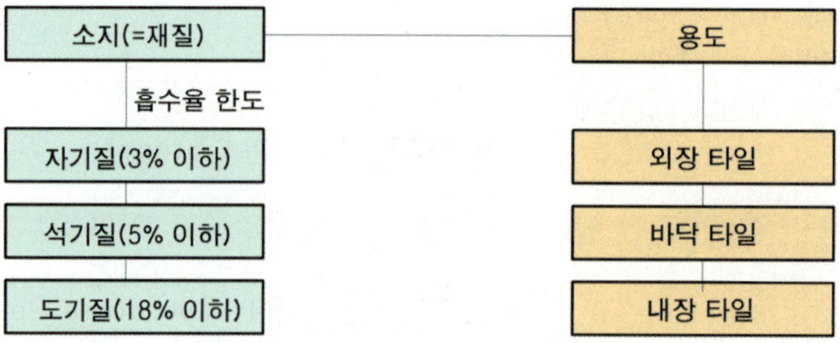

외장타일에 발생하는 결함
• 치수의 차이
• 표면의 흠
• 모양이 뒤틀린 것
• 유약처리가 불균등한 것

(2) 벽체미장공법: 수지미장(=합성수지 플라스터 바름)

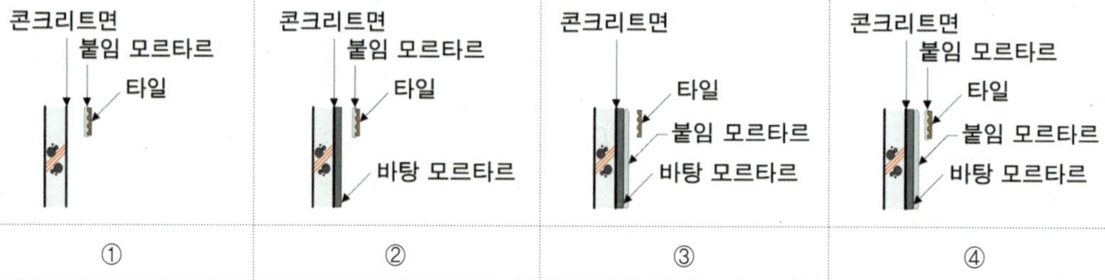

①	떠붙임 공법	타일 뒷면에 붙임모르타르를 얹어 바탕면에 누르듯이 하여 1매씩 붙이는 방법
②	개량떠붙임 공법	바탕면을 먼저 평활하게 미장바름한 후 타일 뒷면에 붙임모르타르를 얹어 바탕면에 누르듯이 하여 1매씩 붙이는 방법
③	압착붙임공법	평평하게 만든 바탕모르타르 위에 붙임모르타르를 바르고 그 위에 타일을 두드려 누르거나 비벼 넣으면서 붙이는 방법
④	개량압착붙임공법	평평하게 만든 바탕모르타르 위에 붙임모르타르를 바르고 타일 뒷면에 붙임모르타르를 얇게 발라 두드려 누르거나 비벼 넣으면서 붙이는 방법
⑤	밀착붙임공법	(개량)압착붙임에서 진동기(Vibrator)를 진동밀착시켜 솟아오른 모르타르로 줄눈시공하는 방법으로 동시줄눈공법이라고도 한다.

(3) 타일붙이기

①	오픈 타임(Open Time)	붙임모르타르를 바탕면에 바른 후 타일붙임을 시작하면 시간경과에 따라 붙임모르타르의 응결이 진행되는데 타일의 기준 접착강도를 얻을 수 있는 최대 한계시간
②	타일의 탈락원인	• 붙임모르타르의 접착강도 부족 • 붙임시간(Open Time)의 불이행, • 바탕재와 타일의 신축 및 변형도 차이 • 붙임 후 양생 및 경화 불량

1998~2024 **기출문제**

01 [00⑤, 03④, 08①] 2점 □□□□□

타일의 종류를 소지 및 용도에 따라 분류하시오.

(1) 소지:

① ________ ② ________ ③ ________

(2) 용도:

① ________ ② ________ ③ ________

02 [98③] 3점 □□□□□

다점토소성 제품인 타일의 선정에서 외장타일에 발생할 수 있는 결점(흠집)의 종류를 3가지 쓰시오.

① ________

② ________

③ ________

03 [99②, 99③, 00③, 08①, 10②, 16①] 3점, 4점 □□□□□

벽타일 붙이기 공법의 종류를 4가지 적으시오.

① ________ ② ________

③ ________ ④ ________

04 [10④] 4점 □□□□□

타일 시공법 중 붙임재 사용법에 따른 공법을 1가지씩 쓰시오.

(1)	타일측에 붙임재를 바르는 공법	
(2)	바탕측에 붙임재를 바르는 공법	

05 [00④, 02④, 06①] 3점 □□□□□

다음이 설명하는 타일공법을 쓰시오.

(1)	가장 오래된 타일붙이기 방법으로 타일 뒷면에 붙임모르타르를 얹어 바탕면에 누르듯이 하여 1매씩 붙이는 방법
(2)	평평하게 만든 바탕 모르타르 위에 붙임모르타르를 바르고 그 위에 타일을 두드려 누르거나 비벼 넣으면서 붙이는 방법
(3)	평평하게 만든 바탕모르타르 위에 붙임모르타르를 바르고 타일 뒷면에 붙임모르타르를 얇게 발라 두드려 누르거나 비벼 넣으면서 붙이는 방법

(1) ________

(2) ________

(3) ________

VI

정답 및 해설

01
(1) ① 자기질 ② 석기질 ③ 도기질
(2) ① 외장타일 ② 바닥타일 ③ 내장타일

02
① 치수의 차이
② 표면의 흠
③ 모양이 뒤틀린 것

03
① 떠붙임 공법
② 개량떠붙임 공법
③ 압착붙임공법
④ 개량압착붙임공법

04
(1) 떠붙임 공법
(2) 압착붙임공법

05
(1) 떠붙임 공법
(2) 압착붙임공법
(3) 개량압착붙임공법

1998~2024 **기출문제**

06 [23④] 3점

다음이 설명하는 용어를 쓰시오.

(1)	가장 오래된 타일붙이기 방법으로 타일 뒷면에 붙임모르타르를 얹어 바탕면에 누르듯이 하여 1매씩 붙이는 방법
(2)	평평하게 만든 바탕 모르타르 위에 붙임모르타르를 바르고 그 위에 타일을 두드려 누르거나 비벼 넣으면서 붙이는 방법
(3)	온도변화에 따른 팽창·수축 또는 부등침하·진동 등에 의해 균열이 예상되는 위치에 설치하는 Joint

(1)
(2)
(3)

07 [15①] 2점

타일공사에서 압착붙임공법의 단점인 오픈타임(Open Time) 문제를 해결하기 위해 개발된 공법으로, 압착붙임공법과는 달리 타일에도 붙임모르타르를 바르므로 편차가 작은 양호한 접착력을 얻을 수 있고 백화도 거의 발생하지 않는 타일붙임공법은?

08 [01①, 07②] 3점

( ) 안에 알맞은 공법을 보기에서 골라 기호로 쓰시오.

① 개량압착 공법　　② 압착 공법
③ 떠붙임 공법　　④ 개량떠붙임 공법
⑤ 밀착(동시줄눈) 공법

(1)	타일 뒷면에 붙임용 모르타르를 바르고 바탕에 누르듯이 하여 1매씩 붙이는 방법으로, 벽면의 아래에서 위로 붙여가는 종래의 일반적인 공법
(2)	원칙적으로 타일 두께의 1/2 이상으로 붙임모르타르를 5~7mm 바르고 그 위에 타일을 수평막대 등으로 타일을 눌러 붙이는 공법
(3)	바탕면에 붙임모르타르를 5~8mm 발라 타일을 눌러 붙인 다음 충격공구(Vibrator)로 충격하여 붙이는 공법

09 [10①, 14④] 4점

벽타일 붙이기 시공순서를 쓰시오.

(1) 바탕처리 ➡ (2) ➡ (3) ➡ (4) ➡ (5)

(2)　　(3)
(4)　　(5)

정답 및 해설

06
(1) 떠붙임 공법
(2) 압착붙임공법
(3) 신축줄눈(Expansion Joint)

07
개량압착붙임공법

08
(1) ③　(2) ②　(4) ⑤

09
(2) 타일 나누기
(3) 벽타일 붙이기
(4) 치장줄눈
(5) 보양

1998~2024 **기출문제**

10 [01②] 2점

□□□□□

다음이 설명하는 용어를 쓰시오.

(1)	물, 이수 중의 콘크리트 치기를 할 때 보통 안지름 25cm 이상으로 하고 관 선단이 항상 채워진 콘크리트 중에 묻히도록 하여 콘크리트 타설을 용이하게 하기 위한 관
(2)	붙임모르타르를 바탕면에 바른 후 타일붙임을 시작하면 시간경과에 따라 붙임모르타르의 응결이 진행되는데 타일의 기준 접착강도를 얻을 수 있는 최대 한계시간

(1) ______________ (2) ______________

11 [16④, 17②, 24③] 4점

□□□□□

타일의 탈락 원인에 대해 4가지를 쓰시오.

(1) ______________

(2) ______________

(3) ______________

(4) ______________

VI

정답 및 해설

10

(1) 트레미관(Tremie Pipe)

(2) 오픈 타임(Open Time)

11

(1) 붙임모르타르의 접착강도 부족

(2) 붙임시간(Open Time)의 불이행

(3) 바탕재와 타일의 신축 및 변형도 차이

(4) 붙임 후 양생 및 경화 불량

02 방수 및 도장공사 : 일반사항

POINT 01 방수공사에서 표기되는 영문기호의 정의 및 주요 방수재료

A – Pr F

방수층의 종류

- A : Asphalt – 아스팔트 방수층
- M : Modified Asphalt – 개량아스팔트 방수층
- S : Sheet – 합성고분자 시트 방수층
- L : Liquid – 도막 방수층

– 로 이어진 중간 문자는 다음을 뜻함

- Pr : Protected – 보행 등에 견딜 수 있는 보호층이 필요한 방수층
- Mi : Mineral Surfaced – 최상층에 모래가 붙은 루핑을 사용한 방수층
- Al : 바탕이 ALC패널용의 방수층
- Th : Thermally Insulated – 방수층 사이에 단열재를 삽입한 방수층
- In : Indoor – 실내용 방수층

각 방수층에 대해 바탕과의 고정상태, 단열재의 유무 및 적용 부위를 나타냄

- F : Fully Bonded – 바탕에 전면 밀착시키는 공법
- S : Spot Bonded – 바탕에 부분적으로 밀착시키는 공법
- T : Thermally Insulated – 바탕과의 사이에 단열재를 삽입한 방수층
- M : Mechanically Fastened – 바탕과 기계적으로 고정시키는 방수층
- U : Underground – 지하에 적용하는 방수층
- W : Wall – 외벽에 적용하는 방수층

①	경화제	2성분형 방수재 혹은 실링재 중 기제와 혼합하여 경화시키는 것
②	기제	2성분형 액상 방수재 혹은 실링재 중 방수층을 형성하는 주성분을 포함하고 있는 성분
③	발수제	대상 재료의 내부구조에 변화를 주지 않고, 표면에 발수성 피막을 만들어 물의 침투를 막는 재료
④	실링재	건축물의 부재와 부재 접합부 줄눈에 충전하면 경화 후 양 부재에 접착하여 수밀성, 기밀성을 확보하는 재료
⑤	백업재	실링재의 줄눈깊이를 소정의 위치로 유지하기 위해 줄눈에 충전하는 성형 재료
⑥	벤토나이트	몬모릴로나이트 계통의 팽창성 3층판으로 이루어져 팽윤 특성을 지닌 가소성이 매우 높은 점토광물
⑦	방수제	모르타르의 흡수 및 투수에 대한 저항성능을 높이기 위하여 혼입하는 혼화제
⑧	방수용액	물에 방수제를 넣어 희석 또는 용해한 것
⑨	방수시멘트 페이스트	시멘트와 방수제 및 물을 혼합하여 반죽한 것
⑩	방수모르타르	시멘트, 모래와 방수제 및 물을 혼합하여 반죽한 것
⑪	시멘트혼입 폴리머 방수제	폴리머 분산제와 수경성 무기분체(시멘트와 규사 및 기타 첨가물)를 혼합하여 폴리머 분산제에 함유된 수분을 시멘트 경화반응에 공급하고, 급속히 응집· 고화시켜 피막을 형성하는 방수제

1998~2024 **기출문제**

01 [16②] 4점 □□□□□

건축공사표준시방서에서 정의하는 방수공사의 표기법에서 최초의 문자는 방수층의 종류에 따라 달라지는데 다음 대문자 알파벳이 나타내는 의미를 쓰시오.

(1) A :

(2) M :

(3) S :

(4) L :

02 [10①] 5점 □□□□□

건축공사표준시방서에서 표기한 방수층의 영문기호 중 아스팔트 방수층에 적용되는 Pr, Mi, Al, Th, In의 영문 기호의 의미를 설명하시오.

(1) Pr :

(2) Mi :

(3) Al :

(4) Th :

(5) In :

03 [05①, 09④] 4점 □□□□□

건축공사표준시방서에서의 방수공사 표기방법 중 각 공법에서 최후의 문자는 각 방수층에 대하여 공통으로 고정상태, 단열재의 유무 및 적용부위를 의미한다. 이에 사용되는 영문기호 F, M, S, U, T, W 중 4개를 선택하여 그 의미를 설명하시오.

(1)

(2)

(3)

(4)

VI

정답 및 해설

01

(1) A: Asphalt – 아스팔트 방수층
(2) M: Modified Asphalt – 개량아스팔트 방수층
(3) S: Sheet – 합성고분자 시트 방수층
(4) L: Liquid – 도막 방수층

02

(1) 보행 등에 견딜 수 있는 보호층이 필요한 방수층
(2) 최상층에 모래가 붙은 루핑을 사용한 방수층
(3) 바탕이 ALC패널용의 방수층
(4) 방수층 사이에 단열재를 삽입한 방수층
(5) 실내용 방수층

03

(1) F: 바탕에 전면 밀착시키는 공법
(2) S: 바탕에 부분적으로 밀착시키는 공법
(3) T: 바탕과의 사이에 단열재를 삽입한 방수층
(4) M: 바탕과 기계적으로 고정시키는 방수층

POINT 02 방수공사 일반사항(Ⅰ)

(1) 멤브레인(Membrane) 방수공법

①	정의	얇은 피막상의 방수층으로 전면을 덮는 방수공법
②	종류	아스팔트(Asphalt) 방수, 시트(Sheet) 방수, 도막방수

아스팔트(Asphalt) 방수

시트(Sheet) 방수

도막방수

(2) 합성고분자 방수공법

①	정의	합성고분자 루핑을 합성고무 또는 합성수지 접착제로 바탕에 붙여 방수층을 만드는 것
②	종류	실링(Sealing) 방수, 시트(Sheet) 방수, 도막방수

(3) 라이닝(Lining) 공법

일반적으로 유리섬유 제품이나 합성섬유 제품을 도막재와 병용하여 방수층을 피복하여 보강하는 공법

(4) 아스팔트 방수공사 재료

①	스트레이트 아스팔트(Straight Asphalt)	신축이 좋고 접착력도 우수하지만 연화점이 낮아 주로 지하실에 사용
②	블로운 아스팔트(Blown Asphalt)	비교적 연화점이 높고 온도에 예민하지 않으므로 지붕방수에 주로 사용
③	아스팔트 프라이머(Asphalt Primer)	블로운 아스팔트를 휘발성용제로 녹인 것으로 방수시공 시 밑바탕에 도포하여 모재와 방수층의 부착을 좋게 한다.
④	아스팔트 컴파운드(Asphalt Compound)	블로운 아스팔트에 동식물성 기름과 광물성 분말을 혼합하여 성질을 개량한 최우량품의 아스팔트

(5) 아스팔트 침입도

아스팔트의 양부를 판별하는데 가장 중요한 경도시험으로 25℃, 100g 추를 5초 동안 누를 때 침이 0.1mm 관입되는 것을 침입도 1로 정의

POINT 02 방수공사 일반사항(Ⅰ)

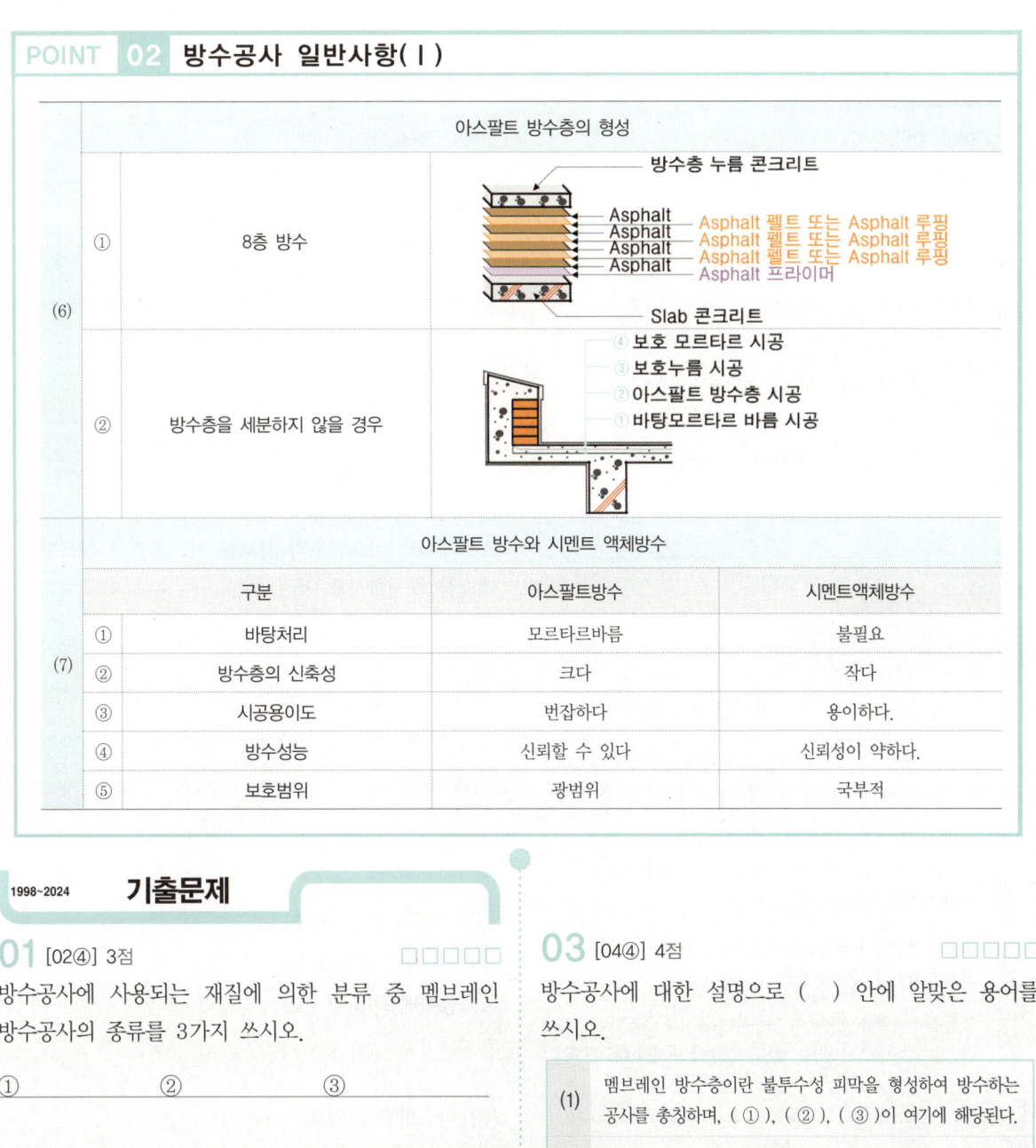

(6)	아스팔트 방수층의 형성		
	①	8층 방수	
	②	방수층을 세분하지 않을 경우	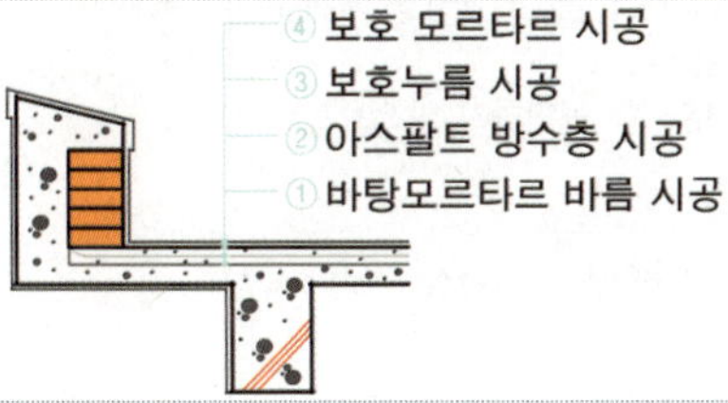

(7)	아스팔트 방수와 시멘트 액체방수			
	구분		아스팔트방수	시멘트액체방수
	①	바탕처리	모르타르바름	불필요
	②	방수층의 신축성	크다	작다
	③	시공용이도	번잡하다	용이하다.
	④	방수성능	신뢰할 수 있다	신뢰성이 약하다.
	⑤	보호범위	광범위	국부적

1998~2024 기출문제

01 [02④] 3점 □□□□□

방수공사에 사용되는 재질에 의한 분류 중 멤브레인 방수공사의 종류를 3가지 쓰시오.

① ② ③

02 [99②, 01④] 3점 □□□□□

합성고분자 방수법의 종류에 대해서 3가지 쓰시오.

① ② ③

03 [04④] 4점 □□□□□

방수공사에 대한 설명으로 ( ) 안에 알맞은 용어를 쓰시오.

(1)	멤브레인 방수층이란 불투수성 피막을 형성하여 방수하는 공사를 총칭하며, (①), (②), (③)이 여기에 해당된다.
(2)	방수를 도막재와 병용하여 방수층을 보강하는 재료로써 일반적으로 유리섬유 제품이나 합성섬유 제품을 사용한다. 이것을 (④)(이)라 한다.

① ②

③ ④

정답 및 해설

01
① 아스팔트 방수 ② 시트 방수 ③ 도막방수

02
① 실링 방수 ② 시트 방수 ③ 도막방수

03
① 아스팔트 방수 ② 시트 방수
③ 도막방수 ④ 라이닝 공법

04 [98②, 01②] 4점 □□□□□

아스팔트 방수공사의 재료에 관한 명칭을 쓰시오.

(1)	블로운 아스팔트에 동식물성 기름과 광물성 분말을 혼합하여 성질을 개량한 최우량품의 아스팔트
(2)	아스팔트를 휘발성 용제로 녹인 것으로 방수시공 시 밑바탕에 도포하여 모재와 방수층의 부착을 좋게 한다.
(3)	비교적 연화점이 높고 온도에 예민하지 않으므로 지붕 방수에 주로 사용한다.
(4)	신축이 좋고 접착력도 우수하지만 연화점이 낮아 주로 지하실 등에 사용한다.

(1) ____________ (2) ____________
(3) ____________ (4) ____________

05 [03④] 4점 □□□□□

다음에서 설명하는 건축 관련용어를 ( )안에 쓰시오.

(1)	지하연속벽(Slurry Wall) 시공 시 굴착작업에 앞서 굴착구 양측에 설치하는 것으로 굴착구 인접지반의 붕락을 방지하고 굴착기계의 진입을 유도하는 가설벽
(2)	수중콘크리트 타설에 이용되는 상단부의 머리 부분에 구멍을 가진 수밀성이 있는 관
(3)	철근의 단면을 산소아세틸렌 불꽃 등을 사용하여 가열하고, 기계적 압력을 가하여 맞댄이음 하는 것
(4)	불투수성 피막을 형성하여 방수하는 공사를 총칭하며, 아스팔트방수층, 시트방수 및 도막방수가 여기에 해당된다.

(1) ____________ (2) ____________
(3) ____________ (4) ____________

06 [09④, 17④] 4점 □□□□□

다음 설명이 뜻하는 용어를 쓰시오.

(1)	보링 구멍을 이용하여 +자 날개를 지반에 때려 박고 회전하여 그 회전력 의하여 지반의 점착력을 판별하는 지반조사 시험
(2)	블로운 아스팔트에 광물성, 동식물섬유, 광물질가루 등을 혼합하여 유동성을 부여한 것

(1) ____________ (2) ____________

07 [98④, 99⑤] 4점 □□□□□

스트레이트 아스팔트와 블로운 아스팔트의 항목별 대소를 표시하시오.(4점)

(1)	침입도	스트레이트 아스팔트 ( ) 블로운 아스팔트
(2)	상온신장도	스트레이트 아스팔트 ( ) 블로운 아스팔트
(3)	부착력	스트레이트 아스팔트 ( ) 블로운 아스팔트
(4)	탄력성	스트레이트 아스팔트 ( ) 블로운 아스팔트

08 [99②, 09①, 15①] 4점 □□□□□

다음 용어를 설명하시오.

(1) 물시멘트비:

(2) 아스팔트 침입도:

정답 및 해설

04
(1) 아스팔트 컴파운드
(2) 아스팔트 프라이머
(3) 블로운 아스팔트
(4) 스트레이트 아스팔트

05
(1) 가이드 월 (2) 트레미 관
(3) 가스압접 (4) 멤브레인 방수

06
(1) 베인 테스트 (2) 아스팔트 컴파운드

07
(1) 침입도: (>)
(2) 상온신장도: (>)
(3) 부착력: (>)
(4) 탄력성: (<)

08
(1) 시멘트 중량에 대한 유효수량의 중량백분율을 의미하며, 콘크리트 강도는 거의 물시멘트비에 의해 결정된다.
(2) 아스팔트의 양부를 판별하는 경도시험으로 25℃, 100g 추를 5초 동안 누를 때 침이 0.1mm 관입되는 것을 침입도 1로 정의한다.

1998~2024 **기출문제**

09 [02②, 10①] 4점

□□□□□

옥상 8층 아스팔트 방수공사의 표준 시공순서를 쓰시오. (단, 아스팔트 종류는 구분하지 않고 아스팔트로 하며, 펠트와 루핑도 구분하지 않고 아스팔트 펠트로 표기한다.)

(1) 1층:	(2) 2층:
(3) 3층:	(4) 4층:
(5) 5층:	(6) 6층:
(7) 7층:	(8) 8층:

10 [15②] 4점

□□□□□

옥상 8층 아스팔트 방수공사의 표준 시공순서를 쓰시오. (단, 아스팔트 종류는 구분하지 않고 아스팔트로 하며, 펠트와 루핑도 구분하지 않고 아스팔트 펠트로 표기한다.)

> 바탕처리 – (1) – (2) – (3) – (4) – (5) – (6) – (7) – (8)

(1)	(2)	(3)	(4)
(5)	(6)	(7)	(8)

11 [05①] 4점

□□□□□

옥상 아스팔트 방수공사를 한 그림이다. 콘크리트 바탕으로부터 최상부 마무리까지의 시공순서를 번호에 맞추어 쓰시오. (단, 아스팔트 방수층 시공순서는 세분하지 않는다.)

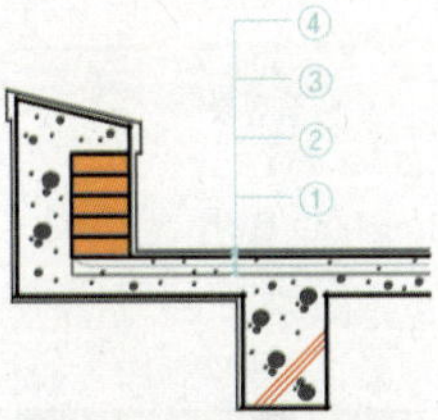

①	
②	
③	
④	

12 [20③, 24②] 4점

□□□□□

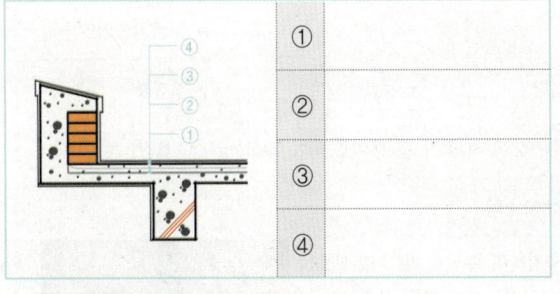

콘크리트로 마감된 옥상에 시트방수 시 하단부터 상단까지의 시공순서를 보기에서 골라 번호로 쓰시오.

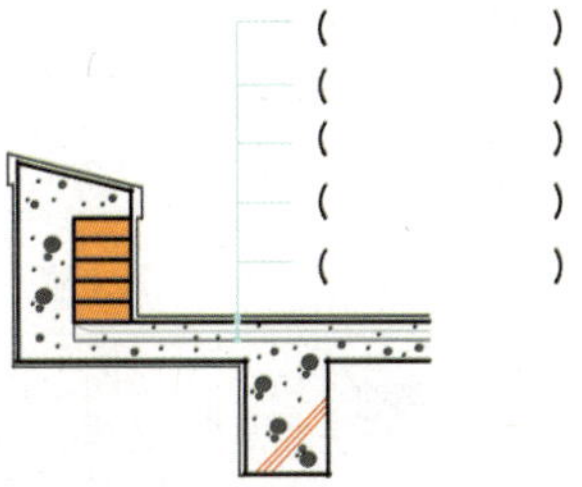

보기

① 무근콘크리트
② 고름모르타르
③ 목재 데크
④ 보호모르타르
⑤ 시트방수

13 [99③] 5점

□□□□□

아스팔트 방수와 시멘트 액체방수를 다음의 관점에서 각각 비교하시오.

구분		아스팔트방수	시멘트액체방수
(1)	바탕처리		
(2)	방수층의 신축성		
(3)	시공용이도		
(4)	방수성능		
(5)	보호범위		

VI

정답 및 해설

09, 10
(1) 아스팔트 프라이머 (2) 아스팔트
(3) 아스팔트 펠트 (4) 아스팔트
(5) 아스팔트 펠트 (6) 아스팔트
(7) 아스팔트 펠트 (8) 아스팔트

11
① 바탕모르타르 바름 시공
② 아스팔트 방수층 시공
③ 보호누름 시공
④ 보호모르타르 시공

12 ② ➡ ⑤ ➡ ④ ➡ ① ➡ ③

13
(1) 모르타르바름, 불필요
(2) 크다, 작다
(3) 번잡하다, 용이하다
(4) 신뢰할 수 있다, 신뢰성이 약하다.
(5) 광범위, 국부적

POINT 03 방수공사 일반사항(II)

(1) 시트(Sheet) 방수

①	방수층 형성원리	도막방수	액체로 된 방수도료를 여러 번 칠하여 상당한 두께의 방수막을 형성하는 공법
		시트(Sheet) 방수	두께 1mm 내외의 합성고분자 루핑(=시트, Sheet)을 접착재로 바탕에 붙여서 방수층을 형성하는 공법
②	특징	장점	• 제품의 규격화로 시공이 간단하다.
			• 바탕균열에 대한 내구성 및 내후성이 좋다.
		단점	• 다른 방수공법에 비해 재료가 비싸다.
			• 접합부 처리 및 복잡한 부위의 마감이 어렵다.

③ 시공순서

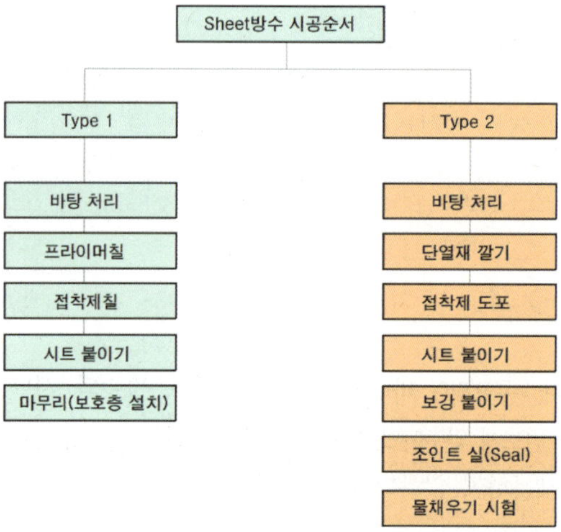

평지붕 외단열
시트(Sheet) 방수공법

바탕콘크리트 타설
➠ 시트방수
➠ 단열재
➠ PE필름
➠ 누름콘크리트

④	접착 및 이음	접착방법	• 온통접착	• 줄접착	• 점접착
		이음방법	5cm 이상 겹쳐 접착 후 테이핑 또는 Sealing재로 충진		

(2) 실링(Sealing) 방수

①	정의	부재 간 접합부 틈새에 실링재를 충진하여 수밀성 및 기밀성을 유지하는 공법		
②	3대 성능요소	• 접착성	• 내구성	• 비오염성
③	파괴 형태	• Sealing재 파단	• 접착면 박리	• 모재의 파괴

POINT 03 방수공사 일반사항(II)

	규산질계 모르타르 방수		
(3)	기존의 멤브레인(Membrane) 계통의 방수를 하지 않고 수중, 지하 구조물의 콘크리트 강도 증진 및 수밀성, 내구성 향상과 콘크리트 성능개선 효과 등을 동시에 얻고자 콘크리트 구조물 단면 전체를 방수화하는 공법으로 현장에서는 구체방수라고도 한다.		

1998~2024 기출문제

01 [00①, 09④, 11④] 4점

방수공법 중 도막방수와 시트방수의 방수층 형성원리에 대하여 기술하시오.

(1) 도막방수

(2) 시트방수

02 [12①, 19①, 19②, 21④] 4점

시트(Sheet) 방수공법의 장단점을 각각 2가지씩 쓰시오.

(1) 장점

①

②

(2) 단점

①

②

03 [99③, 08④, 11②] 3점, 4점

시트방수의 시공순서를 번호로 쓰시오.

((가)) ➠ ((나)) ➠ ((다)) ➠ ((라)) ➠ 마무리

보기

① 시트붙이기　② 프라이머칠

③ 바탕처리　④ 접착제칠

(가)　(나)　(다)　(라)

04 [00⑤, 15①, 17②] 3점

시트(Sheet) 방수공법의 시공순서를 쓰시오.

바탕처리 ➠ (①) ➠ 접착제칠 ➠ (②) ➠ (③)

①　②　③

정답 및 해설

01

(1) 액체로 된 방수도료를 여러 번 칠하여 상당한 두께의 방수막을 형성하는 공법

(2) 두께 1mm 내외의 시트(Sheet)를 접착재로 바탕에 붙여서 방수층을 형성하는 공법

02

(1) ① 제품의 규격화로 시공이 간단하다.

② 바탕균열에 대한 내구성 및 내후성이 좋다.

(2) ① 다른 방수공법에 비해 재료가 비싸다.

② 접합부 처리 및 복잡한 부위의 마감이 어렵다.

03

(가) ③　(나) ②　(다) ④　(라) ①

04

(가) 프라이머칠

(나) 시트붙이기

(다) 보호층 설치

1998~2024 **기출문제**

05 [00④, 05①, 13②] 3점

다음은 시트 방수공사의 항목들이다. 시공순서대로 번호를 나열하시오.

보기

① 단열재 깔기　　② 접착제 도포
③ 조인트 실(Seal)　　④ 물채우기 시험
⑤ 보강 붙이기　　⑥ 바탕 처리
⑦ 시트 붙이기

06 [22④] 3점

평지붕 외단열 시트(Sheet) 방수공법의 시공순서를 보기에서 골라 번호로 쓰시오.

보기

① 누름콘크리트　　② PE필름
③ 단열재　　④ 시트방수
⑤ 바탕콘크리트 타설

07 [04②] 4점

시트(Sheet) 방수공사에서 시트 방수재를 붙이는 방법 3가지를 쓰고, 시트 이음방법을 설명하시오.

(1) 붙이는 방법

①　　②　　③

(2) 시트 이음방법

08 [98⑤] 4점

시트 방수(Sheet Water Proof)공법에 대한 설명이다. (　)안을 채우시오.

(1)	일반적으로 시트 재의 상호간의 이음은 (　　　) 또는 (　　　) 으로 하고, 겹친나비는 각각 5cm 이상, 10cm 이상이 필요하며 충분히 압착해야 한다.
(2)	시공순서는 바탕처리 ➡ (　　　) ➡ 접착제칠 ➡ (　　　) ➡ 마무리 순으로 한다.

09 [05②, 10①] 3점

실링(Sealing) 방수제가 수밀성과 기밀성을 확보하면서 방수재로서 기능을 만족하고, 미를 장기적으로 유지시키기 위해 요구되는 실링방수제의 품질성능 요소를 3가지 쓰시오.

①
②
③

10 [03①] 3점

실링(Sealing) 방수제의 주요 하자요인을 크게 3가지로 분류하시오.

①
②
③

정답 및 해설

05
⑥ ➡ ① ➡ ② ➡ ⑦ ➡ ⑤ ➡ ③ ➡ ④

06
⑤ ➡ ④ ➡ ③ ➡ ② ➡ ①

07
(1) ① 온통접착 ② 줄접착 ③ 점접착
(2) 5cm 이상 겹쳐 접착 후 테이핑 또는 실링(Sealing)재로 충진

08
(1) 겹침이음, 맞댐이음
(2) 프라이머칠, 시트붙이기

09
① 접착성 ② 내구성 ③ 비오염성

10
① 실링(Sealing)재 파단
② 접착면 박리
③ 모재의 파괴

1998~2024 **기출문제**

11 [20④] 3점

기존의 멤브레인(Membrane) 계통의 방수를 하지 않고 수중, 지하구조물의 콘크리트 강도 증진 및 수밀성, 내구성 향상과 콘크리트 성능개선 효과 등을 동시에 얻고자 콘크리트 구조물 단면 전체를 방수화하는 공법의 명칭을 쓰시오.

12 [21④] 3점

방수공법 중 콘크리트에 방수제를 직접 넣어서 방수하는 공법을 무엇이라고 하는가?

VI

정답 및 해설

11, 12

규산질계 모르타르 방수

POINT 04 방수공사 일반사항(Ⅲ)

(1) 지하실 안방수와 바깥방수

비교항목		안방수	바깥방수
①	사용 환경	수압이 작고 얕은 지하실	수압이 크고 깊은 지하실
②	바탕 만들기	따로 만들 필요가 없음	따로 만들어야 함
③	공사 용이성	간단하다.	상당한 어려움이 있다.
④	본공사 추진	자유롭다.	본공사에 선행된다.
⑤	경제성	비교적 저가이다.	비교적 고가이다.
⑥	보호누름	필요하다.	없어도 무방하다.

(2) 바깥방수 시공순서

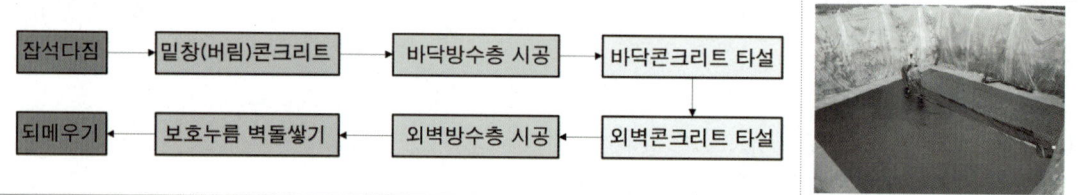

잡석다짐 → 밑창(버림)콘크리트 → 바닥방수층 시공 → 바닥콘크리트 타설 → 외벽콘크리트 타설 → 외벽방수층 시공 → 보호누름 벽돌쌓기 → 되메우기

(3) 조적조 외벽 방수

① 시멘트모르타르계 방수　② 규산질계 도포 방수　③ 발수제 도포 방수

1998~2024 기출문제

01 [98④, 09④, 19④] 5점, 6점

안방수 공법과 바깥방수 공법의 특징을 우측 보기에서 골라 번호로 표기하시오.

비교항목	안방수	바깥방수	보 기	
(1) 사용 환경			① 수압이 작은 얕은 지하실	② 수압이 큰 깊은 지하실
(2) 바탕만들기			① 만들 필요 없음	② 따로 만들어야 함
(3) 공사용이성			① 간단하다.	② 상당히 어렵다.
(4) 본공사 추진			① 자유롭다.	② 본공사에 선행
(5) 경제성			① 비교적 싸다.	② 비교적 고가이다.
(6) 보호누름			① 필요하다.	② 없어도 무방하다.

정답 및 해설

01

비교항목	안방수	바깥방수	보 기	
(1) 사용 환경	①	②	① 수압이 작은 얕은 지하실	② 수압이 큰 깊은 지하실
(2) 바탕만들기	①	②	① 만들 필요 없음	② 따로 만들어야 함
(3) 공사용이성	①	②	① 간단하다.	② 상당히 어렵다.
(4) 본공사 추진	①	②	① 자유롭다.	② 본공사에 선행
(5) 경제성	①	②	① 비교적 싸다.	② 비교적 고가이다.
(6) 보호누름	①	②	① 필요하다.	② 없어도 무방하다.

1998~2024 **기출문제**

02 [03④, 06①] 4점

지하실 방수공법으로 바깥방수와 안방수의 장단점을 기술하시오.

(1) 바깥방수

① 장점:

② 단점:

(2) 안방수

① 장점:

② 단점:

03 [12②, 21①] 3점, 4점

안방수와 바깥방수의 차이점을 4가지 쓰시오.

①

②

③

④

04 [00⑤, 17①] 4점

지하실 바깥방수 시공순서를 번호로 쓰시오.

① 밑창(버림)콘크리트	② 잡석다짐
③ 바닥콘크리트	④ 보호누름 벽돌쌓기
⑤ 외벽콘크리트	⑥ 외벽방수
⑦ 되메우기	⑧ 바닥방수층 시공

05 [99④, 02④] 3점

지하실 바깥방수법의 시공 공정순서를 쓰시오.

밑창콘크리트 – (①) – 바닥콘크리트 타설
– 벽콘크리트 타설 – (②) – (③) – 되메우기

① ② ③

06 [03②, 05②, 08②, 14④, 18④, 22④] 3점

조적조를 바탕으로 하는 지상부 건축물의 외부벽면 방수방법의 내용을 3가지 쓰시오.

① ② ③

정답 및 해설

02

(1) ① 수압이 크고 깊은 지하실에 적용되며, 보호누름이 없어도 무방하다.
② 본공사에 선행되어야 하며, 공사비가 비교적 고가이다.

(2) ① 본공사 추진이 자유롭고 비교적 저가이다.
② 수압이 작고 얕은 지하실에 적용되며, 보호누름이 필요하다.

03

① 안방수는 수압이 작고 얕은 지하실, 바깥방수는 수압이 크고 깊은 지하실
② 안방수는 본공사 추진이 자유롭고, 바깥방수는 본공사에 선행되어야 함
③ 안방수는 비교적 저가, 바깥방수는 고가
④ 안방수는 보호누름이 필요하지만, 바깥방수는 보호누름이 없어도 무방

04

② ➡ ① ➡ ⑧ ➡ ③ ➡ ⑤ ➡ ⑥ ➡ ④ ➡ ⑦

05

① 바닥방수층 시공
② 외벽방수 시공
③ 보호누름 벽돌쌓기

06

① 시멘트모르타르계 방수
② 규산질계 도포 방수
③ 발수제 도포 방수

VI

POINT 05 도장공사 일반사항

(1) 유성 페인트

①	구성요소	• 건성유(Drying Oil) • 희석제(Thinner) • 안료(Pigment) • 건조제(Dryer)	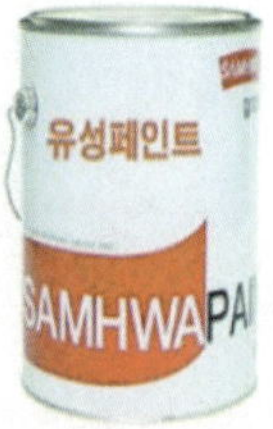 
②	목부 유성페인트 시공	바탕만들기 ➡ 연마 ➡ 초벌칠 ➡ 퍼티먹임 ➡ 연마 ➡ 재벌칠 1회 ➡ 연마 ➡ 재벌칠 2회 ➡ 연마 ➡ 정벌칠	
		연마	도막 또는 도막층을 연마재로 연마해서 정해진 상태까지 깎아내는 작업
		퍼티	바탕의 파임, 균열, 구멍 등의 결함을 메워 바탕의 평편함을 향상시키기 위해 사용하는 살붙임용의 도료. 안료분을 많이 함유하고 대부분은 페이스트상이다.

(2) 유성 니스(Vanish, 바니쉬)

①	구성요소	• 건성유(Drying Oil) • 희석제(Thinner)	 
②	목재면 작업순서	바탕처리 → 눈먹임 Wood Filling (나무결을 메우고 미끈한 칠바탕을 만드는 것) → 색올림 Staining (칠바탕 표면에 색을 올리는 것) → 왁스 문지름	

(3) 금속재료 녹막이용 도장재료[KS M 6030]

1종	광명단 조합 페인트	
2종	크롬산아연 방청 페인트	
3종	아연분말 프라이머	
4종	에칭 프라이머	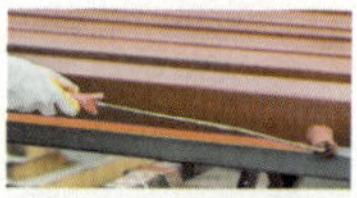
5종	광명단 크롬산아연 방청 프라이머	
6종	타르 에폭시수지 도료	

POINT 05 도장공사 일반사항

(4)	**뿜칠(Spray Gun) 시공요령 및 주의사항**	
	뿜칠 시공 시 뿜칠의 노즐 끝에서 도장면까지의 거리는 300mm를 유지해야 하며, 시공 각도는 90° 로 하고, 5℃ 이하에서는 도장작업을 중단해야 한다.	

(5)		**공사를 중지해야 하는 기상환경 조건**
	①	온도가 1일 평균 0℃ 이하이면 콘크리트 공사 등은 작업 불가능 일수로 산정한다.
	②	강우가 1일 강우량 10mm 이상이면 옥외 도장작업 등은 작업 불가능 일수로 산정한다.
	③	눈이 1일 적설량 10mm 이상이면 옥상방수 작업 등은 작업 불가능 일수로 산정한다.
	④	바람이 1일 최대 풍속 10m/sec 이상이면 철골부재 조립작업 등은 작업 불가능 일수로 산정한다.

(6)			**철재면 오염물 제거 도구 및 용제, 바탕처리법**			
	①	제거 도구		와이어 브러쉬		사포
	②	용제		솔벤트		벤젠
	③	화학적 바탕처리법	• 용제에 의한 방법: 헝겊에 용제를 묻혀 닦아냄 • 산처리법: 인산을 사용하여 닦아내는 방법 • 인산피막법: 인산철의 피막을 형성하는 방법			

(7)		**가연성 도료를 보관하는 도료창고의 구비사항**	
	①	독립한 단층건물로서 주위 건물에서 1.5m 이상 떨어져 있게 한다.	
	②	바닥에는 침투성이 없는 재료를 깐다.	
	③	지붕은 불연재로 하고, 천장을 설치하지 않는다.	
	④	건물 내의 일부를 도료의 저장장소로 이용할 때는 내화구조 또는 방화구조로 된 구획된 장소를 선택한다.	
	⑤	희석제를 보관할 때에는 위험물 취급에 관한 법규에 준하고, 소화기 및 소화용 모래 등을 비치한다.	

1998~2024 **기출문제**

01 [99③] 3점 □□□□□

유성페인트 구성요소를 3가지 쓰시오.

①

②

③

02 [98⑤] 4점 □□□□□

목부 유성페인트 시공을 하고자 한다. 공정의 순서를 아래 보기에서 골라 기호로 쓰시오.

보기

① 정벌칠	② 초벌칠
③ 재벌칠 1회	④ 연마
⑤ 바탕만들기	⑥ 퍼티먹임
⑦ 재벌칠 2회	

03 [20③] 2점 □□□□□

도장공사에서 유성니스(Vanish)에 사용되는 재료 2가지를 쓰시오.

①

②

04 [06④, 16②, 23②] 2점, 3점 □□□□□

목재면 바니쉬칠 공정의 작업순서를 기호로 쓰시오.

① 색올림 ② 왁스 문지름 ③ 바탕처리 ④ 눈먹임

05 [09②, 16④] 2점 □□□□□

금속재료의 녹을 방지하는 방청도장 재료의 종류를 2가지 쓰시오.

①

②

06 [12④] 2점 □□□□□

도장공사에 쓰이는 녹막이용 도장재료를 2가지 쓰시오.

①

②

정답 및 해설

01
① 안료(Pigment)
② 건조제(Dryer)
③ 희석제(Thinner)

02
⑤ ➡ ④ ➡ ② ➡ ⑥ ➡ ④ ➡ ③ ➡ ④ ➡ ⑦ ➡ ④ ➡ ①

03
① 건성유 ② 희석제

04
③ ➡ ④ ➡ ① ➡ ②

05, 06
① 광명단 조합 페인트
② 크롬산아연 방청 페인트

07 [09④] 3점

도장(칠)공사의 시공요령과 주의사항을 적은 다음 글에서 ( ) 안에 들어갈 알맞는 내용을 써 넣으시오.

> 뿜칠 시공 시 뿜칠의 노즐 끝에서 도장면까지의 거리는 (①)mm를 유지해야 하며, 시공 각도는 (②)° 로 하고, (③)℃ 이하에서는 도장작업을 중단해야 한다.

① ② ③

08 [99⑤] 5점

다음은 공정계획시 기후요소에 대한 작업 불가능일수의 일반적인 산정기준이다. 빈칸을 채우시오.

(1)	온도가 1일 평균 ( )℃ 이하이면 콘크리트 공사 등은 작업 불가능 일수로 산정한다.
(2)	강우가 1일 강우량 ( )mm 이상이면 옥외 도장작업 등은 작업 불가능 일수로 산정한다.
(3)	눈이 1일 적설량 ( )mm 이상이면 옥상방수 작업 등은 작업 불가능 일수로 산정한다.
(4)	바람이 1일 최대 풍속 ( )m/sec 이상이면 철골부재 조립작업 등은 작업 불가능 일수로 산정한다.

09 [01①] 4점

철(鐵)재면의 도장공사 시 금속표면에 붙어 있는 유지(油脂)나 녹, 흑피, 기계유 등 여러 종류의 오염물을 닦아내는 도구 및 용제의 이름을 각각 2가지씩 쓰시오.

(1) 도구

① ②

(2) 용제

① ②

10 [11①, 16②] 3점

금속재 바탕처리법 중 화학적 방법 3가지를 쓰시오.

①

②

③

11 [24②] 3점

가연성 도료를 보관하는 도료창고의 구비사항을 3가지 쓰시오.

①

②

③

VI

정답 및 해설

07

① 300 ② 90 ③ 5

08

(1) 0
(2) 10
(3) 10
(4) 10

09

(1) ① 와이어 브러쉬 ② 사포
(2) ① 솔벤트 ② 벤젠

10

① 용제에 의한 방법
② 산처리법
③ 인산피막법

11

① 독립한 단층건물로서 주위 건물에서 1.5m 이상 떨어져 있게 한다.
② 바닥에는 침투성이 없는 재료를 깐다.
③ 지붕은 불연재로 하고, 천장을 설치하지 않는다.

03 미장 및 타일공사, 방수 및 도장공사: 적산사항

POINT 01 수량산출

(1)	미장면적 수량산출	벽, 바닥, 천장 등의 장소별 또는 마무리 종류별로 면적을 산출한다.
(2)	타일면적 수량산출	1㎡당 소요되는 수량에 주어진 면적을 곱하여 수량을 산출한다.
(3)	방수면적 수량산출	시공 장소별(바닥, 벽면, 지하실, 옥상 등), 시공종별(아스팔트방수, 시멘트액체방수, 방수 모르타르 등)로 구분하여 면적을 산출한다.

1998~2024 기출문제

01 [03②, 15④, 18①] 3점

바닥 미장면적이 1,000m^2일 때, 1일 10인 작업 시 작업소요일을 구하시오. (단, 아래와 같은 품셈을 기준으로 하며 계산과정을 쓰시오.)

바닥미장 품셈(㎡)

구분	단위	수량
미장공	인	0.05

02 [03④] 3점

바닥 마감공사에서 규격 180mm×180mm인 클링커 타일을 줄눈나비 10mm로 바닥면적 200㎡에 붙일 때 붙임매수는 몇 장인가? (할증률 및 파손은 없는 것으로 가정)

03 [04②] 2점

내장타일 15cm 각, 줄눈 5mm로 타일 10㎡를 붙일 때 타일 장수를 정미량으로 산출하시오.

정답 및 해설

01

(1) 1㎡당 품셈: 0.05인

(2) 작업소요일: 1,000×0.05÷10＝5일

02

$$\frac{1\times1}{(0.18+0.01)\times(0.18+0.01)}\times200$$

＝5,540.166 ➠ 5,541매

03

$$\frac{1\times1}{(0.15+0.005)\times(0.15+0.005)}\times10$$

＝416.233 ➠ 417매

04 [06①, 08④, 11④, 24②] 6점 □□□□□□

다음 도면을 보고 옥상방수면적(m^2), 누름콘크리트량(m^3), 보호벽돌량(매)를 구하시오.
(단, 벽돌의 규격은 190×90×57, 할증률은 5%)

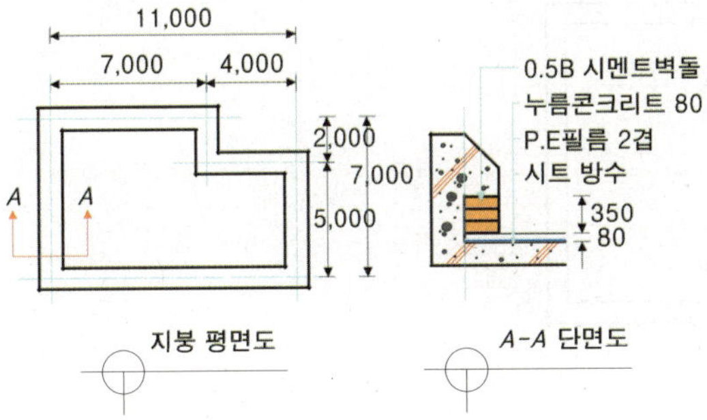

(1) 옥상방수 면적

(2) 누름콘크리트량

(3) 보호벽돌 소요량

05 [15①, 21②] 6점 □□□□□□

다음 도면을 보고 옥상방수면적(m^2), 누름콘크리트량(m^3), 보호벽돌량(매)를 구하시오.
(단, 벽돌의 규격은 190×90×57)

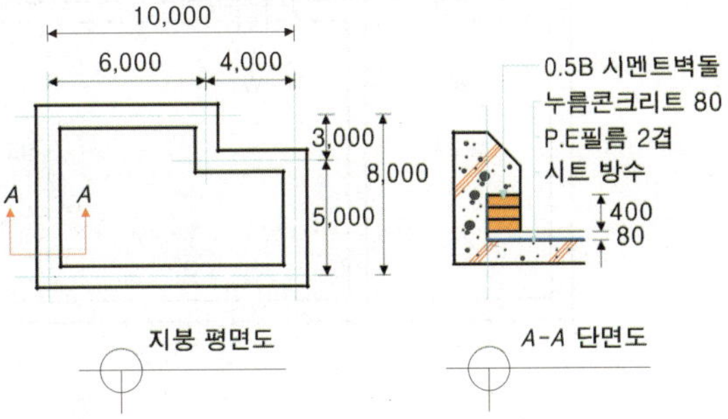

(1) 옥상방수 면적

(2) 누름콘크리트량

(3) 보호벽돌 정미량

정답 및 해설

04 (1) $84.48m^2$ (2) $5.52m^3$ (3) 983매

(1) $(7\times7)+(4\times5)+\{(11+7)\times2\times0.43\}=84.48$

(2) $\{(7\times7)+(4\times5)\}\times0.08=5.52$

(3) $\{(11-0.09)+(7-0.09)\}\times2\times0.35\times75$매$\times1.05=982.3$

05 (1) $85.28m^2$ (2) $5.44m^3$ (3) 1,070매

(1) $(6\times8)+(4\times5)+\{(10+8)\times2\times0.48\}=85.28$

(2) $\{(6\times8)+(4\times5)\}\times0.08=5.44$

(3) $\{(10-0.09)+(8-0.09)\}\times2\times0.4\times75$매$=1,069.2$

VI

06 [09①, 13①, 20⑤] 9점, 10점

그림과 같은 창고를 시멘트벽돌로 신축하고자 할 때 벽돌쌓기량(매), 내외벽 시멘트 미장할 때 미장면적을 구하시오.

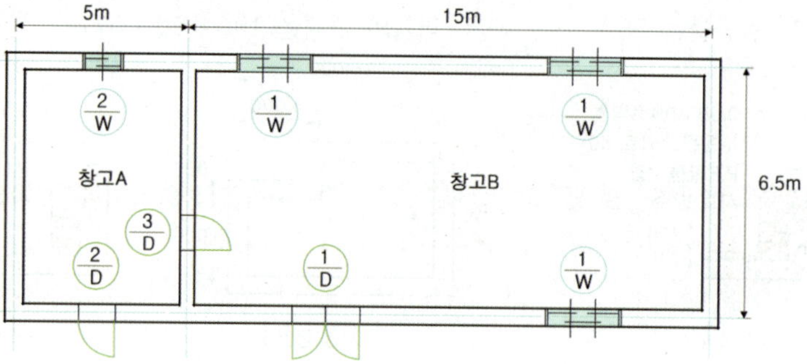

단, 1) 벽두께는 외벽 1.5B 쌓기, 칸막이벽 1.0B 쌓기로 하고 벽높이는 안팎 3.6m 로 가정하며, 벽돌은 표준형(190×90×57)으로 할증률은 5%.

2) 창문틀 규격: 1/D : 2.2×2.4m　2/D : 0.9×2.4m　3/D : 0.9×2.1m

1/W : 1.8×1.2m　2/W : 1.2×1.2m

(1) 벽돌량

(2) 미장면적

정답 및 해설

06 (1) 44,466매 (2) $390.44m^2$

(1) 벽돌량:

① 1.5B: [{(20+6.5)×2×3.6}−{(1.8×1.2×3개) +(1.2×1.2)+(2.2×2.4)+(0.9×2.4)}]×224 = 39,298.51

② 1.0B: {(6.5−0.29)×3.6−(0.9×2.1)}×149 = 3,049.4

③ 소요 벽돌량: (39,298.5+3,049.4)×1.05 = 44,465.2

(2) 미장면적:

① 외부: [{(20+0.29)+(6.5+0.29)}×2×3.6] −{(1.8×1.2×3개)+(1.2×1.2)+(2.2×2.4)+(0.9×2.4)} = 179.616

② 내부: {(14.76+6.21)×2+(4.76+6.21)×2}×3.6 −{(1.8×1.2×3개)+(1.2×1.2)+(2.2×2.4) +(0.9×2.4)+(0.9×2.1×2개)}= 210.828

③ 합계: 179.616+210.828 = 390.444

07 [03②] 8점

그림과 같은 창고를 시멘트벽돌로 신축하고자 할 때 벽돌쌓기량(매), 내외벽 시멘트 미장할 때 미장면적을 구하시오.

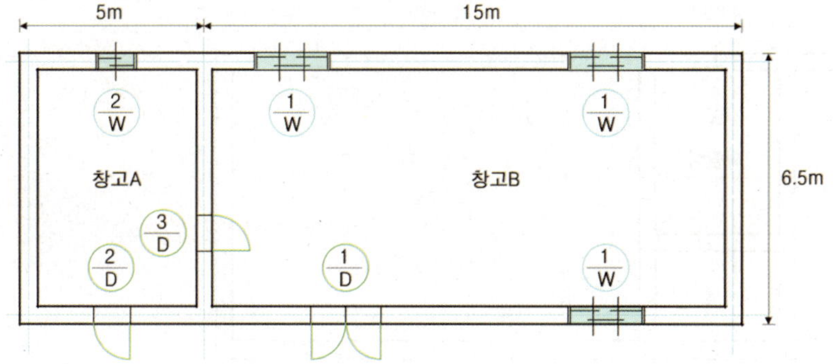

단, 1) 벽두께는 외벽 1.5B 쌓기, 칸막이벽 1.0B 쌓기로 하고 벽높이는 안팎 3.6m로 가정하며, 벽돌은 표준형(190×90×57)으로 할증률은 5%.

2) 창문틀 규격: (1/D) : 2.2×2.4m　(2/D) : 0.9×2.4m　(3/D) : 0.9×2.1m

(1/W) : 1.8×1.2m　(2/W) : 1.2×1.2m

(1) 벽돌량

(2) 미장면적

〈참고〉

06번 문제는 벽체중심간의 거리, 07번 문제는 외벽간의 거리임을 주의한다.

정답 및 해설

07 (1) 43,320매　(2) 380.00m^2

(1) 벽돌량:

① 1.5B : $[\{(20-0.29)+(6.5-0.29)\}\times2\times3.6 -\{(1.8\times1.2\times3개)+(1.2\times1.2)+(2.2\times2.4)+(0.9\times2.4)\}]\times224=38,363.1$

② 1.0B: $\{(6.5-0.29\times2)\times3.6-(0.9\times2.1)\}\times149=2,893.8$

③ 소요 벽돌량: $(38,363.1+2,893.8)\times1.05=43,319.7$

(2) 미장면적:

① 외부: $\{(20+6.5)\times2\times3.6\}-\{(1.8\times1.2\times3개)+(1.2\times1.2)+(2.2\times2.4)+(0.9\times2.4)\}=175.44$

② 내부

㉮ 창고A: $\left\{\left(5-0.29-\frac{0.19}{2}\right)+(6.5-0.29\times2)\right\}\times2\times3.6 -(1.2\times1.2+0.9\times2.4+0.9\times2.1)=70.362$

㉯ 창고B: $\left\{\left(15-0.29-\frac{0.19}{2}\right)+5.92\right\}\times2\times3.6 -(1.8\times1.2\times3개+2.2\times2.4+0.9\times2.1)=134.202$

③ 합계: $175.44+70.362+134.204=380.004$

08 [00④, 01④, 02②, 05①] 9점

그림과 같은 간이 사무실 건축에서 바닥은 테라죠 현장갈기로 하고, 벽은 시멘트벽돌 바탕에 시멘트모르타르로 바름할 때 각 공사수량을 산출하시오.

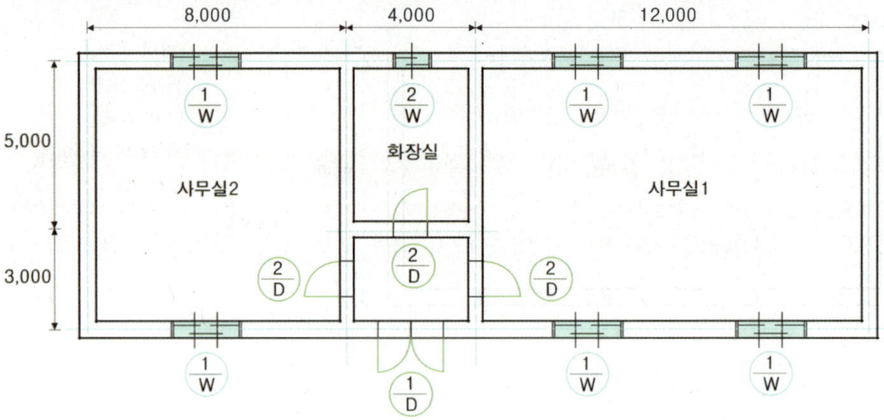

단, ① 벽두께-외벽 : 1.0B, 내벽 : 0.5B
② 벽돌의 크기 : 표준형을 사용, 벽돌의 할증률 : 5%, 벽돌벽의 높이 : 2.7m
③ 시멘트벽돌 수량산출 시 외벽 및 칸막이벽의 길이 산정은 모두 중심거리로 한다.
④ 외벽 시멘트모르타르 바름높이 : 3m
⑤ 사무실 내부 걸레받이 높이는 15cm 이며 테라죠 현장갈기 마감
⑥ 창호의 크기

1/D : 2,200mm×2,400mm   1/W : 1,800mm×1,200mm

2/D : 1,000mm×2,100mm   2/W : 1,200mm×900mm

(1) 시멘트벽돌량

(2) 테라죠 현장갈기 수량(m²) (단, 사무실 1, 2의 경우임)

(3) 외벽 미장면적

정답 및 해설

08 (1) 27,769매 (2) 164.31m^2 (3) 174.96m^2

(1) 시멘트벽돌량

① 외벽 1.0B: [{(24+8)×2×2.7}−{(1.8×1.2×6개 +1.2×0.9+2.2×2.4)}]×149 = 22,868.5매

② 내벽 0.5B: [{(8×2면+4)×2.7}−(1×2.1×3개)]×75 = 3,577.5매

③ 합계: (22,868.5+3,577.5)×1.05 = 27,768.3

(2) 테라죠 현장갈기 수량(m²)(단, 사무실 1, 2의 경우임)

① 사무실1: $\left\{\left(12-\frac{0.19}{2}-\frac{0.09}{2}\right)\times\left(8-\frac{0.19}{2}-\frac{0.19}{2}\right)\right\}$ $+[\{(11.86+7.81)\times2-1\}]\times0.15=98.377$

② 사무실2: $\left\{\left(8-\frac{0.19}{2}-\frac{0.09}{2}\right)\times\left(8-\frac{0.19}{2}-\frac{0.19}{2}\right)\right\}$ $+[\{(7.86+7.81)\times2-1\}]\times0.15=65.937$

③ 합계: 98.377+65.937 = 164.314

(3) 외벽 미장면적

{(24.19+8.19)×2×3}
−(1.8×1.2×6+1.2×0.9+2.2×2.4) = 174.96

7

유리 및 창호공사 · 커튼월공사 · 수장 및 그 밖의 공사

01 유리 및 창호공사, 커튼월공사

POINT 01 유리공사 일반사항

		주요 유리의 종류 및 특징		
(1)	①	접합 유리 (Laminated Glass)		두 장 이상의 판유리(Float Glass) 사이에 합성수지를 겹붙여 댄 것으로 합판유리라고도 한다.
	②	복층 유리 (Pair Glass)		건조공기층을 사이에 두고 판유리를 이중으로 접합하여 테두리를 밀봉한 유리로서 단열 및 소음 차단성능을 향상시킨 유리
			【※ 단열 간봉(Thermal Spacer): 복층유리에서 유리와 유리 사이의 간격을 유지하기 위해 유리 가장자리에 쓰는 열전도율이 낮은 플라스틱 간격재】	
	③	배강도 유리 (Heat Strengthened Glass)	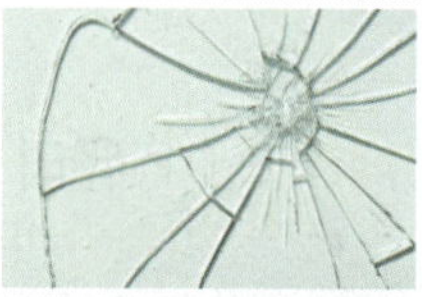	판유리를 연화점(Softening Point) 정도로 가열 후 서냉하여 유리표면에 24MPa 이상의 압축응력층을 갖도록 한 유리로서 일반유리의 2~3배 정도의 강도를 갖는다.
	④	강화 유리 (Tempered Glass)		판유리를 연화점(Softening Point) 정도로 가열 후 급냉하여 유리표면에 69MPa 이상의 압축응력층을 갖도록 한 유리로서 일반유리의 3~5배 정도의 강도를 갖는다.
	⑤	Low-E 유리 (Low-Emissivity Glass)	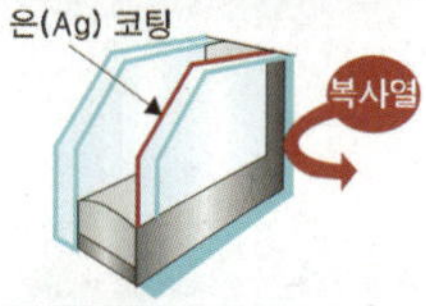	열적외선을 반사하는 은소재 도막으로 코팅하여 방사율과 열관류율을 낮추고 가시광선투과율을 높인 유리로서 저방사 유리라고도 한다.
	⑥	자외선투과 유리		일광욕실, 병원, 요양소 등에 사용
	⑦	자외선차단 유리		진열창, 약품창고 등에서 노화와 퇴색방지에 사용

		안전유리(Safety Glass), 절단이 불가능한 유리			
(2)	①	안전유리	• 접합 유리	• 강화 유리	• 망입 유리
	②	절단이 불가능한 유리	• 복층 유리	• 배강도 유리,	• 유리 블록

1998~2024 **기출문제**

01 [02②] 4점

다음은 유리의 종류에 관한 설명이다. 설명이 의미하는 유리의 종류를 보기에서 골라 번호로 쓰시오.

① 접합유리(Laminated Glass)	② 자외선투과 유리
③ 복층 유리(Pair Glass)	④ 열선반사 유리
⑤ 자외선차단 유리	⑥ 강화 유리
⑦ 망입 유리	⑧ 프리즘(Prism) 유리

(1)	건조공기층을 사이에 두고 판유리를 이중으로 접합하여 테두리를 둘러서 밀봉한 유리	
(2)	일광욕실, 병원, 요양소 등에 사용	
(3)	두 장 이상의 판유리 사이에 합성수지를 겹붙여 댄 것으로서 일명 합판유리라 함	
(4)	진열창, 약품창고 등에서 노화와 퇴색방지에 사용	

02 [13①, 17②, 17④, 22②] 4점, 6점

다음 용어를 설명하시오.

(1) 복층 유리

(2) 배강도 유리

(3) 강화 유리:

03 [15②, 19①, 23④] 4점

다음 용어를 설명하시오.

(1) 접합 유리(Laminated Glass)

(2) 저방사 유리(Low-Emissivity Glass)

04 [20⑤, 22④, 24①] 4점

다음 용어를 설명하시오.

(1) 로이 유리(Low-Emissivity Glass):

(2) 단열 간봉(Thermal Spacer):

05 [98①, 00③] 3점

일반적으로 넓은 의미의 안전유리(Safety Glass)로 분류할 수 있는 성질을 가진 유리를 3가지 쓰시오.

① ② ③

06 [01①, 18④] 2점, 3점

공사현장에서 절단이 불가능하여 사용치수로 주문 제작해야 하는 유리의 명칭 3가지를 쓰시오.

① ② ③

VII

정답 및 해설

01

(1) ③ (2) ② (3) ① (4) ⑤

02

(1) 건조공기층을 사이에 두고 판유리를 이중으로 접합하여 테두리를 밀봉한 유리

(2) 판유리를 연화점 정도로 가열 후 서냉하여 유리표면에 24MPa 이상의 압축응력층을 갖도록 한 유리로서 일반유리의 2~3배 정도의 강도를 갖는다.

(3) 판유리를 연화점 정도로 가열 후 급냉하여 유리표면에 69MPa 이상의 압축응력층을 갖도록 한 유리로서 일반유리의 3~5배 정도의 강도를 갖는다.

03

(1) 두 장 이상의 판유리 사이에 합성수지를 겹붙여 댄 것으로 합판유리라고도 한다.

(2) 열적외선을 반사하는 은소재 도막으로 코팅하여 방사율과 열관류율을 낮추고 가시광선투과율을 높인 유리

04

(1) 열적외선을 반사하는 은소재 도막으로 코팅하여 방사율과 열관류율을 낮추고 가시광선투과율을 높인 유리

(2) 복층유리에서 유리와 유리 사이의 간격을 유지하기 위해 유리 가장자리에 쓰는 열전도율이 낮은 플라스틱 간격재

05

① 접합 유리 ② 강화 유리 ③ 망입 블록

06

① 복층 유리 ② 배강도 유리 ③ 유리 블록

POINT 02 창호공사 일반사항

(1) 창호의 기호

창호틀 재료의 종류	창호의 구별	성능에 따른 구분
• A: 알루미늄(Aluminum) • G: 유리(Glass)	• D: 문(Door)	• 방화 창호
• P: 플라스틱(Plastic) • S: 강철(Steel)	• W: 창(Window)	• 방음 창호
• SS: 스테인리스(Stainless) • W: 목재(Wood)	• S: 셔터(Shutter)	• 단열 창호

(2) 강제창호

①	제작순서	원척도 → 녹떨기 → 변형 바로잡기 → 금매김 → 절단 → 구부리기 → 조립 → 용접 → 마무리
②	현장설치	현장반입 → 변형 바로잡기 → 녹막이칠 → 먹매김 → 구멍파기, 따내기 → 가설치 및 검사 → 묻음발 고정 → 창문틀 주위 사춤 → 보양
③	강제창호와 비교한 알루미늄 창호의 장점	• 가볍고 공작이 자유롭다. • 녹슬지 않고 내구연한이 길다. 
④	알루미늄 창호공사시 주의할 사항	• 알루미늄 표면에 부식을 일으키는 다른 금속과 직접 접촉하는 것은 피한다. • 모르타르 등 알칼리성 재료와 접하는 곳에는 내알칼리성 도장을 한다. • 강재의 골조, 보강재, 앵커 등은 아연도금 처리한 것을 사용한다.

POINT 02 창호공사 일반사항

(3)

창호공사 관련용어

①

② ③

④

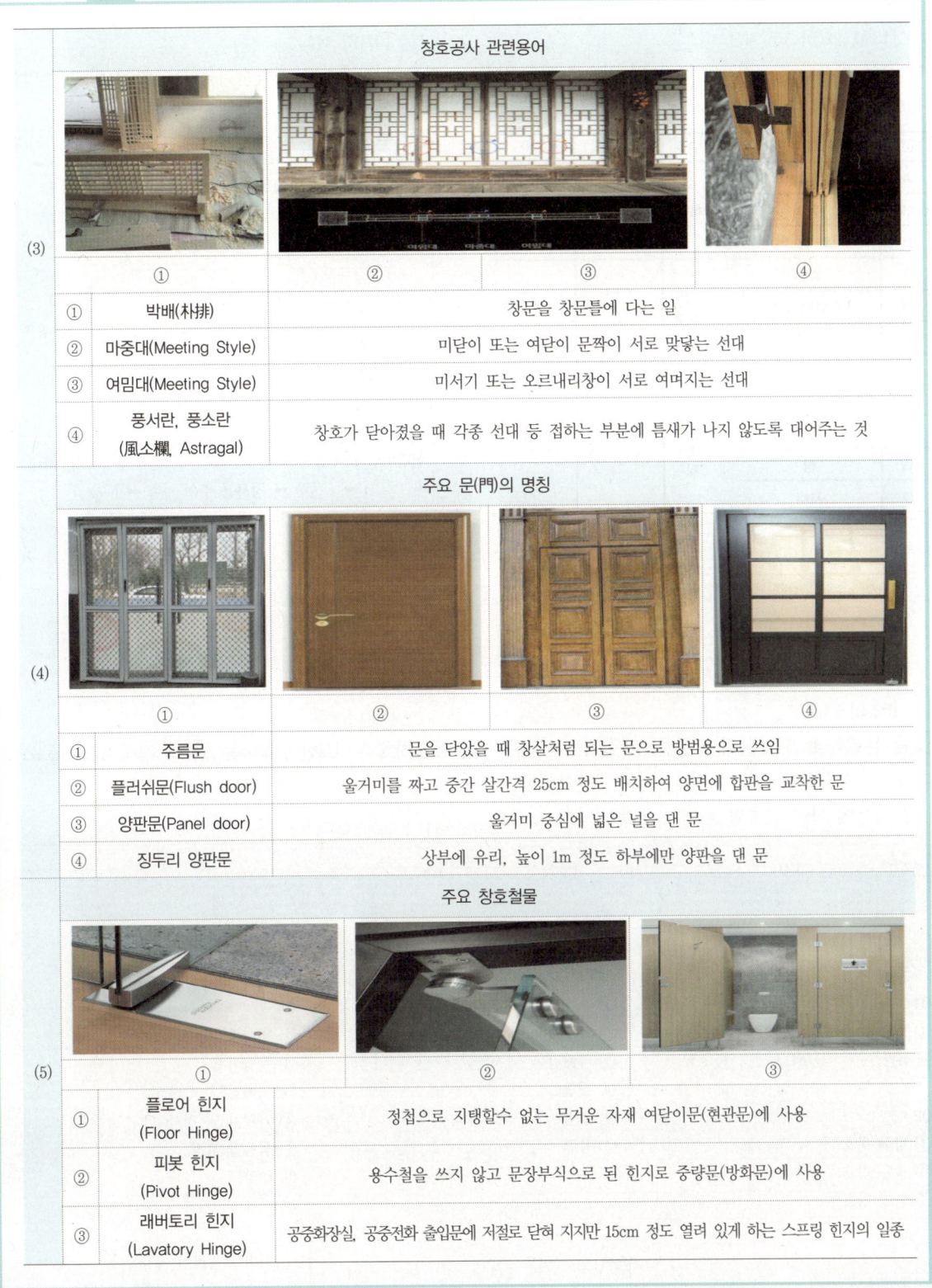

①	박배(朴排)	창문을 창문틀에 다는 일
②	마중대(Meeting Style)	미닫이 또는 여닫이 문짝이 서로 맞닿는 선대
③	여밈대(Meeting Style)	미서기 또는 오르내리창이 서로 여며지는 선대
④	풍서란, 풍소란 (風소欄, Astragal)	창호가 닫아졌을 때 각종 선대 등 접하는 부분에 틈새가 나지 않도록 대어주는 것

(4)

주요 문(門)의 명칭

①

②

③

④

①	주름문	문을 닫았을 때 창살처럼 되는 문으로 방범용으로 쓰임
②	플러쉬문(Flush door)	울거미를 짜고 중간 살간격 25cm 정도 배치하여 양면에 합판을 교착한 문
③	양판문(Panel door)	울거미 중심에 넓은 널을 댄 문
④	징두리 양판문	상부에 유리, 높이 1m 정도 하부에만 양판을 댄 문

(5)

주요 창호철물

①

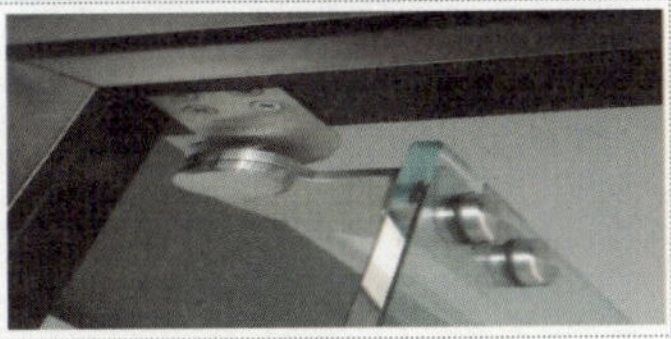

②

③

①	플로어 힌지 (Floor Hinge)	정첩으로 지탱할수 없는 무거운 자재 여닫이문(현관문)에 사용
②	피봇 힌지 (Pivot Hinge)	용수철을 쓰지 않고 문장부식으로 된 힌지로 중량문(방화문)에 사용
③	래버토리 힌지 (Lavatory Hinge)	공중화장실, 공중전화 출입문에 저절로 닫혀 지지만 15cm 정도 열려 있게 하는 스프링 힌지의 일종

VII

1998~2024 **기출문제**

01 [13①, 22①] 3점, 6점

다음 표에 제시된 창호재료의 종류 및 기호를 참고하여, 아래의 창호기호표를 표시하시오.

기호	창호를 재료의 종류
A	알루미늄
G	유리
P	플라스틱
S	강철
SS	스테인리스
W	목재

기호	창호 구별
D	문
W	창
S	셔터

구분	문	창
목제	1	2
철제	3	4
알루미늄제	5	6

① ② ③

④ ⑤ ⑥

02 [03④] 3점

창호를 분류하면 기능에 의한 분류, 재질에 의한 분류, 개폐방식에 의한 분류, 성능에 의한 분류로 구분할 수 있다. 이 중 성능에 따라 분류할 때의 종류를 3가지 쓰시오.

① ② ③

03 [07①] 4점

다음의 강제창호 제작순서를 (　)안에 알맞은 말을 써 넣어 완성하시오.

원척도 ➡ (①) ➡ 변형바로잡기 ➡ (②) ➡ (③) ➡ 구부리기 ➡ (④) ➡ (⑤) ➡ 마무리

① ② ③

④ ⑤

04 [04②] 4점

강제창호 현장설치 공법의 시공순서를 쓰시오.

현장반입 ➡ (①) ➡ (②) ➡ (③) ➡ 구멍파기, 따내기 ➡ (④) ➡ (⑤) ➡ 창문틀 주위 사춤 ➡ (⑥)

① ② ③

④ ⑤

05 [14①] 2점

철제창호와 비교한 알루미늄 창호의 장점 2가지를 쓰시오.

①

②

정답 및 해설

01

① WD ② WW ③ SD

④ SW ⑤ AD ⑥ AW

02

① 방화 창호

② 방음 창호

③ 단열 창호

03

① 녹떨기

② 금매김

③ 절단

④ 조립

⑤ 용접

04

① 변형바로잡기

② 녹막이칠

③ 먹매김

④ 가설치 및 검사

⑤ 묻음발 고정

⑥ 보양

05

① 가볍고 공작이 자유롭다.

② 녹슬지 않고 내구연한이 길다.

1998~2024 **기출문제**

06 [17④] 4점

금속재료로서의 알루미늄의 장점을 2가지 쓰시오.

①

②

07 [98③] 3점

알루미늄 창호공사시 주의사항에 대하여 3가지 쓰시오.

①

②

③

08 [98①, 05④, 08④] 4점

창호공사에 관한 설명이 의미하는 용어명을 쓰시오.

① 창문을 창문틀에 다는 일
② 미닫이 또는 여닫이 문짝이 서로 맞닿는 선대
③ 미서기 또는 오르내리창이 서로 여며지는 선대
④ 창호가 닫아졌을 때 각종 선대 등 접하는 부분에 틈새가 나지 않도록 대어주는 것

① ②

③ ④

09 [00⑤] 4점

다음 설명이 의미하는 문의 명칭을 쓰시오.

(1)	문을 닫았을 때 창살처럼 되는 문으로 방범용으로 쓰임
(2)	울거미를 짜고 중간 살간격 25cm 정도 배치하여 양면에 합판을 교착한 문
(3)	상부에 유리, 높이 1m 정도 하부에만 양판을 댄 문
(4)	울거미 중심에 넓은 널을 댄 문

(1) (2)

(3) (4)

10 [99③, 04④] 3점

( ) 안에 알맞은 창호철물을 쓰시오.

정첩으로 지탱할 수 없는 무거운 자재 여닫이문(현관문)에는 (①)힌지, 용수철을 쓰지 않고 문장부식으로 된 힌지로 중량문(방화문)에 사용하는 (②)힌지, 스프링 힌지의 일종으로 공중화장실, 공중전화 출입문에는 저절로 닫혀 지지만 15cm 정도 열려 있게 하는 (③)힌지 등이 사용된다.

① ② ③

VII

정답 및 해설

06
① 가볍고 공작이 자유롭다.
② 녹슬지 않고 내구연한이 길다.

07
① 알루미늄 표면에 부식을 일으키는 다른 금속과 직접 접촉하는 것은 피한다.
② 모르타르 등 알칼리성 재료와 접하는 곳에는 내알칼리성 도장을 한다.
③ 강재의 골조, 보강재, 앵커 등은 아연도금 처리한 것을 사용한다.

08
① 박배
② 마중대
③ 여밈대
④ 풍소란

09
(1) 주름문
(2) 플러쉬문 (Flush door)
(3) 징두리 양판문
(4) 양판문 (Panel door)

10
① 플로어 힌지
② 피봇 힌지
③ 래버토리 힌지

POINT 03 커튼월(Curtain Wall) 공사(Ⅰ)

(1) 금속 커튼월(Metal Curtain Wall) 재료별 분류

알루미늄(Aluminum)	스틸(Steel)	스테인리스 스틸(Stainless Steel)

(2) 구조방식에 의한 분류

Mullion 방식	Panel 방식
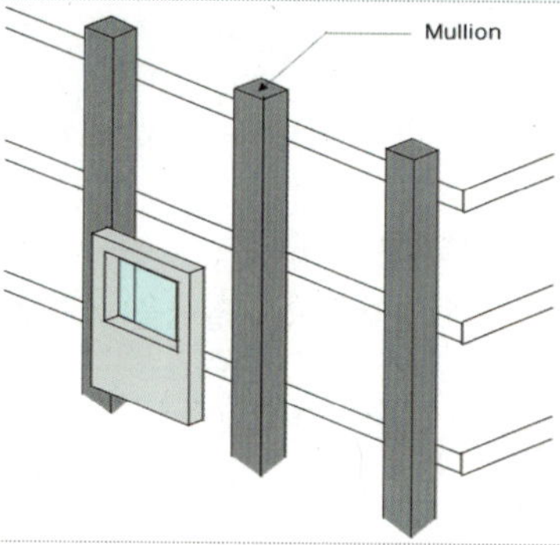	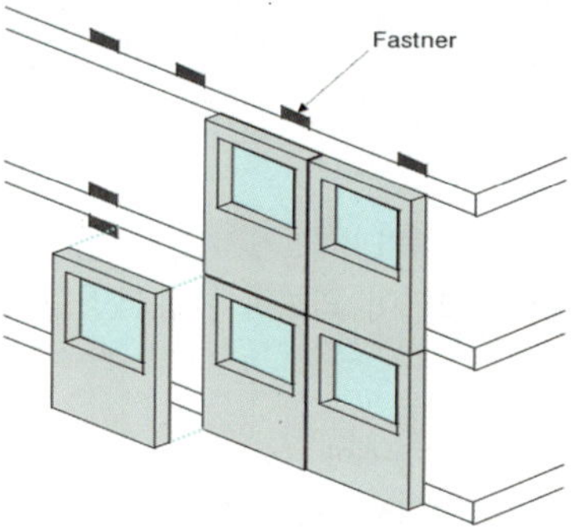
수직부재(Mullion)의 부착은 상단을 패스너(Fastner)로 구조체에 고정하고, 하단 하부 수직재에 삽입하는 방식	커튼월 부재를 공장에서 제작, 유닛(Unit)화하여 현장반입 후 설치하는 방식

(3) 조립방식에 의한 분류

Stick Wall 방식

- **구성 부재를 현장에서 조립 · 연결하여 창틀이 구성되는 형식**
- 현장 적응력이 우수하여 공기조절이 가능

Unit Wall 방식

- 창호와 유리, 패널의 일괄발주 방식
- 구성 부재 모두가 공장에서 조립된 프리패브(Pre-Fab) 형식
- 업체의 의존도가 높아서 현장상황에 융통성을 발휘하기가 어려움

Window Wall 방식

- 창호와 유리, 패널의 개별발주 방식
- 창호구조가 패널 트러스에 연결할 수 있어서 재료의 사용 효율이 높아 비교적 경제적인 시스템 구성이 가능한 방식

POINT 03 커튼월(Curtain Wall) 공사(Ⅰ)

(4) 입면에 의한 분류

샛기둥(Mullion) 방식	스팬드럴(Spandrel) 방식	격자(Grid) 방식	피복(Sheath) 방식

샛기둥(Mullion) 방식
- 수직기둥을 노출시키고, 그 사이에 유리창이나 스팬드럴 패널을 끼우는 방식

스팬드럴(Spandrel) 방식
- 수평선을 강조하는 창과 스팬드럴 조합으로 이루어지는 방식

격자(Grid) 방식
- 수직, 수평의 격자형 외관을 보여주는 방식

피복(Sheath) 방식
- 구조체를 외부에 노출시키지 않고 패널로 은폐시키고 새시는 패널 안에서 끼워지는 방식

(5) SSG 공법(Structural Sealant Glazing System)

①	공법의 정의	건물의 창과 외벽을 구성하는 유리와 패널류를 구조 실런트(Structural Sealant)를 사용하여 실내측의 멀리온(Mullion)이나 프레임(Frame) 등에 접착고정하는 공법		
②	주요 검토사항	• 풍압력	• 지진하중	
		• 유리중량	• 온도 무브먼트	

1998~2024 **기출문제**

01 [05①] 3점

커튼월공사를 주프레임 재료를 기준으로 크게 3가지로 분류할 수 있는데 그 3가지의 커튼월을 쓰시오.

①

②

③

02 [09④, 12②, 16①] 4점

대표적인 고층건물의 비내력벽 구조로써 사용이 증가되고 있는 커튼월공법은 재료에 의한 분류, 구조형식, 조립방식별 분류 등 다양한 분류방식이 존재하는데, 구조형식과 조립방식에 의한 커튼월공법을 각각 2가지씩 쓰시오.

(1) 구조형식에 따른 분류 2가지:

①

②

(2) 조립방식에 의한 분류 2가지:

①

②

03 [11①, 13④, 17①, 20①] 3점

커튼월 조립방식에 의한 분류에서 각 설명에 해당하는 방식을 번호로 쓰시오.

보기

① Stick Wall 방식
② Window Wall 방식
③ Unit Wall 방식

(1)	구성 부재 모두가 공장에서 조립된 프리패브(Pre-Fab) 형식으로 창호와 유리, 패널의 일괄발주 방식으로, 이 방식은 업체의 의존도가 높아서 현장상황에 융통성을 발휘하기가 어려움
(2)	구성 부재를 현장에서 조립·연결하여 창틀이 구성되는 형식으로 유리는 현장에서 주로 끼우며, 현장 적응력이 우수하여 공기조절이 가능
(3)	창호와 유리, 패널의 개별발주 방식으로 창호 주변이 패널로 구성됨으로써 창호의 구조가 패널 트러스에 연결할 수 있어서 재료의 사용 효율이 높아 비교적 경제적인 시스템 구성이 가능한 방식

(1) (2) (3)

정답 및 해설

01
① 알루미늄(Aluminum)
② 스틸(Steel)
③ 스테인리스 스틸(Stainless Steel)

02
(1) ① 멀리언(Mullion) 방식
② 패널(Panel) 방식
(2) ① 스틱월(Stick Wall) 방식
② 유닛월(Unit Wall) 방식

03
(1) ③
(2) ①
(3) ②

1998~2024 **기출문제**

04 [02①] 4점

커튼월 공법의 외관형태별 분류방식에 대한 설명이다. 보기에서 그 명칭을 골라 번호를 쓰시오.

① 격자방식	② 샛기둥 방식
③ 피복방식	④ 스팬드럴 방식

(1)	수평선을 강조하는 창과 스팬드럴 조합으로 이루어지는 방식
(2)	수직기둥을 노출시키고, 그 사이에 유리창이나 스팬드럴 패널을 끼우는 방식
(3)	수직, 수평의 격자형 외관을 보여주는 방식
(4)	구조체를 외부에 노출시키지 않고 패널로 은폐시키고 새시는 패널 안에서 끼워지는 방식

(1) (2) (3) (4)

05 [11①, 13②] 4점

커튼월의 외관형태 타입 4가지를 쓰시오.

① ②
③ ④

06 [08②, 17②] 4점

커튼월 구조의 스팬드럴(Spandrel) 방식을 설명하시오.

07 [07②] 4점

건물의 창과 외벽을 구성하는 유리와 패널류를 구조 실런트(Structural Sealant)를 사용하여 실내측의 멀리온이나 Frame 등에 접착고정하는 공법의 명칭과 검토사항을 쓰시오.

(1) 공법의 명칭:

(2) 검토사항

① ②
③ ④

정답 및 해설

04
(1) ④ (2) ②
(3) ① (4) ③

05
① 샛기둥 방식 ② 스팬드럴 방식
③ 피복방식 ④ 격자방식

06
수평선을 강조하는 창과 스팬드럴 조합으로 이루어지는 커튼월구조의 외관형태 방식

07
(1) SSG 공법
(2) ① 풍압력에 대한 검토
② 지진에 대한 검토
③ 유리중량에 대한 검토
④ 온도 무브먼트에 대한 검토

커튼월(Curtain Wall) 공사(II)

(1) 파스너(Fastener)

①	설치목적	힘의 전달 기능	
		커튼월 자중 지지, 지진력 지지, 풍압력 지지	
		변형흡수 기능	
		수평방향 변형(층간변위추종), 수직방향 변형에 추종, 온도변화에 의한 신축흡수 가능	
		오차흡수 기능	
		구조체 오차 흡수, 제품오차 흡수, 설치오차 흡수	
②	설치방식	• 수평이동 방식(Sliding Type)	
		• 고정 방식(Fixed Type)	
		• 회전 방식(Locking Type)	

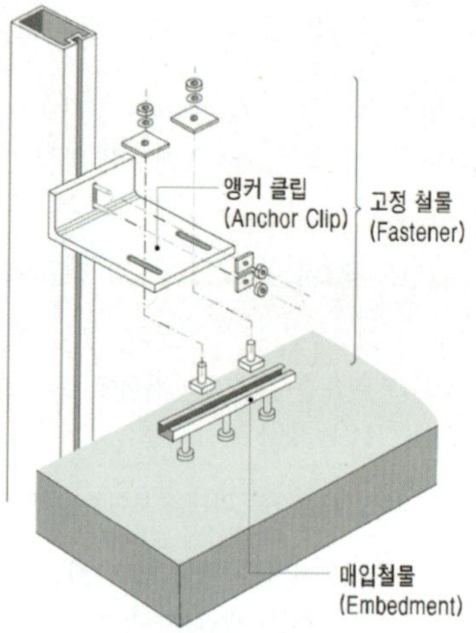

(2) 커튼월공사에서 발생될 수 있는 유리의 열파손 매커니즘

유리 중앙부는 강한 태양열로 인해 온도상승·팽창하며, 유리주변부는 저온상태로 인해 온도유지·수축함으로써 열팽창의 차이에 따른 균열이 발생하며 깨지는 현상

(3) 커튼월 공사 수(水, 雨)처리 방식

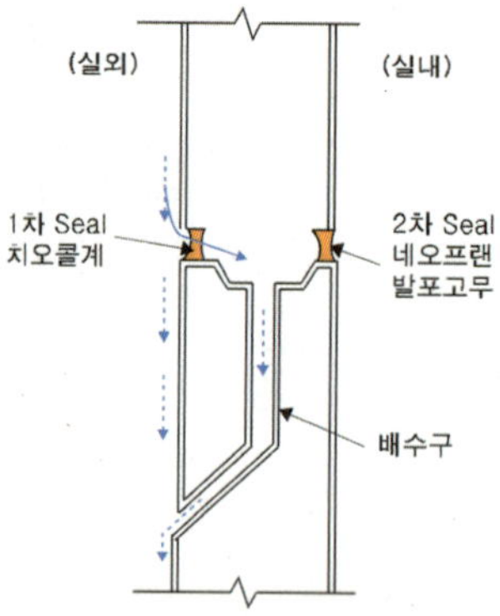

<Closed Joint System>

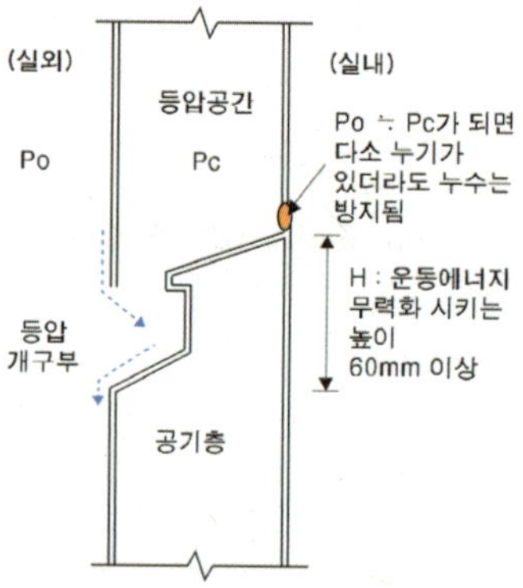

<Open Joint System>

①	Closed Joint System	커튼월의 개별접합부를 Seal재로 완전히 밀폐시켜 틈새를 없애는 방법
②	Open Joint System	벽의 외측면과 내측면 사이에 공간을 두고 외기압과 등압을 유지하여 압력차를 없애는 방법

POINT 04 커튼월(Curtain Wall) 공사(II)

(4)

커튼월(Curtain Wall)의 알루미늄바에서 시공적 측면의 누수방지 대책

①	알루니늄바 접합부위 실런트 처리
②	스크류 고정부위 실런트 처리
③	벽패널과 알루미늄바 틈새 실런트 처리
④	Weep Hole을 통해 물을 외부로 배출

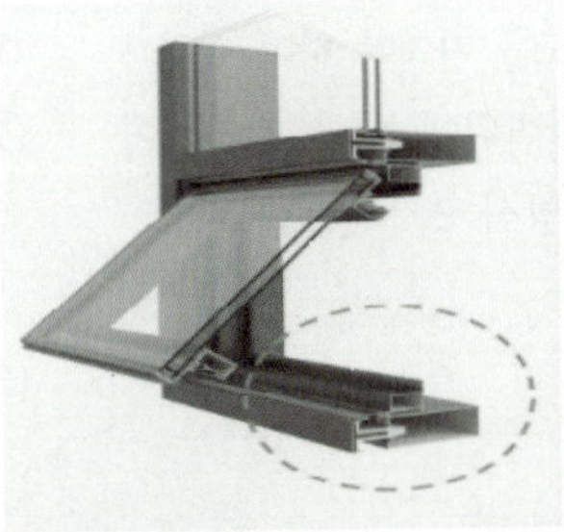

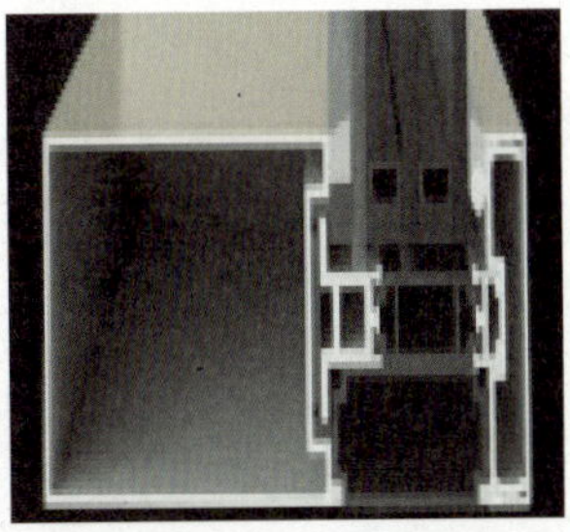

(5)

커튼월공사의 성능시험 항목

				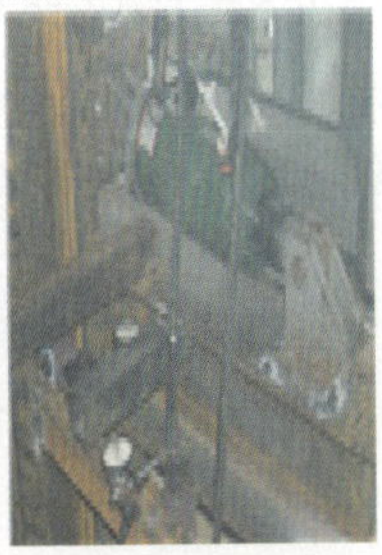
기밀성능 시험	정압수밀성능 시험	동압수밀성능 시험	구조성능 시험	층간변위 시험

(6)

풍동시험, 실물대시험

①	풍동시험 (Wind Tunnel Test)	설계 시 건물 주변 600m 반경의 지형 및 건물배치를 축척모형으로 만들어 원형 턴테이블 풍동 속에 설치 후, 과거 10~50년간의 최대풍속을 가하여 풍압에 대한 영향을 평가하는 시험	
②	실물대시험 (Mock-Up Test, 외벽성능시험)	시공 전 대형 시험장치를 이용하여 시험소에서 실제와 같은 가상구조체에 실물을 설치하여 성능을 평가하는 시험	

1998~2024 **기출문제**

01 [04②] 3점 □□□□□

Fastener는 Curtain Wall을 구조체에 긴결시키는 부품을 말하며, 외력에 대응할 수 있는 강도를 가져야 하며 설치가 용이하고 내구성, 내화성 및 층간변위에 대한 추종성이 있어야 한다. Fastener의 설치방식 3가지를 쓰시오.

①

②

③

02 [04①, 09①, 11①, 14④, 23①] 3점 □□□□□

커튼월 공사에서 구조체의 층간변위, 커튼월의 열팽창, 변위 등을 해결하기 위한 긴결방법 3가지를 쓰시오.

①

②

③

03 [20④, 21①, 24①] 3점 □□□□□

커튼월공사에서 발생될 수 있는 유리의 열파손 매커니즘(Mechanism)에 대해 설명하시오.

04 [13②, 19②] 4점 □□□□□

커튼월 공사 시 누수 방지대책과 관련된 다음 용어에 대해 설명하시오.

(1) Closed Joint

(2) Open Joint

05 [19①, 24①] 4점 □□□□□

커튼월(Curtain Wall)의 알루미늄바에서 누수방지 대책을 시공적 측면에서 4가지 쓰시오.

①

②

③

④

06 [04①, 08①, 13④, 16②, 18④, 19①, 21①] 4점 □□□□□

금속커튼월의 성능시험관련 실물모형시험(Mock-Up Test)의 시험항목을 4가지 쓰시오.

① ②

③ ④

정답 및 해설

01, 02

① 수평이동 방식

② 고정 방식

③ 회전 방식

03

유리 중앙부는 강한 태양열로 인해 온도상승·팽창하며, 유리주변부는 저온상태로 인해 온도유지·수축함으로써 열팽창의 차이에 따른 균열이 발생하며 깨지는 현상

04

(1) 커튼월의 개별접합부를 Seal재로 완전히 밀폐시켜 틈새를 없애는 방법

(2) 벽의 외측면과 내측면 사이에 공간을 두고 외기압과 등압을 유지하여 압력차를 없애는 방법

05

① 알루미늄바 접합부위 실런트 처리

② 스크류 고정부위 실런트 처리

③ 벽패널과 알루미늄바 틈새 실런트 처리

④ Weep Hole을 통해 물을 외부로 배출

06

① 기밀성능 시험

② 정압, 동압 수밀성능 시험

③ 구조성능 시험

④ 층간변위 시험

1998~2024 **기출문제**

07 [99②, 99④, 11②] 5점

구조물을 신축하기 전에 실시하는 Mock-Up Test의 정의와 시험항목을 3가지 쓰시오.

(1) 정의:

(2) 시험항목

①

②

③

08 [02①] 4점

Wind Tunnel Test(풍동시험)과 Mock-Up Test(외벽성능시험)에 관하여 기술하시오.

(1) Wind Tunnel Test(풍동시험)

(2) Mock-Up Test(외벽성능시험)

VII

정답 및 해설

07

(1) 대형 시험장치를 이용하여 시험소에서 실제와 같은 가상구조체에 실물을 설치하여 성능을 평가하는 시험

(2) ① 기밀성능 시험
② 수밀성능 시험
③ 구조성능 시험

08

(1) 건물 주변 600m 반경의 지형 및 건물배치를 축척모형으로 만들어 원형 턴테이블 풍동 속에 설치 후, 과거 10~50년간의 최대풍속을 가하여 풍압에 대한 영향을 평가하는 시험

(2) 대형 시험장치를 이용하여 시험소에서 실제와 같은 가상구조체에 실물을 설치하여 성능을 평가하는 시험

02 수장 및 그 밖의 공사

POINT 01 수장 및 그 밖의 공사(Ⅰ)

	금속 철물			
(1)	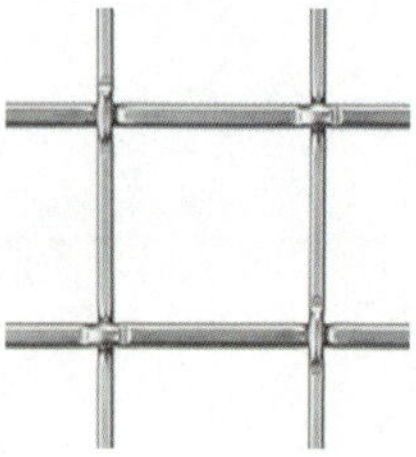	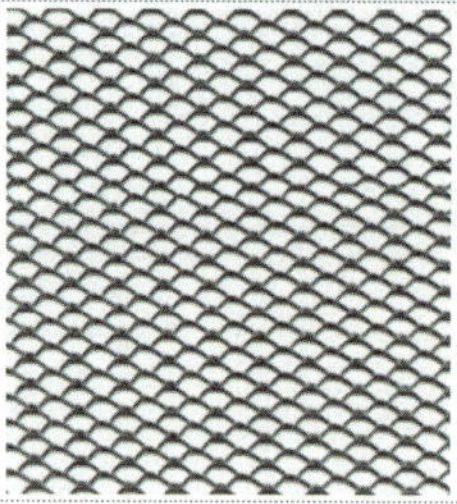		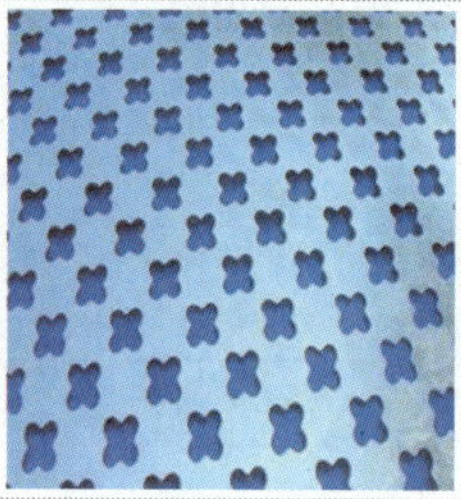
	①	②	③	④

①	와이어 메쉬(Wire Mesh)	연강 철선을 직교시켜 전기 용접한 것
②	와이어 라스(Wire Lath)	철선을 꼬아 만든 철망
③	메탈 라스(Metal Lath)	얇은 철판에 자름금을 내어 당겨 늘린 것
④	펀칭 메탈(Punching Metal)	얇은 철판에 각종 모양을 도려낸 것

(2) 액세스 플로어(Access Floor)

①	정의	공조설비, 배관설비, 통신설비 등을 설치하기 위한 2중바닥 구조		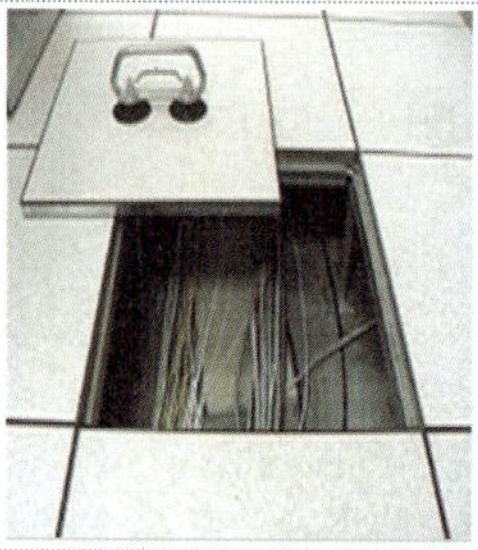
②	지지방식	• Panel 조정 방식	• Pedestal 일체 방식	
		• Support Bolt 방식	• Trench 방식	

(3) 리놀륨(Linoleum) 바닥 시공순서

바탕처리 ➠ 깔기계획 ➠ 임시깔기 ➠ 정깔기 ➠ 마무리		

POINT 01 수장 및 그 밖의 공사(Ⅰ)

<table>
<tr><td rowspan="3">(4)</td><td colspan="5">징두리벽, 드라이브 핀</td></tr>
<tr><td rowspan="2">①</td><td>징두리벽
(Wainscot)</td><td></td><td rowspan="2">②</td><td>드라이브 핀
(Drive Pin)</td><td>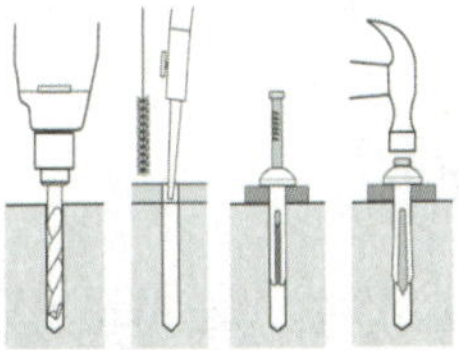</td></tr>
<tr><td colspan="2">수장공사 시 바닥에서 1m~1.5m 정도의 높이까지 널을 댄 것</td><td colspan="2">드라이비트라는 일종의 못박기총을 사용하여 콘크리트나 강재 등에 박는 특수못으로 머리가 달린 것을 H형, 나사로 된 것을 T형이라고 한다.</td></tr>
<tr><td rowspan="2">(5)</td><td colspan="5">경량철골 칸막이 공사 시공순서</td></tr>
<tr><td colspan="3">바탕 처리 ➠ 벽체틀 설치 ➠ 단열재 설치 ➠ 석고보드 설치 ➠ 마감(벽지마감)</td><td colspan="2"></td></tr>
<tr><td rowspan="7">(6)</td><td colspan="5">석고보드</td></tr>
<tr><td rowspan="2">①</td><td rowspan="2">장점</td><td colspan="2">• 방화성능 및 단열성능 우수,</td><td rowspan="4">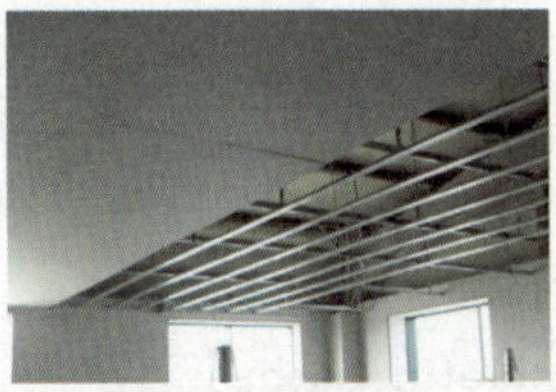</td></tr>
<tr><td colspan="2">• 시공성이 용이하여 공기단축 가능</td></tr>
<tr><td rowspan="2">②</td><td rowspan="2">단점</td><td colspan="2">• 습기에 취약하여 지하공사나 덕트 주위에 사용 금지</td></tr>
<tr><td colspan="2">• 시공시 온도 및 습도변화에 민감하여 동절기 사용이 곤란</td></tr>
<tr><td>③</td><td>양면 시공순서</td><td colspan="3">바탕처리 ➠ 벽체틀 설치 ➠ 석고보드 붙이기 ➠ 단열재 깔기 ➠ 석고보드 붙이기 ➠ 마감</td></tr>
<tr><td colspan="5"></td></tr>
<tr><td rowspan="5">(7)</td><td colspan="5">반자(Ceiling)</td></tr>
<tr><td rowspan="2">①</td><td rowspan="2">목조 반자</td><td colspan="2">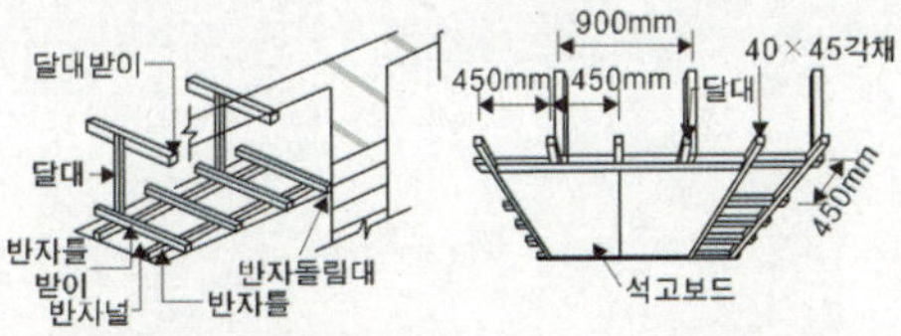
</td><td rowspan="2"></td></tr>
<tr><td colspan="2">달대받이 ➠ 반자돌림대 ➠ 반자틀받이 ➠ 반자틀 ➠ 달대</td></tr>
<tr><td>②</td><td colspan="4">반자틀받이 행거를 고정하는 달대볼트는 천장재가 떨어지지 않도록 인서트, 용접 등의 적절한 공법으로 설치한다.
달대볼트는 주변부의 단부로부터 150mm 이내에 배치하고 간격은 900mm 정도로 한다.
천장깊이가 1.5m 이상인 경우에는 가로, 세로 1.8m 정도의 간격으로 달대볼트의 흔들림방지용 보강재를 설치한다.</td></tr>
<tr><td>③</td><td colspan="4">현장타설 콘크리트 및 프리캐스트 콘크리트 부재에 설치할 경우, 미리 설치한 강제 인서트나 앵커볼트에 달대볼트를 반자틀받이에 대해 1,600mm 간격 이내로 설치하고, 또한 재하에 대해서 충분한 내력이 확보되도록 한다.</td></tr>
</table>

기출문제 1998~2024

01 [12④] 4점 ☐☐☐☐☐

금속공사에 이용되는 철물이 뜻하는 용어를 보기에서 골라 그 번호를 쓰시오.

보기

① 철선을 꼬아 만든 철망
② 얇은 철판에 각종 모양을 도려낸 것
③ 벽, 기둥의 모서리에 대어 미장바름을 보호하는 철물
④ 테라죠 현장갈기의 줄눈에 쓰이는 것
⑤ 얇은 철판에 자름금을 내어 당겨 늘린 것
⑥ 연강 철선을 직교시켜 전기 용접한 것
⑦ 천장, 벽 등의 이음새를 감추고 누르는 것

(1) 와이어 라스: _____ (2) 메탈 라스: _____
(3) 와이어 메쉬: _____ (4) 펀칭 메탈: _____

02 [08②, 18①, 20③] 2점, 4점 ☐☐☐☐☐

금속공사에서 사용되는 다음 철물이 뜻하는 용어를 설명하시오.

(1) Metal Lath:

(2) Punching Metal:

03 [15①] 4점 ☐☐☐☐☐

다음이 설명하는 금속공사의 철물을 쓰시오.

| (1) | 철선을 꼬아 만든 철망 |
| (2) | 얇은 철판에 각종 모양을 도려낸 것 |

(1) _____ (2) _____

04 [00③, 09①, 19④] 4점 ☐☐☐☐☐

인텔리전트 빌딩의 Access 바닥에 관하여 서술하시오.

05 [10②] 4점 ☐☐☐☐☐

2중 바닥구조인 Acess Floor의 지지방식을 4가지 쓰시오.

① _____ ② _____
③ _____ ④ _____

정답 및 해설

01
(1) ①
(2) ⑤
(3) ⑥
(4) ②

02
(1) 얇은 철판에 자름금을 내어 당겨 늘린 것
(2) 얇은 철판에 각종 모양을 도려낸 것

03
(1) 와이어 라스(Wire Lath)
(2) 펀칭 메탈(Punching Metal)

04
공조설비, 배관설비, 통신설비 등을 설치하기 위한 2중바닥 구조

05
① Panel 조정 방식
② Pedestal 일체 방식
③ Support Bolt 방식
④ Trench 방식

1998~2024 **기출문제**

06 [00③] 3점

바닥재료 중 리놀륨 시공순서를 빈칸에 쓰시오.

> ① ➠ ② 깔기계획 ➠ ③ ➠ ④ ➠ ⑤ 마무리

① ② ③

07 [18②, 21②, 24③] 2점

다음이 설명하는 용어를 쓰시오.

> 수장공사 시 바닥에서 1m~1.5m 정도의 높이까지 널을 댄 것

08 [11④, 18①, 20②, 23①] 2점, 3점

다음이 설명하는 용어를 쓰시오.

> 드라이비트라는 일종의 못박기총을 사용하여 콘크리트나 강재 등에 박는 특수못으로 머리가 달린 것을 H형, 나사로 된 것을 T형이라고 한다:

09 [21①] 3점

경량철골 칸막이 공사에 관한 내용이다. 보기의 항목을 이용하여 순서대로 번호로 나열하시오.

> **보기**
>
> ① 벽체틀 설치 ② 단열재 설치 ③ 바탕 처리
> ④ 석고보드 설치 ⑤ 마감(벽지마감)

10 [10④, 16④] 4점

천장이나 벽체에 주로 사용되는 일반 석고보드의 장단점을 2가지씩 쓰시오.

(1) 장점

①

②

(2) 단점

①

②

정답 및 해설

06
① 바탕처리
③ 임시깔기
④ 정깔기

07
징두리벽

08
드라이브 핀

09
③ ➠ ① ➠ ② ➠ ④ ➠ ⑤

10
(1) ① 방화성능, 단열성능 우수
② 시공성 용이, 공기단축 가능
(2) ① 습기에 취약하여 지하공사나 덕트 주위에 사용 금지
② 시공시 온도 및 습도변화에 민감하여 동절기 사용이 곤란

VII

1998~2024 **기출문제**

11 [24②] 4점

□□□□□

다음 보기를 이용하여 석고보드가 양면으로 시공되도록 순서를 쓰시오. (단, 석고보드 붙이기를 순서에 2회 넣으시오.)

보기

바탕처리, 단열재 깔기, 벽체틀 설치, 석고보드 붙이기, 마감

12 [99②] 4점

□□□□□

목조반자 시공순서를 번호로 나열하시오.

① 반자틀 ② 반자돌림대 ③ 달대 ④ 달대받이 ⑤ 반자틀받이

13 [21②] 4점

□□□□□

수장공사와 관련된 내용이다. 괄호 안을 채우시오.

(1)	반자틀받이 행거를 고정하는 달대볼트는 천장재가 떨어지지 않도록 인서트, 용접 등의 적절한 공법으로 설치한다. 달대볼트는 주변부의 단부로부터 150mm 이내에 배치하고 간격은 900mm 정도로 한다. 천장깊이가 1.5m 이상인 경우에는 가로, 세로 (　　)m 정도의 간격으로 달대볼트의 흔들림방지용 보강재를 설치한다.
(2)	현장타설 콘크리트 및 프리캐스트 콘크리트 부재에 설치할 경우, 미리 설치한 강제 인서트나 앵커볼트에 달대볼트를 반자틀받이에 대해 (　　)mm 간격 이내로 설치하고, 또한 재하에 대해서 충분한 내력이 확보되도록 한다.

정답 및 해설

11
바탕처리 ➠ 벽체틀 설치 ➠ 석고보드 붙이기 ➠ 단열재 깔기 ➠ 석고보드 붙이기 ➠ 마감

12
④ ➠ ② ➠ ⑤ ➠ ① ➠ ③

13
(1) 1.8
(2) 1,600

MEMO

POINT 02 수장 및 그 밖의 공사(II)

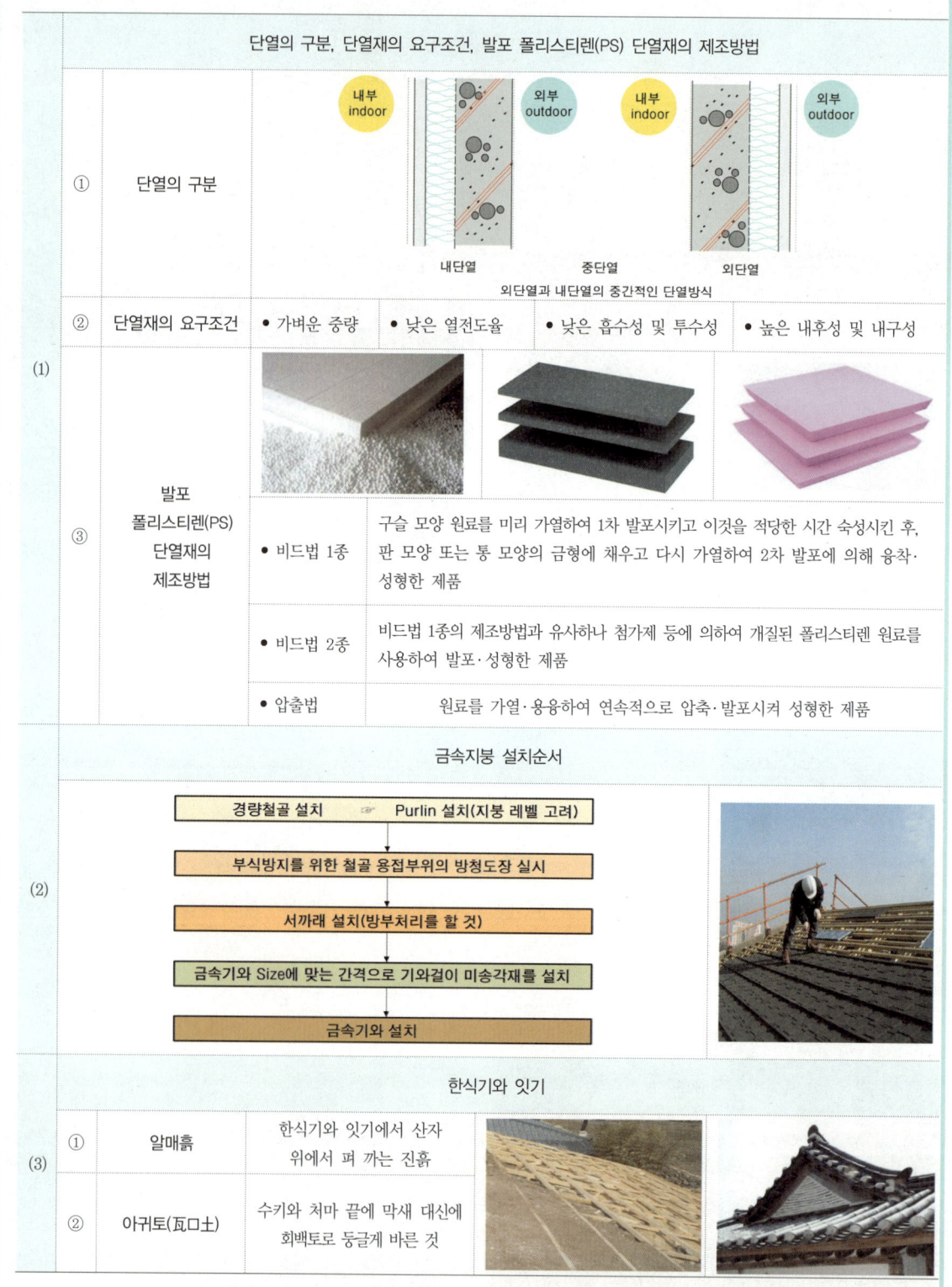

(1)	단열의 구분, 단열재의 요구조건, 발포 폴리스티렌(PS) 단열재의 제조방법					
	①	단열의 구분	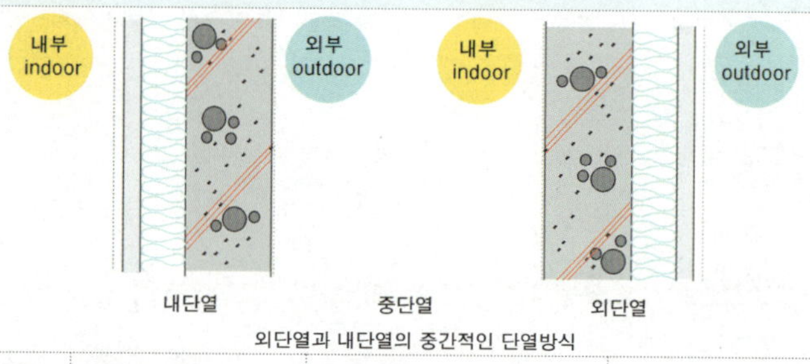			
	②	단열재의 요구조건	• 가벼운 중량	• 낮은 열전도율	• 낮은 흡수성 및 투수성	• 높은 내후성 및 내구성
	③	발포 폴리스티렌(PS) 단열재의 제조방법				
			• 비드법 1종	구슬 모양 원료를 미리 가열하여 1차 발포시키고 이것을 적당한 시간 숙성시킨 후, 판 모양 또는 통 모양의 금형에 채우고 다시 가열하여 2차 발포에 의해 융착·성형한 제품		
			• 비드법 2종	비드법 1종의 제조방법과 유사하나 첨가제 등에 의하여 개질된 폴리스티렌 원료를 사용하여 발포·성형한 제품		
			• 압출법	원료를 가열·용융하여 연속적으로 압축·발포시켜 성형한 제품		
(2)	금속지붕 설치순서					
	경량철골 설치 ☞ Purlin 설치(지붕 레벨 고려) ↓ 부식방지를 위한 철골 용접부위의 방청도장 실시 ↓ 서까래 설치(방부처리를 할 것) ↓ 금속기와 Size에 맞는 간격으로 기와걸이 미송각재를 설치 ↓ 금속기와 설치					
(3)	한식기와 잇기					
	①	알매흙	한식기와 잇기에서 산자 위에서 펴 까는 진흙	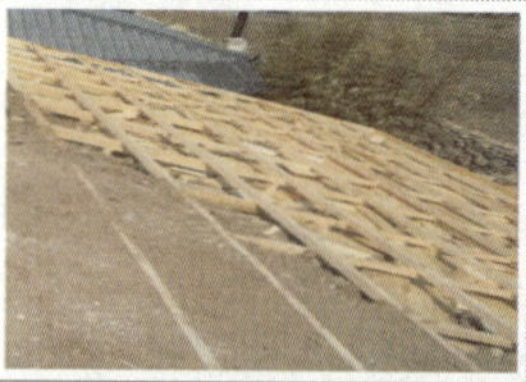		
	②	아귀토(瓦口土)	수키와 처마 끝에 막새 대신에 회백토로 둥글게 바른 것			

POINT 02 수장 및 그 밖의 공사(II)

(4)	합성수지(Synthetic Resins)			
	①	특징	장점	• 경량이며 가공성이 우수하다.
				• 내수성, 내약품성, 전기절연성 등이 우수하다.
			단점	• 강도 및 탄성계수가 작다.
				• 내화성, 내마모성, 내후성이 작다.

(4) ② 구분	열경화성수지		열가소성	
	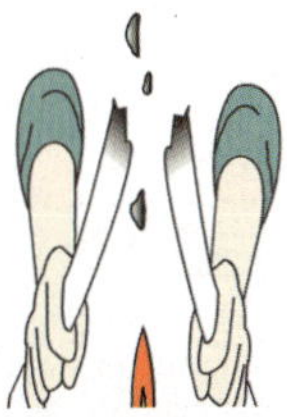	페놀 수지, 요소 수지, 멜라민 수지, 우레탄 수지, 실리콘 수지, 알키드 수지, 에폭시 수지, 프란 수지, 폴리에스테르 수지	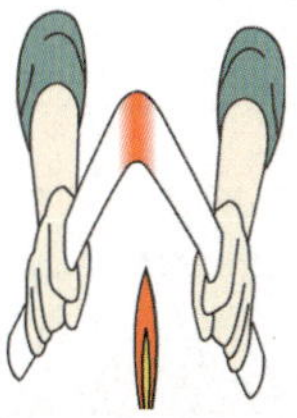	스티롤 수지, 아크릴 수지, 염화비닐 수지, 폴리비닐 수지, 폴리에틸렌 수지, 폴리스티렌 수지, 폴리아미드 수지, 폴리프로필렌 수지

(5) 조립식 공법

① ② ③ ④ ⑤ ⑥

①	클로즈드 시스템(Closed System)	주문제작되어 조립되는 콘크리트 대형구조물 방식으로 건설되는 프리캐스트(PC)생산방식
②	Box식	건축물의 1실 혹은 2실 등의 구조체를 박스형으로 지상에서 제작한 후 이를 인양 조립하는 방법
③	내력벽(Bearing Wall)식:	창호 등이 설치된 건축물의 벽체를 아파트 등의 구조체로 이용하는 방법
④	틸트업(Tilt-Up) 공법	지상에서 벽판 및 구조체를 제작한 후 이를 일으켜서 건축물을 구축하는 방법
⑤	리프트 슬래브(Lift Slab) 공법	지상에서 여러 층의 슬래브를 제작한 후 이를 순차적으로 들어올려 구조체를 축조하는 방법
⑥	커튼월(Curtain Wall) 공법	창문틀 등을 건축물의 벽판에 설치한 후 구조체에 붙여대어 사용하는 공법

VII

1998~2024 **기출문제**

01 [99③, 02④, 06④, 16②] 3점

건축공사의 단열공법에서 단열부의 위치에 따른 벽단열 공법의 종류를 3가지 쓰시오.

① ② ③

02 [07②] 4점

일반적인 단열재의 요구조건을 4가지만 적으시오.

①
②
③
④

03 [24②] 3점

발포 폴리스티렌(PS) 단열재의 제조방법을 쓰시오.

(1)	구슬 모양 원료를 미리 가열하여 1차 발포시키고 이것을 적당한 시간 숙성시킨 후, 판 모양 또는 통 모양의 금형에 채우고 다시 가열하여 2차 발포에 의해 융착·성형한 제품
(2)	(1)의 제조방법과 유사하나 첨가제 등에 의하여 개질된 폴리스티렌 원료를 사용하여 발포·성형한 제품
(3)	원료를 가열·용융하여 연속적으로 압축·발포시켜 성형한 제품

(1) (2) (3)

04 [12①, 19②] 4점

금속판 지붕공사에서 금속기와의 설치순서를 번호로 나열하시오.

보기

① 서까래 설치(방부처리를 할 것)
② 금속기와 Size에 맞는 간격으로 기와걸이 미송각재 설치
③ 경량철골 설치
④ Purlin 설치(지붕 레벨 고려)
⑤ 부식방지를 위한 철골 용접부위 방청도장 실시
⑥ 금속기와 설치

05 [12①] 2점

( ) 안에 해당하는 용어를 써넣으시오.

한식기와 잇기에서 산자위에서 펴 까는 진흙을 (①)(이)라 하며, 수키와 처마 끝에 막새 대신에 회백토로 둥글게 바른 것을 (②)(이)라 한다.

① ②

정답 및 해설

01
① 내단열 ② 중단열 ③ 외단열

02
① 가벼운 중량
② 낮은 열전도율
③ 낮은 흡수성 및 투수성
④ 높은 내후성 및 내구성

03
(1) 비드법 1종
(2) 비드법 2종
(3) 압출법

04
③ ➡ ④ ➡ ⑤ ➡ ① ➡ ② ➡ ⑥

05
① 알매흙
② 아귀토

1998~2024 **기출문제**

06 [99⑤] 4점

□□□□□

건축공사에서 사용되고 있는 합성수지 재료의 물성에 관한 장 · 단점을 각각 2가지 쓰시오.

(1) 장점:

①

②

(2) 단점:

①

②

07 [00②, 02①] 4점

□□□□□

다음 보기의 합성수지를 열경화성 및 열가소성으로 분류하여 기호를 쓰시오.

① 염화비닐수지	② 폴리에틸렌수지
③ 페놀수지	④ 멜라민수지
⑤ 에폭시수지	⑥ 아크릴수지

(1) 열경화성 수지:

(2) 열가소성 수지:

08 [18①, 20②] 4점

□□□□□

열가소성 수지와 열경화성 수지의 종류를 각각 2가지씩 쓰시오.

(1) 열경화성 수지:

① ②

(2) 열가소성 수지:

① ②

09 [00④, 07②] 5점

□□□□□

조립식 공법에 대한 설명에 해당하는 용어를 쓰시오.

(1)	창호 등이 설치된 건축물의 벽체를 아파트 등의 구조체로 이용하는 방법
(2)	건축물의 1실 혹은 2실 등의 구조체를 박스형으로 지상에서 제작한 후 이를 인양 조립하는 방법
(3)	지상의 평면에서 벽판 및 구조체를 제작한 후 이를 일으켜서 건축물을 구축하는 공법
(4)	지상에서 여러 층의 슬래브를 제작한 후 이를 순차적으로 들어 올려 구조체를 축조하는 공법
(5)	창문틀 등을 건축물의 벽판에 설치한 후 구조체에 붙여대어 이용하는 공법

(1) (2)

(3) (4)

(5)

VII

정답 및 해설

06

(1) ① 경량이며 가공성이 우수하다.
② 내수성, 내약품성, 전기절연성 등이 우수하다.

(2) ① 강도 및 탄성계수가 작다.
② 내화성, 내마모성, 내후성이 작다.

07

(1) ③, ④, ⑤
(2) ①, ②, ⑥

08

(1) 페놀수지, 요소수지
(2) 스티롤수지, 아크릴수지

09

(1) 내력벽(Bearing Wall)식 공법
(2) Box식 공법
(3) 틸트업(Tilt-Up) 공법
(4) 리프트 슬래브(Lift Slab) 공법
(5) 커튼월(Curtain Wall) 공법

기출문제 (1998~2024)

09 [03④] 5점 ☐☐☐☐

다음은 콘크리트의 조립식 공법을 설명한 것으로 보기에서 골라 설명에 해당하는 번호를 쓰시오.

보기
① 커튼월(Curtain Wall) 공법
② 틸트업(Tilt-Up) 공법
③ Box식 공법
④ 리프트 슬래브(Lift Slab) 공법
⑤ 내력벽(Bearing Wall) 공법

(1)	창호 등이 설치된 건축물의 벽체를 아파트 등의 구조체로 이용하는 방법
(2)	건축물의 1실 혹은 2실 등의 구조체를 박스형으로 지상에서 제작한 후 이를 인양 조립하는 방법
(3)	지상의 평면에서 벽판 및 구조체를 제작한 후 이를 일으켜서 건축물을 구축하는 공법
(4)	지상에서 여러 층의 슬래브를 제작한 후 이를 순차적으로 들어 올려 구조체를 축조하는 공법
(5)	창문틀 등을 건축물의 벽판에 설치한 후 구조체에 붙여대어 이용하는 공법

(1)_____ (2)_____ (3)_____ (4)_____ (5)_____

10 [16①] 2점 ☐☐☐☐

주문제작되어 조립되는 콘크리트 대형구조물 방식으로 건설되는 프리캐스트(PC) 생산방식을 쓰시오.

_____

11 [09①] 3점 ☐☐☐☐

다음 설명이 뜻하는 적합한 용어를 쓰시오.

(1)	상시하중, 지진하중에 대한 응력을 소정한도 까지 상쇄하도록 미리 계획적으로 도입된 콘크리트의 응력
(2)	프리캐스트 부재의 콘크리트 치기를 수평위치에서 부어 넣고 경사지게 세워서 탈형하는 공법
(3)	주로 수량에 의해 좌우되는 아직 굳지 않은 콘크리트의 변형 또는 유동에 대한 저항성

(1)_____ (2)_____ (3)_____

정답 및 해설

09
(1) ⑤
(2) ③
(3) ②
(4) ④
(5) ①

10
클로즈드 시스템(Closed System)

11
(1) 프리스트레스(Pre-Stress)
(2) 틸트업(Tilt-Up) 공법
(3) 반죽질기(Consistency)

8

건축시공 총론

01 건축시공 총론(Ⅰ)

POINT 01 일반사항(Ⅰ)

(1) 3대 목표관리, 3S System

3대 목표관리	3S System
공정관리	단순화(Simplification)
품질관리	규격화(Standardization)
원가관리	전문화(Specialization)

(2) 건축 시공기술 분류

①	소프트웨어 (Software) 기술	• 계획	• 운영	• 관리
②	하드웨어(Hardware) 기술	• 재료	• 기계	• 공법

(3) 건축 프로젝트의 추진과정

프로젝트 기획: 착상 및 타당성 분석 → 설계(Design) → 구매 · 조달 → 시공(Construction) → 시운전 및 완공 → 인도(Turn over)

(4) 공사내용의 분류(Breakdown Structure)

①	WBS(Work Breakdown Structure)	작업분류체계
	공사내용을 작업의 공종별로 분류한 것	
②	OBS(Organization Breakdown Structure)	조직분류체계
	공사내용을 관리조직에 따라 분류한 것	
③	CBS(Cost Breakdown Structure)	원가분류체계
	공사내용을 원가발생요소의 관점에서 분류한 것	

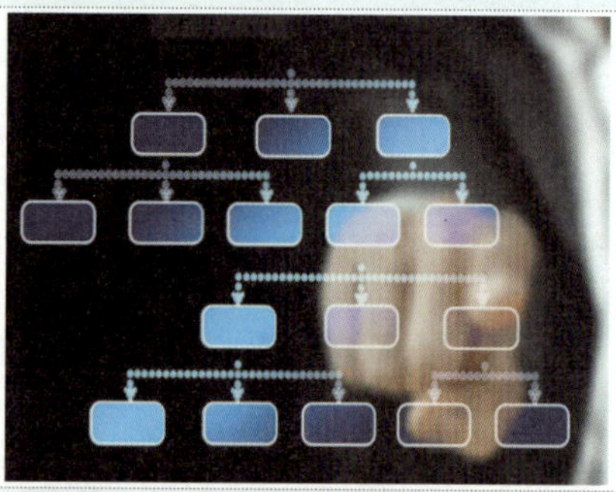

(5) 공사계획의 순서

현장원 편성 → 공정표 작성 → 실행예산의 편성과 조정 → 하도급자 선정 → 가설준비물의 결정 → 재료의 선정 및 노력의 결정 → 재해 예방

1998~2024 **기출문제**

01 [98②, 01①, 04①] 3점

시공관리의 3대 목표가 되는 관리명을 쓰시오.

① ② ③

02 [03①] 4점

다음 보기의 각종 관리 중 목표가 되는 관리와 수단이 되는 관리로 구분하여 번호로 쓰시오.

① 원가관리	② 자원관리
③ 설비관리	④ 품질관리
⑤ 자금관리	⑥ 공정관리
⑦ 인력관리	

(1) 목표: ______ (2) 수단: ______

03 [99③, 01④, 07①] 3점

건축시공 현대화 방안에서 건축생산의 3S System을 쓰시오.

① ② ③

04 [04②] 4점

건축 시공기술을 분류할 때 관리 항목을 3가지씩 쓰시오.

(1) 소프트웨어 기술

① ② ③

(2) 하드웨어 기술

① ② ③

05 [98⑤, 05②] 4점

대형 건축물 프로젝트의 추진과정 순서를 채우시오.

프로젝트 착상 및 타당성 분석 ➡ (①)
➡ 구매 · 조달 ➡ (②) ➡ 시운전 및 완공 ➡ (③)

① ② ③

06 [05②, 12②] 3점

공사내용의 분류방법에서 목적에 따른 Breakdown Structure의 3가지 종류를 쓰시오.

① ② ③

07 [17①, 22①] 3점

WBS(Work Breakdown Structure)의 용어를 간단하게 기술하시오.

08 [98①, 99⑤, 01②] 4점

공사계획의 일반적인 순서를 기호로 쓰시오.

① 공정표 작성	② 하도급자의 선정
③ 재료의 선정 및 노력의 결정	④ 현장원 편성
⑤ 실행예산의 편성과 조정	⑥ 가설준비물의 결정
⑦ 재해 예방	

Ⅷ

정답 및 해설

01
① 원가관리 ② 공정관리 ③ 품질관리

02
(1) ①, ④, ⑥ (2) ②, ③, ⑤, ⑦

03
① 단순화 ② 규격화 ③ 전문화

04
(1) ① 계획 ② 운영 ③ 관리
(2) ① 재료 ② 기계 ③ 공법

05
① 설계 ② 시공 ③ 인도

06
① 작업분류체계
② 조직분류체계
③ 원가분류체계

07
프로젝트의 모든 작업내용을 계층적으로 분류한 작업분류체계

08
④ ➡ ① ➡ ⑤ ➡ ② ➡ ⑥ ➡ ③ ➡ ⑦

POINT 02 일반사항(II)

(1)	통합관리 시스템					
	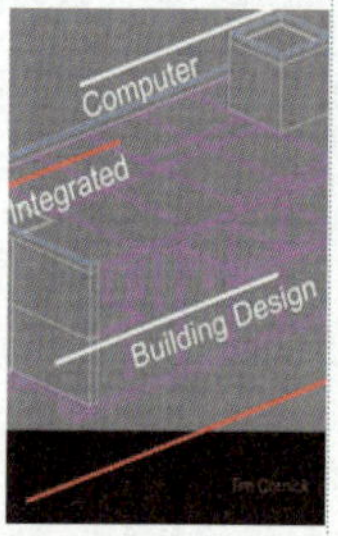				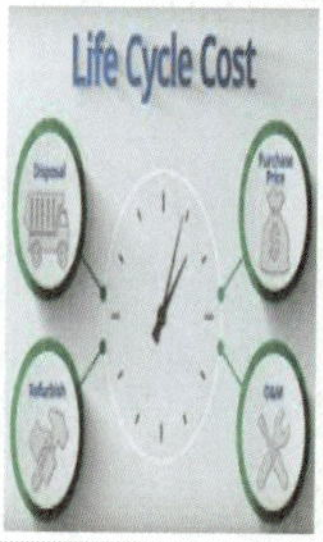	
	①	②	③	④	⑤	⑥

(1)	①	CIC (Computer Integrated Construction)	컴퓨터를 이용하여 건설생산에 필요한 부분적인 기능 및 인력 등을 전체로 통합하여 시공성을 최적화하는 개념
	②	CALS (Continuous Acquisition and Life cycle Support)	건설 생산활동의 전과정에서 정보통신망을 활용하여 관련정보를 신속하게 교환 및 공유하여 건설사업을 지원하는 통합정보 시스템
	③	EC (Engineering Construction)	종래의 단순한 시공업과 비교하여 건설사업의 발굴, 기획, 설계, 시공, 유지관리에 이르기까지 사업(Project) 전반에 관한 것을 종합, 기획 관리하는 업무영역의 확대
	④	PMIS (Project Management Information System)	건설사업 전반의 관련정보를 신속정확하게 경영자에게 전달하여 합리적인 경영을 유도하는 프로젝트별 경영정보체계
	⑤	LCC (Life Cycle Cost)	건축물의 초기단계에서 설계, 시공, 유지관리, 해체에 이르는 일련의 과정과 제비용
	⑥	적시생산 시스템 (JIT, Just In Time)	무재고를 목표로 작업에 필요한 자재 및 인력을 적재 · 적소 · 적시에 공급함으로써 운반 · 대기시간을 절약하는 효율적 생산방식

(2)	경영전략 수립을 위한 건설산업의 환경분석 조사항목		
	일반 경제지표	정부의 투자계획 및 제도	건설수요 예상물량
(3)	건축물 유지관리를 위한 정기검사		
	초기점검	정기점검	정밀점검

POINT 02 일반사항(II)

(4)	공사관계자 및 조직			
	①	원도급자	건축주와 직접 계약을 체결한 자	
	②	노무자	직용노무자	원도급업자에게 직접 고용되어 임금을 받는 노무자
			정용노무자	전문업자 또는 하도급업자에 상시 종속되어 있는 기능 노무자
			임시고용노무자	날품노무자로써 보조노무자이고, 임금도 싸다.
	③	감리자	건축물이 설계도서대로 시공되는지의 여부를 확인 및 감독하는 자	
	④	건설사업관리자	건설프로젝트의 전 과정에 CM업무를 수행하는 자	
	⑤	라인 조직 또는 직계식 조직	건설사업에서 전통적으로 사용되어 온 것으로, 사업성격이 분명하고 단순하며 각 업무가 분절되어도 서로 큰 영향을 미치지 않은 경우에 적합한 건설관리조직	
	⑥	Task Force 조직	중요공사에서 전문가들이 모여 사업수행기간 동안만 한시적으로 운영하는 건설관리조직	
(5)	공사 중 예식 행사			
	①	기공식(起工式, 착공식)	건물의 건축을 시작하는 날, 그 사실을 기념하기 위해 행하는 제반 의식	
	②	정초식(定礎式)	기초공사 완료 시 행하는 의식	
	③	상량식(上樑式)	목조에서는 마룻대 설치 시, RC조에서는 지붕공사 완료 시 행하는 의식	
	④	준공식(竣工式, 완공식)	공사를 마친 것을 축하하는 의식	
(6)	안전관리계획서, 유해위험방지계획서			
	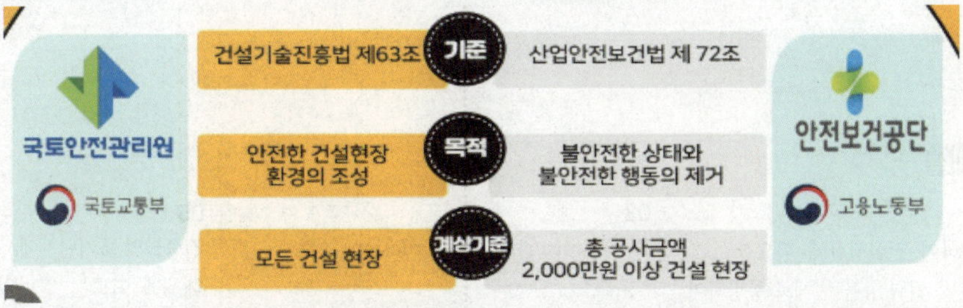			
	①	안전관리계획서	건설기술진흥법에 의한 건설공사의 개요 및 안전관리 등의 건설공사정보를 포함하는 계획서	
	②	유해위험방지계획서	산업안전보건법에 의한 근로자 안전과 관련된 현장조직관리를 포함하는 계획서	

1998~2024 **기출문제**

01 [10②] 3점

CIC(Computer Integrated Construction)를 설명하시오.

02 [01④, 05④, 10①] 4점

CALS(Continuous Acquisition and Life cycle Support)를 설명하시오.

03 [05②] 2점

다음이 설명하는 용어명을 쓰시오.

> 종래의 단순한 시공업과 비교하여 건설사업의 발굴, 기획, 설계, 시공, 유지관리에 이르기까지 사업(Project) 전반에 관한 것을 종합, 기획 관리하는 업무영역의 확대를 말한다.

04 [10④] 3점

PMIS(Project Management Information System)에 대해 설명하시오.

05 [10①, 12④, 16①, 19④, 22①] 2점, 3점

LCC(Life Cycle Cost)에 대하여 설명하시오.

06 [07①] 4점

적시생산시스템 (Just In Time, JIT)에 대한 용어를 설명하시오.

정답 및 해설

01
컴퓨터를 이용하여 건설생산에 필요한 부분적인 기능 및 인력 등을 전체로 통합하여 시공성을 최적화하는 개념

02
건설 생산활동의 전과정에서 정보통신망을 활용하여 관련정보를 신속하게 교환 및 공유하여 건설사업을 지원하는 통합정보 시스템

03
EC(Engineering Construction)

04
건설사업 전반의 관련정보를 신속 정확하게 경영자에게 전달하여 합리적인 경영을 유도하는 프로젝트별 경영정보체계

05
건축물의 초기단계에서 설계, 시공, 유지관리, 해체에 이르는 일련의 과정과 제비용

06
무재고를 목표로 작업에 필요한 자재 및 인력을 적재 · 적소 · 적시에 공급함으로써 운반 · 대기시간을 절약하는 효율적 생산방식

1998~2024 **기출문제**

07 [07②] 3점

다음 설명이 뜻하는 알맞은 용어를 기호로 적으시오.

① CM(Construction Managenent)
② EC(Engineering Construction)
③ CALS(Continuous Acquisition & Life Cycle Support)
④ Fast Track
⑤ VE(Value Engineering)
⑥ LCC(Life Cycle Cost)

(1)	건설생산 전과정에서 건설관련 주체가 정보를 실시간 공유하여 건설사업을 지원하는 건설분야 통합정보 통신시스템
(2)	종래의 단순 설계, 시공에서 Project의 발굴, 기획, 설계, 시공, 유지관리 등 업무영역의 확대를 말함
(3)	건축물의 초기 단계에서 설계, 시공, 유지관리, 해체에 이르는 일련의 과정과 제비용

(1) (2) (3)

08 [06②] 3점

경영전략 수립을 위한 건설산업의 환경분석은 기회요소와 위협요소에 대한 표출작업이라 할 수 있다. 이를 대비하여 조사하여야 할 항목을 3가지만 쓰시오.

①
②
③

09 [06②] 3점

건축물 유지관리를 위한 정기적인 검사방법을 3가지 쓰시오.

① ② ③

10 [98③] 5점

다음 ( ) 안에 도급공사에 관계하는 용어를 쓰시오.

건설공사를 완성하고 그 대가를 받는 영업을 (①)이라 하고, 건축주와 직접 도급계약을 한 시공업자를(②)라 하며, 이 도급공사의 전부를 건축주와는 관계없이 다른 공사자에게 도급주어 시행하는 것을(③)이라 하고, 부분적으로 분할하여 제3자인 전문건설업자에게 도급주어 시행하는 것을 (④)이라 하는데, 현 건설업법에서는 위의 설명 중(⑤)은 금지되어 있다.

① ② ③
④ ⑤

11 [00①] 3점

고용형태로 분류한 건설노무자의 설명에 대한 적합한 용어를 쓰시오.

(1)	원도급업자에게 직접 고용되어 임금을 받는 노무자로써 잡역 등 미숙련자가 많다.
(2)	직종별 전문업자 혹은 하도급업자에 상시 종속되어 있는 기능 노무자로써 출역일수에 따라 임금을 받는다.
(3)	날품노무자로써 보조노무자이고, 임금도 싸다.

(1) (2) (3)

VIII

정답 및 해설

07
(1) ③ (2) ② (3) ⑥

08
① 일반 경제지표
② 정부의 투자계획 및 제도
③ 건설수요 예상물량

09
① 초기점검 ② 정기점검 ③ 정밀점검

10
① 건설업 ② 원도급자 ③ 재도급
④ 하도급 ⑤ 재도급

11
(1) 직용노무자
(2) 정용노무자
(3) 임시고용노무자

12 [06②] 3점

다음 설명에 해당되는 용어를 쓰시오.

(1)	건축주와 직접 계약을 체결한 자
(2)	건축물이 설계도서대로 시공되는지의 여부를 확인 및 감독하는 자
(3)	건설프로젝트의 전 과정에 CM업무를 수행하는 자

(1) (2) (3)

13 [06④] 3점

다음이 설명하는 건설관리조직의 명칭을 쓰시오.

건설사업에서 전통적으로 사용되어 온 것으로, 사업성격이 분명하고 단순하며 각 업무가 분절되어도 서로 큰 영향을 미치지 않은 경우에 적합하지만 CM 등이 적용되는 대규모 공사에는 부적합하고 자칫 관료적이 되기 쉬운 건설관리조직

14 [07④] 4점

다음 용어를 설명하시오.

(1) 정초식:

(2) 상량식:

15 [24③] 4점

다음이 설명하는 내용이 포함되는 계획서의 명칭을 쓰시오.

(1)	건설기술진흥법에 의한 건설공사의 개요 및 안전관리 등의 건설공사정보
(2)	산업안전보건법에 의한 근로자 안전과 관련된 현장조직관리

(1) (2)

정답 및 해설

12
(1) 원도급자
(2) 감리자
(3) 건설사업관리자

13
라인조직

14
(1) 기초공사 완료 시 행하는 의식
(2) 목조에서 마룻대 설치 시,
RC조에서 지붕공사 완료 시 행하는 의식

15
(1) 안전관리계획서
(2) 유해위험방지계획서

MEMO

POINT 03 일반사항(Ⅲ)

(1) 시방서(Specification)

①	일반시방서	공사기일 등 공사전반에 걸친 비기술적인 사항을 규정한 시방서
②	건축공사표준시방서	모든 공사의 공통적인 사항을 국토교통부가 제정한 시방서
③	공사시방서	특정공사별로 건설공사 시공에 필요한 사항을 규정한 시방서
④	안내시방서	공사시방서를 작성하는데 안내 및 지침이 되는 시방서
⑤	기술시방서	요구성능과 품질을 얻기 위해 제조법이나 설치법을 최대한 자세히 서술한 시방서
⑥	성능시방서	목적하는 결과, 성능의 판정기준과 이를 검사하는 방법을 기술한 시방서

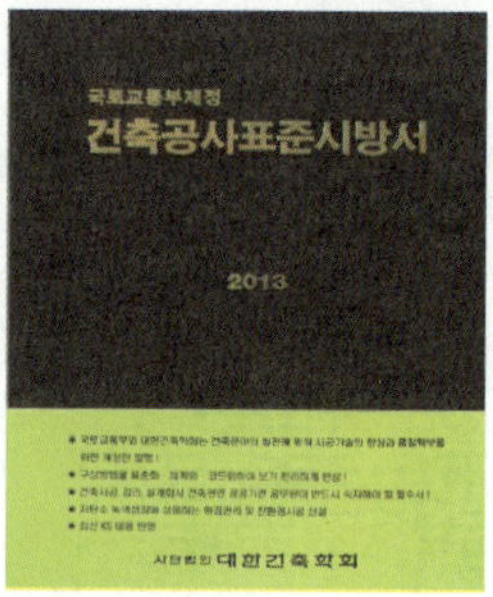

(2) 설계도서 해석의 우선순위

공사시방서 ➠ 설계도면 ➠ 전문시방서 ➠ 표준시방서 ➠ 산출내역서 ➠ 승인된 상세시공도면 ➠ 관계 법령의 유권해석 ➠ 감리자의 지시사항

(3) 도급계약서의 주요 기재내용

공사명, 공사장소, 공사기간, 계약금액, 계약보증금, 공사감독원, 공사의 변경 및 중지, 물가변동으로 인한 계약금액 조정

(4) 계약변경의 주요 요인

물가변동	설계변경	계약내용 변경

(5) 계약제도상의 주요 보증금

①	입찰보증금 (Bid Bond)	입찰자의 낙찰 후 계약체결을 담보하기 위한 보증금
②	계약보증금 (Contract Deposit)	계약체결 후 계약이행을 보증하기 위한 보증금 및 연대보증인 제도
③	하자보수보증금 (Guarantee against Defaults)	시설물의 완성인 준공검사 후 발생하는 결함인 하자를 시공자가 보증하기 위한 금액

POINT 03 일반사항(Ⅲ)

(6)		클레임(Cliam)			
	①	컴플레인(Complain)	상대방의 잘못된 행위에 대한 불만 사항 통보로 주의를 주는 정도		
		클레임(Claim)	상대방의 특정 행동에 대한 제한 또는 이행에 대한 권리로써 금전, 재물 혹은 손해보상에 대한 권리로 클레임 처리가 되지 않을 경우 물질적, 정신적, 크게는 법적 보상으로 해결해야 하는 문제		
	②	주요 유형			
		공사지연 클레임 (Delay Claim)	가장 높은 빈도로 발생하는 클레임의 유형으로 자재 및 인력조달의 지연, 공사진행의 방해, 과다한 설계변경, 작업지시 또는 작업진행상 필요한 정보의 지연, 공사현장 매입 또는 각종 허가취득의 지연으로 인한 공사착공의 지연 등이 이러한 클레임의 사유가 된다.		
		공사범위 클레임 (Scope of Work Claim)	시공자가 계약 당시 수행하기로 한 범위 이외의 작업을 수행토록 요구받거나 계약조건에 있는 업무일지라도 그것이 명확히 정의되어 있지 않아 입찰시 내역서에 포함시킬 수 없었던 업무를 수행했을 때 제기될 수 있다.		
		공기촉진 클레임 (Acceleration Claim)	발주자가 계약시 계획했던 공사기간을 일방적으로 단축시킬 것을 시공자에게 요구할 경우 공기단축을 위해 투입해야 하는 추가 인력, 장비, 자재 등에 대한 클레임이다.		
		계약도서와 현장조건의 상이 클레임(Changing Site Condition Claim)	주로 예상 못했던 지하 구조물의 출현이나 지반형태로 인해 시공자가 작업수행을 위해 입찰시 책정된 예정가격을 초과 부담해야 할 경우 발생한다.		
	③	해결 방안	합의	1차적 해결	분쟁 당사자간 협상에 의한 합의서 작성
			조정 및 중재	2차적 해결	조정자와 조정위원회에 대한 해결
			소송	최종 해결방안	재판에 의한 법정 판결로 해결
(7)		현장일지, 건설공사 보고(報告)			
	①	현장일지(現場日誌)	공사현장에서 발생하는 여러 가지 정보들을 매일매일 정확하게 기록한 문서로서 분쟁 등이 발생할 경우 증거자료로 활용된다.		
	②	건설공사 보고(報告)	일보(日報)	1일 단위의 보고	
			주보(週報)	7일 단위의 보고	
			순보(旬報)	10일 단위의 보고	
			월보(月報)	1개월 단위의 보고	
			분기보(分期報)	3개월 단위의 보고	

1998~2024 **기출문제**

01 [98③, 07①] 4점

다음 설명이 의미하는 시방서명을 쓰시오.

(1)	공사기일 등 공사전반에 걸친 비기술적인 사항을 규정한 시방서
(2)	모든 공사의 공통적인 사항을 국토해양부가 제정한 시방서
(3)	특정공사별로 건설공사 시공에 필요한 사항을 규정한 시방서
(4)	공사시방서를 작성하는데 안내 및 지침이 되는 시방서

(1) (2)
(3) (4)

02 [00⑤, 04④] 4점

다음 용어를 설명하시오.

(1) 기술시방서(Descriptive Specification)

(2) 성능시방서(Performance Specification)

03 [23②] 4점

시방서와 설계도의 내용이 서로 달라서 시공상 부적당하다고 판단될 때 현장 책임자는 공사감리자와 협의하고 즉시 알려야 한다. 다음 [보기]에서 건축물의 설계도서 작성 기준에서 시방서와 설계도서의 우선순위를 중요도에 따라 나열하시오.

보기

① 공사(산출)내역서 ② 공사시방서
③ 설계도면 ④ 전문시방서
⑤ 표준시방서

04 [01②] 3점

다음 예와 같이 설계도면과 시방서상에 상이점이 발생한 경우 어느 것이 우선하는가를 쓰시오.

(1)	설계도면과 공사시방서에 상이점이 있을 때
(2)	표준시방서와 전문시방서에 상이점이 있을 때
(3)	도면 중에서 기본도면(1/100, 1/200 축척)과 상세도면(1/30, 1/50 축척)에 상이점이 있을 때

(1) (2) (3)

정답 및 해설

01
(1) 일반시방서
(2) 건축공사표준시방서
(3) 공사시방서
(4) 안내시방서

02
(1) 요구성능과 품질을 얻기 위해 제조법이나 설치법을 최대한 자세히 서술한 시방서
(2) 목적하는 결과, 성능의 판정기준과 이를 검사하는 방법을 기술한 시방서

03
② ➡ ③ ➡ ④ ➡ ⑤ ➡ ①

04
(1) 공사시방서
(2) 전문시방서
(3) 상세도면

1998~2024 **기출문제**

05 [98④, 99⑤, 00①] 4점

건축주와 도급자의 당사자간 계약 체결시 포함되어야 할 계약내용에 대하여 4가지 쓰시오.

① ______ ② ______

③ ______ ④ ______

06 [99①, 03④] 3점

공사의 수행 중에 발생 할 수 있는 계약변경의 요인을 3가지 쓰시오.

① ______ ② ______ ③ ______

07 [03②, 06②] 3점

현행 건설계약 제도상 자주 사용되는 보증금의 종류를 3가지 쓰시오.

① ______ ② ______ ③ ______

08 [05①] 4점

계약서류 조항간의 문제점이나 계약서류와 현장조건 또는 시공조건의 차이점에 의해 발생되는 문제점에 대해 발주자나 시공자가 이의를 제기하여 발생하는 클레임의 유형 4가지를 쓰시오.

① ______ ② ______

③ ______ ④ ______

09 [02②, 05④] 3점

건설공사에서 계약분쟁의 해결방법 3가지를 쓰시오.

① ______ ② ______ ③ ______

10 [98③] 3점

건설공사 현장의 보고(報告)중 주기가 짧은 것부터 긴 것을 보기에서 골라 번호를 쓰시오.

보기

① 순보 ② 분기보 ③ 일보 ④ 월보 ⑤ 주보

______

VIII

정답 및 해설

05
① 공사명
② 공사장소
③ 공사기간
④ 계약금액

06
① 물가변동
② 설계변경
③ 계약내용 변경

07
① 입찰보증금
② 계약보증금
③ 하자보수보증금

08
① 공사범위 클레임
② 공사지연 클레임
③ 공기촉진 클레임
④ 현장상이조건 클레임

09
① 합의
② 조정 및 중재
③ 소송

10
③ ➡ ⑤ ➡ ① ➡ ④ ➡ ②

02 건축시공 총론(II)

POINT 01 입찰방식(Bidding System)

(1)	입찰 순서				
	입찰공고 → 현장설명 → 견적 → 입찰등록 → 입찰 → 낙찰 → 계약				
(2)	현장설명 시 필요사항				
	현장위치, 공사개요, 공사범위, 공사기간, 관급자재 현황, 사토장 또는 토취장 거리표, 개산계약, 설계도서 열람장소				
(3)	기본적인 입찰방식(Bidding System)				
	①	공개경쟁입찰 (Open Bid)	입찰참가를 공모하여 유자격자에게 모두 참가기회를 주는 방식		
			장점	• 기회균등의 민주적 방식 • 담합의 우려가 적음 • 경쟁으로 인한 공사비 절감	
			단점	• 입찰사무가 복잡함 • 부적격자에게 낙찰될 우려가 있음 • 과다경쟁으로 인한 부실공사 우려	
	②	지명경쟁입찰 (Limited Open Bid)	해당 공사에 가장 적격하다고 인정되는 3~7개 정도의 시공회사를 선정하여 입찰시키는 방식		
			장점	• 부적격자가 제거되어 적정공사 기대 • 시공상 신뢰성 기대	
			단점	• 담합(談合, Cartel, 짬짜미)의 우려가 큼 • 공개경쟁입찰보다 공사비가 상승	
	③	지역제한경쟁입찰	공사현장이 소재하는 지역(광역시, 도)에 주된 사무소를 두고 있는 건설업체만을 대상으로 경쟁입찰에 부치도록 함으로써 비교적 소규모 공사를 해당 지역업체가 수주하도록 하는 제도		
	④	특명입찰(Individual Negotiation, 수의계약)	건축주가 가장 적합한 1개의 시공회사를 선정하여 입찰시키는 방식으로, 입찰수속이 간단해지고 공사의 보안유지에 유리하지만 부적격 업체선정의 문제, 공사비 결정이 불명확해지는 단점도 있다.		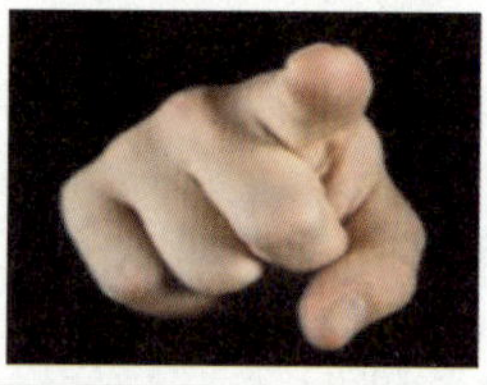

POINT 01 입찰방식(Bidding System)

(4) PQ 제도(Pre-Qualification, 입찰참가 사전심사 제도)

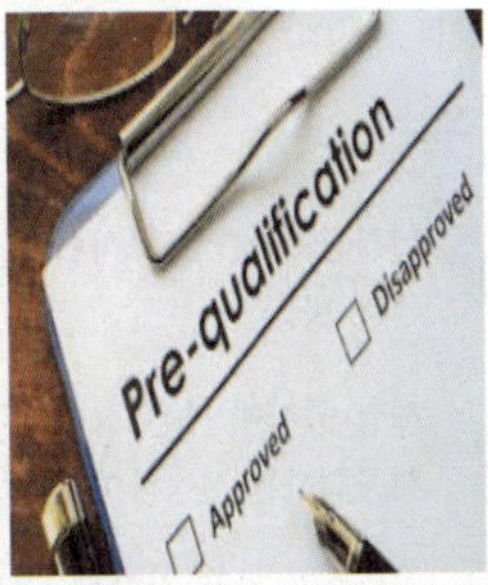

①	정의	건설업체의 공사 수행능력을 기술적 능력, 재무 능력, 조직 및 공사능력 등 비가격적 요인을 검토하여 가장 효율적으로 공사를 수행할 수 있는 업체에 입찰 참가자격을 부여하는 제도
②	장점	• 무자격 및 부적격 업체로부터 적격 업체의 보호
		• 입찰자 감소에 따른 입찰 시간과 비용의 감소
		• 부실공사의 방지 및 건설수주의 패턴 변화
③	단점	• 적용 대상공사의 제한
		• PQ 심사제도의 기준 미정립
		• 실적 위주의 참가에 따른 중소업체에 대해 불리한 제도

1998~2024 기출문제

01 [08①, 17②] 4점

공개경쟁입찰의 순서를 보기에서 골라 번호로 쓰시오.

① 입찰 ② 현장설명 ③ 낙찰
④ 계약 ⑤ 견적 ⑥ 입찰등록
⑦ 입찰공고

02 [99②] 4점

입찰과정에서 현장설명시 필요한 사항을 4가지 쓰시오.

① ②
③ ④

정답 및 해설

01
⑦ ➡ ② ➡ ⑤ ➡ ⑥ ➡ ① ➡ ③ ➡ ④

02
① 현장위치
② 공사개요
③ 공사범위
④ 공사기간

03 [22①] 3점

다음이 설명하는 입찰방식(Bidding System)의 종류를 쓰시오.

(1)	입찰참가자를 공모하여 유자격자에게 모두 참가기회를 주는 방식
(2)	해당 공사에 가장 적격하다고 인정되는 3~7개 정도의 시공회사를 선정하여 입찰시키는 방식
(3)	건축주가 가장 적합한 1개의 시공회사를 선정하여 입찰시키는 방식

(1) (2) (3)

04 [10②] 3점

다음 설명이 뜻하는 입찰방식을 쓰시오.

(1)	부적격자가 제거되어 공사의 신뢰성을 확보할 수 있으나 담합의 우려가 있다.
(2)	입찰참가에 균등한 기회를 부여한 민주적인 방식이지만 과다경쟁으로 부실공사의 우려가 있다.
(3)	공사의 기밀유지가 가능하지만 공사비가 높아질 우려가 있다.

(1) (2) (3)

05 [21④] 3점

다음이 설명하는 적합한 입찰방식의 명칭을 쓰시오.

> 공사현장이 소재하는 지역(광역시, 도)에 주된 사무소를 두고 있는 건설업체만을 대상으로 경쟁입찰에 부치도록 함으로써 비교적 소규모 공사를 해당 지역업체가 수주하도록 하는 제도

06 [11④, 18②] 3점, 6점

다음의 입찰 방법을 간단히 설명하시오.

(1) 공개경쟁입찰:

(2) 지명경쟁입찰:

(3) 특명입찰:

정답 및 해설

03
(1) 공개경쟁입찰
(2) 지명경쟁입찰
(3) 특명입찰

04
(1) 지명경쟁입찰
(2) 공개경쟁입찰
(3) 특명입찰

05
지역제한경쟁입찰

06
(1) 입찰참가자를 공모하여 유자격자에게 모두 참가기회를 주는 방식
(2) 해당 공사에 가장 적격하다고 인정되는 3~7개 정도의 시공회사를 선정하여 입찰시키는 방식
(3) 건축주가 가장 적합한 1개의 시공회사를 선정하여 입찰시키는 방식

07 [07①, 13④, 17②] 4점

특명입찰(수의계약)의 장 · 단점을 2가지씩 쓰시오.

(1) 장점

①

②

(2) 단점

①

②

08 [08④] 4점

다음 설명이 가리키는 용어를 쓰시오.

(1)	건설업체의 공사 수행능력을 기술적 능력, 재무 능력, 조직 및 공사능력 등 비가격적 요인을 검토하여 가장 효율적으로 공사를 수행할 수 있는 업체에 입찰참가자격을 부여하는 제도
(2)	설계에서부터 각종 공사정보의 활용성을 고려하여 원가절감 및 공기 단축을 꾀할수 있는 설계와 시공의 통합시스템

(1) (2)

09 [10①] 6점

PQ(Pre-Qualification) 제도의 장단점을 3가지씩 쓰시오.

(1) 장점

①

②

③

(2) 단점

①

②

③

정답 및 해설

07

(1) ① 입찰수속 간단
② 공사 보안유지 유리

(2) ① 부적격 업체선정의 문제
② 공사비 결정 불명확

08

(1) PQ(Pre-Qualification)

(2) CM(Construction Management)

09

(1)
① 무자격, 부적격 업체로부터 적격 업체의 보호
② 입찰자 감소에 따른 입찰 시간과 비용의 감소
③ 부실공사의 방지 및 건설수주의 패턴 변화

(2)
① 적용 대상공사의 제한
② PQ 심사제도의 기준 미정립
③ 실적 위주의 참가에 따른 중소업체에 대해 불리한 제도

POINT 02 계약 관련제도(Ⅰ)

(1)	대안입찰제도	발주자가 제시하는 기본설계를 바탕으로 동등 이상의 기능 및 효과를 가진 공법으로 공기단축 및 공사비 절감 등을 내용으로 하는 대안을 도급자가 제시하는 제도
(2)	우편입찰제도	등기우편 등을 이용하여 작성된 입찰서를 조달청 담당자에게 입찰 집행일시 전에 도착시키는 방법으로, 주로 소액의 입찰금액 시 적용하는 제도
(3)	선기술 후가격 협상제도 (TES, Two Envelope System)	공사발주 시 기술제안서와 가격제안서를 분리하여 제출받아 평가하는 낙찰자 선정제도로서, 기술능력 우위업체를 선정하기 위한 제도
(4)	기술개발보상제도	공공공사에서 신기술, 신공법을 적용하여 공사비의 절감, 공기단축의 효과를 가져온 경우 계약금액을 감액하지 못하도록 하는 제도
(5)	건설보증제도	공사계약자와 발주자간 공사계약사항의 실행을 보증회사(제3자)가 일정 수수료를 받고 보증해 주는 제도
(6)	표준공기제도	발주기관이 설계와 시공에 필요한 공사기일을 표준화하여 무리한 공기단축과 부실시공을 방지하기 위한 방안
(7)	적격낙찰제도	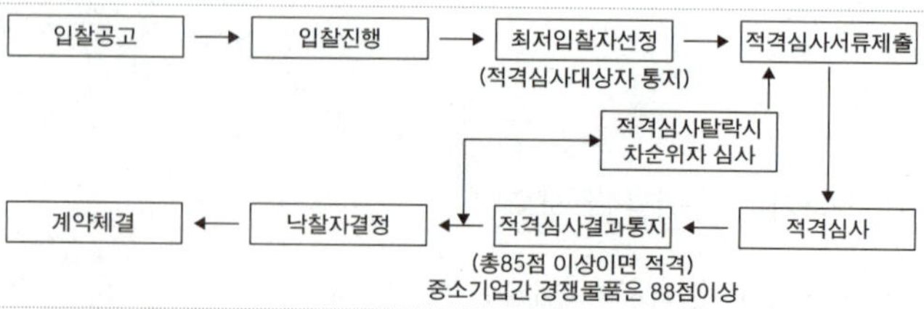 입찰에서 제시한 가격과 기술능력, 공사경험, 경영상태 등 계약 수행능력을 종합평가하여 낙찰자를 결정하는 제도
(8)	종합심사낙찰제도	사회적 책임점수를 포함한 공사수행 능력 점수와 입찰금액 점수를 합산하여 가장 높은 점수를 획득한 입찰자를 낙찰시키는 제도 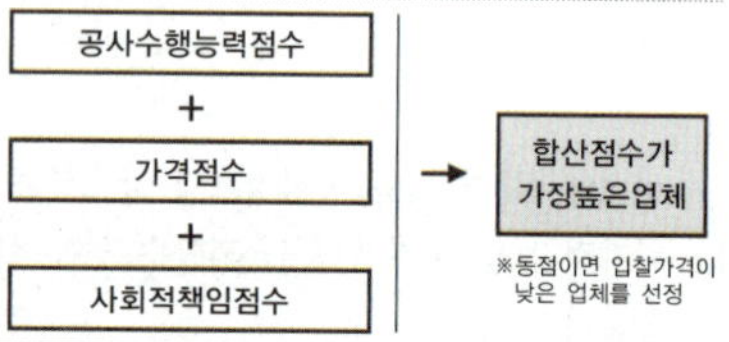

1998~2024 기출문제

01 [06②, 11①, 15②, 20②] 2점, 3점

대안입찰제도를 간단히 설명하시오.

02 [05②] 2점

우편입찰제도에 관하여 기술하시오.

정답 및 해설

01

발주자가 제시한 기본설계를 바탕으로 동등 이상의 기능 및 효과를 가진 공법으로 공기단축 및 공사비 절감 등을 내용으로 하는 대안을 도급자가 제시한 제도

02

등기우편 등을 이용하여 작성된 입찰서를 조달청 담당자에게 입찰 집행일시 전에 도착시키는 방법으로, 주로 소액의 입찰 금액 시 적용하는 제도

1998~2024 기출문제

03 [07④] 3점

TES(선기술 후가격 협상제도)를 설명하시오.

04 [23②] 4점

다음이 설명하는 낙찰제도의 명칭을 쓰시오.

(1)	입찰에서 제시한 가격과 기술능력, 공사경험, 경영상태 등 계약수행능력을 종합평가하여 낙찰자를 결정하는 제도
(2)	사회적 책임점수를 포함한 공사수행 능력점수와 입찰금액 점수를 합산하여 가장 높은 점수를 획득한 입찰자를 낙찰시키는 제도

(1) ________ (2) ________

05 [20①, 24①] 2점

입찰방식 중 적격낙찰제도에 관하여 간단히 설명하시오.

06 [21①, 24①, 24②] 2점, 3점

종합심사낙찰제도에 관하여 간단히 설명하시오.

07 [05④] 5점

다음 설명을 읽고 그 설명이 뜻하는 용어를 적으시오.

(1)	공공공사에서 신기술, 신공법을 적용하여 공사비의 절감, 공기단축의 효과를 가져온 경우 계약금액을 감액하지 못하도록 하는 제도
(2)	공사계약자와 발주자간 공사계약사항의 실행을 보증회사(제3자)가 일정 수수료를 받고 보증해 주는 것
(3)	발주기관이 설계와 시공에 필요한 공사기일을 표준화하여 무리한 공기단축과 부실시공을 방지하기 위한 방안
(4)	재입찰 후에도 낙찰자가 없을 때 최저 입찰자 순으로 교섭하여 계약을 체결하는 것
(5)	건설업의 고부가가치를 추구하기 위해 종래의 단순 시공에서 벗어나 설계, 엔지니어링, Project 전반사항을 종합, 관리, 기획하는 업무영역의 확대를 뜻하는 용어

(1) ________ (2) ________
(3) ________ (4) ________
(5) ________

정답 및 해설

03
공사발주 시 기술제안서와 가격제안서를 분리하여 제출받아 평가하는 낙찰자 선정 제도로서 기술능력 우위업체를 선정하기 위한 제도

04
(1) 적격낙찰제도
(2) 종합심사낙찰제도

05
입찰에서 제시한 가격과 기술능력, 공사경험, 경영상태 등 계약 수행능력을 종합평가하여 낙찰자를 결정하는 제도

06
사회적 책임점수를 포함한 공사수행 능력점수와 입찰금액 점수를 합산하여 가장 높은 점수를 획득한 입찰자를 낙찰시키는 제도

07
(1) 기술개발보상제도
(2) 건설보증제도
(3) 표준공기제도
(4) 수의계약
(5) EC(Engineering Construction)

POINT 03 계약 관련제도(II)

(1) 설계와 시공이 분리된 도급공사의 계약방식

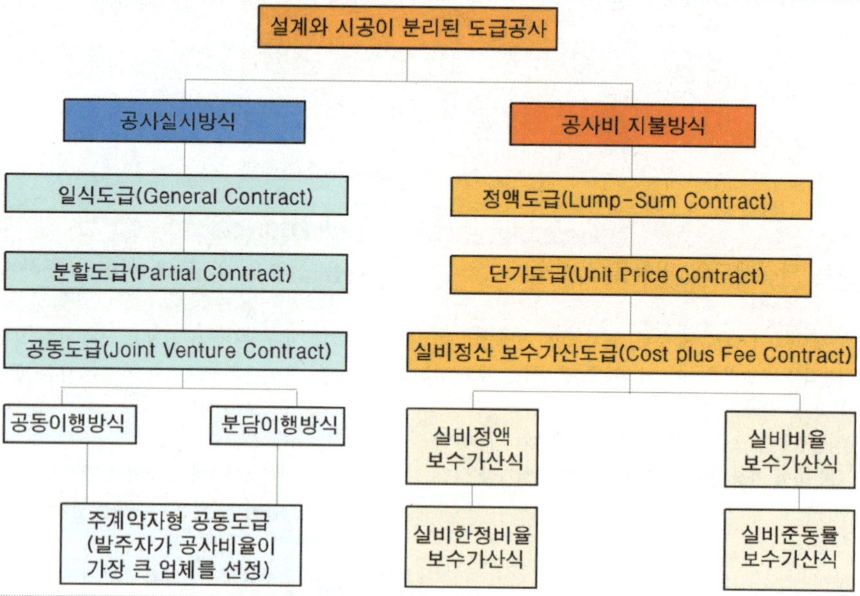

(2) 공동도급(Joint Venture Contract)

①	정의	하나의 공사를 2개 이상의 사업자가 공동으로 도급을 받아 계약을 이행하는 방식	
②	분류	공동이행방식(Sponsorship)	참여 회사들이 일정 비율의 노무, 기계, 자금을 제공하여 새로운 조직으로 시공하는 방식
		분담이행방식(Consortium)	각자의 회사가 공사를 분할시공하는 형태의 방식
		주계약자형 공동도급(Partnership)	주계약자가 전체 프로젝트를 계획, 관리, 조정하는 방식
③	장점	• 여러 회사 참여로 위험이 분산된다.	• 자본력과 신용도가 증대된다.
		• 공사이행의 확실성이 보장된다.	• 기술의 향상, 경험의 확충이 기대된다.
④	단점	• 단일회사 도급보다 경비가 증대된다.	• 이해관계의 충돌, 책임회피의 우려가 있다.
		• 하자 발생시 책임소재가 불분명해진다.	• 사무관리, 현장관리 혼란의 우려가 있다.

(3) 컨소시엄, 페이퍼 조인트

①	컨소시엄 (Consortium)	컨소시엄은 라틴어로 동반자 관계와 협력, 동지를 의미하며, 공통의 목적을 위한 협회나 조합을 말한다. 공동도급(Joint Venture)은 자본의 출자를 통한 정식 법인이지만, 컨소시엄은 법인을 설립하지 않은 협력형태로서 각각의 독립된 회사가 하나의 연합체를 형성하여 각자의 공사범위에 따라 공사를 수행하는 방식의 차이를 보인다.
②	페이퍼 조인트 (Paper Joint)	공동도급으로 수주한 후 한 회사가 공사 전체를 진행하고 나머지 회사는 서류상으로 공사에 참여하는 방식

POINT 03 계약 관련제도(II)

(4)	실비정산 보수가산 도급				
	①	정의	공사실비를 건축주와 도급자가 확인정산 후 건축주는 미리 정한 보수율에 따라 도급자에게 보수를 지급하는 방식		
	②	특징	장점	• 설계도서 및 공사비 산정이 명확하지 않을 때 적용이 용이하다.	
				• 신용계약으로 인한 양심시공 및 우수한 시공결과를 기대할 수 있다.	
			단점	• 공사기간 연장의 우려가 있다.	
				• 공사비 절감노력이 낮아질 우려가 있다.	
	③	종류	실비정액 보수가산식	$A+F$	• A: 공사실비 • A': 한정된 실비 • F: 정액보수 • f: 비율보수
			실비비율 보수가산식	$A+A \cdot f$	
			실비한정비율 보수가산식	$A'+A' \cdot f$	
			실비준동률 보수가산식	$A+A' \cdot f$	

(5)	설계 · 시공 일괄계약방식(Design-Build Contract, Turn-Key Contract, 턴키도급)				
	①	정의	도급자가 대상 프로젝트(Project)의 기획 및 타당성 조사, 설계(Design), 구매 및 조달(기업, 금융, 토지조달), 시공(Construction), 시운전 및 완공하여 주문자가 필요로 하는 모든 것을 조달하여 주문자에게 인도하는 방식		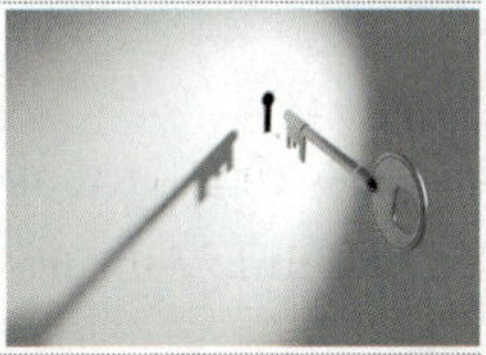
	②	특징	장점	• 설계와 시공의 통합관리에 의한 의사소통 개선	
				• 원가절감 및 공기단축 가능	
				• 일괄책임 회피로 인한 책임한계가 명확	
			단점	• 건축주 의도가 반영되지 않을 우려가 있다.	
				• 공사비 사전 파악이 어렵다.	
				• 최저가낙찰제인 경우 공사품질이 저하된다.	

(6)	설계와 시공의 의사소통의 개선방법			
	①	설계 · 시공 일괄계약방식(Turn-Key Contract))	②	건설사업관리 계약방식(CM, Construction Management)
	③	프로젝트 관리방식(PM, Project Management)	④	민간투자사업방식(BOT, BOO, BTO)
	⑤	파트너링 계약방식(Partnering Contract)	⑥	성능발주방식, 시공성 향상기법의 도입 등

1998~2024 **기출문제**

01 [08②] 4점

다음 도급계약방식의 분류를 설명한 것 중 ( )안에 들어갈 내용을 써 넣으시오.

> 도급공사는 공사실시방식에 따라 공동도급, 분할도급, (①)으로 분류하며, 공동도급의 운영방식은 공동이행방식, (②), 주계약자형 공동도급방식으로 분류된다.

① ________ ② ________

02 [18①] 3점

공동도급(Joint Venture)의 운영방식 종류를 3가지 쓰시오.

① ________
② ________
③ ________

03 [98⑤, 09④, 11④, 18④] 4점

공동도급(Joint Venture Contract)의 장점을 4가지 쓰시오.

① ________
② ________
③ ________
④ ________

04 [00④, 07④, 13②, 23③] 3점

컨소시엄(Consortium) 공사에 있어서 페이퍼 조인트(Paper Joint)에 관하여 기술하시오.

05 [98①, 00⑤, 03④] 4점

공사비 지급방식에 따른 도급방식 중 실비정산보수가산도급에서 공사비 산정방식의 종류를 4가지 쓰시오.

① ________ ② ________
③ ________ ④ ________

06 [18②, 23④] 3점

다음이 설명하는 용어를 쓰시오.

> 건축주와 시공자가 공사실비를 확인정산하고 정해진 보수율에 따라 시공자에게 지급하는 방식

____

07 [11②] 3점

보기에 표기된 실비정산보수가산 도급의 종류를 주어진 기호를 사용하여 표기하시오.

> **보기**
> - A : 공사실비
> - A' : 한정된 실비
> - F : 정액보수
> - f : 비율보수

(1) 실비비율 보수가산식: ________
(2) 실비한정비율 보수가산식: ________
(3) 실비정액 보수가산식: ________

정답 및 해설

01
① 일식도급 ② 분담이행방식

02
① 공동이행방식 ② 분담이행방식
③ 주계약자형 공동도급방식

03
① 신용 및 융자력 증대 ② 위험요소의 분산
③ 기술의 확충 ④ 시공의 확실성

04
공동도급으로 수주한 후 한 회사가 공사 전체를 진행하고 나머지 회사는 서류상으로 공사에 참여하는 방식

05
① 실비정액 보수가산식
② 실비비율 보수가산식
③ 실비한정비율 보수가산식
④ 실비준동률 보수가산식

06
실비비율 보수가산식

07
(1) $A+A \cdot f$
(2) $A'+A' \cdot f$
(3) $A+F$

1998~2024 **기출문제**

08 [09②, 13①] 3점 □□□□□

건축주와 시공자간에 다음과 같은 조건으로 실비한정비율 보수가산식을 적용하여 계약을 체결하여 공사완료 후 실제 소요공사비를 상호 확인한 결과 90,000,000원이었을 때 건축주가 시공자에게 지급해야 하는 총 공사금액은?

〈계약조건〉 (1) 한정된 실비 : 100,000,000원
(2) 보수비율 : 5%

______

09 [11①] 3점 □□□□□

설계시공 일괄계약(Design-Build Contract)의 장점을 3가지 기술하시오.

① ______
② ______
③ ______

10 [12①] 4점

설계시공 일괄계약의 장·단점을 각각 2가지 쓰시오.

(1) 장점

① ______
② ______

(2) 단점

① ______
② ______

11 [98②] 5점 □□□□□

설계와 시공의 의사소통의 개선방법을 계약이나 제도 또는 기법측면에서 5가지 쓰시오.

① ______ ② ______
③ ______ ④ ______
⑤ ______

12 [99①] 5점 □□□□□

도급공사의 설명을 읽고 해당되는 도급명을 쓰시오.

(1)	대규모 공사의 시공에 있어서 시공자의 기술·자본 및 위험 등의 부담을 분산, 감소시킬 수 있다.
(2)	양심적인 공사를 기대할 수 있으나 공사비 절감 노력이 없어지고 공사기일이 연체되는 경향이 있다.
(3)	모든 요소를 포괄한 도급 계약으로 주문자가 필요로 하는 모든 것을 조달 및 완수한다.
(4)	도급업자에게 균등한 기회를 주며, 공기단축·시공기술 향상 및 공사의 높은 성과를 기대할 수 있다.
(5)	공사비 총액을 확정하여 계약하는 방식으로, 공사발주와 동시에 공사비가 확정되고 관리업무를 간편하게 한다.

① ______ ② ______
③ ______ ④ ______
⑤ ______

VIII

정답 및 해설

08

90,000,000+(90,000,000×0.05)=94,500,000원

09

① 설계와 시공의 통합관리에 의한 의사소통 개선
② 원가절감 및 공기단축 가능
③ 일괄책임 회피로 인한 책임한계가 명확

10

(1) ① 설계와 시공의 통합관리에 의한 의사소통 개선
② 원가절감 및 공기단축 가능
(2) ① 건축주 의도가 반영되지 않을 우려가 있다.
② 공사비 사전 파악이 어렵다.

11

① 설계 · 시공 일괄계약방식
② 건설사업관리 계약방식
③ 프로젝트 관리방식
④ 민간투자사업방식
⑤ 파트너링 계약방식

12

① 공동도급
② 실비정산보수가산도급
③ 턴키도급
④ 공구별분할도급
⑤ 정액도급

POINT 04 계약 관련제도(Ⅲ): 건설사업계약관리(CM, Construction Management)

<table>
<tr><td>(1)</td><td>정의</td><td colspan="2">건설의 전 과정에 걸쳐 프로젝트를 보다 효율적이고 경제적으로 수행하기 위해 각 부문의 전문가들로 구성된 통합된 관리기술을 건축주에게 서비스하는 것</td><td></td></tr>
<tr><td rowspan="4">(2)</td><td rowspan="4">CM의
기본 형태</td><td colspan="2">대리인형 CM(CM for Fee)</td><td rowspan="2">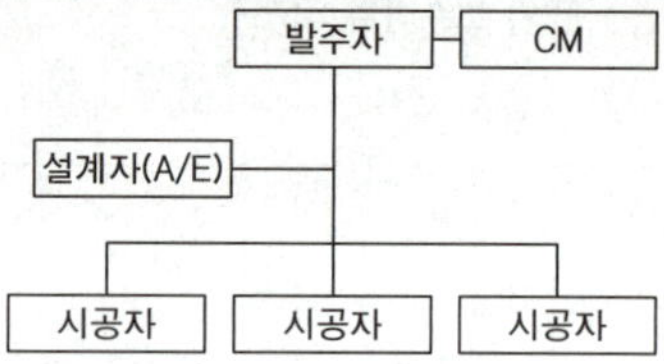
</td></tr>
<tr><td colspan="2">발주자와 하도급업체가 직접 계약을 체결하고, CM은 발주자의 대리인 역할을 수행하여 약정된 보수만을 발주자에게 수령하는 형태</td></tr>
<tr><td colspan="2">시공자형 CM(CM at Risk)</td><td rowspan="2">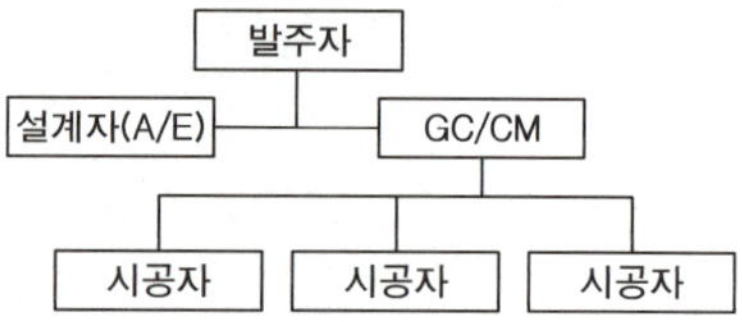
</td></tr>
<tr><td colspan="2">하도급업체와 CM이 원도급자 입장으로 발주자의 직접계약을 체결하며 공사의 원가 · 공정 · 품질을 직접 관리하여 CM자신의 이익을 추구하는 형태</td></tr>
<tr><td rowspan="4">(3)</td><td rowspan="4">특징</td><td rowspan="2">장점</td><td colspan="2">• 설계와 시공의 통합관리에 의한 의사소통 개선</td></tr>
<tr><td colspan="2">• 원가절감 및 공기단축 가능</td></tr>
<tr><td rowspan="2">단점</td><td colspan="2">• 건설사업관리자(CMr)의 능력에 CM의 성패가 좌우됨</td></tr>
<tr><td colspan="2">• CM for Fee(대리인형 CM)의 경우 공사품질 책임발생 시 책임소재 불명확</td></tr>
<tr><td rowspan="8">(4)</td><td rowspan="8">계약유형</td><td rowspan="2">①</td><td colspan="2">ACM(Agency CM)</td></tr>
<tr><td colspan="2">CM의 기본형태로 공사 설계단계에서부터 발주자에게 고용되어 본래의 CM업무를 수행</td></tr>
<tr><td rowspan="2">②</td><td colspan="2">XCM(Extended CM)</td></tr>
<tr><td colspan="2">CM의 본래 업무와 계획에서 설계 · 시공 · 유지관리까지 전과정을 관리</td></tr>
<tr><td rowspan="2">③</td><td colspan="2">OCM(Owner CM)</td></tr>
<tr><td colspan="2">전문적 수준의 자체 조직을 보유하여 발주자 자체가 CM업무를 수행</td></tr>
<tr><td rowspan="2">④</td><td colspan="2">GMPCM(Guaranteed Maximum Price CM)</td></tr>
<tr><td colspan="2">공사완료 후 계약 시 산정된 공사금액이 초과되지 않기 위한 조치로서 예상금액의 초과 시 CM이 일정비율을 부담하는 형식</td></tr>
</table>

POINT 04 계약 관련제도(Ⅲ): CM(Construction Management)

(5)	CM 단계별 업무		Pre-Design(기획) 단계 → 사업구상, 사업타당성 검토 및 사업수행의 구체적 계획수립 ↓ Design(설계) 단계 → 비용의 분석 및 VE기법의 도입, 대안공법의 검토 ↓ Pre-Construction(발주) 단계 ↓ Construction(시공) 단계 → 설계도면, 시방서에 따른 공사진행 검사 및 검토 ↓ Post-Construction(유지관리) 단계
(6)	CM 주요 업무	①	건설공사의 기본구상 및 타당성 조사관리 사업의 수행절차, 지침 작성, 사업계획의 수립 · 운영 · 조정 업무
		②	건설공사의 계약관리 설계변경, 클레임(Claim) 및 분쟁 해결
		③	건설공사의 설계관리
		④	건설공사의 사업비관리 기성고 산출, 공사비 집행 분석, 설계변경에 의한 공사비 증감 확인
		⑤	건설공사의 공정관리 공정계획의 수립 · 운영 · 조정, 각 시공자의 공정표 검토 승인
		⑥	건설공사의 품질관리 품질보증계획과 절차에 따라 계획검토 승인
		⑦	건설공사의 안전관리 재해예방과 안전확보 기준 및 방안의 계획 · 검토 · 조정
		⑧	건설공사의 환경관리
		⑨	건설공사의 사업정보관리 단계별 문서 · 도면 · 기술자료축적 · 관리, 사업정보 관리 · 운영
		⑩	건설공사의 준공후 사후관리
		⑪	그 밖에 건설공사의 원활한 관리를 위하여 필요한 사항
(7)	제네콘		종합건설제도(Genecon) 종합건설(General Construction)의 약자로서, 종합적인 건설관리만 맡고 부분별 공사는 하청업자에게 넘겨주어 공사를 진행하는 형태를 말한다

1998~2024 **기출문제**

01 [98①, 07④] 4점

다음 용어를 설명하시오.

(1) CM(Construction Management):

(2) 실비정산 보수가산 도급:

02 [04②, 07①, 10②, 19④, 20④] 4점

다음의 공사관리 계약방식에 대하여 설명하시오.

(1) CM for Fee 방식

(2) CM at Risk 방식

03 [06①] 4점

CM계약의 장점과 단점을 2가지씩 쓰시오.

(1) 장점

①

②

(2) 단점

①

②

04 [07①] 4점

다음의 보기에서 CM(건설사업관리)의 계약유형을 모두 골라 번호를 쓰시오.

① ACM(Agency CM)
② XCM(Extended CM)
③ OCM(Owner CM)
④ GMPCM(Guaranteed Maximum Price CM)
⑤ EC(Engineering Contractor)
⑥ Design-Build 방식
⑦ PM방식
⑧ Partnering 방식
⑨ Time+Cost 계약 방식

정답 및 해설

01
(1) 건설의 전 과정에 걸쳐 프로젝트를 보다 효율적이고 경제적으로 수행하기 위하여 각 부문의 전문가들로 구성된 통합된 관리기술을 건축주에게 서비스하는 것
(2) 공사실비를 건축주와 도급자가 확인정산 후 건축주는 미리 정한 보수율에 따라 도급자에게 보수를 지급하는 방식

02 (1) 발주자와 하도급업체가 직접 계약을 체결하고, CM은 발주자의 대리인 역할을 수행하여 약정된 보수만을 발주자에게 수령하는 형태
(2) 하도급업체와 CM이 원도급자 입장으로 발주자의 직접계약을 체결하며 공사의 원가 · 공정 · 품질을 직접 관리하여 CM자신의 이익을 추구하는 형태

03
(1) ① 설계와 시공의 통합관리에 의한 의사소통 개선
② 원가절감 및 공기단축 가능
(2) ① 건설사업관리자의 능력에 CM의 성패가 좌우됨
② 대리인형 CM의 경우 공사품질 책임발생 시 책임소재 불명확

04 ①, ②, ③, ④

1998~2024 **기출문제**

05 [02①] 3점

다음은 건설사업관리(CM)의 단계적 역할을 설명한 것이다. 해당단계를 보기에서 골라 번호로 쓰시오.

① Design 단계
② Pre-Construction 단계
③ Pre-Design 단계
④ Post-Construction 단계
⑤ Construction 단계

(1)	비용의 분석 및 VE기법의 도입, 대안공법의 검토단계	
(2)	설계도면, 시방서에 따른 공사진행 검사 및 검토단계	
(3)	사업 타당성 검토 및 사업수행의 구체적 계획 수립단계	

06 [00①, 00③, 03④] 4점, 5점

사업관리(CM)란 건설의 전 과정에 걸쳐 프로젝트를 보다 효율적이고 경제적으로 수행하기 위해 각 부문 전문가들로 구성된 통합된 관리기술을 건축주에게 서비스하는 것을 말하는데 그 주요 업무를 5가지 쓰시오.

①
②
③
④
⑤

07 [18④] 3점

종합건설제도(Genecon)에 대하여 간단히 설명하시오.

정답 및 해설

05

(1) ①
(2) ⑤
(3) ③

06

① 건설공사의 기본구상 및 타당성 조사관리
② 건설공사의 계약관리
③ 건설공사의 설계관리
④ 건설공사의 사업비관리
⑤ 건설공사의 공정관리

07

종합적인 건설관리만 맡고 부분별 공사는 하청업자에게 넘겨주어 공사를 진행하는 형태

POINT 05 계약 관련제도(Ⅳ)

(1) 민간투자사업방식

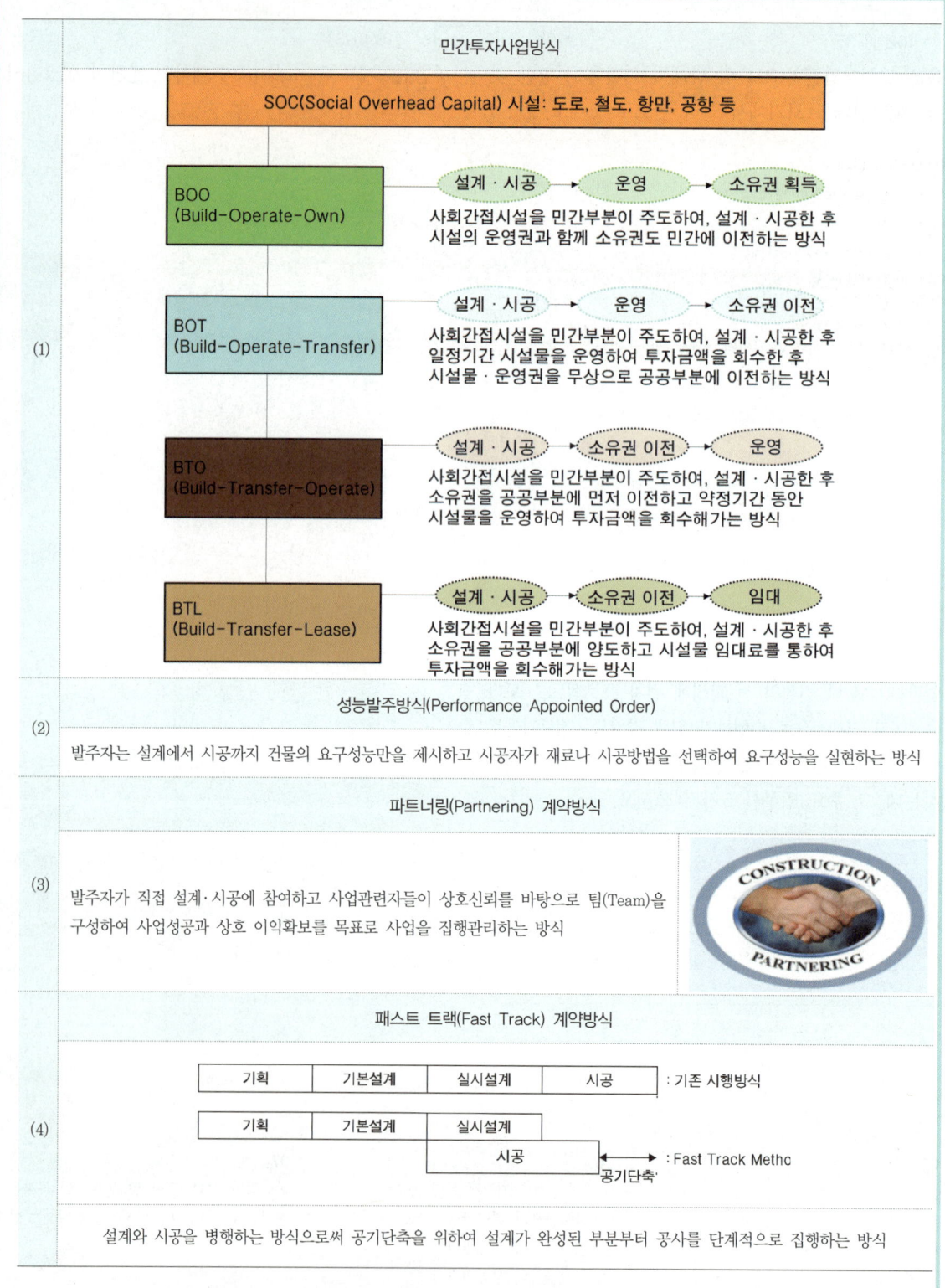

SOC(Social Overhead Capital) 시설: 도로, 철도, 항만, 공항 등

BOO (Build-Operate-Own)
설계 · 시공 → 운영 → 소유권 획득
사회간접시설을 민간부분이 주도하여, 설계 · 시공한 후 시설의 운영권과 함께 소유권도 민간에 이전하는 방식

BOT (Build-Operate-Transfer)
설계 · 시공 → 운영 → 소유권 이전
사회간접시설을 민간부분이 주도하여, 설계 · 시공한 후 일정기간 시설물을 운영하여 투자금액을 회수한 후 시설물 · 운영권을 무상으로 공공부분에 이전하는 방식

BTO (Build-Transfer-Operate)
설계 · 시공 → 소유권 이전 → 운영
사회간접시설을 민간부분이 주도하여, 설계 · 시공한 후 소유권을 공공부분에 먼저 이전하고 약정기간 동안 시설물을 운영하여 투자금액을 회수해가는 방식

BTL (Build-Transfer-Lease)
설계 · 시공 → 소유권 이전 → 임대
사회간접시설을 민간부분이 주도하여, 설계 · 시공한 후 소유권을 공공부분에 양도하고 시설물 임대료를 통하여 투자금액을 회수해가는 방식

(2) 성능발주방식(Performance Appointed Order)

발주자는 설계에서 시공까지 건물의 요구성능만을 제시하고 시공자가 재료나 시공방법을 선택하여 요구성능을 실현하는 방식

(3) 파트너링(Partnering) 계약방식

발주자가 직접 설계·시공에 참여하고 사업관련자들이 상호신뢰를 바탕으로 팀(Team)을 구성하여 사업성공과 상호 이익확보를 목표로 사업을 집행관리하는 방식

(4) 패스트 트랙(Fast Track) 계약방식

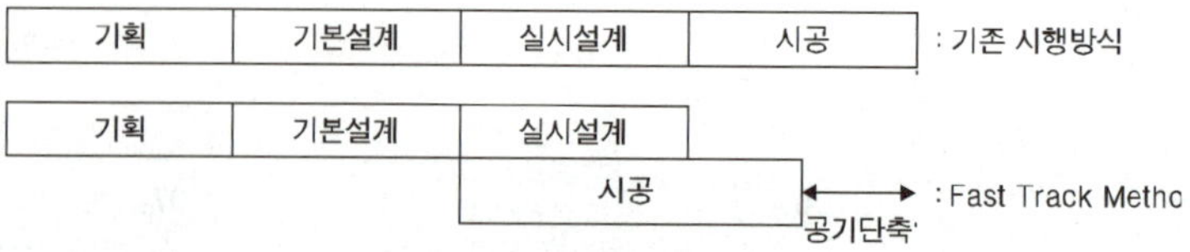

설계와 시공을 병행하는 방식으로써 공기단축을 위하여 설계가 완성된 부분부터 공사를 단계적으로 집행하는 방식

1998~2024 **기출문제**

01 [08①, 10④, 19②] 4점

다음 설명이 뜻하는 계약방식의 용어를 쓰시오.

(1)	발주측이 프로젝트 공사비를 부담하는 것이 아니라 민간부분 수주측이 설계, 시공 후 일정기간 시설물을 운영하여 투자금을 회수하고 시설물과 운영권을 무상으로 발주측에 이전하는 방식
(2)	사회간접시설의 확충을 위해 민간이 자금조달과 공사를 완성하여 소유권을 공공부분에 먼저 이양하고, 약정기간 동안 그 시설물을 운영하여 투자금액을 회수하는 방식
(3)	민간부분이 설계, 시공 주도 후 그 시설물의 운영과 함께 소유권도 민간에 이전되는 방식
(4)	건축주는 발주시에 설계도서를 사용하지 않고 요구성능만을 표시하고 시공자는 거기에 맞는 시공법, 재료 등을 자유로이 선택할 수 있게 하는 일종의 특명입찰방식

①
②
③
④

02 [00④, 03②, 04①, 08④, 14①, 14④, 17①, 21①, 21④] 3점

BOT(Build-Operate-Transfer) 방식을 설명하시오.

03 [11②, 20①] 4점, 5점

BOT(Build-Operate-Transfer Contract) 방식을 설명하고 이와 유사한 방식을 3가지 쓰시오.

(1) BOT 방식

(2) 유사한 방식

①
②
③

정답 및 해설

01

① BOT(Build-Operate-Transfer)
② BTO(Build-Transfer-Own)
③ BOO(Build-Operate-Own)
④ 성능발주방식

02

사회간접시설을 민간부분이 주도하여 설계·시공한 후 일정기간 시설물을 운영하여 투자금액을 회수한 후 시설물과 운영권을 무상으로 공공부분에 이전하는 방식

03

(1) 사회간접시설을 민간부분이 주도하여 설계·시공한 후 일정기간 시설물을 운영하여 투자금액을 회수한 후 시설물과 운영권을 무상으로 공공부분에 이전하는 방식
(2) ① BOO(Build-Operate-Own)
② BTO(Build-Transfer-Own)
③ BTL(Build-Transfer-Lease)

VIII

1998~2024 **기출문제**

04 [07②] 3점 □□□□□

BOT(Build-Operate-Transfer)와 BTO(Build-Transfer-Operate)의 차이점을 비교하여 설명하시오.

05 [15④] 3점 □□□□□

BTO(Build-Transfer-Operate) 방식을 설명하시오.

06 [13④, 17④, 20④, 20⑤, 24①] 2점, 3점 □□□□□

민간 주도하에 Project(시설물) 완공 후 발주처(정부)에게 소유권을 양도하고 발주처의 시설물 임대료를 통하여 투자비가 회수되는 민간투자사업 계약방식의 명칭은?

---

07 [17②] 2점 □□□□□

BTL(Build-Transfer-Lease) 계약방식을 설명하시오.

08 [00④, 16①, 16④] 4점 □□□□□

다음 용어를 설명하시오.

(1) BOT(Build-Operate-Transfer)

(2) 파트너링(Partnering) 계약방식

정답 및 해설

04

사회간접시설을 민간부분이 주도하여 설계·시공한 후 일정기간 시설물을 운영하여 투자금액을 회수한 후 시설물과 운영권을 무상으로 공공부분에 이전하는 방식이 BOT라면, BTO방식은 소유권을 공공부분에 먼저 이전하고 약정기간 동안 시설물을 운영하여 투자금액을 회수해가는 방식이다.

05

사회간접시설을 민간부분이 주도하여 설계·시공한 후 소유권을 공공 부분에 먼저 이전하고 약정기간 동안 시설물을 운영하여 투자금액을 회수해가는 방식

06

BTL(Build-Transfer-Lease)

07

민간 주도하에 Project(시설물) 완공 후 발주처(정부)에게 소유권을 양도하고 발주처의 시설물 임대료를 통하여 투자비가 회수되는 민간투자사업 계약방식

08

(1) 사회간접시설을 민간부분이 주도하여 설계·시공한 후 일정기간 시설물을 운영하여 투자금액을 회수한 후 시설물과 운영권을 무상으로 공공부분에 이전하는 방식

(2) ① BOO(Build-Operate-Own)
② BTO(Build-Transfer-Own)
③ BTL(Build-Transfer-Lease)

1998~2024 **기출문제**

09 [98①, 07④] 4점 □□□□□

다음 용어를 설명하시오.

(1) 성능발주방식

(2) CM(Construction Management)

(3) LCC(Life Cycle Cost)

(4) 실비정산 보수가산 도급

10 [23①] 3점 □□□□□

Fast Track Method에 대해 간단히 설명하시오.

정답 및 해설

09

(1) 발주자는 설계에서 시공까지 건물의 요구 성능만을 제시하고 시공자가 재료나 시공 방법을 선택하여 요구성능을 실현하는 방식

(2) 건설의 전 과정에 걸쳐 프로젝트를 보다 효율적이고 경제적으로 수행하기 위하여 각 부문의 전문가들로 구성된 통합된 관리 기술을 건축주에게 서비스하는 것

(3) 건축물의 초기단계에서 설계, 시공, 유지관리, 해체에 이르는 일련의 과정과 제비용

(4) 공사실비를 건축주와 도급자가 확인정산 후 건축주는 미리 정한 보수율에 따라 도급자에게 보수를 지급하는 방식

10

설계와 시공을 병행하는 방식으로써 공기단축을 위하여 설계가 완성된 부분부터 공사를 단계적으로 집행하는 방식

03 건축시공 총론(Ⅲ)

POINT 01 VE(Value Engineering, 가치공학)

(1) 정의 및 효과적인 적용단계

① 정의:
발주자가 요구하는 성능, 품질을 보장하면서 최소의 비용으로 공사를 수행하기 위한 수단을 찾고자 하는 체계적이고 과학적인 공사방법

② 효과적인 적용단계: 설계 초기단계

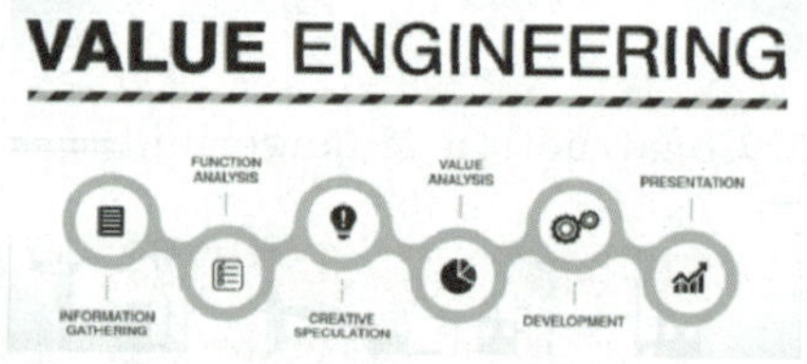

(2) 기본 원리

$$V=\frac{F}{C}$$

- V : 가치(Value)
- F : 기능(Function)
- C : 비용(Cost)

① 기능을 일정하게 유지하고 비용을 낮춘다.

② 기능을 높이면서 비용을 일정하게 유지한다.

③ 기능을 높이면서 비용을 낮춘다.

④ 기능을 많이 높이면서 비용을 약간 낮춘다.

(3) 사고방식

① 고정관념을 제거한 자유로운 발상	② 기능 중심의 시공방식
③ 사용자(발주자) 중심의 사고	④ 조직적이고 순서화된 활동

(4) 기본 추진절차

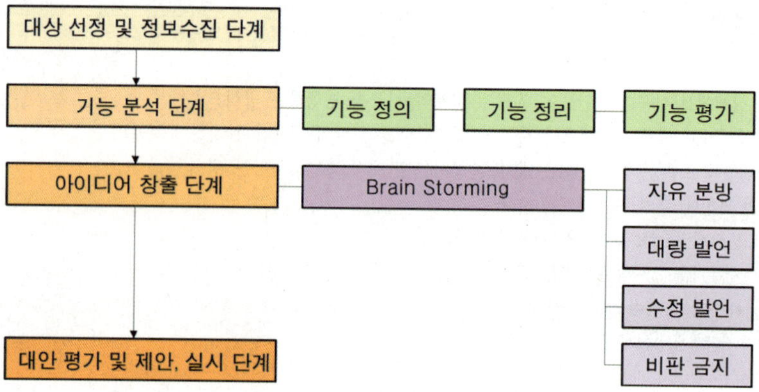

1998~2024 **기출문제**

01 [15①] 4점

VE(Value Engineering) 기법을 설명하고, 가장 효과적인 적용단계를 쓰시오.

(1) 설명:

(2) 적용단계:

02 [98④, 00②, 09②, 15④, 22①] 3점

Value Engineering 개념에서 $V=\frac{F}{C}$ 식의 각 기호를 설명하시오.

(1) V:

(2) C:

(3) F:

03 [08①] 4점

원가절감 기법인 VE(Value Engineering)의 가치를 향상시키는 방법을 4가지 쓰시오.

①

②

③

④

04 [98①, 11④, 14④, 20③] 4점

건설공사의 원가절감기법 중 Value Engineering의 사고방식을 4가지를 쓰시오.

①

②

③

④

05 [07②, 13②, 22④] 4점

가치공학(Value Engineering)의 기본추진 절차를 4단계로 구분하여 쓰시오.

①

②

③

④

06 [00④, 01③, 08③, 17④, 22④] 4점

가치공학(Value Engineering)의 기본추진 절차를 순서대로 나열하시오.

㉮ 정보수집	㉯ 기능정리	㉰ 아이디어 발상
㉱ 기능정의	㉲ 대상선정	㉳ 제안
㉴ 기능평가	㉵ 평가	㉶ 실시

VIII

정답 및 해설

01

(1) 발주자가 요구하는 성능, 품질을 보장하면서 최소의 비용으로 공사를 수행하기 위한 수단을 찾고자 하는 체계적이고 과학적인 공사방법

(2) 설계 초기 단계

02

(1) Value(가치)

(2) Cost(비용)

(3) Function(기능)

03

① 기능을 일정하게 유지하고 비용을 낮춘다.

② 기능을 높이면서 비용을 일정하게 유지한다.

③ 기능을 높이면서 비용을 낮춘다.

④ 기능을 많이 높이면서 비용을 약간 낮춘다.

04

① 고정관념을 제거한 자유로운 발상

② 기능 중심의 시공방식

③ 사용자(발주자) 중심의 사고

④ 조직적이고 순서화된 활동

05

① 대상 선정 및 정보수집 단계

② 기능 분석 단계

③ 아이디어 창출 단계

④ 대안 평가 및 제안, 실시 단계

06

㉲ ➡ ㉮ ➡ ㉱ ➡ ㉯ ➡ ㉴ ➡ ㉰ ➡ ㉵ ➡ ㉳ ➡ ㉶

07 [07①] 4점

VE(Value Engineering: 가치공학)의 아이디어 창출 기법으로 사용되는 Brain Storming의 4가지 원칙을 기술하시오.

①

②

③

④

08 [02②] 3점

다음 설명이 가리키는 용어명을 쓰시오.

(1)	설계에서부터 각종 공사 정보의 활용성 및 시공성을 고려하여 원가절감 및 공기단축을 꾀할 수 있는 설계와 시공의 통합 시스템
(2)	발주자가 요구하는 성능, 품질을 보장하면서 최소의 비용으로 공사를 수행하기 위한 수단을 찾고자 하는 체계적이고 과학적인 공사방법
(3)	건설업체의 공사수행 능력을 기술적 능력, 재무능력, 조직 및 공사능력 등 비가격 요인을 검토하여 가장 효율적으로 공사를 수행할 수 있는 업체에 입찰참가 자격을 부여하는 제도

(1) (2) (3)

09 [20③] 4점

다음 용어를 설명하시오.

(1) LCC(Life Cycle Cost)

(2) VE(Value Engineering)

10 [10④] 3점

다음 용어를 설명하시오.

(1) LCC(Life Cycle Cost)

(2) VE(Value Engineering)

(3) Task Force 조직

정답 및 해설

07

① 자유 분방
② 대량 발언
③ 수정 발언
④ 비판 금지

08

(1) CM(Construction Management)
(2) VE(Value Engineering)
(3) PQ(Pre-Qualification)

09

(1) 건축물의 초기단계에서 설계, 시공, 유지관리, 해체에 이르는 일련의 과정과 제비용
(2) 발주자가 요구하는 성능, 품질을 보장하면서 최소의 비용으로 공사를 수행하기 위한 수단을 찾고자 하는 체계적이고 과학적인 공사방법

10

(1) 건축물의 초기단계에서 설계, 시공, 유지관리, 해체에 이르는 일련의 과정과 제비용
(2) 발주자가 요구하는 성능, 품질을 보장하면서 최소의 비용으로 공사를 수행하기 위한 수단을 찾고자 하는 체계적이고 과학적인 공사방법
(3) 건축공사, 중요공사에서 전문가들이 모여 사업수행 기간 동안만 한시적으로 운영하는 건설관리조직

MEMO

POINT 02 품질관리

(1)	PDCA Cycle	Plan(계획) ➠ Do(실시) ➠ Check(검토) ➠ Action(조치)	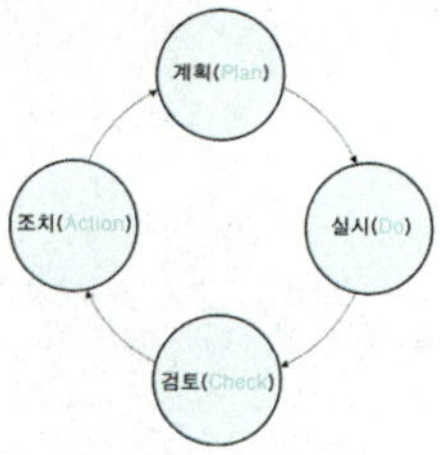
(2)	품질관리 계획서	①	**품질관리 계획서 제출 대상공사** • 전면책임감리대상 건설공사로서 총공사비 500억원 이상인 건설공사 • 다중이용건축물의 건설공사로서 연면적이 30,000㎡ 이상인 건축공사 • 공사계약에 품질관리계획의 수립이 명시되어 있는 건설공사
		②	**품질관리 계획서 작성내용: 현장 품질방침 및 품질목표 등 26개 항목** 건설공사정보 / 품질방침 및 목표 / 현장조직관리 / 문서관리 / 기록관리 / 자원관리 / 설계관리 / 공사수행준비 / 교육훈련 / 의사소통 / 자재구매관리 / 지급자재관리 / 하도급관리 / 공사관리 / 중점품질관리 / 계약변경 / 식별 및 추적 / 기자재 및 공사목적물의 보존관리 / 검사, 측정 및 시험장비의 관리 / 건사 및 시험, 모니터링 / 부적합사항관리 / 데이터의 분석관리 / 시정 및 예방조치 / 품질감사 건설공사 운영성과 / 공사준공 및 인계
(3)	SQC: 통계적 품질관리	①	표본 산술평균	$\bar{x}=\frac{\sum x_i}{n}$
		②	범위	$R=x_{\max}-x_{\min}$
		③	변동	$S=\sum(x_i-\bar{x})^2$
		④	표본분산	$s^2=\frac{S}{n-1}$
		⑤	표본표준편차	$s=\sqrt{\frac{S}{n-1}}$
		⑥	변동계수	$CV=\frac{s}{\bar{x}}\times 100(\%)$

POINT 02 품질관리

(4) TQC: 종합적 품질관리

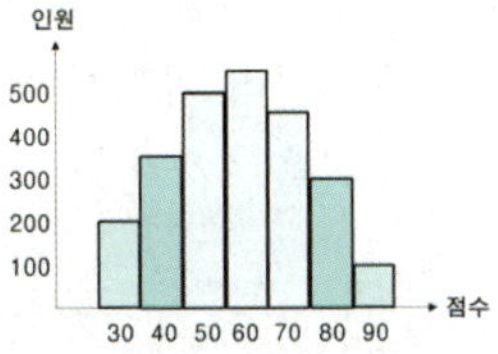

①

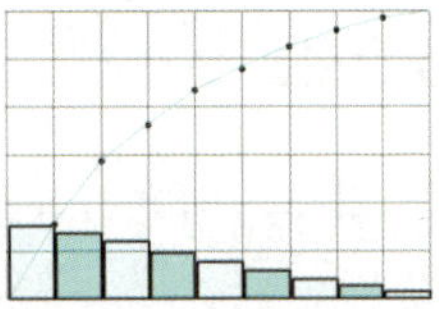

②

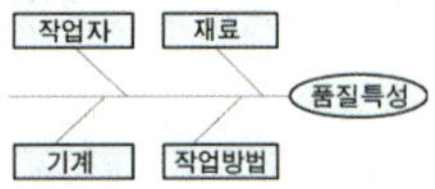

③

④

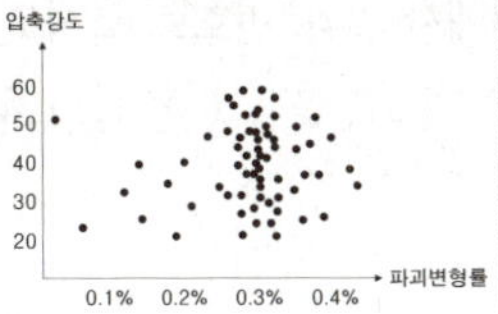

⑤

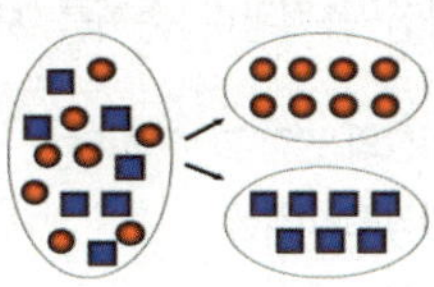

⑥

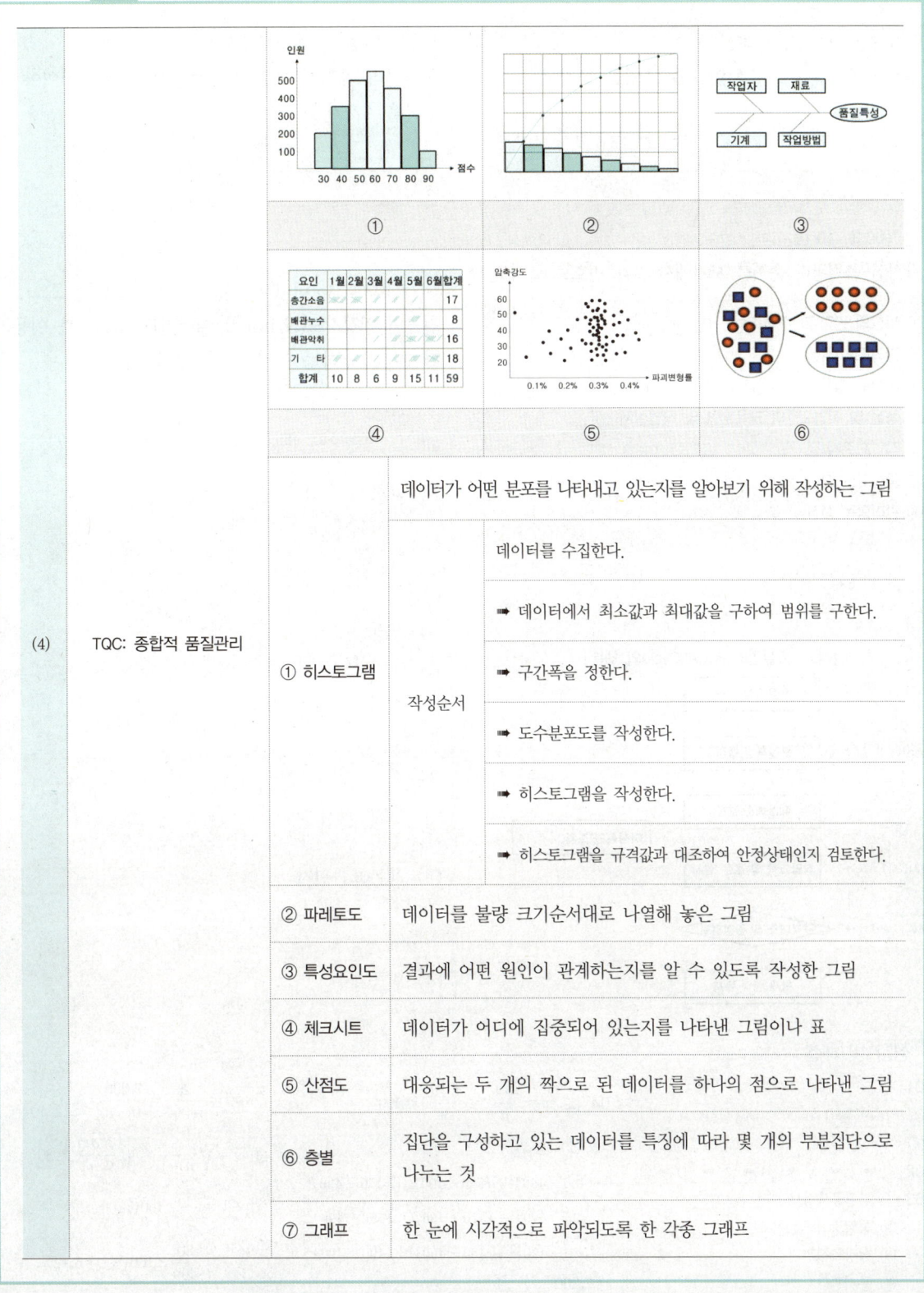

구분	내용	
① 히스토그램	데이터가 어떤 분포를 나타내고 있는지를 알아보기 위해 작성하는 그림	
	작성순서	데이터를 수집한다.
		➠ 데이터에서 최소값과 최대값을 구하여 범위를 구한다.
		➠ 구간폭을 정한다.
		➠ 도수분포도를 작성한다.
		➠ 히스토그램을 작성한다.
		➠ 히스토그램을 규격값과 대조하여 안정상태인지 검토한다.
② 파레토도	데이터를 불량 크기순서대로 나열해 놓은 그림	
③ 특성요인도	결과에 어떤 원인이 관계하는지를 알 수 있도록 작성한 그림	
④ 체크시트	데이터가 어디에 집중되어 있는지를 나타낸 그림이나 표	
⑤ 산점도	대응되는 두 개의 짝으로 된 데이터를 하나의 점으로 나타낸 그림	
⑥ 층별	집단을 구성하고 있는 데이터를 특징에 따라 몇 개의 부분집단으로 나누는 것	
⑦ 그래프	한 눈에 시각적으로 파악되도록 한 각종 그래프	

1998~2024 기출문제

01 [98②, 08②] 2점, 4점 □□□□□

품질관리의 4싸이클 순서인 PDCA명을 쓰시오.

① ____________ ② ____________

③ ____________ ④ ____________

02 [00③, 10④] 4점 □□□□□

일반적인 품질관리 순서를 보기에서 골라 번호로 쓰시오.

① 이상의 판정 및 수정조치
② 관리도의 작성
③ 품질의 검사
④ 품질 및 작업표준의 교육훈련 및 작업실시
⑤ 작업표준 설정
⑥ 품질표준 설정
⑦ 관리항목 선정

____

【참고: 품질관리 PDCA Cycle의 세분】

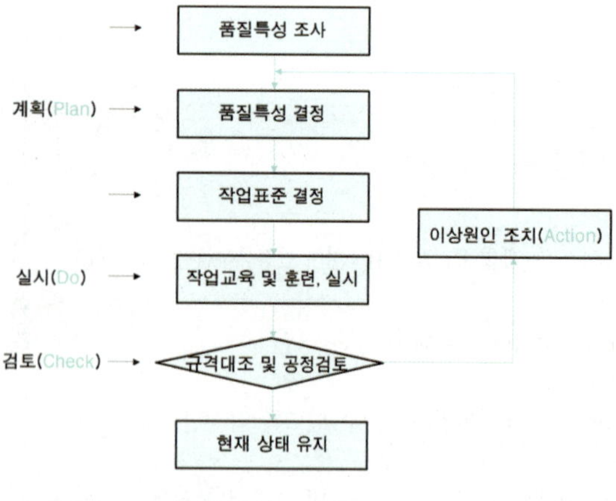

03 [14①, 15④, 24①] 3점, 4점 □□□□□

품질관리 계획서 제출 시 필수적으로 기입하여야 하는 항목을 4가지 적으시오.

① ____________ ② ____________

③ ____________ ④ ____________

04 [09④, 15①] 4점 □□□□□

철근의 인장강도(N/mm^2) 실험결과 DATA를 이용하여 다음이 요구하는 통계수치를 구하시오.

〈DATA〉
460, 540, 450, 490, 470, 500, 530, 480, 490

(1) 표본 산술평균

(2)

① 변동

② 표본분산

(3) 표본표준편차

(4) 변동계수

정답 및 해설

01
① Plan(계획) ② Do(실시)
③ Check(검토) ④ Action(조치)

02 ⑦ ➡ ⑥ ➡ ⑤ ➡ ④ ➡ ③ ➡ ① ➡ ②

03 ① 건설공사정보
② 품질방침 및 목표
③ 현장조직관리
④ 문서관리

04 (1) $\bar{x} = \frac{\Sigma x_i}{n} = \frac{4,410}{9} = 490$

(2) ① $S = \Sigma(x_i - \bar{x})^2$

$= (460-490)^2 + (540-490)^2 + (450-490)^2$
$+ (490-490)^2 + (470-490)^2 + (500-490)^2$
$+ (530-490)^2 + (480-490)^2 + (490-490)^2$
$= 7,200$

② $s^2 = \frac{S}{n-1} = \frac{7,200}{9-1} = 900$

③ $s = \sqrt{\frac{S}{n-1}} = \sqrt{\frac{7,200}{9-1}} = 30$

④ $CV = \frac{s}{\bar{x}} \times 100(\%)$

$= \frac{30}{490} \times 100(\%) = 6.12\%$

1998~2024 **기출문제**

05 [98③, 99④, 01③, 09①] 4점, 6점 □□□□□

다음 DATA는 일정한 산지에서 계속 반입되고 있는 잔골재의 단위체적질량을 매 차량마다 1회씩 10대를 측정한 자료이다. 다음 물음에 답하시오.

〈DATA〉

1760, 1740, 1750, 1730, 1760,
1770, 1740, 1760, 1740, 1750

(산술평균 : $\bar{x}$= 1750kg/m^3)

(1) 편차제곱합

(2) 표본분산

(3) 표본표준편차

(4) 변동계수

06 [98①, 99⑤] 4점 □□□□□

조강포틀랜드 시멘트의 압축강도를 표준사를 이용하여 10회 시험한 결과는 다음과 같다. 이 데이터를 이용하여 시멘트 강도의 변동계수(CV)를 구하시오.

〈DATA〉

41.7, 48.0, 44.7, 42.8, 39.7, 40.0, 38.9, 42.2, 42.7, 41.9

정답 및 해설

05

(1) $S=\sum(x_i-\bar{x})^2$

$=(1760-1750)^2+(1740-1750)^2+(1750-1750)^2$

$+(1730-1750)^2+(1760-1750)^2+(1770-1750)^2$

$+(1740-1750)^2+(1760-1750)^2+(1740-1750)^2$

$+(1770-1750)^2=1400$

(2) $s^2=\dfrac{S}{n-1}=\dfrac{1400}{10-1}=155.56$

(3) $s=\sqrt{\dfrac{S}{n-1}}=\sqrt{\dfrac{1400}{10-1}}=12.47$

(4) $CV=\dfrac{s}{\bar{x}}\times100(\%)$

$=\dfrac{12.47}{1750}\times100(\%)=0.71\%$

06

(1) $\sum x_i=41.7+48.0+44.7+42.8$

$+39.7+40.0+38.9+42.2+42.7+41.9$

$=422.6$

$\bar{x}=\dfrac{\sum x_i}{n}=\dfrac{422.6}{10}$

(2) $S=\sum(x_i-\bar{x})^2$

$=(41.7-42.26)^2+(48.0-42.26)^2$

$+(44.7-42.26)^2+(42.8-42.26)^2$

$+(39.7-42.26)^2+(40.0-42.26)^2$

$+(38.9-42.26)^2+(42.2-42.26)^2$

$+(42.7-42.26)^2+(41.9-42.26)^2=62.78$

(3) $s=\sqrt{\dfrac{S}{n-1}}=\sqrt{\dfrac{62.78}{10-1}}=2.64$

(4) $CV=\dfrac{s}{x}\times100(\%)$

$=\dfrac{2.64}{42.26}\times100(\%)=6.25\%$

1998~2024 **기출문제**

07 [01①, 11②, 15④, 21②, 24③] 3점, 4점 □□□□□

TQC를 위한 7가지 통계수법을 쓰시오.

① ______ ② ______ ③ ______

④ ______ ⑤ ______ ⑥ ______

⑦ ______

08 [98②, 07①, 14①, 21①] 3점, 6점 □□□□□

TQC의 7도구에 대한 설명이다. 해당되는 도구명을 쓰시오.

①	집단을 구성하고 있는 많은 데이터를 어떤 특징에 따라 몇 개의 부분 집단으로 나누는 것
②	결과에 원인이 어떻게 관계하고 있는가를 한 눈으로 알 수 있도록 작성한 그림
③	데이터가 어떤 분포를 하는지 알아보기 위하여 작성하는 그림
④	계수치가 분류 항목의 어디에 집중되어 있는가를 알아보기 쉽게 나타낸 그림이나 표
⑤	불량 등 발생건수를 분류 항목별로 나누어 크기순서대로 나열해 놓은 그림
⑥	대응되는 두 개의 짝으로 된 데이터를 그래프에 점으로 나타낸 그림

① ______ ② ______ ③ ______

④ ______ ⑤ ______ ⑥ ______

09 [06④] 4점 □□□□□

다음 설명과 관계되는 TQC 도구를 쓰시오.

(1)	슈미트해머와 반발경도 사이의 상관관계를 파악
(2)	건물 누수의 원인을 분류항목별로 구분하여 크기 순서대로 나열

(1) ______ (2) ______

10 [00⑤, 06②, 07②, 07④, 09④, 12④, 14④, 23④] 4점 □□□□□

TQC에 이용되는 다음 도구를 설명하시오.

(1) 파레토도

(2) 특성요인도

(3) 층별

(4) 산점도

정답 및 해설

07

① 히스토그램
② 파레토도
③ 특성요인도
④ 체크시트
⑤ 산점도
⑥ 층별
⑦ 그래프

08

① 층별
② 특성요인도
③ 히스토그램
④ 체크시트
⑤ 파레토도
⑥ 산점도

09

(1) 산점도
(2) 파레토도

10

(1) 데이터를 불량 크기 순서대로 나열해 놓은 그림
(2) 결과에 어떤 원인이 관계하는지를 알 수 있도록 작성한 그림
(3) 집단을 구성하고 있는 데이터를 특징에 따라 몇 개의 부분집단으로 나누는 것
(4) 대응되는 두 개의 짝으로 된 데이터를 하나의 점으로 나타낸 그림

1998~2024 **기출문제**

11 [12②, 17①, 20①] 3점 □□□□□

품질관리 도구 중 특성요인도(Characteristics Diagram)에 대해 설명하시오.

12 [04①, 04④, 06④, 09①, 15②, 16②, 20④] 3점 □□□□□

히스토그램(Histogram)의 작성순서를 보기에서 골라 번호 순서대로 쓰시오.

① 히스토그램을 규격값과 대조하여 안정상태인지 검토한다.
② 히스토그램을 작성한다.
③ 도수분포도를 작성한다.
④ 데이터에서 최소값과 최대값을 구하여 범위를 구한다.
⑤ 구간폭을 정한다.
⑥ 데이터를 수집한다.

13 [98⑤] 5점 □□□□□

건설공사 현장에 레미콘을 납품하고 발생된 불량사항을 조사한 결과 다음 표와 같다. 이 데이터를 이용하여 파레토도를 작성하시오.

불량항목	불량갯수
슬럼프 불량	17
공기량 불량	4
재료량 부족 불량	8
압축강도 불량	9
균열발생 불량	10
기타	2

정답 및 해설

11
결과에 어떤 원인이 관계하는지를 알 수 있도록 작성한 그림

12
⑥ ➡ ④ ➡ ⑤ ➡ ③ ➡ ② ➡ ①

13

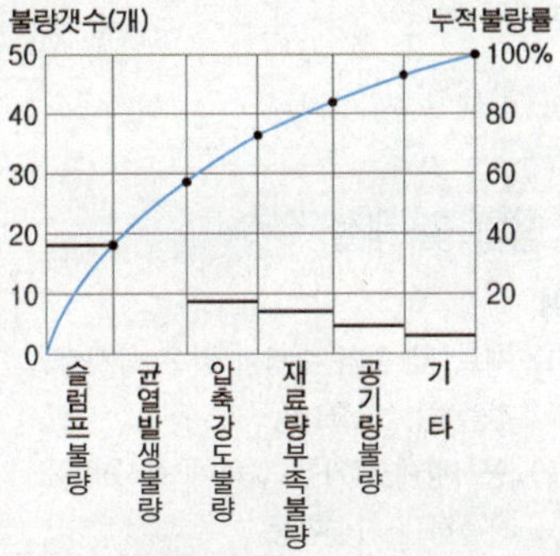

VIII

POINT 03 원가관리 및 기타

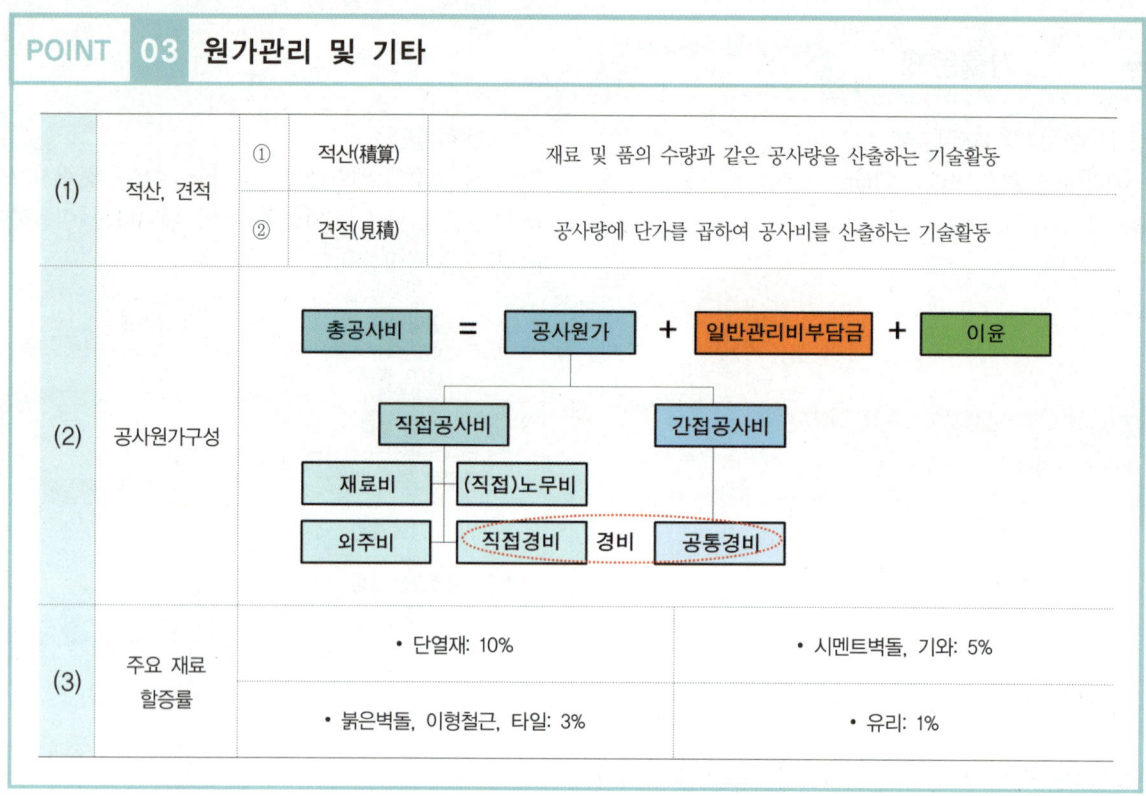

(1)	적산, 견적	①	적산(積算)	재료 및 품의 수량과 같은 공사량을 산출하는 기술활동
		②	견적(見積)	공사량에 단가를 곱하여 공사비를 산출하는 기술활동
(2)	공사원가구성	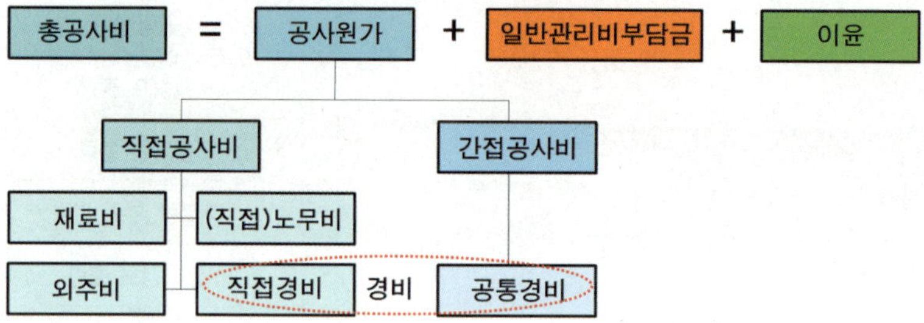		
(3)	주요 재료 할증률	• 단열재: 10%		• 시멘트벽돌, 기와: 5%
		• 붉은벽돌, 이형철근, 타일: 3%		• 유리: 1%

1998~2024 기출문제

01 [13②, 18④] 4점

다음 용어를 설명하시오.

(1) 적산(積算)

(2) 견적(見積)

02 [04②, 07④, 14②] 3점

원가계산과 관련된 다음 설명에 알맞은 용어를 쓰시오.

(1)	공사과정에서 발생하는 재료비, 노무비, 경비의 합계액
(2)	기업의 유지를 위한 관리활동 부분에서 발생하는 제비용
(3)	사계약 목적물을 완성하기 위하여 직접 작업에 종사하는 종업원 및 기능공에 제공되는 노동력의 댓가

(1) (2) (3)

정답 및 해설

01

(1) 재료 및 품의 수량과 같은 공사량을 산출하는 기술활동

(2) 공사량에 단가를 곱하여 공사비를 산출하는 기술활동

02

(1) 공사원가

(2) 일반관리비

(3) 직접노무비

1998~2024 **기출문제**

03 [06④] 4점

다음 아래 보기의 자료에 의한 공사원가와 총공사비를 산출하시오.

> ① 자재비 : 60,000,000원
> ② 노무비 : 20,000,000원
> ③ 현장경비 : 10,000,000원
> ④ 간접공사비 : 20,000,000원
> ⑤ 일반관리비 부담금 : 10,000,000원
> ⑥ 이윤 : 10,000,000원

(1) 공사원가:

(2) 총공사비:

04 [08②] 4점

각 재료의 할증률을 쓰시오.

> ① 유리 : (   )%　　② 기와 : (   )%
> ③ 시멘트벽돌 : (   )%　④ 붉은 벽돌 : (   )%

05 [15④] 4점

각 재료의 할증률을 쓰시오.

> ① 유리 : (   )%　　② 단열재 : (   )%
> ③ 시멘트벽돌 : (   )%　④ 붉은 벽돌 : (   )%

06 [04①] 4점

설계도서에서 정미량으로 산출한 D10 철근량이 2,574kg이다. 건설공사의 할증률을 고려하여 소요량으로서 8m짜리 철근을 구입하고자 할 때, D10 철근(0.56kg/m) 몇 개를 운반하면 좋을지 필요한 갯수를 산출하시오. (단, 계근소의 휴업으로 갯수로 구입할 수 밖에 없는 조건이다.)

VIII

정답 및 해설

03
(1) ①+②+③+④=110,000,000원
(2) ①+②+③+④+⑤+⑥
=130,000,000원

04
① 1　② 5　③ 5　④ 3

05
① 1　② 10　③ 5　④ 3

06
$\frac{2,574\times1.03}{0.56\times8}=591.7$ ➡ 592개

9

공정관리

01 PERT&CPM에 의한 Network 공정표

POINT 01 PERT&CPM Network 공정표 작성, 일정계산, 주공정선(CP), 여유계산

(1) Network 공정표 작성 기본요소

요소	표현	주의사항
작업 (Activity) ⟶	작업의 이름 ⟶ 소요일수	① 실선의 화살표 위에 작업의 이름, 화살표 아래에 작업의 소요일수가 기입되어야 한다. ② 화살표의 머리는 좌향이 될 수 없고 항상 수직 내지는 우향이 되어야 한다.
결합점 (Event) ○	⓪ —작업의 이름/소요일수→ ①	① 작업의 시작과 끝은 반드시 결합점으로 처리되어야 한다. ② 결합점에는 반드시 숫자가 기입되어야 하는데, 최초는 0 또는 1번부터 시작하여 왼쪽에서 오른쪽으로 큰 번호를 기입하되, 번호가 중복되어서는 안된다. ③ 문제의 조건에서 공정관계가 제시될 경우 문제조건을 최우선으로 한다.
더미 (Dummy) - - - - - - - -▸	⓪- - - - - - - - -▸①	① 점선의 화살표 위에 작업의 이름과 작업의 소요일수가 기입되어서는 안된다. ② 더미의 종류 4가지 Numbering Dummy, Logical Dummy, Time-Lag Dummy, Connection Dummy

(2) Network 공정표 일정계산, 여유계산

1) EST(Earliest Starting Time), EFT(Earliest Finishing Time)

① 최초작업의 EST는 0이며, EST+소요일수=EFT가 된다.

② 작업의 흐름에 따라 좌에서 우로 전진하여 덧셈의 일정계산을 하는데, 결합점에서 여러 개의 숫자가 있을 경우 가장 큰값으로 선정한다.

2) LST(Latest Starting Time), LFT(Latest Finishing Time)

① 최종결합점의 LFT는 전진일정에 의해 계산된 공기와 같고, LFT-소요일수=LST가 된다.

② 작업의 흐름에 역진하여 우에서 좌로 뺄셈의 일정계산을 하는데, 결합점에서 여러 개의 숫자가 있을 경우 가장 작은값으로 선정한다.

3) CP(Critical Path, 주공정선): 공정표 상에서 소요일수가 가장 긴 경로

4) TF(Total Float, 전체여유), FF(Free Float, 자유여유), DF(Dependent Float, 후속여유)

① TF=LFT-EFT, FF=후속작업EST-해당작업EFT로서, 공정표상에서 직접적으로 계산된다.

② TF=FF+DF의 관계를 통해서, DF=TF-FF로 구하게 된다.

POINT 02 Network 공정표 작성 5단계 순서

■□□□□ STEP Ⅰ: 문제의 조건에서 제시된 DATA를 구분 짓기

① 선행작업이 없는 작업까지 1묶음으로 구분 짓는다.

② 1묶음으로 구분지어진 이후의 작업들 중에서 선행 작업으로 요구되는 작업이 앞서의 묶음 내에 포함된 곳까지 구분 짓는다.

③ ②의 과정을 반복하여 문제의 조건에서 제시된 DATA를 전체 구분 짓는다.

■■□□□ STEP Ⅱ: 좌우대칭, 상하대칭을 연상하면서 공정표를 작성

④ 최초 결합점을 하나 그린 후, STEP Ⅰ의 1묶음으로 구분지어진 곳의 선행 작업의 개수가 없는 만큼 실선의 작업화살선을 그린다.

⑤ ②의 과정을 통한 묶음 내에서 작업의 개수가 적은 것부터 그려나간다.
만약, 작업의 개수가 같을 때는 공통의 작업을 가운데 위치시키고 공통의 작업을 종료시킨다.

⑥ ⑤의 과정을 반복하여 최종 결합점을 하나 그린 다음 모든 화살선이 최종 결합점에 모이도록 공정표를 그린다.

■■■□□ STEP Ⅲ: 결합점 넘버링(Event Numbering)

⑦ 문제의 조건에서 공정관계를 제시할 경우 공정관계를 그대로 따라준다.

⑧ 공정관계를 제시하지 않을 때는 최초 결합점에 0번을 기입하고 좌에서 우로 순차적으로 1,2,3……의 숫자를 기입한다.

■■■■□ STEP Ⅳ: 전진일정계산 및 주공정선 표시

⑨ 최초작업의 EST는 0이며, EST+소요일수=EFT을 이용하여 공정표상에 전진일정계산을 해나간다.

⑩ 최종 결합점에서의 숫자가 나오는 경로가 주공정선이므로 이것을 관찰하여 굵은 선으로 표시한다.
주공정선은 하나가 될 수도 있고, 두 개 이상일 수도 있다.

■■■■■ STEP Ⅴ: 역진일정계산 및 여유시간계산

⑪ 주공정선은 여유가 없는 경로이므로, 주공정선을 지나가는 결합점들은 전진일정계산값과 역진일정계산값이 같다는 것을 이용하여 같은 숫자를 기입한다.

⑫ 계산이 안 된 결합점들에서 LFT-소요일수=LST를 이용하여 역진일정계산을 한다.

⑬ 주공정선의 작업들은 TF=0, FF=0, DF=0 이다.

⑭ 해당 작업의 뒤쪽에 있는 결합점 위의 세모 안의 숫자에서, 해당 작업의 앞쪽에 있는 결합점 위의 네모안의 숫자와 해당 작업의 소요일수를 더한 수를 빼면 TF가 된다.

⑮ 해당 작업의 뒤쪽에 있는 결합점 위의 세모 옆의 숫자에서, 해당 작업의 앞쪽에 있는 결합점 위의 네모안의 숫자와 해당 작업의 소요일수를 더한 수를 빼면 FF가 된다.

【예제】 (10점)

다음 데이터를 네트워크공정표로 작성하고, 각 작업의 여유시간을 구하시오.

작업명	작업일수	선행작업	비고
A	5	없음	(1) 결합점에서는 다음과 같이 표시한다. 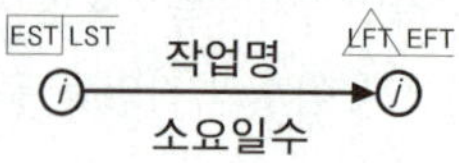 (2) 주공정선은 굵은선으로 표시한다.
B	2	없음	
C	4	없음	
D	4	A, B, C	
E	3	A, B, C	
F	2	A, B, C	

■□□□□ STEP Ⅰ: 문제의 조건에서 제시된 DATA를 구분 짓기

작업명	작업일수	선행작업	비고
A	5	없음	(1) 결합점에서는 다음과 같이 표시한다. 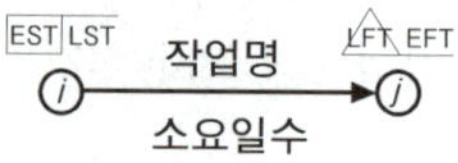 (2) 주공정선은 굵은선으로 표시한다.
B	2	없음	
C	4	없음	
D	4	A, B, C	
E	3	A, B, C	
F	2	A, B, C	

이 문제는 A, B, C가 1묶음이고 D, E, F가 1묶음이 되어 2묶음의 DATA로 구분지을 수 있다.

■■□□□ STEP Ⅱ: 좌우대칭, 상하대칭을 연상하면서 공정표를 작성

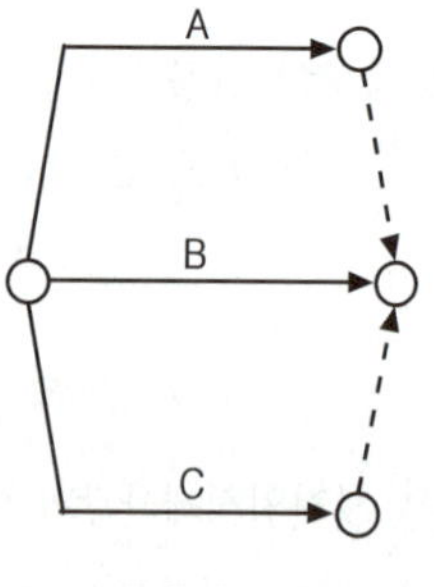

A,B,C 묶음에 대한 표현

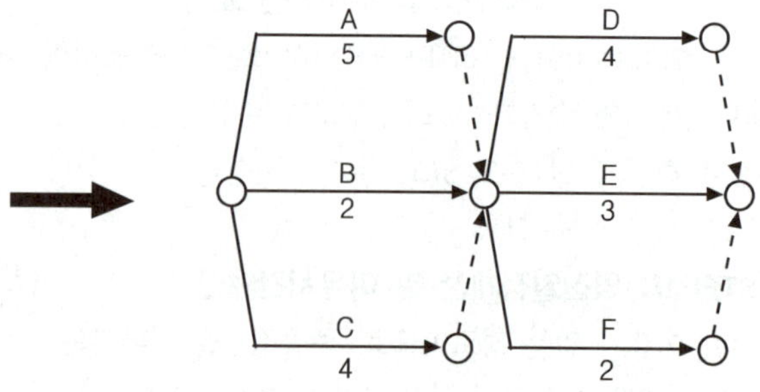

D,E,F 묶음과의 연결

결합점과 결합점 사이에는 오직 단 하나의 실선화살표만 존재해야 한다는 공정표 작성의 기본원칙을 기억하도록 한다.

최초결합점에서 선행작업이 없는 개수가 3개이므로 3개의 실선이 출발한다. A, B, C가 만나서 D, E, F 3개의 실선이 다시 출발하는 형태인데, A, B, C의 종료결합점에서는 하나의 실선과 두 개의 더미로 들어와야 한다는 것과 D, E, F의 종료결합점에서도 하나의 실선과 두 개의 더미로 들어와야 한다는 것만 이해할 수 있다면 공정표 작성은 전혀 어려움이 없게 된다.

■■■□□ STEPⅢ: 결합점 넘버링(Event Numbering)

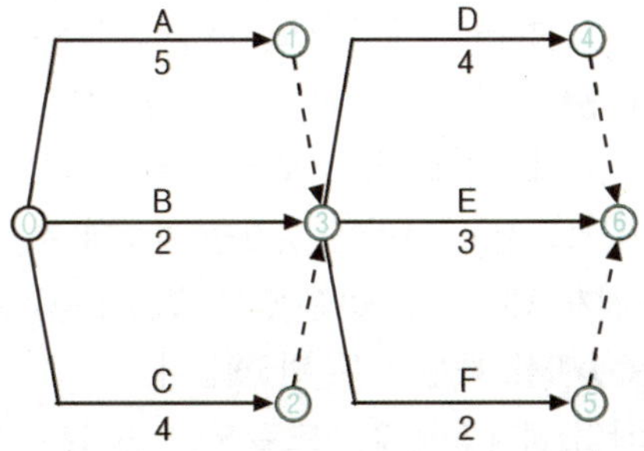

■■■■□ STEPⅣ: 전진일정계산 및 주공정선 표시

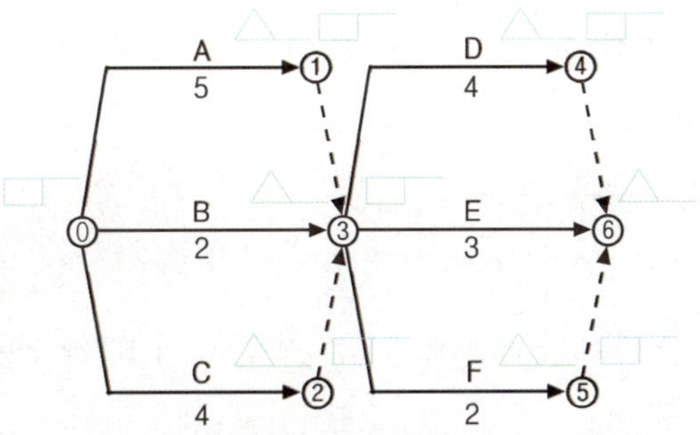

CPM(Critical Path Method)
결합점 일정표현

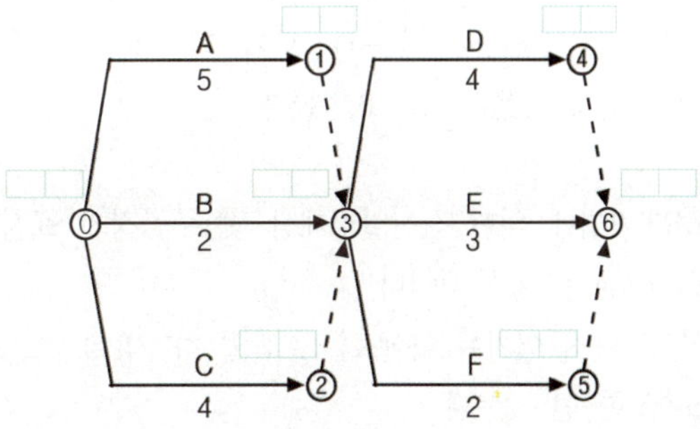

PERT(Program Evaluation Review and Technic)
결합점 일정표현

전진일정계산 단계에서 문제의 요구조건에서 결합점 표현을 어떻게 할 것이냐를 비고란을 통해 확인한다. CPM과 PERT 두가지 기법이 대표적인 Network공정표 기법인데, 문제의 요구조건에 맞게 결합점을 일괄적으로 표현하고 전진일정계산을 준비한다.

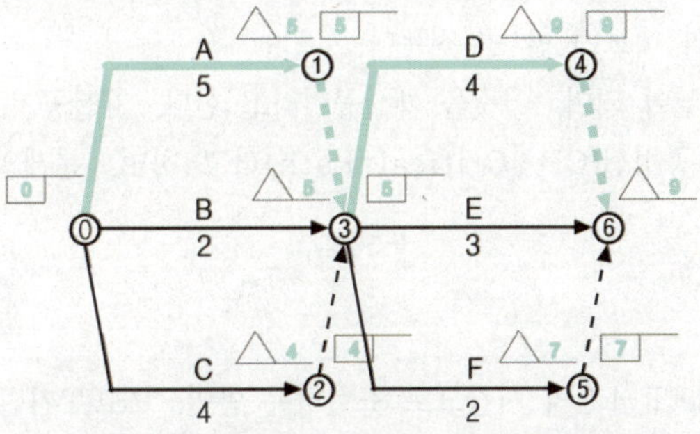

CPM(Critical Path Method)
전진일정계산 & 주공정선 표시

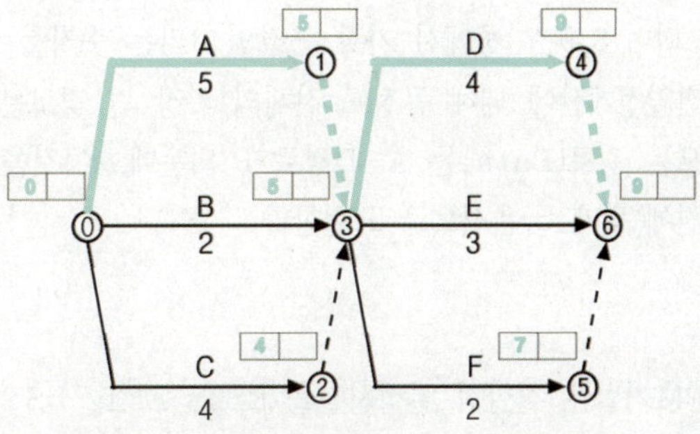

PERT(Program Evaluation Review and Technic)
전진일정계산 & 주공정선 표시

(1) CPM기법에 의한 전진일정계산 및 주공정선 표시

❶ 최초의 EST는 항상 0이다.

❷ 결합점①에 들어가는 화살표는 A작업 하나밖에 없으므로 0+5=5가 되는데, 5일은 결합점①의 EFT가 되면서 또한 결합점①에서 가장 빠른 EST가 되므로 결국, 5라는 숫자를 가운데 두 번 적는다고 생각하면 편리하다.

❸ 결합점②에 들어가는 화살표는 C작업 하나밖에 없으므로 0+4=4가 되는데, 4일은 결합점②의 EFT가 되면서 결합점②에서 가장 빠른 EST가 되므로 결국, 4라는 숫자를 가운데 두 번 적는다고 생각하면 편리하다.

❹ 결합점③에 들어가는 화살표는 세 개가 있다. ⓪→③은 0+2=2, ①→③은 5+0=5, ②→③은 4+0=4가 되며 2,5,4 중에서 가장 큰값인 5라는 숫자를 가운데 두 번 적는다.

❺ 결합점④에 들어가는 화살표는 D작업 하나밖에 없으므로 5+4=9라는 숫자를 가운데 두 번 적는다.

❻ 결합점⑤에 들어가는 화살표는 F작업 하나밖에 없으므로 5+2=7이라는 숫자를 가운데 두 번 적는다.

❼ 결합점⑥에 들어가는 화살표는 세 개가 있다. ③→⑥은 5+3=8, ④→⑥은 9+0=9, ⑤→⑥은 7+0=7이 되며 8,9,7 중에서 가장 큰값인 9라는 숫자를 세모 옆에 적는다.

❽ 전진일정계산에 의해 공정표 전체의 가장 긴 경로는 9일이 되며, 이것을 계산공기라고 한다. 계산공기 9일이 나오는 경로(Path)는 A–D경로가 되는데, 이것을 주공정선(CP, Critical Path)라고 하며, 문제의 요구조건에 맞게 굵은선으로 표현한다.

(2) PERT기법에 의한 전진일정계산 및 주공정선 표시

❶ 최초의 ET는 항상 0이다.

❷ 결합점①에 들어가는 화살표는 A작업 하나밖에 없으므로 0+5=5가 되는데, 5일은 결합점①의 ET가 되며 앞의 네모에 한 번 적는다.

❸ 결합점②에 들어가는 화살표는 C작업 하나밖에 없으므로 0+4=4가 되는데, 4일은 5일은 결합점②의 ET가 되며 앞의 네모에 한 번 적는다.

❹ 결합점③에 들어가는 화살표는 세 개가 있다. ⓪→③은 0+2=2, ①→③은 5+0=5, ②→③은 4+0=4가 되며 2,5,4 중에서 가장 큰값인 5라는 숫자를 앞의 네모에 한 번 적는다.

❺ 결합점④에 들어가는 화살표는 D작업 하나밖에 없으므로 5+4=9라는 숫자를 앞의 네모에 한 번 적는다.

❻ 결합점⑤에 들어가는 화살표는 F작업 하나밖에 없으므로 5+2=7이라는 숫자를 앞의 네모에 한 번 적는다.

❼ 결합점⑥에 들어가는 화살표는 세 개가 있다. ③→⑥은 5+3=8, ④→⑥은 9+0=9, ⑤→⑥은 7+0=7이 되며 8,9,7 중에서 가장 큰값인 9라는 숫자를 앞의 네모에 한 번 적는다.

❽ 전진일정계산에 의해 공정표 전체의 가장 긴 경로는 9일이 되며, 이것을 계산공기라고 한다. 계산공기 9일이 나오는 경로(Path)는 A–D경로가 되는데, 이것을 주공정선(CP, Critical Path)라고 하며, 문제의 요구조건에 맞게 굵은선으로 표현한다.

(3) CPM기법은 결합점 일정시간을 EST, EFT, LST, LFT 4개의 시간으로 표현하는 반면, PERT기법은 ET, LT 2개의 시간으로 표현하는 방법이다. 결국, CPM기법이나 PERT기법은 결합점에서의 표현방법만 다르고, 계산과정은 동일하다는 것을 이해하고 있어야 한다.
참고로, 대부분의 시험문제는 10번의 시험 중 7~8번은 CPM, 1~2번은 PERT의 출제빈도를 보이고 있다.

■■■■■ STEP V: 역진일정계산 및 여유시간계산

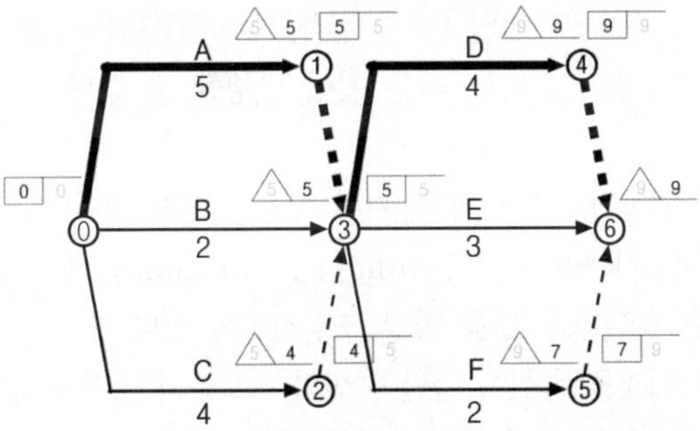

CPM(Critical Path Method)
역진일정계산

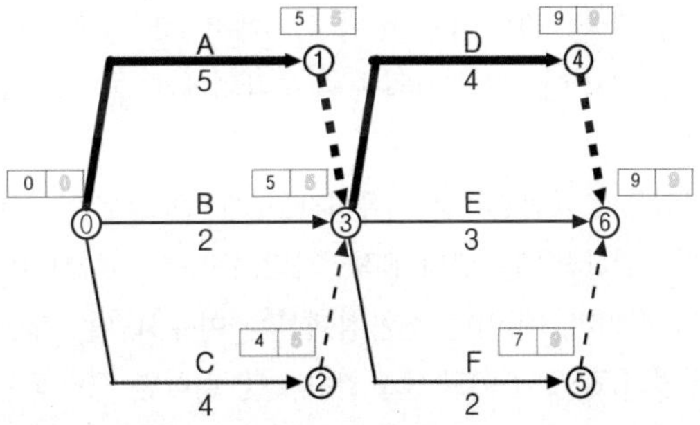

PERT(Program Evaluation Review and Technic)
역진일정계산

(1) CPM기법에 의한 역진일정계산 및 여유시간 계산

❶ 최종의 LFT는 항상 계산공기와 같으므로 세모에 9를 적는다.

❷ 주공정선상의 A-D 경로를 지나는 ⓪→①→③→④→⑥은 전진일정계산에 의해 표현된 숫자와 동일한 숫자를 맨앞, 맨뒤에 두 번 적는다. 주공정선은 여유(Float)가 없는 특징을 활용한 고급 테크닉이라고 볼 수 있다.

❸ 결합점⑤에서 출발하는 화살표는 ⑥번으로 하나밖에 없다. 따라서, ⑥번의 세모안의 숫자 9에서 소요일수 0일을 빼면 9가 되는데, 이것을 ⑤번 결합점의 맨앞, 맨뒤에 두 번 적는다.

❹ 결합점②에서 출발하는 화살표는 ③번으로 하나밖에 없다. 따라서, ③번의 세모안의 숫자 5에서 소요일수 0일을 빼면 5가 되는데, 이것을 ②번 결합점의 맨앞, 맨뒤에 두 번 적는다.

❺ 주공정선상의 작업 A와 D는 전체여유 TF=0, 자유여유 FF=0, 후속여유 DF=0이다.

❻ B작업의 EST=0이고 소요일수 2를 더하면 2가 되는데, 이것을 ③번의 세모안의 숫자 5에서 빼면 5-(0+2)=3일이 되며 B작업의 TF가 된다. 또한, ③번의 세모옆의 숫자 5에서 빼면 5-(0+2)=3일이 되며 B작업의 FF가 된다.
TF=FF+DF의 관계에서 DF=TF-FF=3-3=0이 B작업의 DF가 된다. B작업은 종료시점 ③번에서 하나 이상의 주공정선이 있으므로 절대로 후속여유 DF라는 것이 발생할 수 없다는 것을 의미한다.

❼ C작업은 결합점②에서 여유시간을 계산하는 것이 아니라 결합점③에서 계산한다는 것을 반드시 기억하고 있어야 한다. 결합점②는 단지 B작업과의 중복을 피하기 위해 발생한 넘버링더미(Numbering Dummy)에 의한 결합점일 뿐이며, 이러한 결합점에서는 여유시간을 계산하면 안된다는 것을 항상 조심하도록 한다.
C작업의 EST=0이고 소요일수 4를 더하면 4가 되는데, 이것을 ②번이 아닌 ③번의 세모안의 숫자 5에서 빼면 5-(0+4)=1일이 되며 C작업의 TF가 된다. 또한, ③번의 세모옆의 숫자 5에서 빼면 5-(0+4)=1일이 되며 C작업의 FF가 된다. TF=FF+DF의 관계에서 DF=TF-FF=1-1=0이 C작업의 DF가 된다. C작업은 종료시점 ③번에서 하나 이상의 주공정선이 있으므로 절대로 후속여유 DF라는 것이 발생할 수 없다는 것을 의미한다.

❽ E작업의 EST=5이고 소요일수 3을 더하면 8이 되는데, 이것을 ⑥번의 세모안의 숫자 9에서 빼면 9-(5+3)=1일이 되며 E작업의 TF가 된다. 또한, ⑥번의 세모옆의 숫자 9에서 빼면 9-(5+3)=1일이 되며 E작업의 FF가 된다. TF=FF+DF의 관계에서 DF=TF-FF=1-1=0이 E작업의 DF가 된다. 결합점⑥번은 전체 공정표의 종료시점이므로 E작업은 후속작업에게 물려줄 수 있는 후속여유 DF라는 것이 발생할 수 없다는 것을 의미한다.

❾ F작업은 결합점⑤에서 여유시간을 계산하는 것이 아니라 결합점⑥에서 계산한다는 것을 반드시 기억하고 있어야 한다. 결합점⑤는 단지 E작업과의 중복을 피하기 위해 발생한 넘버링더미(Numbering Dummy)에 의한 결합점일 뿐이며, 이러한 결합점에서는 여유시간을 계산하면 안된다는 것을 항상 조심하도록 한다.

F작업의 EST=5이고 소요일수 2를 더하면 7이 되는데, 이것을 ⑤번이 아닌 ⑥번의 세모안의 숫자 9에서 빼면 9-(5+2)=2일이 되며 F작업의 TF가 된다. 또한, ⑥번의 세모옆의 숫자 9에서 빼면 9-(5+2)=2일이 되며 F작업의 FF가 된다. TF=FF+DF의 관계에서 DF=TF-FF=2-2=0이 C작업의 DF가 된다.

결합점⑥번은 전체 공정표의 종료시점이므로 F작업은 후속작업에게 물려줄 수 있는 후속여유 DF라는 것이 발생할 수 없다는 것을 의미한다.

❿ 지금까지의 과정을 하나의 표로 나타내면 다음과 같으며, 시험문제에서는 빈칸으로 제시되어 있는 곳을 위의 계산과정을 통해 빈칸을 채워나가는 형태라고 생각하면 된다.

작업명	TF	FF	DF	CP
A	0	0	0	※
B	3	3	0	
C	1	1	0	
D	0	0	0	※
E	1	1	0	
F	2	2	0	

(2) PERT기법에 의한 역진일정계산 및 여유시간 계산

❶ 최종의 LT는 항상 계산공기와 같으므로 뒤의 네모에 9를 적는다.

❷ 주공정선상의 A-D 경로를 지나는 ⓪→①→③→④→⑥은 전진일정계산에 의해 표현된 숫자와 동일한 숫자를 뒤의 네모에 적는다. 주공정선은 여유(Float)가 없는 특징을 활용한 고급 테크닉이라고 볼 수 있다.

❸ 결합점⑤에서 출발하는 화살표는 ⑥번으로 하나밖에 없다. 따라서, ⑥번의 뒤의 네모안의 숫자 9에서 소요일수 0일을 빼면 9가 되는데, 이것을 ⑤번 결합점의 뒤의 네모에 적는다.

❹ 결합점②에서 출발하는 화살표는 ③번으로 하나밖에 없다. 따라서, ③번의 뒤의 네모 안의 숫자 5에서 소요일수 0일을 빼면 5가 되는데, 이것을 ②번 결합점의 뒤의 네모에 적는다.

❺ 주공정선상의 작업 A와 D는 전체여유 TF=0, 자유여유 FF=0, 후속여유 DF=0이다.

❻ B작업의 ET=0이고 소요일수 2를 더하면 2가 되는데, 이것을 ③번의 뒤의 네모 안의 숫자 5에서 빼면 5-(0+2)=3일이 되며 B작업의 TF가 된다. 또한, ③번의 앞의 네모 안의 숫자 5에서 빼면 5-(0+2)=3일이 되며 B작업의 FF가 된다. TF=FF+DF의 관계에서 DF=TF-FF=3-3=0이 B작업의 DF가 된다. B작업은 종료시점 ③번에서 하나 이상의 주공정선이 있으므로 절대로 후속여유 DF라는 것이 발생할 수 없다는 것을 의미한다.

⑦ C작업은 결합점②에서 여유시간을 계산하는 것이 아니라 결합점③에서 계산한다는 것을 반드시 기억하고 있어야 한다. 결합점②는 단지 B작업과의 중복을 피하기 위해 발생한 넘버링더미(Numbering Dummy)에 의한 결합점일 뿐이며, 이러한 결합점에서는 여유시간을 계산하면 안된다는 것을 항상 조심하도록 한다.

C작업의 ET=0이고 소요일수 4를 더하면 4가 되는데, 이것을 ②번이 아닌 ③번의 뒤의 네모 안의 숫자 5에서 빼면 5−(0+4)=1일이 되며 C작업의 TF가 된다. 또한, ③번의 앞의 네모 안의 숫자 5에서 빼면 5−(0+4)=1일이 되며 C작업의 FF가 된다. TF=FF+DF의 관계에서 DF=TF−FF=1−1=0이 C작업의 DF가 된다. C작업은 종료 시점 ③번에서 하나 이상의 주공정선이 있으므로 절대로 후속여유 DF라는 것이 발생할 수 없다는 것을 의미한다.

⑧ E작업의 ET=5이고 소요일수 3을 더하면 8이 되는데, 이것을 ⑥번의 뒤의 네모 안의 숫자 9에서 빼면 9−(5+3)=1일이 되며 E작업의 TF가 된다. 또한, ⑥번의 앞의 네모 안의 숫자 9에서 빼면 9−(5+3)=1일이 되며 E작업의 FF가 된다. TF=FF+DF의 관계에서 DF=TF−FF=1−1=0이 E작업의 DF가 된다. 결합점 ⑥번은 전체 공정표의 종료시점이므로 E작업은 후속작업에게 물려줄 수 있는 후속여유 DF라는 것이 발생할 수 없다는

것을 의미한다.

⑨ F작업은 결합점⑤에서 여유시간을 계산하는 것이 아니라 결합점⑥에서 계산한다는 것을 반드시 기억하고 있어야 한다. 결합점⑤는 단지 E작업과의 중복을 피하기 위해 발생한 넘버링더미(Numbering Dummy)에 의한 결합점일 뿐이며, 이러한 결합점에서는 여유시간을 계산하면 안된다는 것을 항상 조심하도록 한다.

F작업의 ET=5이고 소요일수 2를 더하면 7이 되는데, 이것을 ⑤번이 아닌 ⑥번의 뒤의 네모 안의 숫자 9에서 빼면 9−(5+2)=2일이 되며 F작업의 TF가 된다. 또한, ⑥번의 앞의 네모 안의 숫자 9에서 빼면 9−(5+2)=2일이 되며 F작업의 FF가 된다. TF=FF+DF의 관계에서 DF=TF−FF=2−2=0이 C작업의 DF가 된다. 결합점⑥번은 전체 공정표의 종료시점이므로 F작업은 후속작업에게 물려줄 수 있는 후속여유 DF라는 것이 발생할 수 없다는 것을 의미한다.

⑩ 지금까지의 과정을 하나의 표로 나타내면 다음과 같으며, 시험문제에서는 빈칸으로 제시되어 있는 곳을 위의 계산과정을 통해 빈칸을 채워나가는 형태라고 생각하면 된다.

작업명	TF	FF	DF	CP
A	0	0	0	※
B	3	3	0	
C	1	1	0	
D	0	0	0	※
E	1	1	0	
F	2	2	0	

(3) 결국, CPM기법이나 PERT기법이나 결합점에서의 일정표현만 다를 뿐 동일한 공정표가 작성되고, 동일한 주공정선을 가지며, 주공정선을 지나지 않는 작업들의 여유시간을 계산하면 동일한 결과가 나온다는 것을 알 수 있다. 사실상 PERT기법이 2개의 시간으로 표현하므로 간단명료한 일정계산과 표현방법을 제공하지만 1956년 미국 Dupant Company라는 화학회사에서의 CPM기법이 Network공정표의 시초이므로 건축기사 실기시험에서는 대부분 CPM기법에 의한 표현을 요구하고 있다.

1998~2024 **기출문제**

01 [20③] 6점 □□□□□

다음 데이터를 네트워크공정표로 작성하시오.

작업명	작업일수	선행작업	비고
A	5	없음	(1) 결합점에서는 다음과 같이 표시한다. 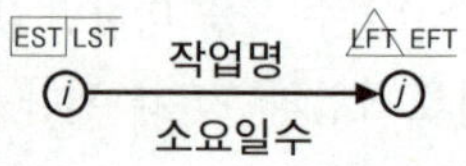 (2) 주공정선은 굵은선으로 표시한다.
B	4	A	
C	2	없음	
D	4	없음	
E	3	C, D	

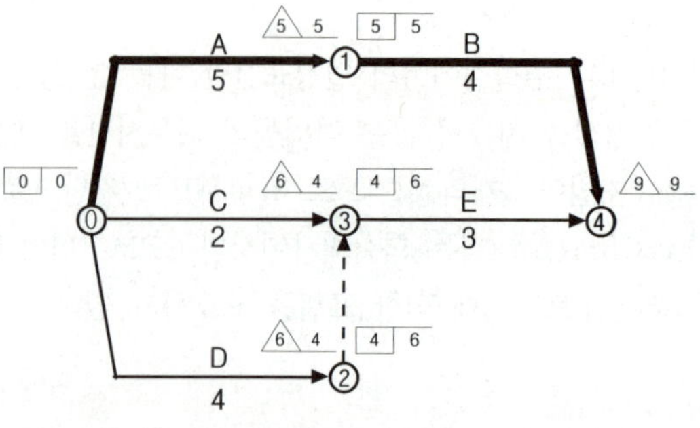

02 [18②] 8점 □□□□□

다음 데이터를 네트워크공정표로 작성하시오.

작업명	작업일수	선행작업	비고
A	2	없음	(1) 결합점에서는 다음과 같이 표시한다. 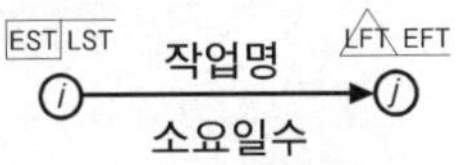 (2) 주공정선은 굵은선으로 표시한다.
B	3	없음	
C	5	A	
D	5	A, B	
E	2	A, B	
F	3	C, D, E	
G	5	E	

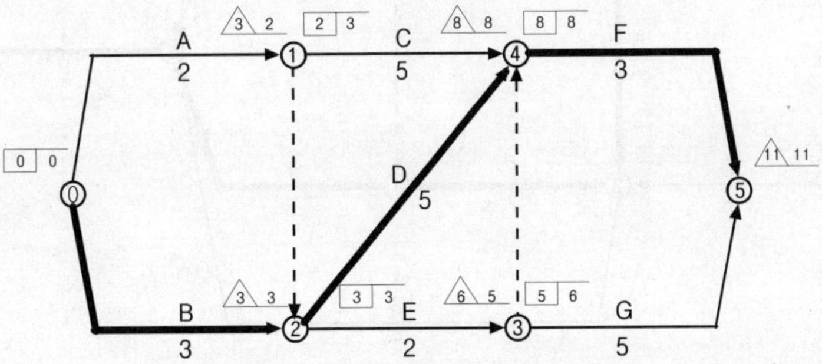

IX

03 [98⑤, 10①] 8점

다음 데이터를 네트워크공정표로 작성하시오.

작업명	작업일수	선행작업	비고
A	4	없음	(1) 결합점에서는 다음과 같이 표시한다. 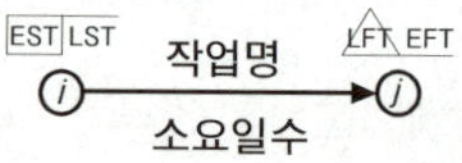 (2) 주공정선은 굵은선으로 표시한다.
B	8	없음	
C	6	A	
D	11	A	
E	14	A	
F	7	B, C	
G	5	B, C	
H	2	D	
I	8	D, F	
J	9	E, H, G, I	

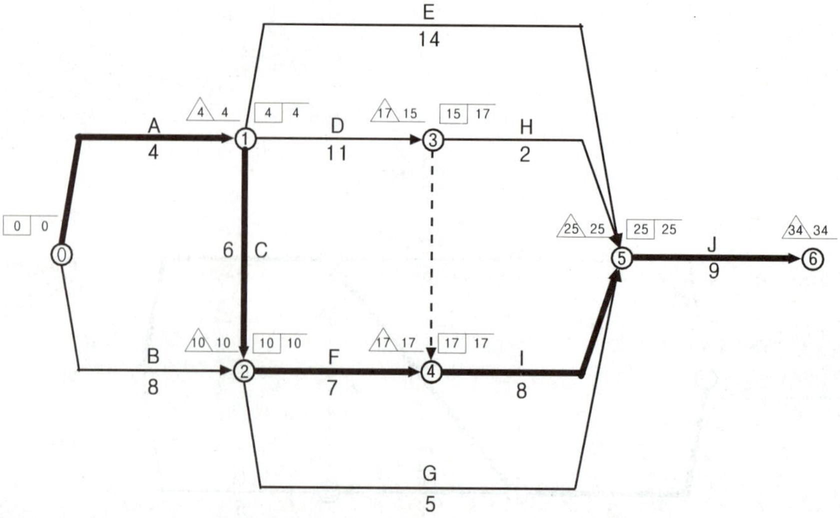

04 [09④] 6점

다음 Network 공정표를 보고 물음에 답하시오.

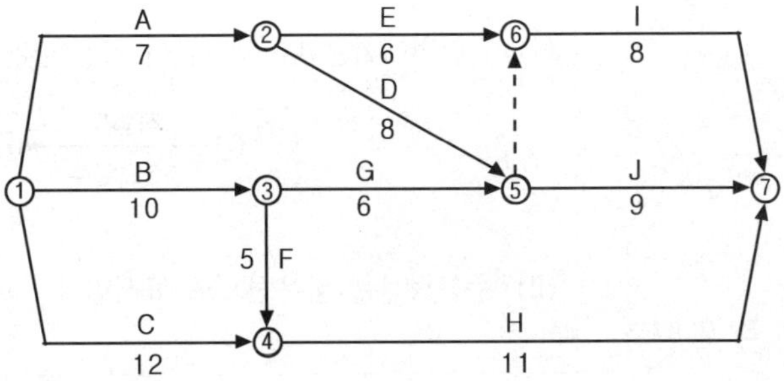

(1) Network 공정표상에 주공정선을 굵은선으로 표시하고 각 작업의 EST, EFT, LST, LFT를 기입하시오.

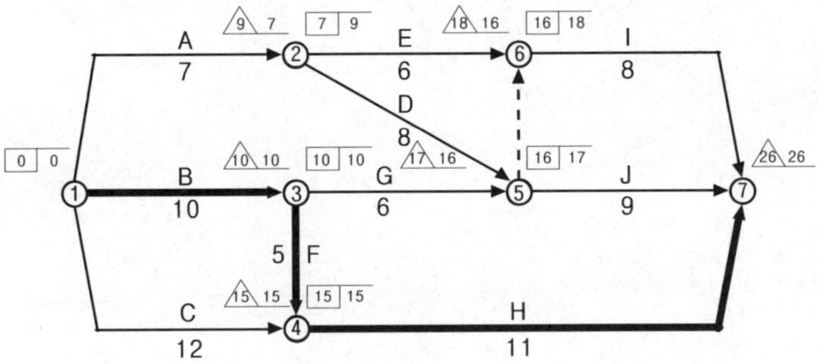

(2) D작업의 TF와 DF를 구하시오.

① TF=17−15=2일

② DF=TF−FF=2−(16−15)=1일

05 [24①] 8점

다음 데이터를 네트워크공정표로 작성하시오.

작업명	작업일수	선행작업	비고
A	3	없음	(1) 결합점에서는 다음과 같이 표시한다. 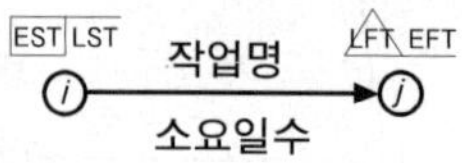
B	4	없음	
C	4	A	
D	6	A	(2) 주공정선은 굵은선으로 표시한다.
E	5	A	
F	3	B, C, D	

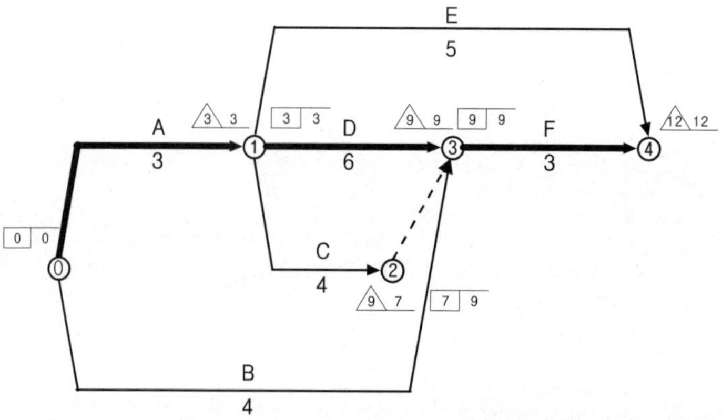

06 [07①] 10점

다음 데이터를 네트워크공정표로 작성하고, 각 작업의 여유시간을 구하시오.

작업명	작업일수	선행작업	비고
A	6	없음	(1) 결합점에서는 다음과 같이 표시한다.
B	4	없음	
C	3	없음	
D	3	B	
E	6	A, B	(2) 주공정선은 굵은선으로 표시한다.
F	5	A, C	

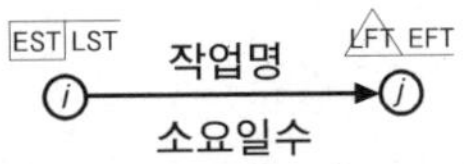

작업명	TF	FF	DF	CP
A				
B				
C				
D				
E				
F				

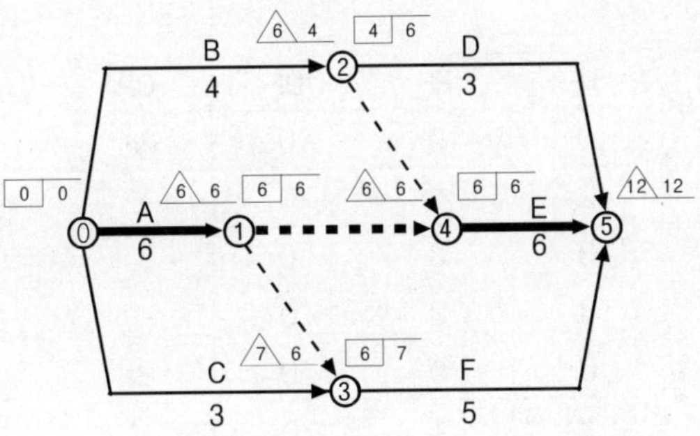

작업명	TF	FF	DF	CP
A	0	0	0	※
B	2	0	2	
C	4	3	1	
D	5	5	0	
E	0	0	0	※
F	1	1	0	

IX

07 [99②, 05②, 19④] 10점 □□□□□

다음 데이터를 네트워크공정표로 작성하고, 각 작업의 여유시간을 구하시오.

작업명	작업일수	선행작업	비고
A	5	없음	
B	3	없음	(1) 결합점에서는 다음과 같이 표시한다.
C	2	없음	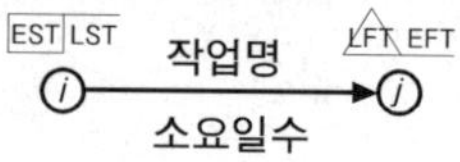
D	2	A, B	
E	5	A, B, C	
F	4	A, C	(2) 주공정선은 굵은선으로 표시한다.

작업명	TF	FF	DF	CP
A				
B				
C				
D				
E				
F				

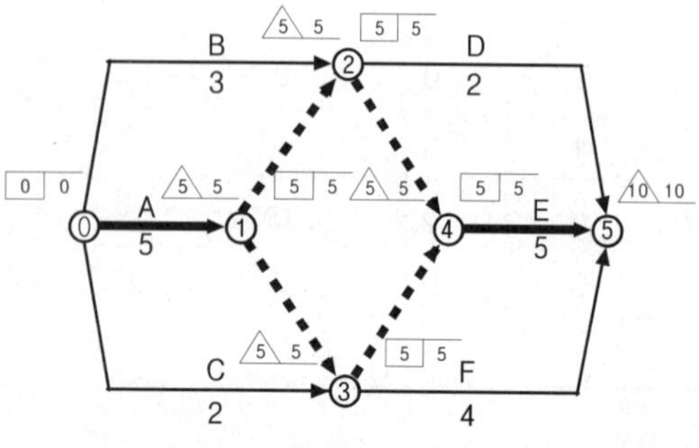

작업명	TF	FF	DF	CP
A	0	0	0	※
B	2	2	0	
C	3	3	0	
D	3	3	0	
E	0	0	0	※
F	1	1	0	

08 [01①, 08②, 13④, 18④] 10점 □□□□□

다음 데이터를 네트워크공정표로 작성하고, 각 작업의 여유시간을 구하시오.

작업명	작업일수	선행작업	비고
A	2	없음	(1) 결합점에서는 다음과 같이 표시한다. 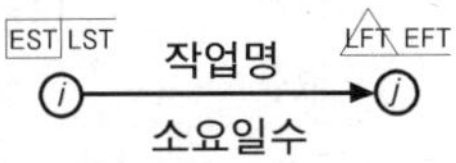
B	3	없음	
C	5	없음	
D	4	없음	
E	7	A, B, C	(2) 주공정선은 굵은선으로 표시한다.
F	4	B, C, D	

작업명	TF	FF	DF	CP
A				
B				
C				
D				
E				
F				

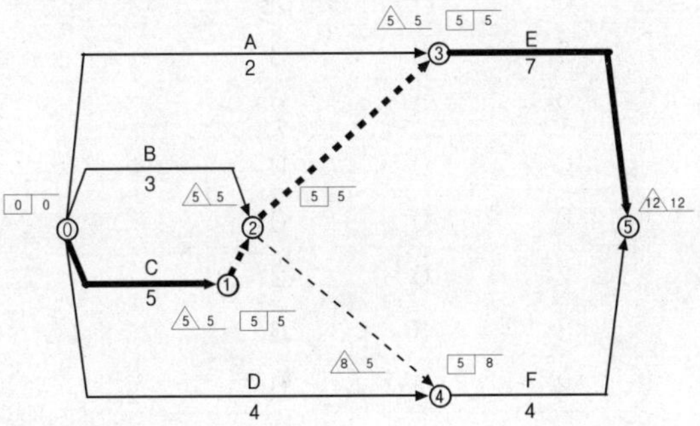

작업명	TF	FF	DF	CP
A	3	3	0	
B	2	2	0	
C	0	0	0	※
D	4	1	3	
E	0	0	0	※
F	3	3	0	

IX

09 [08①, 13①, 19①, 22①] 10점 □□□□□□

다음 데이터를 네트워크공정표로 작성하고, 각 작업의 여유시간을 구하시오.

작업명	작업일수	선행작업	비고
A	3	없음	
B	2	없음	(1) 결합점에서는 다음과 같이 표시한다.
C	4	없음	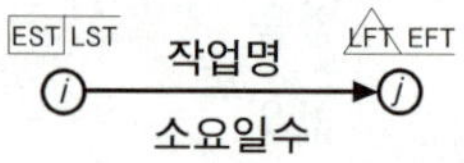
D	5	C	
E	2	B	
F	3	A	
G	3	A, C, E	(2) 주공정선은 굵은선으로 표시한다.
H	4	D, F, G	

작업명	TF	FF	DF	CP
A				
B				
C				
D				
E				
F				
G				
H				

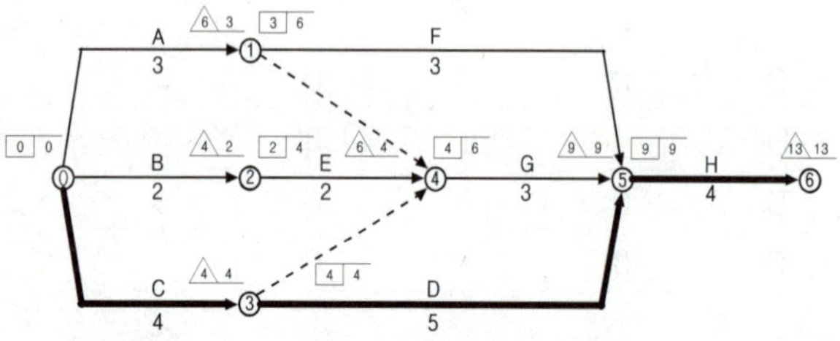

작업명	TF	FF	DF	CP
A	3	0	3	
B	2	0	2	
C	0	0	0	※
D	0	0	0	※
E	2	0	2	
F	3	3	0	
G	2	2	0	
H	0	0	0	※

10 [10②, 13②, 19②] 10점

다음 데이터를 네트워크공정표로 작성하고, 각 작업의 여유시간을 구하시오.

작업명	작업일수	선행작업	비고
A	5	없음	
B	6	없음	(1) 결합점에서는 다음과 같이 표시한다. 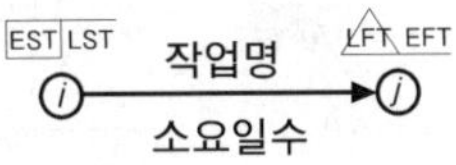
C	5	A	
D	2	A, B	
E	3	A	
F	4	C, E	
G	2	D	(2) 주공정선은 굵은선으로 표시한다.
H	3	F, G	

작업명	TF	FF	DF	CP
A				
B				
C				
D				
E				
F				
G				
H				

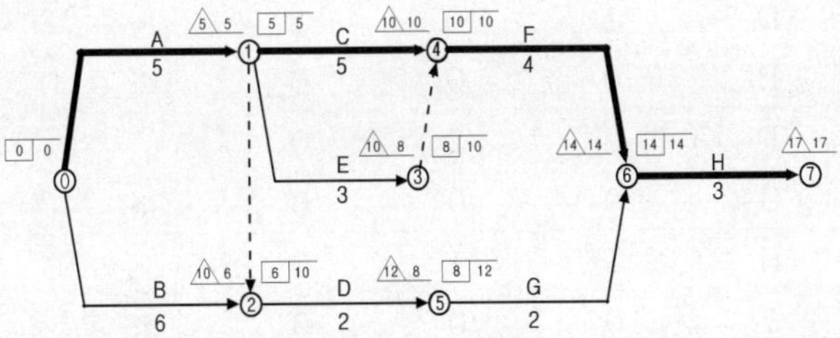

작업명	TF	FF	DF	CP
A	0	0	0	※
B	4	0	4	
C	0	0	0	※
D	4	0	4	
E	2	2	0	
F	0	0	0	※
G	4	4	0	
H	0	0	0	※

11 [08④, 15④, 21①] 10점 □□□□□

다음 데이터를 네트워크공정표로 작성하고, 각 작업의 여유시간을 구하시오.

작업명	작업일수	선행작업	비고
A	3	없음	
B	4	없음	
C	5	없음	(1) 결합점에서는 다음과 같이 표시한다.
D	6	A, B	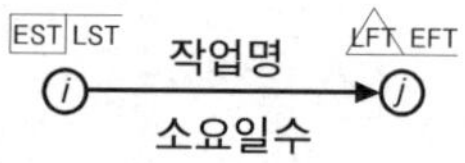
E	7	B	
F	4	D	
G	5	D, E	(2) 주공정선은 굵은선으로 표시한다.
H	6	C, F, G	
I	7	F, G	

작업명	TF	FF	DF	CP
A				
B				
C				
D				
E				
F				
G				
H				
I				

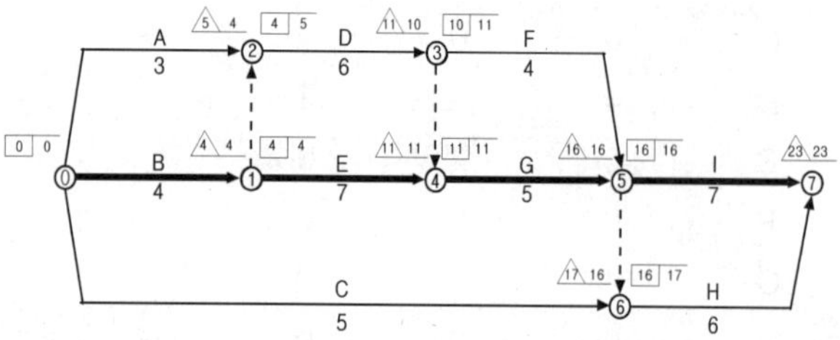

작업명	TF	FF	DF	CP
A	2	1	1	
B	0	0	0	※
C	12	11	1	
D	1	0	1	
E	0	0	0	※
F	2	2	0	
G	0	0	0	※
H	1	1	0	
I	0	0	0	※

12 [05④, 12④, 21②] 10점

다음 데이터를 네트워크공정표로 작성하고, 각 작업의 여유시간을 구하시오.(10점)

작업명	작업일수	선행작업	비고
A	5	없음	(1) 결합점에서는 다음과 같이 표시한다. EST LST 작업명 LFT EFT, ⓘ → ⓙ 소요일수
B	6	A	
C	5	A	
D	4	A	
E	3	B	
F	7	B, C, D	
G	8	D	
H	6	E	(2) 주공정선은 굵은선으로 표시한다.
I	5	E, F	
J	8	E, F, G	
K	7	H, I, J	

작업명	TF	FF	DF	CP
A				
B				
C				
D				
E				
F				
G				
H				
I				
J				
K				

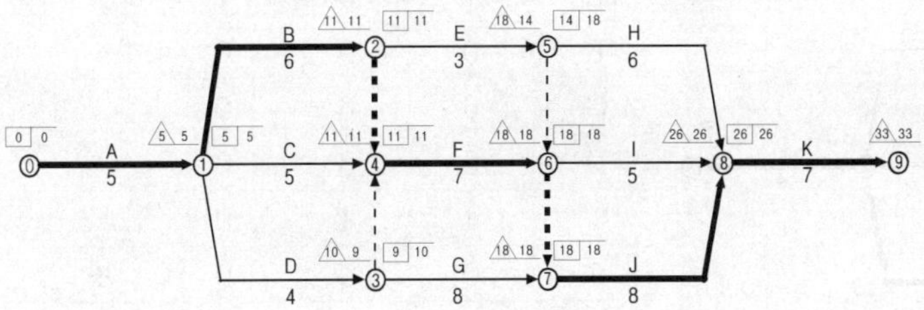

작업명	TF	FF	DF	CP
A	0	0	0	※
B	0	0	0	※
C	1	1	0	
D	1	0	1	
E	4	0	4	
F	0	0	0	※
G	1	1	0	
H	6	6	0	
I	3	3	0	
J	0	0	0	※
K	0	0	0	※

13 [99①, 18①] 10점 □□□□□

다음 데이터를 네트워크공정표로 작성하고, 각 작업의 여유시간을 구하시오.(10점)

작업명	작업일수	선행작업	비고
A	5	없음	(1) 결합점에서는 다음과 같이 표시한다. 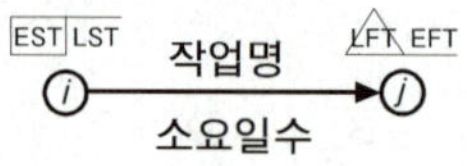 (2) 주공정선은 굵은선으로 표시한다.
B	8	A	
C	4	A	
D	6	A	
E	7	B	
F	8	B, C, D	
G	4	D	
H	6	E	
I	4	E, F	
J	8	E, F, G	
K	4	H, I, J	

작업명	TF	FF	DF	CP
A				
B				
C				
D				
E				
F				
G				
H				
I				
J				
K				

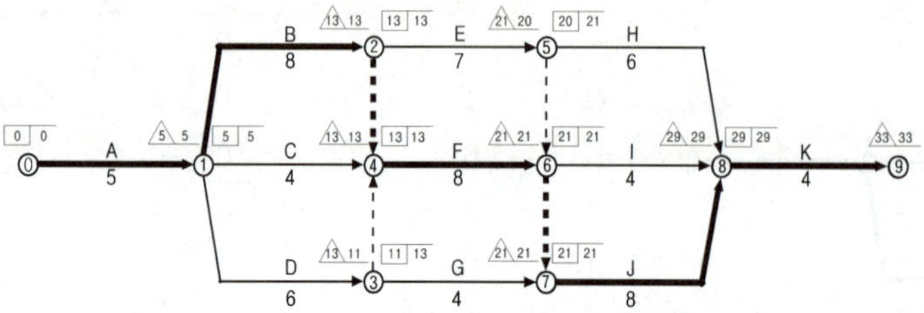

작업명	TF	FF	DF	CP
A	0	0	0	※
B	0	0	0	※
C	4	4	0	
D	2	0	2	
E	1	0	1	
F	0	0	0	※
G	6	6	0	
H	3	3	0	
I	4	4	0	
J	0	0	0	※
K	0	0	0	※

14 [04②, 14①, 14②, 22④] 10점

다음 데이터를 네트워크공정표로 작성하고, 각 작업의 여유시간을 구하시오.

작업명	작업일수	선행작업	비고
A	5	없음	(1) 결합점에서는 다음과 같이 표시한다.
B	6	없음	
C	5	A, B	
D	7	A, B	
E	3	B	(2) 주공정선은 굵은선으로 표시한다.
F	4	B	
G	2	C, E	
H	4	C, D, E, F	

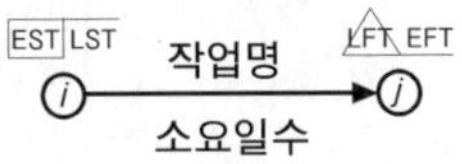

작업명	TF	FF	DF	CP
A				
B				
C				
D				
E				
F				
G				
H				

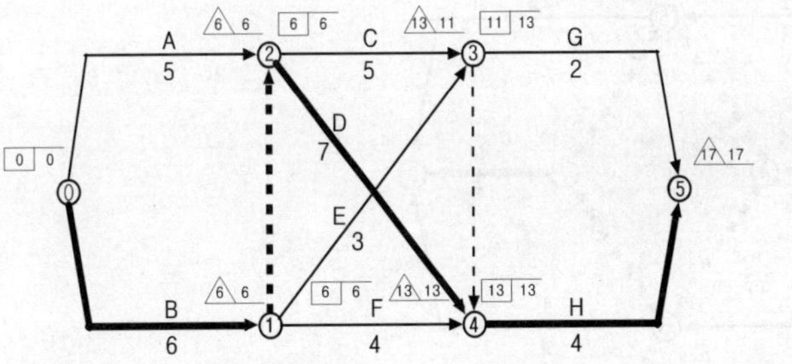

작업명	TF	FF	DF	CP
A	1	1	0	
B	0	0	0	※
C	2	0	2	
D	0	0	0	※
E	4	2	2	
F	3	3	0	
G	4	4	0	
H	0	0	0	※

15 [12②, 17①, 20⑤] 8점, 10점

다음 데이터를 네트워크공정표로 작성하시오.

<table>
<tr><th>작업명</th><th>작업일수</th><th>선행작업</th><th>비고</th></tr>
<tr><td>A</td><td>5</td><td>없음</td><td rowspan="9">(1) 결합점에서는 다음과 같이 표시한다.
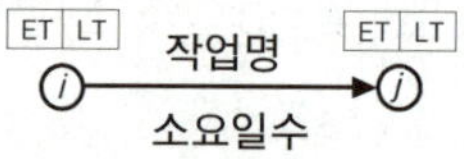

(2) 주공정선은 굵은선으로 표시한다.</td></tr>
<tr><td>B</td><td>2</td><td>없음</td></tr>
<tr><td>C</td><td>4</td><td>없음</td></tr>
<tr><td>D</td><td>5</td><td>A, B, C</td></tr>
<tr><td>E</td><td>3</td><td>A, B, C</td></tr>
<tr><td>F</td><td>2</td><td>A, B, C</td></tr>
<tr><td>G</td><td>2</td><td>D, E</td></tr>
<tr><td>H</td><td>5</td><td>D, E, F</td></tr>
<tr><td>I</td><td>4</td><td>D, F</td></tr>
</table>

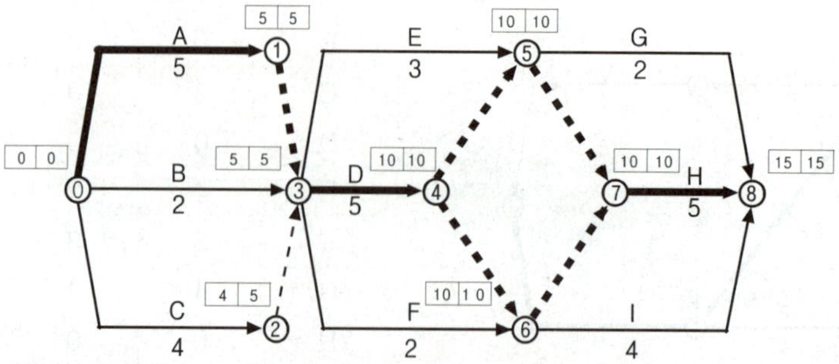

16 [00⑤, 04③] 10점

다음 데이터를 네트워크공정표로 작성하시오.

작업명	작업일수	선행작업	비고
A	4	없음	
B	2	없음	(1) 공정표의 표현은 다음과 같이 한다.
C	4	없음	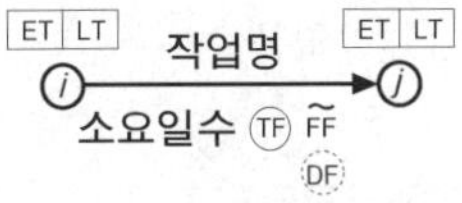
D	2	없음	
E	7	C, D	
F	8	A, B, C, D	(2) 주공정선은 굵은선으로 표시하며,
G	10	A, B, C, D	결합점 번호는 작성원칙에 따라 부여한다.
H	5	E, F	

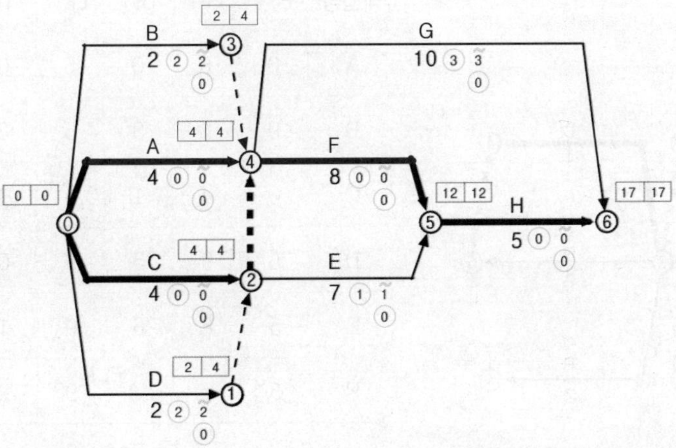

17 [00①, 00④, 04①, 10④, 14④, 15①, 20①, 20②] 10점

다음 데이터를 네트워크공정표로 작성하고, 각 작업의 여유시간을 구하시오.

작업명	작업일수	선행작업	비고
A	5	없음	(1) 결합점에서는 다음과 같이 표시한다. 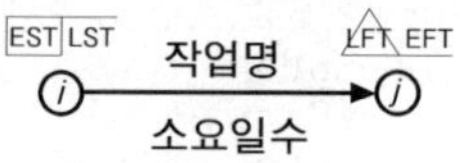
B	2	없음	
C	4	없음	
D	4	A, B, C	(2) 주공정선은 굵은선으로 표시한다.
E	3	A, B, C	
F	2	A, B, C	

작업명	EST	EFT	LST	LFT	TF	FF	DF	CP
A								
B								
C								
D								
E								
F								

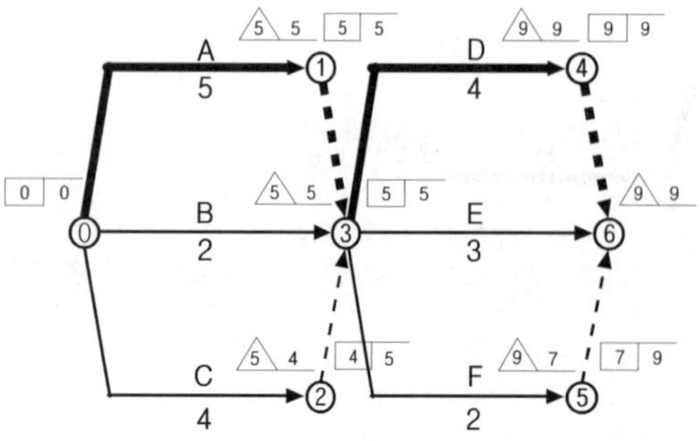

작업명	EST	EFT	LST	LFT	TF	FF	DF	CP
A	0	5	0	5	0	0	0	※
B	0	2	3	5	3	3	0	
C	0	4	1	5	1	1	0	
D	5	9	5	9	0	0	0	※
E	5	8	6	9	1	1	0	
F	5	7	7	9	2	2	0	

【일정 및 여유계산 LIST 답안작성 순서】

(1) TF, FF, DF, CP를 먼저 채운다.

작업명	EST	EFT	LST	LFT	TF	FF	DF	CP
A					0	0	0	※
B					3	3	0	
C					1	1	0	
D					0	0	0	※
E					1	1	0	
F					2	2	0	

(2) 각 작업명 옆에 소요일수를 연필로 기입한다.

작업명	EST	EFT	LST	LFT	TF	FF	DF	CP
A 5					0	0	0	※
B 2					3	3	0	
C 4					1	1	0	
D 4					0	0	0	※
E 3					1	1	0	
F 2					2	2	0	

(3) 공정표를 보고 해당 작업의 앞쪽에 있는 결합점의 네모칸의 숫자를 기입한 것이 EST이며, 이것을 종축으로 전체 기입해 나간다.

작업명	EST	EFT	LST	LFT	TF	FF	DF	CP
A 5	0				0	0	0	※
B 2	0				3	3	0	
C 4	0				1	1	0	
D 4	5				0	0	0	※
E 3	5				1	1	0	
F 2	5				2	2	0	

(4) 각 작업의 소요일수에 EST를 더한 값이 EFT이며, 이것을 종축으로 전체 기입해 나간다.

작업명	EST	EFT	LST	LFT	TF	FF	DF	CP
A 5	0	5			0	0	0	※
B 2	0	2			3	3	0	
C 4	0	4			1	1	0	
D 4	5	9			0	0	0	※
E 3	5	8			1	1	0	
F 2	5	7			2	2	0	

(5) 공정표를 보고 해당 작업의 뒷쪽에 있는 결합점의 세모칸의 숫자를 기입한 것이 LFT이며, 이것을 종축으로 전체 기입해 나간다.

작업명	EST	EFT	LST	LFT	TF	FF	DF	CP
A 5	0	5		5	0	0	0	※
B 2	0	2		5	3	3	0	
C 4	0	4		5	1	1	0	
D 4	5	9		9	0	0	0	※
E 3	5	8		9	1	1	0	
F 2	5	7		9	2	2	0	

(6) 각 작업의 LFT에서 소요일수를 뺀 값이 LST이며, 이것을 종축으로 전체 기입해 나간다.

작업명	EST	EFT	LST	LFT	TF	FF	DF	CP
A 5	0	5	0	5	0	0	0	※
B 2	0	2	3	5	3	3	0	
C 4	0	4	1	5	1	1	0	
D 4	5	9	5	9	0	0	0	※
E 3	5	8	6	9	1	1	0	
F 2	5	7	7	9	2	2	0	

(7) 각 작업명 옆에 소요일수를 지우개로 깨끗이 지운다.

작업명	EST	EFT	LST	LFT	TF	FF	DF	CP
A	0	5	0	5	0	0	0	※
B	0	2	3	5	3	3	0	
C	0	4	1	5	1	1	0	
D	5	9	5	9	0	0	0	※
E	5	8	6	9	1	1	0	
F	5	7	7	9	2	2	0	

18 [11②, 17④, 22②] 10점

다음에 제시된 화살표형 네트워크 공정표를 통해 일정계산 및 여유시간, 주공정선(CP)과 관련된 빈칸을 모두 채우시오. (단, CP에 해당하는 작업은 ※표시를 하시오.)

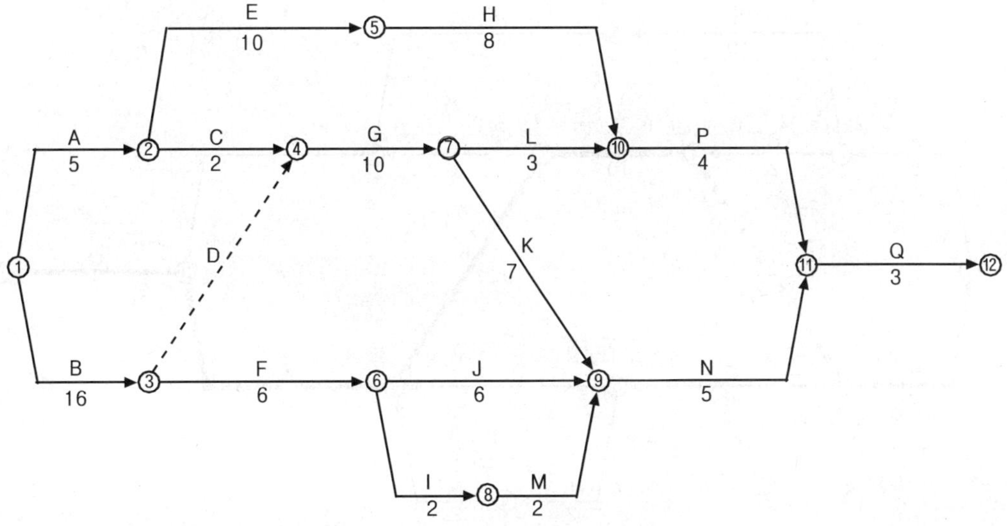

작업명	EST	EFT	LST	LFT	TF	FF	DF	CP
A								
B								
C								
D								
E								
F								
G								
H								
I								
J								
K								
L								
M								
N								
P								
Q								

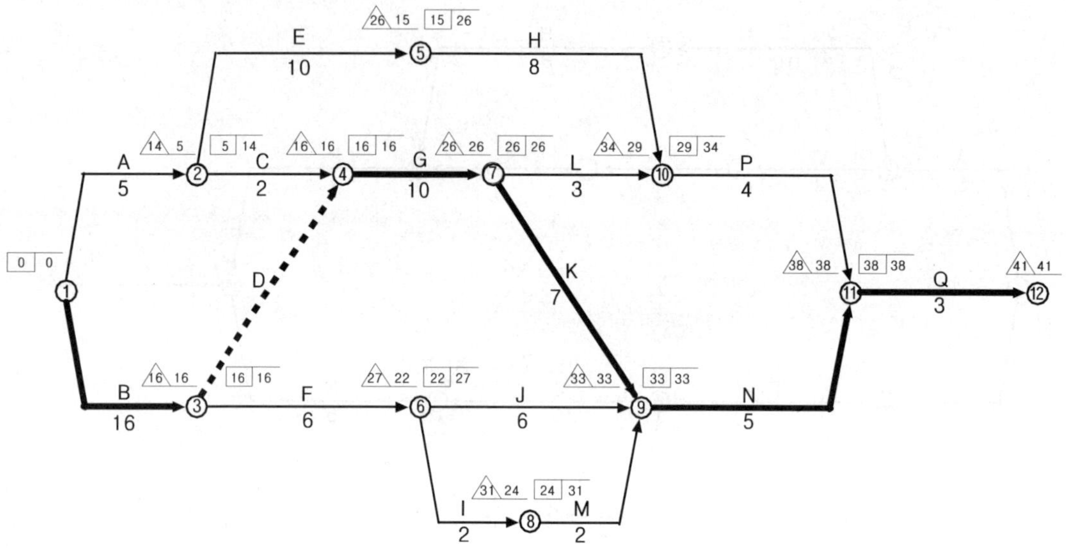

작업명	EST	EFT	LST	LFT	TF	FF	DF	CP
A	0	5	9	14	9	0	9	
B	0	16	0	16	0	0	0	※
C	5	7	14	16	9	9	0	
D	16	16	16	16	0	0	0	※
E	5	15	16	26	11	0	11	
F	16	22	21	27	5	0	5	
G	16	26	16	26	0	0	0	※
H	15	23	26	34	11	6	5	
I	22	24	29	31	7	0	7	
J	22	28	27	33	5	5	0	
K	26	33	26	33	0	0	0	※
L	26	29	31	34	5	0	5	
M	24	26	31	33	7	7	0	
N	33	38	33	38	0	0	0	※
P	29	33	34	38	5	5	0	
Q	38	41	38	41	0	0	0	※

MEMO

02 최소비용에 의한 공기단축

POINT 01 최소비용에 의한 직접비 공기단축

(1) 비용경사(Cost Slope, 비용구배)

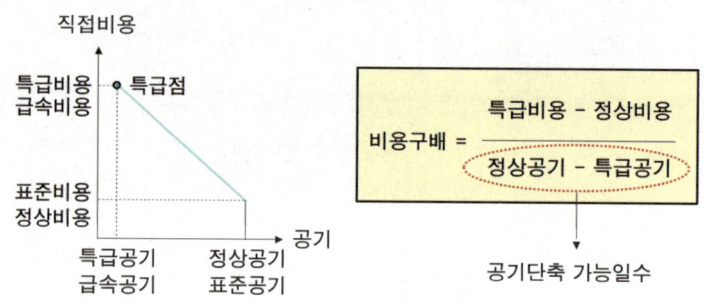

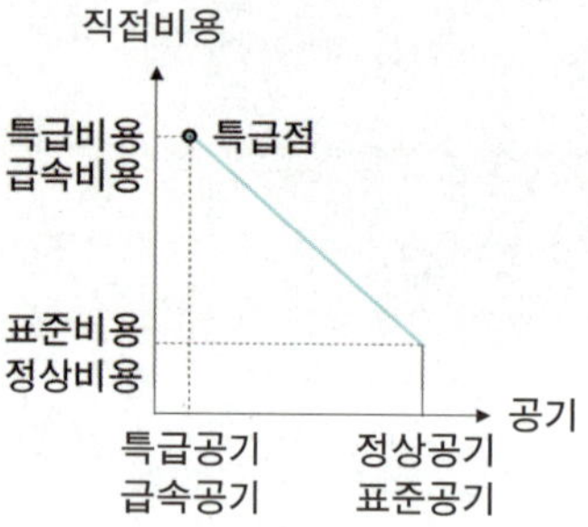

$$\text{비용구배} = \frac{\text{특급비용} - \text{정상비용}}{\text{정상공기} - \text{특급공기}}$$

(분모: 공기단축 가능일수)

(2) MCX(Minimum Cost eXpediting) 공기단축 기법의 순서

① 최초주공정선(CP) 상의 작업을 선택하되, 단축가능한 작업이어야 한다.
② 비용경사가 최소인 작업을 단축한계까지 단축한다.
③ 보조주공정선(보조CP)의 발생을 확인한 후, 보조주공정선의 동시단축 경로를 고려한다.
④ ②, ③, ④ 의 순서를 반복 시행한다.

【예제】 (10점)
다음 데이터를 이용하여 정상공기를 산출한 결과 지정공기보다 3일이 지연되는 결과이었다. 공기를 조정하여 3일의 공기를 단축한 네트워크공정표를 작성하고 아울러 총공사금액을 산출하시오.

작업명	선행작업	정상(Normal)		특급(Crash)		비고
		공기(일)	공비(원)	공기(일)	공비(원)	
A	없음	3	7,000	3	7,000	(1) 단축된 공정표에서 CP는 굵은선으로 표시하고, 결합점에서는 다음과 같이 표시한다. 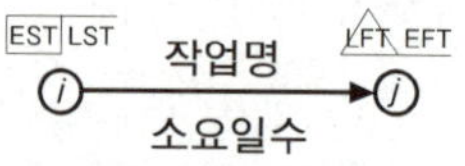 (2) 정상공기는 답지에 표기하지 않고 시험지 여백을 이용할 것
B	A	5	5,000	3	7,000	
C	A	6	9,000	4	12,000	
D	A	7	6,000	4	15,000	
E	B	4	8,000	3	8,500	
F	B	10	15,000	6	19,000	
G	C, E	8	6,000	5	12,000	
H	D	9	10,000	7	18,000	
I	F, G, H	2	3,000	2	3,000	

■□□□□ STEP Ⅰ: 공기단축을 위한 준비과정

① Network 공정표를 작성한 후 전진일정계산을 하여 주공정선(CP) 및 계산공기를 파악한다.

② 1일씩 공기단축을 할 때 단축작업 대상과 추가되는 직접비에 대한 간단한 표를 작성한다.

③ 각 작업의 공기단축가능일수와 비용경사를 파악하여 공정표상에 연필로 기입한다.

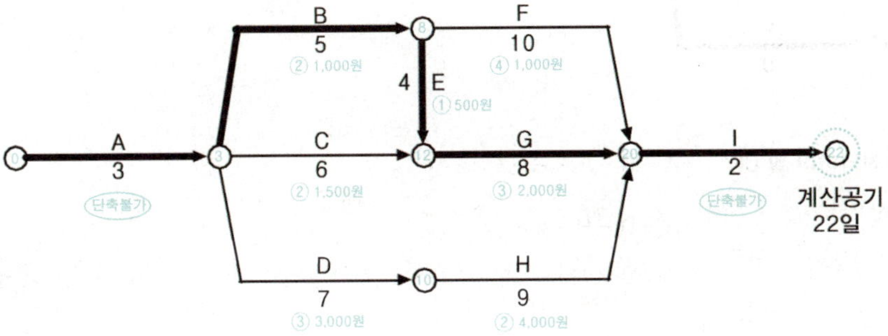

	단축대상	추가비용
21일		
20일		
19일		

■■□□□ STEP Ⅱ: 22일에서 21일로의 공기단축

22일에서 21일로 단축 시 고려되어야 할 CP는 A–B–E–G–I 경로이며, 이 중에서 최소의 비용을 갖는 E작업을 1일 단축하게 되면 추가비용이 500원이 산정되고, 공정표상의 나머지 경로를 모두 살펴보면 A–D–H–I 경로도 보조CP가 된다.

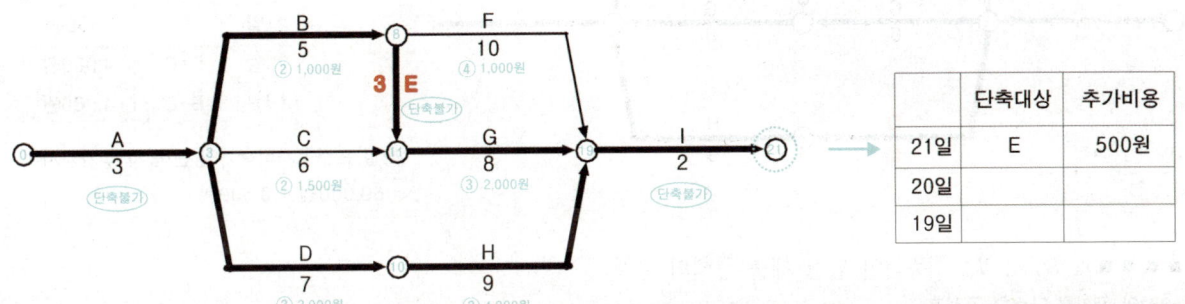

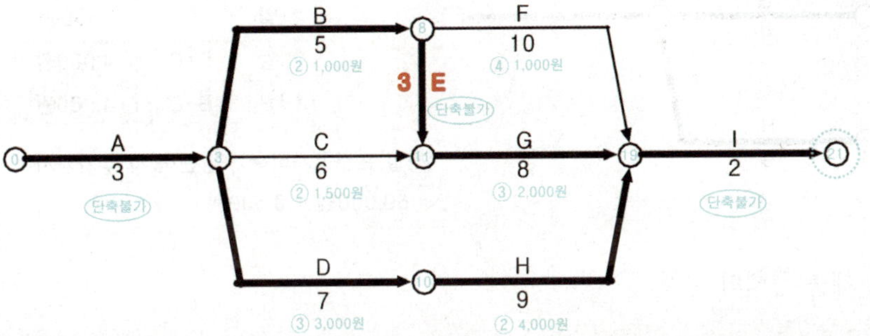

	단축대상	추가비용
21일	E	500원
20일		
19일		

21일에서 20일로 단축 시 고려되어야 할 CP: A – B – E – G – I

A – D – H – I

■■■□□ STEP Ⅲ: 21일에서 20일로의 공기단축

21일에서 20일로 단축 시 고려되어야 할 CP는 A–B–E–G–I, A–D–H–I 2개의 경로이며, 이 중에서 최소의 비용을 갖는 조합 B+D 작업을 1일 단축하게 되면 추가비용이 4,000원이 산정되고, 공정표상의 나머지 경로를 모두 살펴보면 보조CP가 없음이 확인된다.

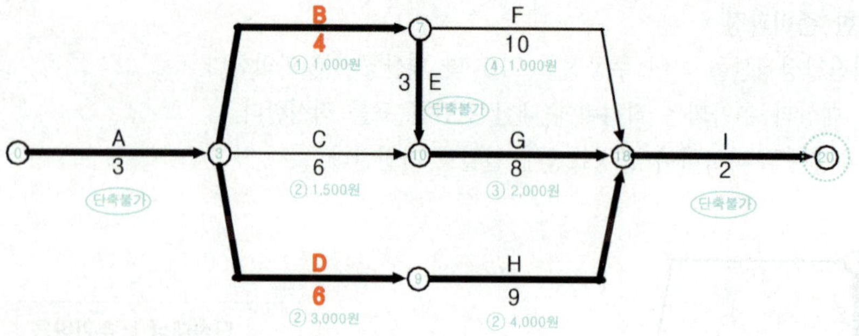

	단축대상	추가비용
21일	E	500원
20일	B+D	4,000원
19일		

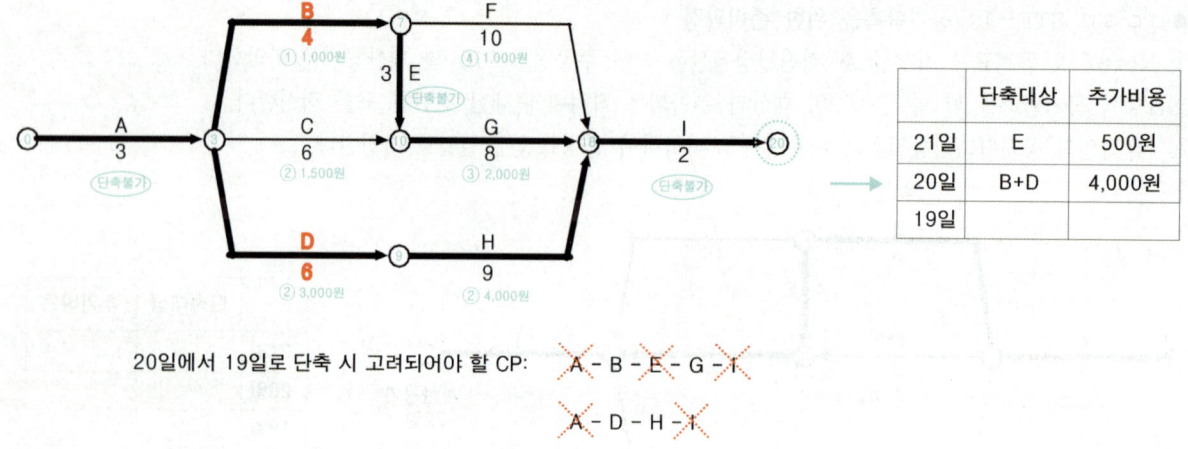

20일에서 19일로 단축 시 고려되어야 할 CP: A - B - E - G - I
A - D - H - I

■■■■□ STEPⅣ: 20일에서 19일로의 공기단축

20일에서 21일로 단축 시 고려되어야 할 CP는 A-B-E-G-I, A-D-H-I 2개의 경로이며, 이 중에서 최소의 비용을 갖는 조합 B+D 작업을 1일 단축하게 되면 추가비용이 4,000원이 산정되고, 최종적으로 모든 경로를 살펴보면 A-C-G-I의 경로도 보조CP가 되는 것이 확인된다.

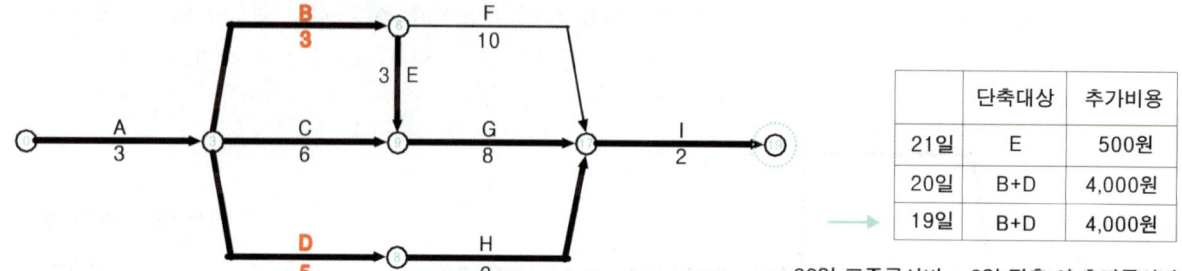

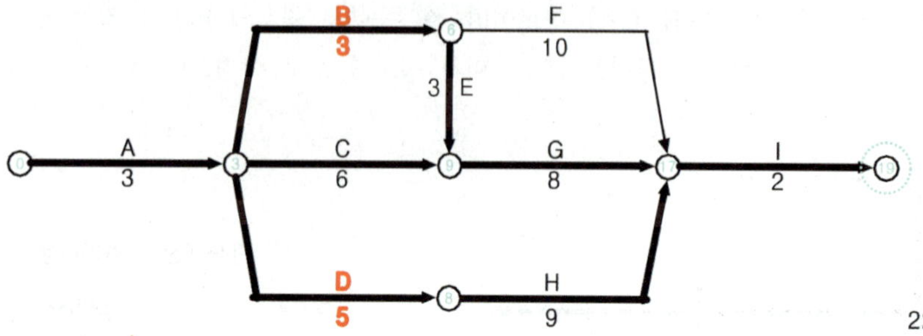

	단축대상	추가비용
21일	E	500원
20일	B+D	4,000원
19일	B+D	4,000원

22일 표준공사비 + 3일 단축 시 추가공사비
= 69,000원 + 8,500원 = 77,500원

■■■■□ STEPⅤ: 최종적인 답안 제출 상태의 단계

3일의 공기를 단축한 공정표

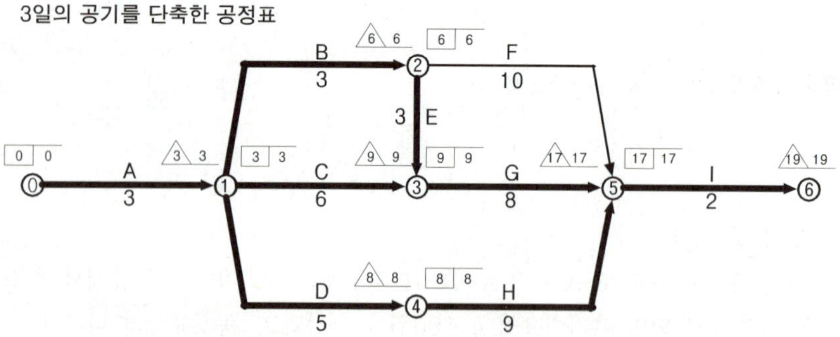

3일의 공기를 단축한 총공사금액

	단축대상	추가비용
21일	E	500원
20일	B+D	4,000원
19일	B+D	4,000원

22일 표준공사비 + 3일 단축 시 추가공사비
= 69,000원 + 8,500원 = 77,500원

1998~2024 **기출문제**

01 [05④] 3점 □□□□□

공기단축 MCX이론에서 최소의 비용으로 공기단축을 하기 위해서 비용경사(Cost Slope)를 계산하게 된다. 비용경사는 공기 1일을 단축하는데 추가되는 비용을 말한다. 비용경사를 식으로 나타내시오.

$$비용경사 = \frac{특급비용 - 정상비용}{정상시간 - 특급시간}$$

02 [09②, 21②] 3점 □□□□□

다음과 같은 작업 Data에서 비용경사(Cost Slope)가 가장 작은 작업부터 순서대로 작업명을 쓰시오.

작업명	정상계획		급속계획	
	공기(일)	비용(원)	공기(일)	비용(원)
A	4	6,000	2	9,000
B	15	14,000	14	16,000
C	7	5,000	4	8,000

(1) $A = \frac{9,000 - 6,000}{4 - 2} = 1,500원/일$

(2) $B = \frac{16,000 - 14,000}{15 - 14} = 2,000원/일$

(3) $C = \frac{8,000 - 5,000}{7 - 4} = 1,000원/일$

∴ C ➡ A ➡ B

03 [01②, 10①, 20②] 4점 □□□□□

공기단축 기법에서 MCX(Minimum Cost eXpediting) 기법의 순서를 보기에서 골라 번호로 쓰시오.

보기

① 비용경사가 최소인 작업을 단축한다.
② 보조주공정선의 발생을 확인한다.
③ 단축한계까지 단축한다.
④ 단축가능한 작업이어야 한다.
⑤ 주공정선상의 작업을 선택한다.
⑥ 보조주공정선의 동시단축 경로를 고려한다.
⑦ 앞의 순서를 반복 시행한다.

⑤ ➡ ④ ➡ ① ➡ ③ ➡ ② ➡ ⑥ ➡ ⑦

04 [98③, 02①] 8점

다음 데이터를 이용하여 3일 공기단축한 네트워크 공정표를 작성하고 공기단축된 상태의 총사비용을 산출하시오.

작업명	선행작업	작업일수	비용경사(원)	비고
A	없음	3	5,000	(1) 단축된 공정표에서 CP는 굵은선으로 표시하고, 결합점에서는 다음과 같이 표시한다.
B	없음	2	1,000	
C	없음	1	1,000	
D	A, B, C	4	4,000	(2) 공기단축은 작업일수의 1/2을 초과할 수 없다.
E	B, C	6	3,000	(3) 표준공기 시 총공사비는 2,500,000원이다.
F	C	5	5,000	

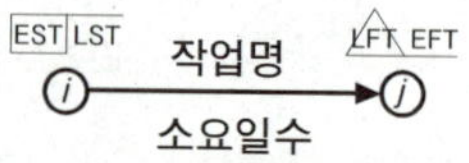

【 문제 해설 】

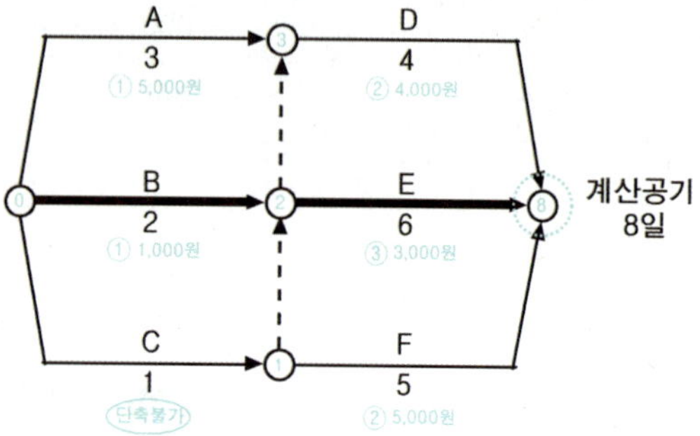

고려되어야 할 CP 및 보조CP		단축대상	추가비용
8일 ☞ 7일	B−E	B	1,000
7일 ☞ 6일	B−E A−D C−E	D+E	7,000
6일 ☞ 5일	B−E A−D C−E C−F	D+E+F	12,000

【 문제 정답 】

(1) 3일 공기단축한 Network 공정표

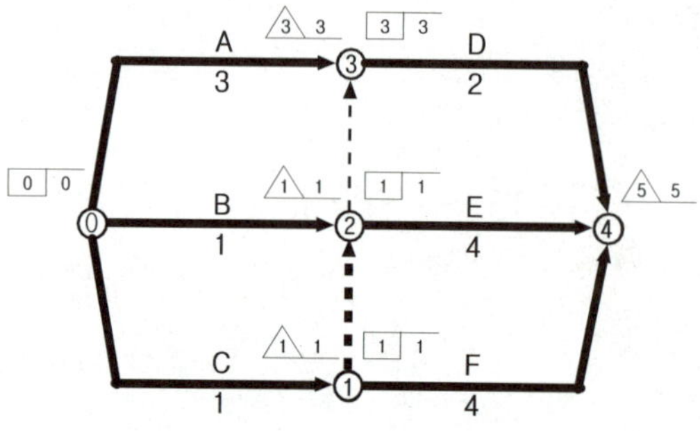

(2) 3일 공기단축한 총공사금액

	단축대상	추가비용
7일	B	1,000
6일	D+E	7,000
5일	D+E+F	12,000

8일 표준공사비 + 3일 단축 시 추가공사비
= 2,500,000+20,000=2,520,000원

05 [09①, 17②, 21④] 10점, 12점 □□□□□

다음 데이터를 이용하여 물음에 답하시오.

작업명	선행작업	작업일수	비용경사(원)	비고
A	없음	5	10,000	(1) 결합점에서의 일정은 다음과 같이 표시하고, 주공정선은 굵은선으로 표시한다.
B	없음	8	15,000	
C	없음	15	9,000	
D	A	3	공기단축불가	
E	A	6	25,000	
F	B, D	7	30,000	(2) 공기단축은 Activity I에서 2일, Activity H에서 3일, Activity C에서 5일
G	B, D	9	21,000	
H	C, E	10	8,500	
I	H, F	4	9,500	
J	G	3	공기단축불가	(3) 표준공기 시 총공사비는 1,000,000원이다.
K	I, J	2	공기단축불가	

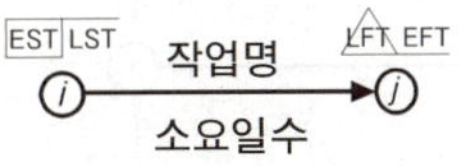

(1) 표준(Normal) Network를 작성하시오.

(2) 공기를 10일 단축한 Network를 작성하시오.

(3) 공기단축된 총공사비를 산출하시오.

【문제 해설】

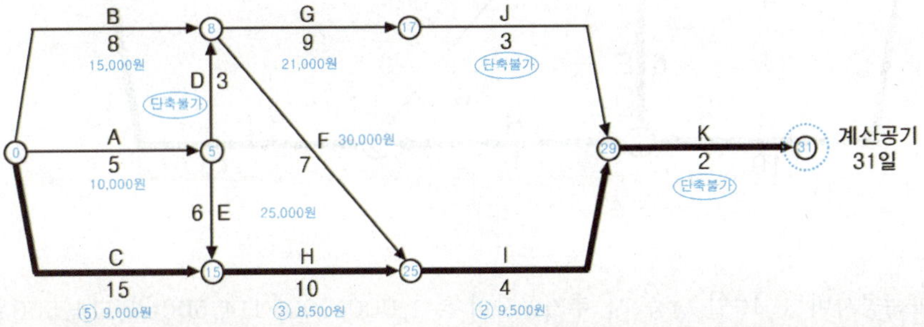

고려되어야 할 CP 및 보조CP		단축대상	추가비용
31일 ☞ 30일	C-H-I-~~K~~	H	8,500
30일 ☞ 29일	C-H-I-~~K~~	H	8,500
29일 ☞ 28일	C-H-I-~~K~~	H	8,500
28일 ☞ 27일	C-~~H~~-I-~~K~~	C	9,000
27일 ☞ 26일	C-~~H~~-I-~~K~~	C	9,000
26일 ☞ 25일	C-~~H~~-I-~~K~~	C	9,000
25일 ☞ 24일	C-~~H~~-I-~~K~~	C	9,000
24일 ☞ 23일	C-~~H~~-I-~~K~~ A-E-~~H~~-I-~~K~~	I	9,500
23일 ☞ 22일	C-~~H~~-I-~~K~~ A-E-~~H~~-I-~~K~~	I	9,500
22일 ☞ 21일	C-~~H~~-~~I~~-K A-E-~~H~~-~~I~~-~~K~~ A-~~D~~-G-~~J~~-~~K~~ B-G-~~J~~-~~K~~	A+B+C	34,000

〖문제 정답〗

(1)

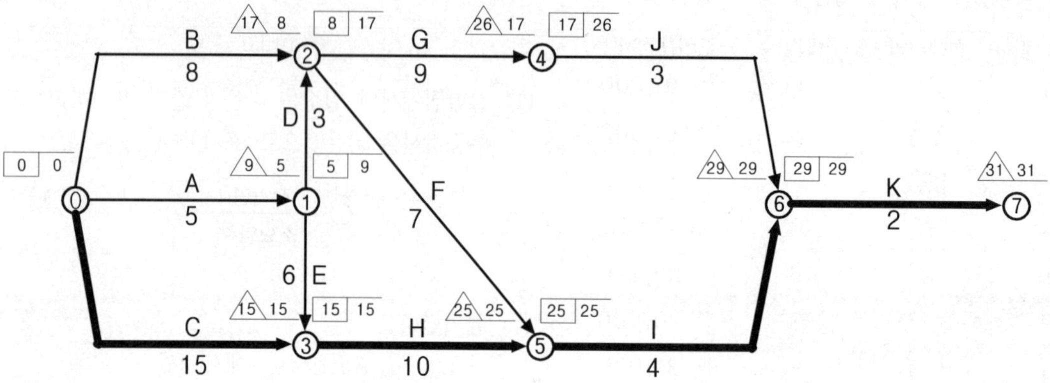

(2)

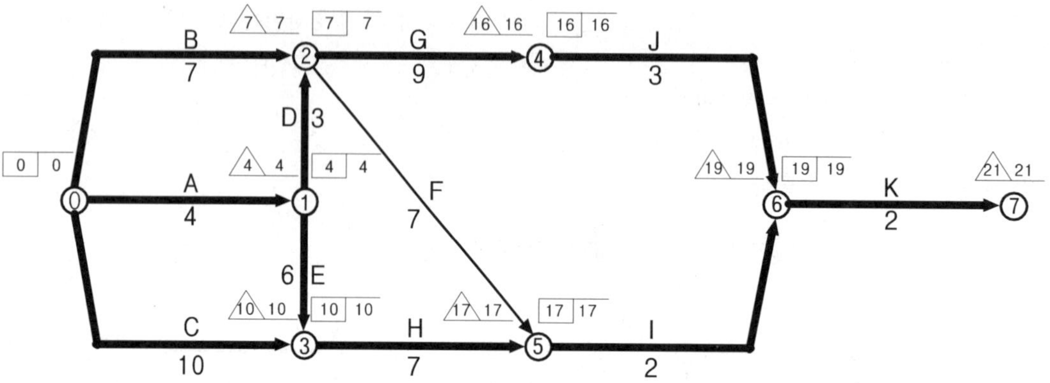

(3) 31일 표준공사비 + 10일 단축 시 추가공사비 = 1,000,000+114,500=1,114,500원

	단축대상	추가비용
30일	H	8,500
29일	H	8,500
28일	H	8,500
27일	C	9,000
26일	C	9,000
25일	C	9,000
24일	C	9,000
23일	I	9,500
22일	I	9,500
21일	A+B+C	34,000

06 [09②, 16②, 23④] 10점 □□□□□

주어진 자료(DATA)에 의하여 다음 물음에 답하시오.

작업명	선행작업	표준(Normal)		급속(Crash)		비고
		공기(일)	공비(원)	공기(일)	공비(원)	
A	없음	5	170,000	4	210,000	결합점에서의 일정은 다음과 같이 표시하고, 주공정선은 굵은선으로 표시한다. (EST LST ⓘ —작업명/소요일수→ ⓙ LFT EFT)
B	없음	18	300,000	13	450,000	
C	없음	16	320,000	12	480,000	
D	A	8	200,000	6	260,000	
E	A	7	110,000	6	140,000	
F	A	6	120,000	4	200,000	
G	D, E, F	7	150,000	5	220,000	

(1) 표준(Normal) Network를 작성하시오.

(2) 표준공기 시 총공사비를 산출하시오.

(3) 4일 공기단축된 총공사비를 산출하시오.

【문제 해설】

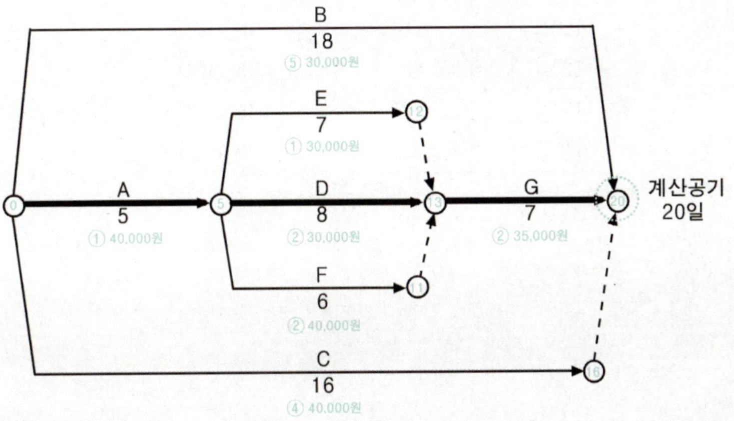

고려되어야 할 CP 및 보조CP		단축대상	추가비용
20일 ☞ 19일	A-D-G	D	30,000
19일 ☞ 18일	A-D-G A-E-G	G	35,000
18일 ☞ 17일	A-D-G A-E-G B	B+G	65,000
17일 ☞ 16일	A-D-~~G~~ A-E-~~G~~ B	A+B	70,000

Ⅸ

【 문제 정답 】

(1)

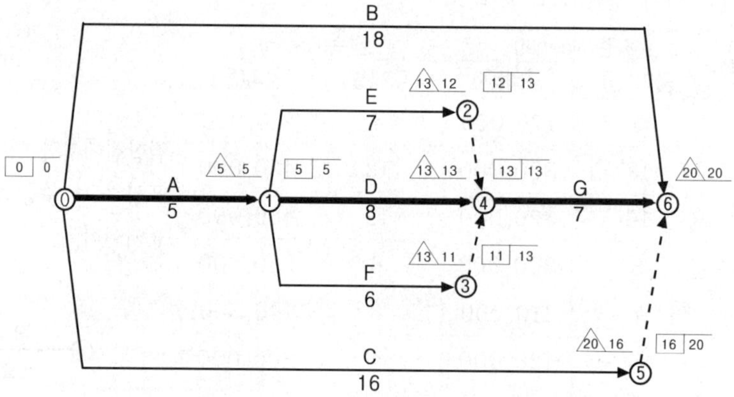

(2) 170,000 + 300,000 + 320,000 + 200,000 + 110,000 + 120,000 + 150,000 = 1,370,000원

(3) 20일 표준공사비 + 4일 단축 시 추가공사비 = 1,370,000 + 200,000 = 1,570,000원

	단축대상	추가비용
19일	D	30,000
18일	G	35,000
17일	B+G	65,000
16일	A+B	70,000

07 [98④, 99④, 05①, 06④] 10점 □□□□□

다음 데이터를 네트워크 공정표로 작성하고, 4일의 공기를 단축한 최종상태의 공사비를 산출하시오.

작업명	선행작업	표준(Normal)		급속(Crash)		비고
		공기(일)	공비(원)	공기(일)	공비(원)	
A	없음	3	70,000	2	130,000	(1) 최종 작성 공정표에서 CP는 굵은선으로 표시한다. (2) 결합점에서는 다음과 같이 표시한다. EST LST ⓘ 작업명 / 소요일수 → ⓙ LFT EFT
B	없음	4	60,000	2	80,000	
C	A	4	50,000	3	90,000	
D	A	6	90,000	3	120,000	
E	A	5	70,000	3	140,000	
F	B, C, D	3	80,000	2	120,000	

[문제 해설]

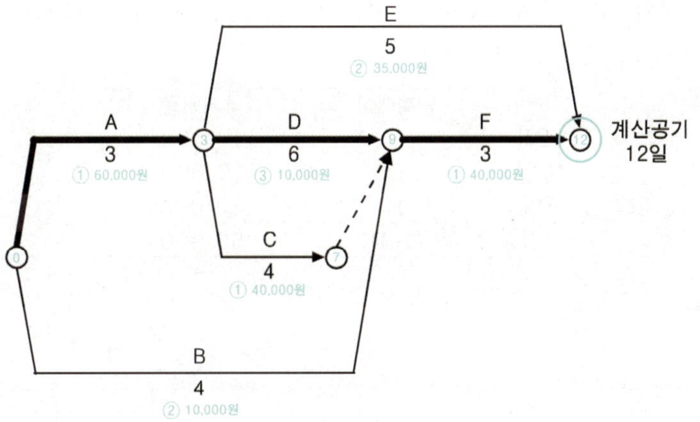

고려되어야 할 CP 및 보조CP		단축대상	추가비용
12일 ☞ 11일	A-D-F	D	10,000
11일 ☞ 10일	A-D-F	D	10,000
10일 ☞ 9일	A-D-F A-C-F	F	40,000
9일 ☞ 8일	A-D-~~F~~ A-C-~~F~~	C+D	50,000

〚문제 정답〛

(1)

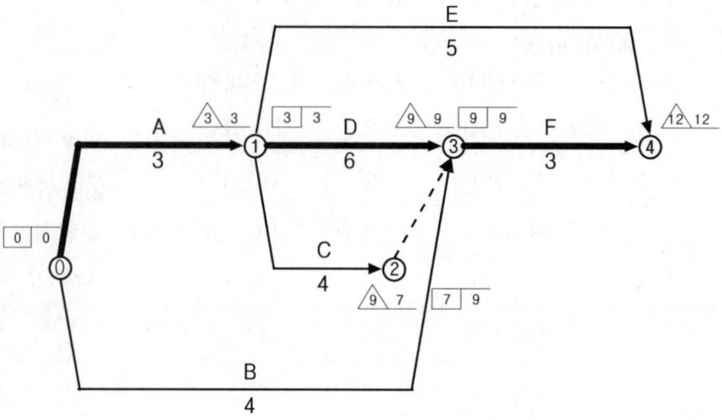

(2) 12일 표준공사비 + 4일 단축 시 추가공사비 = 420,000+110,000=530,000원

	단축대상	추가비용
11일	D	10,000
10일	D	10,000
9일	F	40,000
8일	C+D	50,000

08 [99③, 03④, 06②, 16④, 20④, 23②] 10점 □□□□□

다음 데이터를 이용하여 정상공기를 산출한 결과 지정공기보다 3일이 지연되는 결과이었다. 공기를 조정하여 3일의 공기를 단축한 네트워크공정표를 작성하고 아울러 총공사금액을 산출하시오.

작업명	선행작업	정상(Normal)		특급(Crash)		비고
		공기(일)	공비(원)	공기(일)	공비(원)	
A	없음	3	7,000	3	7,000	(1) 단축된 공정표에서 CP는 굵은선으로 표시하고, 결합점에서는 다음과 같이 표시한다. 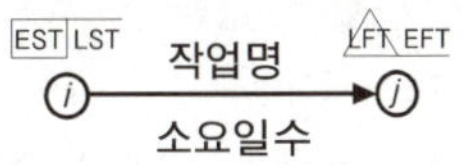 (2) 정상공기는 답지에 표기하지 않고 시험지 여백을 이용할 것
B	A	5	5,000	3	7,000	
C	A	6	9,000	4	12,000	
D	A	7	6,000	4	15,000	
E	B	4	8,000	3	8,500	
F	B	10	15,000	6	19,000	
G	C, E	8	6,000	5	12,000	
H	D	9	10,000	7	18,000	
I	F, G, H	2	3,000	2	3,000	

【문제 해설】

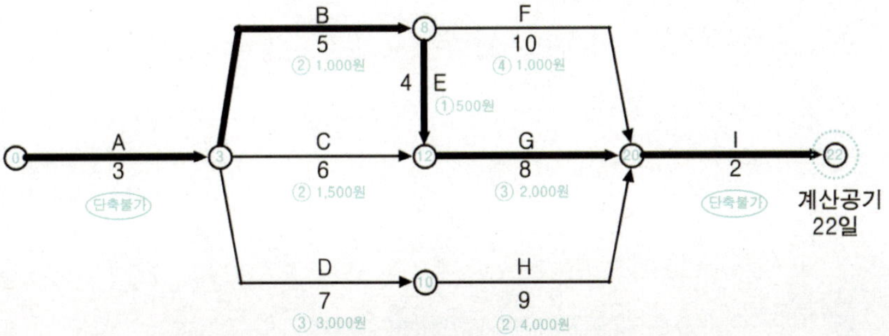

고려되어야 할 CP 및 보조CP		단축대상	추가비용
22일 ☞ 21일	~~A~~-B-E-G-~~I~~	E	500
21일 ☞ 20일	~~A~~-B-~~E~~-G-~~I~~ ~~A~~-D-H-~~I~~	B+D	4,000
20일 ☞ 19일	~~A~~-B-~~E~~-G-~~I~~ ~~A~~-D-H-~~I~~	B+D	4,000

【문제 정답】

(1)

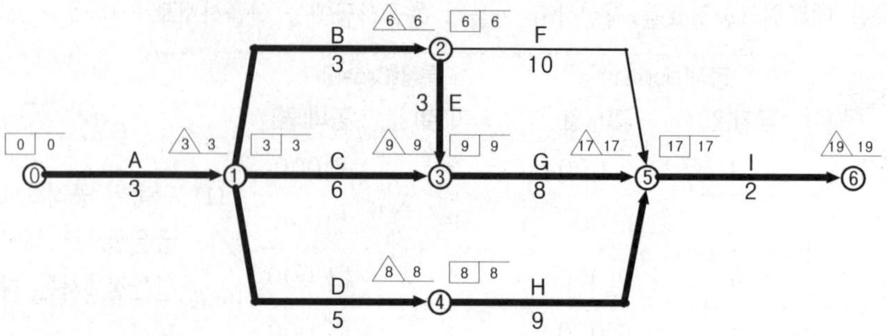

(2) 22일 표준공사비 + 3일 단축 시 추가공사비 = 69,000+8,500=77,500원

	단축대상	추가비용
21일	E	500
20일	B+D	4,000
19일	B+D	4,000

09 [03②] 10점 □□□□□

다음 데이터를 이용하여 정상공기를 산출한 결과 지정공기보다 6일이 지연되는 결과이었다. 공기를 조정하여 6일의 공기를 단축한 네트워크공정표를 작성하고 아울러 총공사금액을 산출하시오.

작업명	선행작업	정상(Normal)		특급(Crash)		비고
		공기(일)	공비(원)	공기(일)	공비(원)	
A	없음	3	3,000	3	3,000	(1) 단축된 공정표에서 CP는 굵은선으로 표시하고, 결합점에서는 다음과 같이 표시한다.
B	A	5	5,000	3	7,000	
C	A	6	9,000	4	12,000	
D	A	7	6,000	4	15,000	
E	B	4	8,000	3	8,500	EST LST 작업명 LFT EFT ⓘ → ⓙ 소요일수
F	B	10	15,000	6	19,000	
G	C, E	8	6,000	5	12,000	(2) 정상공기는 답지에 표기하지 않고 시험지 여백을 이용할 것
H	D	9	10,000	7	18,000	
I	F, G, H	2	3,000	2	3,000	

【문제 해설】

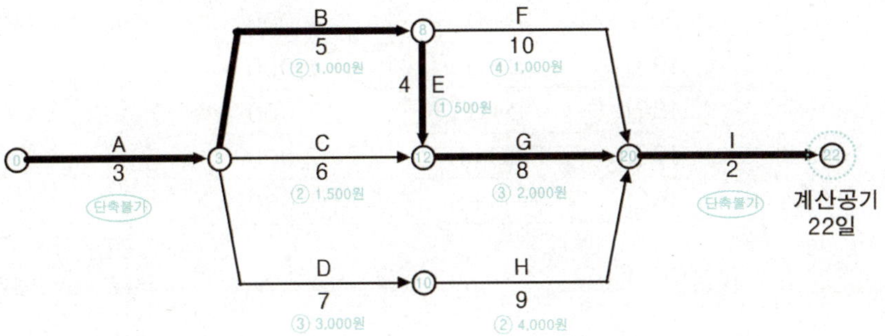

고려되어야 할 CP 및 보조CP		단축대상	추가비용
22일 ☞ 21일	~~A~~-B-E-G-~~I~~	E	500
21일 ☞ 20일	~~A~~-B-~~E~~-G-~~I~~ ~~A~~-D-H-~~I~~	B+D	4,000
20일 ☞ 19일	~~A~~-B-~~E~~-G-~~I~~ ~~A~~-D-H-~~I~~	B+D	4,000
19일 ☞ 18일	~~A~~-~~B~~-~~E~~-G-~~I~~ ~~A~~-D-H-~~I~~ ~~A~~-C-G-~~I~~	D+G	5,000
18일 ☞ 17일	~~A~~-~~B~~-~~E~~-G-~~I~~ ~~A~~-~~D~~-H-~~I~~ ~~A~~-C-G-~~I~~ ~~A~~-~~B~~-F-~~I~~	F+G+H	7,000
17일 ☞ 16일	~~A~~-~~B~~-~~E~~-G-~~I~~ ~~A~~-~~D~~-H-~~I~~ ~~A~~-C-G-~~I~~ ~~A~~-~~B~~-F-~~I~~	F+G+H	7,000

IX

【 문제 정답 】

(1)

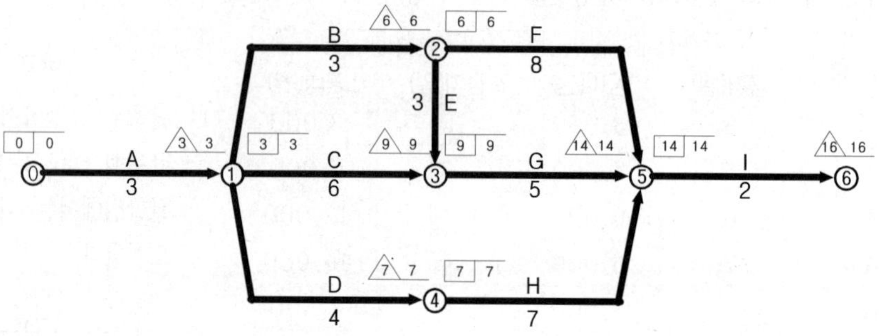

(2) 22일 표준공사비 + 6일 단축 시 추가공사비 = 65,000+27,500=92,500원

	단축대상	추가비용
21일	E	500
20일	B+D	4,000
19일	B+D	4,000
18일	D+G	5,000
17일	F+G+H	7,000
16일	F+G+H	7,000

10 [15②, 23①] 10점 □□□□□

다음 데이터를 이용하여 Normal Time 네트워크 공정표를 작성하고, 아울러 3일 공기단축한 네트워크 공정표 및 총공사금액을 산출하시오.

Activity	Normal		Crash		비고
	Time	Cost(원)	Time	Cost(원)	
A(0→1)	3	20,000	2	26,000	표준 공정표에서의 일정은 다음과 같이 표시하고, 주공정선은 굵은선으로 표시한다. EST LST 작업명 LFT EFT ⓘ → ⓙ 소요일수
B(0→2)	7	40,000	5	50,000	
C(1→2)	5	45,000	3	59,000	
D(1→4)	8	50,000	7	60,000	
E(2→3)	5	35,000	4	44,000	
F(2→4)	4	15,000	3	20,000	
G(3→5)	3	15,000	3	15,000	
H(4→5)	7	60,000	7	60,000	

(1) 표준(Normal) Network를 작성하시오.(결합점에서 EST, LST, LFT, EFT를 표시할 것)

(2) 공기를 3일 단축한 Network를 작성하시오.(결합점에서 EST, LST, LFT, EFT 표시하지 않을 것)

(3) 3일 공기단축된 총공사비를 산출하시오.

【 문제 해설 】

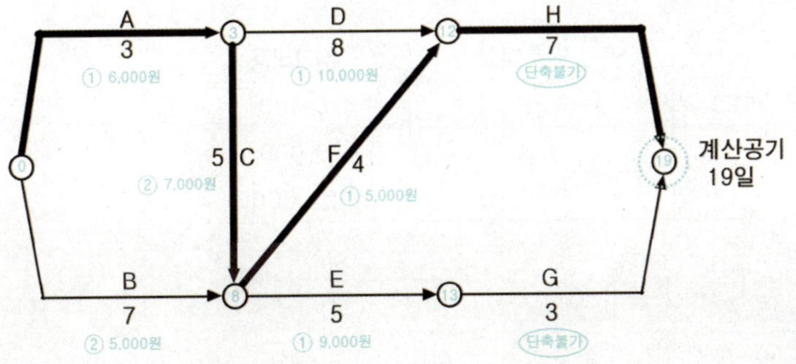

고려되어야 할 CP 및 보조CP		단축대상	추가비용
19일 ☞ 18일	A-C-F-~~H~~	F	5,000
18일 ☞ 17일	A-C-~~F~~-~~H~~, A-D-~~H~~	A	6,000
17일 ☞ 16일	~~A~~-C-~~F~~-~~H~~, ~~A~~-D-~~H~~, B-~~F~~-~~H~~	B+C+D	22,000

IX

〖 문제 정답 〗

(1)

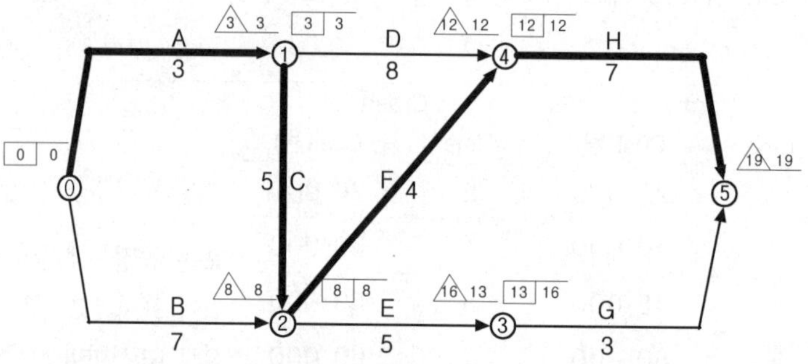

(2)

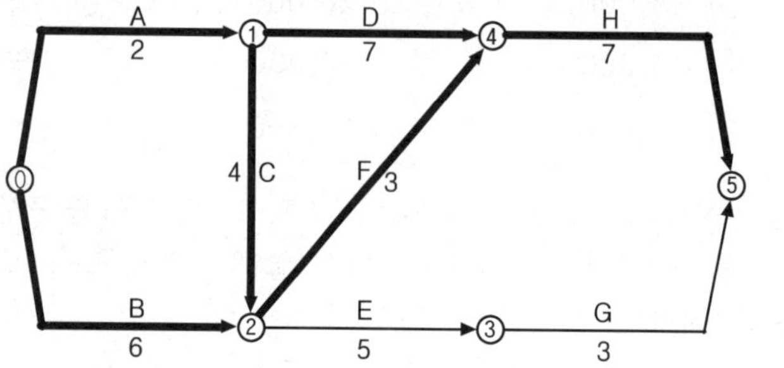

(3) 19일 표준공사비 + 3일 단축 시 추가공사비 = 280,000+33,000 = 313,000원

	단축대상	추가비용
18일	F	5,000
17일	A	6,000
16일	B+C+D	22,000

11 [12①, 16①, 24②] 10점

다음 데이터를 이용하여 표준네트워크 공정표를 작성하고, 7일 공기단축한 상태의 네트워크 공정표를 작성하시오.

작업명	작업일수	선행작업	비용경사(천원)	비고
A(①→②)	2	없음	50	(1) 결합점에서는 다음과 같이 표시한다. EST LST 작업명 LFT EFT ⓘ → ⓙ 소요일수 (2) 공기단축은 작업일수의 1/2을 초과할 수 없다.
B(①→③)	3	없음	40	
C(①→④)	4	없음	30	
D(②→⑤)	5	A, B, C	20	
E(②→⑥)	6	A, B, C	10	
F(③→⑤)	4	B, C	15	
G(④→⑥)	3	C	23	
H(⑤→⑦)	6	D, F	37	
I(⑥→⑦)	7	E, G	45	

【 문제 해설 】

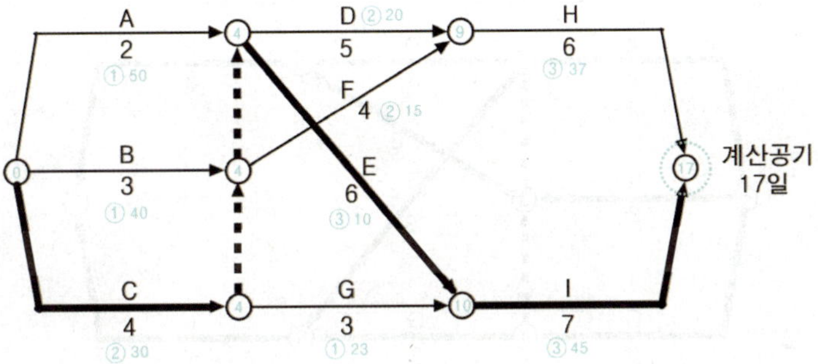

고려되어야 할 CP 및 보조CP		단축대상	추가비용
17일 ☞ 16일	C-E-I	E	10
16일 ☞ 15일	C-E-I	E	10
15일 ☞ 14일	C-E-I　C-D-H	C	30
14일 ☞ 13일	C-E-I　C-D-H　B-E-I　B-D-H	D+E	30
13일 ☞ 12일	C-~~E~~-I　C-D-H　B-~~E~~-I　B-D-H　B-F-H C-G-I　C-F-H	B+C	70
12일 ☞ 11일	~~C~~-~~E~~-I　~~C~~-D-H　~~B~~-~~E~~-I　~~B~~-D-H　~~B~~-F-H ~~C~~-G-I　~~C~~-F-H　A-D-H　A-~~E~~-I	D+F+I	80
11일 ☞ 10일	~~C~~-~~E~~-I　~~C~~-~~D~~-H　~~B~~-~~E~~-I　~~B~~-~~D~~-H　~~B~~-F-H ~~C~~-G-I　~~C~~-F-H　A-~~D~~-H　A-~~E~~-I	H+I	82

IX

〖문제 정답〗

(1) 표준 Network 공정표

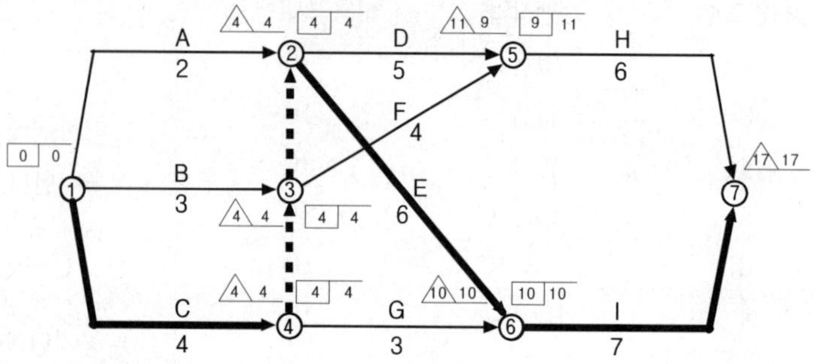

(2) 7일 공기단축한 Network 공정표

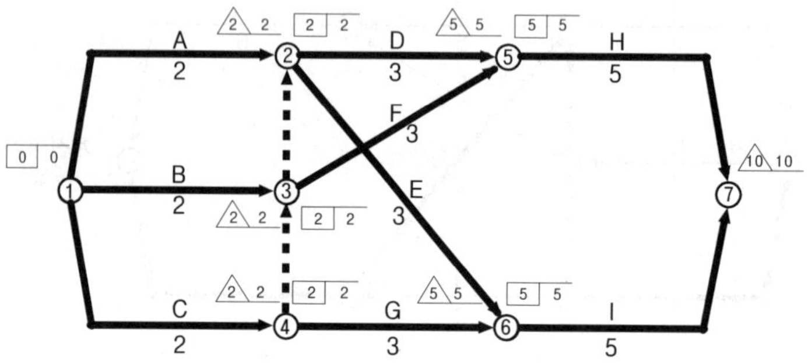

MEMO

03 자원배당, 공정관리 관련 용어

POINT 01 공정관리 관련 용어(Ⅰ)

(1) Network 분류

① 공기단축을 위해 작업시간을 3점추정하는 PERT(Program Evaluation & Review Technic) 공정표와 CPM(Critical Path Method) 공정표가 있다.

② CPM공정표는 작업중심의 ADM(Arrow Diagram Method), 결합점 중심의 PDM(Procedence Diagram Method) 공정표가 있다.

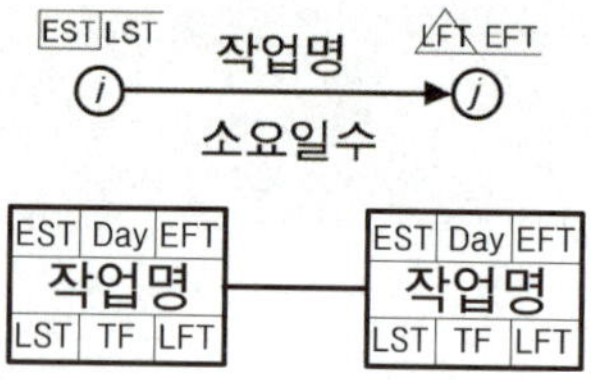

(2) PERT 3점추정식

$T_e = \dfrac{t_o + 4t_m + t_p}{6}$	T_e: 기대시간, t_o: 낙관시간, t_m: 정상시간, t_p: 비관시간

(3) Network 관련용어

① 더미(Dummy): 네트워크 작업의 상호관계를 나타내는 점선 화살선

• Numbering Dummy	• Logical Dummy
• Time-Lag Dummy	• Connection Dummy

② 패스(Path): 네트워크 중의 둘 이상의 작업이 연결된 작업의 경로

③ 최장패스(Longest Path): 임의의 두 결합점간의 경로 중 소요일수가 가장 긴 경로

④ 주공정선(Critical Path): 최초결합점에서 최종결합점에 이르는 가장 긴 경로

⑤ 계산공기: 네트워크 시간 산식에 의하여 얻은 기간

⑥ 플로트(Float): 작업의 여유시간

• TF(Total Float, 전체 여유)	임의작업의 EST에 소요일수를 더한 것을 해당작업의 LFT에서 뺀 것
• FF(Free Float, 자유 여유)	임의작업의 EST에 소요일수를 더한 것을 후속작업의 EST에서 뺀 것

⑦ 비용경사: 작업을 1일 단축할 때 추가되는 직접비용

⑧ 공기조정: 네트워크 공정표에서 지정공기와 계산공기를 일치시키는 과정

⑨ MCX(Minimum Cost eXpediting): 최소의 비용으로 최적의 공기를 찾는 공기조정 기법

⑩ 특급점(Crash Point): 직접비 곡선에서 더 이상 공기를 단축시킬 수 없는 한계점

⑪ 리드 타임(Lead Time): 건설공사 계약체결 후 현장 공사착수까지의 준비기간

1998~2024 **기출문제**

01 [12①] 3점

다음 (   )안에 들어갈 알맞은 용어를 쓰시오.

> Network 공정표는 공기단축을 위해 작업시간을 3점 추정하는 (①)공정표와 CPM공정표가 있다.
> CPM공정표는 작업중심의 (②), 결합점 중심의 (③) 공정표가 있다.

① ② ③

02 [02④] 4점

PERT에 사용되는 3가지 시간견적치를 쓰고 기대값(T_e)을 구하는 식을 쓰시오.

03 [09①, 17④] 3점, 4점

PERT에 의한 공정관리 방법에서 낙관시간이 4일, 정상시간이 5일, 비관시간이 6일 일 때, 공정상의 기대시간(T_e)을 구하시오.

04 [09④, 14②, 17①] 4점

PERT 기법에 의한 기대시간(Expected Time)을 구하시오.

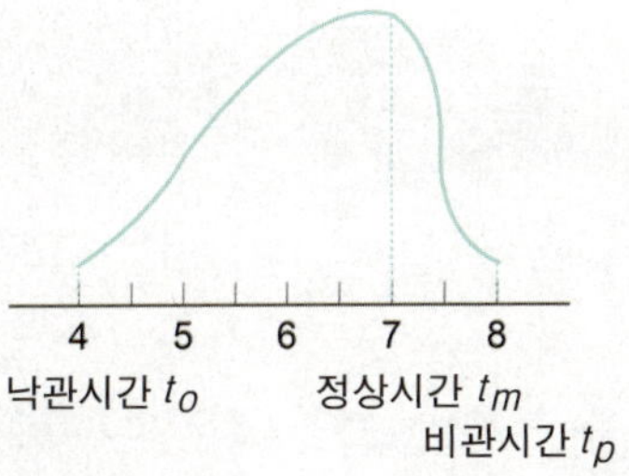

05 [12④] 4점

Network 공정관리기법에서 관계있는 항목을 연결하시오.

보기

① 계산공기 ② 패스(Path)
③ 더미(Dummy) ④ 플로트(Float)

㉮ 네트워크 중의 둘 이상의 작업이 연결된 작업의 경로
㉯ 네트워크 시간 산식에 의해 의하여 얻은 기간
㉰ 작업의 여유시간
㉱ 네트워크 작업의 상호관계를 나타내는 점선 화살선

① ② ③ ④

06 [10④] 4점

Network 공정관리 기법에 사용되는 용어를 설명하시오.

(1) 최장패스(Longest Path)

(2) 주공정선(Critical Path)

(3) 급속(특급)비용

(4) 비용경사

07 [03①, 08②, 11④, 17④] 3점

Network 공정표에서 작업상호간의 연관 관계만을 나타내는 명목상의 작업인 더미(Dummy)의 종류를 3가지 쓰시오.

① ② ③

정답 및 해설

01 ① PERT ② ADM ③ PDM

02 $T_e = \dfrac{t_o + 4t_m + t_p}{6}$

T_e: 기대시간, t_o: 낙관시간
t_m: 정상시간, t_p: 비관시간

03 $T_e = \dfrac{4+4\times5+6}{6} = 5$일

04 $T_e = \dfrac{4+4\times7+8}{6} = 6.67$

05 ① ㉯ ② ㉮ ③ ㉱ ④ ㉰

06
(1) 임의의 두 결합점간의 경로 중 소요일수가 가장 긴 경로
(2) 최초결합점에서 최종결합점에 이르는 가장 긴 경로
(3) 공기를 최대한 단축할 때 발생되는 직접비용
(4) 작업을 1일 단축할 때 추가되는 직접비용

07
① Numbering Dummy
② Logical Dummy
③ Time-Lag Dummy

IX

08 [10④] 4점

Network 공정표에 사용되는 다음 용어에 대해 설명하시오.

(1) TF(전체여유)

(2) FF(자유여유)

09 [08①] 4점

다음 공정관리의 용어를 간단히 설명하시오.

(1) MCX(Minimum Cost eXpediting)

(2) 특급점(Crash Point)

10 [07④] 3점

다음 내용이 설명하는 적당한 용어를 쓰시오.

(1)	건설공사 계약체결 후 현장 공사착수 까지의 준비기간
(2)	네트워크 공정표에서 지정공기와 계산공기를 일치시키는 과정
(3)	작업을 1일 단축할 때 추가되는 직접비용

(1) (2) (3)

정답 및 해설

08

(1) 임의작업의 EST에 소요일수를 더한 것을 해당작업의 LFT에서 뺀 것

(2) 임의작업의 EST에 소요일수를 더한 것을 후속작업의 EST에서 뺀 것

09

(1) 최소의 비용으로 최적의 공기를 찾는 공기조정 기법

(2) 직접비 곡선에서 더 이상 공기를 단축시킬 수 없는 한계점

10

(1) 리드 타임(Lead Time)

(2) 공기조정

(3) 비용경사

MEMO

POINT 02 공정관리 관련 용어(II)

(1) 자원배당

①	대상	내구성 자원		소모성 자원	
		인력	기계	자재	자금
②	자원평준화의 목적	• 자원의 효율화	• 자원변동의 최소화	• 시간낭비 제거	
③	Crew Balance Method	건설현장에서 몇 개의 작업팀을 구성하여 각 공구의 작업을 균형있게 배당하는 방식으로 연속적인 반복작업에 효과적인 방식			

(2) LOB(Line Of Balance), 진도관리곡선(S-Curve, 바나나 곡선)

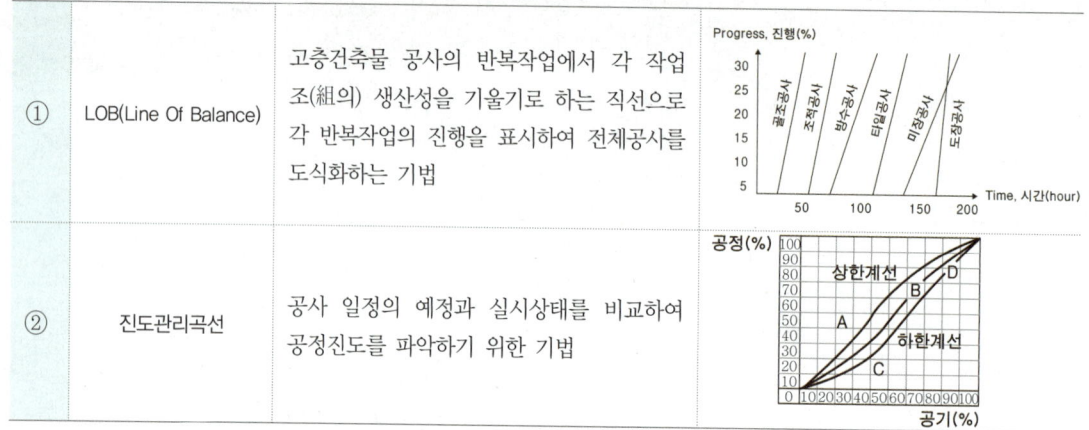

①	LOB(Line Of Balance)	고층건축물 공사의 반복작업에서 각 작업조(組의) 생산성을 기울기로 하는 직선으로 각 반복작업의 진행을 표시하여 전체공사를 도식화하는 기법	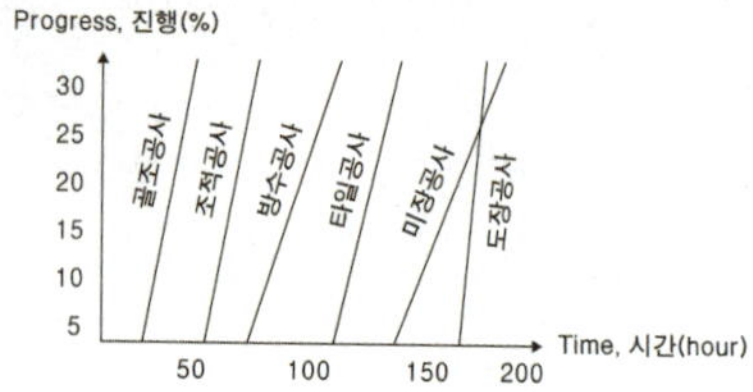
②	진도관리곡선	공사 일정의 예정과 실시상태를 비교하여 공정진도를 파악하기 위한 기법	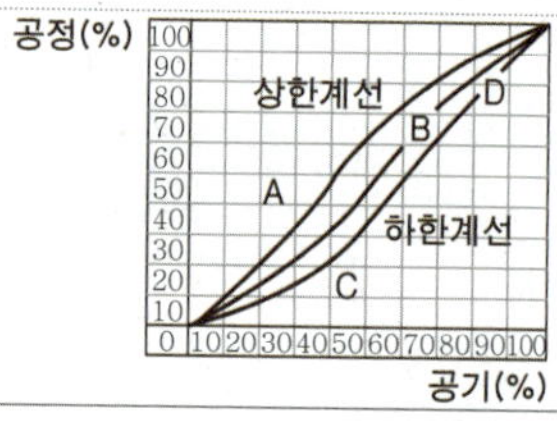

(3) 통합공정관리(EVMS: Earned Value Management System)

①	BS(Breakdown Structure)		
	• WBS (Work Breakdown Structure)	작업분류체계	공사내용을 작업의 공종별로 분류한 것
	• OBS (Organization Breakdown Structure)	조직분류체계	공사내용을 관리조직에 따라 분류한 것
	• CBS (Cost Breakdown Structure)	원가분류체계	공사내용을 원가발생요소의 관점에서 분류한 것
②	CA (Control Account)	공정·공사비 통합 성과측정 분석의 기본단위	
③	BCWS (Budgeted Cost for Work Scheduled)	성과측정시점까지 투입예정된 공사비	
④	ACWP (Actual Cost for Work Performed)	성과측정시점까지 실제로 투입된 금액	
⑤	SV (Schedule Variance)	성과측정시점까지 지불된 공사비(BCWP)에서 성과측정시점까지 투입예정된 공사비를 제외한 비용	
⑥	CV (Cost Variance)	성과측정시점까지 지불된 공사비(BCWP)에서 성과측정시점까지 실제로 투입된 금액을 제외한 비용	

1998~2024 기출문제

01 [99③, 05④] 3점

네트워크 공정표에서 자원배당의 대상을 3가지만 쓰시오.

① ______ ② ______ ③ ______

02 [00④, 01②] 4점

공사관리를 실시하는 데에는 자원에 대한 배당이 매우 중요하다 할 수 있다. 이때 소요되는 자원을 아래와 같이 특성상으로 분류하면 그 대상은 어떤 것인지 기입하시오.

(1) 내구성 자원(Carried Forward Resource)

① ______ ② ______

(2) 소모성 자원(Used-by-Job Resource)

① ______ ② ______

03 [02①] 4점

공정관리에 있어서 자원평준화 작업의 목적을 3가지 쓰시오.

① ______

② ______

③ ______

04 [03①, 08②] 4점

공정관리서 자원평준화 중 Crew Balance Method에 관하여 기술하시오.

05 [06①] 3점

다음 네트워크 공정표를 근거로 물음에 답하시오.
(단, ( )속의 숫자는 1일당 소요인원이고, 지정공기는 계산공기와 같다.)

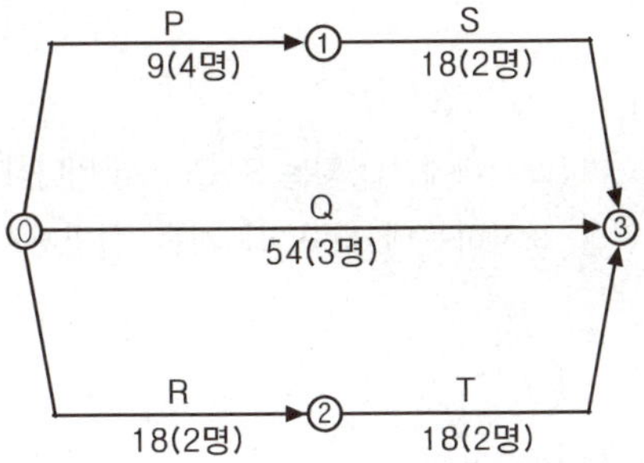

(1) 각 작업을 EST에 따라 실시할 경우의 1일 최대 소요인원:

(2) 각 작업을 LST에 따라 실시할 경우의 1일 최대 소요인원:

(3) 가장 적합한 계획에 의해 인원배당을 할 경우의 1일 최대 소요인원:

【해설】

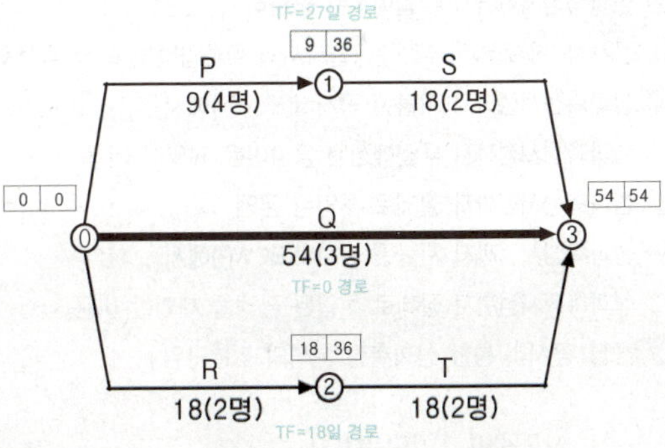

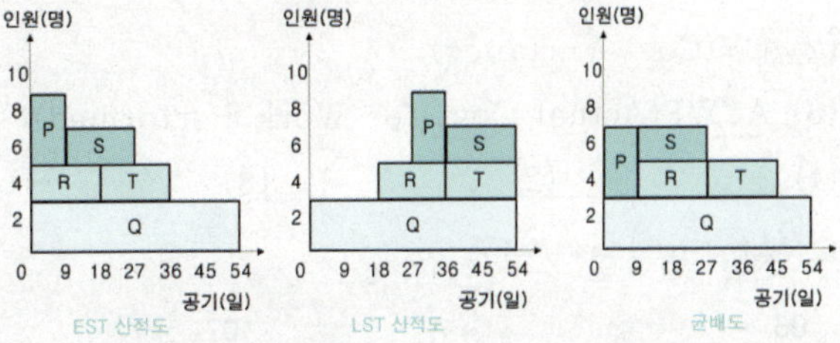

정답 및 해설

01 ① 인력 ② 기계 ③ 자재

02 (1) ① 인력 ② 기계
(2) ① 자재 ② 자금

03 ① 자원의 효율화 ② 자원변동의 최소화
③ 시간낭비 제거

04
건설현장에서 몇 개의 작업팀을 구성하여 각 공구의 작업을 균형있게 배당하는 방식으로 연속적인 반복작업에 효과적인 방식

05
(1) 0~9일까지 9명
(2) 27~36일까지 9명
(3) 0~27일까지 7명

06 [23①] 3점 □□□□□

LOB(Line Of Balance)에 대하여 간단히 설명하시오.

07 [04①, 10①, 13①] 4점 □□□□□

공정관리 중 진도관리에 사용되는 S-Curve(바나나 곡선)는 주로 무엇을 표시하는데 활용되는지를 설명하시오.

08 [05②, 12①, 16②] 3점 □□□□□

통합공정관리(EVMS: Earned Value Management System) 용어를 설명한 것 중 맞는 것을 보기에서 선택하여 번호로 쓰시오.

보기

① 프로젝트의 모든 작업내용을 계층적으로 분류한 것으로 가계도와 유사한 형성을 나타낸다.
② 성과측정시점까지 투입예정된 공사비
③ 공사착수일로부터 추정준공일까지의 실투입비에 대한 추정치
④ 성과측정시점까지 지불된 공사비(BCWP)에서 성과측정시점까지 투입예정된 공사비를 제외한 비용
⑤ 성과측정시점까지 실제로 투입된 금액
⑥ 성과측정시점까지 지불된 공사비(BCWP)에서 성과측정시점까지 실제로 투입된 금액을 제외한 비용
⑦ 공정·공사비 통합 성과측정 분석의 기본단위

(1) CA(Control Account):
(2) CV(Cost Variance):
(3) ACWP(Actual Cost for Work Performed):

(1) ______ (2) ______ (3) ______

09 [08④] 3점 □□□□□

통합공정관리(EVMS: Earned Value Management System) 용어를 설명한 것 중 맞는 것을 보기에서 선택하여 번호로 쓰시오.

보기

① 프로젝트의 모든 작업내용을 계층적으로 분류한 것으로 가계도와 유사한 형성을 나타낸다.
② 성과측정시점까지 투입예정된 공사비
③ 공사착수일로부터 추정준공일까지의 실투입비에 대한 추정치
④ 성과측정시점까지 지불된 공사비(BCWP)에서 성과측정시점까지 투입예정된 공사비를 제외한 비용
⑤ 성과측정시점까지 실제로 투입된 금액
⑥ 성과측정시점까지 지불된 공사비(BCWP)에서 성과측정시점까지 실제로 투입된 금액을 제외한 비용
⑦ 공정·공사비 통합 성과측정 분석의 기본단위

(1) WBS(Work Breakdown Structure)
(2) SV(Schedule Variance)
(3) BCWS(Budgeted Cost for Work Scheduled)

(1) ______ (2) ______ (3) ______

10 [12②] 3점 □□□□□

공사내용의 분류방법에서 목적에 따른 Breakdown Structure의 3가지 종류를 쓰시오.

① ______ ② ______ ③ ______

11 [17①, 22①] 3점 □□□□□

WBS(Work Breakdown Structure)의 용어를 간단하게 기술하시오.

정답 및 해설

06
고층건축물 공사의 반복작업에서 각 작업조의 생산성을 기울기로 하는 직선으로 각 반복작업의 진행을 표시하여 전체공사를 도식화하는 기법

07
공사 일정의 예정과 실시상태를 비교하여 공정진도를 파악

08 (1) ⑦ (2) ⑥ (3) ⑤

09 (1) ① (2) ④ (3) ②

10
① 작업분류체계(WBS)
② 조직분류체계(OBS)
③ 원가분류체계(CBS)

11
프로젝트의 모든 작업내용을 계층적으로 분류한 작업분류체계

10

구조역학

01 건축구조역학

POINT 01 부정정 차수(N, Degree of Static Indeterminancy)

$N=r+m+f-2j$	• $N<0$ ➡ **불안정 구조**	외력이 작용했을 때 구조물이 평형을 이루지 못하는 상태(위치나 모양이 변화함)
	• $N=0$ ➡ **정정 구조**	안정한 구조물이며, 평형조건식만으로 반력과 부재력을 구할 수 있는 상태
	• $N>0$ ➡ **부정정 구조**	안정한 구조물이며, 평형조건식만으로 반력과 부재력을 구할 수 없는 상태
r: 반력(reaction)수	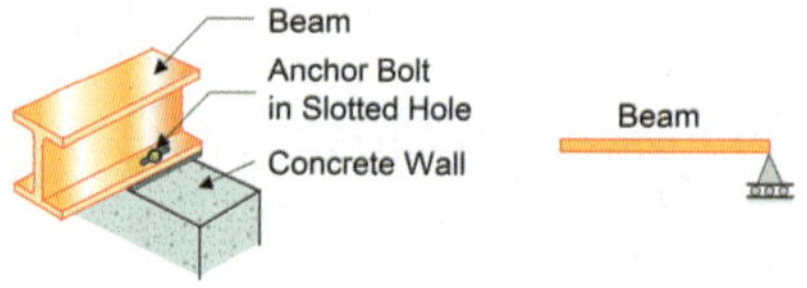	이동지점: $r=1$ 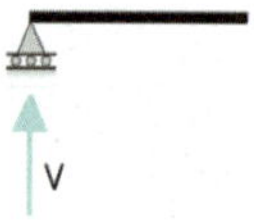
	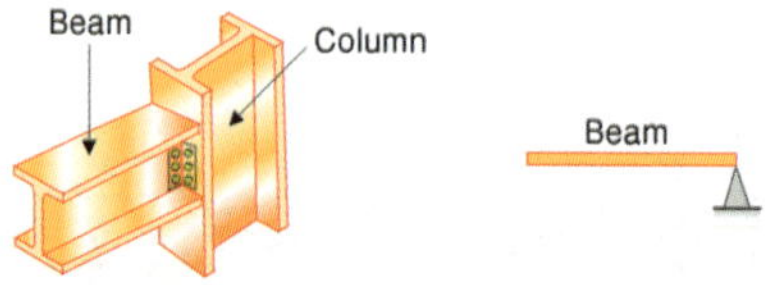	회전지점: $r=2$ 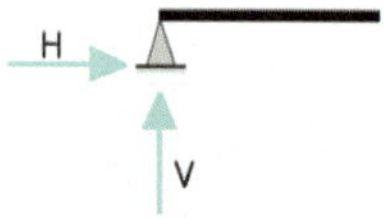
	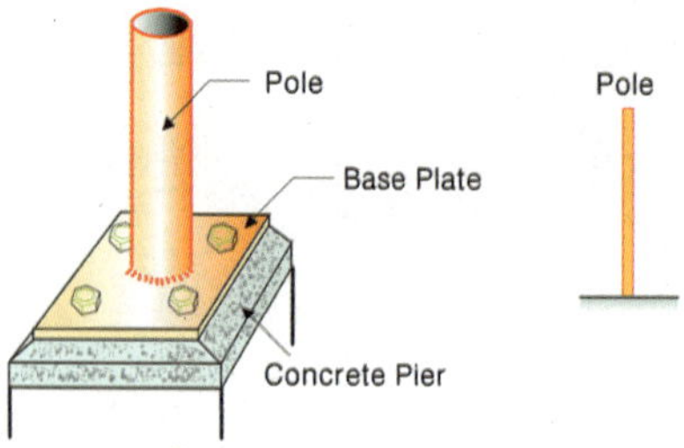	고정지점: $r=3$ 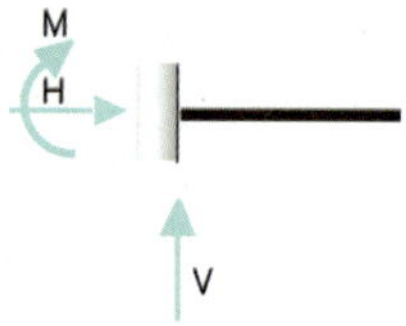
m: 부재(member)수 f: 강(fixed)절점수 j: 절점(joint)수	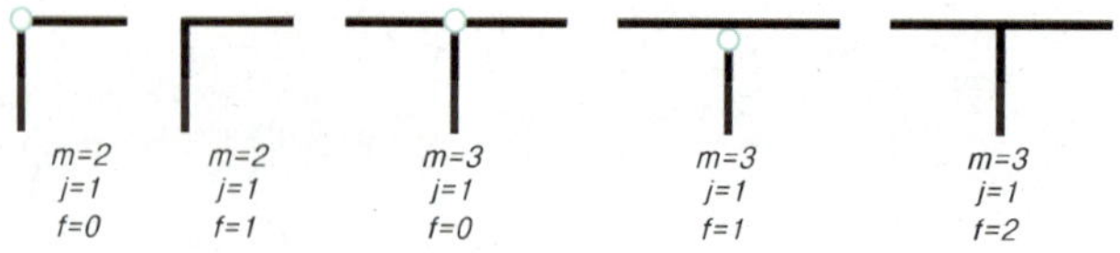 ○ **활절점, 힌지(Hinge), 핀(Pin)**	

1998~2024 **기출문제**

01 [11①] 3점

□□□□□

그림과 같은 라멘 구조물의 부정정 차수를 구하시오.

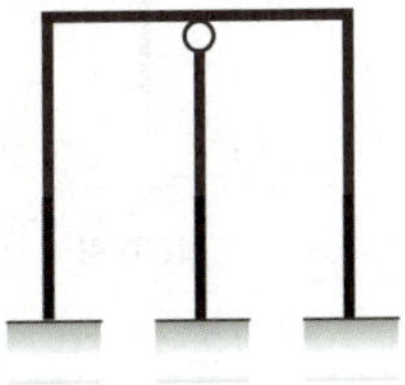

03 [11①, 13④] 4점

□□□□□

다음 구조물의 휨모멘트도(BMD)를 그리시오.

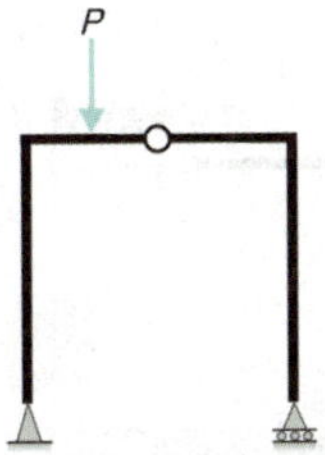

BMD

02 [12②] 3점

□□□□□

그림과 같은 라멘 구조물의 부정정 차수를 구하시오.

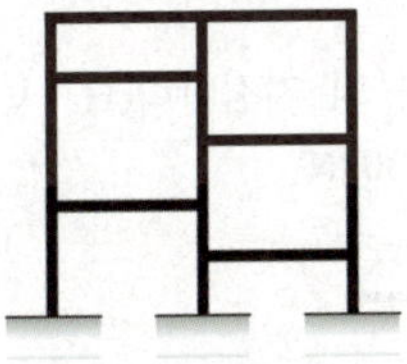

04 [14①, 23①] 3점, 4점

□□□□□

그림과 같은 트러스 구조의 부정정차수를 구하고, 안정구조인지 불안정구조인지를 판별하시오.

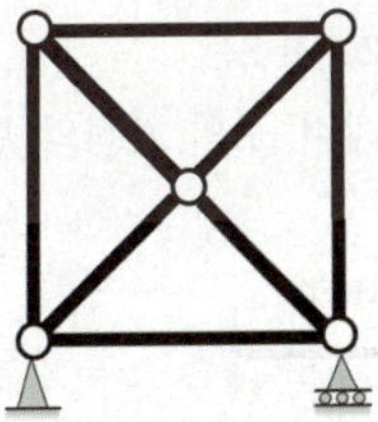

정답 및 해설

01

$N = r + m + f - 2j$

$= (3+3+3) + (5) + (3) - 2(6)$

$=$ 5차 부정정

02

$N = r + m + f - 2j$

$= (3+3+3) + (17) + (20) - 2(14)$

$=$ 18차 부정정

03

$N = r + m + f - 2j$

$= (2+1) + (4) + (2) - 2(5)$

$= -1$차 ➠ 불안정

∴ 불안정 구조이므로 휨모멘트도 없음

04

$N = r + m + f - 2j$

$= (2+1) + (8) + (0) - 2(5)$

$=$ 1차 부정정 ➠ 안정

POINT 02 지점 반력(Reaction)

조 건	① 수평력의 평형	② 수직력의 평형	③ 회전력의 평형
도 해			
평형조건식	$\Sigma H=0$	$\Sigma V=0$	$\Sigma M=0$
부 호	(아래 표 참조)	(아래 표 참조)	(아래 표 참조)

부호	⊕	⊖
좌 · 우	→ (우)	← (좌)
상 · 하	↑ (상)	↓ (하)

부호	⊕	⊖
방향	↷ (시계)	↶ (반시계)

1998~2024 **기출문제**

01 [12①, 17④, 20①] 3점, 4점 □□□□□

그림과 같은 캔틸레버 보의 A점의 반력을 구하시오.

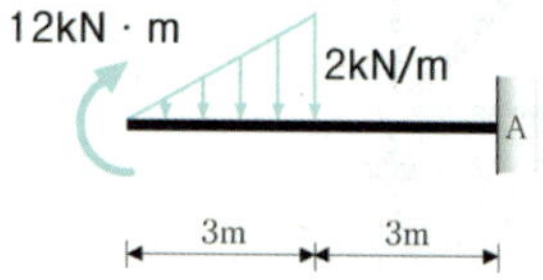

02 [23④] 3점 □□□□□

그림과 같은 구조물의 지점반력(H, V, M)을 구하시오.

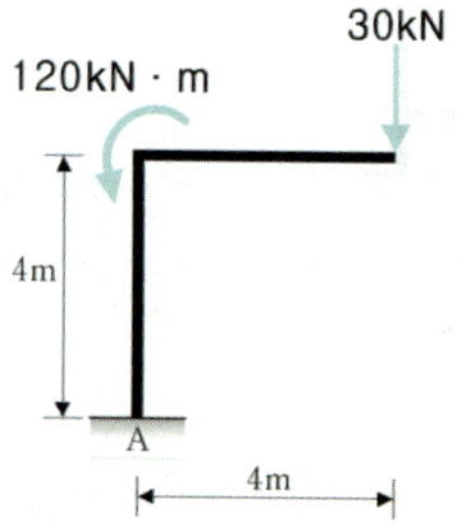

정답 및 해설

01

(1) $\Sigma H=0$: $H_A=0$

(2) $\Sigma V=0$: $-\left(\frac{1}{2}\times 2\times 3\right)+(V_A)=0$

$\therefore V_A=+3\text{kN}(\uparrow)$

(3) $\Sigma M=0$:

$+(M_A)+(12)-\left(\frac{1}{2}\times 2\times 3\right)\left(3+3\times\frac{1}{3}\right)=0$

$\therefore M_A=0$

02

(1) $\Sigma H=0$: $H_A=0$

(2) $\Sigma V=0$: $+(V_A)-(30)=0$

$\therefore V_A=+30\text{kN}(\uparrow)$

(3) $\Sigma M=0$: $+(M_A)+(30)(4)-(120)=0$

$\therefore M_A=0$

03 [11②, 23①] 3점

그림과 같은 겔버보의 A, B, C의 지점반력을 구하시오.

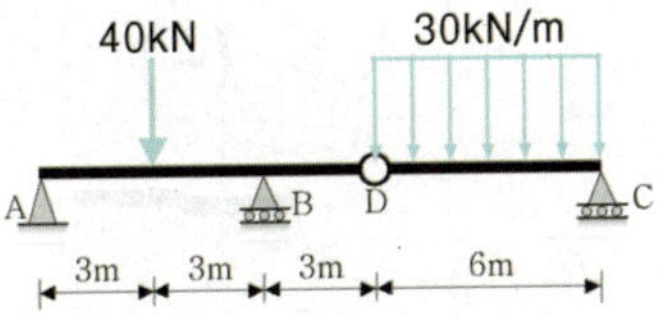

04 [19①] 3점

그림과 같은 3-Hinge라멘에서 A지점의 수평반력을 구하시오.

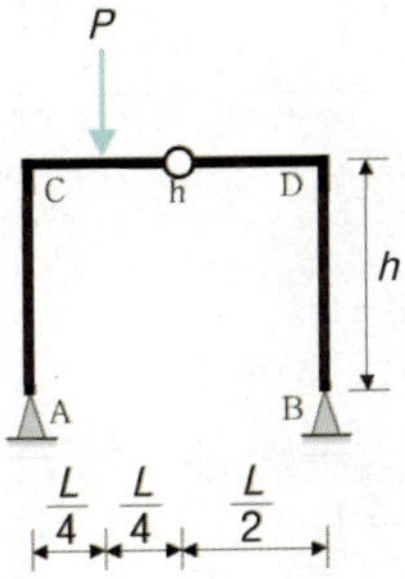

05 [16④, 20②] 3점

그림과 같은 3-Hinge라멘에서 A지점의 반력을 구하시오. (단, $P=6\text{kN}$, $L=4\text{m}$, $h=3\text{m}$ 이고, 반력의 방향을 화살표로 반드시 표현하시오.)

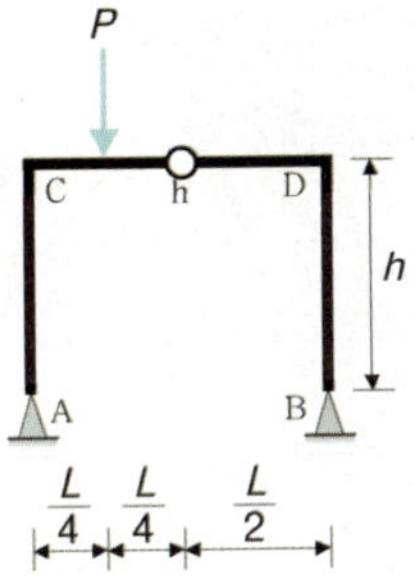

정답 및 해설

03

(1) DC 구간:

$V_C = V_D = +\frac{(30\times6)}{2} = +90\text{kN}(\uparrow)$

(2) AD 내민보 구간:

① $\Sigma H = 0$: $H_A = 0$

② $\Sigma M_B = 0$

$+(V_A)(6)-(40)(3)+(90)(3)=0$

$\therefore V_A = -25\text{kN}(\downarrow)$

③ $\Sigma V = 0$:

$+(V_A)+(V_B)-(40)-(90)=0$

이므로 $V_B = +155\text{kN}(\uparrow)$

04

(1) $\Sigma M_B = 0$:

$+(V_A)(L)-(P)\left(\frac{3L}{4}\right)=0$

$\therefore V_A = +\frac{3P}{4}(\uparrow)$

(2) $M_{h,Left} = 0$:

$+\left(\frac{3P}{4}\right)\left(\frac{L}{2}\right)-(P)\left(\frac{L}{4}\right)-(H_A)(h)=0$

$\therefore H_A = +\frac{PL}{8h}(\rightarrow)$

05

(1) $\Sigma M_B = 0$:

$+(V_A)(L)-(P)\left(\frac{3L}{4}\right)=0$

$\therefore V_A = +\frac{3P}{4} = +\frac{3(6)}{4} = +4.5\text{kN}(\uparrow)$

(2) $M_{h,Left} = 0$:

$+\left(\frac{3P}{4}\right)\left(\frac{L}{2}\right)-(P)\left(\frac{L}{4}\right)-(H_A)(h)=0$

$\therefore H_A = +\frac{PL}{8h} = +\frac{(6)(4)}{8(3)} = +1\text{kN}(\rightarrow)$

(3) $R_A = \sqrt{V_A^2 + H_A^2}$

$= \sqrt{(4.5^2)+(1)^2} = 4.61\text{kN}(\nearrow)$

POINT 03 전단력(Shear Force, V), 휨모멘트(Bending Moment, M)

(1) 전단력과 휨모멘트의 계산

부재력	대표 기호	변형형태와 부호규약	
		(+)	**(−)**
전단력 (Shear Force)	V	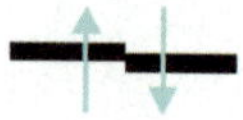	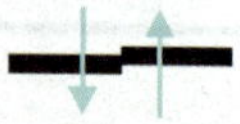
휨모멘트 (Bending Moment)	M	 하부 인장	 상부 인장

① 지점반력 계산

② 임의 점을 수직절단 후

- 절단면의 좌측으로 계산 시: (+) 부호를 붙이고 수직력의 합력은 전단력, 수직력에 거리를 곱하면 휨모멘트
- 절단면의 우측으로 계산 시: (−) 부호를 붙이고 수직력의 합력은 전단력, 수직력에 거리를 곱하면 휨모멘트

(2) 하중 – 전단력 – 휨모멘트 관계식

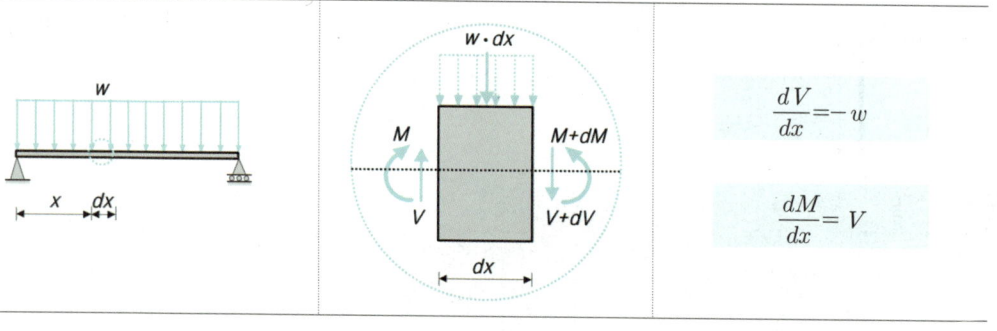

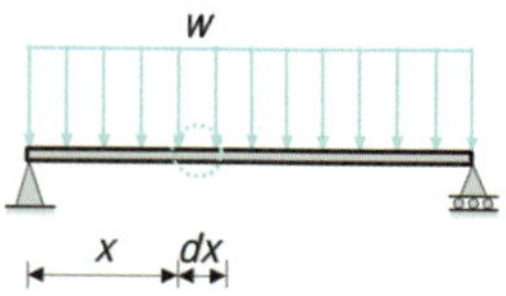

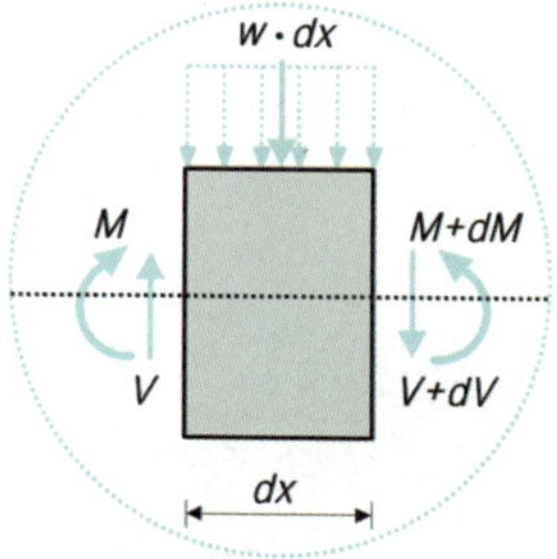

$$\frac{dV}{dx} = -w$$

$$\frac{dM}{dx} = V$$

【예제】 지점A로부터 전단력이 0인 위치를 구하고, 최대 휨모멘트를 구해보자.

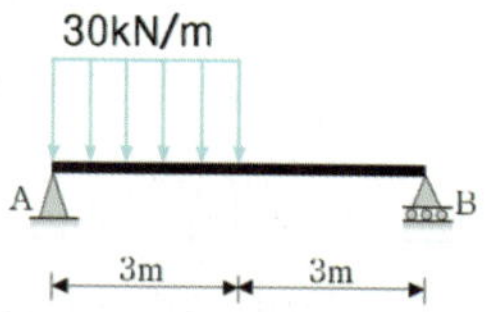

(1) $\Sigma M_B = 0$: $+(V_A)(6) - (30 \times 3)(4.5) = 0$ $\quad \therefore\ V_A = +67.5\text{kN}(\uparrow)$

(2) $M_x = +(67.5)(x) - (30 \cdot x)\left(\frac{x}{2}\right) = +67.5 \cdot x - 15 \cdot x^2$

(3) A지점에서 전단력이 0인 위치: $V_x = \frac{dM_x}{dx} = +(67.5) - (30 \cdot x) = 0$ $\quad \therefore\ x = 2.25\text{m}$

(4) $M_{max} = +(67.5)(2.25) - (30 \times 2.25)\left(\frac{2.25}{2}\right) = +75.938\text{kN} \cdot \text{m}$ $(\smile)$

1998~2024 기출문제

01 [18①, 20④] 4점 □□□□□

그림과 같은 캔틸레버 보의 A점으로부터 우측으로 4m 위치인 C점의 전단력과 휨모멘트를 구하시오.

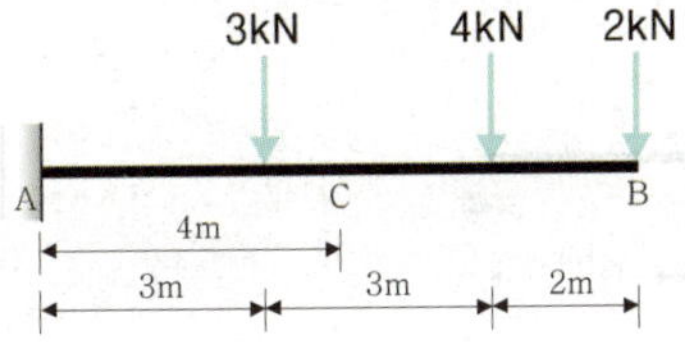

02 [12④] 2점 □□□□□

그림과 같은 겔버보에서 A단의 휨모멘트를 구하시오.

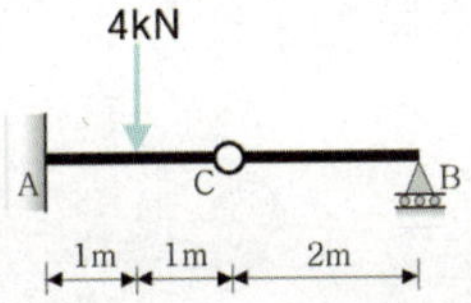

03 [14①] 4점 □□□□□

그림과 같은 단순보 (A)와 단순보 (B)의 최대휨모멘트가 같을 때 집중하중 P를 구하시오.

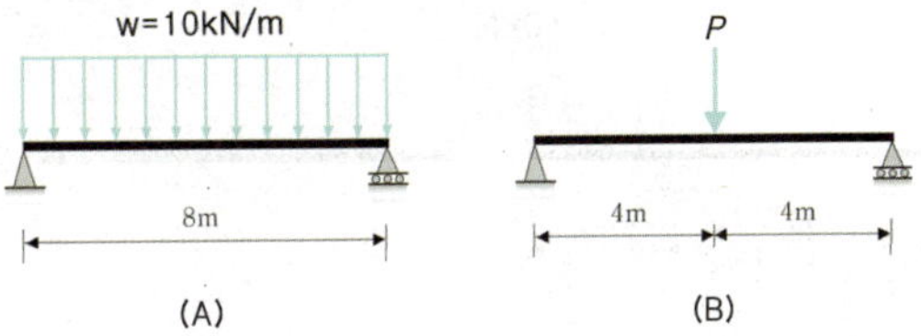

04 [11②, 16①] 4점 □□□□□

다음 구조물의 전단력도와 휨모멘트도를 그리고, 최대 전단력과 최대휨모멘트값을 구하시오.

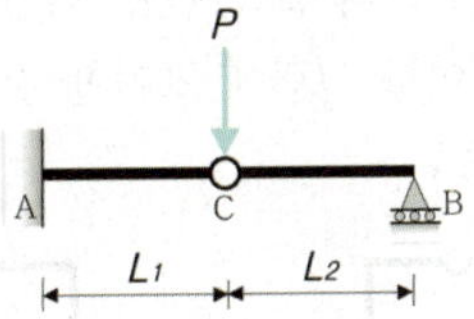

정답 및 해설

01

$V_{C,Right} = -[-(2)-(4)] = +6\text{kN}(\uparrow\downarrow)$

$M_{C,Right} = -[+(4)(2)+(2)(4)]$

$= -16\text{kN}\cdot\text{m}(\frown)$

02

$M_{A,Right} = -[+(4)(1)] = -4\text{kN}\cdot\text{m}(\frown)$

03

(1) $\dfrac{wL^2}{8} = \dfrac{PL}{4}$

(2) $\dfrac{(10)(8)^2}{8} = \dfrac{P(8)}{4}$ 이므로 $P = 40\text{kN}$

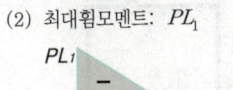

04 (1) 최대전단력: P

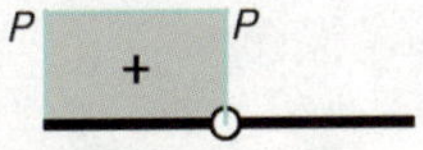

(2) 최대휨모멘트: PL_1

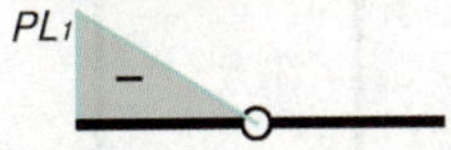

05 [19④, 24③] 4점 □□□□□

그림과 같은 내민보의 전단력도(SFD)와 휨모멘트도(BMD)를 그리시오.

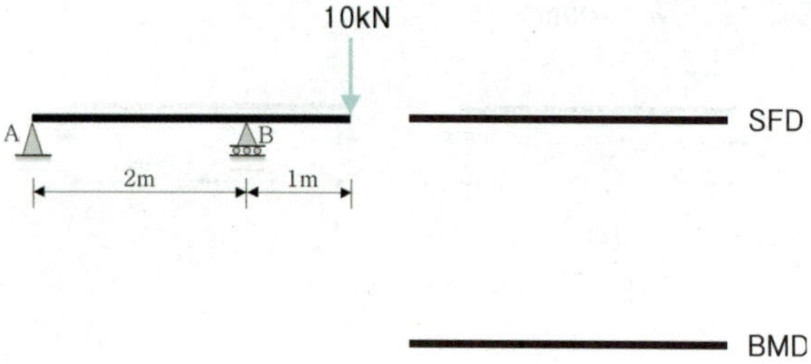

06 [21①] 4점 □□□□□

그림과 같은 하중이 작용하는 3-Hinge 라멘구조물의 휨모멘트도를 그리시오. (단, 라멘구조 바깥은 −, 안쪽은 +이며, 이를 그림에 표기할 것)

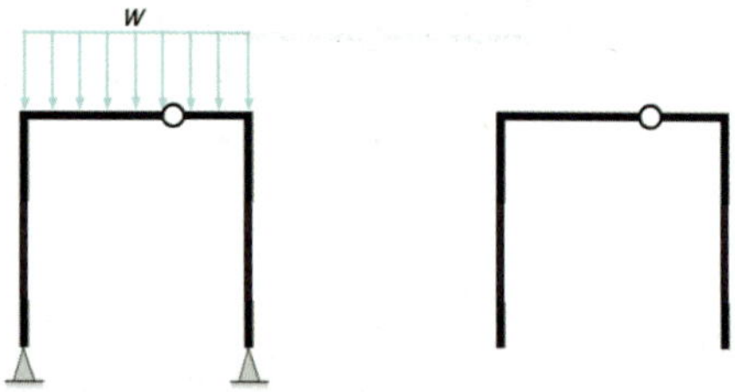

07 [15①] 3점 □□□□□

그림과 같은 단순보에서 A점으로부터 최대 휨모멘트가 발생되는 위치까지의 거리를 구하시오.

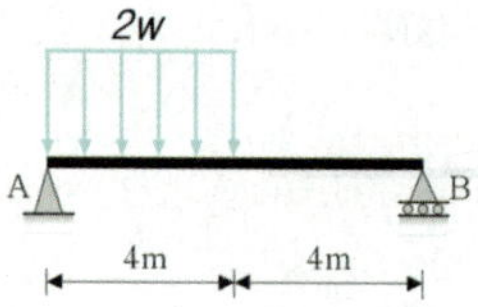

08 [18④] 4점 □□□□□

단순보의 전단력도가 그림과 같을 때 최대 휨모멘트를 구하시오.

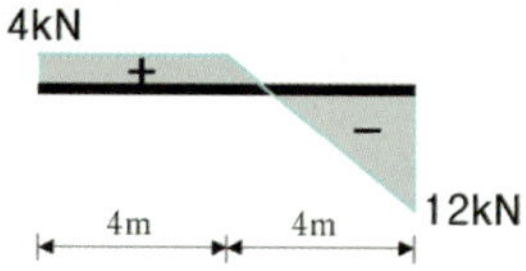

정답 및 해설

05

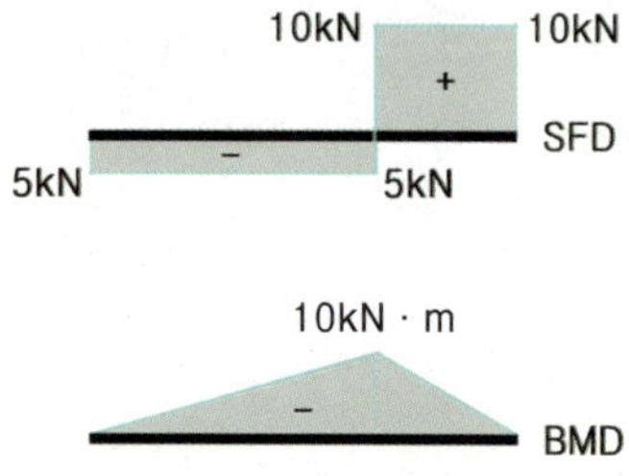

06

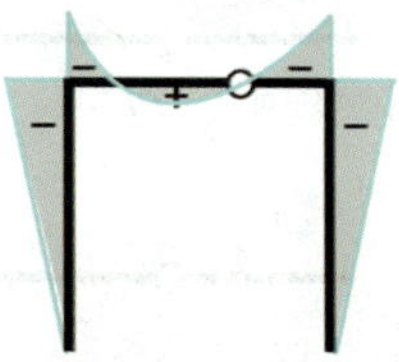

07

(1) $\Sigma M_B = 0$

$+(V_A)(8) - (2w \times 4)(6) = 0$

$\therefore\ V_A = +6w(\uparrow)$

(2) $M_x = +(6w)(x) - (2w \cdot x)\left(\dfrac{x}{2}\right)$

$= +6w \cdot x - w \cdot x^2$

(3) $V_x = \dfrac{dM_x}{dx} = +6w - 2w \cdot x = 0$

$\therefore\ x = 3\text{m}$

08

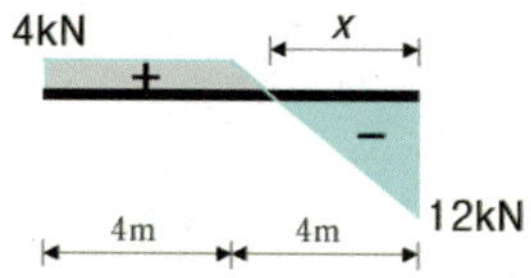

(1) 삼각형 닮음비

$12\ :\ x\ =\ (12+4)\ :\ 4$

이므로 $\therefore\ x = 3\text{m}$

(2) $M_{max} = \dfrac{1}{2} \times 12 \times 3 = 18\text{kN} \cdot \text{m}$

MEMO

POINT 04 트러스(Truss) 해석

부재력	대표 기호	변형형태와 부호규약	
		(+)	(−)
축(방향)력 (Axial Force)	F 또는 N	 절점에서 단면방향	 단면에서 절점방향

(1) 절점법(Method of Joint)

① 부재력을 구하고자 하는 부재를 U형 형태로 3개 이내로 절단하여 인장(+)부재로 가정한다.

② 미지의 부재력이 2개가 넘지 않는 절점을 찾아가며 $\Sigma H=0$, $\Sigma V=0$을 적용하여 부재력을 구한다.

③ 임의 점을 수직절단 후, 인장(+)재로 가정하는 것이 편리하며, 해석 결과가 (+)이면 인장재이고, (−)이면 압축재이다.

(2) 절단법(Method of Sections)

① 부재력을 구하고자 하는 임의의 복재(수직재 또는 경사재)를 포함하여 3개 이내로 절단한 상태의 자유물체도상에서 전단력이 발생하지 않는 조건 $V=0$을 이용하여 특정 부재의 부재력을 계산한다.

② 부재력을 구하고자 하는 임의의 현재(상현재 또는 하현재)를 포함하여 3개 이내로 절단한 상태의 자유물체도상에서 휨모멘트가 발생하지 않는 조건 $M=0$을 이용하여 특정 부재의 부재력을 계산한다.

1998~2024 **기출문제**

01 [11①, 13④, 18①, 22②] 2점, 3점 □□□□□

그림과 같은 구조물에서 T 부재에 발생하는 부재력을 구하시오.

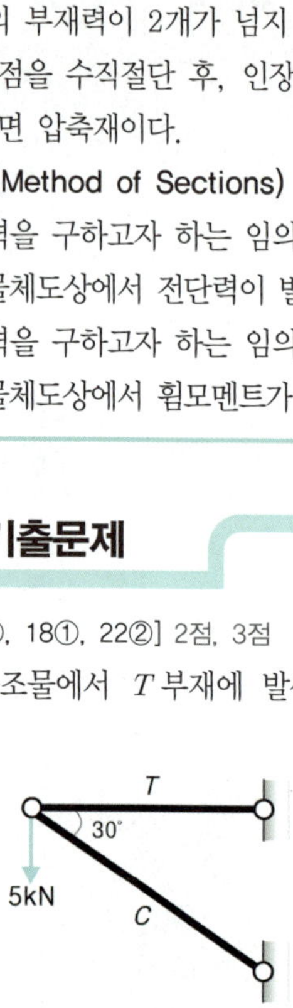

02 [16②, 20③] 3점 □□□□□

그림과 같은 구조물에서 T 부재에 발생하는 부재력을 구하시오. (단, 인장은 +, 압축은 −로 표시한다.)

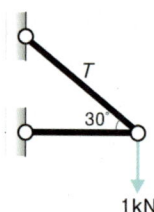

정답 및 해설

01

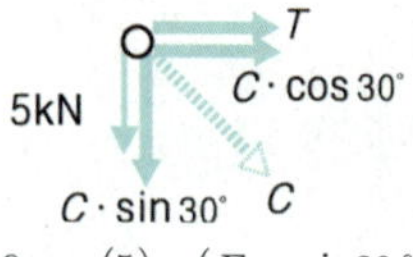

(1) $\Sigma V=0$: $-(5)-(F_C \cdot \sin 30^\circ)=0$

$\therefore F_C=-10\text{kN}$ (압축)

(2) $\Sigma H=0$: $+(F_T)+(F_C \cdot \cos 30^\circ)=0$

$\therefore F_T=+8.66\text{kN}$ (인장)

02

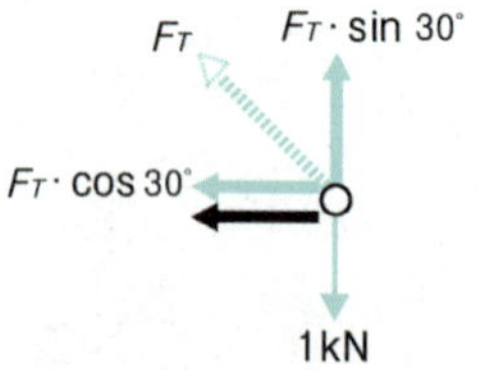

$\Sigma V=0$: $-(1)+(F_T \cdot \sin 30^\circ)=0$

$\therefore F_T=+2\text{kN}$ (인장)

03 [13①] 4점

그림과 같은 하우(Howe) 트러스 및 프랫(Pratt) 트러스에서 ①~⑧ 부재를 인장재 및 압축재로 구분하시오.

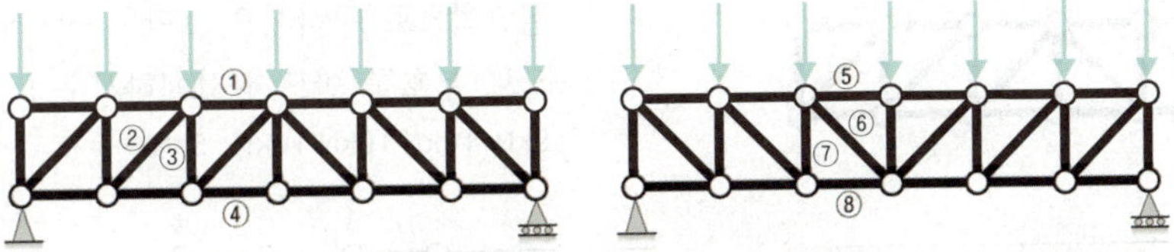

(가) 인장재: ____________ (나) 압축재: ____________

해설

(1) 연직하중이 작용하는 단순보형 트러스에서 상현재(①, ⑤)는 압축재이고, 하현재(④, ⑧)는 인장재이다.

(2) 하우(Howe) 트러스

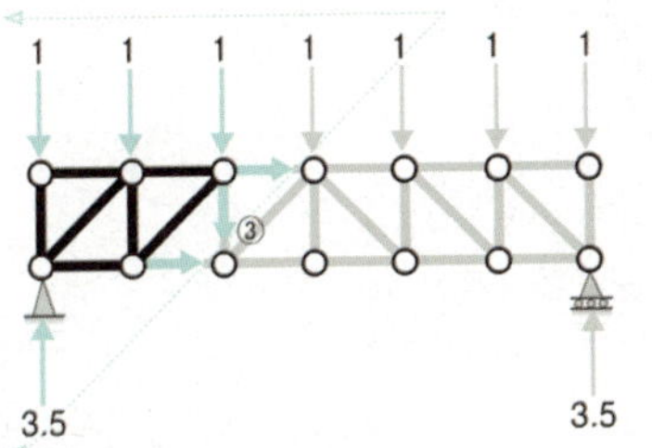

$V=0$: $+(3.5)-(1)-(1)-(1)-(F_{③})=0$

$\therefore F_{③}=+0.5$ (인장)

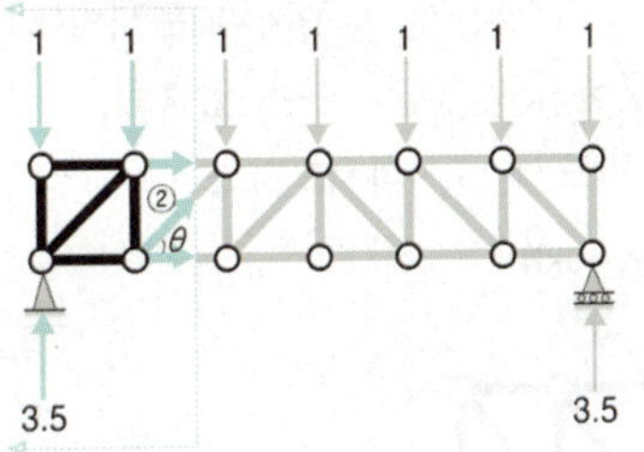

$V=0$: $+(3.5)-(1)-(1)+(F_{②}\cdot\sin\theta)=0$

$\therefore F_{②}=-\dfrac{1.5}{\sin\theta}$ (압축)

(3) 프랫(Pratt) 트러스

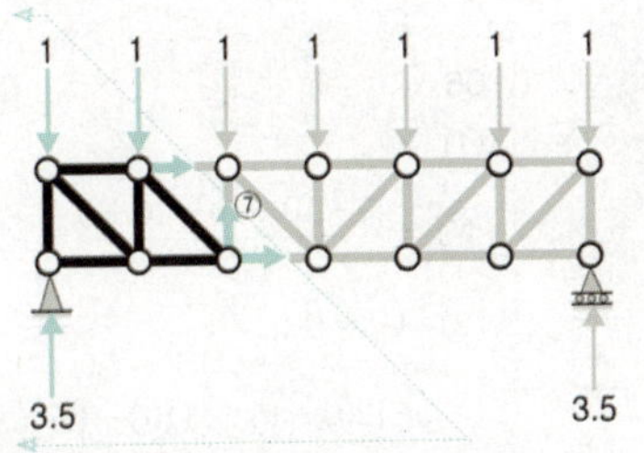

$V=0$: $+(3.5)-(1)-(1)+(F_{⑦})=0$

$\therefore F_{⑦}=-1.5$ (압축)

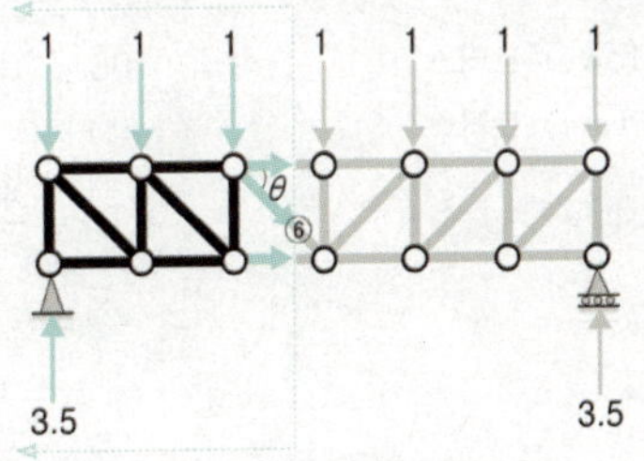

$V=0$: $+(3.5)-(1)-(1)-(1)-(F_{⑥}\cdot\sin\theta)=0$

$\therefore F_{⑥}=+\dfrac{0.5}{\sin\theta}$ (인장)

정답

(가) 인장재: ③, ④, ⑥, ⑧

(나) 압축재: ①, ②, ⑤, ⑦

04 [20⑤] 4점 □□□□□

다음 그림과 같은 트러스의 명칭을 쓰시오.

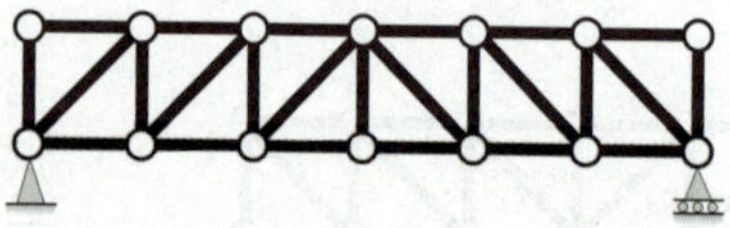

①____________________________

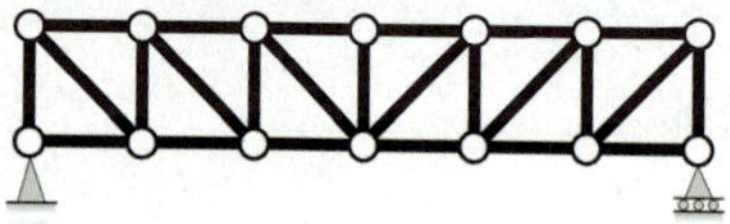

②____________________________

05 [12④, 22④] 4점 □□□□□

그림과 같은 트러스의 U_2, L_2부재의 부재력(kN)을 절단법으로 구하시오. (단, −는 압축력, +는 인장력으로 부호를 반드시 표시하시오.)

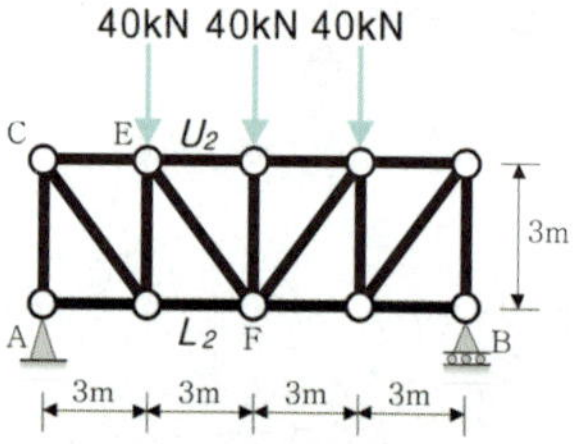

06 [18④] 6점 □□□□□

그림과 같은 트러스의 D_2, U_2, L_2,의 부재력(kN)을 절단법으로 구하시오. (단, −는 압축력, +는 인장력으로 부호를 반드시 표시하시오.)

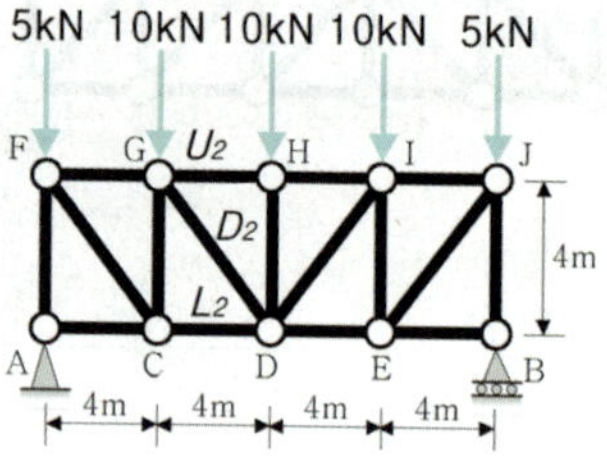

정답 및 해설

04 ① 하우(Howe) 트러스
② 프랫(Pratt) 트러스

05

(1)

$$V_A = \frac{40+40+40}{2} = +60\text{kN}(\uparrow)$$

(2) $M_F = 0$:

$$+(60)(6)-(40)(3)+(F_{U_2})(3)=0$$

$\therefore$ $F_{U_2} = -80\text{kN}$(압축)

(3) $M_E = 0$:

$$+(60)(3)-(F_{L_2})(3)=0$$

$\therefore$ $F_{L_2} = +60\text{kN}$(인장)

06

(1)

$$V_A = \frac{5+10+10+10+5}{2} = +20\text{kN}(\uparrow)$$

(2) $V = 0$:

$$+(20)-(5)-(10)-\left(F_{V_2}\cdot\frac{1}{\sqrt{2}}\right)=0$$

$\therefore$ $F_{V_2} = +5\sqrt{2}\text{kN}$(인장)

(3) $M_{D,Left} = 0$:

$$+(20)(8)-(5)(8)-(10)(4)+(F_{U_2})(4)=0$$

$\therefore$ $F_{U_2} = -20\text{kN}$(압축)

(4) $M_{G,Left} = 0$:

$$+(20)(4)-(5)(4)-(F_{L_2})(4)=0$$

$\therefore$ $F_{L_2} = +15\text{kN}$(인장)

MEMO

POINT 05 단면2차모멘트(I), (탄성)단면계수(Z 또는 S)

도심(圖心, Centroid)축	단면2차모멘트	단면계수	단면2차반경
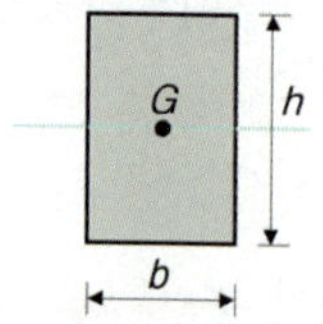	$I_x = \dfrac{bh^3}{12}$	$Z = \dfrac{bh^2}{6}$	$r = \sqrt{\dfrac{I}{A}} = \dfrac{h}{\sqrt{12}}$
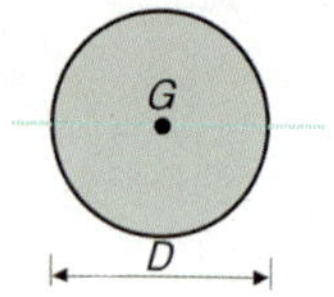	$I_x = \dfrac{\pi D^4}{64}$	$Z = \dfrac{\pi D^3}{32}$	$r = \sqrt{\dfrac{I}{A}} = \dfrac{D}{4}$

평행 축이동

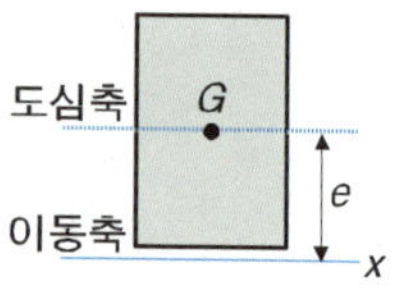

$$I_{이동축} = I_{도심축} + A \cdot e^2$$

- A : 단면적
- e : eccentric distance, 도심축으로부터 이동축까지의 거리

1998~2024 기출문제

01 [14①, 20③] 2점, 3점 □□□□□

x축에 대한 단면2차모멘트를 계산하시오.

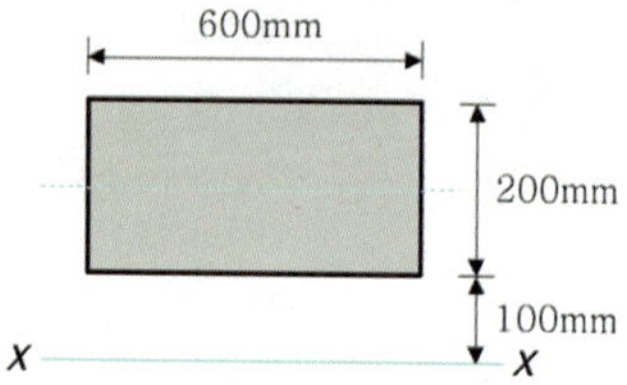

02 [12②] 2점 □□□□□

x축에 대한 단면2차모멘트를 구하시오.

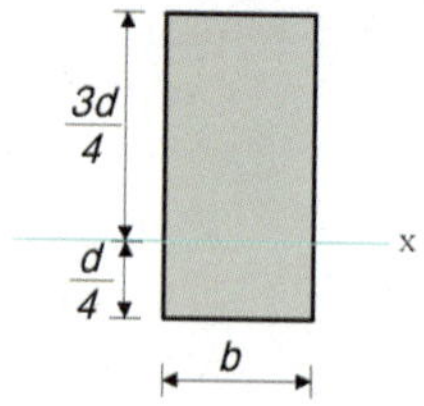

정답 및 해설

01

$$I = \frac{(600)(200)^3}{12} + (600 \times 200)(200)^2$$
$$= 5.2 \times 10^9 \text{mm}^4$$

02

$$I_x = \frac{bd^3}{12} + (bd)\left(\frac{d}{4}\right)^2 = \frac{7bd^3}{48}$$

1998~2024 기출문제

03 [12④, 15①, 18②] 2점, 4점

단면2차모멘트의 비 I_x/I_y를 구하시오.

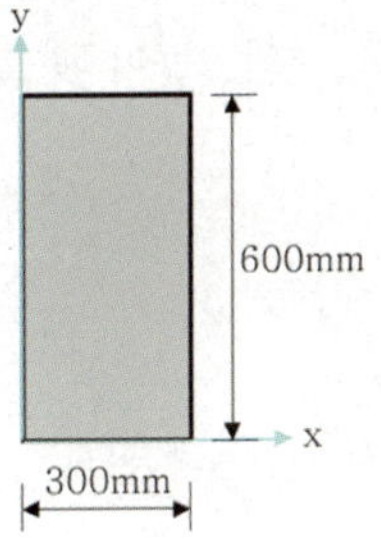

04 [23②] 3점

그림과 같은 단면의 x축에 대한 단면2차모멘트를 계산하시오.

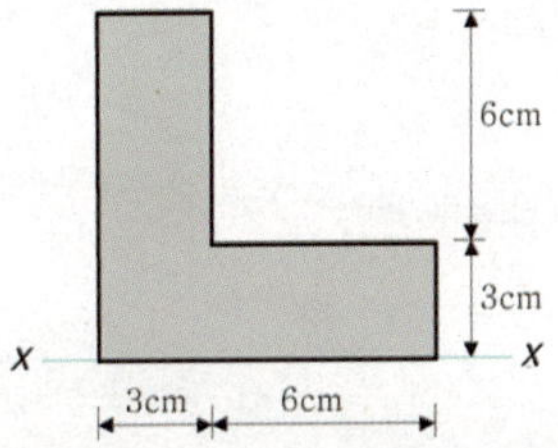

05 [23④] 3점

그림과 같은 T형 단면의 x축에 대한 단면2차모멘트를 계산하시오. (단, 그림상의 단위는 cm이고 x축은 도심축이다.)

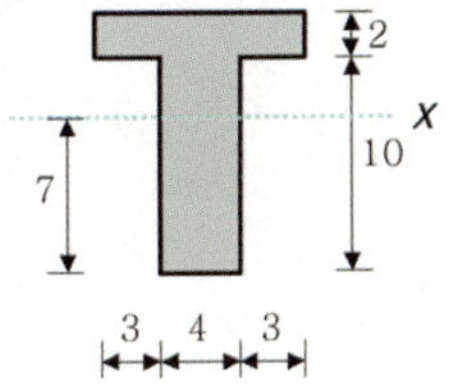

06 [14④] 3점

H형강의 x축에 대한 단면2차모멘트를 계산하시오.

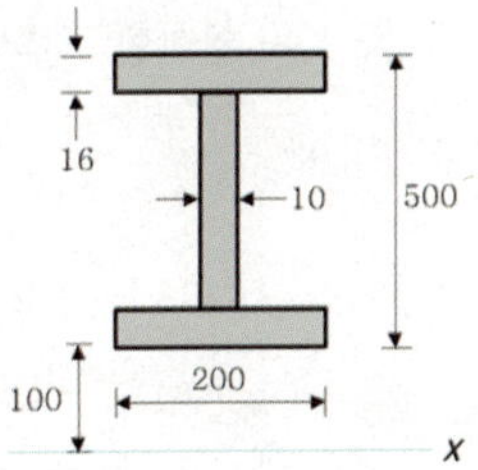

정답 및 해설

03

$$\frac{I_x}{I_y}=\frac{\dfrac{(300)(600)^3}{12}+(300\times600)(300)^2}{\dfrac{(600)(300)^3}{12}+(600\times300)(150)^2}=4$$

04

$$I_x=\left[\frac{(3)(9)^3}{12}+(3\times9)(4.5)^2\right]+\left[\frac{(6)(3)^3}{12}+(6\times3)(1.5)^2\right]=783\text{cm}^4$$

05

$$I_x=\left[\frac{(10)(2)^3}{12}+(10\times2)(4)^2\right]+\left[\frac{(4)(10)^3}{12}+(4\times10)(2)^2\right]=820\text{cm}^4$$

06

$$I_x=\left[\frac{(200)(16)^3}{12}+(200\times16)(592)^2\right]+\left[\frac{(10)(468)^3}{12}+(10\times468)(350)^2\right]+\left[\frac{(200)(16)^3}{12}+(200\times16)(108)^2\right]=1.81767\times10^9\text{mm}^4$$

X

07 [15②, 21④] 4점

그림과 같은 원형 단면에서 폭 b, 높이 $h=2b$의 직사각형 단면을 얻기 위한 단면계수 Z를 직경 D의 함수로 표현하시오.

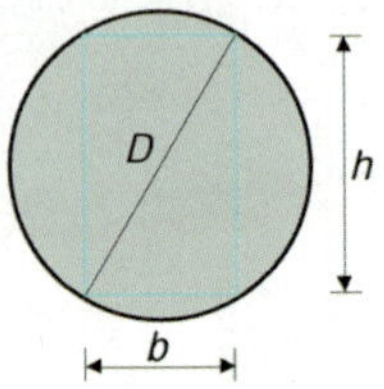

08 [17②] 4점

지름이 D인 원형의 단면계수를 Z_A, 한변의 길이가 a인 정사각형의 단면계수를 Z_B라고 할 때 $Z_A : Z_B$를 구하시오. (단, 두 재료의 단면적은 같고, Z_A를 1로 환산한 Z_B의 값으로 표현하시오.)

09 [17④, 23①] 4점

그림과 같은 단면의 단면2차모멘트 $I=64{,}000\text{cm}^4$, 단면2차반경 $r=\dfrac{20}{\sqrt{3}}\text{cm}$일 때 폭 b와 높이 h를 구하시오.

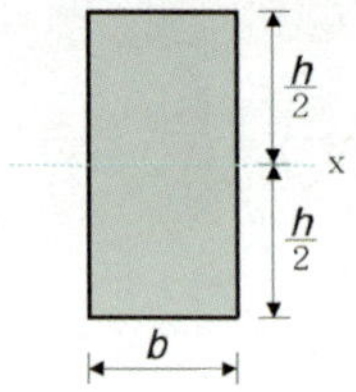

정답 및 해설

07

(1) $D^2=b^2+h^2=b^2+(2b)^2=5b^2$

이므로 $b=\dfrac{D}{\sqrt{5}}$

(2) $Z=\dfrac{bh^2}{6}=\dfrac{b(2b)^2}{6}=\dfrac{4b^3}{6}=\dfrac{4\left(\dfrac{D}{\sqrt{5}}\right)^3}{6}$

$=0.059D^3 \Rightarrow 0.06D^3$

08

(1) $\dfrac{\pi D^2}{4}=a^2$ 으로부터

$D=\sqrt{\dfrac{4a^2}{\pi}}=1.128a$

(2)

$Z_A=\dfrac{\pi}{32}D^3=\dfrac{\pi}{32}(1.128a)^3=0.141a^3$,

$Z_B=\dfrac{1}{6}a^3$ 이므로 $Z_A : Z_B=1:1.182$

09

(1) $r=\sqrt{\dfrac{I}{A}}$ 로부터

$A=\dfrac{I}{r^2}=\dfrac{(64{,}000)}{\left(\dfrac{20}{\sqrt{3}}\right)^2}=480\text{cm}^2$

(2) $I=\dfrac{bh^3}{12}=\dfrac{A\cdot h^2}{12}$ 으로부터

$h=\sqrt{\dfrac{12I}{A}}=\sqrt{\dfrac{12(64{,}000)}{(480)}}=40\text{cm}$

(3) $A=bh$ 로부터

$b=\dfrac{A}{h}=\dfrac{(480)}{(40)}=12\text{cm}$

1998~2024 **기출문제**

10 [24①] 3점 □□□□□

다음 도형의 x축에 대한 단면1차모멘트(mm^3)를 계산하시오.

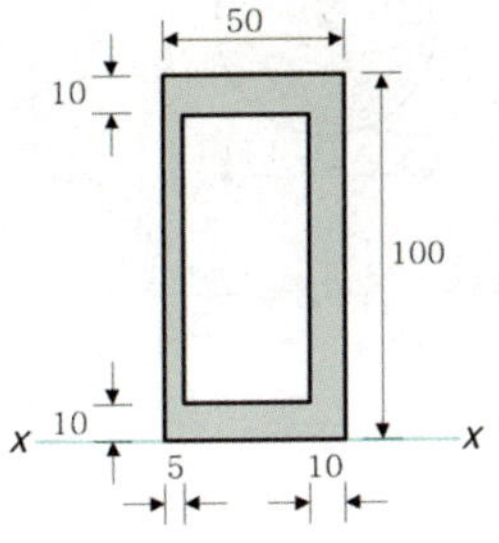

[단위: mm]

【단면1차모멘트(Geometrical Moment)】

단면1차모멘트(G) = 단면적 × 도심(圖心, Centroid)

정답 및 해설

10

$G_x = (50 \times 100)(50) - (35 \times 80)(50)$

$= 110,000\text{mm}^3$

POINT 06 휨응력(Bending Stress, σ_b), 전단응력(Shear Stress, τ)

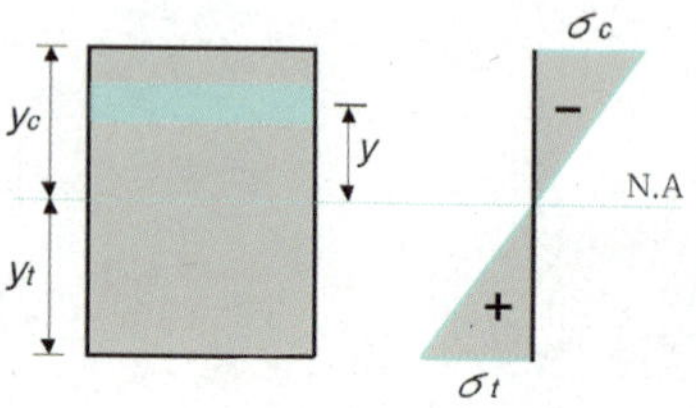

$$\sigma_b = \mp \frac{M}{I} \cdot y$$

$$\sigma_{b,\max} = \mp \frac{M}{Z}$$

$$\tau = \frac{V \cdot Q}{I \cdot b}$$

$$\tau_{\max} = k \cdot \frac{V}{A}$$

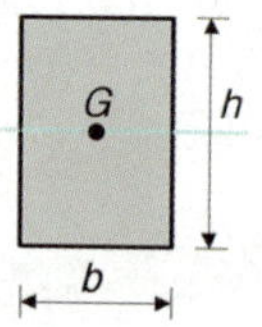

단면계수 $Z = \frac{bh^2}{6}$

전단계수 $k = \frac{3}{2}$

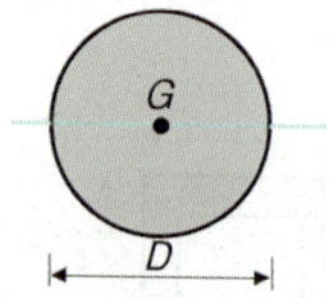

단면계수 $Z = \frac{\pi D^3}{32}$

전단계수 $k = \frac{4}{3}$

1998~2024 **기출문제**

01 [14④] 3점

단순보의 C점에서의 최대 휨응력을 구하시오.

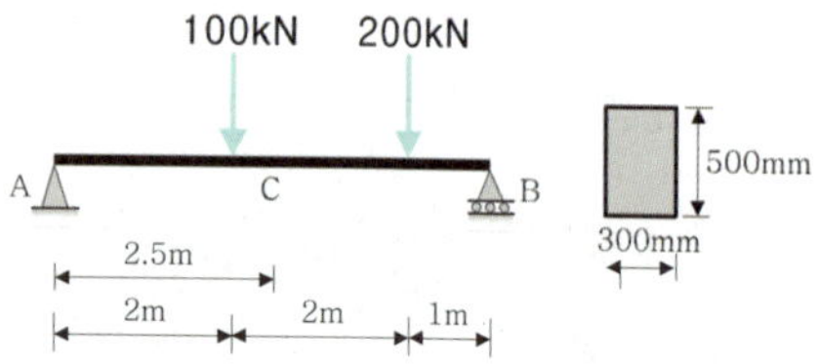

02 [19②] 3점

그림과 같은 단순보의 최대 휨응력을 구하시오.
(단, 보의 자중은 무시한다.)

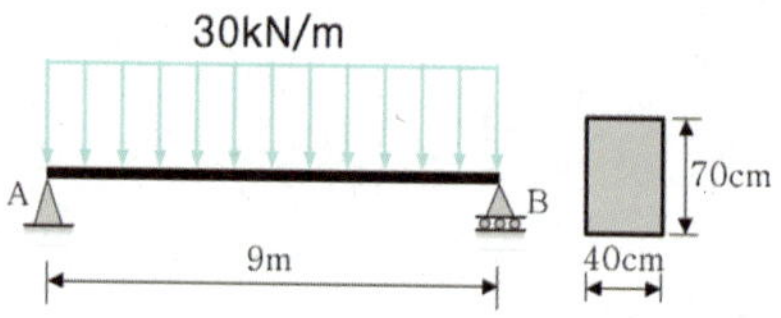

정답 및 해설

01

(1) $\Sigma M_B = 0$:

$+(V_A)(5) - (100)(3) - (200)(1) = 0$

$\therefore\ V_A = +100\text{kN}(\uparrow)$

(2) $M_{C,Left} = +[+(100)(2.5) - (100)(0.5)]$

$= +200\text{kN}\cdot\text{m}$

(3) $\sigma_C = \frac{M_{\max}}{Z} = \frac{(200\times10^6)}{\frac{(300)(500)^2}{6}}$

$= 16\text{N/mm}^2 = 16\text{MPa}$

02

$$\sigma_{\max} = \frac{M_{\max}}{Z} = \frac{\frac{wL^2}{8}}{\frac{bh^2}{6}}$$

$$= \frac{\frac{(30)(9\times10^3)^2}{8}}{\frac{(400)(700)^2}{6}}$$

$= 9.30\text{N/mm}^2 = 9.30\text{MPa}$

03 [13②, 16④, 22④] 3점

그림과 같은 단순보의 최대 전단응력을 구하시오.

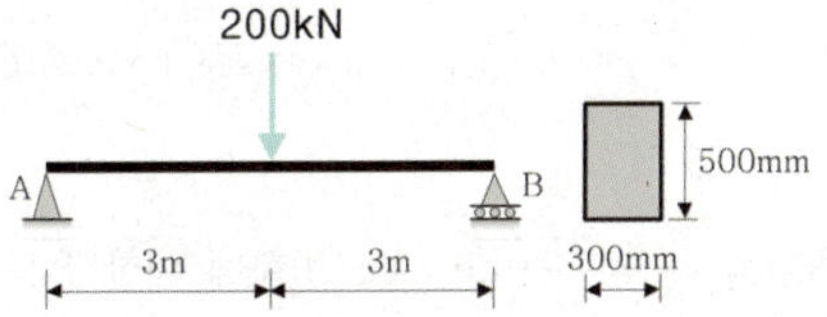

04 [13④] 3점

그림과 같은 구조물의 고정단에 발생하는 최대 압축응력을 구하시오. (단, 기둥 단면은 600mm×600mm, 압축응력은 −로 표현)

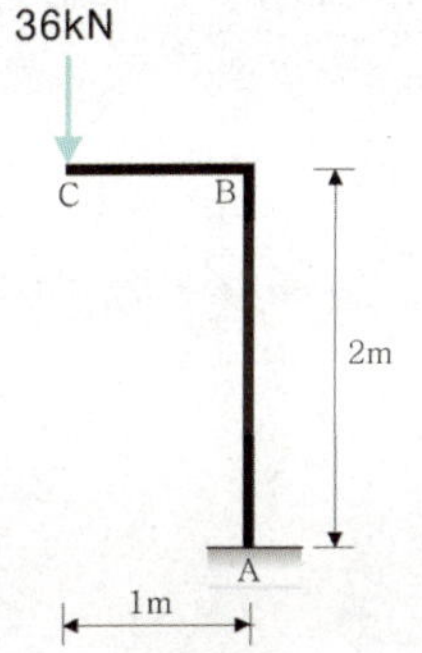

05 [18②, 24①] 4점

다음 그림과 같은 독립기초에 발생하는 최대압축응력[MPa]을 구하시오.

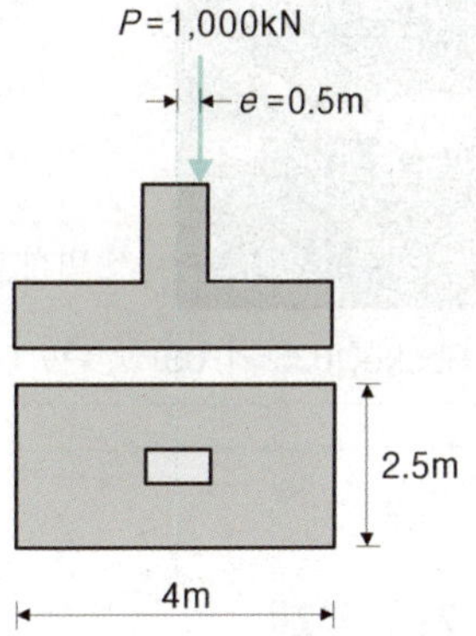

정답 및 해설

03

(1) $V_{max} = +\frac{P}{2} = +\frac{(200)}{2} = 100\text{kN}$

(2) $\tau_{max} = \left(\frac{3}{2}\right) \cdot \frac{(100 \times 10^3)}{(300 \times 500)}$

$= 1\text{N/mm}^2 = 1\text{MPa}$

04

$\sigma_A = -\frac{P}{A} - \frac{M}{Z}$

$= -\frac{(36 \times 10^3)}{(600 \times 600)} - \frac{(36 \times 10^6)}{\frac{(600)(600)^2}{6}}$

$= -1.1\text{N/mm}^2 = -1.1\text{MPa}$(압축)

05

$\sigma_{max} = -\frac{P}{A} - \frac{M}{Z}$

$= -\frac{(1{,}000 \times 10^3)}{(2{,}500 \times 4{,}000)} - \frac{(1{,}000 \times 10^3)(500)}{\frac{(2{,}500)(4{,}000)^2}{6}}$

$= -0.175\text{N/mm}^2 = -0.175\text{MPa}$(압축)

POINT 07 후크의 법칙(R. Hooke's Law): 탄성(Elasticity)의 법칙

Robert Hooke(1635~1703)

수직응력(σ)에 대한 후크의 법칙		온도응력에 의한 후크의 법칙	
$\sigma_L = E \cdot \epsilon_L$	$\frac{P}{A} = E \cdot \frac{\Delta L}{L}$	$\sigma_T = E \cdot \epsilon_T$	$\sigma_T = E \cdot (\alpha \cdot \Delta T)$

임의의 재료가 외력에 대한 길이변형률 $\epsilon_L = \frac{\Delta L}{L}$ 이고, 온도변화에 대한 온도변형률 $\epsilon_T = \alpha \cdot \Delta T$ 에서 $\epsilon_L = \epsilon_T$ 로부터 $\frac{\Delta L}{L} = \alpha \cdot \Delta T$ 이므로 $\Delta L = \alpha \cdot \Delta T \cdot L$ 의 관계를 갖는다.

1998~2024 기출문제

01 [12①] 2점 □□□□□

강재의 탄성계수 210,000MPa, 단면적 10cm^2, 길이 4m, 외력으로 80kN의 인장력이 작용할 때 변형량(ΔL)을 구하시오.

02 [24③] 3점 □□□□□

강재의 탄성계수 205,000MPa, 단면적 1,000mm^2, 길이 4m, 외력으로 80kN의 인장력이 작용할 때 변형량(ΔL)을 구하시오.

03 [05②, 10②] 3점 □□□□□

철근콘크리트의 선팽창계수가 1.0×10^{-5}/℃라면 10m 부재가 10℃의 온도변화 시 부재의 길이변화량은 몇 cm인가?

정답 및 해설

01

$\Delta L = \frac{P \cdot L}{E \cdot A} = \frac{(80 \times 10^3)(4 \times 10^3)}{(210,000)(10 \times 10^2)} = 1.52\text{mm}$

02

$\Delta L = \frac{PL}{EA} = \frac{(80 \times 10^3)(4 \times 10^3)}{(205,000)(1,000)} = 1.56\text{mm}$

03

(1) 길이변형률: $\epsilon_L = \frac{\Delta L}{L}$

(2) 온도변형률: $\epsilon_T = \alpha \cdot \Delta T$

(3) $\epsilon_L = \epsilon_T$ 로부터 $\frac{\Delta L}{L} = \alpha \cdot \Delta T$ 이므로

$\Delta L = \alpha \cdot \Delta T \cdot L$

$= (1.0 \times 10^{-5})(10)(10 \times 10^2) = 0.1\text{cm}$

1998~2024 **기출문제**

04 [16②] 3점

그림을 보고 물음에 답하시오. (단, 축하중 $P=1,000\text{kN}$)

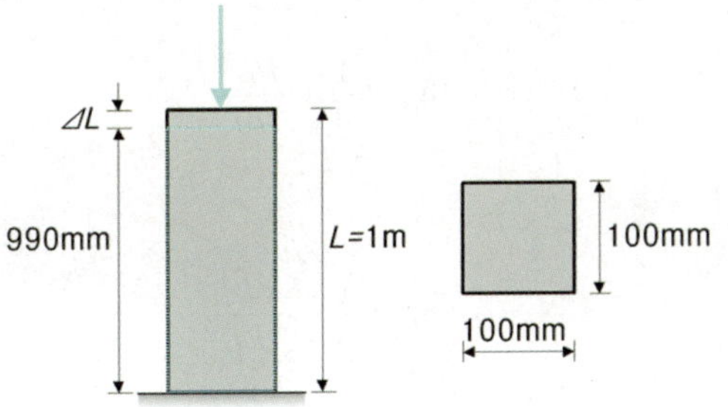

[입면] [단면]

(1) 압축응력:

(2) 길이방향 변형률:

(3) 탄성계수:

05 [21②, 24②] 4점

스프링(Spring)구조에 단위하중이 작용할 때 스프링계수 k를 구하시오.

(단, 하중 P, 길이 L, 단면적 A, 탄성계수 E)

06 [24②] 4점

그림과 같은 하중을 받는 변단면 부재의 늘어난 길이(ΔL)를 구하시오.

(단, 하중 P, 길이 L, 단면적 A, 탄성계수 E)

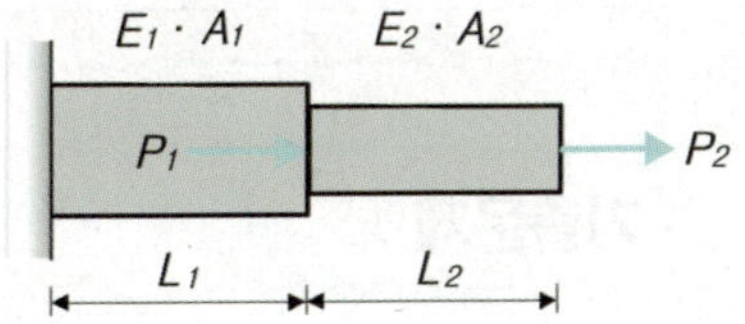

정답 및 해설

04

(1) $\sigma_c=\dfrac{P}{A}=\dfrac{(1,000\times10^3)}{(100\times100)}$

$=100\text{N/mm}^2=100\text{MPa}$

(2) $\epsilon=\dfrac{\Delta L}{L}=\dfrac{(10)}{(1\times10^3)}=0.01$

(3) $E=\dfrac{\sigma}{\epsilon}=\dfrac{(100)}{(0.01)}=10,000\text{MPa}$

05

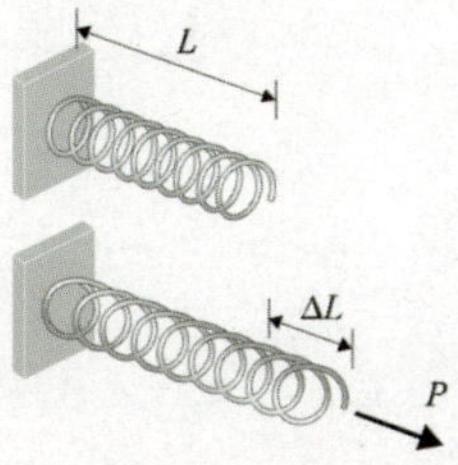

(1) 힘(P)−변위(ΔL) 관계식: $P=k\cdot\Delta L$

(2) 후크의 법칙: $\sigma=E\cdot\epsilon$ 으로부터

$\dfrac{P}{A}=E\cdot\dfrac{\Delta L}{L}\quad\therefore\ \Delta L=\dfrac{PL}{EA}$

(3) $P=k\cdot\Delta L=k\cdot\dfrac{PL}{EA}\quad\therefore\ k=\dfrac{EA}{L}$

06

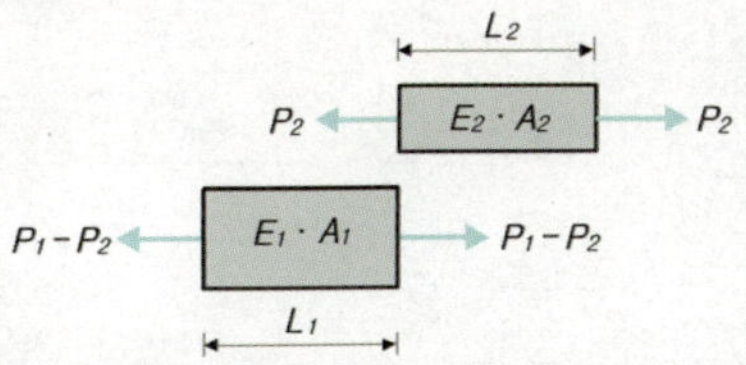

(1) 구간별 변위:

$\Delta L_1=\dfrac{(P_1-P_2)L_1}{E_1A_1},\quad \Delta L_2=\dfrac{P_2L_2}{E_2A_2}$

(2) 전체 변위:

$\Delta L=\Delta L_1+\Delta L_2$

$=\dfrac{(P_1-P_2)L_1}{E_1A_1}+\dfrac{P_2L_2}{E_2A_2}$

X

POINT 08 구조물의 변형

하중 조건	구조물의 변형	
	처짐각(θ, rad)	처짐(δ, mm)
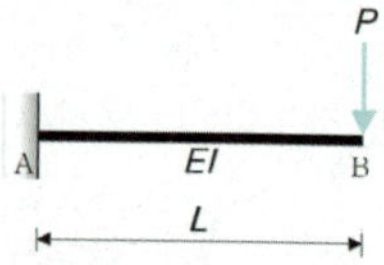	$\theta_B = \dfrac{1}{2} \cdot \dfrac{PL^2}{EI}$	$\delta_B = \dfrac{1}{3} \cdot \dfrac{PL^3}{EI}$
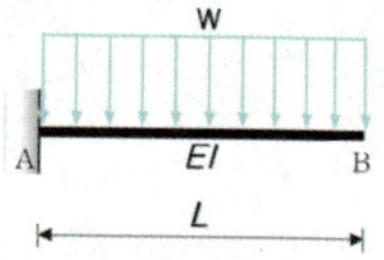	$\theta_B = \dfrac{1}{6} \cdot \dfrac{wL^3}{EI}$	$\delta_B = \dfrac{1}{8} \cdot \dfrac{wL^4}{EI}$
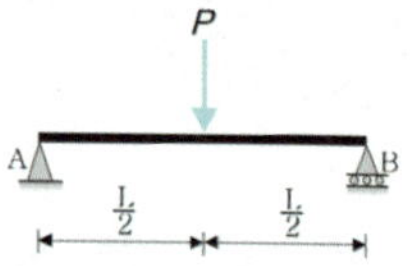	$\theta_A = \dfrac{1}{16} \cdot \dfrac{PL^2}{EI}$	$\delta_C = \dfrac{1}{48} \cdot \dfrac{PL^3}{EI}$
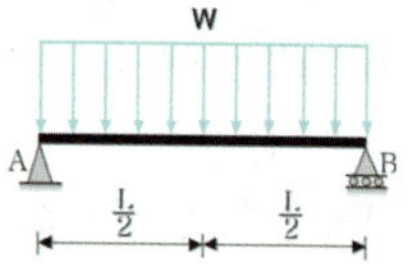	$\theta_A = \dfrac{1}{24} \cdot \dfrac{wL^3}{EI}$	$\delta_C = \dfrac{5}{384} \cdot \dfrac{wL^4}{EI}$

1998~2024 **기출문제**

01 [14②] 3점

그림과 같은 캔틸레버 보의 자유단 B점의 처짐이 0이 되기 위한 등분포하중 w(kN/m)의 크기를 구하시오. (단, 경간 전체의 휨강성 EI는 일정)

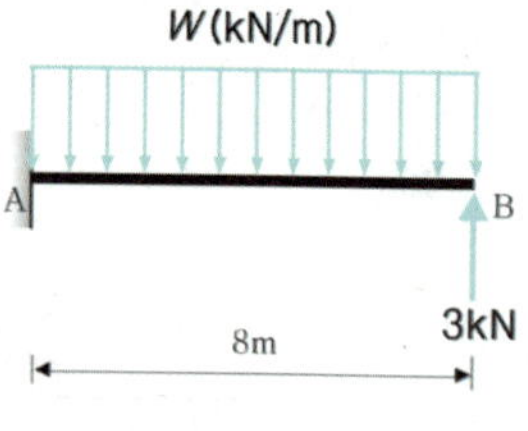

02 [12①, 20②] 4점

그림과 같은 단순보의 A지점의 처짐각, 보의 중앙 C점의 최대처짐량을 계산하시오. (단, $E=206\text{GPa}$, $I=1.6\times10^8\text{mm}^4$)

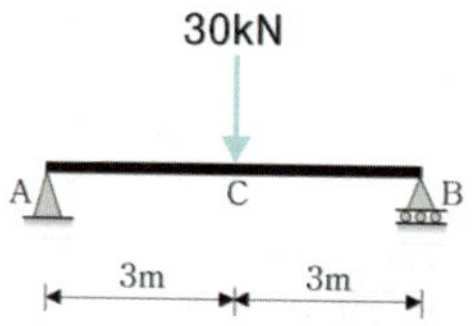

정답 및 해설

01

$\delta_B = \dfrac{wL^4}{8EI} - \dfrac{PL^3}{3EI} = 0$ 으로부터

$3wL^4 = 8PL^3$ 이므로

$w = \dfrac{8P}{3L} = \dfrac{8(3)}{3(8)} = 1\text{kN/m}$

02

(1) $\theta_A = +\dfrac{1}{16} \cdot \dfrac{PL^2}{EI}$

$= +\dfrac{1}{16} \cdot \dfrac{(30\times10^3)(6\times10^3)^2}{(206\times10^3)(1.6\times10^8)}$

$= +0.00204$ rad

(2) $\delta_C = +\dfrac{1}{48} \cdot \dfrac{PL^3}{EI}$

$= +\dfrac{1}{48} \cdot \dfrac{(30\times10^3)(6\times10^3)^3}{(206\times10^3)(1.6\times10^8)}$

$= +4.095\text{mm}$

1998~2024 **기출문제**

03 [16②, 20①] 3점

H형강을 사용한 그림과 같은 단순지지 철골보의 최대 처짐(mm)을 구하시오. (단, 철골보의 자중은 무시한다.)

보기

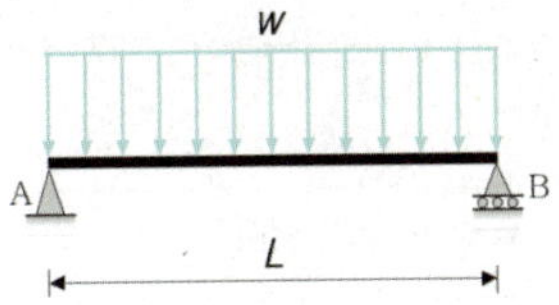

- $H-500\times200\times10\times16$(SS275)
- 탄성단면계수 $S_x=1,910\text{cm}^3$
- 단면2차모멘트 $I=4,780\text{cm}^4$
- 탄성계수 $E=210,000\text{MPa}$
- $L=7\text{m}$
- 고정하중: 10kN/m, 활하중: 18kN/m

04 [19②] 3점

그림과 같은 부정정 연속보의 지점반력 V_A, V_B, V_C를 구하시오.

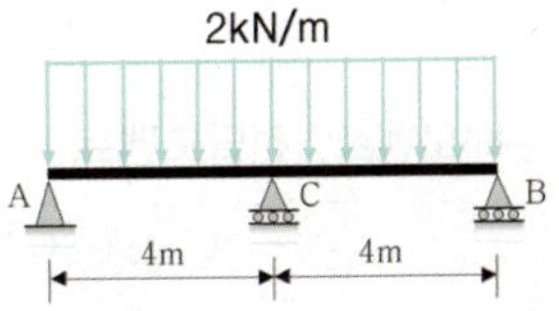

정답 및 해설

03

(1) $w=1.0w_D+1.0w_L$

$=1.0(10)+1.0(18)$

$=28\text{kN/m}=28\text{N/mm}$

(2)

$$\delta_{max}=\frac{5}{384}\cdot\frac{wL^4}{EI}$$

$$=\frac{5}{384}\cdot\frac{(28)(7\times10^3)^4}{(210,000)(4,780\times10^4)}$$

$=87.21\text{mm}$

해설 **사용성(Serviceability, 처짐 및 균열 등)**

처짐의 계산 및 검토는 하중계수를 적용한 계수하중($U=1.2D+1.6L$)이 아니라 사용하중($U=1.0D+1.0L$)을 적용함에 주의한다.

04

(1) 적합조건:

$$\delta_C=\frac{5wL^4}{384EI}-\frac{V_C\cdot L^3}{48EI}=0 \text{ 으로부터}$$

$V_C=+\frac{5}{8}wL$

$=+\frac{5}{8}(2)(8)=+10\text{kN}(\uparrow)$

(2) 평형조건:

$V_A=V_B=+\frac{1.5}{8}wL$

$=+\frac{1.5}{8}(2)(8)=+3\text{kN}(\uparrow)$

POINT 09 모멘트 분배법

(1) 강도계수, 수정강도계수

① 강도(Stiffness)계수 $K=\dfrac{I}{L}$	해당 부재의 단면2차모멘트를 부재의 길이로 나눈 것	② 수정강도계수 $K^R=\dfrac{3}{4}K$	강도계수는 양단이 고정단인 경우를 기준으로 정한 것이며, 부재의 타단이 Hinge일 경우 $\dfrac{3}{4}$을 적용

(2) 분배율, 분배모멘트, 전달모멘트

① 분배율 (Distributed Factor, DF)	$DF=\dfrac{\text{구하려는 부재의 유효강비}}{\text{전체 유효강비의 합}}$ 절점에서 각 부재로 분배되는 비율
② 분배모멘트(Distributed Moment)	$M_{OA} = M_O \cdot DF_{OA} = M_O \cdot \dfrac{K_{OA}}{\Sigma K}$
③ 전달모멘트(Carry-Over Moment)	절점에서 분배된 분배모멘트는 지지단 쪽으로 전달되며, 고정단일 경우 항상 분배모멘트의 $\dfrac{1}{2}$이다.

1998~2024 **기출문제**

01 [16①] 3점

그림과 같은 구조물에서 OA부재의 분배율을 모멘트 분배법으로 계산하시오.

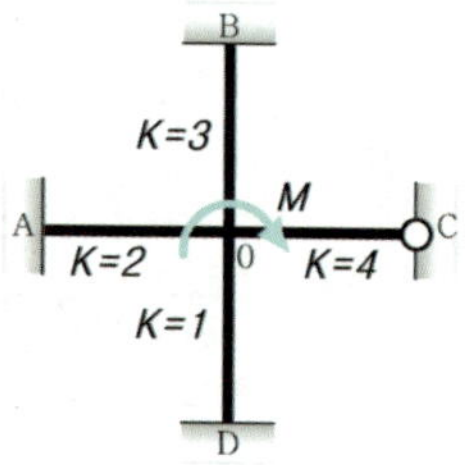

02 [15②] 3점

그림과 같은 라멘에서 A점의 전달모멘트를 구하시오. (단, k는 강비이다.)

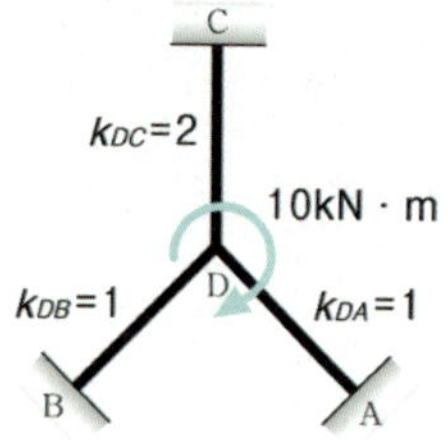

정답 및 해설

01

$$DF_{OA}=\frac{2}{2+3+4\times\frac{3}{4}+1}=\frac{2}{9}$$

02 $M_{AD}=+1.25\text{kN}\cdot\text{m}(\curvearrowright)$

(1) $DF_{DA}=\dfrac{1}{1+1+2}=\dfrac{1}{4}$

(2) $M_{DA}=M_D\cdot DF_{DA}$

$=(+10)\left(\dfrac{1}{4}\right)=+2.5\text{kN}\cdot\text{m}(\curvearrowright)$

(3) $M_{AD}=\dfrac{1}{2}M_{DA}=+1.25\text{kN}\cdot\text{m}(\curvearrowright)$

MEMO

02 그 밖의 기출문제

POINT 01 그 밖의 기출문제(Ⅰ)

(1) 비틀림전단응력(τ_t)

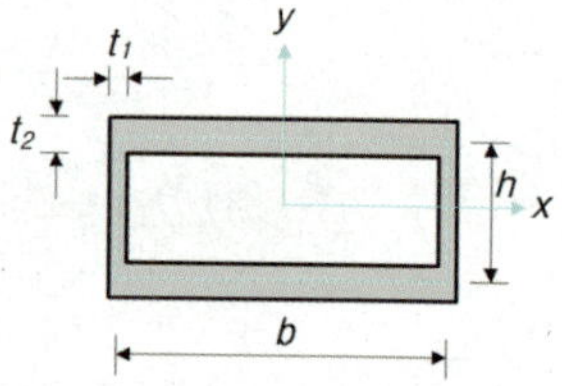

$$\tau_t = \frac{T}{2t \cdot A_m} = \frac{T}{2t_1 \cdot b \cdot h}$$

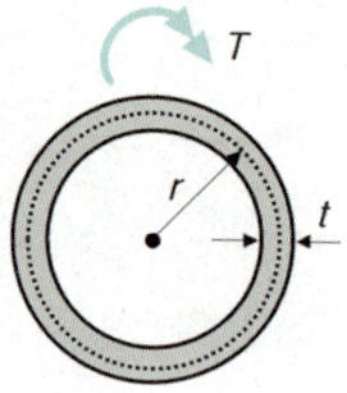

$$\tau_t = \frac{T}{2t \cdot A_m} = \frac{T}{2t \cdot \pi r^2}$$

두께가 얇은 관에 대한 비틀림전단을 고려할 때 관 단면의 중심선에 의해 둘러싸인 면적을 적용한다.

(2) 가상일법(Metod of Virtual Work)

John Bernoulli(1667~1748)

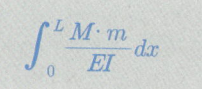

$$\int_0^L \frac{M \cdot m}{EI} dx$$

- M : 주어진 실제 하중에 의한 휨모멘트
- m : 단위모멘트하중($M=1$)에 의한 휨모멘트

처짐(δ) 및 처짐각(θ)을 구하려고 하는 위치에서 변형과 같은 방향으로 가상의 단위집중하중($P=1$)을 작용시켜 처짐(δ)을 구하고, 가상의 단위모멘트하중($M=1$)을 작용시켜 처짐각(θ)을 구하는 해법이다.

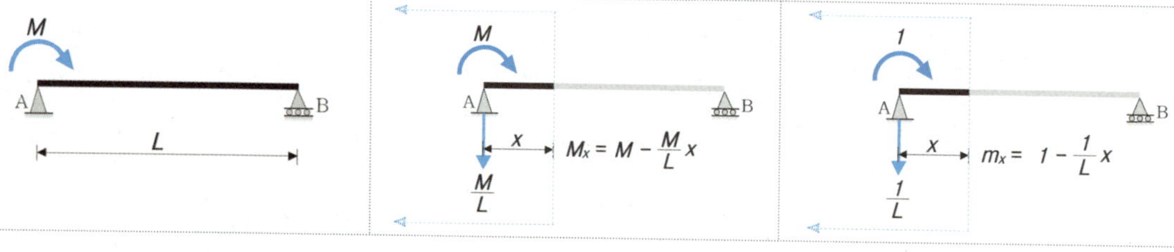

$$\theta_A = \int_0^L \frac{M \cdot m}{EI} dx = \frac{1}{EI}\int_0^L \left(M - \frac{M}{L} \cdot x\right)\left(1 - \frac{1}{L} \cdot x\right) dx = \frac{1}{3} \cdot \frac{ML}{EI}$$

(3) 부정정 라멘구조의 휨모멘트도(BMD)

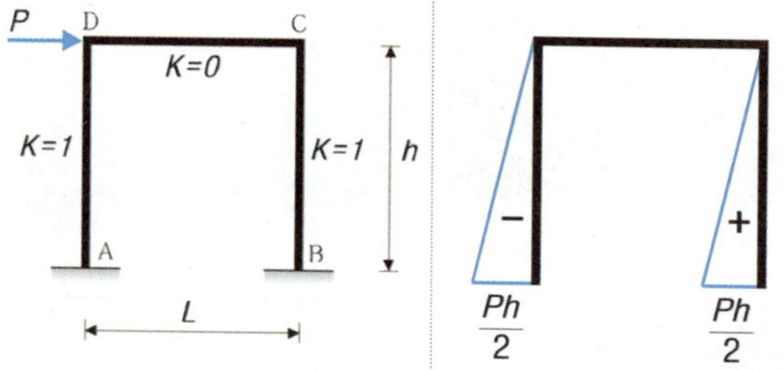

K는 강성도(Stiffness)를 나타내는 지표이며, 외력에 대해 구조부재가 변형을 흡수할 수 있는 능력으로 정의된다. 문제의 그림에서 보의 $K=0$이라는 조건은 수평하중 P에 대한 보의 강성도가 0이라는 것이므로 절점B와 절점C는 자유단 해석이 가능해지며 좌측 기둥과 우측 기둥의 강성도가 같기 때문에 다음과 같은 구조해석이 가능해진다.

1998~2024 **기출문제**

01 [23②] 3점 □□□□□

그림과 같은 비틀림모멘트(T)가 작용하는 원형 강관의 비틀림전단응력(τ_t)을 기호로 표현하시오.

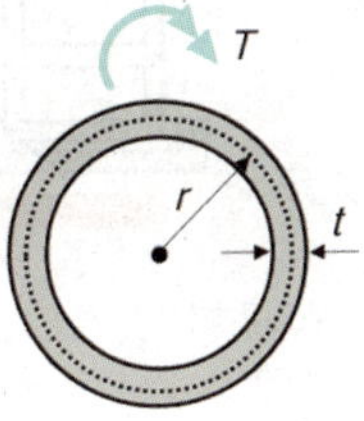

02 [22①] 4점 □□□□□

그림과 같은 단순보에 모멘트하중 M이 작용할 때 A 지점의 처짐각을 구하시오. (단, 부재의 탄성계수 E, 단면2차모멘트 I, 가상력이 한 일은 내력이 한 일과 같음을 이용한 방식만 점수로 인정함)

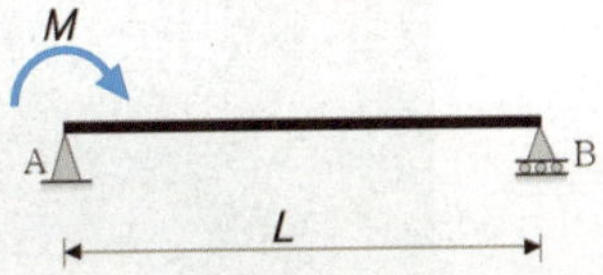

03 [22②] 4점 □□□□□

그림과 같은 부정정 라멘구조의 휨모멘트도(BMD)를 그리시오.

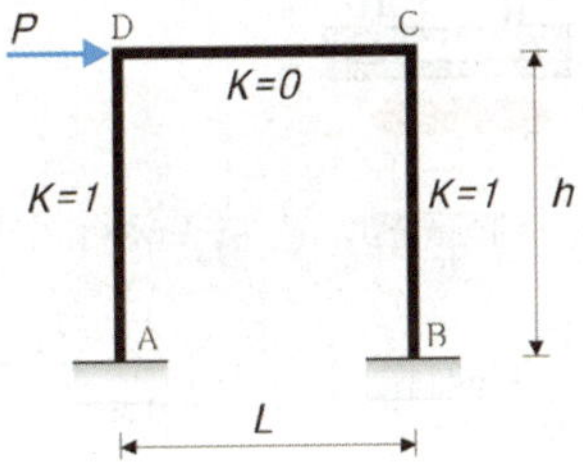

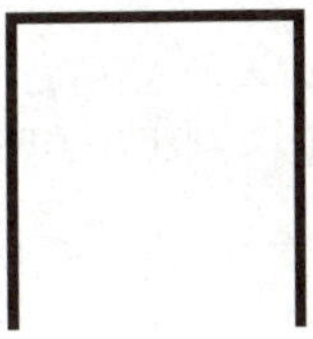

정답 및 해설

01

$$\tau_t = \frac{T}{2t \cdot A_m} = \frac{T}{2t \cdot \pi r^2}$$

02

$$\theta_A = \int_0^L \frac{M \cdot m}{EI} dx$$

$$= \frac{1}{EI}\int_0^L \left(M - \frac{M}{L} \cdot x\right)\left(1 - \frac{1}{L} \cdot x\right) dx$$

$$= \frac{1}{3} \cdot \frac{ML}{EI}$$

03

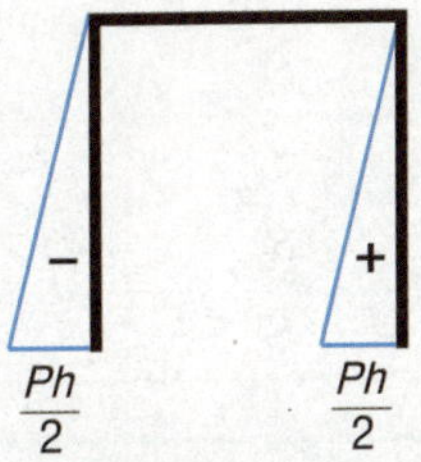

X

POINT 02 그 밖의 기출문제(II)

(1) 지진(Earthquake) 관련

① 내진, 제진, 면진

	내진	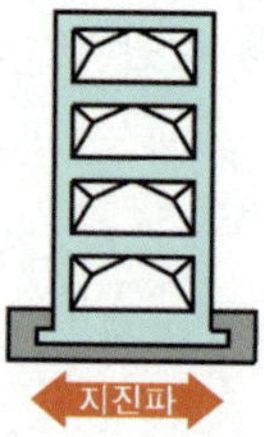	제진		면진

내진(耐震)	구조물이 지진력에 대항하여 싸워 이겨내도록 구조물 자체를 튼튼하게 설계한 건축물
제진(制震)	별도의 장치를 이용하여 지진력에 상응하는 힘을 구조물 내에서 발생시키거나 지진력을 흡수하여 구조물이 부담해야 할 지진력을 감소시킨 건축물
면진(免震)	구조물과 지반을 분리시켜 지반진동으로 인한 지진력이 직접 구조물로 전달되는 양을 감소시킨 건축물

② 지진하중계수

강도설계 또는 한계상태설계를 수행할 경우에는 각 설계법에 적용하는 하중조합의 지진하중계수는 1.0으로 한다.

지진하중 관련 소요강도(U)	• $U = 1.2D + 1.0E + 1.0L$
	• $U = 0.9D + 1.0E$

③

탄성파 시험(Up/Down Hole Test)

지층별 탄성파(P파, S파) 속도를 파악함으로서 대상지역의 역학적 특성 파악 및 적합한 지반 정수를 산출하는데 목적이 있다.

NX	N: 시추공 직경 75mm
	X: 케이싱의 종류, flush coupled casing

기반암((基盤岩; Bedrock)은 전단파속도가 760m/s 이상인 지층이다.
전단파 속도는 풍화암, 연암, 경암 등 지질정보만으로는 결정할 수 없으며, 전단파속도를 구하는 탄성파시험을 실시할 수 있는 NX로만 확인이 가능하다.

지반의 분류 【KDS 17 10 00 : 2024】

지반 종류	지반종류의 호칭	분류기준	
		기반암 깊이: H (m)	토층평균전단파속도: $V_{s,soil}$(m/s)
S_1	암반 지반	1 미만	
S_2	얕고 단단한 지반	1~20 이하	260 이상
S_3	얕고 연약한 지반		260 미만
S_4	깊고 단단한 지반	20 초과	180 이상
S_5	깊고 연약한 지반		180 미만
S_6	부지 고유의 특성평가 및 지반응답해석이 필요한 지반		

POINT 02 그 밖의 기출문제(Ⅱ)

④	내진설계 지진력저항시스템	
	• 건축구조물을 61개의 지진력저항시스템으로 구분한다.	
	• 내력벽시스템은 수직하중과 함께 횡하중을 벽체가 지지하는 지진력저항시스템으로, 벽체는 지진하중에 대하여 충분한 면내 횡강성과 횡강도를 발휘해야 한다.	
	• 밑면전단력, 부재력 및 층간변위를 산정할 때는 지진력저항시스템에 대한 설계계수에 정해진 적절한 반응수정계수 R, 시스템초과강도계수 Ω_0, 그리고 변위증폭계수 C_d를 사용해야 한다.	
	R	구조물의 비탄성변형능력과 초과강도를 고려하여 설계지진하중을 저감시키는 역할을 한다.
	Ω_0	변형능력이 취약하거나 과도한 비탄성변형능력이 요구되는 부재의 내진안전성을 보장하기 위하여 구조물의 초과강도에 의하여 발생할 수 있는 특별지진하중에 대하여 해당 부재의 강도성능을 증가시키기 위하여 사용된다.
	C_d	반응수정계수에 의하여 저감된 설계지진하중(V_D)에 대한 해석결과로 산출된 탄성변위(δ_s)로부터 지진발생시 실제 발생하는 비탄성변위(설계변위 δ_u)를 산정하기 위하여 사용한다.
⑤	내진설계를 수행하기 위한 동적해석법	
	• 동적해석을 수행하는 경우에는 응답스펙트럼해석법, 탄성시간이력해석법, 비탄성시간이력해석법 중 1가지 방법을 선택할 수 있다.	
	• 동적해석의 경우에는 시간이력해석법이 보다 정확한 방법이지만 실제 기록된 지진이력이 충분하지 않고 해석 시간이 많이 소요되므로 모드해석을 사용하는 응답스펙트럼해석법이 일반적으로 사용된다.	

(2) 전이보(Transfer Girder)

①	정의	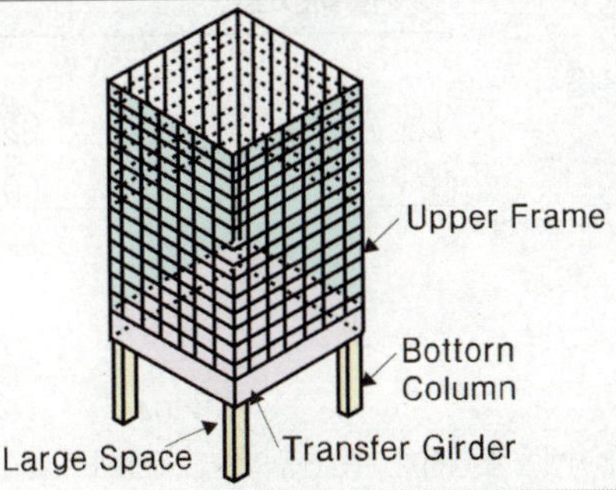	
		건물 상층부의 골조를 어떤 층의 하부에서 별개의 구조형식으로 전이하는 형식의 큰보	
②	다세대주택의 필로티 구조	건축계획상 상부층의 기둥(Column)이나 벽체(Wall)가 하부로 연속성을 유지하면서 내려가지 못하기 때문에 이들을 춤이 큰 보에 지지시켜 이들이 지지하는 하중을 다른 하부의 기둥이나 벽체에 전이시키기 때문이다.	

X

1998~2024 **기출문제**

01 [24①] 6점

다음은 내진설계의 종류이다. 각 구조의 개념을 간단하게 설명하시오.

(1) 내진(耐震) 구조:

(2) 제진(制震) 구조:

(3) 면진(免震) 구조:

02 [11①, 16②, 19①, 21④, 24③] 2점, 3점

다음이 설명하는 구조의 명칭을 쓰시오.

> 건축물의 기초 부분 등에 적층고무 또는 미끄럼받이 등을 넣어서 지진에 대한 건축물의 흔들림을 감소시키는 구조

03 [23①] 4점

다음 괄호 안에 알맞은 숫자를 쓰시오.

> 강도설계 또는 한계상태설계를 수행할 경우에는 각 설계법에 적용하는 하중조합의 지진하중계수는 ( )으로 한다.

04 [24③] 3점

내진설계를 위한 지반의 분류와 관련된 다음 설명의 ( )안에 적당한 용어를 쓰시오.

> 토층의 평균전단파속도($V_{s,soil}$)는 ( )시험 결과가 있을 경우 이를 우선적으로 적용한다. 이때, ( )시험은 시추조사를 바탕으로 가장 불리한 시추공에서 수행하는 것을 원칙으로 한다.

05 [24③] 4점

내진설계 지진력저항시스템에 대한 빈칸 ①의 용어와 설계계수 R, Ω_0, C_d의 용어의 정의를 쓰시오.

기본 지진력저항시스템	설계계수		
	② R	③ Ω_0	④ C_d
1. (①) 시스템			
1-a. 철근콘크리트 특수전단벽	5	2.5	5
1-b. 철근콘크리트 보통전단벽	4	2.5	4
1-c. 철근보강 조적 전단벽	2.5	2.5	1.5
1-d. 무보강 조적 전단벽	1.5	2.5	1.5
1-e. 구조용 목재패널을 덧댄 경골목구조 전단벽	6	3	4
1-f. 구조용 목재패널 또는 강판시트를 덧댄 경량철골조 전단벽	6	3	4
2. 건물골조시스템			

① ______ ② ______

③ ______ ④ ______

정답 및 해설

01

(1) 구조물이 지진력에 대항하여 싸워 이겨내도록 구조물 자체를 튼튼하게 설계한 건축물

(2) 별도의 장치를 이용하여 지진력에 상응하는 힘을구조물 내에서 발생시키거나 지진력을 흡수하여 구조물이 부담해야 할 지진력을 감소시킨 건축물

(3) 구조물과 지반을 분리시켜 지반진동으로 인한 지진력이 직접 구조물로 전달되는 양을 감소시킨 건축물

02 제진 구조

03 1.0

04

탄성파

05

① 내력벽

② 반응수정계수

③ 시스템초과강도계수

④ 변위증폭계수

1998~2024 **기출문제**

06 [24③] 3점

내진설계를 수행하기 위한 동적해석법 3가지를 쓰시오.

①

②

③

07 [23②] 4점

다세대주택의 필로티 구조에서 전이보(Transfer Girder)의 1층 구조와 2층 구조가 상이한 이유를 설명하시오.

정답 및 해설

06

① 응답스펙트럼해석법

② 탄성시간이력해석법

③ 비탄성시간이력해석법

07

건축계획상 상부층의 기둥이나 벽체가 하부로 연속성을 유지하면서 내려가지 못하기 때문에 이들을 춤이 큰 보에 지지시켜 이들이 지지하는 하중을 다른 하부의 기둥이나 벽체에 전이시키기 때문이다.

X

The Bible

건축기사 실기 ❶권 [이론서]

저 자 안광호 · 백종엽
이병억

발행인 이 종 권

판 권
소 유

2015年 3月 13日 초 판 발 행
2016年 1月 28日 2차개정판발행
2017年 2月 2日 3차개정판발행
2018年 2月 6日 4차개정판발행
2019年 2月 12日 5차개정판발행
2020年 2月 20日 6차개정판발행
2021年 1月 21日 7차개정판발행
2022年 2月 9日 8차개정판발행
2023年 2月 15日 9차개정판발행
2024年 1月 30日 10차개정판발행
2025年 1月 9日 11차개정판1쇄발행
2025年 2月 25日 11차개정판2쇄발행
2025年 4月 15日 11차개정판3쇄발행

發行處 **(주) 한솔아카데미**

(우)06775 서울시 서초구 마방로10길 25 트윈타워 A동 2002호
TEL : (02)575-6144/5 FAX : (02)529-1130
〈1998. 2. 19 登錄 第16-1608號〉

※ 본 교재의 내용 중에서 오타, 오류 등은 발견되는 대로 한솔아카데미 인터넷 홈페이지를 통해 공지하여 드리며 보다 완벽한 교재를 위해 끊임없이 최선의 노력을 다하겠습니다.

※ 파본은 구입하신 서점에서 교환해 드립니다.

www.inup.co.kr / www.bestbook.co.kr

ISBN 979-11-6654-584-9 13540

건축기사 실기 The Bible

본 도서를 구매하신 분께 드리는 혜택

1 건축기사 실기 출제경향 분석

최근 출제문제를 중심으로 분석한
출제빈도와 중요내용 특강

2 기출문제 특강 (최근 3개년)

1강 2024년 1회, 2회, 3회 기출문제
2강 2023년 1회, 2회, 4회 기출문제
3강 2022년 1회, 2회, 4회 기출문제

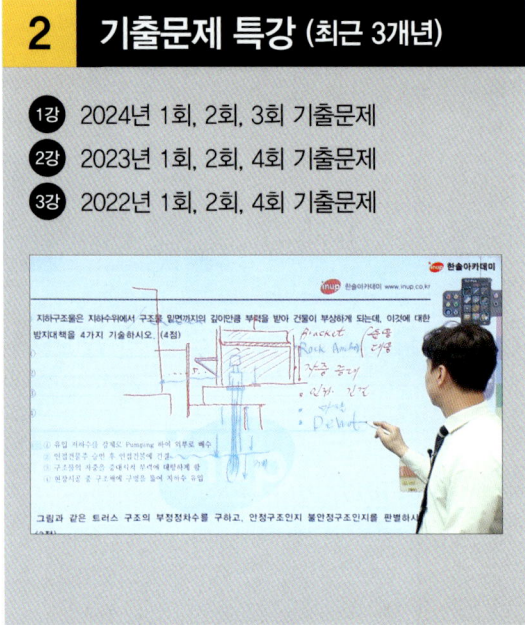

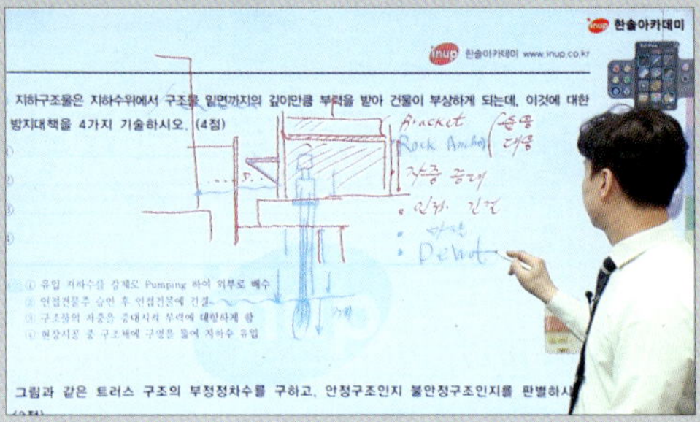

3 자율 모의고사

최종 점검 모의고사

필기 온라인 전국모의고사 | 실기 자율모의고사 문제제공

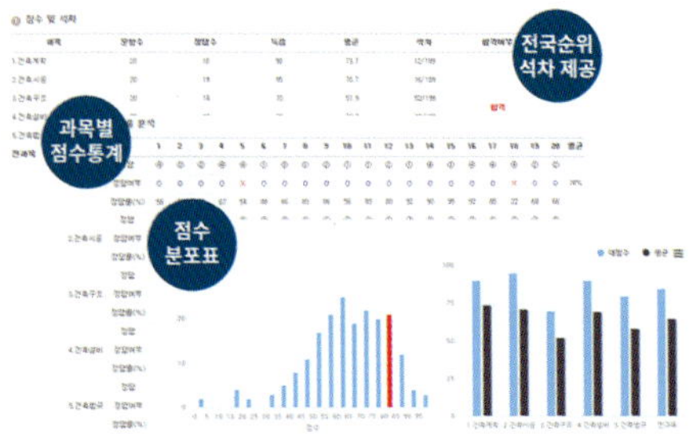

4 학습 게시판

건축전담 강사님과의 학습 Q&A

365일 학습질의, 응답 답변

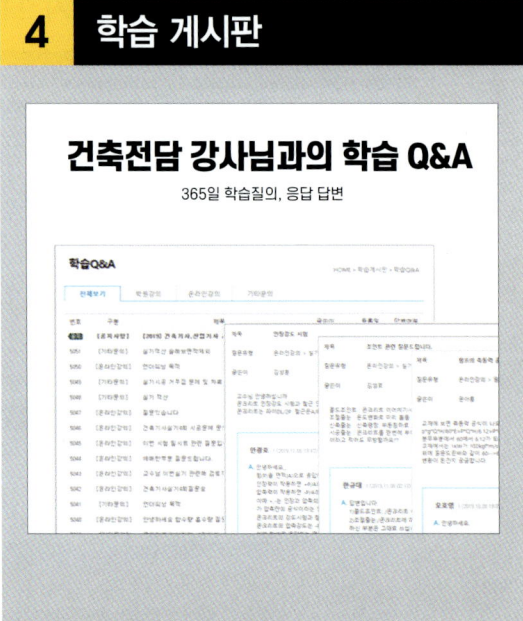

교재 인증번호 등록을 통한 학습관리 시스템

건축기사 실기 한솔아카데미 동영상 무료 수강 방법

무료쿠폰번호 1RR0-RQPS-OKMI

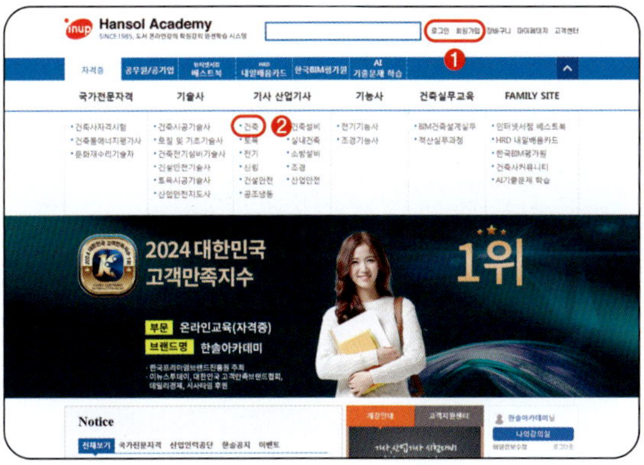

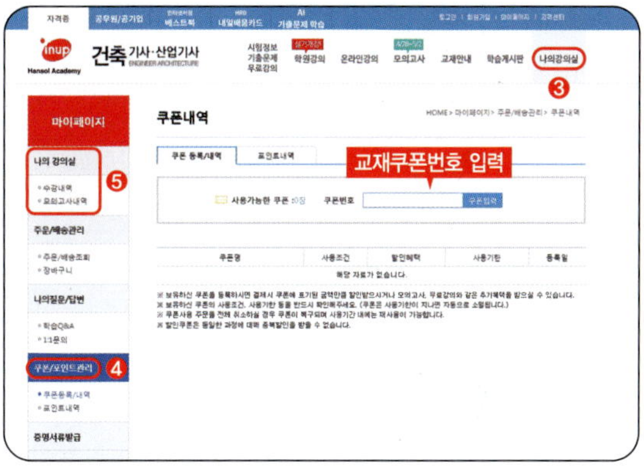

01 사이트 접속

인터넷 주소창에 **https://www.inup.co.kr** 을 입력하여 한솔아카데미 홈페이지에 접속합니다.

02 회원가입 로그인

홈페이지 우측 상단에 있는 **회원가입** 또는 아이디로 **로그인**을 한 후, **[건축]** 사이트로 접속을 합니다.

03 나의 강의실

나의강의실로 접속하여 왼쪽 메뉴에 있는 **[쿠폰/포인트관리]-[쿠폰등록/내역]**을 클릭합니다.

04 쿠폰 등록

도서에 기입된 **인증번호 12자리** 입력(-표시 제외)이 완료되면 **[나의강의실]**에서 학습가이드 관련 응시가 가능합니다.

■ 모바일 동영상 수강방법 안내

❶ QR코드 이미지를 모바일로 촬영합니다.
❷ 회원가입 및 로그인 후, 쿠폰 인증번호를 입력합니다.
❸ 인증번호 입력이 완료되면 [나의강의실]에서 강의 수강이 가능합니다.

※ QR코드를 찍을 수 있는 앱을 다운받으신 후 진행하시길 바랍니다.

신뢰(信賴)

신뢰는 하루아침에 이루어질 수 없습니다.
매년 약속된 결과보다 더 큰 만족을 드리며
새롭게 앞서나가려는 노력으로
혼신의 힘을 다할 때
신뢰는 조금씩 쌓여가는 것으로
40년 전통의 한솔아카데미의 신뢰만큼은
모방할 수 없는 것입니다.

머리말

『과거를 잊지 않는 것… 그것이 미래를 부르는 유일한 힘이다.』

과거의 역사가 미래의 거울이듯, 시험을 준비하는 수험생은 과거의 기출문제를 통하여 미래의 출제될 문제를 예상하고 대비할 수 있습니다.
이 책은 현재 시행되고 있는 한국산업인력공단 국가기술자격검정에 의한 건축기사 실기시험 분야의 1998년~2024년까지의 27년 동안의 출제되었던 문제를 현재의 국가표준인 [국가건설기준] 관련규정 설계기준(KDS, Korea Design Standard), 표준시방서[KCS, Korea Construction Specification] 의 규정에 맞게 군더더기 없는 내용과 문제해설로 정리하였습니다.

건축기사를 준비하는 수험생들이 어떻게 하면 보다 더 빠르고 보다 더 쉽게 합격할 수 있는가를 20년간의 대학강의 및 학원강의를 통한 강의기법 및 Know-How를 바탕으로 『건축기사실기 The Bible』 교재를 제작하였으므로 수험생들이 신뢰할 수 있는 합격의 지름길을 제공하는 교재가 될 것으로 확신합니다.

이 책의 특징은 다음과 같습니다.

Ⅰ. [국가건설기준]: 설계기준(KDS, Korea Design Standard), 표준시방서[KCS, Korea Construction Specification] 관련 내용의 적용
Ⅱ. 시험에 출제되지 않는 일반사항들을 모두 배제하고 1998년~2024년 동안 출제되어 왔던 기출문제들을 각각의 공종별로 Point를 제시하여 최적의 답안을 작성할 수 있도록 유도

이 책의 제작을 위해 최선의 노력을 기울였지만 교재의 본문에 발생한 오탈자 등은 지속적으로 수정 및 보완해 나갈 것을 약속드리겠습니다.
끝으로 본 교재의 출간을 위해 애써주신 한솔아카데미 출판부 이종권 전무님과 편집부 안주현 부장님, 문수진 과장님에게 깊은 감사를 드립니다.
세상을 올바른 눈으로 볼 수 있도록 길러주신 부모님에게 항상 감사드리며 사랑하는 아들 준혁, 재혁 그리고 불의의 사고로 하늘나라로 먼저 간 사랑하는 나의 딸 시현에게 감사의 마음을 글로 대신합니다.

건축수험연구회 저자 안광호 드림

【2011.1회~2024.3회 기출문제 배점 분석】

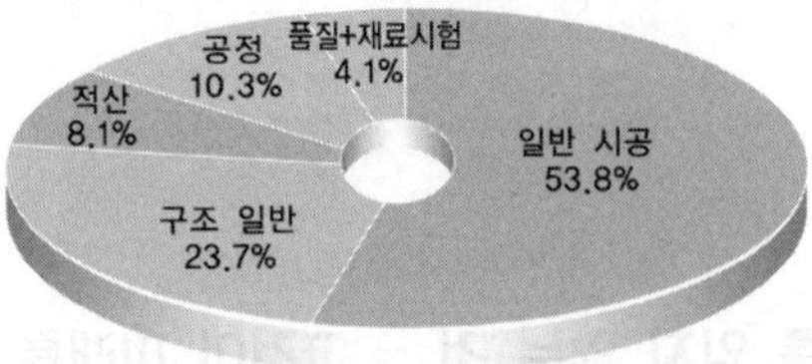

	일반 시공		구조 일반		적산		공정		품질 + 재료시험	
2011.①	19문제	66점	9문제	27점	-	-	-	-	2문제	7점
2011.②	16문제	55점	7문제	23점	1문제	4점	1문제	10점	2문제	8점
2011.④	14문제	53점	8문제	27점	2문제	9점	2문제	7점	1문제	4점
2012.①	15문제	48점	9문제	31점	1문제	3점	3문제	16점	1문제	2점
2012.②	16문제	54점	10문제	30점	1문제	4점	1문제	6점	2문제	6점
2012.④	16문제	50점	8문제	23점	1문제	9점	2문제	14점	1문제	4점
2013.①	14문제	48점	8문제	27점	2문제	13점	1문제	10점	1문제	2점
2013.②	17문제	57점	6문제	21점	3문제	12점	1문제	10점	-	-
2013.④	16문제	55점	6문제	19점	2문제	13점	1문제	10점	1문제	3점
2014.①	14문제	47점	8문제	30점	1문제	6점	1문제	10점	2문제	7점
2014.②	14문제	49점	6문제	23점	2문제	13점	2문제	12점	1문제	3점
2014.④	13문제	50점	7문제	25점	1문제	10점	1문제	10점	2문제	5점
2015.①	16문제	53점	6문제	19점	2문제	10점	1문제	10점	2문제	8점
2015.②	15문제	49점	8문제	28점	3문제	10점	1문제	10점	1문제	3점
2015.④	13문제	47점	7문제	24점	3문제	10점	1문제	10점	3문제	9점
2016.①	19문제	60점	6문제	24점	1문제	6점	1문제	10점	-	-
2016.②	16문제	56점	5문제	16점	3문제	12점	2문제	13점	1문제	3점
2016.④	20문제	68점	4문제	13점	1문제	9점	1문제	10점	-	-
2017.①	14문제	49점	7문제	27점	1문제	6점	3문제	15점	1문제	3점
2017.②	19문제	64점	4문제	15점	-	-	1문제	10점	2문제	9점
2017.④	16문제	54점	5문제	20점	1문제	5점	3문제	17점	1문제	4점
2018.①	15문제	52점	6문제	25점	3문제	10점	1문제	10점	1문제	3점
2018.②	17문제	62점	6문제	21점	1문제	4점	1문제	8점	1문제	5점
2018.④	18문제	61점	5문제	21점	2문제	8점	1문제	10점	-	-

【2011.1회~2024.3회 기출문제 배점 분석】

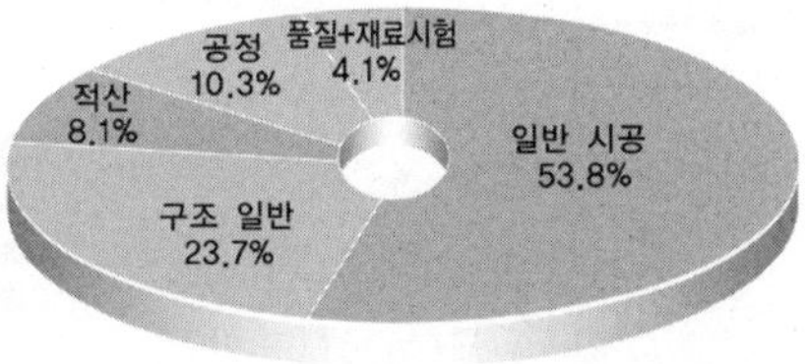

	일반 시공		구조 일반		적산		공정		품질 + 재료시험	
2019.①	16문제	60점	8문제	26점	1문제	4점	1문제	10점	-	-
2019.②	14문제	50점	8문제	27점	2문제	9점	1문제	10점	1문제	4점
2019.④	18문제	61점	5문제	17점	1문제	8점	1문제	10점	1문제	4점
2020.①	15문제	48점	7문제	23점	2문제	16점	1문제	10점	1문제	3점
2020.②	16문제	56점	7문제	21점	1문제	9점	2문제	14점	-	-
2020.③	15문제	51점	7문제	29점	2문제	10점	1문제	6점	1문제	4점
2020.④	14문제	50점	8문제	29점	2문제	8점	1문제	10점	1문제	3점
2020.⑤	16문제	57점	7문제	21점	1문제	10점	1문제	8점	1문제	3점
2021.①	18문제	56점	4문제	16점	1문제	9점	1문제	10점	2문제	9점
2021.②	14문제	48점	7문제	27점	2문제	9점	2문제	13점	1문제	3점
2021.④	16문제	54점	7문제	27점	1문제	5점	1문제	10점	1문제	4점
2022.①	12문제	43점	9문제	31점	2문제	9점	2문제	13점	1문제	4점
2022.②	17문제	65점	6문제	18점	1문제	3점	1문제	10점	1문제	4점
2022.④	16문제	55점	5문제	18점	1문제	6점	1문제	10점	3문제	11점
2023.①	15문제	51점	7문제	23점	1문제	6점	2문제	13점	1문제	5점
2023.②	14문제	47점	9문제	29점	2문제	14점	1문제	10점	-	-
2023.④	15문제	51점	7문제	24점	2문제	11점	1문제	10점	1문제	4점
2024.①	15문제	52점	7문제	27점	2문제	10점	1문제	8점	1문제	3점
2024.②	14문제	48점	6문제	23점	2문제	9점	1문제	10점	3문제	10점
2024.③	16문제	56점	7문제	24점	1문제	6점	1문제	10점	1문제	4점
평균	688	2,366	299	1,039	68	357	57	453	51	177
	15.6	**53.8**	6.8	**23.7**	1.5	**8.1**	1.3	**10.3**	1.2	**4.1**

목차

2017년 과년도 출제문제

2018년 과년도 출제문제

2019년 과년도 출제문제

2020년 과년도 출제문제

2021년 과년도 출제문제

2022년 과년도 출제문제

2023년 과년도 출제문제

2024년 과년도 출제문제

부록

과년도 출제문제

■□■ 수험자 유의사항 ■□■

(1) 수험자 인적사항 및 답안작성(계산식 포함)은 **흑색 필기구만 사용**하여야 한다.

(2) 흑색을 제외한 유색 필기구 또는 연필류를 사용하거나 2가지 이상의 색을 혼합하여 사용할 경우 해당 문항은 0점 처리된다.

(3) 답란에는 해당 문제와 관련이 없는 불필요한 낙서나 특이한 기록사항 등을 기재해서는 안되며, 부정의 목적으로 특이한 표식을 하였다고 판단될 경우 모든 문항이 0점 처리된다.

(4) 답안을 정정할 때에는 정정 부분을 두 줄(=)로 그어 표시하거나, 수정테이프(수정액은 제외)로 답안을 정정하여야 한다.

(5) 계산문제는 반드시 계산과정과 답이 정확히 기재되어야 하며, 계산과정이 틀리거나 없는 경우 0점 처리된다.

(6) **답에 단위가 없으면 오답으로 처리**된다.

(7) 문제의 요구조건에서 특별한 지시가 없는 한 소수 셋째자리에서 반올림하여 둘째자리까지 구하는 것을 원칙으로 하지만 문제의 특수한 성격에 따라 소수점 처리는 변경될 수 있다.

(8) 한 문제에서 여러 문제로 파생되는 문제나, 가지수를 요구하는 문제는 대부분의 경우 부분배점을 적용한다.

(9) 문제에서 요구한 항목 이상을 답란에 표기한 답을 기재한 순으로 채점하고, 한 항목에 여러 가지를 기재하더라도 한 가지로 평가한다.

(10) 답안에 정답과 오답이 함께 기재되어 있을 경우 오답으로 처리된다.

2011. 1회 건축기사

1. 강구조공사 습식 내화피복 공법의 종류를 4가지 쓰시오.

득점	배점
	4

① ②

③ ④

2. 커튼월 공사에서 구조체의 층간변위, 커튼월의 열팽창, 변위 등을 해결하기 위한 긴결 방법 3가지를 쓰시오.

득점	배점
	3

① ② ③

3. 블록 압축강도시험에 대한 다음 물음에 답하시오.

득점	배점
	4

(1) 390×190×150mm 속빈 콘크리트 블록의 압축강도시험에서 블록에 대한 가압면적 (mm^2)

(2) 압축강도 10MPa인 블록이 하중속도를 매초 0.2MPa로 할 때의 붕괴시간(sec)

4. 철근콘크리트 구조의 1방향 슬래브와 2방향 슬래브를 구분하는 기준에 대해 설명하시오.

득점	배점
	3

5. 강구조공사에서 용접부의 비파괴 시험방법의 종류를 3가지 쓰시오.

득점	배점
	3

① ② ③

6. 흙의 함수량 변화와 관련하여 ( ) 안을 채우시오.

득점	배점
	2

흙이 소성상태에서 반고체 상태로 옮겨지는 경계의 함수비를 (①)라 하고, 액성상태에서 소성상태로 옮겨지는 함수비를 (②)라고 한다.

① ②

7. 탄산화의 정의와 반응식에 대하여 다음 물음에 답하시오.

득점	배점
	4

(1) 탄산화의 정의: 대기 중의 탄산가스의 작용으로 콘크리트 내 (①)이 (②)으로 변하면서 알칼리성을 소실하는 현상을 말한다.

(2) 반응식: (③) + CO_2 → (④) + H_2O

① ②

③ ④

8. 강구조 주각부 현장시공 순서에 맞게 번호를 나열하시오.

득점	배점
	3

① 기초 상부 고름질　② 가조립　③ 변형 바로잡기
④ 앵커볼트 정착　⑤ 철골 세우기　⑥ 기초콘크리트 치기
⑦ 철골 도장

9. 다음 형강을 단면 형상의 표시방법에 따라 표시하시오.

득점	배점
	2

(1)

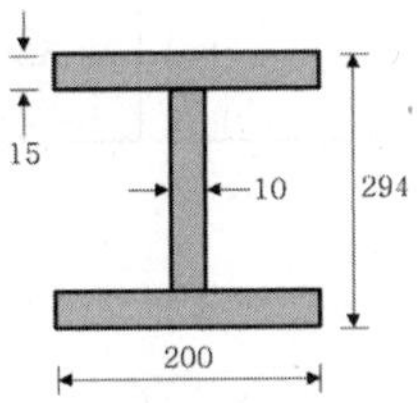

(2)

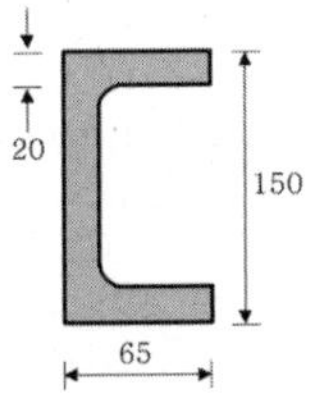

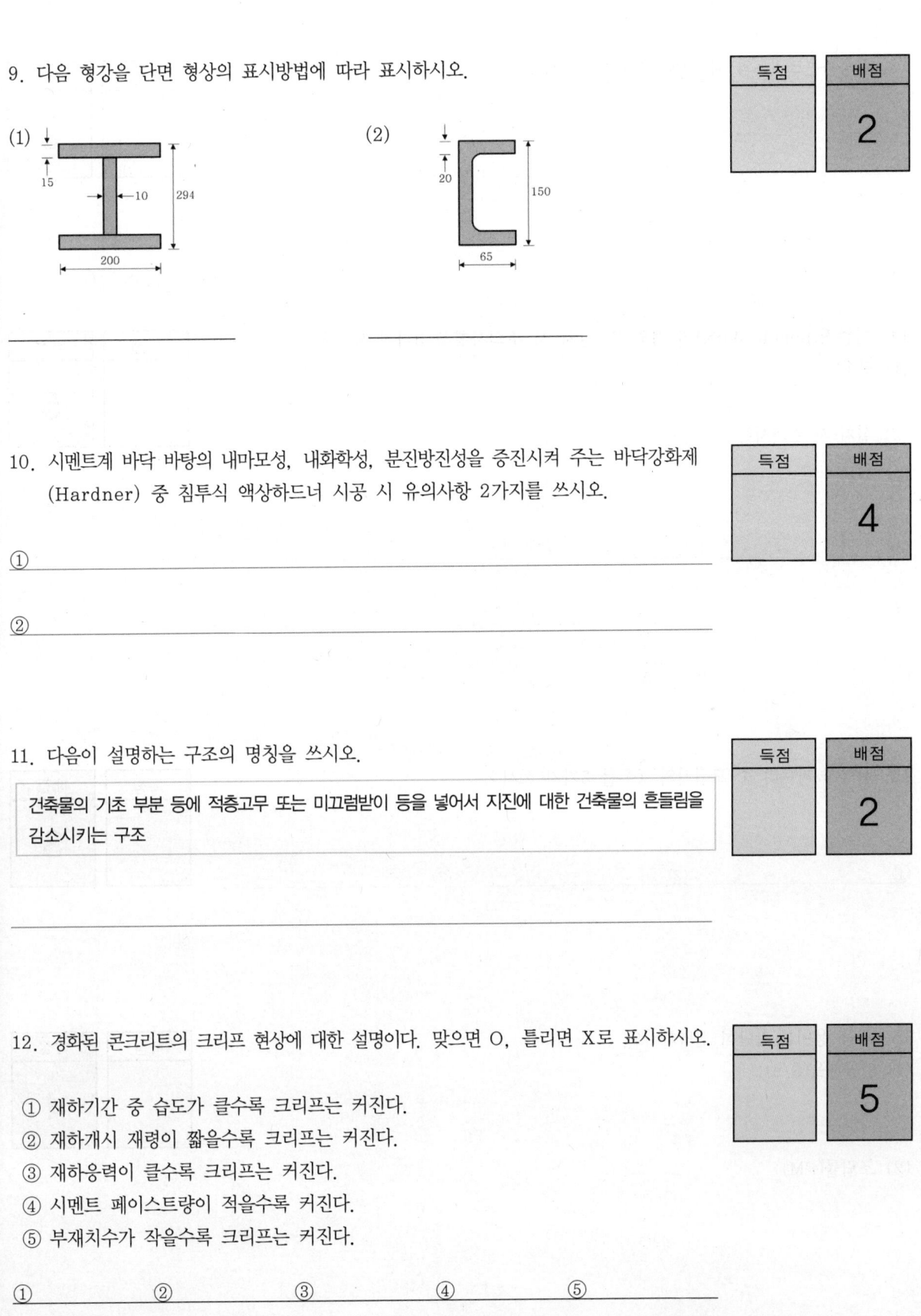

10. 시멘트계 바닥 바탕의 내마모성, 내화학성, 분진방진성을 증진시켜 주는 바닥강화제(Hardner) 중 침투식 액상하드너 시공 시 유의사항 2가지를 쓰시오.

득점	배점
	4

①

②

11. 다음이 설명하는 구조의 명칭을 쓰시오.

득점	배점
	2

> 건축물의 기초 부분 등에 적층고무 또는 미끄럼받이 등을 넣어서 지진에 대한 건축물의 흔들림을 감소시키는 구조

12. 경화된 콘크리트의 크리프 현상에 대한 설명이다. 맞으면 O, 틀리면 X로 표시하시오.

득점	배점
	5

① 재하기간 중 습도가 클수록 크리프는 커진다.
② 재하개시 재령이 짧을수록 크리프는 커진다.
③ 재하응력이 클수록 크리프는 커진다.
④ 시멘트 페이스트량이 적을수록 커진다.
⑤ 부재치수가 작을수록 크리프는 커진다.

① ② ③ ④ ⑤

13. 유동화콘크리트의 제조방법 3가지를 쓰시오.

득점	배점
	3

① ② ③

14. 기준점(Bench Mark)의 정의 및 설치 시 주의사항을 3가지 쓰시오.

(1) 정의:

(2) 설치 시 주의사항

①

②

③

득점	배점
	5

15. 목공사 마무리 중 모접기의 종류를 3가지 쓰시오.

득점	배점
	3

① ② ③

16. 다음 용어를 간단히 설명하시오.

(1) 잔골재율(S/a):

(2) 조립률(FM):

득점	배점
	4

17. 점토지반 개량공법 2가지를 제시하고 그 중에서 1가지를 선택하여 간단히 설명하시오.

득점	배점
	4

① ②

18. 커튼월의 외관형태 타입 4가지를 쓰시오.

득점	배점
	4

① ②

③ ④

19. 그림과 같은 라멘 구조물의 부정정 차수를 구하시오.

득점	배점
	3

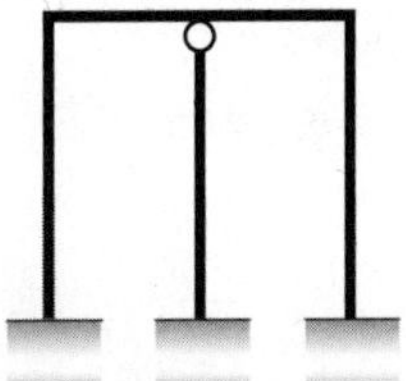

20. 다음 구조물의 휨모멘트도(BMD)를 그리시오.

득점	배점
	3

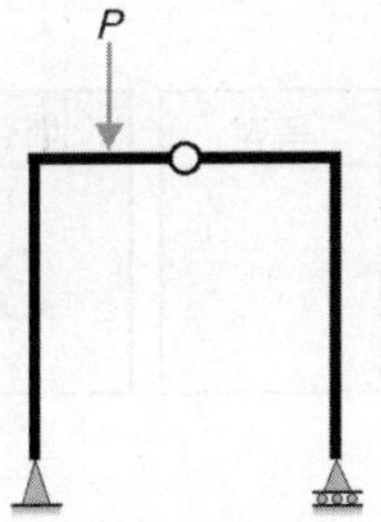

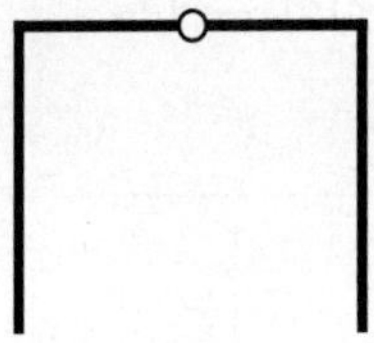

BMD

21. 설계시공 일괄계약(Design-Build Contract)의 장점을 3가지 기술하시오.

득점	배점
	3

①

②

③

22. 다음 설명에 해당하는 시멘트 종류를 고르시오.

득점	배점
	3

조강 시멘트, 실리카 시멘트, 내황산염 시멘트, 백색 시멘트,
중용열 시멘트, 콜로이드 시멘트, 고로슬래그 시멘트

(1) 조기강도가 크고 수화열이 많으며 저온에서 강도의 저하율이 낮다. 긴급공사, 한중공사에 쓰임
(2) 석탄 대신 중유를 원료로 쓰며, 제조 시 산화철분이 섞이지 않도록 주의한다. 미장재, 인조석 원료에 쓰임
(3) 내식성이 좋으며 발열량 및 수축률이 작다. 대단면 구조재, 방사성 차단물에 쓰임

(1) (2) (3)

23. 금속재 바탕처리법 중 화학적 방법 3가지를 쓰시오.

득점	배점
	3

① ② ③

24. 역타설 공법(Top-Down Method)의 장점을 3가지 쓰시오.

득점	배점
	3

①

②

③

25. 강구조 볼트접합과 관련하여 용어를 쓰시오.

① 볼트 중심 사이의 간격

② 볼트 중심 사이를 연결하는 선

③ 볼트 중심 사이를 연결하는 선 사이의 거리

득점	배점
	3

① ② ③

26. 그림과 같은 구조물에서 T 부재에 발생하는 부재력을 구하시오.

득점	배점
	2

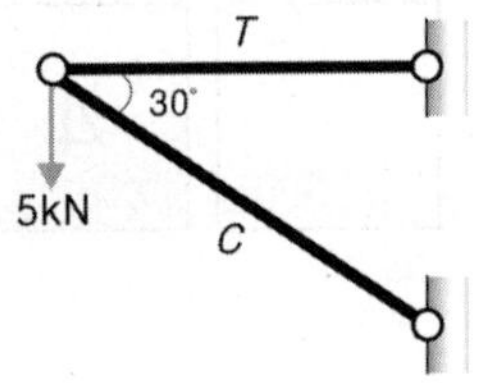

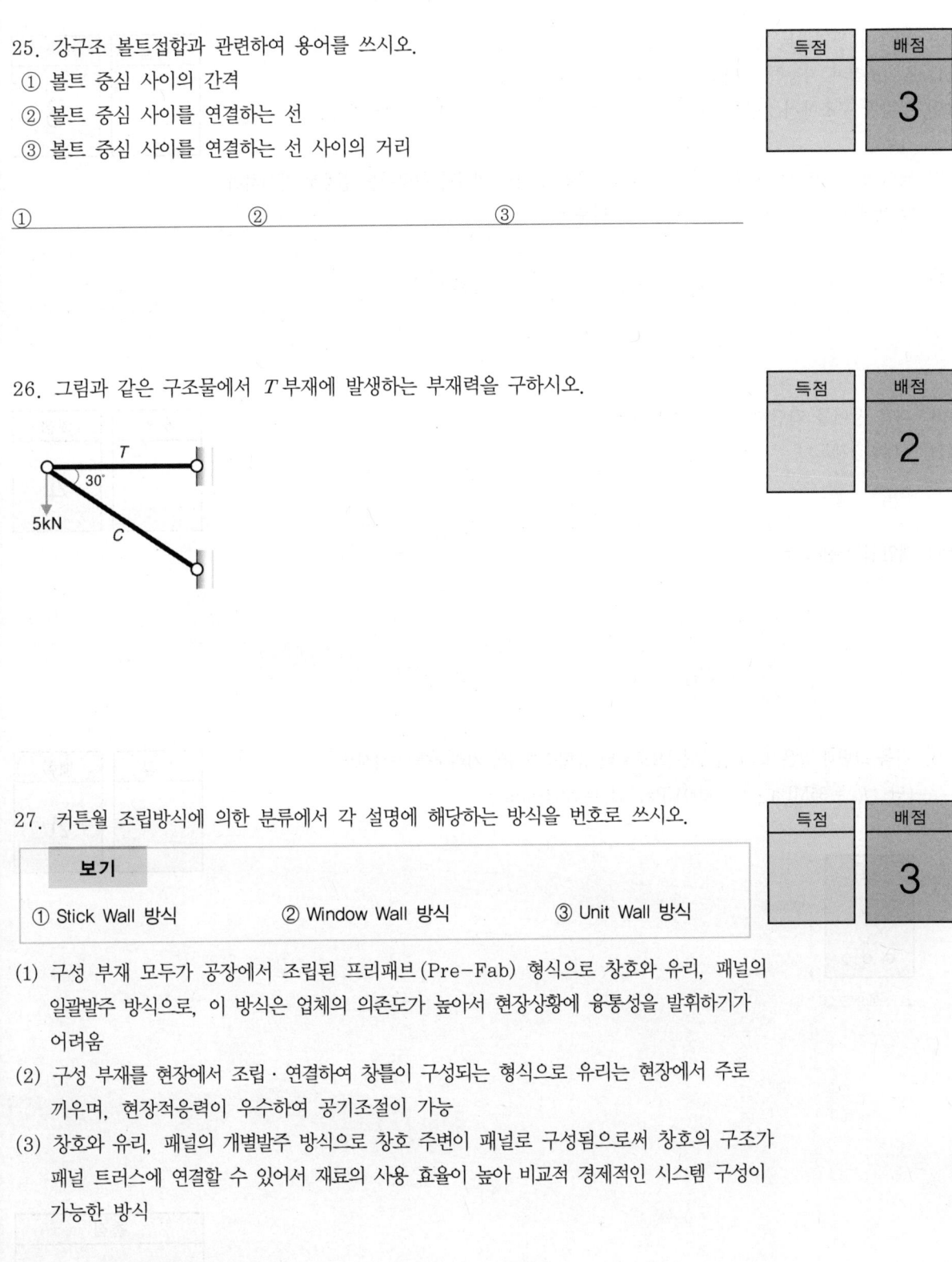

27. 커튼월 조립방식에 의한 분류에서 각 설명에 해당하는 방식을 번호로 쓰시오.

득점	배점
	3

보기

① Stick Wall 방식 ② Window Wall 방식 ③ Unit Wall 방식

(1) 구성 부재 모두가 공장에서 조립된 프리패브(Pre-Fab) 형식으로 창호와 유리, 패널의 일괄발주 방식으로, 이 방식은 업체의 의존도가 높아서 현장상황에 융통성을 발휘하기가 어려움

(2) 구성 부재를 현장에서 조립·연결하여 창틀이 구성되는 형식으로 유리는 현장에서 주로 끼우며, 현장적응력이 우수하여 공기조절이 가능

(3) 창호와 유리, 패널의 개별발주 방식으로 창호 주변이 패널로 구성됨으로써 창호의 구조가 패널 트러스에 연결할 수 있어서 재료의 사용 효율이 높아 비교적 경제적인 시스템 구성이 가능한 방식

(1) (2) (3)

28. 다음이 설명하는 용어를 쓰시오.

득점	배점
	3

(1) 길이조절이 가능한 무지주공법의 수평지지보

(2) 무량판 구조에서 2방향 장선 바닥판 구조가 가능하도록 된 특수상자 모양의 기성재 거푸집

(3) 벽식 철근콘크리트 구조를 시공할 때 한 구획 전체의 벽판과 바닥판을 일체로 제작하여 한 번에 설치 · 해체할 수 있도록 한 거푸집

(1) (2) (3)

29. 다음 용어를 간단히 설명하시오.

득점	배점
	4

(1) 부대입찰제도:

(2) 대안입찰제도:

30. 다음 그림과 같은 보의 압축연단으로부터 중립축까지의 거리 c를 구하시오.
(단, $f_{ck}=35\text{MPa}$, $f_y=400\text{MPa}$, $A_s=2{,}028\text{mm}^2$)

득점	배점
	4

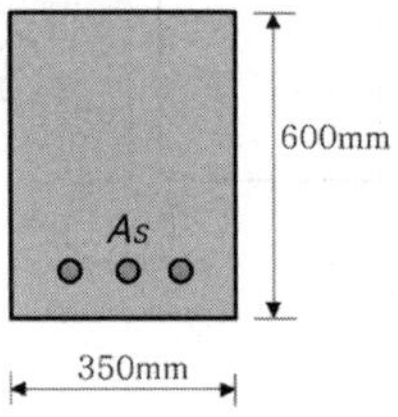

총점

2011. 1회 건축기사 해답

1.
① 타설 공법 ② 뿜칠 공법 ③ 미장 공법 ④ 조적 공법

2.
① 수평이동 방식 ② 고정 방식 ③ 회전 방식

3.
(1) $A = 390 \times 150 = 58{,}500\text{mm}^2$ (2) 붕괴시간$= 10 \div 0.2 = 50\text{sec}$

4.
(1) 1방향 슬래브(1-Way Slab): 변장비 $= \dfrac{\text{장변 경간}}{\text{단변 경간}} > 2$

(2) 2방향 슬래브(2-Way Slab): 변장비 $= \dfrac{\text{장변 경간}}{\text{단변 경간}} \leq 2$

5.
① 방사선 투과법 ② 초음파 탐상법 ③ 자기분말 탐상법

6.
① 소성한계 ② 액성한계

7.
① 수산화칼슘 ② 탄산칼슘 ③ $Ca(OH)_2$ ④ $CaCO_3$

8.
⑥ ➡ ④ ➡ ① ➡ ⑤ ➡ ② ➡ ③ ➡ ⑦

9.
(1) $H-294 \times 200 \times 10 \times 15$ (2) $ㄷ-150 \times 65 \times 20$

10.
① 5℃ 이하가 되면 작업을 중단할 것
② 액상 바닥강화 바탕은 최소 21일 이상 양생하여 완전 건조시킬 것

11.
면진구조

12.
① X ② O ③ O ④ X ⑤ O

13.
① 현장첨가 방식 ② 공장첨가 방식 ③ 공장유동화 방식

14.
(1) 건축물 시공 시 공사 중 높이의 기준을 정하고자 설치하는 원점
(2) ① 이동의 염려가 없는 곳에 설치
② 지면에서 0.5~1.0m에 공사에 지장이 없는 곳에 설치
③ 필요에 따라 보조기준점을 1~2개소 설치

15.
① 실모 ② 둥근모 ③ 민빗모

16.
(1) 골재의 절대용적의 합에 대한 잔골재의 절대용적의 백분율
(2) 골재의 체가름 시험에서 10개 체에 남은 양의 누적백분율의 합을 100으로 나눈 지표

17.
(1) ① 치환공법 ② 고결공법
(2) ① 연약층의 흙을 양질의 흙으로 교체하는 방법

18.
① 샛기둥 방식 ② 스팬드럴 방식 ③ 격자방식 ④ 피복방식

19.
$N=r+m+f-2j=(3+3+3)+(5)+(3)-2(6)=$ 5차 부정정

20.
$N=r+m+f-2j=(2+1)+(4)+(2)-2(5)=-1$차 ➠ 불안정 구조이므로 휨모멘트도 없음

21.
① 설계와 시공의 통합관리에 의한 의사소통 개선
② 원가절감 및 공기단축 가능
③ 일괄책임 회피로 인한 책임한계가 명확

22.
(1) 조강시멘트　(2) 백색시멘트　(3) 중용열시멘트

23.
① 용제에 의한 방법　② 산처리법　③ 인산염 피막법

24.
① 1층 슬래브가 먼저 타설되어 작업공간으로 활용가능
② 지상과 지하의 동시 시공으로 공기단축이 용이
③ 날씨와 무관하게 공사진행이 가능

25.
① 피치(pitch)　② 게이지라인(gauge line)　③ 게이지(gauge)

26.
(1) $\sum V=0$: $-(5)-(F_C \cdot \sin 30°)=0$　$\therefore$ $F_C=-10$kN(압축)
(2) $\sum H=0$: $+(F_T)+(F_C \cdot \cos 30°)=0$　$\therefore$ $F_T=+8.66$kN(인장)

27.
(1) ③　(2) ①　(3) ②

28.
(1) 페코빔　(2) 와플폼　(3) 터널폼

29.
(1) 발주처에서 하도급 공종별로 금액비율을 미리 정하여 입찰참가자에게 통보하고, 그 비율 이상으로 계약될 하도급계약서를 입찰 시 입찰서류에 첨부해서 입찰하는 제도 ➠ **【현행 제도 폐지】**
(2) 발주자가 제시한 기본설계를 바탕으로 동등 이상의 기능 및 효과를 가진 공법으로 공기단축 및 공사비 절감 등을 내용으로 하는 대안을 도급자가 제시한 제도

30.
(1) $f_{ck} \le 40$MPa ➠ $\eta=1.00$, $\beta_1=0.80$

(2) $a=\dfrac{A_s \cdot f_y}{\eta \cdot 0.85 f_{ck} \cdot b}=\dfrac{(2{,}028)(400)}{(1.00)(0.85\times35)(350)}=77.91\text{mm}$

(3) $c=\dfrac{a}{\beta_1}=\dfrac{(77.91)}{(0.80)}=97.39\text{mm}$

2011. 2회 건축기사

1. 철근의 응력-변형률 곡선에서 해당하는 4개의 주요 영역과 5개의 주요 포인트에 관련된 용어를 쓰시오.

득점	배점
	3

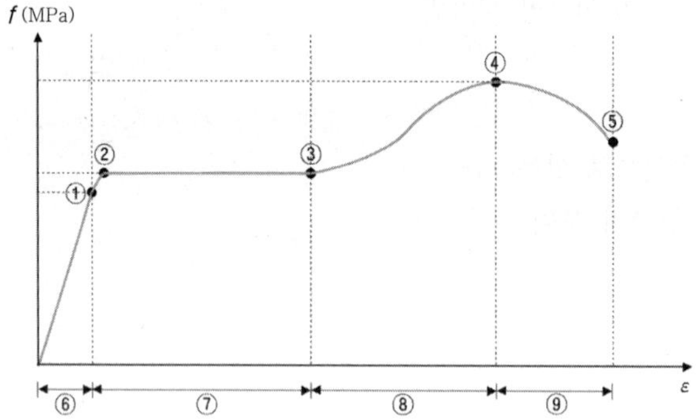

① ______ ② ______ ③ ______

④ ______ ⑤ ______ ⑥ ______

⑦ ______ ⑧ ______ ⑨ ______

2. 다음 그림과 같은 기둥 주근의 철근량을 산출하시오. (단, 층고는 3.6m, 주근의 이음 길이는 $25D$로 하고, 철근의 중량은 $D22 = 3.04$kg/m, $D19 = 2.25$kg/m, $D10 = 0.56$kg/m로 한다.)

득점	배점
	4

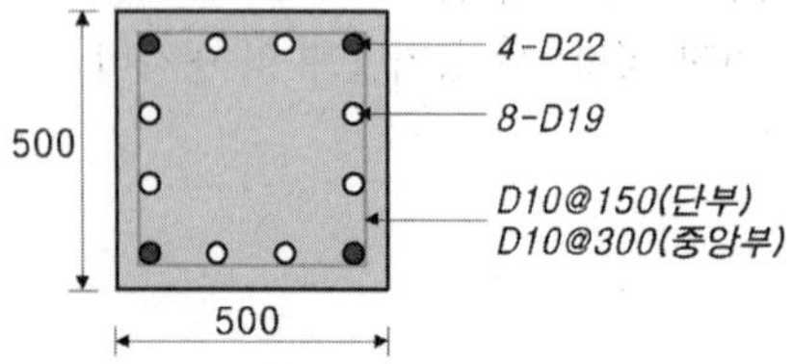

3. 콘크리트 구조체공사의 VH(Vertical Horizontal) 공법에 관하여 기술하시오.

득점	배점
	3

4. 시트방수의 시공순서를 번호로 쓰시오.

(가) ➠ (나) ➠ (다) ➠ (라) ➠ 마무리

보기

① 시트붙이기 ② 프라이머칠 ③ 바탕처리 ④ 접착제칠

득점	배점
	3

(가) (나) (다) (라)

5. 콘크리트에서 크리프(Creep) 현상에 대하여 설명하시오.

득점	배점
	3

6. 다음 설명이 의미하는 거푸집 관련 용어를 쓰시오.

(1) 철근의 피복두께를 유지하기 위해 벽이나 바닥 철근에 대어주는 것
(2) 벽 거푸집 간격을 일정하게 유지하여 격리와 긴장재 역할을 하는 것
(3) 기둥 거푸집의 고정 및 측압 버팀용으로 주로 합판 거푸집에서 사용되는 것
(4) 거푸집의 탈형과 청소를 용이하게 만들기 위해 합판 거푸집 표면에 미리 바르는 것

득점	배점
	4

(1) (2)

(3) (4)

7. 건축공사에서 기준점(Bench Mark)을 설정할 때 주의사항을 2가지 쓰시오.

득점	배점
	2

①

②

8. 지반조사 방법 중 보링(Boring)의 종류 3가지를 쓰시오.

득점	배점
	3

① ② ③

9. 벽돌벽의 표면에 생기는 백화현상의 정의와 발생방지 대책을 3가지 쓰시오.
(1) 정의:

(2) 방지대책:

득점	배점
	5

①

②

③

10. 다음이 설명하는 용어를 쓰시오.
(1) 창 밑에 돌 또는 벽돌을 15° 정도 경사지게 옆세워 쌓는 방법
(2) 벽돌벽 등에 장식적으로 구멍을 내어 쌓는 방법

득점	배점
	2

(1) (2)

11. 한중콘크리트에 관한 내용 중 ( ) 안을 채우시오.

(1) 한중콘크리트는 초기강도 ( )MPa까지 보양을 실시한다.

(2) 한중콘크리트 물시멘트비(W/C)는 ( )% 이하로 한다.

득점	배점
	4

(1) ________________ (2) ________________

12. 구조물을 신축하기 전에 실시하는 Mock-Up Test의 정의와 시험항목을 3가지 쓰시오.

득점	배점
	5

(1) 정의:

(2) 시험항목:

① ________ ② ________ ③ ________

13. 다음이 설명하는 콘크리트의 줄눈 명칭을 쓰시오.

득점	배점
	3

> 지반 등 안정된 위치에 있는 바닥판이 수축에 의하여 표면에 균열이 생길 수 있는데 이러한 균열을 방지하기 위해 설치하는 줄눈

____

14. 보기에 표기된 실비정산보수가산 도급의 종류를 주어진 기호를 사용하여 표기하시오.

득점	배점
	3

보기

• A : 공사실비 • A': 한정된 실비 • F : 정액보수 • f : 비율보수

(1) 실비비율 보수가산식: ________________

(2) 실비한정비율 보수가산식: ________________

(3) 실비정액 보수가산식: ________________

15. 다음 측정기별 용도를 쓰시오.

득점	배점
	4

(1) Washington Meter:
(2) Earth Pressure Meter:
(3) Piezo Meter:
(4) Dispenser:

16. 목재에 가능한 방부처리법을 4가지 쓰시오.

득점	배점
	4

① ②

③ ④

17. TQC를 위한 7가지 통계수법 중 4가지를 쓰시오.

득점	배점
	4

① ②

③ ④

18. BOT(Build-Operate-Transfer Contract) 방식을 설명하고 이와 유사한 방식을 3가지 쓰시오.

득점	배점
	5

(1) BOT 방식:

(2) 유사한 방식:

①

②

③

19. 철근콘크리트 부재의 구조계산을 수행한 결과이다. 공칭휨강도와 공칭전단강도를 구하시오.

득점	배점
	4

(1) 하중조건:

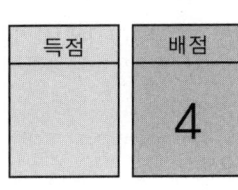

① 고정하중: $M = 150\text{kN} \cdot \text{m}$, $V = 120\text{kN}$　② 활하중: $M = 130\text{kN} \cdot \text{m}$, $V = 110\text{kN}$

(2) 강도감소계수:

① 휨에 대한 강도감소계수: $\phi = 0.85$ 적용　② 전단에 대한 강도감소계수: $\phi = 0.75$ 적용

(1) 공칭휨강도:

(2) 공칭전단강도:

20. 다음 구조물의 전단력도와 휨모멘트도를 그리고, 최대전단력과 최대휨모멘트값을 구하시오.

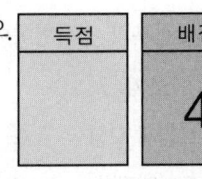

득점	배점
	4

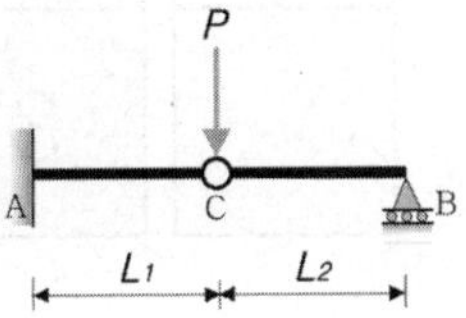

최대전단력: ____________

최대휨모멘트: ____________

21. 그림과 같은 겔버보의 A, B, C의 지점반력을 구하시오.

득점	배점
	3

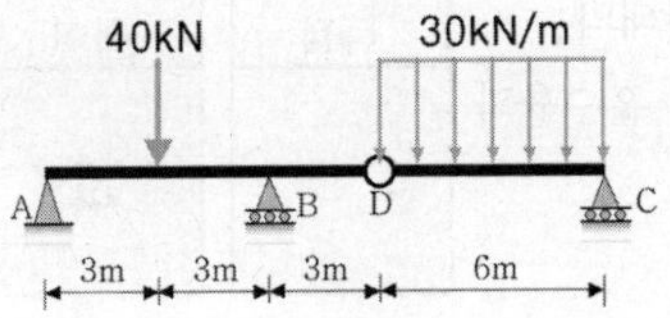

22. 강구조공사에서 기초 상부 고름질의 방법 3가지를 쓰시오.

득점	배점
	3

① ② ③

23. 그림과 같은 철근콘크리트 보가 $f_{ck}=21\text{MPa}$, $f_y=400\text{MPa}$, D22(단면적 387mm^2) 일 때 강도감소계수 $\phi=0.85$를 적용함이 적합한지 부적합한지를 판정하시오.

득점	배점
	4

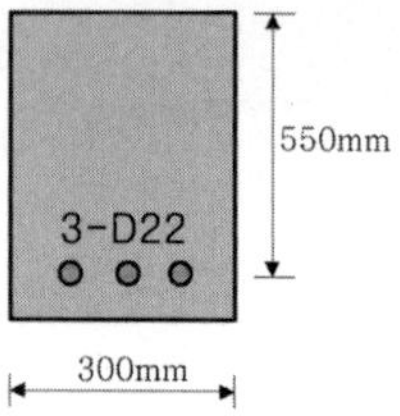

24. 용접부의 검사항목이다. 알맞는 공정을 보기에서 골라 해당번호를 쓰시오.

득점	배점
	3

보기

① 트임새 모양	② 전류	③ 침투수압	④ 운봉
⑤ 모아대기법	⑥ 외관 판단	⑦ 구속	
⑧ 용접봉	⑨ 초음파검사	⑩ 절단검사	

(1) 용접 착수 전: (2) 용접 작업 중: (3) 용접 완료 후:

25. 총단면적 $A_g=5{,}624\text{mm}^2$의 $H-250\times175\times7\times11$(SM355)의 설계인장강도를 한계상태설계법에 의해 산정하시오. (단, 설계저항계수 $\phi=0.90$을 적용한다.)

득점	배점
	2

26. 굵은골재의 최대치수 25mm, 4kg을 물속에서 채취하여 표면건조내부포수상태의 질량이 3.95kg, 절대건조질량이 3.60kg, 수중에서의 질량이 2.45kg일 때 흡수율과 밀도를 구하시오.

득점	배점
	4

(1) 흡수율: (2) 표건밀도:

(3) 절건밀도: (4) 겉보기밀도:

27. 다음에 제시된 화살표형 네트워크 공정표를 통해 일정계산 및 여유시간, 주공정선(CP)과 관련된 빈칸을 모두 채우시오. (단, CP에 해당하는 작업은 ※표시를 하시오.)

득점	배점
	10

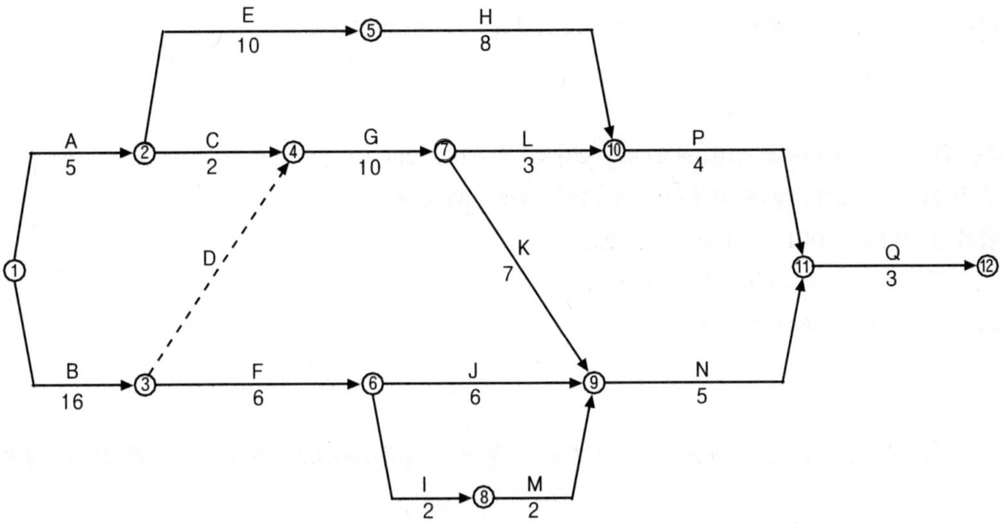

작업명	EST	EFT	LST	LFT	TF	FF	DF	CP
A								
B								
C								
D								
E								
F								
G								
H								
I								
J								
K								
L								
M								
N								
P								
Q								

총점

1.
① 비례한계점 ② 항복강도점 ③ 변형도경화점 ④ 극한강도점 ⑤ 파괴점
⑥ 탄성영역 ⑦ 소성영역 ⑧ 변형도경화영역 ⑨ 파괴영역

2.
(1) 주근(D22) : $[3.6+(25+10.3\times2)\times0.022]\times4$개 $=18.412\text{m}$
(2) 주근(D19) : $[3.6+(25+10.3\times2)\times0.019]\times8$개 $=35.731\text{m}$
(3) 합계 ① D22 : $18.412\times3.04=55.972\text{kg}$
② D19 : $35.731\times2.25=80.394\text{kg}$
$\therefore$ $55.972+80.394=136.366\text{kg}$ ➡ 136.37kg

3.
기둥 · 벽 등 수직부재를 먼저 타설하고, PC판과 맞물려 토핑(Topping) 콘크리트를 타설하는 방법

4.
(가) ③ (나) ② (다) ④ (라) ①

5.
하중의 증가 없이도 시간과 더불어 변형이 증가되는 굳은 콘크리트의 소성변형 현상

6.
(1) 스페이서 (2) 세퍼레이터 (3) 칼럼밴드 (4) 박리제

7.
① 이동의 염려가 없는 곳에 설치 ② 지면에서 0.5~1.0m에 공사에 지장이 없는 곳에 설치

8.
① 오거 보링 ② 수세식 보링 ③ 회전식 보링

9.
(1) 시멘트 중의 수산화칼슘이 공기 중의 탄산가스와 반응하여 벽체의 표면에 생기는 흰 결정체
(2) ① 흡수율이 작은 소성이 잘된 벽돌 사용
② 처마 또는 차양의 설치로 빗물 차단
③ 벽체 표면에 발수제 첨가 및 도포

10.
(1) 창대 쌓기 (2) 영롱 쌓기

11.
(1) 5 (2) 60

12.
(1) 대형 시험장치를 이용하여 시험소에서 실제와 같은 가상구조체에 실물을 설치하여 성능을 평가하는 시험
(2) ① 기밀성능 시험 ② 수밀성능 시험 ③ 구조성능 시험

13.
조절줄눈(Control Joint)

14.
(1) $A+A \cdot f$ (2) $A'+A' \cdot f$ (3) $A+F$

15.
(1) 콘크리트 내 공기량 측정 (2) 토압 측정 (3) 간극수압 측정 (4) AE제의 계량

16.
① 도포법 ② 주입법 ③ 침지법 ④ 표면탄화법

17.
① 히스토그램 ② 파레토도 ③ 특성요인도 ④ 체크시트

18.
(1) 사회간접시설을 민간부분이 주도하여 설계·시공한 후 일정기간 시설물을 운영하여 투자금액을 회수한 후 시설물과 운영권을 무상으로 공공부분에 이전하는 방식
(2) ① BOO(Build-Operate-Own)
② BTO(Build-Transfer-Own)
③ BTL(Build-Transfer-Lease)

19.

(1) $M_n \geq \dfrac{M_u}{\phi} = \dfrac{1.2M_D + 1.6M_L}{\phi} = \dfrac{1.2(150) + 1.6(130)}{(0.85)} = 456.47\text{kN}\cdot\text{m}$

(2) $V_n \geq \dfrac{V_u}{\phi} = \dfrac{1.2V_D + 1.6V_L}{\phi} = \dfrac{1.2(120) + 1.6(110)}{(0.75)} = 426.67\text{kN}$

20.

(1) 최대전단력: P

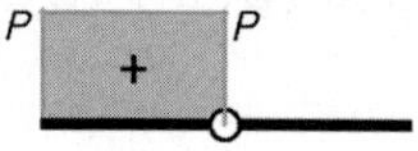

(2) 최대휨모멘트: PL_1

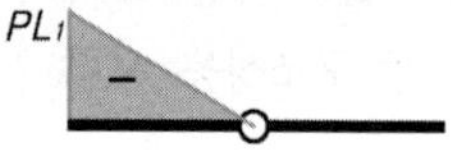

21.

(1) DC 구간: $V_C = V_D = +\dfrac{(30\times 6)}{2} = +90\text{kN}(\uparrow)$

(2) AD 내민보 구간:

① $\Sigma H = 0$: $H_A = 0$

② $\Sigma M_B = 0$: $+(V_A)(6) - (40)(3) + (90)(3) = 0$ $\therefore V_A = -25\text{kN}(\downarrow)$

③ $\Sigma V = 0$: $+(V_A) + (V_B) - (40) - (90) = 0$ 이므로 $V_B = +155\text{kN}(\uparrow)$

22. ① 전면 바름 마무리법 ② 나중채워넣기 중심바름법 ③ 나중채워넣기 십자바름법

23.

(1) $f_{ck} \leq 40\text{MPa}$ ➠ $\eta = 1.00$, $\beta_1 = 0.80$, $\epsilon_{cu} = 0.0033$

(2) $a = \dfrac{A_s \cdot f_y}{\eta \cdot 0.85 f_{ck} \cdot b} = \dfrac{(3\times 387)(400)}{(1.00)(0.85\times 21)(300)} = 86.72\text{mm}$

$c = \dfrac{a}{\beta_1} = \dfrac{(86.72)}{(0.80)} = 108.4\text{mm}$

(3) $\epsilon_t = \dfrac{d_t - c}{c}\cdot \epsilon_{cu} = \dfrac{(550) - (108.4)}{(108.4)}\cdot (0.0033) = 0.01344 > 0.005$

(4) 인장지배단면 부재이며 $\phi = 0.85$를 적용함이 적합

24.

(1) ①, ⑤, ⑦ (2) ②, ④, ⑧ (3) ③, ⑥, ⑨, ⑩

25.

$\phi F_y \cdot A_g = (0.90)(355)(5{,}624) = 1{,}796{,}868\text{N} = 1{,}796.868\text{kN}$

26.

(1) $\frac{3.95-3.60}{3.60}\times 100=9.72\%$

(2) $\frac{3.95}{3.95-2.45}\times 1=2.63\text{g/cm}^3$

(3) $\frac{3.60}{3.95-2.45}\times 1=2.40\text{g/cm}^3$

(4) $\frac{3.60}{3.60-2.45}\times 1=3.13\text{g/cm}^3$

27.

작업명	EST	EFT	LST	LFT	TF	FF	DF	CP
A	0	5	9	14	9	0	9	
B	0	16	0	16	0	0	0	※
C	5	7	14	16	9	9	0	
D	16	16	16	16	0	0	0	※
E	5	15	16	26	11	0	11	
F	16	22	21	27	5	0	5	
G	16	26	16	26	0	0	0	※
H	15	23	26	34	11	6	5	
I	22	24	29	31	7	0	7	
J	22	28	27	33	5	5	0	
K	26	33	26	33	0	0	0	※
L	26	29	31	34	5	0	5	
M	24	26	31	33	7	7	0	
N	33	38	33	38	0	0	0	※
P	29	33	34	38	5	5	0	
Q	38	41	38	41	0	0	0	※

2011. 4회 건축기사

1. 다음 도면을 보고 옥상방수면적(m²), 누름콘크리트량(m³), 보호벽돌량(매)를 구하시오.
   (단, 벽돌의 규격은 190×90×57, 할증률은 5%)

득점	배점
	6

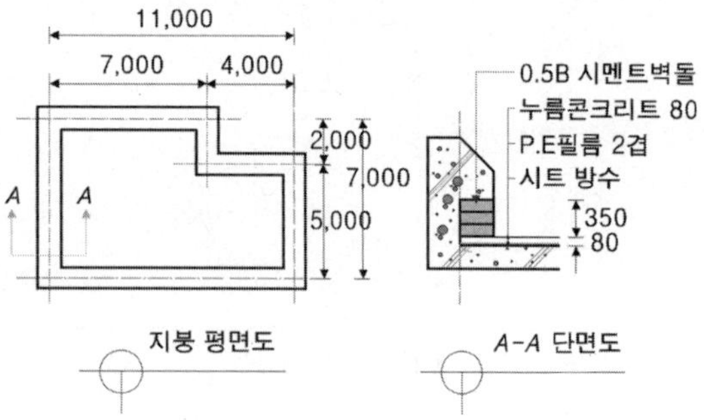

(1) 옥상방수 면적:

(2) 누름콘크리트량:

(3) 보호벽돌 소요량:

2. 철근콘크리트 공사에서 헛응결(False Set)에 대하여 기술하시오.

득점	배점
	3

3. 흙은 흙입자, 물, 공기로 구성되며, 도식화하면 다음 그림과 같다.
   그림에 주어진 기호로 아래의 용어를 표기하시오.

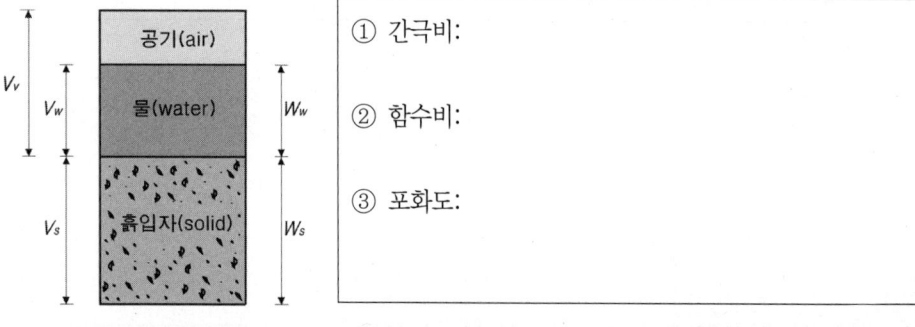

득점	배점
	6

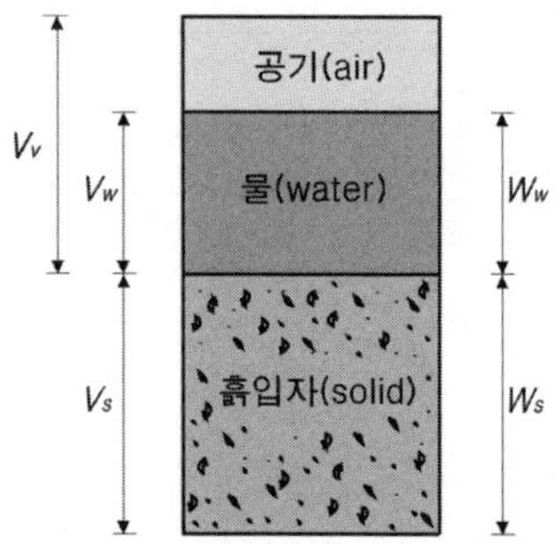

① 간극비:

② 함수비:

③ 포화도:

4. 대형 시스템 거푸집 중에서 갱폼(Gang Form)의 장 · 단점을 각각 2가지씩 쓰시오.

득점	배점
	4

(1) 장점:

①

②

(2) 단점:

①

②

5. 방수공법 중 도막방수와 시트방수의 방수층 형성원리에 대하여 기술하시오.

득점	배점
	4

(1) 도막방수:

(2) 시트방수:

6. 기초를 보강하는 언더피닝 공법을 3가지 쓰시오.

득점	배점
	3

① ② ③

7. Network 공정표에서 작업상호간의 연관 관계만을 나타내는 명목상의 작업인 더미(Dummy)의 종류를 3가지 쓰시오.

득점	배점
	3

① ② ③

8. 공동도급(Joint Venture Contract)의 장점을 4가지 쓰시오.

득점	배점
	4

①

②

③

④

9. 흐트러진 상태의 흙 $10m^3$를 이용하여 $10m^2$의 면적에 다짐 상태로 50cm 두께를 터돋우기 할 때 시공완료된 다음의 흐트러진 상태의 토량을 산출하시오. (단, 이 흙의 $L=1.2$, $C=0.9$이다.)

득점	배점
	3

10. 콘크리트 헤드(Concrete Head)를 설명하시오.

득점	배점
	3

11. 지반조사 방법 중 보링(Boring)의 정의와 종류 4가지를 쓰시오.

(1) 정의:

(2) 종류:

① ②

③ ④

득점	배점
	5

12. 숏크리트(Shotcrete) 공법의 정의를 기술하고, 그에 대한 장 · 단점을 1가지씩 쓰시오.

득점	배점
	4

(1) 정의:

(2) 장점:

(3) 단점:

13. ALC(Autoclaved Lightweight Concrete) 패널의 설치공법을 4가지 쓰시오.

득점	배점
	4

① ______________ ② ______________

③ ______________ ④ ______________

14. 강구조 용접부 상세에서 ①, ②, ③의 명칭을 기술하시오.

득점	배점
	3

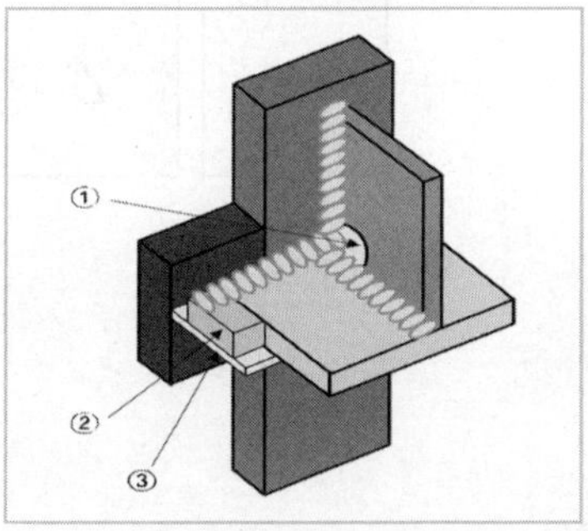

① ______________

② ______________

③ ______________

15. 철근콘크리트 기둥에서 띠철근(Hoop Bar)의 역할을 2가지 쓰시오.

득점	배점
	2

① ______________

② ______________

16. 건설공사의 원가절감기법 중 Value Engineering의 사고방식 4가지를 쓰시오.

득점	배점
	4

① ②

③ ④

17. 시멘트 분말도 시험방법을 2가지 쓰시오.

득점	배점
	4

① ②

18. 다음과 같은 Network 공정표의 최장 소요일수를 구하고 CP를 표시하시오.

득점	배점
	4

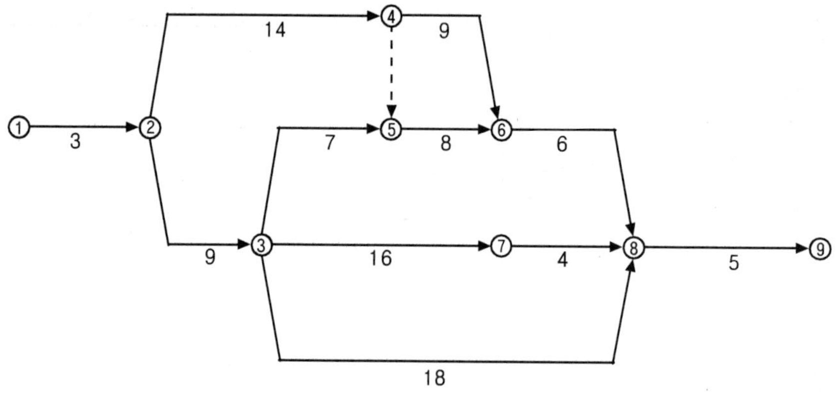

19. 온도조절 철근(Temperature Bar)의 배근목적에 대하여 간단히 설명하시오.

득점	배점
	2

20. 다음의 입찰방법을 간단히 설명하시오.

득점	배점
	3

(1) 공개경쟁입찰:

(2) 지명경쟁입찰:

(3) 특명입찰:

21. 흙막이 공사에 사용하는 어스앵커(Earth Anchor) 공법의 특징을 4가지 쓰시오.

득점	배점
	4

①

②

③

④

22. 다음이 설명하는 용어를 쓰시오.

득점	배점
	2

드라이비트라는 일종의 못박기총을 사용하여 콘크리트나 강재 등에 박는 특수못으로 머리가 달린 것을 H형, 나사로 된 것을 T형이라고 한다.

23. 철근콘크리트 T형보에서 압축을 받는 플랜지 부분의 유효폭을 결정할 때 세 가지 조건에 의하여 산출된 값 중 가장 작은값으로 유효폭을 결정하는데, 유효폭을 결정하는 세 가지 기준을 쓰시오.

득점	배점
	3

①

②

③

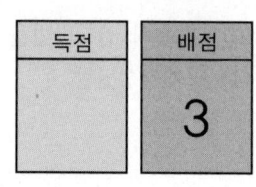

24. 보통골재를 사용한 콘크리트 설계기준강도 $f_{ck} = 24\text{MPa}$, 철근의 탄성계수 $E_s = 200{,}000\text{MPa}$ 일 때 콘크리트 탄성계수 및 탄성계수비를 구하시오.

득점	배점
	4

(1) 콘크리트 탄성계수:

(2) 탄성계수비:

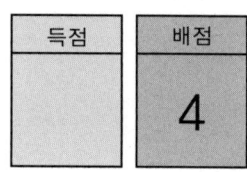

25. 그림과 같은 설계조건에서 플랫슬래브 지판(Drop Panel, 드롭 패널)의 최소두께를 산정하시오. (단, 슬래브 두께 t_f는 200mm)

득점	배점
	4

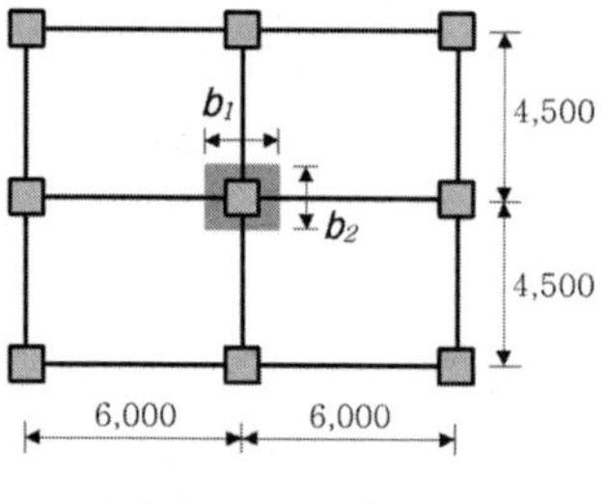

(1) 지판의 최소 크기:

(2) 지판의 최소 두께:

26. 그림과 같은 용접부의 설계강도를 구하시오. (단, 모재는 SM275, 용접재(KS D7004 연강용 피복아크 용접봉)의 인장강도 $F_{uw} = 420\text{N/mm}^2$, 모재의 강도는 용접재의 강도보다 크다.)

득점	배점
	4

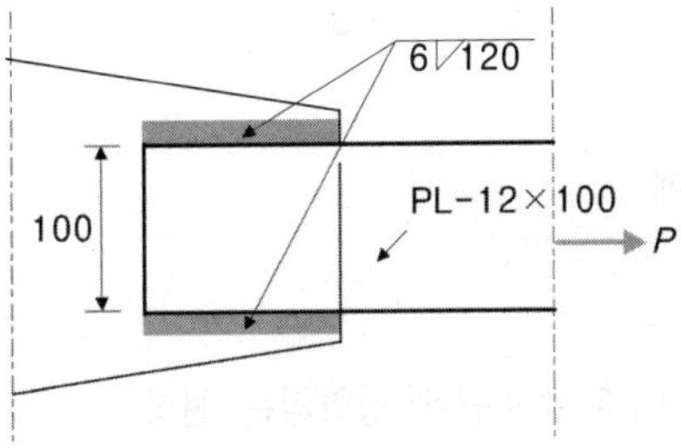

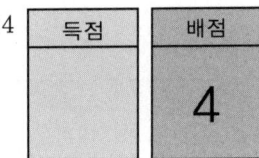

27. 그림과 같은 한 변의 길이가 1.8m인 정사각형 철근콘크리트 기초판 바닥에 작용하는 총토압(kPa)을 계산하시오. (단, 흙의 단위질량 $\rho_s{}' = 2{,}082\text{kg/m}^3$, 철근콘크리트의 단위질량 $\rho_s = 2{,}400\text{kg/m}^3$)

득점	배점
	5

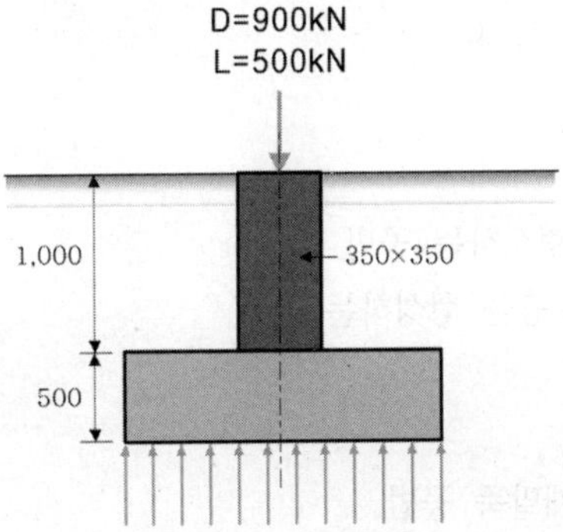

총점

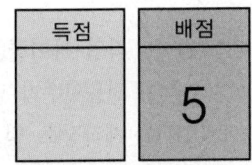

2011. 4회 건축기사 해답

1.

(1) $(7\times7)+(4\times5)+\{(11+7)\times2\times0.43\} = 84.48\text{m}^2$

(2) $\{(7\times7)+(4\times5)\}\times0.08=5.52\text{m}^3$

(3) $\{(11-0.09)+(7-0.09)\}\times2\times0.35\times75$매$\times1.05=982.3$ ➡ 983매

2.

시멘트에 물을 주입하면 10~20분 정도에 굳어졌다가 다시 묽어지고 이후 순조롭게 경화되는 현상

3.

① $\dfrac{V_v}{V_s}$ ② $\dfrac{W_w}{W_s}\times100[\%]$ ③ $\dfrac{V_w}{V_v}\times100[\%]$

4.

(1) ① 작업 싸이클(Cycle)이 단순하여 빠른 조립속도로 공기단축

② 전용횟수가 많아 고층건물 이용 시 원가절감

(2) ① 제작장소 및 해체 후 보관장소 필요

② 초기투자비가 재래식보다 높음

5.

(1) 액체로 된 방수도료를 여러 번 칠하여 상당한 두께의 방수막을 형성하는 공법

(2) 두께 1mm 내외의 시트(Sheet)를 접착재로 바탕에 붙여서 방수층을 형성하는 공법

6.

① 이중널말뚝박기 공법 ② 현장타설콘크리트말뚝 공법 ③ 강재말뚝 공법

7.

① 넘버링(Numbering) 더미 ② 로지컬(Logical) 더미 ③ 타임랙(Time-Lag) 더미

8.

① 신용 및 융자력 증대 ② 위험요소의 분산 ③ 기술의 확충 ④ 시공의 확실성

9.

(1) 다져진 상태의 토량$=10\times\dfrac{0.9}{1.2}=7.5\text{m}^3$

(2) 다져진 상태의 남는 토량$=7.5-(10\times0.5)=2.5\text{m}^3$

(3) 흐트러진 상태의 토량$=2.5\times\dfrac{1.2}{0.9}=3.333\text{m}^3$ ➡ 3.33m^3

10.
타설된 콘크리트 윗면으로부터 최대 측압면까지의 거리

11.
(1) 지반을 천공하고 토질의 시료를 채취하여 지층의 상황을 판단하는 방법
(2) ① 오거 보링 ② 수세식 보링 ③ 회전식 보링 ④ 충격식 보링

12.
(1) 콘크리트를 압축공기로 노즐에서 뿜어 시공면에 붙여 만든 것
(2) 시공성 우수, 가설공사 불필요
(3) 표면이 거칠고 분진이 많음

13.
① 슬라이드 공법 ② 수직철근 보강공법 ③ 커버플레이트 공법 ④ 볼트조임 공법

14.
① 스캘럽 ② 엔드탭 ③ 뒷댐재

15.
① 주철근의 좌굴방지 ② 수평력에 대한 전단보강

16.
① 고정관념을 제거한 자유로운 발상 ② 기능 중심의 시공방식
③ 사용자(발주자) 중심의 사고 ④ 조직적이고 순서화된 활동

17.
① 체(Standard Sieve) 분석법 ② 블레인(Blaine)법

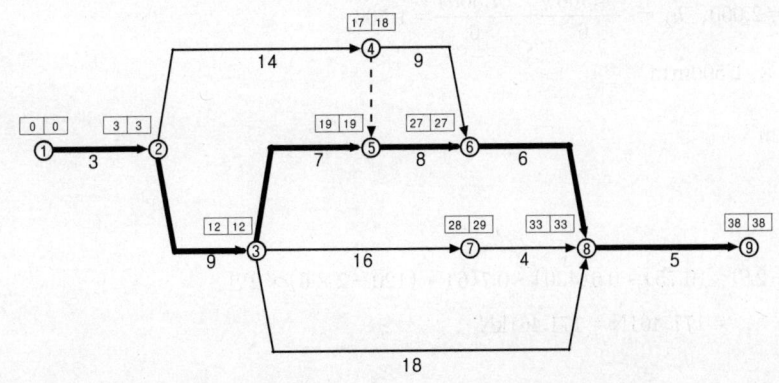

18.

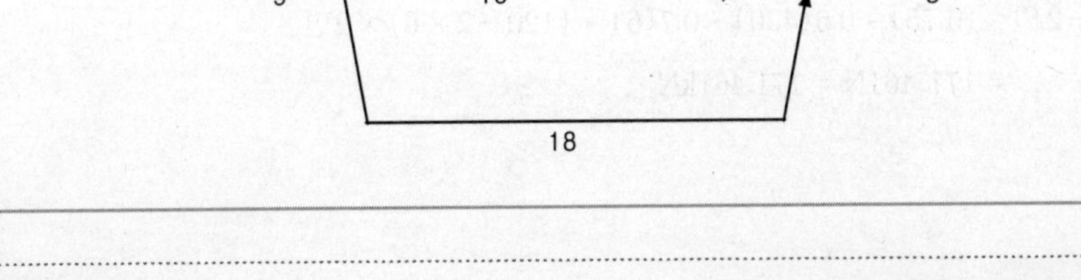

19.

건조수축 또는 온도변화에 의하여 콘크리트에 발생하는 균열을 방지하기 위한 목적으로 배치되는 철근

20.

(1) 입찰참가자를 공모하여 유자격자에게 모두 참가기회를 주는 방식

(2) 해당 공사에 가장 적격하다고 인정되는 3~7개 정도의 시공회사를 선정하여 입찰시키는 방식

(3) 건축주가 가장 적합한 1개의 시공회사를 선정하여 입찰시키는 방식

21.

① 버팀대가 없어 굴착공간을 넓게 활용

② 작업공간이 좁은 곳에서도 시공 가능

③ 굴착공간내 가설재가 없어 대형기계의 반입 용이

④ 공기단축은 용이하지만 시공 후 검사곤란

22.

드라이브 핀(Drive Pin)

23.

① $16t_f + b_w$ ② 양쪽 슬래브 중심간 거리 ③ 보 경간(Span)의 $\frac{1}{4}$

24.

(1) $f_{ck} \le 40\text{MPa}: \Delta f = 4\text{MPa}$

(2) $E_c = 8{,}500 \cdot \sqrt[3]{(24)+(4)} = 25{,}811\text{MPa}$

(3) $n = \dfrac{E_s}{E_c} = \dfrac{(200{,}000)}{(25{,}811)} = 7.74863$ ➠ 7.75

25.

(1) $b_1 = \dfrac{(6{,}000)}{6} + \dfrac{(6{,}000)}{6} = 2{,}000$, $b_2 = \dfrac{(4{,}500)}{6} + \dfrac{(4{,}500)}{6} = 1{,}500$

$\therefore b_1 \times b_2 = 2{,}000\text{mm} \times 1{,}500\text{mm}$

(2) $h_{\min} = \dfrac{t_f}{4} = \dfrac{(200)}{4} = 50\text{mm}$

26.

$\phi R_n = \phi \cdot 0.6F_{uw} \cdot 0.7S \cdot (L-2S) = (0.75) \cdot 0.6(420) \cdot 0.7(6) \cdot (120 - 2\times 6) \times 2$면

$\fallingdotseq 171{,}461\text{N} = 171.461\text{kN}$

27.

(1) 흙의 단위무게: $2{,}082\text{kg/m}^3 \times 9.8\text{m/sec}^2 = 20{,}404\text{N/m}^3$

(2) 철근콘크리트의 단위무게: $2{,}400\text{kg/m}^3 \times 9.8\text{m/sec}^2 = 23{,}520\text{N/m}^3$

(3) 기초의 고정하중: $(1.8\text{m} \times 1.8\text{m} \times 0.5\text{m})(23{,}520\text{N/m}^3) = 38{,}102.4\text{N} = 38.10\text{kN}$

(4) 기둥의 고정하중: $(0.35\text{m} \times 0.35\text{m} \times 1\text{m})(23{,}520\text{N/m}^3) = 2{,}881.2\text{N} = 2.88\text{kN}$

(5) 흙의 무게: $(1\text{m})(1.8^2\text{m}^2 - 0.35^2\text{m}^2)(20{,}404\text{N/m}^3) = 63{,}609.47\text{N} = 63.61\text{kN}$

(6) 사용하중: $900\text{kN} + 500\text{kN} = 1{,}400\text{kN}$

(7) 총하중: $1{,}504.59\text{kN}$

(8) 총토압 계산: $q_{gr} = \dfrac{P}{A} = \dfrac{(1{,}504.59)}{(1.8 \times 1.8)} = 464.38\text{kN/m}^2 = 464.38\text{kPa}$

2012. 1회 건축기사

1. 그림과 같은 캔틸레버 보의 A점의 반력을 구하시오.

득점	배점
	4

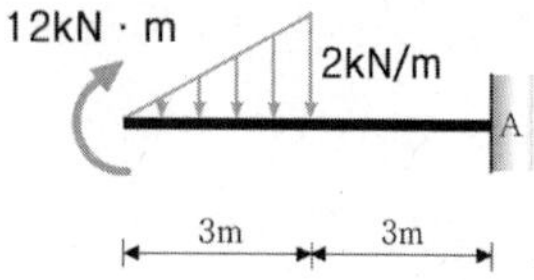

2. 기둥의 재질과 단면 크기가 모두 같은 그림과 같은 4개의 장주의 좌굴길이를 쓰시오.

득점	배점
	4

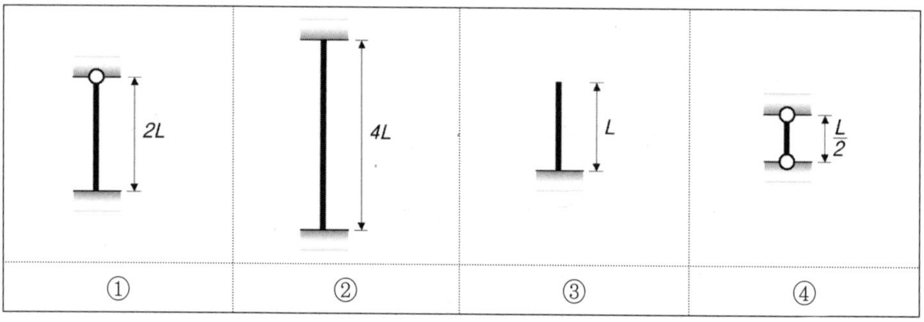

① ______________________ ② ______________________

③ ______________________ ④ ______________________

3. 강재의 탄성계수 210,000MPa, 단면적 10cm^2, 길이 4m, 외력으로 80kN의 인장력이 작용할 때 변형량(ΔL)을 구하시오.

득점	배점
	2

4. 철근콘크리트 강도설계법에서 균형철근비의 정의를 쓰시오.

득점	배점
	2

5. 그림과 같은 단순보의 A지점의 처짐각, 보의 중앙 C점의 최대처짐량을 계산하시오.
(단, $E = 206\text{GPa}$, $I = 1.6 \times 10^8 \text{mm}^4$)

득점	배점
	4

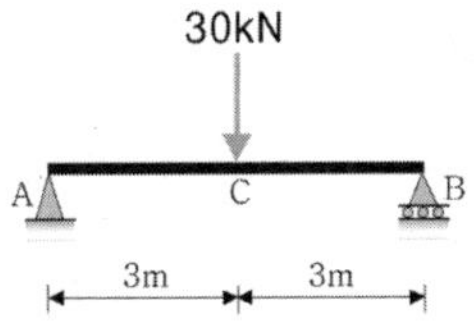

(1) A지점의 처짐각 :

(2) C점의 최대처짐 :

6. 다음 [보기]에서 설명하는 구조의 명칭을 쓰시오.

득점	배점
	2

보기

강구조물 주위에 철근배근을 하고 그 위에 콘크리트가 타설되어 일체가 되도록 한 것으로서, 초고층 구조물 하층부의 복합구조로 많이 채택되는 구조

7. 그림과 같은 RC보에서 최외단 인장철근의 순인장변형률(ϵ_t)를 산정하고, 지배단면(인장지배단면, 압축지배단면, 변화구간단면)을 구분하시오.
(단, $A_s = 1{,}927\text{mm}^2$, $f_{ck} = 24\text{MPa}$, $f_y = 400\text{MPa}$, $E_s = 200{,}000\text{MPa}$)

득점	배점
	4

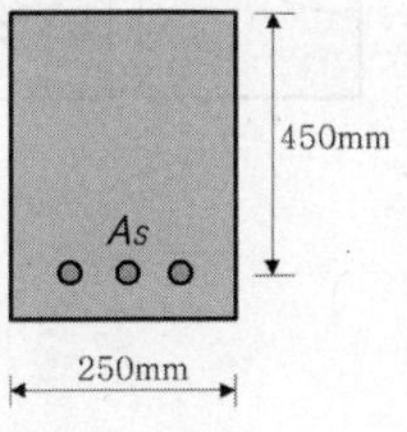

8. 강구조에서 메탈터치(Metal Touch)에 대한 개념을 간략하게 그림을 그려서 정의를 설명하시오.

득점	배점
	4

도해	정의

9. 콘크리트충전강관(CFT) 구조를 설명하고 장단점을 각각 2가지씩 쓰시오.

득점	배점
	5

(1) CFT:

(2) 장점:

①

②

(3) 단점:

①

②

10. 다음 용어를 간단히 설명하시오.

득점	배점
	4

(1) 히빙(Heaving) 현상:

(2) 보일링(Boiling) 현상:

11. 통합공정관리(EVMS: Earned Value Management System) 용어를 설명한 것 중 맞는 것을 보기에서 선택하여 번호로 쓰시오.

득점	배점
	3

보기

① 프로젝트의 모든 작업내용을 계층적으로 분류한 것으로 가계도와 유사한 형성을 나타낸다.
② 성과측정시점까지 투입예정된 공사비
③ 공사착수일로부터 추정준공일까지의 실투입비에 대한 추정치
④ 성과측정시점까지 지급된 공사비(BCWP)에서 성과측정시점까지 투입예정된 공사비를 제외한 비용
⑤ 성과측정시점까지 실제로 투입된 금액
⑥ 성과측정시점까지 지급된 공사비(BCWP)에서 성과측정시점까지 실제로 투입된 금액을 제외한 비용
⑦ 공정·공사비 통합 성과측정 분석의 기본단위

가. CA(Control Account): ____________________

나. CV(Cost Variance): ____________________

다. ACWP(Actual Cost for Work Performed): ____________________

12. 다음 데이터를 이용하여 표준네트워크 공정표를 작성하고, 7일 공기단축한 상태의 네트워크 공정표를 작성하시오.

득점	배점
	10

작업명	작업일수	선행작업	비용구배(천원)	비고
A(①→②)	2	없음	50	(1) 결합점에서는 다음과 같이 표시한다. 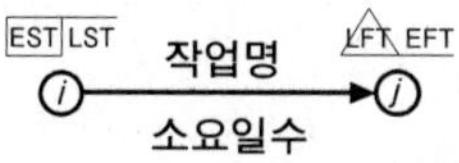 (2) 공기단축은 작업일수의 1/2을 초과할 수 없다.
B(①→③)	3	없음	40	
C(①→④)	4	없음	30	
D(②→⑤)	5	A, B, C	20	
E(②→⑥)	6	A, B, C	10	
F(③→⑤)	4	B, C	15	
G(④→⑥)	3	C	23	
H(⑤→⑦)	6	D, F	37	
I(⑥→⑦)	7	E, G	45	

(1) 표준 Network 공정표

(2) 7일 공기단축한 Network 공정표

13. 다음 (   ) 안에 들어갈 알맞은 용어를 쓰시오.

득점	배점
	3

Network 공정표는 공기단축을 위해 작업시간을 3점 추정하는 (①)공정표와 CPM공정표가 있다. CPM공정표는 작업중심의 (②), 결합점 중심의 (③) 공정표가 있다.

① ② ③

14. 다음 (   ) 안에 알맞은 용어를 쓰시오.

득점	배점
	2

콘크리트 다짐 시 진동기를 과도하게 사용할 경우에는 (①) 현상이 생기고, AE콘크리트의 경우 (②)이(가) 많이 감소한다.

① ②

15. 시트(Sheet) 방수공법의 장·단점을 각각 2가지씩 쓰시오.

득점	배점
	4

(1) 장점

①

②

(2) 단점

①

②

16. 가설공사의 수평규준틀 설치목적을 2가지 쓰시오.

득점	배점
	2

① ②

17. 매스콘크리트 수화열 저감을 위한 대책을 3가지 쓰시오.

득점	배점
	3

①

②

③

18. 설계시공 일괄계약의 장·단점을 각각 2가지 쓰시오.

득점	배점
	4

(1) 장점

① ②

(2) 단점

① ②

19. 현장에서 반입된 철근은 시험편을 채취한 후 시험을 하여야 하는데, 그 시험의 종류를 2가지 쓰시오.

득점	배점
	2

① ②

20. 강구조 내화피복 공법의 종류에 따른 재료를 각각 2가지씩 쓰시오.

득점	배점
	3

공법	재료	
타설공법	①	②
조적공법	③	④
미장공법	⑤	⑥

① ②

③ ④

⑤ ⑥

21. 다음 평면의 건물높이가 13.5m일 때 비계면적을 산출하시오.
(단, 도면 단위는 mm이며, 비계형태는 쌍줄비계로 한다.)

득점	배점
	3

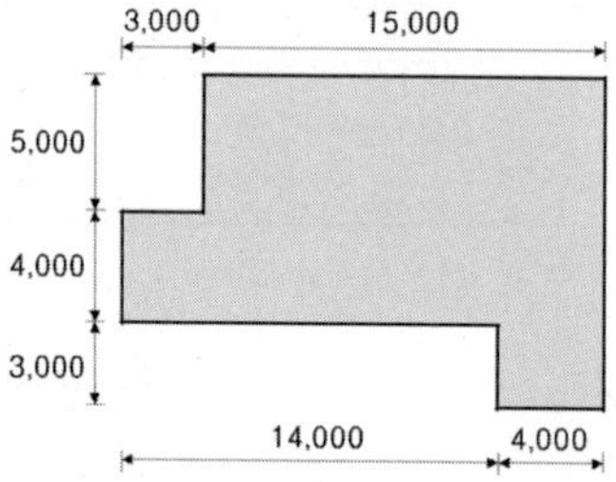

22. 시멘트 주요 화합물을 4가지 쓰고, 그 중 28일 이후 장기강도에 관여하는 화합물을 쓰시오.

득점	배점
	5

(1) 주요화합물:

① ______________________ ② ______________________

③ ______________________ ④ ______________________

(2) 콘크리트 28일 이후의 장기강도에 관여하는 화합물: ______________________

23. 금속판 지붕공사에서 금속기와의 설치순서를 번호로 나열하시오.

득점	배점
	4

보기

① 서까래 설치(방부처리를 할 것)
② 금속기와 Size에 맞는 간격으로 기와걸이 미송각재를 설치
③ 경량철골 설치
④ Purlin 설치(지붕 레벨 고려)
⑤ 부식방지를 위한 철골 용접부위 방청도장 실시
⑥ 금속기와 설치

____

24. 토질과 관련된 다음 용어를 간단히 설명하시오.

득점	배점
	2

(1) 압밀:

(2) 예민비:

25. TS(Torque Shear)형 고장력볼트의 시공순서를 번호로 나열하시오.

득점	배점
	3

보기

① 팁 레버를 잡아당겨 내측 소켓에 들어있는 핀테일을 제거

② 렌치의 스위치를 켜 외측 소켓이 회전하며 볼트를 체결

③ 핀테일이 절단되었을 때 외측 소켓이 너트로부터 분리되도록 렌치를 잡아당김

④ 핀테일에 내측 소켓을 끼우고 렌치를 살짝 걸어 너트에 외측 소켓이 맞춰지도록 함

26. 한식기와 잇기에 관한 설명이다. (　) 안에 해당하는 용어를 쓰시오.

득점	배점
	2

한식기와 잇기에서 산자위에서 펴 까는 진흙을 (①)(이)라 하며, 수키와 처마 끝에 막새 대신에 회백토로 둥글게 바른 것을 (②)(이)라 한다.

① ②

27. 지하구조물은 지하수위에서 구조물 밑면까지의 깊이만큼 부력을 받아 건물이 부상하게 되는데, 이것에 대한 방지대책을 2가지 기술하시오.

득점	배점
	2

①

②

28. SPS(Strut as Permanent System) 공법의 특징을 4가지 쓰시오.

득점	배점
	4

① ②

③ ④

29. 콘크리트 구조물의 균열발생 시 실시하는 보강공법을 3가지 쓰시오.

득점	배점
	3

① ② ③

총점

1.

(1) $\Sigma H=0$: $H_A=0$

(2) $\Sigma V=0$: $-\left(\frac{1}{2}\times 2\times 3\right)+(V_A)=0 \quad \therefore V_A=+3\text{kN}(\uparrow)$

(3) $\Sigma M_A=0$: $+(M_A)+(12)-\left(\frac{1}{2}\times 2\times 3\right)\left(3+3\times\frac{1}{3}\right)=0 \quad \therefore M_A=0$

2.

(1) $0.7\times 2L=1.4L$ (2) $0.5\times 4L=2L$ (3) $2\times L=2L$ (4) $1\times\frac{L}{2}=0.5L$

3.

$$\Delta L=\frac{PL}{EA}=\frac{(80\times 10^3)(4\times 10^3)}{(210{,}000)(10\times 10^2)}=1.52\text{mm}$$

4.

인장철근이 설계기준항복강도에 도달함과 동시에 압축연단 콘크리트의 변형률이 극한변형률에 도달하는 단면의 인장철근비

5.

(1) $\theta_A=+\frac{1}{16}\cdot\frac{PL^2}{EI}=+\frac{1}{16}\cdot\frac{(30\times 10^3)(6\times 10^3)^2}{(206\times 10^3)(1.6\times 10^8)}=+0.00204\ [\text{rad}]$

(2) $\delta_C=+\frac{1}{48}\cdot\frac{PL^3}{EI}=+\frac{1}{48}\cdot\frac{(30\times 10^3)(6\times 10^3)^3}{(206\times 10^3)(1.6\times 10^8)}=+4.095\text{mm}\ [\downarrow]$

6.

매입형 합성기둥(Composite Column)

7.

(1) $f_{ck}\le 40\text{MPa}$ ➡ $\eta=1.00$, $\beta_1=0.80$, $\epsilon_{cu}=0.0033$

(2) $a=\frac{A_s\cdot f_y}{\eta\cdot 0.85f_{ck}\cdot b}=\frac{(1{,}927)(400)}{(1.00)(0.85\times 24)(250)}=151.13\text{mm}$

$c=\frac{a}{\beta_1}=\frac{(151.13)}{(0.80)}=188.91\text{mm}$

(3) $\epsilon_t=\frac{d_t-c}{c}\cdot\epsilon_{cu}=\frac{(450)-(188.91)}{(188.91)}\cdot(0.0033)=0.00456$

(4) $0.0020<\epsilon_t\,(=0.00456)<0.005$ ➡ 변화구간단면

8.

도해	정의
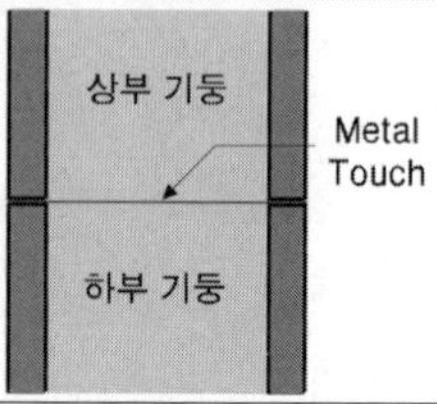	강구조 기둥의 이음부를 가공하여 상하부 기둥 밀착을 좋게 하며 축력의 50%까지 하부 기둥 밀착면에 직접 전달시키는 이음방법

9.

(1) 강관의 구속효과에 의해 충전콘크리트의 내력상승과 충전콘크리트에 의한 강관의 국부좌굴 보강효과에 의해 뛰어난 변형 저항능력을 발휘하는 구조

(2) ① 강관이 거푸집 역할을 함으로서 인건비 절감 및 공기단축 가능

② 연성과 인성이 우수하여 초고층구조물의 내진성에 유리

(3) ① 고품질의 충전 콘크리트가 요구됨

② 판두께가 얇아질수록 조기에 국부좌굴이 발생함

10.

(1) 시트파일(Sheet Pile) 등의 흙막이 벽의 좌측과 우측의 토압의 차에 의해 흙막이벽 밑으로 흙이 미끄러져 들어오는 현상

(2) 흙막이벽 뒷면 수위가 높아 지하수가 흙막이벽 밑으로 공사장 안 바닥에서 물이 솟아오르는 현상

11.

가. ⑦ 나. ⑥ 다. ⑤

12.

(1) 표준 Network 공정표	(2) 7일 공기단축한 Network 공정표
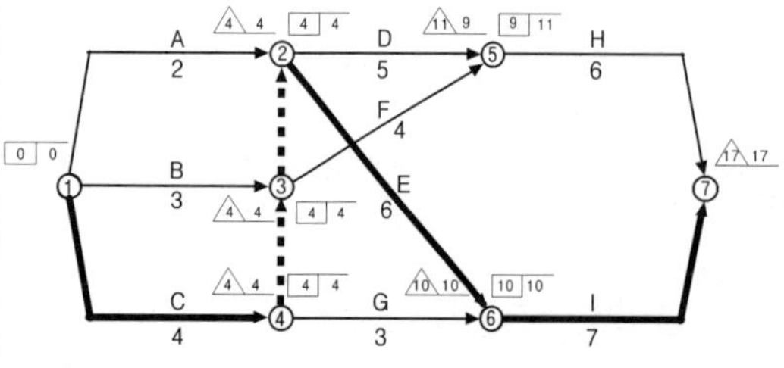	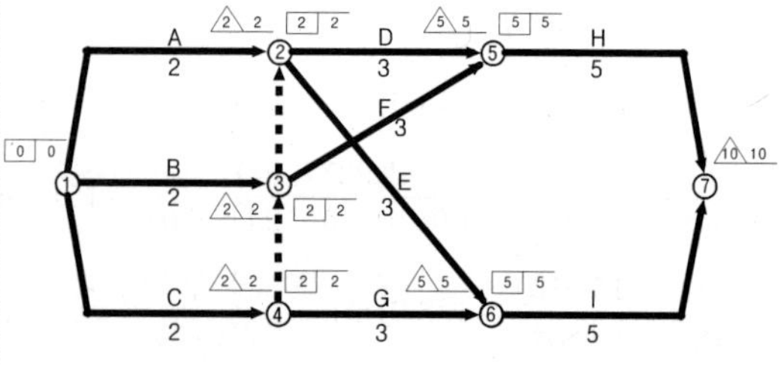

13.

① PERT ② ADM ③ PDM

14.
① 재료분리 ② 공기량

15.
(1) ① 제품의 규격화로 시공이 간단하다. ② 바탕균열에 대한 내구성 및 내후성이 좋다.
(2) ① 다른 방수공법에 비해 재료가 비싸다. ② 접합부 처리 및 복잡한 부위의 마감이 어렵다.

16.
① 건축물 각부 위치 및 높이의 기준을 표시 ② 터파기폭 및 기둥 및 기초의 중심선 표시

17.
① 단위시멘트량을 낮춘다.
② 수화열이 낮은 플라이애시 시멘트를 사용한다.
③ 선행 냉각(Pre Cooling), 관로식냉각(Pipe Cooling)과 같은 온도균열 제어방법을 이용한다.

18.
(1) ① 설계와 시공의 통합관리에 의한 의사소통 개선 ② 원가절감 및 공기단축 가능
(2) ① 건축주 의도가 반영되지 않을 우려가 있다. ② 공사비 사전 파악이 어렵다.

19.
① 인장 시험 ② 굽힘 시험

20.
① 콘크리트 ② 경량콘크리트 ③ 돌 ④ 벽돌 ⑤ 철망 퍼라이트 ⑥ 철망 모르타르

21.
$A = 13.5 \times \{(18+12) \times 2 + 8 \times 0.9\} = 907.2\text{m}^2$

22.
(1) ① C_2S(규산2석회) ② C_3S(규산3석회) ③ C_3A(알루민산3석회) ④ C_4AF(알루민산철4석회)
(2) C_2S(규산2석회)

23.
③ ➡ ④ ➡ ⑤ ➡ ① ➡ ② ➡ ⑥

24.
(1) 하중이 커지면 재하판 아래의 흙이 압축되어 하중을 제거해도 압축된 부분의 침하가 남아 있는 현상
(2) 자연적인 점토의 강도를 이긴 점토의 강도로 나누었을 때의 비율

25.
④ ➠ ② ➠ ③ ➠ ①

26.
① 알매흙 ② 아귀토

27.
① 유입 지하수를 강제로 펌핑(Pumping) 하여 외부로 배수
② 인접건물주 승인 후 인접건물에 긴결

28.
① 가설지지체 설치 및 해체공정 불필요
② 작업공간의 확보 유리
③ 지반의 상태와 관계없이 시공 가능
④ 지상 공사와 병행이 가능하여 공기단축 가능

29.
① 단면증대공법
② 강판접착공법
③ 철물매입공법 또는 강재앵커공법

2012. 2회 건축기사

1. 강구조공사의 절단가공에서 절단방법의 종류를 3가지 쓰시오.

득점	배점
	3

① ② ③

2. 철근콘크리트공사를 하면서 철근간격을 일정하게 유지하는 이유를 3가지 쓰시오.

득점	배점
	3

①

②

③

3. 다음 데이터를 네트워크공정표로 작성하시오.

득점	배점
	6

작업명	작업일수	선행작업	비고
A	5	없음	(1) 결합점에서는 다음과 같이 표시한다. 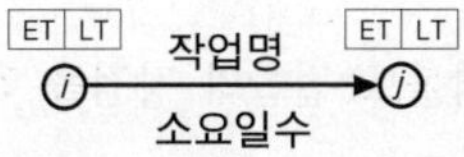 (2) 주공정선은 굵은선으로 표시한다.
B	2	없음	
C	4	없음	
D	5	A, B, C	
E	3	A, B, C	
F	2	A, B, C	
G	2	D, E	
H	5	D, E, F	
I	4	D, F	

4. 탑다운 공법(Top-Down Method) 공법은 지하구조물의 시공순서를 지상에서부터 시작하여 점차 깊은 지하로 진행하며 완성하는 공법으로서 여러 장점이 있다. 이 중 작업공간이 협소한 부지를 넓게 쓸 수 있는 이유를 기술하시오.

득점	배점
	3

5. 흙막이벽의 계측에 필요한 기기류를 3가지만 쓰시오.

득점	배점
	3

① ② ③

6. 기초의 부동침하는 구조적으로 문제를 일으키게 된다. 이러한 기초의 부동침하를 방지하기 위한 대책 중 기초구조 부분에 처리할 수 있는 사항을 4가지 기술하시오.

득점	배점
	4

①

②

③

④

7. 강구조공사 중 용접접합과 고장력볼트 접합의 장점을 각각 2가지씩 쓰시오.

득점	배점
	4

(1) 용접:

①

②

(2) 고장력볼트:

①

②

8. 샌드드레인(Sand Drain) 공법을 설명하시오.

득점	배점
	3

9. 품질관리 도구 중 특성요인도(Characteristics Diagram)에 대해 설명하시오.

득점	배점
	3

10. 거푸집 측압에 영향을 주는 요소는 여러 가지가 있지만, 건축현장의 콘크리트 부어넣기 과정에서 거푸집 측압에 영향을 줄 수 있는 요인을 3가지 쓰시오.

득점	배점
	3

①

②

③

11. 공사내용의 분류방법에서 목적에 따른 Breakdown Structure의 3가지 종류를 쓰시오.

득점	배점
	3

① ② ③

12. AE제에 의해 생성된 Entrained Air의 목적을 4가지 쓰시오.

득점	배점
	4

① ②

③ ④

13. 표준형벽돌 1,000장으로 1.5B 두께로 쌓을 수 있는 벽면적은?
(단, 할증률은 고려하지 않는다.)

득점	배점
	4

14. 건축공사표준시방서에 따른 거푸집널 존치기간 중의 평균기온이 10℃ 이상인 경우에 콘크리트의 압축강도 시험을 하지 않고 거푸집을 떼어 낼 수 있는 콘크리트의 재령(일)을 나타낸 표이다. 빈 칸에 알맞은 숫자를 표기하시오.

득점	배점
	4

〈기초, 보옆, 기둥 및 벽의 거푸집널 존치기간을 정하기 위한 콘크리트의 재령(일)〉

시멘트 종류 / 평균 기온	조강포틀랜드시멘트	보통포틀랜드시멘트 고로슬래그시멘트(1종)	고로슬래그시멘트(2종) 포틀랜드포졸란시멘트(2종)
20℃ 이상	①	②	③
20℃ 미만 10℃ 이상	④	⑤	⑥

① ② ③ ④ ⑤ ⑥

15. 프리스트레스트 콘크리트(Pre-Stressed Concrete)의 프리텐션(Pre-Tension)방식과 포스트텐션(Post-Tension) 방식에 대하여 설명하시오.

득점	배점
	4

(1) Pre-Tension 공법:

(2) Post-Tension 공법:

16. 다음 그림은 강구조 보-기둥 접합부의 개략적인 그림이다. 각 번호에 해당하는 구성재의 명칭을 쓰시오.

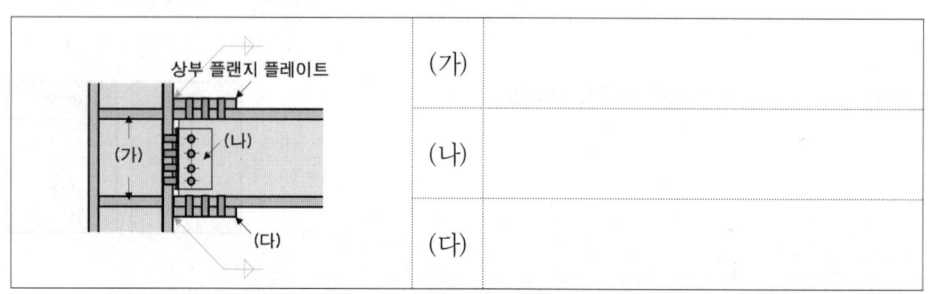

득점	배점
	3

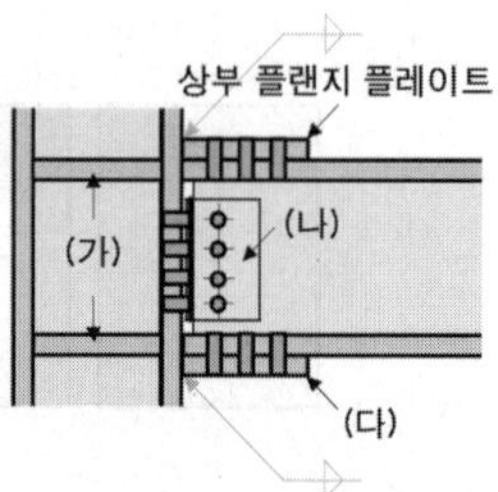

(가)	
(나)	
(다)	

17. 콘크리트 유효흡수량에 대해 기술하시오.

득점	배점
	3

18. 하절기(서중) 콘크리트의 문제점에 대한 대책을 보기에서 모두 골라 번호로 쓰시오.

득점	배점
	3

보기

① 단위시멘트량 증대 ② 응결촉진제 사용
③ 운반 및 타설시간의 단축계획 수립 ④ 중용열 시멘트 사용
⑤ 재료의 온도상승 방지대책 수립

19. 미장공사에서 사용되는 다음 용어를 설명하시오.

(1) 바탕처리:

(2) 덧먹임:

득점	배점
	4

20. 미장재료 중 기경성(氣硬性)과 수경성(水硬性) 재료를 각각 2가지씩 쓰시오.

(1) 기경성 미장재료:

① ②

(2) 수경성 미장재료:

① ②

득점	배점
	4

21. 강구조공사를 시공할 때 베이스 플레이트(Base Plate)의 시공 시 사용되는 충전재의 명칭을 쓰시오.

득점	배점
	2

22. 강구조 부재에서 비틀림이 생기지 않고 휨변형만 유발하는 위치를 전단중심(Shear Center)이라 한다. 다음 형강들에 대하여 전단중심의 위치를 각 단면에 표기하시오.

득점	배점
	3

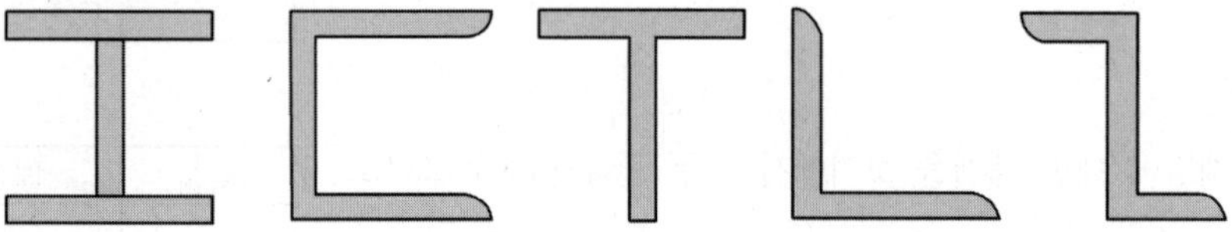

23. 대표적인 고층건물의 비내력벽 구조로써 사용이 증가되고 있는 커튼월공법은 재료에 의한 분류, 구조형식, 조립방식별 분류 등 다양한 분류방식이 존재하는데, 구조형식과 조립방식에 의한 커튼월공법을 각각 2가지씩 쓰시오.

득점	배점
	4

(1) 구조형식에 따른 분류:

① ②

(2) 조립방식에 의한 분류:

① ②

24. 안방수와 바깥방수의 차이점을 4가지 쓰시오.

득점	배점
	4

①

②

③

④

25. 휨부재의 공칭강도에서 최외단 인장철근의 순인장변형률 $\epsilon_t = 0.004$일 경우 강도감소계수 ϕ를 구하시오.

득점	배점
	3

26. 그림과 같이 배근된 철근콘크리트 기둥에서 띠철근의 최대 수직간격을 구하시오.

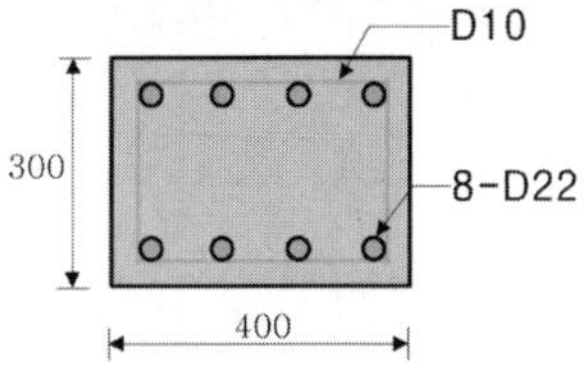

득점	배점
	3

27. 철근콘크리트로 설계된 보에서 압축을 받는 D22 철근의 기본정착길이를 구하시오.
(단, 경량콘크리트계수 $\lambda=1$, $f_{ck}=24\text{MPa}$, $f_y=400\text{MPa}$)

득점	배점
	3

28. 1단 자유, 타단 고정인 길이 2.5m인 압축력을 받는 강구조 기둥의 탄성좌굴하중을 구하시오. (단, 단면2차모멘트 $I=798{,}000\text{mm}^4$, $E=210{,}000\text{MPa}$)

득점	배점
	3

29. 다음 그림의 x축에 대한 단면2차모멘트를 구하시오.

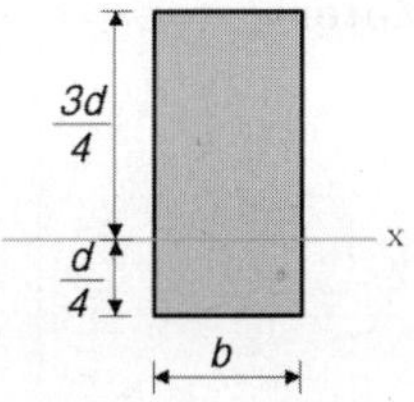

득점	배점
	2

30. 그림과 같은 라멘 구조물의 부정정 차수를 구하시오.

득점	배점
	3

총점

2012. 2회 건축기사 해답

1.
① 가스절단　　② 전단절단　　③ 톱절단

2.
① 콘크리트 유동성 확보　　② 재료분리 방지　　③ 소요강도 확보

3.

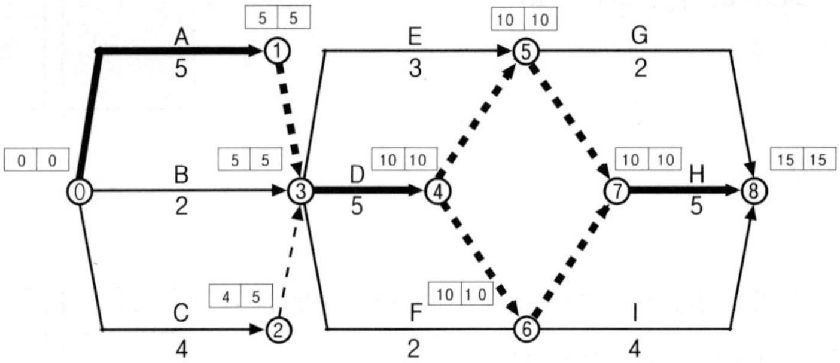

4.
1층 슬래브가 먼저 타설되어 작업공간으로 활용이 가능하기 때문이다.

5.
① 하중계(Load Cell)　② 변형률계(Strain Gauge)　③ 지중침하계(Extension Meter)

6.
① 마찰말뚝을 사용하고 서로 다른 종류의 말뚝 혼용을 금지
② 지하실 설치: 온통기초가 유효
③ 기초 상호간을 연결: 지중보 또는 지하연속벽 시공
④ 언더피닝 공법의 적용

7.
(1) ① 응력전달이 확실하다.　　② 접합속도가 빠르다.
(2) ① 마찰접합이므로 소음이 거의 없다.　② 접합부 강도가 크며, 너트가 풀리지 않는다.

8.
지반에 지름 40~60cm의 구멍을 뚫고 모래를 넣은 후, 성토 및 기타 하중을 가하여 점토질 지반을 압밀시키는 공법

9.
결과에 어떤 원인이 관계하는지를 알 수 있도록 작성한 그림

10.
① 슬럼프(Slump)값이 클수록 측압이 크다.
② 벽두께가 두꺼울수록 측압이 크다.
③ 타설속도가 빠를수록 측압이 크다.

11.
① 작업분류체계　② 조직분류체계　③ 원가분류체계

12.
① 단위수량 감소　② 재료분리 감소　③ 동결융해저항성 증대　④ 워커빌리티(Workability) 개선

13.
$1{,}000 \div 224 = 4.464$ ➠ $4.46m^2$

14.
① 2　② 4　③ 5　④ 3　⑤ 6　⑥ 8

15.
(1) PS강재를 긴장하고 콘크리트를 타설한 후 PS강재와 콘크리트를 접합하여 프리스트레스를 도입하는 방법
(2) 쉬스(Sheath)를 설치하고 콘크리트를 타설한 후 PS강재를 삽입, 긴장, 고정하여 그라우팅한 후 프리스트레스를 도입하는 방법

16.
(가) 스티프너(Stiffener)　(나) 전단 플레이트　(다) 하부 플랜지 플레이트

17.
표면건조내부포수상태의 콘크리트에서 기본건조상태의 물의 양을 뺀 것

18.
③, ④, ⑤

19.

(1) 요철 또는 변형이 심한 개소를 고르게 손질바름하여 마감두께가 균등하게 되도록 조정하고 균열 등을 보수하는 것

(2) 바르기의 접합부 또는 균열의 틈새, 구멍 등에 반죽된 재료를 밀어 넣어 때워주는 것

20.

(1) ① 진흙 ② 회반죽

(2) ① 시멘트 모르타르 ② 무수석고플라스터

21.

무수축 모르타르

22.

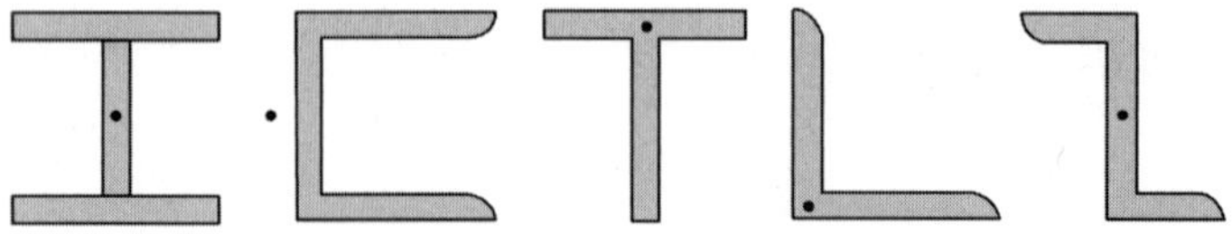

23.

(1) ① 멀리언(Mullion) 방식 ② 패널(Panel) 방식

(2) ① 스틱월(Stick Wall) 방식 ② 유닛월(Unit Wall) 방식

24.

① 안방수는 수압이 작고 얕은 지하실, 바깥방수는 수압이 크고 깊은 지하실

② 안방수는 본공사 추진이 자유롭고, 바깥방수는 본공사에 선행되어야 함

③ 안방수는 비교적 저가, 바깥방수는 고가

④ 안방수는 보호누름이 필요하지만, 바깥방수는 보호누름이 없어도 무방

25.

$\phi = 0.65 + [(0.004) - 0.002] \times \frac{200}{3} = 0.783$

26.

(1) 22mm × 16=352mm

(2) 10mm × 48=480mm

(3) 기둥의 최소폭 300mm $\times \frac{1}{2}$=150mm

(4) 200mm ⬅ 지배

27.

(1) $l_{db}=\dfrac{0.25(22)(400)}{(1)\sqrt{(24)}}=449.07\text{mm}$ ⬅ 지배

(2) $l_{db}=0.043(22)(400)=378.40\text{mm}$

28.

$P_{cr}=\dfrac{\pi^2(210{,}000)(798{,}000)}{[(2.0)(2{,}500)]^2}=66{,}157\text{N}=66.157\text{kN}$

29.

$I_x=\dfrac{bd^3}{12}+(bd)\left(\dfrac{d}{4}\right)^2=\dfrac{7bd^3}{48}$

30.

$N=r+m+f-2j=(3+3+3)+(17)+(20)-2(14)=$ 18차 부정정

2012. 4회 건축기사

1. 아래 그림에서와 같이 터파기를 했을 경우, 인접 건물의 주위 지반이 침하할 수 있는 원인을 3가지 쓰시오. (단, 일반적으로 인접하는 건물보다 깊게 파는 경우)

득점	배점
	3

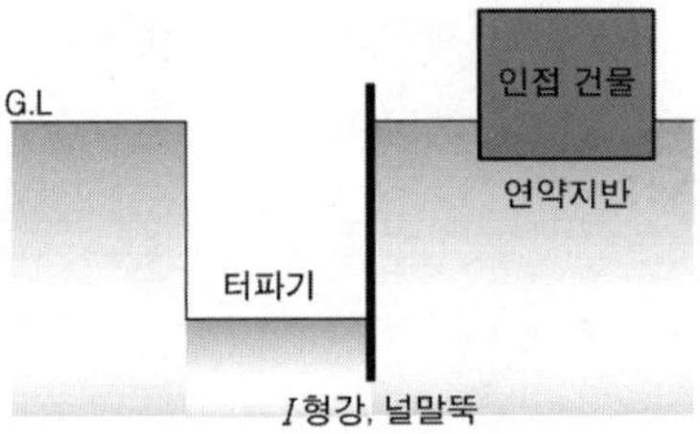

① ② ③

2. 지내력 시험방법 2가지를 쓰시오.

득점	배점
	2

① ②

3. 다음은 혼화제의 종류에 대한 설명이다. 아래의 설명이 뜻하는 혼화제의 명칭을 쓰시오.

(1) 공기 연행제로서 미세한 기포를 고르게 분포시킨다.

(2) 염화물에 대한 철근의 부식을 억제한다.

(3) 기포작용으로 인해 충전성을 개선하고 중량을 조절한다.

득점	배점
	3

(1) (2) (3)

4. 다음 그림과 같이 배근된 보에서 외력에 의해 휨균열을 일으키는 균열모멘트(M_{cr})를 구하시오. (단, 보통중량콘크리트 $f_{ck}=24\text{MPa}$, $f_y=400\text{MPa}$)

득점	배점
	4

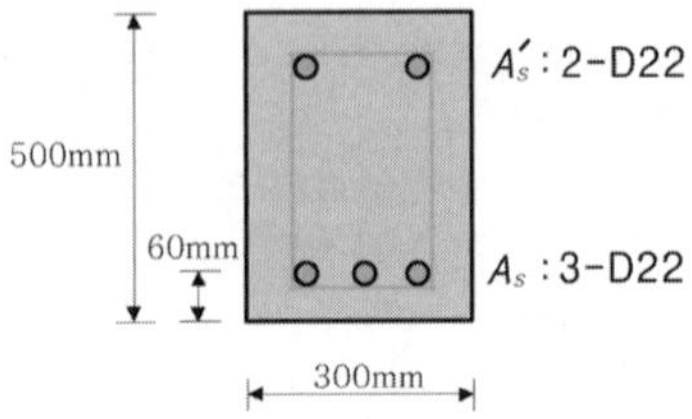

5. 강재의 길이가 5m이고, $2L-90\times90\times15$ 형강의 중량을 산출하시오.
(단, $L-90\times90\times15=13.3\text{kg/m}$)

득점	배점
	2

6. 조적구조 기준 내용의 빈칸을 채우시오.
(1) 조적식구조 내력벽의 길이는 (①)m를 넘을 수 없다.
(2) 조적식구조 내력벽으로 둘러싸인 부분의 바닥면적은 (②)㎡를 넘을 수 없다.

① ②

득점	배점
	2

7. 금속공사에 이용되는 철물이 뜻하는 용어를 보기에서 골라 그 번호를 쓰시오.

득점	배점
	4

보기

① 철선을 꼬아 만든 철망
② 얇은 철판에 각종 모양을 도려낸 것
③ 벽, 기둥의 모서리에 대어 미장바름을 보호하는 철물
④ 테라죠 현장갈기의 줄눈에 쓰이는 것
⑤ 얇은 철판에 자름금을 내어 당겨 늘린 것
⑥ 연강 철선을 직교시켜 전기 용접한 것
⑦ 천장, 벽 등의 이음새를 감추고 누르는 것

(1) 와이어 라스:____ (2) 메탈 라스:____ (3) 와이어 메쉬:____ (4) 펀칭 메탈:_____

8. 목공사에서 활용되는 이음, 맞춤, 쪽매에 대해 설명하시오.

득점	배점
	3

(1) 이음:

(2) 맞춤:

(3) 쪽매:

9. 토질과 관련된 아래의 용어에 대해 설명하시오.

득점	배점
	6

(1) 히빙(Heaving) 현상:

(2) 보일링(Boiling) 현상:

(3) 흙의 휴식각:

10. LCC(Life Cycle Cost)에 대하여 설명하시오.

득점	배점
	2

11. 중심축하중을 받는 단주의 최대 설계축하중을 구하시오.
(단, $f_{ck}=27\text{MPa}$, $f_y=400\text{MPa}$, $A_{st}=3{,}096\text{mm}^2$)

득점	배점
	3

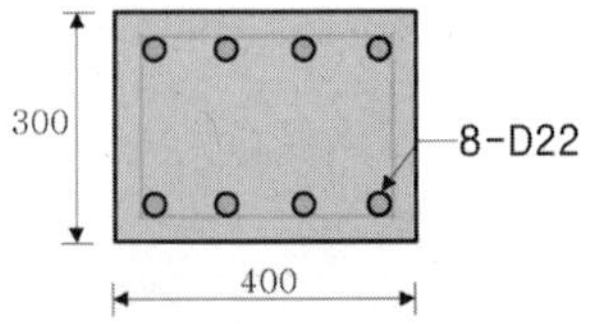

12. 강구조공사의 수동 아크용접에서 용접봉 피복재의 역할을 3가지 쓰시오.

득점	배점
	3

① ② ③

13. 1단 자유, 타단 고정, 길이 2.5m인 압축력을 받는 $H-100\times100\times6\times8$ 기둥의 탄성좌굴하중을 구하시오.
(단, $I_x=383\times10^4\text{mm}^4$, $I_y=134\times10^4\text{mm}^4$, $E=210{,}000\text{MPa}$)

득점	배점
	4

14. 다음 조건으로 요구하는 산출량을 구하시오. (단, $L=1.3$, $C=0.9$)

득점	배점
	9

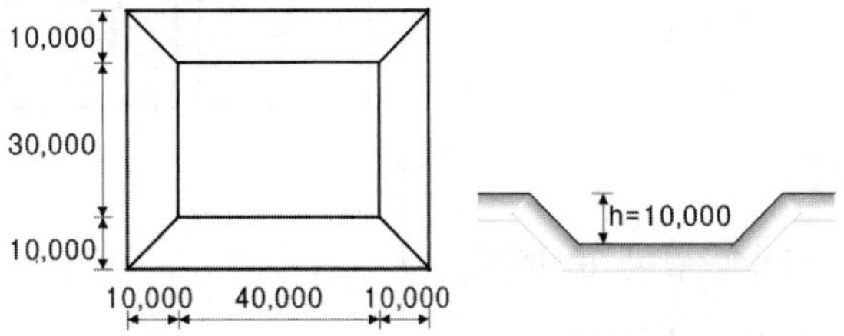

(1) 터파기량을 산출하시오.

(2) 운반대수를 산출하시오. (운반대수는 1대, 적재량은 $12m^3$)

(3) $5{,}000m^2$의 면적을 가진 성토장에 성토하여 다짐할 때 표고는 몇 m인지 구하시오.
(비탈면은 수직으로 가정한다.)

15. TQC에 이용되는 다음 도구를 설명하시오.

득점	배점
	4

(1) 파레토도:

(2) 특성요인도:

(3) 층별:

(4) 산점도:

16. 도장공사에 쓰이는 녹막이용 도장재료를 2가지만 쓰시오.

득점	배점
	2

① ②

17. 다음 데이터를 네트워크공정표로 작성하고, 각 작업의 여유시간을 구하시오.

득점	배점
	10

작업명	작업일수	선행작업	비고
A	5	없음	(1) 결합점에서는 다음과 같이 표시한다. 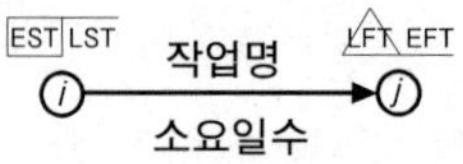 (2) 주공정선은 굵은선으로 표시한다.
B	6	A	
C	5	A	
D	4	A	
E	3	B	
F	7	B, C, D	
G	8	D	
H	6	E	
I	5	E, F	
J	8	E, F, G	
K	7	H, I, J	

(1) 네트워크공정표

(2) 여유시간 산정

작업명	TF	FF	DF	CP
A				
B				
C				
D				
E				
F				
G				
H				
I				
J				
K				

18. 콘크리트의 알칼리골재반응을 방지하기 위한 대책을 3가지 쓰시오.

득점	배점
	3

①

②

③

19. 지반조사를 위한 보링(Boring)의 종류를 3가지 쓰시오.

득점	배점
	3

① ② ③

20. 기초와 지정의 차이점을 기술하시오.

득점	배점
	4

(1) 기초:

(2) 지정:

21. 콘크리트공사와 관련된 다음 용어를 간단히 설명하시오.

득점	배점
	4

(1) 콜드조인트(Cold Joint):

(2) 블리딩(Bleeding):

22. 다음 설명이 가리키는 용어명을 쓰시오.

득점	배점
	3

(1) 신축이 가능한 무지주공법의 수평지지보
(2) 무량판 구조에서 2방향 장선 바닥판 구조가 가능하도록 된 기성재 거푸집
(3) 한 구획 전체의 벽판과 바닥판을 ㄱ자형 또는 ㄷ자형으로 짜는 거푸집

(1) (2) (3)

23. 그림과 같은 트러스에서 U_2, L_2부재의 부재력을 절단법으로 구하시오.

득점	배점
	4

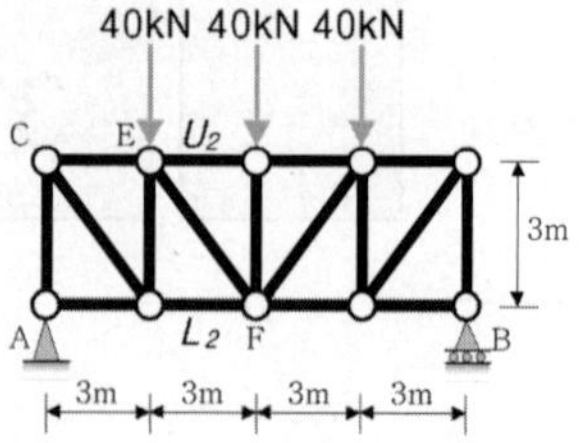

24. 단면2차모멘트의 비 I_x/I_y를 구하시오.

득점	배점
	2

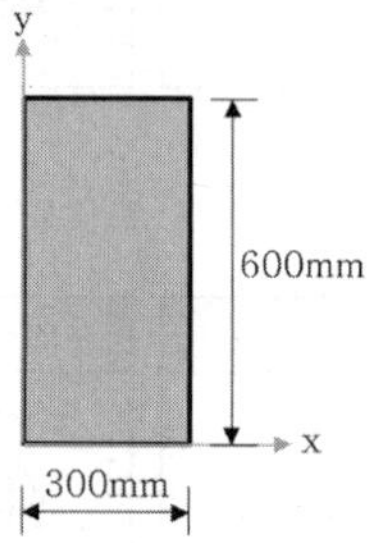

25. 강구조 용접접합에서 발생하는 결함항목을 3가지 쓰시오.

득점	배점
	3

① ② ③

26. Network 공정관리기법 중 서로 관계있는 항목을 연결하시오.

득점	배점
	4

보기

① 계산공기 ② 패스(Path) ③ 더미(Dummy) ④ 플로트(Float)

㉮ 네트워크 중의 둘 이상의 작업이 연결된 작업의 경로

㉯ 네트워크 시간 산식에 의해 의하여 얻은 기간

㉰ 작업의 여유시간

㉱ 네트워크 작업의 상호관계를 나타내는 점선 화살선

① ② ③ ④

27. 어스 앵커(Earth Anchor) 공법에 대하여 설명하시오.

득점	배점
	3

28. 그림과 같은 겔버보에서 A단의 휨모멘트를 구하시오.

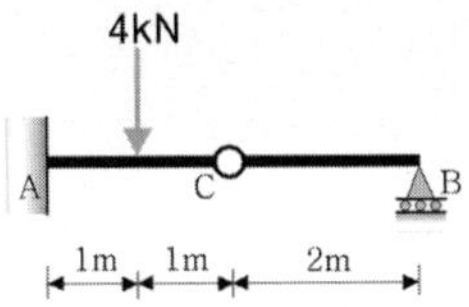

득점	배점
	2

총점

1.
① 히빙(Heaving) ② 보일링(Boiling) ③ 파이핑(Piping)

2.
① 평판재하시험 ② 말뚝재하시험

3.
(1) AE제 (2) 방청제 (3) 기포제

4.
(1) 보통중량콘크리트: $\lambda = 1$
(2) $M_{cr} = 0.63\lambda\sqrt{f_{ck}} \cdot \frac{bh^2}{6} = 0.63(1)\sqrt{(24)} \cdot \frac{(300)(500)^2}{6} = 38{,}579{,}463\text{N} \cdot \text{mm} = 38.579\text{kN} \cdot \text{m}$

5.
$5 \times 2 \times 13.3 = 133\text{kg}$

6.
① 10 ② 80

7.
(1) ① (2) ⑤ (3) ⑥ (4) ②

8.
(1) 길이를 늘이기 위하여 길이방향으로 접합하는 것
(2) 경사지거나 직각으로 만나는 부재 사이에서 양 부재를 가공하여 끼워 맞추는 접합
(3) 마루널을 붙여대는 것과 같이 판재 등을 가로로 넓게 접합시키는 것

9.
(1) 시트파일(Sheet Pile) 등의 흙막이 벽의 좌측과 우측의 토압의 차에 의해 흙막이벽 밑으로 흙이 미끄러져 들어오는 현상
(2) 흙막이벽 뒷면 수위가 높아 지하수가 흙막이벽 밑으로 공사장 안 바닥에서 물이 솟아오르는 현상
(3) 흙을 쌓거나 깎아냈을 때 자연상태로 생기는 경사면이 수평면과 이루는 각도

10.
건축물의 초기단계에서 설계, 시공, 유지관리, 해체에 이르는 일련의 과정과 제비용

11.
$\phi P_n = (0.65)(0.80)[0.85(27)\cdot\{(300\times400)-(3{,}096)\}+(400)(3{,}096)] = 2{,}039{,}100\text{N} = 2{,}039.100\text{kN}$

12.
① 아크(Arc)의 안정　② 야금 반응의 촉진　③ 정련 효과의 향상

13.
$$P_{cr} = \frac{\pi^2(210{,}000)(134\times10^4)}{[(2.0)(2.5\times10^3)]^2} = 111{,}092\text{N} = 111.092\text{kN}$$

14.
(1) $V = \dfrac{10}{6}[(2\times60+40)\times50+(2\times40+60)\times30] = 20{,}333.333$ ➠ $20{,}333.33\text{m}^3$

(2) $\dfrac{20{,}333.33\times1.3}{12} = 2{,}202.777$ ➠ 2,203대

(3) $\dfrac{20{,}333.33\times0.9}{5{,}000} = 3.659$ ➠ 3.66m

15.
(1) 데이터를 불량 크기순서대로 나열해 놓은 그림
(2) 결과에 어떤 원인이 관계하는지를 알 수 있도록 작성한 그림
(3) 집단을 구성하고 있는 데이터를 특징에 따라 몇 개의 부분집단으로 나누는 것
(4) 대응되는 두 개의 짝으로 된 데이터를 하나의 점으로 나타낸 그림

16.
① 광명단 조합 페인트
② 크롬산아연 방청 페인트

17.

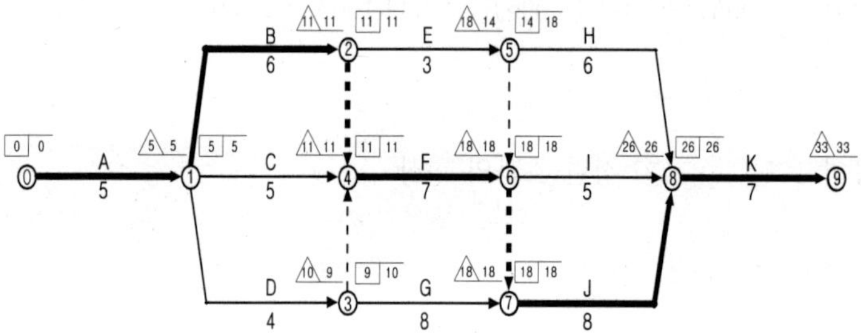

작업명	TF	FF	DF	CP
A	0	0	0	※
B	0	0	0	※
C	1	1	0	
D	1	0	1	
E	4	0	4	
F	0	0	0	※
G	1	1	0	
H	6	6	0	
I	3	3	0	
J	0	0	0	※
K	0	0	0	※

18.
① 알칼리 함량 0.6% 이하의 시멘트 사용
② 알칼리골재반응에 무해한 골재 사용
③ 양질의 혼화재(고로 Slag, Fly Ash 등) 사용

19.
① 오거 보링 ② 수세식 보링 ③ 회전식 보링

20.
(1) 건축물의 최하부에서 건축물의 하중을 지반에 안전하게 전달시키는 구조부
(2) 기초판을 지지하기 위해서 그 아래에 설치하는 버림콘크리트, 잡석, 말뚝 등

21.
(1) 콘크리트 이어치기할 때 콘크리트가 일체화되지 않아 발생하는 계획되지 않은 조인트
(2) 콘크리트 타설 시 아직 굳지 않은 콘크리트에 있어서 물이 윗면에 솟아오르는 현상

22.
(1) 페코빔 (2) 와플폼 (3) 터널폼

23.
(1) $V_A = \dfrac{40+40+40}{2} = +60\text{kN}(\uparrow)$

(2) $M_F = 0$: $+(60)(6)-(40)(3)+(U_2)(3)=0$ ∴ $U_2 = -80\text{kN}$(압축)

(3) $M_E = 0$: $+(60)(3)-(L_2)(3)=0$ ∴ $L_2 = +60\text{kN}$(인장)

24.

$$\frac{I_x}{I_y}=\frac{\frac{(300)(600)^3}{12}+(300\times600)(300)^2}{\frac{(600)(300)^3}{12}+(600\times300)(150)^2}=4$$

25.
① 슬래그 감싸들기　　② 언더컷　　③ 오버랩

26.
① ㉯　② ㉮　③ ㉱　④ ㉰

27.
흙막이 배면을 천공 후 앵커(Anchor)체를 설치하여 주변지반을 지지하는 흙막이 공법

28.
$M_{A,Right}=-[+(4)(1)]=-4\text{kN}\cdot\text{m}(\frown)$

2013. 1회 건축기사

1. 건축주와 시공자간에 다음과 같은 조건으로 실비한정비율 보수가산식을 적용하여 계약을 체결하여 공사완료 후 실제 소요공사비를 상호 확인한 결과 90,000,000원이었을 때 건축주가 시공자에게 지급해야 하는 총 공사금액은?

득점	배점
	3

〈계약조건〉 (1) 한정된 실비 : 100,000,000원 (2) 보수비율 : 5%

2. 중량콘크리트의 용도를 쓰고, 대표적으로 사용되는 재료 2가지를 쓰시오.

득점	배점
	3

(1) 용도:

(2) 사용 재료:

① ②

3. 토량 2,000m^3, 2대의 불도저가 삽날용량 0.6m^3, 토량환산계수 0.7, 작업효율 0.9, 1회 사이클시간 15분일 때 작업완료시간을 계산하시오.

득점	배점
	4

4. 다음 데이터를 네트워크공정표로 작성하고, 각 작업의 여유시간을 구하시오.

득점	배점
	10

<table>
<tr><th>작업명</th><th>작업일수</th><th>선행작업</th><th>비고</th></tr>
<tr><td>A</td><td>3</td><td>없음</td><td rowspan="8">(1) 결합점에서는 다음과 같이 표시한다.
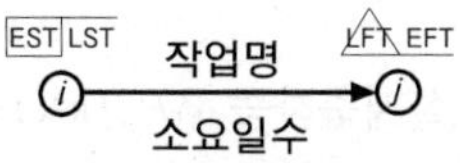

(2) 주공정선은 굵은선으로 표시한다.</td></tr>
<tr><td>B</td><td>2</td><td>없음</td></tr>
<tr><td>C</td><td>4</td><td>없음</td></tr>
<tr><td>D</td><td>5</td><td>C</td></tr>
<tr><td>E</td><td>2</td><td>B</td></tr>
<tr><td>F</td><td>3</td><td>A</td></tr>
<tr><td>G</td><td>3</td><td>A, C, E</td></tr>
<tr><td>H</td><td>4</td><td>D, F, G</td></tr>
</table>

(1) 네트워크공정표

(2) 일정 및 여유시간 산정

작업명	TF	FF	DF	CP
A				
B				
C				
D				
E				
F				
G				
H				

5. 공정관리 중 진도관리에 사용되는 S-Curve(바나나 곡선)는 주로 무엇을 표시하는데 활용되는지를 설명하시오.

득점	배점
	2

6. 철근콘크리트구조 띠철근 기둥의 설계축하중 ϕP_n (kN)을 구하시오.
(조건: $f_{ck}=24\text{MPa}$, $f_y=400\text{MPa}$, D22 철근 한 개의 단면적은 387mm^2
강도감소계수 $\phi=0.65$)

득점	배점
	3

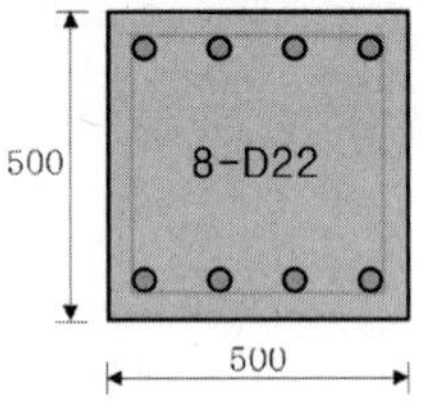

7. 시멘트 창고 관리방법 4가지를 쓰시오.

득점	배점
	4

①

②

③

④

8. (　　)안에 숫자를 기입하시오.

득점	배점
	2

기성콘크리트 말뚝을 타설할 때 그 중심간격은 말뚝지름의 (　　)배 이상 또한 (　　　)mm 이상으로 한다.

9. 염분을 포함한 바다모래를 골재로 사용하는 경우 철근 부식에 대한 방청상 유효한 조치를 4가지 쓰시오.

득점	배점
	4

①

②

③

④

10. 그림과 같은 창고를 시멘트벽돌로 신축하고자 할 때 벽돌쌓기량(매)과 내외벽 시멘트 미장할 때 미장면적을 구하시오.

득점	배점
	9

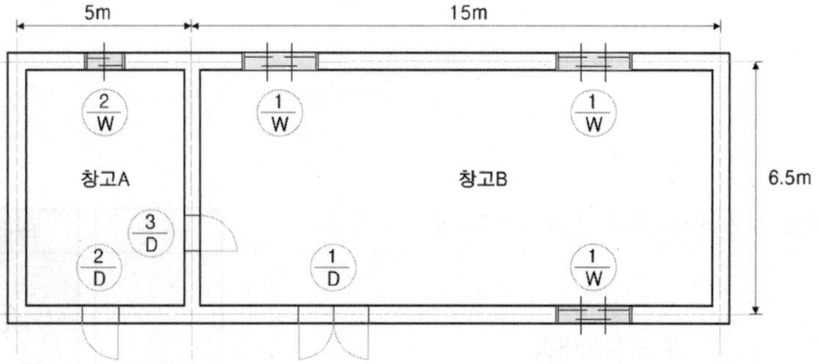

단, 1) 벽두께는 외벽 1.5B 쌓기, 칸막이벽 1.0B 쌓기로 하고 벽높이는 안팎 3.6m 로 가정하며, 벽돌은 표준형(190×90×57)으로 할증률은 5%.

2) 창문틀 규격:

(1/D) : 2.2×2.4m (2/D) : 0.9×2.4m (3/D) : 0.9×2.1m

(1/W) : 1.8×1.2m (2/W) : 1.2×1.2m

(1) 벽돌량:

(2) 미장면적:

11. 강구조공사에서 활용되는 표준볼트장력을 설계볼트장력과 비교하여 설명하시오.

득점	배점
	3

12. 다음 보기 중 매스콘크리트의 온도균열을 방지할 수 있는 기본적인 대책을 모두 골라 쓰시오.

보기		
① 응결촉진제 사용	② 중용열시멘트 사용	③ Pre-Cooling 방법 사용
④ 단위시멘트량 감소	⑤ 잔골재율 증가	⑥ 물시멘트비 증가

득점	배점
	3

13. 주어진 색에 알맞은 콘크리트용 착색제를 보기에서 골라 번호로 쓰시오.

보기		
① 카본블랙	② 군청	③ 크롬산바륨
④ 산화크롬	⑤ 산화제2철	⑥ 이산화망간

(1) 초록색 – (　　) (2) 빨강색 – (　　) (3) 노랑색 – (　　) (4) 갈　색 – (　　)

득점	배점
	4

14. 다음에 제시한 흙막이 구조물 계측기 종류에 적합한 설치 위치를 한 가지씩 기입하시오.

득점	배점
	4

① 하중계:

② 토압계:

③ 변형률계:

④ 경사계:

15. 재령 28일 콘크리트 표준공시체(ϕ150mm × 300mm)에 대한 압축강도시험 결과 파괴하중이 400kN일 때 압축강도 f_c(MPa)를 구하시오.

득점	배점
	3

16. 거푸집 공사와 관련된 용어를 쓰시오.

득점	배점
	5

(1) 슬래브에 배근되는 철근이 거푸집에 밀착되는 것을 방지하기 위한 간격재(굄재)
(2) 벽거푸집이 오므라드는 것을 방지하고 간격을 유지하기 위한 격리재
(3) 거푸집 긴장철선을 콘크리트 경화 후 절단하는 절단기
(4) 콘크리트에 달대와 같은 설치물을 고정하기 위해 매입하는 철물
(5) 거푸집의 간격을 유지하며 벌어지는 것을 막는 긴장재

(1) (2) (3)

(4) (5)

17. 철근배근 시 철근이음 방식 3가지를 쓰시오.

득점	배점
	3

① ② ③

18. $L-100 \times 100 \times 7$ 인장재의 순단면적(mm^2)을 구하시오.

득점	배점
	3

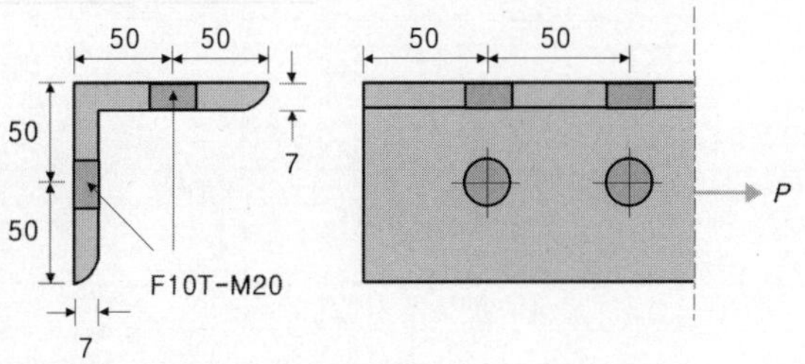

19. 대형 시스템 거푸집 중에서 갱폼(Gang Form)의 장 · 단점을 각각 2가지씩 쓰시오.

득점	배점
	4

(1) 장점:

① ______ ② ______

(2) 단점:

① ______ ② ______

20. 다음 용어를 설명하시오.

득점	배점
	4

(1) 복층 유리:

(2) 배강도 유리:

21. 용접 착수 전 용접부 검사항목을 3가지 쓰시오.

득점	배점
	3

① ______ ② ______ ③ ______

22. 단순 인장접합부의 강도한계상태에 따른 고력볼트의 설계전단강도를 구하시오.
(단, 강재의 재질은 SS275, 고장력볼트 F10T−M22, 공칭전단강도 $F_{nv} = 450\mathrm{N/mm^2}$)

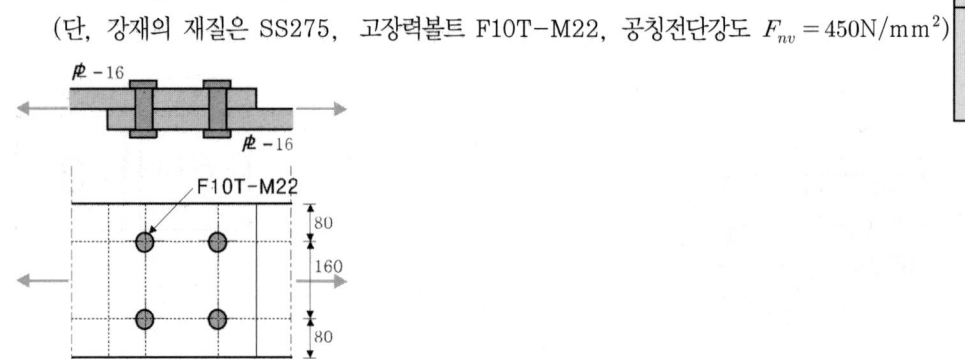

득점	배점
	4

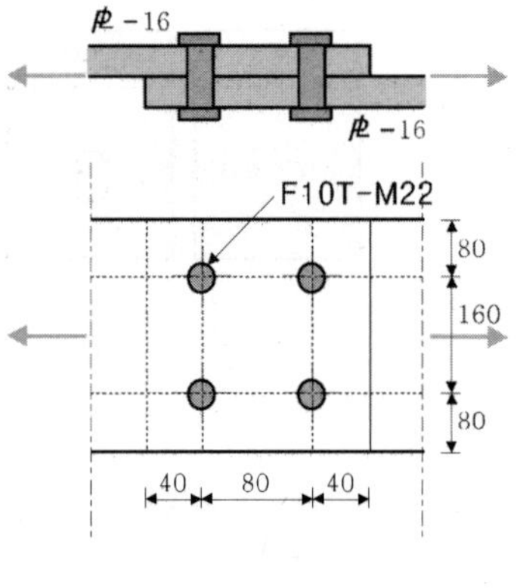

23. 그림과 같은 콘크리트 기둥이 양단힌지로 지지되었을 때 약축에 대한 세장비가 150이 되기 위한 기둥의 길이(m)를 구하시오.

득점	배점
	4

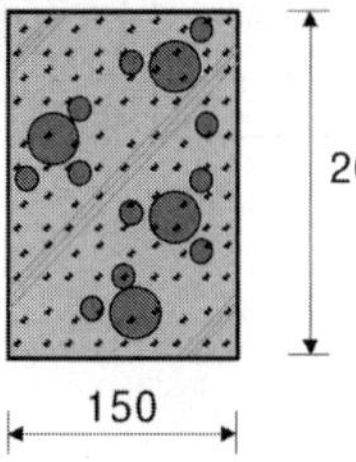

24. 그림과 같은 독립기초의 2방향 뚫림전단(Punching Shear) 응력산정을 위한 저항면적(cm^2)을 구하시오.

득점	배점
	3

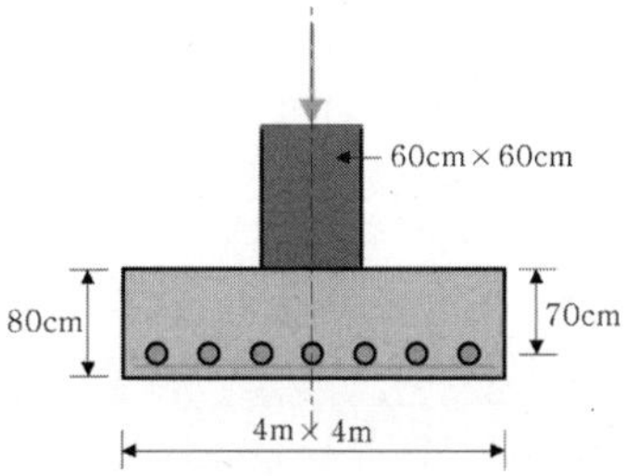

25. 다음 표에 제시된 창호재료의 종류 및 기호를 참고하여, 아래의 창호 기호표를 표시하시오.

득점	배점
	3

기호	창호틀 재료의 종류
A	알루미늄
G	유리
P	플라스틱
S	강철
SS	스테인리스
W	목재

기호	창호 구별
D	문
W	창
S	셔터

구분	문	창
목제	1	2
철제	3	4
알루미늄제	5	6

① ② ③

④ ⑤ ⑥

26. 그림과 같은 하우(Howe) 트러스 및 프랫(Pratt) 트러스에서 ①~⑧ 부재를 인장재 및 압축재로 구분하시오.

득점	배점
	4

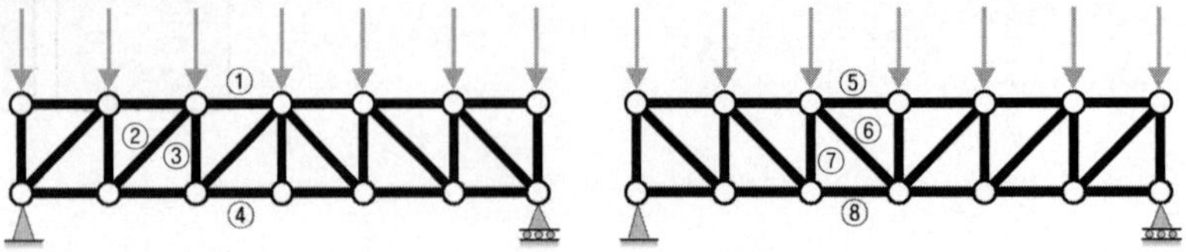

(가) 인장재: ____________________　(나) 압축재: ____________________

총점

1.
90,000,000+(90,000,000×0.05)=94,500,000원

2.
(1) 방사선을 차폐할 목적으로 제작되는 콘크리트 (2) 철광석, 중정석

3.
(1) $Q=\dfrac{60\times0.6\times0.7\times0.9}{15}=1.512$

(2) $\dfrac{2,000}{1.512\times2\text{대}}=661.376$ hr

4.

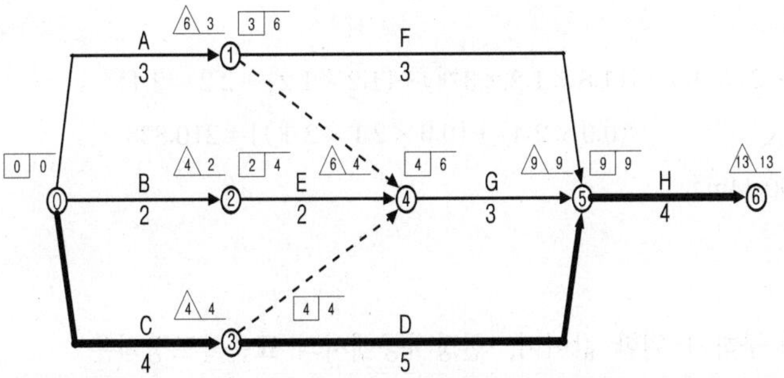

작업명	TF	FF	DF	CP
A	3	0	3	
B	2	0	2	
C	0	0	0	※
D	0	0	0	※
E	2	0	2	
F	3	3	0	
G	2	2	0	
H	0	0	0	※

5.
공사 일정의 예정과 실시상태를 비교하여 공정진도를 파악

6.
$\phi P_n=(0.65)(0.80)[0.85(24)\cdot\{(500\times500)-(8\times387)\}+(400)(8\times387)]=3,263,125\text{N}=3,263.125\text{kN}$

7.
① 필요한 출입구 및 채광창 이외의 환기창 설치를 금지한다.
② 바닥은 지반에서 30cm 이상의 높이로 한다.
③ 반입, 반출구는 따로 두고 먼저 반입한 것을 먼저 쓴다.
④ 주위에 배수도랑을 두고 누수를 방지한다.

8.
2.5, 750

9.
① 에폭시 코팅 철근 사용
② 철근 표면에 아연도금 처리
③ 골재에 제염제 혼입
④ 콘크리트에 방청제 혼입

10.
(1) 벽돌량 :
① 1.5B :
$[\{(20+6.5)\times 2\times 3.6\}-\{(1.8\times 1.2\times 3\text{개})+(1.2\times 1.2)+2.2\times 2.4)+(0.9\times 2.4)\}]\times 224=39{,}298.51$
② 1.0B: $\{(6.5-0.29)\times 3.6-(0.9\times 2.1)\}\times 149=3{,}049.4$
③ 소요 벽돌량: $(39{,}298.5+3{,}049.4)\times 1.05=44{,}465.2$ ➠ 44,466매
(2) 미장면적:
① 외부: $[\{(20+0.29)+(6.5+0.29)\}\times 2\times 3.6]-\{(1.8\times 1.2\times 3\text{개})+(1.2\times 1.2)+2.2\times 2.4)+(0.9\times 2.4)\}$
$=179.616$
② 내부: $\{(14.76+6.21)\times 2+(4.76+6.21)\times 2\}\times 3.6-\{(1.8\times 1.2\times 3\text{개})+(1.2\times 1.2)+2.2\times 2.4)$
$+(0.9\times 2.4)+(0.9\times 2.1\times 2\text{개})\}=210.828$
③ 합계: $179.616+210.828=390.444$ ➠ 390.44m^2

11.
설계볼트장력은 고장력볼트 설계미끄럼강도를 구하기 위한 값이며, 현장시공에서의 표준볼트장력은 설계볼트장력에 10%를 할증한 값으로 한다.

12.
②, ③, ④

13.
(1) ④ (2) ⑤ (3) ③ (4) ⑥

14.
① 버팀대(Strut) 양단부
② 토압 측정위치의 지중에 설치
③ 버팀대(Strut) 중앙부
④ 인접구조물의 골조 또는 벽체

15.

$$f_c = \frac{P}{A} = \frac{P}{\frac{\pi D^2}{4}} = \frac{(400 \times 10^3)}{\frac{\pi (150)^2}{4}} = 22.635\text{N/mm}^2 = 22.635\text{MPa}$$

16.

(1) 스페이서 (2) 세퍼레이터 (3) 와이어 클립퍼 (4) 인서트 (5) 폼타이

17.

① 겹친 이음 ② 용접 이음 ③ 기계적 이음

18.

$$A_n = A_g - n \cdot d \cdot t = [(7)(200-7)] - (2)(20+2)(7) = 1{,}043\text{mm}^2$$

19.

(1) ① 작업 싸이클(Cycle)이 단순하여 빠른 조립속도로 공기단축
② 전용횟수가 많아 고층건물 이용 시 원가절감

(2) ① 제작장소 및 해체 후 보관장소 필요
② 초기투자비가 재래식보다 높음

20.

(1) 건조공기층을 사이에 두고 판유리를 이중으로 접합하여 테두리를 밀봉한 유리
(2) 판유리를 연화점 정도로 가열 후 서냉하여 유리표면에 24MPa 이상의 압축응력층을 갖도록 한 유리로서 일반유리의 2~3배 정도의 강도를 갖는다.

21.

① 트임새 모양 ② 구속법 ③ 모아대기법

22.

$$\phi \cdot R_n = (0.75)\,(450)\left(\frac{\pi (22)^2}{4}\right)(4\text{개}) = 513{,}179\text{N} = 513.179\text{kN}$$

23.

$$\lambda = \frac{(1.0)L}{\sqrt{\dfrac{\frac{(200)(150)^3}{12}}{(200 \times 150)}}} = 150 \text{ 으로부터 } L = 6{,}495\text{mm} = 6.495\text{m}$$

24.

(1) 위험단면의 둘레길이: $b_o=[(35+60+35)\times 2]\times 2=520\text{cm}$

(2) 저항면적: $A=b_o \cdot d=(520)(70)=36,400\text{cm}^2$

25.

① WD

② WW

③ SD

④ SW

⑤ AD

⑥ AW

26.

(가) 인장재: ③, ④, ⑥, ⑧

(나) 압축재: ①, ②, ⑤, ⑦

2013. 2회 건축기사

1. 철근콘크리트 공사에서 철근이음을 하는 방법 중 가스압접으로 이음 할 수 없는 경우를 3가지 쓰시오.

득점	배점
	3

① ②

③

2. 컨소시엄(Consortium) 공사에 있어서 페이퍼 조인트(Paper Joint)에 관하여 기술하시오.

득점	배점
	3

3. 외부 쌍줄비계와 외줄비계의 면적산출 방법을 기술하시오.

득점	배점
	4

(1) 외부 쌍줄비계:

(2) 외줄비계:

4. 다음은 지반조사법 중 보링에 대한 설명이다. 알맞은 용어를 쓰시오.

득점	배점
	3

① 비교적 연약한 토지에 수압을 이용하여 탐사
② 경질층을 깊이 파는데 이용하는 방식
③ 지층의 변화를 연속적으로 비교적 정확히 알고자 할 때 사용하는 방식

① ② ③

5. 콘크리트의 알칼리골재반응을 방지하기 위한 대책을 3가지 쓰시오.

득점	배점
	3

① ②

③

6. 다음은 시트 방수공사의 항목들이다. 시공순서대로 번호를 나열하시오.

득점	배점
	3

보기

① 단열재 깔기 ② 접착제 도포 ③ 조인트 실(Seal)
④ 물채우기 시험 ⑤ 보강 붙이기 ⑥ 바탕 처리
⑦ 시트 붙이기

7. 지반개량공법 중 연직배수공법(탈수공법)의 종류를 4가지 쓰시오.

득점	배점
	4

① ②

③ ④

8. 강구조 주각부의 현장 시공순서에 맞게 번호를 쓰시오.

득점	배점
	2

① 기초 상부 고름질 ② 가조립 ③ 변형 바로잡기
④ 앵커볼트 설치 ⑤ 철골 세우기 ⑥ 철골 도장

9. 가치공학(Value Engineering)의 기본추진 절차를 4단계로 구분하여 쓰시오.

득점	배점
	4

① ②

③ ④

10. 커튼월의 외관형태 타입 4가지를 쓰시오.

득점	배점
	4

① ②

③ ④

11. 굴착지반의 안전성에 대해 검토한 결과 히빙(Heaving)과 보일링 파괴(Bailing Failure)가 예상되는 경우 방지대책을 3가지 쓰시오.

득점	배점
	3

①

②

③

12. 철근콘크리트 공사에 이용되는 스페이서(Spacer)의 용도에 대하여 쓰시오.

득점	배점
	2

13. 인장철근만 배근된 철근콘크리트 직사각형 단순보에 하중이 작용하여 순간처짐이 5mm 발생하였다. 5년 이상 지속하중이 작용할 경우 총처짐량(순간처짐+장기처짐)을 구하시오. (단, 장기처짐계수 $\lambda_\Delta = \dfrac{\xi}{1+50\rho'}$ 을 적용하며 시간경과계수는 2.0으로 한다.)

득점	배점
	4

14. 철근콘크리트 구조에서 보의 주근으로 4-D25를 1단 배열 시 보폭의 최솟값을 구하시오.

득점	배점
	4

피복두께 40mm,	굵은골재 최대치수 18mm,	스터럽 D13

15. 커튼월 공사 시 누수 방지대책과 관련된 다음 용어에 대해 설명하시오.

득점	배점
	4

(1) Closed Joint

(2) Open Joint

16. 다음 데이터를 네트워크공정표로 작성하고, 각 작업의 여유시간을 구하시오.

득점	배점
	10

<table>
<tr><th>작업명</th><th>작업일수</th><th>선행작업</th><th>비고</th></tr>
<tr><td>A</td><td>5</td><td>없음</td><td rowspan="8">(1) 결합점에서는 다음과 같이 표시한다.
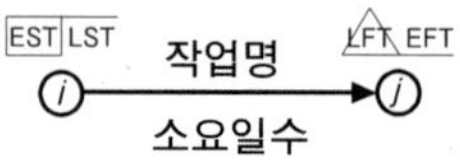

(2) 주공정선은 굵은선으로 표시한다.</td></tr>
<tr><td>B</td><td>6</td><td>없음</td></tr>
<tr><td>C</td><td>5</td><td>A</td></tr>
<tr><td>D</td><td>2</td><td>A, B</td></tr>
<tr><td>E</td><td>3</td><td>A</td></tr>
<tr><td>F</td><td>4</td><td>C, E</td></tr>
<tr><td>G</td><td>2</td><td>D</td></tr>
<tr><td>H</td><td>3</td><td>F, G</td></tr>
</table>

(1) 네트워크공정표

(2) 여유시간 산정

작업명	TF	FF	DF	CP
A				
B				
C				
D				
E				
F				
G				
H				

17. $f_{ck} = 30\text{MPa}$, $f_y = 400\text{MPa}$, D22(공칭지름 22.2mm) 인장이형철근의 기본정착길이를 구하시오. (단, 경량콘크리트계수 $\lambda = 1$)

득점	배점
	3

18. 다음 그림을 보고 해당되는 줄눈의 명칭을 적으시오.

득점	배점
	4

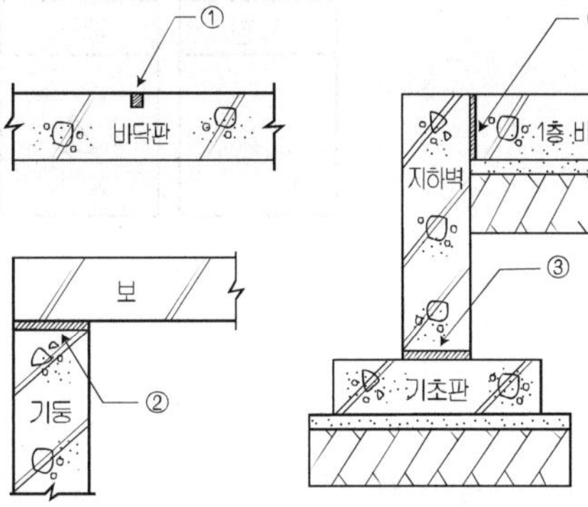

①

②

③

④

19. 다음 용어를 설명하시오.

득점	배점
	4

(1) 적산(積算):

(2) 견적(見積):

20. 그림과 같은 단순보의 최대 전단응력을 구하시오.

득점	배점
	3

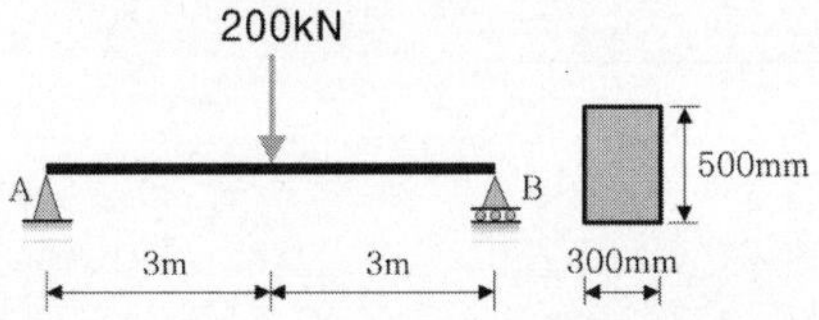

21. 그림과 같은 철근콘크리트 8m 단순보 중앙에 집중고정하중 20kN, 집중활하중 30kN이 작용할 때 보의 자중을 무시한 최대 계수휨모멘트를 구하시오.

득점	배점
	4

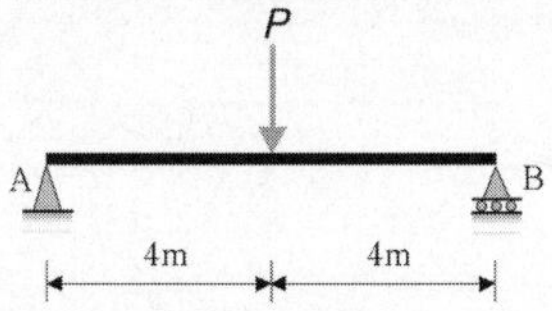

22. 철근콘크리트 구조의 1방향 슬래브와 2방향 슬래브를 구분하는 기준에 대해 설명하시오.

득점	배점
	3

23. 다음 [보기]에서 설명하는 용어를 쓰시오.

득점	배점
	4

보기

- 바닥콘크리트 타설을 위한 슬래브 하부 거푸집판
- 작업 시 안정성 강화 및 동바리 수량감소로 원가절감 가능
- 아연도 철판을 절곡하여 제작하며, 해체작업이 필요 없음

24. 다음 설명에 해당하는 흙파기 공법의 명칭을 쓰시오.

득점	배점
	2

(1) 측벽이나 주열선 부분만을 먼저 파낸 후 기초와 지하구조체를 축조한 다음 중앙부의 나머지 부분을 파내어 지하구조물을 완성하는 공법

(2) 중앙부의 흙을 먼저 파고, 그 부분에 기초 또는 지하구조체를 축조한 후, 이를 지점으로 경사 혹은 수평 흙막이 버팀대를 가설하여 흙을 제거한 후 지하구조물을 완성하는 공법

(1) (2)

25. 지정 및 기초공사와 관련된 다음 용어에 대해 설명하시오.

득점	배점
	2

(1) 재하시험:

(2) 합성말뚝:

26. 혼화재(混和材)와 혼화제(混和劑)를 구분하여 설명하고, 혼화재 및 혼화제의 종류를 3가지씩 쓰시오.

득점	배점
	4

(1) 혼화재(混和材)의 정의:

(2) 혼화재(混和材)의 종류:

① ② ③

(3) 혼화제(混和劑)의 정의:

(4) 혼화제(混和劑)의 종류:

① ② ③

27. 철근의 단부에 갈고리(Hook)를 만들어야 하는 철근을 모두 골라 번호를 쓰시오.

득점	배점
	3

보기

① 원형철근 ② 스터럽 ③ 띠철근 ④ 지중보 돌출부 부분의 철근 ⑤ 굴뚝의 철근

28. 강판을 그림과 같이 가공하여 30개의 수량을 사용하고자 한다. 강판의 비중이 7.85일 때 소요량(kg)을 산출하고 스크랩의 발생량(kg)도 함께 산출하시오.

득점	배점
	4

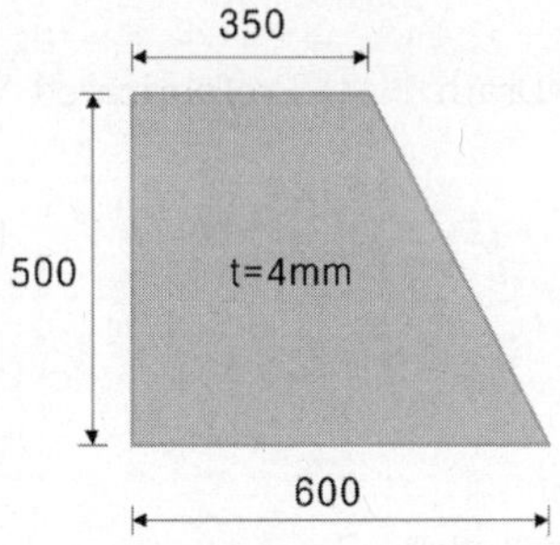

(1) 소요량:

(2) 스크랩량:

총점

2013. 2회 건축기사 해답

1.
① 철근의 직경이 6mm 이상 차이가 나는 경우
② 철근의 재질이 서로 다른 경우
③ 철근의 항복강도가 서로 다른 경우

2.
공동도급으로 수주한 후 한 회사가 공사 전체를 진행하고 나머지 회사는 서류상으로 공사에 참여하는 방식

3.
(1) $A = H(L + 8 \times 0.9)$
(2) $A = H(L + 8 \times 0.45)$

4.
① 수세식 보링 ② 충격식 보링 ③ 회전식 보링

5.
① 알칼리 함량 0.6% 이하의 시멘트 사용
② 알칼리골재반응에 무해한 골재 사용
③ 양질의 혼화재(고로 Slag, Fly Ash 등) 사용

6.
⑥ ➡ ① ➡ ② ➡ ⑦ ➡ ⑤ ➡ ③ ➡ ④

7.
① Sand Drain ② Paper Drain ③ Pack Drain ④ Prefabricated Vertical Drain

8.
④ ➡ ① ➡ ⑤ ➡ ② ➡ ③ ➡ ⑥

9.
① 대상 선정 및 정보수집 단계 ② 기능 분석 단계
③ 아이디어 창출 단계 ④ 대안 평가 및 제안, 실시 단계

10.
① 샛기둥 방식 ② 스팬드럴 방식 ③ 피복방식 ④ 격자방식

11.
① 흙막이벽의 근입장을 증가
② 굴착 예정지역의 지반을 개량하여 전단강도 증대
③ 차수성이 강한 흙막이 시공으로 누수차단

12.
철근의 피복두께를 유지하기 위해 벽이나 바닥 철근에 대어주는 것

13.
(1) $\lambda_\Delta = \dfrac{(2.0)}{1+50(0)} = 2$
(2) 장기처짐 = 탄성처짐 × λ_Δ = (5)(2) = 10mm
(3) 총처짐 = 순간처짐+장기처짐 = (5)+(10) = 15mm

14.
(1) 주철근 순간격: ①, ②, ③ 중 큰 값
① 25mm ② 1.0×25=25mm ③ $\dfrac{4}{3}\times 18$=24mm
(2) $b = 40\times2+13\times2+25\times4+25\times3 = 281$mm

15.
(1) 커튼월의 개별접합부를 실(Seal)재로 완전히 밀폐시켜 틈새를 없애는 방법
(2) 벽의 외측면과 내측면 사이에 공간을 두고 외기압과 등압을 유지하여 압력차를 없애는 방법

16.

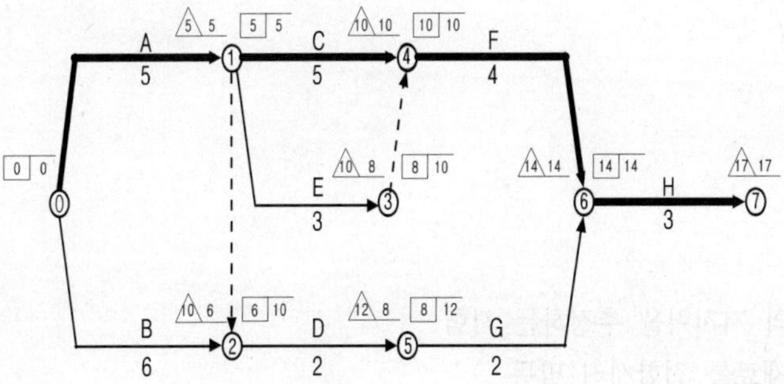

작업명	TF	FF	DF	CP
A	0	0	0	※
B	4	0	4	
C	0	0	0	※
D	4	0	4	
E	2	2	0	
F	0	0	0	※
G	4	4	0	
H	0	0	0	※

17.
$l_{db} = \dfrac{0.6(22.2)(400)}{(1)\sqrt{(30)}} = 972.755$mm

18.
① 조절줄눈 ② 미끄럼줄눈 ③ 시공줄눈 ④ 신축줄눈

19.
(1) 재료 및 품의 수량과 같은 공사량을 산출하는 기술활동
(2) 공사량에 단가를 곱하여 공사비를 산출하는 기술활동

20.
(1) $V_{\max} = V_A = V_B = +\frac{P}{2} = +\frac{(200)}{2} = 100\text{kN}$

(2) $\tau_{\max} = \left(\frac{3}{2}\right) \cdot \frac{(100 \times 10^3)}{(300 \times 500)} = 1\text{N/mm}^2 = 1\text{MPa}$

21.
(1) $P_u = 1.2(20) + 1.6(30) = 72\text{kN}$

(2) $M_u = \frac{PL}{4} = \frac{(72)(8)}{4} = 144\text{kN} \cdot \text{m}$

22.
(1) 1방향 슬래브(1-Way Slab): $\text{변장비} = \frac{\text{장변 경간}}{\text{단변 경간}} > 2$

(2) 2방향 슬래브(2-Way Slab): $\text{변장비} = \frac{\text{장변 경간}}{\text{단변 경간}} \leq 2$

23.
데크 플레이트(Deck Plate)

24
(1) 트렌치컷(Trench Cut) 공법
(2) 아일랜드컷(Island Cut) 공법

25.
(1) 지반면에 직접 하중을 가하여 기초 지반의 지지력을 추정하는 시험
(2) 하부 강재와 상부 콘크리트와 같은 이질재료를 접합시킨 말뚝

26.

(1) 시멘트량의 5% 이상이 사용되어 배합계산에 포함되는 재료

(2) ① 고로 슬래그
② 실리카퓸
③ 플라이애시

(3) 시멘트량의 1% 미만으로 약품적 성질만 가지고 있는 재료

(4) ① AE제
② 감수제
③ 유동화제

27.

①, ②, ③, ⑤

28.

(1) $(0.6 \times 0.5 \times 0.004) \times 7{,}850 \times 30$개 $= 282.6\text{kg}$

(2) $\left(\frac{1}{2} \times 0.25 \times 0.5 \times 0.004\right) \times 7{,}850 \times 30$개 $= 58.875$ ➠ 58.88kg

2013. 4회 건축기사

1. 그림과 같은 용접부의 설계강도를 구하시오. (단, 모재는 SM275, 용접재(KS D7004 연강용 피복아크 용접봉)의 인장강도 $F_{uw} = 420\text{N/mm}^2$, 모재의 강도는 용접재의 강도보다 크다.)

득점	배점
	4

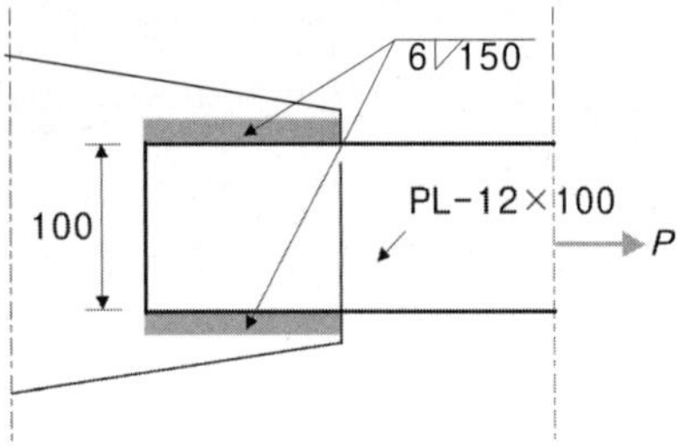

2. 용접부의 검사항목이다. 보기에서 골라 알맞은 공정에 해당번호를 써 넣으시오.

득점	배점
	3

보기

① 아크 전압	② 용접 속도	③ 청소 상태
④ 홈 각도, 간격 및 치수	⑤ 부재의 밀착	⑥ 필릿의 크기
⑦ 균열, 언더컷 유무	⑧ 밑면 따내기	

(1) 용접 착수 전:

(2) 용접 작업 중:

(3) 용접 완료 후:

3. 그림과 같은 구조물에서 T부재에 발생하는 부재력을 구하시오.

득점	배점
	2

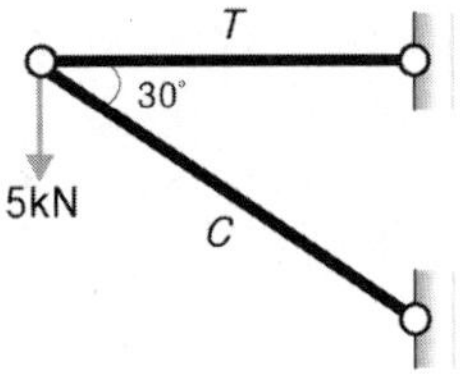

4. 민간 주도하에 Project(시설물) 완공 후 발주처(정부)에게 소유권을 양도하고 발주처의 시설물 임대료를 통하여 투자비가 회수되는 민간투자사업 계약방식의 명칭은 무엇인가?

득점	배점
	2

---

5. 커튼월 조립방식에 의한 분류에서 각 설명에 해당하는 방식을 번호로 쓰시오.

득점	배점
	3

보기

① Stick Wall 방식　　② Window Wall 방식　　③ Unit Wall 방식

(1) 구성 부재 모두가 공장에서 조립된 프리패브(Pre-Fab) 형식으로 창호와 유리, 패널의 일괄발주 방식으로, 업체의 의존도가 높아서 현장상황에 융통성을 발휘하기가 어려움

(2) 구성 부재를 현장에서 조립 · 연결하여 창틀이 구성되는 형식으로 유리는 현장에서 주로 끼우며, 현장적응력이 우수하여 공기조절이 가능

(3) 창호와 유리, 패널의 개별발주 방식으로 창호 주변이 패널로 구성됨으로써 창호의 구조가 패널 트러스에 연결할 수 있어서 재료의 사용 효율이 높아 비교적 경제적인 시스템 구성이 가능한 방식

(1)　　　　(2)　　　　(3)

---

6. 시멘트벽돌 1.0B 두께로 가로 9m, 세로 3m 벽을 쌓을 경우 시멘트 벽돌량과 사춤모르타르량을 산출하시오.(단, 시멘트벽돌은 표준형이다.)

득점	배점
	4

(1) 시멘트벽돌량:

(2) 사춤 모르타르량:

7. 다음 용어를 간단하게 설명하시오.

득점	배점
	4

(1) 기준점:

(2) 방호선반:

8. 벽돌벽 표면에 생기는 백화현상의 대책을 3가지 쓰시오.

득점	배점
	3

① ____________________ ② ____________________

③ ____________________

9. 골재 수량에 관련된 설명 중 서로 연관되는 것을 골라 기호로 쓰시오.

득점	배점
	3

보기

① 골재 내부에 약간의 수분이 있는 대기 중의 건조상태

② 골재의 표면에 묻어 있는 수량

③ 골재 입자의 내부에 물이 채워져 있고, 표면에도 물이 부착되어 있는 상태

④ 표면건조 내부포화상태의 골재 중에 포함되는 물의 양

⑤ 110℃ 정도에서 24시간 이상 골재를 건조시킨 상태

(1) 습윤상태: ____________ (2) 흡수량: ____________ (3) 절건상태: ____________

(4) 기건상태: ____________ (5) 표면수량: ____________

10. 다음 데이터를 네트워크공정표로 작성하고, 각 작업의 여유시간을 구하시오.

득점	배점
	10

작업명	작업일수	선행작업	비고
A	2	없음	(1) 결합점에서는 다음과 같이 표시한다. 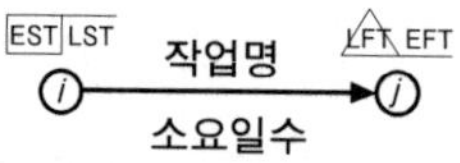
B	3	없음	
C	5	없음	
D	4	없음	
E	7	A, B, C	(2) 주공정선은 굵은선으로 표시한다.
F	4	B, C, D	

(1) 네트워크공정표

(2) 여유시간 산정

작업명	TF	FF	DF	CP
A				
B				
C				
D				
E				
F				

11. 지반개량공법 중 다음 토질에 적당한 대표적인 연직배수공법(탈수공법)을 각각 1가지씩 쓰시오.

득점	배점
	2

① 사질토: ② 점성토:

12. 다음 그림을 보고 해당되는 줄눈의 명칭을 적으시오.

득점	배점
	4

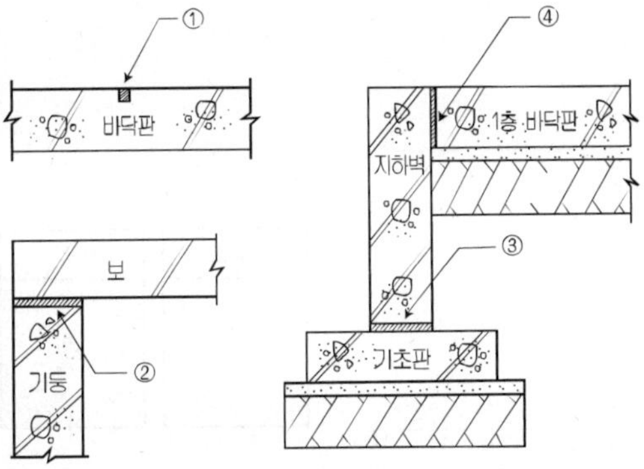

①

②

③

④

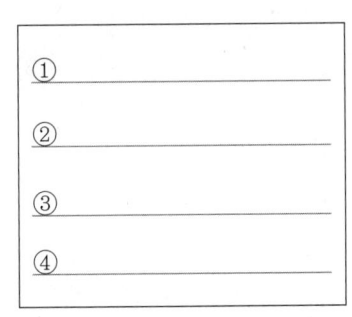

13. 다음 그림과 같은 온통기초에서 터파기량, 되메우기량, 잔토처리량을 산출하시오. (단, 토량환산계수 $L=1.3$으로 한다.)

득점	배점
	9

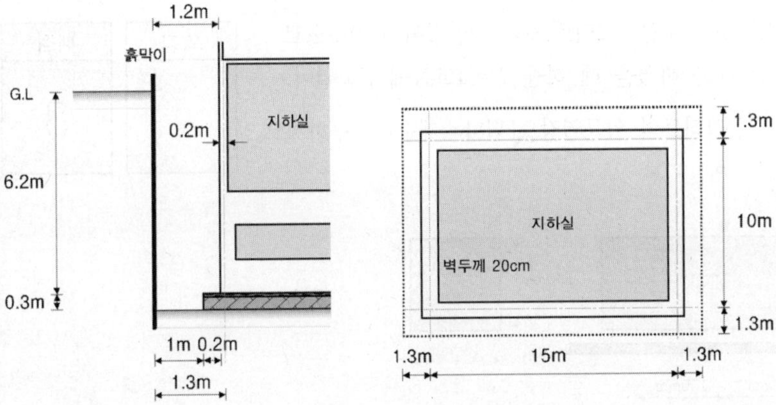

(1) 터파기량:

(2) 되메우기량:

(3) 잔토처리량:

14. 다음 흙막이벽 공사에서 발생되는 현상을 쓰시오.

득점 | 배점 3

(1) 시트 파일 등의 흙막이벽 좌측과 우측의 토압차로써 흙막이 일부의 흙이 재하하중 등의 영향으로 기초파기 하는 공사장 안으로 흙막이벽 밑을 돌아서 미끄러져 올라오는 현상
(2) 모래질 지반에서 흙막이벽을 설치하고 기초파기 할 때의 흙막이벽 뒷면수위가 높아서 지하수가 흙막이 벽을 돌아서 지하수가 모래와 같이 솟아오르는 현상
(3) 흙막이벽의 부실공사로서 흙막이벽의 뚫린 구멍 또는 이음새를 통하여 물이 공사장 내부바닥으로 스며드는 현상

(1) (2) (3)

15. 특명입찰(수의계약)의 장 · 단점을 2가지씩 쓰시오.

득점 | 배점 4

(1) 장점:

① ②

(2) 단점:

① ②

16. 그림과 같은 150mm × 150mm 단면을 갖는 무근콘크리트 보가 경간길이 450mm로 단순지지되어 있다. 3등분점에서 2점 재하 하였을 때 하중 $P = 12\text{kN}$에서 균열이 발생함과 동시에 파괴되었다. 이때 무근콘크리트의 휨균열강도(휨파괴계수)를 구하시오.

득점 | 배점 3

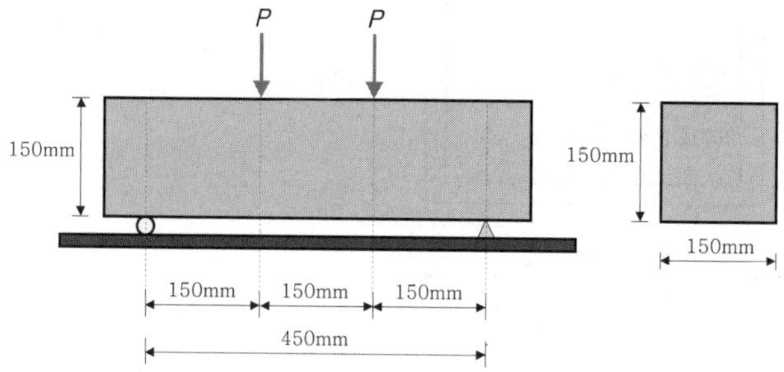

17. 전기로에서 페로실리콘 등 규소합금 제조과정 중 부산물로 생성되는 매우 미세한 입자로써 고강도콘크리트 제조 시 사용되는 이산화규소(SiO_2)를 주성분으로 하는 혼화재의 명칭을 쓰시오.

득점 | 배점 2

18. 다음 구조물의 휨모멘트도(BMD)를 그리시오.

득점	배점
	3

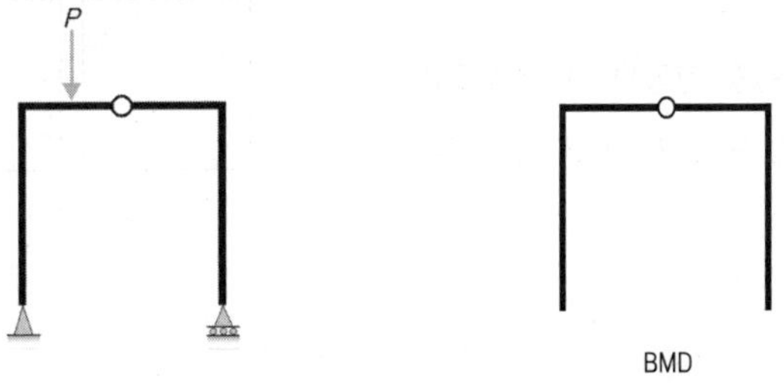

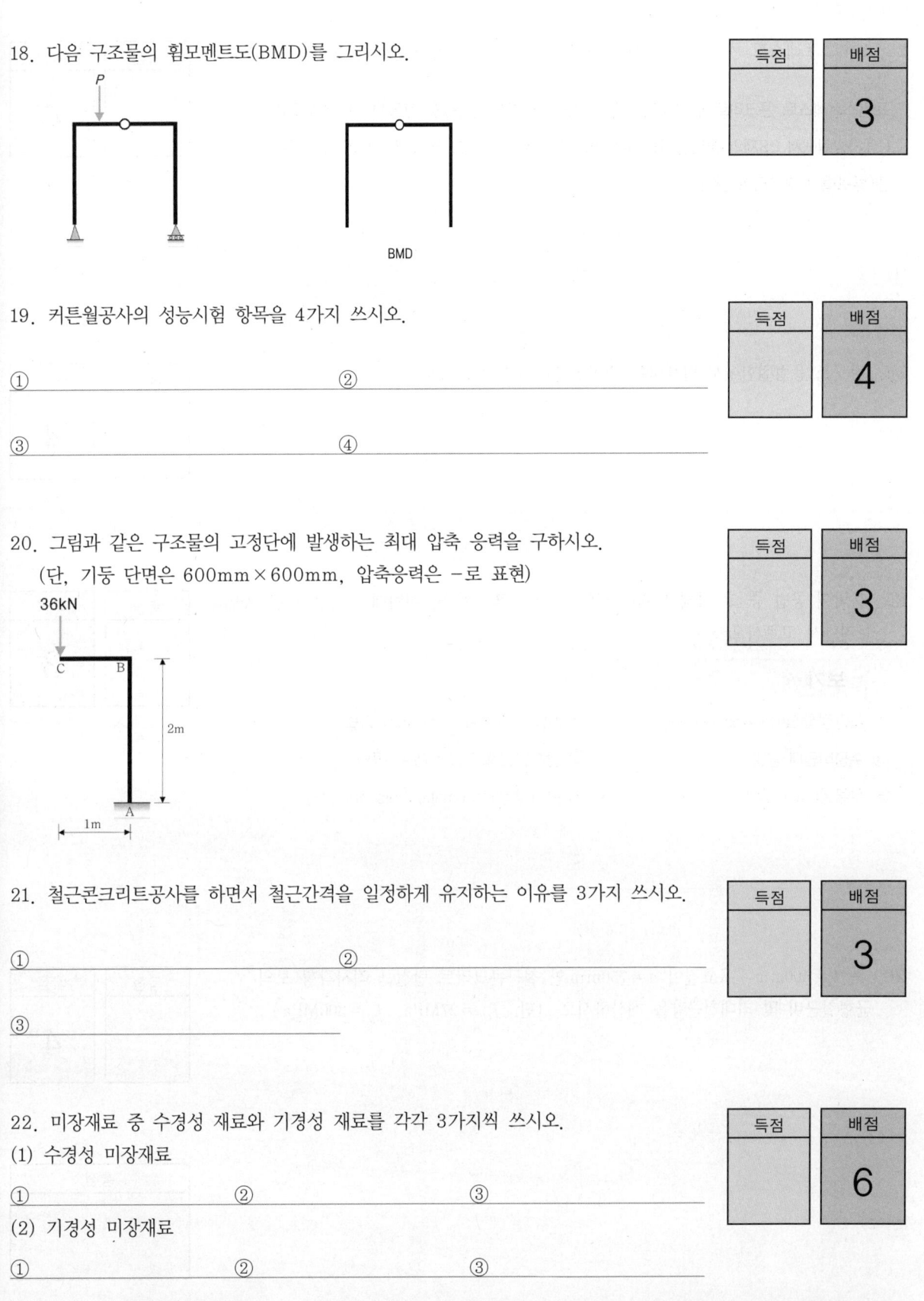

19. 커튼월공사의 성능시험 항목을 4가지 쓰시오.

득점	배점
	4

① ②

③ ④

20. 그림과 같은 구조물의 고정단에 발생하는 최대 압축 응력을 구하시오.
(단, 기둥 단면은 600mm×600mm, 압축응력은 -로 표현)

득점	배점
	3

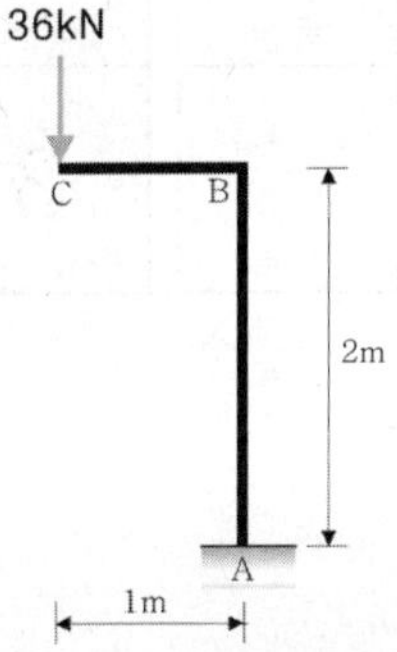

21. 철근콘크리트공사를 하면서 철근간격을 일정하게 유지하는 이유를 3가지 쓰시오.

득점	배점
	3

① ②

③

22. 미장재료 중 수경성 재료와 기경성 재료를 각각 3가지씩 쓰시오.

득점	배점
	6

(1) 수경성 미장재료

① ② ③

(2) 기경성 미장재료

① ② ③

득점	배점
	4

23. 프리스트레스트 콘크리트 방식과 관련된 내용의 (　　)안에 알맞은 용어를 기입하시오.

> 프리스트레스트 콘크리트에 사용되는 강재(강선, 강연선, 강봉)를 긴장재라고 총칭하며, (①)방식에서 PS재의 삽입공간을 확보하기 위해서 콘크리트 타설 전 미리 매립하는 관(튜브)을 (②)라고 한다.

① ________________ ② ________________

득점	배점
	4

24. 강구조 용접접합에서 발생하는 결함항목을 4가지 쓰시오.

① ________________ ② ________________

③ ________________ ④ ________________

득점	배점
	3

25. 흙막이 공법 중 그 자체가 지하구조물이면서 흙막이 및 버팀대 역할을 하는 공법을 보기에서 고르시오.

보기

① 지반정착(Earth Anchor) 공법	② 개방잠함(Open Caisson) 공법
③ 수평버팀대 공법	④ 강재널말뚝(Sheet Pile) 공법
⑤ 우물통(Well) 공법	⑥ 용기잠함(Pneumatic Caisson) 공법

____

득점	배점
	4

26. 폭 $b=500\text{mm}$, 유효깊이 $d=750\text{mm}$ 인 철근콘크리트 단철근 직사각형 보의 균형철근비 및 최대철근량을 계산하시오. (단, $f_{ck}=27\text{MPa}$, $f_y=300\text{MPa}$)

총점

2013. 4회 건축기사 해답

1.

$\phi R_n = \phi \cdot 0.6F_{uw} \cdot 0.7S \cdot (L-2S)$

$= (0.75) \cdot 0.6(420) \cdot 0.7(6) \cdot (150-2\times 6)\times 2$면 $= 219{,}089\text{N} = 219.089\text{kN}$

2.

(1) ③, ④, ⑤ (2) ①, ②, ⑧ (3) ⑥, ⑦

3.

(1) $\sum V = 0$: $-(5)-(F_C \cdot \sin 30°) = 0$ ∴ $F_C = -10\text{kN}$(압축)

(2) $\sum H = 0$: $+(F_T)+(F_C \cdot \cos 30°) = 0$ ∴ $F_T = +8.66\text{kN}$(인장)

4.

BTL(Build-Transfer-Lease) 방식

5.

(1) ③ (2) ① (3) ②

6.

(1) $9\times 3\times 149\times 1.05 = 4{,}224.15$ ➠ 4,225매

(2) $9\times 3\times 0.049 = 1.323$ ➠ 1.32m^3

7.

(1) 건축물 시공 시 공사 중 높이의 기준을 정하고자 설치하는 원점

(2) 상부에서 작업도중 자재나 공구 등의 낙하로 인한 피해를 방지하기 위하여 벽체 및 비계 외부에 설치하는 망

8.

① 흡수율이 작은 소성이 잘된 벽돌 사용

② 처마 또는 차양의 설치로 빗물 차단

③ 벽체 표면에 발수제 첨가 및 도포

9.

(1) ③ (2) ④ (3) ⑤ (4) ① (5) ②

10.

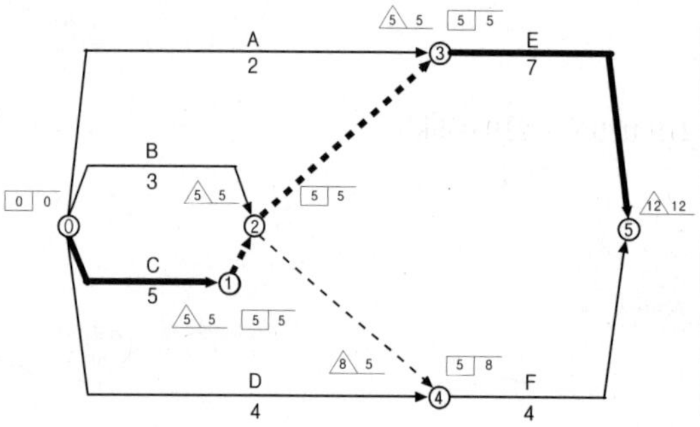

작업명	TF	FF	DF	CP
A	3	3	0	
B	2	2	0	
C	0	0	0	※
D	4	1	3	
E	0	0	0	※
F	3	3	0	

11.

① 웰 포인트 ② 샌드 드레인

12.

① 조절줄눈 ② 미끄럼줄눈 ③ 시공줄눈 ④ 신축줄눈

13.

(1) $V = (15+1.3\times2)\times(10+1.3\times2)\times6.5 = 1{,}441.44$ ➡ $1{,}441.44\text{m}^3$

(2) ① GL 이하의 구조부체적

$[0.3\times(15+0.3\times2)\times(10+0.3\times2)]+[6.2\times(15+0.1\times2)\times(10+0.1\times2)] = 1{,}010.86$

② 되메우기량 : $1{,}441.44 - 1{,}010.86 = 430.58$ ➡ 430.58m^3

(3) $1{,}010.86\times1.3 = 1{,}314.12$ ➡ $1{,}314.12\text{m}^3$

14.

(1) 히빙(Heaving) (2) 보일링(Boiling) (3) 파이핑(Piping)

15.

(1) ① 입찰수속 간단 ② 공사 보안유지 유리

(2) ① 부적격 업체선정의 문제 ② 공사비 결정 불명확

16.

$$f_r = \frac{PL}{bh^2} = \frac{(24\times10^3)(450)}{(150)(150)^2} = 3.2\text{N/mm}^2 = 3.2\text{MPa}$$

17.

실리카퓸(Silica Fume, 실리카 흄)

18.

(1) $N=r+m+f-2j=(2+1)+(4)+(2)-2(5)=\ -1$차 ➡ 불안정

(2) 불안정 구조이므로 휨모멘트도 없음

19.

① 기밀성능 시험 ② 수밀성능 시험 ③ 구조성능 시험 ④ 영구변형 시험

20.

$$\sigma_{\max}=-\frac{P}{A}-\frac{M}{Z}=-\frac{(36\times10^3)}{(600\times600)}-\frac{(36\times10^6)}{\frac{(600)(600)^2}{6}}=-1.1\text{N/mm}^2=-1.1\text{MPa}(\text{압축})$$

21.

① 콘크리트 유동성 확보 ② 재료분리 방지 ③ 소요강도 확보

22.

(1) ① 시멘트 모르타르 ② 무수석고플라스터 ③ 석고플라스터

(2) ① 진흙 ② 회반죽 ③ 돌로마이트 플라스터

23.

① 포스트텐션(Post-Tension) ② 쉬스(Sheath)

24.

① 슬래그 감싸들기 ② 언더컷 ③ 오버랩 ④ 블로홀

25.

②, ⑤, ⑥

26.

(1) $f_{ck}\ \leq\ 40\text{MPa}$ ➡ $\eta=1.00,\ \beta_1=0.80$

(2) $\rho_b=\dfrac{\eta(0.85f_{ck})}{f_y}\cdot\beta_1\cdot\dfrac{660}{660+f_y}=\dfrac{(1.00)(0.85\times27)}{(300)}\cdot(0.80)\cdot\dfrac{(660)}{(660)+(300)}=0.04207$

(3) $\rho_{\max}=0.658\rho_b=0.658(0.04207)=0.02768$

(4) $A_{s,\max}=\rho_{\max}\cdot b\cdot d=(0.02768)(500)(750)=10{,}380\text{mm}^2$

2014. 1회 건축기사

1. 그림과 같은 트러스 구조의 부정정차수를 구하고, 안정구조인지 불안정구조인지를 판별하시오.

득점	배점
	4

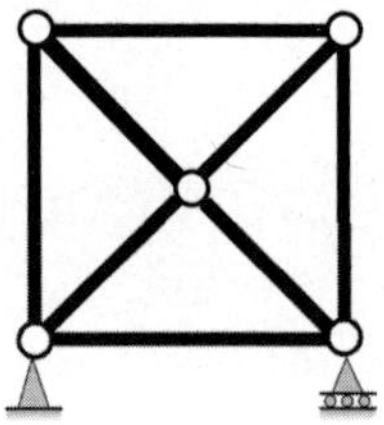

2. 다음 그림의 x축에 대한 단면2차모멘트를 계산하시오.

득점	배점
	3

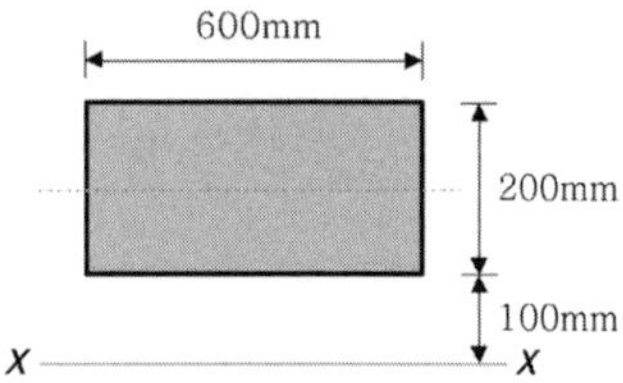

3. 다음은 콘크리트구조기준에서 제한하고 있는 철근콘크리트 기둥 부재의 띠철근 수직간격에 대한 제한규정이다. 괄호 안에 들어갈 수치를 쓰시오.

득점	배점
	4

띠철근 기둥의 수직간격은 축방향주철근 직경의 (①)배, 띠철근 직경의 (②)배, 기둥 단면의 최소 치수의 1/2 이하 중 작은값으로 한다. 단, 200mm 보다 좁을 필요는 없다.

① ②

4. 그림과 같은 단순보 (A)와 단순보 (B)의 최대휨모멘트가 같을 때 집중하중 P를 구하시오.

득점	배점
	4

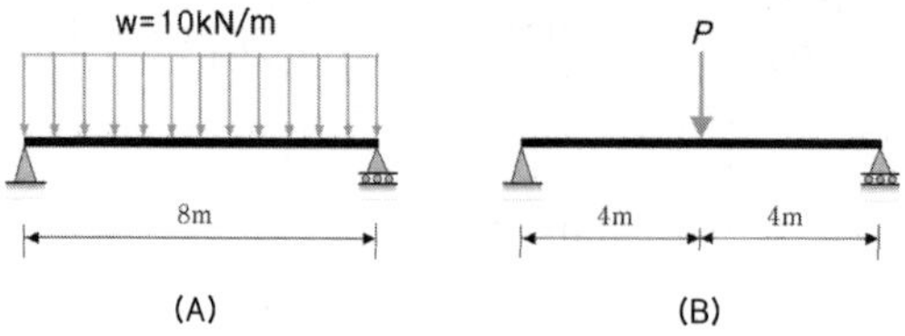

5. 콘크리트 설계기준압축강도 $f_{ck}=30\text{MPa}$일 때 압축응력등가블록의 깊이계수 β_1을 구하시오.

득점	배점
	3

6. 보기에서 제시하는 형강 치수에 따라 단면을 스케치하고 치수를 기입하시오.

득점	배점
	6

① $H-300\times150\times6.5\times9$	② ㄷ$-100\times50\times5\times7.5$	③ $L-75\times75\times6$

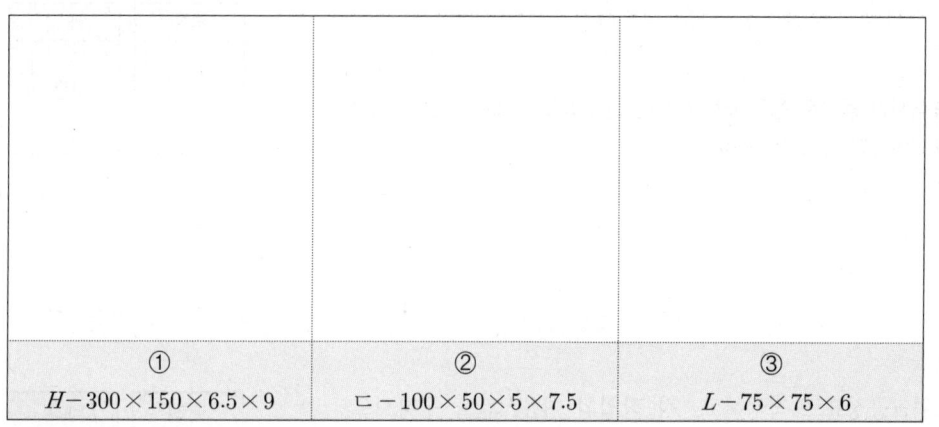

7. BOT(Build-Operate-Transfer) 방식을 설명하시오.

득점	배점
	3

8. TQC의 7도구에 대한 설명이다. 해당되는 도구명을 쓰시오.

(1) 계량치의 데이터가 어떠한 분포를 하고 있는지 알아보기 위하여 작성하는 그림
(2) 불량 등 발생건수를 분류항목별로 나누어 크기 순서대로 나열해 놓은 그림
(3) 결과에 원인이 어떻게 관계하고 있는가를 한 눈에 알 수 있도록 작성한 그림

득점	배점
	3

(1) (2) (3)

9. 기준점(Bench Mark)을 설명하시오.

득점	배점
	2

10. 품질관리 계획서 제출 시 필수적으로 기입하여야 하는 항목을 4가지 적으시오.

득점	배점
	4

① ______________________ ② ______________________

③ ______________________ ④ ______________________

11. 다음 설명에 해당되는 알맞는 줄눈(Joint)을 적으시오.

득점	배점
	2

> 콘크리트 시공과정 중 휴식시간 등으로 응결하기 시작한 콘크리트에 새로운 콘크리트를 이어칠 때 일체화가 저해되어 생기게 되는 줄눈

____

12. 다음 데이터를 네트워크공정표로 작성하고, 각 작업의 여유시간을 구하시오.

득점	배점
	10

<table>
<tr><th>작업명</th><th>작업일수</th><th>선행작업</th><th>비고</th></tr>
<tr><td>A</td><td>5</td><td>없음</td><td rowspan="8">(1) 결합점에서는 다음과 같이 표시한다.
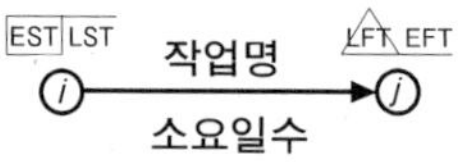

(2) 주공정선은 굵은선으로 표시한다.</td></tr>
<tr><td>B</td><td>6</td><td>없음</td></tr>
<tr><td>C</td><td>5</td><td>A, B</td></tr>
<tr><td>D</td><td>7</td><td>A, B</td></tr>
<tr><td>E</td><td>3</td><td>B</td></tr>
<tr><td>F</td><td>4</td><td>B</td></tr>
<tr><td>G</td><td>2</td><td>C, E</td></tr>
<tr><td>H</td><td>4</td><td>C, D, E, F</td></tr>
</table>

(1) 네트워크공정표

(2) 여유시간 산정

작업명	TF	FF	DF	CP
A				
B				
C				
D				
E				
F				
G				
H				

13. 철근콘크리트공사를 하면서 철근간격을 일정하게 유지하는 이유를 3가지 쓰시오.

득점	배점
	3

① ② ③

14. 그림과 같은 헌치 보에 대하여, 콘크리트량과 거푸집 면적을 구하시오.
(단, 거푸집 면적은 보의 하부면도 산출할 것)

득점	배점
	6

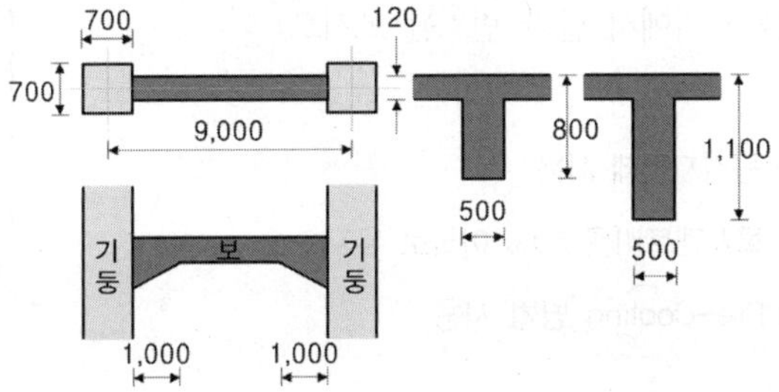

(1) 콘크리트:

m^3

(2) 거푸집 면적:

m^2

15. 지하구조물은 지하수위에서 구조물 밑면까지의 깊이만큼 부력을 받아 건물이 부상하게 되는데, 이것에 대한 방지대책을 4가지 기술하시오.

득점	배점
	4

① ②

③ ④

16. 다음 측정기별 용도를 쓰시오.

득점	배점
	4

(1) Washington Meter:

(2) Earth Pressure Meter:

(3) Piezo Meter:

(4) Dispenser:

17. 한중콘크리트의 문제점에 대한 대책을 보기에서 골라 번호를 쓰시오.

득점	배점
	3

보기

① AE제 사용 ② 응결지연제 사용

③ 보온양생 ④ 물시멘트비를 60% 이하로 유지

⑤ 중용열 시멘트 사용 ⑥ Pre-Cooling 방법 사용

18. 고강도 콘크리트의 폭렬현상에 대하여 설명하시오.

득점	배점
	3

19. 강구조공사에서 철골에 녹막이칠을 하지 않는 부분을 4가지 쓰시오.

득점	배점
	4

① ②

③ ④

20. 강구조공사 접합방법 중 용접의 장점을 4가지 쓰시오.

득점	배점
	4

① ②

③ ④

21. 강구조공사에서 용접부의 비파괴 시험방법의 종류를 3가지 쓰시오.

득점	배점
	3

① ② ③

22. T-Tower Crane 대신 Luffing Crane을 사용해야 하는 경우를 2가지 쓰시오.

득점	배점
	4

① ②

23. 강구조공사 습식 내화피복 공법의 종류를 4가지 쓰시오.

득점	배점
	4

① ②

③ ④

24. 목구조 횡력 보강부재를 3가지 적으시오.

득점	배점
	3

① ② ③

25. 철제창호와 비교한 알루미늄 창호의 장점 2가지를 쓰시오

득점	배점
	2

① ②

26. 다음 용어를 설명하시오.

(1) 스캘럽(Scallop):

(2) 뒷댐재(Back Strip):

득점	배점
	4

총점

1.
$N = r + m + f - 2j = (2+1) + (8) + (0) - 2(5) =$ 1차 부정정 ➡ 안정

2.
$I = \frac{(600)(200)^3}{12} + (600 \times 200)(200)^2 = 5.2 \times 10^9 \text{mm}^4$

3.
① 16 ② 48

4.
$\frac{wL^2}{8} = \frac{PL}{4}$ 으로부터 $\frac{(10)(8)^2}{8} = \frac{P(8)}{4}$ 이므로 $P = 40\text{kN}$

5.
$f_{ck} \le 40\text{MPa}$ ➡ $\beta_1 = 0.80$

6.
① ② ③

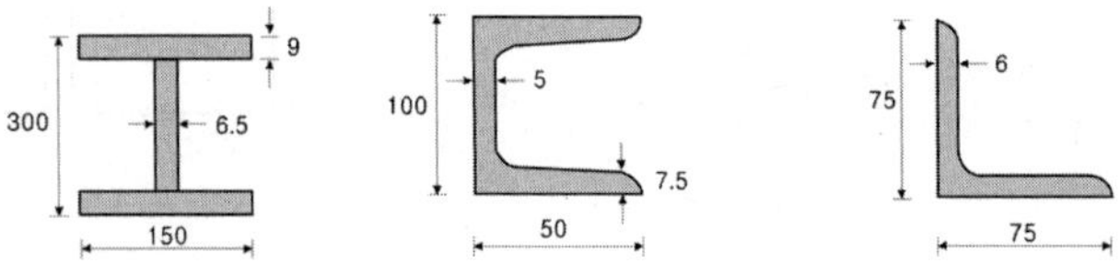

7.
사회간접시설을 민간부분이 주도하여 설계·시공한 후 일정기간 시설물을 운영하여 투자금액을 회수한 후 시설물과 운영권을 무상으로 공공부분에 이전하는 방식

8.
(1) 히스토그램 (2) 파레토도 (3) 특성요인도

9.
건축물 시공 시 공사 중 높이의 기준을 정하고자 설치하는 원점

10.
① 건설공사정보 ② 품질방침 및 목표 ③ 현장조직관리 ④ 문서관리

11.
콜드 조인트(Cold Joint)

12.

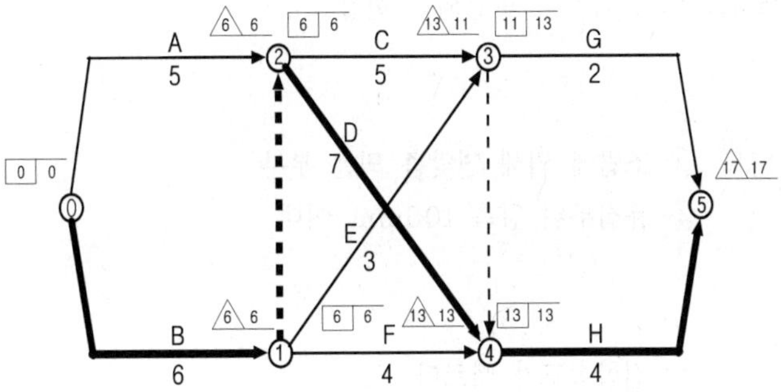

작업명	TF	FF	DF	CP
A	1	1	0	
B	0	0	0	※
C	2	0	2	
D	0	0	0	※
E	4	2	2	
F	3	3	0	
G	4	4	0	
H	0	0	0	※

13.
① 콘크리트 유동성 확보　② 재료분리 방지　③ 소요강도 확보

14.
(1) ① 보 부분 : $0.5\times0.8\times8.3=3.32\text{m}^3$

② 헌치 부분 : $\left(\frac{1}{2}\times0.5\times0.3\times1\right)\times2\text{면}=0.15\text{m}^3$

∴ 3.32+0.15=3.47 ➡ 3.47m^3

(2) ① 보 옆 : $0.68\times8.3\times2\text{면}=11.288\text{m}^2$

② 헌치 옆 : $\left[\left(\frac{1}{2}\times0.3\times1\right)\times2\text{면}\right]\times2\text{면}=0.6\text{m}^2$

③ 보 밑 : $6.3\times0.5+\sqrt{1^2+0.3^2}\times0.5\times2=4.194\text{m}^2$

∴ 11.288+0.6+4.194=16.082m^2 ➡ 16.08m^2

15.
① 유입 지하수를 강제로 펌핑(Pumping) 하여 외부로 배수
② 인접건물주 승인 후 인접건물에 긴결
③ 구조물의 자중을 증대시켜 부력에 대항하게 함
④ 현장시공 중 구조체에 구멍을 뚫어 지하수 유입

16.
(1) 콘크리트 내 공기량 측정　(2) 토압 측정　(3) 간극수압 측정　(4) AE제의 계량

17.
①, ③, ④

18.
콘크리트 부재가 화재로 가열되어 표면부가 소리를 내며 급격히 파열되는 현상

19.
① 콘크리트에 매립되는 부분
② 조립에 의해 면맞춤 되는 부분
③ 고장력볼트 접합부의 마찰면
④ 용접부위 양측 100mm 이내

20.
① 응력전달이 확실하다.
② 접합속도가 빠르다.
③ 이음처리와 작업성이 용이하다.
④ 수밀성 및 기밀성이 유리하다.

21.
① 방사선 투과법　② 초음파 탐상법　③ 자기분말 탐상법

22.
① 도심지의 협소한 공간에서 작업하는 경우
② 인접대지 경계선을 침범할 수 없는 경우

23.
① 타설 공법　② 뿜칠 공법　③ 미장 공법　④ 조적 공법

24.
① 가새　② 버팀대　③ 귀잡이

25.
① 가볍고 공작이 자유롭다.
② 녹슬지 않고 내구연한이 길다.

26.
(1) 용접 시 이음 및 접합부위의 용접선이 교차되어 재용접된 부위가 열영향을 받아 취약해지기 때문에 모재에 부채꼴 모양의 모따기를 한 것
(2) 모재와 함께 용접되는 루트(Root) 하부에 대어 주는 강판

2014. 2회 건축기사

1. 건축공사표준시방서에 따른 경질 석재의 물갈기 마감공정을 순서대로 적으시오.

득점	배점
	4

① ______________________ ② ______________________

③ ______________________ ④ ______________________

2. 철근공사에서 철근 선조립 공법의 시공적인 측면에서의 장점 3가지를 쓰시오.

득점	배점
	3

① ______________________

② ______________________

③ ______________________

3. 미장공사에서 사용되는 다음 용어를 설명하시오.

득점	배점
	4

(1) 손질바름

(2) 실러(Sealer)바름

4. 콘크리트 소성수축균열(Plastic Shrinkage Crack)에 관하여 설명하시오.

득점	배점
	3

5. 콘크리트 타설 중 가수하여 물시멘트비가 큰 콘크리트로 시공하였을 경우 예상되는 결점을 4가지 쓰시오.

득점	배점
	4

① ②

③ ④

6. 다음 빈칸에 해당하는 용어를 쓰시오.

득점	배점
	4

> 목공사에서 목재 단면을 표시한 지정치수는 특기가 없을 때는 구조재, 수장재 모두 (①)치수로 하고, 창호재, 가구재는 (②)치수로 한다. 따라서 제재목의 실제치수는 톱날두께만큼 작아지고, 이를 다시 대패질 마무리하면 더욱 줄어든다.

① ②

7. 원가계산과 관련된 다음 설명에 알맞은 용어를 쓰시오.

득점	배점
	3

(1) 공사과정에서 발생하는 재료비, 노무비, 경비의 합계액
(2) 기업의 유지를 위한 관리활동 부분에서 발생하는 제비용
(3) 공사계약 목적물을 완성하기 위하여 직접 작업에 종사하는 종업원 및 기능공에 제공되는 노동력의 댓가

(1) (2) (3)

8. 숏크리트(Shotcrete) 공법의 정의를 기술하고, 그에 대한 장 · 단점을 1가지씩 쓰시오.

득점	배점
	4

(1) 숏크리트:

(2) 장점:

(3) 단점:

9. Ready Mixed Concrete가 현장에 도착하여 타설될 때 시공자가 현장에서 일반적으로 행하여야 하는 품질관리 항목을 [보기]에서 모두 골라 기호로 쓰시오.

득점	배점
	3

보기

① Slump 시험　　② 물의 염소이온량 측정

③ 골재의 반응성　　④ 공기량 시험

⑤ 압축강도 측정용 공시체 제작　　⑥ 시멘트의 알칼리량

10. 언더피닝 공법을 시행하는 목적과 그 공법의 종류를 2가지 쓰시오.

득점	배점
	4

(1) 목적:

(2) 공법의 종류:

①　　②

11. 강구조 내화피복 공법의 종류에 따른 재료를 각각 2가지씩 쓰시오.

득점	배점
	3

공법	재료	
타설공법	①	②
조적공법	③	④
미장공법	⑤	⑥

①　　②

③　　④

⑤　　⑥

12. 밀도 2.65g/cm^3, 단위체적질량이 1,600kg/m^{3}인 골재가 있다. 이 골재의 공극률(%)을 구하시오.

득점	배점
	3

득점	배점
	10

13. 아래 그림은 철근콘크리트조 경비실 건물이다. 주어진 평면도 및 단면도를 보고 C_1, G_1, G_2, S_1에 해당되는 부분의 1층과 2층 콘크리트량과 거푸집량을 산출하시오.

단, 1) 기둥 단면 (C_1) : 30cm × 30cm

2) 보 단면 (G_1, G_2) : 30cm × 60cm

3) 슬래브 두께 (S_1) : 13cm

4) 층고 : 단면도 참조

단, 단면도에 표기된 1층 바닥선 이하는 계산하지 않는다.

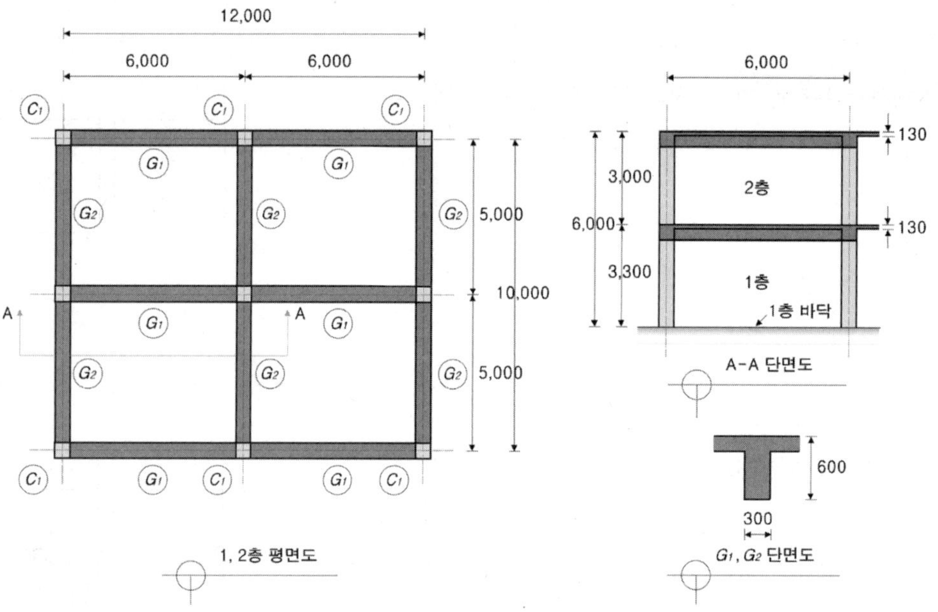

(1) 콘크리트량

$\underline{\qquad\qquad\qquad}$ m^2

(2) 거푸집량

$\underline{\qquad\qquad\qquad}$ m^2

14. SPS(Strut as Permanent System) 공법의 특징을 4가지 쓰시오.

득점	배점
	4

① ②

③ ④

15. 다음 설명에 해당하는 보링 방법을 쓰시오.

득점	배점
	4

> ① 충격날을 60~70cm 정도 낙하시키고 그 낙하충격에 의해 파쇄된 토사를 퍼내어 지층 상태를 판단하는 방법
> ② 충격날을 회전시켜 천공하므로 토층이 흐트러질 우려가 적은 방법
> ③ 오거를 회전시키면서 지중에 압입, 굴착하고 여러 번 오거를 인발하여 교란시료를 채취하는 방법
> ④ 깊이 30m 정도의 연질층에 사용하며, 외경 50~60mm 관을 이용, 천공하면서 흙과 물을 동시에 배출시키는 방법

① ②

③ ④

16. PERT 기법에 의한 기대시간(Expected Time)을 구하시오.

득점	배점
	4

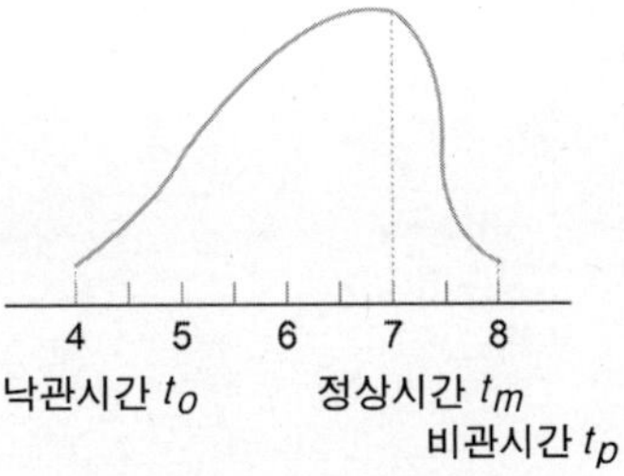

17. 기성말뚝의 타격공법에서 주로 사용하는 디젤해머(Diesel Hammer)의 장점을 3가지 쓰시오.

득점	배점
	3

①

②

③

18. 목재의 방부처리방법을 3가지 쓰고 간단히 설명하시오.

득점	배점
	3

①

②

③

19. 다음 데이터를 네트워크공정표로 작성하고, 각 작업의 여유시간을 구하시오.

득점	배점
	8

<table>
<tr><th>작업명</th><th>작업일수</th><th>선행작업</th><th>비고</th></tr>
<tr><td>A</td><td>5</td><td>없음</td><td rowspan="8">(1) 결합점에서는 다음과 같이 표시한다.
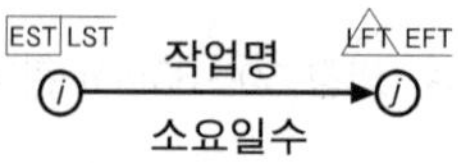
(2) 주공정선은 굵은선으로 표시한다.</td></tr>
<tr><td>B</td><td>6</td><td>없음</td></tr>
<tr><td>C</td><td>5</td><td>A, B</td></tr>
<tr><td>D</td><td>7</td><td>A, B</td></tr>
<tr><td>E</td><td>3</td><td>B</td></tr>
<tr><td>F</td><td>4</td><td>B</td></tr>
<tr><td>G</td><td>2</td><td>C, E</td></tr>
<tr><td>H</td><td>4</td><td>C, D, E, F</td></tr>
</table>

(1) 네트워크공정표

(2) 여유시간 산정

작업명	TF	FF	DF	CP
A				
B				
C				
D				
E				
F				
G				
H				

20. 보통골재를 사용한 $f_{ck}=30\text{MPa}$인 콘크리트의 탄성계수를 구하시오.

득점	배점
	3

21. 그림과 같은 T형보의 중립축위치(c)를 구하시오. (단, 보통중량콘크리트 $f_{ck}=30\text{MPa}$, $f_y=400\text{MPa}$, 인장철근 단면적 $A_s=2{,}000\text{mm}^2$)

득점	배점
	4

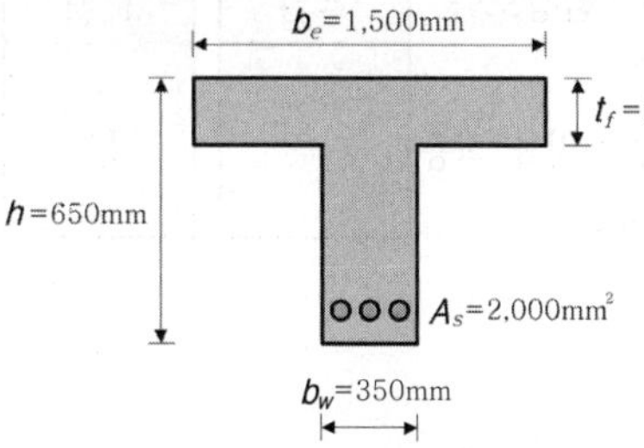

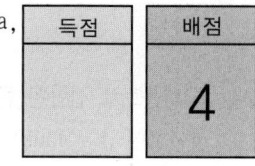

22. 그림과 같은 철근콘크리트 단순보에서 계수집중하중(P_u)의 최대값(kN)을 구하시오. (단, 보통중량콘크리트 $f_{ck}=28\text{MPa}$, $f_y=400\text{MPa}$, 인장철근 단면적 $A_s=1{,}500\text{mm}^2$, 휨에 대한 강도감소계수 $\phi=0.85$를 적용한다.)

득점	배점
	4

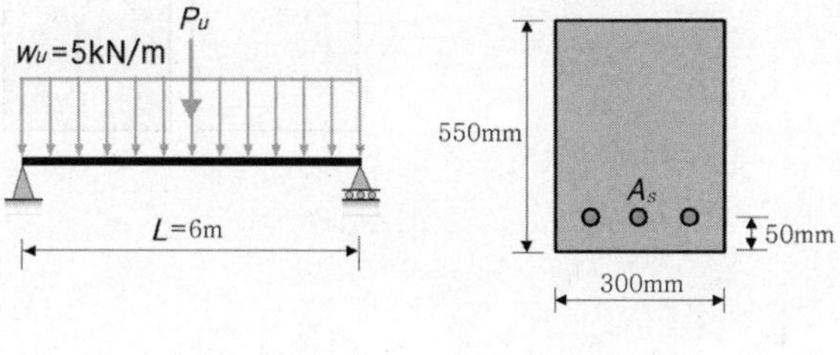

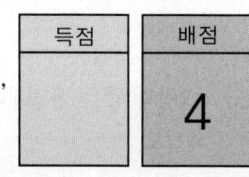

23. 그림과 같은 캔틸레버 보의 자유단 B점의 처짐이 0이 되기 위한 등분포하중 w(kN/m)의 크기를 구하시오. (단, 경간 전체의 휨강성 EI는 일정)

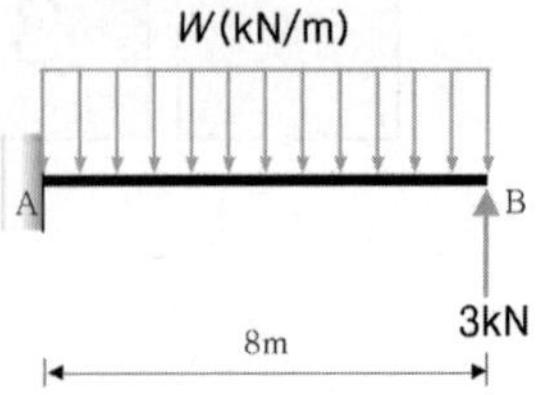

득점	배점
	3

24. 고력볼트로 접합된 큰보와 작은보의 접합부의 사용성한계상태에 대한 설계미끄럼강도를 계산하여 $V=450$kN의 사용하중에 대해 볼트 개수가 적절한지 검토하시오.
(단, 사용 고장력볼트는 M22(F10T), 필러를 사용하지 않는 경우이며, 표준구멍을 적용하고, 설계볼트장력 $T_o=200$kN, 미끄럼계수 $\mu=0.5$, 고장력볼트 설계미끄럼강도 $\phi R_n=\phi\cdot\mu\cdot h_f\cdot T_o\cdot N_s$ 식으로 검토한다.)

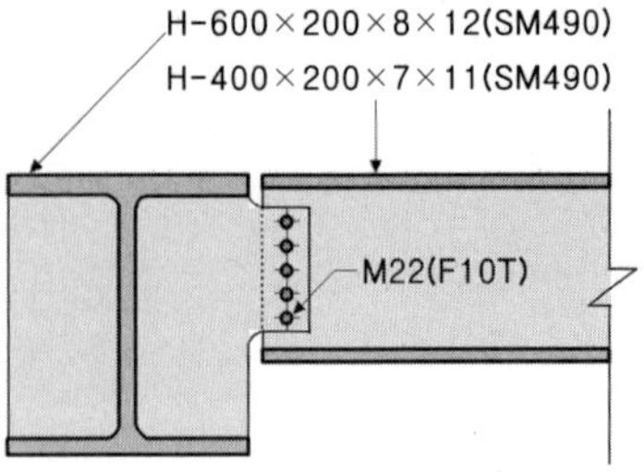

득점	배점
	5

25. 그림과 같은 용접부의 기호에 대해 기호의 수치를 모두 표기하여 제작 상세를 표시하시오.

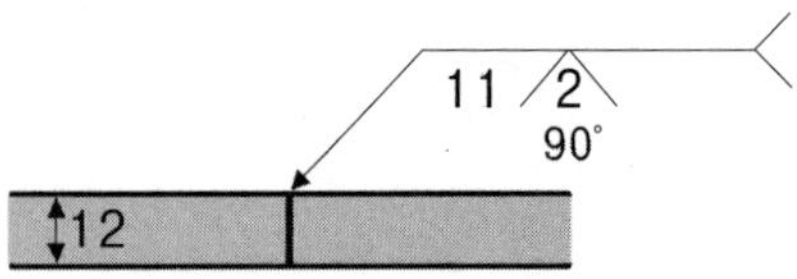

득점	배점
	4

① ______________________ ② ______________________

③ ______________________ ④ ______________________

총점

2014. 2회 건축기사 해답

1.
① 거친갈기 ② 물갈기 ③ 본갈기 ④ 정갈기

2.
① 시공 정밀도 향상 ② 현장 노동력 절감 및 공기단축 ③ 품질향상 및 품질관리 용이

3.
(1) 콘크리트(블록) 바탕에서 초벌바름 전에 마감두께를 균등하게 할 목적으로 모르타르 등으로 미리 요철을 조정하는 것
(2) 바탕의 흡수 조정, 바름재와 바탕과의 접착력 증진 등을 위해 합성수지 에멀션 희석액 등을 바탕에 바르는 것

4.
콘크리트 타설 후 물의 증발속도가 블리딩(Bleeding) 속도보다 빠를 때 발생하는 균열

5.
① 콘크리트 강도저하 ② 내구성, 수밀성 저하
③ 재료분리 및 블리딩 현상 증가 ④ 건조수축 및 침강균열 증가

6.
① 제재 ② 마무리

7.
(1) 공사원가 (2) 일반관리비 (3) 직접노무비

8.
(1) 콘크리트를 압축공기로 노즐에서 뿜어 시공면에 붙여 만든 것
(2) 시공성 우수, 가설공사 불필요
(3) 표면이 거칠고 분진이 많음

9.
①, ④, ⑤

10.
(1) 기존 건축물의 기초를 보강하거나 새로운 기초를 설치하여 기존 건축물을 보호하는 보강공사 방법
(2) ① 이중널말뚝박기 공법 ② 현장타설콘크리트말뚝 공법

11.
① 콘크리트 ② 경량콘크리트 ③ 돌 ④ 벽돌 ⑤ 철망 퍼라이트 ⑥ 철망 모르타르

12.
$100-\left[\frac{1.6}{2.65}\times 100\right]=39.62\%$

13.
(1) 콘크리트량
① 기둥(C_1) 1층 : $(0.3\times 0.3\times 3.17)\times 9$개 $=2.567$
2층 : $(0.3\times 0.3\times 2.87)\times 9$개 $=2.324$
② 보(G_1) : 1층+2층: $(0.3\times 0.47\times 5.7)\times 12$개 $=9.644$
보(G_2): 1층+2층: $(0.3\times 0.47\times 4.7)\times 12$개 $=7.952$
③ 슬래브(S_1) : 1층+2층: $(12.3\times 10.3\times 0.13)\times 2$개 $=32.939$
④ 합계 : $2.567+2.324+9.644+7.592+32.939=55.426$ ➠ $55.43m^3$
(2) 거푸집량
① 기둥(C_1) 1층 : $(0.3+0.3)\times 2\times 3.17\times 9$개 $=34.236$
2층 : $(0.3+0.3)\times 2\times 2.87\times 9$개 $=30.996$
② 보(G_1) 1층+2층: $(0.47\times 5.7\times 2)\times 12$개 $=64.296$
보(G_2) 1층+2층: $(0.47\times 4.7\times 2)\times 12$개 $=53.016$
③ 슬래브(S_1) 1층+2층: $[(12.3\times 10.3)+(12.3+10.3)\times 2\times 0.13]\times 2$개 $=265.132$
④ 합계: $34.236+30.996+64.296+53.016+265.132=447.676$ ➠ $447.68m^2$

14.
① 가설지지체 설치 및 해체공정 불필요
② 작업공간의 확보 유리
③ 지반의 상태와 관계없이 시공 가능
④ 지상 공사와 병행이 가능하여 공기단축 가능

15.
① 충격식 보링 ② 회전식 보링 ③ 오거 보링 ④ 수세식 보링

16.
$T_e=\frac{4+4\times 7+8}{6}=6.67$

17.
① 타격속도가 빠르다. ② 경비가 저렴하며 기동성 우수 ③ 운전이 간단하며 시공성 우수

18.

(1) 도포법: 목재를 충분히 건조시킨 후 균열이나 이음부 등에 솔 등으로 방부제를 도포하는 방법

(2) 주입법: 압력용기 속에 목재를 넣어 고압 하에서 방부제를 주입하는 방법

(3) 침지법: 방부제 용액 중에 목재를 몇 시간 또는 며칠 동안 침지하는 방법

19.

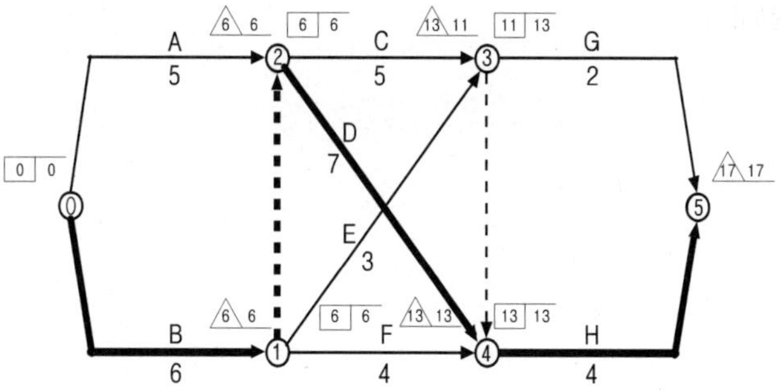

작업명	TF	FF	DF	CP
A	1	1	0	
B	0	0	0	※
C	2	0	2	
D	0	0	0	※
E	4	2	2	
F	3	3	0	
G	4	4	0	
H	0	0	0	※

20.

(1) $f_{ck} \le 40\text{MPa}$ ➡ $\Delta f = 4\text{MPa}$

(2) $E_c = 8{,}500 \cdot \sqrt[3]{f_{ck}+\Delta f} = 8{,}500 \cdot \sqrt[3]{(30)+(4)} = 27{,}536.7\text{MPa}$

21.

(1) $f_{ck} \le 40\text{MPa}$ ➡ $\eta = 1.00$, $\beta_1 = 0.80$

(2) $a = \dfrac{A_s \cdot f_y}{\eta(0.85 f_{ck}) \cdot b} = \dfrac{(2{,}000)(400)}{(1.00)(0.85\times 30)(1{,}500)} = 20.92\text{mm}$

$c = \dfrac{a}{\beta_1} = \dfrac{(20.92)}{(0.80)} = 26.15\text{mm}$

22.

(1) $a = \dfrac{A_s \cdot f_y}{\eta(0.85 f_{ck}) b} = \dfrac{(1{,}500)(400)}{(1.00)(0.85\times 28)(300)} = 84.03\text{mm}$

(2) $\phi M_n = \phi A_s \cdot f_y \cdot \left(d - \dfrac{a}{2}\right) = (0.85)(1{,}500)(400)\left((500) - \dfrac{(84.03)}{2}\right) = 233{,}572{,}350\text{N}\cdot\text{mm} = 233.572\text{kN}\cdot\text{m}$

(3) $M_u = \dfrac{P_u \cdot L}{4} + \dfrac{w_u \cdot L^2}{8} = \dfrac{P_u(6)}{4} + \dfrac{(5)(6)^2}{8}$

(4) $M_u \le \phi M_n$ 으로부터 $\dfrac{P_u(6)}{4} + \dfrac{(5)(6)^2}{8} \le 233.572$ 이므로 $P_u \le 140.715\text{kN}$

23.

$$\delta_B = \frac{wL^4}{8EI} - \frac{PL^3}{3EI} = 0$$ 으로부터 $3wL^4 = 8PL^3$ 이므로 $w = \frac{8P}{3L} = \frac{8(3)}{3(8)} = 1\text{kN/m}$

24.

$\phi R_n = (1.0)(0.5)(1.0)(200)(1) \times 5$개 $= 500\text{kN}$

$500\text{kN} \geq 450\text{kN}$ 이므로 고력볼트의 개수는 적절하다.

25.

① 화살쪽 용접부 개선각 90° V형 그루브용접

② 목두께 12mm

③ 개선깊이 11mm

④ 루트(Root) 간격 2mm

2014. 4회 건축기사

1. TQC에 이용되는 다음 도구를 설명하시오.

득점	배점
	2

(1) 특성요인도:

(2) 산점도:

2. BOT(Build-Operate-Transfer) 방식을 설명하시오.

득점	배점
	4

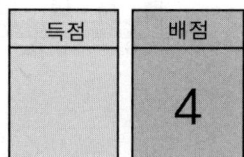

3. 건설공사의 원가절감기법 중 Value Engineering의 사고방식 4가지를 쓰시오.

득점	배점
	4

① ________________ ② ________________

③ ________________ ④ ________________

4. H형강 x축에 대한 단면2차모멘트를 계산하시오.

득점	배점
	3

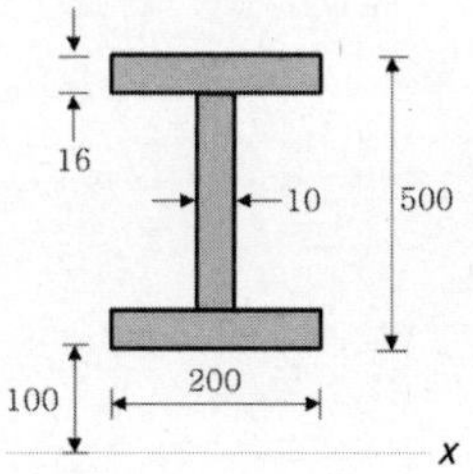

5. 아래 그림에서 한 층 분의 콘크리트량과 거푸집량을 산출하시오.

득점	배점
	10

단, 1) 부재치수(단위 : mm)

2) 전 기둥(C_1) : 500×500, 슬래브 두께(t) : 120

3) G_1, G_2 : 400×600(b×D), G_3 : 400×700, B_1 : 300×600

4) 층고 : 4,000

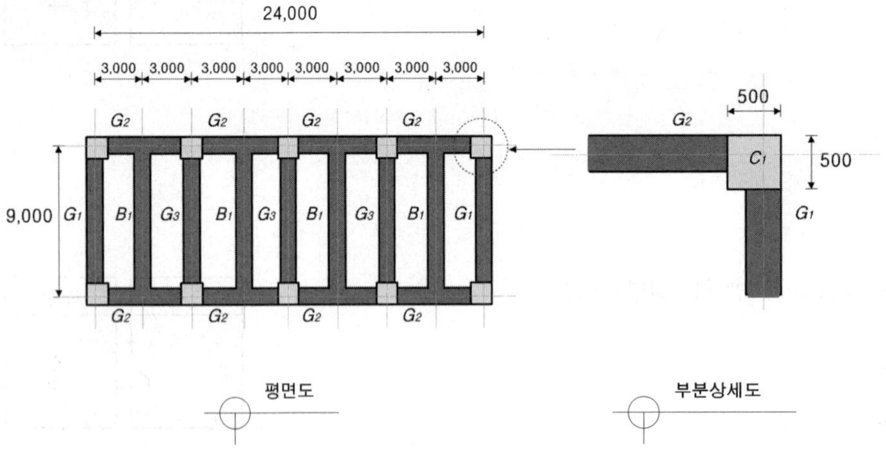

(1) 콘크리트량

$\underline{\qquad\qquad\qquad m^3}$

(2) 거푸집량

$\underline{\qquad\qquad\qquad m^2}$

6. 다음 계측기의 종류에 맞는 용도를 골라 번호로 쓰시오.

득점	배점
	6

종 류	용 도
(1) Piezometer	① 하중 측정
(2) Inclinometer	② 인접건물의 기울기도 측정
(3) Load Cell	③ Strut 변형 측정
(4) Extensometer	④ 지중 수평변위 측정
(5) Strain Gauge	⑤ 지중 수직변위 측정
(6) Tiltmeter	⑥ 간극수압의 변화 측정

(1) (2) (3)

(4) (5) (6)

7. 그림에서 제시하는 볼트의 전단파괴에 대한 명칭을 쓰시오.

득점	배점
	4

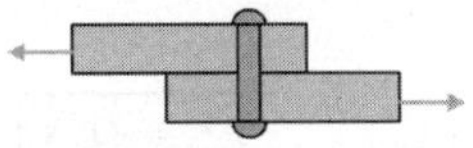	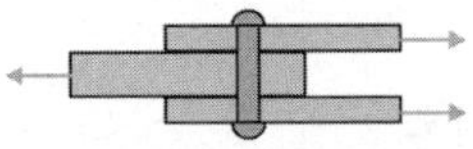
(1)	(2)

8. 토질 종류와 지반의 허용응력도에 관해 ( )안을 채우시오.

득점	배점
	5

(1) 장기허용지내력도
① 경암반: ( )KN/m²
② 연암반: ( )KN/m²
③ 자갈과 모래의 혼합물: ( )KN/m²
④ 모래: ( )KN/m²
(2) 단기허용지내력도 = 장기허용지내력도×( )

9. 커튼월 공사에서 구조체의 층간변위, 커튼월의 열팽창, 변위 등을 해결하기 위한 긴결방법 3가지를 쓰시오.

득점	배점
	3

① ② ③

10. 프리스트레스트 콘크리트(Pre-Stressed Concrete)의 프리텐션(Pre-Tension)방식과 포스트텐션(Post-Tension) 방식에 대하여 설명하시오.

득점	배점
	4

(1) Pre-Tension 공법

(2) Post-Tension 공법

11. 주열식 지하연속벽 공법의 특징을 4가지 쓰시오.

득점	배점
	4

① ______ ② ______

③ ______ ④ ______

12. 벽타일 붙이기 시공순서를 쓰시오.

득점	배점
	4

(1) 바탕처리 ➡ (2) ➡ (3) ➡ (4) ➡ (5)

(2) ______ (3) ______

(4) ______ (5) ______

13. 다음 그림은 강구조 보-기둥 접합부의 개략적인 그림이다. 각 번호에 해당하는 구성재의 명칭을 쓰시오.

득점	배점
	3

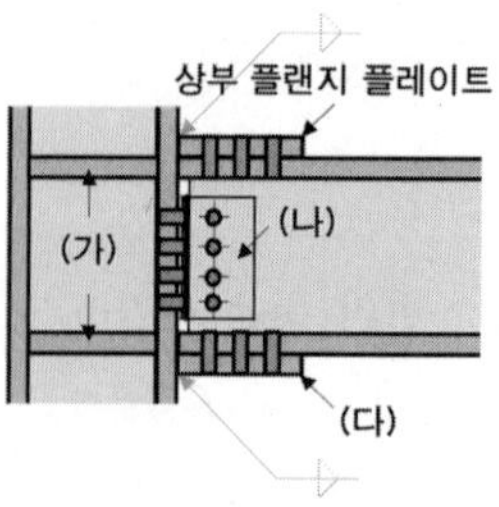

(가) ______ (나) ______ (다) ______

14. 다음 용어를 간단히 설명하시오.

득점	배점
	6

(1) 슬라이딩폼:

(2) 와플폼:

(3) 터널폼:

15. 강구조 용접접합에서 발생하는 결함항목을 3가지 쓰시오.

득점	배점
	3

① ② ③

16. 매스콘크리트 수화열 저감을 위한 대책을 3가지 쓰시오.

득점	배점
	3

①

②

③

17. 조적조를 바탕으로 하는 지상부 건축물의 외부벽면 방수방법의 내용을 3가지 쓰시오.

득점	배점
	3

① ② ③

18. 단순보의 C점에서의 최대 휨응력을 구하시오.

득점	배점
	3

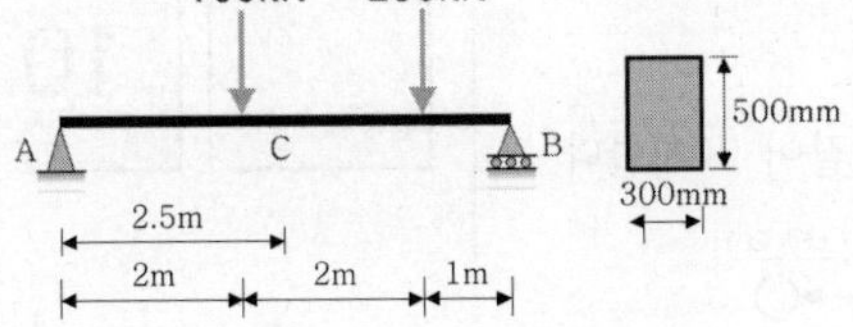

19. 다음의 용어를 설명하시오.

득점	배점
	4

(1) 블리딩(Bleeding)

(2) 레이턴스(Laitance)

20. 샌드드레인(Sand Drain) 공법을 설명하시오.

득점	배점
	3

21. 다음 설명에 해당하는 시멘트 종류를 고르시오.

득점	배점
	3

조강 시멘트, 실리카 시멘트, 내황산염 시멘트, 백색 시멘트,
중용열 시멘트, 콜로이드 시멘트, 고로슬래그 시멘트

(1) 조기강도가 크고 수화열이 많으며 저온에서 강도의 저하율이 낮다.
긴급공사, 한중공사에 쓰임

(2) 석탄 대신 중유를 원료로 쓰며, 제조 시 산화철분이 섞이지 않도록 주의한다.
미장재, 인조석 원료에 쓰임

(3) 내식성이 좋으며 발열량 및 수축률이 작다. 대단면 구조재, 방사성 차단물에 쓰임

(1) (2) (3)

22. 다음 데이터를 네트워크공정표로 작성하고, 각 작업의 여유시간을 구하시오.

득점	배점
	10

작업명	작업일수	선행작업	비고
A	5	없음	(1) 결합점에서는 다음과 같이 표시한다.
B	2	없음	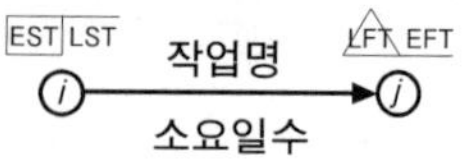
C	4	없음	
D	4	A, B, C	(2) 주공정선은 굵은선으로 표시한다.
E	3	A, B, C	
F	2	A, B, C	

(1) 네트워크공정표

(2) 일정 및 여유시간 산정

작업명	EST	EFT	LST	LFT	TF	FF	DF	CP
A								
B								
C								
D								
E								
F								

23. 그림과 같은 철근콘크리트 보의 강도감소계수를 산정하시오. (단, $f_{ck}=30\text{MPa}$, $f_y=400\text{MPa}$, $A_s=2{,}820\text{mm}^2$)

득점	배점
	3

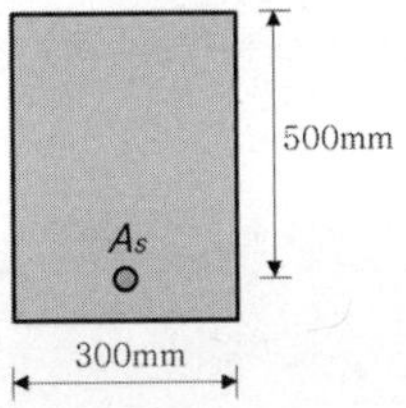

24. 플랫슬래브(플레이트)구조에서 2방향 전단에 대한 보강방법을 4가지 쓰시오.

득점	배점
	4

① ______________________ ② ______________________

③ ______________________ ④ ______________________

총점

2014. 4회 건축기사 해답

1.

(1) 결과에 어떤 원인이 관계하는지를 알 수 있도록 작성한 그림

(2) 대응되는 두 개의 짝으로 된 데이터를 하나의 점으로 나타낸 그림

2.

사회간접시설을 민간부분이 주도하여 설계·시공한 후 일정기간 시설물을 운영하여 투자금액을 회수한 후 시설물과 운영권을 무상으로 공공부분에 이전하는 방식

3.

① 고정관념을 제거한 자유로운 발상
② 기능 중심의 시공방식
③ 사용자(발주자) 중심의 사고
④ 조직적이고 순서화된 활동

4.

$$I_x = \frac{(200)(16)^3}{12} + (200\times16)(592)^2 + \frac{(10)(468)^3}{12} + (10\times468)(350)^2 + \frac{(200)(16)^3}{12} + (200\times16)(108)^2$$

$$= 1.81767\times10^9 \mathrm{mm}^4$$

5.

(1) 콘크리트량

① 기둥 (C_1): $[0.5\times0.5\times(4-0.12)]\times10$개$=9.7$

② 보 (G_1): $[0.4\times0.48\times(9-0.6)]\times2$개$=3.226$

③ 보 (G_2): $[(0.4\times0.48\times5.45)\times4$개$]+[(0.4\times0.48\times5.5)\times4$개$]=8.409$

④ 보 (G_3): $(0.4\times0.58\times8.4)\times3$개$=5.846$

⑤ 보 (B_1): $(0.3\times0.48\times8.6)\times4$개$=4.953$

⑥ 슬래브: $9.4\times24.4\times0.12=27.523$

⑦ 합계 : $9.7+3.226+8.409+5.846+4.953+27.523=59.657$ ➡ $59.66\mathrm{m}^3$

(2) 거푸집량

① 기둥 (C_1): $[(0.5+0.5)\times2\times3.88]\times10$개$=77.6$

② 보 (G_1): $(0.48\times2\times8.4)\times2$개$=16.128$

③ 보 (G_2): $[(0.48\times5.45\times2)\times4$개$]+[(0.48\times5.5\times2)\times4$개$]=42.048$

④ 보 (G_3): $(0.58\times8.4\times2)\times3$개$=29.232$

⑤ 보 (B_1): $(0.48\times8.6\times2)\times4$개$=33.024$

⑥ 슬래브: $(9.4\times24.4)+(9.4+24.4)\times2\times0.12=237.47$

⑦ 합계 : $77.6+16.128+42.048+29.232+33.024+237.47=435.502$ ➡ $435.50\mathrm{m}^2$

6.
(1) ⑥ (2) ④ (3) ① (4) ⑤ (5) ③ (6) ②

7.
(1) 1면 전단파괴 (2) 2면 전단파괴

8.
4,000, 1,000~2,000, 200, 100, 1.5

9.
① 수평이동 방식 ② 고정 방식 ③ 회전 방식

10.
(1) PS강재를 긴장하고 콘크리트를 타설한 후 PS강재와 콘크리트를 접합하여 프리스트레스를 도입하는 방법
(2) 쉬스(Sheath)를 설치하고 콘크리트를 타설한 후 PS강재를 삽입, 긴장, 고정하여 그라우팅한 후 프리스트레스를 도입하는 방법

11.
① H-Pile, Sheet Pile 공법에 비해 진동 및 소음이 적다.
② 흙막이 벽체의 강성이 크다.
③ 지수성(=차수성)을 기대할 수 있다.
④ 슬러리월(Slurry Wall)보다 시공성과 경제성이 좋다.

12.
(2) 타일 나누기 (3) 벽타일 붙이기 (4) 치장줄눈 (5) 보양

13.
(가) 스티프너(Stiffener) (나) 전단 플레이트 (다) 하부 플랜지 플레이트

14.
(1) 거푸집을 연속으로 이동시키면서 콘크리트 타설을 하므로 시공이음 없는 균일한 시공이 가능한 거푸집
(2) 무량판 구조에서 2방향 장선바닥판 구조가 가능하도록 된 특수상자 모양의 기성재 거푸집
(3) 한 구획 전체의 벽판과 바닥판을 ㄱ자형 또는 ㄷ자형으로 짜는 거푸집

15.
① 슬래그 감싸들기 ② 언더컷 ③ 오버랩

16.

① 단위시멘트량을 낮춘다.

② 수화열이 낮은 플라이애시 시멘트를 사용한다.

③ 선행 냉각(Pre Cooling), 관로식냉각(Pipe Cooling)과 같은 온도균열 제어방법을 이용한다.

17.

① 시멘트모르타르계 방수 ② 규산질계 도포 방수 ③ 발수제 도포 방수

18.

(1) $\Sigma M_B = 0$: $+(V_A)(5)-(100)(3)-(200)(1)=0$ ∴ $V_A = +100\text{kN}(\uparrow)$

(2) $M_{C,Left} = +[+(100)(2.5)-(100)(0.5)] = +200\text{kN}\cdot\text{m}$

(3) $\sigma_C = \dfrac{M_{max}}{Z} = \dfrac{(200\times10^6)}{\dfrac{(300)(500)^2}{6}} = 16\text{N/mm}^2 = 16\text{MPa}$

19.

(1) 콘크리트 타설 시 아직 굳지 않은 콘크리트에 있어서 물이 윗면에 솟아오르는 현상

(2) 블리딩 수의 증발에 따라 콘크리트면에 침적된 백색의 미세 물질

20.

지반에 지름 40~60cm의 구멍을 뚫고 모래를 넣은 후, 성토 및 기타 하중을 가하여 점토질 지반을 압밀

21.

(1) 조강시멘트 (2) 백색시멘트 (3) 중용열시멘트

22.

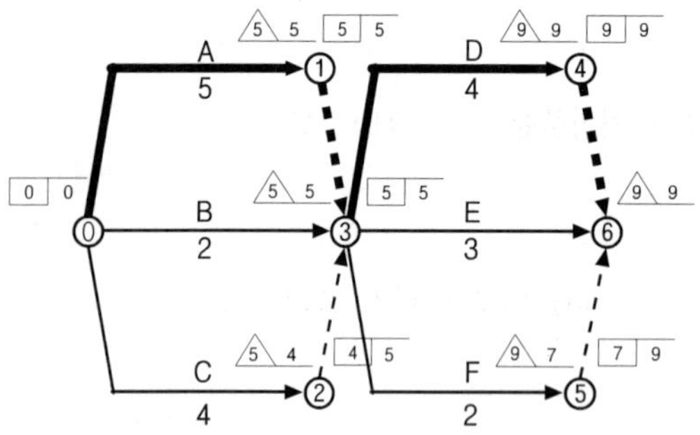

작업명	EST	EFT	LST	LFT	TF	FF	DF	CP
A	0	5	0	5	0	0	0	※
B	0	2	3	5	3	3	0	
C	0	4	1	5	1	1	0	
D	5	9	5	9	0	0	0	※
E	5	8	6	9	1	1	0	
F	5	7	7	9	2	2	0	

23.

(1) $f_{ck} \le 40\text{MPa}$ ➡ $\eta = 1.00$, $\beta_1 = 0.80$, $\epsilon_{cu} = 0.0033$

$$a = \frac{A_s \cdot f_y}{\eta(0.85 f_{ck}) \cdot b} = \frac{(2{,}820)(400)}{(1.00)(0.85 \times 30)(300)} = 147.45\text{mm}$$

$$c = \frac{a}{\beta_1} = \frac{(147.45)}{(0.80)} = 184.31\text{mm}$$

(2) $\epsilon_t = \dfrac{d_t - c}{c} \cdot \epsilon_{cu} = \dfrac{(500) - (184.31)}{(184.31)} \cdot (0.0033) = 0.00565 \ge 0.005$

∴ 인장지배단면 부재이며 $\phi = 0.85$

24.

① 슬래브의 두께를 크게 한다.

② 지판 또는 기둥머리를 사용하여 위험단면의 면적을 늘린다.

③ 기둥을 중심으로 양 방향 기둥열 철근을 스터럽으로 보강

④ 기둥에 얹히는 슬래브를 C형강이나 H형강으로 전단머리 보강

2015. 1회 건축기사

1. 조적조 세로규준틀의 설치위치 중 1개소를 쓰고, 세로규준틀 표시사항을 2가지 쓰시오.

득점	배점
	3

(1) 설치위치:

(2) 표시사항:

① ②

2. 강관파이프 비계에 대한 다음 물음에 답하시오.

득점	배점
	3

(1) 수직, 수평, 경사방향으로 연결 또는 이음 고정시킬 때 사용하는 클램프의 종류 2가지

① ②

(2) 지반이 미끄러지지 않도록 지지하거나 잡아주는 비계기둥의 맨 아래에 설치하는 철물

3. 흙의 전단강도 식을 쓰고 각 기호가 나타내는 것을 쓰시오.

득점	배점
	4

4. 다음이 설명하는 금속공사의 철물을 쓰시오.

득점	배점
	4

(1) 철선을 꼬아 만든 철망:

(2) 얇은 철판에 각종 모양을 도려낸 것:

(1) (2)

5. 기성콘크리트말뚝을 사용한 기초공사에서 사용가능한 무소음·무진동 공법 3가지를 쓰시오.

득점	배점
	3

① ② ③

6. 기초 구조물의 부동침하 방지대책 4가지를 쓰시오.

득점	배점
	4

① ______ ② ______

③ ______ ④ ______

7. 지하구조물 축조 시 인접구조물의 피해를 막기 위해 실시하는 언더피닝(Under Pinning) 공법의 종류를 4가지 쓰시오.

득점	배점
	4

① ______ ② ______

③ ______ ④ ______

8. 콘크리트 헤드(Concrete Head)의 정의를 쓰시오.

득점	배점
	3

9. 철근의 응력-변형률 곡선에서 해당하는 4개의 주요 영역과 5개의 주요 포인트에 관련된 용어를 쓰시오.

득점	배점
	3

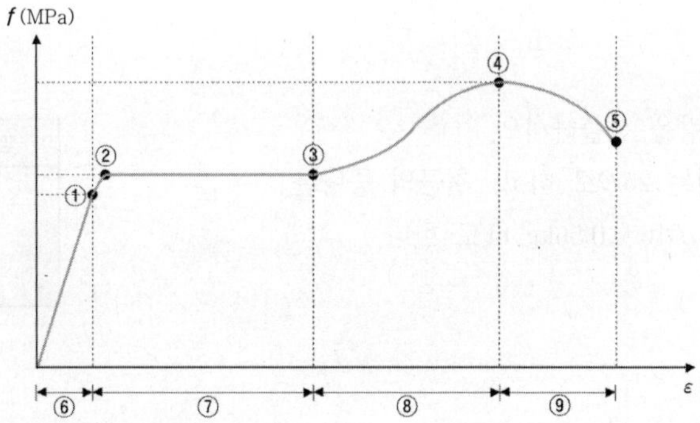

① ______ ② ______ ③ ______

④ ______ ⑤ ______ ⑥ ______

⑦ ______ ⑧ ______ ⑨ ______

10. ( )안을 채우시오.

득점	배점
	2

(1) 기초, 보옆, 기둥 및 벽의 거푸집널 존치기간은 콘크리트의 압축강도가 (   )MPa 이상에 도달한 것이 확인될 때까지로 한다.

(2) 다만 거푸집널 존치기간 중의 평균기온이 10℃ 이상 20℃ 미만이고, 보통포틀랜드 시멘트를 사용할 경우 재령 (   )일 이상이 경과하면 압축강도 시험을 행하지 않고도 거푸집을 제거할 수 있다.

11. 강구조에서 칼럼 쇼트닝(Column Shortening)에 대하여 기술하시오.

득점	배점
	3

12. 대형 시스템거푸집 중에서 갱폼(Gang Form)의 장단점을 각각 2가지씩 쓰시오.

득점	배점
	4

(1) 장점:

① ②

(2) 단점:

① ②

13. 다음 도면과 같은 기둥 주근의 철근량을 산출하시오.
(단, 층고는 3.6m, 주근의 이음길이는 25D로 하고, 철근의 중량은 $D22 = 3.04$kg/m, $D19 = 2.25$kg/m, $D10 = 0.56$kg/m로 한다.)

득점	배점
	4

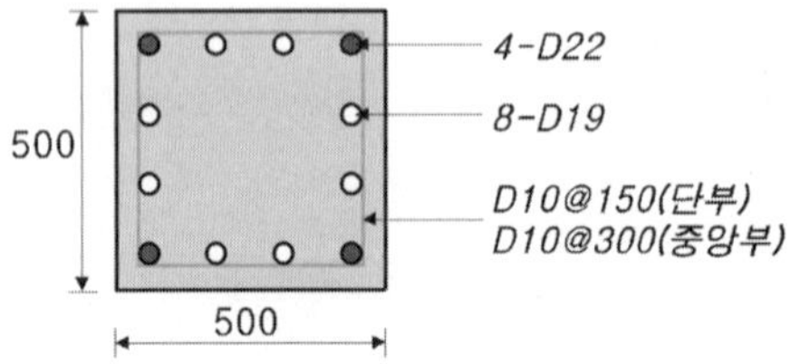

14. 그림과 같이 단순지지된 철근콘크리트 보의 중앙에 집중하중이 작용할 때 이 보에서의 휨에 대한 강도감소계수를 구하시오. (단, $E_s = 200{,}000\text{MPa}$, $f_{ck} = 24\text{MPa}$, $f_y = 400\text{MPa}$, $A_s = 2{,}100\text{mm}^2$)

득점	배점
	4

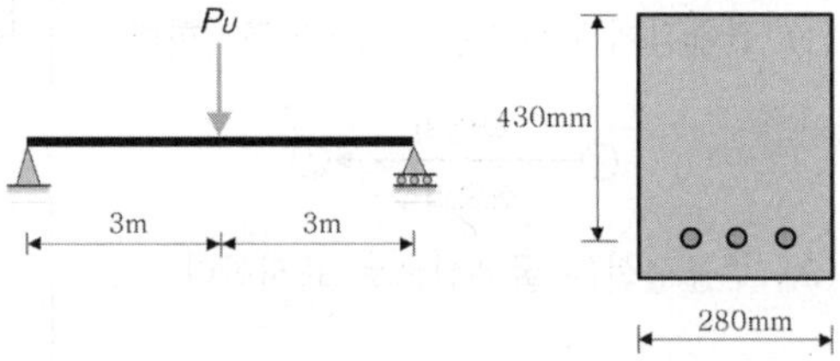

15. 목재에 가능한 방부처리법을 4가지 쓰시오.

득점	배점
	4

① ②

③ ④

16. 타일공사에서 압착붙임공법의 단점인 오픈타임(Open Time) 문제를 해결하기 위해 개발된 공법으로, 압착붙임공법과는 달리 타일에도 붙임모르타르를 바르므로 편차가 작은 양호한 접착력을 얻을 수 있고 백화도 거의 발생하지 않는 타일 붙임공법은?

득점	배점
	2

17. 다음 데이터를 네트워크 공정표로 작성하고, 각 작업의 여유시간을 구하시오.

득점	배점
	10

작업명	작업일수	선행작업	비고
A	5	없음	(1) 결합점에서는 다음과 같이 표시한다. 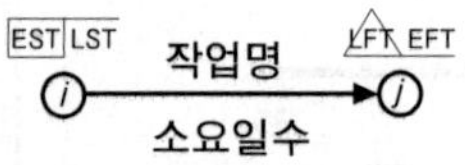 (2) 주공정선은 굵은선으로 표시한다.
B	2	없음	
C	4	없음	
D	4	A, B, C	
E	3	A, B, C	
F	2	A, B, C	

(1) 네트워크 공정표

(2) 일정시간 및 여유시간(CP는 ※ 표시를 할 것)

작업명	EST	EFT	LST	LFT	TF	FF	DF	CP
A								
B								
C								
D								
E								
F								

18. 흙막이 버팀대(Strut)를 가설재로 사용하지 않고 굴토 중에는 토압을 지지하고, 슬래브 타설 후에는 수직하중을 지지하는 영구 구조물 흙막이 버팀대를 가리키는 용어를 쓰시오.

득점	배점
	2

19. 다음은 강구조 기둥 공사의 작업 흐름도이다. 알맞은 번호를 보기에서 골라 (   )를 채우시오.

득점	배점
	4

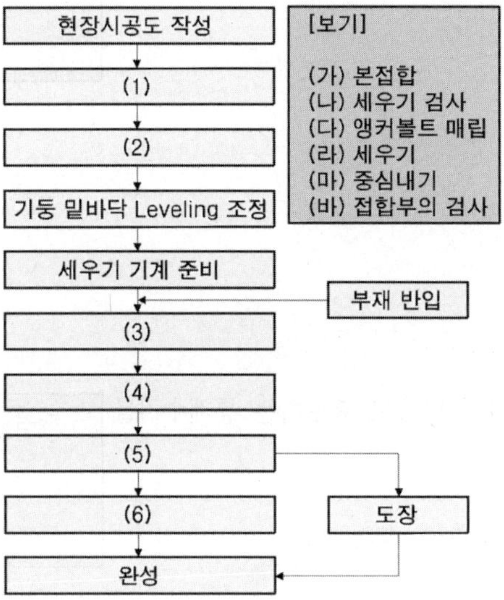

(1)　　　　　(2)　　　　　(3)　　　　　(4)　　　　　(5)　　　　　(6)

20. 다음 용어를 설명하시오.

득점	배점
	4

(1) 물시멘트비:

(2) 침입도:

21. 시트(Sheet) 방수공법의 시공순서를 쓰시오.

득점	배점
	3

바탕처리 ➡ (가) ➡ 접착제칠 ➡ (나) ➡ (다)

(가)　　　　　　　　(나)　　　　　　　　(다)

22. VE(Value Engineering) 기법을 설명하고, 가장 효과적인 적용단계를 쓰시오.

득점	배점
	4

(1) 설명:

(2) 적용단계:

23. 강도설계법으로 설계된 보에서 스터럽이 부담하는 전단력이 $V_s = 265\text{kN}$일 경우 수직스터럽의 간격을 구하시오. (단, $f_{yt} = 350\text{MPa}$)

득점	배점
	4

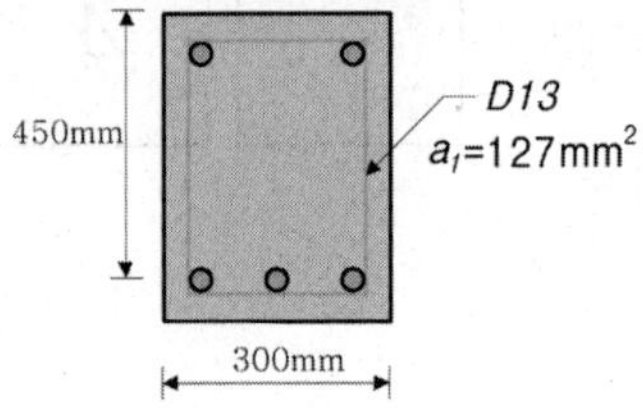

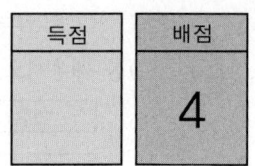

24. 철근의 인장강도(N/mm²) 실험결과 DATA를 이용하여 다음이 요구하는 통계수치를 구하시오.

득점	배점
	4

【DATA】	460, 540, 450, 490, 470, 500, 530, 480, 490

(1) 표본 산술평균:

(2) 표본 분산:

25. 다음 도면을 보고 옥상방수면적(m²), 누름콘크리트량(m³), 보호벽돌량(매)를 구하시오. (단, 벽돌의 규격은 190×90×57)

득점	배점
	6

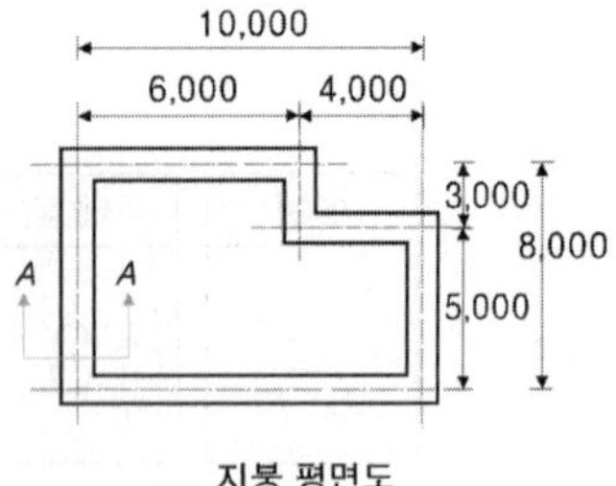

지붕 평면도

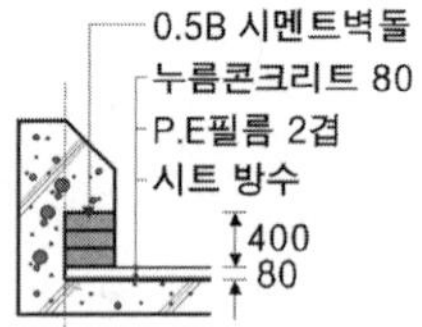

A-A 단면도

(1) 옥상방수 면적:

(2) 누름콘크리트량:

(3) 보호벽돌 정미량:

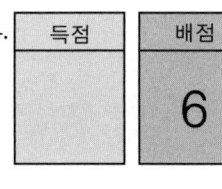

26. 그림과 같은 단순보에서 A점으로부터 최대 휨모멘트가 발생되는 위치까지의 거리를 구하시오.

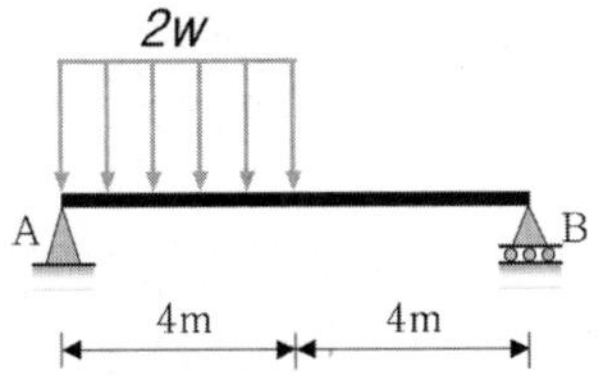

득점	배점
	3

27. 그림과 같은 장방형 단면에서 각 축에 대한 단면2차모멘트의 비 I_x/I_y를 구하시오.

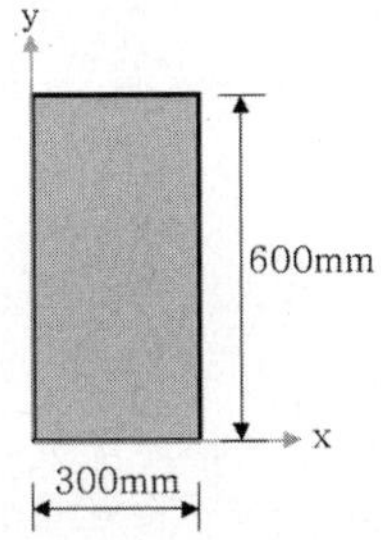

득점	배점
	2

총점

2015. 1회 건축기사 해답

1.
(1) 건물의 모서리
(2) ① 쌓기단수 및 줄눈 표시 ② 창문틀의 위치 및 치수 표시

2.
(1) ① 고정 클램프 ② 자동(회전) 클램프
(2) 베이스(Base) 철물

3.
$\tau = C + \sigma \cdot \tan\phi$
τ: 전단강도, C: 점착력, σ: 수직응력, ϕ: 내부마찰각

4.
(1) 와이어 라스(Wire Lath) (2) 펀칭 메탈(Punching Metal)

5.
① 압입공법 ② 수사법 ③ 선행굴착공법

6.
① 마찰말뚝을 사용하고 서로 다른 종류의 말뚝 혼용을 금지
② 지하실 설치: 온통기초가 유효
③ 기초 상호간을 연결
④ 언더피닝 공법의 적용

7.
① 이중널말뚝박기 공법 ② 현장타설콘크리트말뚝 공법 ③ 강재말뚝 공법 ④ 약액주입 공법

8. 타설된 콘크리트 윗면으로부터 최대 측압면까지의 거리

9.
① 비례한계점 ② 항복강도점 ③ 변형도경화점 ④ 극한강도점 ⑤ 파괴점
⑥ 탄성영역 ⑦ 소성영역 ⑧ 변형도경화영역 ⑨ 파괴영역

10.
(1) 5 (2) 6

11.
강구조 초고층 건축 시 기둥에 발생되는 축소변위

12.
(1) ① 작업 싸이클(Cycle)이 단순하여 빠른 조립속도로 공기단축
② 전용횟수가 많아 고층건물 이용 시 원가절감
(2) ① 제작장소 및 해체 후 보관장소 필요
② 초기투자비가 재래식보다 높음

13.
(1) 주근(D22): $[3.6+(25+10.3\times2)\times0.022]\times4$개 $=18.412\text{m}$
(2) 주근(D19) : $[3.6+(25+10.3\times2)\times0.019]\times8$개 $=35.731\text{m}$
(3) 합계
① D22 : $18.412\times3.04=55.972\text{kg}$
② D19 : $35.731\times2.25=80.394\text{kg}$
$\therefore\ 55.972+80.394=136.366\text{kg}$ ➡ 136.37kg

14.
(1) $f_{ck}\le 40\text{MPa}$ ➡ $\eta=1.00,\ \beta_1=0.80,\ \epsilon_{cu}=0.0033$

(2) $a=\dfrac{A_s\cdot f_y}{\eta(0.85f_{ck})\cdot b}=\dfrac{(2{,}100)(400)}{(1.00)(0.85\times24)(280)}=147.05\text{mm}$

$c=\dfrac{a}{\beta_1}=\dfrac{(147.05)}{(0.80)}=183.81\text{mm}$

(3) $\epsilon_t=\dfrac{d_t-c}{c}\cdot\epsilon_{cu}=\dfrac{(430)-(183.81)}{(183.81)}\cdot(0.0033)=0.00442$

(4) $0.0020\ <\ \epsilon_t\ (=0.00442)\ <\ 0.005$ 이므로 변화구간단면의 부재이다.

(5) $\phi=0.65+(\epsilon_t-0.002)\times\dfrac{200}{3}=0.65+[(0.00442)-0.002]\times\dfrac{200}{3}=0.811$

15.
① 도포법 ② 주입법 ③ 침지법 ④ 표면탄화법

16.
개량압착붙임공법

17.

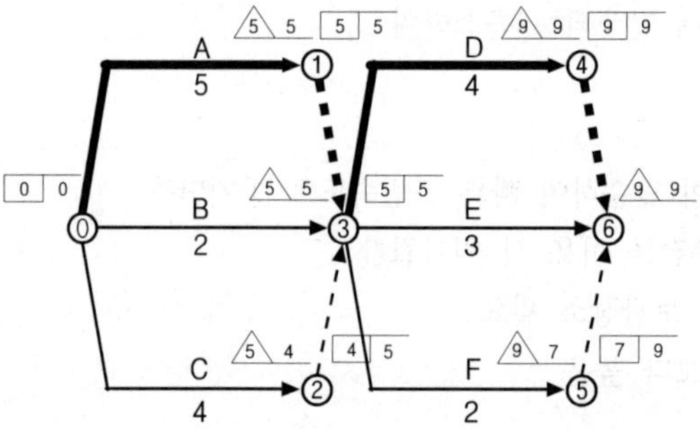

작업명	EST	EFT	LST	LFT	TF	FF	DF	CP
A	0	5	0	5	0	0	0	※
B	0	2	3	5	3	3	0	
C	0	4	1	5	1	1	0	
D	5	9	5	9	0	0	0	※
E	5	8	6	9	1	1	0	
F	5	7	7	9	2	2	0	

18.
SPS(Strut as Permanent System)

19.
(1) (마) (2) (다) (3) (라) (4) (나) (5) (가) (6) (바)

20.
(1) 시멘트 중량에 대한 유효수량의 중량백분율을 의미하며, 적당한 시공연도의 범위에서의 콘크리트 강도는 거의 물시멘트비에 의해 결정된다.
(2) 아스팔트의 양부를 판별하는데 가장 중요한 경도시험으로 25℃, 100g 추를 5초 동안 누를 때 침이 0.1mm 관입되는 것을 침입도 1로 정의한다.

21.
(가) 프라이머칠 (나) 시트붙이기 (다) 보호층 설치

22.
(1) 발주자가 요구하는 성능, 품질을 보장하면서 최소의 비용으로 공사를 수행하기 위한 수단을 찾고자 하는 체계적이고 과학적인 공사방법
(2) 설계 초기 단계

23.

$V_s = \dfrac{A_v \cdot f_{yt} \cdot d}{s}$ 으로부터 $s = \dfrac{A_v \cdot f_{yt} \cdot d}{V_s} = \dfrac{(2\times 127)(350)(450)}{(265\times 10^3)} = 150.962\text{mm}$

24.

(1) $\bar{x} = \dfrac{\Sigma x_i}{n} = \dfrac{4,410}{9} = 490$

(2) ① $S = \Sigma(x_i - \bar{x})^2$

$= (460-490)^2 + (540-490)^2 + (450-490)^2 + (490-490)^2 + (470-490)^2 + (500-490)^2$
$+ (530-490)^2 + (480-490)^2 + (490-490)^2 = 7,200$

② $s^2 = \dfrac{S}{n-1} = \dfrac{7,200}{9-1} = 900$

25.

(1) $(6\times 8) + (4\times 5) + \{(10+8)\times 2\times 0.48\} = 85.28\text{m}^2$

(2) $\{(6\times 8) + (4\times 5)\}\times 0.08 = 5.44\text{m}^3$

(3) $\{(10-0.09) + (8-0.09)\}\times 2\times 0.4\times 75$매 $= 1,069.2$매 ➡ 1,070매

26.

(1) $\Sigma M_B = 0$: $+(V_A)(8) - (2w\times 4)(6) = 0$ $\quad\therefore\ V_A = +6w(\uparrow)$

(2) A지점에서 x위치의 휨모멘트: $M_x = +(6w)(x) - (2w\cdot x)\left(\dfrac{x}{2}\right) = +6w\cdot x - w\cdot x^2$

(3) A지점에서 전단력이 0인 위치: $V_x = \dfrac{dM_x}{dx} = +6w - 2w\cdot x = 0$ $\quad\therefore\ x = 3\text{m}$

27.

$$\frac{I_x}{I_y} = \frac{\dfrac{(300)(600)^3}{12} + (300\times 600)(300)^2}{\dfrac{(600)(300)^3}{12} + (600\times 300)(150)^2} = 4$$

2015. 2회 건축기사

1. 그림과 같은 라멘에 있어서 A점의 전달모멘트를 구하시오. (단, k는 강비이다.)

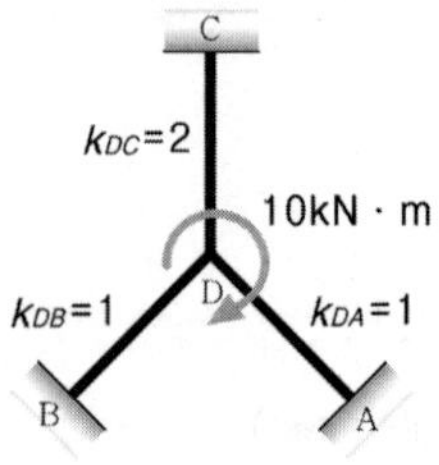

득점	배점
	3

2. 표준형벽돌 1,000장으로 1.5B 두께로 쌓을 수 있는 벽면적은?
(단, 할증률은 고려하지 않는다.)

득점	배점
	3

3. 파워쇼벨의 1시간당 추정 굴착작업량을 산출하시오.

• $q=0.8\text{m}^3$ • $k=0.8$ • $f=0.7$ • $E=0.83$ • $Cm=40\text{sec}$

득점	배점
	4

4. 재령 28일 콘크리트 표준공시체(ϕ150mm × 300mm)에 대한 압축강도시험 결과 파괴하중이 450kN일 때 압축강도 f_c(MPa)를 구하시오.

득점	배점
	3

5. 그림과 같은 원형 단면에서 폭 b, 높이 $h=2b$의 직사각형 단면을 얻기 위한 단면계수 Z를 직경 D의 함수로 표현하시오.

득점	배점
	4

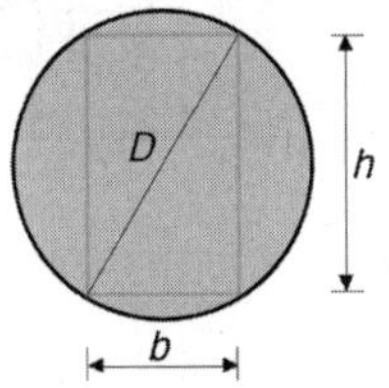

6. 인장철근비 $\rho=0.025$, 압축철근비 $\rho'=0.016$의 철근콘크리트 직사각형 단면의 보에 하중이 작용하여 순간처짐이 2cm 발생하였다. 3년의 지속하중이 작용할 경우 총처짐량(순간처짐+장기처짐)을 구하시오. (단, 시간경과계수 ξ는 다음의 표를 참조한다.)

득점	배점
	4

기간(월)	1	3	6	12	18	24	36	48	60 이상
ξ	0.5	1.0	1.2	1.4	1.6	1.7	1.8	1.9	2.0

7. 1단 자유, 타단 고정인 길이 2.5m인 압축력을 받는 강구조 기둥의 탄성좌굴하중을 구하시오. (단, 단면2차모멘트 $I=798{,}000\text{mm}^4$, $E=210{,}000\text{MPa}$)

득점	배점
	4

8. 그림과 같은 인장부재의 순단면적을 구하시오. (단, 판재의 두께는 10mm이며, 구멍 크기는 22mm이다.)

득점	배점
	4

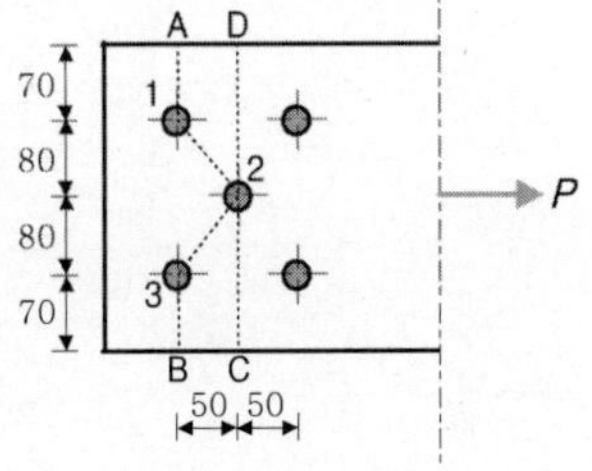

득점	배점
	10

9. 다음 데이터를 이용하여 Normal Time 네트워크 공정표를 작성하고, 아울러 3일 공기단축한 네트워크 공정표 및 총 공사금액을 산출하시오.

Activity	Normal		Crash		비고
	Time	Cost(원)	Time	Cost(원)	
A(0→1)	3	20,000	2	26,000	표준 공정표에서의 일정은 다음과 같이 표시하고, 주공정선은 굵은선으로 표시한다. 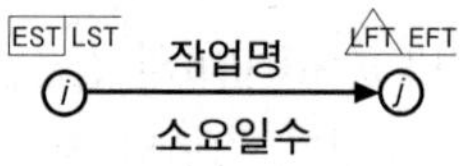
B(0→2)	7	40,000	5	50,000	
C(1→2)	5	45,000	3	59,000	
D(1→4)	8	50,000	7	60,000	
E(2→3)	5	35,000	4	44,000	
F(2→4)	4	15,000	3	20,000	
G(3→5)	3	15,000	3	15,000	
H(4→5)	7	60,000	7	60,000	

(1) 표준(Normal) Network를 작성하시오.
(결합점에서 EST, LST, LFT, EFT를 표시할 것)

(2) 공기를 3일 단축한 Network를 작성하시오.
(결합점에서 EST, LST, LFT, EFT 표시하지 않을 것)

(3) 3일 공기단축된 총공사비를 산출하시오.

10. 히스토그램(Histogram)의 작성순서를 보기에서 골라 번호 순서대로 쓰시오.

득점	배점
	3

① 히스토그램을 규격값과 대조하여 안정상태인지 검토한다.
② 히스토그램을 작성한다.
③ 도수분포도를 작성한다.
④ 데이터에서 최소값과 최대값을 구하여 범위를 구한다.
⑤ 구간폭을 정한다.
⑥ 데이터를 수집한다.

11. 대안입찰제도를 설명하시오.

득점	배점
	3

12. 다음의 용어를 설명하시오.

득점	배점
	4

(1) 슬럼프 플로(Slump Flow):

(2) 조립률(Fineness Modulus):

13. 지내력 시험방법 2가지를 쓰시오.

득점	배점
	2

① ②

14. 다음의 거푸집 공법을 설명하시오.

득점	배점
	4

(1) 슬립폼(Slip Form):

(2) 트래블링폼(Traveling Form):

15. 토질과 관련된 다음 용어를 간단히 설명하시오.

득점	배점
	4

(1) 압밀:

(2) 예민비:

16. 다음 용어를 설명하시오.

득점	배점
	4

(1) 접합 유리(Laminated Glass):

(2) Low-E 유리(Low-Emissivity Glass):

17. 가설공사의 수평규준틀 설치목적을 2가지 쓰시오.

득점	배점
	2

①

②

18. 옥상 8층 아스팔트 방수공사의 표준 시공순서를 쓰시오.(단, 아스팔트 종류는 구분 하지 않고 아스팔트로 하며, 펠트와 루핑도 구분하지 않고 아스팔트 펠트로 표기한다.)

득점	배점
	4

바탕처리 ➡ (①) ➡ (②) ➡ (③) ➡ (④) ➡ (⑤) ➡ (⑥) ➡ (⑦) ➡ (⑧)

① ② ③ ④

⑤ ⑥ ⑦ ⑧

19. 온도조절 철근(Temperature Bar)의 배근목적에 대하여 간단히 설명하시오.

득점	배점
	2

20. 지하연속벽(Slurry wall) 공법에서 가이드월(Guide Wall)을 스케치하고, 설치목적을 2가지 쓰시오.

득점	배점
	4

(1) 스케치:

(2) Guide Wall 설치목적:

① ②

21. 다음이 설명하는 콘크리트의 줄눈 명칭을 쓰시오.

득점	배점
	2

> 지반 등 안정된 위치에 있는 바닥판이 수축에 의하여 표면에 균열이 생길 수 있는데 이러한 균열을 방지하기 위해 설치하는 줄눈

22. 강구조 접합부에서 전단접합과 강접합을 도식하고 설명하시오.

득점	배점
	4

전단접합	모멘트접합

23. 파이프 구조에서 파이프 절단면 단부는 녹막이를 고려하여 밀폐하여야 하는데, 이때 실시하는 밀폐 방법에 대하여 3가지 쓰시오.

득점	배점
	3

① ② ③

24. 흙의 함수량 변화와 관련하여 ( ) 안을 채우시오.

득점	배점
	2

흙이 소성상태에서 반고체상태로 옮겨지는 경계의 함수비를 (①)라 하고, 액성상태에서 소성상태로 옮겨지는 함수비를 (②)라고 한다.

① ______ ② ______

25. 강구조공사의 절단가공에서 절단방법의 종류를 3가지 쓰시오.

득점	배점
	3

① ______ ② ______ ③ ______

26. 조적조 블록벽체의 습기침투의 원인을 4가지 쓰시오.

득점	배점
	4

① ______ ② ______

③ ______ ④ ______

27. 트럭 적재한도의 중량이 6t일 때 비중 0.6, 부피 300,000(才)의 목재운반 트럭 대수를 구하시오. (단, 6t 트럭의 적재가능 중량은 6ton, 부피는 8.3㎥, 최종답은 정수로 표기하시오.)

득점	배점
	3

28. 강구조 접합부의 용접결함 중 슬래그(Slag) 감싸들기의 원인 및 방지대책을 2가지 쓰시오.
(1) 원인:
(2) 방지대책:

득점	배점
	4

① ______ ② ______

총점

2015. 2회 건축기사 해답

1.

(1) 분배율: $DF_{DA}=\dfrac{1}{1+1+2}=\dfrac{1}{4}$

(2) 분배모멘트: $M_{DA}=M_D \cdot DF_{DA}=(+10)\left(\dfrac{1}{4}\right)=+2.5\text{kN}\cdot\text{m}(\curvearrowright)$

(3) 전달모멘트: $M_{AD}=\dfrac{1}{2}M_{DA}=\dfrac{1}{2}(+2.5)=+1.25\text{kN}\cdot\text{m}(\curvearrowright)$

2.

$1{,}000\div 224=4.464$ ➡ 4.46m^2

3.

$Q=\dfrac{3{,}600\times q\times k\times f\times E}{Cm}=\dfrac{3{,}600\times 0.8\times 0.8\times 0.7\times 0.83}{40}=33.465$ ➡ $33.47\ \text{m}^3/\text{hr}$

4.

$f_c=\dfrac{P}{A}=\dfrac{P}{\dfrac{\pi D^2}{4}}=\dfrac{(450\times 10^3)}{\dfrac{\pi(150)^2}{4}}=25.464\text{N/mm}^2=25.464\text{MPa}$

5.

(1) 직각 삼각형에서 $D^2=b^2+h^2=b^2+(2b)^2=5b^2$ 이므로 $b=\dfrac{D}{\sqrt{5}}$

(2) $Z=\dfrac{bh^2}{6}=\dfrac{b(2b)^2}{6}=\dfrac{4b^3}{6}=\dfrac{4\left(\dfrac{D}{\sqrt{5}}\right)^3}{6}=0.059D^3$

5.

(1) $\lambda_\Delta=\dfrac{(1.8)}{1+50(0.016)}=1$

(2) 장기처짐=탄성처짐$\times\lambda_\Delta=(20)(1)=20\text{mm}$

(3) 총처짐=탄성처짐+장기처짐$=(20)+(20)=40\text{mm}$

7.

$P_{cr}=\dfrac{\pi^2(210{,}000)(798{,}000)}{[(2.0)(2{,}500)]^2}=66{,}157\text{N}=66.157\text{kN}$

8.

(1) 파단선: A-1-3-B:

$$A_n = A_g - n \cdot d \cdot t = (10 \times 300) - (2)(22)(10) = 2{,}560\text{mm}^2$$

(2) 파단선: A-1-2-3-B:

$$A_n = A_g - n \cdot d \cdot t + \Sigma \frac{S^2}{4g} \cdot t$$

$$= (10 \times 300) - (3)(22)(10) + \frac{(50)^2}{4(80)} \cdot (10) + \frac{(50)^2}{4(80)} \cdot (10) = 2{,}496.25\text{mm}^2$$ ⬅ 지배

9.

(1) (2)

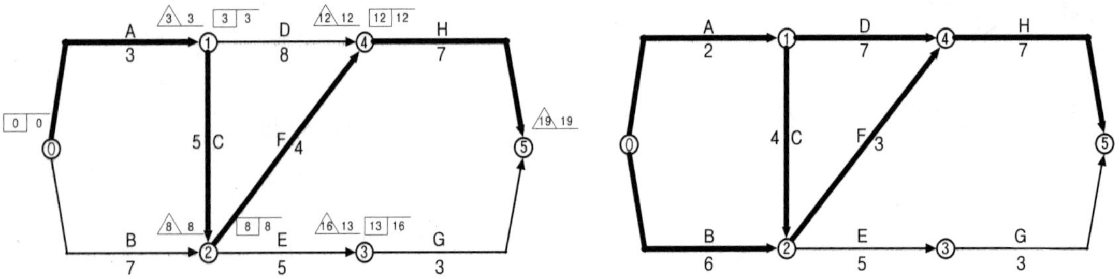

(3) 19일 표준공사비 + 3일 단축 시 추가공사비 = 280,000+33,000 = 313,000원

	단축대상	추가비용
18일	F	5,000
17일	A	6,000
16일	B+C+D	22,000

10.

⑥ ➡ ④ ➡ ⑤ ➡ ③ ➡ ② ➡ ①

11.

발주자가 제시한 기본설계를 바탕으로 동등 이상의 기능 및 효과를 가진 공법으로 공기단축 및 공사비 절감 등을 내용으로 하는 대안을 도급자가 제시한 제도

12.

(1) 슬럼프 시험을 통해 아직 굳지 않은 콘크리트의 유동적인 흐름을 나타내는 지표

(2) 골재의 체가름 시험에서 10개 체에 남은 양의 누적백분율의 합을 100으로 나눈 지표

13.

① 평판재하시험 ② 말뚝재하시험

14.

(1) 거푸집을 연속으로 이동시키면서 콘크리트 타설을 하므로 시공이음 없는 균일한 시공이 가능한 거푸집으로 슬라이딩폼(Sliding Form)이라고도 한다.

(2) 트래블러(Traveler)라고 하는 장치를 이용하여 수평으로 이동이 가능한 대형 시스템화 거푸집으로 터널이나 지하철공사 등에 적용된다.

15.

(1) 하중이 커지면 재하판 아래의 흙이 압축되어 하중을 제거해도 압축된 부분의 침하가 남아 있는 현상

(2) 자연적인 점토의 강도를 이긴 점토의 강도로 나누었을 때의 비율

16.

(1) 두 장 이상의 판유리 사이에 합성수지를 겹붙여 댄 것으로 합판유리라고도 한다.

(2) 유리 표면에 금속 또는 금속산화물을 얇게 코팅한 것으로 열의 이동을 최소화시켜주는 에너지 절약형 유리이며 저방사유리라고도 한다.

17.

① 건축물 각부 위치 및 높이의 기준을 표시 ② 터파기폭 및 기둥 및 기초의 중심선 표시

18.

① 아스팔트 프라이머 ② 아스팔트 ③ 아스팔트 펠트 ④ 아스팔트

⑤ 아스팔트 펠트 ⑥ 아스팔트 ⑦ 아스팔트 펠트 ⑧ 아스팔트

19.

건조수축 또는 온도변화에 의하여 콘크리트에 발생하는 균열을 방지하기 위한 목적으로 배치되는 철근

20.

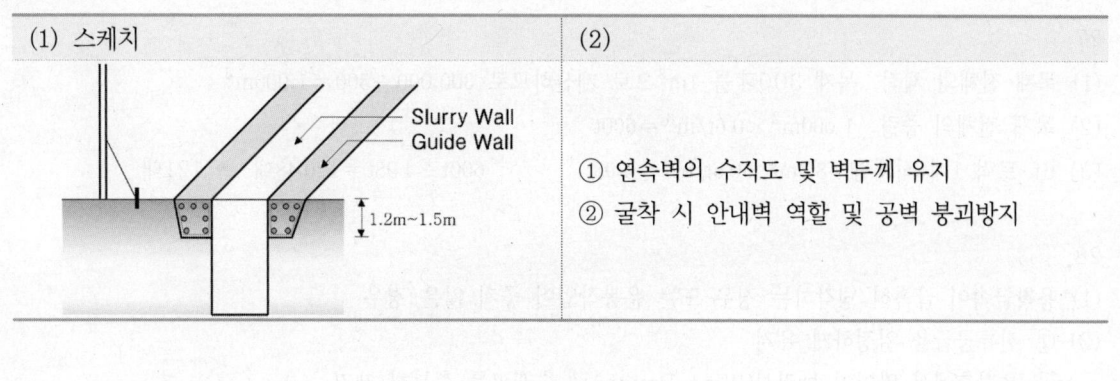

(1) 스케치	(2)
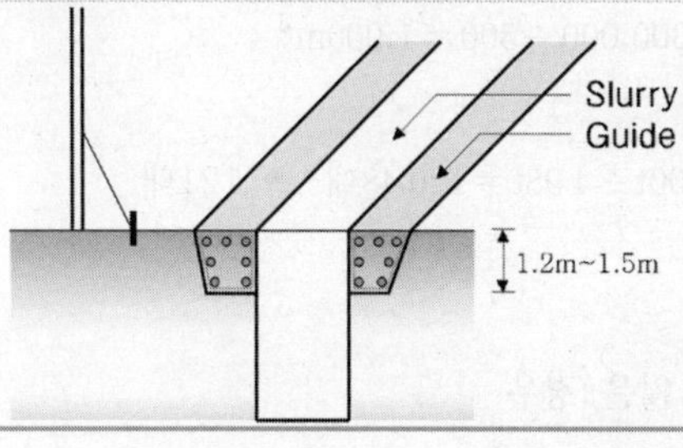 	① 연속벽의 수직도 및 벽두께 유지 ② 굴착 시 안내벽 역할 및 공벽 붕괴방지

21. 조절줄눈(Control Joint)

22.

전단접합	모멘트접합
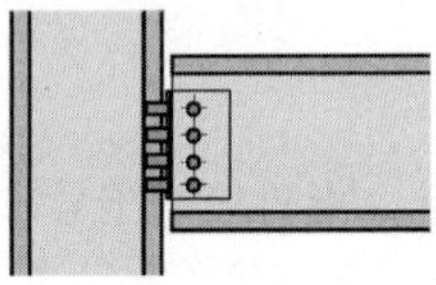	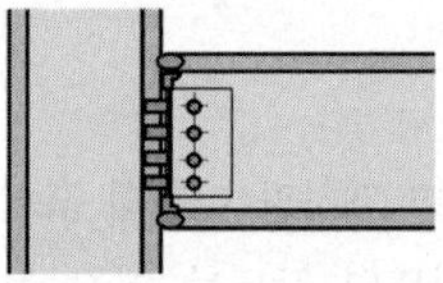
웨브만 접합한 형태로서 휨모멘트에 대한 저항력이 없어 접합부가 자유로이 회전하며 기둥에는 전단력만 전달	웨브와 플랜지를 접합한 형태로서 휨모멘트에 대한 저항능력을 가지고 있어 보와 기둥의 휨모멘트가 강성에 따라 분배됨

23.
① 스피닝(Spinning)에 의한 방법　② 열을 가하여 원형으로 가공　③ 관끝을 압착하여 용접

24.
① 소성한계　② 액성한계

25.
① 가스절단　② 전단절단　③ 톱절단

26.
① 벽돌 및 모르타르의 강도 부족　② 모르타르 바름의 신축 및 들뜨기
③ 온도 및 습기에 의한 재료의 신축성　④ 이질재와 접합부 불완전 시공

27.
(1) 목재 전체의 체적: 목재 300才를 $1m^3$으로 계산하므로 $300,000 \div 300 = 1,000m^3$
(2) 목재 전체의 중량: $1,000m^3 \times 0.6t/m^3 = 600t$
(3) 6t 트럭 1대 적재량: $8.3m^3 \times 0.6t/m^3 = 4.98t$　$\therefore$ $600t \div 4.98t = 120.48$대 ➡ 121대

28.
(1) 용착금속이 급속히 냉각하는 경우 또는 운봉작업이 좋지 않은 경우
(2) ① 전류공급을 일정하게 유지
　② 용접층에서 와이어 브러시(Wire Brush)로 슬래그를 충분히 제거

2015. 4회 건축기사

1. 보통골재를 사용한 콘크리트 설계기준강도 $f_{ck} = 24\text{MPa}$, 철근의 탄성계수 $E_s = 200{,}000\text{MPa}$일 때 콘크리트 탄성계수 및 탄성계수비를 구하시오

득점	배점
	4

(1) 콘크리트 탄성계수:

(2) 탄성계수비:

2. 바닥 미장면적이 1,000m^{2}일 때, 1일 10인 작업 시 작업소요일을 구하시오. (단, 아래와 같은 품셈을 기준으로 하며 계산과정을 쓰시오.)

득점	배점
	3

바닥미장 품셈(㎡)

구분	단위	수량
미장공	인	0.05

3. 거푸집 측압에 영향을 주는 요소는 여러 가지가 있지만, 건축현장의 콘크리트 부어넣기 과정에서 거푸집 측압에 영향을 줄 수 있는 요인을 4가지 쓰시오.

득점	배점
	4

① ②

③ ④

4. TQC에 이용되는 7가지 도구 중 4가지를 쓰시오.

득점	배점
	4

① ②

③ ④

5. 강구조공사에 사용되는 알맞은 용어를 쓰시오.

득점	배점
	3

(1) 강구조 부재 용접 시 이음 및 접합부위의 용접선이 교차되어 재용접된 부위가 열영향을 받아 취약해지기 때문에 모재에 부채꼴 모양의 모따기를 한 것
(2) 강구조 기둥의 이음부를 가공하여 상하부 기둥 밀착을 좋게 하며 축력의 50%까지 하부 기둥 밀착면에 직접 전달시키는 이음방법
(3) Blow Hole, Crater 등의 용접결함이 생기기 쉬운 용접 Bead의 시작과 끝 지점에 용접을 하기 위해 용접 접합하는 모재의 양단에 부착하는 보조강판

(1) (2) (3)

6. 흙막이벽의 계측에 필요한 기기류를 쓰시오.

득점	배점
	4

(1) 수압 측정: ________ (2) 하중 측정: ________

(3) 휨변형 측정: ________ (4) 수평변위 측정: ________

7. BTO(Build-Transfer-Operate) 방식을 설명하시오.

득점	배점
	3

8. 품질관리 계획서 제출 시 필수적으로 기입하여야 하는 항목을 4가지 적으시오.

득점	배점
	3

① ②

③ ④

9. Value Engineering 개념에서 $V=\frac{F}{C}$ 식의 각 기호를 설명하시오.

득점	배점
	3

(1) V: (2) C: (3) F:

10. 다음 괄호 내에 각 재료의 할증률을 쓰시오.

득점	배점
	4

① 유리 : (　　　)%　　　② 단열재 : (　　　)%

③ 시멘트벽돌 : (　　　)%　　　④ 붉은 벽돌 : (　　　)%

11. 다음 데이터를 네트워크공정표로 작성하고, 각 작업의 여유시간을 구하시오

득점	배점
	10

작업명	작업일수	선행작업	비고
A	3	없음	
B	4	없음	
C	5	없음	(1) 결합점에서는 다음과 같이 표시한다.
D	6	A, B	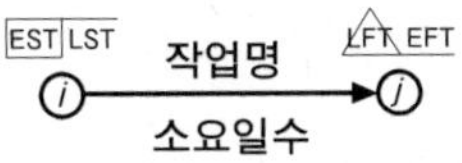
E	7	B	
F	4	D	
G	5	D, E	(2) 주공정선은 굵은선으로 표시한다.
H	6	C, F, G	
I	7	F, G	

(1) 네트워크공정표

(2) 일정 및 여유시간 산정

작업명	TF	FF	DF	CP
A				
B				
C				
D				
E				
F				
G				
H				
I				

12. 강구조 용접접합에서 발생하는 결함항목을 3가지 쓰시오.

득점	배점
	3

① ② ③

13. 콘크리트에서 크리프(Creep) 현상에 대하여 설명하시오.

득점	배점
	2

14. 다음이 설명하는 콘크리트의 종류를 쓰시오.

득점	배점
	3

(1) 거푸집을 제거한 후 노출된 콘크리트면 그대로를 마감면으로 하는 콘크리트
(2) 보통 부재 단면 최소치수 80cm 이상(하단이 구속된 경우에는 50cm 이상), 콘크리트 내외부 온도차가 25℃ 이상으로 예상되는 콘크리트
(3) 콘크리트설계기준강도가 일반콘크리트 40MPa 이상, 경량콘크리트 27MPa 이상인 콘크리트

(1) (2) (3)

15. 어떤 골재의 밀도가 2.65g/cm^3, 단위체적질량 $1{,}800\text{kg/m}^3$이라면 이 골재의 실적률을 구하시오.

득점	배점
	3

16. 벽돌벽 표면에 생기는 백화현상의 방지대책을 4가지 쓰시오.

득점	배점
	4

① ②

③ ④

17. 흐트러진 상태의 흙 $30m^3$를 이용하여 $30m^2$의 면적에 다짐 상태로 60cm 두께를 터돋우기 할 때 시공완료된 다음의 흐트러진 상태의 토량을 산출하시오.
(단, 이 흙의 $L=1.2$, $C=0.9$이다.)

득점	배점
	3

18. 강재의 종류 중 SM355에서 SM의 의미와 355가 의미하는 바를 각각 쓰시오.

(1) SM : (2) 355 :

득점	배점
	2

19. 시공된 콘크리트 구조물에서 경화콘크리트의 강도 추정을 위해 이용되고 있는 비파괴시험 방법의 명칭을 3가지 쓰시오.

① ② ③

득점	배점
	3

20. Remicon(25−30−180)은 Ready Mixed Concerte의 규격에 대한 수치이다. 이 3가지의 수치가 뜻하는 바를 간단히 쓰시오.
(1) 25 :
(2) 30 :
(3) 180 :

득점	배점
	3

21. 알칼리골재반응의 정의를 설명하고 방지대책을 3가지 적으시오.
(1) 정의:

(2) 방지대책:
①

②

③

득점	배점
	5

22. 강구조공사 습식 내화피복 공법의 종류를 4가지 쓰시오.

득점	배점
	4

① ②

③ ④

23. Jack Support의 정의 및 설치위치를 2군데 쓰시오.

득점	배점
	4

(1) 정의:

(2) 설치위치:

① ②

24. 그림과 같은 철근콘크리트보를 보고 물음에 답하시오.

득점	배점
	5

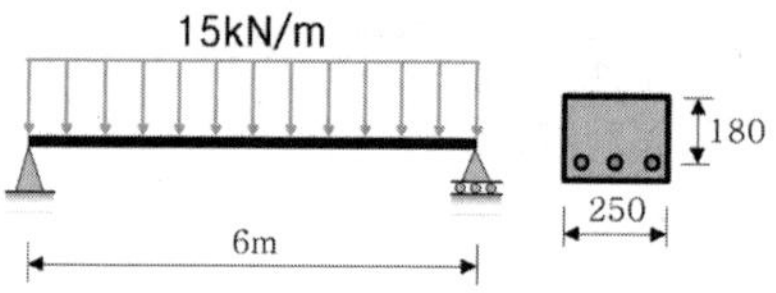

(1) 전단위험단면 위치에서의 계수전단력을 구하시오.

(2) 전단설계를 하고자 할 때, 경간길이 내에서 스터럽 배치가 필요하지 않은 구간의 길이를 산정하시오.
(단, 지점 외부로 내민 부재길이는 무시, 보통중량콘크리트 $f_{ck} = 21\text{MPa}$)

25. 단순 인장접합부의 사용성한계상태에 대한 고장력볼트의 설계미끄럼강도를 구하시오. (단, 계산의 단순화를 위해 전단과 지압에 관한 안전검토는 생략, 강재는 SS275, 고장력볼트는 M22(F10T 표준구멍), 필러를 사용하지 않는 경우이며, 설계볼트장력 200kN, 미끄럼계수=0.5, 설계미끄럼강도 식 $\phi R_n = \phi \cdot \mu \cdot h_f \cdot T_o \cdot N_s$을 적용)

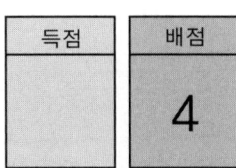

득점	배점
	4

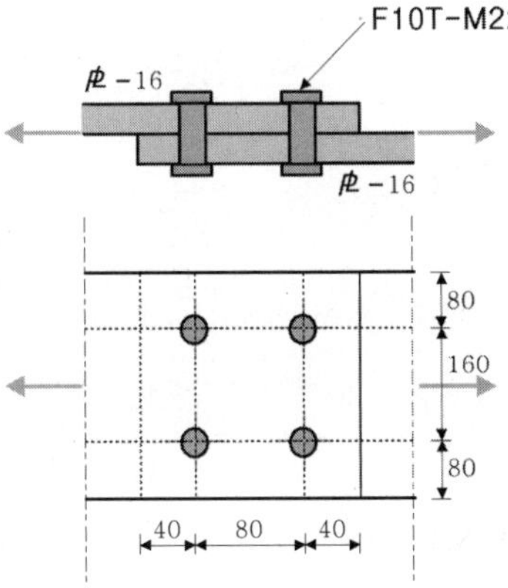

26. 다음의 주의사항을 통해 그림상에 용접기호를 도식화하시오.

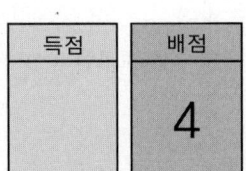

득점	배점
	4

주의사항

① 필릿 용접
② 현장 용접
③ 필릿 치수 3mm

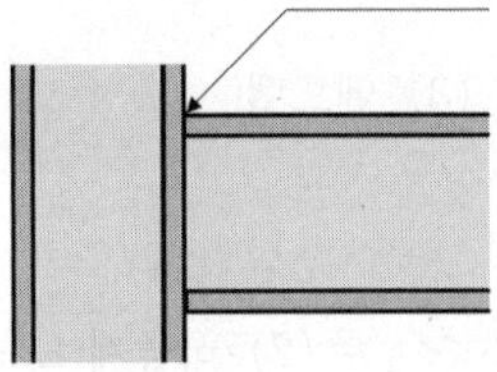

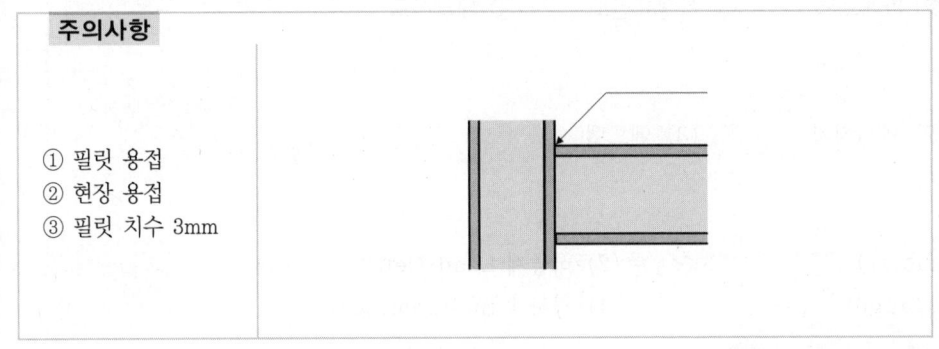

27. 철근콘크리트 기초판 크기가 2m × 4m 일 때 단변방향으로의 소요전체철근량이 2,400mm^{2}이다. 유효폭 내에 배근하여야 할 철근량을 구하시오.

득점	배점
	3

총점

1.
(1) $f_{ck} \leq 40\text{MPa}$: $\Delta f = 4\text{MPa}$
(2) $E_c = 8{,}500 \cdot \sqrt[3]{(24)+(4)} = 25{,}811\text{MPa}$
(3) $n = \dfrac{E_s}{E_c} = \dfrac{(200{,}000)}{(25{,}811)} = 7.74863$ ➡ 7.75

2.
$1{,}000 \times 0.05 \div 10 = 5$일

3.
① 슬럼프(Slump)값이 클수록 측압이 크다.
② 벽두께가 두꺼울수록 측압이 크다.
③ 타설속도가 빠를수록 측압이 크다.
④ 습도가 높을수록 측압이 크다.

4.
① 히스토그램 ② 파레토도 ③ 특성요인도 ④ 체크시트

5.
(1) 스캘럽 (2) 메탈터치 (3) 엔드탭

6.
(1) 간극수압계(Piezometer)
(2) 하중계(Load Cell)
(3) 변형률계(Strain Gauge)
(4) 경사계(Inclinometer)

7.
사회간접시설을 민간부분이 주도하여 설계·시공한 후 소유권을 공공부분에 먼저 이전하고 약정기간 동안 시설물을 운영하여 투자금액을 회수해가는 방식이다.

8.
① 건설공사정보 ② 품질방침 및 목표 ③ 현장조직관리 ④ 문서관리

9.
(1) Value(가치) (2) Cost(비용) (3) Function(기능)

10.
① 1 ② 10 ③ 5 ④ 3

11.

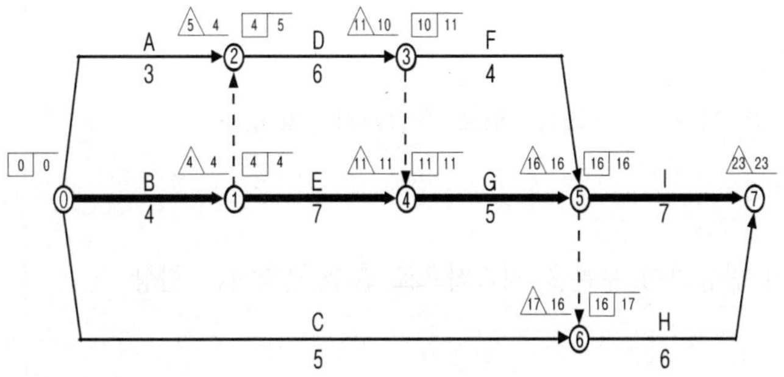

작업명	TF	FF	DF	CP
A	2	1	1	
B	0	0	0	※
C	12	11	1	
D	1	0	1	
E	0	0	0	※
F	2	2	0	
G	0	0	0	※
H	1	1	0	
I	0	0	0	※

12.

① 슬래그 감싸들기　② 언더컷　③ 오버랩

13.

하중의 증가 없이도 시간경과 후 변형이 증가되는 굳은 콘크리트의 소성변형 현상

14.

(1) 외장용 노출 콘크리트　(2) 매스 콘크리트　(3) 고강도 콘크리트

15.

$\frac{1.8}{2.65}\times 100 = 67.92\%$

16.

① 흡수율이 작은 소성이 잘된 벽돌 사용　② 처마 또는 차양의 설치로 빗물 차단

③ 벽체 표면에 발수제 첨가 및 도포　④ 줄눈모르타르에 방수제를 혼합

17.

(1) 다져진 상태의 토량$= 30\times\frac{0.9}{1.2}=22.5$

(2) 다져진 상태의 남는 토량$=22.5-(30\times 0.6)=4.5$

(3) 흐트러진 상태의 토량$=4.5\times\frac{1.2}{0.9}=6\text{m}^3$

18.

(1) Steel Marine(용접구조용 압연강재)　(2) 항복강도 $F_y = 355\text{MPa}$

19.
① 슈미트해머법　　　② 초음파 속도법　　　③ 인발법

20.
(1) 굵은골재 최대치수 25mm　(2) 호칭강도 30MPa　(3) 소요 슬럼프값 180mm

21.
(1) 시멘트의 알칼리 성분과 골재의 실리카성분이 반응하여 수분을 지속적으로 흡수 팽창하는 현상
(2) ① 알칼리 함량 0.6% 이하의 시멘트 사용
② 알칼리골재반응에 무해한 골재 사용
③ 양질의 혼화재(고로 Slag, Fly Ash 등) 사용

22.
① 타설 공법　② 뿜칠 공법　③ 미장 공법　④ 조적 공법

23.
(1) 지하주차장 거푸집 동바리 해체 후, 하중 및 차량 진동으로 인한 균열 방지를 위해 사용하는 가설지주
(2) ① 바닥판 중앙부　② 보의 중앙부

24.
(1) $\dfrac{V_u}{45}=\dfrac{2.82}{3}$ 으로부터 $V_u=45\times\dfrac{2.82}{3}=42.3\text{kN}$

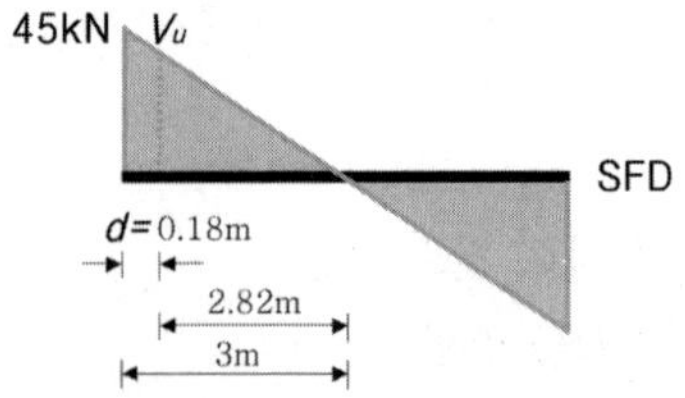

(2) $0.5\phi V_c=0.5\phi\left(\dfrac{1}{6}\lambda\sqrt{f_{ck}}\cdot b_w\cdot d\right)=0.5(0.75)\left(\dfrac{1}{6}(1)\sqrt{(21)}(250)(180)\right)=12{,}888\text{N}=12.888\text{kN}$

$\dfrac{x}{3}=\dfrac{12.888}{45}$ 으로부터 $x=3\times\dfrac{12.888}{45}=0.859\text{m}$

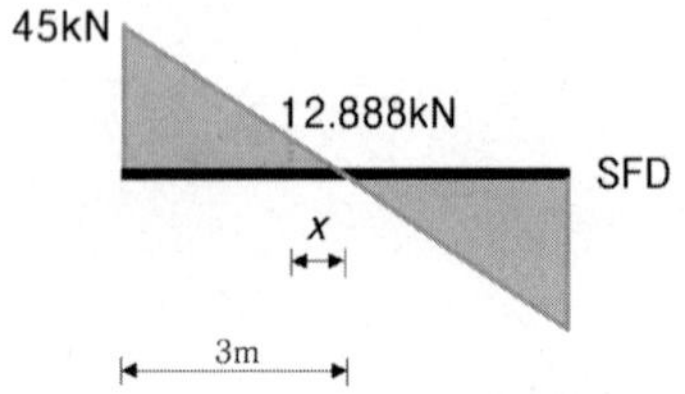

25.

$(\phi R_n = (1.0)(0.5)(1.0)(200)(1) \times 4$개 $= 400\text{kN}$

26.

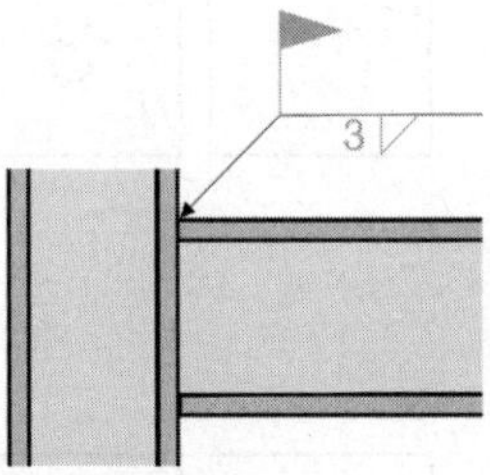

27.

$$A_s{}' = A_s \times \frac{2}{\beta+1} = (2{,}400) \cdot \frac{2}{\left(\frac{4}{2}\right)+1} = 1{,}600\text{mm}^2$$

2016. 1회 건축기사

1. 지반조사 방법 중 보링(Boring)의 종류 3가지를 쓰시오.

득점	배점
	3

① ② ③

2. 프리스트레스트 콘크리트에 이용되는 긴장재의 종류를 3가지 쓰시오.

득점	배점
	3

① ② ③

3. 수평버팀대식 흙막이에 작용하는 응력이 아래의 그림과 같을 때 각각의 번호가 의미하는 것을 보기에서 골라 기호로 쓰시오.

득점	배점
	3

보기

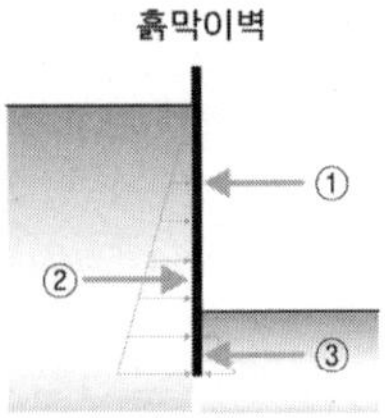

㉮ 수동토압 ㉯ 정지토압
㉰ 주동토압 ㉱ 버팀대의 하중
㉲ 버팀대의 반력 ㉳ 지하수압

① ② ③

4. 철근배근 시 철근이음 방식 3가지를 쓰시오.

득점	배점
	3

① ② ③

5. 다음 (   )안에 숫자를 기입하시오.

득점	배점
	2

기성콘크리트 말뚝을 타설할 때 그 중심간격은 말뚝지름의 (   )배 이상 또한 (   )mm 이상으로 한다.

6. 콘크리트 헤드(Concrete Head)를 설명하시오.

득점	배점
	3

7. 전기로에서 페로실리콘 등 규소합금 제조과정 중 부산물로 생성되는 매우 미세한 입자로써 고강도콘크리트 제조 시 사용되는 이산화규소(SiO_2)를 주성분으로 하는 혼화재의 명칭을 쓰시오.

득점	배점
	2

8. 콘크리트충전강관(CFT) 구조를 설명하고 장단점을 각각 2가지씩 쓰시오.

득점	배점
	5

(1) CFT:

(2) 장점

①

②

(3) 단점

①

③

9. 프리팩트 콘크리트 말뚝의 종류를 3가지 쓰시오.

득점	배점
	3

① ② ③

10. 그림과 같은 용접부의 설계강도를 구하시오. (단, 모재는 SM275, 용접재(KS D7004 연강용 피복아크 용접봉)의 인장강도 $F_{uw}=420\text{N/mm}^2$, 모재의 강도는 용접재의 강도보다 크다.)

득점	배점
	4

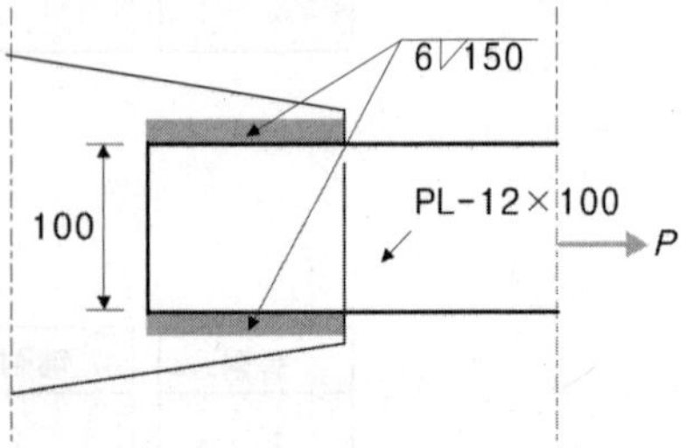

11. 폭 $b=500\text{mm}$, 유효깊이 $d=750\text{mm}$인 철근콘크리트 단철근 직사각형 보의 균형철근비 및 최대철근량을 계산하시오. (단, $f_{ck}=27\text{MPa}$, $f_y=300\text{MPa}$)

득점	배점
	4

12. 가설건축물을 축조할 때 제출하여야 하는 서류를 3가지 쓰시오.

득점	배점
	3

① ② ③

13. 벽타일 붙이기공법의 종류를 4가지 적으시오.

득점	배점
	4

① ②

③ ④

14. LCC(Life Cycle Cost)를 설명하시오.

득점	배점
	3

15. 다음 용어를 설명하시오.

득점	배점
	4

(1) AE감수제

(2) 쉬링크믹스트 콘크리트

16. 터파기한 흙이 $12{,}000\text{m}^3(L=1.25)$이고, 이 중 되메우기를 $5{,}000\text{m}^3$으로 하고, 잔토처리를 8톤 트럭으로 운반 시 트럭에 적재할 수 있는 운반토량과 차량 대수를 구하시오. (단, 파낸 후 흐트러진 상태의 흙의 단위중량은 $1{,}800\text{kg/m}^3$)

득점	배점
	6

(1) 8톤 덤프트럭에 적재할 수 있는 운반토량

(2) 8톤 덤프트럭의 대수

17. 목재의 난연처리 방법 3가지를 쓰시오.

득점	배점
	3

①

②

③

18. 대표적인 고층건물의 비내력벽 구조로써 사용이 증가되고 있는 커튼월공법은 재료에 의한 분류, 구조형식, 조립방식별 분류 등 다양한 분류방식이 존재하는데, 구조형식과 조립방식에 의한 커튼월공법을 각각 2가지씩 쓰시오.

득점	배점
	4

(1) 구조형식에 따른 분류 2가지:

① ②

(2) 조립방식에 의한 분류 2가지:

① ②

19. 주문제작되어 조립되는 콘크리트 대형구조물 방식으로 건설되는 프리캐스트(PC) 생산방식을 쓰시오.

득점	배점
	2

20. 다음 용어를 설명하시오.

득점	배점
	4

(1) BOT(Build-Operate-Transfer)

(2) 파트너링(Partnering) 계약방식

21. 다음 구조물의 전단력도와 휨모멘트도를 그리고, 최대전단력과 최대휨모멘트값을 구하시오.

득점	배점
	4

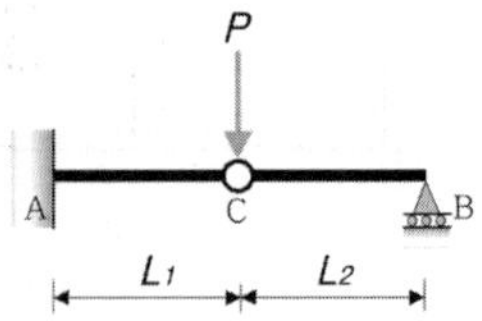

(1)  SFD 최대전단력:

(2)  BMD 최대휨모멘트:

22. 콘크리트 골재가 가져야 하는 요구품질 사항을 4가지 쓰시오.

득점	배점
	4

① ②

③ ④

23. 그림과 같은 구조물에서 OA부재의 분배율을 모멘트 분배법으로 계산하시오.

득점	배점
	3

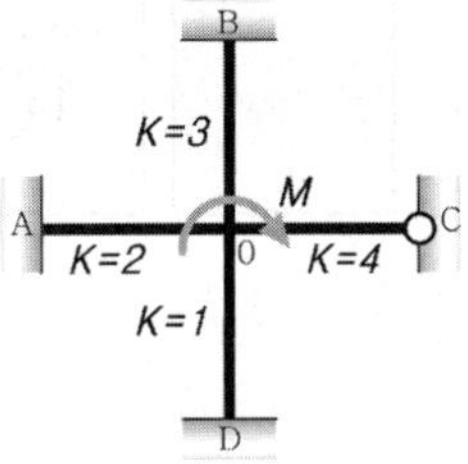

24. 그림과 같은 보의 단면에서 휨균열을 제어하기 위한 인장철근의 간격을 구하고 적합여부를 판단하시오. (단, $f_y = 400\text{MPa}$ 이며 사용철근의 응력은 $f_s = \frac{2}{3}f_y$ 근사식을 적용한다.)

득점	배점
	4

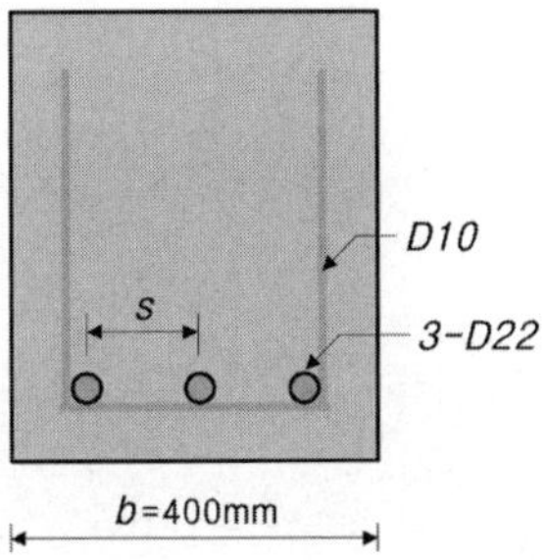

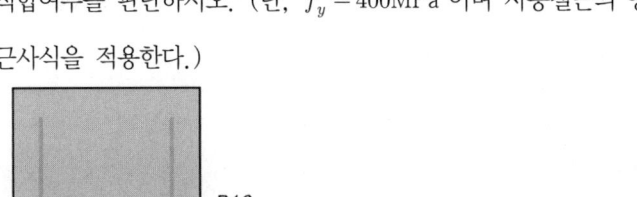

25. 현장에서 상대밀도는 표준관입시험으로 추정할 수 있다. 표준관입시험 N값에 따른 지반의 상태를 쓰시오.

득점	배점
	4

타격회수 N값	모래 밀도
0~5	
5~10	
10~30	
30~50 이상	

26. 샌드드레인(Sand Drain) 공법을 설명하시오.

득점	배점
	3

27. 다음 데이터를 이용하여 표준네트워크 공정표를 작성하고, 7일 공기단축한 상태의 네트워크 공정표를 작성하시오.

득점 | 배점 10

작업명	작업일수	선행작업	비용구배 (천원)	비고
A(①→②)	2	없음	50	(1) 결합점에서는 다음과 같이 표시한다. EST LST 작업명 LFT EFT ⓘ ──→ ⓙ 소요일수 (2) 공기단축은 작업일수의 1/2을 초과할 수 없다.
B(①→③)	3	없음	40	
C(①→④)	4	없음	30	
D(②→⑤)	5	A, B, C	20	
E(②→⑥)	6	A, B, C	10	
F(③→⑤)	4	B, C	15	
G(④→⑥)	3	C	23	
H(⑤→⑦)	6	D, F	37	
I(⑥→⑦)	7	E, G	45	

(1) 표준 Network 공정표

(2) 7일 공기단축한 Network 공정표

총점

2016. 1회 건축기사 해답

1.
① 오거 보링　　② 수세식 보링　　③ 회전식 보링

2.
① PC강선 및 PC강연선　　② PC경강선　　③ PC강봉

3.
① ㉲　　② ㉰　　③ ㉮

4.
① 겹침 이음　　② 용접 이음　　③ 기계적 이음

5.
2.5, 750

6.
타설된 콘크리트 윗면으로부터 최대 측압면까지의 거리

7.
실리카 퓸, 실리카 흄(Silica Fume)

8.
(1) 강관의 구속효과에 의해 충전콘크리트의 내력상승과 충전콘크리트에 의한 강관의 국부좌굴 보강효과에 의해 뛰어난 변형 저항능력을 발휘하는 구조
(2) ① 강관이 거푸집 역할을 함으로서 인건비 절감 및 공기단축 가능
② 연성과 인성이 우수하여 초고층 구조물의 내진성에 유리
(3) ① 고품질의 충전 콘크리트가 요구됨
② 판두께가 얇아질수록 조기에 국부좌굴이 발생함

9.
① Cast In Place　　② Mixed In Place　　③ Packed In Place

10.
$\phi R_n = \phi \cdot 0.6F_{uw} \cdot 0.7S \cdot (L-2S)$

$= (0.75) \cdot 0.6(420) \cdot 0.7(6) \cdot (150-2\times 6) \times 2$면 $= 219{,}089\text{N} = 219.089\text{kN}$

11.

(1) $f_{ck} \leq 40\text{MPa}$ ➠ $\eta = 1.00$, $\beta_1 = 0.80$

(2) $\rho_b = \dfrac{\eta(0.85 f_{ck})}{f_y} \cdot \beta_1 \cdot \dfrac{660}{660 + f_y} = \dfrac{(1.00)(0.85 \times 27)}{(300)} \cdot (0.80) \cdot \dfrac{(660)}{(660)+(300)} = 0.04207$

(3) $\rho_{\max} = 0.658 \rho_b = 0.658(0.04207) = 0.02768$

(4) $A_{s,\max} = \rho_{\max} \cdot b \cdot d = (0.02768)(500)(750) = 10{,}380\text{mm}^2$

12.

① 가설건축물 축조신고서　　② 배치도　　③ 평면도

13.

① 떠붙임 공법　　② 개량떠붙임 공법　　③ 압착붙임공법　　④ 개량압착붙임공법

14.

건축물의 초기단계에서 설계, 시공, 유지관리, 해체에 이르는 일련의 과정과 제비용

15.

(1) 시멘트 입자를 분산시켜 필요한 수분량을 감소시키고 동시에 유동성을 높이기 위한 혼화제

(2) 믹싱 플랜트 고정믹서에서 어느 정도 비빈 것을 트럭믹서(Truck Mixer)에 실어 운반 도중 완전히 비비는 것

16.

(1) $\dfrac{8\text{t}}{1.8\text{t/m}^3} = 4.444$ ➠ 4.44m^3

(2) $\dfrac{(12{,}000 - 5{,}000) \times 1.25}{4.444} = 1{,}968.95$ ➠ 1,969대

17.

① 몰리브덴, 인산과 같은 방화제를 도포 또는 주입

② 목재 표면에 방화페인트를 도포

③ 플라스터, 모르타르 등으로 피복

18.

(1) ① 멀리언(Mullion) 방식　　② 패널(Panel) 방식

(2) ① 스틱월(Stick Wall) 방식　　② 유닛월(Unit Wall) 방식

19.

클로즈드 시스템(Closed System)

20.

(1) 사회간접시설을 민간부분이 주도하여 설계·시공한 후 일정기간 시설물을 운영하여 투자금액을 회수한 후 시설물과 운영권을 무상으로 공공부분에 이전하는 방식

(2) 발주자가 직접 설계·시공에 참여하고 사업관련자들이 상호신뢰를 바탕으로 Team을 구성하여 사업성공과 상호 이익확보를 목표로 사업을 집행관리하는 방식

21.

(1) 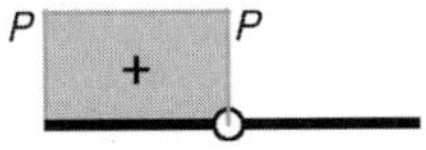

최대전단력: P

(2) 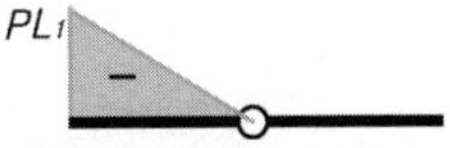

최대휨모멘트: PL_1

22.

① 표면이 거칠고 둥근 모양일 것
② 견고하고 강도가 클 것
③ 실적률이 클 것
④ 입도가 적당하고 좋을 것

23.

$$DF_{OA} = \frac{2}{2+3+4\times\frac{3}{4}+1} = \frac{2}{9}$$

24.

(1) 순피복두께: $C_c = 40+10 = 50\text{mm}$

(2) $f_s = \frac{2}{3}f_y = \frac{2}{3}(400) = 267\text{MPa}$

(3) ① $s_{\max} = 375\left(\frac{210}{f_s}\right) - 2.5C_c = 375\left(\frac{210}{(267)}\right) - 2.5(50) = 170\text{mm}$ ⬅ 지배

② $s_{\max} = 300\left(\frac{210}{f_s}\right) = 300\left(\frac{210}{(267)}\right) = 236\text{mm}$

(4) 간격$= \frac{1}{2}\left[400 - 2\left(40+10+\frac{22}{2}\right)\right] = 139\text{mm} < s_{\max}$ ➠ 균열이 발생되지 않음

25.

타격회수 N값	모래밀도
0~5	몹시 느슨
5~10	느슨
10~30	보통
30~50 이상	조밀

26.

지반에 지름 40~60cm의 구멍을 뚫고 모래를 넣은 후, 성토 및 기타 하중을 가하여 점토질 지반을 압밀시키는 공법

27.

(1) 표준 Network 공정표

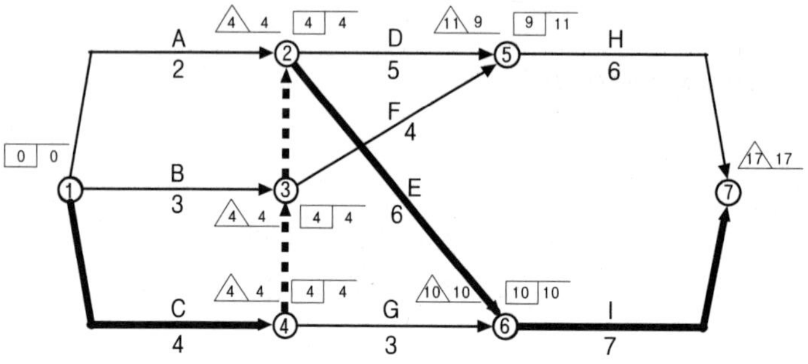

(2) 7일 공기단축한 Network 공정표

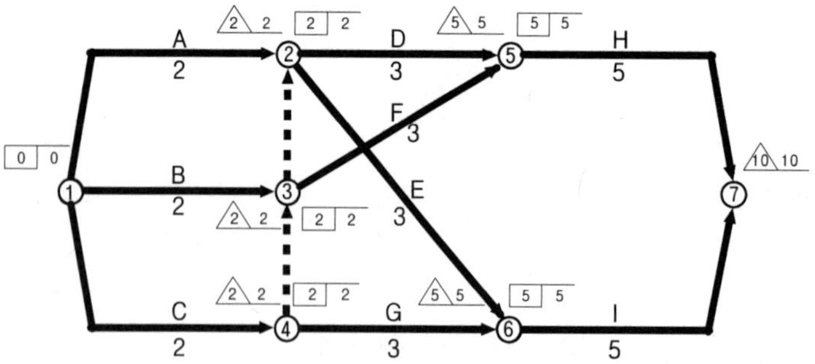

2016. 2회 건축기사

1. 다음 평면도에서 평규준틀과 귀규준틀의 개수를 구하시오.

득점	배점
	4

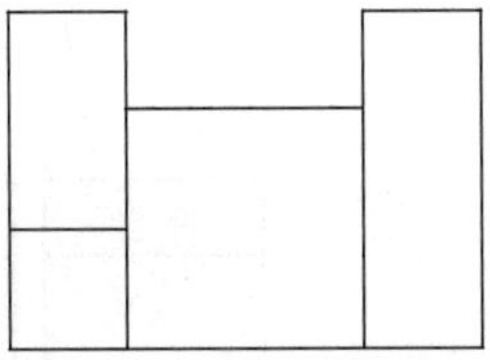

- 귀규준틀: (　　)개소
- 평규준틀: (　　)개소

2. 다음 설명에 해당되는 알맞는 줄눈(Joint)을 적으시오.

득점	배점
	3

미경화 콘크리트의 건조수축에 의한 균열을 감소시킬 목적으로 구조물의 일정 부위를 남겨 놓고 콘크리트를 타설한 후 초기건조수축이 완료되면 나머지 부분을 타설할 목적으로 설치하는 줄눈

3. 흙막이공사에서 역타설 공법(Top-Down Method)의 장점을 4가지 쓰시오.

득점	배점
	4

①

②

③

④

4. 토량 2,000m^3, 2대의 불도저가 삽날용량 0.6m^3, 토량환산계수 0.7, 작업효율 0.9, 1회 사이클시간 15분일 때 작업완료시간을 계산하시오.

득점	배점
	4

5. 점토지반 개량공법 2가지를 제시하고 그 중에서 1가지를 선택하여 간단히 설명하시오.

득점	배점
	4

① ②

6. 다음 용어를 간단히 설명하시오.

득점	배점
	4

(1) 슬라이딩폼(Sliding Form)

(2) 터널폼(Tunnel Form)

7. KDS 구조설계기준에서 규정하고 있는 철근 간격결정 원칙 중 보기의 ( )안에 들어갈 알맞는 수치를 쓰시오.

득점	배점
	2

철근과 철근의 순간격은 굵은골재 최대치수의 (   )배 이상, (   )mm 이상, 이형철근 공칭직경의 1배 이상으로 한다.

8. 다음이 설명하는 구조의 명칭을 쓰시오.

득점	배점
	2

건축물의 기초 부분 등에 적층고무 또는 미끄럼받이 등을 넣어서 지진에 대한 건축물의 흔들림을 감소시키는 구조

9. 콘크리트 펌프에서 실린더의 안지름 18cm, 스트로크 길이 1m, 스트로크수 24회/분, 효율 90% 조건으로 $7m^3$의 콘크리트를 타설할 때 펌프의 작업시간(분)을 구하시오.

득점	배점
	3

10. 주어진 색에 알맞은 콘크리트용 착색제를 보기에서 골라 번호로 쓰시오.

득점	배점
	4

보기

① 카본블랙 ② 군청 ③ 크롬산바륨
④ 산화크롬 ⑤ 산화제2철 ⑥ 이산화망간

(1) 초록색 - (　　) (2) 빨강색 - (　　) (3) 노랑색 - (　　) (4) 갈색 - (　　)

11. 한중콘크리트에 관한 내용 중 (　)을 적당히 채우시오.

득점	배점
	4

(1) 한중콘크리트의 배합은 소정의 설계기준강도가 소정의 재령에서 얻어지고, 초기동해의 방지에 필요한 압축강도 (　　)MPa이 초기 양생기간 내에 얻어지도록 정한다.
(2) 물시멘트비(W/C)는 (　　)% 이하로 하고, 단위수량은 콘크리트의 소요성능이 얻어지는 범위 내에서 될 수 있는 한 적게 한다.

12. 폴리머시멘트콘크리트의 특성을 보통시멘트콘크리트와 비교하여 4가지 서술하시오.

득점	배점
	4

① ②

③ ④

13. 강구조공사 습식 내화피복 공법의 종류를 3가지 쓰시오.

득점	배점
	3

① ② ③

14. 목재면 바니쉬칠 공정의 작업순서를 기호로 쓰시오.

득점	배점
	3

(1) 색올림 (2) 왁스 문지름 (3) 바탕처리 (4) 눈먹임

15. 다음 그림을 보고 물음에 답하시오.

득점	배점
	5

보기

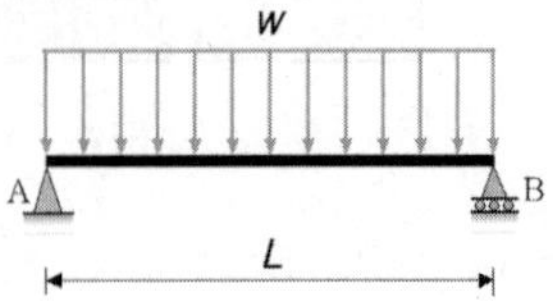

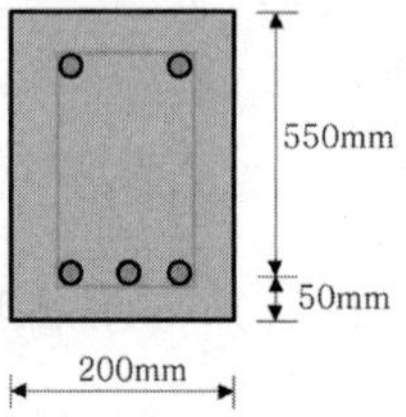

- $w = 5\text{kN/m}$ (자중 포함)
- 경간(Span): 12m
- $f_{ck} = 24\text{MPa}$, $f_y = 400\text{MPa}$
- 보통중량콘크리트사용

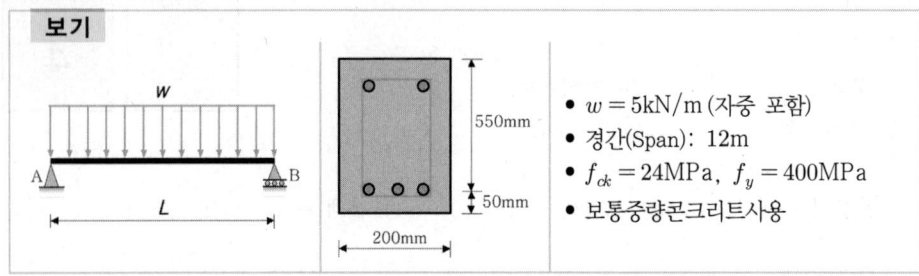

(1) 최대휨모멘트를 구하시오.

(2) 균열모멘트를 구하고 균열발생 여부를 판정하시오.

16. 철골부재 용접과 관련된 다음 용어를 설명하시오.

득점	배점
	4

(1) 스캘럽(Scallop):

(2) 엔드탭(End Tab):

17. 금속재 바탕처리법 중 화학적 방법 3가지를 쓰시오.

득점	배점
	3

①

②

③

18. 트럭 적재한도의 중량이 6t일 때 비중 0.8, 부피 30,000(才)의 목재 운반 트럭 대수를 구하시오. (단, 6t 트럭의 적재가능 중량은 6t, 부피는 9.5m^3, 최종답은 정수로 표기하시오.)

득점	배점
	4

19. 건축공사 벽체 단열공법의 종류를 3가지 쓰시오.

득점	배점
	3

① ② ③

20. 주어진 자료(DATA)에 의하여 다음 물음에 답하시오.

득점	배점
	10

작업명	선행작업	표준(Normal)		급속(Crash)		비 고
		공기(일)	공비(원)	공기(일)	공비(원)	
A	없음	5	170,000	4	210,000	결합점에서의 일정은 다음과 같이 표시하고, 주공정선은 굵은선으로 표시한다. 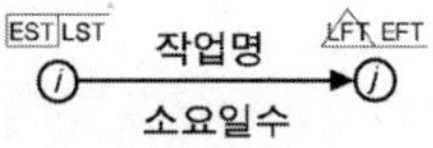
B	없음	18	300,000	13	450,000	
C	없음	16	320,000	12	480,000	
D	A	8	200,000	6	260,000	
E	A	7	110,000	6	140,000	
F	A	6	120,000	4	200,000	
G	D,E,F	7	150,000	5	220,000	

(1) 표준(Normal) Network를 작성하시오.

(2) 표준공기 시 총공사비를 산출하시오.

(3) 4일 공기단축된 총공사비를 산출하시오.

21. 건축공사표준시방서에서 정의하는 방수공사의 표기법에서 최초의 문자는 방수층의 종류에 따라 달라지는데 다음 대문자 알파벳이 나타내는 의미를 쓰시오.

득점	배점
	4

(1) A: ______________________ (2) M: ______________________

(3) S: ______________________ (4) L: ______________________

22. 금속커튼월의 성능시험관련 실물모형시험(Mock-Up Test)의 시험항목을 4가지 쓰시오.

득점	배점
	4

① ______________________ ② ______________________

③ ______________________ ④ ______________________

23. 통합공정관리(EVMS: Earned Value Management System) 용어를 설명한 것 중 맞는 것을 보기에서 선택하여 번호로 쓰시오.

득점	배점
	3

보기

① 프로젝트의 모든 작업내용을 계층적으로 분류한 것으로 가계도와 유사한 형성을 나타낸다.
② 성과측정시점까지 투입예정된 공사비
③ 공사착수일로부터 추정준공일까지의 실투입비에 대한 추정치
④ 성과측정시점까지 지급된 공사비(BCWP)에서 성과측정시점까지 투입예정된 공사비를 제외한 비용
⑤ 성과측정시점까지 실제로 투입된 금액
⑥ 성과측정시점까지 지급된 공사비(BCWP)에서 성과측정시점까지 실제로 투입된 금액을 제외한 비용
⑦ 공정·공사비 통합 성과측정 분석의 기본단위

(1) CA(Control Account): ______________________

(2) CV(Cost Variance): ______________________

(3) ACWP(Actual Cost for Work Performed): ______________________

24. 다음 그림을 보고 물음에 답하시오. (단, 축하중 $P=1,000$kN)

득점	배점
	3

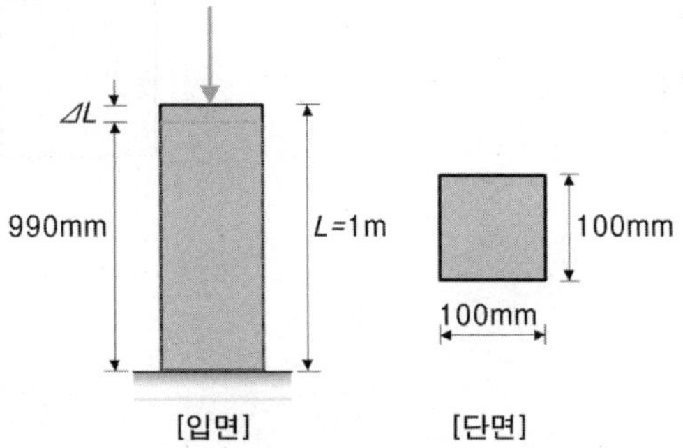

(1) 압축응력:

(2) 길이방향 변형률:

(3) 탄성계수:

25. H형강을 사용한 그림과 같은 단순지지 철골보의 최대 처짐(mm)을 구하시오. (단, 철골보의 자중은 무시한다.)

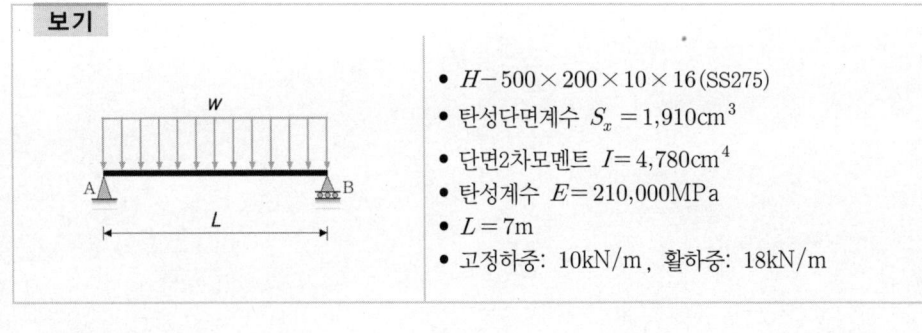

득점	배점
	3

보기

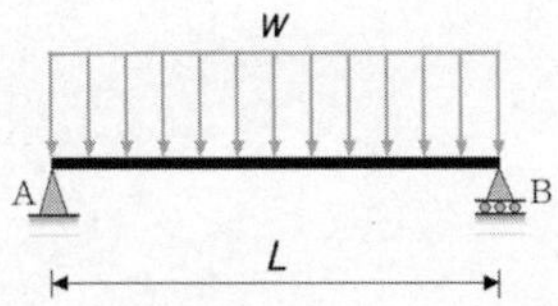

- $H-500\times200\times10\times16$(SS275)
- 탄성단면계수 $S_x=1,910\text{cm}^3$
- 단면2차모멘트 $I=4,780\text{cm}^4$
- 탄성계수 $E=210,000$MPa
- $L=7$m
- 고정하중: 10kN/m, 활하중: 18kN/m

26. 히스토그램(Histogram)의 작성순서를 보기에서 골라 번호 순서대로 쓰시오.

득점	배점
	3

① 히스토그램을 규격값과 대조하여 안정상태인지 검토한다.
② 히스토그램을 작성한다.
③ 도수분포도를 작성한다.
④ 데이터에서 최소값과 최대값을 구하여 범위를 구한다.
⑤ 구간폭을 정한다.
⑥ 데이터를 수집한다.

---

27. 그림과 같은 구조물에서 T부재에 발생하는 부재력을 구하시오.
(단, 인장은 +, 압축은 -로 표시한다.)

득점	배점
	3

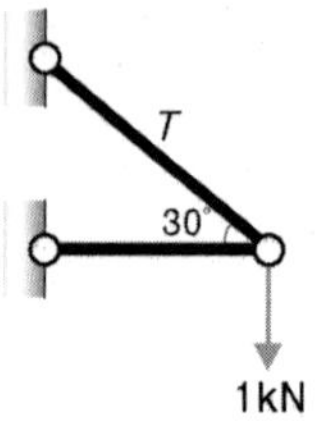

총점

2016. 2회 건축기사 해답

1.

6, 6

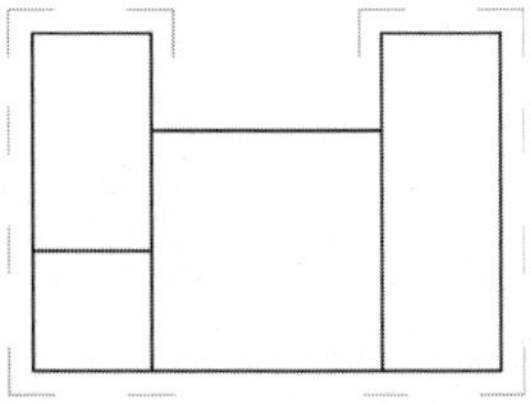

2.

지연줄눈(Delay Joint)

3.

① 1층 슬래브가 먼저 타설되어 작업공간으로 활용가능

② 지상과 지하의 동시 시공으로 공기단축이 용이

③ 날씨와 무관하게 공사진행이 가능

④ 주변 지반에 대한 영향이 없음

4.

(1) $Q=\dfrac{60\times 0.6\times 0.7\times 0.9}{15}=1.512$

(2) $\dfrac{2,000}{1.512\times 2\text{대}}=661.376 \Rightarrow 661.38\text{hr}$

5.

① 치환공법 ② 고결공법

① 연약층의 흙을 양질의 흙으로 교체하는 방법

6.

(1) 거푸집을 연속으로 이동시키면서 콘크리트 타설을 하므로 시공이음 없는 균일한 시공이 가능한 거푸집

(2) 한 구획 전체의 벽판과 바닥판을 ㄱ자형 또는 ㄷ자형으로 짜는 거푸집

7.

$\dfrac{4}{3}$, 25

8.
면진구조

9.
(1) $\frac{\pi \times (0.18)^2}{4} \times 1 \times 24 \times 0.9 = 0.549\text{m}^3/\text{분}$

(2) $\frac{7}{0.549} = 12.75\text{분}$

10.
(1) ④ (2) ⑤ (3) ③ (4) ⑥

11.
5, 60

12.
① 시공연도 향상 ② 단위수량 감소 ③ 블리딩 및 재료분리 감소 ④ 건조수축 및 탄성계수 감소

13.
① 타설 공법 ② 뿜칠 공법 ③ 미장 공법

14.
(3) ➡ (4) ➡ (1) ➡ (2)

15.
(1) $M_{\max} = \frac{wL^2}{8} = \frac{(5)(12)^2}{8} = 90\text{kN} \cdot \text{m}$

(2) $M_{cr} = 0.63\lambda\sqrt{f_{ck}} \cdot \frac{bh^2}{6} = 0.63(1.0)\sqrt{(24)} \cdot \frac{(200)(600)^2}{6} = 37{,}036{,}284\text{N} \cdot \text{mm} = 37.036\text{kN} \cdot \text{m}$

$M_{\max} > M_{cr}$ 이므로 균열이 발생됨

16.
(1) 용접 시 이음 및 접합부위의 용접선이 교차되어 재용접된 부위가 열영향을 받아 취약해지기 때문에 모재에 부채꼴 모양의 모따기를 한 것
(2) 블로홀(Blow Hole), 크레이터(Crater) 등의 용접결함이 생기기 쉬운 용접 비드(Bead)의 시작과 끝 지점에 용접을 하기 위해 용접접합하는 모재의 양단에 부착하는 보조강판

17.

① 용제에 의한 방법 ② 산처리법 ③ 인산피막법

18.

(1) 목재 전체의 체적: 목재 300才를 $1m^3$으로 계산하므로 $30,000 \div 300 = 100m^3$

(2) 목재 전체의 중량: $100m^3 \times 0.8t/m^3 = 80t$

(3) 6t 트럭 1대 적재량:

① $9.5m^3 \times 0.8t/m^3 = 7.6t \Rightarrow$ N.G

② 6t 트럭의 적재가능 중량은 6t을 적용

∴ $80t \div 6t = 13.333$대 ➠ 14대

19.

① 내단열 ② 중단열 ③ 외단열

20.

(1) 표준(Normal) Network

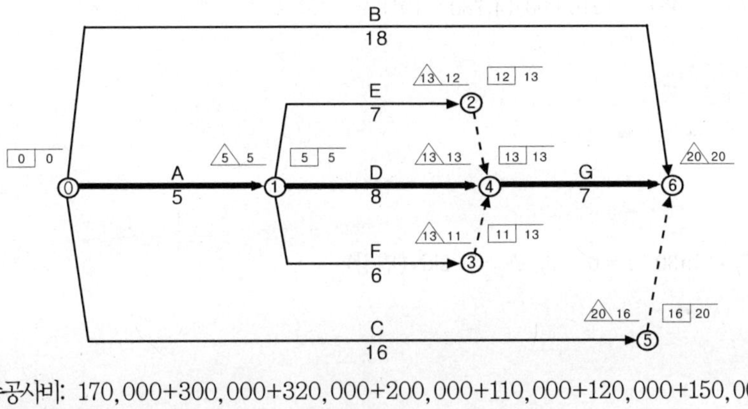

(2) 표준공기 시 총공사비: 170,000+300,000+320,000+200,000+110,000+120,000+150,000=1,370,000원

(3) 4일 공기단축된 총공사비 = 20일 표준공사비 + 4일 단축시 추가공사비 = 1,370,000+200,000 = 1,570,000원

	단축대상	추가비용
19일	D	30,000
18일	G	35,000
17일	B+G	65,000
16일	A+B	70,000

21.

(1) A: Asphalt - 아스팔트 방수층

(2) M: Modified Asphalt - 개량아스팔트 방수층

(3) S: Sheet - 합성고분자 시트 방수층

(4) L: Liquid - 도막 방수층

22.

① 기밀성능 시험 ② 수밀성능 시험 ③ 구조성능 시험 ④ 영구변형 시험

23.

(1) ⑦ (2) ⑥ (3) ⑤

24.

(1) $\sigma_c = \frac{P}{A} = \frac{(1{,}000\times10^3)}{(100\times100)} = 100\mathrm{N/mm^2} = 100\mathrm{MPa}$

(2) $\epsilon = \frac{\Delta L}{L} = \frac{(10)}{(1\times10^3)} = 0.01$

(3) $E = \frac{\sigma}{\epsilon} = \frac{(100)}{(0.01)} = 10{,}000\mathrm{MPa}$

25.

(1) $w = 1.0w_D + 1.0w_L = 1.0(10) + 1.0(18) = 28\mathrm{kN/m} = 28\mathrm{N/mm}$

(2) $\delta_{\max} = \frac{5}{384}\cdot\frac{wL^4}{EI} = \frac{5}{384}\cdot\frac{(28)(7\times10^3)^4}{(210{,}000)(4{,}780\times10^4)} = 87.21\mathrm{mm}$

26.

⑥ ➡ ④ ➡ ⑤ ➡ ③ ➡ ② ➡ ①

27.

$\Sigma V = 0$: $-(1) + (F_T \cdot \sin30^\circ) = 0$ $\therefore$ $F_T = +2\mathrm{kN}$(인장)

2016. 4회 건축기사

1. 목공사에서 활용되는 이음, 맞춤에 대해 설명하시오.

(1) 이음:

(2) 맞춤:

득점	배점
	2

2. 타일의 탈락 원인에 대해 4가지를 쓰시오.(4점)

① ②

③ ④

득점	배점
	4

3. 금속재료의 녹을 방지하는 방청도장 재료의 종류를 2가지 쓰시오.

① ②

득점	배점
	2

4. 목공사 마무리 중 모접기의 종류를 3가지 쓰시오.

① ② ③

득점	배점
	3

5. 제자리콘크리트 말뚝시공 종류명을 3가지 쓰시오.

① ② ③

득점	배점
	3

6. 기준점(Bench Mark)을 설명하시오.

득점	배점
	3

7. 다음 용어를 설명하시오.

득점	배점
	6

(1) 거셋플레이트(Gusset Plate):

(2) 데크플레이트(Deck Plate):

(3) 강재앵커(Shear Connector):

8. 천장이나 벽체에 주로 사용되는 일반 석고보드의 장단점을 2가지씩 쓰시오.

득점	배점
	4

(1) 장점

①

②

(2) 단점

①

②

9. 조적공사 세로규준틀에 기입해야 할 사항을 4가지 쓰시오.

득점	배점
	4

① ②

③ ④

10. 다음 용어를 설명하시오.

득점	배점
	4

(1) BOT(Build-Operate-Transfer)

(2) 파트너링(Partnering) 계약방식

11. 혼합시멘트 중 플라이애시 시멘트의 특징을 3가지 쓰시오.

득점	배점
	3

①

②

③

12. 시멘트 주요 화합물을 4가지 쓰고, 그 중 28일 이후 장기강도에 관여하는 화합물을 쓰시오.

득점	배점
	5

(1) 주요 화합물

① ②

③ ④

(2) 콘크리트 28일 이후의 장기강도에 관여하는 화합물: ____________

13. 콘크리트 타설시 현장 가수로 인한 문제점을 3가지 쓰시오.

득점	배점
	3

①

②

③

14. 다음 콘크리트의 균열보수법에 대하여 설명하시오.

득점	배점
	4

(1) 표면처리법:

(2) 주입공법:

15. 목재의 섬유포화점을 설명하고, 함수율 증가에 따른 목재의 강도 변화에 대하여 설명하시오.

득점	배점
	3

16. 용접부의 검사항목이다. 보기에서 골라 알맞은 공정에 해당번호를 써 넣으시오.

득점	배점
	3

보기

① 아크 전압　　② 용접 속도　　③ 청소 상태
④ 홈 각도, 간격 및 치수　　⑤ 부재의 밀착　　⑥ 필릿의 크기
⑦ 균열, 언더컷 유무　　⑧ 밑면 따내기

(1) 용접 착수 전: ______　　(2) 용접 작업 중: ______
(3) 용접 완료 후: ______

17. 지반조사 방법 중 보링(Boring)의 종류를 3가지 쓰시오.

득점	배점
	3

① ______　② ______　③ ______

18. 다음 조건으로 요구하는 산출량을 구하시오. (단, $L=1.3$, $C=0.9$)

득점	배점
	9

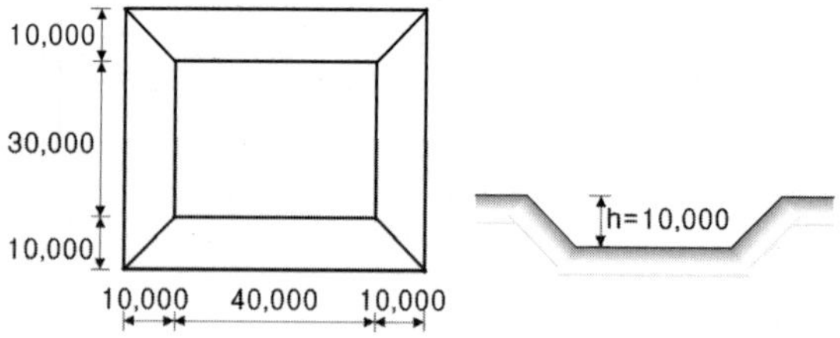

(1) 터파기량을 산출하시오.

(2) 운반대수를 산출하시오. (운반대수는 1대, 적재량은 $12m^3$)

(3) $5{,}000m^2$의 면적을 가진 성토장에 성토하여 다짐할 때 표고는 몇 m인지 구하시오. (비탈면은 수직으로 가정한다.)

19. 슬러리월(Slurry wall) 공법에 대한 정의를 설명한 것이다. 다음 빈칸을 채우시오.

득점	배점
	3

> 특수 굴착기와 공벽붕괴방지용 (①)을(를) 이용, 지중굴착하여 여기에 (②)을(를) 세우고 (③)을(를) 타설하여 연속적으로 벽체를 형성하는 공법이다. 타 흙막이벽에 비하여 차수효과가 높으며 역타공법 적용 시 또는 인접 건축물에 피해가 예상될 때 적용하는 저소음, 저진동 공법이다.

① ② ③

20. 목재에 가능한 방부처리법을 3가지 쓰시오.

득점	배점
	3

① ② ③

21. 철골공사 고장력볼트의 마찰접합 및 인장접합에서는 설계볼트장력 및 표준볼트장력과 미끄럼계수의 확보가 반드시 보장되어야 한다. 이에 대한 방법을 서술하시오.

득점	배점
	4

(1) 설계볼트장력:

(2) 미끄럼계수의 확보를 위한 마찰면 처리:

22. 휨부재의 공칭강도에서 최외단 인장철근의 순인장변형률 $\epsilon_t = 0.004$일 경우 강도감소계수 ϕ를 구하시오.

득점	배점
	3

23. 다음과 같은 조건을 갖는 철근콘크리트 보의 총처짐(mm)을 구하시오.

득점	배점
	3

- 즉시처짐 20mm
- 지속하중에 따른 시간경과계수: $\xi = 2.0$
- 단면: $b \times d = 400\text{mm} \times 500\text{mm}$
- 압축철근량 $A_s{}' = 1{,}000\text{mm}^2$

24. 그림과 같은 단순보의 최대 전단응력을 구하시오.

득점	배점
	3

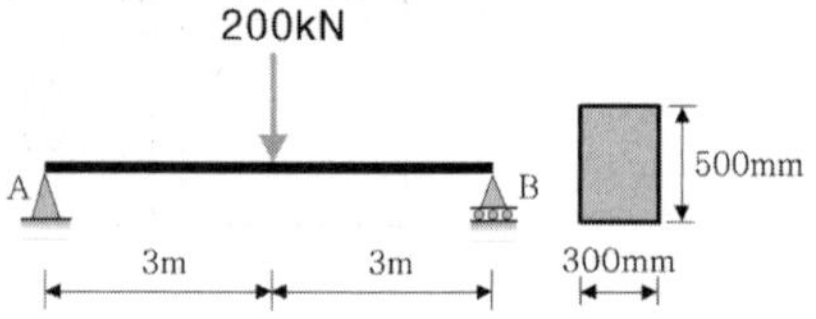

25. 그림과 같은 라멘구조의 A지점 반력을 구하시오. (단, 반력의 방향을 화살표로 반드시 표현하시오.)

득점	배점
	3

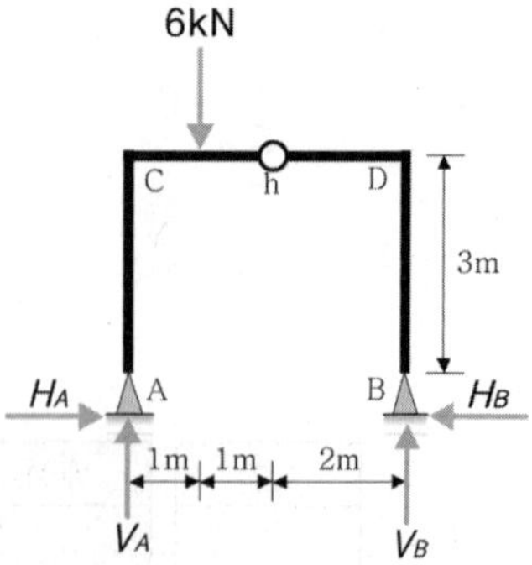

26. 다음 데이터를 이용하여 정상공기를 산출한 결과 지정공기보다 3일이 지연되는 결과 이었다. 공기를 조정하여 3일의 공기를 단축한 네트워크 공정표를 작성하고 아울러 총공사금액을 산출하시오.

득점	배점
	10

작업명	선행 작업	정상(Normal)		특급(Crash)		비고
		공기(일)	공비(원)	공기(일)	공비(원)	
A	없음	3	7,000	3	7,000	단축된 공정표에서 CP는 굵은선으로 표시하고, 결합점에서는 다음과 같이 표시한다. 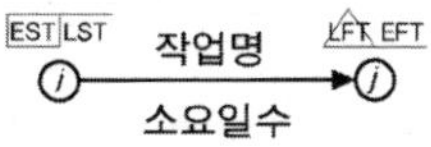
B	A	5	5,000	3	7,000	
C	A	6	9,000	4	12,000	
D	A	7	6,000	4	15,000	
E	B	4	8,000	3	8,500	
F	B	10	15,000	6	19,000	
G	C, E	8	6,000	5	12,000	
H	D	9	10,000	7	18,000	
I	F, G, H	2	3,000	2	3,000	

(1) 3일 공기단축한 공정표

(2) 총공사금액

총점

2016. 4회 건축기사 해답

1.

(1) 이음: 길이를 늘이기 위하여 길이방향으로 접합하는 것

(2) 맞춤: 경사지거나 직각으로 만나는 부재 사이에서 양 부재를 가공하여 끼워 맞추는 접합

2.

① 붙임모르타르의 접착강도 부족 ② 붙임시간(Open Time)의 불이행

③ 바탕재와 타일의 신축 및 변형도 차이 ④ 붙임 후 양생 및 경화 불량

3.

① 광명단 조합 페인트 ② 크롬산아연 방청 페인트

4.

① 실모 ② 둥근모 ③ 민빗모

5.

① 컴프레솔(Compressol) ② 프랭키(Franky) ③ 페데스탈(Pedestal)

6.

건축물 시공 시 공사 중 높이의 기준을 정하고자 설치하는 원점

7.

(1) 트러스의 부재, 스트럿 또는 가새재를 보 또는 기둥에 연결하는 판요소

(2) 구조용 강판을 절곡하여 제작하며, 바닥콘크리트 타설을 위한 슬래브 하부 거푸집판

(3) 합성부재의 두 가지 다른 재료 사이의 전단력을 전달하도록 강재에 용접되고 콘크리트 속에 매입된 스터드앵커(Stud Anchor)와 같은 강재

8.

(1) ① 방화성능, 단열성능 우수

② 시공성 용이, 공기단축 가능

(2) ① 습기에 취약하여 지하공사나 덕트 주위에 사용 금지

② 시공시 온도 및 습도변화에 민감하여 동절기 사용이 곤란

9.

① 쌓기단수 및 줄눈 표시 ② 창문틀의 위치 및 치수 표시

③ 앵커볼트 및 매립철물 위치표시 ④ 인방보 및 테두리보의 설치위치

10.

(1) 사회간접시설을 민간부분이 주도하여 설계·시공한 후 일정기간 시설물을 운영하여 투자금액을 회수한 후 시설물과 운영권을 무상으로 공공부분에 이전하는 방식

(2) 발주자가 직접 설계·시공에 참여하고 사업관련자들이 상호신뢰를 바탕으로 팀(Team)을 구성하여 사업성공과 상호 이익확보를 목표로 사업을 집행관리하는 방식

11.

① 시공연도 개선　② 초기강도 감소, 장기강도 증진　③ 화학적 저항성 증진

12.

(1) ① C_2S(규산2석회)　② C_3S(규산3석회)　③ C_3A(알루민산3석회)　④ C_4AF(알루민산철4석회)

(2) C_2S(규산2석회)

13.

① 콘크리트 강도저하　② 내구성, 수밀성 저하　③ 재료분리 및 블리딩 현상 증가

14.

(1) 0.2mm 이하의 미세한 균열 표면에 수지계 또는 시멘트계의 재료를 주입하여 피막층을 만드는 방법

(2) 균열폭 0.2mm 이상의 경우에 주입용 파이프(Pipe)를 10~30cm 간격으로 설치하고 저점도의 에폭시(Epoxy) 수지로 충전하는 방법

15.

목재의 함수율이 30% 정도일 때를 말하며, 섬유포화점 이상에서는 강도가 일정하지만 이하가 되면 강도가 급속도로 증가한다.

16.

(1) ③, ④, ⑤　(2) ①, ②, ⑧　(3) ⑥, ⑦

17.

① 오거 보링　② 수세식 보링　③ 회전식 보링

18.

(1) $V=\frac{10}{6}[(2\times60+40)\times50+(2\times40+60)\times30]=20{,}333.333$ ➠ $20{,}333.33\text{m}^3$

(2) $\frac{20{,}333.33\times1.3}{12}=2{,}202.777$ ➠ 2,203대

(3) $\frac{20{,}333.33\times0.9}{5{,}000}=3.659$ ➠ 3.66m

19.
① 안정액(Bentonite) ② 철근망 ③ 콘크리트

20.
① 도포법 ② 주입법 ③ 침지법

21.
(1) 설계볼트장력은 고장력볼트 설계미끄럼강도를 구하기 위한 값이며, 현장시공에서의 표준볼트장력은 설계볼트장력에 10%를 할증한 값으로 한다.
(2) 구멍을 중심으로 지름의 2배 이상 범위의 흑피를 숏블라스트(Shot Blast) 또는 샌드블라스트(Sand Blast)로 제거한 후 도료, 기름, 오물 등이 없도록 하며, 들뜬 녹은 와이어 브러쉬로 제거한다.

22.
$\phi = 0.65 + [(0.004) - 0.002] \times \dfrac{200}{3} = 0.783$

23.
총처짐=탄성처짐+탄성처짐 $\times \dfrac{\xi}{1+50\rho'} = 20 + 20 \times \dfrac{(2.0)}{1+50\left(\dfrac{1{,}000}{400 \times 500}\right)} = 52\text{mm}$

24.
(1) $V_{\max} = V_A = V_B = +\dfrac{P}{2} = +\dfrac{(200)}{2} = 100\text{kN}$
(2) $\tau_{\max} = \left(\dfrac{3}{2}\right) \cdot \dfrac{(100 \times 10^3)}{(300 \times 500)} = 1\text{N/mm}^2 = 1\text{MPa}$

25.
(1) $\Sigma H = 0$: $+(H_A) + (H_B) = 0$
(2) $\Sigma M_B = 0$: $+(V_A)(4) - (6)(3) = 0$ $\therefore V_A = +4.5\text{kN}(\uparrow)$
(3) $M_{h,Left} = 0$: $+(V_A)(2) - (H_A)(3) - (6)(1) = 0$ $\therefore H_A = +1\text{kN}(\rightarrow)$
(4) $R_A = \sqrt{V_A^2 + H_A^2} = \sqrt{(4.5^2) + (1)^2} = 4.61\text{kN}(\nearrow)$

26.

(1)

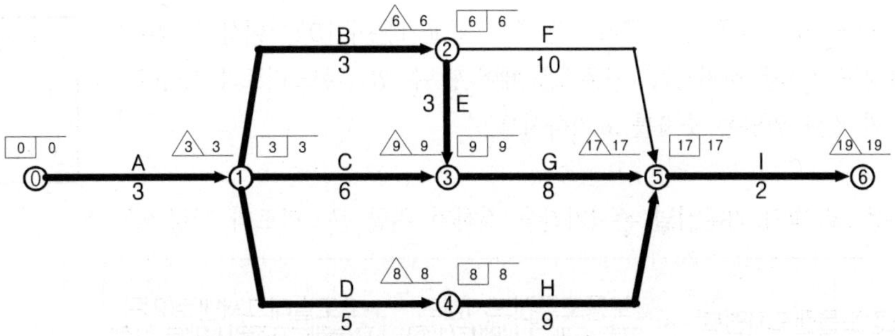

(2) 22일 표준공사비 + 3일 단축 시 추가공사비 = 69,000+8,500=77,500원

	단축대상	추가비용
21일	E	500
20일	B+D	4,000
19일	B+D	4,000

2017. 1회 건축기사

1. 건축공사표준시방서에 따른 거푸집널 존치기간 중의 평균기온이 10℃ 이상인 경우에 콘크리트의 압축강도 시험을 하지 않고 거푸집을 떼어 낼 수 있는 콘크리트의 재령(일)을 나타낸 표이다. 빈 칸에 알맞은 숫자를 표기하시오.

득점	배점
	4

〈기초, 보옆, 기둥 및 벽의 거푸집널 존치기간을 정하기 위한 콘크리트의 재령(일)〉

시멘트 종류 / 평균 기온	조강포틀랜드시멘트	보통포틀랜드시멘트 고로슬래그시멘트(1종)	고로슬래그시멘트(2종) 포틀랜드포졸란시멘트 (2종)
20℃ 이상	①	②	③
20℃ 미만 10℃ 이상	④	⑤	⑥

① ② ③ ④ ⑤ ⑥

2. 철근콘크리트 공사에서 헛응결(False Set)에 대하여 기술하시오.

득점	배점
	4

3. 커튼월 조립방식에 의한 분류에서 각 설명에 해당하는 방식을 번호로 쓰시오.

득점	배점
	3

보기

① Stick Wall 방식 ② Window Wall 방식 ③ Unit Wall 방식

(1) 구성 부재 모두가 공장에서 조립된 프리패브(Pre-Fab) 형식으로 창호와 유리, 패널의 일괄발주 방식으로, 이 방식은 업체의 의존도가 높아서 현장상황에 융통성을 발휘하기가 어려움

(2) 구성 부재를 현장에서 조립 · 연결하여 창틀이 구성되는 형식으로 유리는 현장에서 주로 끼우며, 현장 적응력이 우수하여 공기조절이 가능

(3) 창호와 유리, 패널의 개별발주 방식으로 창호 주변이 패널로 구성됨으로써 창호의 구조가 패널 트러스에 연결할 수 있어서 재료의 사용 효율이 높아 비교적 경제적인 시스템 구성이 가능한 방식

(1) (2) (3)

4. 다음 데이터를 네트워크공정표로 작성하시오.

득점	배점
	8

작업명	작업일수	선행작업	비고
A	5	없음	(1) 결합점에서는 다음과 같이 표시한다. 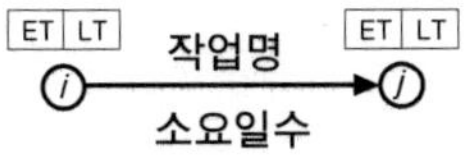 (2) 주공정선은 굵은선으로 표시한다.
B	2	없음	
C	4	없음	
D	5	A, B, C	
E	3	A, B, C	
F	2	A, B, C	
G	2	D, E	
H	5	D, E, F	
I	4	D, F	

5. 강구조의 맞댐용접, 필릿용접을 개략적으로 도시하고 설명하시오.

득점	배점
	6

맞댐용접	필릿용접

6. 다음 조건에서 콘크리트 $1m^3$를 생산하는데 필요한 시멘트, 모래, 자갈의 중량을 산출하시오.

득점	배점
	6

① 단위수량 : $160kg/m^3$	② 물시멘트비 : 50%	③ 잔골재율 : 40%
④ 시멘트 비중 : 3.15	⑤ 잔골재 비중 : 2.6	⑥ 굵은골재 비중 : 2.6
⑦ 공기량 : 1%		

(1) 단위시멘트량:

(2) 시멘트의 체적:

(3) 물의 체적:

(4) 전체 골재의 체적:

(5) 잔골재의 체적:

(6) 잔골재량:

(7) 굵은골재량:

7. 지하실 바깥방수 시공순서를 번호로 쓰시오.

득점	배점
	4

① 밑창(버림)콘크리트	② 잡석다짐	③ 바닥콘크리트
④ 보호누름 벽돌쌓기	⑤ 외벽콘크리트	⑥ 외벽방수
⑦ 되메우기	⑧ 바닥방수층 시공	

8. 기준점(Bench Mark) 설치 시 주의사항을 2가지 쓰시오.

득점	배점
	4

①

②

9. 비산먼지 발생 억제를 위한 방진시설을 설치할 때 야적(분체상 물질을 야적하는 경우에 한함) 시 조치사항 3가지를 쓰시오.

득점	배점
	3

①

②

③

10. PERT 기법에 의한 기대시간(Expected Time)을 구하시오.

득점	배점
	4

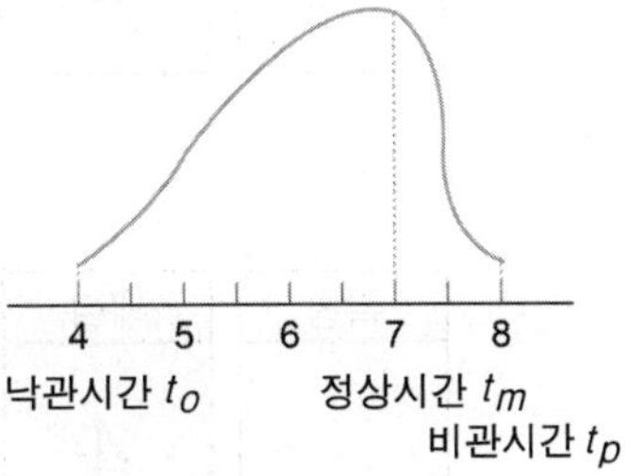

11. 보기에 주어진 강구조공사에서의 용접결함 종류 중 과대전류에 의한 결함을 모두 골라 기호로 적으시오.

득점	배점
	3

보기

① 슬래그 감싸들기	② 언더컷	③ 오버랩
④ 블로홀	⑤ 크랙	⑥ 피트
⑦ 용입부족	⑧ 크레이터	⑨ 피쉬아이

12. 철근콘크리트구조 휨부재에서 압축철근의 역할과 특징을 3가지 쓰시오.

득점	배점
	3

① ② ③

13. 다음 [보기]가 설명하는 명칭을 쓰시오.

득점	배점
	3

보기

철근콘크리트 슬래브와 강재 보의 전단력을 전달하도록 강재에 용접되고 콘크리트 속에 매입된 시어커넥터(Shear Connector)에 사용되는 것

14. 콘크리트 구조물의 균열발생 시 균열의 보수와 보강이 있는데, 구조보강법의 종류를 3가지 쓰시오.

득점	배점
	3

① ② ③

15. AE제에 의해 생성된 Entrained Air의 목적을 4가지를 쓰시오.

득점	배점
	4

① ②

③ ④

16. 흙막이벽에 발생하는 히빙(Heaving) 파괴 방지대책을 3가지 쓰시오.

득점	배점
	3

①

②

③

17. 품질관리 도구 중 특성요인도(Characteristics Diagram)에 대해 설명하시오.

득점	배점
	3

18. BOT(Build-Operate-Transfer) 방식을 설명하시오.

득점	배점
	3

19. 다음이 설명하는 콘크리트의 종류를 쓰시오.

득점	배점
	3

(1) 콘크리트 제작 시 골재는 전혀 사용하지 않고 물, 시멘트, 발포제만으로 만든 경량콘크리트
(2) 콘크리트 타설후 Mat, Vacuum Pump 등을 이용하여 콘크리트 속에 잔류해 있는 잉여수 및 기포 등을 제거함을 목적으로 하는 콘크리트
(3) 거푸집 안에 미리 굵은골재를 채워 넣은 후 그 공극 속으로 특수한 모르타르를 주입하여 만든 콘크리트

(1) (2) (3)

20. 다음 보기는 건축공사표준시방서의 규정이다. 빈칸에 들어갈 알맞은 수치를 쓰시오.

득점	배점
	4

보기

터파기 공사에서 모래로 되메우기할 경우 충분한 물다짐을 실시하고, 흙 되메우기 시 일반 흙으로 되메우기 할 경우 ((1)) 마다 다짐밀도 ((2)) 이상으로 다진다.

(1) (2)

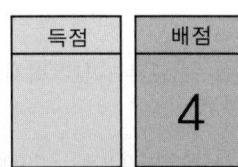

21. WBS(Work Breakdown Structure)의 용어를 간단하게 기술하시오.

득점	배점
	3

22. 단순 인장접합부의 강도한계상태에 따른 고장력볼트의 설계전단강도를 구하시오.
(단, 강재의 재질은 SS275, 고장력볼트 F10T−M22, 공칭전단강도 $F_{nv} = 450\text{N/mm}^2$)

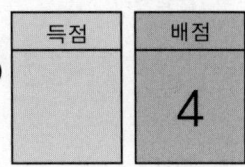

득점	배점
	4

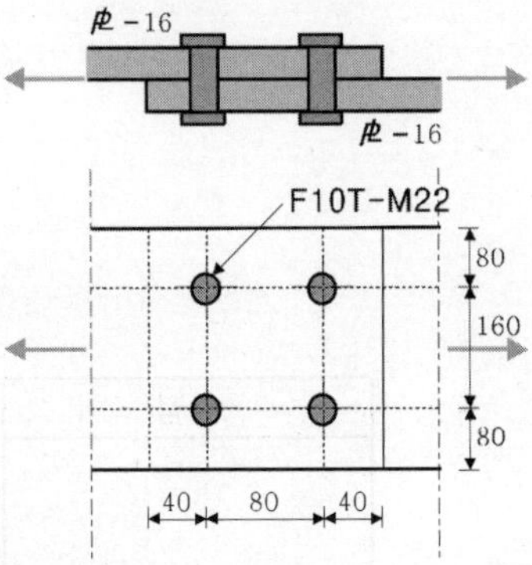

23. $f_{ck}=30\text{MPa}$, $f_y=400\text{MPa}$, D22(공칭지름 22.2mm) 인장이형철근의 기본정착길이를 구하시오. (단, 경량콘크리트계수 $\lambda=1$)

득점	배점
	3

24. 벽돌쌓기 방식 중 영식쌓기의 구조적 특성을 간단히 설명하시오.

득점	배점
	4

25. 철근콘크리트 벽체의 설계축하중(ϕP_{nw})을 계산하시오.

- 유효벽길이 $b_e=2{,}000\text{mm}$, 벽두께 $h=200\text{mm}$, 벽높이 $l_c=3{,}200\text{mm}$
- $0.55\phi \cdot f_{ck} \cdot A_g \cdot \left[1-\left(\dfrac{k \cdot l_c}{32h}\right)^2\right]$식을 적용하고, $\phi=0.65$, $k=0.8$, $f_{ck}=24\text{MPa}$, $f_y=400\text{MPa}$을 적용한다.

득점	배점
	4

26. $H-400\times200\times8\times13$(필릿반지름 $r=16\text{mm}$) 형강의 플랜지와 웨브의 판폭두께비를 구하시오.

(1) 플랜지:

(2) 웨브:

득점	배점
	4

총점

1.

① 2　② 4　③ 5　④ 3　⑤ 6　⑥ 8

2.

시멘트에 물을 주입하면 10~20분 정도에 굳어졌다가 다시 묽어지고 이후 순조롭게 경화되는 현상

3.

(1) ③　(2) ①　(3) ②

4.

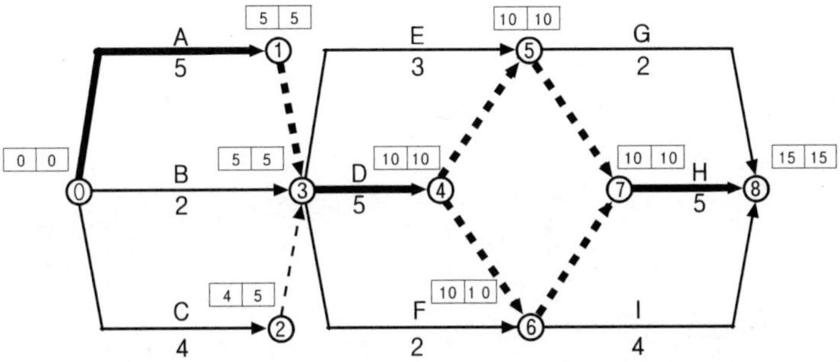

5.

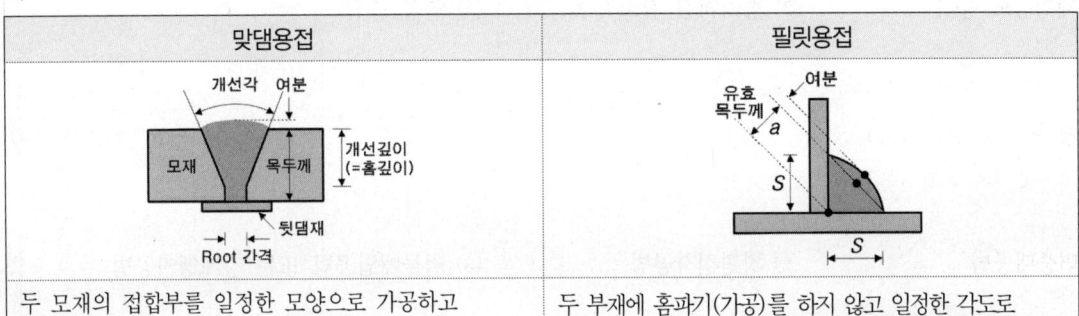

맞댐용접	필릿용접
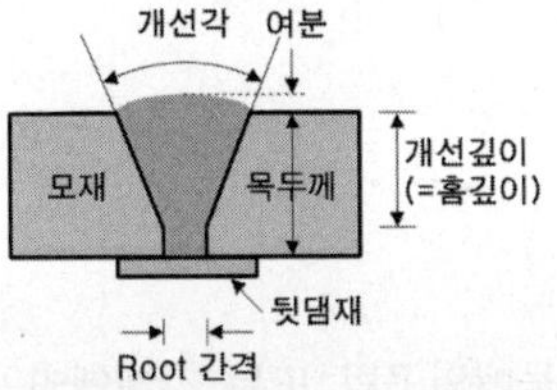	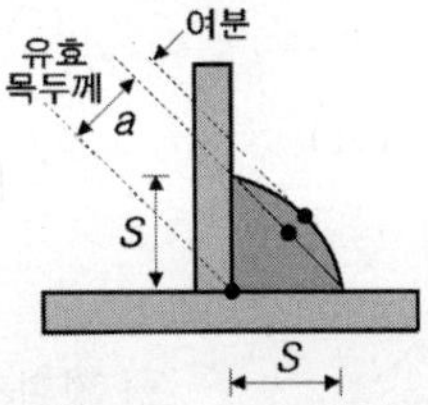
두 모재의 접합부를 일정한 모양으로 가공하고 그 속에 용착금속을 채워 넣어 용접하는 방법	두 부재에 홈파기(가공)를 하지 않고 일정한 각도로 접합한 후 삼각형 모양으로 접합부를 용접하는 방법

6.

(1) $160 \div 0.50 = 320\text{kg/m}^3$　(2) $\dfrac{320\text{kg}}{3.15 \times 1{,}000l} = 0.102\text{m}^3$　(3) $\dfrac{160\text{kg}}{1 \times 1{,}000l} = 0.16\text{m}^3$

(4) 1m^3 −(시멘트의 체적+물의 체적+공기량의 체적) $= 1 - (0.102 + 0.16 + 0.01) = 0.728\text{m}^3$

(5) 전체 골재의 체적×잔골재율 $= 0.728 \times 0.4 = 0.291\text{m}^3$

(6) $0.291 \times 2.6 \times 1{,}000 = 756.6\text{kg}$

(7) $0.728 \times 0.6 \times 2.6 \times 1{,}000 = 1{,}135.68\text{kg}$

7.
② ➠ ① ➠ ⑧ ➠ ③ ➠ ⑤ ➠ ⑥ ➠ ④ ➠ ⑦

8.
① 이동의 염려가 없는 곳에 설치 ② 지면에서 0.5~1.0m에 공사에 지장이 없는 곳에 설치

9.
① 야적물질을 1일 이상 보관하는 경우 방진덮개로 덮을 것
② 야적물질의 최고저장높이의 1/3 이상의 방진벽을 설치하고, 최고저장높이의 1.25배 이상의 방진망을 설치할 것
③ 야적물질로 인한 비산먼지 발생 억제를 위하여 물을 뿌리는 시설을 설치할 것

10.
$$T_e = \frac{4+4\times7+8}{6} = 6.67$$

11.
②, ⑤, ⑧

12.
① 설계휨강도 증가 ② 장기처짐 감소 ③ 연성 증진

13.
강재 앵커(Steel Anchor)

14.
① 단면증대공법 ② 강판접착공법 ③ 철물매입공법 또는 강재앵커공법

15.
① 단위수량 감소 ② 재료분리 감소 ③ 동결융해저항성 증대 ④ 워커빌리티(Workability) 개선

16.
① 흙막이벽의 근입장을 증가
② 굴착 예정지역의 지반을 개량하여 전단강도 증대
③ 배면 부분 굴착으로 지반의 중량차 감소

17.
결과에 어떤 원인이 관계하는지를 알 수 있도록 작성한 그림

18.
사회간접시설을 민간부분이 주도하여 설계·시공한 후 일정기간 시설물을 운영하여 투자금액을 회수한 후 시설물과 운영권을 무상으로 공공부분에 이전하는 방식

19.
(1) 서모콘(Thermo-Con)
(2) 진공콘크리트(Vacuum Concrete)
(3) 프리플레이스트콘크리트(Preplaced Concrete, Prepacked Concrete, 프리팩트콘크리트)

20.
(1) 300mm (2) 95%

21.
프로젝트의 모든 작업내용을 계층적으로 분류한 작업분류체계

22.
$$\phi \cdot R_n = (0.75)\ (450)\left(\frac{\pi(22)^2}{4}\right)(1) \times 4\text{개} = 513{,}179\text{N} = 513.179\text{kN}$$

23.
$$l_{db} = \frac{0.6(22.2)(400)}{(1)\sqrt{(30)}} = 972.76\text{mm}$$

24.
길이쌓기와 마구리쌓기를 번갈아 가며 쌓는 방법으로 마구리쌓기 켜의 모서리부분에 반절과 이오토막을 사용하여 통줄눈이 발생하지 않는 견고한 쌓기법이다.

25.
(1) 플랜지: $\lambda_f = \frac{(200)/2}{(13)} = 7.69$ (2) 웨브: $\lambda_w = \frac{(400)-2(13)-2(16)}{(8)} = 42.75$

26
$$\phi P_{nw} = 0.55(0.65)(24)(2{,}000 \times 200)\left[1 - \left(\frac{(0.8)(3{,}200)}{32(200)}\right)^2\right] = 2{,}882{,}880\text{N} = 2{,}882.880\text{kN}$$

2017. 2회 건축기사

1. 프리스트레스트 콘크리트(Pre-Stressed Concrete)의 프리텐션(Pre-Tension) 방식과 포스트텐션(Post-Tension) 방식에 대하여 설명하시오.

득점	배점
	4

(1) Pre-Tension 공법:

(2) Post-Tension 공법:

2. BTL(Build-Transfer-Lease) 계약방식을 설명하시오.

득점	배점
	2

3. 굵은골재의 최대치수 25mm, 4kg을 물속에서 채취하여 표면건조내부포수상태의 질량이 3.95kg, 절대건조질량이 3.60kg, 수중에서의 질량이 2.45kg일 때 흡수율과 밀도를 구하시오. (단, 물의 밀도: $1g/cm^3$)

득점	배점
	4

(1) 흡수율:

(2) 표건밀도:

(3) 절건밀도:

(4) 겉보기밀도:

4. 다음 데이터를 이용하여 물음에 답하시오.

득점	배점
	10

작업명	선행작업	작업일수	비용구배(원)	비고
A	없음	5	10,000	(1) 결합점에서의 일정은 다음과 같이 표시하고, 주공정선은 굵은선으로 표시한다. 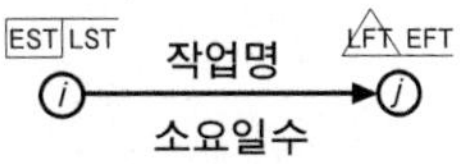 (2) 공기단축은 Activity I에서 2일, Activity H에서 3일, Activity C에서 5일 (3) 표준공기 시 총공사비는 1,000,000원이다.
B	없음	8	15,000	
C	없음	15	9,000	
D	A	3	공기단축불가	
E	A	6	25,000	
F	B, D	7	30,000	
G	B, D	9	21,000	
H	C, E	10	8,500	
I	H, F	4	9,500	
J	G	3	공기단축불가	
K	I, J	2	공기단축불가	

(1) 표준(Normal) Network를 작성하시오.

(2) 공기를 10일 단축한 Network를 작성하시오.

(3) 공기단축된 총공사비를 산출하시오.

5. 자연상태의 시료를 운반하여 압축강도를 시험한 결과 8MPa이었고, 그 시료를 이긴 시료로 하여 압축강도를 시험한 결과는 5MPa이었다면 이 흙의 예민비를 구하시오.

득점	배점
	3

6. 지름이 D인 원형의 단면계수를 Z_A, 한변의 길이가 a인 정사각형의 단면계수를 Z_B라고 할 때 $Z_A : Z_B$를 구하시오.(단, 두 재료의 단면적은 같고, Z_A를 1로 환산한 Z_B의 값으로 표현하시오.)

득점	배점
	4

7. 특명입찰(수의계약)의 장 · 단점을 2가지씩 쓰시오.

(1) 장점

① ______________________ ② ______________________

(2) 단점

① ______________________ ② ______________________

득점	배점
	4

8. 토공장비 선정 시 고려해야 할 기본적인 요소 3가지를 기술하시오.

① ______________________

② ______________________

③ ______________________

득점	배점
	3

9. 다음 용어를 설명하시오.

득점	배점
	4

(1) 복층 유리:

(2) 배강도 유리:

10. 기초의 부동침하는 구조적으로 문제를 일으키게 된다. 이러한 기초의 부동침하를 방지하기 위한 대책 중 기초구조 부분에 처리할 수 있는 사항을 4가지 기술하시오.

득점	배점
	4

① ②

③ ④

11. 탑다운 공법(Top-Down Method) 공법은 지하구조물의 시공순서를 지상에서부터 시작하여 점차 깊은 지하로 진행하며 완성하는 공법으로서 여러 장점이 있다. 이 중 작업공간이 협소한 부지를 넓게 쓸 수 있는 이유를 기술하시오.

득점	배점
	3

12. 아일랜드컷(Island Cut) 공법을 설명하시오.

득점	배점
	3

13. 강구조 내화피복 공법의 재료를 각각 2가지씩 쓰시오.

득점	배점
	3

공법	재료	
타설공법	①	②
조적공법	③	④
미장공법	⑤	⑥

① ② ③

④ ⑤ ⑥

14. 특수고장력볼트(T.S볼트)의 부위별 명칭을 쓰시오.

득점	배점
	5

	①	②	③	④	⑤
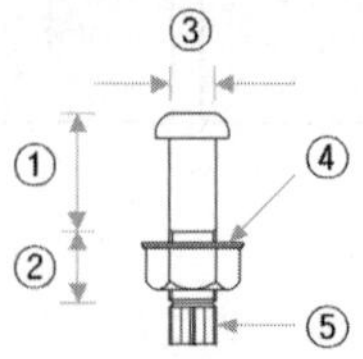					

15. 강구조공사의 기초 앵커볼트(Anchor Bolt)는 구조물 전체의 집중하중을 지탱하는 중요한 부분이다. 앵커볼트(Anchor Bolt) 매입공법의 종류 3가지를 쓰시오.

득점	배점
	3

① ② ③

16. KS L 5201에서 규정하는 포틀랜드시멘트(Portland Cement)의 종류 5가지를 쓰시오.

득점	배점
	5

① ② ③

④ ⑤

17. 커튼월 구조의 스팬드럴(Spandrel) 방식을 설명하시오.

득점	배점
	4

18. 다음 용어에 대해 설명하시오.

득점	배점
	4

(1) 인트랩트 에어(Entraped Air):

(2) 인트레인드 에어(Entrained Air):

19. 다음 조건에서의 용접유효길이(L_e)를 산출하시오.

득점	배점
	4

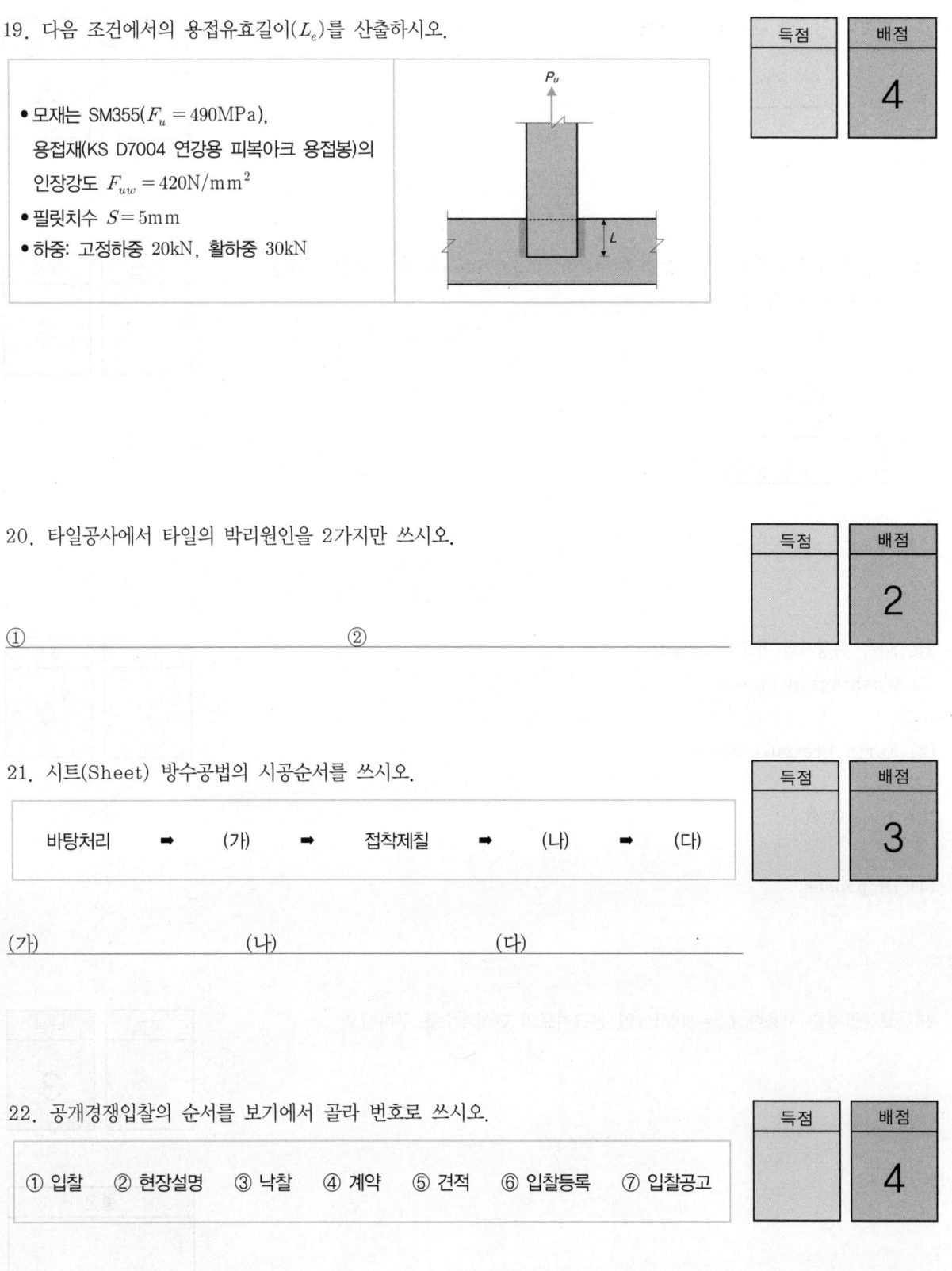

- 모재는 SM355($F_u = 490\mathrm{MPa}$), 용접재(KS D7004 연강용 피복아크 용접봉)의 인장강도 $F_{uw} = 420\mathrm{N/mm^2}$
- 필릿치수 $S = 5\mathrm{mm}$
- 하중: 고정하중 20kN, 활하중 30kN

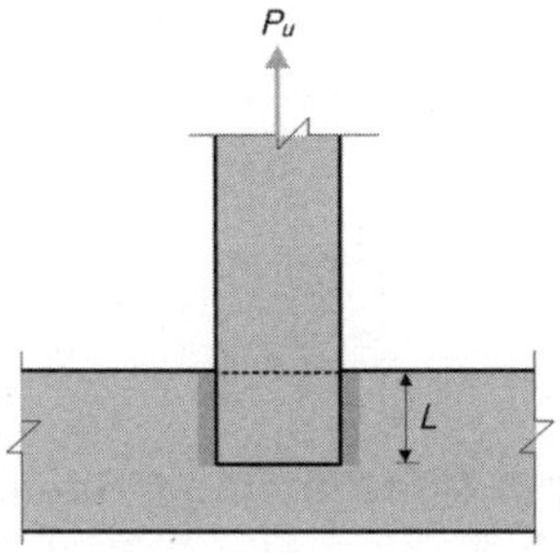

20. 타일공사에서 타일의 박리원인을 2가지만 쓰시오.

득점	배점
	2

① ②

21. 시트(Sheet) 방수공법의 시공순서를 쓰시오.

득점	배점
	3

바탕처리 ➡ (가) ➡ 접착제칠 ➡ (나) ➡ (다)

(가) (나) (다)

22. 공개경쟁입찰의 순서를 보기에서 골라 번호로 쓰시오.

득점	배점
	4

① 입찰 ② 현장설명 ③ 낙찰 ④ 계약 ⑤ 견적 ⑥ 입찰등록 ⑦ 입찰공고

23. 흙막이 공사에 사용하는 어스앵커(Earth Anchor) 공법의 특징을 4가지 쓰시오.

득점	배점
	4

① ②

③ ④

24. 그림과 같은 독립기초의 2방향 전단(Punching Shear) 응력산정을 위한 저항면적(cm^2)을 구하시오.

득점	배점
	4

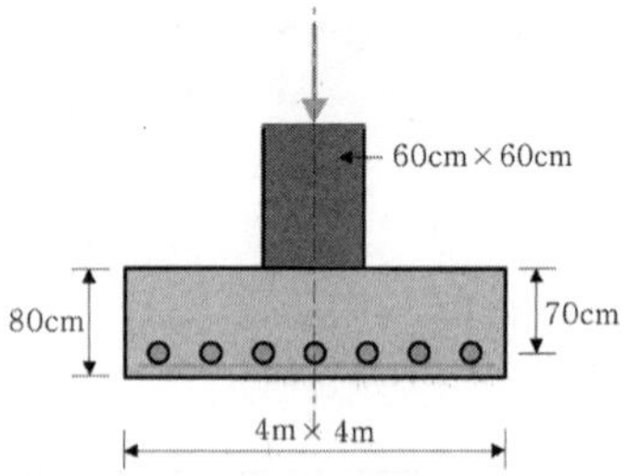

25. 다음 측정기별 용도를 쓰시오.

득점	배점
	4

(1) Washington Meter:

(2) Earth Pressure Meter:

(3) Piezo Meter:

(4) Dispenser:

26. 보통골재를 사용한 $f_{ck} = 30\text{MPa}$인 콘크리트의 탄성계수를 구하시오.

득점	배점
	3

총점

2017. 2회 건축기사 해답

1.

(1) PS강재를 긴장하고 콘크리트를 타설한 후 PS강재와 콘크리트를 접합하여 프리스트레스를 도입하는 방법

(2) 쉬스(Sheath)를 설치하고 콘크리트를 타설한 후 PS강재를 삽입, 긴장, 고정하여 그라우팅한 후 프리스트레스를 도입하는 방법

2.

민간 주도하에 Project(시설물) 완공 후 발주처(정부)에게 소유권을 양도하고 발주처의 시설물 임대료를 통하여 투자비가 회수되는 민간투자사업 계약방식

3.

(1) $\dfrac{3.95-3.60}{3.60}\times 100 = 9.72\%$

(2) $\dfrac{3.95}{3.95-2.45}\times 1 = 2.63\text{g/cm}^3$

(3) $\dfrac{3.60}{3.95-2.45}\times 1 = 2.40\text{g/cm}^3$

(4) $\dfrac{3.60}{3.60-2.45}\times 1 = 3.13\text{g/cm}^3$

4.

(1)

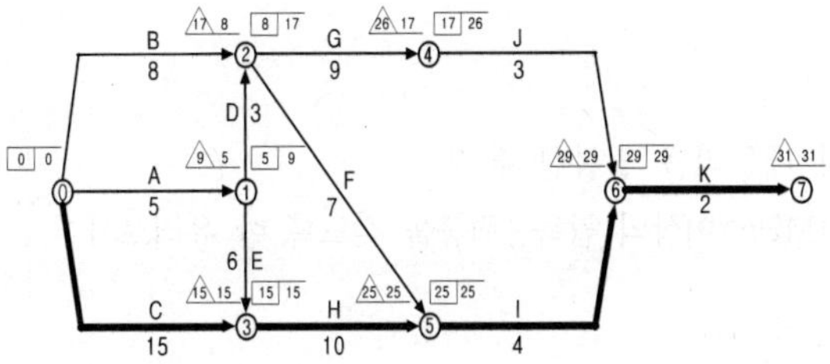

(2)

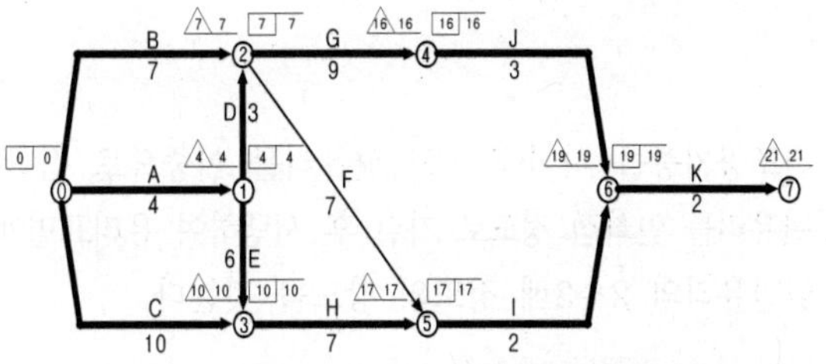

(3) 31일 표준공사비 + 10일 단축 시 추가공사비 = 1,000,000+114,500=1,114,500원

	단축대상	추가비용
30일	H	8,500
29일	H	8,500
28일	H	8,500
27일	C	9,000
26일	C	9,000
25일	C	9,000
24일	C	9,000
23일	I	9,500
22일	I	9,500
21일	A+B+C	34,000

5.

$$예민비 = \frac{자연시료강도}{이긴시료강도} = \frac{8}{5} = 1.6$$

6.

(1) $\frac{\pi D^2}{4} = a^2$ 으로부터 $D = \sqrt{\frac{4a^2}{\pi}} = 1.128a$

(2) $Z_A = \frac{\pi}{32}D^3 = \frac{\pi}{32}(1.128a)^3 = 0.141a^3$, $Z_B = \frac{1}{6}a^3$ 이므로 $Z_A : Z_B = 1 : 1.182$

7.

(1) ① 입찰수속 간단 ② 공사 보안유지 유리

(2) ① 부적격 업체선정의 문제 ② 공사비 결정 불명확

8.

① 토공사 기간에 따른 장비의 유형 및 개수

② 흙의 종류에 따른 장비의 종류 선정

③ 굴착깊이에 따른 장비의 규모 고려

9.

(1) 건조공기층을 사이에 두고 판유리를 이중으로 접합하여 테두리를 밀봉한 유리

(2) 판유리를 연화점 정도로 가열 후 서냉하여 유리표면에 24MPa 이상의 압축응력층을 갖도록 한 유리로서 일반유리의 2~3배 정도의 강도를 갖는다.

10.

① 마찰말뚝을 사용하고 서로 다른 종류의 말뚝 혼용을 금지

② 지하실 설치: 온통기초가 유효

③ 기초 상호간을 연결

④ 언더피닝 공법의 적용

11.

1층 슬래브가 먼저 타설되어 작업공간으로 활용이 가능하기 때문이다.

12.

중앙부의 흙을 먼저 파고, 그 부분에 기초 또는 지하구조체를 축조한 후, 이를 지점으로 경사 혹은 수평 흙막이 버팀대를 가설하여 흙을 제거한 후 지하구조물을 완성하는 공법

13.
① 콘크리트 ② 경량콘크리트 ③ 돌 ④ 벽돌 ⑤ 철망 퍼라이트 ⑥ 철망 모르타르

14.
① 축부 ② 나사부 ③ 직경 ④ 평와셔 ⑤ 핀테일

15.
① 고정 매입공법
② 가동 매입공법
③ 나중 매입공법

16.
① 보통포틀랜드시멘트 ② 중용열 포틀랜드시멘트 ③ 조강포틀랜드시멘트
④ 저열포틀랜드시멘트 ⑤ 내황산염포틀랜드시멘트

17.
수평선을 강조하는 창과 스팬드럴 조합으로 이루어지는 커튼월구조의 외관형태 방식

18.
(1) 일반 콘크리트에 1~2% 정도 자연적으로 형성되는 부정형의 기포
(2) AE제에 의해 생성된 0.025~0.25mm 정도의 지름을 가진 기포

19.
(1) $P_u = 1.2P_D + 1.6P_L = 1.2(20) + 1.6(30) = 72\text{kN} \geq 1.4P_D = 1.4(20) = 28\text{kN}$
(2) $a = 0.7S = 0.7(5) = 3.5\text{mm}$
용접유효길이 L_e를 알 수 없는 상태이므로 단위길이 1에 대한 즉, $L_e = 1\text{mm}$에 대한 용접면적 A_w를 산정해본다.
$A_w = a \times 1 = 3.5 \times 1 = 3.5\text{mm}^2$
(3) $\phi R_n = \phi F_w \cdot A_w = \phi(0.6F_{uw}) \cdot A_w = (0.75)(0.6 \times 420)(3.5) = 661.5\text{N/mm}$

$$L_e = \frac{P_u}{\phi P_w} = \frac{(72 \times 10^3)}{(661.5)} = 108.844\text{mm}$$

20.
(1) 붙임모르타르의 접착강도 부족
(2) 붙임시간(Open Time)의 불이행

21.
(가) 프라이머칠
(나) 시트붙이기
(다) 보호층 설치

22.
⑦ ➡ ② ➡ ⑤ ➡ ⑥ ➡ ① ➡ ③ ➡ ④

23.
① 버팀대가 없어 굴착공간을 넓게 활용
② 작업공간이 좁은 곳에서도 시공 가능
③ 굴착공간 내 가설재가 없어 대형기계의 반입 용이
④ 지하매설관 간섭 검토 필요

24.
(1) 위험단면의 둘레길이: $b_o = [(35+60+35) \times 2] \times 2 = 520\text{cm}$
(2) 저항면적: $A = b_o \cdot d = (520)(70) = 36{,}400\text{cm}^2$

25.
(1) 콘크리트 내 공기량 측정
(2) 토압 측정
(3) 간극수압 측정
(4) AE제의 계량

26.
(1) $f_{ck} \leq 40\text{MPa}$: $\Delta f = 4\text{MPa}$
(2) $E_c = 8500 \cdot \sqrt[3]{(30)+(4)} = 27{,}536.7\text{MPa}$

2017. 4회 건축기사

1. 그림과 같은 용접부의 설계강도를 구하시오. (단, 모재는 SM275, 용접재(KS D7004 연강용 피복아크 용접봉)의 인장강도 $F_{uw} = 420\text{N/mm}^2$, 모재의 강도는 용접재의 강도보다 크다.)

득점	배점
	5

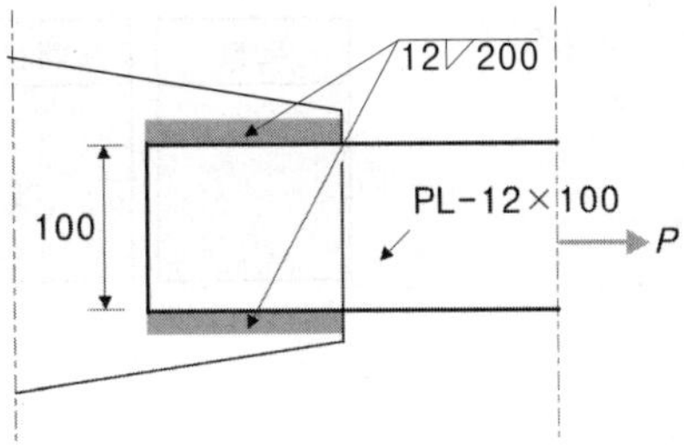

2. 민간 주도하에 Project(시설물) 완공 후 발주처(정부)에게 소유권을 양도하고 발주처의 시설물 임대료를 통하여 투자비가 회수되는 민간투자사업 계약방식의 명칭은?

득점	배점
	2

3. 다음의 콘크리트 용어에 대해 간단히 설명하시오.

(1) 알칼리골재반응:

(2) 인트랩트 에어(Entrapped Air):

(3) 배쳐플랜트(Batcher Plant):

득점	배점
	6

4. 다음 평면의 건물높이가 13.5m일 때 비계면적을 산출하시오.
(단, 도면 단위는 mm이며, 비계형태는 쌍줄비계로 한다.)

득점	배점
	5

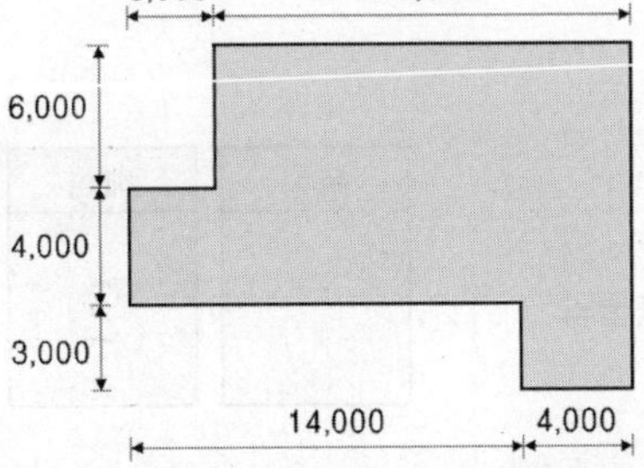

5. 콘크리트의 반죽질기 측정방법을 3가지 쓰시오.

득점	배점
	3

① ② ③

6. Network 공정표에서 작업상호간의 연관 관계만을 나타내는 명목상의 작업인 더미(Dummy)의 종류를 3가지 쓰시오.

득점	배점
	3

① ② ③

7. $L-100\times100\times7$ 인장재의 순단면적(㎟)을 구하시오.

득점	배점
	4

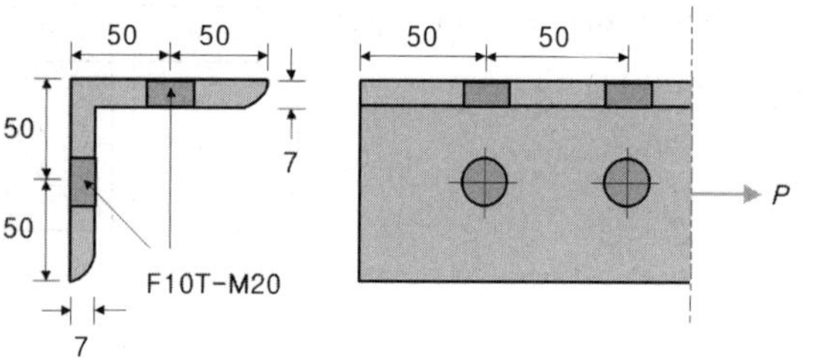

8. 다음 설명이 뜻하는 용어를 쓰시오.

득점	배점
	4

(1) 보링 구멍을 이용하여 +자 날개를 지반에 때려 박고 회전하여 그 회전력에 의하여 지반의 점착력을 판별하는 지반조사 시험

(2) 블로운 아스팔트에 광물성, 동식물섬유, 광물질가루 등을 혼합하여 유동성을 부여한 것

(1) (2)

9. 다음 괄호 안에 들어갈 수치를 쓰시오.

득점	배점
	2

강관틀비계에서 세로틀은 수직방향 ( ), 수평방향 ( ) 내외의 간격으로 건축물의 구조체에 견고하게 긴결한다.

10. 시멘트 분말도 시험법을 2가지 쓰시오.

득점	배점
	4

① ______________________ ② ______________________

11. 다음 용어를 간단히 설명하시오.

(1) 콜드 조인트(Cold Joint):

(2) 조절줄눈(Control Joint):

득점	배점
	4

12. CFT 구조를 간단히 설명하시오.

득점	배점
	3

13. 역타설 공법(Top-Down Method)의 장점을 3가지 쓰시오.

득점	배점
	3

① ______________________

② ______________________

③ ______________________

14. 다음 설명이 의미하는 거푸집 관련 용어를 쓰시오.

득점	배점
	4

(1) 철근의 피복두께를 유지하기 위해 벽이나 바닥 철근에 대어주는 것

(2) 벽 거푸집 간격을 일정하게 유지하여 격리와 긴장재 역할을 하는 것

(3) 기둥 거푸집의 고정 및 측압 버팀용으로 주로 합판 거푸집에서 사용되는 것

(4) 거푸집의 탈형과 청소를 용이하게 만들기 위해 합판 거푸집 표면에 미리 바르는 것

(1) ______________________ (2) ______________________

(3) ______________________ (4) ______________________

15. PERT에 의한 공정관리 방법에서 낙관시간이 4일, 정상시간이 5일, 비관시간이 6일 일 때, 공정상의 기대시간(T_e)을 구하시오.

득점	배점
	4

16. 가치공학(Value Engineering)의 기본추진절차를 순서대로 나열하시오.

득점	배점
	4

㉮ 정보수집	㉯ 기능정리	㉰ 아이디어 발상
㉱ 기능정의	㉲ 대상선정	㉳ 제안
㉴ 기능평가	㉵ 평가	㉶ 실시

17. 샌드드레인(Sand Drain) 공법을 설명하시오.

득점	배점
	2

18. 강구조공사에서 용접부의 비파괴 시험방법의 종류를 3가지 쓰시오.

득점	배점
	3

① ② ③

19. 그림과 같은 캔틸레버 보의 A점의 반력을 구하시오.

득점	배점
	4

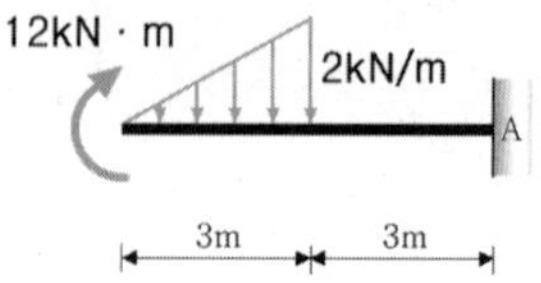

20. 금속재료로서의 알루미늄의 장점을 2가지 쓰시오.

득점	배점
	4

① ②

21. 다음 용어를 설명하시오.

득점	배점
	4

(1) 복층 유리:

(2) 강화 유리:

22. 철근콘크리트 공사에서 철근이음을 하는 방법 중 가스압접으로 이음할 수 없는 경우를 3가지 쓰시오.

득점	배점
	3

① ② ③

23. 거푸집 측압에 영향을 주는 요소는 여러 가지가 있지만, 건축현장의 콘크리트 부어넣기 과정에서 거푸집 측압에 영향을 줄 수 있는 요인을 3가지 쓰시오.

득점	배점
	3

① ②

③

24. 고강도 콘크리트의 폭렬현상에 대하여 설명하시오.

득점	배점
	3

25. 그림과 같은 단면의 단면2차모멘트 $I=64{,}000\text{cm}^4$, 단면2차반경 $r=\dfrac{20}{\sqrt{3}}\text{cm}$ 일 때 폭 b와 높이 h를 구하시오.

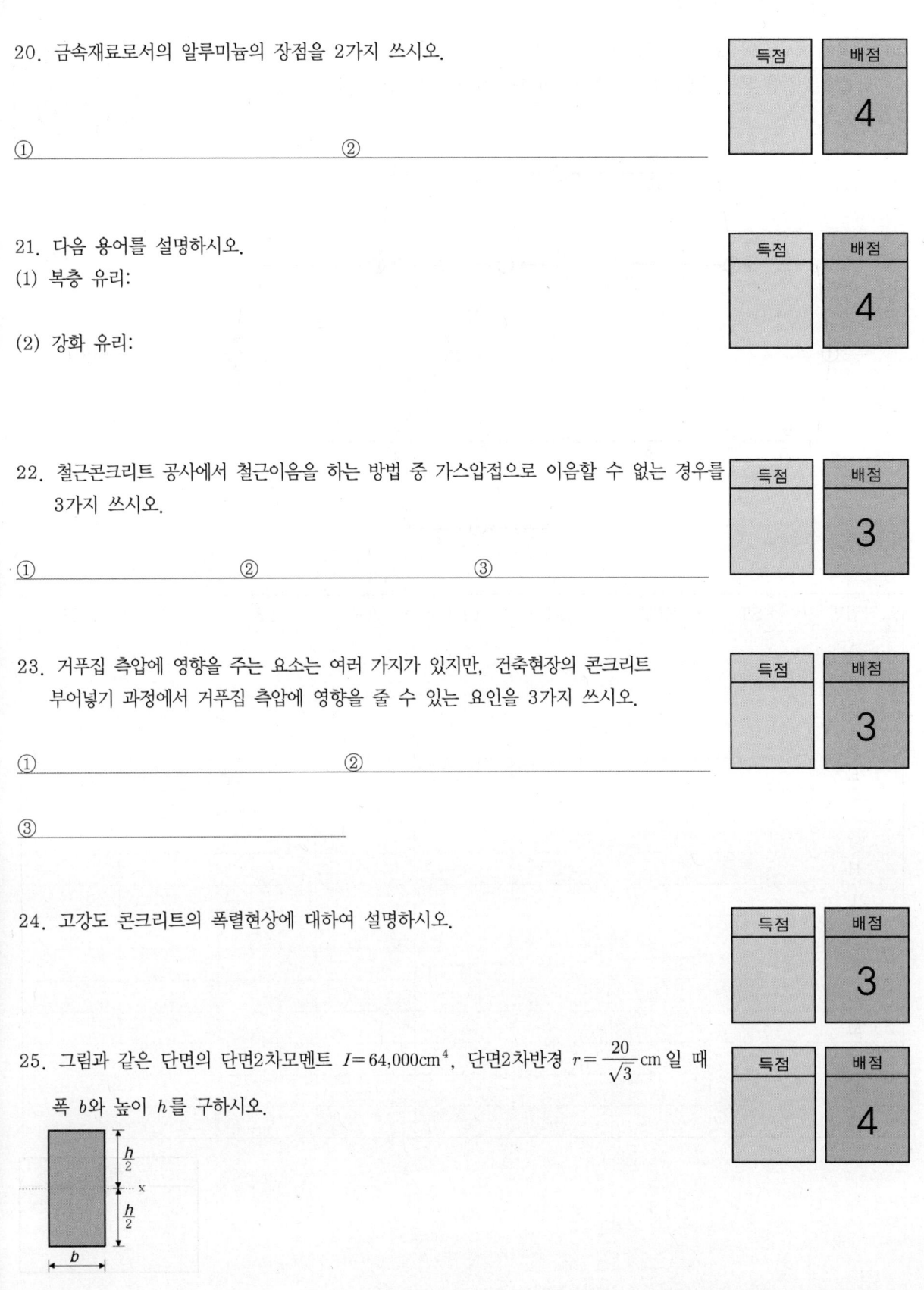

득점	배점
	4

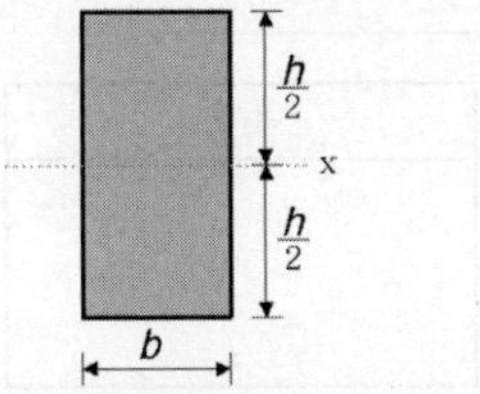

26. 다음에 제시된 화살표형 네트워크 공정표를 통해 일정계산 및 여유시간, 주공정선(CP)과 관련된 빈칸을 모두 채우시오. (단, CP에 해당하는 작업은 ※표시를 하시오.)

득점	배점
	10

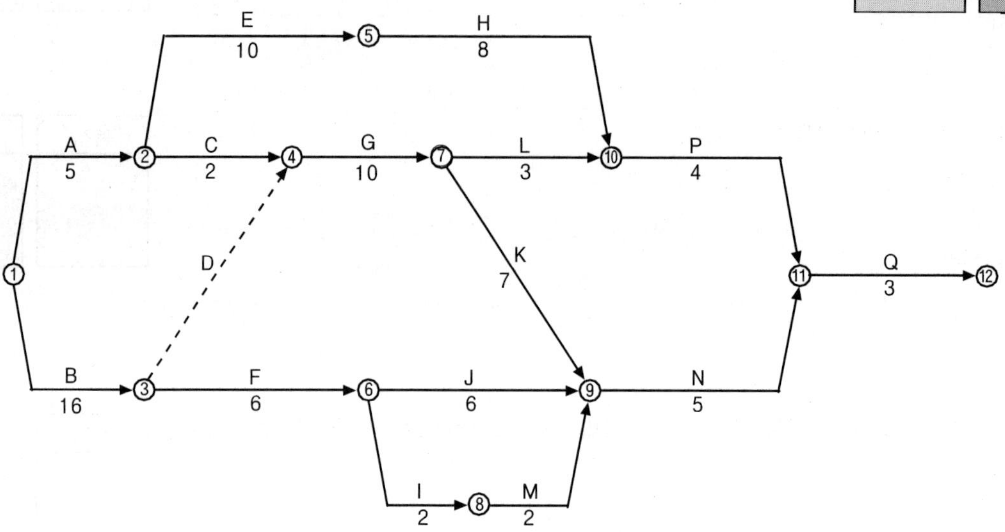

작업명	EST	EFT	LST	LFT	TF	FF	DF	CP
A								
B								
C								
D								
E								
F								
G								
H								
I								
J								
K								
L								
M								
N								
P								
Q								

총점

2017. 4회 건축기사 해답

1.

$\phi R_n = \phi \cdot 0.6F_{uw} \cdot 0.7S \cdot (L-2S) = (0.75) \cdot 0.6(420) \cdot 0.7(12) \cdot (200-2\times 12)\times 2$면

$= 558{,}835\text{N} = 558.835\text{kN}$

2.

BTL(Build-Transfer-Lease) 방식

3.

(1) 시멘트의 알칼리 성분과 골재의 실리카 성분이 반응하여 수분을 지속적으로 흡수 팽창하는 현상

(2) 일반 콘크리트에 1~2% 정도 자연적으로 형성되는 부정형의 기포

(3) 물, 시멘트, 골재 등을 정확하고 능률적으로 자동중량 계량하여 혼합하여 주는 콘크리트 생산, 기계설비

4.

$A = 13.5 \times \{(18+13)\times 2 + 8\times 0.9\} = 934.2\text{m}^2$

5.

① 슬럼프(Slump) 시험 ② 흐름(Flow) 시험 ③ 비비(Vee Bee) 시험

6.

① 넘버링(Numbering) 더미 ② 로지컬(Logical) 더미 ③ 타임랙(Time-Lag) 더미

7.

$A_n = A_g - n \cdot d \cdot t = [(7)(200-7)] - (2)(20+2)(7) = 1{,}043\text{mm}^2$

8.

(1) 베인 테스트(Vane Test)

(2) 아스팔트 컴파운드(Asphalt Compound)

9.

6m, 8m

10.

① 체(Standard Sieve) 분석법

② 블레인(Blaine)법

11.

(1) 콘크리트 시공과정 중 휴식시간 등으로 응결하기 시작한 콘크리트에 새로운 콘크리트를 이어칠 때 일체화가 저해되어 생기게 되는 줄눈

(2) 지반 등 안정된 위치에 있는 바닥판이 수축에 의하여 표면에 균열이 생길 수 있는데 이러한 균열을 방지하기 위해 설치하는 줄눈

12.

강관의 구속효과에 의해 충전콘크리트의 내력상승과 충전콘크리트에 의한 강관의 국부좌굴 보강효과에 의해 뛰어난 변형 저항능력을 발휘하는 구조

13.

① 1층 슬래브가 먼저 타설되어 작업공간으로 활용가능

② 지상과 지하의 동시 시공으로 공기단축이 용이

③ 날씨와 무관하게 공사진행이 가능

14.

(1) 스페이서 (2) 세퍼레이터 (3) 칼럼밴드 (4) 박리제

15.

$$T_e = \frac{4+4\times5+6}{6} = 5\text{일}$$

16.

㉲ ➡ ㉮ ➡ ㉱ ➡ ㉯ ➡ ㉵ ➡ ㉰ ➡ ㉶ ➡ ㉳ ➡ ㉷

17.

지반에 지름 40~60cm의 구멍을 뚫고 모래를 넣은 후, 성토 및 기타 하중을 가하여 점토질 지반을 압밀시키는 공법

18.

① 방사선 투과법 ② 초음파 탐상법 ③ 자기분말 탐상법

19.

(1) $\Sigma H=0$: $H_A=0$

(2) $\Sigma V=0$: $-\left(\frac{1}{2}\times2\times3\right)+(V_A)=0 \quad \therefore V_A=+3\text{kN}(\uparrow)$

(3) $\Sigma M_A=0$: $+(M_A)+(12)-\left(\frac{1}{2}\times2\times3\right)\left(3+3\times\frac{1}{3}\right)=0 \quad \therefore M_A=0$

20.
① 가볍고 공작이 자유롭다.
② 녹슬지 않고 내구연한이 길다.

21.
(1) 건조공기층을 사이에 두고 판유리를 이중으로 접합하여 테두리를 밀봉한 유리
(2) 판유리를 연화점 정도로 가열 후 급냉하여 유리표면에 69MPa 이상의 압축응력층을 갖도록 한 유리로서 일반유리의 3~5배 정도의 강도를 갖는다.

22.
① 철근의 직경이 6mm 이상 차이가 나는 경우
② 철근의 재질이 서로 다른 경우
③ 철근의 항복강도가 서로 다른 경우

23.
① 슬럼프(Slump)값이 클수록 측압이 크다.
② 벽두께가 두꺼울수록 측압이 크다.
③ 타설속도가 빠를수록 측압이 크다.

24.
콘크리트 부재가 화재로 가열되어 표면부가 소리를 내며 급격히 파열되는 현상

25.
(1) $r=\sqrt{\frac{I}{A}}$ 로부터 $A=\frac{I}{r^2}=\frac{(64,000)}{\left(\frac{20}{\sqrt{3}}\right)^2}=480\text{cm}^2$

(2) $I=\frac{bh^3}{12}=\frac{A\cdot h^2}{12}$ 으로부터 $h=\sqrt{\frac{12I}{A}}=\sqrt{\frac{12(64,000)}{(480)}}=40\text{cm}$

(3) $A=bh$ 로부터 $b=\frac{A}{h}=\frac{(480)}{(40)}=12\text{cm}$

26.

작업명	EST	EFT	LST	LFT	TF	FF	DF	CP
A	0	5	9	14	9	0	9	
B	0	16	0	16	0	0	0	※
C	5	7	14	16	9	9	0	
D	16	16	16	16	0	0	0	※
E	5	15	16	26	11	0	11	
F	16	22	21	27	5	0	5	
G	16	26	16	26	0	0	0	※
H	15	23	26	34	11	6	5	
I	22	24	29	31	7	0	7	
J	22	28	27	33	5	5	0	
K	26	33	26	33	0	0	0	※
L	26	29	31	34	5	0	5	
M	24	26	31	33	7	7	0	
N	33	38	33	38	0	0	0	※
P	29	33	34	38	5	5	0	
Q	38	41	38	41	0	0	0	※

2018. 1회 건축기사

1. 다음 용어를 설명하시오.

득점	배점
	4

(1) 이형철근:

(2) 배력근:

2. 바닥 미장면적이 $1,000m^2$일 때, 1일 10인 작업 시 작업소요일을 구하시오.
(단, 아래와 같은 품셈을 기준으로 하며 계산과정을 쓰시오.)

득점	배점
	3

〈바닥미장 품셈(㎡)〉

구분	단위	수량
미장공	인	0.05

3. 열가소성 수지와 열경화성 수지의 종류를 각각 2가지씩 쓰시오.

득점	배점
	4

(1) 열가소성 수지:

① ②

(2) 열경화성 수지:

① ②

4. 금속공사에서 사용되는 다음 철물이 뜻하는 용어를 설명하시오.

득점	배점
	4

(1) Metal Lath:

(2) Punching Metal:

5. 그림과 같은 맞댐용접(Groove Welding)을 용접기호를 사용하여 표현하시오.

득점	배점
	4

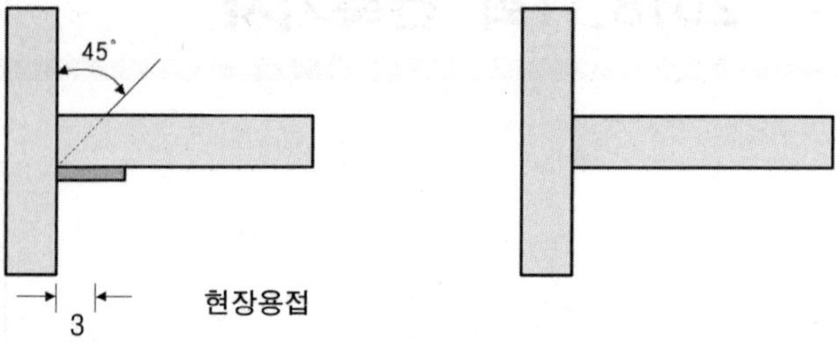

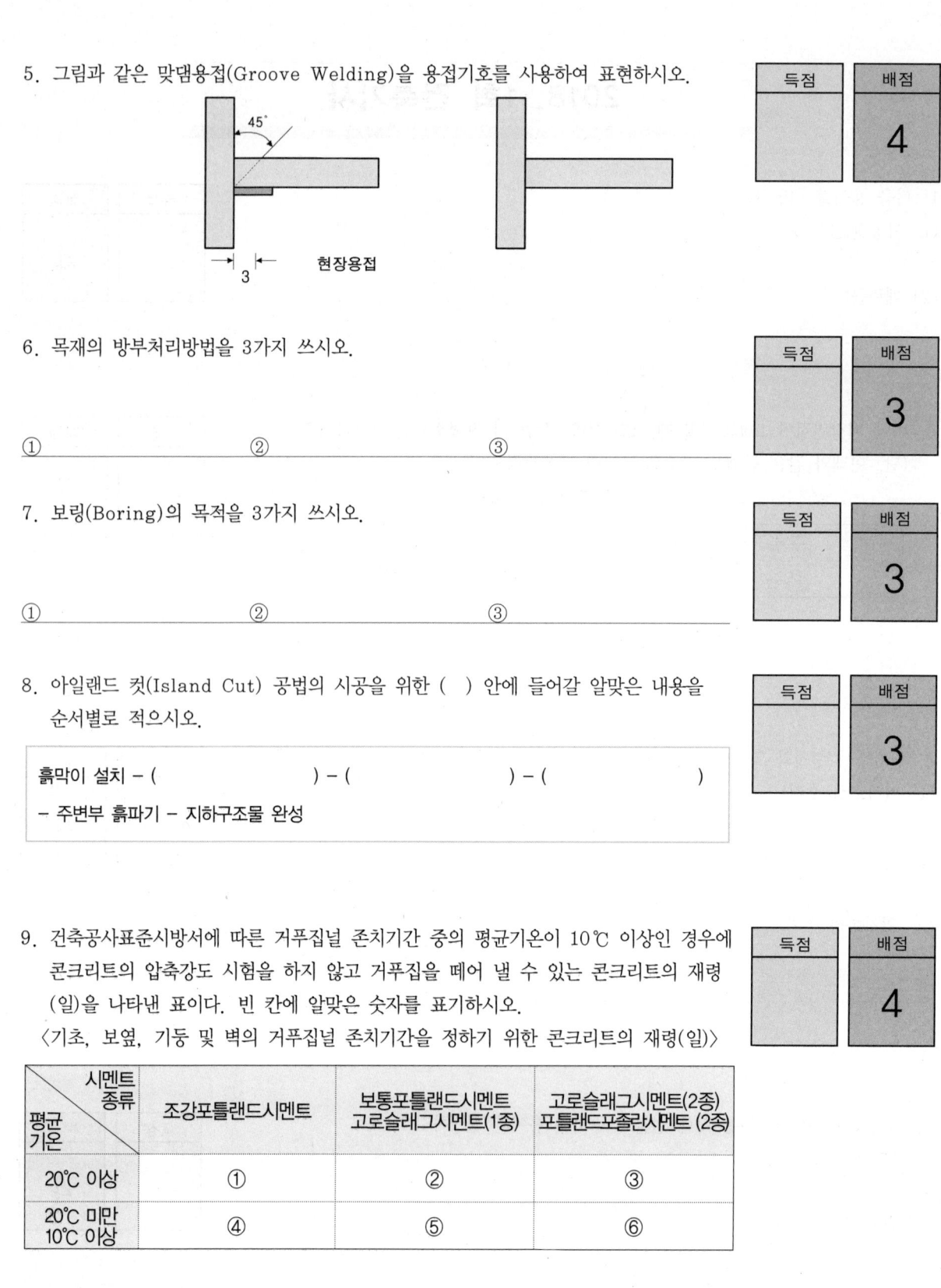

6. 목재의 방부처리방법을 3가지 쓰시오.

득점	배점
	3

① ② ③

7. 보링(Boring)의 목적을 3가지 쓰시오.

득점	배점
	3

① ② ③

8. 아일랜드 컷(Island Cut) 공법의 시공을 위한 (   ) 안에 들어갈 알맞은 내용을 순서별로 적으시오.

득점	배점
	3

흙막이 설치 – (   ) – (   ) – (   )
– 주변부 흙파기 – 지하구조물 완성

9. 건축공사표준시방서에 따른 거푸집널 존치기간 중의 평균기온이 10℃ 이상인 경우에 콘크리트의 압축강도 시험을 하지 않고 거푸집을 떼어 낼 수 있는 콘크리트의 재령(일)을 나타낸 표이다. 빈 칸에 알맞은 숫자를 표기하시오.

득점	배점
	4

〈기초, 보옆, 기둥 및 벽의 거푸집널 존치기간을 정하기 위한 콘크리트의 재령(일)〉

시멘트 종류 / 평균 기온	조강포틀랜드시멘트	보통포틀랜드시멘트 고로슬래그시멘트(1종)	고로슬래그시멘트(2종) 포틀랜드포졸란시멘트 (2종)
20℃ 이상	①	②	③
20℃ 미만 10℃ 이상	④	⑤	⑥

① ② ③ ④ ⑤ ⑥

10. 흙막이벽의 계측에 필요한 기기류를 3가지 쓰시오.

득점	배점
	3

① ② ③

11. 다음이 설명하는 용어를 쓰시오.

득점	배점
	3

> 드라이비트라는 일종의 못박기총을 사용하여 콘크리트나 강재 등에 박는 특수못으로 머리가 달린 것을 H형, 나사로 된 것을 T형이라고 한다.

12. 언더피닝(Under Pinning) 공법을 적용해야 하는 경우를 2가지 쓰시오.

득점	배점
	4

①

②

13. 공동도급(Joint Venture)의 운영방식 종류를 3가지 쓰시오.

득점	배점
	3

① ② ③

14. 다음 설명과 같은 거푸집을 아래의 보기에서 골라 번호로 쓰시오.

득점	배점
	4

보기

① 슬라이딩폼(Sliding Form) ② 데크플레이트(Deck Plate)
③ 트래블링폼(Traveling Form) ④ 와플폼(Waffle Form)

(1) 무량판 구조에서 2방향 장선 바닥판 구조가 가능하도록 된 특수상자 모양의 기성재 거푸집:
(2) 대형 시스템화 거푸집으로서 한 구간 콘크리트 타설 후 다음 구간으로 수평이동이 가능한 거푸집:
(3) 유닛(Unit) 거푸집을 설치하여 요크(York)로 거푸집을 끌어올리면서 연속해서 콘크리트를 타설가능한 수직활동 거푸집:
(4) 아연도 철판을 절곡 제작하여 거푸집으로 사용하며, 콘크리트 타설 후 마감재로 사용하는 철판:

(1) (2) (3) (4)

15. 흐트러진 상태의 흙 $30m^3$를 이용하여 $30m^2$의 면적에 다짐 상태로 60cm 두께를 터돋우기 할 때 시공완료된 다음의 흐트러진 상태의 토량을 산출하시오.
(단, 이 흙의 $L=1.2$, $C=0.9$이다.)

득점	배점
	3

16. 벽면적 100㎡에 표준형벽돌 1.5B 쌓기 시 붉은벽돌 소요량을 산출하시오.

득점	배점
	4

17. 콘크리트 블록의 압축강도가 $8N/mm^2$ 이상으로 규정되어 있다. 390×190×190mm 블록의 압축강도를 시험한 결과 600,000N, 500,000N, 550,000N에서 파괴되었을 합격 및 불합격 여부를 판정하시오.

득점	배점
	3

18. 고강도 콘크리트의 폭렬현상에 대하여 설명하시오.

득점	배점
	3

19. 다음 그림을 보고 해당되는 줄눈의 명칭을 적으시오.

득점	배점
	4

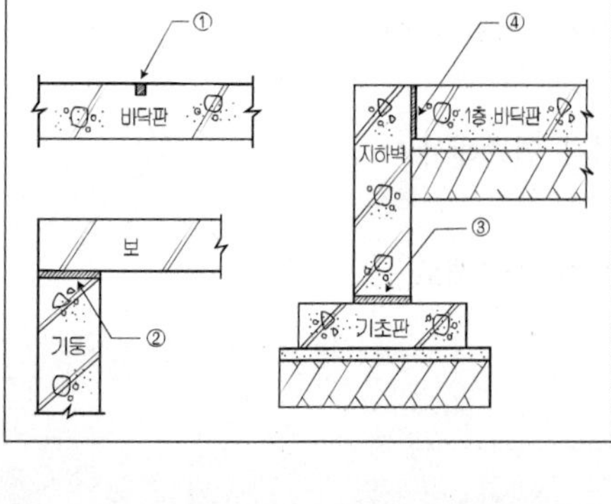

①	
②	
③	
④	

20. 그림과 같은 구조물에서 T부재에 발생하는 부재력을 구하시오.

득점	배점
	3

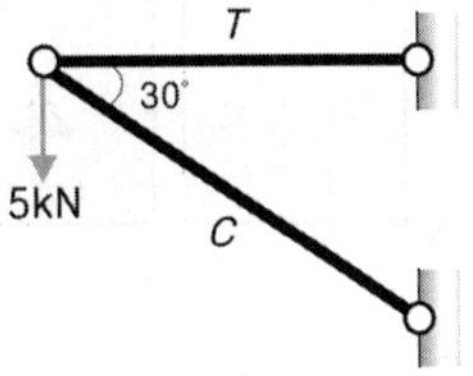

21. 다음 데이터를 네트워크공정표로 작성하고, 각 작업의 여유시간을 구하시오.

득점	배점
	10

작업명	작업일수	선행작업	비고
A	5	없음	(1) 결합점에서는 다음과 같이 표시한다. 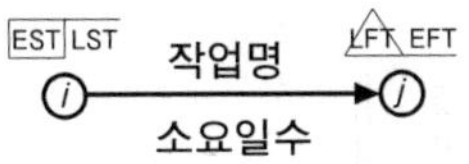
B	8	A	
C	4	A	
D	6	A	
E	7	B	
F	8	B, C, D	
G	4	D	
H	6	E	(2) 주공정선은 굵은선으로 표시한다.
I	4	E, F	
J	8	E, F, G	
K	4	H, I, J	

(1) 네트워크공정표

(2) 여유시간 산정

작업명	TF	FF	DF	CP
A				
B				
C				
D				
E				
F				
G				
H				
I				
J				
K				

22. 기준점(Bench Mark)의 정의 및 설치 시 주의사항을 2가지 쓰시오.

득점	배점
	4

(1) 정의:

(2) 설치 시 주의사항:

(1) (2)

23. 철골 주각부(Pedestal)는 고정주각, 핀주각, 매립형주각 3가지로 구분된다. 다음 그림과 적합한 주각부의 명칭을 쓰시오.

득점	배점
	6

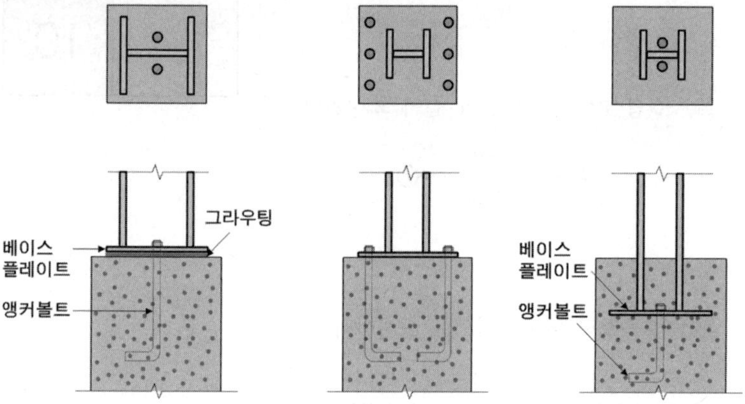

(①) (②) (③)

24. $H-400 \times 300 \times 9 \times 14$ 형강의 플랜지의 판폭두께비를 구하시오.

득점	배점
	4

25. 그림과 같은 독립기초의 2방향 전단(Punching Shear) 위험단면 둘레길이(mm)를 구하시오. (단, 위험단면의 위치는 기둥면에서 $0.75d$ 위치를 적용한다.)

득점	배점
	4

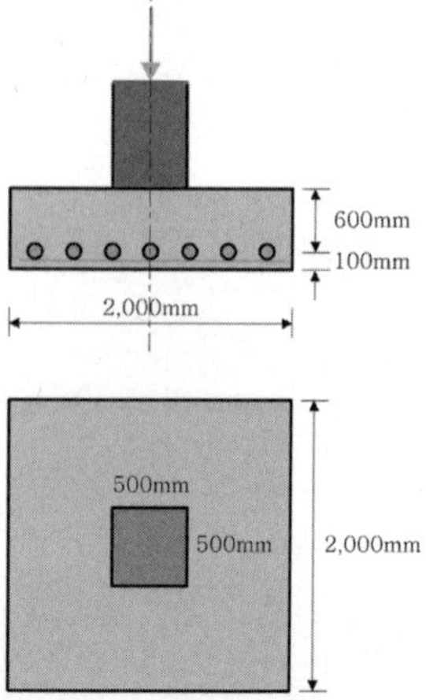

26. 그림과 같은 캔틸레버 보의 A점으로부터 우측으로 4m 위치인 C점의 전단력과 휨모멘트를 구하시오.

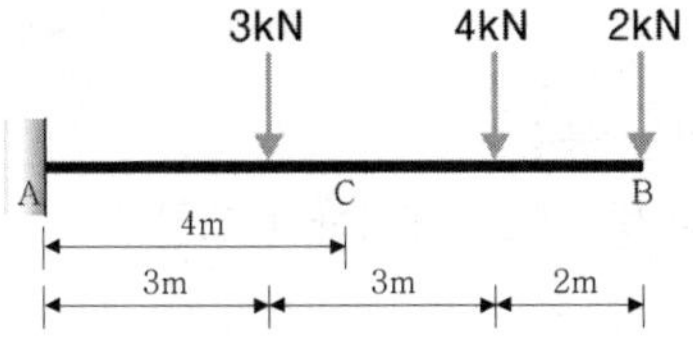

득점	배점
	4

총점

2018. 1회 건축기사 해답

1.

(1) 콘크리트와의 부착력 증진을 위해 표면에 리브와 마디 등의 돌기가 있는 봉강

(2) 하중을 분포시키거나 균열을 제어할 목적으로 주철근과 직각에 가까운 방향으로 배치한 보조철근

2.

$1,000 \times 0.05 \div 10 = 5$일

3.

(1) 아크릴 수지, 염화비닐 수지 (2) 페놀 수지, 멜라민 수지

4.

(1) 얇은 철판에 자름금을 내어 당겨 늘린 것 (2) 얇은 철판에 각종 모양을 도려낸 것

5.

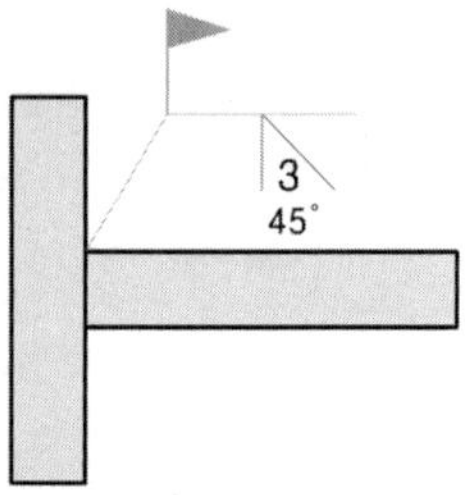

6.

① 도포법 ② 주입법 ③ 침지법

7.

① 시료 채취(Sampling, 샘플링) ② 지하수위 측정 ③ 토질주상도 작성

8.

중앙부 굴착, 중앙부 기초구조물 축조, 버팀대 설치

9.

① 2 ② 4 ③ 5 ④ 3 ⑤ 6 ⑥ 8

10.

① 하중계(Load Cell) ② 변형률계(Strain Gauge) ③ 지중침하계(Extension Meter)

11.
드라이브 핀(Drive Pin)

12.
(1) 기존 건축물의 기초를 보강할 때
(2) 새로운 기초를 설치하여 기존 건축물을 보호해야 할 때

13.
① 공동이행방식 ② 분담이행방식 ③ 주계약자형 공동도급방식

14.
(1) ④ (2) ③ (3) ① (4) ②

15.
(1) 다져진 상태의 토량 $= 30 \times \frac{0.9}{1.2} = 22.5$
(2) 다져진 상태의 남는 토량 $= 22.5 - (30 \times 0.6) = 4.5$
(3) 흐트러진 상태의 토량 $= 4.5 \times \frac{1.2}{0.9} = 6\text{m}^3$

16.
$100 \times 224 \times 1.03 = 23{,}072$매

17.
(1) $f_1 = \frac{600{,}000}{390 \times 190} = 8.097$, $f_2 = \frac{500{,}000}{390 \times 190} = 6.747$, $f_3 = \frac{550{,}000}{390 \times 190} = 7.422$
(2) $f = \frac{8.097 + 6.747 + 7.422}{3} = 7.42\text{N/mm}^2 < 8.0\text{N/mm}^2$ 이므로 불합격

18.
콘크리트 부재가 화재로 가열되어 표면부가 소리를 내며 급격히 파열되는 현상

19.
① 조절줄눈 ② 미끄럼줄눈 ③ 시공줄눈 ④ 신축줄눈

20.

(1) $\Sigma V=0$: $-(5)-(F_C \cdot \sin30°)=0$ $\quad\therefore\ F_C=-10\text{kN}$(압축)

(2) $\Sigma H=0$: $+(F_T)+(F_C \cdot \cos30°)=0$ $\quad\therefore\ F_T=+8.66\text{kN}$(인장)

21.

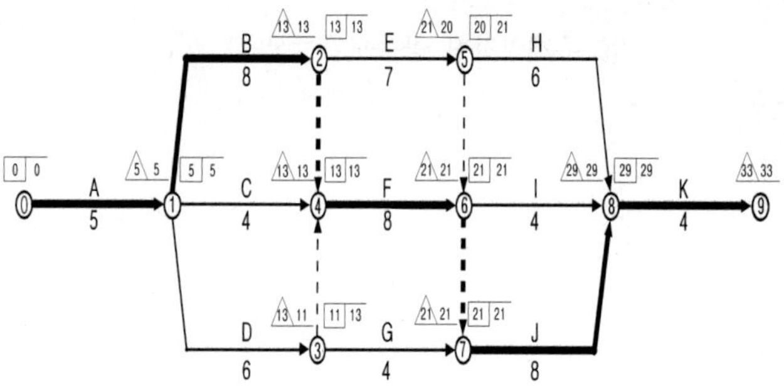

작업명	TF	FF	DF	CP
A	0	0	0	※
B	0	0	0	※
C	4	4	0	
D	2	0	2	
E	1	0	1	
F	0	0	0	※
G	6	6	0	
H	3	3	0	
I	4	4	0	
J	0	0	0	※
K	0	0	0	※

22.

(1) 건축물 시공 시 공사 중 높이의 기준을 정하고자 설치하는 원점

(2) ① 지면에서 0.5~1.0m에 공사에 지장이 없는 곳에 설치

② 이동의 염려가 없는 곳에 설치

23.

① 핀 주각 ② 고정 주각 ③ 매입형 주각

24.

$$\lambda_f = \frac{(300)/2}{(14)} = 10.71$$

25.

$$b_o = [(0.75(600)+500+0.75(600)] \times 4 = 5{,}600\text{mm}$$

26.

(1) $V_{C,Right} = -[-(2)-(4)] = +6\text{kN}(\uparrow\downarrow)$

(2) $M_{C,Right} = -[+(4)(2)+(2)(4)] = -16\text{kN}\cdot\text{m}(\frown)$

2018. 2회 건축기사

1. 다음 용어를 간단히 설명하시오.

득점	배점
	6

(1) 콜드조인트(Cold Joint):

(2) 조절줄눈(Control Joint):

(3) 신축줄눈(Expansion Joint):

2. 다음이 설명하는 시공기계를 쓰시오.

득점	배점
	4

> (1) 사질지반의 굴착이나 지하연속벽, 케이슨 기초 같은 좁은 곳의 수직굴착에 사용되며, 토사채취에도 사용된다. 최대 18m 정도 깊이까지 굴착이 가능하다.
> (2) 지반보다 높은 곳(기계의 위치보다 높은 곳)의 굴착에 적합한 토공장비

(1) ______ (2) ______

3. 강구조 내화피복 공법 중 습식공법을 설명하고 습식공법의 종류 2가지와 사용되는 재료를 적으시오.

득점	배점
	4

(1) 습식공법:

(2) 공법의 종류와 사용 재료:

① ______ ② ______

4. 조적조 블록벽체의 습기침투의 원인을 4가지 쓰시오.

득점	배점
	4

① ______ ② ______

③ ______ ④ ______

5. 다음의 입찰 방법을 간단히 설명하시오.

득점	배점
	6

(1) 공개경쟁입찰:

(2) 지명경쟁입찰:

(3) 특명입찰:

6. 다음이 설명하는 용어를 쓰시오.

득점	배점
	2

> 수장공사 시 바닥에서 1m~1.5m 정도의 높이까지 널을 댄 것

7. 철근의 인장강도가 240MPa 이상으로 규정되어 있다고 할 때, 현장에 반입된 철근(중앙부 지름 14mm, 표점거리 50mm)의 인장강도를 시험 파괴하중이 37.20kN, 40.57kN, 38.15kN 이었다. 평균인장강도를 구하고 합격여부를 판정하시오.

득점	배점
	5

(1) 평균인장강도:

(2) 판정:

8. 시스템(System) 거푸집 중 터널폼(Tunnel Form)을 설명하시오.

득점	배점
	3

9. 다음 데이터를 네트워크공정표로 작성하시오.

득점	배점
	8

작업명	작업일수	선행작업	비고
A	2	없음	(1) 결합점에서는 다음과 같이 표시한다. 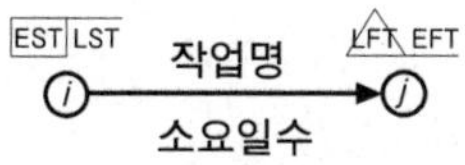
B	3	없음	
C	5	A	
D	5	A, B	
E	2	A, B	(2) 주공정선은 굵은선으로 표시한다.
F	3	C, D, E	
G	5	E	

10. 일반적인 철근콘크리트(RC) 건축물의 철근 조립순서를 보기에서 골라 쓰시오.

득점	배점
	4

① 기둥철근 ② 기초철근 ③ 보철근 ④ 바닥철근 ⑤ 벽철근

11. 예민비(Sensitivity Ratio)의 식을 쓰고 간단히 설명하시오.

(1) 식:

(2) 설명:

득점	배점
	4

12. 다음 그림과 같은 독립기초에 발생하는 최대압축응력[MPa]을 구하시오.

득점	배점
	4

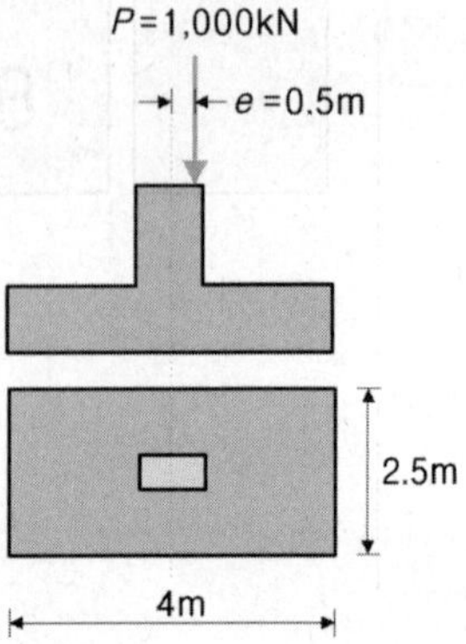

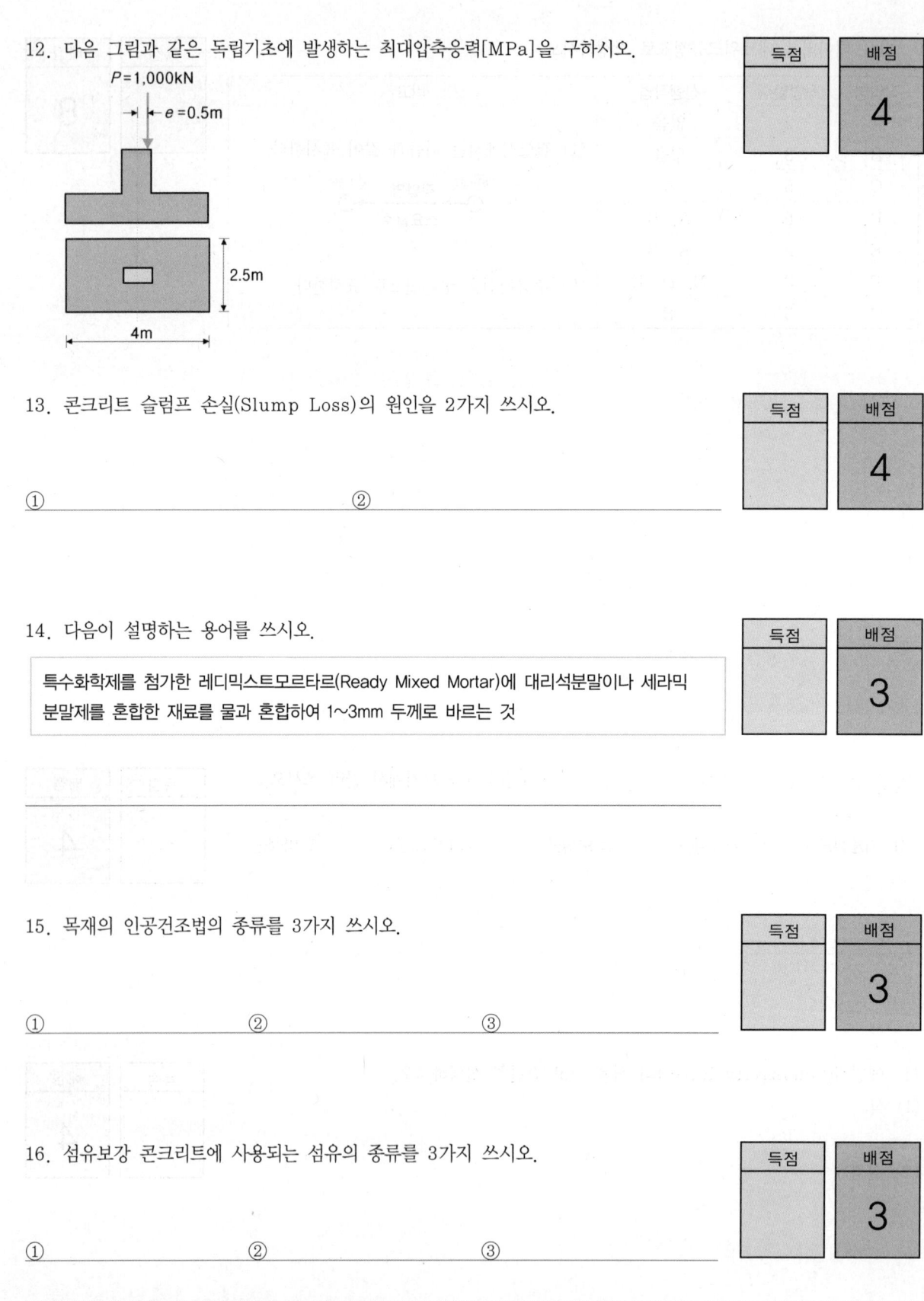

13. 콘크리트 슬럼프 손실(Slump Loss)의 원인을 2가지 쓰시오.

득점	배점
	4

① ②

14. 다음이 설명하는 용어를 쓰시오.

득점	배점
	3

특수화학제를 첨가한 레디믹스트모르타르(Ready Mixed Mortar)에 대리석분말이나 세라믹 분말제를 혼합한 재료를 물과 혼합하여 1~3mm 두께로 바르는 것

15. 목재의 인공건조법의 종류를 3가지 쓰시오.

득점	배점
	3

① ② ③

16. 섬유보강 콘크리트에 사용되는 섬유의 종류를 3가지 쓰시오.

득점	배점
	3

① ② ③

17. 다음이 설명하는 용어를 쓰시오.

득점	배점
	3

건축주와 시공자가 공사실비를 확인정산하고 정해진 보수율에 따라 시공자에게 지급하는 방식

18. 다음 보기 중 매스콘크리트의 온도균열을 방지할 수 있는 기본적인 대책을 모두 골라 번호로 쓰시오.

득점	배점
	3

보기

① 응결촉진제 사용　② 중용열시멘트 사용　③ Pre-Cooling 방법 사용
④ 단위시멘트량 감소　⑤ 잔골재율 증가　⑥ 물시멘트비 증가

19. 다음 괄호 안에 알맞은 숫자를 쓰시오.

득점	배점
	4

보강콘크리트블록조의 세로철근은 기초보 하단에서 윗층까지 잇지 않고 (　　　)D 이상 정착시키고, 피복두께는 (　　　)cm 이상으로 한다.

20. 깨진 석재를 붙일 수 있는 접착제를 1가지 쓰시오.

득점	배점
	3

21. 재질과 단면적 및 길이가 같은 다음 4개의 장주에 대해 유효좌굴길이가 가장 큰 기둥을 순서대로 쓰시오.

득점	배점
	3

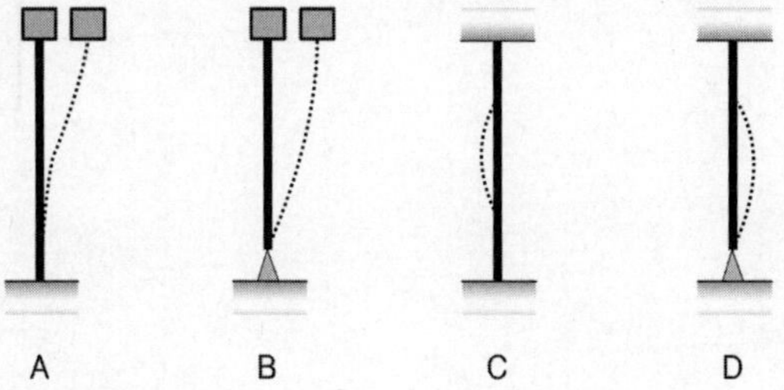

22. 다음이 설명하는 용어를 쓰시오.

득점	배점
	2

콘크리트 설계기준압축강도 f_{ck}가 40MPa 이하의 압축연단 콘크리트가 가정된 극한변형률 0.0033에 도달할 때 최외단 인장철근의 순인장변형률 ϵ_t가 0.005 이상인 단면

---

23. 그림과 같은 줄기초를 터파기 할 때 필요한 6톤 트럭의 필요 대수를 구하시오.
(단, 자연상태 흙의 단위중량 1,600kg/m^3이며, 흙의 할증 25%를 고려한다.)

득점	배점
	4

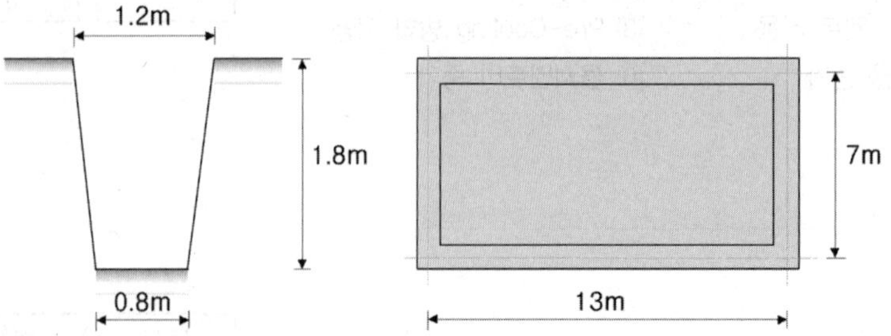

(1) 토량:

(2) 운반대수:

24. 그림과 같은 인장부재의 순단면적을 구하시오.
(단, 판재의 두께는 10mm이며, 구멍 크기는 22mm)

득점	배점
	4

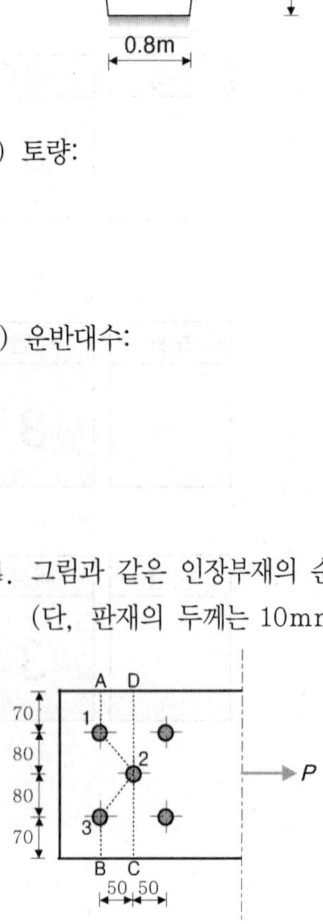

25. 인장이형철근의 정착길이를 다음과 같은 정밀식으로 계산할 때 α, β, γ, λ가 의미하는 바를 쓰시오.

득점	배점
	4

$$l_d = \frac{0.9 d_b \cdot f_y}{\lambda \sqrt{f_{ck}}} \cdot \frac{\alpha \cdot \beta \cdot \gamma}{\left(\dfrac{c + K_{tr}}{d_b}\right)}$$

① α :

② β :

③ γ :

④ λ :

26. 그림과 같은 단면의 단면2차모멘트의 비 I_x/I_y를 구하시오.

득점	배점
	4

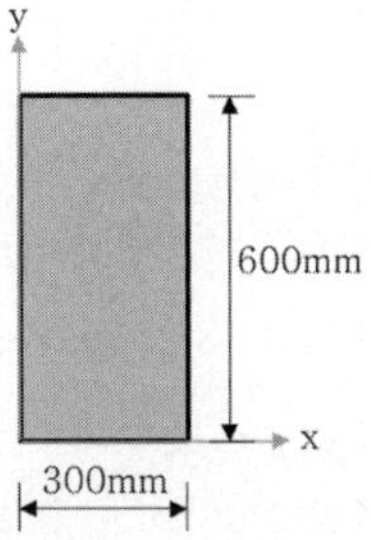

총점

2018. 2회 건축기사 해답

1.

(1) 콘크리트 이어치기할 때 콘크리트가 일체화되지 않아 발생하는 계획되지 않은 조인트

(2) 지반 등 안정된 위치에 있는 바닥판이 수축에 의하여 표면에 균열이 생길 수 있는데 이러한 균열을 방지하기 위해 설치하는 조인트

(3) 온도변화에 따른 팽창 · 수축 또는 부등침하 · 진동 등에 의해 균열이 예상되는 위치에 설치하는 조인트

2.

(1) 클램쉘(Clamshell)　　(2) 파워쇼벨(Power Shovel)

3.

(1) 화재발생 시 강재의 온도상승 및 강도저하에 의해 건물이 붕괴되지 않도록 강재 주위를 내화재료로 피복하는 공법

(2) ① 타설 공법: 콘크리트, 경량콘크리트　　② 조적 공법: 돌, 벽돌

4.

① 벽돌 및 모르타르의 강도 부족　　② 모르타르 바름의 신축 및 들뜨기

③ 온도 및 습기에 의한 재료의 신축성　　④ 이질재와 접합부 불완전 시공

5.

(1) 입찰참가자를 공모하여 유자격자에게 모두 참가기회를 주는 방식

(2) 해당 공사에 가장 적격하다고 인정되는 3~7개 정도의 시공회사를 선정하여 입찰시키는 방식

(3) 건축주가 가장 적합한 1개의 시공회사를 선정하여 입찰시키는 방식

6.

징두리벽(Wainscot)

7.

(1) 평균인장강도: $f_t = \dfrac{\dfrac{P_1}{A}+\dfrac{P_2}{A}+\dfrac{P_3}{A}}{3} = \dfrac{\dfrac{37.20\times10^3+40.57\times10^3+38.15\times10^3}{\dfrac{\pi\times14^2}{4}}}{3} = 251.01\text{MPa}$

(2) 판정: 251.01MPa $\geq$ 240MPa이므로 합격

8.

한 구획 전체의 벽판과 바닥판을 ㄱ자형 또는 ㄷ자형으로 짜는 거푸집

9.

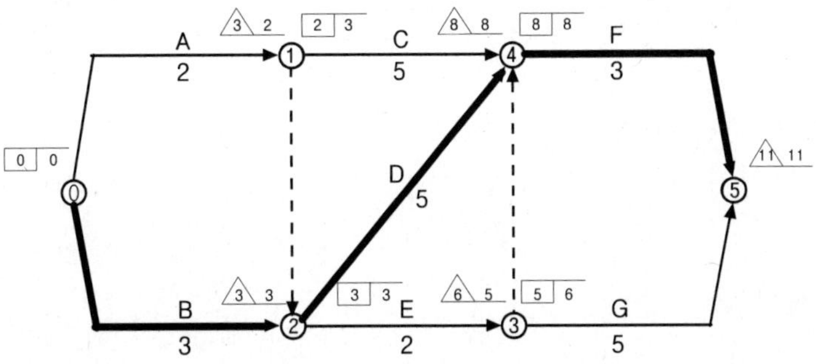

10.

② ➠ ① ➠ ⑤ ➠ ③ ➠ ④

11.

(1) 예민비 $= \dfrac{\text{자연시료강도}}{\text{이긴시료강도}}$

(2) 점토에 있어서 자연시료는 어느 정도의 강도가 있으나 이것의 함수율을 변화시키지 않고 이기면 약해지는 정도를 표시하는 것

12.

$$\sigma_{\max} = -\frac{P}{A} - \frac{M}{Z} = -\frac{(1{,}000\times10^3)}{(2{,}500\times4{,}000)} - \frac{(1{,}000\times10^3)(500)}{\dfrac{(2{,}500)(4{,}000)^2}{6}} = -0.175\text{N/mm}^2 = -0.175\text{MPa(압축)}$$

13.

① 콘크리트 수화작용

② 증발에 의한 자유수 감소

14.

합성수지 플라스터 바름

15.

① 증기법 ② 열기법 ③ 훈연법

16.

① 강섬유 ② 유리섬유 ③ 탄소섬유

17.
실비비율 보수가산식

18.
②, ③, ④

19.
40, 2

20.
에폭시(Epoxy)

21.
B ➡ A ➡ D ➡ C

22.
인장지배단면

23.
(1) 토량: $V=\dfrac{1.2+0.8}{2}\times 1.8\times(13+7)\times 2=72\text{m}^3$

(2) ① 1대당 토량: $\dfrac{6}{1.6}\times 1.25=4.687\text{m}^3$ ② 운반대수: $\dfrac{72\times 1.25}{4.687}=19.20$ ➡ 20대

24.
(1) 파단선: A-1-3-B: $A_n=A_g-n\cdot d\cdot t=(10\times 300)-(2)(22)(10)=2{,}560\text{mm}^2$

(2) 파단선: A-1-2-3-B: $A_n=(10\times 300)-(3)(22)(10)+\dfrac{(50)^2}{4(80)}\cdot(10)+\dfrac{(50)^2}{4(80)}\cdot(10)=2{,}496.25\text{mm}^2$

(1), (2) 중 작은값이므로 $2{,}496.25\text{mm}^2$

25.
① α : 철근배치 위치계수 ② β : 철근 도막계수
③ γ : 철근 또는 철선의 크기 계수 ④ λ : 경량콘크리트계수

26. $\dfrac{I_x}{I_y}=\dfrac{\dfrac{(300)(600)^3}{12}+(300\times 600)(300)^2}{\dfrac{(600)(300)^3}{12}+(600\times 300)(150)^2}=4$

2018. 4회 건축기사

1. 강구조 공사에서 철골세우기용 기계설비를 3가지 쓰시오.

득점	배점
	3

① ② ③

2. 다음 용어를 설명하시오.

득점	배점
	4

(1) 적산(積算):

(2) 견적(見積):

3. 종합건설제도(Genecon)에 대하여 간단히 설명하시오.

득점	배점
	3

4. 목재의 방부처리방법을 3가지 쓰고 간단히 설명하시오.

득점	배점
	3

①

②

③

5. 프리스트레스트 콘크리트(Pre-Stressed Concrete)의 프리텐션(Pre-Tension) 방식과 포스트텐션(Post-Tension) 방식에 대하여 설명하시오.

득점	배점
	4

(1) Pre-Tension 공법:

(2) Post-Tension 공법:

6. 다음 조건의 철근콘크리트 부재의 부피와 중량을 구하시오.

(1) 보: 단면 300mm × 400mm, 길이 1m, 150개

① 부피:

② 중량:

(2) 기둥: 단면 450mm × 600mm, 길이 4m, 50개

① 부피:

② 중량:

득점	배점
	4

7. 시공계획서 제출 시 환경관리 및 친환경관리에 대해 제출해야 할 서류에 포함될 내용을 4가지 쓰시오

① ②

③ ④

득점	배점
	4

8. 시멘트의 응결시간에 영향을 미치는 요소를 3가지 설명하시오.
(단, 다음의 예시와 같은 형식으로 답을 작성하시오.)

【예시】 습도가 높을수록 응결속도가 늦어진다.

①

②

③

득점	배점
	3

9. 단순보의 전단력도가 그림과 같을 때 최대 휨모멘트를 구하시오.

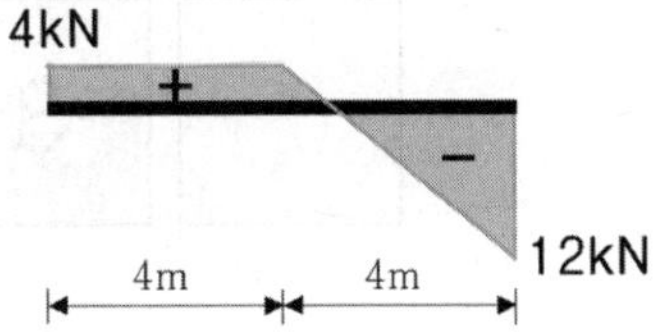

득점	배점
	4

10. 다음 데이터를 네트워크공정표로 작성하고, 각 작업의 여유시간을 구하시오.

득점	배점
	10

작업명	작업일수	선행작업	비고
A	2	없음	(1) 결합점에서는 다음과 같이 표시한다. EST LST 작업명 LFT EFT ⓘ → ⓙ 소요일수
B	3	없음	
C	5	없음	
D	4	없음	
E	7	A, B, C	(2) 주공정선은 굵은선으로 표시한다.
F	4	B, C, D	

(1) 네트워크공정표

(2) 각 작업의 여유시간

작업명	TF	FF	DF	CP
A				
B				
C				
D				
E				
F				

11. 두께 0.15m, 폭 6m, 길이 100m 도로를 $6m^3$ 레미콘을 이용하여 하루 8시간 작업 시 레미콘 배차간격은 몇 분(min)인가?

득점	배점
	3

12. 거푸집 공사와 관련된 용어를 쓰시오.

득점	배점
	4

(1) 슬래브에 배근되는 철근이 거푸집에 밀착되는 것을 방지하기 위한 간격재(굄재)
(2) 벽거푸집이 오므라드는 것을 방지하고 간격을 유지하기 위한 격리재
(3) 콘크리트에 달대와 같은 설치물을 고정하기 위해 매입하는 철물
(4) 거푸집의 간격을 유지하며 벌어지는 것을 막는 긴장재

① ②

③ ④

13. 공사현장에서 절단이 불가능하여 사용치수로 주문 제작해야 하는 유리의 명칭 2가지를 쓰시오.

득점	배점
	2

① ②

14. 공동도급(Joint Venture Contract)의 장점을 4가지 쓰시오.

득점	배점
	4

① ②

③ ④

15. 그림과 같은 콘크리트 기둥이 양단힌지로 지지되었을 때 약축에 대한 세장비가 150이 되기 위한 기둥의 길이(m)를 구하시오.

득점	배점
	3

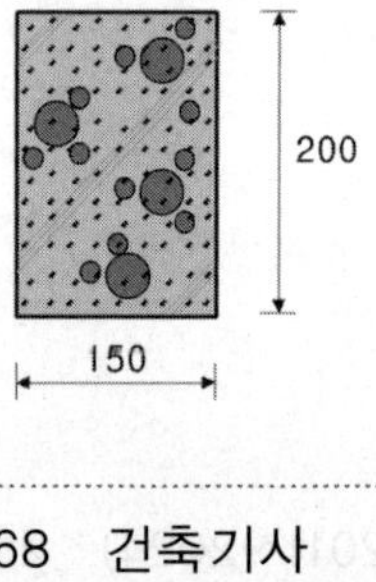

16. 콘크리트공사와 관련된 다음 용어를 간단히 설명하시오.

득점	배점
	4

(1) 콜드조인트(Cold Joint):

(2) 블리딩(Bleeding):

17. 다음의 거푸집 공법을 설명하시오.

득점	배점
	4

(1) 슬립폼(Slip Form):

(2) 트래블링폼(Traveling Form):

18. 콘크리트 내의 철근의 내구성에 영향을 주는 부식방지를 억제할 수 있는 방법을 4가지 쓰시오.

득점	배점
	4

① ______ ② ______

③ ______ ④ ______

19. 조적구조 기준 내용의 빈칸을 채우시오.

득점	배점
	2

(1) 조적식구조 내력벽의 길이는 (①)m를 넘을 수 없다.

(2) 조적식구조 내력벽으로 둘러싸인 부분의 바닥면적은 (②)㎡를 넘을 수 없다.

① ______ ② ______

20. 강구조공사에서 철골에 녹막이칠을 하지 않는 부분을 3가지 쓰시오.

득점	배점
	3

① ______ ② ______

③ ______

21. 언더피닝 공법을 시행하는 목적과 그 공법의 종류를 2가지 쓰시오.

(1) 목적:

(2) 공법의 종류:

① ______________________ ② ______________________

득점	배점
	4

22. 금속커튼월의 성능시험관련 실물모형시험(Mock-Up Test)의 시험항목을 4가지 쓰시오.

① ______________________ ② ______________________

③ ______________________ ④ ______________________

득점	배점
	4

23. 조적조를 바탕으로 하는 지상부 건축물의 외부벽면 방수방법의 내용을 3가지 쓰시오.

① ______________ ② ______________ ③ ______________

득점	배점
	3

24. 인장철근만 배근된 철근콘크리트 직사각형 단순보에 하중이 작용하여 순간처짐이 5mm 발생하였다. 5년 이상 지속하중이 작용할 경우 총처짐량(순간처짐+장기처짐)을 구하시오.
(단, 장기처짐계수 $\lambda_{\Delta} = \dfrac{\xi}{1+50\rho'}$ 을 적용하며 시간경과계수는 2.0으로 한다.)

득점	배점
	4

25. 그림과 같은 RC보에서 최외단 인장철근의 순인장변형률(ϵ_t)를 산정하고, 지배단면 (인장지배단면, 압축지배단면, 변화구간단면)을 구분하시오. (단, $A_s = 1{,}927\text{mm}^2$, $f_{ck} = 24\text{MPa}$, $f_y = 400\text{MPa}$, $E_s = 200{,}000\text{MPa}$)

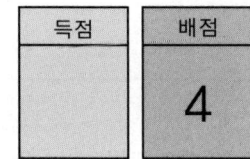

득점	배점
	4

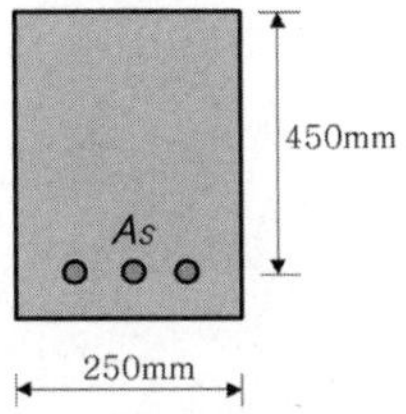

26. 그림과 같은 트러스의 D_2, U_2, L_2,의 부재력(kN)을 절단법으로 구하시오. (단, −는 압축력, +는 인장력으로 부호를 반드시 표시하시오.)

득점	배점
	6

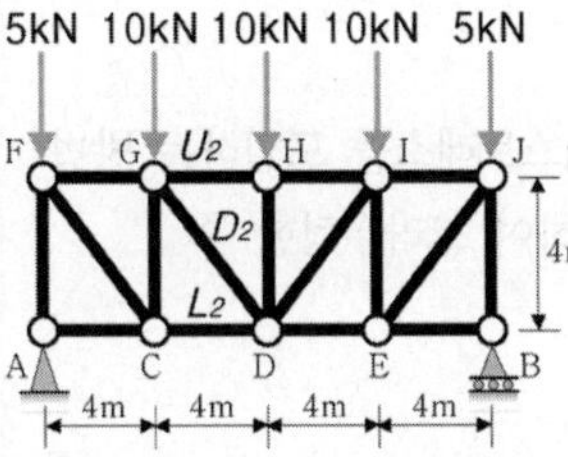

총점

2018. 4회 건축기사 해답

1.
① 가이 데릭(Guy Derrick) ② 스티프레그 데릭(Stiff Leg Derrick) ③ 타워 크레인(Tower Crane)

2.
(1) 재료 및 품의 수량과 같은 공사량을 산출하는 기술활동
(2) 공사량에 단가를 곱하여 공사비를 산출하는 기술활동

3.
종합건설(General Construction)의 약자로서, 종합적인 건설관리만 맡고 부분별 공사는 하청업자에게 넘겨주어 공사를 진행하는 형태를 말한다.

4.
① 도포법: 목재를 충분히 건조시킨 후 균열이나 이음부 등에 솔 등으로 방부제를 도포하는 방법
② 주입법: 압력용기 속에 목재를 넣어 고압 하에서 방부제를 주입하는 방법
③ 침지법: 방부제 용액 중에 목재를 몇 시간 또는 며칠 동안 침지하는 방법

5.
(1) PS강재를 긴장하고 콘크리트를 타설한 후 PS강재와 콘크리트를 접합하여 프리스트레스를 도입하는 방법
(2) 쉬스(Sheath)를 설치하고 콘크리트를 타설한 후 PS강재를 삽입, 긴장, 고정하여 그라우팅한 후 프리스트레스를 도입하는 방법

6.
(1) ① 부피: $0.3 \times 0.4 \times 1 \times 150 = 18\text{m}^3$ ② 중량: $18 \times 2{,}400 = 43{,}200\text{kg}$
(2) ① 부피: $0.45 \times 0.6 \times 4 \times 50 = 54\text{m}^3$ ② 중량: $54 \times 2{,}400 = 129{,}600\text{kg}$

7.
① 건설폐기물 저감 및 재활용 계획 ② 산업부산물 재활용 계획
③ 온실가스 배출 저감 계획 ④ 천연자원 사용 저감 계획

8.
① 온도가 높고 습도가 낮을수록 응결속도가 빠르다.
② 시멘트 분말도가 크면 응결속도가 빠르다.
③ 알루민산 3석회(C_3A)가 많을수록 응결속도가 빠르다.

9.

(1) 전단력이 0인 곳에서 휨모멘트가 최대가 된다. 따라서, B점에서 전단력이 0인 위치까지의 거리를 x 라 하면 삼각형 닮음비 12 : x = (12+4) : 4 이므로 ∴ $x=3\text{m}$

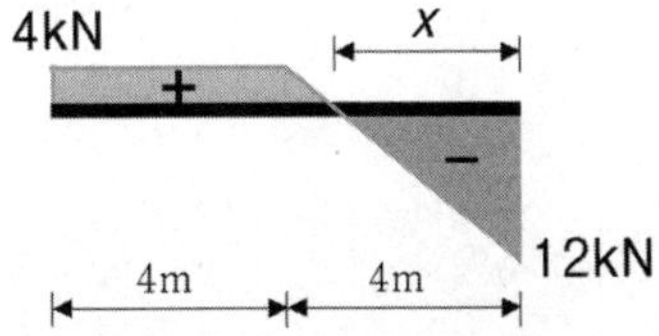

(2) 임의 위치에서의 휨모멘트는 그 위치의 좌측 또는 우측 한 쪽의 전단력도 면적과 같다.

$$\therefore\ M_{\max}=\frac{1}{2}\times 12\times 3=18\text{kN}\cdot\text{m}$$

10.

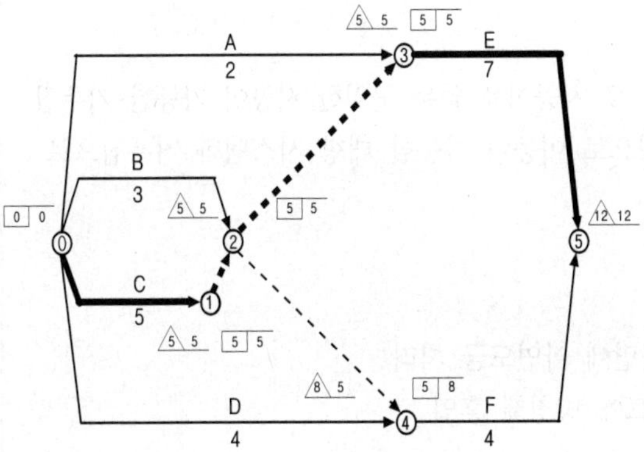

작업명	TF	FF	DF	CP
A	3	3	0	
B	2	2	0	
C	0	0	0	※
D	4	1	3	
E	0	0	0	※
F	3	3	0	

11.

(1) 소요 콘크리트량: $0.15\times 6\times 100=90\text{m}^3$

(2) 6m^3 레미콘 차량대수: $\frac{90}{6}=15$대

(3) 배차간격: $\frac{8\times 60}{15}=32$분

12.

(1) 스페이서 (2) 세퍼레이터 (3) 인서트 (4) 폼타이

13.

① 복층 유리 ② 배강도 유리

14.
① 신용 및 융자력 증대 ② 위험요소의 분산 ③ 기술의 확충 ④ 시공의 확실성

15.
$$\lambda = \frac{(1.0)L}{\sqrt{\frac{\frac{(200)(150)^3}{12}}{(200\times150)}}} = 150$$ 으로부터 $L = 6{,}495\text{mm} = 6.495\text{m}$

16.
(1) 콘크리트 이어치기할 때 콘크리트가 일체화 되지 않아 발생하는 계획되지 않은 조인트
(2) 콘크리트 타설시 아직 굳지 않은 콘크리트에서 물이 윗면으로 솟아오르는 현상

17.
(1) 거푸집을 연속으로 이동시키면서 콘크리트 타설을 하므로 시공이음 없는 균일한 시공이 가능한 거푸집
(2) 트래블러(Traveler)라고 하는 장치를 이용하여 수평으로 이동이 가능한 대형 시스템화 거푸집으로 터널이나 지하철공사 등에 적용

18.
① 에폭시 코팅 철근 사용 ② 철근 표면에 아연도금 처리
③ 골재에 제염제 혼입 ④ 콘크리트에 방청제 혼입

19.
① 10 ② 80

20.
① 콘크리트에 매립되는 부분 ② 조립에 의해 면맞춤 되는 부분 ③ 고장력볼트 접합부의 마찰면

21.
(1) 기존 건축물의 기초를 보강하거나 새로운 기초를 설치하여 기존 건축물을 보호하는 보강공사 방법
(2) ① 이중널말뚝박기 공법 ② 현장타설콘크리트말뚝 공법

22.
① 기밀성능 시험 ② 수밀성능 시험 ③ 구조성능 시험 ④ 영구변형 시험

23.

① 시멘트모르타르계 방수　　② 규산질계 도포 방수　　③ 발수제 도포 방수

24.

총처짐 = 탄성처짐 + 탄성처짐 × $\dfrac{\xi}{1+50\rho'}$ = (5) + (5) × $\dfrac{(2.0)}{1+50(0)}$ = 15mm

25.

(1) $f_{ck} \leq 40\text{MPa}$ ➡ $\eta = 1.00$, $\beta_1 = 0.80$, $\epsilon_{cu} = 0.0033$

(2) $a = \dfrac{A_s \cdot f_y}{\eta \cdot 0.85 f_{ck} \cdot b} = \dfrac{(1{,}927)(400)}{(1.00)(0.85\times 24)(250)} = 151.13\text{mm}$

$c = \dfrac{a}{\beta_1} = \dfrac{(151.13)}{(0.80)} = 188.91\text{mm}$

(3) $\epsilon_t = \dfrac{d_t - c}{c} \cdot \epsilon_{cu} = \dfrac{(450)-(188.91)}{(188.91)} \cdot (0.0033) = 0.00456$

(4) $0.0020 < \epsilon_t\ (=0.00456) < 0.005$ ➡ 변화구간단면

26.

(1) $V = 0$: $+(20)-(5)-(10)-\left(F_{V_2}\cdot\dfrac{1}{\sqrt{2}}\right)=0$　　$\therefore\ F_{V_2} = +5\sqrt{2}\,\text{kN}$(인장)

(2) $M_{D,Left} = 0$: $+(20)(8)-(5)(8)-(10)(4)+(F_{U_2})(4)=0$　$\therefore\ F_{U_2} = -20\text{kN}$(압축)

(3) $M_{G,Left} = 0$: $+(20)(4)-(5)(4)-(F_{L_2})(4)=0$　$\therefore\ F_{L_2} = +15\text{kN}$(인장)

2019. 1회 건축기사

1. 철골부재의 접합에 사용되는 고장력볼트 중 볼트의 장력 관리를 손쉽게 하기 위한 목적으로 개발된 것으로 본조임 시 전용조임기를 사용하여 볼트의 핀테일이 파단될 때까지 조임시공하는 볼트의 명칭을 쓰시오.

득점	배점
	3

2. 방수공사에 활용되는 시트(Sheet) 방수공법의 장단점을 각각 2가지씩 쓰시오.

득점	배점
	4

(1) 장점

① ②

(2) 단점

① ②

3. 목재를 천연건조(자연건조)할 때의 장점을 2가지 쓰시오.

득점	배점
	4

①

②

4. 콘크리트 구조물의 화재 시 급격한 고열현상에 의하여 발생하는 폭렬(Exclosive Fracture) 현상 방지대책을 2가지 쓰시오.

득점	배점
	4

①

②

5. 다음 설명에 해당되는 용접결함의 용어를 쓰시오.

득점	배점
	4

(1) 용접금속과 모재가 융합되지 않고 단순히 겹쳐지는 것

(2) 용접상부에 모재가 녹아 용착금속이 채워지지 않고 흠으로 남게 된 부분

(3) 용접봉의 피복재 용해물인 회분이 용착금속 내에 혼입된 것

(4) 용융금속이 응고할 때 방출되었어야 할 가스가 남아서 생기는 용접부의 빈 자리

(1) (2)

(3) (4)

6. 굳지않은 콘크리트의 시공연도(Workability)를 측정하는 시험 종류를 3가지 쓰시오.

득점	배점
	3

① ② ③

7. 강구조공사와 관련된 다음 용어를 설명하시오.

득점	배점
	4

(1) 밀 시트(Mill Sheet):

(2) 뒷댐재(Back Strip):

8. 다음과 같은 조건의 철근콘크리트 띠철근 기둥의 설계축하중 ϕP_n (kN)을 구하시오.

득점	배점
	3

【조건: $f_{ck}=24$MPa, $f_y=400$MPa, 8-HD22, HD22 한 개의 단면적은 387mm², 강도감소계수 $\phi=0.65$】

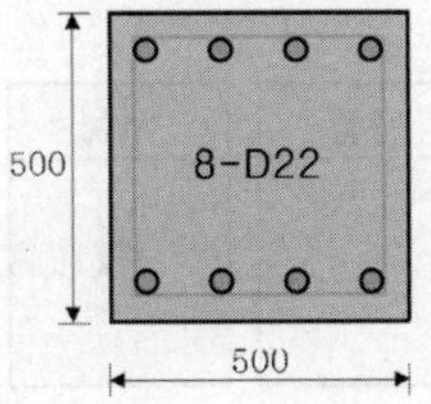

9. 흙막이공법 중 어스앵커(Earth Anchor) 공법에 대하여 설명하시오.

득점	배점
	3

10. 다음 [보기]에서 설명하는 구조의 명칭을 쓰시오.

득점	배점
	3

보기

강구조물 주위에 철근배근을 하고 그 위에 콘크리트가 타설되어 일체가 되도록 한 것으로서, 초고층 구조물 하층부의 복합구조로 많이 채택되는 구조

11. 지반조사 방법 중 사운딩(Sounding)시험의 정의를 간략히 설명하고 종류를 2가지 쓰시오.

득점	배점
	4

(1) 정의:

(2) 종류:

① ②

12. 금속커튼월의 성능시험관련 실물모형시험(Mock-Up Test)의 시험항목을 4가지 쓰시오.

득점	배점
	4

① ②

③ ④

13. 다음이 설명하는 구조의 명칭을 쓰시오.

득점	배점
	2

건축물의 기초 부분 등에 적층고무 또는 미끄럼받이 등을 넣어서 지진에 대한 건축물의 흔들림을 감소시키는 구조

14. 숏크리트(Shotcrete)의 정의를 기술하고, 그에 대한 장단점을 각각 2가지씩 쓰시오.

득점	배점
	6

(1) 정의:

(2) 장점

① ②

(3) 단점

① ②

15. 다음 조건하에서 파워쇼벨의 1시간당 추정 굴착작업량을 산출하시오.

득점	배점
	4

• $q=0.8\text{m}^3$ • $k=0.8$ • $f=0.7$ • $E=0.83$ • $Cm=40\text{sec}$

16. 다음이 설명하는 콘크리트의 줄눈 명칭을 쓰시오.

득점	배점
	2

콘크리트 경화 시 수축에 의한 균열을 방지하고 슬래브에서 발생하는 수평움직임을 조절하기 위하여 설치한다. 벽과 슬래브 외기에 접하는 부분 등 균열이 예상되는 위치에 약한 부분을 인위적으로 만들어 다른 부분의 균열을 억제하는 역할을 한다.

17. 커튼월(Curtain Wall)의 알루미늄바에서 누수방지 대책을 시공적 측면에서 4가지 쓰시오.

득점	배점
	4

① ②

③ ④

18. 기초와 지정의 차이점을 기술하시오.

득점	배점
	4

(1) 기초:

(2) 지정:

19. 콘크리트의 압축강도 시험을 하지 않을 경우 거푸집널의 해체시기를 나타낸 표이다. 빈칸에 알맞은 기간을 써 넣으시오. (단, 기초, 보, 기둥 및 벽의 측면의 경우)

득점	배점
	4

시멘트종류 / 평균기온	조강포틀랜드시멘트	보통포틀랜드시멘트
20℃ 이상	(　　)일	(　　)일
20℃ 미만 10℃ 이상	(　　)일	(　　)일

20. 다음 데이터를 네트워크공정표로 작성하고, 각 작업의 여유시간을 구하시오.

득점	배점
	10

작업명	작업일수	선행작업	비고
A	3	없음	
B	2	없음	(1) 결합점에서는 다음과 같이 표시한다.
C	4	없음	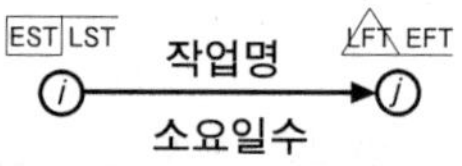
D	5	C	
E	2	B	
F	3	A	
G	3	A, C, E	(2) 주공정선은 굵은선으로 표시한다.
H	4	D, F, G	

(1) 네트워크공정표 작성

(2) 각 작업의 여유시간

작업명	TF	FF	DF	CP
A				
B				
C				
D				
E				
F				
G				
H				

21. 다음 용어를 설명하시오.

득점	배점
	4

(1) 접합 유리(Laminated Glass):

(2) 저방사 유리(Low-Emissivity Glass):

22. 콘크리트 응결경화 시 콘크리트 온도상승 후 냉각하면서 발생하는 온도균열 방지 대책을 3가지 쓰시오.

득점	배점
	3

①

②

③

23. 강구조 부재에서 비틀림이 생기지 않고 휨변형만 유발하는 위치를 전단중심(Shear Center)이라 한다. 다음 형강들에 대하여 전단중심의 위치를 각 단면에 표기하시오.

득점	배점
	5

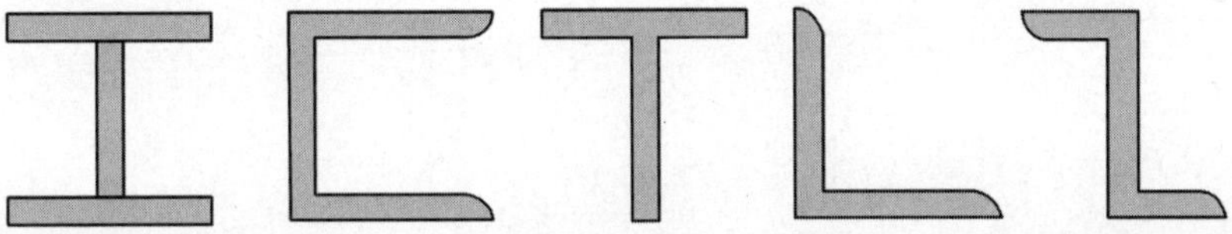

24. 큰 처짐에 의하여 손상되기 쉬운 칸막이벽이나 기타 구조물을 지지 또는 부착하지 않은 부재의 경우, 다음 표에서 정한 최소두께를 적용하여야 한다. 표의 ( )안에 알맞은 숫자를 써 넣으시오. (단, 표의 값은 보통중량콘크리트와 설계기준항복강도 400MPa 철근을 사용한 부재에 대한 값임)

득점	배점
	3

【처짐을 계산하지 않는 경우의 보 또는 1방향 슬래브의 최소 두께기준】

단순지지된 1방향 슬래브	L / ( )
1단연속된 보	L / ( )
양단연속된 리브가 있는 1방향 슬래브	L / ( )

25. 그림과 같은 3-Hinge라멘에서 A지점의 수평반력을 구하시오.

득점	배점
	3

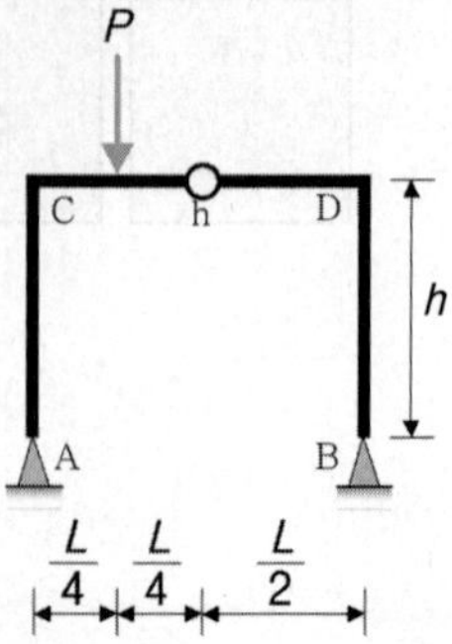

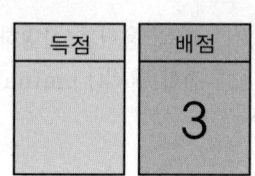

26. 철근콘크리트 보의 춤이 700mm이고, 부모멘트를 받는 상부단면에 HD25철근이 배근되어 있을 때, 철근의 인장정착길이(l_d)를 구하시오.
(단, $f_{ck} = 25\text{MPa}$, $f_y = 400\text{MPa}$, 철근의 순간격과 피복두께는 철근직경 이상이고, 상부철근 보정계수는 1.3을 적용, 도막되지 않은 철근, 보통중량콘크리트를 사용)

득점	배점
	3

총점

2019. 1회 건축기사 해답

1.
TS(Torque Shear) Bolt

2.
(1) ① 제품의 규격화로 시공이 간단하다. ② 바탕균열에 대한 내구성 및 내후성이 좋다.
(2) ① 다른 방수공법에 비해 재료가 비싸다. ② 접합부 처리 및 복잡한 부위의 마감이 어렵다.

3.
① 인공건조에 비해 비교적 균일한 건조가 가능하다.
② 건조에 의한 결함이 감소되며 시설투자비용 및 작업비용이 적다.

4.
① 내화피복을 실시하여 열의 침입을 차단한다.
② 흡수율이 작고 내화성이 있는 골재를 사용한다.

5.
(1) 오버랩 (2) 언더컷 (3) 슬래그 감싸들기 (4) 블로홀

6.
① 슬럼프(Slump) 시험 ② 흐름(Flow) 시험 ③ 비비(Vee Bee) 시험

7.
(1) 철강제품의 품질보증을 위해 공인된 시험기관에 의한 제조업체의 품질보증서
(2) 모재와 함께 용접되는 루트(Root) 하부에 대어 주는 강판

8.
$\phi P_n = (0.65)(0.80)[0.85(24) \cdot \{(500 \times 500) - (8 \times 387)\} + (400)(8 \times 387)] = 3,263,125\text{N} = 3,263.125\text{kN}$

9.
흙막이 배면을 천공 후 앵커(Anchor)체를 설치하여 주변지반을 지지하는 흙막이 공법

10.
매입형 합성기둥(Composite Column)

11.
(1) 로드(Rod) 선단에 설치한 저항체를 땅속에 삽입하여서 관입, 회전, 인발 등의 저항으로 토층의 성상을 탐사하는 방법
(2) 베인테스트(Vane Test), 표준관입시험(Standard Penetration Test)

12.
(1) 기밀성능 시험 (2) 수밀성능 시험 (3) 구조성능 시험 (4) 영구변형 시험

13.
면진구조

14.
(1) 콘크리트를 압축공기로 노즐에서 뿜어 시공면에 붙여 만든 것
(2) ① 가설공사가 불필요하며 시공성이 우수함 ② 재료표면의 강도, 수밀성 및 내구성 증진
(3) ① 분진발생과 재료낭비가 심함 ② 표면이 거칠고 균열발생의 우려가 있음

15.
$$Q = \frac{3{,}600 \times 0.8 \times 0.8 \times 0.7 \times 0.83}{40} = 33.47\text{m}^3$$

16.
조절줄눈(Control Joint)

17.
① 알루미늄바 접합부위 실런트 처리
② 스크류 고정부위 실런트 처리
③ 벽패널과 알루미늄바 틈새 실런트 처리
④ Weep Hole을 통해 물을 외부로 배출

18.
(1) 건축물의 최하부에서 건축물의 하중을 지반에 안전하게 전달시키는 구조부
(2) 기초판을 지지하기 위해서 그 아래에 설치하는 버림콘크리트, 잡석, 말뚝 등

19.
2, 4, 3, 6

20.

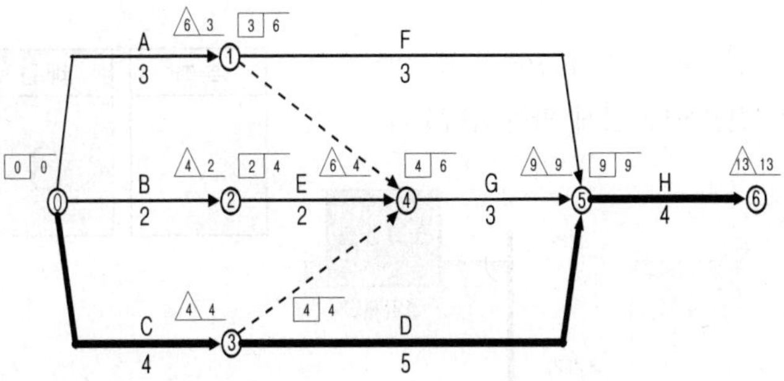

작업명	TF	FF	DF	CP
A	3	0	3	
B	2	0	2	
C	0	0	0	※
D	0	0	0	※
E	2	0	2	
F	3	3	0	
G	2	2	0	
H	0	0	0	※

21.

(1) 두 장 이상의 판유리 사이에 합성수지를 겹붙여 댄 것으로 합판유리라고도 한다.

(2) 열적외선을 반사하는 은소재 도막으로 코팅하여 방사율과 열관류율을 낮추고 가시광선투과율을 높인 유리

22.

① 단위시멘트량을 낮춘다.

② 수화열이 낮은 플라이애시 시멘트를 사용한다.

③ 선행 냉각(Pre Cooling), 관로식냉각(Pipe Cooling)과 같은 온도균열 제어방법을 이용한다.

23.

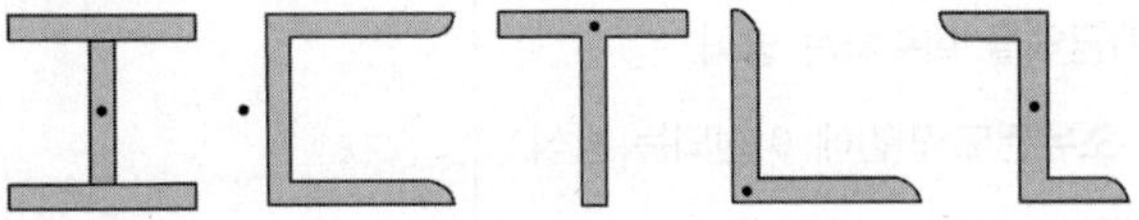

24.

20, 18.5, 21

25.

(1) $\Sigma M_B = 0$: $+(V_A)(L) - (P)\left(\dfrac{3L}{4}\right) = 0 \quad \therefore\ V_A = +\dfrac{3P}{4}(\uparrow)$

(2) $M_{h,Left} = 0$: $+\left(\dfrac{3P}{4}\right)\left(\dfrac{L}{2}\right) - (P)\left(\dfrac{L}{4}\right) - (H_A)(h) = 0 \quad \therefore\ H_A = +\dfrac{PL}{8h}(\rightarrow)$

26.

$l_d = \dfrac{0.6(25)(400)}{(1)\sqrt{(25)}} \times 1.3 \times 1.0 = 1{,}560\text{mm}$

2019. 2회 건축기사

1. 그림에서와 같이 터파기를 했을 경우, 인접 건물의 주위 지반이 침하할 수 있는 원인을 3가지 쓰시오. (단, 일반적으로 인접하는 건물보다 깊게 파는 경우)

득점	배점
	3

①

②

③

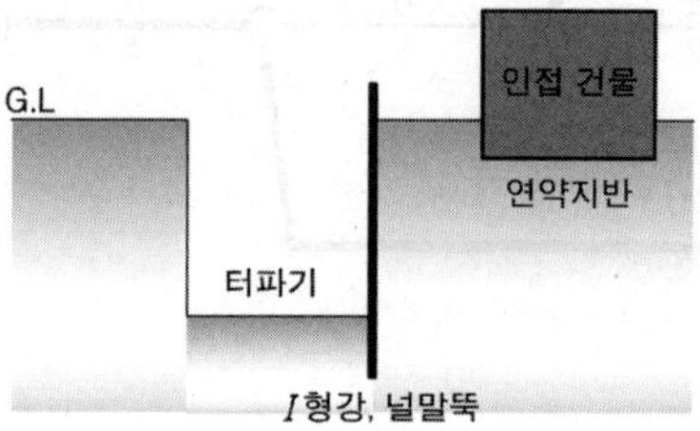

2. 다음 설명이 뜻하는 계약방식의 용어를 쓰시오.

득점	배점
	4

> (1) 발주측이 프로젝트 공사비를 부담하는 것이 아니라 민간부분 수주측이 설계, 시공 후 일정기간 시설물을 운영하여 투자금을 회수하고 시설물과 운영권을 무상으로 발주측에 이전하는 방식
> (2) 사회간접시설의 확충을 위해 민간이 자금조달과 공사를 완성하여 소유권을 공공부분에 먼저 이양하고, 약정기간 동안 그 시설물을 운영하여 투자금액을 회수하는 방식
> (3) 민간부분이 설계, 시공 주도 후 그 시설물의 운영과 함께 소유권도 민간에 이전되는 방식
> (4) 건축주는 발주시에 설계도서를 사용하지 않고 요구성능만을 표시하고 시공자는 거기에 맞는 시공법, 재료 등을 자유로이 선택할 수 있게 하는 일종의 특명입찰방식

(1) (2)

(3) (4)

3. 벽면적 $20m^2$에 표준형벽돌 1.5B 쌓기 시 붉은벽돌 소요량을 산출하시오.

득점	배점
	3

4. 흙막이공사에서 역타설 공법(Top-Down Method)의 장점을 4가지 쓰시오.

득점	배점
	4

① ________________ ② ________________

③ ________________ ④ ________________

5. TS(Torque Shear)형 고력볼트의 시공순서를 번호로 나열하시오.

득점	배점
	3

보기

① 팁 레버를 잡아당겨 내측 소켓에 들어있는 핀테일을 제거

② 렌치의 스위치를 켜 외측 소켓이 회전하며 볼트를 체결

③ 핀테일이 절단되었을 때 외측 소켓이 너트로부터 분리되도록 렌치를 잡아당김

④ 핀테일에 내측 소켓을 끼우고 렌치를 살짝 걸어 너트에 외측 소켓이 맞춰지도록 함

____

6. 금속판 지붕공사에서 금속기와의 설치순서를 번호로 나열하시오.

득점	배점
	3

보기

① 서까래 설치(방부처리를 할 것)

② 금속기와 Size에 맞는 간격으로 기와걸이 미송각재를 설치

③ 경량철골 설치

④ Purlin 설치(지붕 레벨 고려)

⑤ 부식방지를 위한 철골 용접부위 방청도장 실시

⑥ 금속기와 설치

____

7. 커튼월 공사 시 누수 방지대책과 관련된 다음 용어에 대해 설명하시오.

득점	배점
	4

(1) Closed Joint:

(2) Open Joint:

8. 기둥의 재질과 단면 크기가 모두 같은 그림과 같은 4개의 장주의 지점조건에 따른 유효좌굴길이를 구하시오.

득점	배점
	4

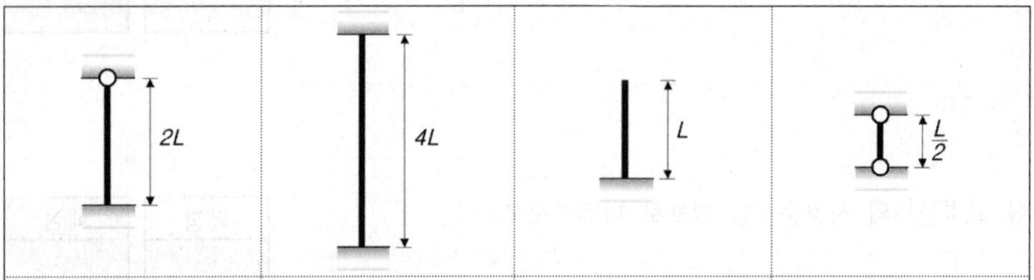

①	②	③	④

① ______ ② ______

③ ______ ④ ______

9. 한중(寒中)콘크리트 시공 시 발생이 우려되는 초기동해의 방지대책을 2가지 쓰시오.

득점	배점
	4

① ______

② ______

10. 콘크리트 온도균열을 제어하는 방법으로 널리 사용되는 Pre-Cooling 방법과 Pipe-Cooling 방법을 설명하시오.

득점	배점
	4

(1) Pre-Cooling

(2) Pipe-Cooling

11. 슬러리월(Slurry wall) 공법에 대한 정의를 설명한 것이다. 다음 빈칸을 채우시오.

득점	배점
	3

보기

특수 굴착기와 공벽붕괴방지용 (①)을(를) 이용, 지중굴착하여 여기에 (②)을(를) 세우고 (③)을(를) 타설하여 연속적으로 벽체를 형성하는 공법이다. 타 흙막이벽에 비하여 차수효과가 높으며 역타공법 적용 시 또는 인접 건축물에 피해가 예상될 때 적용하는 저소음, 저진동 공법이다.

① ______ ② ______ ③ ______

12. 시트(Sheet) 방수공법의 단점을 2가지 쓰시오.

득점	배점
	4

①

②

13. 기둥축소(Column Shortening) 현상에 대한 다음 항목을 기술하시오.

득점	배점
	5

(1) 발생 원인:

① ②

(2) 기둥축소 현상이 건축물에 끼치는 영향 3가지

① ②

③

14. 콘크리트 설계기준압축강도 $f_{ck} = 21\text{MPa}$ 인 모래경량콘크리트의 휨파괴계수 f_r을 구하시오.

득점	배점
	3

15. 그림과 같은 단순보의 최대 휨응력을 구하시오. (단, 보의 자중은 무시한다.)

득점	배점
	3

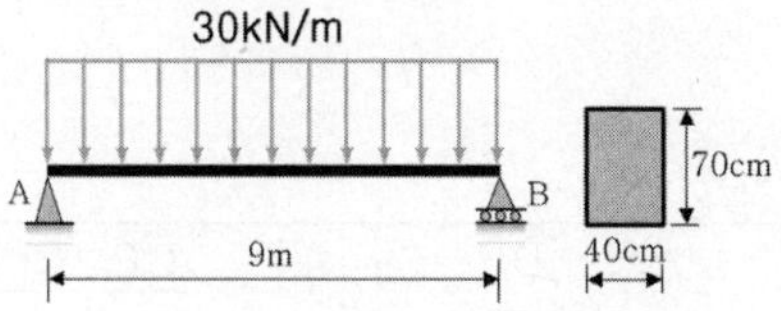

16. 수중에 있는 골재의 질량이 1,300g이고, 표면건조내부포화상태의 질량은 2,000g이며, 이 시료를 완전히 건조시켰을 때의 질량이 1,992g일 때 흡수율(%)을 구하시오

득점	배점
	4

17. 다음 데이터를 네트워크공정표로 작성하고, 각 작업의 여유시간을 구하시오.

득점	배점
	10

<table>
<tr><th>작업명</th><th>작업일수</th><th>선행작업</th><th>비고</th></tr>
<tr><td>A</td><td>5</td><td>없음</td><td rowspan="8">(1) 결합점에서는 다음과 같이 표시한다.
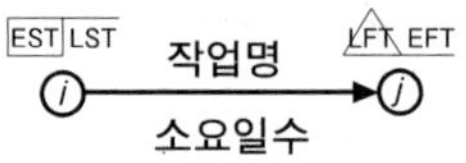

(2) 주공정선은 굵은선으로 표시한다.</td></tr>
<tr><td>B</td><td>6</td><td>없음</td></tr>
<tr><td>C</td><td>5</td><td>A</td></tr>
<tr><td>D</td><td>2</td><td>A, B</td></tr>
<tr><td>E</td><td>3</td><td>A</td></tr>
<tr><td>F</td><td>4</td><td>C, E</td></tr>
<tr><td>G</td><td>2</td><td>D</td></tr>
<tr><td>H</td><td>3</td><td>F, G</td></tr>
</table>

(1) 네트워크공정표

(2) 여유시간 산정

작업명	TF	FF	DF	CP
A				
B				
C				
D				
E				
F				
G				
H				

18. 강구조공사 습식 내화피복 공법의 종류를 3가지 쓰시오.

득점	배점
	3

① ② ③

19. 대형 시스템거푸집 중에서 갱폼(Gang Form)의 장단점을 각각 2가지씩 쓰시오.

득점	배점
	4

(1) 장점:

①

②

(2) 단점:

①

②

20. 다음 그림과 같은 철근콘크리트조 건물에서 기둥과 벽체의 거푸집량을 산출하시오.

득점	배점
	6

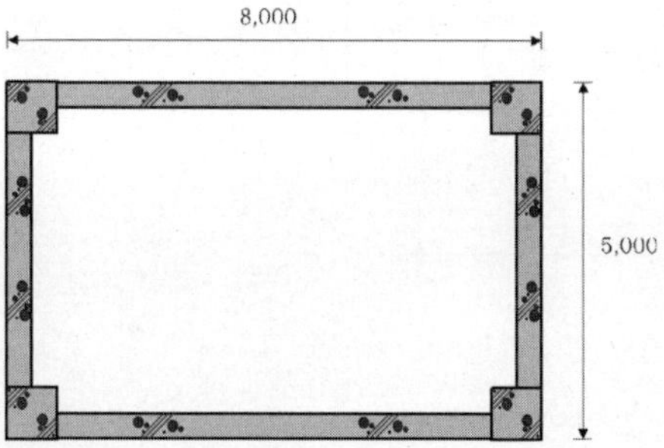

- 기둥: 400mm × 400mm
- 벽두께: 200mm
- 높이: 3m
- 치수는 바깥치수: 8,000mm × 5,000mm
- 콘크리트 타설은 기둥과 벽을 별도로 타설한다.

(1) 기둥의 거푸집량:

(2) 벽체의 거푸집량:

21. 콘크리트의 알칼리골재반응을 방지하기 위한 대책을 3가지 쓰시오.

득점	배점
	3

①

②

③

22. 강재의 항복비(Yield Strength Ratio)를 설명하시오.

득점	배점
	2

23. 철근콘크리트구조에서 탄성계수비 $n=\frac{E_s}{E_c}=\frac{200{,}000}{8{,}500\cdot\sqrt[3]{f_{cm}}}=\frac{200{,}000}{8{,}500\cdot\sqrt[3]{f_{ck}+\Delta f}}$ 식으로 표현할 수 있다. 다음 빈칸에 들어갈 수치를 쓰시오.

득점	배점
	4

$f_{ck}\leq$ 40MPa	40MPa $< f_{ck} <$ 60MPa	$f_{ck}\geq$ 60MPa
$\Delta f=$(①)	$\Delta f=$직선 보간	$\Delta f=$(②)

① ②

24. 다음 형강을 단면 형상의 표시방법에 따라 표시하시오.

득점	배점
	2

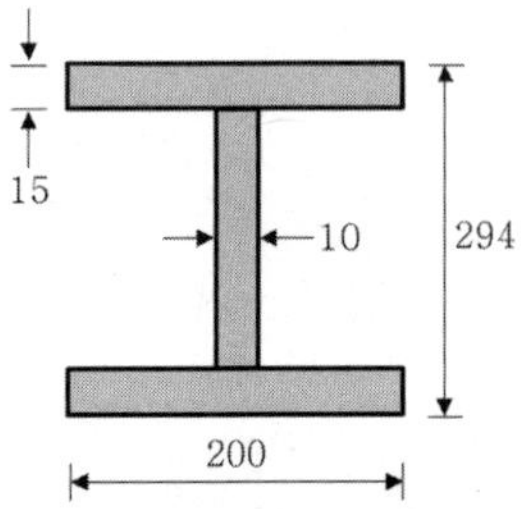

25. 그림과 같은 부정정 연속보의 지점반력 V_A, V_B, V_C를 구하시오.

득점	배점
	3

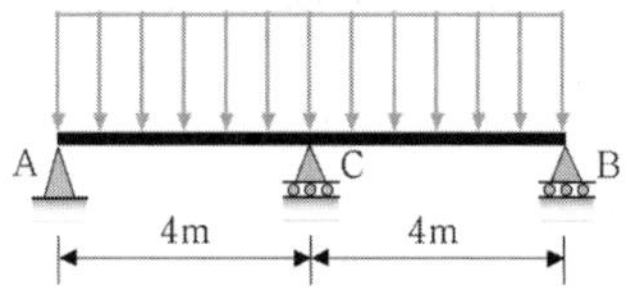

26. 철근콘크리트 벽체의 설계축하중(ϕP_{nw})을 계산하시오.

득점	배점
	4

- 유효벽길이 $b_e = 2{,}000\text{mm}$, 벽두께 $h = 200\text{mm}$, 벽높이 $l_c = 3{,}200\text{mm}$
- $0.55\phi \cdot f_{ck} \cdot A_g \cdot \left[1-\left(\dfrac{k \cdot l_c}{32h}\right)^2\right]$ 식을 적용하고, $\phi = 0.65$, $k = 0.8$, $f_{ck} = 24\text{MPa}$, $f_y = 400\text{MPa}$을 적용한다.

총점

2019. 2회 건축기사 해답

1.

① 히빙(Heaving) ② 보일링(Boiling) ③ 파이핑(Piping)

2.

(1) BOT(Build-Operate-Transfer) (2) BTO(Build-Transfer-Own)

(3) BOO(Build-Operate-Own) (4) 성능발주방식

3.

$20 \times 224 \times 1.03 = 4{,}614.4$ ➡ 4,615매

4.

① 1층 슬래브가 먼저 타설되어 작업공간으로 활용가능

② 지상과 지하의 동시 시공으로 공기단축이 용이

③ 날씨와 무관하게 공사진행이 가능

④ 주변 지반에 대한 영향이 없음

5.

④ ➡ ② ➡ ③ ➡ ①

6.

③ ➡ ④ ➡ ⑤ ➡ ① ➡ ② ➡ ⑥

7.

(1) 커튼월의 개별접합부를 실(Seal)재로 완전히 밀폐시켜 틈새를 없애는 방법

(2) 벽의 외측면과 내측면 사이에 공간을 두고 외기압과 등압을 유지하여 압력차를 없애는 방법

8.

① $0.7 \times 2L = 1.4L$ ② $0.5 \times 4L = 2L$ ③ $2 \times L = 2L$ ④ $1 \times \frac{L}{2} = 0.5L$

9.

① AE제, AE감수제, 고성능AE감수제 중 한 가지를 사용

② 초기강도 5MPa을 발현할 때까지 보온양생 실시

10.

(1) 콘크리트 재료의 일부 또는 전부를 냉각시켜 콘크리트의 온도를 낮추는 방법

(2) 콘크리트 타설 전에 파이프를 배관하여 냉각수나 찬공기를 순환시켜 콘크리트의 온도를 낮추는 방법

11.

① 안정액(Bentonite) ② 철근망 ③ 콘크리트

12.

① 다른 방수공법에 비해 재료가 비싸다 ② 접합부 처리 및 복잡한 부위의 마감이 어렵다

13.

(1) ① 내부와 외부의 기둥구조가 다를 경우 ② 기둥 재료의 재질 및 응력 차이

(2) ① 기둥의 축소변위 발생 ② 기둥의 변형 및 조립불량 ③ 창호재의 변형 및 조립불량

14.

$f_r = 0.63\lambda\sqrt{f_{ck}} = 0.63(0.85)\sqrt{(21)} = 2.45\text{MPa}$

15.

$$\sigma_{\max} = \frac{M_{\max}}{Z} = \frac{\frac{wL^2}{8}}{\frac{bh^2}{6}} = \frac{\frac{(30)(9\times10^3)^2}{8}}{\frac{(400)(700)^2}{6}} = 9.30\text{N/mm}^2 = 9.30\text{MPa}$$

16.

$$\frac{2{,}000-1{,}992}{1{,}992}\times 100 = 0.40(\%)$$

17.

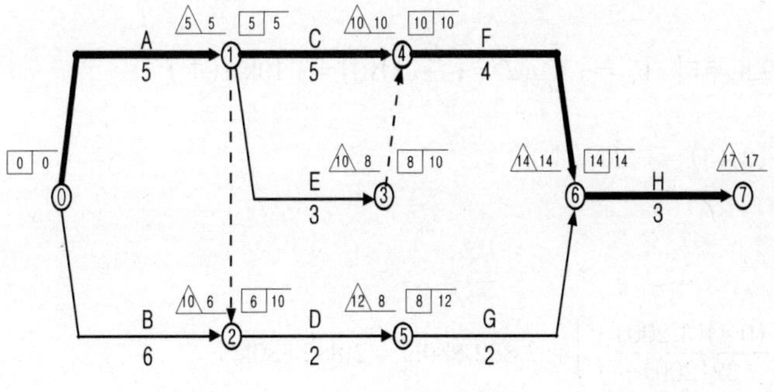

작업명	TF	FF	DF	CP
A	0	0	0	※
B	4	0	4	
C	0	0	0	※
D	4	0	4	
E	2	2	0	
F	0	0	0	※
G	4	4	0	
H	0	0	0	※

18.

① 타설 공법 ② 뿜칠 공법 ③ 미장 공법

19.

(1) ① 작업 싸이클(Cycle)이 단순하여 빠른 조립속도로 공기단축

② 전용횟수가 많아 고층건물 이용 시 원가절감

(2) ① 제작장소 및 해체 후 보관장소 필요

② 초기투자비가 재래식보다 높음

20.

(1) 기둥: $(0.4 \times 4 \times 3) \times 4$개 $= 19.2\text{m}^2$

(2) 벽: $(4.2 \times 3 \times 2) \times 2 + (7.2 \times 3 \times 2) \times 2 = 136.8\text{m}^2$

21.

① 알칼리 함량 0.6% 이하의 시멘트 사용

② 알칼리골재반응에 무해한 골재 사용

③ 양질의 혼화재(고로 Slag, Fly Ash 등) 사용

22.

강재가 항복에서 파단에 이르기까지를 나타내는 기계적 성질의 지표로서, 인장강도에 대한 항복강도의 비

23.

① 4MPa ② 6MPa

24.

H−294×200×10×15

25.

(1) 적합조건: $\delta_C = \dfrac{5wL^4}{384EI} - \dfrac{V_C \cdot L^3}{48EI} = 0$ 으로부터 $V_C = +\dfrac{5}{8}wL = +\dfrac{5}{8}(2)(8) = +10\text{kN}(\uparrow)$

(2) 평형조건: $V_A = V_B = +\dfrac{1.5}{8}wL = +\dfrac{1.5}{8}(2)(8) = +3\text{kN}(\uparrow)$

26.

$$\phi P_{nw} = (0.55)(0.65)(24)(2{,}000 \times 200)\left[1 - \left(\frac{(0.8)(3{,}200)}{32(200)}\right)^2\right] = 2{,}882{,}880\text{N} = 2{,}882.880\text{kN}$$

2019. 4회 건축기사

1. 안방수 공법과 바깥방수 공법의 특징을 우측 보기에서 골라 번호로 표기하시오.

득점	배점
	4

비교항목	안방수	바깥방수	보 기	
(1) 사용 환경			① 수압이 작은 얕은 지하실	② 수압이 큰 깊은 지하실
(2) 바탕만들기			① 만들 필요 없음	② 따로 만들어야 함
(3) 공사용이성			① 간단하다.	② 상당히 어렵다.
(4) 본공사 추진			① 자유롭다.	② 본공사에 선행
(5) 경제성			① 비교적 싸다.	② 비교적 고가이다.
(6) 보호누름			① 필요하다.	② 없어도 무방하다.

2. 언더피닝 공법을 시행하는 목적과 그 공법의 종류를 2가지 쓰시오.

득점	배점
	4

(1) 목적:

(2) 공법의 종류:

① ②

3. 다음 용어를 설명하시오.

득점	배점
	4

(1) 스캘럽(Scallop):

(2) 엔드탭(End Tab):

4. 다음 그림에서 한 층 분의 콘크리트량을 산출하시오. (단, 기둥은 층고를 물량에 반영한다.)

득점	배점
	8

단, 1) 부재치수(단위 : mm)

2) 전 기둥(C_1) : 500×500, 슬래브 두께(t) : 120

3) G_1, G_2 : 400×600(b×D), G_3 : 400×700, B_1 : 300×600

4) 층고 : 3,600

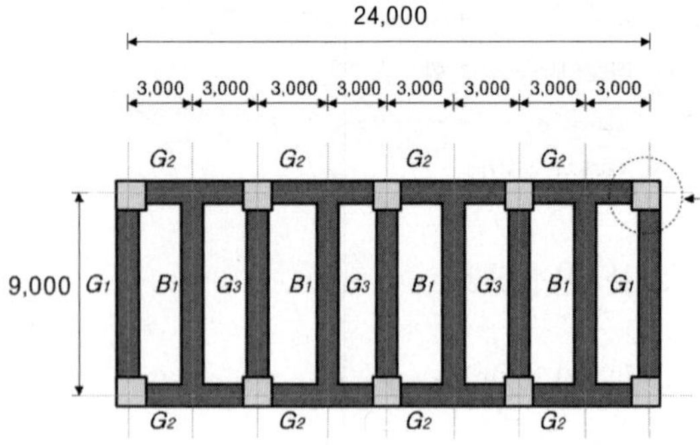

평면도

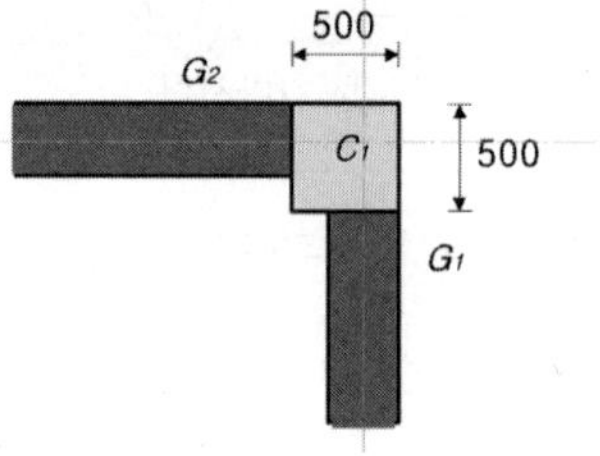

부분상세도

5. LCC(Life Cycle Cost)의 정의를 간단히 기술하시오.

득점	배점
	2

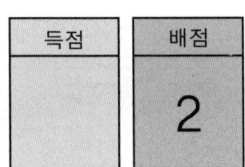

6. 시스템거푸집 중에 바닥슬래브의 콘크리트를 타설하기 위한 대형거푸집으로써 거푸집널, 장선, 멍에, 서포트를 일체로 제작하여 수평 및 수직 이동이 가능한 거푸집은?

득점	배점
	2

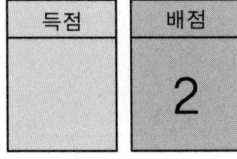

7. 골재의 상태는 절대건조상태, 기건상태, 표면건조내부포화상태, 습윤상태가 있는데 이것과 관련 있는 골재의 흡수량과 함수량에 간단히 설명하시오.

(1) 흡수량:

(2) 함수량:

득점	배점
	4

8. 액세스 플로어(Acess Floor)를 간단히 설명하시오.

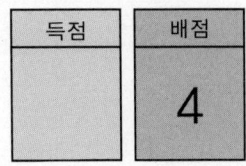

득점	배점
	4

9. 다음 용어를 설명하시오.

(1) 코너비드:

(2) 차폐용 콘크리트:

득점	배점
	4

득점	배점
	10

10. 다음 데이터를 네트워크공정표로 작성하고, 각 작업의 여유시간을 구하시오.

작업명	작업일수	선행작업	비고
A	5	없음	
B	3	없음	(1) 결합점에서는 다음과 같이 표시한다.
C	2	없음	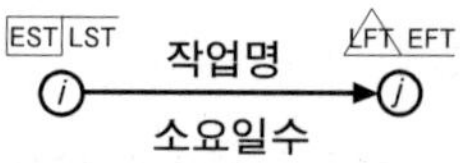
D	2	A, B	
E	5	A, B, C	(2) 주공정선은 굵은선으로 표시한다.
F	4	A, C	

(1) 네트워크 공정표

(2) 각 작업의 여유시간

작업명	TF	FF	DF	CP
A				
B				
C				
D				
E				
F				

득점	배점
	4

11. 다음 용어를 설명하시오.

(1) 예민비:

(2) 지내력시험:

12. 철골공사에서 도장을 하지 않는 부분을 3가지 쓰시오.

득점	배점
	3

① ____________________ ② ____________________

③ ____________________

13. 구조물을 안전하게 설계하고자 할 때 강도한계상태(Strength Limit State)에 대한 안전을 확보해야 한다. 뿐만 아니라 사용성한계상태(Serviceability Limit State)를 고려하여야 하는데 여기서 사용성한계상태란 무엇인지 간단히 설명하시오.

득점	배점
	3

14. 목재의 방부처리방법을 3가지 쓰고 간단히 설명하시오.

득점	배점
	3

① ____________________

② ____________________

③ ____________________

15. 히빙(Heaving)현상에 대해 현장의 모식도(模式圖)를 간략히 그려서 설명하시오.

득점	배점
	5

히빙(Heaving)	

16. 이어치기 시간이란 1층에서 콘크리트 타설, 비비기부터 시작해서 2층에 콘크리트를 마감하는데까지 소요되는 시간이다. 계속 타설 중의 이어치기 시간간격의 한도는 외기온이 25℃ 미만일 때는 (①)분, 25℃ 이상에서는 (②)분으로 한다.

득점	배점
	4

① ②

17. 강재 시험성적서(Mill Sheet)로 확인할 수 있는 사항을 1가지만 쓰시오.

득점	배점
	2

18. 다음의 공사관리 계약방식에 대하여 설명하시오.

(1) CM for Fee 방식:

(2) CM at Risk 방식:

득점	배점
	4

19. 연약지반 개량공법을 3가지만 쓰시오.

득점	배점
	3

① ② ③

20. Remicon(25-30-180)은 Ready Mixed Concerte의 규격에 대한 수치이다. 이 3가지의 수치가 뜻하는 바를 간단히 쓰시오.

(1) 25:

(2) 30:

(3) 180:

득점	배점
	3

21. 시험에 관계되는 것을 보기에서 골라 번호를 쓰시오.

득점	배점
	4

보기

① 신월 샘플링(Thin Wall Sampling)
② 베인시험(Vane Test)
③ 표준관입시험(Standard Penetration Test)
④ 정량분석시험(Quantitative Analysis Test)

(가) 진흙의 점착력: ____ (나) 지내력: ____ (다) 연한 점토: ____ (라) 염분: ____

22. 시멘트 중의 수산화칼슘이 공기 중의 탄산가스와 반응하여 벽체의 표면에 생기는 흰 결정체를 무엇이라 하는가?

득점	배점
	2

23. 철근콘크리트 구조의 1방향 슬래브와 2방향 슬래브를 구분하는 기준에 대해 설명하시오.

득점	배점
	3

24. 철근의 응력-변형도 곡선과 관련하여 각각이 의미하는 용어를 보기에서 골라 번호로 쓰시오.

득점	배점
	3

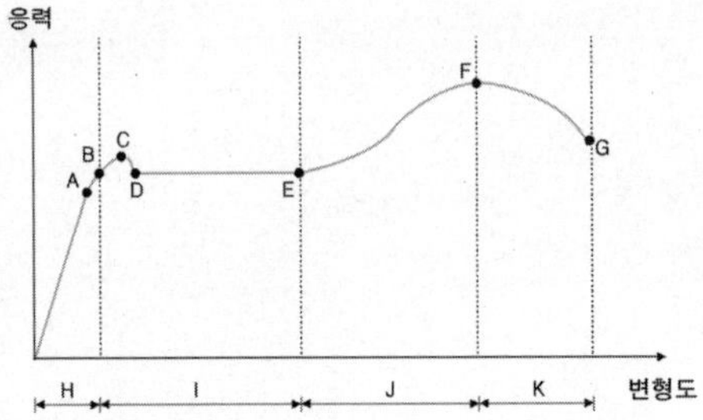

보기

① 네킹영역　② 하위항복점
③ 극한강도점　④ 변형도경화점
⑤ 소성영역　⑥ 비례한계점
⑦ 상위항복점　⑧ 탄성한계점
⑨ 파괴점　⑩ 탄성영역
⑪ 변형도경화영역

A: ________ B: ________ C: ________ D: ________

E: ________ F: ________ G: ________ H: ________

I: ________ J: ________ K: ________

25. 전단철근의 전단강도 V_s값의 산정결과, $V_s > \frac{1}{3}\lambda\sqrt{f_{ck}} \cdot b_w \cdot d$ 로 검토되었다. 다음 그림에서 S_2 구간에 적용되는 수직스터럽(Stirrup)의 최대간격을 구하시오. (단, 보의 유효깊이 $d=550\text{mm}$ 이다.)

득점	배점
	4

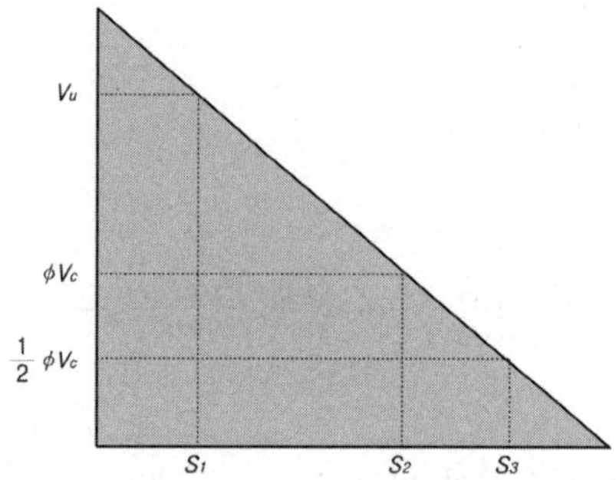

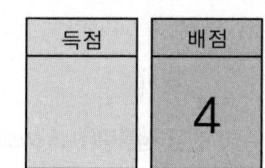

26. 그림과 같은 내민보의 전단력도(SFD)와 휨모멘트도(BMD)를 그리시오.

득점	배점
	4

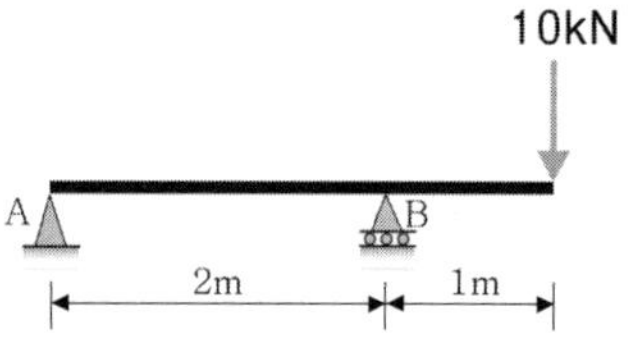

SFD

BMD

총점

2019. 4회 건축기사 해답

1.

비교항목	안방수	바깥방수	보 기
(1) 사용 환경	①	②	① 수압이 작은 얕은 지하실 ② 수압이 큰 깊은 지하실
(2) 바탕만들기	①	②	① 만들 필요 없음 ② 따로 만들어야 함
(3) 공사용이성	①	②	① 간단하다. ② 상당히 어렵다.
(4) 본공사 추진	①	②	① 자유롭다. ② 본공사에 선행
(5) 경제성	①	②	① 비교적 싸다. ② 비교적 고가이다.
(6) 보호누름	①	②	① 필요하다. ② 없어도 무방하다.

2.

(1) 기존 건축물의 기초를 보강하거나 새로운 기초를 설치하여 기존 건축물을 보호하는 보강공사 방법

(2) ① 이중널말뚝박기 공법 ② 현장타설콘크리트말뚝 공법

3.

(1) 용접 시 이음 및 접합부위의 용접선이 교차되어 재용접된 부위가 열영향을 받아 취약해지기 때문에 모재에 부채꼴 모양의 모따기를 한 것

(2) 블로홀(Blow Hole), 크레이터(Crater) 등의 용접결함이 생기기 쉬운 용접 비드(Bead)의 시작과 끝 지점에 용접을 하기 위해 용접접합하는 모재의 양단에 부착하는 보조강판

4.

① 기둥 (C_1): $[0.5\times0.5\times3.6]\times10$개 $=9\text{m}^3$

② 보 (G_1): $[0.4\times0.48\times(9-0.6)]\times2$개 $=3.226\text{m}^3$

③ 보 (G_2): $[(0.4\times0.48\times5.45)\times4$개$]+[(0.4\times0.48\times5.5)\times4$개$]=8.409\text{m}^3$

④ 보 (G_3): $(0.4\times0.58\times8.4)\times3$개 $=5.846\text{m}^3$

⑤ 보 (B_1): $(0.3\times0.48\times8.6)\times4$개 $=4.953\text{m}^3$

⑥ 슬래브: $9.4\times24.4\times0.12=27.523\text{m}^3$

⑦ 합계 : $9+3.226+8.409+5.846+4.953+27.523=58.957$ ➡ 58.96m^3

5.

건축물의 초기단계에서 설계, 시공, 유지관리, 해체에 이르는 일련의 과정과 제비용

6.

플라잉폼(Flying Form, 테이블 폼 Table Form)

7.
(1) 표면건조내부포수상태의 골재 중에 포함되는 물의 양
(2) 습윤상태의 골재 내외부에 함유된 전체 물의 양

8.
공조설비, 배관설비, 통신설비 등을 설치하기 위한 2중바닥 구조

9.
(1) 미장면의 모서리를 보호하면서 벽, 기둥을 마무리 하는 보호용 재료
(2) 중량골재를 사용하여 방사선을 차폐할 목적으로 제작되는 콘크리트

10.

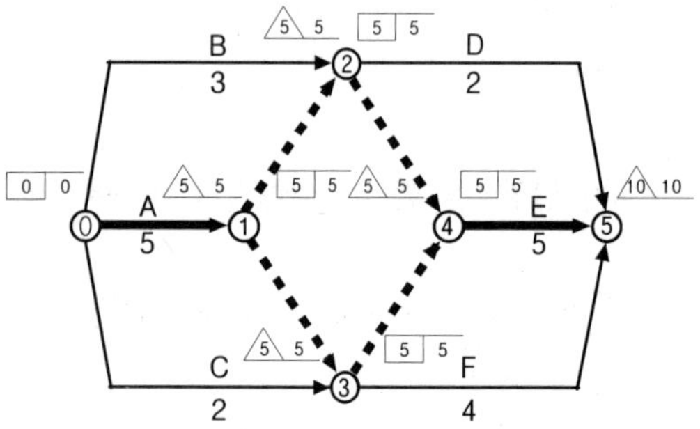

작업명	TF	FF	DF	CP
A	0	0	0	※
B	2	2	0	
C	3	3	0	
D	3	3	0	
E	0	0	0	※
F	1	1	0	

11.
(1) 자연적인 점토의 강도를 이긴 점토의 강도로 나누었을 때의 비율
(2) 지반면에 직접 하중을 가하여 기초 지반의 지지력을 추정하는 시험

12.
① 콘크리트에 매립되는 부분 ② 조립에 의해 면맞춤 되는 부분 ③ 고장력볼트 접합부의 마찰면

13.
구조체가 붕괴되지는 않더라도 구조기능이 저하되어 외관, 유지관리, 내구성 및 사용에 매우 부적합하게 되는 상태

14.
(1) 도포법: 목재를 충분히 건조시킨 후 균열이나 이음부 등에 솔 등으로 방부제를 도포하는 방법
(2) 주입법: 압력용기 속에 목재를 넣어 고압 하에서 방부제를 주입하는 방법
(3) 침지법: 방부제 용액 중에 목재를 몇 시간 또는 며칠 동안 침지하는 방법

15.

히빙(Heaving)	
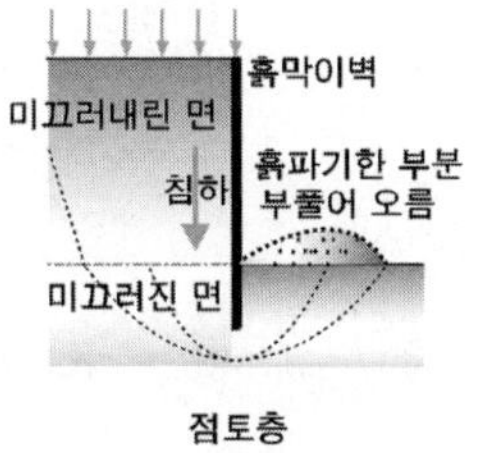	시트파일(Sheet Pile) 등의 흙막이 벽의 좌측과 우측의 토압의 차에 의해 흙막이벽 밑으로 흙이 미끄러져 들어오는 현상

16.
① 150 ② 120

17.
제품의 치수(Size)

18.
(1) 발주자와 하도급업체가 직접 계약을 체결하고, CM은 발주자의 대리인 역할을 수행하여 약정된 보수만을 발주자에게 수령하는 형태
(2) 하도급업체와 CM이 원도급자 입장으로 발주자의 직접계약을 체결하며 공사의 원가 · 공정 · 품질을 직접 관리하여 CM자신의 이익을 추구하는 형태

19.
① 연직배수공법 ② 고결공법 ③ 진동다짐공법

20.
(1) 25: 굵은골재 최대치수 25mm
(2) 30: 호칭강도 30MPa
(3) 180: 슬럼프(Slump) 180mm

21.
(가) ② (나) ③ (다) ① (라) ④

22.
백화(Efflorescence)

23.

(1) 1방향 슬래브(1-Way Slab): 변장비 $= \frac{\text{장변 경간}}{\text{단변 경간}} > 2$

(2) 2방향 슬래브(2-Way Slab): 변장비 $= \frac{\text{장변 경간}}{\text{단변 경간}} \leq 2$

24.

A: ⑥　B: ⑧　C: ⑦　D: ②　E: ④　F: ③　G: ⑨　H: ⑩　I: ⑤　J: ⑪　K: ①

25.

① $\frac{d}{4} = \frac{(550)}{4} = 137.5\text{mm}$ 이하 ⬅ 지배

② 300mm 이하

26.

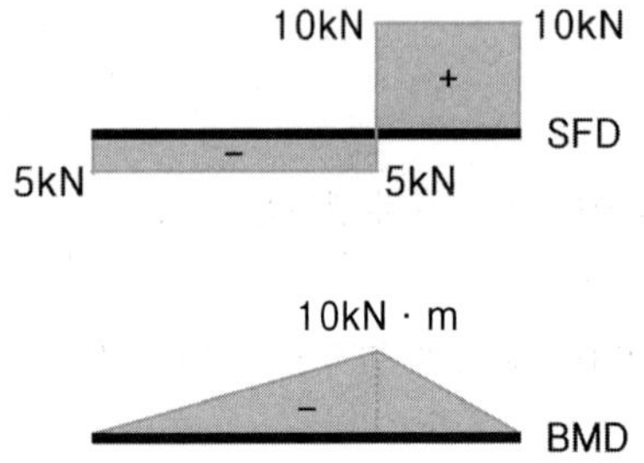

2020. 1회 건축기사

1. 커튼월 조립방식에 의한 분류에서 각 설명에 해당하는 방식을 번호로 쓰시오.

득점	배점
	3

보기

① Stick Wall 방식 ② Window Wall 방식 ③ Unit Wall 방식

(1) 구성 부재 모두가 공장에서 조립된 프리패브(Pre-Fab) 형식으로 창호와 유리, 패널의 일괄발주 방식으로, 이 방식은 업체의 의존도가 높아서 현장상황에 융통성을 발휘하기가 어려움

(2) 구성 부재를 현장에서 조립·연결하여 창틀이 구성되는 형식으로 유리는 현장에서 주로 끼우며, 현장 적응력이 우수하여 공기조절이 가능

(3) 창호와 유리, 패널의 개별발주 방식으로 창호 주변이 패널로 구성됨으로써 창호의 구조가 패널 트러스에 연결할 수 있어서 재료의 사용 효율이 높아 비교적 경제적인 시스템 구성이 가능한 방식

(1) ________ (2) ________ (3) ________

2. BOT(Build-Operate-Transfer Contract) 방식을 설명하고 이와 유사한 방식을 2가지만 쓰시오.

득점	배점
	4

(1) BOT 방식:

(2) 유사한 방식

① ________ ② ________

3. 목구조 횡력 보강부재를 3가지 쓰시오

득점	배점
	3

① ________ ② ________ ③ ________

4. 지하구조물은 지하수위에서 구조물 밑면까지의 깊이만큼 부력을 받아 건물이 부상하게 되는데, 이것에 대한 방지대책을 2가지 기술하시오.

득점	배점
	2

①

②

5. SPS(Strut as Permanent System) 공법의 특징을 4가지 쓰시오.

득점	배점
	4

① ②

③ ④

6. 다음 조건에서 콘크리트 $1m^3$를 생산하는데 필요한 시멘트, 모래, 자갈의 중량을 산출하시오.

득점	배점
	8

① 단위수량 : $160kg/m^3$	② 물시멘트비 : 50%	③ 잔골재율 : 40%
④ 시멘트 비중 : 3.15	⑤ 잔골재 비중 : 2.6	⑥ 굵은골재 비중 : 2.6
⑦ 공기량 : 1%		

(1) 단위시멘트량:

(2) 시멘트의 체적:

(3) 물의 체적:

(4) 전체 골재의 체적:

(5) 잔골재의 체적:

(6) 잔골재량:

(7) 굵은골재량:

7. 벽, 기둥 등의 모서리는 손상되기 쉬우므로 별도의 마감재를 감아 대거나 미장면의 모서리를 보호하면서 벽, 기둥을 마무리 하는 보호용 재료를 무엇이라고 하는가?

득점	배점
	2

8. ALC(Autoclaved Lightweight Concrete, 경량기포콘크리트) 제조 시 필요한 재료를 2가지만 쓰시오.

득점	배점
	4

① ②

9. 다음 용어를 간단히 설명하시오.

득점	배점
	4

(1) 레이턴스(Laitance):

(2) 크리프(Creep):

10. 압밀(Consolidation)과 다짐(Compaction)의 차이점을 비교하여 설명하시오.

득점	배점
	3

11. 다음 데이터를 네트워크공정표로 작성하고, 각 작업의 여유시간을 구하시오.

득점	배점
	10

작업명	작업일수	선행작업	비 고
A	5	없음	(1) 결합점에서는 다음과 같이 표시한다.
B	2	없음	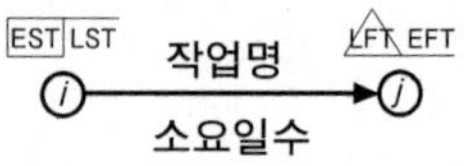
C	4	없음	
D	4	A, B, C	
E	3	A, B, C	
F	2	A, B, C	(2) 주공정선은 굵은선으로 표시한다.

(1) 네트워크공정표

(2) 각 작업의 여유시간

작업명	TF	FF	DF	CP
A				
B				
C				
D				
E				
F				

12. 매스콘크리트 수화열 저감을 위한 대책을 3가지 쓰시오.

득점	배점
	3

①

②

③

13. 입찰방식 중 적격낙찰제도에 관하여 간단히 설명하시오.

득점	배점
	2

14. 다음 용어를 간단히 설명하시오.

득점	배점
	4

(1) 시공줄눈(Construction Joint):

(2) 신축줄눈(Expansion Joint):

15. 인장력을 받는 이형철근 및 이형철선의 겹침이음길이는 A급과 B급으로 분류되며, 다음 값 이상, 또한 300mm 이상이어야 한다. 괄호안에 알맞은 수치를 쓰시오. (단, l_d 는 인장이형철근의 정착길이)

득점	배점
	3

(1) A급 이음: (　　　) l_d　　　　(2) B급 이음: (　　　) l_d

16. 품질관리 도구 중 특성요인도(Characteristics Diagram)에 대해 설명하시오.

득점	배점
	3

17. 다음에 해당되는 콘크리트에 사용되는 굵은골재의 최대치수를 기재하시오.

득점	배점
	3

(가) 일반 콘크리트 ·· (　　　　) mm
(나) 무근 콘크리트 ·· (　　　　) mm
(다) 단면이 큰 콘크리트 ······································ (　　　　) mm

18. 강구조공사에서 용접부의 비파괴 시험방법의 종류를 3가지 쓰시오.

득점	배점
	3

① ____________ ② ____________ ③ ____________

19. 기초의 부동침하는 구조적으로 문제를 일으키게 된다. 이러한 기초의 부동침하를 방지하기 위한 대책 중 기초구조 부분에 처리할 수 있는 사항을 4가지 기술하시오.

득점	배점
	4

①

②

③

④

20. 다음 강재의 구조적 특성을 간단히 설명하시오.

득점	배점
	4

(1) SN강:

(2) TMCP강:

21. 재령 28일 콘크리트 표준공시체(ϕ150mm × 300mm)에 대한 압축강도시험 결과 파괴하중이 450kN일 때 압축강도 f_c(MPa)를 구하시오.

득점	배점
	3

22. H형강을 사용한 그림과 같은 단순지지 철골보의 최대 처짐(mm)을 구하시오. (단, 철골보의 자중은 무시한다.)

득점	배점
	3

보기

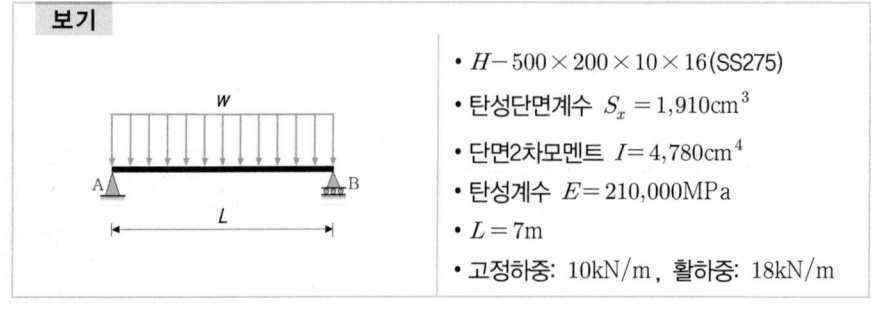

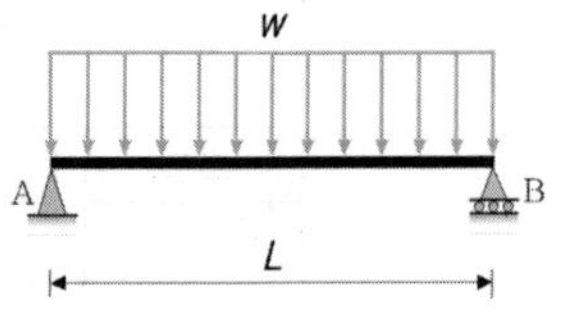

- $H-500\times200\times10\times16$(SS275)
- 탄성단면계수 $S_x=1{,}910\text{cm}^3$
- 단면2차모멘트 $I=4{,}780\text{cm}^4$
- 탄성계수 $E=210{,}000\text{MPa}$
- $L=7\text{m}$
- 고정하중: 10kN/m, 활하중: 18kN/m

23. 그림과 같은 캔틸레버 보의 A점의 반력을 구하시오.

득점	배점
	3

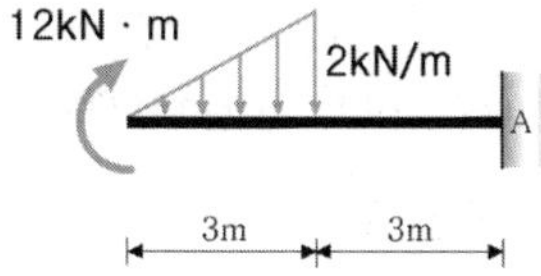

24. 강구조에서 메탈터치(Metal Touch)에 대한 용어의 정의를 간단히 설명하시오.

득점	배점
	3

25. 다음 그림을 보고 물음에 답하시오.

득점	배점
	4

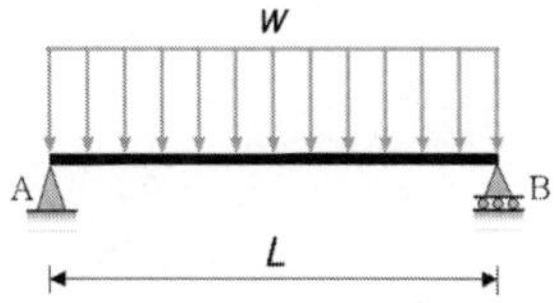

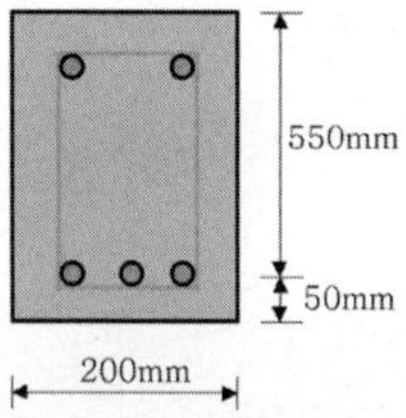

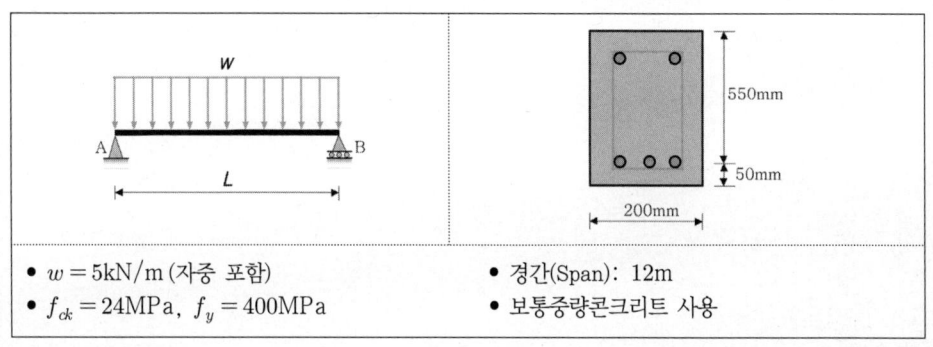

- $w = 5\text{kN/m}$ (자중 포함)
- $f_{ck} = 24\text{MPa}$, $f_y = 400\text{MPa}$
- 경간(Span): 12m
- 보통중량콘크리트 사용

(1) 최대휨모멘트:

(2) 균열모멘트를 구하고 균열발생 여부를 판정하시오.

26. 다음 그림은 철근콘크리트조 경비실 건물이다. 주어진 평면도 및 단면도를 보고 C_1, G_1, G_2, S_1에 해당되는 부분의 1층과 2층 콘크리트량과 거푸집량을 산출하시오.

득점	배점
	8

단, 1) 기둥 단면 (C_1) : 30cm × 30cm　　2) 보 단면 (G_1, G_2) : 30cm × 60cm

3) 슬래브 두께 (S_1) : 13cm　　4) 층고 : 단면도 참조

단, 단면도에 표기된 1층 바닥선 이하는 계산하지 않는다.

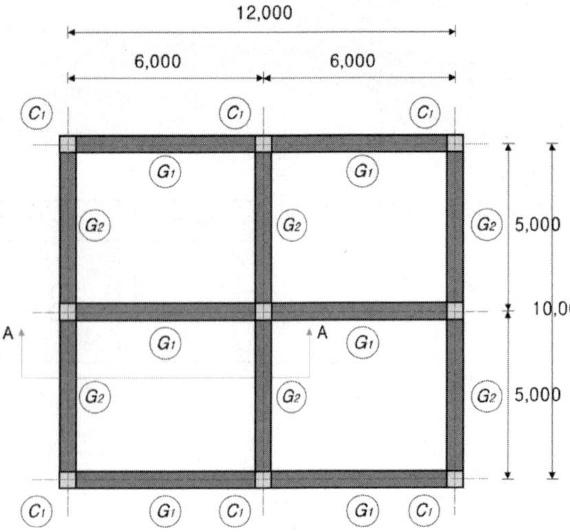

1, 2층 평면도

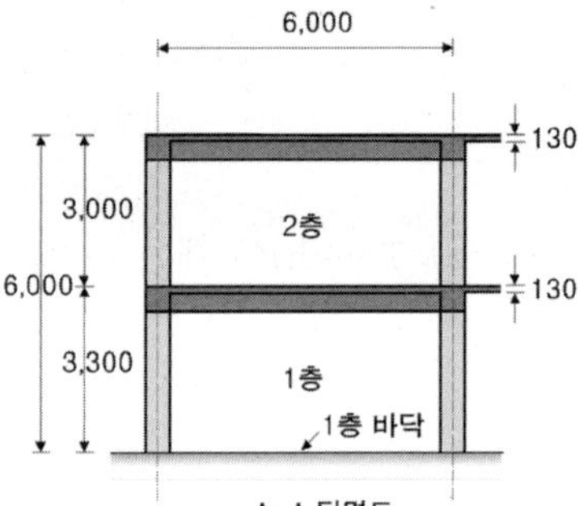

A-A 단면도

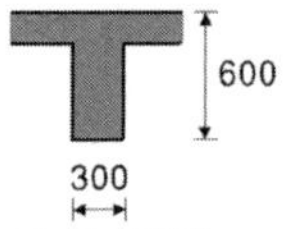

G_1, G_2 단면도

(1) 콘크리트량

(2) 거푸집량

총점

2020. 1회 건축기사 해답

1.

(1) ③ (2) ① (3) ②

2.

(1) 사회간접시설을 민간부분이 주도하여 설계·시공한 후 일정기간 시설물을 운영하여 투자금액을 회수한 후 시설물과 운영권을 무상으로 공공부분에 이전하는 방식

(2) ① BOO(Build-Operate-Own) ② BTO(Build-Transfer-Own)

3.

① 가새 ② 버팀대 ③ 귀잡이

4.

① 유입 지하수를 강제로 펌핑(Pumping)하여 외부로 배수

② 인접건물주 승인 후 인접건물에 긴결

5.

① 가설지지체 설치 및 해체공정 불필요 ② 작업공간의 확보 유리

③ 지반의 상태와 관계없이 시공 가능 ④ 지상 공사와 병행이 가능하여 공기단축 가능

6.

(1) 단위시멘트량 : $160 \div 0.50 = 320\text{kg/m}^3$

(2) 시멘트의 체적 : $\dfrac{320\text{kg}}{3.15 \times 1{,}000l} = 0.102\text{m}^3$

(3) 물의 체적 : $\dfrac{160\text{kg}}{1 \times 1{,}000l} = 0.16\text{m}^3$

(4) 전체 골재의 체적$= 1\text{m}^3 -$(시멘트의 체적+물의 체적+공기량의 체적)

$= 1 - (0.102 + 0.16 + 0.01) = 0.728\text{m}^3$

(5) 잔골재의 체적=전체 골재의 체적×잔골재율$= 0.728 \times 0.4 = 0.291\text{m}^3$

(6) 잔골재량$= 0.291 \times 2.6 \times 1{,}000 = 756.6\text{kg}$

(7) 굵은골재량$= 0.728 \times 0.6 \times 2.6 \times 1{,}000 = 1{,}135.68\text{kg}$

7.

코너 비드(Corner Bead)

8.

① 규사(규산질 재료) ② 생석회(석회질 재료)

9.
(1) 블리딩 수의 증발에 따라 콘크리트면에 침적된 백색의 미세 물질
(2) 하중의 증가 없이도 시간경화 후 변형이 증가되는 굳은 콘크리트의 소성변형 현상

10.
압밀은 점토지반에 외력을 가하여 흙 속의 간극수를 제거하는 것을 말하며,
다짐은 사질지반에 외력이 가해져 공기가 빠지면서 압축되는 현상을 말한다.

11.

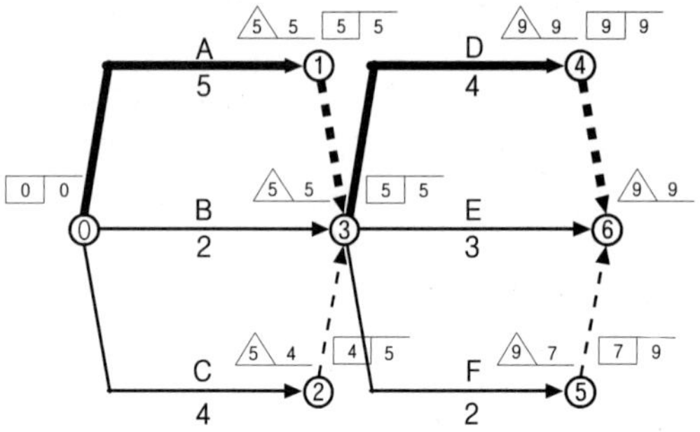

작업명	TF	FF	DF	CP
A	0	0	0	※
B	3	3	0	
C	1	1	0	
D	0	0	0	※
E	1	1	0	
F	2	2	0	

12.
① 단위시멘트량을 낮춘다.
② 수화열이 낮은 플라이애시 시멘트를 사용한다.
③ 선행 냉각(Pre Cooling), 관로식냉각(Pipe Cooling)과 같은 온도균열 제어방법을 이용한다.

13.
입찰에서 제시한 가격과 기술능력, 공사경험, 경영상태 등 계약 수행능력을 종합평가하여 낙찰자를 결정하는 제도

14.
(1) 콘크리트 작업관계로 경화된 콘크리트에 새로 콘크리트를 타설할 경우 발생하는 계획된 조인트
(2) 온도변화에 따른 팽창 · 수축 또는 부등침하 · 진동 등에 의해 균열이 예상되는 위치에 설치하는 조인트

15.
(1) 1.0 (2) 1.3

16.
결과에 어떤 원인이 관계하는지를 알 수 있도록 작성한 그림

17.
(가) 20 또는 25　　(나) 40　　(다) 40

18.
① 방사선 투과법　　② 초음파 탐상법　　③ 자기분말 탐상법

19.
① 마찰말뚝을 사용하고 서로 다른 종류의 말뚝 혼용을 금지
② 지하실 설치: 온통기초가 유효
③ 기초 상호간을 연결: 지중보 또는 지하연속벽 시공
④ 언더피닝(Under Pinning) 공법의 적용

20.
(1) 건축물의 내진성능을 확보하기 위한 건축구조용압연강
(2) 두께 40mm 이상, 80mm 이하의 후판에서도 항복강도가 저하하지 않는 강

21.
$$f_c = \frac{P}{A} = \frac{P}{\frac{\pi D^2}{4}} = \frac{(450\times 10^3)}{\frac{\pi(150)^2}{4}} = 25.464\text{N/mm}^2 = 25.464\text{MPa}$$

22.
(1) $w = 1.0w_D + 1.0w_L = 1.0(10) + 1.0(18) = 28\text{kN/m} = 28\text{N/mm}$
(2) $\delta_{\max} = \frac{5}{384}\cdot\frac{wL^4}{EI} = \frac{5}{384}\cdot\frac{(28)(7\times 10^3)^4}{(210{,}000)(4{,}780\times 10^4)} = 87.21\text{mm}$

23.
(1) $\Sigma H = 0$: $H_A = 0$
(2) $\Sigma V = 0$: $-\left(\frac{1}{2}\times 2\times 3\right) + (V_A) = 0 \quad \therefore\ V_A = +3\text{kN}(\uparrow)$
(3) $\Sigma M_A = 0$: $+(M_A) + (12) - \left(\frac{1}{2}\times 2\times 3\right)\left(3 + 3\times\frac{1}{3}\right) = 0 \quad \therefore\ M_A = 0$

24.
강구조 기둥의 이음부를 가공하여 상하부 기둥 밀착을 좋게 하며 축력의 50%까지 하부 기둥 밀착면에 직접 전달시키는 이음방법

25.

(1) $M_{max} = \dfrac{wL^2}{8} = \dfrac{(5)(12)^2}{8} = 90\text{kN} \cdot \text{m}$

(2) $M_{cr} = 0.63(1.0)\sqrt{(24)} \cdot \dfrac{(200)(600)^2}{6} = 37{,}036{,}284\text{N} \cdot \text{mm} = 37.036\text{kN} \cdot \text{m}$

$\therefore$ $M_{max} > M_{cr}$ 이므로 균열이 발생됨

26.

(1) 콘크리트량

① 기둥(C_1) 1층: $(0.3 \times 0.3 \times 3.17) \times 9$개 $= 2.567\text{m}^3$

2층: $(0.3 \times 0.3 \times 2.87) \times 9$개 $= 2.324\text{m}^3$

② 보(G_1): 1층+2층: $(0.3 \times 0.47 \times 5.7) \times 12$개 $= 9.644\text{m}^3$

보(G_2): 1층+2층: $(0.3 \times 0.47 \times 4.7) \times 12$개 $= 7.952\text{m}^3$

③ 슬래브(S_1): 1층+2층: $(12.3 \times 10.3 \times 0.13) \times 2$개 $= 32.939\text{m}^3$

④ 합계: $2.567 + 2.324 + 9.644 + 7.592 + 32.939 = 55.426\text{m}^3$ ➡ 55.43m^3

(2) 거푸집량

① 기둥(C_1) 1층: $(0.3 + 0.3) \times 2 \times 3.17 \times 9$개 $= 34.236\text{m}^2$

2층: $(0.3 + 0.3) \times 2 \times 2.87 \times 9$개 $= 30.996\text{m}^2$

② 보(G_1) 1층+2층: $(0.47 \times 5.7 \times 2) \times 12$개 $= 64.296\text{m}^2$

보(G_2) 1층+2층: $(0.47 \times 4.7 \times 2) \times 12$개 $= 53.016\text{m}^2$

③ 슬래브(S_1) 1층+2층: $[(12.3 \times 10.3) + (12.3 + 10.3) \times 2 \times 0.13] \times 2$개 $= 265.132\text{m}^2$

④ 합계: $34.236 + 30.996 + 64.296 + 53.016 + 265.132 = 447.676\text{m}^3$ ➡ 447.68m^2

2020. 2회 건축기사

1. 슬러리월(Slurry Wall) 공법의 장점과 단점을 각각 2가지씩 쓰시오.

득점	배점
	4

(1) 장점:

① ②

(2) 단점:

① ②

2. 콘크리트를 타설할 때 거푸집의 측압이 증가되는 요인을 4가지 쓰시오.

득점	배점
	4

① ②

③ ④

3. 강관말뚝 지정의 특징을 3가지만 쓰시오.

득점	배점
	3

① ②

③

4. 샌드드레인(Sand Drain) 공법을 설명하시오.

득점	배점
	3

5. 건축공사표준시방서에 따른 거푸집널 존치기간 중의 평균기온이 10℃ 이상인 경우에 콘크리트의 압축강도 시험을 하지 않고 거푸집을 떼어 낼 수 있는 콘크리트의 재령(일)을 나타낸 표이다. 빈 칸에 알맞은 숫자를 표기하시오.

득점	배점
	4

〈기초, 보옆, 기둥 및 벽의 거푸집널 존치기간을 정하기 위한 콘크리트의 재령(일)〉

시멘트 종류 / 평균기온	조강포틀랜드시멘트	보통포틀랜드시멘트 고로슬래그시멘트(1종)	고로슬래그시멘트(2종) 포틀랜드포졸란시멘트 (2종)
20℃ 이상	①	③	5
20℃ 미만 10℃ 이상	②	6	④

① ② ③ ④

6. 열가소성 수지와 열경화성 수지의 종류를 각각 2가지씩 쓰시오.

득점	배점
	4

(1) 열가소성 수지:

① ②

(2) 열경화성 수지:

① ②

7. 다음이 설명하는 용어를 쓰시오.

득점	배점
	3

드라이비트라는 일종의 못박기총을 사용하여 콘크리트나 강재 등에 박는 특수못으로 머리가 달린 것을 H형, 나사로 된 것을 T형이라고 한다.

8. 한국산업규격(KS)에 명시된 속빈블록의 치수를 3가지 쓰시오.

득점	배점
	3

① ② ③

9. 프리스트레스트 콘크리트(Pre-Stressed Concrete)의 프리텐션(Pre-Tension)방식과 포스트텐션(Post-Tension) 방식에 대하여 설명하시오.

득점	배점
	4

(1) Pre-Tension 공법

(2) Post-Tension 공법

10. 강구조 내화피복 공법의 재료를 각각 2가지씩 쓰시오.

득점	배점
	3

공법	재료	
타설공법	①	②
조적공법	③	④
미장공법	⑤	⑥

① ②

③ ④

⑤ ⑥

11. 고강도 콘크리트의 폭렬현상에 대하여 설명하시오.

득점	배점
	3

12. 다음 데이터를 네트워크공정표로 작성하고, 각 작업의 여유시간을 구하시오.

득점	배점
	10

<table>
<tr><th>작업명</th><th>작업일수</th><th>선행작업</th><th>비고</th></tr>
<tr><td>A</td><td>5</td><td>없음</td><td rowspan="6">(1) 결합점에서는 다음과 같이 표시한다.
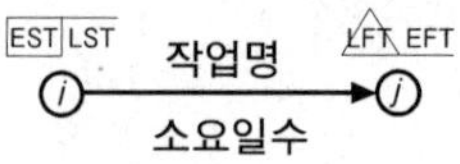

(2) 주공정선은 굵은선으로 표시한다.</td></tr>
<tr><td>B</td><td>2</td><td>없음</td></tr>
<tr><td>C</td><td>4</td><td>없음</td></tr>
<tr><td>D</td><td>4</td><td>A, B, C</td></tr>
<tr><td>E</td><td>3</td><td>A, B, C</td></tr>
<tr><td>F</td><td>2</td><td>A, B, C</td></tr>
</table>

(1) 네트워크공정표

(2) 일정 및 여유시간 산정

작업명	EST	EFT	LST	LFT	TF	FF	DF	CP
A								
B								
C								
D								
E								
F								

13. 그림과 같은 용접 표시에서 알 수 있는 사항을 기입하시오.

득점	배점
	3

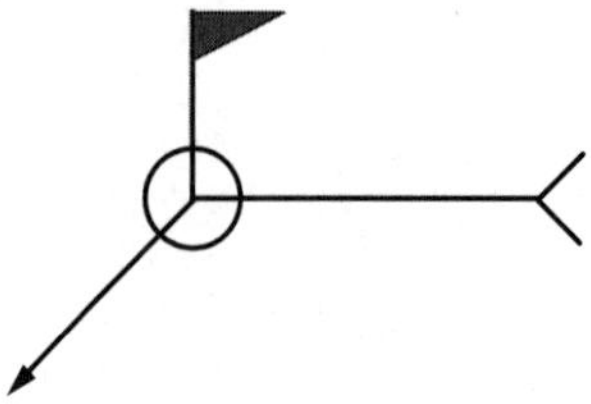

14. 다음 그림과 같은 온통기초에서 터파기량, 되메우기량, 잔토처리량을 산출하시오. (단, 토량환산계수 $L=1.3$으로 한다.)

득점	배점
	9

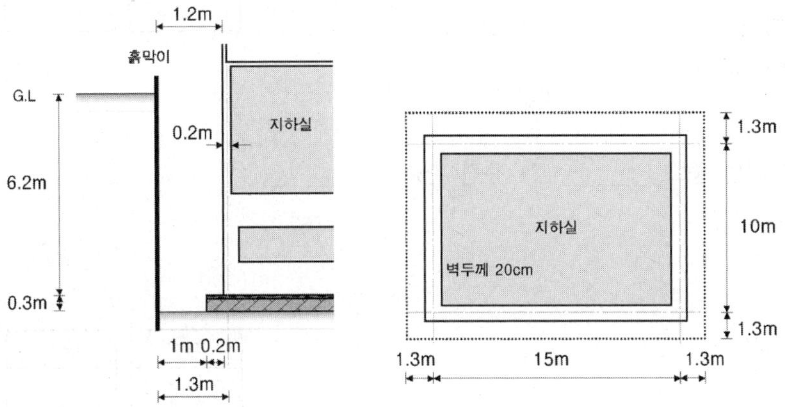

(1) 터파기량:

(2) 되메우기량:

(3) 잔토처리량:

15. 목재의 섬유포화점을 설명하고, 함수율 증가에 따른 목재의 강도 변화에 대하여 설명하시오.

득점	배점
	3

16. 공기단축 기법에서 MCX(Minimum Cost eXpediting) 기법의 순서를 보기에서 골라 기호로 쓰시오.

득점	배점
	4

보기

① 주공정선상의 작업 선택　　② 비용구배가 최소인 작업을 단축

③ 보조주공정선의 확인　　④ 단축한계까지 단축

⑤ 보조주공정선의 동시 단축경로의 고려

17. 용접부의 검사항목이다. 보기에서 골라 알맞은 공정에 해당번호를 써 넣으시오.

득점	배점
	3

보기

① 아크 전압　② 용접 속도　③ 청소 상태
④ 홈 각도, 간격 및 치수　⑤ 부재의 밀착　⑥ 필릿의 크기
⑦ 균열, 언더컷 유무　⑧ 밑면 따내기

(1) 용접 착수 전: ________ (2) 용접 작업 중: ________ (3) 용접 완료 후: ________

18. 다음 괄호 안에 알맞은 수치를 쓰시오.

득점	배점
	2

벽체 또는 슬래브에서 휨주철근의 간격은 벽체나 슬래브 두께의 (①)배 이하로 하여야 하고, 또한 (②)mm 이하로 하여야 한다. 다만, 콘크리트 장선구조의 경우 이 규정이 적용되지 않는다.

① ________ ② ________

19. 시스템(system) 비계에 설치하는 일체형 작업 발판의 장점을 3가지만 적으시오.

득점	배점
	3

① ________

② ________

③ ________

20. 다음 용어를 간단히 설명하시오.

득점	배점
	4

(1) 부대입찰제도:

(2) 대안입찰제도:

21. 그림과 같은 3-Hinge 라멘에서 A지점의 반력을 구하시오. (단, $P=6\text{kN}$, $L=4\text{m}$, $h=3\text{m}$ 이고, 반력의 방향을 화살표로 반드시 표현하시오.)

득점	배점
	3

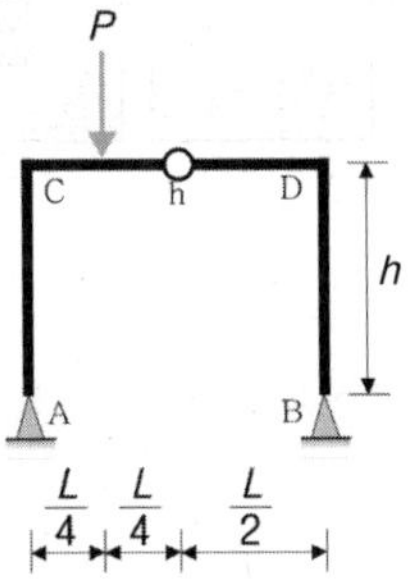

22. 그림과 같은 단순보의 A지점의 처짐각, 보의 중앙 C점의 최대처짐량을 계산하시오. (단, $E=206\text{GPa}$, $I=1.6\times10^8\text{mm}^4$)

득점	배점
	4

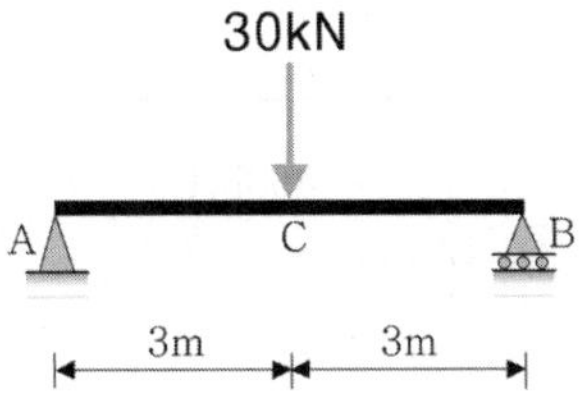

(1) A지점의 처짐각 :

(2) C점의 최대처짐 :

23. 그림과 같은 **150mm×150mm** 단면을 갖는 무근콘크리트 보가 경간길이 450mm로 단순지지되어 있다. 3등분점에서 2점 재하 하였을 때 하중 $\boldsymbol{P=12\text{kN}}$에서 균열이 발생함과 동시에 파괴되었다. 이때 무근콘크리트의 휨균열강도(휨파괴계수)를 구하시오.

득점	배점
	4

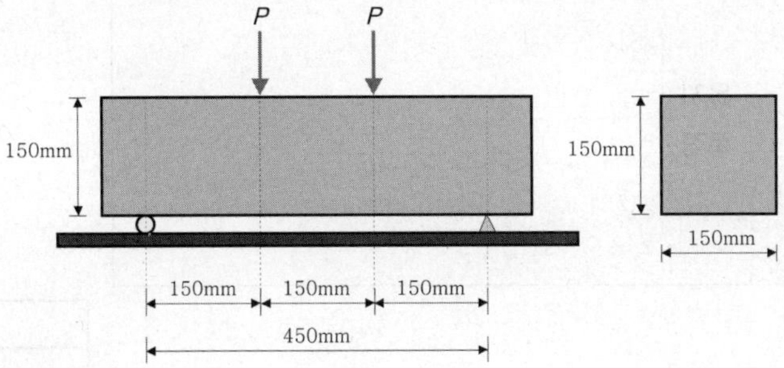

24. $L-100\times100\times7$ 인장재의 순단면적(㎟)을 구하시오.

득점	배점
	3

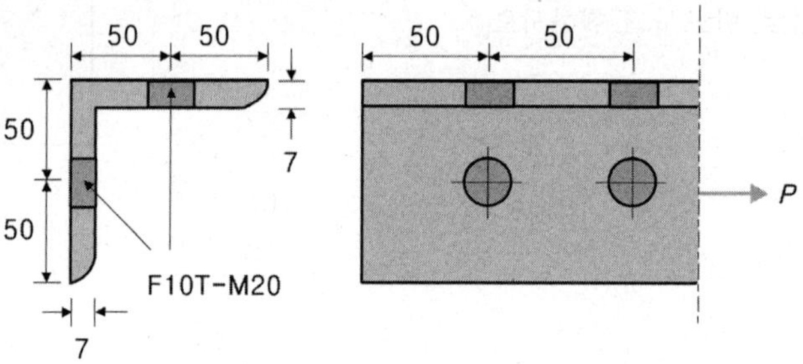

25. 철근콘크리트구조에서 최대철근비 규정은 철근의 항복강도 f_y 를 기준으로 두 가지로 구분된다. 다음 표의 빈칸을 최외단 인장철근의 순인장변형률 ϵ_t, 항복변형률 ϵ_y 로 표현하시오.

득점	배점
	2

$f_y \le$ 400MPa	$f_y >$ 400MPa

26. 보의 단면으로 늑근(Stirrup 철근)과 주근(인장철근)까지 그림으로 도시한 후 피복두께의 정의와 철근 피복두께의 유지목적을 2가지 적으시오.

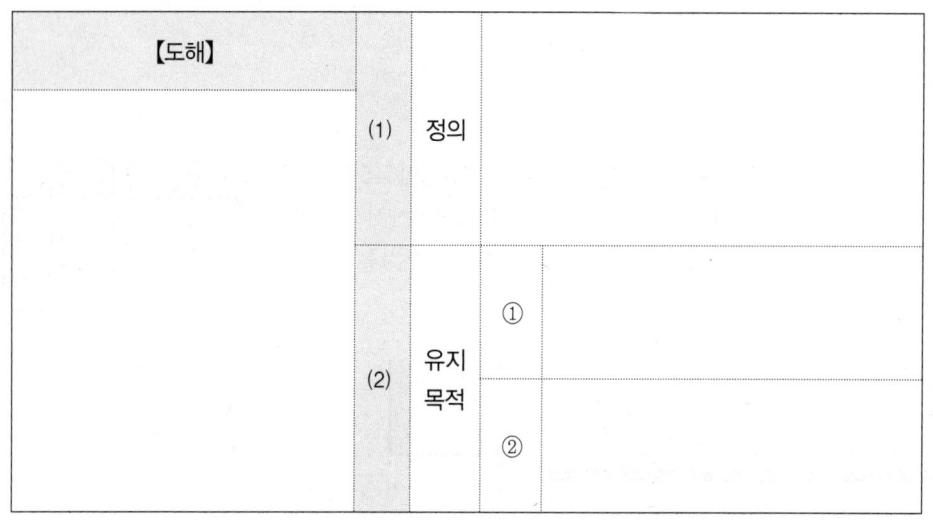

득점	배점
	5

<table>
<tr><td>【도해】</td><td rowspan="2">(1)</td><td rowspan="2">정의</td><td colspan="2" rowspan="2"></td></tr>
<tr><td rowspan="3"></td></tr>
<tr><td rowspan="2">(2)</td><td rowspan="2">유지
목적</td><td>①</td><td></td></tr>
<tr><td>②</td><td></td></tr>
</table>

총점

2020. 2회 건축기사 해답

1.

(1) ① 벽체의 강성 및 차수성이 크다. ② 소음 및 진동이 적다.

(2) ① 패널(Panel)간 조인트(Joint)로 수평연속성 부족하다. ② 공사비가 비교적 고가이다.

2.

① 슬럼프(Slump)값이 클수록 측압이 크다. ② 벽두께가 두꺼울수록 측압이 크다.

③ 타설속도가 빠를수록 측압이 크다. ④ 습도가 높을수록 측압이 크다.

3.

① 지지력이 크고 이음이 안전 ② 상부구조와의 결합이 용이 ③ 운반 및 시공이 용이

4.

지반에 지름 40~60cm의 구멍을 뚫고 모래를 넣은 후, 성토 및 기타 하중을 가하여 점토질 지반을 압밀시키는 공법

5.

① 2 ② 3 ③ 4 ④ 8

6.

(1) ① 아크릴수지 ② 염화비닐수지 (2) ① 페놀수지 ② 멜라민수지

7.

드라이브 핀(Drive Pin)

8.

① 390(길이)×190(높이)×100(두께) ② 390(길이)×190(높이)×150(두께) ③ 390(길이)×190(높이)×190(두께)

9.

(1) PS강재를 긴장하고 콘크리트를 타설한 후 PS강재와 콘크리트를 접합하여 프리스트레스를 도입하는 방법

(2) 쉬스(Sheath)를 설치하고 콘크리트를 타설한 후PS강재를 삽입, 긴장, 고정하여 그라우팅한 후 프리스트레스를 도입하는 방법

10.

① 콘크리트 ② 경량콘크리트 ③ 돌 ④ 벽돌 ⑤ 철망 퍼라이트 ⑥ 철망 모르타르

11.

콘크리트 부재가 화재로 가열되어 표면부가 소리를 내며 급격히 파열되는 현상

12.

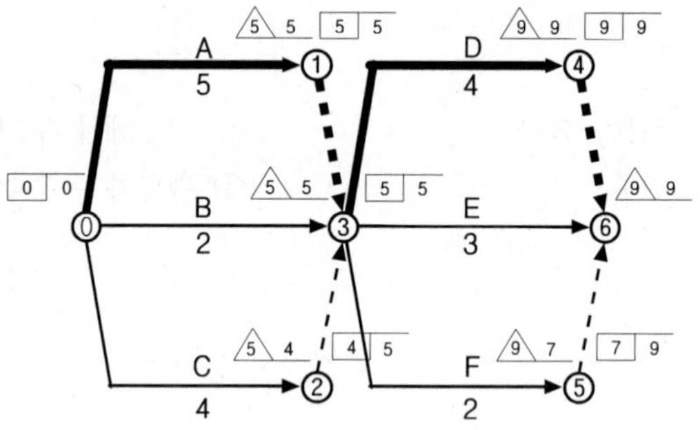

작업명	EST	EFT	LST	LFT	TF	FF	DF	CP
A	0	5	0	5	0	0	0	※
B	0	2	3	5	3	3	0	
C	0	4	1	5	1	1	0	
D	5	9	5	9	0	0	0	※
E	5	8	6	9	1	1	0	
F	5	7	7	9	2	2	0	

13.

현장 일주(一周) 용접

14.

(1) $V = (15+1.3\times 2)\times(10+1.3\times 2)\times 6.5 = 1{,}441.44\text{m}^3$

(2) ① GL 이하의 구조부체적

$[0.3\times(15+0.3\times 2)\times(10+0.3\times 2)]+[6.2\times(15+0.1\times 2)\times(10+0.1\times 2)] = 1{,}010.86$

② 되메우기량 : $1{,}441.44 - 1{,}010.86 = 430.58\text{m}^3$

(3) $1{,}010.86\times 1.3 = 1{,}314.12\text{m}^3$

15.

목재의 함수율이 30% 정도일 때를 말하며, 섬유포화점 이상에서는 강도가 일정하지만 이하가 되면 강도가 급속도로 증가한다.

16.

① ➡ ② ➡ ④ ➡ ③ ➡ ⑤

17.

(1) ③, ④, ⑤ (2) ①, ②, ⑧ (3) ⑥, ⑦

18.

① 3 ② 450

19.

① 일체화 조립으로 안정성 증가
② 넓은 작업공간 확보로 작업능률 향상
③ 부재(수직, 수평, 계단 등)의 공장제작으로 균일품질 확보

20.

(1) 발주처에서 하도급 공종별로 금액비율을 미리 정하여 입찰참가자에게 통보하고, 그 비율 이상으로 계약될 하도급계약서를 입찰 시 입찰서류에 첨부해서 입찰하는 제도 ➡ **【현행 제도 폐지】**
(2) 발주자가 제시한 기본설계를 바탕으로 동등 이상의 기능 및 효과를 가진 공법으로 공기단축 및 공사비 절감 등을 내용으로 하는 대안을 도급자가 제시한 제도

21.

(1) $\Sigma M_B = 0:\ +(V_A)(L)-(P)\left(\frac{3L}{4}\right)=0 \quad \therefore\ V_A=+\frac{3P}{4}=+\frac{3(6)}{4}=+4.5\text{kN}(\uparrow)$

(2) $M_{h,Left} = 0:\ +\left(\frac{3P}{4}\right)\left(\frac{L}{2}\right)-(P)\left(\frac{L}{4}\right)-(H_A)(h)=0 \quad \therefore\ H_A=+\frac{PL}{8h}=+\frac{(6)(4)}{8(3)}=+1\text{kN}(\rightarrow)$

(3) $R_A=\sqrt{V_A^2+H_A^2}=\sqrt{(4.5^2)+(1)^2}=4.61\text{kN}(\nearrow)$

22.

(1) $\theta_A=+\frac{1}{16}\cdot\frac{PL^2}{EI}=+\frac{1}{16}\cdot\frac{(30\times10^3)(6\times10^3)^2}{(206\times10^3)(1.6\times10^8)}=+0.00204\ \text{rad}$

(2) $\delta_C=+\frac{1}{48}\cdot\frac{PL^3}{EI}=+\frac{1}{48}\cdot\frac{(30\times10^3)(6\times10^3)^3}{(206\times10^3)(1.6\times10^8)}=+4.095\text{mm}$

23.

$f_r=\frac{PL}{bh^2}=\frac{(24\times10^3)(450)}{(150)(150)^2}=3.2\text{N/mm}^2=3.2\text{MPa}$

24.

$A_n=A_g-n\cdot d\cdot t=[(7)(200-7)]-(2)(20+2)(7)=1{,}043\text{mm}^2$

25.

$f_y \leq 400MPa$	$f_y > 400MPa$
$\epsilon_t = 0.004$	$\epsilon_t = 2 \cdot \epsilon_y$

26.

【도해】	
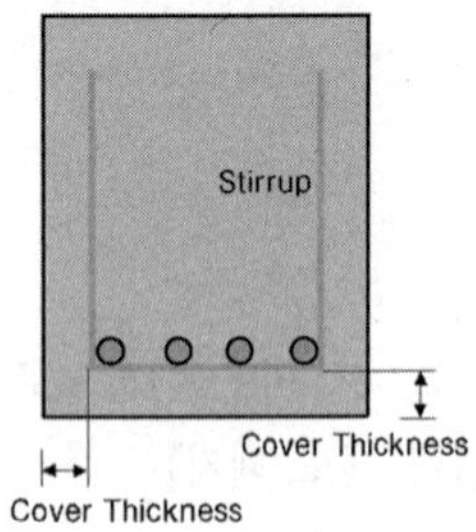	(1) 콘크리트 표면에서 가장 근접한 철근 표면까지의 거리 (2) ① 소요강도 확보 ② 콘크리트 유동성 확보

2020. 3회 건축기사

1. 콘크리트 구조물의 균열발생 시 실시하는 보강공법을 3가지 쓰시오.

득점	배점
	3

① ② ③

2. 다음 [보기]가 설명하는 명칭을 쓰시오.

득점	배점
	3

보기

철근콘크리트 슬래브와 강재 보의 전단력을 전달하도록 강재에 용접되고 콘크리트 속에 매입된 시어커넥터(Shear Connector)에 사용되는 것

3. 탈수공법 중 다음 공법에 대하여 기술하시오.

득점	배점
	4

(1) 페이퍼 드레인(Paper Drain) 공법

(2) 생석회 말뚝(Chemico Pile) 공법

4. 석재공사 진행 중 석재가 깨진 경우 이것을 접착할 수 있는 대표적인 접착제를 1가지 쓰시오.

득점	배점
	2

5. 강구조 내화피복 공법 중 습식공법을 설명하고 습식공법의 종류 2가지와 사용되는 재료를 적으시오.

득점	배점
	5

(1) 습식공법:

(2) 공법의 종류와 사용 재료:

① ②

6. 표준형벽돌 1,000장으로 1.5B 두께로 쌓을 수 있는 벽면적은?
(단, 할증률은 고려하지 않는다.)

득점	배점
	4

7. 그림과 같은 헌치 보에 대하여, 콘크리트량과 거푸집 면적을 구하시오.
(단, 거푸집 면적은 보의 하부면도 산출할 것)

득점	배점
	6

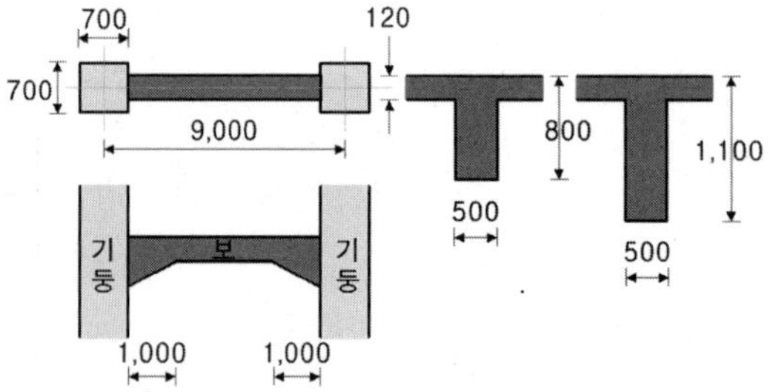

(1) 콘크리트:

(2) 거푸집 면적:

8. 금속공사에서 사용되는 다음 철물이 뜻하는 용어를 설명하시오.

득점	배점
	4

(1) Metal Lath:

(2) Punching Metal:

9. 히빙 파괴(Heaving Failure)와 보일링 파괴(Bailing Failure)의 방지대책을 쓰시오.

득점	배점
	4

(1) 히빙 파괴 방지대책:

(2) 보일링 파괴 방지대책:

10. 건설공사의 원가절감기법 중 Value Engineering의 사고방식을 4가지를 쓰시오.

득점	배점
	4

① ____________________ ② ____________________

③ ____________________ ④ ____________________

11. 철근의 인장강도가 240MPa 이상으로 규정되어 있다고 할 때, 현장에 반입된 철근(중앙부 지름 14mm, 표점거리 50mm)의 인장강도를 시험 파괴하중이 37.20kN, 40.57kN, 38.15kN 이었다. 평균인장강도를 구하고 합격여부를 판정하시오.

득점	배점
	5

(1) 평균인장강도:

(2) 판정:

12. 다음 데이터를 네트워크공정표로 작성하시오.

득점	배점
	6

작업명	작업일수	선행작업	비고
A	5	없음	(1) 결합점에서는 다음과 같이 표시한다.
B	4	A	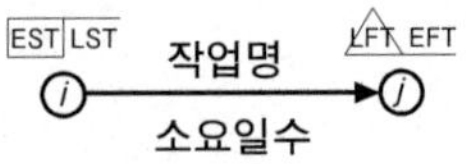
C	2	없음	
D	4	없음	
E	3	C, D	(2) 주공정선은 굵은선으로 표시한다.

13. ALC(Autoclaved Lightweight Concrete)를 제조하기 위한 주재료 2가지와 기포 제조방법을 쓰시오.

득점	배점
	3

(1) 주재료 :

① ②

(2) 기포 제조방법 :

14. 밀도 2.65g/cm^3, 단위체적질량이 1,600kg/m^3인 골재가 있다. 이 골재의 공극률(%)을 구하시오.

득점	배점
	4

15. 도장공사에서 유성니스(Vanish)에 사용되는 재료 2가지를 쓰시오.

득점	배점
	2

① ______________ ② ______________

16. 다음 용어를 설명하시오.

(1) LCC(Life Cycle Cost)

득점	배점
	4

(2) VE(Value Engineering)

17. 벽돌벽의 표면에 생기는 백화현상의 발생방지 대책을 3가지 쓰시오.

득점	배점
	3

① ______________ ② ______________

③ ______________

18. 레미콘 공장을 현장에서 선정할 때 고려해야 할 유의사항을 3가지 쓰시오.

득점	배점
	3

① ______________ ② ______________ ③ ______________

19. 기준점(Bench Mark)의 정의를 간단히 쓰시오.

득점	배점
	3

20. $H-400\times200\times8\times13$(필릿반지름 $r=16$mm) 형강의 플랜지와 웨브의 판폭두께비를 구하시오.

득점	배점
	4

(1) 플랜지:　　　　　　　　　　(2) 웨브:

21. 콘크리트로 마감된 옥상에 시트방수 시 하단부터 상단까지의 시공순서를 보기에서 골라 번호로 쓰시오.

득점	배점
	4

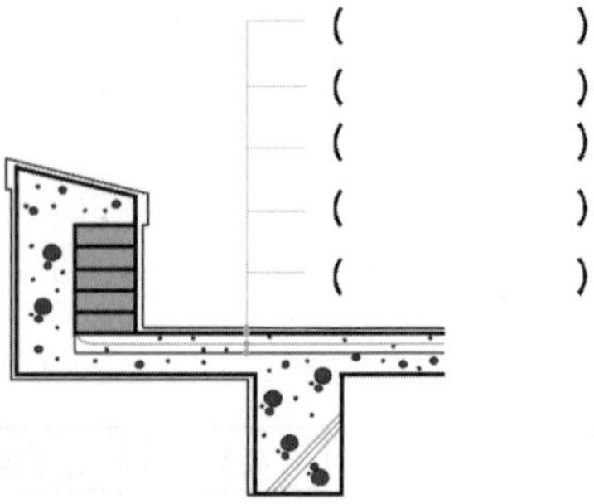

보기

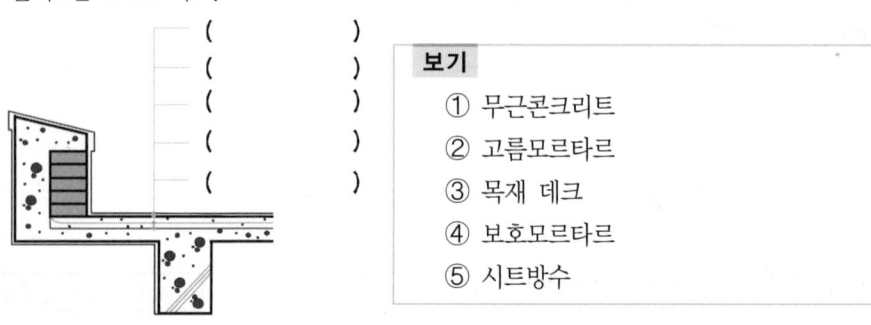

① 무근콘크리트
② 고름모르타르
③ 목재 데크
④ 보호모르타르
⑤ 시트방수

22. 그림과 같은 구조물에서 T부재에 발생하는 부재력을 구하시오.
(단, 인장은 +, 압축은 -로 표시한다.)

득점	배점
	3

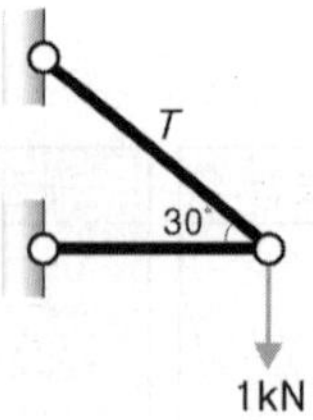

23. x축에 대한 단면2차모멘트를 계산하시오.

득점	배점
	3

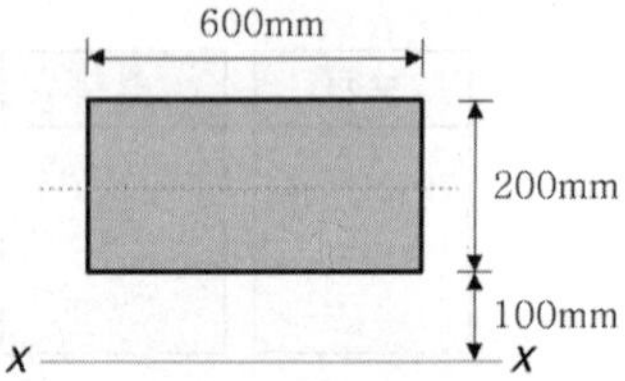

24. 1방향슬래브의 두께가 250mm일 때 단위폭 1m에 대한 수축온도철근량과 D13($a_1 = 127\text{mm}^2$) 철근을 배근할 때 요구되는 배근개수를 구하시오, (단, $f_y = 400\text{MPa}$)

득점	배점
	4

25. 그림과 같은 철근콘크리트 보에서 중립축거리(c)가 250mm일 때 강도감소계수 ϕ를 산정하시오. (단, $f_{ck} = 28\text{MPa}$, ϕ의 계산값은 소수셋째자리에서 반올림하여 소수 둘째자리까지 표현하시오.)

득점	배점
	4

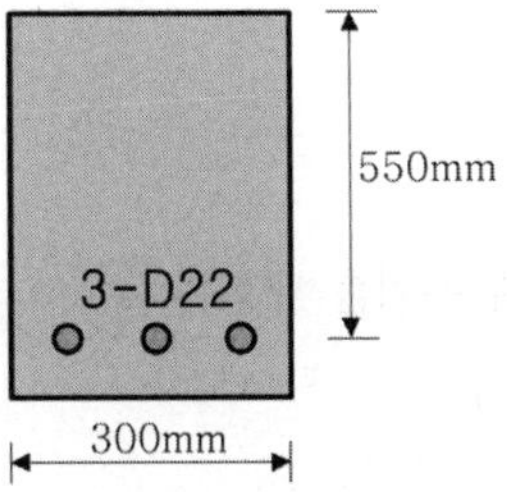

26. 철골공사에서 다음 상황에 맞는 용접기호를 완성하시오.

득점	배점
	6

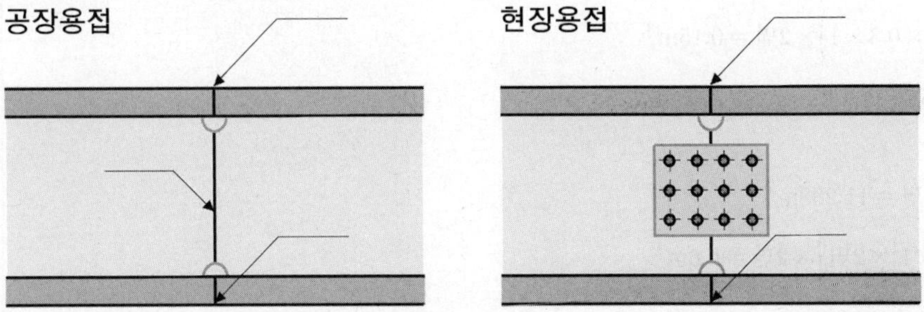

총점

2020.3회 건축기사 해답

1.
① 단면증대공법 ② 강판접착공법 ③ 철물매입공법 또는 강재앵커공법

2.
강재 앵커(Shear Connector)

3.
(1) 모래 대신 합성수지로 된 카드보드를 지반에 삽입하여 탈수하는 지반개량공법
(2) 지반 내에 생석회에 의한 말뚝을 설치하여 흙을 고결화시켜 연약지반의 강화를 도모하는 공법

4.
에폭시(Epoxy)

5.
(1) 화재발생 시 강재의 온도상승 및 강도저하에 의해 건물이 붕괴되지 않도록 강재 주위를 내화재료로 피복하는 공법
(2) ① 타설 공법: 콘크리트, 경량콘크리트
② 조적 공법: 돌, 벽돌

6.
$1{,}000 \div 224 = 4.464$ ➡ 4.46m^2

7.
(1) 콘크리트:
① 보 부분 : $0.5 \times 0.8 \times 8.3 = 3.32\text{m}^3$
② 헌치 부분 : $\left(\frac{1}{2} \times 0.5 \times 0.3 \times 1\right) \times 2\text{면} = 0.15\text{m}^3$
③ 3.32+0.15=3.47 ➡ 3.47m^3
(2) 거푸집 면적:
① 보 옆 : $0.68 \times 8.3 \times 2\text{면} = 11.288\text{m}^2$
② 헌치 옆 : $\left[\left(\frac{1}{2} \times 0.3 \times 1\right) \times 2\text{면}\right] \times 2\text{면} = 0.6\text{m}^2$
③ 보 밑: $6.3 \times 0.5 + \sqrt{1^2 + 0.3^2} \times 0.5 \times 2 = 4.194\text{m}^2$
④ 11.288+0.6+4.194=16.084 ➡ 16.08m^2

8.

(1) 얇은 철판에 자름금을 내어 당겨 늘린 것 (2) 얇은 철판에 각종 모양을 도려낸 것

9.

(1) 흙막이벽의 근입장을 증가 (2) 차수성이 강한 흙막이 시공으로 누수차단

10.

① 고정관념을 제거한 자유로운 발상 ② 기능 중심의 시공방식
③ 사용자(발주자) 중심의 사고 ④ 조직적이고 순서화된 활동

11.

(1) $$f_t = \frac{\frac{P_1}{A}+\frac{P_2}{A}+\frac{P_3}{A}}{3} = \frac{\dfrac{37.20\times10^3+40.57\times10^3+38.15\times10^3}{\dfrac{\pi\times14^2}{4}}}{3} = 251.01\text{MPa}$$

(2) 251.01MPa ≥ 240MPa이므로 합격

12.

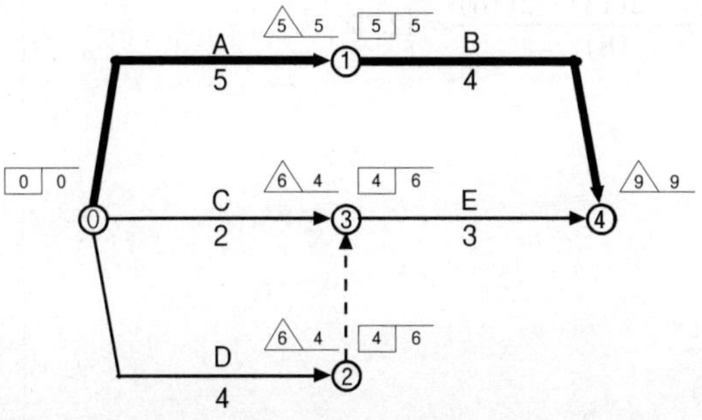

13.

(1) ① 규사(규산질 재료) ② 생석회(석회질 재료)
(2) 발포제를 넣고 고온, 고압 하에서 양생

14.

$$100-\left[\frac{1.6}{2.65}\times100\right]=39.62\%$$

15.

① 건성유 ② 희석제

16.
(1) 건축물의 초기단계에서 설계, 시공, 유지관리, 해체에 이르는 일련의 과정과 제비용
(2) 발주자가 요구하는 성능, 품질을 보장하면서 최소의 비용으로 공사를 수행하기 위한 수단을 찾고자 하는 체계적이고 과학적인 공사방법

17.
① 흡수율이 작은 소성이 잘된 벽돌 사용
② 처마 또는 차양의 설치로 빗물 차단
③ 벽체 표면에 발수제 첨가 및 도포

18.
① 현장까지의 운반시간 및 배출시간　② 콘크리트 제조능력　③ 레미콘 운반차 대수

19.
건축물 시공 시 공사 중 높이의 기준을 정하고자 설치하는 원점

20.
(1) 플랜지: $\lambda_f = \dfrac{(200)/2}{(13)} = 7.69$　(2) 웨브: $\lambda_w = \dfrac{(400)-2(13)-2(16)}{(8)} = 42.75$

21.
② ➡ ⑤ ➡ ④ ➡ ① ➡ ③

22.
$\Sigma V = 0$: $-(1)+(F_T \cdot \sin 30^\circ) = 0$　$\therefore F_T = +2\text{kN}$(인장)

23.
$I_x = \dfrac{(600)(200)^3}{12} + (600\times 200)(200)^2 = 5.2\times 10^9 \text{mm}^4$

24.
(1) $\rho = \dfrac{A_s}{bd}$ 로부터 $A_s = \rho \cdot bd = (0.0020)(1{,}000)(250) = 500\text{mm}^2$

(2) 배근개수 $n = \dfrac{A_s}{a_1} = \dfrac{500}{127} = 3.937$ ➡ 4개

25.

(1) $f_{ck} \leq 40\text{MPa}$ ➡ $\epsilon_{cu} = 0.0033$

(2) $\epsilon_t = \dfrac{d_t - c}{c} \cdot \epsilon_{cu} = \dfrac{(550)-(250)}{(250)} \cdot (0.0033) = 0.00396$

$0.002 < \epsilon_t (= 0.00396) < 0.005$ 이므로 변화구간 단면의 부재이다.

(3) $\phi = 0.65 + (\epsilon_t - 0.002) \times \dfrac{200}{3} = 0.65 + [(0.00396) - 0.002] \times \dfrac{200}{3} = 0.78$

26.

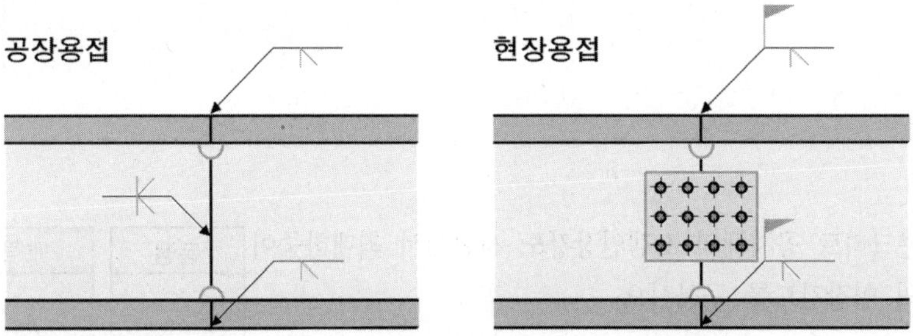

2020. 4회 건축기사

1. 다음 평면도에서 평규준틀과 귀규준틀의 개수를 구하시오.

득점	배점
	4

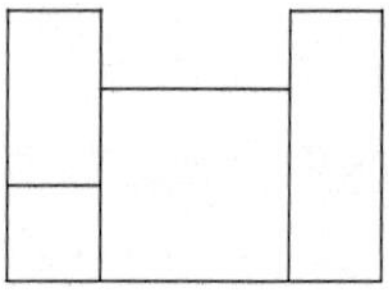	• 귀규준틀: (　　)개소 • 평규준틀: (　　)개소

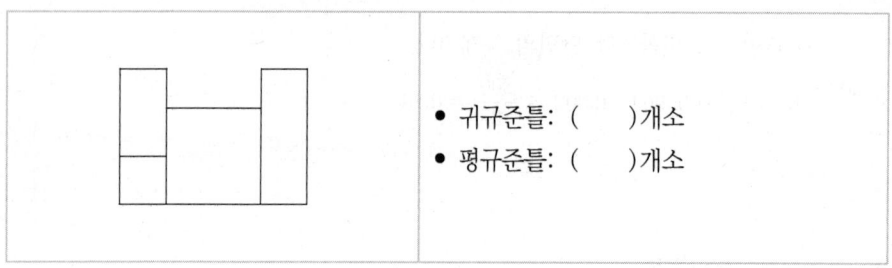

2. 지름 300mm, 길이 500mm의 콘크리트 공시체의 쪼갬인장강도 시험에서 최대하중이 100kN으로 나타났다면 이 시험체의 인장강도를 구하시오.

득점	배점
	3

3. 지반조사 시 실시하는 보링(Boring)의 종류를 3가지 쓰시오.

득점	배점
	3

① ② ③

4. 다음의 공사관리 계약방식에 대하여 설명하시오.

득점	배점
	4

(1) CM for Fee 방식

(2) CM at Risk 방식

5. 히스토그램(Histogram)의 작성순서를 보기에서 골라 번호 순서대로 쓰시오.

득점	배점
	3

① 히스토그램을 규격값과 대조하여 안정상태인지 검토한다.
② 히스토그램을 작성한다.
③ 도수분포도를 작성한다.
④ 데이터에서 최소값과 최대값을 구하여 범위를 구한다.
⑤ 구간폭을 정한다.
⑥ 데이터를 수집한다.

6. 기둥축소(Column Shortening) 현상에 대해 설명하시오.

득점	배점
	3

7. 철골 주각부(Pedestal)는 고정주각, 핀주각, 매립형주각 3가지로 구분된다. 그림과 적합한 주각부의 명칭을 쓰시오.

득점	배점
	6

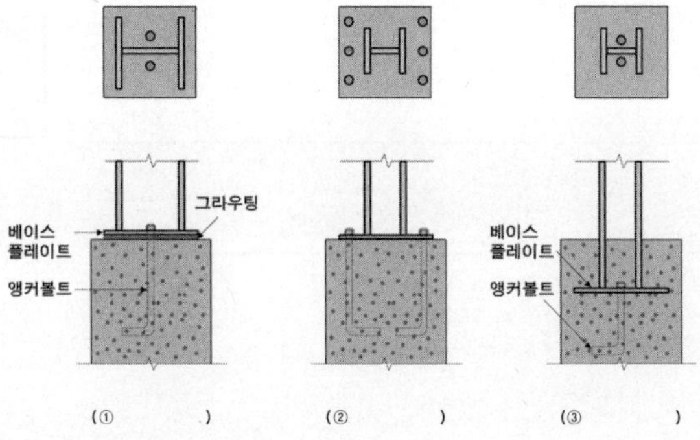

① ② ③

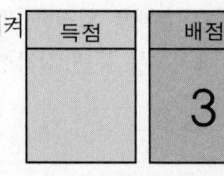

8. 매스콘크리트(Mass Concrete) 시공에서 콘크리트 재료의 일부 또는 전부를 냉각시켜 콘크리트의 온도를 낮추는 방법을 무엇이라 하는가?

득점	배점
	3

9. 조적조 블록벽체의 습기침투의 원인을 4가지 쓰시오.

득점	배점
	4

① ②

③ ④

10. 흐트러진 상태의 흙 $10m^3$를 이용하여 $10m^2$의 면적에 다짐 상태로 50cm 두께를 터돋우기 할 때 시공완료된 다음의 흐트러진 상태의 토량을 산출하시오.
(단, 이 흙의 $L=1.2$, $C=0.9$이다.)

득점	배점
	4

11. 염분을 포함한 바다모래를 골재로 사용하는 경우 철근 부식에 대한 방청상 유효한 조치를 4가지 쓰시오.

득점	배점
	4

① ②

③ ④

12. 다음이 설명하는 철골공사 용접방법을 기재하시오.
(1) 한쪽 또는 양쪽 부재의 끝을 용접이 양호하게 될 수 있도록 끝단면을 비스듬히 절단(개선)하여 용접하는 방법
(2) 두 부재를 일정한 각도로 접합한 후 2장의 판재를 겹치거나 T자형 ,十자형의 교차부를 등변 삼각형 모양으로 접합부을 용접하는 방법:

득점	배점
	4

(1) (2)

13. 기초와 지정의 차이점을 기술하시오.

득점	배점
	4

(1) 기초

(2) 지정

14. 강합성 데크플레이트 구조에 사용되는 시어커넥터(Shear Connector)의 역할에 대하여 설명하시오.

득점	배점
	3

15. 민간 주도하에 Project(시설물) 완공 후 발주처(정부)에게 소유권을 양도하고 발주처의 시설물 임대료를 통하여 투자비가 회수되는 민간투자사업 계약방식의 명칭을 쓰시오.

득점	배점
	3

16. 흙막이공사의 지하연속벽(Slurry Wall)공법에 사용되는 안정액의 기능을 2가지 쓰시오.

득점	배점
	4

① ②

17. 기존의 멤브레인(Membrane) 계통의 방수를 하지 않고 수중, 지하구조물의 콘크리트 강도 증진 및 수밀성, 내구성 향상과 콘크리트 성능개선 효과 등을 동시에 얻고자 콘크리트 구조물 단면 전체를 방수화하는 공법의 명칭을 쓰시오.

득점	배점
	3

18. 흙막이벽의 계측에 필요한 기기류를 3가지 쓰시오.

득점	배점
	3

① ______ ② ______ ③ ______

19. 섬유보강 콘크리트에 사용되는 섬유의 종류를 3가지 쓰시오.

득점	배점
	3

① ______ ② ______ ③ ______

20. 철골부재 용접접합부에 있어서 용접이음새나 받침쇠의 관통을 위해 또한 용접이음새끼리 교차를 피하기 위해 설치하는 원호상의 구멍을 무엇이라 하는지 용어를 쓰고, 기둥과 보의 강접합에 대해 간략히 도해하시오.

득점	배점
	5

(1)	용어 :	(2)	도해 :

21. 커튼월공사에서 발생될 수 있는 유리의 열파손 매커니즘에 대해 설명하시오.

득점	배점
	3

22. 그림과 같은 캔틸레버 보의 A점으로부터 우측으로 4m 위치인 C점의 전단력과 휨모멘트를 구하시오.

득점	배점
	4

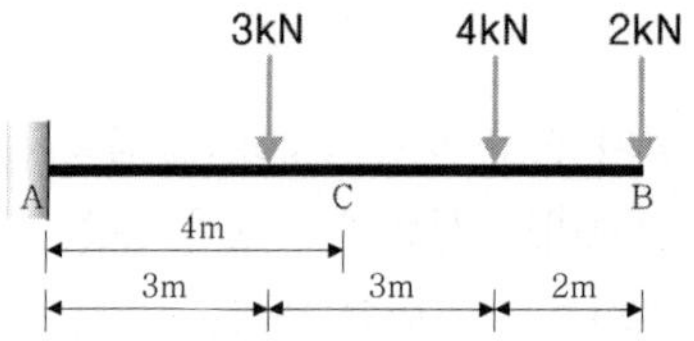

23. 다음 데이터를 이용하여 정상공기를 산출한 결과 지정공기보다 3일이 지연되는 결과이었다. 공기를 조정하여 3일의 공기를 단축한 네트워크공정표를 작성하고 아울러 총공사금액을 산출하시오.

득점	배점
	10

작업명	선행작업	정상(Normal)		특급(Crash)		비고
		공기(일)	공비(원)	공기(일)	공비(원)	
A	없음	3	7,000	3	7,000	(1) 단축된 공정표에서 CP는 굵은선으로 표시하고, 결합점에서는 다음과 같이 표시한다. 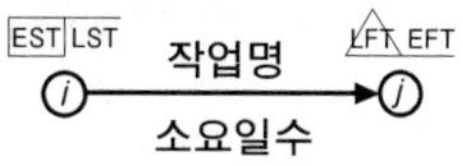 (2) 정상공기는 답지에 표기하지 않고 시험지 여백을 이용할 것
B	A	5	5,000	3	7,000	
C	A	6	9,000	4	12,000	
D	A	7	6,000	4	15,000	
E	B	4	8,000	3	8,500	
F	B	10	15,000	6	19,000	
G	C, E	8	6,000	5	12,000	
H	D	9	10,000	7	18,000	
I	F, G, H	2	3,000	2	3,000	

(1) 3일 단축한 Network 공정표

(2) 총공사비

24. 철근의 이음방법에는 콘크리트와의 부착력에 의한 (①) 외에 (②) 또는 연결재(Coupler, 커플러)를 사용한 (③)이 있다.

① ② ③

득점	배점
	3

25. 철근콘크리트로 설계된 보에서 압축을 받는 D22 철근의 기본정착길이를 구하시오. (단, 경량콘크리트계수 $\lambda=1$, $f_{ck}=24\text{MPa}$, $f_y=400\text{MPa}$)

득점	배점
	3

26. 철근콘크리트 기초판의 크기가 $2\text{m}\times4\text{m}$일 때 단변방향으로의 소요전체철근량이 $4{,}800\text{mm}^2$이다. 유효폭 내에 배근하여야 할 철근량을 구하시오.

득점	배점
	3

총점

2020.4회 건축기사 해답

1.
귀규준틀: (6)개소, 평규준틀: (6)개소

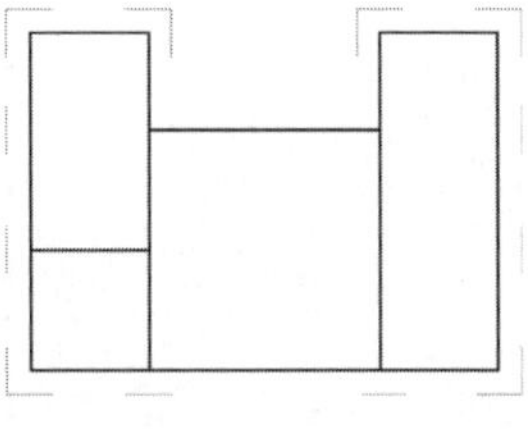

2.
$$f_{sp}=\frac{P}{A}=\frac{2P}{\pi DL}=\frac{2(100\times10^3)}{\pi(300)(500)}=0.42\text{MPa}$$

3.
① 오거 보링 ② 수세식 보링 ③ 회전식 보링

4.
(1) 발주자와 하도급업체가 직접 계약을 체결하고, CM은 발주자의 대리인 역할을 수행하여 약정된 보수만을 발주자에게 수령하는 형태
(2) 하도급업체와 CM이 원도급자 입장으로 발주자의 직접계약을 체결하며 공사의 원가 · 공정 · 품질을 직접 관리하여 CM자신의 이익을 추구하는 형태

5.
⑥ ➡ ④ ➡ ⑤ ➡ ③ ➡ ② ➡ ①

6.
강구조 초고층 건축 시 기둥에 발생되는 축소변위

7.
① 핀 주각 ② 고정 주각 ③ 매입형 주각

8.
선행 냉각(Pre-Cooling, 프리쿨링)

9.
① 벽돌 및 모르타르의 강도 부족
② 모르타르 바름의 신축 및 들뜨기
③ 온도 및 습기에 의한 재료의 신축성
④ 이질재와 접합부 불완전 시공

10.
(1) 다져진 상태의 토량$=10\times\dfrac{0.9}{1.2}=7.5$
(2) 다져진 상태의 남는 토량$=7.5-(10\times0.5)=2.5$
(3) 흐트러진 상태의 토량$=2.5\times\dfrac{1.2}{0.9}=3.333$ ➡ 3.33m^3

11.
① 철근 표면에 아연도금 처리
② 골재에 제염제 혼입
③ 콘크리트에 방청제 혼입
④ 에폭시 코팅 철근 사용

12.
(1) 그루브용접(Groove Welding, 맞댄용접, 맞댐용접, 맞대기용접)
(2) 필릿용접(Fillet Welding, 모살용접)

13.
(1) 건축물의 최하부에서 건축물의 하중을 지반에 안전하게 전달시키는 구조부
(2) 기초판을 지지하기 위해서 그 아래에 설치하는 버림콘크리트, 잡석, 말뚝 등

14.
합성부재의 두 가지 다른 재료 사이의 전단력을 전달하도록 강재에 용접되고 콘크리트에 매입된 스터드앵커(Stud Anchor)와 같은 강재

15.
BTL(Build-Transfer-Lease) 방식

16.
① 굴착벽면 붕괴 방지
② 굴착토사 분리·배출

17.
규산질계 모르타르 방수

18.
① 하중계(Load Cell) ② 변형률계(Strain Gauge) ③ 지중침하계(Extension Meter)

19.
① 강섬유 ② 유리섬유 ③ 탄소섬유

20.

(1)	스캘럽(Scallop)	(2)	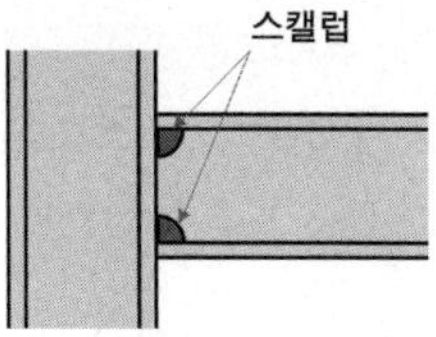

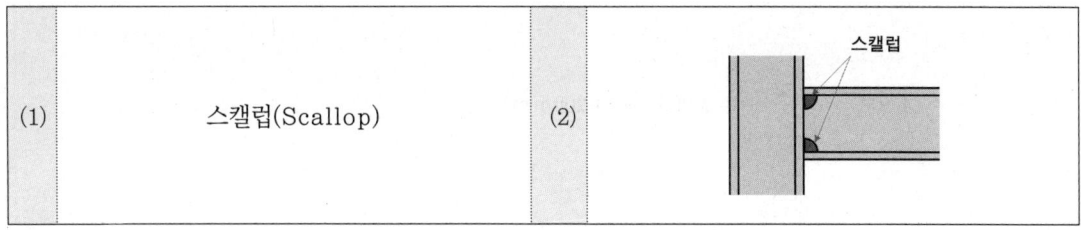

21.
유리 중앙부는 강한 태양열로 인해 온도상승·팽창하며, 유리주변부는 저온상태로 인해 온도유지·수축함으로써 열팽창의 차이에 따른 균열이 발생하며 깨지는 현상

22.
$V_{C,Right} = -[-(2)-(4)] = +6\text{kN}(\uparrow\downarrow)$
$M_{C,Right} = -[+(4)(2)+(2)(4)] = -16\text{kN}\cdot\text{m}(\frown)$

23.
(1)

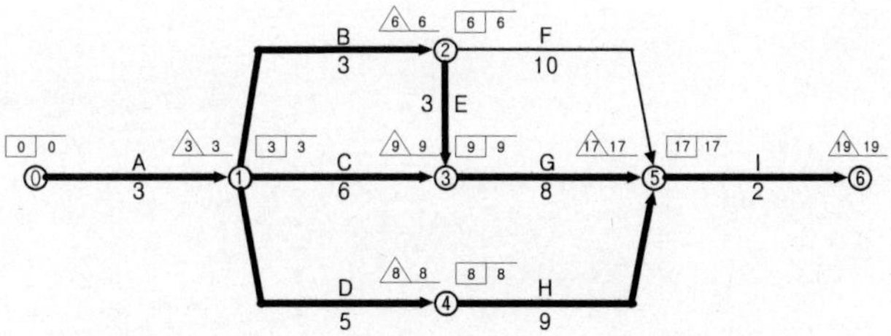

(2) 22일 표준공사비 + 3일 단축 시 추가공사비 = 69,000+8,500=77,500원

	단축대상	추가비용
21일	E	500
20일	B+D	4,000
19일	B+D	4,000

24.

① 겹침 이음 ② 용접 이음 ③ 기계적 이음

25.

(1) $l_{db} = \dfrac{0.25(22)(400)}{(1)\sqrt{(24)}} = 449.07\text{mm}$ ⬅ 지배

(2) $l_{db} = 0.043(22)(400) = 378.40\text{mm}$

26.

$$A_{s1} = A_{sL} \times \frac{2}{\beta+1} = (4{,}800) \cdot \frac{2}{\left(\frac{4}{2}\right)+1} = 3{,}200 \;\Rightarrow\; 3{,}200\text{mm}^2$$

2020. 5회 건축기사

1. 보통골재를 사용한 콘크리트 설계기준강도 $f_{ck}=24\text{MPa}$, 철근의 탄성계수 $E_s=200{,}000\text{MPa}$일 때 콘크리트 탄성계수 및 탄성계수비를 구하시오.

득점	배점
	4

(1) 콘크리트 탄성계수:

(2) 탄성계수비:

2. 목재의 인공건조법의 종류를 3가지 쓰시오.

득점	배점
	3

① ② ③

3. 시공계획서 제출 시 환경관리 및 친환경관리에 대해 제출해야 할 서류에 포함될 내용을 4가지 쓰시오.

득점	배점
	4

① ②

③ ④

4. 수중콘크리트 타설 시 콘크리트 피복두께를 얼마 이상으로 하여야 하는가?

득점	배점
	2

5. 벽돌에 나타나는 일반적인 백화현상에 대해 설명하시오.

득점	배점
	4

6. 미장공사에서 사용되는 다음 용어를 설명하시오.

(1) 손질바름:

(2) 실러(Sealer)바름:

득점	배점
	4

7. 강구조공사의 절단가공에서 절단방법의 종류를 3가지 쓰시오.

① ② ③

득점	배점
	3

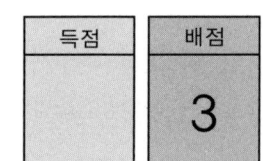

8. 다음과 같은 연속 대칭 T형보의 유효폭(b_e)을 구하시오. (단, 보 경간(Span): 6,000mm, 복부폭(b_w): 300mm)

득점	배점
	4

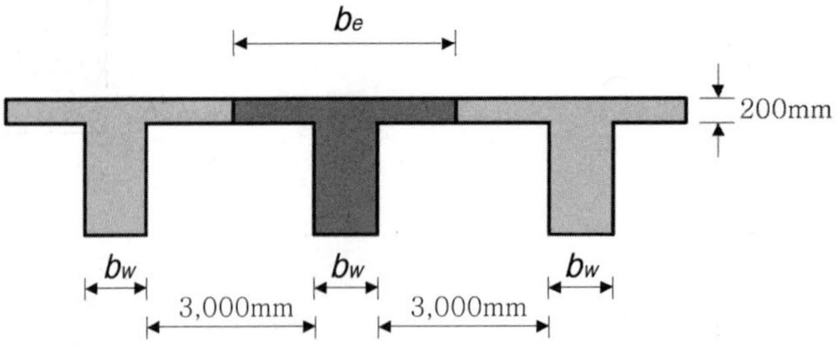

9. 어떤 골재의 밀도 $2.65g/cm^3$, 단위체적질량 $1,800kg/m^3$ 이라면 이 골재의 실적률을 구하시오.

득점	배점
	3

10. 탑다운 공법(Top-Down Method) 공법은 지하구조물의 시공순서를 지상에서부터 시작하여 점차 깊은 지하로 진행하며 완성하는 공법으로서 여러 장점이 있다. 이 중 작업공간이 협소한 부지를 넓게 쓸 수 있는 이유를 기술하시오.

득점	배점
	3

11. 다음이 설명하는 용어를 쓰시오.

> 특수화학제를 첨가한 레디믹스트모르타르(Ready Mixed Mortar)에 대리석분말이나 세라믹 분말제를 혼합한 재료를 물과 혼합하여 1~3mm 두께로 바르는 것

득점	배점
	3

12. 온도조절 철근(Temperature Bar)의 배근목적에 대하여 간단히 설명하시오.

득점	배점
	2

13. 매입말뚝 중에서 마이크로 말뚝의 정의와 장점 두 가지를 쓰시오.

(1) 정의:

(2) 장점:

①

②

득점	배점
	4

14. 민간 주도하에 Project(시설물) 완공 후 발주처(정부)에게 소유권을 양도하고 발주처의 시설물 임대료를 통해 투자비가 회수되는 민간투자사업 계약방식의 명칭은?

득점	배점
	2

15. 다음 용어를 간단히 설명하시오.

(1) 슬라이딩폼:

(2) 터널폼:

득점	배점
	4

16. 다음 데이터를 네트워크공정표로 작성하시오.

득점	배점
	8

작업명	작업일수	선행작업	비고
A	5	없음	
B	2	없음	
C	4	없음	(1) 결합점에서는 다음과 같이 표시한다.
D	5	A, B, C	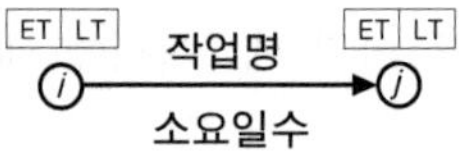
E	3	A, B, C	
F	2	A, B, C	
G	2	D, E	(2) 주공정선은 굵은선으로 표시한다.
H	5	D, E, F	
I	4	D, F	

17. 다음이 설명하는 시공기계를 쓰시오.

득점	배점
	4

(1) 사질지반의 굴착이나 지하연속벽, 케이슨 기초 같은 좁은 곳의 수직굴착에 사용되며, 토사채취에도 사용된다. 최대 18m 정도 깊이까지 굴착이 가능하다.

(2) 지반보다 낮은 곳(기계의 위치보다 낮은 곳)의 굴착에 적합한 토공장비

(1) ______________________ (2) ______________________

18. 보기의 미장재료를 기경성과 수경성으로 구분하여 쓰시오.

득점	배점
	4

진흙, 시멘트 모르타르, 회반죽, 무수석고 플라스터, 돌로마이트 플라스터, 석고플라스터

(1) 기경성 미장재료: ______________________

(2) 수경성 미장재료: ______________________

19. 그림과 같은 창고를 시멘트벽돌로 신축하고자 할 때 벽돌쌓기량(매), 내외벽 시멘트 미장할 때 미장면적을 구하시오.

득점	배점
	10

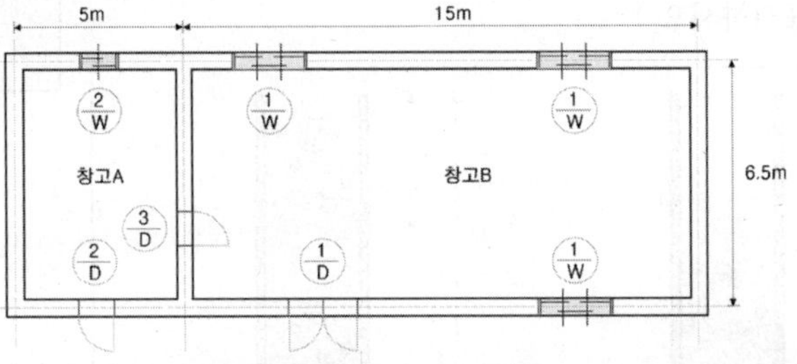

단, 1) 벽두께는 외벽 1.5B 쌓기, 칸막이벽 1.0B 쌓기로 하고 벽높이는 안팎 3.6m 로 가정하며, 벽돌은 표준형(190×90×57)으로 할증률은 5%.

2) 창문틀 규격: (1/D) : 2.2×2.4m (2/D) : 0.9×2.4m (3/D) : 0.9×2.1m

(1/W) : 1.8×1.2m (2/W) : 1.2×1.2m

(1) 벽돌량:

(2) 미장면적:

20. 부재 단면에 비틀림이 생기지 않고 휨변형만 유발하는 위치를 무엇이라 하는가?

득점	배점
	2

21. 철골공사의 접합방법 중 용접의 단점을 2가지 쓰시오.

득점	배점
	4

① ②

22. 고강도 콘크리트의 폭렬현상에 대하여 설명하시오.

득점	배점
	3

23. 다음의 첫 번째 그림을 참조하여 콘크리트 측압의 변화를 2회로 나누어 타설하는 경우와 2차 타설시의 측압으로 구분하여 도시하시오.
(단, 최대측압 부분은 굵은선으로 표시하시오.)

득점	배점
	4

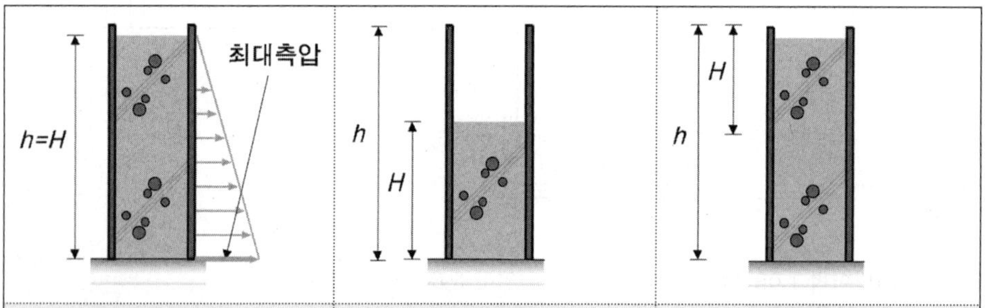

한 번에 타설하는 경우	2회로 나누어 타설하는 경우	2차 타설시의 측압

24. 다음 용어를 설명하시오.
(1) 로이 유리(Low-Emissivity Glass):

득점	배점
	4

(2) 단열 간봉(Thermal Spacer):

25. 다음 그림과 같은 트러스의 명칭을 쓰시오.

득점	배점
	4

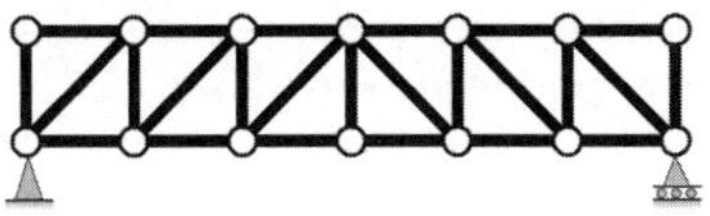

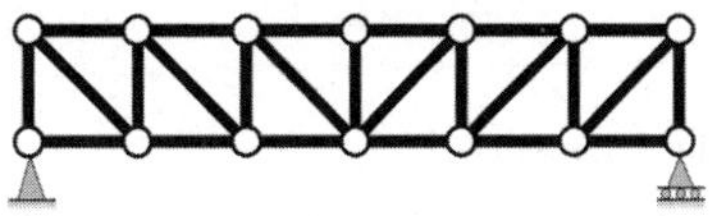

26. 다음과 같은 조건의 외력에 대한 휨균열모멘트강도(M_{cr})를 구하시오.

득점	배점
	4

보기

- 단면 크기: $b \times h = 300\text{mm} \times 600\text{mm}$
- 보통중량콘크리트 설계기준 압축강도 $f_{ck} = 30\text{MPa}$,
  철근의 항복강도 $f_y = 400\text{MPa}$

총점

2020.5회 건축기사 해답

1.

(1) $E_c = 8{,}500 \cdot \sqrt[3]{(24)+(4)} = 25{,}811\text{MPa}$

(2) $n = \dfrac{E_s}{E_c} = \dfrac{(200{,}000)}{(25{,}811)} = 7.74863$ ➡ $n = 7.75$

2.

① 증기법　② 열기법　③ 훈연법

3.

① 건설폐기물 저감 및 재활용 계획　② 산업부산물 재활용 계획

③ 온실가스 배출 저감 계획　④ 천연자원 사용 저감 계획

4.

100mm

5.

시멘트 중의 수산화칼슘이 공기 중의 탄산가스와 반응하여 벽체의 표면에 생기는 흰 결정체

6.

(1) 콘크리트(블록) 바탕에서 초벌바름 전에 마감두께를 균등하게 할 목적으로 모르타르 등으로 미리 요철을 조정하는 것

(2) 바탕의 흡수 조정, 바름재와 바탕과의 접착력 증진 등을 위해 합성수지 에멀션 희석액 등을 바탕에 바르는 것

7.

① 가스절단　② 전단절단　③ 톱절단

8.

① $16t_f + b_w = 16(200) + 300 = 3{,}500\text{mm}$

② 양쪽 슬래브 중심간 거리 = $\dfrac{\left(\dfrac{300}{2} + 3{,}000 + \dfrac{300}{2}\right)}{2} + \dfrac{\left(\dfrac{300}{2} + 3{,}000 + \dfrac{300}{2}\right)}{2} = 3{,}300\text{mm}$

③ 보 경간(Span)의 $\dfrac{1}{4}$ $= 6{,}000 \times \dfrac{1}{4} = 1{,}500\text{mm}$ ⬅ 지배

9.

$$\frac{1.8}{2.65}\times 100 = 67.92\%$$

10.
1층 슬래브가 먼저 타설되어 작업공간으로 활용이 가능하기 때문이다.

11.
합성수지 플라스터 바름

12.
건조수축 또는 온도변화에 의하여 콘크리트에 발생하는 균열을 방지하기 위한 목적으로 배치되는 철근

13.
(1) 구조물의 기초, 기초의 보강, 리모델링 등의 목적으로 사용되는 직경 30cm 이하의 강재로 보강된 비변위 말뚝
(2)
① 소형 시공장비를 사용하기 때문에 접근하기 어려운 환경에서 시공가능하며 대부분의 토질조건에 적용 가능
② 시공과정에서 진동과 소음이 작고, 기존 말뚝공법 적용이 곤란한 소규모 현장에서 적용 및 대응이 가능

14.
BTL(Build-Transfer-Lease) 방식

15.
(1) 거푸집을 연속으로 이동시키면서 콘크리트 타설을 하므로 시공이음 없는 균일한 시공이 가능한 거푸집
(2) 한 구획 전체의 벽판과 바닥판을 ㄱ자형 또는 ㄷ자형으로 짜는 거푸집

16.

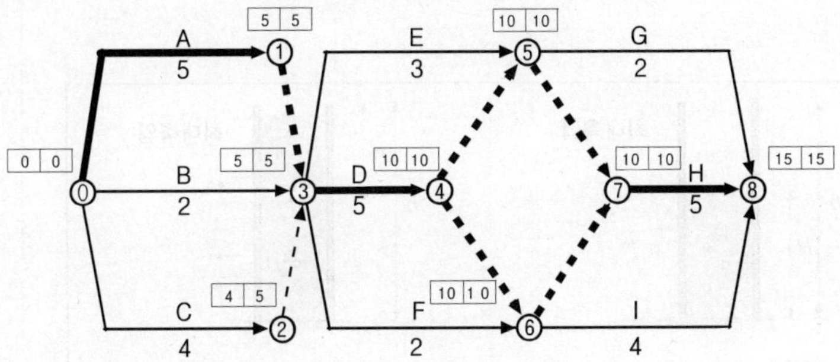

17.

(1) 클램쉘(Clam Shell) (2) 드래그라인(Drag Line) 또는 백호(Backhoe)

18.

(1) 진흙, 회반죽, 돌로마이트 플라스터 (2) 시멘트 모르타르, 무수석고 플라스터, 석고플라스터

19.

(1) 벽돌량:

① 1.5B: $[\{(20+6.5)\times 2\times 3.6\}-\{(1.8\times 1.2\times 3\text{개})$
$+(1.2\times 1.2)+(2.2\times 2.4)+(0.9\times 2.4)\}]\times 224=39{,}298.51$

② 1.0B: $\{(6.5-0.29)\times 3.6-(0.9\times 2.1)\}\times 149=3{,}049.4$

③ 소요 벽돌량: $(39{,}298.5+3{,}049.4)\times 1.05=44{,}465.2$ ➡ 44,466매

(2) 미장면적:

① 외부: $[\{(20+0.29)+(6.5+0.29)\}\times 2\times 3.6]$
$-\{(1.8\times 1.2\times 3\text{개})+(1.2\times 1.2)+(2.2\times 2.4)+(0.9\times 2.4)\}=179.616$

② 내부: $\{(14.76+6.21)\times 2+(4.76+6.21)\times 2\}\times 3.6-\{(1.8\times 1.2\times 3\text{개})+(1.2\times 1.2)+(2.2\times 2.4)$
$+(0.9\times 2.4)+(0.9\times 2.1\times 2\text{개})\}=210.828$

③ 합계: $179.616+210.828=390.444$ ➡ 390.44m^2

20.

전단중심(Shear Center)

21.

① 용접공의 기량 의존도가 높다. ② 용접부위 결함검사가 어렵다.

22.

콘크리트 부재가 화재로 가열되어 표면부가 소리를 내며 급격히 파열되는 현상

23.

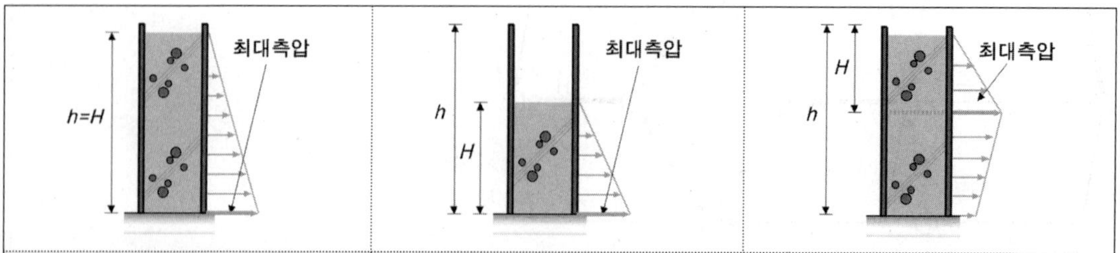

한 번에 타설하는 경우	2회로 나누어 타설하는 경우	2차 타설시의 측압

24.

(1) 열적외선을 반사하는 은소재 도막으로 코팅하여 방사율과 열관류율을 낮추고 가시광선투과율을 높인 유리

(2) 복층유리에서 유리와 유리 사이의 간격을 유지하기 위해 유리 가장자리에 쓰는 열전도율이 낮은 플라스틱 간격재

25.

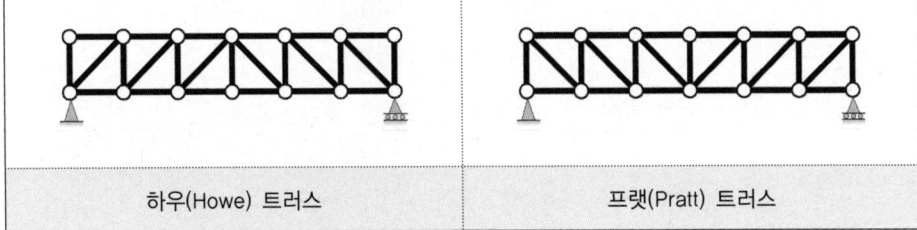

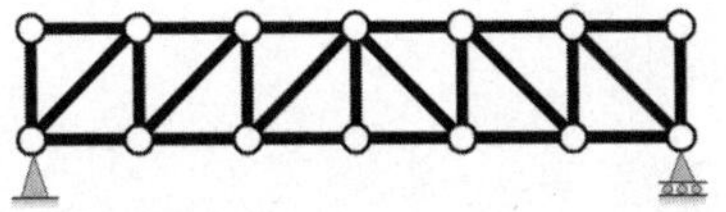	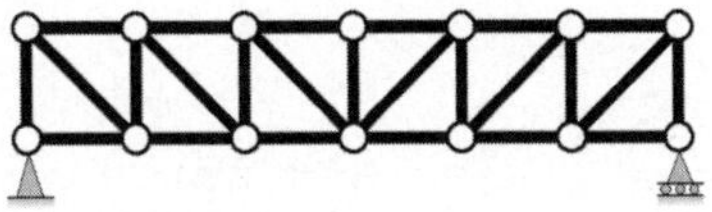
하우(Howe) 트러스	프랫(Pratt) 트러스

26.

$$M_{cr} = 0.63\lambda\sqrt{f_{ck}} \cdot \frac{bh^2}{6} = 0.63(1)\sqrt{(30)} \cdot \frac{(300)(600)^2}{6} = 62{,}111{,}738\text{N} \cdot \text{mm} = 62.111\text{kN} \cdot \text{m}$$

2021. 1회 건축기사

1. 굵은골재의 최대치수 25mm, 4kg을 물속에서 채취하여 표면건조내부포수상태의 질량이 3.95kg, 절대건조질량이 3.60kg, 수중에서의 질량이 2.45kg일 때 흡수율과 밀도를 구하시오. (단, 물의 밀도: $1g/cm^3$)

득점	배점
	6

(1) 흡수율:

(2) 표건상태 밀도:

(3) 겉보기 밀도:

2. 다음이 설명하는 지반탈수공법의 명칭을 쓰시오.

득점	배점
	4

(1) 점토질지반의 대표적인 탈수공법으로서 지반에 지름 40~60cm의 구멍을 뚫고 모래를 넣은 후, 성토 및 기타 하중을 가하여 점토질 지반을 압밀함으로써 탈수하는 공법을 무슨 공법이라고 하는가?

(2) 사질지반의 대표적인 탈수공법으로서 직경 약 20cm 특수파이프를 상호 2m 내외 간격으로 관입하여 모래를 투입한 후 진동다짐하여 탈수통로를 형성시켜서 탈수하는 공법을 무슨 공법이라고 하는가?

(1) (2)

3. 다음 용어를 설명하시오.

득점	배점
	4

(1) 기준점:

(2) 방호선반:

4. 다음 조건으로 요구하는 산출량을 구하시오. (단, $L=1.3$, $C=0.9$)

득점	배점
	9

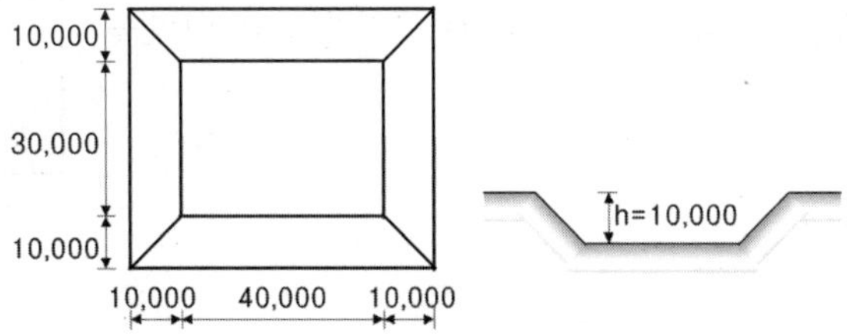

(1) 터파기량을 산출하시오.

(2) 운반대수를 산출하시오. (운반대수는 1대, 적재량은 $12m^3$)

(3) $5{,}000m^2$의 면적을 가진 성토장에 성토하여 다짐할 때 표고는 몇 m 인지 구하시오.
(비탈면은 수직으로 가정한다.)

5. 흙의 함수량 변화와 관련하여 ( ) 안을 채우시오.

득점	배점
	2

흙이 소성상태에서 반고체 상태로 옮겨지는 경계의 함수비를 (①)라 하고, 액성상태에서 소성상태로 옮겨지는 함수비를 (②)라고 한다.

① ②

6. 다음이 설명하는 적당한 벽돌 쌓기 방법을 쓰시오.

득점	배점
	2

(1) 창 밑에 돌 또는 벽돌을 15° 정도 경사지게 옆세워 쌓는 방법
(2) 난간벽과 같이 상부 하중을 지지하지 않는 벽에 있어서 장식적인 효과를 기대하기 위하여 벽체에 구멍을 내어 쌓는 방법:

(1) (2)

7. 콘크리트 구조물의 압축강도를 추정하고 내구성 진단, 균열의 위치, 철근의 위치 등을 파악하는데 있어서 구조체를 파괴하지 않고, 비파괴적인 방법으로 측정하는 검사방법을 3가지 쓰시오.

득점	배점
	3

① ② ③

8. 다음 설명에 해당하는 흙파기공법의 명칭을 쓰시오.

득점	배점
	4

(1) 구조물 측벽이나 주열선 부분만을 먼저 파내고 그 부분의 기초와 지하구조체를 축조한 다음 중앙부의 나머지 부분을 파내어 지하구조물을 완성하는 공법:

(2) 중앙부의 흙을 먼저 파고, 그 부분에 기초 또는 지하구조체를 축조한 후, 이것을 지점으로 흙막이 버팀대를 경사지게 또는 수평으로 가설하여 널말뚝 부근의 흙을 파내고 지하 구조체를 완성하는 공법:

(1) (2)

9. 재령 28일 콘크리트 표준공시체(ϕ150mm × 300mm)에 대한 압축강도시험 결과 파괴하중이 450kN일 때 압축강도 f_c(MPa)를 구하시오.

득점	배점
	3

10. 금속커튼월의 성능시험관련 실물모형시험(Mock-Up Test)의 시험항목을 4가지 쓰시오.

득점	배점
	4

① ②

③ ④

11. TQC의 7도구에 대한 설명이다. 해당되는 도구명을 쓰시오.(3점)

득점	배점
	3

(1) 계량치의 데이터가 어떠한 분포를 하고 있는지 알아보기 위하여 작성하는 그림
(2) 불량 등 발생건수를 분류항목별로 나누어 크기 순서대로 나열해 놓은 그림
(3) 결과에 원인이 어떻게 관계하고 있는가를 한 눈에 알 수 있도록 작성한 그림

(1) (2) (3)

12. 굳지 않은 콘크리트의 성질을 설명한 다음 내용에 적합한 용어를 쓰시오.
(1) 수량에 의해 변화하는 콘크리트 유동성의 정도
(2) 작업의 난이정도 및 재료분리에 저항하는 정도

득점	배점
	4

(1) (2)

13. 목공사에서 방충 및 방부처리된 목재를 사용해야 하는 경우를 2가지 쓰시오.

득점	배점
	4

①

②

14. 알루미늄 거푸집을 일반합판 거푸집과 비교하여 골조품질과 거푸집 해체 작업 시 발생될 수 있는 장점에 대하여 설명하시오.
(1) 골조품질:

득점	배점
	2

(2) 해체작업:

15. 안방수와 바깥방수의 차이점을 3가지 쓰시오

득점	배점
	3

①

②

③

16. 커튼월공사에서 발생될 수 있는 유리의 열파손 매커니즘에 대해 설명하시오.

득점	배점
	3

17. 경량철골 칸막이 공사에 관한 내용이다. 보기의 항목을 이용하여 순서대로 번호로 나열하시오.

득점	배점
	3

① 벽체틀 설치　② 단열재 설치　③ 바탕 처리
④ 석고보드 설치　⑤ 마감(벽지마감)

18. 한중콘크리트 시공 시 동해를 입지 않도록 초기양생 시 주의할 점을 3가지 쓰시오.

득점	배점
	3

①

②

③

19. 다음 데이터를 네트워크공정표로 작성하고, 각 작업의 여유시간을 구하시오.

득점	배점
	10

작업명	작업일수	선행작업	비고
A	3	없음	
B	4	없음	
C	5	없음	(1) 결합점에서는 다음과 같이 표시한다.
D	6	A, B	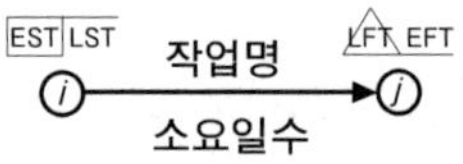
E	7	B	
F	4	D	
G	5	D, E	(2) 주공정선은 굵은선으로 표시한다.
H	6	C, F, G	
I	7	F, G	

(1) 네트워크공정표

(2) 각 작업의 여유시간

작업명	TF	FF	DF	CP
A				
B				
C				
D				
E				
F				
G				
H				
I				

20. 종합 심사낙찰제도에 관하여 간단히 설명하시오.

득점	배점
	2

21. 다음 용어를 간단히 설명하시오.

(1) 데크플레이트(Deck Plate):

(2) 시어커넥터(Shear Connector)

득점	배점
	4

22. 철근콘크리트 공사에 이용되는 스페이서(Spacer)의 용도에 대하여 쓰시오.

득점	배점
	2

23. BOT(Build-Operate-Transfer) 방식을 설명하시오.

득점	배점
	3

24. 강구조 접합부에서 전단접합과 강접합을 도식하고 설명하시오.

득점	배점
	6

전단접합	모멘트접합

25. 그림과 같은 설계조건에서 플랫슬래브 지판(Drop Panel, 드롭 패널)의 최소두께를 산정하시오. (단, 슬래브 두께 t_f는 200mm) (4점)

득점	배점
	4

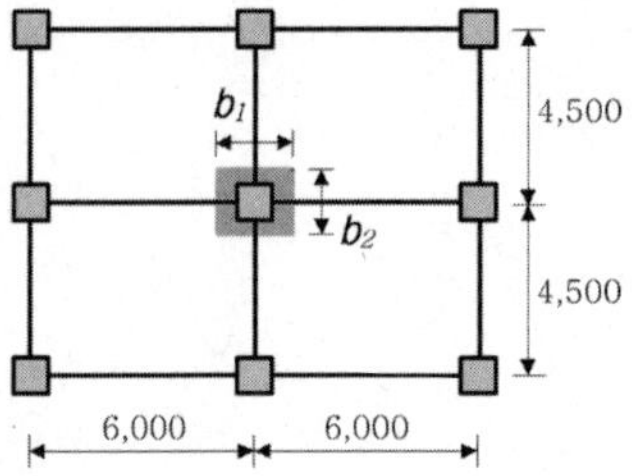

(1) 지판의 최소 크기:

(2) 지판의 최소 두께:

26. 그림과 같은 하중이 작용하는 3-Hinge 라멘구조물의 휨모멘트도를 그리시오. (단, 라멘구조 바깥은 -, 안쪽은 +이며, 이를 그림에 표기할 것)

득점	배점
	3

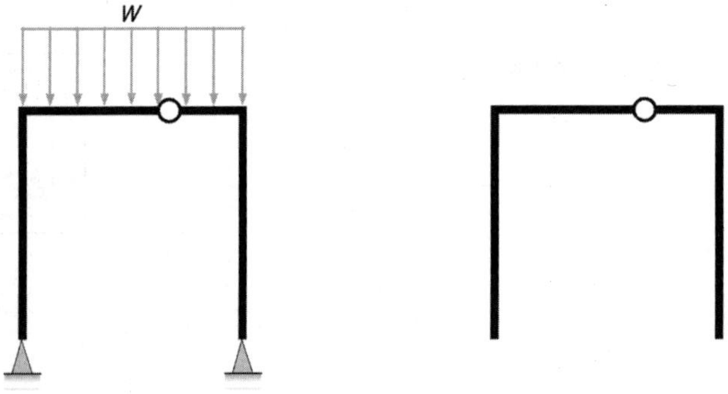

총점

2021.1회 건축기사 해답

1.

(1) $\frac{3.95-3.60}{3.60}\times 100 = 9.72\%$　(2) $\frac{3.95}{3.95-2.45}\times 1 = 2.63\text{g/cm}^3$　(3) $\frac{3.60}{3.60-2.45}\times 1 = 3.13\text{g/cm}^3$

2.

(1) 샌드드레인(Sand Drain 공법)　(2) 웰포인트(Well Point) 공법

3.

(1) 건축물 시공 시 공사 중 높이의 기준을 정하고자 설치하는 원점
(2) 상부에서 작업도중 자재나 공구 등의 낙하로 인한 피해를 방지하기 위하여 벽체 및 비계 외부에 설치하는 금속 판재

4.

(1) $V = \frac{10}{6}[(2\times 60+40)\times 50+(2\times 40+60)\times 30] = 20{,}333.333$ ➡ $20{,}333.33\text{m}^3$

(2) $\frac{20{,}333.33\times 1.3}{12} = 2{,}202.777$ ➡ 2,203대

(3) $\frac{20{,}333.33\times 0.9}{5{,}000} = 3.659$ ➡ 3.66m

5.

① 소성한계　② 액성한계

6.

(1) 창대쌓기　(2) 영롱쌓기

7.

① 슈미트해머법　② 초음파 속도법　③ 인발법

8.

(1) 트렌치컷(Trench Cut) 공법　(2) 아일랜드컷(Island Cut) 공법

9.

$$f_c = \frac{P}{A} = \frac{P}{\frac{\pi D^2}{4}} = \frac{(450\times 10^3)}{\frac{\pi(150)^2}{4}} = 25.464\text{N/mm}^2 = 25.464\text{MPa}$$

10.
① 기밀성능 시험 ② 수밀성능 시험 ③ 구조성능 시험 ④ 영구변형 시험

11.
(1) 히스토그램 (2) 파레토도 (3) 특성요인도

12.
(1) 반죽질기(Consistency) (2) 시공연도(Workability)

13.
(1) 외부의 버팀기둥을 구성하는 목재 부위면
(2) 급수·배수시설에 인접한 목재로써 부식우려가 있는 부분

14.
(1) 골조의 수직 · 수평 정밀도가 우수하고 면처리 작업이 감소된다.
(2) 해체 전용공구 사용 시 소음이 감소한다.

15.
① 안방수는 수압이 작고 얕은 지하실, 바깥방수는 수압이 크고 깊은 지하실
② 안방수는 본공사 추진이 자유롭고, 바깥방수는 본공사에 선행되어야 함
③ 안방수는 비교적 저가, 바깥방수는 고가

16.
유리 중앙부는 강한 태양열로 인해 온도상승·팽창하며, 유리주변부는 저온상태로 인해 온도유지·수축함으로써 열팽창의 차이에 따른 균열이 발생하며 깨지는 현상

17.
③ ➠ ① ➠ ② ➠ ④ ➠ ⑤

18.
① AE제, AE감수제, 고성능AE감수제 중 한 가지를 사용
② 초기강도 5MPa을 발현할 때까지 보온양생 실시
③ 보온양생 종료 후 콘크리트가 급격히 건조 및 냉각되지 않도록 틈새 없이 덮어 양생을 계속함

19.

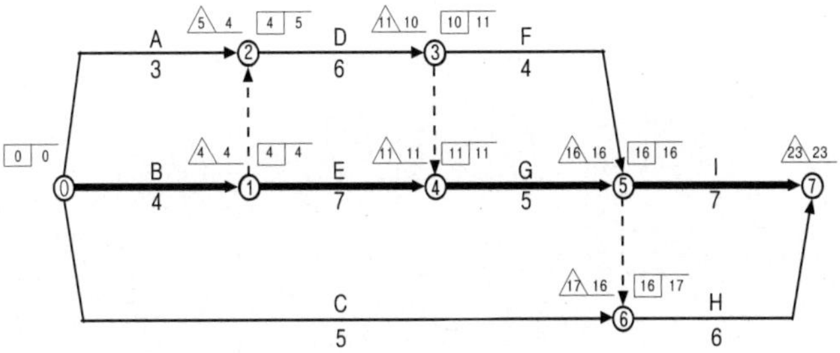

작업명	TF	FF	DF	CP
A	2	1	1	
B	0	0	0	※
C	12	11	1	
D	1	0	1	
E	0	0	0	※
F	2	2	0	
G	0	0	0	※
H	1	1	0	
I	0	0	0	※

20.
사회적 책임점수를 포함한 공사수행 능력점수와 입찰금액 점수를 합산하여 가장 높은 점수를 획득한 입찰자를 낙찰시키는 제도

21.
(1) 구조용 강판을 절곡하여 제작하며, 바닥콘크리트 타설을 위한 슬래브 하부 거푸집판
(2) 합성부재의 두 가지 다른 재료 사이의 전단력을 전달하도록 강재에 용접되고 콘크리트 속에 매입된 스터드앵커(Stud Anchor)와 같은 강재

22.
철근의 피복두께를 유지하기 위해 벽이나 바닥 철근에 대어주는 것

23.
사회간접시설을 민간부분이 주도하여 설계·시공한 후 일정기간 시설물을 운영하여 투자금액을 회수한 후 시설물과 운영권을 무상으로 공공부분에 이전하는 방식

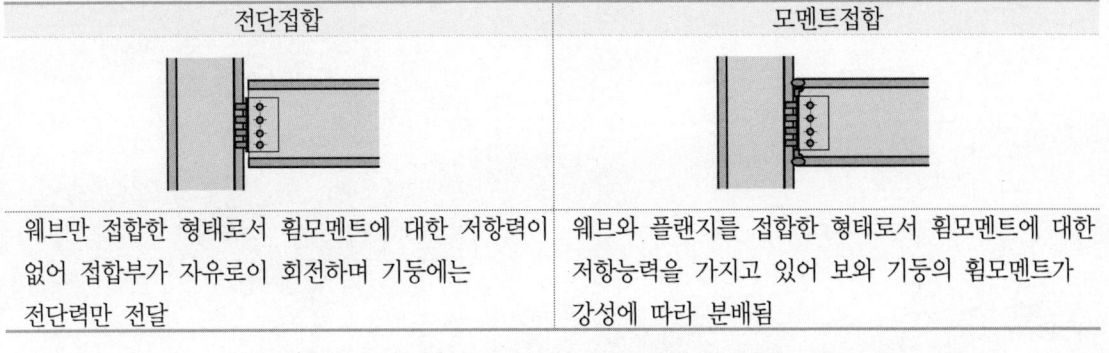

24.

전단접합	모멘트접합
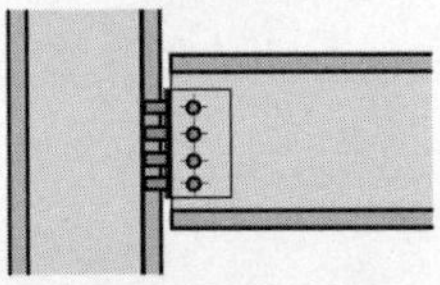	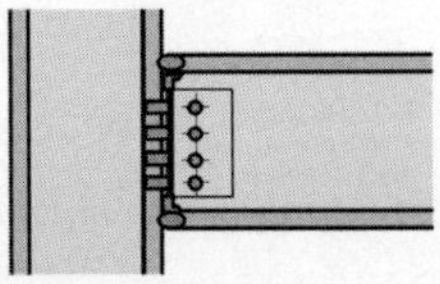
웨브만 접합한 형태로서 휨모멘트에 대한 저항력이 없어 접합부가 자유로이 회전하며 기둥에는 전단력만 전달	웨브와 플랜지를 접합한 형태로서 휨모멘트에 대한 저항능력을 가지고 있어 보와 기둥의 휨모멘트가 강성에 따라 분배됨

25.

(1) $b_1 = \frac{(6,000)}{6} + \frac{(6,000)}{6} = 2,000$, $b_2 = \frac{(4,500)}{6} + \frac{(4,500)}{6} = 1,500$

$\therefore\ b_1 \times b_2 = 2,000\text{mm} \times 1,500\text{mm}$

(2) $h_{\min} = \frac{t_f}{4} = \frac{(200)}{4} = 50\text{mm}$

26.

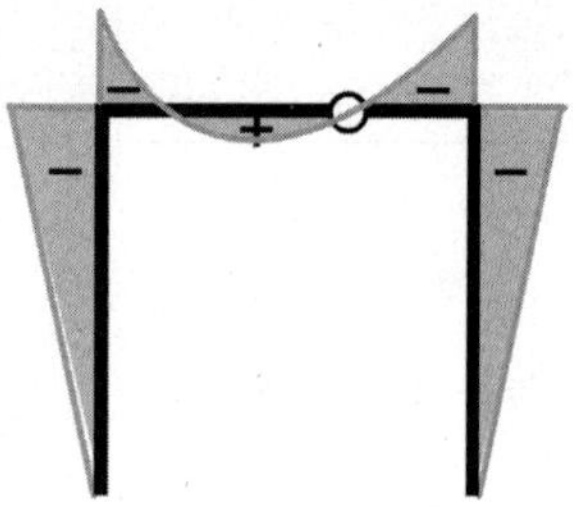

2021. 2회 건축기사

1. 다음 (　　)안에 적당한 용어나 수치를 기입하시오.

득점	배점
	3

> 높은 외부기온으로 인하여 콘크리트의 슬럼프 저하나 수분의 급격한 증발 등의 염려가 있을 경우에 시공되는 콘크리트로서 하루 평균기온이 25℃를 초과하는 경우 (①)콘크리트로 시공하여야 하며, 콘크리트는 비빈 후 즉시 타설하도록 하고, KS F2560의 지연형감수제를 사용하는 등의 일반적인 대책을 강구한 경우라도 (②)시간 이내에 타설하여야 한다.
> 또한 타설할 때의 콘크리트 온도는 (③)℃ 이하이어야 한다.

① ________ ② ________ ③ ________

2. 시멘트 500포의 공사현장에서 필요한 시멘트 창고의 면적을 구하시오.
(단, 쌓기 단수는 12단)

득점	배점
	3

3. 흙막이공사에서 역타설 공법(Top-Down Method)의 장점을 3가지 쓰시오.

득점	배점
	3

① ________

② ________

③ ________

4. 다음에 제시한 흙막이 구조물 계측기 종류에 적합한 설치 위치를 한 가지씩 기입하시오.

득점	배점
	4

① 하중계: ________ ② 토압계: ________

③ 변형률계: ________ ④ 경사계: ________

5. 다음의 용어를 설명하시오.

득점	배점
	4

(1) 슬럼프 플로(Slump Flow):

(2) 조립률(Fineness Modulus):

6. 콘크리트 구조물의 화재 시 급격한 고열현상에 의하여 발생하는 폭렬(Exclosive Fracture) 현상 방지대책을 2가지 쓰시오.

득점	배점
	4

①

②

7. 콘크리트 응결경화 시 콘크리트 온도상승 후 냉각하면서 발생하는 온도균열 방지 대책을 3가지 쓰시오.

득점	배점
	3

①

②

③

8. 철근콘크리트 보의 총처짐(mm)을 구하시오.

득점	배점
	4

- 즉시처짐 20mm
- 단면: $b \times d = 400\text{mm} \times 500\text{mm}$
- 지속하중에 따른 시간경과계수: $\xi = 2.0$
- 압축철근량 $A_s' = 1{,}000\text{mm}^2$

9. 그림과 같이 배근된 철근콘크리트 기둥에서 띠철근의 최대 수직간격을 구하시오.

득점	배점
	3

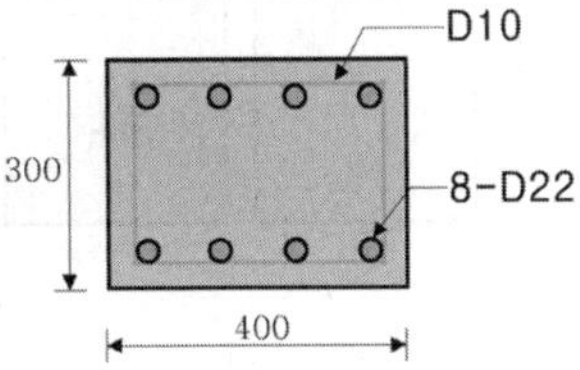

10. 강구조에서 메탈터치(Metal Touch)에 대한 개념을 간략하게 그림을 그려서 정의를 설명하시오.

득점	배점
	4

11. 그림과 같은 용접부의 기호에 대해 기호의 수치를 모두 표기하여 제작 상세를 표시하시오.

득점	배점
	4

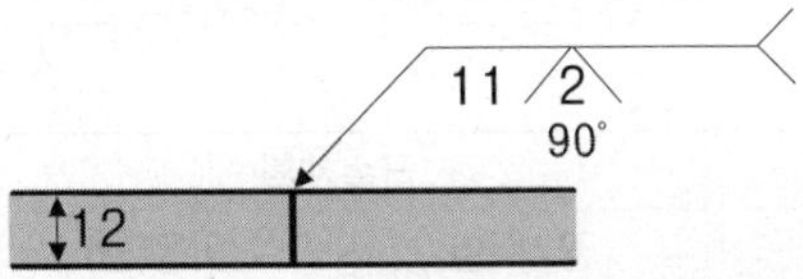

① ②

③ ④

12. 샌드드레인(Sand Drain) 공법을 설명하시오.

득점	배점
	3

13. 강구조 용접결함 중 오버랩(Overlap)과 언더컷(Undercut)을 개략적으로 도시하시오.

득점	배점
	4

오버랩(Overlap)	언더컷(Undercut)

14. TQC에 이용되는 7가지 도구 중 3가지를 쓰시오.

득점	배점
	3

① ② ③

15. 강구조공사의 기초 앵커볼트(Anchor Bolt)는 구조물 전체의 집중하중을 지탱하는 중요한 부분이다. 앵커볼트(Anchor Bolt) 매입공법의 종류 3가지를 쓰시오.

득점	배점
	3

① ② ③

16. 다음과 같은 작업 Data에서 비용구배(Cost Slope)가 가장 작은 작업부터 순서대로 작업명을 쓰시오.

득점	배점
	3

작업명	정상계획		급속계획	
	공기(일)	비용(원)	공기(일)	비용(원)
A	4	6,000	2	9,000
B	15	14,000	14	16,000
C	7	5,000	4	8,000

17. 1단 자유, 타단 고정, 길이 2.5m인 압축력을 받는 $H-100\times100\times6\times8$ 기둥의 탄성좌굴하중을 구하시오.
(단, $I_x=383\times10^4\text{mm}^4$, $I_y=134\times10^4\text{mm}^4$, $E=210{,}000\text{MPa}$)

득점	배점
	4

18. 다음 데이터를 네트워크공정표로 작성하고, 각 작업의 여유시간을 구하시오.

득점	배점
	10

<table>
<tr><th>작업명</th><th>작업일수</th><th>선행작업</th><th>비고</th></tr>
<tr><td>A</td><td>5</td><td>없음</td><td rowspan="11">(1) 결합점에서는 다음과 같이 표시한다.
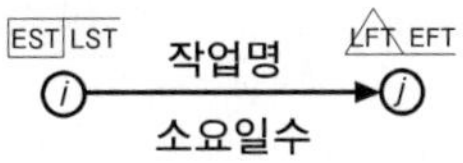

(2) 주공정선은 굵은선으로 표시한다.</td></tr>
<tr><td>B</td><td>6</td><td>A</td></tr>
<tr><td>C</td><td>5</td><td>A</td></tr>
<tr><td>D</td><td>4</td><td>A</td></tr>
<tr><td>E</td><td>3</td><td>B</td></tr>
<tr><td>F</td><td>7</td><td>B, C, D</td></tr>
<tr><td>G</td><td>8</td><td>D</td></tr>
<tr><td>H</td><td>6</td><td>E</td></tr>
<tr><td>I</td><td>5</td><td>E, F</td></tr>
<tr><td>J</td><td>8</td><td>E, F, G</td></tr>
<tr><td>K</td><td>7</td><td>H, I, J</td></tr>
</table>

(1) 네트워크공정표

(2) 각 작업의 여유시간

작업명	TF	FF	DF	CP
A				
B				
C				
D				
E				
F				
G				
H				
I				
J				
K				

19. 목재의 방부처리방법을 3가지 쓰고 간단히 설명하시오.

득점	배점
	3

①

②

③

20. 다음은 조적공사와 관련된 내용이다. 괄호 안을 채우시오.

득점	배점
	5

(1)	가로 및 세로줄눈의 너비는 도면 또는 공사시방서에서 정한 바가 없을 때에는 (　　　)mm를 표준으로 한다.
(2)	벽돌쌓기는 도면 또는 공사시방서에서 정한 바가 없을 때에는 영식쌓기 또는 (　　　　　　　)로 한다.
(3)	하루의 쌓기높이는 (　　　)m를 표준으로 하고, 최대 (　　　)m 이하로 한다.
(4)	벽돌벽이 블록벽과 서로 직각으로 만날 때에는 연결철물을 만들어 블록 (　　　)단마다 보강하여 쌓는다.

21. 다음 도면을 보고 옥상방수면적(m^2), 누름콘크리트량(m^3), 보호벽돌량(매)를 구하시오.
(단, 벽돌의 규격은 $190 \times 90 \times 57$)

득점	배점
	6

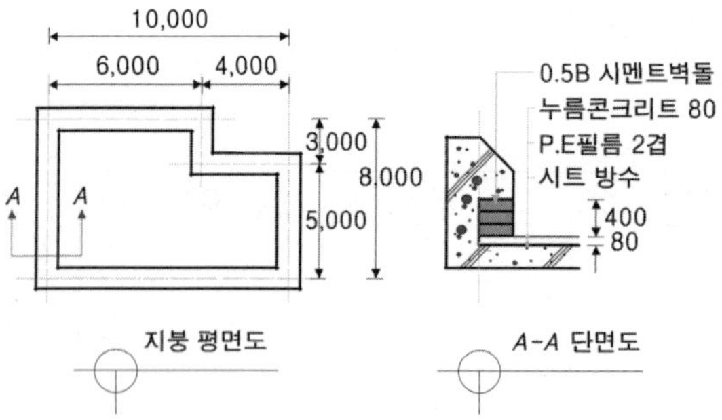

(1) 옥상방수 면적

(2) 누름콘크리트량

(3) 보호벽돌 정미량

22. 목구조 1층 마루널 시공순서를 보기를 보고 번호순서대로 나열하시오.

득점	배점
	3

【보기】 ① 동바리돌 ② 동바리 ③ 멍에 ④ 장선 ⑤ 마루널

23. 다음이 설명하는 용어를 쓰시오.

득점	배점
	2

수장공사 시 바닥에서 1m~1.5m 정도의 높이까지 널을 댄 것: ______

24. 스프링(Spring)구조에 단위하중이 작용할 때 스프링계수 k를 구하시오.
(단, 하중 P, 길이 L, 단면적 A, 탄성계수 E)

득점	배점
	4

25. 벽돌벽 표면에 생기는 백화현상의 방지대책을 4가지 쓰시오.

득점	배점
	4

① ______ ② ______

③ ______ ④ ______

26. 다음은 수장공사와 관련된 내용이다. 괄호 안을 채우시오.

득점	배점
	4

(1)	반자틀받이 행거를 고정하는 달대볼트는 천장재가 떨어지지 않도록 인서트,용접 등의 적절한 공법으로 설치한다. 달대볼트는 주변부의 단부로부터 150mm 이내에 배치하고 간격은 900mm 정도로 한다. 천장깊이가 1.5m 이상인 경우에는 가로, 세로 ( )m 정도의 간격으로 달대볼트의 흔들림 방지용 보강재를 설치한다.
(2)	현장타설 콘크리트 및 프리캐스트 콘크리트 부재에 설치할 경우, 미리 설치한 강제 인서트나 앵커볼트에 달대볼트를 반자틀받이에 대해( )mm 간격 이내로 설치하고, 또한 재하에 대해서 충분한 내력이 확보되도록 한다.

총점

2021.2회 건축기사 해답

1.
서중, 1.5, 35

2.

$$A = 0.4 \times \frac{500}{12} = 16.67\text{m}^2$$

3.
① 1층 슬래브가 먼저 타설되어 작업공간으로 활용가능
② 지상과 지하의 동시 시공으로 공기단축이 용이
③ 날씨와 무관하게 공사진행이 가능

4.
① 버팀대(Strut) 양단부
② 토압 측정위치의 지중에 설치
③ 버팀대(Strut) 중앙부
④ 인접구조물의 골조 또는 벽체

5.
(1) 슬럼프 시험을 통해 아직 굳지 않은 콘크리트의 유동적인 흐름을 나타내는 지표
(2) 골재의 체가름 시험에서 10개 체에 남은 양의 누적백분률의 합을 100으로 나눈 지표

6.
① 내화피복을 실시하여 열의 침입을 차단한다.
② 흡수율이 작고 내화성이 있는 골재를 사용한다.

7.
① 단위시멘트량을 낮춘다.
② 수화열이 낮은 플라이애시 시멘트를 사용한다.
③ 선행 냉각(Pre Cooling), 관로식냉각(Pipe Cooling)과 같은 온도균열 제어방법을 이용한다.

8.

$$\text{총처짐} = \text{탄성처짐} + \text{탄성처짐} \times \frac{\xi}{1+50\rho'} = 20 + 20 \times \frac{(2.0)}{1+50\left(\frac{1,000}{400 \times 500}\right)} = 52\text{mm}$$

9.

(1) 22mm × 16=352mm

(2) 10mm × 48=480mm

(3) 기둥의 최소폭 300mm × $\frac{1}{2}$=150mm

(4) 200mm ⬅ 지배

10.

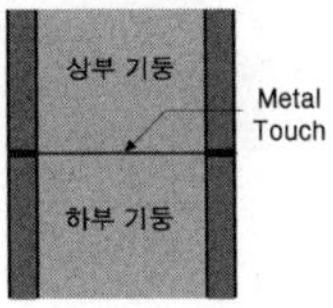	강구조 기둥의 이음부를 가공하여 상하부 기둥 밀착을 좋게 하며 축력의 50%까지 하부 기둥 밀착면에 직접 전달시키는 이음방법

11.

① 화살쪽 용접부 개선각 90° V형 그루브용접

② 목두께 12mm

③ 개선깊이 11mm

④ 루트(Root) 간격 2mm

12.

지반에 지름 40~60cm의 구멍을 뚫고 모래를 넣은 후, 성토 및 기타 하중을 가하여 점토질 지반을 압밀시키는 공법

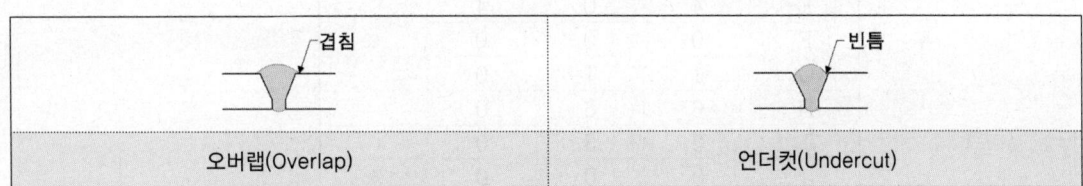

13.

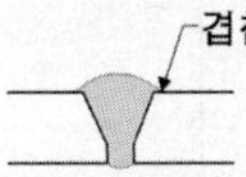	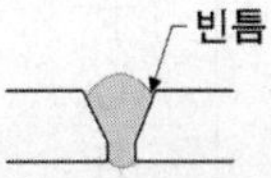
오버랩(Overlap)	언더컷(Undercut)

14.

① 히스토그램 ② 파레토도 ③ 특성요인도

15.

① 고정 매입공법 ② 가동 매입공법 ③ 나중 매입공법

16.

(1) $A = \frac{9,000 - 6,000}{4-2} = 1,500$원/일

(2) $B = \frac{16,000 - 14,000}{15-14} = 2,000$원/일

(3) $C = \frac{8,000 - 5,000}{7-4} = 1,000$원/일

∴ C ➡ A ➡ B

17.

$$P_{cr} = \frac{\pi^2(210,000)(134 \times 10^4)}{[(2)(2,500)]^2} = 111,092\text{N} = 111.092\text{kN}$$

18.

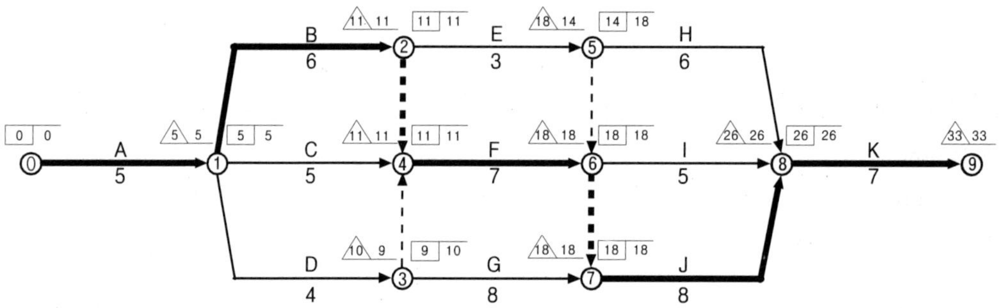

작업명	TF	FF	DF	CP
A	0	0	0	※
B	0	0	0	※
C	1	1	0	
D	1	0	1	
E	4	0	4	
F	0	0	0	※
G	1	1	0	
H	6	6	0	
I	3	3	0	
J	0	0	0	※
K	0	0	0	※

19.

(1) 도포법: 목재를 충분히 건조시킨 후 균열이나 이음부 등에 솔 등으로 방부제를 도포하는 방법

(2) 주입법: 압력용기 속에 목재를 넣어 고압 하에서 방부제를 주입하는 방법

(3) 침지법: 방부제 용액 중에 목재를 몇 시간 또는 며칠 동안 침지하는 방법

20.
(1) 10 (2) 화란식쌓기 (3) 1.2, 1.5 (4) 3

21.
(1) $(6\times8)+(4\times5)+\{(10+8)\times2\times0.48\}=85.28\text{m}^2$
(2) $\{(6\times8)+(4\times5)\}\times0.08=5.44\text{m}^3$
(3) $\{(10-0.09)+(8-0.09)\}\times2\times0.4\times75$매 $=1,069.2$ ➡ 1,070매

22.
① ➡ ② ➡ ③ ➡ ④ ➡ ⑤

23.
징두리벽(Wainscot)

24.
(1) 힘(P)−변위(ΔL) 관계식: $P=k\cdot\Delta L$
(2) 후크의 법칙: $\sigma=E\cdot\epsilon$ 로부터 $\frac{P}{A}=E\cdot\frac{\Delta L}{L}$ $\therefore\ \Delta L=\frac{PL}{EA}$
(3) $P=k\cdot\Delta L=k\cdot\frac{PL}{EA}$ $\therefore\ k=\frac{EA}{L}$

25.
① 흡수율이 작은 소성이 잘된 벽돌 사용
② 줄눈모르타르에 방수제를 혼합
③ 벽체 표면에 발수제 첨가 및 도포
④ 처마 또는 차양의 설치로 빗물 차단

26.
(1) 1.8 (2) 1,600

2021. 4회 건축기사

1. 목공사에서 활용되는 이음(Connection)과 맞춤(Joint)에 대해 설명하시오.

득점	배점
	2

(1) 이음(Connection):

(2) 맞춤(Joint):

2. 강구조공사 습식 내화피복 공법의 종류를 4가지 쓰시오.

득점	배점
	4

① ______________________ ② ______________________

③ ______________________ ④ ______________________

3. 벽돌벽의 표면에 생기는 백화현상의 정의와 발생방지 대책을 2가지 쓰시오.

득점	배점
	4

(1) 백화현상의 정의:

(2) 방지대책

① ______________________ ② ______________________

4. KS 규격상 시멘트의 오토클레이브 팽창도는 0.80% 이하로 규정되어 있다. 반입된 시멘트의 안정성 시험결과가 다음과 같다고 할 때 팽창도 및 합격여부를 판정하시오.

득점	배점
	4

【안정성 시험결과】

- 시험전 시험체의 유효표점길이 254mm
- 오토클레이브 시험 후 시험체의 길이 255.78mm

(1) 팽창도: (2) 판정:

5. 시트(Sheet) 방수공법의 단점을 2가지 쓰시오.

득점	배점
	4

① ②

6. 목재에 가능한 방부처리법을 3가지 쓰시오.

득점	배점
	3

① ② ③

7. 방수공법 중 콘크리트에 방수제를 직접 넣어서 방수하는 공법을 무엇이라고 하는가?

득점	배점
	3

8. 공사시공 현장에서 공사 중 환경관리와 민원예방을 위해 설치 운영하는 비산먼지 방지시설의 종류를 2가지 쓰시오.

득점	배점
	2

【예시】 방진막 (※ 단, 예시를 정답란에 쓰면 채점대상에서 제외함)

① ②

9. 콘크리트의 알칼리골재반응을 방지하기 위한 대책을 2가지 쓰시오.

득점	배점
	4

①

②

10. 다음 보기에서 설명하는 강구조공사에 사용되는 알맞은 용어를 쓰시오.

득점	배점
	3

> 블로홀(Blow Hole), 크레이터(Crater) 등의 용접결함이 생기기 쉬운 용접 비드(Bead)의 시작과 끝 지점에 용접을 하기 위해 용접 접합하는 모재의 양단에 부착하는 보조강판

11. 지반조사 방법 중 사운딩(Sounding)시험의 정의를 간략히 설명하고 종류를 2가지 쓰시오.

득점	배점
	4

(1) 정의:

(2) 종류:

① ②

12. 다음이 설명하는 적합한 입찰방식의 명칭을 쓰시오.

득점	배점
	3

> 공사현장이 소재하는 지역(광역시, 도)에 주된 사무소를 두고 있는 건설업체만을 대상으로 경쟁입찰에 부치도록 함으로써 비교적 소규모 공사를 해당 지역업체가 수주하도록 하는 제도

13. BOT(Build-Operate-Transfer) 방식을 설명하시오.

득점	배점
	3

14. 두께 0.15m, 폭 6m, 길이 100m 도로를 6m^3 레미콘을 이용하여 하루 8시간 작업 시 레미콘 배차간격은 몇 분(min)인가?

득점	배점
	5

15. CFT 구조를 간단히 설명하시오.

득점	배점
	3

16. 기준점(Bench Mark) 설치 시 주의사항을 2가지 쓰시오.

득점	배점
	4

①

②

17. 보링(Boring) 중에서 수세식 보링(Wash Boring)과 회전식 보링(Rotary Boring)에 대해 설명하시오.

득점	배점
	4

(1) 수세식 보링(Wash Boring):

(2) 회전식 보링(Rotary Boring):

18. 다음 보기의 내용을 읽고 (   )안에 적절한 단어나 수치(단위 포함)를 써 넣으시오.

득점	배점
	4

> 조적조의 기초는 일반적으로 (①)로 한다. 내력벽의 최소두께는 (②)mm 이상이어야 하고, 내력벽의 길이는 (③) 이하이어야 하며, 한 층에서 내력벽으로 둘러싸인 바닥면적은 (④) 이하이어야 한다.

① ② ③ ④

19. 흙막이 붕괴원인의 하나인 히빙(Heaving) 현상에 대하여 간단히 설명하시오.

득점	배점
	4

20. 다음 데이터를 이용하여 물음에 답하시오.

득점	배점
	10

작업명	선행작업	작업일수	비용구배(원)	비고
A	없음	5	10,000	(1) 결합점에서의 일정은 다음과 같이
B	없음	8	15,000	표시하고, 주공정선은 굵은선으로
C	없음	15	9,000	표시한다.
D	A	3	공기단축불가	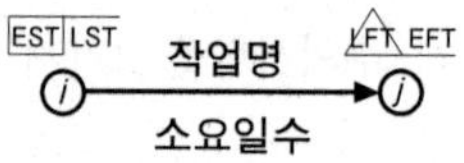
E	A	6	25,000	
F	B, D	7	30,000	(2) 공기단축은
G	B, D	9	21,000	Activity I에서 2일,
H	C, E	10	8,500	Activity H에서 3일,
I	H, F	4	9,500	Activity C에서 5일
J	G	3	공기단축불가	(3) 표준공기 시 총공사비는
K	I, J	2	공기단축불가	1,000,000원이다.

(1) 표준(Normal) Network를 작성하시오.

(2) 공기를 10일 단축한 Network를 작성하시오.

(3) 공기단축된 총공사비를 산출하시오.

21. 그림과 같은 원형 단면에서 폭 b, 높이 $h=2b$의 직사각형 단면을 얻기 위한 단면계수 Z를 직경 D의 함수로 표현하시오.

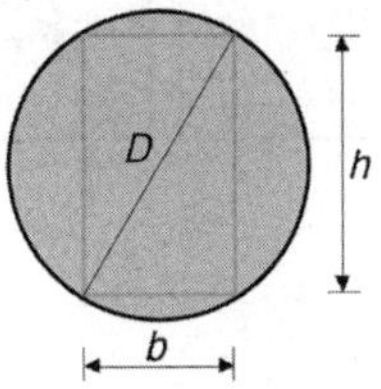

득점	배점
	4

22. 강재의 종류 중 SM355에서 SM의 의미와 355가 의미하는 바를 각각 쓰시오.

득점	배점
	4

(1) SM : (2) 355 :

23. 다음이 설명하는 구조의 명칭을 쓰시오.

득점	배점
	3

> 건축물의 기초 부분 등에 적층고무 또는 미끄럼받이 등을 넣어서 지진에 대한 건축물의 흔들림을 감소시키는 구조

24. 다음이 설명하는 용어를 쓰시오.

득점	배점
	3

> 콘크리트 설계기준압축강도 f_{ck}가 40MPa 이하의 압축연단 콘크리트가 가정된 극한변형률 0.0033에 도달할 때 최외단 인장철근의 순인장변형률 ϵ_t가 0.005 이상인 단면

25. 인장철근만 배근된 철근콘크리트 직사각형 단순보에 하중이 작용하여 순간처짐이 5mm 발생하였다. 5년 이상 지속하중이 작용할 경우 총처짐량(순간처짐+장기처짐)을 구하시오.

(단, 장기처짐계수 $\lambda_\Delta = \dfrac{\xi}{1+50\rho'}$을 적용하며 시간경과계수는 2.0으로 한다.)

득점	배점
	4

득점	배점
	6

26. 다음 물음에 대해 답하시오.

(1) 큰보(Girder)와 작은보(Beam)를 간단히 설명하시오.

① 큰보(Girder):

② 작은보(Beam):

(2) 다음 그림의 (   )안을 큰보와 작은보 중에서 선택하여 채우시오.

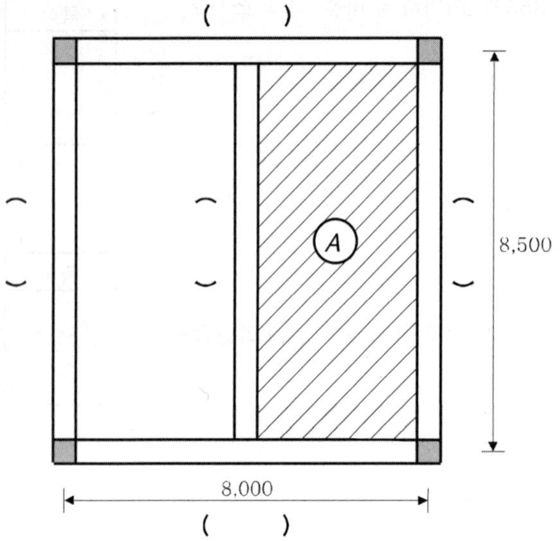

(3) 위의 그림의 빗금친 A부분의 변장비를 계산하고 1방향 슬래브인지 2방향슬래브인지에 대해 구분하시오. (단, 기둥 500×500, 큰보 500×600, 작은보 500×550이고, 변장비를 구할 때 기둥 중심치수를 적용한다.)

총점

2021.4회 건축기사 해답

1.
(1) 길이를 늘이기 위하여 길이방향으로 접합하는 것
(2) 경사지거나 직각으로 만나는 부재 사이에서 양 부재를 가공하여 끼워 맞추는 접합

2.
① 타설 공법 ② 뿜칠 공법 ③ 미장 공법 ④ 조적 공법

3.
(1) 시멘트 중의 수산화칼슘이 공기 중의 탄산가스와 반응하여 벽체의 표면에 생기는 흰 결정체
(2) ① 흡수율이 작은 소성이 잘된 벽돌 사용 ② 처마 또는 차양의 설치로 빗물 차단

4.
(1) $\frac{255.78-254}{254}\times 100=0.70\%$
(2) 0.70% ≤ 0.80% 이므로 합격

5.
① 다른 방수공법에 비해 재료가 비싸다.
② 접합부 처리 및 복잡한 부위의 마감이 어렵다.

6.
① 도포법 ② 주입법 ③ 침지법

7.
규산질계 모르타르 방수

8.
방진덮개, 방진벽

9.
① 알칼리 함량 0.6% 이하의 시멘트 사용
② 알칼리골재반응에 무해한 골재 사용

10.
엔드탭(End Tab)

11.

(1) 로드(Rod) 선단에 설치한 저항체를 땅속에 삽입하여서 관입, 회전, 인발 등의 저항으로 토층의 성상을 탐사하는 방법

(2) ① 베인테스트(Vane Test) ② 표준관입시험(Standard Penetration Test)

12.

지역제한경쟁입찰

13.

사회간접시설을 민간부분이 주도하여 설계·시공한 후 일정기간 시설물을 운영하여 투자금액을 회수한 후 시설물과 운영권을 무상으로 공공부분에 이전하는 방식

14.

(1) 소요 콘크리트량: $0.15 \times 6 \times 100 = 90\text{m}^3$

(2) 6m^3 레미콘 차량대수: $\frac{90}{6} = 15$대

(3) 배차간격: $\frac{8 \times 60}{15} = 32$분

15.

강관의 구속효과에 의해 충전콘크리트의 내력상승과 충전콘크리트에 의한 강관의 국부좌굴 보강효과에 의해 뛰어난 변형저항 능력을 발휘하는 구조

16.

① 지면에서 0.5~1.0m에 공사에 지장이 없는 곳에 설치

② 이동의 염려가 없는 곳에 설치하며, 필요에 따라 보조기준점을 1~2개소 설치

17.

(1) 연약한 토사에 수압을 이용하는 고전적 방법으로 천공하면서 흙과 물을 동시에 배출시키는 방법

(2) 비트(Bit)의 회전에 의해 천공하므로 토층이 흐트러질 우려가 적은 공법

18.

① 연속기초 또는 줄기초

② 190

③ 10m

④ 80m^2

19.
시트파일(Sheet Pile) 등의 흙막이 벽의 좌측과 우측의 토압의 차에 의해 흙막이벽 밑으로 흙이 미끄러져 들어오는 현상

20.
(1)

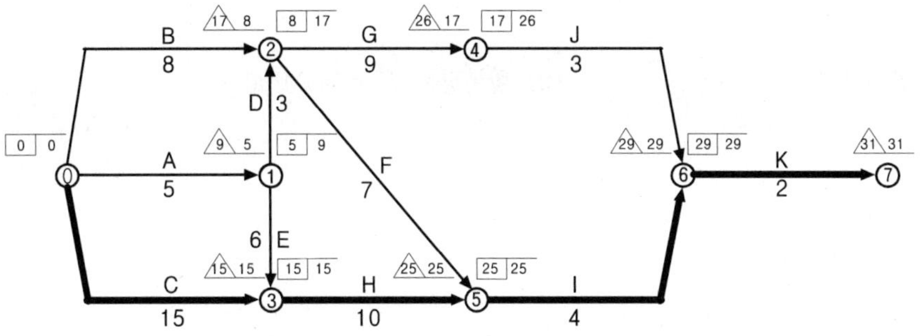

(2)

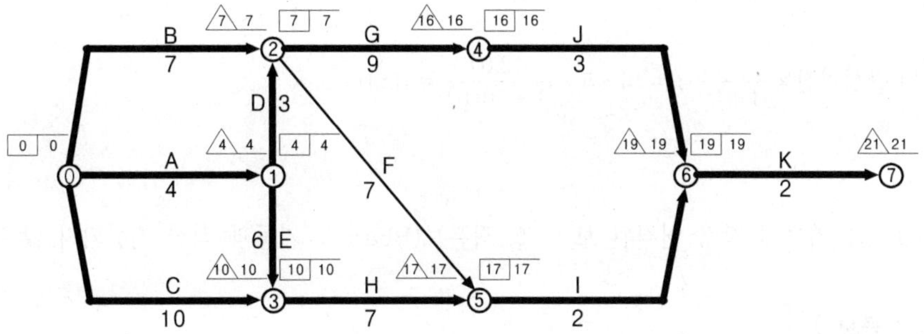

(3) 공기단축된 총공사비:
31일 표준공사비 + 10일 단축 시 추가공사비 = 1,000,000+114,500=1,114,500원

	단축대상	추가비용
30일	H	8,500
29일	H	8,500
28일	H	8,500
27일	C	9,000
26일	C	9,000
25일	C	9,000
24일	C	9,000
23일	I	9,500
22일	I	9,500
21일	A+B+C	34,000

21.

(1) $D^2=b^2+h^2=b^2+(2b)^2=5b^2$ 이므로 $b=\frac{D}{\sqrt{5}}$

(2) $Z=\frac{bh^2}{6}=\frac{b(2b)^2}{6}=\frac{4b^3}{6}=\frac{4\left(\frac{D}{\sqrt{5}}\right)^3}{6}=0.059D^3 \Rightarrow 0.06D^3$

22.

(1) 용접구조용 압연강재　　(2) 항복강도 $F_y=355\text{MPa}$

23.

면진구조

24.

인장지배단면

25.

총처짐=탄성처짐+탄성처짐× $\frac{\xi}{1+50\rho'}$ = $5+5\times\frac{(2.0)}{1+50(0)}=15\text{mm}$

26.

(1) ① 큰보(Girder): 기둥에 직접 연결된 보　② 작은보(Beam): 기둥과 직접 접합되지 않은 보

(2)

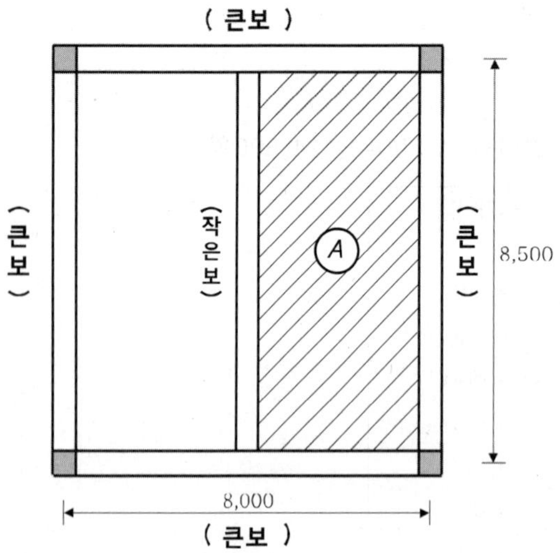

(3) 변장비 $=\frac{8,500}{4,000}=2.125 > 2$ ➡ 1방향슬래브

2022. 1회 건축기사

1. 수평버팀대식 흙막이에 작용하는 응력이 그림과 같을 때 각각의 번호가 의미하는 것을 보기에서 골라 기호로 쓰시오.

득점	배점
	3

보기

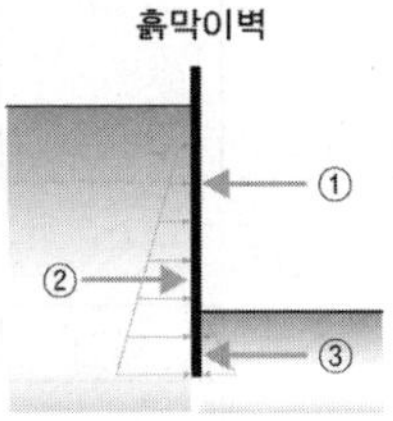

㉮ 수동토압 ㉯ 정지토압
㉰ 주동토압 ㉱ 버팀대의 하중
㉲ 버팀대의 반력 ㉳ 지하수압

① ____________ ② ____________ ③ ____________

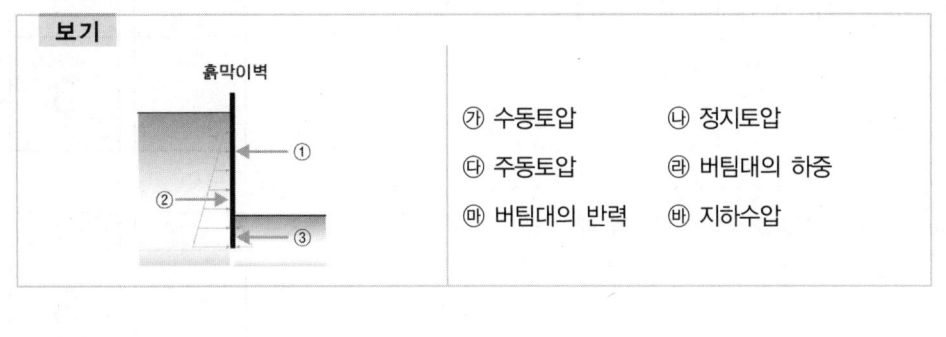

2. 지름 300mm, 길이 500mm의 콘크리트 시험체의 할렬인장강도 시험에서 최대하중이 100kN으로 나타났다면 이 시험체의 인장강도를 구하시오.

득점	배점
	3

3. 철근의 응력-변형도 곡선과 관련하여 각각이 의미하는 용어를 보기에서 골라 번호로 쓰시오.

득점	배점
	5

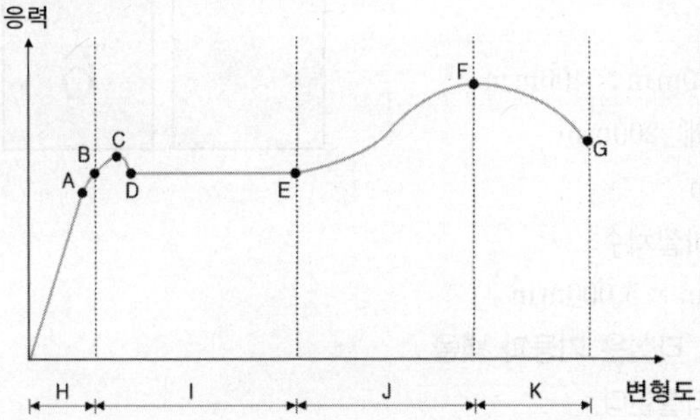

보기

① 네킹영역 ② 하위항복점
③ 극한강도점 ④ 변형도경화점
⑤ 소성영역 ⑥ 비례한계점
⑦ 상위항복점 ⑧ 탄성한계점
⑨ 파괴점 ⑩ 탄성영역
⑪ 변형도경화영역

A: ________ B: ________ C: ________ D: ________
E: ________ F: ________ G: ________ H: ________
I: ________ J: ________ K: ________

4. 수중에 있는 골재의 질량이 1,300g이고, 표면건조내부포화상태의 질량은 2,000g이며, 이 시료를 완전히 건조시켰을 때의 질량이 1,992g일 때 흡수율(%)을 구하시오.

득점	배점
	4

5. 콘크리트에서 크리프(Creep) 현상에 대하여 설명하시오.

득점	배점
	3

6. Ready Mixed Concrete가 현장에 도착하여 타설될 때 시공자가 현장에서 일반적으로 행하여야 하는 품질관리 항목을 [보기]에서 모두 골라 기호로 쓰시오.

득점	배점
	3

보기

① Slump 시험	② 물의 염소이온량 측정
③ 골재의 반응성	④ 공기량 시험
⑤ 압축강도 측정용 공시체 제작	⑥ 시멘트의 알칼리량

7. 강재의 항복비(Yield Strength Ratio)를 설명하시오.

득점	배점
	3

8. 다음 그림과 같은 철근콘크리트조 건물에서 기둥과 벽체의 거푸집량을 산출하시오.

득점	배점
	6

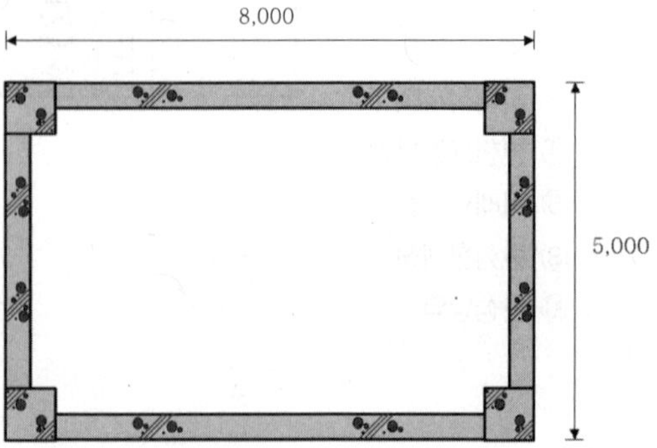

- 기둥: 400mm × 400mm
- 벽체 두께: 200mm
- 높이: 3m
- 치수는 바깥치수: 8,000mm × 5,000mm
- 콘크리트 타설은 기둥과 벽을 별도로 타설한다.

(1) 기둥의 거푸집량:

(2) 벽체의 거푸집량:

9. 중심축하중을 받는 단주의 최대 설계축하중을 구하시오. (단, $f_{ck}=27\text{MPa}$, $f_y=400\text{MPa}$, $A_{st}=3{,}096\text{mm}^2$)

득점	배점
	3

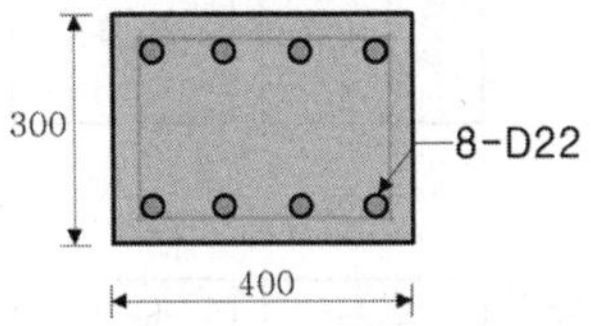

10. 강구조공사에서 철골에 녹막이칠을 하지 않는 부분을 4가지 쓰시오.

득점	배점
	4

① ______________________ ② ______________________

③ ______________________ ④ ______________________

11. 다음 그림은 강구조 보-기둥 접합부의 개략적인 그림이다. 각 번호에 해당하는 구성재의 명칭을 쓰고, (나) 부재의 용접방법을 쓰시오.

득점	배점
	4

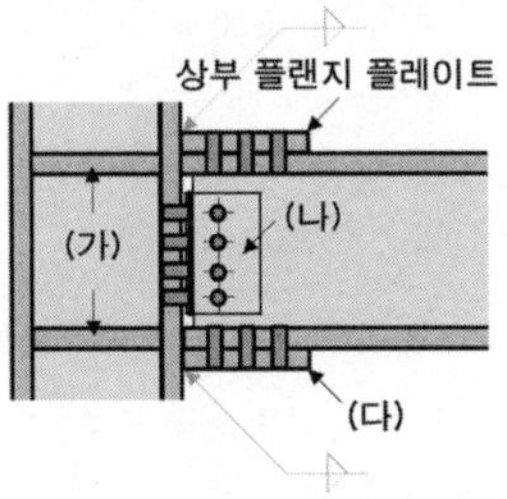

(1) (가) ______________ (나) ______________ (다) ______________

(2) ____

12. 재질과 단면적 및 길이가 같은 다음 4개의 장주에 대해 유효좌굴길이가 가장 큰 기둥을 순서대로 쓰시오.

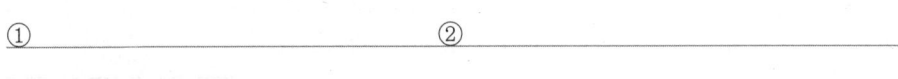

득점	배점
	3

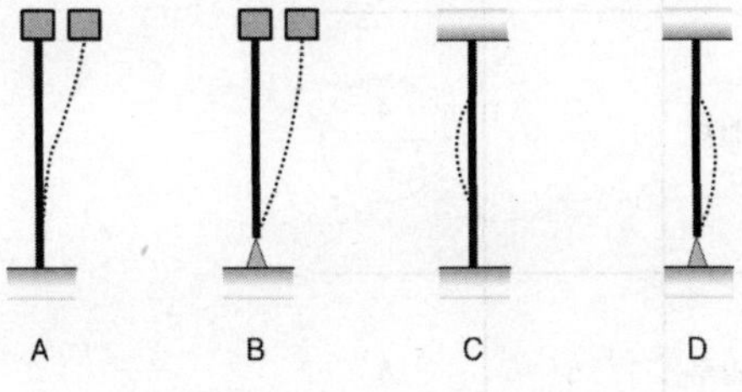

____

13. LCC(Life Cycle Cost)에 대하여 설명하시오.

득점	배점
	3

14. 구조물을 안전하게 설계하고자 할 때 강도한계상태(Strength Limit State)에 대한 안전을 확보해야 한다. 뿐만 아니라 사용성한계상태(Serviceability Limit State)를 고려하여야 하는데 여기서 사용성한계상태란 무엇인지 간단히 설명하시오.

득점	배점
	3

15. 다음 괄호 안에 알맞은 숫자를 쓰시오.

득점	배점
	4

보강콘크리트블록조의 세로철근은 기초보 하단에서 윗층까지 잇지 않고 (   )D 이상 정착시키고, 피복두께는 (   )cm 이상으로 한다.

16. 벽면적 20㎡에 표준형벽돌 1.5B 쌓기 시 붉은벽돌 소요량을 산출하시오.

득점	배점
	3

17. 다음 표에 제시된 창호재료의 종류 및 기호를 참고하여, 아래의 창호 기호표를 표시하시오.

득점	배점
	6

기호	창호별 재료의 종류
A	알루미늄
G	유리
P	플라스틱
S	강철
SS	스테인리스
W	목재

기호	창호 구별
D	문
W	창
S	셔터

구분	문	창
목제	1	2
철제	3	4
알루미늄제	5	6

18. 다음이 설명하는 입찰방식(Bidding System)의 종류를 쓰시오.

득점	배점
	3

(1) 입찰참가자를 공모하여 유자격자에게 모두 참가기회를 주는 방식
(2) 해당 공사에 가장 적격하다고 인정되는 3~7개 정도의 시공회사를 선정하여 입찰시키는 방식
(3) 건축주가 가장 적합한 1개의 시공회사를 선정하여 입찰시키는 방식

(1) ______________ (2) ______________ (3) ______________

19. 작업발판 일체형 거푸집의 종류를 3가지 쓰시오.

득점	배점
	3

① ______________ ② ______________ ③ ______________

20. 다음 데이터를 네트워크 공정표로 작성하고, 각 작업의 여유시간을 구하시오.

득점	배점
	10

작업명	작업일수	선행작업	비고
A	3	없음	
B	2	없음	(1) 결합점에서는 다음과 같이 표시한다.
C	4	없음	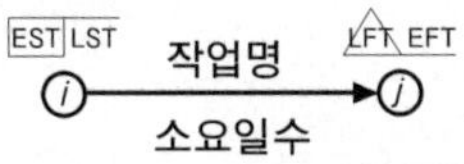
D	5	C	
E	2	B	
F	3	A	
G	3	A, C, E	(2) 주공정선은 굵은선으로 표시한다.
H	4	D, F, G	

(1) 네트워크 공정표

(2) 각 작업의 여유시간

작업명	TF	FF	DF	CP
A				
B				
C				
D				
E				
F				
G				
H				

21. 다음이 설명하는 용어를 쓰시오.

(1) 보나 트러스 등에서 그의 정상적 위치 또는 형상으로부터 상향으로 구부려 올리는 것이나 구부려 올린 크기

(2) 거푸집의 일부로 소정의 형상과 치수의 콘크리트가 되도록 고정 또는 지지하기 위한 지주

득점	배점
	4

(1) (2)

22. Value Engineering 개념에서 $V=\frac{F}{C}$ 식의 각 기호를 설명하시오.

득점	배점
	3

(1) V: (2) C: (3) F:

23. 다음 용어를 설명하시오.

득점	배점
	4

(1) 공칭강도(Nominal Strength):

(2) 설계강도(Design Strength):

24. WBS(Work Breakdown Structure)의 용어를 간단하게 기술하시오.

득점	배점
	3

25. 조적공사의 인방보와 관련된 건축공사표준시방서 규정과 관련하여 다음 빈칸을 채우시오.

득점	배점
	3

인방보의 양 끝을 벽체의 블록에 ( )mm 이상 걸치고, 또한 위에서 오는 하중을 전달할 충분한 길이로 한다. 인방보 상부의 벽은 균열이 생기지 않도록 주변의 벽과 강하게 연결되도록 철근이나 ( )로 보강연결하거나 인방보 좌우단 상향으로 ( )를 둔다.

26. 그림과 같은 단순보의 양 지점에 모멘트하중 M이 작용할 때 A지점의 처짐각을 구하시오. (단, 부재의 탄성계수 E, 단면2차모멘트 I 이고, 가상력이 한 일은 내력이 한 일과 같음을 이용한 방식만 점수로 인정함)

득점	배점
	4

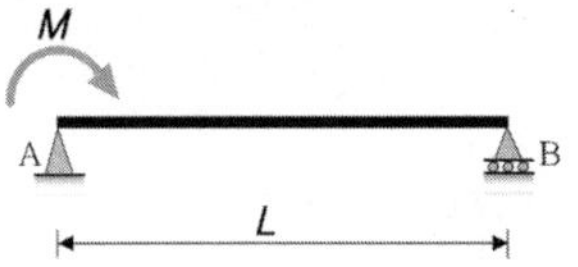

총점

2022.1회 건축기사 해답

1.
① ㉮　② ㉰　③ ㉮

2.
$$f_{sp} = \frac{2(100 \times 10^3)}{\pi(300)(500)} = 0.42\text{MPa}$$

3.
A: ⑥　B: ⑧　C: ⑦　D: ②　E: ④　F: ③　G: ⑨　H: ⑩　I: ⑤　J: ⑪　K: ①

4.
$$\frac{2{,}000 - 1{,}992}{1{,}992} \times 100 = 0.40[\%]$$

5.
하중의 증가 없이도 시간경과 후 변형이 증가되는 굳은 콘크리트의 소성변형 현상

6.
①, ④, ⑤

7.
강재가 항복에서 파단에 이르기까지를 나타내는 기계적 성질의 지표로서, 인장강도에 대한 항복강도의 비

8.
(1) $(0.4 \times 4 \times 3) \times 4\text{개} = 19.2\text{m}^2$
(2) $(4.2 \times 3 \times 2) \times 2 + (7.2 \times 3 \times 2) \times 2 = 136.8\text{m}^2$

9.
$$\phi P_n = (0.65)(0.80)[0.85(27)\{(300 \times 400) - (3{,}096)\} + (400)(3{,}096)] = 2{,}039{,}100\text{N} = 2{,}039.1\text{kN}$$

10.
① 콘크리트에 매립되는 부분　② 조립에 의해 면맞춤 되는 부분
③ 고장력볼트 접합부의 마찰면　④ 용접부위 양측 100mm 이내

11.
(1) (가) 스티프너(Stiffener)
(나) 전단 플레이트
(다) 하부 플랜지 플레이트
(2) 필릿(Fillet) 용접

12.
B ➡ A ➡ D ➡ C

13.
건축물의 초기단계에서 설계, 시공, 유지관리, 해체에 이르는 일련의 과정과 제비용

14.
구조체가 붕괴되지는 않더라도 구조기능이 저하되어 외관, 유지관리, 내구성 및 사용에 매우 부적합하게 되는 상태

15.
40, 2

16.
$20 \times 224 \times 1.03 = 4{,}614.4$ ➡ 4,615매

17.
① WD ② WW ③ SD ④ SW ⑤ AD ⑥ AW

18.
(1) 공개경쟁입찰(Open Bid)
(2) 지명경쟁입찰(Limited Open Bid)
(3) 특명입찰(Individual Negotiation, 수의계약)

19.
① 갱 폼(Gang Form)
② 클라이밍 폼(Climbing Form)
③ 슬라이딩 폼(Sliding Form)

20.

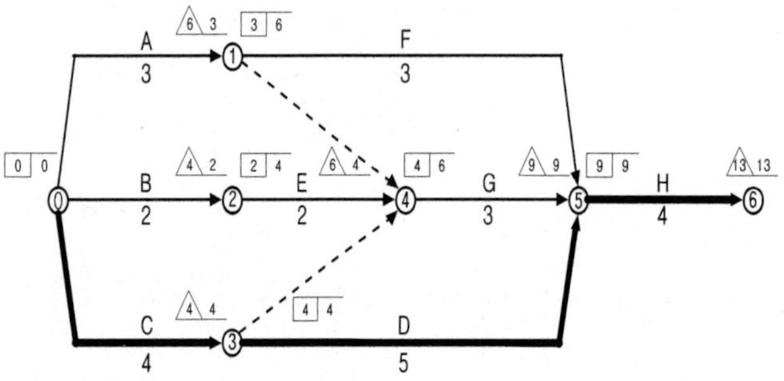

작업명	TF	FF	DF	CP
A	3	0	3	
B	2	0	2	
C	0	0	0	※
D	0	0	0	※
E	2	0	2	
F	3	3	0	
G	2	2	0	
H	0	0	0	※

21.
(1) 솟음(Camber, 캠버)　　(2) 동바리(Timbering)

22.
(1) V: Value(가치)　　(2) C: Cost(비용)　　(3) F: Function(기능)

23.
(1) 하중에 대한 구조체나 구조부재 또는 단면의 저항능력을 말하며 강도감소계수 또는 설계저항계수를 적용하지 않은 강도
(2) 단면 또는 부재의 공칭강도에 강도감소계수 또는 설계저항계수를 곱한 강도

24.
프로젝트의 모든 작업내용을 계층적으로 분류한 작업분류체계

25.
200, 블록 메시, 컨트롤 조인트

26.

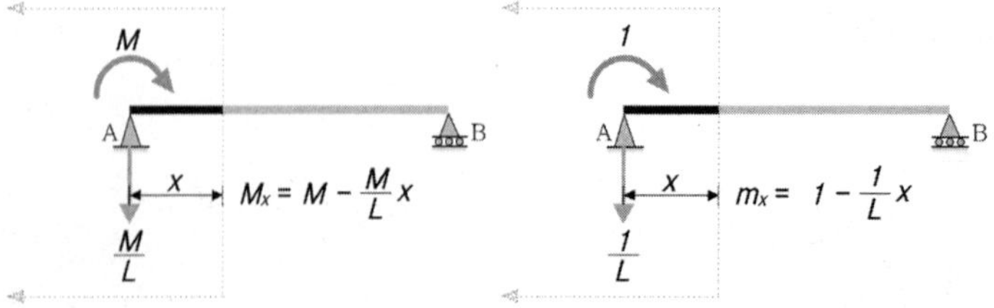

$$\theta_A = \int_0^L \frac{M \cdot m}{EI} dx = \frac{1}{EI} \int_0^L \left(M - \frac{M}{L} \cdot x\right)\left(1 - \frac{1}{L} \cdot x\right) dx = \frac{1}{3} \cdot \frac{ML}{EI}$$

2022. 2회 건축기사

1. 철근콘크리트 보의 춤이 700mm이고, 부모멘트를 받는 상부단면에 HD25철근이 배근되어 있을 때, 철근의 인장정착길이(l_d)를 구하시오.
(단, $f_{ck}=25\text{MPa}$, $f_y=400\text{MPa}$, 철근의 순간격과 피복두께는 철근직경 이상이고, 상부철근 보정계수는 1.3을 적용, 도막되지 않은 철근, 보통중량콘크리트를 사용)

득점	배점
	3

2. 강구조 접합부의 용접결함 중 슬래그(Slag) 감싸들기의 원인 및 방지대책을 2가지 쓰시오.
(1) 원인:

(2) 방지대책

① ②

득점	배점
	4

3. 콘크리트 소성수축균열(Plastic Shrinkage Crack)에 관하여 설명하시오.

득점	배점
	3

4. 예민비(Sensitivity Ratio)의 식을 쓰고 간단히 설명하시오.
(1) 식:

(2) 설명:

득점	배점
	4

5. 골재의 상태는 절대건조상태, 기건상태, 표면건조내부포화상태, 습윤상태가 있는데 이것과 관련 있는 골재의 흡수량과 함수량에 간단히 설명하시오.
(1) 흡수량:

(2) 함수량:

득점	배점
	4

6. 철골부재의 접합에 사용되는 고장력볼트 중 볼트의 장력 관리를 손쉽게 하기 위한 목적으로 개발된 것으로 본조임 시 전용조임기를 사용하여 볼트의 핀테일이 파단 될 때까지 조임시공하는 볼트의 명칭을 쓰시오.

득점	배점
	3

---

7. 목재를 천연건조(자연건조)할 때의 장점을 2가지 쓰시오.

득점	배점
	4

①

②

8. 흐트러진 상태의 흙 $30m^3$를 이용하여 $30m^2$의 면적에 다짐 상태로 60cm 두께를 터돋우기할 때 시공완료된 다음의 흐트러진 상태의 토량을 산출하시오.
(단, 이 흙의 $L=1.2$, $C=0.9$이다.)

득점	배점
	3

9. 흙은 흙입자, 물, 공기로 구성되며, 도식화하면 다음 그림과 같다. 그림에 주어진 기호로 아래의 용어를 표기하시오.

득점	배점
	6

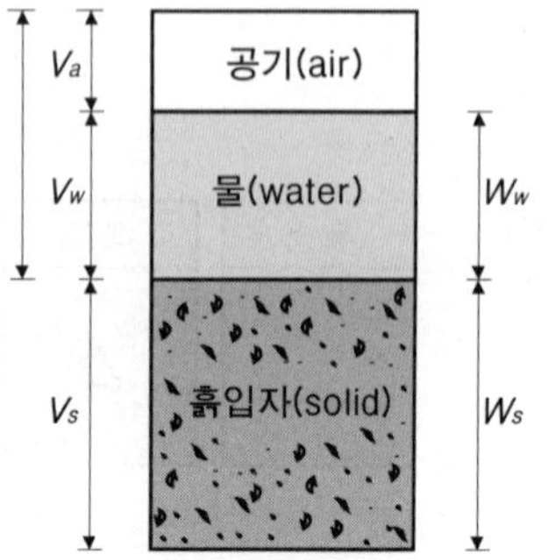

① 간극비:

② 함수비:

③ 포화도:

10. 다음 용어를 설명하시오.

득점	배점
	4

(1) 복층 유리:

(2) 배강도 유리:

11. 지반개량공법 중 약액주입공법 시공 후 주입효과를 판정하기 위한 시험을 3가지 쓰시오.

득점	배점
	3

① ______________ ② ______________

③ ______________

12. 다음 용어를 간단히 설명하시오.

득점	배점
	4

(1) 슬라이딩폼:

(2) 와플폼:

13. 철근콘크리트구조 압축부재의 철근량 제한에 관한 내용이다. 괄호 안에 적절한 수치를 기입하시오.

득점	배점
	3

비합성 압축부재의 축방향주철근 단면적은 전체단면적 A_g의 (①)배 이상, (②)배 이하로 하여야 한다. 축방향주철근이 겹침이음되는 경우의 철근비는 (③)를 초과하지 않도록 하여야 한다.

① ______________ ② ______________ ③ ______________

14. 시멘트계 바닥 바탕의 내마모성, 내화학성, 분진방진성을 증진시켜 주는 바닥강화(Hardner) 중 침투식 액상하드너 시공 시 유의사항 2가지를 쓰시오.

득점	배점
	4

①

②

15. 철근콘크리트공사를 하면서 철근간격을 일정하게 유지하는 이유를 3가지 쓰시오.

득점	배점
	3

①

②

③

16. 강재 시험성적서(Mill Sheet)로 확인할 수 있는 사항을 1가지만 쓰시오.

득점	배점
	2

17. 다음의 고장력볼트 너트회전법에 대한 그림을 보고 합격, 불합격 여부를 판정하고, 불합격은 그 이유를 간단히 쓰시오.

득점	배점
	6

(1) :

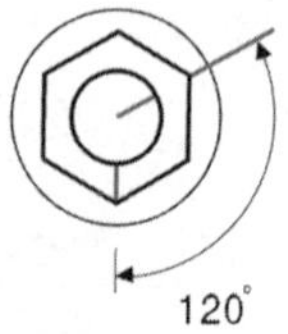

(2) :

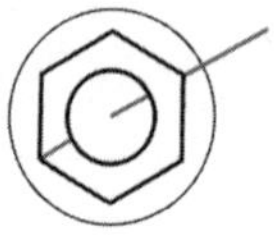

(3)

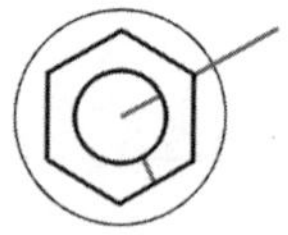

(1)

(2)

(3)

18. 역타설 공법(Top-Down Method)의 장점을 3가지 쓰시오.

득점	배점
	3

①

②

③

19. 총단면적 $A_g = 5{,}624\text{mm}^2$의 $H-250\times175\times7\times11$(SM355)의 설계인장강도를 한계상태설계법에 의해 산정하시오. (단, 설계저항계수 $\phi=0.90$을 적용한다.)

득점	배점
	2

20. 기준점(Bench Mark)의 정의 및 설치 시 주의사항을 2가지 쓰시오.

(1) 정의:

(2) 설치 시 주의사항

①

②

득점	배점
	4

21. 철골부재 용접과 관련된 다음 용어를 설명하시오.

(1) 스캘럽(Scallop):

(2) 엔드탭(End Tab):

득점	배점
	4

22. 큰 처짐에 의하여 손상되기 쉬운 칸막이벽이나 기타 구조물을 지지 또는 부착하지 않은 부재의 경우, 다음 표에서 정한 최소두께를 적용하여야 한다. 표의 (　)안에 알맞은 숫자를 써 넣으시오. (단, 표의 값은 보통중량콘크리트와 설계기준항복강도 400MPa 철근을 사용한 부재에 대한 값임)

득점	배점
	3

【처짐을 계산하지 않는 경우의 보 또는 1방향 슬래브의 최소 두께기준】

단순지지된 1방향 슬래브	L / (　　　)
1단연속된 보	L / (　　　)
양단연속된 리브가 있는 1방향 슬래브	L / (　　　)

23. 조적조 세로규준틀의 설치위치 중 1개소를 쓰고, 세로규준틀 표시사항을 2가지 쓰시오.

(1) 설치위치:

(2) 표시사항:

①　　　　　　　　　　　　②

득점	배점
	4

24. 그림과 같은 구조물에서 T 부재에 발생하는 부재력을 구하시오.

득점	배점
	3

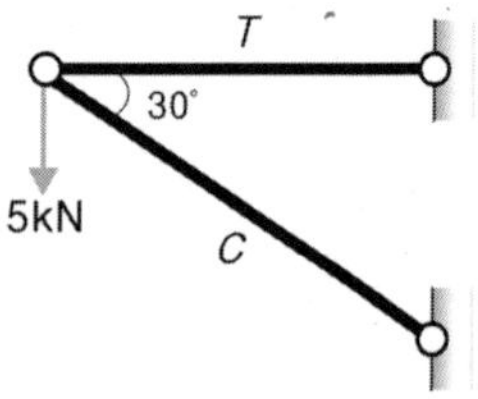

25. 그림과 같은 부정정 라멘구조의 휨모멘트도(BMD)를 그리시오.

득점	배점
	4

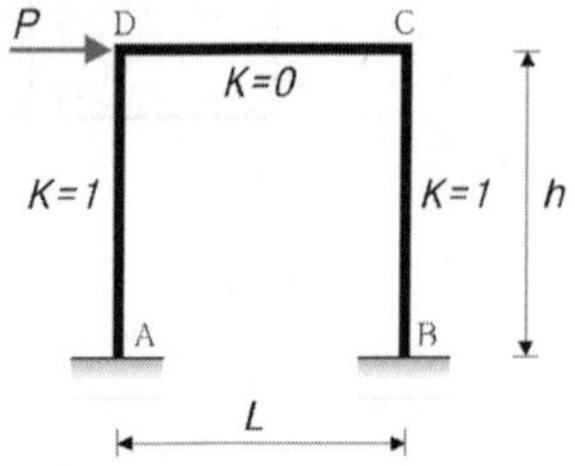

26. 다음에 제시된 화살표형 네트워크 공정표를 통해 일정계산 및 여유시간, 주공정선(CP)과 관련된 빈칸을 모두 채우시오.
(단, CP에 해당하는 작업은 ※표시를 하시오.)

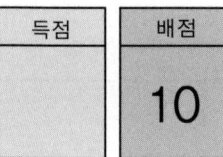

득점	배점
	10

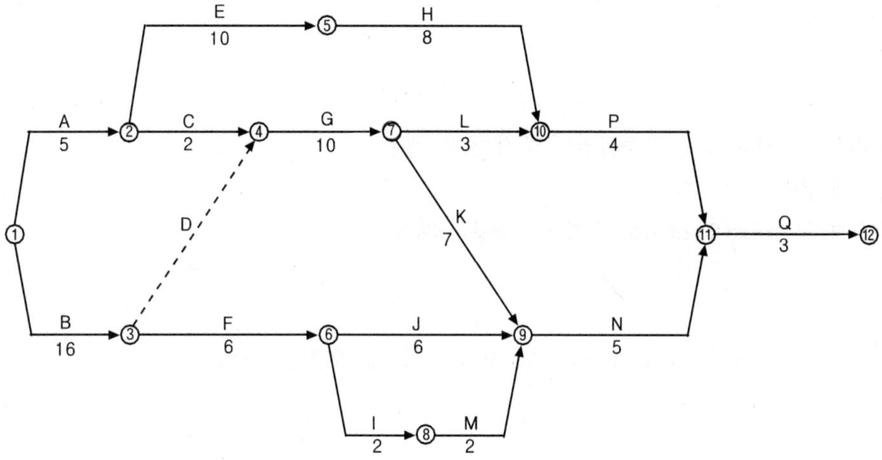

작업명	EST	EFT	LST	LFT	TF	FF	DF	CP
A								
B								
C								
D								
E								
F								
G								
H								
I								
J								
K								
L								
M								
N								
P								
Q								

총점

2022.2회 건축기사 해답

1.

$l_d = l_{db} \times \text{보정계수} = \dfrac{0.6(25)(400)}{(1)\sqrt{(25)}} \times 1.3 \times 1.0 = 1{,}560\text{mm}$

2.

(1) 용착금속이 급속히 냉각하는 경우 또는 운봉작업이 좋지 않은 경우

(2) ① 전류공급을 일정하게 유지

② 용접층에서 와이어 브러시(Wire Brush)로 슬래그를 충분히 제거

3.

콘크리트 타설 후 물의 증발속도가 블리딩(Bleeding) 속도보다 빠를 때 발생하는 균열

4.

(1) 예민비 = $\dfrac{\text{자연시료강도}}{\text{이긴시료강도}}$

(2) 점토에 있어서 자연시료는 어느 정도의 강도가 있으나 이것의 함수율을 변화시키지 않고 이기면 약해지는 정도를 표시하는 것

5.

(1) 표면건조내부포수상태의 골재 중에 포함되는 물의 양

(2) 습윤상태의 골재 내외부에 함유된 전체 물의 양

6.

TS(Torque Shear) Bolt

7.

① 인공건조에 비해 비교적 균일한 건조가 가능하다.

② 건조에 의한 결함이 감소되며 시설투자비용 및 작업비용이 적다.

8.

(1) 다져진 상태의 토량 $= 30 \times \dfrac{0.9}{1.2} = 22.5\text{m}^3$

(2) 다져진 상태의 남는 토량 $= 22.5 - (30 \times 0.6) = 4.5\text{m}^3$

(3) 흐트러진 상태의 토량 $= 4.5 \times \dfrac{1.2}{0.9} = 6\text{m}^3$

9.

① $\frac{V_v}{V_s}$　② $\frac{W_w}{W_s}\times 100[\%]$　③ $\frac{V_w}{V_v}\times 100[\%]$

10.

(1) 건조공기층을 사이에 두고 판유리를 이중으로 접합하여 테두리를 밀봉한 유리로서 단열 및 소음 차단성능을 향상시킨 유리

(2) 판유리를 연화점(Softening Point) 정도로 가열 후 서냉하여 유리표면에 24MPa 이상의 압축응력층을 갖도록 한 유리로서 일반유리의 2~3배 정도의 강도를 갖는다.

11.

① 육안확인(굴착. 색소판별)

② 투수시험

③ 강도확인시험(일축압축강도시험, 표준관입시험, 직접전단시험)

12.

(1) 거푸집을 연속으로 이동시키면서 콘크리트 타설을 하여 시공이음 없는 균일한 시공이 가능한 거푸집

(2) 무량판 구조에서 2방향 장선바닥판 구조가 가능하도록 된 특수상자 모양의 기성재 거푸집

13.

① 0.01　② 0.08　③ 0.04

14.

① 5℃ 이하가 되면 작업을 중단할 것

② 액상 바닥강화 바탕은 최소 21일 이상 양생하여 완전 건조시킬 것

15.

① 콘크리트 유동성 확보　② 재료분리 방지　③ 소요강도 확보

16.

제품의 치수(Size)

17.

(1) 합격　(2) 불합격, 회전 과다　(3) 불합격, 회전 부족

18.
① 1층 슬래브가 먼저 타설되어 작업공간으로 활용가능
② 지상과 지하의 동시 시공으로 공기단축이 용이
③ 날씨와 무관하게 공사진행이 가능

19.
$\phi F_y \cdot A_g = (0.90)(355)(5{,}624) = 1{,}796{,}868\text{N} = 1{,}796.868\text{kN}$

20.
(1) 건축물 시공 시 공사 중 높이의 기준을 정하고자 설치하는 원점
(2) ① 이동의 염려가 없는 곳에 설치
② 지면에서 0.5~1.0m에 공사에 지장이 없는 곳에 설치

21.
(1) 용접 시 이음 및 접합부위의 용접선이 교차되어 재용접된 부위가 열영향을 받아 취약해지기 때문에 모재에 부채꼴 모양의 모따기를 한 것
(2) 블로홀(Blow Hole), 크레이터(Crater) 등의 용접결함이 생기기 쉬운 용접 비드(Bead)의 시작과 끝 지점에 용접을 하기 위해 용접접합 하는 모재의 양단에 부착하는 보조강판

22.
20, 18.5, 21

23.
(1) 건물 모서리
(2) ① 쌓기단수 및 줄눈 표시
② 창문틀의 위치 및 치수 표시

24.
(1) $\Sigma V = 0$: $-(5) - (F_C \cdot \sin 30°) = 0$ $\quad \therefore F_C = -10\text{kN}$(압축)
(2) $\Sigma H = 0$: $+(F_T) + (F_C \cdot \cos 30°) = 0$ $\quad \therefore F_T = +8.66\text{kN}$(인장)

25.

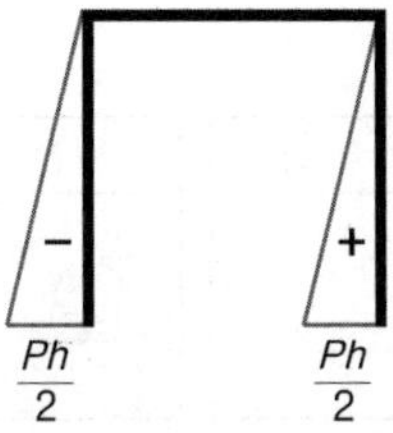

26.

작업명	EST	EFT	LST	LFT	TF	FF	DF	CP
A	0	5	9	14	9	0	9	
B	0	16	0	16	0	0	0	※
C	5	7	14	16	9	9	0	
D	16	16	16	16	0	0	0	※
E	5	15	16	26	11	0	11	
F	16	22	21	27	5	0	5	
G	16	26	16	26	0	0	0	※
H	15	23	26	34	11	6	5	
I	22	24	29	31	7	0	7	
J	22	28	27	33	5	5	0	
K	26	33	26	33	0	0	0	※
L	26	29	31	34	5	0	5	
M	24	26	31	33	7	7	0	
N	33	38	33	38	0	0	0	※
P	29	33	34	38	5	5	0	
Q	38	41	38	41	0	0	0	※

2022. 4회 건축기사

1. 다음 설명에 해당되는 알맞는 줄눈(Joint)을 적으시오.

득점	배점
	2

> 콘크리트 시공과정 중 휴식시간 등으로 응결하기 시작한 콘크리트에 새로운 콘크리트를 이어 칠 때 일체화가 저해되어 생기게 되는 줄눈

2. 고장력볼트 접합은 3가지(인장접합, 지압접합, 마찰접합)로 구분된다. 다음 그림을 보고 해당하는 접합명을 쓰시오.

득점	배점
	3

<table>
<tr>
<td>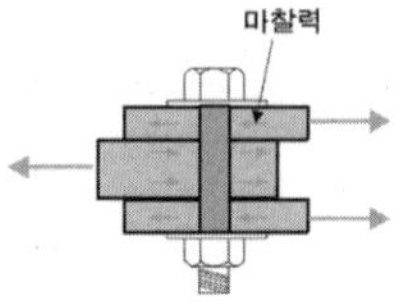
</td>
<td>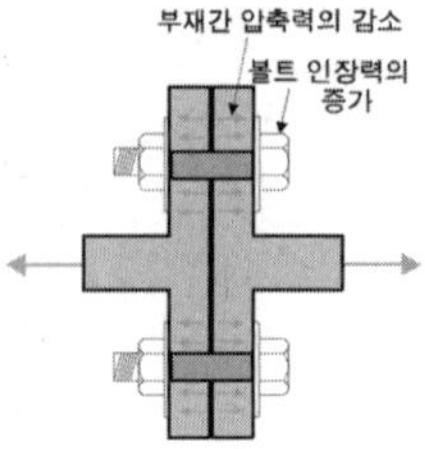
</td>
<td>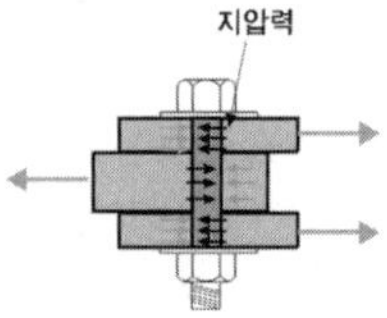
</td>
</tr>
<tr>
<td>(1)</td>
<td>(2)</td>
<td>(3)</td>
</tr>
</table>

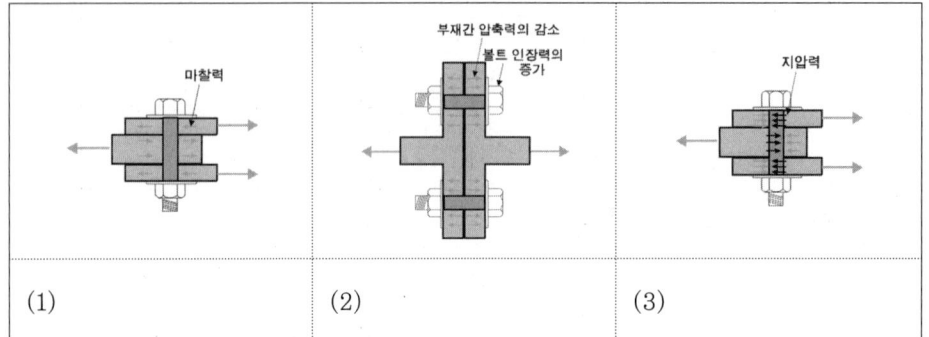

3. 강구조공사 습식 내화피복 공법의 종류를 4가지 쓰시오.

득점	배점
	4

① ②

③ ④

4. 철골부재 용접과 관련된 다음 용어를 설명하시오.

득점	배점
	4

(1) 스캘럽(Scallop):

(2) 엔드탭(End Tab):

5. 강구조공사 용접시 발생할 수 있는 라멜라 테어링(Lameller Tearing)에 대해 간단히 설명하시오.

득점	배점
	3

6. Remicon(보통 - 25 - 24 - 150)의 현장도착 시 송장 표기에 대해 각각 의미하는 내용을 간단히 쓰시오.

득점	배점
	4

(1) 보통 :

(2) 25mm :

(3) 24MPa :

(4) 150mm :

7. KS L 5201에서 규정하는 포틀랜드시멘트(Portland Cement)의 종류 5가지를 쓰시오.

득점	배점
	5

① ② ③

④ ⑤

8. 지하구조물은 지하수위에서 구조물 밑면까지의 깊이만큼 부력을 받아 건물이 부상하게 되는데, 이것에 대한 방지대책을 3가지 기술하시오.

득점	배점
	3

①

②

③

9. 조적조를 바탕으로 하는 지상부 건축물의 외부벽면 방수방법의 내용을 3가지 쓰시오.

득점	배점
	3

① ② ③

10. 가치공학(Value Engineering)의 기본추진절차를 순서대로 나열하시오.

득점	배점
	4

㉮ 정보수집	㉯ 기능정리	㉰ 아이디어 발상
㉱ 기능정의	㉲ 대상선정	㉳ 제안
㉴ 기능평가	㉵ 평가	㉶ 실시

11. 다음 기초에 소요되는 철근, 콘크리트, 거푸집의 정미량을 산출하시오.
(단, 이형철근 D16의 단위중량은 1.56kg/m, D13의 단위중량은 0.995kg/m)

득점	배점
	6

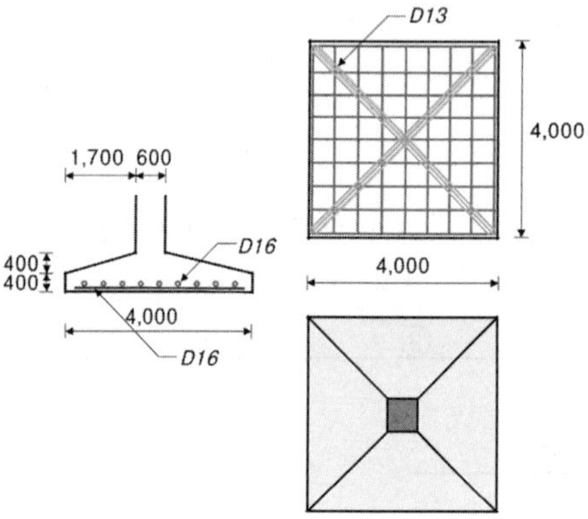

(1) 철근량:

(2) 콘크리트량:

(3) 거푸집량:

12. 용접부의 검사항목이다. 알맞는 공정을 보기에서 골라 해당번호를 쓰시오.

득점	배점
	3

보기

① 트임새 모양 ② 전류 ③ 침투수압 ④ 운봉
⑤ 모아대기법 ⑥ 외관 판단 ⑦ 구속
⑧ 용접봉 ⑨ 초음파검사 ⑩ 절단검사

(1) 용접 착수 전:

(2) 용접 작업 중:

(3) 용접 완료 후:

13. 로이(Low-E) 3중유리의 정의 및 특징을 간단히 설명하시오.

득점	배점
	4

14. 다음 설명에 해당하는 보링 방법을 쓰시오.

득점	배점
	4

① 충격날을 60~70cm 정도 낙하시키고 그 낙하충격에 의해 파쇄된 토사를 퍼내어 지층 상태를 판단하는 방법
② 충격날을 회전시켜 천공하므로 토층이 흐트러질 우려가 적은 방법
③ 오거를 회전시키면서 지중에 압입, 굴착하고 여러 번 오거를 인발하여 교란시료를 채취하는 방법
④ 깊이 30m 정도의 연질층에 사용하며, 외경 50~60mm 관을 이용, 천공하면서 흙과 물을 동시에 배출시키는 방법

①　　　　②

③　　　　④

15. 언더피닝(Under Pinning) 공법을 적용해야 하는 경우를 3가지 쓰시오.

득점	배점
	3

①

②

③

16. 시멘트 분말도 시험법을 2가지 쓰시오.

득점	배점
	2

① ②

17. 다음 콘크리트의 균열보수법에 대하여 설명하시오.

득점	배점
	4

(1) 표면처리법:

(2) 주입공법:

18. 다음 보기에서 설명하는 거푸집의 명칭을 쓰시오.

득점	배점
	4

보기

(1) 무량판 구조에서 2방향 장선 바닥판 구조가 가능하도록 된 특수상자 모양의 기성재 거푸집
(2) 대형 시스템화 거푸집으로서 한 구간 콘크리트 타설 후 다음 구간으로 수평이동이 가능한 거푸집
(3) 유닛(Unit) 거푸집을 설치하여 요크(York)로 거푸집을 끌어올리면서 연속해서 콘크리트를 타설 가능한 수직활동 거푸집
(4) 아연도 철판을 절곡 제작하여 거푸집으로 사용하며, 콘크리트 타설 후 마감재로 사용하는 철판

(1) (2)

(3) (4)

19. 건설공사 현장에 시멘트가 반입되었다. 특기시방서에 시멘트 밀도가 3.10[Mg/m^3] 이상으로 규정되어 있다고 할 때, 르샤틀리에 플라스크를 이용하여 KS 규격에 의거 시멘트 밀도를 시험한 결과에 대해 시멘트 밀도를 구하고, 자재품질 관리상 합격여부를 판정하시오. (단, 시험결과 비중병에 광유를 채웠을 때 최초 눈금은 0.5mL, 실험에 사용한 시멘트량은 64g, 광유에 시멘트를 넣은 후의 눈금은 20.8mL 였다.)

득점	배점
	4

(1) 비중:

(2) 판정:

20. 평지붕 외단열 시트(Sheet) 방수공법의 시공순서를 보기에서 골라 번호로 쓰시오.

득점	배점
	3

보기

① 누름콘크리트 ② PE필름 ③ 단열재 ④ 시트방수 ⑤ 바탕콘크리트 타설

21. 콘크리트 배합시 잔골재를 세척해사로 사용했을 때 콘크리트의 염화물 함량을 측정한 결과 염소이온량이 0.3kg/m^3~0.6kg/m^3 이었다. 이때 철근콘크리트의 철근 부식방지에 따른 유효한 대책을 3가지 쓰시오.

득점	배점
	3

①

②

③

22. 다음 데이터를 네트워크공정표로 작성하고, 각 작업의 여유시간을 구하시오.

득점	배점
	10

작업명	작업일수	선행작업	비 고
A	5	없음	
B	6	없음	
C	5	A, B	(1) 결합점에서는 다음과 같이 표시한다.
D	7	A, B	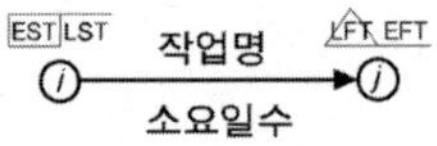
E	3	B	
F	4	B	(2) 주공정선은 굵은선으로 표시한다.
G	2	C, E	
H	4	C, D, E, F	

(1) 네트워크공정표

(2) 일정 및 여유시간 산정

작업명	TF	FF	DF	CP
A				
B				
C				
D				
E				
F				
G				
H				

23. 그림과 같은 단순보의 최대 전단응력을 구하시오.

득점	배점
	3

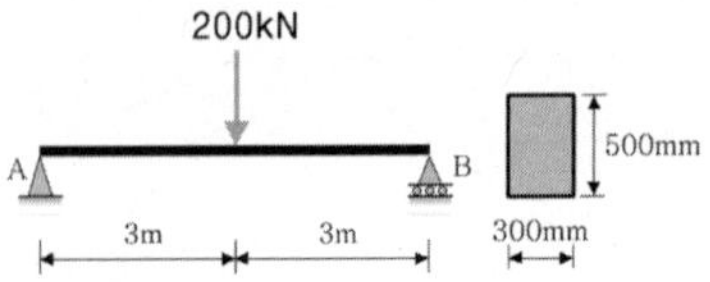

24. 그림과 같은 트러스에서 U_2, L_2부재의 부재력(kN)을 절단법으로 구하시오.
(단, −는 압축력, +는 인장력으로 부호를 반드시 표시하시오.)

득점	배점
	4

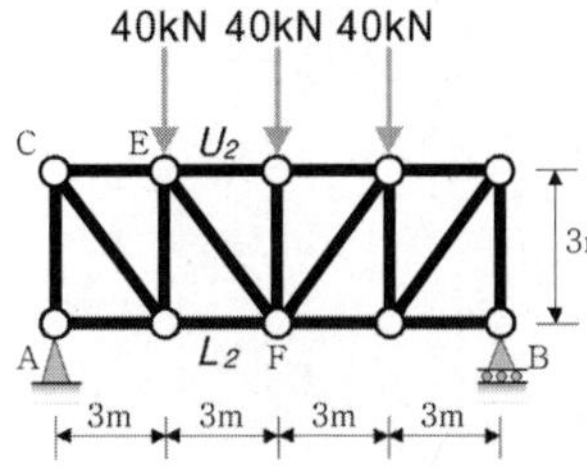

25. 철근콘크리트 부재의 구조계산을 수행한 결과이다. 공칭휨강도(kN·m)와 공칭전단강도(kN)를 구하시오.

득점	배점
	4

(1) 하중조건:

① 고정하중: $M=150\text{kN}\cdot\text{m}$, $V=120\text{kN}$ ② 활하중: $M=130\text{kN}\cdot\text{m}$, $V=110\text{kN}$

(2) 강도감소계수:

① 휨에 대한 강도감소계수: $\phi=0.85$ 적용 ② 전단에 대한 강도감소계수: $\phi=0.75$ 적용

(1) 공칭휨강도:

(2) 공칭전단강도:

26. 그림과 같은 철근콘크리트 보 단면의 설계전단강도(kN)를 구하시오.
(단, 보통중량콘크리트 사용, $f_{ck}=24\text{MPa}$, $f_{yt}=400\text{MPa}$)

득점	배점
	4

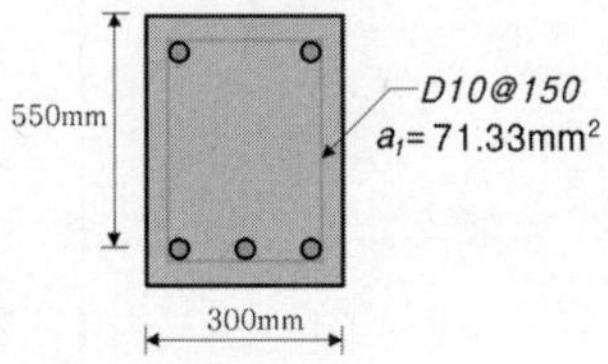

총점

2022.4회 건축기사 해답

1.
콜드 죠인트(Cold Joint)

2.
(1) 마찰접합 (2) 인장접합 (3) 지압접합

3.
① 타설 공법 ② 뿜칠 공법 ③ 미장 공법 ④ 조적 공법

4.
(1) 용접 시 이음 및 접합부위의 용접선이 교차되어 재용접된 부위가 열영향을 받아 취약해지기 때문에 모재에 부채꼴 모양의 모따기를 한 것
(2) 블로홀(Blow Hole), 크레이터(Crater) 등의 용접결함이 생기기 쉬운 용접 비드(Bead)의 시작과 끝 지점에 용접을 하기 위해 용접접합하는 모재의 양단에 부착하는 보조강판

5.
용접에 의해 판두께 방향으로 강한 인장 구속력이 생기는 이음에 있어 강재 표면에 평행방향으로 진전되는 박리 상의 균열

6.
(1) 콘크리트의 종류에 따른 구분 (2) 굵은골재 최대치수 (3) 호칭강도 (4) 슬럼프 또는 슬럼프 플로

7.
① 보통포틀랜드시멘트 ② 중용열 포틀랜드시멘트 ③ 조강포틀랜드시멘트
④ 저열포틀랜드시멘트 ⑤ 내황산염포틀랜드시멘트

8.
① 유입 지하수를 강제로 펌핑(Pumping)하여 외부로 배수
② 인접건물주 승인 후 인접건물에 긴결
③ 구조물의 자중을 증대시켜 부력에 대항하게 함

9.
① 시멘트모르타르계 방수 ② 규산질계 도포 방수 ③ 발수제 도포 방수

10.

㉮ ➡ ㉮ ➡ ㉱ ➡ ㉯ ➡ ㉴ ➡ ㉰ ➡ ㉵ ➡ ㉳ ➡ ㉶

11.

(1) ① 주근(D16) $[(9개 \times 4m) + (9개 \times 4m)] \times 1.56 = 112.32$

② 대각선근(D13) $[4\sqrt{2} \times 6개] \times 0.995 = 33.771$

③ 총철근량 $112.32 + 33.771 = 146.091$ ➡ 146.09kg

(2) $4 \times 4 \times 0.4 + \frac{0.4}{6}[(2 \times 4 + 0.6) \times 4 + (2 \times 0.6 + 4) \times 0.6] = 8.901$ ➡ $8.90m^3$

(3) $4 \times 0.4 \times 4 = 6.4$ ➡ $6.4m^2$

12.

(1) ①, ⑤, ⑦ (2) ②, ④, ⑧ (3) ③, ⑥, ⑨, ⑩

13.

열적외선을 반사하는 은소재 도막으로 코팅하여 방사율과 열관류율을 낮추고 가시광선 투과율을 높인 유리

14.

① 충격식(Percussion) 보링 ② 회전식(Rotary) 보링

③ 오거(Auger) 보링 ④ 수세식(Wash) 보링

15.

① 기존 건축물의 기초를 보강할 때

② 새로운 기초를 설치하여 기존 건축물을 보호해야 할 때

③ 지하구조물 축조시 또는 터파기시 인접건물의 침하, 균열 등의 피해를 예방하고자 할 때

16.

① 체(Standard Sieve) 분석법 ② 블레인(Blaine)법

17.

(1) 0.2mm 이하의 미세한 균열 표면에 수지계 또는 시멘트계의 재료를 주입하여 피막층을 만드는 방법

(2) 균열폭 0.2mm 이상의 경우에 주입용 Pipe를 10~30cm 간격으로 설치하고 저점도의 에폭시(Epoxy) 수지로 충전하는 방법

18.

(1) 와플폼(Waffle Form)

(2) 트래블링폼(Traveling Form)

(3) 슬라이딩폼(Sliding Form)

(4) 데크플레이트(Deck Plate)

19.

(1) $\rho = \frac{100}{32.2 - 0.5} = 3.15[\text{Mg/m}^3]$

(2) $3.15[\text{Mg/m}^3] \ \geq \ 3.10[\text{Mg/m}^3]$ 이므로 합격

20.

⑤ ➠ ④ ➠ ③ ➠ ② ➠ ①

21.

① 철근 표면에 아연도금 처리 ② 골재에 제염제 혼입 ③ 콘크리트에 방청제 혼입

22.

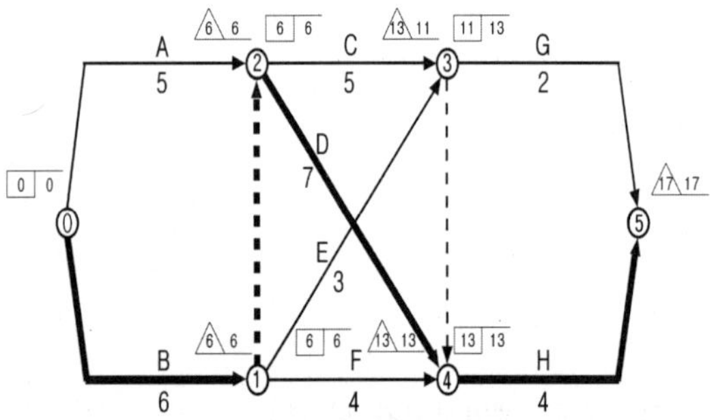

작업명	TF	FF	DF	CP
A	1	1	0	
B	0	0	0	※
C	2	0	2	
D	0	0	0	※
E	4	2	2	
F	3	3	0	
G	4	4	0	
H	0	0	0	※

23.

(1) $V_{max} = V_A = V_B = + \frac{P}{2} = + \frac{(200)}{2} = 100\text{kN}$

(2) $\tau_{max} = k \cdot \frac{V_{max}}{A} = \left(\frac{3}{2}\right) \cdot \frac{(100 \times 10^3)}{(300 \times 500)} = 1\text{N/mm}^2 = 1\text{MPa}$

24.

(1) $M_F = 0 : \ +(60)(6) - (40)(3) + (U_2)(3) = 0 \qquad \therefore U_2 = -80\text{kN}$(압축)

(2) $M_E = 0 \ : +(60)(3) - (L_2)(3) = 0 \qquad \therefore L_2 = +60\text{kN}$(인장)

25.

(1) $M_n \geq \dfrac{M_u}{\phi} = \dfrac{1.2M_D + 1.6M_L}{\phi} = \dfrac{1.2(150) + 1.6(130)}{(0.85)} = 456.47\text{kN}\cdot\text{m}$

(2) $V_n \geq \dfrac{V_u}{\phi} = \dfrac{1.2\,V_D + 1.6\,V_L}{\phi} = \dfrac{1.2(120) + 1.6(110)}{(0.75)} = 426.67\text{kN}$

26.

(1) $V_c = \dfrac{1}{6}\lambda\sqrt{f_{ck}} \cdot b_w \cdot d = \dfrac{1}{6}(1.0)\sqrt{(24)}(300)(550) = 134{,}722\text{N}$

(2) $V_s = \dfrac{A_v \cdot f_{yt} \cdot d}{s} = \dfrac{(2 \times 71.33)(400)(550)}{(150)} = 209{,}235\text{N}$

(3) $\phi V_n = \phi(V_c + V_s) = (0.75)[(134{,}722) + (209{,}235)] = 257{,}968\text{N} = 257.968\text{kN}$

2023. 1회 건축기사

1. 이어치기 시간이란 1층에서 콘크리트 타설, 비비기부터 시작해서 2층에 콘크리트를 마감하는 데까지 소요되는 시간이다. 계속 타설 중의 이어치기 시간간격의 한도는 외기온이 25℃ 미만일 때는 (①)분, 25℃ 이상에서는 (②)분으로 한다. (　　) 안을 채우시오.

득점	배점
	4

① ______________________ ② ______________________

2. 레디믹스트콘크리트(Ready Mixed Concrete)가 현장에 도착했을 때 콘크리트의 받아들이기 품질 검사사항을 4가지 쓰시오.
(단, 굳지 않은 콘크리트의 상태 검사 제외)

득점	배점
	4

① ______________________ ② ______________________

③ ______________________ ④ ______________________

3. Fast Track Method에 대해 간단히 설명하시오.

득점	배점
	3

4. 강구조공사를 시공할 때 베이스 플레이트(Base Plate)의 시공 시 사용되는 충전재의 명칭을 쓰시오.

득점	배점
	2

____

5. 다음 괄호 안에 알맞은 숫자를 쓰시오.

강도설계 또는 한계상태설계를 수행할 경우에는 각 설계법에 적용하는 하중조합의 지진하중계수는 (　　　　)으로 한다.

득점	배점
	4

6. $L-100\times100\times7$ 인장재의 순단면적(mm^2)을 구하시오.

득점	배점
	3

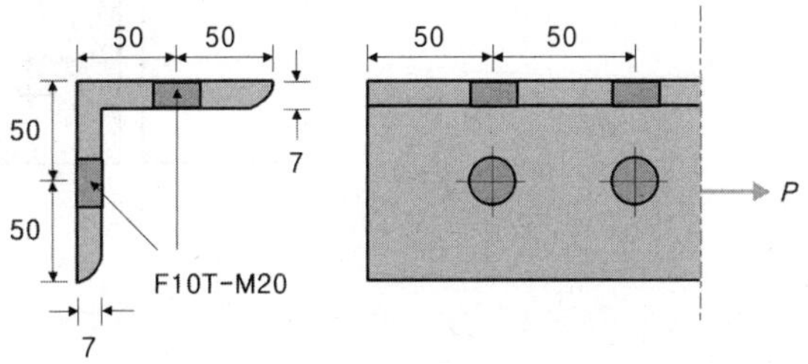

7. 철근콘크리트 T형보에서 압축을 받는 플랜지 부분의 유효폭을 결정할 때 세 가지 조건에 의하여 산출된 값 중 가장 작은값으로 유효폭을 결정하는데, 유효폭을 결정하는 세 가지 기준을 쓰시오.

득점	배점
	3

① ② ③

8. 지하구조물은 지하수위에서 구조물 밑면까지의 깊이만큼 부력을 받아 건물이 부상하게 되는데, 이것에 대한 방지대책을 4가지 기술하시오.

득점	배점
	4

① ②

③ ④

9. 그림과 같은 트러스 구조의 부정정차수를 구하고, 안정구조인지 불안정구조인지를 판별하시오.

득점	배점
	3

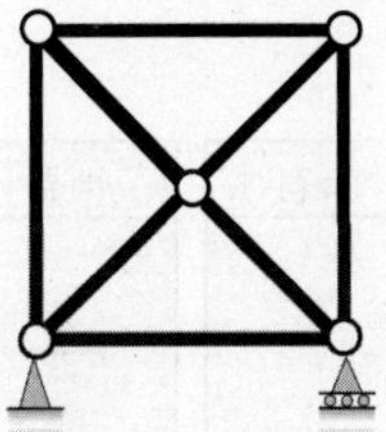

10. 깨진 석재를 붙일 수 있는 접착제를 1가지 쓰시오.

득점	배점
	3

11. 그림과 같은 단면의 단면2차모멘트 $I=64,000\text{cm}^4$, 단면2차반경 $r=\dfrac{20}{\sqrt{3}}\text{cm}$ 일 때 폭 b와 높이 h를 구하시오.

득점	배점
	4

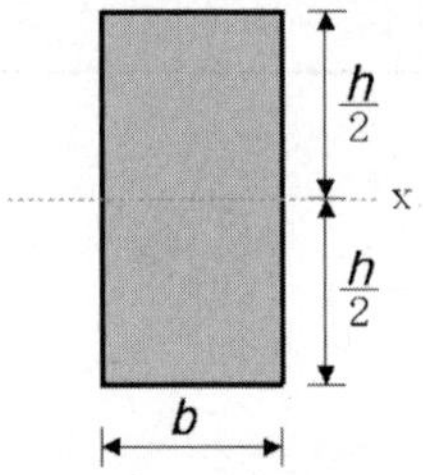

12. 커튼월 공사에서 구조체의 층간변위, 커튼월의 열팽창, 변위 등을 해결하기 위한 긴결방법 3가지를 쓰시오.

득점	배점
	3

① ② ③

13. 지반조사 방법 중 보링(Boring)의 정의와 종류 3가지를 쓰시오.

(1) 정의

(2) 종류

① ② ③

득점	배점
	4

14. 자연상태의 시료를 운반하여 압축강도를 시험한 결과 8MPa이었고, 그 시료를 이긴시료로 하여 압축강도를 시험한 결과는 5MPa이었다면 이 흙의 예민비를 구하시오.

득점	배점
	4

득점	배점
	10

15. 다음 데이터를 이용하여 Normal Time 네트워크 공정표를 작성하고, 3일 공기단축한 네트워크 공정표 및 총공사금액을 산출하시오.

Activity	Normal		Crash		비 고
	Time	Cost(원)	Time	Cost(원)	
A(0→1)	3	20,000	2	26,000	표준 공정표에서의 일정은 다음과 같이 표시하고, 주공정선은 굵은선으로 표시한다. 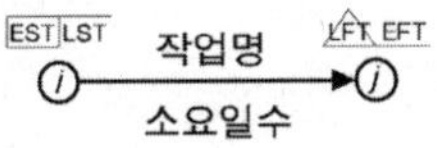
B(0→2)	7	40,000	5	50,000	
C(1→2)	5	45,000	3	59,000	
D(1→4)	8	50,000	7	60,000	
E(2→3)	5	35,000	4	44,000	
F(2→4)	4	15,000	3	20,000	
G(3→5)	3	15,000	3	15,000	
H(4→5)	7	60,000	7	60,000	

(1) 표준(Normal) Network를 작성하시오.
(결합점에서 EST, LST, LFT, EFT를 표시할 것)

(2) 공기를 3일 단축한 Network를 작성하시오.
(결합점에서 EST, LST, LFT, EFT 표시하지 않을 것)

(3) 3일 공기단축된 총공사비를 산출하시오.

16. 콘크리트 블록의 압축강도가 6N/mm^2 이상으로 규정되어 있다. 390×190×190mm 블록의 압축강도를 시험한 결과 600,000N, 500,000N, 550,000N에서 파괴되었을 때 합격 및 불합격 여부를 판정하시오.

득점	배점
	5

17. 다음이 설명하는 용어를 쓰시오.

득점	배점
	3

드라이비트라는 일종의 못박기총을 사용하여 콘크리트나 강재 등에 박는 특수못으로 머리가 달린 것을 H형, 나사로 된 것을 T형이라고 한다.

18. 압밀(Consolidation)과 다짐(Compaction)의 차이점을 비교하여 설명하시오

득점	배점
	4

19. ALC(Autoclaved Lightweight Concrete)를 제조하기 위한 주재료 2가지와 기포 제조방법을 쓰시오.

득점	배점
	3

(1) 주재료

① ②

(2) 기포 제조방법:

20. 다음 조건의 철근콘크리트 부재의 부피와 중량을 구하시오.

득점	배점
	6

(1) 보 : 단면 300mm×400mm, 길이 1m, 150개

① 부피 :

② 중량 :

(2) 기둥 : 단면 450mm×600mm, 길이 4m, 50개

① 부피 :

② 중량 :

21. 고강도 콘크리트의 폭렬현상에 대하여 설명하시오.

득점	배점
	3

22. 그림과 같은 겔버보의 A, B, C의 지점반력을 구하시오.

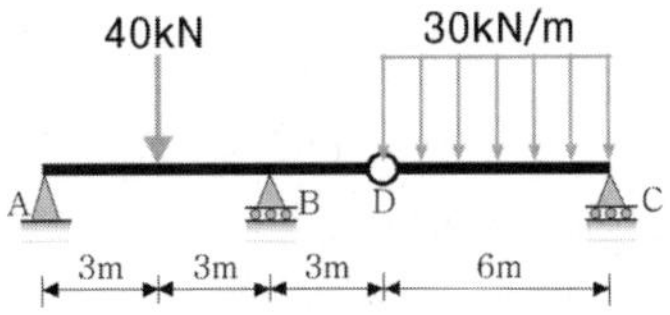

득점	배점
	3

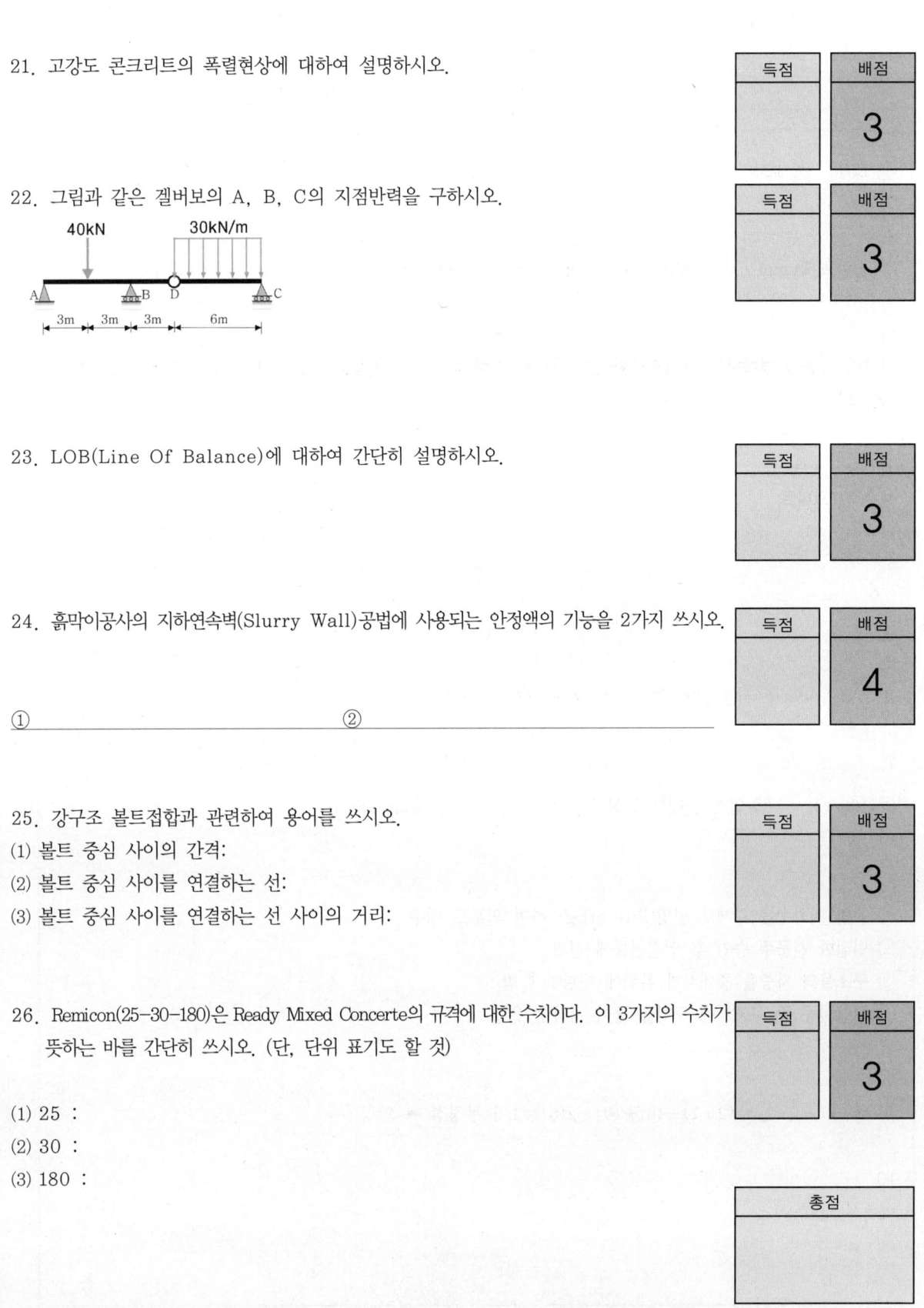

23. LOB(Line Of Balance)에 대하여 간단히 설명하시오.

득점	배점
	3

24. 흙막이공사의 지하연속벽(Slurry Wall)공법에 사용되는 안정액의 기능을 2가지 쓰시오.

득점	배점
	4

① ②

25. 강구조 볼트접합과 관련하여 용어를 쓰시오.
(1) 볼트 중심 사이의 간격:
(2) 볼트 중심 사이를 연결하는 선:
(3) 볼트 중심 사이를 연결하는 선 사이의 거리:

득점	배점
	3

26. Remicon(25-30-180)은 Ready Mixed Concerte의 규격에 대한 수치이다. 이 3가지의 수치가 뜻하는 바를 간단히 쓰시오. (단, 단위 표기도 할 것)

득점	배점
	3

(1) 25 :
(2) 30 :
(3) 180 :

총점

2023.1회 건축기사 해답

1.
① 150 ② 120

2.
① 슬럼프(Slump) ② 슬럼프 플로(Slump Flow) ③ 공기량 ④ 온도

3.
설계와 시공을 병행하는 방식으로써 공기단축을 위하여 설계가 완성된 부분부터 공사를 단계적으로 집행하는 방식

4.
무수축모르타르

5.
1.0

6.
$A_n = A_g - n \cdot d \cdot t = [(7)(200-7)] - (2)(20+2)(7) = 1{,}043\text{mm}^2$

7.
① $16t_f + b_w$ ② 양쪽 슬래브 중심간 거리 ③ 보 경간(Span)의 $\frac{1}{4}$

8.
① 유입 지하수를 강제로 펌핑(Pumping) 하여 외부로 배수
② 인접한 건물주 승인 후 인접건물에 긴결
③ 구조물의 자중을 증대시켜 부력에 대항하게 함
④ 현장시공 중 구조체에 구멍을 뚫어 지하수 유입

9.
$N = r + m + f - 2j = (2+1) + (8) + (0) - 2(5) = 1$차 부정정 ➡ 안정

10.
에폭시(Epoxy)

11.

(1) $r=\sqrt{\frac{I}{A}}$ 로부터 $A=\frac{I}{r^2}=\frac{(64,000)}{\left(\frac{20}{\sqrt{3}}\right)^2}=480\text{cm}^2$

(2) $I=\frac{bh^3}{12}=\frac{A\cdot h^2}{12}$ 으로부터 $h=\sqrt{\frac{12I}{A}}=\sqrt{\frac{12(64,000)}{(480)}}=40\text{cm}$

(3) $A=bh$ 로부터 $b=\frac{A}{h}=\frac{(480)}{(40)}=12\text{cm}$

12.

① 수평이동 방식

② 고정 방식

③ 회전 방식

13.

(1) 지반을 천공하고 토질의 시료를 채취(Sampling, 샘플링)하여 지층의 상황을 판단하는 방법

(2) ① 오거(Auger) 보링 ② 수세식(Wash) 보링 ③ 회전식(Rotary) 보링

14.

$$\text{예민비}=\frac{\text{자연시료강도}}{\text{이긴시료강도}}=\frac{8}{5}=1.6$$

15.

(1)

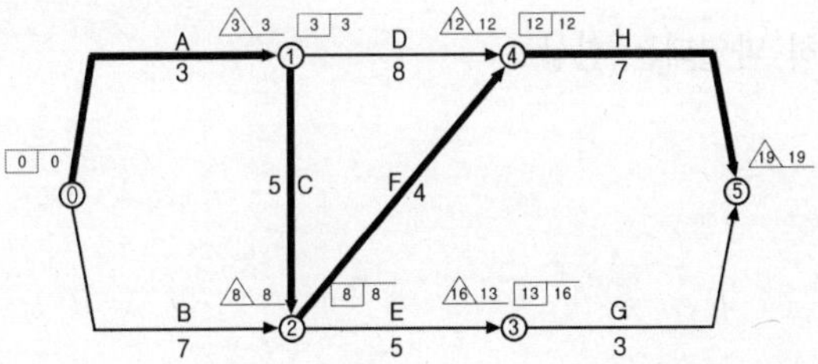

(2)

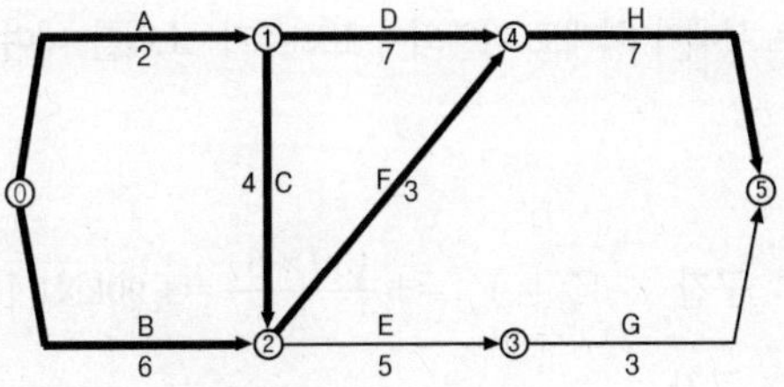

(3) 19일 표준공사비 + 3일 단축 시 추가공사비 = 280,000+33,000 = 313,000원

	단축대상	추가비용
18일	F	5,000
17일	A	6,000
16일	B+C+D	22,000

16.

(1) $f_1 = \frac{600,000}{390 \times 190} = 8.097$, $f_2 = \frac{500,000}{390 \times 190} = 6.747$, $f_3 = \frac{550,000}{390 \times 190} = 7.422$

(2) $f = \frac{8.097 + 6.747 + 7.422}{3} = 7.42\text{N/mm}^2 \geq 6\text{N/mm}^2$ 이므로 합격

17.

드라이브 핀(Drive Pin)

18.

압밀은 점토지반에 외력을 가하여 흙 속의 간극수를 제거하는 것을 말하며,
다짐은 사질지반에 외력이 가해져 공기가 빠지면서 압축되는 현상을 말한다.

19.

(1) ① 규사(규산질 재료)　　　② 생석회(석회질 재료)

(2) 발포제를 넣고 고온, 고압 하에서 양생

20.

(1) ① 부피 : $0.3 \times 0.4 \times 1 \times 150 = 18\text{m}^3$
　② 중량 : $18 \times 2,400 = 43,200\text{kg}$

(2) ① 부피 : $0.45 \times 0.6 \times 4 \times 50 = 54\text{m}^3$
　② 중량 : $54 \times 2,400 = 129,600\text{kg}$

21.

콘크리트 부재가 화재로 가열되어 표면부가 소리를 내며 급격히 파열되는 현상

22.

(1) DC 구간 : $V_C = V_D = +\frac{(30 \times 6)}{2} = +90\text{kN}(\uparrow)$

(2) AD 구간 :

$\Sigma H = 0$: $H_A = 0$

$\Sigma M_B = 0$: $+(V_A)(6) - (40)(3) + (90)(3) = 0$　　$\therefore V_A = -25\text{kN}(\downarrow)$

$\Sigma V = 0$: $+(V_A) + (V_B) - (40) - (90) = 0$ 으로부터　$\therefore V_B = +155\text{kN}(\uparrow)$

23.
고층건축물 공사의 반복작업에서 각 작업조의 생산성을 기울기로 하는 직선으로 각 반복작업의 진행을 표시하여 전체공사를 도식화하는 기법

24.
① 굴착벽면 붕괴 방지
② 굴착토사 분리·배출

25.
(1) 피치(pitch)
(2) 게이지라인(gauge line)
(3) 게이지(gauge)

26.
(1) 굵은골재 최대치수 25mm
(2) 호칭강도 30MPa
(3) 슬럼프(Slump) 180mm

2023. 2회 건축기사

1. 가설출입구 설치 시 고려사항을 3가지 작성하시오.

득점	배점
	3

①

②

③

2. 다음 평면의 건물높이가 13.5m일 때 비계면적을 산출하시오.
(단, 도면 단위는 mm이며, 비계형태는 쌍줄비계로 한다.)

득점	배점
	5

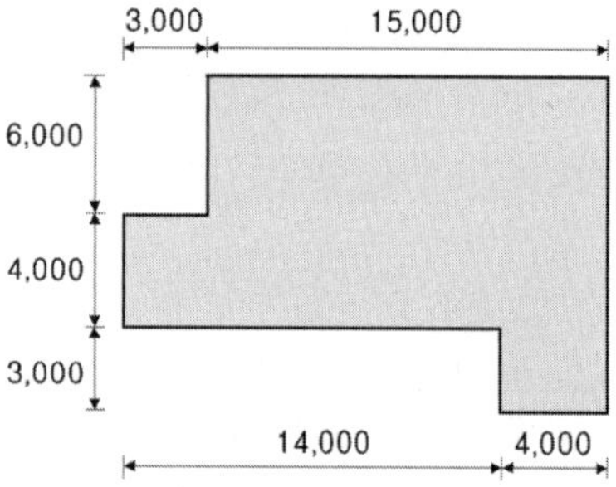

3. 지반조사 시 실시하는 보링(Boring)의 종류를 3가지 쓰시오.

득점	배점
	3

① ② ③

4. 연약지반 개량공법을 3가지만 쓰시오.

득점	배점
	3

① ② ③

5. 지하구조물은 지하수위에서 구조물 밑면까지의 깊이만큼 부력을 받아 건물이 부상하게 되는데, 이것에 대한 방지대책을 2가지 기술하시오.

득점	배점
	2

①

②

6. 기초의 부동침하는 구조적으로 문제를 일으키게 된다. 이러한 기초의 부동침하를 방지하기 위한 대책 중 기초구조 부분에 처리할 수 있는 사항을 2가지 기술하시오.

득점	배점
	4

①

②

7. 다음 그림과 같은 온통기초에서 터파기량, 되메우기량, 잔토처리량을 산출하시오. (단, 토량환산계수 $L=1.3$으로 한다.)

득점	배점
	9

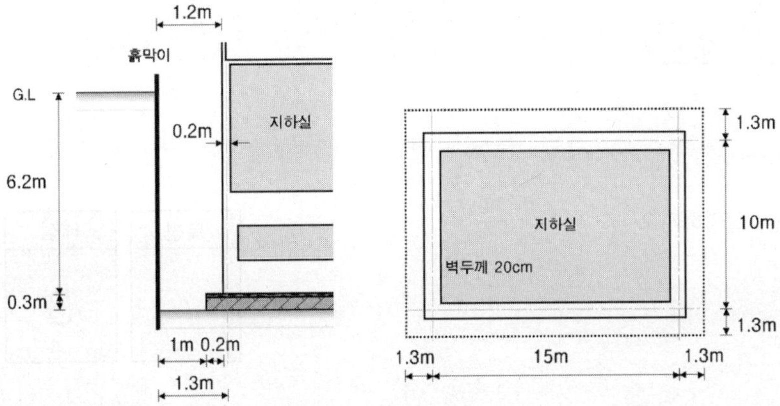

(1) 터파기량:

(2) 되메우기량:

(3) 잔토처리량:

8. KDS 구조설계기준에서 규정하고 있는 철근 간격결정 원칙 중 보기의 (　　)안에 들어갈 알맞는 수치를 쓰시오.

득점	배점
	3

> 철근과 철근의 순간격은 굵은골재 최대치수의 (　　　　)배 이상, (　　　　)mm 이상, 이형철근 공칭직경의 (　　　　)배 이상으로 한다.

9. 건축공사표준시방서에 따른 거푸집널 존치기간 중의 평균기온이 10℃ 이상인 경우에 콘크리트의 압축강도 시험을 하지 않고 거푸집을 떼어 낼 수 있는 콘크리트의 재령(일)을 나타낸 표이다. 빈 칸에 알맞은 숫자를 표기하시오.

득점	배점
	4

〈기초, 보옆, 기둥 및 벽의 거푸집널 존치기간을 정하기 위한 콘크리트의 재령(일)〉

시멘트 종류 / 평균기온	조강포틀랜드시멘트	보통포틀랜드시멘트 고로슬래그시멘트(1종)	고로슬래그시멘트(2종) 포틀랜드포졸란시멘트(2종)
20℃ 이상	①	②	③
20℃ 미만 10℃ 이상	④	⑤	⑥

①　　　　②　　　　③　　　　④　　　　⑤　　　　⑥

10. 콘크리트 헤드(Concrete Head)를 설명하시오.

득점	배점
	3

11. 다음이 설명하는 콘크리트의 줄눈 명칭을 쓰시오.

득점	배점
	2

> 콘크리트 경화 시 수축에 의한 균열을 방지하고 슬래브에서 발생하는 수평움직임을 조절하기 위하여 설치한다. 벽과 슬래브 외기에 접하는 부분 등 균열이 예상되는 위치에 약한 부분을 인위적으로 만들어 다른 부분의 균열을 억제하는 역할을 한다.

12. 레디믹스트콘크리트 배합에 대한 내용 중 빈칸에 알맞은 용어를 쓰시오.

득점	배점
	3

콘크리트 배합시 레디믹스트콘크리트 배합표에 보통 골재는 (   )상태의 질량, 인공경량골재는 (   )상태의 질량을 표시한다. (   )의 경우는 혼화재를 사용할 때로 물에 대한 시멘트와 혼화재의 질량 백분율로 계산하여 고려한다.

13. 강구조 주각부의 현장 시공순서에 맞게 번호를 쓰시오.

득점	배점
	4

① 기초 상부 고름질　　② 가조립　　③ 변형 바로잡기
④ 앵커볼트 설치　　⑤ 철골 세우기　　⑥ 철골 도장

14. 다음 빈칸에 알맞은 용어 또는 숫자를 기입하시오.

득점	배점
	4

설계볼트장력은 고장력볼트의 설계미끄럼강도를 구하기 위한 값으로 미끄럼계수는 최소 (   )으로 하고 현장시공에서의 (   )볼트장력은 (   )볼트장력에 (   )%를 할증한 값으로 한다.

15. 다음 [보기]에서 설명하는 구조의 명칭을 쓰시오.

득점	배점
	2

보기

강구조물 주위에 철근배근을 하고 그 위에 콘크리트가 타설되어 일체가 되도록 한 것으로서, 초고층 구조물 하층부의 복합구조로 많이 채택되는 구조

16. 강구조에서 칼럼 쇼트닝(Column Shortening)에 대하여 기술하시오.

득점	배점
	3

17. 강합성 데크플레이트 구조에 사용되는 시어커넥터(Shear Connector)의 역할에 대하여 설명하시오.

득점	배점
	3

18. 목공사에서 방충 및 방부처리된 목재를 사용해야 하는 경우를 2가지 쓰시오.

득점	배점
	4

①

②

19. 미장재료 중 기경성(氣硬性)과 수경성(水硬性) 재료를 각각 2가지씩 쓰시오.

득점	배점
	4

(1) 기경성 미장재료:

① ②

(2) 수경성 미장재료:

① ②

20. 시방서와 설계도의 내용이 서로 달라서 시공상 부적당하다고 판단될 때 현장 책임자는 공사감리자와 협의하고 즉시 알려야 한다. 다음 [보기]에서 건축물의 설계도서 작성기준에서 시방서와 설계도서의 우선순위를 중요도에 따라 나열하시오.

득점	배점
	4

보기

① 공사(산출)내역서 ② 공사시방서 ③ 설계도면 ④ 전문시방서 ⑤ 표준시방서

21. 다음이 설명하는 낙찰제도의 명칭을 쓰시오.

득점	배점
	4

(1) 입찰에서 제시한 가격과 기술능력, 공사경험, 경영상태 등 계약수행능력을 종합평가하여 낙찰자를 결정하는 제도
(2) 사회적 책임점수를 포함한 공사수행 능력점수와 입찰금액 점수를 합산하여 가장 높은 점수를 획득한 입찰자를 낙찰시키는 제도

(1) (2)

22. 다음 데이터를 이용하여 정상공기를 산출한 결과 지정공기보다 3일이 지연되는 결과이었다. 공기를 조정하여 3일의 공기를 단축한 네트워크공정표를 작성하고 아울러 총공사금액을 산출하시오.

득점	배점
	10

작업명	선행 작업	정상(Normal)		특급(Crash)		비고
		공기(일)	공비(원)	공기(일)	공비(원)	
A	없음	3	7,000	3	7,000	(1) 단축된 공정표에서 CP는 굵은선으로 표시하고, 결합점에서는 다음과 같이 표시한다. 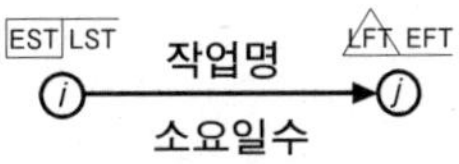 (2) 정상공기는 답지에 표기하지 않고 시험지 여백을 이용할 것
B	A	5	5,000	3	7,000	
C	A	6	9,000	4	12,000	
D	A	7	6,000	4	15,000	
E	B	4	8,000	3	8,500	
F	B	10	15,000	6	19,000	
G	C, E	8	6,000	5	12,000	
H	D	9	10,000	7	18,000	
I	F, G, H	2	3,000	2	3,000	

(1) 3일 단축한 Network 공정표

(2) 총공사비

23. 그림과 같은 단면의 x축에 대한 단면2차모멘트를 계산하시오.

득점	배점
	3

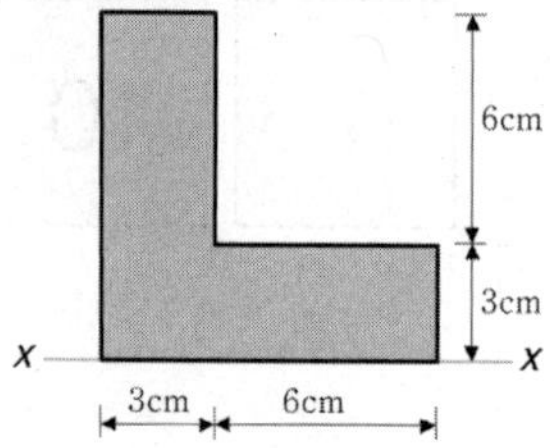

24. 그림과 같은 비틀림모멘트(T)가 작용하는 원형 강관의 비틀림전단응력(τ_t)을 기호로 표현하시오.

득점	배점
	3

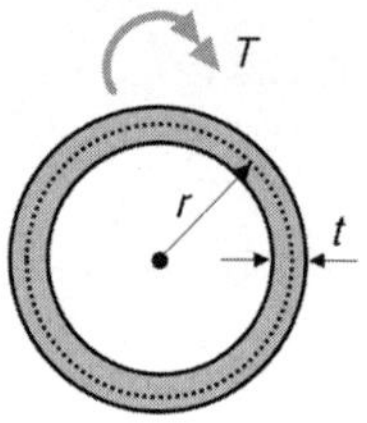

25. 기둥의 재질과 단면 크기가 모두 같은 그림과 같은 4개의 장주의 좌굴길이를 쓰시오.

득점	배점
	4

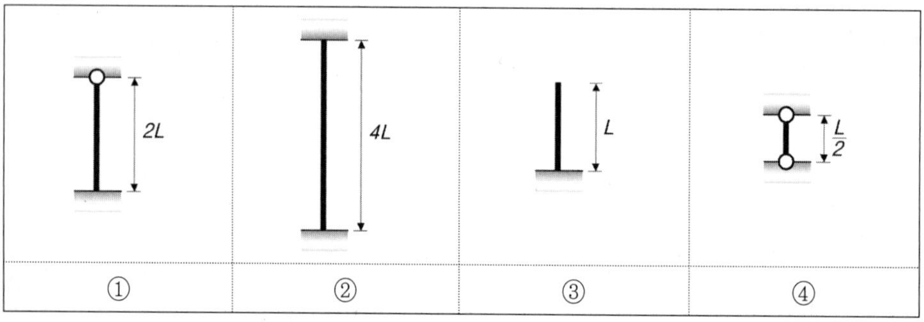

① ______________________ ② ______________________

③ ______________________ ④ ______________________

26. 다세대주택의 필로티 구조에서 전이보(Transfer Girder)의 1층 구조와 2층 구조가 상이한 이유를 설명하시오.

득점	배점
	4

총점

2023.2회 건축기사 해답

1.
① 현장으로의 접근이 용이하고 자재 야적에 유리한 위치 선정
② 주변 교통상황과 도로에 영향을 주지 않는 위치 선정
③ 진입 유효폭과 전면 도로폭에 의한 충분한 진입각도를 고려

2.
$A = 13.5 \times \{(18+13) \times 2 + 8 \times 0.9\} = 934.2\text{m}^2$

3.
① 오거 보링　② 수세식 보링　③ 회전식 보링

4.
① 연직배수공법　② 고결공법　③ 진동다짐공법

5.
① 유입 지하수를 강제로 펌핑(Pumping) 하여 외부로 배수
② 인접건물주 승인 후 인접건물에 긴결

6.
① 마찰말뚝을 사용하고 서로 다른 종류의 말뚝 혼용을 금지
② 지하실 설치: 온통기초가 유효

7.
(1) $V = (15+1.3\times2)\times(10+1.3\times2)\times6.5 = 1{,}441.44\text{m}^3$
(2) ① GL 이하의 구조부 체적
$[0.3\times(15+0.3\times2)\times(10+0.3\times2)] + [6.2\times(15+0.1\times2)\times(10+0.1\times2)] = 1{,}010.86$
② 되메우기량 : $1{,}441.44 - 1{,}010.86 = 430.58\text{m}^3$
(3) $1{,}010.86\times1.3 = 1{,}314.12\text{m}^3$

8.
$\frac{4}{3}$, 25, 1

9.
① 2　② 4　③ 5　④ 3　⑤ 6　⑥ 8

10.
타설된 콘크리트 윗면으로부터 최대 측압면까지의 거리

11.
조절줄눈(Control Joint)

12.
표면건조포화, 절대건조, 물결합재비

13.
④ ➠ ① ➠ ⑤ ➠ ② ➠ ③ ➠ ⑥

14.
0.5, 표준, 설계, 10

15.
매입형 합성기둥(Composite Column)

16.
강구조 초고층 건축 시 기둥에 발생되는 축소변위

17.
합성부재의 두 가지 다른 재료 사이의 전단력을 전달하도록 강재에 용접되고 콘크리트에 매입된 스터드앵커(Stud Anchor)와 같은 강재

18.
(1) 외부의 버팀기둥을 구성하는 목재 부위면
(2) 급수·배수시설에 인접한 목재로써 부식 우려가 있는 부분

19.
(1) ① 진흙　　② 회반죽
(2) ① 시멘트 모르타르　　② 무수석고플라스터

20.
② ➠ ③ ➠ ④ ➠ ⑤ ➠ ①

21.

(1) 적격낙찰제도　　(2) 종합심사낙찰제도

22.

(1) 3일 단축한 Network 공정표

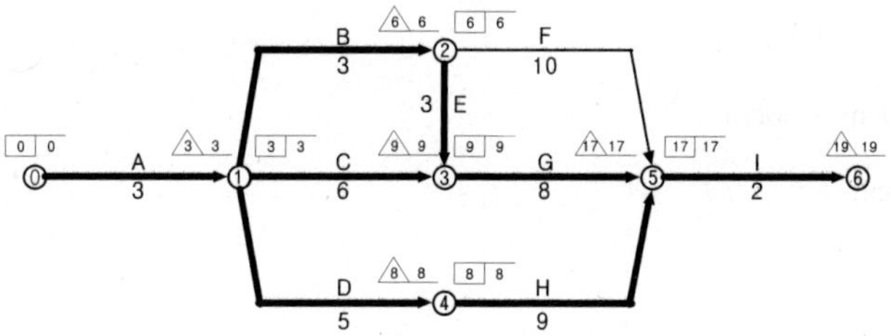

(2) 총공사비

22일 표준공사비 + 3일 단축 시 추가공사비 = 69,000+8,500=77,500원

	단축대상	추가비용
21일	E	500
20일	B+D	4,000
19일	B+D	4,000

23.

$$I_x = \left[\frac{(3)(9)^3}{12} + (3\times 9)(4.5)^2\right] + \left[\frac{(6)(3)^3}{12} + (6\times 3)(1.5)^2\right] = 783\text{cm}^4$$

24.

$$\tau_t = \frac{T}{2t \cdot A_m} = \frac{T}{2t \cdot \pi r^2}$$

25.

① $0.7\times 2L = 1.4L$　② $0.5\times 4L = 2L$　③ $2\times L = 2L$　④ $1\times \frac{L}{2} = 0.5L$

26.

건축계획상 상부층의 기둥(Column)이나 벽체(Wall)가 하부로 연속성을 유지하면서 내려가지 못하기 때문에 이들을 춤이 큰 보에 지지시켜 이들이 지지하는 하중을 다른 하부의 기둥이나 벽체에 전이시키기 때문이다.

2023. 4회 건축기사

1. 아래 그림은 철근콘크리트조 경비실 건물이다. 주어진 평면도 및 단면도를 보고 C_1, G_1, G_2, S_1에 해당되는 부분의 1층과 2층 콘크리트량과 거푸집량을 산출하시오.

득점	배점
	8

> 단, 1) 기둥 단면 (C_1) : 30cm × 30cm
>
> 2) 보 단면 (G_1, G_2) : 30cm × 60cm
>
> 3) 슬래브 두께 (S_1) : 13cm
>
> 4) 층고 : 단면도 참조
>
> 단, 단면도에 표기된 1층 바닥선 이하는 계산하지 않는다.

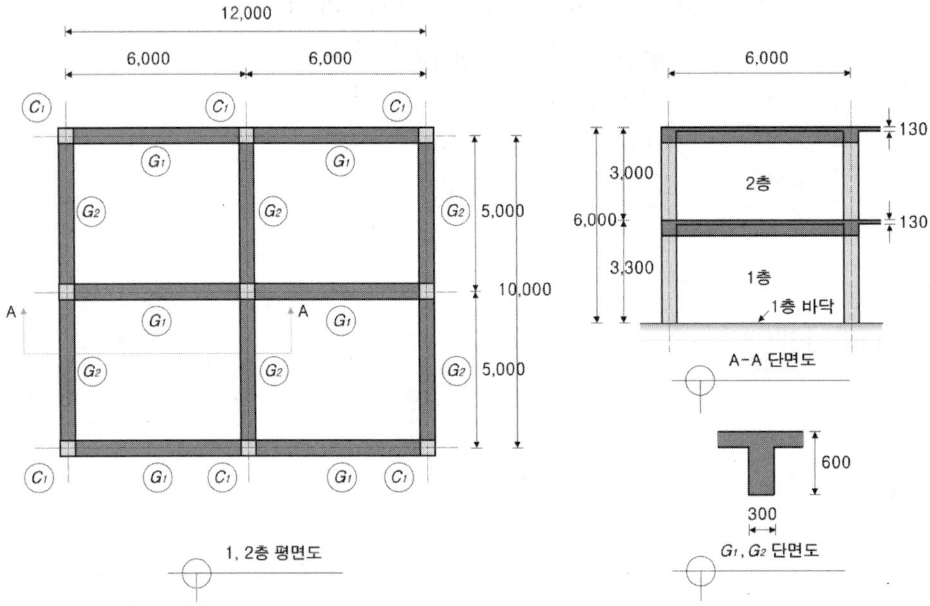

(1) 콘크리트량

$\underline{\qquad\qquad\qquad\qquad}$ m^2

(2) 거푸집량

$\underline{\qquad\qquad\qquad\qquad}$ m^2

2. 숏크리트(Shotcrete) 공법의 정의를 기술하고, 그에 대한 장·단점을 1가지씩 쓰시오.

득점	배점
	4

(1) 정의:

(2) 장점:

(3) 단점:

3. 컨소시엄(Consortium) 공사에 있어서 페이퍼 조인트(Paper Joint)에 관하여 기술하시오.

득점	배점
	3

4. 다음 용어를 설명하시오.

득점	배점
	4

(1) 물시멘트비(Water Cement Ratio):

(2) 물결합재비(Water Binder Ratio):

5. 흙막이공사의 지하연속벽(Slurry Wall)공법에 사용되는 안정액의 기능을 2가지 쓰시오.

득점	배점
	4

① ②

6. 다음이 설명하는 용어를 쓰시오.

득점	배점
	3

(1) 가장 오래된 타일붙이기 방법으로 타일 뒷면에 붙임모르타르를 얹어 바탕면에 누르듯이 하여 1매씩 붙이는 방법
(2) 평평하게 만든 바탕 모르타르 위에 붙임모르타르를 바르고 그 위에 타일을 두드려 누르거나 비벼 넣으면서 붙이는 방법
(3) 온도변화에 따른 팽창·수축 또는 부등침하·진동 등에 의해 균열이 예상되는 위치에 설치하는 Joint

(1) (2) (3)

7. 목재면 바니쉬칠 공정의 작업순서를 기호로 쓰시오.

득점	배점
	2

(1) 색올림 (2) 왁스 문지름 (3) 바탕처리 (4) 눈먹임

8. 다음은 한중콘크리트에 대한 사항이다. 다음 ( )안의 사항을 완성하시오.

득점	배점
	3

한중콘크리트는 일평균 기온이 (①) 이하의 동결위험이 있는 기간에 타설하는 콘크리트를 말하며, 물시멘트비(W/C)는 (②) 이하로 하고 동결위험을 방지하기 위해 (③)를 사용해야 한다.

① ② ③

9. 다음 용어를 설명하시오.

득점	배점
	4

(1) 접합 유리(Laminated Glass):

(2) Low-E 유리(Low-Emissivity Glass):

10. 다음이 설명하는 용어를 쓰시오.

득점	배점
	3

건축주와 시공자가 공사실비를 확인정산하고 정해진 보수율에 따라 시공자에게 지급하는 방식

11. 시멘트 500포의 공사현장에서 필요한 시멘트 창고의 면적을 구하시오.
(단, 쌓기 단수는 12단)

득점	배점
	3

12. 다음 용어를 설명하시오.

(1) 솟음(Camber):

(2) 토핑 콘크리트(Topping Concrete):

득점	배점
	4

13. 시공이 빠르고 이음이 없는 수밀한 콘크리트 구조물을 완성할 수 있는 벽체전용 System 거푸집의 종류를 3가지 쓰시오.

① ② ③

득점	배점
	3

14. 다음이 설명하는 용어를 쓰시오.

> 영구배수공법의 일종으로 쇄석 대신 사용되고, 배수관 또는 양수관으로 물을 흘려 보내기 위해 롤 형태의 보드를 옹벽 뒤에 부착하여 시공하는 배수자재

득점	배점
	3

15. 매스콘크리트(Mass Concrete) 시공과 관련된 선행 냉각(Pre-Cooling)에 대해 설명하고 공법에 사용되는 재료를 2가지 쓰시오.

(1) 선행냉각:

(2) 사용되는 재료:

① ②

득점	배점
	4

16. 다음 보기에서 설명하는 강구조공사에 사용되는 알맞은 용어를 쓰시오.

> 철골부재 용접시 이음 및 접합부위의 용접선이 교차되어 재용접된 부위가 열영향을 받아 취약해지기 때문에 모재에 부채꼴 모양의 모따기를 한 것

득점	배점
	3

17. 다음 평면도에서 평규준틀과 귀규준틀의 개수를 구하시오.

득점	배점
	4

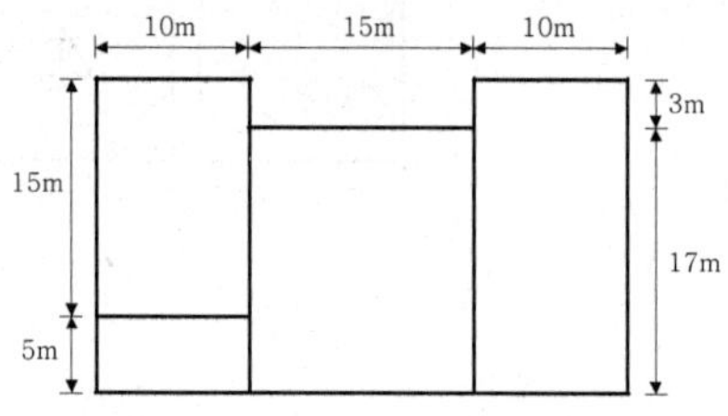

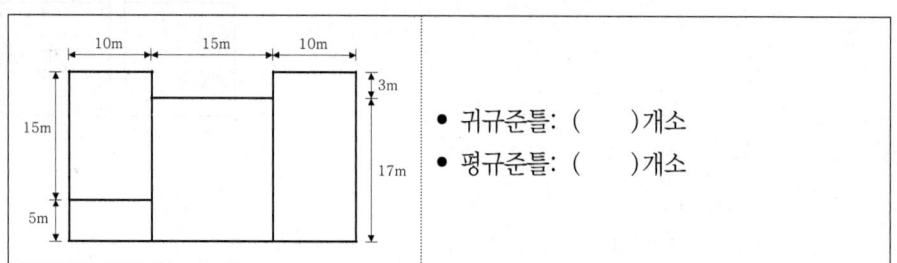

- 귀규준틀: ( )개소
- 평규준틀: ( )개소

18. 콘크리트에서 크리프(Creep) 현상에 대하여 설명하시오.

득점	배점
	3

19. 토질 종류와 지반의 허용응력도에 관해 ( )안을 채우시오.

득점	배점
	4

(1) 장기허용지내력도
① 경암반: ( )KN/㎡
② 연암반: ( )KN/㎡
③ 자갈과 모래의 혼합물: ( )KN/㎡
④ 모래: ( )KN/㎡
(2) 단기허용지내력도 = 장기허용지내력도 × 1.5

20. 다음 조건에서의 용접유효길이(L_e)를 산출하시오.

득점	배점
	4

- 모재는 SM355($F_u = 490\text{MPa}$), 용접재(KS D7004 연강용 피복아크 용접봉)의 인장강도 $F_{uw} = 420\text{N/mm}^2$
- 필릿치수 $S = 5\text{mm}$
- 하중: 고정하중 20kN, 활하중 30kN

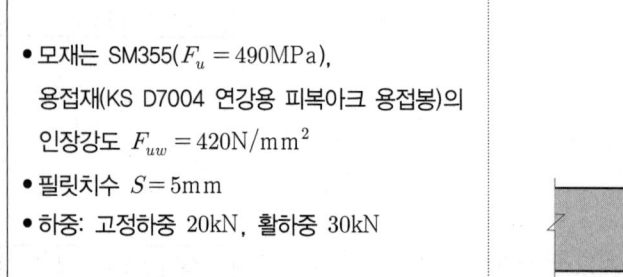

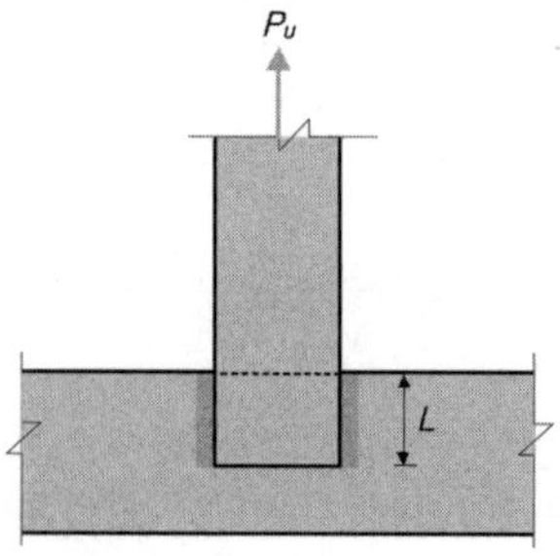

21. 그림과 같은 철근콘크리트 단순보에서 계수집중하중(P_u)의 최대값(kN)을 구하시오.
(단, 보통중량콘크리트 $f_{ck} = 28\text{MPa}$, $f_y = 400\text{MPa}$, 인장철근 단면적 $A_s = 1{,}500\text{mm}^2$, 휨에 대한 강도감소계수 $\phi = 0.85$를 적용한다.)

득점	배점
	4

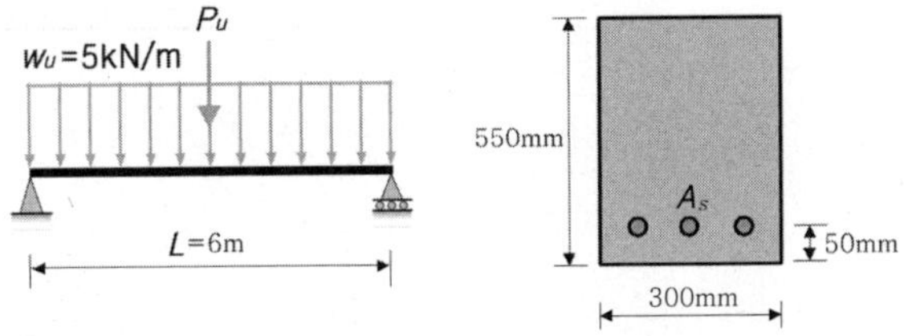

22. 그림과 같은 T형 단면의 x축에 대한 단면2차모멘트를 계산하시오.
(단, 그림상의 단위는 cm이고 x축은 도심축이다.)

득점	배점
	3

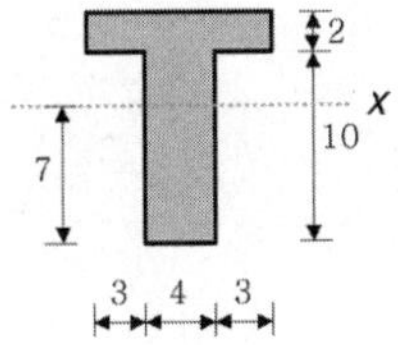

23. 그림과 같은 구조물의 지점반력(H, V, M)을 구하시오.

득점	배점
	3

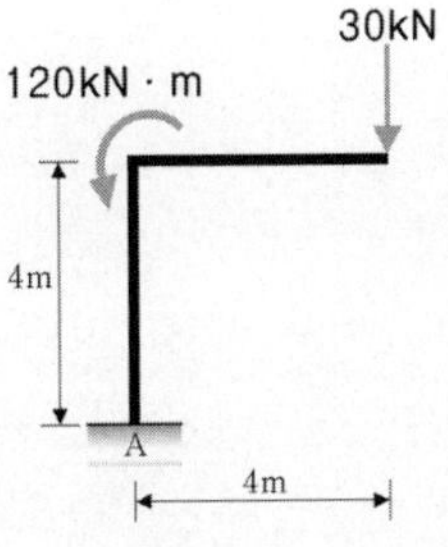

24. 지지조건은 양단 고정이고, 기둥의 길이 3m, 직경 100mm 원형 단면의 세장비를 구하시오.

득점	배점
	3

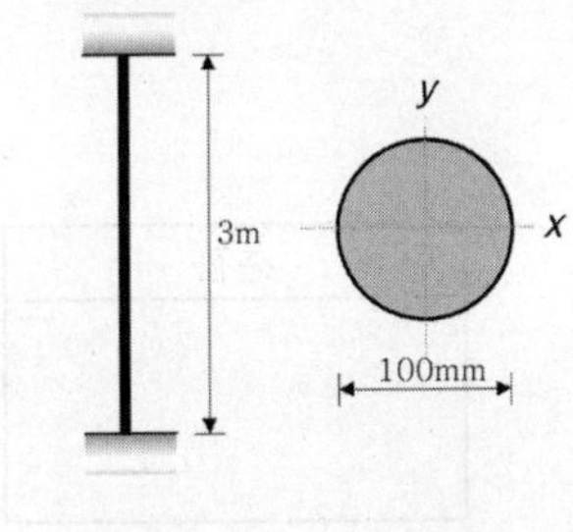

25. TQC에 이용되는 다음 도구를 설명하시오.

득점	배점
	4

(1) 파레토도:

(2) 특성요인도:

(3) 층별:

(4) 산점도:

26. 주어진 자료(DATA)에 의하여 다음 물음에 답하시오.

득점	배점
	10

작업명	선행작업	표준(Normal)		급속(Crash)		비 고
		공기(일)	공비(원)	공기(일)	공비(원)	
A	없음	5	170,000	4	210,000	결합점에서의 일정은 다음과 같이 표시하고, 주공정선은 굵은선으로 표시한다. 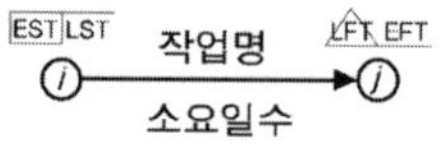
B	없음	18	300,000	13	450,000	
C	없음	16	320,000	12	480,000	
D	A	8	200,000	6	260,000	
E	A	7	110,000	6	140,000	
F	A	6	120,000	4	200,000	
G	D,E,F	7	150,000	5	220,000	

(1) 표준(Normal) Network를 작성하시오.

(2) 표준공기 시 총공사비를 산출하시오.

(3) 4일 공기단축된 총공사비를 산출하시오.

총점

2023.4회 건축기사 해답

1.

(1) 콘크리트량

① 기둥(C_1) 1층 : $(0.3\times0.3\times3.17)\times9$개 $=2.567$

2층 : $(0.3\times0.3\times2.87)\times9$개 $=2.324$

② 보(G_1) : 1층+2층: $(0.3\times0.47\times5.7)\times12$개 $=9.644$

보(G_2): 1층+2층: $(0.3\times0.47\times4.7)\times12$개 $=7.952$

③ 슬래브(S_1) : 1층+2층: $(12.3\times10.3\times0.13)\times2$개 $=32.939$

④ 합계 : $2.567+2.324+9.644+7.592+32.939=55.426$ ➠ 55.43m^3

(2) 거푸집량

① 기둥(C_1) 1층 : $(0.3+0.3)\times2\times3.17\times9$개 $=34.236$

2층 : $(0.3+0.3)\times2\times2.87\times9$개 $=30.996$

② 보(G_1) 1층+2층: $(0.47\times5.7\times2)\times12$개 $=64.296$

보(G_2) 1층+2층: $(0.47\times4.7\times2)\times12$개 $=53.016$

③ 슬래브(S_1) 1층+2층: $[(12.3\times10.3)+(12.3+10.3)\times2\times0.13]\times2$개 $=265.132$

④ 합계: $34.236+30.996+64.296+53.016+265.132=447.676$ ➠ 447.68m^2

2.

(1) 콘크리트를 압축공기로 노즐에서 뿜어 시공면에 붙여 만든 것

(2) 시공성 우수, 가설공사 불필요

(3) 표면이 거칠고 분진이 많음

3.

공동도급으로 수주한 후 한 회사가 공사 전체를 진행하고 나머지 회사는 서류상으로 공사에 참여하는 방식

4.

(1) 모르타르 또는 콘크리트에 포함된 시멘트페이스트 중의 시멘트에 대한 물의 질량 백분율

(2) 모르타르 또는 콘크리트에 포함된 시멘트페이스트 중의 결합재에 대한 물의 질량 백분율

5.

① 굴착벽면 붕괴 방지 ② 굴착토사 분리·배출

6.

(1) 떠붙임 공법 (2) 압착붙임 공법 (3) 신축줄눈(Expansion Joint)

7.
(3) ➠ (4) ➠ (1) ➠ (2)

8.
① 4℃ ② 60 ③ AE제

9.
(1) 두 장 이상의 판유리 사이에 합성수지를 겹붙여 댄 것으로 합판유리라고도 한다.
(2) 열적외선을 반사하는 은소재 도막으로 코팅하여 방사율과 열관류율을 낮추고 가시광선투과율을 높인 유리

10.
실비비율 보수가산식

11.
$A = 0.4 \times \frac{500}{12} = 16.67\text{m}^2$

12.
(1) 보나 트러스 등에서 그의 정상적 위치 또는 형상으로부터 상향으로 구부려 올리는 것이나 구부려 올린 크기
(2) 바닥판의 높이를 조절하거나 하중을 균일하게 분포시킬 목적으로 프리스트레스 또는 기성콘크리트 바닥판 위에 타설하는 현장치기콘크리트

13.
① 갱 폼 ② 클라이밍 폼 ③ 슬라이딩 폼

14.
드레인 보드(Drain Board)

15.
(1) 콘크리트 재료의 일부 또는 전부를 냉각시켜 콘크리트의 온도를 낮추는 방법
(2) 얼음, 액체질소

16.
스캘럽(Scallop)

17.
귀규준틀: (6)개소, 평규준틀: (6)개소

18.
하중의 증가 없이도 시간경과 후 변형이 증가되는 굳은 콘크리트의 소성변형 현상

19.
① 4,000　② 1,000~2,000　③ 200　④ 100

20.
(1) $P_u = 1.2P_D + 1.6P_L = 1.2(20) + 1.6(30) = 72\text{kN}$

(2) $a = 0.7S = 0.7(5) = 3.5\text{mm}$

$A_w = a \times 1 = 3.5 \times 1 = 3.5\text{mm}^2$

$\phi R_n = \phi F_w \cdot A_w = \phi(0.6F_{uw}) \cdot A_w = (0.75)(0.6 \times 420)(3.5) = 661.5\text{N/mm}$

(3) $L_e = \dfrac{P_u}{\phi P_w} = \dfrac{(72 \times 10^3)}{(661.5)} = 108.844\text{mm}$

21.
(1) $a = \dfrac{A_s \cdot f_y}{\eta(0.85 f_{ck})b} = \dfrac{(1{,}500)(400)}{(1.00)(0.85 \times 28)(300)} = 84.03\text{mm}$

(2) $\phi M_n = \phi A_s \cdot f_y \cdot \left(d - \dfrac{a}{2}\right) = (0.85)(1{,}500)(400)\left((500) - \dfrac{(84.03)}{2}\right) = 233{,}572{,}350\text{N}\cdot\text{mm} = 233.572\text{kN}\cdot\text{m}$

(3) $M_u = \dfrac{P_u \cdot L}{4} + \dfrac{w_u \cdot L^2}{8} = \dfrac{P_u(6)}{4} + \dfrac{(5)(6)^2}{8}$

(4) $M_u \le \phi M_n$ 으로부터 $\dfrac{P_u(6)}{4} + \dfrac{(5)(6)^2}{8} \le 233.572$ 이므로 $P_u \le 140.715\text{kN}$

22.
$$I_x = \left[\frac{(10)(2)^3}{12} + (10 \times 2)(4)^2\right] + \left[\frac{(4)(10)^3}{12} + (4 \times 10)(2)^2\right] = 820\text{cm}^4$$

23.
(1) $\Sigma H = 0$: $H_A = 0$

(2) $\Sigma V = 0$: $+(V_A) - (30) = 0$　$\therefore V_A = +30\text{kN}(\uparrow)$

(3) $\Sigma M = 0$: $+(M_A) + (30)(4) - (120) = 0$　$\therefore M_A = 0$

24.

$$\lambda = \frac{KL}{r_{\min}} = \frac{KL}{\sqrt{\frac{I_{\min}}{A}}} = \frac{(0.5)(L)}{\sqrt{\frac{\left(\frac{\pi D^4}{64}\right)}{\left(\frac{\pi D^2}{4}\right)}}} = \frac{2L}{D} = \frac{2(3\times 10^3)}{(100)} = 60$$

25.

(1) 데이터를 불량 크기순서대로 나열해 놓은 그림

(2) 결과에 어떤 원인이 관계하는지를 알 수 있도록 작성한 그림

(3) 집단을 구성하고 있는 데이터를 특징에 따라 몇 개의 부분집단으로 나누는 것

(4) 대응되는 두 개의 짝으로 된 데이터를 하나의 점으로 나타낸 그림

26.

(1) 표준(Normal) Network

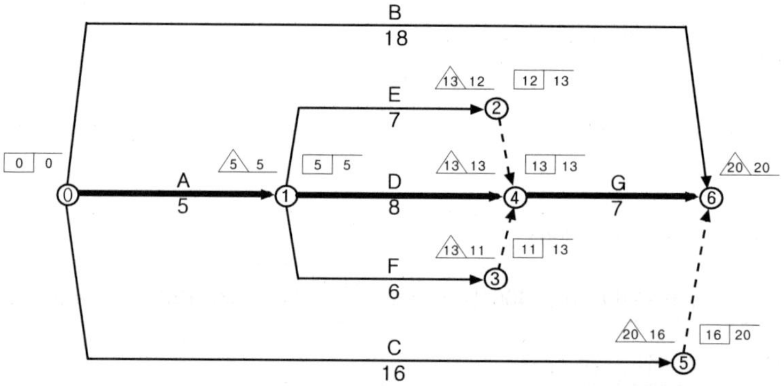

(2) 표준공기 시 총공사비: 170,000+300,000+320,000+200,000+110,000+120,000+150,000=1,370,000원

(3) 4일 공기단축된 총공사비 = 20일 표준공사비 + 4일 단축시 추가공사비 = 1,370,000+200,000 = 1,570,000원

	단축대상	추가비용
19일	D	30,000
18일	G	35,000
17일	B+G	65,000
16일	A+B	70,000

2024. 1회 건축기사

1. 커튼월공사에서 발생될 수 있는 유리의 열파손 매커니즘에 대해 설명하시오.

득점	배점
	3

2. 다음 보기는 건축공사표준시방서의 규정이다. 빈칸에 들어갈 알맞은 수치를 쓰시오.

득점	배점
	2

터파기 공사에서 모래로 되메우기할 경우 충분한 물다짐을 실시하고, 흙 되메우기 시 일반 흙으로 되메우기 할 경우 (　　　) 마다 다짐밀도 95% 이상으로 다진다.

3. 민간 주도하에 Project(시설물) 완공 후 발주처(정부)에게 소유권을 양도하고 발주처의 시설물 임대료를 통하여 투자비가 회수되는 민간투자사업 계약방식의 명칭은?

득점	배점
	2

4. Jack Support의 정의 및 설치위치를 2군데 쓰시오.

득점	배점
	4

(1) 정의:

(2) 설치위치:

① 　　　　　　　　　　②

5. 건축공사표준시방서에 따른 경질 석재의 물갈기 마감공정을 순서대로 적으시오.

득점	배점
	4

① ______ ② ______

③ ______ ④ ______

6. 흙막이 공사에 사용하는 어스앵커(Earth Anchor) 공법의 특징을 4가지 쓰시오.

득점	배점
	4

① ______

② ______

③ ______

④ ______

7. 말뚝 타입공법으로 시공한 말뚝을 검사할 때 확인해야 하는 사항을 3가지 쓰시오.

득점	배점
	3

① ______

② ______

③ ______

8. 품질관리 계획서 제출 시 필수적으로 기입하여야 하는 항목을 3가지 적으시오.

득점	배점
	3

① ______

② ______

③ ______

9. 콘크리트 헤드(Concrete Head)를 설명하시오.

득점	배점
	3

10. 다음 용어를 설명하시오.

(1) 로이 유리(Low-Emissivity Glass):

득점	배점
	4

(2) 단열 간봉(Thermal Spacer):

11. 다음 콘크리트 Joint에 대한 용어를 설명하시오.

(1) 컨스트럭션 조인트(Construction Joint):

득점	배점
	4

(2) 콜드 조인트(Cold Joint):

12. 벽돌쌓기 방식 중 영식쌓기의 구조적 특성을 간단히 설명하시오.

득점	배점
	3

13. 커튼월(Curtain Wall)의 알루미늄바에서 누수방지 대책을 시공적 측면에서 4가지 쓰시오.

득점	배점
	4

①

②

③

④

14. 레미콘 공장을 현장에서 선정할 때 고려해야 할 유의사항을 3가지 쓰시오.

득점	배점
	3

①

②

③

15. 강판을 그림과 같이 가공하여 30개의 수량을 사용하고자 한다. 강판의 비중이 7.85일 때 소요량(kg)을 산출하고 스크랩의 발생량(kg)도 함께 산출하시오.

득점	배점
	4

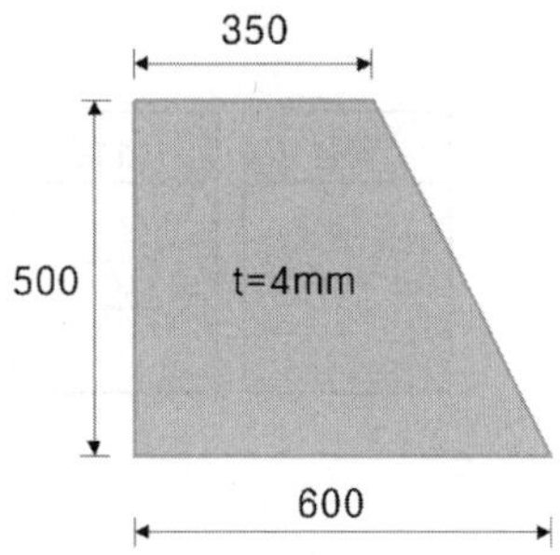

(1) 소요량:

(2) 스크랩량:

16. 다음 계약 관련제도와 관련된 용어를 간단히 설명하시오.

득점	배점
	4

(1) 적격낙찰제도:

(2) 종합심사낙찰제도:

17. 다음 그림은 라멘조 철근콘크리트 기둥의 일부이다. 기둥 주철근을 횡방향으로 이음하려고 할 때, 기둥 주철근의 이음 위치가 가장 적절한 곳의 번호를 고르고, 해당 번호의 이음구간을 선정한 이유를 작성하시오.
(왼쪽의 번호는 이음의 위치를 구분하기 위한 구간이다.)

득점	배점
	5

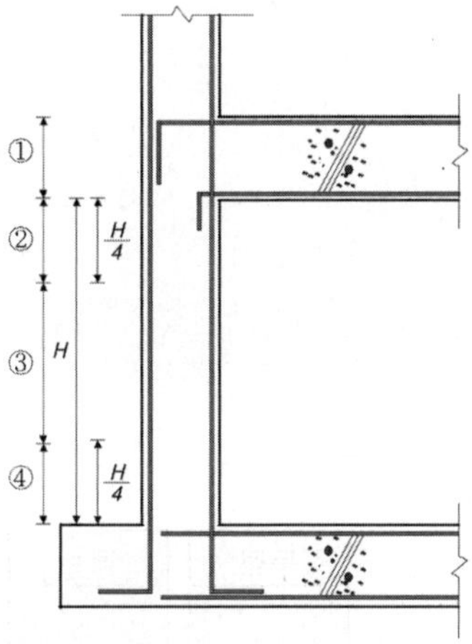

(1) 이음 위치:

(2) 해당 위치를 선정한 이유:

18. 다음 조건에서 콘크리트 $1m^3$를 제조하는데 필요한 시멘트량, 잔골재량, 굵은골재량을 계산하시오.

득점	배점
	6

① 단위수량 : 160[kg/m^3]	② 물시멘트비 : 50%	③ 잔골재율 : 40%
④ 시멘트 밀도 : 3.15[g/cm^3]	⑤ 잔골재 밀도 : 2.5[g/cm^3]	
⑥ 굵은골재 밀도: 2.6[g/cm^3]	⑦ 공기량 : 1%	

(1) 단위시멘트량:

(2) 잔골재량:

(3) 굵은골재량:

19. 그림과 같은 철근콘크리트 보의 균열모멘트(M_{cr})의 값을 계산하시오.
(단, 보통중량콘크리트를 사용하였으며, $f_{ck}=30\text{MPa}$, $f_y=400\text{MPa}$이다.)

득점	배점
	4

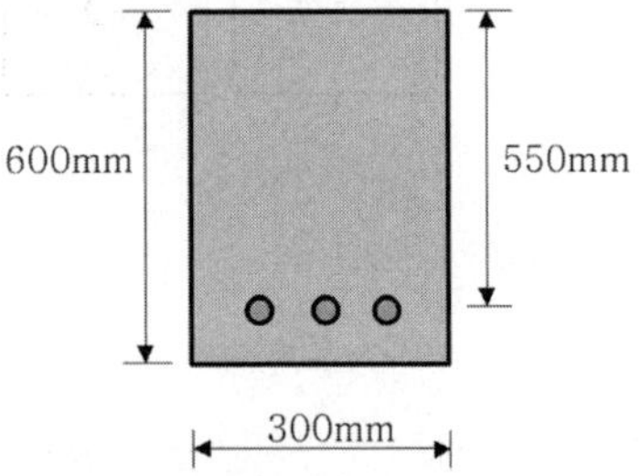

20. 철근콘크리트 기둥에서 띠철근(Hoop Bar)의 역할을 2가지 쓰시오.

득점	배점
	2

①

②

21. 다음은 콘크리트 휨 및 압축 설계기준에 대한 내용이다. 괄호 안을 채워 넣으시오.

득점	배점
	4

> 프리스트레스를 가하지 않은 휨부재는 공칭강도 상태에서 순인장변형률 ϵ_t가 휨부재의 최소 허용변형률 이상이어야 한다. 휨부재의 최소 허용변형률은 철근의 항복강도가 400MPa 이하인 경우 (　　　　)로 하며, 철근의 항복강도가 400MPa을 초과하는 경우 철근 항복변형률의 (　　　　)배로 한다.

22. 그림과 같은 길이가 3.0m인 기둥의 세장비를 구하시오.

득점	배점
	3

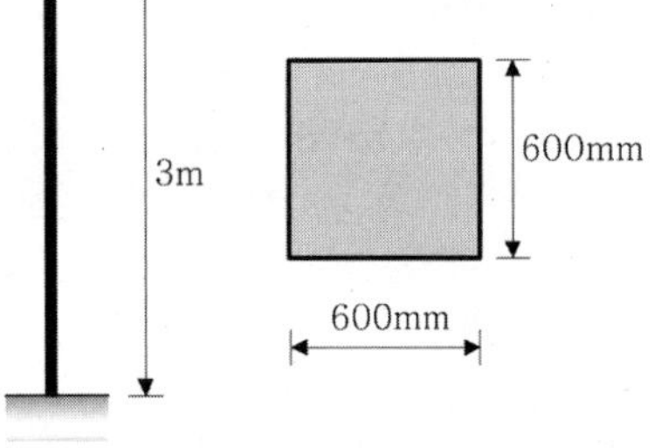

23. 다음은 내진설계의 종류이다. 각 구조의 개념을 간단하게 설명하시오.

득점	배점
	6

(1) 내진(耐震) 구조:

(2) 제진(制震) 구조:

(3) 면진(免震) 구조:

24. 다음 도형의 x축에 대한 단면1차모멘트(mm^3)를 계산하시오.

득점	배점
	4

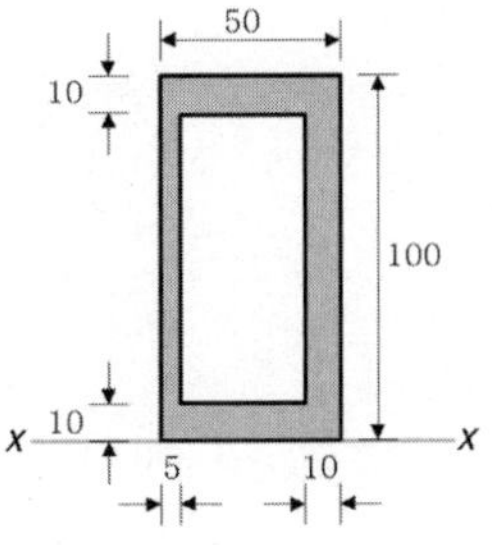

[단위: mm]

25. 다음 그림과 같은 독립기초에 발생하는 최대압축응력[MPa]을 구하시오.

득점	배점
	4

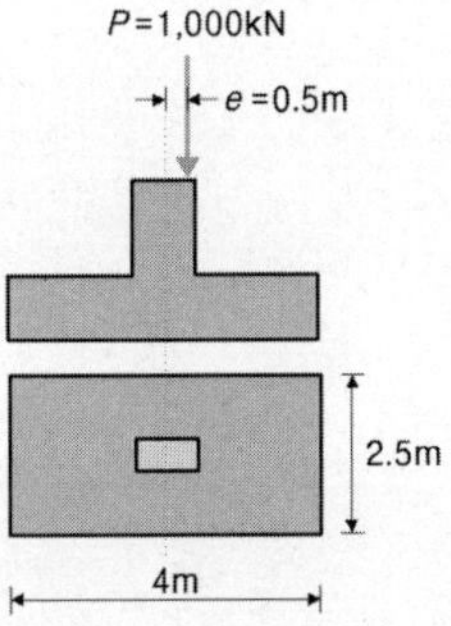

26. 다음 데이터를 네트워크 공정표로 작성하시오.

득점	배점
	8

<table>
<tr><th>작업명</th><th>작업일수</th><th>선행작업</th><th>비고</th></tr>
<tr><td>A</td><td>3</td><td>없음</td><td rowspan="6">(1) 결합점에서는 다음과 같이 표시한다.
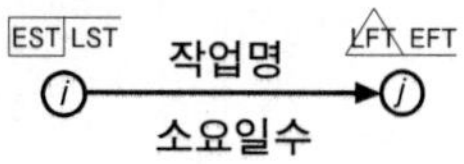

(2) 주공정선은 굵은선으로 표시한다.</td></tr>
<tr><td>B</td><td>4</td><td>없음</td></tr>
<tr><td>C</td><td>4</td><td>A</td></tr>
<tr><td>D</td><td>6</td><td>A</td></tr>
<tr><td>E</td><td>5</td><td>A</td></tr>
<tr><td>F</td><td>3</td><td>B, C, D</td></tr>
</table>

총점

2024.1회 건축기사 해답

1.
유리 중앙부는 강한 태양열로 인해 온도상승·팽창하며, 유리주변부는 저온상태로 인해 온도유지·수축함으로써 열팽창의 차이에 따른 균열이 발생하며 깨지는 현상

2.
300mm

3.
BTL(Build-Transfer-Lease) 방식

4.
(1) 지하주차장 거푸집 동바리 해체 후, 하중 및 차량 진동으로 인한 균열 방지를 위해 사용하는 가설지주
(2) ① 바닥판 중앙부 ② 보의 중앙부

5.
① 거친갈기 ② 물갈기 ③ 본갈기 ④ 정갈기

6.
① 버팀대가 없어 굴착공간을 넓게 활용
② 작업공간이 좁은 곳에서도 시공 가능
③ 굴착공간내 가설재가 없어 대형기계의 반입 용이
④ 지하매설관 간섭 검토 필요

7.
① 말뚝의 심도
② 말뚝의 지지력
③ 말뚝의 위치측량
④ 말뚝의 최종관입량 및 리바운드 체크

8.
① 건설공사정보 ② 품질방침 및 목표 ③ 현장조직관리 ④ 문서관리

9.
타설된 콘크리트 윗면으로부터 최대 측압면까지의 거리

10.
(1) 열적외선을 반사하는 은소재 도막으로 코팅하여 방사율과 열관류율을 낮추고 가시광선투과율을 높인 유리
(2) 복층유리에서 유리와 유리 사이의 간격을 유지하기 위해 유리 가장자리에 쓰는 열전도율이 낮은 플라스틱 간격재

11.
(1) 콘크리트 작업관계로 경화된 콘크리트에 새로 콘크리트를 타설할 경우 발생하는 계획된 조인트
(2) 콘크리트 시공과정 중 휴식시간 등으로 응결하기 시작한 콘크리트에 새로운 콘크리트를 이어칠 때 일체화가 저해되어 생기게 되는 줄눈

12.
길이쌓기와 마구리쌓기를 번갈아 가며 쌓는 방법으로 마구리쌓기 켜의 모서리부분에 반절과 이오토막을 사용하여 통줄눈이 발생하지 않는 견고한 쌓기법이다.

13.
① 알루미늄바 접합부위 실런트 처리
② 스크류 고정부위 실런트 처리
③ 벽패널과 알루미늄바 틈새 실런트 처리
④ Weep Hole을 통해 물을 외부로 배출

14.
① 현장까지의 운반시간 및 배출시간
② 콘크리트 제조능력
③ 레미콘 운반차 대수

15.
(1) $(0.6 \times 0.5 \times 0.004) \times 7{,}850 \times 30$개 $= 282.6$kg
(2) $\left(\frac{1}{2} \times 0.25 \times 0.5 \times 0.004\right) \times 7{,}850 \times 30$개 $= 58.875$ ➡ 58.88kg

16.
(1) 입찰에서 제시한 가격과 기술능력, 공사경험, 경영상태 등 계약 수행능력을 종합평가하여 낙찰자를 결정하는 제도
(2) 사회적 책임점수를 포함한 공사수행 능력점수와 입찰금액 점수를 합산하여 가장 높은 점수를 획득한 입찰자를 낙찰시키는 제도

17.

(1) ③

(2) 기둥은 중앙 부분이 휨응력이 작기 때문이다.

18.

(1) $160 \div 0.50 = 320\text{kg/m}^3$

(2) 잔골재량

① 시멘트의 체적: $\dfrac{320\text{kg}}{3.15 \times 1{,}000l} = 0.102\text{m}^3$

② 물의 체적: $\dfrac{160\text{kg}}{1 \times 1{,}000l} = 0.16\text{m}^3$

③ 전체 골재의 체적:

1m^3-(시멘트의 체적+물의 체적+공기량의 체적) $= 1-(0.102+0.16+0.01) = 0.728\text{m}^3$

④ 잔골재의 체적: 전체 골재의 체적×잔골재율$= 0.728 \times 0.4 = 0.291\text{m}^3$

⑤ 잔골재량: $0.291 \times 2.5 \times 1{,}000 = 727.5\text{kg}$

(3) $0.728 \times 0.6 \times 2.6 \times 1{,}000 = 1{,}135.68\text{kg}$

19.

$$M_{cr} = 0.63\lambda\sqrt{f_{ck}} \cdot \frac{bh^2}{6} = 0.63(1)\sqrt{(30)} \cdot \frac{(300)(600)^2}{6} = 62{,}111{,}738\text{N} \cdot \text{mm} = 62.111\text{kN} \cdot \text{m}$$

20.

① 주철근의 좌굴방지 ② 수평력에 대한 전단보강

21.

0.004, 2

22.

$$\lambda = \frac{KL}{r} = \frac{KL}{\sqrt{\dfrac{I}{A}}} = \frac{(2)(3{,}000)}{\sqrt{\dfrac{\left(\dfrac{600 \times 600^3}{12}\right)}{(600 \times 600)}}} = 34.641$$

23.

(1) 구조물이 지진력에 대항하여 싸워 이겨내도록 구조물 자체를 튼튼하게 설계한 건축물

(2) 별도의 장치를 이용하여 지진력에 상응하는 힘을 구조물 내에서 발생시키거나 지진력을 흡수하여 구조물이 부담해야 할 지진력을 감소시킨 건축물

(3) 구조물과 지반을 분리시켜 지반진동으로 인한 지진력이 직접 구조물로 전달되는 양을 감소시킨 건축물

24.

$G_x = (50 \times 100)(50) - (35 \times 80)(50) = 110{,}000\text{mm}^3$

25.

$$\sigma_{\max} = -\frac{P}{A} - \frac{M}{Z} = -\frac{(1{,}000 \times 10^3)}{(2{,}500 \times 4{,}000)} - \frac{(1{,}000 \times 10^3)(500)}{\dfrac{(2{,}500)(4{,}000)^2}{6}} = -0.175\text{N/mm}^2 = -0.175\text{MPa}(\text{압축})$$

26.

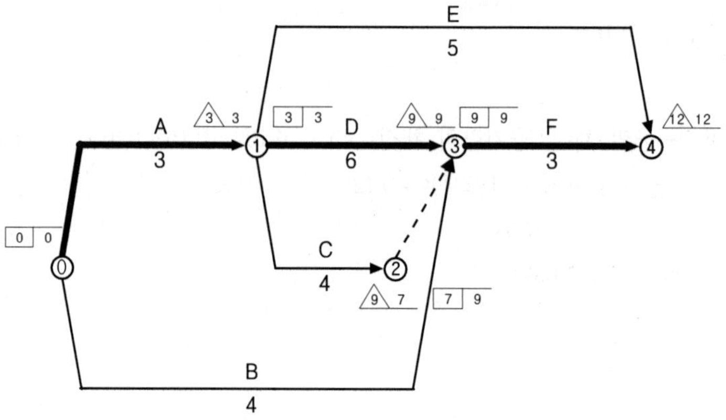

2024. 2회 건축기사

1. 다음 도면을 보고 옥상방수면적(㎡), 누름콘크리트량(㎥), 보호벽돌량(매)를 구하시오. (단, 벽돌의 규격은 190×90×57, 할증률은 5%)

득점	배점
	6

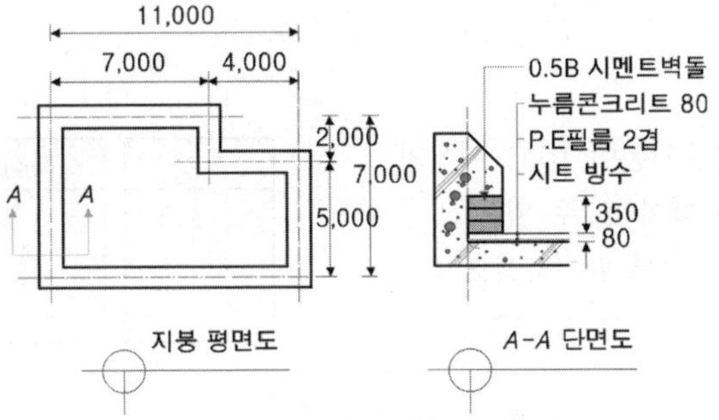

(1) 옥상방수 면적:

(2) 누름콘크리트량:

(3) 보호벽돌 소요량:

2. 흐트러진 상태의 흙 $10m^3$를 이용하여 $10m^2$의 면적에 다짐 상태로 50cm 두께를 터돋우기 할 때 시공완료된 다음의 흐트러진 상태의 토량을 산출하시오. (단, 이 흙의 $L=1.2$, $C=0.9$이다.)

득점	배점
	3

3. 콘크리트의 알칼리골재반응을 방지하기 위한 대책을 3가지 쓰시오.

득점	배점
	3

①

②

③

14. 건축공사표준시방서에 따른 경질 석재의 물갈기 마감공정을 순서대로 적으시오.

득점	배점
	3

① ②

③ ④

15. 건축공사표준시방서에 따른 거푸집널 존치기간 중의 평균기온이 10℃ 이상인 경우에 콘크리트의 압축강도 시험을 하지 않고 거푸집을 떼어 낼 수 있는 콘크리트의 재령(일)을 나타낸 표이다. 빈 칸에 알맞은 숫자를 표기하시오.

득점	배점
	4

〈기초, 보옆, 기둥 및 벽의 거푸집널 존치기간을 정하기 위한 콘크리트의 재령(일)〉

시멘트 종류 / 평균기온	조강포틀랜드시멘트	보통포틀랜드시멘트 고로슬래그시멘트(1종)	고로슬래그시멘트(2종) 포틀랜드포졸란시멘트(2종)
20℃ 이상	①	②	③
20℃ 미만 10℃ 이상	④	⑤	⑥

① ② ③ ④ ⑤ ⑥

16. 종합심사낙찰제도에 관하여 간단히 설명하시오.

득점	배점
	3

17. 표준관입시험에 대한 내용에서 괄호 안을 채우시오.

득점	배점
	4

표준관입시험(Standard Penetration Test)은 질량 63.5±(　　　)kg의 해머를 (　　　)±10mm 자유 낙하시켜 시추 로드 머리부에 부착한 앤빌(Anvil)을 타격하여 시추 로드 앞 끝에 부착한 (　　　　　　)를 지반에 (　　　)mm 관입시키는데 필요한 타격회수 N값을 구하는 시험이다.

8. 콘크리트로 마감된 옥상에 시트방수 시 하단부터 상단까지의 시공순서를 보기에서 골라 번호로 쓰시오.

득점	배점
	4

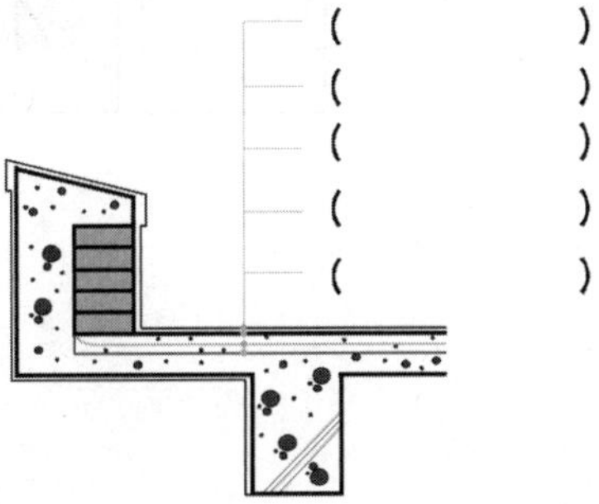

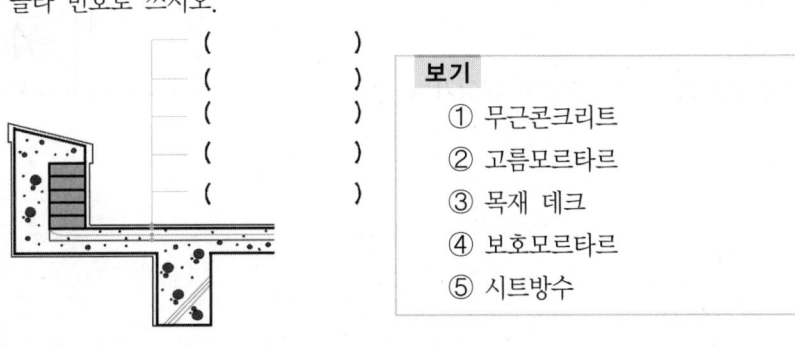

보기
① 무근콘크리트
② 고름모르타르
③ 목재 데크
④ 보호모르타르
⑤ 시트방수

9. 콘크리트 응결경화 시 콘크리트 온도상승 후 냉각하면서 발생하는 온도균열 방지 대책을 3가지 쓰시오.

득점	배점
	3

①

②

③

10. 다음 그림을 보고 해당되는 줄눈의 명칭을 적으시오.

득점	배점
	4

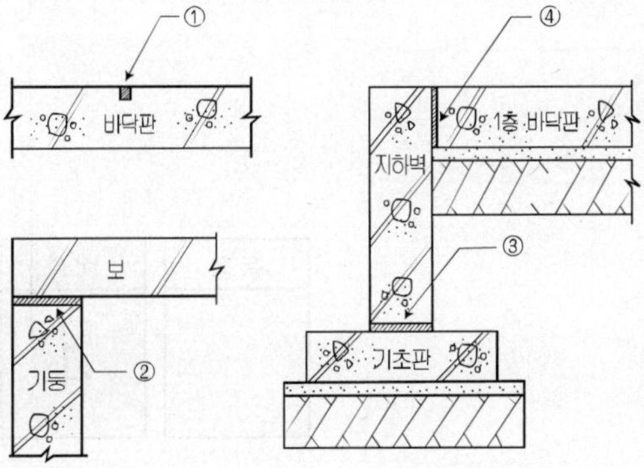

①

②

③

④

11. 다음 보기를 이용하여 석고보드가 양면으로 시공되도록 순서를 쓰시오.
(단, 석고보드 붙이기를 순서에 2회 넣으시오.)

득점	배점
	4

바탕처리, 단열재 깔기, 벽체틀 설치, 석고보드 붙이기, 마감

12. 일반적인 철근콘크리트(RC) 구조물의 최하부부터 2층 바닥부분까지의 철근 조립순서를 보기에서 골라 번호로 쓰시오.

득점	배점
	4

① 기둥철근 ② 기초철근 ③ 보철근 ④ 바닥철근 ⑤ 벽철근

13. 가연성 도료를 보관하는 도료창고의 구비사항을 3가지 쓰시오.

득점	배점
	3

①

②

③

14. 다음 용어를 간단히 설명하시오.

득점	배점
	4

(1) 달비계:

(2) 말비계:

15. 발포 폴리스티렌(PS) 단열재의 제조방법을 쓰시오.

득점	배점
	3

(1)	구슬 모양 원료를 미리 가열하여 1차 발포시키고 이것을 적당한 시간 숙성시킨 후, 판 모양 또는 통 모양의 금형에 채우고 다시 가열하여 2차 발포에 의해 융착·성형한 제품	
(2)	(1)의 제조방법과 유사하나 첨가제 등에 의하여 개질된 폴리스티렌 원료를 사용하여 발포·성형한 제품	
(3)	원료를 가열· 용융하여 연속적으로 압축·발포시켜 성형한 제품	

16. 그림과 같은 용접부를 용접이음의 도시법에 따라 표기하시오.

득점	배점
	4

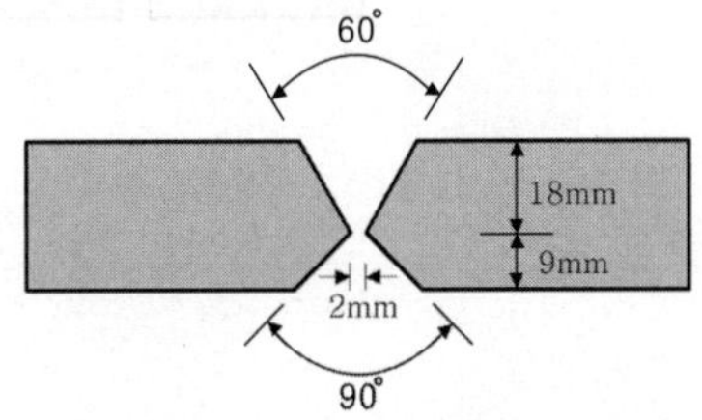

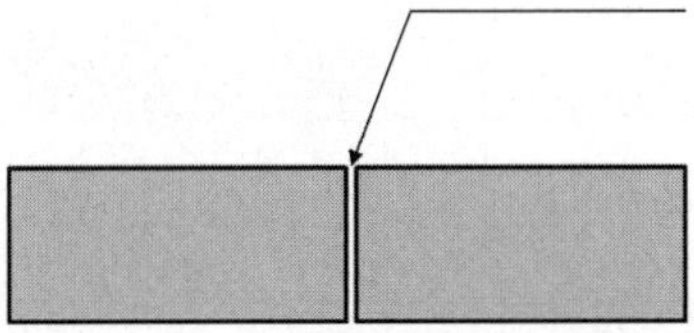

17. 다음이 설명하는 용어를 쓰시오.

득점	배점
	2

(1)	담 또는 처마 부위에 내쌓기를 할 때 45° 각도로 모서리면이 돌출되어 나오도록 쌓는 방법	
(2)	난간벽과 같이 상부 하중을 지지하지 않는 벽에 있어서 장식적인 효과를 기대하기 위하여 벽체에 구멍을 내어 쌓는 방법	

18. KS 규격상 시멘트의 오토클레이브 팽창도는 0.80% 이하로 규정되어 있다. 반입된 시멘트의 안정성 시험결과가 다음과 같다고 할 때 팽창도 및 합격여부를 판정하시오.

득점	배점
	3

【안정성 시험결과】

- 시험전 시험체의 유효표점길이 254mm
- 오토클레이브 시험 후 시험체의 길이 255.78mm

(1) 팽창도:　　　　(2) 판정:

19. 어떤 골재의 밀도 2.65g/cm^3, 단위체적질량 1,800kg/m^3 이라면 이 골재의 실적률을 구하시오.

득점	배점
	3

20. 블록 압축강도시험에 대한 다음 물음에 답하시오.

득점	배점
	4

(1) 390×190×150mm 속빈 콘크리트 블록의 압축강도시험에서 블록에 대한 가압면적(mm^2)

(2) 압축강도 10MPa인 블록이 하중속도를 매초 0.2MPa로 할 때의 붕괴시간(sec)

21. 다음 데이터를 이용하여 표준네트워크 공정표를 작성하고, 7일 공기단축한 상태의 네트워크 공정표를 작성하시오.

득점	배점
	10

<table>
<tr><th>작업명</th><th>작업일수</th><th>선행작업</th><th>비용구배
(천원)</th><th>비고</th></tr>
<tr><td>A(①→②)</td><td>2</td><td>없음</td><td>50</td><td rowspan="9">(1) 결합점에서는 다음과 같이 표시한다.
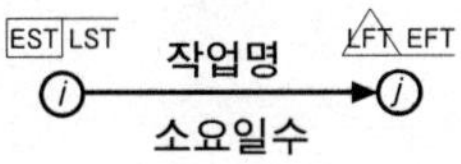

(2) 공기단축은 작업일수의 1/2을 초과할 수 없다.</td></tr>
<tr><td>B(①→③)</td><td>3</td><td>없음</td><td>40</td></tr>
<tr><td>C(①→④)</td><td>4</td><td>없음</td><td>30</td></tr>
<tr><td>D(②→⑤)</td><td>5</td><td>A, B, C</td><td>20</td></tr>
<tr><td>E(②→⑥)</td><td>6</td><td>A, B, C</td><td>10</td></tr>
<tr><td>F(③→⑤)</td><td>4</td><td>B, C</td><td>15</td></tr>
<tr><td>G(④→⑥)</td><td>3</td><td>C</td><td>23</td></tr>
<tr><td>H(⑤→⑦)</td><td>6</td><td>D, F</td><td>37</td></tr>
<tr><td>I(⑥→⑦)</td><td>7</td><td>E, G</td><td>45</td></tr>
</table>

(1) 표준 Network 공정표

(2) 7일 공기단축한 Network 공정표

22. 그림과 같은 파단선에 대한 인장부재의 순단면적을 구하시오.
(단, 판재의 두께는 9mm, 구멍크기는 22mm)

득점	배점
	3

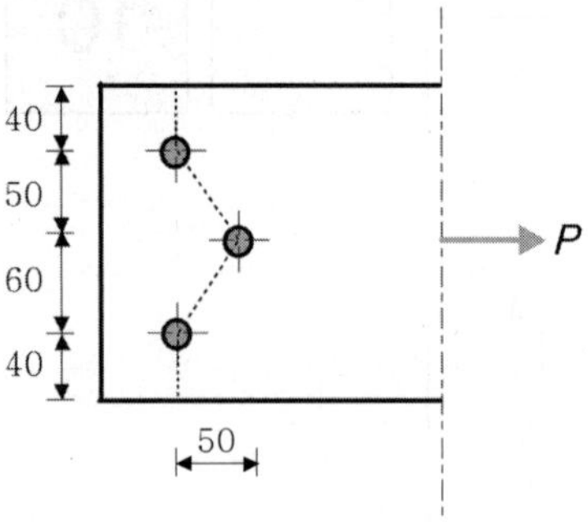

23. 스프링(Spring)구조에 단위하중이 작용할 때 스프링계수 k를 구하시오.
(단, 하중 P, 길이 L, 단면적 A, 탄성계수 E)

득점	배점
	4

24. 그림과 같은 하중을 받는 변단면 부재의 늘어난길이(ΔL)를 구하시오.
(단, 하중 P, 길이 L, 단면적 A, 탄성계수 E)

득점	배점
	4

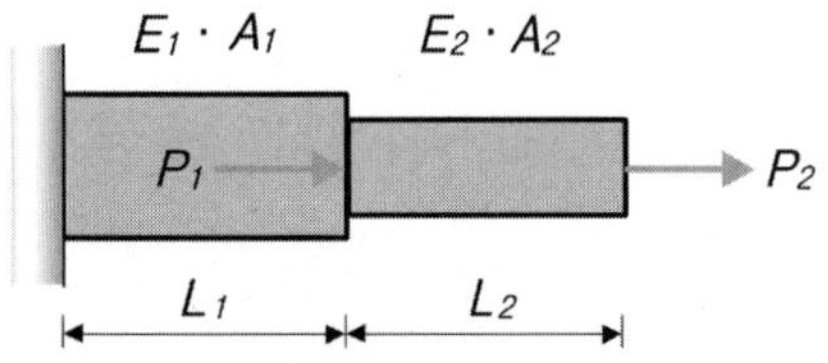

25. 플랫슬래브(플레이트)구조에서 2방향 전단에 대한 보강방법을 4가지 쓰시오.

득점	배점
	4

①

②

③

④

26. 다음 (   ) 안에 알맞은 내용을 쓰시오.

득점	배점
	4

KDS(Korea Design Standard)에서는 재령 28일의 보통중량골재를 사용한 콘크리트의 탄성계수를 $E_c = 8{,}500 \cdot \sqrt[3]{f_{cm}}$[MPa]로 제시하고 있는데 여기서, $f_{cm} = f_{ck} + \Delta f$이고, Δf는 f_{ck}가 40MPa 이하이면 (①), 60MPa이상이면 (②)이고, 그 사이는 직선 보간으로 구한다.

① ②

총점

2024.2회 건축기사 해답

1.

(1) $(7\times7)+(4\times5)+\{(11+7)\times2\times0.43\} = 84.48m^2$

(2) $\{(7\times7)+(4\times5)\}\times0.08 = 5.52m^3$

(3) $\{(11-0.09)+(7-0.09)\}\times2\times0.35\times75$매$\times1.05 = 982.3$ ➡ 983매

2.

(1) 다져진 상태의 토량 $= 10\times\dfrac{0.9}{1.2} = 7.5m^3$

(2) 다져진 상태의 남는 토량 $= 7.5-(10\times0.5) = 2.5m^3$

(3) 흐트러진 상태의 토량 $= 2.5\times\dfrac{1.2}{0.9} = 3.333m^3$ ➡ $3.33m^3$

3.

① 알칼리 함량 0.6% 이하의 시멘트 사용

② 알칼리골재반응에 무해한 골재 사용

③ 양질의 혼화재(고로 Slag, Fly Ash 등) 사용

4.

① 거친갈기 ② 물갈기 ③ 본갈기 ④ 정갈기

5.

① 2 ② 4 ③ 5 ④ 3 ⑤ 6 ⑥ 8

6.

사회적 책임점수를 포함한 공사수행 능력점수와 입찰금액 점수를 합산하여 가장 높은 점수를 획득한 입찰자를 낙찰시키는 제도

7.

0.5, 760, 표준관입시험용 샘플러, 300

8.

② ➡ ⑤ ➡ ④ ➡ ① ➡ ③

9.

① 단위시멘트량을 낮춘다.

② 수화열이 낮은 플라이애시 시멘트를 사용한다.

③ 선행 냉각(Pre Cooling), 관로식냉각(Pipe Cooling)과 같은 온도균열 제어방법을 이용한다.

10.

① 조절줄눈　② 미끄럼줄눈　③ 시공줄눈　④ 신축줄눈

11.

바탕처리 ➠ 벽체틀 설치 ➠ 석고보드 붙이기 ➠ 단열재 깔기 ➠ 석고보드 붙이기 ➠ 마감

12.

② ➠ ① ➠ ⑤ ➠ ③ ➠ ④

13.

① 독립한 단층건물로서 주위 건물에서 1.5m 이상 떨어져 있게 한다.

② 바닥에는 침투성이 없는 재료를 깐다.

③ 지붕은 불연재로 하고, 천장을 설치하지 않는다.

14.

(1) 상부에서 와이어로프 등으로 매달린 형태의 비계

(2) 실내 내장 마무리 작업, 도배작업 등의 다소 낮은 높이의 비계형태의 발판

15.

(1) 비드법 1종　(2) 비드법 2종　(3) 압출법

16.

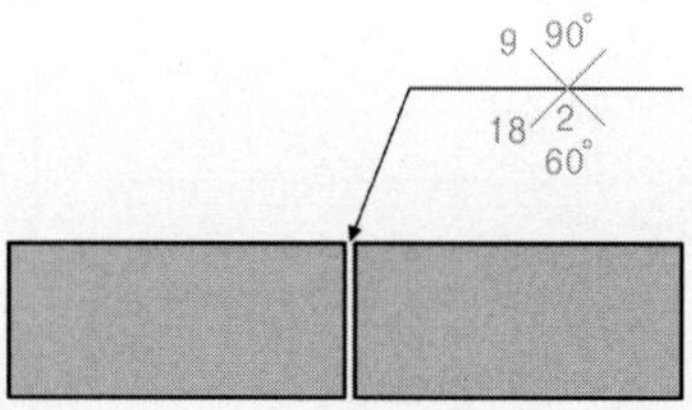

17.

(1) 엇모 쌓기　(2) 영롱 쌓기

18.

(1) $\dfrac{255.78-254}{254}\times 100 = 0.70\%$　(2) $0.70\% \le 0.80\%$ 이므로 합격

19.

$\dfrac{1.8}{2.65}\times 100 = 67.92\%$

20.

(1) $A = 390 \times 150 = 58{,}500\text{mm}^2$ (2) 붕괴시간 $= 10 \div 0.2 = 50$초(sec)

21.

(1) 표준Network 공정표	(2) 7일 공기단축한 Network 공정표
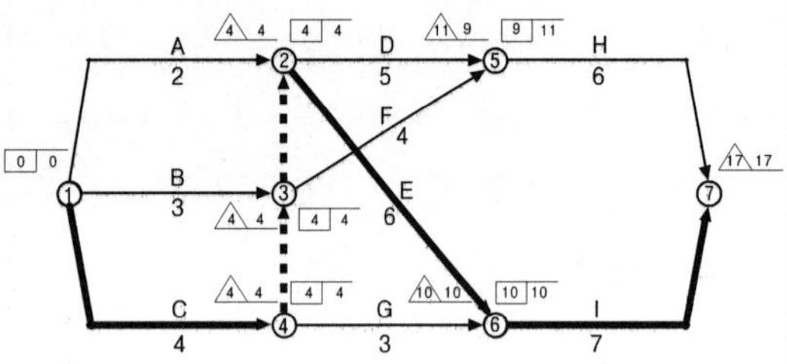	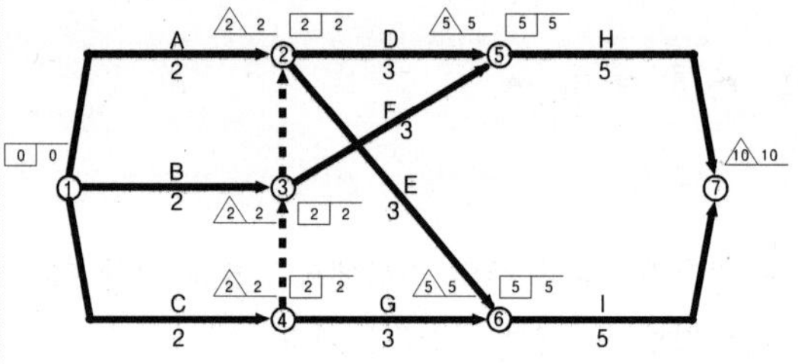

22.

$$A_n = A_g - n \cdot d \cdot t + \sum \frac{s^2}{4g} \cdot t = (9 \times 190) - (3)(22)(9) + \frac{(50)^2}{4(50)} \cdot (9) + \frac{(50)^2}{4(60)} \cdot (9) = 1{,}322.25\text{mm}^2$$

23.

(1) 힘(P)−변위(ΔL) 관계식: $P = k \cdot \Delta L$

(2) 후크의 법칙: $\sigma = E \cdot \epsilon$ 로부터 $\frac{P}{A} = E \cdot \frac{\Delta L}{L}$ $\therefore\ \Delta L = \frac{PL}{EA}$

(3) $P = k \cdot \Delta L = k \cdot \frac{PL}{EA}$ $\therefore\ k = \frac{EA}{L}$

24.

$$\Delta L = \Delta L_1 + \Delta L_2 = \frac{(P_1 - P_2)L_1}{E_1 A_1} + \frac{P_2 L_2}{E_2 A_2}$$

25.

① 슬래브의 두께를 크게 한다.

② 지판 또는 기둥머리를 사용하여 위험단면의 면적을 늘린다.

③ 기둥을 중심으로 양 방향 기둥열 철근을 스터럽으로 보강

④ 기둥에 얹히는 슬래브를 C형강이나 H형강으로 전단머리 보강

26.

① 4MPa ② 6MPa

2024. 3회 건축기사

1. 사질토지반의 터파기한 토량 12,000m^3(자연상태, $L=1.25$) 중에서 5,000m^3를 되메우기 하고, 나머지 잔토를 8톤 덤프트럭으로 운반할 경우 적재량과 필요한 차량 대수를 구하시오. (단, 자연상태의 사질토 지반의 단위중량은 1.8t/m^3)

득점	배점
	6

(1) 8톤 덤프트럭에 적재할 수 있는 운반토량(m^3)

(2) 8톤 덤프트럭의 대수(대)

2. 강구조공사 용접시 발생할 수 있는 라멜라 테어링(Lameller Tearing)에 대해 간단히 설명하시오.

득점	배점
	3

3. 콘크리트 구조물의 화재 시 급격한 고열현상에 의하여 발생하는 폭렬(Exclosive Fracture) 현상 방지대책을 2가지 쓰시오.

득점	배점
	4

①

②

4. 시공된 콘크리트 구조물에서 경화콘크리트의 강도 추정을 위해 이용되고 있는 비파괴시험 방법의 명칭을 3가지 쓰시오.

득점	배점
	3

① ② ③

5. 다음은 지반조사법 중 보링에 대한 설명이다. 알맞은 용어를 쓰시오.

득점	배점
	3

①	충격날을 60~70cm 정도 낙하시키고 그 낙하충격에 의해 파쇄된 토사를 퍼내어 지층 상태를 판단하는 방법	
②	충격날을 회전시켜 천공하므로 토층이 흐트러질 우려가 적은 방법	
③	깊이 30m 정도의 연질층에 사용하며, 외경 50~60mm 관을 이용, 천공하면서 흙과 물을 동시에 배출시키는 방법	

6. 다음 설명에 적합한 계측기기를 쓰시오.

득점	배점
	4

①	굴착에 의한 지반 내 지하 흙 중에 포함된 물에 의한 상향 수압의 증감을 측정하여 지반의 안정성을 파악함으로써 시공속도를 조절하고 흙막이 구조물의 안정성을 검토하기 위해 사용하는 기구	
②	각 지층의 침하량 또는 수직변위를 측정하여 지하의 토층과 암석의 거동 및 안정성을 계측하기 위한 기구	

7. 강구조공사 습식 내화피복 공법의 종류를 4가지 쓰시오.

득점	배점
	4

① ②

③ ④

8. 다음이 설명하는 내용이 포함되는 계획서의 명칭을 쓰시오.

득점	배점
	4

①	건설기술진흥법에 의한 건설공사의 개요 및 안전관리 등의 건설공사정보	
②	산업안전보건법에 의한 근로자 안전과 관련된 현장조직관리	

9. 매입말뚝 중에서 마이크로 말뚝의 정의와 장점 두 가지를 쓰시오.

(1) 정의:

(2) 장점:

①

②

득점	배점
	4

10. 목재에 가능한 방부처리법을 3가지 쓰시오.

① ② ③

득점	배점
	3

11. CIP(Cast In Place) 공법에 대해 설명하시오.

득점	배점
	3

12. 다음이 설명하는 용어를 쓰시오.

수장공사 시 바닥에서 1m~1.5m 정도의 높이까지 널을 댄 것

득점	배점
	2

13. 강구조공사의 기초 앵커볼트(Anchor Bolt)는 구조물 전체의 집중하중을 지탱하는 중요한 부분이다. 앵커볼트(Anchor Bolt) 매입공법의 종류 3가지를 쓰시오.

① ② ③

득점	배점
	3

14. 흙막이벽에 발생하는 히빙(Heaving) 파괴 방지대책을 3가지 쓰시오.

득점	배점
	3

①

②

③

15. 다음 설명에 해당되는 용접결함의 용어를 쓰시오.

득점	배점
	4

①	용접금속과 모재가 융합되지 않고 단순히 겹쳐지는 것	
②	용접상부에 모재가 녹아 용착금속이 채워지지 않고 홈으로 남게 된 부분	
③	용접봉의 피복재 용해물인 회분이 용착금속 내에 혼입된 것	
④	용융금속이 응고할 때 방출되었어야 할 가스가 남아서 생기는 용접부의 빈 자리	

16. 벽돌벽 표면에 생기는 백화현상의 방지대책을 2가지 쓰시오.

득점	배점
	4

①

②

17. TQC에 이용되는 7가지 도구 중 4가지를 쓰시오.

득점	배점
	4

① ②

③ ④

18. 타일공사에서 타일의 박리원인을 2가지만 쓰시오.

득점	배점
	4

① ______________________ ② ______________________

19. 다음 데이터를 네트워크공정표로 작성하고, 각 작업의 여유시간을 구하시오.

득점	배점
	10

작업명	작업일수	선행작업	비고
A	2	없음	(1) 결합점에서는 다음과 같이 표시한다. 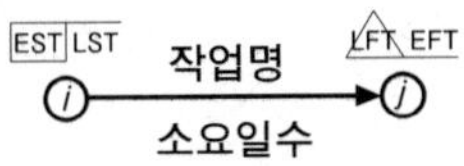 (2) 주공정선은 굵은선으로 표시한다.
B	5	없음	
C	3	없음	
D	4	A, B	
E	3	B, C	

(1) 표준 Network 공정표

(2) 각 작업의 여유시간

작업명	TF	FF	DF	CP
A				
B				
C				
D				
E				

20. 다음이 설명하는 구조의 명칭을 쓰시오.

득점	배점
	3

건축물의 기초 부분 등에 적층고무 또는 미끄럼받이 등을 넣어서 지진에 대한 건축물의 흔들림을 감소시키는 구조

21. 내진설계를 위한 지반의 분류와 관련된 다음 설명의 ( )안에 적당한 용어를 쓰시오.

득점	배점
	3

토층의 평균전단파속도($V_{s,soil}$)는 ( )시험 결과가 있을 경우 이를 우선적으로 적용한다. 이때, ( )시험은 시추조사를 바탕으로 가장 불리한 시추공에서 수행하는 것을 원칙으로 한다.

22. 내진설계 지진력저항시스템에 대한 빈칸 ①의 용어와 설계계수 R, Ω_0, C_d의 용어의 정의를 쓰시오.

득점	배점
	4

기본 지진력저항시스템	설계계수		
	② R	③ Ω_0	④ C_d
1. (①) 시스템			
1-a. 철근콘크리트 특수전단벽	5	2.5	5
1-b. 철근콘크리트 보통전단벽	4	2.5	4
1-c. 철근보강 조적 전단벽	2.5	2.5	1.5
1-d. 무보강 조적 전단벽	1.5	2.5	1.5
1-e. 구조용 목재패널을 덧댄 경골목구조 전단벽	6	3	4
1-f. 구조용 목재패널 또는 강판시트를 덧댄 경량철골조 전단벽	6	3	4
2. 건물골조시스템			

① ②

③ ④

23. 내진설계를 수행하기 위한 동적해석법 3가지를 쓰시오.

득점	배점
	3

① ② ③

24. 강재의 탄성계수 205,000MPa, 단면적 1,000mm^2, 길이 4m, 외력으로 80kN의 인장력이 작용할 때 변형량(ΔL)을 구하시오.

득점	배점
	3

25. 그림과 같은 내민보의 전단력도(SFD)와 휨모멘트도(BMD)를 그리시오.

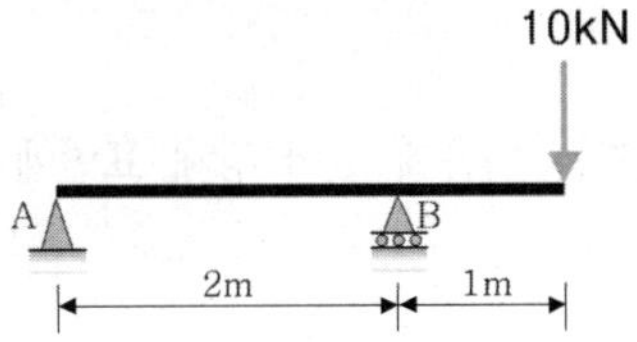

SFD

BMD

득점	배점
	4

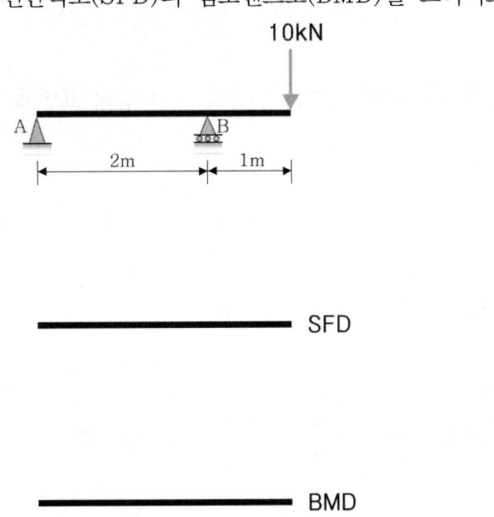

26. 그림과 같은 이음부에서 고장력볼트의 설계미끄럼강도를 구하시오.
(단, 강재는 SM275, 고장력볼트는 M20(F10T, 표준구멍),
미끄럼계수=0.5, 필러를 사용하지 않는 경우이며, 설계볼트장력 165kN,
설계미끄럼강도 식 $\phi R_n = \phi \cdot \mu \cdot h_f \cdot T_o \cdot N_s$을 적용)

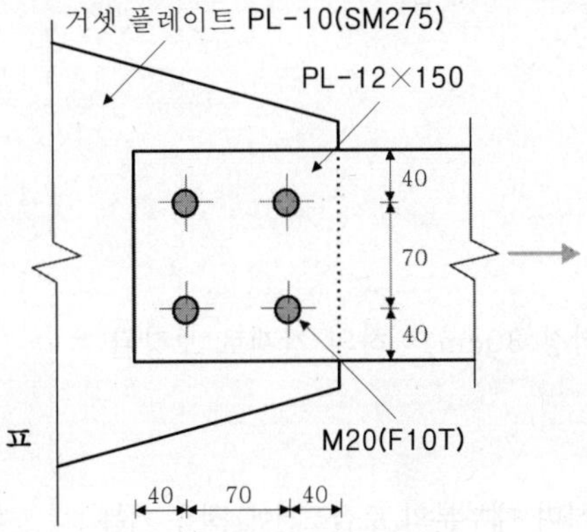

득점	배점
	5

총점

1.

(1) $\frac{8t}{1.8t/m^3} \times 1.25 = 5.556m^3$ ➡ $5.56m^3$

(2) $\frac{(12,000-5,000) \times 1.25}{5.556} = 1,575$ 대

2.

용접에 의해 판두께 방향으로 강한 인장 구속력이 생기는 이음에 있어 강재 표면에 평행방향으로 진전되는 박리 상의 균열

3.

① 내화피복을 실시하여 열의 침입을 차단한다.

② 흡수율이 작고 내화성이 있는 골재를 사용한다.

4.

① 슈미트해머법 ② 초음파 속도법 ③ 인발법

5.

① 충격식 보링 ② 회전식 보링 ③ 수세식 보링

6.

① 간극수압계 ② 지중침하계

7.

① 타설 공법 ② 뿜칠 공법 ③ 미장 공법 ④ 조적 공법

8.

① 안전관리계획서 ② 유해위험방지계획서

9.

(1) 구조물의 기초, 기초의 보강, 리모델링 등의 목적으로 사용되는 직경 30cm 이하의 강재로 보강된 비변위 말뚝

(2)

① 소형 시공장비를 사용하기 때문에 접근하기 어려운 환경에서 시공가능하며 대부분의 토질조건에 적용 가능

② 시공과정에서 진동과 소음이 작고, 기존 말뚝공법 적용이 곤란한 소규모 현장에서 적용 및 대응이 가능

10.
① 도포법 ② 주입법 ③ 침지법

11.
지반을 오거(Auger)로 천공 후 철근망을 삽입하고 자갈을 충전한 다음 모르타르를 주입하여 주열식 연속벽을 형성하는 제자리콘크리트 말뚝공법

12.
징두리벽(Wainscot)

13.
① 고정 매입공법 ② 가동 매입공법 ③ 나중 매입공법

14.
① 흙막이벽의 근입장을 증가
② 굴착 예정지역의 지반을 개량하여 전단강도 증대
③ 배면 부분 굴착으로 지반의 중량차 감소

15.
① 오버랩 ② 언더컷 ③ 슬래그 감싸들기 ④ 블로홀

16.
① 흡수율이 작은 소성이 잘된 벽돌 사용
② 줄눈모르타르에 방수제를 혼합

17.
① 히스토그램 ② 파레토도 ③ 특성요인도 ④ 체크시트

18.
① 붙임모르타르의 접착강도 부족
② 붙임시간(Open Time)의 불이행

19.

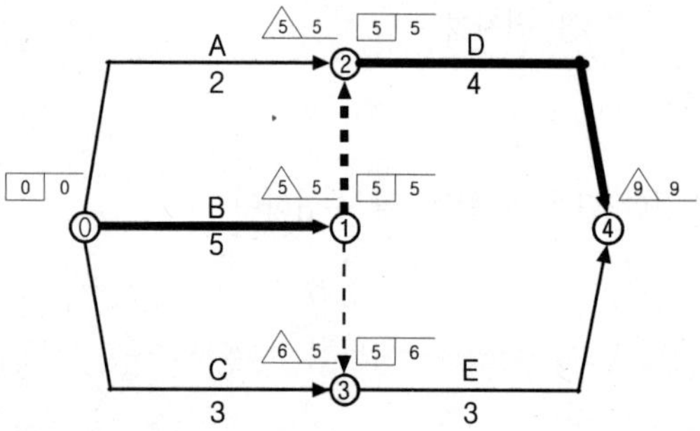

작업명	TF	FF	DF	CP
A	3	3	0	
B	0	0	0	※
C	3	2	1	
D	0	0	0	※
E	1	1	0	

20.
면진구조

21.
탄성파

22.
① 내력벽 ② 반응수정계수 ③ 시스템초과강도계수 ④ 변위증폭계수

23.
① 응답스펙트럼해석법 ② 탄성시간이력해석법 ③ 비탄성시간이력해석법

24.
$$\Delta L = \frac{PL}{EA} = \frac{(80\times10^3)(4\times10^3)}{(205{,}000)(1{,}000)} = 1.56\text{mm}$$

25.

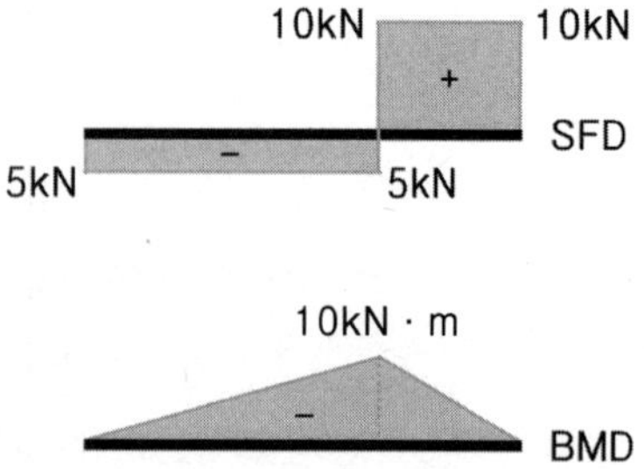

26.
$\phi R_n = (1.0)(0.5)(1.0)(165)(1)(4\text{개}) = 330\text{kN}$

The Bible

건축기사 실기 ❷권 [2011년~2024년 1,2,3회]

定價 40,000원

저 자 안광호 · 백종엽
이병억

발행인 이 종 권

판권 소유

2015年 3月 13日 초 판 발 행
2016年 1月 28日 2차개정판발행
2017年 2月 2日 3차개정판발행
2018年 2月 6日 4차개정판발행
2019年 2月 12日 5차개정판발행
2020年 2月 20日 6차개정판발행
2021年 1月 21日 7차개정판발행
2022年 2月 9日 8차개정판발행
2023年 2月 15日 9차개정판발행
2024年 1月 30日 10차개정판발행
2025年 1月 9日 11차개정판1쇄발행
2025年 2月 25日 11차개정판2쇄발행
2025年 4月 15日 11차개정판3쇄발행

發行處 (주) 한솔아카데미

(우)06775 서울시 서초구 마방로10길 25 트윈타워 A동 2002호
TEL : (02)575-6144/5 FAX : (02)529-1130
〈1998. 2. 19 登錄 第16-1608號〉

ISBN 979-11-6654-584-9 13540

한솔아카데미 발행도서

건축기사시리즈 ①건축계획
이종석, 이병억 공저
432쪽 | 27,000원

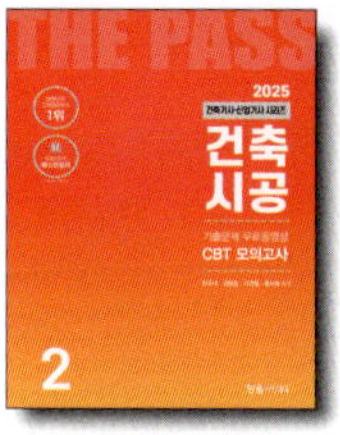

건축기사시리즈 ②건축시공
김형중, 한규대, 이명철 공저
570쪽 | 27,000원

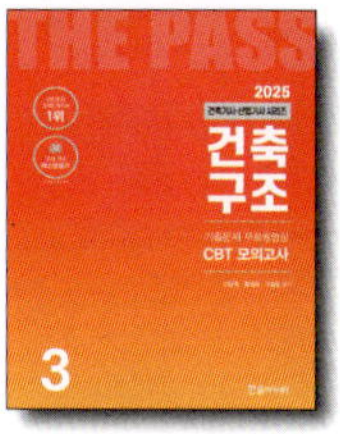

건축기사시리즈 ③건축구조
안광호, 홍태화, 고길용 공저
796쪽 | 27,000원

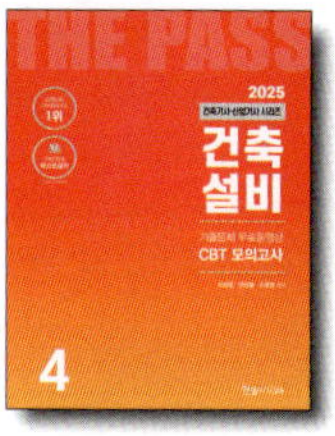

건축기사시리즈 ④건축설비
오병칠, 권영철, 오호영 공저
564쪽 | 27,000원

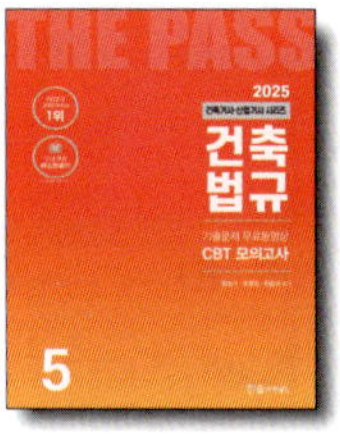

건축기사시리즈 ⑤건축법규
현정기, 조영호, 한웅규, 김주석 공저
622쪽 | 27,000원

건축기사 필기 10개년 핵심 과년도문제해설
안광호, 백종엽, 이병억 공저
1,028쪽 | 45,000원

건축기사 4주완성
남재호, 송우용 공저
1,412쪽 | 47,000원

건축산업기사 4주완성
남재호, 송우용 공저
1,136쪽 | 43,000원

7개년 기출문제 건축산업기사 필기
한솔아카데미 수험연구회
868쪽 | 37,000원

건축설비기사 4주완성
남재호 저
1,284쪽 | 45,000원

건축설비산업기사 4주완성
남재호 저
824쪽 | 39,000원

10개년 핵심 건축설비기사 과년도
남재호 저
1,148쪽 | 39,000원

건축기사 실기
한규대, 김형중, 안광호, 이병억 공저
1,708쪽 | 52,000원

건축기사 실기 (The Bible)
안광호, 백종엽, 이병억 공저
1,000쪽 | 40,000원

건축기사 실기 14개년 과년도
안광호, 백종엽, 이병억 공저
688쪽 | 31,000원

건축산업기사 실기
한규대, 김형중, 안광호, 이병억 공저
696쪽 | 33,000원

건축산업기사 실기 (The Bible)
안광호, 백종엽, 이병억 공저
300쪽 | 27,000원

실내건축기사 4주완성
남재호 저
1,320쪽 | 39,000원

실내건축산업기사 4주완성
남재호 저
1,096쪽 | 32,000원

시공실무 실내건축(산업)기사 실기
안동훈, 이병억 공저
422쪽 | 31,000원

Hansol Academy

건축사 과년도출제문제
1교시 대지계획
한솔아카데미 건축사수험연구회
346쪽 | 33,000원

건축사 과년도출제문제
2교시 건축설계1
한솔아카데미 건축사수험연구회
192쪽 | 33,000원

건축사 과년도출제문제
3교시 건축설계2
한솔아카데미 건축사수험연구회
436쪽 | 33,000원

건축물에너지평가사
①건물 에너지 관계법규
건축물에너지평가사 수험연구회
852쪽 | 32,000원

건축물에너지평가사
②건축환경계획
건축물에너지평가사 수험연구회
516쪽 | 30,000원

건축물에너지평가사
③건축설비시스템
건축물에너지평가사 수험연구회
708쪽 | 32,000원

건축물에너지평가사
④건물 에너지효율설계 · 평가
건축물에너지평가사 수험연구회
648쪽 | 32,000원

건축물에너지평가사
2차실기(상)
건축물에너지평가사 수험연구회
940쪽 | 45,000원

건축물에너지평가사
2차실기(하)
건축물에너지평가사 수험연구회
905쪽 | 50,000원

토목기사시리즈
①응용역학
안광호, 김창원, 염창열, 정용욱
공저
540쪽 | 27,000원

토목기사시리즈
②측량학
남수영, 정경동, 고길용 공저
392쪽 | 27,000원

토목기사시리즈
③수리학 및 수문학
심기오, 노재식, 한웅규 공저
396쪽 | 27,000원

토목기사시리즈
④철근콘크리트 및 강구조
정경동, 정용욱, 고길용, 김지우
공저
464쪽 | 27,000원

토목기사시리즈
⑤토질 및 기초
안진수, 박광진, 김창원, 홍성협
공저
588쪽 | 27,000원

토목기사시리즈
⑥상하수도공학
노재식, 이상도, 한웅규, 정용욱
공저
544쪽 | 27,000원

10개년 핵심 토목기사
과년도문제해설
김창원 외 5인 공저
1,076쪽 | 46,000원

토목기사 4주완성
핵심 및 과년도문제해설
이상도, 고길용, 안광호, 한웅규,
홍성협, 김지우 공저
1,054쪽 | 44,000원

토목산업기사 4주완성
과년도문제해설
이상도, 정경동, 고길용, 안광호,
한웅규, 홍성협 공저
752쪽 | 40,000원

토목기사 실기
김태선, 박광진, 홍성협, 김창원,
김상욱, 이상도, 한웅규 공저
1,540쪽 | 52,000원

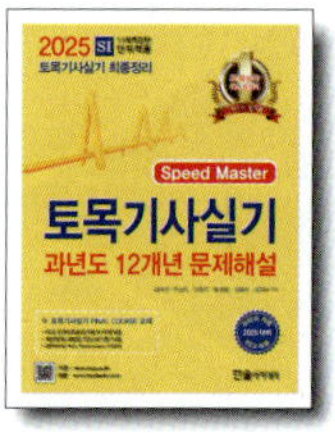

토목기사 실기
과년도문제해설
김태선, 이상도, 한웅규, 홍성협,
김상욱, 김지우 공저
840쪽 | 37,000원

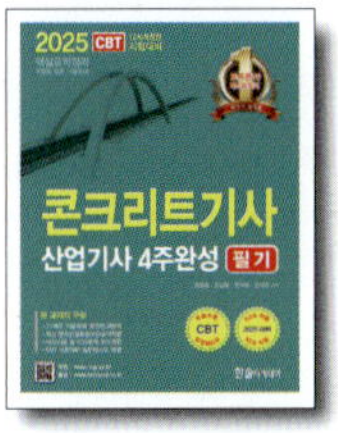

콘크리트기사 · 산업기사 4주완성(필기)
정용욱, 고길용, 전지현, 김지우 공저
856쪽 | 38,000원

콘크리트기사 과년도(필기)
정용욱, 고길용, 김지우 공저
684쪽 | 29,000원

콘크리트기사 · 산업기사 3주완성(실기)
정용욱, 한웅규, 홍성협, 전지현 공저
752쪽 | 32,000원

건설재료시험기사 4주완성(필기)
박광진, 이상도, 김지우, 전지현 공저
742쪽 | 38,000원

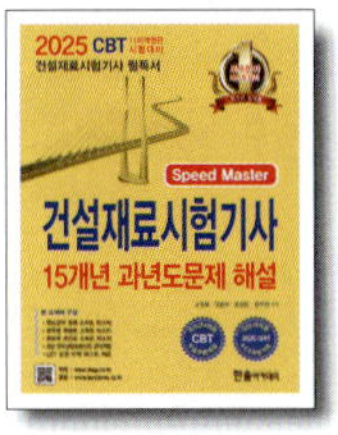

건설재료시험기사 과년도(필기)
고길용, 정용욱, 홍성협, 전지현 공저
692쪽 | 31,000원

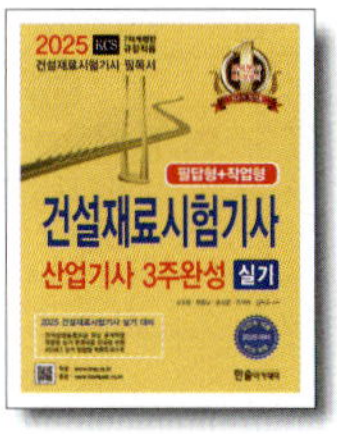

건설재료시험기사 3주완성(실기)
고길용, 홍성협, 전지현, 김지우 공저
728쪽 | 32,000원

콘크리트기능사 3주완성(필기+실기)
정용욱, 고길용, 염창열, 전지현 공저
538쪽 | 27,000원

지적기능사(필기+실기) 3주완성
염창열, 정병노 공저
640쪽 | 30,000원

측량기능사 3주완성
염창열, 정병노, 고길용 공저
568쪽 | 28,000원

전산응용토목제도기능사 필기 3주완성
김지우, 최진호, 전지현 공저
632쪽 | 28,000원

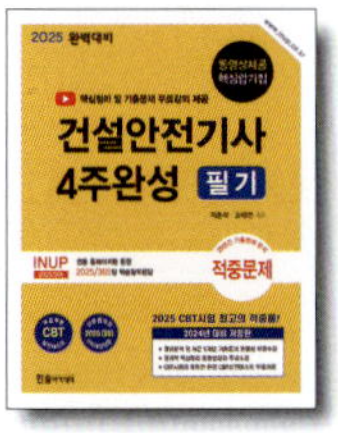

건설안전기사 4주완성 필기
지준석, 조태연 공저
1,388쪽 | 38,000원

산업안전기사 4주완성 필기
지준석, 조태연 공저
1,560쪽 | 38,000원

공조냉동기계기사 필기
조성안, 이승원, 강희중 공저
1,358쪽 | 41,000원

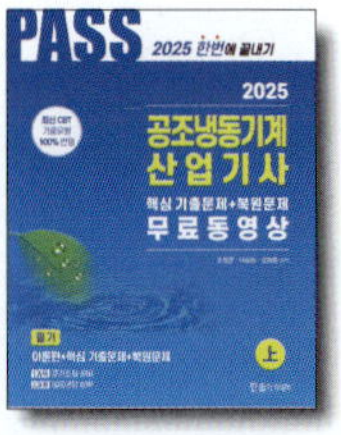

공조냉동기계산업기사 필기
조성안, 이승원, 강희중 공저
1,236쪽 | 36,000원

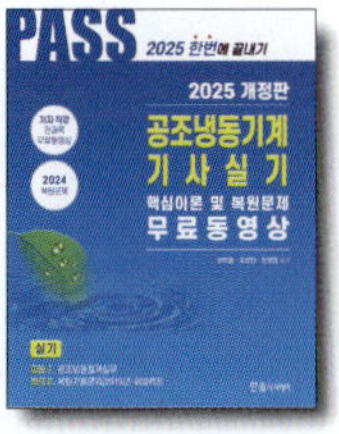

공조냉동기계기사 실기
조성안, 강희중 공저
1,040쪽 | 38,000원

조경기사 · 산업기사 필기
이윤진 저
1,836쪽 | 49,000원

조경기사 · 산업기사 실기
이윤진 저
784쪽 | 45,000원

조경기능사 필기
이윤진 저
682쪽 | 29,000원

조경기능사 실기
이윤진 저
360쪽 | 29,000원

조경기능사 필기
한상엽 저
712쪽 | 28,000원

소방설비기사 전기분야 필기
김흥준, 신면순 공저
1,148쪽 | 40,000원

공무원 건축계획
이병억 저
800쪽 | 37,000원

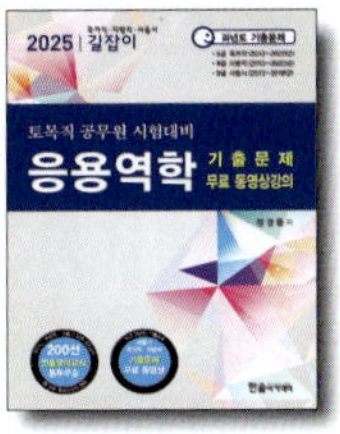

7 · 9급 토목직 응용역학
정경동 저
1,192쪽 | 42,000원

응용역학개론 기출문제
정경동 저
686쪽 | 40,000원

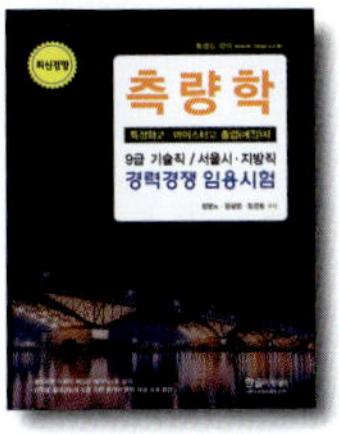

측량학(9급 기술직/서울시 · 지방직)
정병노, 염창열, 정경동 공저
756쪽 | 29,000원

응용역학(9급 기술직/서울시 · 지방직)
이국형 저
628쪽 | 23,000원

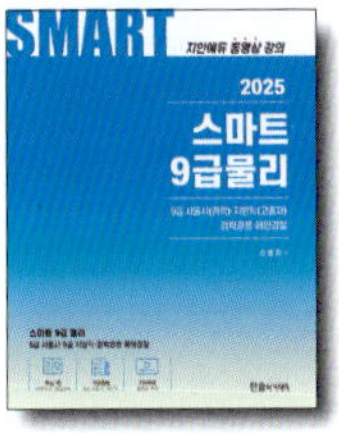

스마트 9급 물리(서울시 · 지방직)
신용찬 저
422쪽 | 23,000원

7급 공무원 스마트 물리학개론
신용찬 저
996쪽 | 45,000원

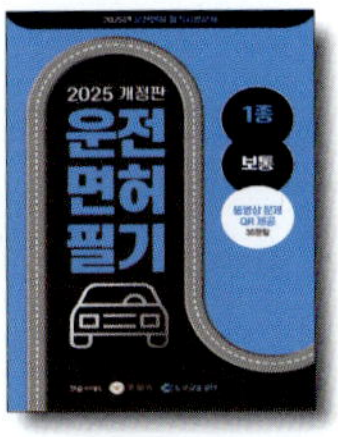

1종 운전면허
도로교통공단 저
110쪽 | 13,000원

2종 운전면허
도로교통공단 저
110쪽 | 13,000원

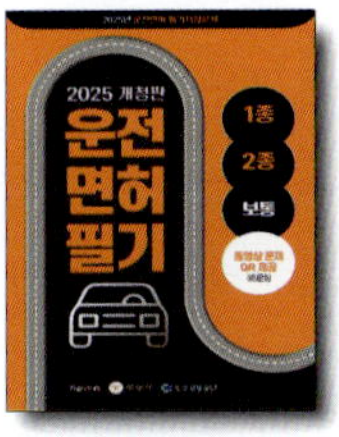

1 · 2종 운전면허
도로교통공단 저
110쪽 | 13,000원

지게차 운전기능사
건설기계수험연구회 편
216쪽 | 15,000원

굴삭기 운전기능사
건설기계수험연구회 편
224쪽 | 15,000원

지게차 운전기능사 3주완성
건설기계수험연구회 편
338쪽 | 12,000원

굴삭기 운전기능사 3주완성
건설기계수험연구회 편
356쪽 | 12,000원

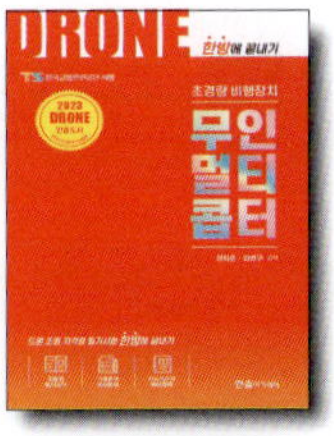

초경량 비행장치 무인멀티콥터
권희춘, 김병구 공저
258쪽 | 22,000원

시각디자인 산업기사 4주완성
김영애, 서정술, 이원범 공저
1,102쪽 | 36,000원

시각디자인 기사 · 산업기사 실기
김영애, 이원범 공저
508쪽 | 35,000원

토목 BIM 설계활용서
김영휘, 박형순, 송윤상, 신현준, 안서현, 박진훈, 노기태 공저
388쪽 | 30,000원

BIM 구조편
(주)알피종합건축사사무소
(주)동양구조안전기술 공저
536쪽 | 32,000원

Hansol Academy

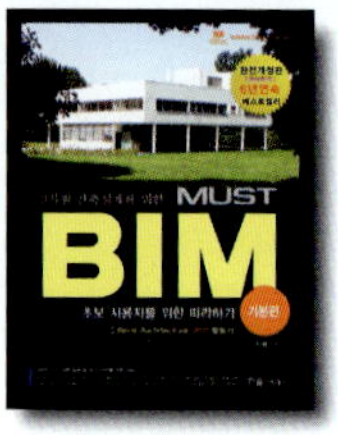

BIM 기본편
(주)알피종합건축사사무소
402쪽 | 32,000원

BIM 기본편 2탄
(주)알피종합건축사사무소
380쪽 | 28,000원

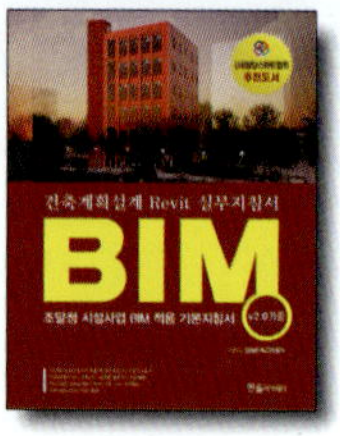

BIM 건축계획설계 Revit 실무지침서
BIMFACTORY
607쪽 | 35,000원

전통가옥에서 BIM을 보며
김요한, 함남혁, 유기찬 공저
548쪽 | 32,000원

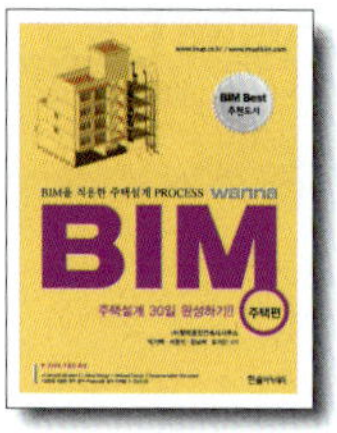

BIM 주택설계편
(주)알피종합건축사사무소
박기백, 서창석, 함남혁, 유기찬 공저
514쪽 | 32,000원

BIM 활용편 2탄
(주)알피종합건축사사무소
380쪽 | 30,000원

BIM 건축전기설비설계
모델링스토어, 함남혁
572쪽 | 32,000원

BIM 토목편
송현혜, 김동욱, 임성순, 유자영, 심창수 공저
278쪽 | 25,000원

디지털모델링 방법론
이나래, 박기백, 함남혁, 유기찬 공저
380쪽 | 28,000원

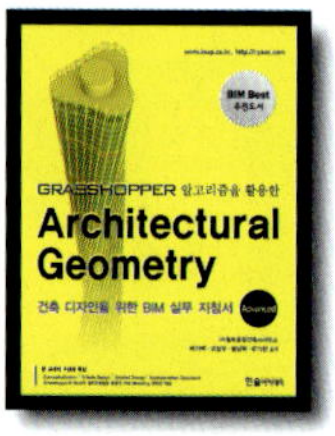

건축디자인을 위한 BIM 실무 지침서
(주)알피종합건축사사무소
박기백, 오정우, 함남혁, 유기찬 공저
516쪽 | 30,000원

BIM 전문가 건축 2급자격(필기+실기)
모델링스토어
760쪽 | 35,000원

BIM 전문가 토목 2급 실무활용서
채재현, 김영휘, 박준오, 소광영, 김소희, 이기수, 조수연
614쪽 | 35,000원

BE Architect
유기찬, 김재준, 차성민, 신수진, 홍유찬 공저
282쪽 | 20,000원

BE Architect 라이노&그래스호퍼
유기찬, 김재준, 조준상, 오주연 공저
288쪽 | 22,000원

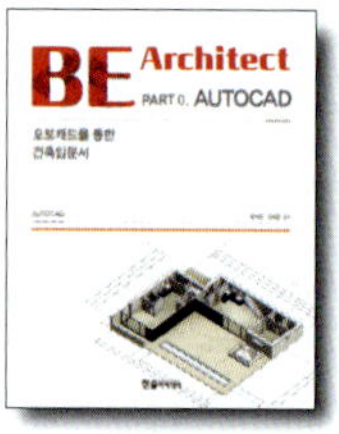

BE Architect AUTO CAD
유기찬, 김재준 공저
400쪽 | 25,000원

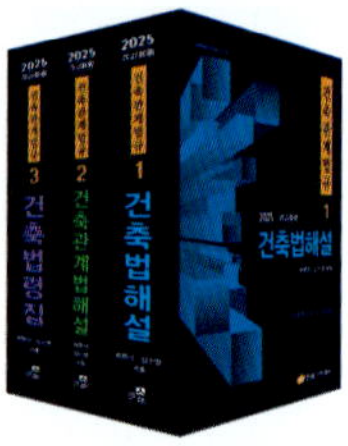

건축관계법규(전3권)
최한석, 김수영 공저
3,544쪽 | 110,000원

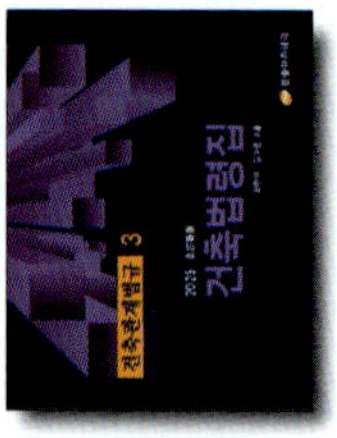

건축법령집
최한석, 김수영 공저
1,490쪽 | 60,000원

건축법해설
김수영, 이종석, 김동화, 김용환, 조영호, 오호영 공저
918쪽 | 32,000원

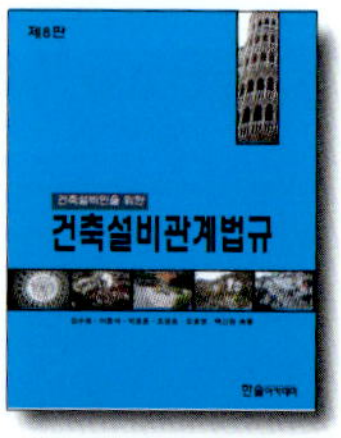

건축설비관계법규
김수영, 이종석, 박호준, 조영호, 오호영 공저
790쪽 | 34,000원

건축계획
이순희, 오호영 공저
422쪽 | 23,000원

건축시공학
이찬식, 김선국, 김예상, 고성석,
손보식, 유정호, 김태완 공저
776쪽 | 30,000원

**현장실무를 위한
토목시공학**
남기천,김상환,유광호,강보순,
김종민,최준성 공저
1,212쪽 | 45,000원

알기쉬운 토목시공
남기천, 유광호, 류명찬, 윤영철,
최준성, 고준영, 김연덕 공저
818쪽 | 28,000원

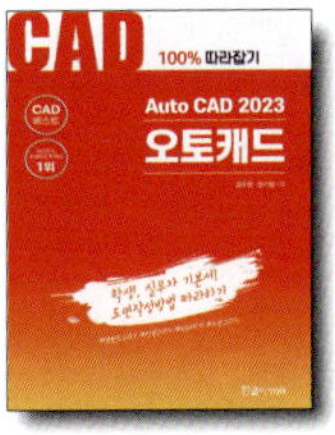

Auto CAD 오토캐드
김수영, 정기범 공저
364쪽 | 25,000원

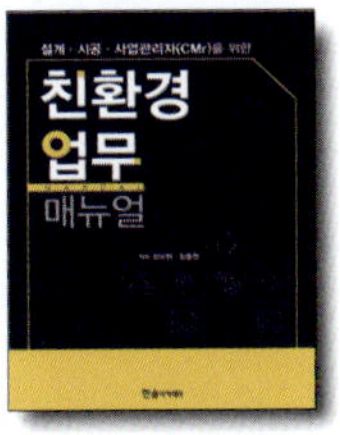

친환경 업무매뉴얼
정보현, 장동원 공저
352쪽 | 30,000원

**건축시공기술사
기출문제**
배용환, 서갑성 공저
1,146쪽 | 69,000원

**합격의 정석
건축시공기술사**
조민수 저
904쪽 | 67,000원

**건축시공기술사
용어해설**
조민수 저
1,438쪽 | 70,000원

**건축전기설비기술사
(상,하)**
서학범 저
1,532쪽 | 65,000원(각권)

**디테일 기본서 PE
건축시공기술사**
백종엽 저
730쪽 | 62,000원

**디테일 마법지 PE
건축시공기술사**
백종엽 저
504쪽 | 50,000원

**용어설명1000 PE
건축시공기술사(상,하)**
백종엽 저
2,100쪽 | 70,000원(각권)

역학의 정석
김성민, 김성범 공저
788쪽 | 52,000원

**합격의 정석
토목시공기술사**
김무섭, 조민수 공저
874쪽 | 60,000원

건설안전기술사
이태엽 저
748쪽 | 55,000원

소방기술사 上
윤정득, 박견용 공저
656쪽 | 55,000원

소방기술사 下
윤정득, 박견용 공저
730쪽 | 55,000원

**소방시설관리사 1차
(상,하)**
김흥준 저
1,630쪽 | 63,000원

건축에너지관계법해설
조영호 저
614쪽 | 27,000원

ENERGYPULS
이광호 저
236쪽 | 25,000원

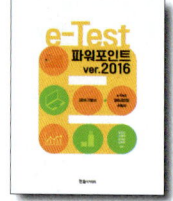

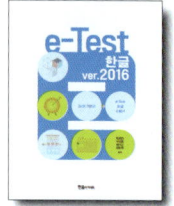